Kostenberechnungen im Wasserbau und Grundbau

Von

Dr. Ing. e. h. **Armin Schoklitsch**

o. ö. Professor an der Deutschen Technischen Hochschule in Brünn

Mit 210 Abbildungen im Text

Springer-Verlag Wien GmbH
1937

Ursprünglich erschienen bei Verlag von Julius Springer, Vienna 1937
Softcover reprint of the hardcover 1st edition 1937

ISBN 978-3-7091-5966-8 ISBN 978-3-7091-6000-8 (eBook)
DOI 10.1007/978-3-7091-6000-8

Meinem lieben Arbeitskameraden,
meiner Frau

Vorwort.

In der Nachkriegszeit hat die Anwendung der Baumaschinen außerordentliche Fortschritte gemacht, neue Bauweisen und neue Baustoffe haben sich durchgesetzt und die Bauformen der meisten Bauwerke haben sich grundlegend geändert. Diese Entwicklung im Vereine mit den von Grund auf geänderten Lohn- und Preisverhältnissen hat es mit sich gebracht, daß die in der Vorkriegszeit beliebten Bauratgeber und Behelfe zur Kostenberechnung im Ingenieurbauwesen den heutigen Anforderungen nicht mehr entsprechen. Das vorliegende Buch soll auf den Gebieten des Wasserbaues und des Grundbaues die in der Literatur entstandene Lücke wieder schließen. Ich habe Daten aus der Literatur, zahlreiche Angaben, die mir Fachgenossen und einschlägige Firmen bereitwillig zur Verfügung gestellt haben, sowie eigene Beobachtungen verarbeitet, wobei ich ganz besonders der Einführung neuer Bauweisen und Baustoffe und der Maschinenarbeit Rechnung getragen habe. Ich habe in erster Reihe Preisanalysen, also Arbeitsstunden und Baustoffaufwand für die einzelnen Arbeiten gebracht und zur Ergänzung zahlreiche Baukosten unter Nennung des Baujahres beigefügt, um damit wenigstens Kostenschätzungen zu ermöglichen.

Neben den zur Kostenberechnung erforderlichen Daten habe ich von allen Maschinen, Geräten, Armaturen und Ausrüstungsteilen auch die Gewichte und die wichtigsten Abmessungen angegeben, so daß das Buch auch für Entwurfsbearbeitungen wertvolle Anhaltspunkte bietet, die vorhandenen Büchern nicht entnommen, sondern nur durch zeitraubenden Schriftwechsel mit Firmen beschafft werden können.

Um die Anwendung und die Verbreitung der Normen zu fördern, habe ich an die Spitze jeden Abschnittes ein Verzeichnis der einschlägigen DIN-, Ö- und CS-Normen gestellt und auch im Text den Normen weitgehendst Rechnung getragen.

Soweit es mir möglich war, habe ich die Preise nicht nur in Reichsmark, sondern auch in Schilling und in tschechischen Kronen angeführt. Dadurch können u. a. auch Vergleiche angestellt und vielfach die Ursachen von Kostenunterschieden in verschiedenen Ländern aufgeklärt werden.

Ein Literaturverzeichnis im Anhange weist die Herkunft der aus der Literatur übernommenen Angaben nach und ein reiches Sachwortverzeichnis ermöglicht das rasche Zurechtfinden im Buche.

Bei der Bearbeitung des Buches haben mich meine Assistenten Ing. M. Herzog und Ing. O. Jäkel unterstützt. Ihnen sowie den zahlreichen Fachgenossen und Firmen, die mich durch ihre Mitteilungen auf das tatkräftigste unterstützt haben, sage ich meinen verbindlichsten Dank. Ebenso danke ich dem Verlag Julius Springer, der stets auf meine Wünsche bereitwilligst eingegangen ist und keine Opfer gescheut hat, um das Zustandekommen des Buches zu ermöglichen.

Brünn, im Juni 1937.

A. Schoklitsch.

Inhaltsverzeichnis.

Die schräggestellten Ziffern geben die laufende Nummer an.

I. Allgemeines über Kostenberechnungen.

A. Der Kostenüberschlag.

1. Für Vorarbeiten genügen vielfach **Kostenüberschläge,** die auf Grund bekannter Kosten ähnlicher Bauwerke aufgestellt werden. Bei der Verwendung solcher bekannter Kosten muß unter anderem besonders das Ausführungsjahr berücksichtigt werden, weil in der Nachkriegszeit sowohl die Baukosten als auch die Lohnkosten beträchtlichen und nicht immer gleichgearteten Schwankungen unterworfen waren. Diese Kostenänderungen können überschlägig unter Benützung der Bauindexziffern (siehe Nr. 35) berücksichtigt werden. Die Kostenüberschläge lassen sich zwar in der Regel rasch durchführen, sie liefern aber nur ganz rohe Schätzwerte.

B. Die Baukostenberechnung.

2. Allgemeines.

Die Baukosten können verläßlich nur auf Grund genauer Analysen berechnet werden, bei denen die auszuführenden Arbeiten in ihre Grundelemente zerlegt werden. Die Gesamtkosten eines betriebsfertiggestellten Bauwerkes setzen sich zusammen aus

den Kosten der Vorarbeiten,
den Kosten der Erlangung der Baubewilligung,
den Kosten der Geldbeschaffung und den Bauzinsen,
den Kosten des Geländeerwerbes und der Ablösung von Rechten,
den Selbstkosten des Bauunternehmers,
dem Gewinn- und Wagniszuschlag des Bauunternehmers,
der Umsatzsteuer und
den Kosten der Bauüberwachung und der Bauübernahme sowie eines allfälligen Probebetriebes.

3. Die Kosten der Vorarbeiten.

Unter den Kosten der Vorarbeiten werden alle Kosten zusammengefaßt, die bis zur Fertigstellung eines baureifen Entwurfes auflaufen. Diese Kosten werden verursacht durch Geländeaufnahmen, Vorentwürfe, Baugrunduntersuchungen, wasserwirtschaftliche Untersuchungen, Baustoffuntersuchungen und die Entwurfsbearbeitung. Anhaltspunkte für die Schätzung dieser Kosten geben die unter Nr. 26 bis 28 gegebenen Gebührenordnungen der Ingenieure, die diese Kosten zum Teil in Prozenten der Baukostensumme festlegen, zum Teil, wie für die Geländeaufnahmen, feste, von der Gebietsgröße und -beschaffenheit abhängige Entgeltsätze vorschreiben. Der Zeitaufwand und die Kosten der Baugrunduntersuchungen, von Belastungsversuchen, von wasserwirtschaftlichen Untersuchungen und von Baustoffprüfungen kann in der Regel für einen vorliegenden Fall hinreichend genau geschätzt werden. Allgemein gültige Angaben lassen sich für diese Arbeiten nicht machen.

Für einige Bauwerke können die Kosten der Vorarbeiten in Prozenten der Gesamtkosten auch den Zusammenstellungen in den Nr. 26, 27 und 28 entnommen werden.

4. Die Kosten der Erlangung der Baubewilligung.

Zur Erlangung der Baubewilligung wird der baureife Entwurf der zuständigen Behörde vorgelegt, die für die Überprüfungen und Amtshandlungen (Kommissionierungen) Gebühren einhebt und manchmal, z. B. für die Benützung öffentlicher Gewässer, einmalige oder fortlaufende Zahlungen vorschreibt oder den kostenlosen Heimfall der ganzen Anlage nach 50 bis 90 Jahren an den Staat ausspricht. Einmalige Zahlungen belasten dann die Gesamtkosten der Anlage ähnlich wie z. B. der Grunderwerb oder die Ablösung von Rechten, während fortlaufende Zahlungen oder das Heimfallsrecht den Betrieb fortlaufend belasten.

5. Die Kosten der Geldbeschaffung und die Bauzinsen.

Ein Bau wird im allgemeinen mit Leihgeld durchgeführt. Die Geldbeschaffung wird in der Regel durch ein Geldinstitut bewirkt, das für seine Dienste eine Entschädigung beansprucht, die in Prozenten der beschafften Geldsumme berechnet wird. Überdies erwachsen dem Bauherrn gelegentlich der Geldbeschaffung noch Kosten, wenn bei der Ausgabe von Aktien nur ein unter dem Nennwert liegender Begebungskurs erzielt werden kann. Auch diese Kosten werden in Prozenten der beschafften Geldsumme ausgedrückt. Wenn daher der Bauherr den Betrag B bar benötigt, so muß er eine Schuld αB auf sich nehmen, wobei $\alpha > 1$ ist.

Je nach der Dauer des Baues und je nachdem, ob das Baugeld gleich bei Baubeginn vollständig zur Verfügung gestellt oder nur gemäß dem jeweiligen Bedarf flüssig gemacht wird, laufen Zinsen auf, die zum Bauaufwand hinzuzurechnen sind.

Die Zunahme des Geldverbrauches während der Durchführung des Baues kann übersichtlich durch die Geldverbrauchssummenlinie dargestellt werden. Ebenso kann die Geldbeschaffung durch die Geldbeschaffungssummenlinie versinnbildlicht werden. Je genauer die Geldbeschaffungssummenlinie sich mit der Geldverbrauchssummenlinie deckt, um so geringer wird die Belastung des Baues durch aufgelaufene Zinsen während der Bauzeit ausfallen.

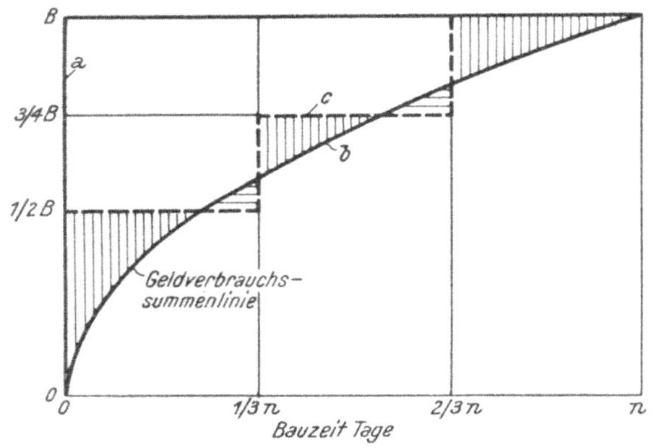

Abb. 1. Darstellung des Geldverbrauches und der Geldbeschaffung durch Summenlinien.

Die Geldverbrauchssummenlinie wird fast ausnahmslos durch einen gebrochenen Linienzug dargestellt, der zu Baubeginn, wenn die Baustelleneinrichtung große Kosten verursacht, steil ansteigt und vielfach während der Winterszeit, in der umfangreiche Arbeiten nicht zur Durchführung gelangen können, wieder ganz flach verläuft. Der die Geldverbrauchssummenlinie darstellende Linienzug kann in vielen Fällen hinreichend genau durch eine Parabel ersetzt werden.

Die Geldbeschaffung kann nun in sehr verschiedenen Weisen erfolgen. Im folgenden seien drei besonders bezeichnende Fälle näher betrachtet, nämlich:

1. Fall. Das ganze erforderliche Geld wird zu Baubeginn bereitgestellt. (Linie a in der Abb. 1.)

2. Fall. Das Geld wird genau dem Bedarf folgend bereitgestellt. (Linie b in der Abb. 1.)

3. Fall. Das erforderliche Geld wird in drei Staffeln bereitgestellt, und zwar bei Baubeginn die Hälfte, nach Ablauf des ersten Drittels der Bauzeit ein Viertel und nach Ablauf von zwei Dritteln der Bauzeit das restliche Viertel. (Linie c in der Abb. 1.)

Es soll nun vorläufig unter Vernachlässigung der Zinseszinsen gezeigt werden, welchen Einfluß die verschiedenen Geldbeschaffungsarten auf die Kosten ausüben. Dieser Einfluß kommt in der Höhe der Zinsen zum Ausdruck, die während der Bauzeit auflaufen. Für das Leihgeld sind $\mu\%$ Sollzinsen je Tag zu bezahlen. Augenblicklich nicht benötigtes, aber schon zur Verfügung stehendes Geld erliegt in der Bank und wird mit $\varrho\%$ Habenzinsen verzinst.

Die Berechnung der Zinsen ist nun sehr einfach, wenn die Geldwirtschaft durch Summenlinien dargestellt ist, denn die Flächen einer solchen Darstellung (Abb. 1) stellen Geldzinstage vor, die nur noch mit dem Zinssatze zu multiplizieren sind, um die der Grundbreite der Fläche, also der Zinszeit entsprechenden Zinsen zu erhalten. Die unter der Geldbedarfssummenlinie liegende Fläche stellt hierbei die Soll-Geldtage-Fläche dar, während die Haben-Geldtage-Fläche zwischen der Geldverbrauchssummenlinie und der Geldbeschaffungssummenlinie liegt.

1. Fall. Wenn das ganze Geld schon bei Baubeginn zur Verfügung gestellt ist (Linie a), so betragen, wie ein Blick in die Abb. 1 lehrt, die Sollzinsen

$$Z_1 = B n \frac{\mu}{100},$$

und unter Zugrundelegung einer parabolischen Geldverbrauchssummenlinie machen die Habenzinsen, die das in der Bank erliegende, augenblicklich nicht benötigte Geld abwirft

$$Z_2 = \frac{1}{3} B n \frac{\varrho}{100}$$

aus, so daß die sich schließlich ergebende Zinsenbelastung

$$Z = Z_1 - Z_2 = \frac{B n}{100}\left(\mu - \frac{1}{3}\varrho\right)$$

beträgt.

2. Fall. Wenn das Geld genau dem Bedarf folgend zur Verfügung gestellt wird (Linie *b*), so beträgt die Zinsenbelastung

$$Z_1 = \frac{2}{3}\mu\frac{B n}{100}.$$

3. Fall. Geldbeschaffungssummenlinie *c* in der Abb. 1. Wenn der geringe Unterschied zwischen Soll- und Habenzinsen, der den schraffierten Flächen in der Abb. 1 entspricht, vernachlässigt wird, so wird der Bau durch die Zinslast

$$Z_1 = \left(\frac{1}{2} B n + \frac{1}{4} B \frac{2}{3} n + \frac{1}{4} B \frac{1}{3} n\right)\frac{\mu}{100} = 0{,}75\,\mu\frac{B n}{100}$$

belastet.

An einem kurzen Beispiel sei der Einfluß der Geldbeschaffungsart noch ziffermäßig gezeigt. Bei einem Sollzinsfuß von $\mu = 8\%$ und einem Habenzinsfuß von $\varrho = 4\%$ im Jahr beträgt die Zinslast nach einer Bauzeit von

	1	2	3	4	5 Jahren
im Falle 1	0,0666	0,133	0,200	0,266	0,333 B
„ „ 2	0,0533	0,107	0,160	0,214	0,267 B
„ „ 3	0,0600	0,12	0,18	0,24	0,30 B

Wie man schon an diesen wenigen Ziffern leicht erkennt, ist die Belastung eines länger andauernden Baues durch die auflaufenden Zinsen außerordentlich groß. Eine Verkürzung der Bauzeit ist daher innerhalb gewisser Grenzen auch dann anzustreben, wenn dadurch eine Verteuerung der Arbeit, z. B. infolge von Nachtarbeit, eintritt. In dem früher vorgeführten Beispiel ist es, wie ein Blick in die Zahlenreihen lehrt, für den Bauherrn noch durchaus vorteilhaft, die Bauzeit um zwei Jahre abzukürzen, wenn dadurch auch eine Arbeitsverteuerung bis etwa 10% eintritt. Erst eine noch weitergehende Arbeitsverteuerung würde gegen eine Verkürzung der Bauzeit sprechen.

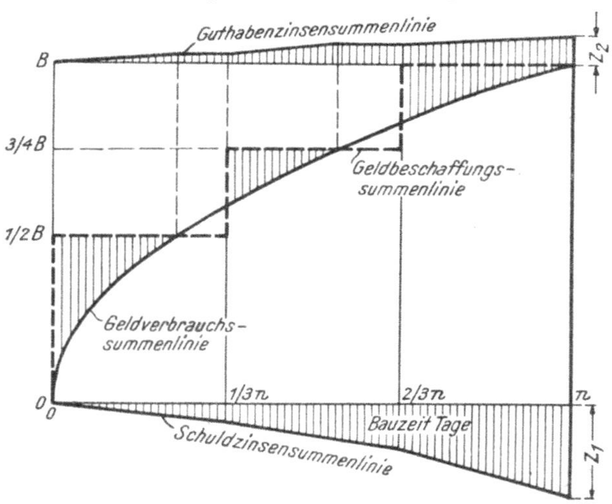

Abb. 2. Darstellung der Guthaben- und der Schuldzinsen durch Summenlinien.

Durch eine zweckmäßige Festsetzung der Bauzeit und eine entsprechende Art der Geldbeschaffung kann bei einem Bau mehr eingespart werden als durch noch so große Sparsamkeit bei der Bauwerksbemessung.

Die für das ganze Bauvorhaben erforderliche Geldsumme, die aufzubringen ist, beträgt

$$K = \alpha\,(B + Z_1 - Z_2).$$

Schließlich sei noch erwähnt, daß auch die Berücksichtigung der Zinseszinsen bei längeren Bauzeiten leicht möglich ist. Die Bauzeit wird dann in Abschnitte unterteilt, und man trägt in der in der Abb. 2 angedeuteten Weise sowohl die Schuldzinsensummenlinie als auch die Guthabenzinsensummenlinie auf. Für Zinsenberechnung werden dann zu den jeweils zu verzinsenden Geldzeitflächen die schraffierten Z_1-Flächen hinzugerechnet. Die zu beschaffende Geldsumme, die für die Durchführung des Bauvorhabens erforderlich ist, ist dann wieder

$$K = \alpha\,(B + Z_1 - Z_2).$$

6. Die Kosten des Geländeerwerbes und der Ablösung von Rechten bzw. der Einräumung von Rechten.

Die Kosten des Geländeerwerbes und der Ablösung von Rechten bzw. der Erlangung von Rechten hängen so weitgehend von örtlichen und besonderen Verhältnissen ab, daß nichts Allgemeingültiges angegeben werden kann. Um wenigstens die Größenordnung der Geländekosten andeuten zu können, sind unter Nr. 36 einige Gelände- und Bauwerkspreise zusammengestellt.

7. Die Selbstkosten des Bauunternehmers.

Die Selbstkosten des Bauunternehmers müssen sämtliche Auslagen, die die Durchführung eines Bauauftrages verursacht, einschließlich des auf den Bauauftrag entfallenden Anteiles der Kosten der Baugeschäftsführung decken. Sie setzten sich daher zusammen aus

a) den Kosten des Hauptgeschäftes und der Zweigstellen (allgemeine Unkosten);
b) den Kosten der örtlichen Bauleitung (Bauleitungskosten);
c) den Kosten der Baustelleneinrichtung und der für den Baustellenbetrieb erforderlichen Betriebsmittel;

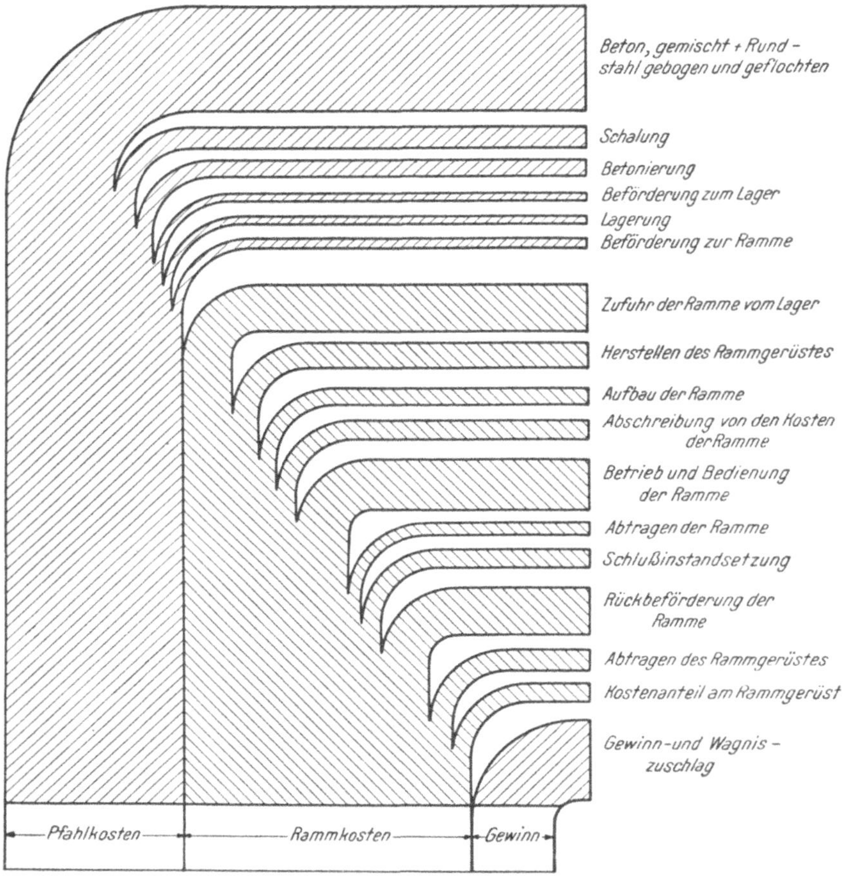

Abb. 3. Analyse der Kosten gerammter Eisenbetonpfähle.

d) den Löhnen einschließlich der sozialen Lasten und sonstiger von der Höhe der Löhne abhängiger Abgaben;
e) den Kosten der Baustoffe frei Baustelle einschließlich der Baustoffbeschaffungskosten;
f) den Kosten der Geldwirtschaft, die dem Bauunternehmer aus dem Baue erwachsen;
g) den Kosten der Gewährleistung;
h) den Kosten der erforderlichen Versicherungen.

Um die Selbstkosten des Bauunternehmers zu berechnen, ist es vor allem erforderlich, die Kosten jeder Herstellung in ihre Elemente zu zerlegen, also eine Analyse aufzustellen, die erst eine sichere Kostenberechnung ermöglicht. In den Abb. 3 und 4 sind Beispiele für solche Analysen zusammengestellt. Erst solche Analysen geben einen klaren Überblick über die Elemente, die die Kosten irgendeiner Herstellung bedingen, und sie lassen auch leicht erkennen, durch welche Maßnahmen allenfalls die Kosten herabgesetzt werden können.

a) Die Kosten des Hauptgeschäftes und der Zweiggeschäfte. (Hauptleitungskosten. Zentralregie. Allgemeine Unkosten.)

Das Hauptgeschäft und die zur leichteren Erlangung und Abwicklung von Bauaufträgen unterhaltenen Zweiggeschäfte halten unabhängig von der augenblicklichen Geschäftslage einen Grundstock von Angestellten, die teils zur Aufrechterhaltung der Geschäftsstellen, der Werks- und Lagerplätze erforderlich sind, teils zur Erhaltung bewährter Arbeitskräfte oder aus sozialen Gründen im Dienste belassen werden. Die Gehalts- und Lohnkosten einschließlich der sozialen Lasten dieses Grundstockes an Angestellten sowie die Sachauslagen des Hauptgeschäftes und der Zweigstellen, wie z. B. Mieten, Beheizung, Beleuchtung, Postgebühren, Fernsprechgebühren, Steuern, Kraftwagen, Reisekosten, Kosten der Werbetätigkeit u. dgl., werden auf die einzelnen zu erwartenden Bauaufträge auf Grund einer Schätzung der zu erwartenden Aufträge aufgeteilt.

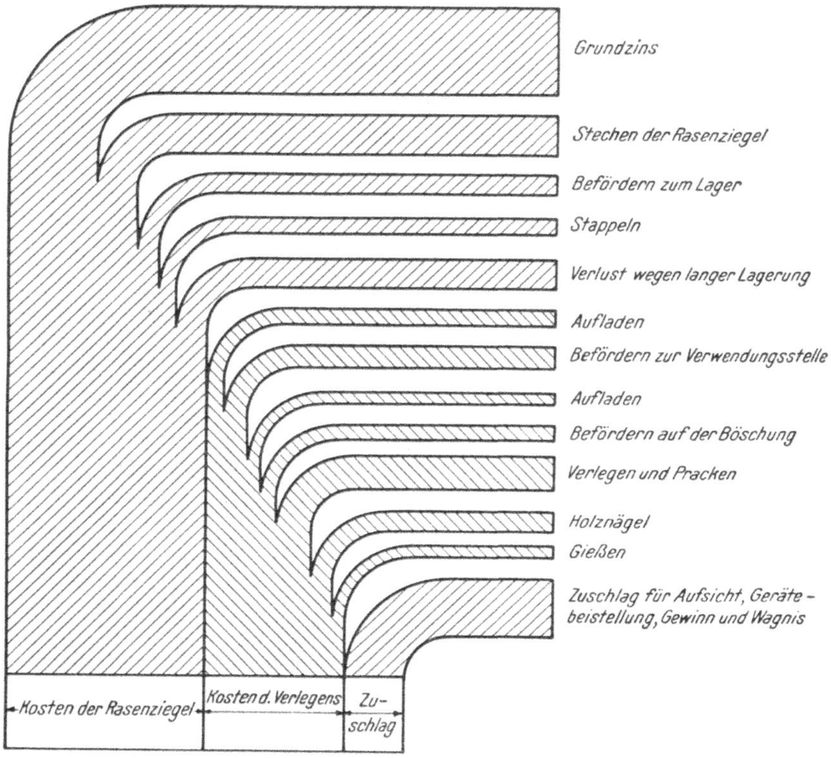

Abb. 4. Analyse der Kosten des Andeckens von Rasenziegeln.

Die auf die einzelnen Bauaufträge entfallenden Anteile der Hauptleitungskosten hängen vom Grade der Beschäftigung des Unternehmens ab und können bei geringer Beschäftigung so groß werden, daß der Bauunternehmer, um wettbewerbsfähig zu bleiben, auf Gewinn vollkommen verzichten und nur bestrebt sein muß, über solche Notzeiten seinen Betrieb verlustlos hinwegführen zu können.

Größere Bauaufträge können mit dem Grundstock an Angestellten vielfach nicht mehr bewältigt werden und erfordern daher Neueinstellungen. Solche Neueinstellungen, die ein gewisser Bauauftrag bedingt, verursachen Kosten, die am besten zu den Kosten der örtlichen Bauleitung hinzugerechnet werden.

Das Baugeschäft hat überdies Steuern und Abgaben zu entrichten, wie z. B. die Gewerbesteuer, die Körperschaftssteuer, Beiträge an Unternehmerverbände u. dgl., die ebenfalls auf die einzelnen Bauaufträge aufgeteilt werden.

Alle diese Kosten, die der Geschäftsbetrieb des Bauunternehmers verursacht, werden vielfach unter dem Begriffe „Unkosten“ zusammengefaßt. Häufig werden aber zu diesen Kosten auch noch die sozialen Lasten, manchmal sogar die Kosten von Gerüsten und Baugeräten auf den Baustellen zugerechnet und einfach zur Hereinbringung aller dieser Auslagen ein Zuschlag zu den Löhnen gemacht. Besonders bei kleinen und mittleren Gewerbebetrieben ist diese Berechnungsart beliebt. Nur um anzudeuten, mit welchen Zuschlägen in diesen Betrieben gerechnet wird, sei auf die Zusammenstellung Nr. 11 hingewiesen. In Baugeschäften ist diese Art der Berechnung, besonders mit Rücksicht auf die großen Unterschiede in den Baustelleneinrichtungen viel zu unklar und daher zu verwerfen.

Die reinen Kosten der Geschäftsleitung nennt H. Eckert[21] die „allgemeinen Unkosten" und empfiehlt, sie durch einen Zuschlag zu den Baukosten, also zu den Löhnen, Baustoff und Gerätekosten hereinzubringen. Unter normalen Verhältnissen betragen diese allgemeinen Unkosten bei Tiefbauarbeiten nach H. Eckert etwa 20% der Baukosten. Sie können aber bei schlechtem Geschäftsgange auch wesentlich höher werden.

b) Die Kosten der örtlichen Bauleitung (Bauleitungskosten, örtliche Bauregie).

Die Kosten der örtlichen Bauleitung setzen sich zusammen aus den Gehältern und Löhnen der Angestellten und der Arbeiter der Bauleitung und aus den Sachauslagen der Bauleitung.

In der örtlichen Bauleitung werden im allgemeinen tätig sein: der Bauleiter, Ingenieure, Bauführer, Techniker, Bauzeichner, Bauschreiber, Meßgehilfen, Kontorangestellte, Buchhalter, Kassenangestellte, Lagerverwalter, Kontordiener, Aufwärterinnen, Laufburschen, Lagerarbeiter, Barackenwärter, Wächter, Kraftwagenlenker, Platzarbeiter. Für alle diese Angestellten und Arbeiter der Bauleitung sind die Gehälter und Löhne während der Dauer des Baues und für einen Teil derselben überdies noch für einige Zeit nach der Bauvollendung für die Dauer der Kostennachrechnung und der Schlußabrechnung in Rechnung zu stellen. Einem Teil der ständigen Angestellten müssen auch noch die Kosten der Zureise, des allenfalls erforderlichen Umzuges oder der doppelten Haushaltsführung ersetzt werden.

Neben den angeführten persönlichen Auslagen erwachsen der Bauleitung noch sachliche Auslagen für die Errichtung oder die Miete des Baubureaus, Beleuchtung, Beheizung, Reinigung, Reisen, Post, Telegraph, Fernsprecher, Bureaubedarf, Meßgeräte, Baubesichtigungen u. dgl.

Diese gesamten Kosten der örtlichen Bauleitung werden auf alle Bauarbeiten an der betreffenden Baustelle aufgeteilt.

c) Die Kosten der Baustelleneinrichtung.

Die Kosten der Baustelleneinrichtung gliedern sich in die allgemeinen und in die besonderen Kosten.

Die allgemeine Baustelleneinrichtung umfaßt die Vorbereitung der Baustelle für den Bau, die Anlage der Zufahrtswege, des Gleisanschlusses und alle sonstigen Anlagen, die dem ganzen Bau zugute kommen, wie z. B. Baustelleneinfriedungen, die Baustellenbeleuchtung, die Wasserversorgung der Baustelle, die Preßluftversorgung, der Bau von Baracken und Lagern u. dgl.

Die besonderen Kosten der Baustelleneinrichtung betreffen die Kosten aller Vorbereitungen und Anlagen, die nur für die Durchführung einer Arbeit allein erforderlich sind.

d) Die Lohnkosten.

Die Lohnkosten der an der Baustelle beschäftigten Arbeiter setzen sich zusammen aus den Löhnen der Arbeiter, aus den Löhnen der nicht mitarbeitenden Aufseher, Poliere u. dgl. und aus den von der Lohnhöhe und von der Art der Beschäftigung abhängigen sozialen Lasten. Als Stundenlohn ist daher in den Preisanalysen nicht der an den Arbeitnehmer tatsächlich ausbezahlte Lohn einzusetzen, sondern dieser Lohn plus allen vom Unternehmer zu zahlenden Zuschlägen.

Die Löhne werden entweder für die Arbeitsstunde bezahlt (Stundenlöhne), ohne Rücksicht auf die Leistung, oder es werden für irgendeine Verrichtung Löhne vereinbart, die dann ohne Rücksicht auf den Zeitaufwand für diese Verrichtung bezahlt werden (Akkordlöhne, Leistungslöhne).

Die Stundenlöhne werden für die verschiedenen Arbeitergattungen in der Regel durch Verträge festgelegt; ihre Höhe hängt von der Höhe der Lebenshaltungskosten, von den fachlichen Kenntnissen, die gefordert werden, von den Arbeitsbedingungen und vom Angebot an Arbeitskräften ab. Wenn keine genaueren Angaben bezüglich der Löhne bekannt sind, so können für die wichtigsten Arbeitergattungen die derzeit durchschnittlich bezahlten Stundenlöhne der Zusammenstellung Nr. 19 entnommen werden. Zu den gewöhnlichen Stundenlöhnen bei Arbeiten außerhalb des Sitzes des Unternehmens oder bei Arbeiten unter besonders schwierigen, gefährlichen oder unangenehmen Verhältnissen werden vielfach Zulagen gewährt, über die Nr. 20 eine Übersicht gibt.

An Stelle der Stundenlöhne werden bei Arbeiten, deren sachliche Ausführung jederzeit leicht überprüft werden kann, häufig Leistungslöhne vereinbart, die einerseits den Arbeiter zu höheren Leistungen anspornen und dadurch die Baukosten und die Bauzeit herabsetzen sollen, anderseits den Arbeiter selbst bis zu einem gewissen Grade zum Unternehmer machen, der entsprechend seinen fachlichen Kenntnissen, seiner Geschicklichkeit und Flinkheit auch höhere Verdienste erreicht.

Die Leistungslöhne müssen in sozial anständiger Weise vereinbart werden; sie dürfen nicht zu einer einseitigen Ausbeutung des Arbeiters ausarten. Der Verdienst des Arbeiters soll im Leistungslohn niemals unter den üblichen Stundenlohn sinken.

Die Leistungslohnvereinbarung wird je nach der Art der Arbeit mit einzelnen Arbeitern oder mit ganzen Arbeitergruppen getroffen, die den Verdienst wieder nach einem besonders vereinbarten Schlüssel untereinander aufteilen. Solche Vereinbarungen mit Arbeitergruppen werden z. B. getroffen bei Baggerarbeiten, bei denen die Arbeiter am Bagger und die Transportarbeiter zu einer Gruppe zusammengefaßt sind, oder bei Stollenarbeiten, bei denen die Häuer und die Schlepper eine Gruppe bilden. Bei Arbeiten, die Sprengungen erfordern, werden, um Sprengstoffvergeudungen beim Arbeiten im Leistungslohn vorzubeugen, besondere Vereinbarungen getroffen, indem die Gruppe für den vereinbarten Leistungslohn auch die Sprengstoffe zu beschaffen hat, die vom Bauunternehmer an die Gruppe zu festgesetzten Preisen geliefert werden, oder indem für jede Felsart eine gewisse Sprengstoffmenge seitens der Bauunternehmung der Gruppe kostenlos beigestellt wird. Ein Mehrverbrauch muß von der Gruppe bezahlt werden, während ihr ein Minderverbrauch voll gutgeschrieben wird.

Neben den Leistungslöhnen werden bei Stollenbauten der Leistungslohngruppe vielfach noch Belohnungen gewährt, wenn innerhalb eines Monats der Vortriebsfortschritt ein festgesetztes Maß überschreitet.

Unter den sozialen Lasten werden alle Auslagen zusammengefaßt, die dem Dienstgeber aus den verschiedenen Versicherungen und sonstigen Einrichtungen erwachsen, die der Erhaltung der Arbeitskraft und der Gesundheit der Dienstnehmer sowie deren Altersversorgung dienen. Die Höhe dieser Auslagen wird in Prozenten der Verdienstsumme des Arbeitnehmers berechnet und kann mangels genauerer Daten der Zusammenstellung in Nr. 16 entnommen werden.

e) Die Baustoffkosten.

Die erforderlichen Baustoffmengen können in der Regel ohne weiteres aus der Entwurfsdarstellung entnommen bzw. berechnet werden. Die Baustoffpreise unterliegen vielfach starken Schwankungen und weisen auch von Ort zu Ort mitunter beträchtliche Unterschiede auf, so daß sie am besten jeweils bei den einschlägigen Baustoffhändlern erfragt werden. In Nr. 30 sind einige Preise zur raschen, vorläufigen Orientierung zusammengestellt, die natürlich genaue Erkundigungen nicht ersetzen können.

f) Die Kosten der Geldwirtschaft des Bauunternehmers.

Ähnlich wie dem Bauherrn erwachsen auch dem Bauunternehmer aus seiner Geldwirtschaft Kosten, weil ja die Zahlungen des Bauherrn der Bauleistung des Unternehmers wegen des erforderlichen Aufmessens und der Abrechnung nicht genau zu folgen vermögen und vielfach noch aus anderen Gründen, die nicht im Betriebe des Unternehmers begründet sind, Zahlungsverzögerungen entstehen. Die Zeitspanne zwischen dem Geldaufwand des Unternehmers und den einlaufenden Zahlungen des Bauherrn muß in der Regel durch Anleihen (Kredite) des Bauunternehmers überbrückt werden, die Kosten verursachen. Die Zahlungen des Bauherrn folgen den Leistungen wohl nur selten früher als innerhalb von ein bis zwei Monaten nach. Durch Auftragung der auf Grund des Bauplanes aufgestellten Geldverbrauchssummenlinie und der Summenlinie der voraussichtlich einlaufenden Zahlungen (Abb. 5) kann sich der Bauunternehmer ein ungefähres Bild über die Höhe des voraussichtlich erforderlichen Kredits und seiner Kosten machen, die bei der Festsetzung der Baukosten nicht außer acht gelassen werden dürfen.

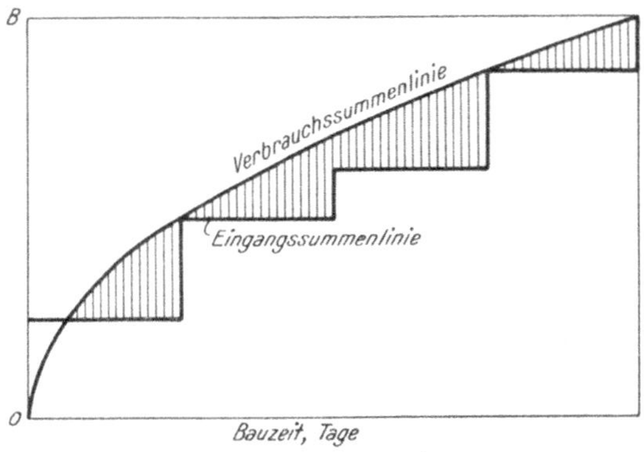

Abb. 5. Darstellung der Geldwirtschaft des Unternehmers durch Summenlinien.

Um die Kosten der Geldwirtschaft des Bauunternehmers möglichst klein zu halten, ist es erforderlich, einerseits im Baubureau Vorsorgen zu treffen, daß die Abrechnungen den Bauleistungen möglichst rasch folgen, und anderseits günstige Abrechnungsweisen und Zahlungsfristen mit dem Bauherrn zu vereinbaren. Bei Bauherstellungen, die umfangreiche Baustelleneinrichtungen erfordern, die ja vorwiegend schon bei Baubeginn errichtet werden müssen, ist es sowohl für den Bauunternehmer als auch für den Bauherrn vorteilhaft, die Kosten der Baustelleneinrichtung gesondert von den übrigen Bauleistungen zu verrechnen. Wenn die Kosten der Baustelleneinrichtung vom Bauunternehmer nur in Form von Zuschlägen zu den sonstigen Bauleistungen hereingebracht werden, so folgen die Zahlungen den Leistungen übermäßig verspätet nach, wodurch dem Bauunternehmer vermeidbare Kosten erwachsen, die letzten Endes doch wieder der Bauherr bezahlen muß.

g) Die Kosten der Gewährleistung.

Der Bauunternehmer muß in der Regel dem Bauherrn gewisse Eigenschaften des von ihm hergestellten Bauwerkes gewährleisten. Es wird eine Frist zwischen etwa einem halben und drei Jahren festgesetzt, innerhalb der der Unternehmer verpflichtet ist, alle Mängel, die auf unzureichende Baustoffe oder unsachgemäße Arbeit oder fehlerhafte Bemessung zurückzuführen sind, kostenlos zu beheben. Um diese Behebung nötigenfalls auch erzwingen zu können, muß der Bauunternehmer eine Sicherstellung leisten. Diese wird entweder durch Rückbehalt von meist 10% der jeweiligen Zahlungen auf die Dauer der Gewährleistungsfrist angesammelt oder durch die Hinterlegung einer Bankbürgschaft bewerkstelligt. In beiden Fällen erwachsen dem Bauunternehmer Kosten, weil im ersten Falle die hinterlegte Sicherstellung seiner freien Verfügung entzogen ist und daher nur die üblichen Guthabenzinsen abwirft, während im zweiten Falle die Bank für die Leistung der Bürgschaft Kosten berechnet, deren Höhe vom fachlichen Ruf des Unternehmers abhängt und etwa jährlich 1 bis 3% der Bürgschaftssumme betragen.

8. Der Zuschlag für Gewinn und Wagnis (Risiko).

Die Zuschläge für Gewinn und Wagnis, die der Bauunternehmer zu seinen Selbstkosten macht, hängen von der Art des Baues und von der allgemeinen Geschäftslage ab. In der Regel gelten etwa 10% Zuschlag für Gewinn und Wagnis als angemessen, zu Zeiten schlechten Geschäftsganges muß sich der Unternehmer aber häufig mit wesentlich geringeren Zuschlägen begnügen.

9. Die Umsatzsteuer.

Die meisten Staaten heben Umsatzsteuern ein, die in Prozenten der verrechneten Baukosten berechnet werden. Sie betragen derzeit

im Deutschen Reiche	2%
in Österreich	3%
in der Tschechoslowakei	3%

10. Die Kosten der Bauüberwachung.

Die Kosten der Bauüberwachung treffen vorwiegend den Bauherrn unmittelbar, vielfach wird aber auch der Unternehmer durch die Bauüberwachung belastet, indem ihm die Beistellung eines Kanzleiraumes für die Bauüberwachung und manchmal auch von Hilfskräften vorgeschrieben wird. Wegen Kosten der baupolizeilichen Überwachung in Preußen siehe: Zentralblatt der Bauverwaltung, 1904, S. 253, und 1929, S. 167.

11. Geschäftsunkosten in Prozenten,

als Zuschlag zu den Löhnen, einschließlich der Kosten der Beistellung der Handwerkzeuge, Maschinen, Gerüste u. dgl.

Betriebe	Groß	Mittel	Klein
Maurer		40	24—29
Zimmerer			25—34
„ mit mehr als 6 Arbeitern und Maschinen		42	
Dachdecker		34	27—31
Pflasterer			19
Schmiede, Bauschmiede mit mehr als 4 Arbeitern		54	
„ , Wagenschmiede mit Maschinen		70	
„ , „ ohne Maschinen		55	
Schlosser mit Maschinen, mehr als 7 Arbeiter		75	
„ ohne Maschinen			53—61
Schreiner mit Maschinen		54	49
Installateur		57	
Wagner		80	70
Maler		36	26—31
Gipser	25	20—23	20—23
Hafner	41	30—36	30—36

C. Die Betriebskostenberechnung.

12. Allgemeines über Betriebskostenberechnungen.

Die Betriebskosten einer Anlage setzen sich zusammen aus festen und veränderlichen Kosten.

Die festen Kosten bestehen aus den Zinsen für das Anlagekapital, der Erneuerungsrücklage, der Tilgungsrücklage, allfälligen sonstigen Rücklagen und aus Gehältern und Löhnen für Angestellte und Arbeiter, die ohne Rücksicht auf den Betrieb gehalten werden müssen, ferner Sachauslagen, die ohne Rücksicht auf den Betrieb erwachsen, sowie Steuern, Versicherungen u. dgl., die ebenfalls ohne Rücksicht auf den Betrieb erwachsen.

Die veränderlichen Kosten werden durch den Betrieb verursacht; sie bestehen aus den Kosten der Betriebsstoffe, den Kosten der Instandhaltung, soweit sie durch den Betrieb verursacht werden, ferner den Gehältern und Löhnen des Betriebspersonals und den sonstigen Betriebsauslagen, wie Steuern, Versicherungen u. dgl., die vom Betrieb abhängig sind.

13. Die Erneuerungsrücklage und die Tilgungsrücklage.

Die Erneuerungsrücklage dient der Ansammlung der für die Erneuerung eines Bauwerkes oder einer Maschine nach Ablauf der Nutzungsdauer aufzuwendenden Geldbeträge. Die Tilgungsrücklage dient zur Rückzahlung der Baukosten im Falle des entschädigungslosen Heimfalles einer Anlage nach einer gewissen Frist oder im Falle des Unbrauchbarwerdens eines Bauwerkes ohne Möglichkeit der Erneuerung (z. B. Verlandung eines Stauweihers).

Bezeichnet K den Neuwert, K_a den Altwert, n die Nutzungsdauer bzw. die Tilgungsfrist in Jahren und p den Zinsfuß in Prozenten, so beträgt die jährliche Rücklage bei Vernachlässigung der Verzinsung:

$$R = \frac{K - K_a}{n}.$$

Vielfach wird auch der Altwert vernachlässigt.

Wenn die Verzinsung berücksichtigt wird und die Rücklage am Ende eines jeden Jahres erfolgt, so betragen die jährlichen Rücklagen:

$$R = (K - K_a) \frac{\frac{p}{100}}{\left(1 + \frac{p}{100}\right)^n - 1}.$$

Um die Kosten des Abtragens der zu erneuernden Anlage hereinzubringen, wird vielfach der Altwert und die Verzinsung außer acht gelassen.

Bei der Berechnung der Tilgungsrücklage wird K_a gleich Null gesetzt. Nur wenn der Heimfall mit Entschädigung verbunden ist, wird für K_a der Entschädigungsbetrag eingesetzt.

14. Nutzungsdauer, Abschreibung (ohne Rücksicht auf Altwert und Verzinsung) und Instandhaltung.

Anlageteil	Nutzungsdauer Jahre	Jährliche Abschreibung in Prozenten des Neuwertes	Jährliche Instandhaltungskosten in Prozenten des Neuwertes
Abwasserreinigungsanlagen, ganze	20—50	5—2	3—5
Akkumulatorenbatterie	10	10	8—15
Armaturen in Rohrleitungen	20	5	2—10
Betonkanäle	30—50	3,3—2	2—5
Betriebsfernsprecher	12—20	8—5	3
Dampfkessel, Tagbetrieb	12—25	8—4	2—4
„ , Tag- und Nachtbetrieb	8—14	12—7	3—6
„ , nur zeitweilig im Betrieb	14—25	7—4	1,5—3
Dampfmaschinen, -turbinen, Tagbetrieb	10—25	10—4	2—4
„ , „ , Tag- und Nachtbetrieb	8—20	12—5	3—6
Dampfmaschinen, -turbinen, nur zeitweilig im Betrieb	20—33	5—3	1,5—3
Dieselmotoren, Tagbetrieb	8—12	12—8	5—8
„ , Tag- und Nachtbetrieb	7—10	4—10	6—10
„ , nur zeitweise im Betrieb	10—15	10—7	3—5
Dränanlagen, ganze	30—40	3,3—2,5	2
Drehstrommotoren und -stromerzeuger	20—25	5—4	1—2

Fortsetzung der Tabelle.

Anlageteil	Nutzungsdauer Jahre	Jährliche Abschreibung in Prozenten des Neuwertes	Jährliche Instandhaltungskosten in Prozenten des Neuwertes
Druckrohrleitungen aus Stahl	30—50	3,3—2	3—5
„ „ Holz	25—40	4—2,5	1—2
„ „ Eisenbeton	50	2	0,5
Druckrohrausrüstung (Schieber, Meßgeräte u. dgl.)	20—25	5—4	2—4
Druckkessel	25—40	4—2,5	2—4
Einfriedungen aus Beton	50—70	2—1,4	1
„ „ Holz	8—15	12,5—6,7	3
„ „ Stahl	50	2	1—2
Elektrische Schaltanlagen	20	5	1,5—2,5
„ Freileitungen	25—50	4—2	2—4
„ Meßeinrichtungen	10	10	6—8
Enteisungsanlagen	12—18	8,3—5,6	5
Enthärtungsanlagen	30—40	3,3—2,5	0,5—1
Erdbauten	50—100	2—1	2—4
Erdkabel	20—40	5—2,5	2—4
Fahrzeuge, Pferde-	5	20	5—10
Filteranlagen, offene (Langsamfilter)	30—50	3,3—2	1—4
„ , geschlossene (Schnellfilter)	12—25	8,3—4	3—5
Flußbauten (Ufersicherungen, Leitwerke u. dgl.)	10—30	10—3,3	3—6
Flußwasserentnahmeanlage	50	2	3—5
Gasbehälter	30—50	3,3—2	2—5
Gasmesser	15—30	7—3,3	10—7
Gleichstrommotoren und -stromerzeuger	20	5	2—3
Grundstücke	100	1	0,25—0,5
Hebezeuge, Fördergeräte, Tagbetrieb	12—20	8,3—5	1—2
„ , „ , Tag- und Nachtbetrieb	8—12	12,5—8,3	2—4
„ , „ , nur zeitweise im Betrieb	14—35	7,1—2,8	0,5—1
Hochbauten	50—80	2—1,25	0,5—2
Kanäle, Abwasser-	20—50	5—2	
Klärbecken für Trinkwasser	30—50	3,3—2	1—2
Kraftwagen	5—8	20—12,5	8—10
Maschinenhäuser	50	2	1—2,5
Maste, Fichte, Tanne, nicht imprägniert	4—5	25—20	4
„ , Kiefer	5—7	20—14,3	4
„ , Eiche	7—12	14—8	4
„ , Lärche	10	10	4
„ , Kiefer, mit Teeröl imprägniert, 250 kg/cbm	25	4	1,5—2
„ , „ , „ „ „ , 100 „	22	4,5	1,5—2
„ , „ , „ „ „ , 50 „	20	5	1,5—2
„ , Eisenbeton	30—50	3,3—2	1
„ , Stahl	25—30	4—3,4	1—2
„ , Tannenholz, imprägniert	15	6—7	1,5—2
Möbel	20	5	2
Pumpen	20—25	5—4	0,5—2,5
Quellfassungen	20—60	5—1,7	1—3
Regneranlagen, ganze	15	6,7	
Rechen	20—30	5—3,3	2—3
Riesler	20—30	5—3,3	
Röhrenbrunnen	2—50	50—2	2—5
Rohrleitungen für Trinkwasser aus Gußeisen	40—70	2,5—1,4	0,25—1
„ „ „ „ Stahl	20—60	5,0—1,7	0,5—2
„ „ „ „ Eternit	30—40	3,3—2,5	0,5—1
„ „ „ „ Holz	30	3,3	1—2
Schachtbrunnen	30—100	3,3—2	1—3
Schalthaus	30	3,3	1—2,5
Schleppgleise	20	5	2—4
Schornsteine, gemauert	30—50	3,3—2	0,5—1
„ , stählerne	15—20	6,7—5	3—5
Spannungswandler	20	5	1,5—3
Staudämme	100	1	0,2—0,5
Staumauern	60—100	1,7—1	0,3—0,5

Fortsetzung der Tabelle.

Anlageteil	Nutzungsdauer Jahre	Jährliche Abschreibung in Prozenten des Neuwertes	Jährliche Instandhaltungskosten in Prozenten des Neuwertes
Stauwerke, Grundwerk und Betonteil	50—100	2—1	0,5—3
„ , Stahlteile	20—30	5—3,4	1,5—5
„ , bewegliche Holzteile	10—15	10—6,7	3—6
„ aus Holz	10—20	10—5	3—6
Steinzeugkanäle	50—60	2—1,7	1—3
Stollen	60—100	1,7—1	0,5—3
Stollenausrüstung aus Stahl	30	3,3	3—5
Stromerzeuger, große	20—33	5—3	1—3
Treibriemen	5—10	20—10	3—5
Transmissionen	20—30	5—3,3	1—2
Ufermauern	20—50	5—2	2—5
Verbrennungskraftmaschinen, raschlaufend	10—15	10—6,5	2—8
Wasserbauten	50—100	2—1	1,5—3
Wasserbehälter aus Stahl	15—20	6,7—5	2—5
Wasserkeller	35—70	3—1,4	0,5—2
Wasserkraftanlage, gesamte	30—50	3,3—2	0,5—2,5
Wassermesser	10—20	10—5	5—8
Wasserturbinen	10—35	10—3	0,5—5
Wassertürme	40—50	2,5—2	1,5—3
Werksgräben, Erdarbeit	100	1	0,5—3
„ , Verkleidung und Bauwerke	30—50	3,3—2	1—5
Werkzeugmaschinen	10—20	10—5	5
Werkzeuge	3	33,3	10
Wildbachverbauungen	10—20	10—5	5—15

II. Die Löhne.

15. Die Löhne. Allgemeines.

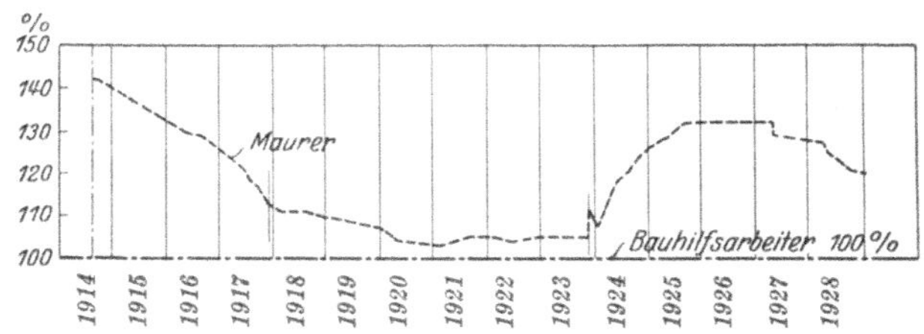

Abb. 6. Gang des Verhältnisses des Lohnes eines Maurers zum Lohne eines Bauhilfsarbeiters in den Jahren 1914—1928. (Nach G. Garbotz.)

Die Löhne aller Bauarbeiter haben seit der Vorkriegszeit entsprechend den Änderungen der Lebenshaltungskosten, der Nachfrage und nicht zuletzt der Macht ihrer Organisation weitgehende Veränderungen erfahren. Am besten haben bei all diesen Lohnänderungen durchwegs die ungelernten Hilfsarbeiter abgeschnitten. Noch in keinem Berufe ist die Lohnspannung der Vorkriegszeit zwischen Facharbeiter und Hilfsarbeiter wiederhergestellt. Recht anschaulich führt die Bevorzugung des Hilfsarbeiters bei der Lohnfestsetzung die in der Abb. 6 wiedergegebene Zusammenstellung von G. Garbotz[146] vor Augen. Ähnlich wie die Löhne haben auch, zum Teil als Folge, die Baustoff- und die Baugerätepreise große Veränderungen erfahren, die aber einen anderen Gang als die Löhne aufweisen (Abb. 7). Der Anteil der Löhne an den Kosten einer Bauherstellung konnte aus diesem Grunde auch nicht fest bleiben. Eine Umrechnung älterer Baukosten auf die gegenwärtigen Verhältnisse ist verläßlich nur auf Grund von Preisanalysen möglich. Schätzwerte können unter Berücksichtigung des Baukostenindexes erhalten werden.

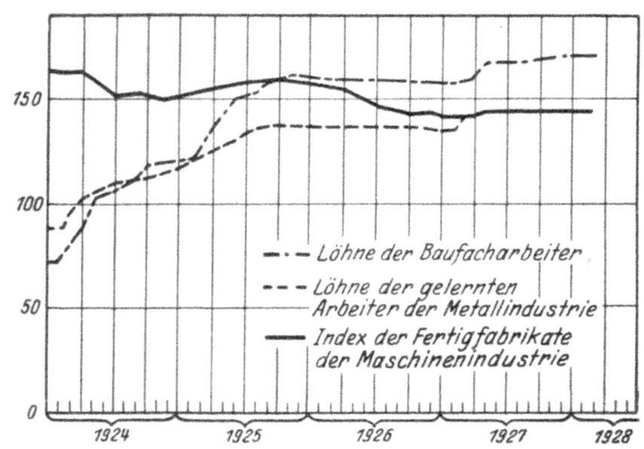

Abb. 7. Gang der Löhne und der Baumaschinenpreise von 1924—1928. (Nach G. Garbotz.)

In den folgenden Nr. 17 bis 24 sind einige Übersichten zusammengestellt, die einen Überblick über Lohnbewegungen, über den Gang des Verhältnisses von Lohn zu Material, über den

Gang des Lebenskostenindexes und über gegenwärtig vorkommende Löhne geben. Die Löhne sind sehr verschieden, je nach der Lage der Baustelle; in den Städten ist stets mit höheren Löhnen, besonders bei den Hilfsarbeitern, zu rechnen, als am Land. Die Zusammenstellungen in Nr. 18 und 19 sollen daher nur einen allgemeinen Überblick über gegenwärtig vorkommende Löhne geben und können genaue Erhebungen über die Lohnverhältnisse im Bereiche der Baustelle nicht ersetzen.

Bei der Kostenberechnung der Bauarbeiten sind, wie nochmals betont sei, als Löhne nicht die Nennlöhne der Arbeiter einzusetzen, sondern es sind zu den Nennlöhnen noch die sozialen Lasten (siehe Nr. 16) und alle sonstigen Unkosten, wie Baustellenunkosten, Geschäftsunkosten u. dgl., zuzuschlagen, also die Lohnstunde mit jenem Betrage zu bewerten, mit dem sie dem Arbeitgeber tatsächlich im Geschäftsbetriebe zu stehen kommt.

16. Die sozialen Lasten.

Unter den sozialen Lasten werden alle Versicherungen u. dgl. zusammengefaßt, die den Arbeitnehmer und seine Familie im Falle von Krankheit, von Unfällen und im Alter vor Not schützen und die Erhaltung der Arbeitskraft fördern sollen. Für die Ermittlung der Baukosten kommen nur jene Beiträge in Betracht, die der Arbeitgeber aus eigenem zu entrichten hat.

A. Deutsches Reich.

Die Sozialversicherung umfaßt die Krankenversicherung, die Unfallversicherung, die Invaliden- und Hinterbliebenenversicherung, die Angestelltenversicherung und die Erwerbslosenversicherung.

Die Krankenversicherung gewährt dem Arbeitnehmer und den mit ihm im gemeinsamen Haushalte lebenden Familienmitgliedern ärztliche Hilfe und Geldaushilfe bis zur Dauer eines halben Jahres. Der Versicherungspflicht unterliegen alle Handarbeiter ohne Rücksicht auf ihren Verdienst und Kopfarbeiter bei einem Jahresverdienst bis 3600 RM sowie Kleingewerbetreibende mit Jahreseinkommen bis 8400 RM. Die Beiträge werden nach dem Gesetze vom 5. Juli 1934 zu gleichen Teilen vom Versicherten und vom Arbeitgeber aufgebracht. Die Beiträge liegen zwischen 5 und 7,5% des Nennlohnes und belasten daher den Arbeitgeber mit 2,5 bis 3,75% über den Nennlohn hinaus.

Die Unfallversicherung gewährt dem Versicherten im Falle eines Unfalles, der die Erwerbsfähigkeit um mindestens ein Fünftel vermindert, und im Todesfalle den Hinterbliebenen Renten. Der Versicherungspflicht unterliegen alle Angestellten und Arbeiter, soweit sie nicht im Bureau beschäftigt sind. Bei Angestellten unterliegt der Versicherungspflicht nur ein Jahresverdienst bis 8400 RM, darüber hinausgehende Verdienstbeträge bleiben unberücksichtigt. Die Versicherungsbeiträge hängen vom Verdienst und von der Gefährlichkeit der Beschäftigung ab. Durchschnittlich beträgt bei Bauarbeitern der Beitrag des Arbeitgebers 2,75% von den Löhnen der Arbeiter und 0,5% von den Verdienstbeträgen der Angestellten.

Die Invaliden- und Hinterbliebenenversicherung bewahrt Handarbeiter sowie ihre Hinterbliebenen vor Not, wenn der Versicherte infolge Alters (65 Jahre) oder vorzeitig erwerbsunfähig wird. Der Versicherungspflicht unterliegen alle Arbeiter, Gesellen, Hausgehilfen, Lehrlinge, soweit sie nicht der Angestelltenversicherung unterliegen, und alle Hausgewerbetreibenden. Die Wochenbeiträge sind nach acht Lohnklassen abgestuft und betragen bei einem

Wochenverdienst bis	6	6—12	12—18	18—24	24—30	30—36	36—42	über 42 RM
wöchentlich	0,30	0,60	0,90	1,20	1,50	1,80	2,10	2,40 RM

Die Beiträge werden bei Wochenverdiensten bis 6 RM vom Arbeitgeber voll aufgebracht, bei allen anderen Wochenverdiensten werden sie zu gleichen Teilen vom Versicherten und vom Arbeitgeber bezahlt. Sie belasten daher den Arbeitgeber mit 3,35 bis 2,5% über den Nennlohn hinaus.

Die Angestelltenversicherung sichert Kopfarbeiter im Alter von über 65 Jahren sowie bei vorzeitiger Berufsunfähigkeit und ihre Hinterbliebenen vor Not. Der Versicherungspflicht unterliegen alle Kopfarbeiter mit Jahresarbeitseinkommen bis 7200 RM. Die Monatsversicherungsbeiträge betragen bei einem monatlichen Arbeitsverdienst

bis	50	50—100	100—200	200—300	300—400	400—500	500—600	über 600 RM
Klasse	A	B	C	D	E	F	G	H
	2	4	8	12	16	20	25	30 RM

Für die freiwillige Versicherung von Angestellten mit einem Jahresverdienst von über 7200 RM bestehen noch zwei Klassen J und K mit Monatsbeiträgen von 40 und 50 RM. Die Monatsbeiträge zur Angestelltenversicherung werden bei Monatsverdiensten bis 50 RM und bei Lehrlingen vom Arbeitgeber voll entrichtet. In allen übrigen Klassen werden die Monatsbeiträge vom Arbeitgeber und vom Arbeitnehmer zu gleichen Teilen aufgebracht.

Die Erwerbslosenversicherung schützt den Erwerbslosgewordenen vor äußerster Not. Der Versicherungspflicht unterliegen alle Angestellten und Arbeiter. Die Beiträge betragen bei einem

Monatsverdienst bis	100	100—150,	bei Monatsverdiensten bis über 3000 RM
	0	1,5	steigend bis zu 6,5%

und werden zur Hälfte vom Versicherten, zur Hälfte vom Arbeitgeber aufgebracht. Sie belasten daher den Arbeitgeber mit 0,75 bis 3,25%, durchschnittlich mit 1,5% der Nennlöhne.

Die Urlaube der Angestellten und Arbeiter sind derzeit noch nicht gesetzlich geregelt. Die Gewährung bezahlter Urlaube sollte aber für jeden Arbeitgeber eine Selbstverständlichkeit sein. Die Belastung durch die Gewährung bezahlter Urlaube kann mit etwa 3 bis 5% der Nennlöhne eingeschätzt werden.

Zusammenfassung.

	In Prozenten des Arbeitsverdienstes Angestellte	Arbeiter
Krankenversicherung	2,5—3,75	2,5—3,75
Angestelltenversicherung	0,5	—
Invalidenversicherung	—	2,5—3,35
Erwerbslosenversicherung	1,5	1,5
Unfallversicherung	0,5	2,75
Urlaubstage	5,0	3—5
Krankentage	1—2	1—3
Zusammen...	11,0—13,25	13,25—19,35

B. In Österreich.

Die Sozialversicherung umfaßt die Krankenversicherung, die Unfallversicherung, die Pensionsversicherung und die Arbeitslosenversicherung.

Für Arbeiter sind Versicherungsbeiträge für Wochenverdienste bis 45 S zu bezahlen. Der Beitrag des Arbeitgebers beträgt 10% vom Lohn + 1 g Beitrag zum Siedlungsfonds je Woche.

Für Angestellte werden Beiträge für Monatsbezüge zwischen 80 und 400 S bezahlt. Der Arbeitgeberbeitrag beträgt 10% vom Monatsbezug + 4 g monatlich für den Siedlungsfonds.

Die Lohnabgabe beträgt 4% des Lohnes.

Das Urlaubsentgelt beträgt je Arbeitsstunde 2 g.

Bezahlte Krankentage. Bei Erkrankung gebührt nach einer mindestens 6 Wochen andauernden Beschäftigung vom sechsten Krankentage an durch 12 Tage der halbe Lohn.

Wenn ein Arbeitnehmer nach mindestens 14tägiger Dienstleistung durch Krankheit oder Unglücksfall für eine kurze, eine Woche nicht übersteigende Zeit an der Dienstleistung verhindert ist, so gebührt ihm nach § 1154 b ABGB. für diese Zeit das Entgelt.

C. Tschechoslowakei.

Soziale Lasten der Bauarbeiter:

Arbeiter	Stundenlohn Kč	Krankenversicherung, wöchentlich Kč	Altersversicherung, wöchentlich Kč	Kranken- und Altersversicherung zusammen, wöchentlich Kč	Unfallversicherung
Fassademaurer	5,70	12,18	8,40	20,58	
Maurer auf Gerüsten	5,10	12,18	8,40	20,58	
Maurer, über 2 Jahre nach der Auslehre	4,80	12,18	8,40	20,58	Beim Gefahrenprozent 35: Von der Lohnsumme 2,28%
Maurer, bis 2 Jahre nach der Auslehre	3,50	9,10	6,60	15,70	
Hilfsarbeiter, über 18 Jahre alt	3,30	9,10	6,60	15,70	
Hilfsarbeiter, unter 18 Jahren	1,80	5,46	5,10	10,56	
Weibliche Hilfsarbeiter, über 18 Jahre alt	2,90	8,12	6,60	14,72	
Weibliche Hilfsarbeiter, unter 18 Jahren	1,70	4,06	3,60	7,66	

Die Kranken- und die Altersversicherung ist zur Hälfte vom Unternehmer zu tragen. Die Unfallversicherung belastet zur Gänze den Unternehmer.

17. Durchschnittliche Monatsgehälter.

	Deutsches Reich+ RM	Österreich S	Tschechoslowakei Kč
Bureauleiter (Ingenieur)		400—800	3000—5000*
Ingenieure		250—400	1200—4000
Techniker		200—300	800—1200
Werkmeister		250—350	800—1200
Bauzeichner		180—250	400—600
Bauschreiber		180—250	600
Meßgehilfen			300—600
Kanzleiangestellte		180—300	300—1200
Buchhalter		250—400	1600—4000
Kassierer			1200—2500

18. Durchschnittliche Wochenlöhne.

Angestellter	Deutsches Reich+ RM	Österreich S	Tschechoslowakei Kč
Zimmerpolier		80—100	400—450
Zimmerhilfspolier		60—80	280—300
Zimmerervorarbeiter		60	250
Baupolier	70	80—110	300—400
Bauhilfspolier	60—65	60—80	200—250
Maschinist I. Klasse	55—60	55—65	265
„ II. „	54—57	50	
„ III. „	53—56		
Lokomotivführer		65—70	225—300
Lokomotivheizer		40—45	150—215
Baggerführer		65—70	315—335
Rammeister		65—70	
Schachtmeister	60—70		
Brunnenmeister			
Bohrmeister		100	
Kraftwagenlenker, Last-		56	150—200
„ , Personen-		73	190—250

19. Durchschnittliche Stundenlöhne.

Arbeiter	Deutsches Reich+ RM	Österreich S	Tschechoslowakei** Kč
Anstreicher		1,15	2,50—3,00
Asphaltarbeiter		1,15	3,50—4,00
Asphaltmaschinenführer			6,00—7,00
Aufwärterinnen		0,40—0,50	0,90—1,10***
Bauarbeiter	1,00—1,10	0,76—0,82	2,80—3,20
Betonarbeiter	1,00—1,10	0,85	3,20—4,50
Bootsmann			3,50—4,50
Brunnenarbeiter			3,50—4,00
Dachdecker		1,40	2,30—2,50
Eisenbieger	1,00—1,10	0,85	3,00—4,00
Erdarbeiter		0,80	3,00—4,00
Fliesenleger			4,00—4,50
Fliesenlegerhelfer			2,80
Gerüstzimmerer		0,90	4,50—5,70
Glaser			2,50—4,00
Hilfsarbeiter, männlich	0,90—0,95	0,76—0,82	2,80—3,50
„ , weiblich		0,60	2,00—2,80
„ , jugendlich			1,50—2,00
Klempner		1,20	4,00—4,50
Klempnerhelfer		0,80	2,50—3,00
Köche			1,55—2,10***
Lagerarbeiter			2,50—3,00
Maurer	1,10—1,20	1,17	4,00—6,00
Mineur			4,50

* Plus 10% des Reingewinnes.
** In Industriegebieten bis 15% höhere, in der Slowakei bis um 30% niedrigere Löhne.
*** Plus Verköstigung.
+ Genaue Angaben auf Anfrage bei den Dienststellen der Deutschen Arbeitsfront.

Fortsetzung der Tabelle.

Arbeiter	Deutsches Reich RM	Österreich S	Tschechoslowakei* Kč
Monteur			9,00
Nachtwächter		0,82	2,50—3,15
Nieter			4,00—4,50
Ofensetzer		1,40—1,60	4,00—5,00
Pflasterer			3,60—4,50
Rabitzputzer			4,50
Rabitzspanner		1,20—1,50	4,00—4,50
Rohrleger		1,10—1,25	
Rohrlegerhelfer		0,70	
Schalungszimmerer		1,00	4,50—5,00
Schlosser		1,10—1,20	4,00—6,00
Schlosserhelfer		1,00—1,10	2,50
Schweißer			4,00—5,00
Stein- und Kalkträger		0,80	3,00
Steinarbeiter		0,76—0,82	3,50—4,50
Steinmetz			5,00—6,00
Stukkateur		1,40	7,00—10,00
Tapezierer			3,00—5,00
Taucher		6,00**	
Tiefbauarbeiter	0,80—0,90	0,80—0,90	Profession + Zulage
Tischler		1,10	3,50—4,00
Verputzmaurer		1,17	6,00
Wächter		0,80	2,50
Zimmermann		1,17	4,00—5,00

20. Zulagen zu den normalen Löhnen.

Bei Arbeiten, deren Ausführung mit besonderen Gefahren für das Leben oder die Gesundheit der Arbeiter verbunden sind oder die in ekelerregender Umgebung oder unter starker Geruchsbelästigung auszuführen sind, werden zu den normalen Löhnen Zulagen gewährt. Außerdem erhalten Stammarbeiter, die vom Standorte des Unternehmers auf eine Baustelle gesandt werden, für ihren erhöhten Lebensaufwand (doppelter Haushalt) Bauzulagen und, wenn sie auch auswärts nächtigen müssen, eine Nächtigungsgebühr.

Höhenzulage: für Arbeiten in Höhen von 25 bis 35 m 10%; für je weitere 15 m 5%.
Wasserzulage: für Arbeiten, im Wasser stehend, 10 bis 20%.
Schmutzzulage: für Arbeiten in Senkgruben, Abwasserkanälen u. dgl. bis 30%.
Preßluftwerkzeugzulage: für Arbeiten mit Preßluftwerkzeugen 8 bis 10%.
Preßluftzulage: für Arbeiten in Preßluft (Preßluftsenkkasten, Taucherglocke) 35 bis 50%, in großen Tiefen bis 100%.
Gerüstzulage: für Arbeiten auf Leitergerüsten 5%.
Tiefbauzulage: 30 bis 50%.
Bauzulagen: für Arbeiten an der Baustelle: Tischler 12 bis 15%, Rohrleger 12 bis 24%.

21. Lohnindex einiger Bauarbeiter.

Arbeiter		1914	1925	1926	1927	1928	1929	1930	1931	1932	1933	1934	1935
Maurer	D. R.	100							165				
	Öst.	100	147	160	166	180	181	193	191	182	138	132	
	ČSR.	100		120	120	136	136	136	136	136	136	105	
Zimmermann	D. R.	100											
	Öst.	100	153		157		170	176		167	155	142	
	ČSR.	100		130	130	130	130	130	130	130	121	101	
Betonarbeiter	D. R.	100											
	Öst.	100	167	182	185	200	210	217	212	200	160	157	
	ČSR.	100		120	120	137	137	137	137	137	137	107	
Gerüster	D. R.	100											
	Öst.	100	188		194		210	217		206	188	172	
	ČSR.	100											

* In Industriegebieten bis 15% höhere, in der Slowakei bis um 30% niedrigere Löhne.
** Mit eigener Ausrüstung.

Fortsetzung der Tabelle.

Arbeiter		1914	1925	1926	1927	1928	1929	1930	1931	1932	1933	1934	1935
Erdarbeiter	D. R.	100											
	Öst.	100											
	ČSR.	100		128	128	146	146	146	146	146	146	114	
Hilfsarbeiter, männlich .	D. R.	100							186				
	Öst.	100	167	181	186	202	203	230	222	204	161	154	
	ČSR.	100		141	141	158	158	158	158	158	158	120	
Hilfsarbeiter, weiblich .	D. R.	100											
	Öst.	100	149	164	169	179	182	197	192	187	156	150	
	ČSR.	100		149	149	158	158	158	158	158	158	122	

22. Lohnindex für Zimmerer ab 1893 in Österreich.

1893	1895	1896	1897	1898	1899	1900	1901	1902	1903	1904	1905	1906	1907
100	120	135	130	140	140	150	130	140	150	155	165	180	180

1908	1909	1910	1911	1912	1913	1914	1925	1927	1929	1930	1932	1933	1934
180	180	200	215	265	265	265	405	416	450	465	443	441	376

23. Bewegung einiger Stundenlöhne.

Arbeiter		1914	1925	1926	1927	1928	1929	1930	1931	1932	1933	1934	1935
Maurer	RM	0,82							1,35				
	S	0,65 K	1,46		1,48		1,62	1,68		1,60	1,49	1,37	
	Kč												
Zimmermann	RM												
	S	0,70 K	1,54		1,58		1,72	1,78		1,69	1,57	1,44	
	Kč												
Betonarbeiter	RM												
	S	0,50 K	1,35		1,40		1,51	1,56		1,48	1,35	1,24	
	Kč												
Gerüster	RM												
	S	0,50 K	1,35		1,40		1,51	1,56		1,48	1,35	1,24	
	Kč												
Hilfsarbeiter, männlich	RM	0,57							1,06				
	S	0,39 K	1,12		1,15		1,25	1,29		1,23	1,12	1,03	
	Kč												
Hilfsarbeiter, weiblich .	RM												
	S	0,29 K	0,76		0,78		0,85	0,88		0,84	0,76	0,70	
	Kč												

24. Bewegung des Verhältnisses der Materialkosten *M* zu den Lohnkosten *L*.

		1914		1925		1926		1927		1928		1929	
		M	*L*	*M*	*L*	*M*	*L*	*M*	*L*	*M*	*L*	*M*	*L*
Ziegel-mauer-werk	D. R. Öst. ČSR.	63,5	36,5	58	42			56,6	43,4			55	45
Stampf-beton 1 : 4	D. R. Öst. ČSR.	76,6	23,4	60	40			63	37			62	38
Eisen-beton-decke	D. R. Öst. ČSR.	69	31	55	45			56	44			56	44

Fortsetzung der Tabelle.

		1930		1931		1932		1933		1934		1935	
		M	*L*	*M*	*L*	*M*	*L*	*M*	*L*	*M*	*L*	*M*	*L*
Ziegel-mauer-werk	D. R. Öst. ČSR.	53,5	46,5			54	46	54,4	45,6	52,8	47,2		
Stampf-beton 1 : 4	D. R. Öst. ČSR.	61	39			60,5	39,5	63	37	64,6	35,4		
Eisen-beton-decke	D. R. Öst. ČSR.	55,4	44,6			55,4	44,6	58	42	60	40		

25. **Indizes der Lebenshaltungskosten.**[278]

Jahr	Deutsches Reich	Österreich	Tschecho-slowakei	Ungarn	Schweiz	Italien	U. S. A.
1913	100	—	—	100	—	—	—
1914	—	100	100	—	100	100	100
1923	—	76	102	—	100	487*	162
1924	126	86	101	—	98	512*	162
1925	143	97	108	—	99	598*	169
1926	142	103	105	—	100	649*	166
1927	150	106	109	110	98	548*	162
1928	153	108	109	118	99	143	161
1929	154	112	109	119	100	148	162
1930	147	111	109	105	100	145	155
1931	137	105	104	100	92	134	—
1932	—	107	102	—	—	—	—
1933	—	82	101	—	—	—	—
1934	—	82	100	—	—	—	—
1935	—	—	—	—	—	—	—

III. Gebührenordnungen der Ingenieure auf dem Gebiete des Bauingenieurwesens.

26. **Deutsches Reich.** Auszug aus der Gebührenordnung vom 1. März 1932.[285]

Die in der Gebührenordnung festgesetzten Gebühren sind Mindestgebühren. Werden höhere Gebühren nicht vereinbart, so sind sie als die übliche Vergütung im Sinne des § 632, Abs. 2, BGB. anzusehen. Für Leistungen von besonderer technischer oder wirtschaftlicher Bedeutung sowie bei Leistungen von unverhältnismäßig langer Dauer erhöhen sich diese Gebühren.

A. Gebühren für bauliche Leistungen.

Die Höhe der Gebühr richtet sich nach der Höhe der Herstellungssumme und nach der Bauklasse, der das Werk angehört.

Die Herstellungssumme umfaßt sämtliche Kosten, die für die Herstellung aufgewendet werden, mit Ausnahme der Kosten des Grunderwerbes, der Gebühren des Ingenieurs und der Nebenkosten des Ingenieurs.

Übernimmt der Auftraggeber selbst Arbeiten oder Lieferungen oder werden ihm von Unternehmern oder Lieferern Rückvergütungen oder sonstige Vergünstigungen gewährt, so wird ihr ortsüblicher Wert den Herstellungskosten hinzugerechnet. Ebenso wird bei Stiftungen sowie bei allen Arbeiten und Lieferungen verfahren, deren Kosten nicht vom Auftraggeber getragen werden.

Gebrauchte Maschinen und Materialien, die Wiederverwendung finden, werden mit ihrem Neubeschaffungswert in die Herstellungssumme eingesetzt.

* Papierlire.

Gebührensätze in Prozenten der Herstellungssumme ohne die Kosten der örtlichen Bauleitung und ohne Nebenkosten.

Herstellungs-summe RM	Bauklasse 1	Bauklasse 2	Bauklasse 3	Herstellungs-summe RM	Bauklasse 1	Bauklasse 2	Bauklasse 3
10000	8,00	12,00	16,00	400000	3,80	5,32	6,85
20000	7,15	10,50	13,95	500000	3,75	5,10	6,45
30000	6,70	9,72	12,75	600000	3,65	4,95	6,25
40000	6,35	9,17	12,00	700000	3,60	4,82	6,05
50000	6,10	8,80	11,50	800000	3,56	4,75	5,95
60000	5,85	8,50	11,10	900000	3,53	4,70	5,87
70000	5,65	8,23	10,80	1000000	3,50	4,65	5,80
80000	5,50	8,00	10,50	2000000	3,40	4,25	5,20
90000	5,35	7,78	10,25	3000000	3,30	3,95	4,70
100000	5,25	7,60	10,00	4000000	3,20	3,75	4,30
150000	4,80	6,90	9,10	7000000	3,00	3,40	3,80
200000	4,45	6,42	8,40	10000000	2,70	3,00	3,30
300000	4,05	5,77	7,50				

Solange die Herstellungssumme nicht festgestellt ist, gilt die Endsumme des Kostenanschlages oder, wenn dieser nicht aufgestellt wurde, des Kostenüberschlages. Sind beide nicht vorhanden, so tritt Kostenschätzung an ihre Stelle.

Ist die Herstellungssumme geschätzt, berechnet oder festgestellt, so wird der zutreffende Gebührensatz der obigen Zahlentafel entnommen und der Berechnung der Gebühren zugrunde gelegt.

Die nach der Gebührentafel zu ermittelnden Gebühren werden dabei nach drei Bauklassen abgestuft:

Bauklasse 1.

Hölzerne Bohlwerke. Brücken, hölzerne bis 10 m Spannweite, Stein- und Betonbrücken bis 15 m Spannweite, gerade feste Walz- und Blechträgerbrücken. Einfache Deichsiele. Einfache Durchlässe. Einfache Eisenbahnanschlüsse und einfache Gleisanlagen. Erdarbeiten jeder Art. Faschinenbauten. Felssprengungen. Gerinne für Wasserleitungen ohne Kunstbauten. Einfache Hafenanlagen ohne Kunstbauten. Pflasterungen als Uferdeckung. Einfache Straßenanlagen. Straßenbefestigungen. Stütz- und Futtermauern in Stein und Beton mit einfacher Gründung. Trockenmauern. Einfache Uferdeckungen. Einfache feste Wehre.

Bauklasse 2.

Anschlußbahnhöfe von Kleinbahnen an Vollbahnen. Schwierige Anschlußgleise und Bahnhöfe mit mehr als zwei Nebengleisen für jedes Hauptgleis. Unterirdische Behälter für Flüssigkeiten und oberirdische auch für Gase mit weniger als 15 m Gesamthöhe. Brücken, größere, in Holz, Stein, Beton, Eisenbeton (bis 30 m Spannweite) sowie in Eisen (Balkenbrücken bis 60 m Spannweite) sowie sonstige größere statisch bestimmte Konstruktionen genannter Baustoffe. Anlagen zur Entwässerung von Städten und Ortschaften. Schwierige Deichsiele. Düker. Schwierige Durchlässe. Fabrikgebäude und Speicher, Fähren für Fußgänger und Wagen. Flußkanalisierungen und Schiffahrtskanäle. Flußregelungen. Gesundheitstechnische Anlagen. Anlagen zur Aufbewahrung und Verteilung von Gas und Wasser. Gründungen, ausschließlich der Luftdruck- und Gefriergründungen. Schwierige Hafenanlagen. Hellinge. Lüftungsanlagen. Meliorationstechnische Arbeiten. Schiffswerften. Schöpfwerksanlagen. Einfache Schiffsschleusen. Straßenbahnen und schwieriger Straßenanlagen. Einfache Tunnels. Ufermauern mit schwieriger Gründung. Wasserwerke. Wasserbauten für Kraftgewinnungsanlagen. Einfache bewegliche Wehre. Schwierige feste Wehre.

Bauklasse 3.

Oberirdische Behälter für Gase und Flüssigkeiten mit einer Gesamthöhe von mehr als 15 m. Bewegliche Brücken. Schwierige Konstruktionen, vor allem statisch unbestimmte Tragwerke in Holz, Eisenbeton und Eisen, die nicht unter 1 und 2 genannt sind. Fähranstalten für Eisenbahnen. Gefriergründungen. Geneigte Ebenen. Luftdruckgründungen. Schiffshebewerke. Schwierige Schiffsschleusen. Schwimmdocks. Talsperren. Trockendocks. Schwierige Tunnels. Schwierige bewegliche Wehre.

Bleibt die festgestellte Herstellungssumme unter der niedrigsten Stufe der Gebührentafel, so kann der Ingenieur seine Gebühr nach der aufgewendeten Zeit berechnen. Liegt die Herstellungssumme zwischen zwei Stufen der Gebührentafel, so wird der Gebührensatz durch Interpolieren bestimmt.

Umfaßt ein Auftrag mehrere Bauwerke nach dem gleichen Entwurf, so sind die Gebühren, vorausgesetzt daß diese Bauwerke zu gleicher Zeit ausgeführt werden, für Vorentwurf und Oberleitung nach der Gesamtsumme, für die übrigen Arbeiten den erforderlichen Leistungen entsprechend zu berechnen.

Umfaßt ein Auftrag mehrere gleichartige Bauwerke nach verschiedenen Entwürfen, so sind die Gebühren für jedes Bauwerk einzeln zu berechnen.

Umfaßt ein Auftrag mehrere verschiedenen Gebieten, Gruppen oder Bauklassen angehörende Bauwerke oder Bauwerksteile, so darf die Gebühr für jedes getrennt berechnet werden.

Für Umbauten und Instandsetzungsarbeiten erhöhen sich die Gebühren entsprechend den erforderlichen Mehrleistungen und der größeren Verantwortung, und zwar mindestens um die Hälfte.

Die Leistung des Ingenieurs bildet ein einheitliches Ganzes. Wird ein Werk nach dem Entwurf oder nach den Angaben und unter der Oberleitung des Ingenieurs ausgeführt, so wird die ganze Gebühr berechnet, auch wenn einzelne Teilleistungen nicht oder nur teilweise erforderlich waren.

Wenn die Leistung des Ingenieurs auf Teilleistungen beschränkt ist, so sind diese in Prozenten der Gebühr wie folgt zu bewerten:

a) Vorentwurf und Kostenüberschlag mit 15 + 5 .... 20%
d. h. die probeweise Lösung der Aufgabe in Skizzen nebst Schätzung der Herstellungssumme sowie gebotenenfalls schriftlicher Erläuterung.

b) Entwurf 20%
d. h. die Lösung der Aufgabe in solcher Durcharbeitung, daß darnach der Kostenanschlag aufgestellt werden kann.

c) Kostenanschlag mit Massenberechnung 10%
Mit dem Entwurf wird der Kostenanschlag stets mitberechnet, abgesehen von besonderen Fällen, in denen letzterer entbehrlich ist.

d) Bauvorlagen 5%
bestehend in den zur Nachsuchung der behördlichen Genehmigung nötigen Zeichnungen und Schriftstücken.

e) Ausführungszeichnungen bzw. deren Prüfung 15%

f) Oberleitung der Bauausführung 30%
Diese umfaßt die Vorbereitung der Ausschreibungen, den Entwurf der Verträge über Arbeiten und Lieferungen, die Verhandlungen über die Verträge mit den Lieferanten und Unternehmern bis zum Vertragsabschlusse; die Bestimmung der Fristen für den Beginn, die Fortführung und die Fertigstellung der Bauarbeiten, die Überwachung der Bauausführung; den Schriftenwechsel in den bei der Ausführung vorkommenden Verhandlungen mit Behörden und dritten Personen; die Prüfung und Feststellung der Baurechnungen. Die Oberleitung umfaßt nicht die Leitung der örtlichen Ausführung.

Die Leitung der örtlichen Ausführung, d. h. die Überwachung der Bauausführung in bezug auf die Übereinstimmung der Bauausführung, in bezug auf die Übereinstimmung mit den Ausführungs- und Teilzeichnungen, auf die Einhaltung der technischen Bedingungen sowie der baupolizeilichen Vorschriften: ferner die Abnahme der Baustoffe, die Aufsicht über Taglohnarbeiten, die Durchführung der für die Abrechnung erforderlichen Aufmessungen und die Prüfung aller Rechnungen wird mit mindestens einem Viertel der Gesamtgebühr des Ingenieurs, jedoch nicht unter 1,5% der Herstellungssumme oder nach der aufgewendeten Zeit des Beauftragten und den tatsächlichen Aufwendungen (siehe Nebenkosten) berechnet, falls nicht höhere Aufwendungen erforderlich werden.

Statische Berechnungen für Bauingenieurarbeiten sind ein Teil des Entwurfes und werden mit diesem berechnet. Werden jedoch statische Berechnungen als Sonderleistung verlangt, besonders auch für Werke der Architekten, so sind sie nach ihrer Art wie folgt in Prozenten der sich aus der Rohbausumme ergebenden Gebühren zu vergüten:

a) Neuaufstellung statischer Berechnungen mit Einschluß von Massen- und Gewichtsberechnungen mit 20%
b) Nachprüfen statischer Berechnungen, die von anderer Seite aufgestellt sind, mit... 10%
c) Überwachung und Abnahme der Ausführung von Konstruktionen mit 5%
d) Oberleitung oder Unterstützung der örtlichen Bauleitung in konstruktiver Beziehung bei schwierigen Hochbauten 15%
einschließlich Hilfeleistung bei Vergebung der zugehörigen Arbeiten, bei Abschluß der Verträge und bei Nachprüfung von Werk- und Ausführungszeichnungen.

Die Rohbausumme umfaßt alle Bauteile, die von der statischen Berechnung erfaßt werden müssen, bei Hochbauten insbesondere das Dach, Stockwerksdecken, Mauern, Stützen und Fundamente. Bei Skelettbauten gehören dazu die raumumschließenden Wände bzw. das Mauerwerk in dem Umfange, wie es bei der Rohbauabnahme vorhanden ist bzw. vorhanden sein soll.

Änderungen während der Entwurfsbearbeitung, die eine Neubearbeitung oder Umrechnung der statischen Berechnungen zur Folge haben, bedingen eine entsprechende Mehrvergütung.

Beziehen sich die statischen Berechnungen auf einen Bau mit gleichartigen Abschnitten, für die die gleiche statische Berechnung gelten soll, so können die Gebühren für den zweiten Abschnitt und jeden weiteren auf je die Hälfte des ersteren ermäßigt werden. Für gleichartige Deckenfelder, Stützenzüge oder Binder in demselben Bauwerke gilt diese Ermäßigung nicht.

Zu den Gebühren unter c und d kommen etwaige Reisekosten und Aufwandsentschädigungen noch hinzu.

Bei kleineren Bauwerken (bis etwa 10000 RM Rohbaukosten) oder bei besonderen und schwierigen Fällen kann der Ingenieur statt der festen Sätze eine Vergütung nach dem erforderlichen Zeitaufwand verlangen. Eine solche Berechnungsweise kann der Ingenieur außerdem in allen Fällen vorher vereinbaren.

Ist der Auftrag auf nur eine Teilleistung beschränkt oder auf Leistungen, die zusammen gleich oder weniger als 20% der Gesamtleistung bleiben, so erhöht sich die Teilgebühr für diese um die Hälfte.

Für den Entwurf sind die Teilbeträge aus Entwurf und Vorentwurf stets zusammen zu berechnen, auch wenn ein Vorentwurf nicht geliefert worden ist.

Werden für eine Aufgabe mehrere Vorentwürfe nach verschiedenen Bauprogrammen verlangt oder im Einvernehmen mit dem Auftraggeber aufgestellt, so ist jeder Vorentwurf besonders zu berechnen. Sind nach demselben Bauprogramm und für dieselbe Baustelle mehrere Vorentwürfe auf Verlangen oder im Einverständnis des Auftraggebers aufgestellt, so wird die Gebühr für den ersten voll, für alle weiteren nach Verhältnis der Mehrleistung berechnet.

Werden im Auftrage des Auftraggebers oder mit dessen Zustimmung mehrere Entwürfe für dieselbe Bauaufgabe geliefert, so sind die Teilgebühren für den ersten Entwurf nebst Vorentwurf ganz, für jeden der weiteren Entwürfe nach Verhältnis der Mehrleistung, jedoch mindestens mit der Hälfte der Teilgebühren für Entwurf nebst Vorentwurf zu berechnen.

Die Teilgebühr für die Oberleitung gilt nur unter der Voraussetzung, daß die Bauausführung durch Einzel- oder Gesamtunternehmer erfolgt. Werden Arbeiten ohne Zuziehung von Unternehmern ausgeführt, so verdoppelt sich die Teilgebühr für Oberleitung bezüglich des von dieser Ausführungsart betroffenen Teiles der Herstellungssumme. Die Teilgebühr für Ausführungszeichnungen kommt auf alle Fälle auch dann zur Verrechnung, wenn die Pläne des Entwurfes ganz oder zum Teil als solche verwendet werden können.

B. Gebühren für Leistungen bei maschinellen und elektrischen Anlagen.

Die Gebührensätze sind der Tafel auf S. 18 zu entnehmen. Die Anlagen sind in die Bauklasse 3 eingereiht und umfassen:

z. B. Azetylenanlagen. Anlagen zur Verarbeitung von Abfallstoffen. Aufbereitungen. Badeanstalten. Bergwerksmaschinenanlagen. Brauereien. Brennereien. Chemische Fabriken. Dampf- und Dampfkraftanlagen. Destillieranlagen. Druckluftanlagen. Anlagen zur Aufbewahrung, Umformung und Verteilung von Elektrizität. Elektrizitätswerke. Gasanstalten. Färbereien. Fernheizwerke und große zentralisierte Heizungsanlagen. Förderanlagen. Gerbereien. Gießereien. Glashütten. Hebewerke. Holzbearbeitungsanlagen. Holzschleifereien. Hüttenwerke. Hydraulische Kraftanlagen. Kälteerzeugungsanlagen. Kesselschmieden. Koch- und Waschküchen. Kokereien. Kühlanlagen. Ladevorrichtungen. Landwirtschaftliche maschinelle Anlagen. Lederbearbeitungsanlagen. Maschinenfabriken. Meß- und Kontroll- und ähnliche Anlagen. Molkereien. Mühlen aller Art. Boden- und Silospeicher. Papierfabriken. Pumpwerke. Schachtanlagen. Spinnereien. Triebwerksanlagen. Trockenanstalten. Walzwerke. Waschanstalten. Wasserdruckwerke. Wasserkraftanlagen. Webereien. Windkraftanlagen. Zementfabriken. Zuckerfabriken.

Die Gebühr wird in der folgenden Weise auf Teilleistungen aufgeteilt:

a) Vorentwurf und Kostenschätzung mit 15 + 5 = ... 20%
b) Betriebskosten- und Wirtschaftlichkeitsberechnung 7%
c) Entwurf und Aufstellung der technischen Unterlagen für Preiseinforderungen...... 20%
d) Prüfung der Angebote.. 7%
e) Abfassung der Bestellungsunterlagen.. 10%
f) Oberleitung der Bauausführung 20%
g) Abnahme auf Vertragsgemäßheit ohne Leistungsmessungen 8%
h) Rechnungsprüfung ohne Aufmessung von Leitungen.......................... 8%

Für eine Aufmessung der Leitungen wird von der auf die Leitung entfallenden Gebühr 5% berechnet.

C. Gebühren für städtebauliche Leistungen.

Die städtebaulichen Arbeiten betreffen:

a) Flächenaufteilungspläne, die in großen Zügen die Lösung einer einheitlichen städtebaulichen Aufgabe umfassen, die allgemeine Lösung der Hauptverkehrswege, der Eisenbahn und Wasserbauaufgaben, eine allgemeine Verteilung der Freiflächen, der Wohngebiete, Industriegebiete und sonstigen städtebaulichen Anlagen geben. Sie dienen als Unterlage für die weitere Bearbeitung und Durchführung. In der Regel im Maßstab 1 : 10000.

b) Bebauungspläne, Teilbebauungspläne, Erschließungspläne (Siedlungspläne), die in der Regel auf der Grundlage eines Gesamtsiedlungsplanes für ein Teilgebiet zum Zwecke der Durchführung bearbeitet werden, als Unterlage für die gesetzlichen Fluchtlinienpläne. Sie geben die genaue Straßenführung, Freiflächenverteilung, Blockaufteilung und Verteilung der öffentlichen Bauwerke und Anlagen, bei kleineren Aufgaben auch die Einteilung in Grundstücke. Im Maßstabe 1 : 1000 bis 1 : 2000, bei größeren Aufgaben bis im Maßstabe 1 : 5000.

Die Höhe der Gebühr richtet sich nach der Größe des zu bearbeitenden Gebietes und nach der Art der zu lösenden Aufgaben. Bei Feststellung der Flächengröße werden bei den Flächenaufteilungsplänen die bebauten Ortslagen miteingerechnet, bei den Bebauungsplänen usw. bebaute oder bestehende Teile, soweit in ihnen Anschlüsse usw. zu berücksichtigen sind. Bei Aufgaben, die besonders schwierige technische, wirtschaftliche oder künstlerische Fragen enthalten, erhöhen sich die Gebühren entsprechend den vorliegenden Schwierigkeiten.

Gebührentafel für städtebauliche Leistungen.

A. Für Flächenaufteilungspläne		B. Für Bebauungs-, Teilungs-, Erschließungspläne (Siedlungspläne)		A. Für Flächenaufteilungspläne		B. Für Bebauungs-, Teilungs-, Erschließungspläne (Siedlungspläne)	
Bei Flächen bis ha	RM je ha	Bei Flächen bis ha	RM je ha	Bei Flächen bis ha	RM je ha	Bei Flächen bis ha	RM je ha
1000	5,00	20	100	5000	2,80	200	26
1500	4,50	30	80	10000	2,50	400	20
2000	4,00	50	60	15000	2,40	600	16
2500	3,60	75	50	20000	2,20	800	13
3000	3,30	100	40	über 20000	2,00	1000	10
4000	3,00	150	32				

Die Gebühr verteilt sich auf die Teilleistungen wie folgt:

a) Ortsbesichtigung mit Klarstellung der Aufgabe und der Grundgedanken.......... 20%
b) Vorentwurf, das heißt Lösung der Aufgabe in Skizzen 40%
c) Entwurf, das heißt abgeschlossene Arbeit mit etwa erforderlichen schriftlichen und mündlichen Erläuterungen 40%

Werden die Leistungen zu B (in der obigen Tabelle) als besondere Arbeit geliefert, ohne daß ein Flächenaufteilungsplan vorliegt, so daß die Zusammenhänge mit Anschlußgebieten erst geklärt werden müssen, so erhöhen sich die Gebühren um die Hälfte.

D. Gebühren für Leistungen nach der Zeit.

Für Leistungen, die vereinbarungsgemäß nach der Zeit berechnet werden, ist neben den etwa erforderlichen besonderen Aufwendungen jede Stunde mit 7 RM zu vergüten, bei einer Mindestgebühr von 18 RM.

Für erforderliche Hilfskräfte werden neben dem erforderlichen Aufwand für die Stunde $1^0/_{00}$ der Jahresbezüge berechnet.

E. Nebenkosten.

Die folgenden Leistungen sind in die festgesetzten Gebühren nicht eingeschlossen und daher vom Auftraggeber besonders zu vergüten:

a) Die Kosten aller für die Aufstellung des Entwurfes notwendigen Unterlagen, wie Katasterauszüge, Bauaufnahmen, Bodenuntersuchungen, Bohrungen, Wassermessungen und sonstigen Messungen, Analysen, erforderliches Kartenmaterial, statistische Erhebungen, erforderliche Versuche einschließlich Lieferung von Chemikalien.

Für die Gestellung von Meßinstrumenten und Apparaten ist eine angemessene Entschädigung zu gewähren, auch sind die Kosten für Schäden zu erstatten, die durch die Gestellung an diesen entstehen.

b) Alle Barauslagen, Kosten für die Vervielfältigung von Zeichnungen, Schriften und Drucksachen u. dgl.

c) Die Gebühren des mit der künstlerischen Ausbildung des Entwurfes betrauten Architekten und der im Einvernehmen mit dem Auftraggeber zugezogenen Sonderfachleute.

d) Die Kosten der besonderen (örtlichen) Bauleitung einschließlich der Gehaltsbezüge der Bauaufseher, Bauwächter. Die Kosten für die Beschaffung und Unterhaltung eines besonderen Baubüros, für die Vervielfältigung der Unterlagen und für die Ausschreibung und Vergebung der Arbeiten, Lieferungen u. dgl. sowie die zur Abrechnung erforderlichen Vermessungen.

Die Gehaltsbezüge eines zur besonderen Bauleitung erforderlichen Angestellten sind auch dann, und zwar nach dem Verhältnis des Zeitaufwandes, zu erstatten, wenn dieser zur Leitung mehrerer Bauten bestellt ist.

e) Etwa geforderte Bestandszeichnungen sowie bei Straßen, Eisenbahnen und Kanälen die Schlußvermessungen.

Ferner sind vom Auftraggeber zu vergüten die Kosten der zur Erfüllung des Auftrages erforderlichen Reisen. Für Reisen im Inlande sind die Auslagen für Fahrten, Gepäckbeförderung, Reiseversicherungen und sonstigen unpersönlichen Ausgaben zu vergüten, außerdem wird eine Aufwandsentschädigung von 22 RM für den Tag ohne Übernachtung und von 30 RM mit Übernachten gewährt. Für Reisen bis zu einhalbtägiger Dauer wird der Betrag nur halb vergütet. Wo diese Beträge unter- oder überschritten werden, bleibt es dem Ingenieur überlassen, mindestens die wirklichen Auslagen zu verlangen.

Reise- und Wartezeit werden bei Reisen zur Erfüllung von Aufgaben, die nach der Zeit vergütet werden, nach dem Stundensatz in Rechnung gestellt.

27. Österreich.

A. Allgemeine Bestimmungen.

I. Rechtliche Grundlagen.

Die in dieser Gebührenordnung festgesetzten Gebühren sind Mindestgebühren. Wenn höhere Gebühren nicht vereinbart werden, so sind sie als das übliche Entgelt anzusehen.

Dem Zivilingenieur verbleibt an seinen Leistungen das Urheberrecht. Durch die Entlohnung erwirbt der Auftraggeber nicht das Recht, die Leistung ohne Einwilligung des Zivilingenieurs zu anderen als den vereinbarten Zwecken zu verwenden oder Dritten die Verwendung zu ermöglichen. Er haftet für den entgangenen Gewinn und für den Schaden, der durch die Verletzung dieses Rechtes dem Zivilingenieur entsteht. Wiederholte Verwendung einer Leistung durch den Auftraggeber oder einen Dritten ist erneut gebührenpflichtig.

Der Zivilingenieur bleibt Eigentümer der von ihm verfaßten Zeichnungen und Schriftstücke und anderer von ihm geschaffener Behelfe.

Außer den Gebühren hat der Auftraggeber die Nebenkosten zu tragen.

Mehrleistungen sind dem Zivilingenieur dann zu vergüten, wenn sie entweder vom Auftraggeber angeordnet worden sind oder wenn sie im Interesse des herbeizuführenden Erfolges erforderlich waren. Die Vergütung erfolgt mindestens nach dem Zeittarif.

Wenn ein erteilter Auftrag zurückgezogen oder eingeschränkt wird, so hat der Zivilingenieur Anspruch auf die gesetzliche Entschädigung bzw. auf den entgangenen Gewinn gemäß § 1115 und § 1168 ABGB.

Der Zivilingenieur handelt im Interesse und für Rechnung des Auftraggebers. Es ist dem Zivilingenieur und dessen Hilfskräften untersagt, Zuwendungen irgendwelcher Art außer von seinem Auftraggeber anzunehmen.

II. Arbeitsgebühren.

Die Arbeitsgebühren werden in Prozenten der veranschlagten, berechneten oder festgesetzten Herstellungssumme des Werkes nach der bezüglichen Gebührentafel berechnet.

In die Herstellungssumme des Werkes sind sämtliche Baustoffe, Bestandteile und Leistungen mit dem ihnen an ihrer Verwendungsstelle und zur Zeit ihres Einbaues zukommenden Wert einzubeziehen, gleichgültig, von wem und von wo dieselben bezogen oder beigestellt werden.

Der Prozentsatz für eine Summe, die zwischen zwei in der Gebührentafel angeführten Abstufungen liegt, ist geradlinig zu interpolieren.

III. Schätzungsgebühren.

Bei Wertschätzungen wird, wenn in den Gebührenordnungen nicht besondere Bestimmungen festgelegt sind, der Zeittarif mit einem Aufschlag von 100%, zuzüglich aller Spesen und Auslagen, als Mindestgebühr in Anrechnung gebracht. Hierbei wird auch jene Zeit aufgerechnet, welche für Vorarbeiten, Reisen oder Fahrten an den Bestimmungs- oder Verhandlungsort hin und zurück aufgewendet wird.

IV. Zeitgebühr, Reise- und sonstige Gebühren.

Alle Arbeiten, die in den Gebührentafeln nicht angeführt sind und die nicht nach Überschlagssummen berechnet werden können, wie die Begutachtung von Entwürfen, Beratungen, Schriftwechsel, Berechnungen, Anfertigung einzelner Zeichnungen, Aufnahme bestehender Bauwerke, Untersuchungen, schriftliche und mündliche (auch fernmündliche) Auskünfte, Inventuren, Überprüfungen von Rechnungen, Zeichnungen, Tabellen, Mühewaltung bei Auswahl, Erwerb, Veräußerung, Benützung, Belastung von Grundstücken und Baulichkeiten sowie bei der Ordnung von Rechtsverhältnissen u. dgl., werden nach der Zeitgebühr berechnet.

Wenn der Zivilingenieur zur Durchführung derartiger Arbeiten besondere Geräte von höherem Wert anzuschaffen bzw. beizustellen hat, so ist er berechtigt, einen angemessenen Teilbetrag für die Anschaffung bzw. für die Abnützung in Rechnung zu stellen.

Die Zeitgebühr beträgt für eine Stunde 18 S, mindestens aber 36 S. Bei der Berechnung wird auch jene Zeit aufgerechnet, die für Vorarbeiten und Reisen an den Bestimmungs- oder Verhandlungsort hin und zurück verwendet wurde.

Die Zeitgebühr gilt bis zu einer täglichen Arbeitszeit von acht Stunden. Wenn über diese Zeitdauer Leistungen zu vollbringen sind, wird eine 50%ige Erhöhung der Zeitgebühr angerechnet. In der Zeit zwischen 20 Uhr und 7 Uhr beträgt der Zuschlag zur Zeitgebühr 100%.

Wenn die Arbeiten ein besonderes Maß von Kenntnissen und Erfahrungen erfordern, können die Zeitgebühren je nach der verwendeten geistigen Arbeit, nach der wirtschaftlichen, technischen, rechtlichen oder künstlerischen Bedeutung, nach der Schwierigkeit der Leistung oder je nach der körperlichen Beanspruchung oder Gefährdung, ferner bei Reisen ins Ausland, mit einem Aufschlage von 100% berechnet werden.

Die Zeitgebühr kann bei besonderer wirtschaftlicher, technischer, künstlerischer oder rechtlicher Bedeutung oder Schwierigkeit der Leistung über die vorstehenden Ansätze erhöht werden.

Die Zeitgebühr für einen Hilfstechniker ist mindestens mit der Hälfte der dem Zivilingenieur zustehenden Gebühr zu berechnen. Die Auslagen für verwendete Hilfsarbeiter sind besonders zu vergüten.

Wenn vom Ingenieur eine Arbeit außerhalb der Kanzlei geleistet wird, so ist derselbe berechtigt, nebst den tarifmäßigen Gebühren noch Fahrkosten und Reiseauslagen zu verrechnen.

Dem Ingenieur ist bei Wagenfahrten die Verrechnung einer zweispännigen Fahrgelegenheit oder eines Automobils, bei Eisenbahn- und Dampfschiffahrten die Verrechnung der I. Klasse, dem Hilfsingenieur bei Wagenfahrten die Verrechnung einer einspännigen Fahrgelegenheit, bei Eisenbahnfahrten die Verrechnung der II. Klasse und bei Dampfschiffahrten jene der I. Klasse gestattet.

Bei Strecken auf dem Lande, welche reitend oder fahrend zurückgelegt werden müssen, sind die wirklich aufgelaufenen Kosten zu vergüten.

Außerdem sind die für die Beförderung des Reisegepäckes, der Instrumente usw. gezahlten Gebühren in Anrechnung zu bringen.

Die Fahrkosten der Hilfsarbeiter sind besonders zu verrechnen.

Die behördlich vorgeschriebenen Kommissionskosten und Gebühren sind vom Auftraggeber zu bestreiten.

V. Kanzleigebühren.

1. Verfassung einer Eingabe an die Behörde:
   - a) wegen Bekanntgabe der Baulinie .... S 7,—
   - b) wegen Bekanntgabe der Baulinie und des Niveaus .... „ 8,—
   - c) wegen Genehmigung einer Grundtrennung .... „ 10,—
   - d) wegen Genehmigung einer Parzellierung .... „ 15,—
2. a) Einholen von Erkundigungen auf schriftlichem Wege, Verfassen von Briefen und Erledigung des laufenden Schriftwechsels, für jeden einfachen Brief bis zu 25 Zeilen Maschinschrift (DIN-Format) .... „ 5,—
   für jede weitere, wenn auch nur begonnene DIN-Seite .... „ 3,—
   b) für Briefe, in denen Ziffern oder Buchstaben in Tabellenform vorkommen, für die DIN-Seite mit 25 Zeilen .... „ 10,—
   für jede weitere, wenn auch nur begonnene Seite .... „ 2,—
3. Beglaubigung einer Abschrift ohne Tabellen, für die erste Seite .... „ 4,—
   für jede weitere, wenn auch nur begonnene Seite .... „ 2,—
4. Beglaubigung der Abschrift einer Tabelle mit Ziffern und Buchstaben für die erste Seite .... „ 6,—
   für jede weitere, wenn auch nur begonnene Seite .... „ 1,50
5. Beglaubigung der Kopie eines Planes, für jedes DIN-Format 21 × 29,7 cm .. „ 4,—
   für jedes weitere, wenn auch nur begonnene Format .... „ 2,50
6. Herstellen einer Katasterkopie in den üblichen Katastermaßstäben (1:5760, 1 : 1440, usw.), für jedes, wenn auch nur begonnene Format .... „ 10,—
7. Herstellen einer Katasterkopie in den Maßstäben 1 : 1000 oder 1 : 1250, für jedes, wenn auch nur begonnene Format .... „ 8,—
8. Herstellen einer Kopie aus der Karte, Maßstab 1 : 75000 oder 1 : 25000, für jedes, wenn auch nur begonnene Format .... „ 12,—
9. Herstellen einer Kopie aus einer Landkarte, wie zuvor, jedoch zwei- oder mehrfarbig, für jedes, wenn auch nur begonnene Format .... „ 15,—
10. Herstellen eines geodätischen Planes, ein- oder mehrfarbig, Maßstab 1 : 1000, 1 : 500, 1 : 360 oder 1 : 180, ohne Schichtenlinien und ohne Höhenangaben, also lediglich Lageplan, für jedes, wenn auch nur angefangene Format .... „ 12,—
11. Herstellen einer Kopie eines Lageplanes, jedoch mit Schichtenlinien, für jedes, wenn auch nur angefangene Format .... „ 18,—
12. Herstellen einer Kopie eines Schichtenplanes allein, mit einigen kennzeichnenden Orientierungspunkten, für jedes, wenn auch nur begonnene Format .... „ 10,—
13. Vergrößerung eines Katasterplanes aus einem beliebigen Maßstab in einen anderen, für jedes, wenn auch nur begonnene Format .... „ 16,—
14. Anfertigung einer Vergrößerung aus einer Landkarte, Maßstab 1 : 75000 oder 1 : 25000 auf einen anderen größeren Maßstab:
    - a) mit Schichtenlinien, je, wenn auch nur begonnenes Format .... „ 25,—
    - b) ohne Schichtenlinien, lediglich horizontale Darstellung, je, wenn auch nur begonnenes Format .... „ 20,—
    - c) Schichtenlinien allein, je, wenn auch nur begonnenes Format .... „ 15,—
15. Anfertigung von Plankopien im üblichen Maßstab (1 : 1000, 1 : 200, 1 : 100), für Straßen-, Wasser-, Eisenbahn-, Brücken-, Eisen- und Eisenbetonbauten, je, wenn auch nur angefangenes Format .... „ 20,—
16. Verkleinerung eines Planes aus einem beliebigen Maßstab auf einen beliebigen, je, wenn auch nur begonnenes Format .... „ 22,—
17. Anfertigung von Abschriften ohne Tabellen:
    für die erste Seite .... „ —,80
    für jede weitere Seite .... „ —,60

18. Anfertigung von Abschriften mit Tabellen:
für die erste Seite .... „ 1,20
für jede weitere Seite .... „ —,90

19. Abschriften von Ausweisen, bestehend größtenteils aus Tabellen:
für die erste Seite .... „ 2,20
für jede weitere Seite .... „ 1,80

VI. Nebenkosten.

Vom Auftraggeber sind alle Kosten und Auslagen des Zivilingenieurs zu tragen, die dieser im besonderen Auftrage seines Auftraggebers oder in Verfolg seiner Obliegenheiten notwendigerweise aufzuwenden hat. Besonders sind die Reise-, Aufenthaltsentschädigungs-, Schreib-, Zeichenkosten, Postgebühren, die Kosten für die örtliche Bauleitung, für technische, rechtliche und künstlerische Mitarbeit, Abnützungsbeiträge für beizustellende Geräte und Werkzeuge, die Kosten für die Vorbereitung von Versuchen und Bodensondierungen, die Anschaffungskosten für Versuchsstoffe und Gegenstände, Sonderunfallversicherungen, Beförderungs- und Versicherungskosten sowie alle Kommissionsgebühren, Stempelkosten, Warenumsatzsteuer u. dgl. vom Auftraggeber zu tragen. Der Zivilingenieur ist berechtigt, auf Barauslagen einen Regiezuschlag von 15% in Anrechnung zu bringen.

Alle Ansätze der Gebührenordnung sind in Goldschilling zahlbar.

B. Besondere Bestimmungen für Wasserbauten.

1. Die zur Verfassung eines Projektes für Wasserbauten erforderlichen geodätischen Aufnahmen sind nach dem Gebührentarife für Vermessungsarbeiten zu berechnen.

2. Die Pläne sowie sämtliche Ausarbeitungen sind in einem Stücke zu liefern, und zwar in jener Ausfertigung, wie sie von den Behörden verlangt wird.

3. Mehrfache Entwurfsarbeiten sind in folgender Weise zu honorieren:

Wird über Veranlassung des Bauherrn ein vollständig neuer Vorentwurf angefertigt, so ist derselbe neuerdings voll zu vergüten. Erfährt der Vorentwurf über Veranlassung des Bauherrn Abänderungen, welche zwar eine Umzeichnung erfordern, aber die Benützung der früheren Studien gestatten, so ist der erste Entwurf voll, die Abänderung mit der Hälfte der Gebühr zu vergüten.

Bei Wiederholungen einer und derselben Konstruktion sind die Ansätze b und d der Gebührentafel auf S. 26 nach dem Tarifsatze für die Kosten der Einzelkonstruktion, die Ansätze a, c, f und g aber nach dem Tarifsatze für die Kosten des gesamten Bauwerkes zu berechnen.

4. Wird der projektierende Zivilingenieur bloß mit der Oberleitung der Bauausführung betraut, so gebührt ihm dafür ein Drittel der unter f der Gebührentafel angegebenen Beträge.

Wird die Revision der Baurechnung bzw. die Bauabnahme einem anderen als dem entwerfenden Ingenieur übertragen, so gebührt dem Neueintretenden eine um 50% erhöhte Gebühr.

5. Aufnahmen und vorläufige Untersuchungen des Baugrundes sind nach den tatsächlichen Kosten zu berechnen; die persönliche Mitwirkung des Ingenieurs und seiner Organe ist hierbei nach dem Zeitgebührentarife zu bewerten.

6. Für Arbeiten unter dem Kostenbetrage von 10000 S gelten entweder besondere Vereinbarungen oder, wenn diese nicht getroffen werden, die Zeitgebühren.

7. Wird der Entwurf der Eisenkonstruktionen eines Objektes für sich allein übertragen, so sind die entsprechenden Tarifsätze um 20% zu erhöhen.

8. Für Reisen und alle hier nicht benannten, von dem Ingenieur zu leistenden Arbeiten gelten die allgemeinen Bestimmungen.

Zur Berechnung der Gebühr werden die Wasserbauten in die folgenden drei Gruppen eingeteilt:

Gruppe I: Erdarbeiten; offene Wasserläufe; Uferschutzbauten an Bächen, kleineren Flüssen, wie Faschinenwerke, Beschlächte, Steinwürfe, Böschungspflaster, Ufermauern usw.; Anlagen von kleineren Gerinnen, Teichen und sonstigen kleinen Wasserbauten usw.

Gruppe II: Regulierung von kleineren Bächen, Flüssen, Hochwassergräben usw.; Wasserbauten an Strömen, wie größere Uferschutzbauten, Abauung von Stromarmen, Steinwürfe, Böschungspflaster, Kaimauern, Buhnen, Sporen usw.; Wasserkraftanlagen, Wehre, Grundablässe, Schleusen, Ufermauern usw.; Schwimmschulen und Badeanstalten; Waschanstalten; Bewässerungs- und Entwässerungsanlagen von Grundstücken; See- und Meeresuferbauten; Überschwemmungsdämme und Deichsiele; kleinere Talsperren; Triftanlagen, Klausen, Holzrechen usw.; Entwässerung kleinerer Ortschaften; Wasserversorgung kleinerer Ortschaften.

Gruppe III. Große Stromregulierungen; Bewässerung und Entwässerung von Ländereien; Anlagen zur Gewinnung, Reinigung, Aufbewahrung und Verteilung von Wasser; größere Talsperren; städtische Entwässerungsanlagen und Kanalisierung; Wasserversorgungsanlagen für Städte und größere industrielle und landwirtschaftliche Anlagen; Anlagen von Schiffahrtskanälen; Hafenbauten, Docks, Werften, Leuchttürme.

Gebühr für Wasserbauarbeiten in Prozenten der Baukostensumme.

	Herstellungssumme in Schilling	Bezeichnung der Leistung							
		a	b	c	d	e	f	g	
		Vorentwurf und Kostenschätzung	Detailprojekt und allgemeine statische Berechnung	Kostenanschlag	Einzelheiten und besondere Berechnungen	Vergebung des Baues	Bauleitung und Aufsicht	Bauabnahme und Abrechnung	Zusammen
Gruppe I	20000	1,5	4,0	1,0	1,5	1,2	2,8	1,0	13,0
	35000	1,4	3,8	0,9	1,4	1,1	2,7	0,9	12,2
	55000	1,3	3,6	0,8	1,3	1,0	2,6	0,8	11,4
	80000	1,2	3,4	0,7	1,2	0,9	2,5	0,7	10,6
	110000	1,1	3,2	0,7	1,1	0,8	2,4	0,7	10,0
	150000	1,0	3,0	0,6	1,0	0,7	2,3	0,6	9,2
	200000	0,9	2,8	0,6	0,9	0,6	2,2	0,6	8,6
	300000	0,8	2,6	0,5	0,8	0,6	2,0	0,5	7,8
	500000	0,7	2,4	0,5	0,7	0,5	1,9	0,5	7,2
	1000000	0,6	2,0	0,4	0,6	0,5	1,7	0,4	6,2
	2000000	0,5	1,6	0,4	0,5	0,5	1,6	0,4	5,4
	4000000	0,45	1,4	0,35	0,45	0,45	1,5	0,35	5,05
	8000000 und darüber	0,4	1,3	0,30	0,4	0,4	1,4	0,30	4,6
Gruppe II	20000	2,0	5,0	1,5	2,0	1,3	3,2	1,4	16,4
	35000	1,8	4,6	1,4	1,8	1,2	3,0	1,2	15,0
	55000	1,6	4,2	1,3	1,6	1,1	2,8	1,0	13,6
	80000	1,4	4,0	1,2	1,4	1,0	2,6	0,8	12,4
	110000	1,3	3,8	1,1	1,2	0,9	2,4	0,8	11,5
	150000	1,2	3,6	1,0	1,1	0,8	2,2	0,7	10,6
	200000	1,1	3,4	0,9	1,0	0,7	2,0	0,6	9,7
	300000	1,0	3,2	0,8	0,9	0,6	1,8	0,6	8,9
	500000	0,9	3,0	0,7	0,8	0,6	1,6	0,5	8,1
	1000000	0,8	2,8	0,6	0,7	0,5	1,5	0,5	7,4
	2000000	0,7	2,6	0,5	0,6	0,5	1,3	0,4	6,6
	4000000	0,6	2,3	0,45	0,55	0,45	1,1	0,35	5,8
	8000000	0,5	2,1	0,40	0,45	0,40	0,9	0,30	5,05
	16000000	0,4	1,8	0,35	0,40	0,35	0,7	0,25	4,25
	32000000	0,3	1,5	0,30	0,35	0,30	0,5	0,15	3,40
	64000000 und darüber	0,2	1,2	0,25	0,30	0,25	0,3	0,10	2,60
Gruppe III	20000	3,0	7,0	1,6	3,0	1,5	3,5	1,4	21,0
	35000	2,8	6,6	1,5	2,8	1,4	3,4	1,3	19,8
	55000	2,6	6,2	1,4	2,6	1,3	3,3	1,2	18,6
	80000	2,4	5,8	1,3	2,4	1,2	3,2	1,1	17,4
	110000	2,2	5,4	1,2	2,2	1,1	3,1	1,0	16,2
	150000	2,0	5,0	1,1	2,0	1,0	3,0	0,9	15,0
	200000	1,8	4,6	1,0	1,8	0,9	2,9	0,8	13,8
	300000	1,6	4,2	0,9	1,6	0,9	2,7	0,7	12,6
	500000	1,4	3,8	0,8	1,4	0,8	2,4	0,7	11,3
	1000000	1,3	3,4	0,7	1,2	0,7	2,1	0,6	10,0
	2000000	1,2	3,0	0,6	1,0	0,6	1,8	0,6	8,8
	4000000	1,0	2,6	0,5	0,9	0,5	1,5	0,55	7,55
	8000000	0,8	2,2	0,4	0,8	0,4	1,1	0,50	6,20
	16000000	0,6	1,8	0,35	0,7	0,3	0,9	0,45	5,10
	32000000	0,4	1,4	0,30	0,6	0,25	0,6	0,40	3,95
	64000000 und darüber	0,2	1,0	0,25	0,5	0,20	0,3	0,35	2,80

C. Besondere Bestimmungen für Brückenbauten, Eisenkonstruktionen und Eisenbetonbauten.

1. Die Pläne sowie sämtliche Ausarbeitungen sind in einem Stück zu liefern, und zwar in jener Ausfertigung, wie sie von den Behörden verlangt wird.

2. Mehrfache Entwurfsarbeiten sind in folgender Weise zu vergüten: Wird über Verlangen des Bauherrn eine vollständig neue Skizze angefertigt, so ist dieselbe neuerdings zu vergüten. Erfährt die Skizze über Veranlassung des Auftraggebers Abänderungen, welche zwar eine Umzeichnung erfordern, aber die Benützung der früheren Studien gestatten, so ist die erste Skizze voll, die Abänderung mit der halben Gebühr zu vergüten.

In ähnlicher Weise ist bei den Posten b, c und d der Gebührentafel vorzugehen.

Bei Wiederholungen einer und derselben Konstruktion sind die Ansätze b und c nach der Gebührentafel für die Kosten der Einzelkonstruktion nur einmal, die Ansätze a, d, e und f aber nach dem Gebührensatze für die Kosten des gesamten Bauwerkes zu berechnen.

3. Wird der entwerfende Ingenieur bloß mit der Oberleitung der Bauausführung betraut, so gebührt ihm hierfür ein Drittel der unter e der Gebührentafel angeführten Beträge.

Wird die Revision der Baurechnung bzw. die Bauabnahme einem anderen als dem entwerfenden Ingenieur übertragen, so hat der Neueintretende Anspruch auf eine um 50% erhöhte Gebühr.

4. In den Gebührensätzen sind die notwendigen technischen Aufnahmen inbegriffen. Für Untersuchungen des Baugrundes, für Bohrungen zur Feststellung der geologischen Beschaffenheit, für Wassermessungen sind die tatsächlichen Kosten zu vergüten, nebstdem aber die persönliche Mitwirkung des entwerfenden Ingenieurs und seiner Organe nach dem Zeitgebührentarife zu bemessen.

5. Für Arbeiten unter dem Kostenbetrage von 5000 S sind entweder besondere Vereinbarungen zu treffen oder es gelten zur Berechnung der Gebühr die allgemeinen Bestimmungen.

6. Für Objekte aus Stahl oder Eisenbeton ist der Baubetrag separat zu berechnen und mit einem Zuschlage von 20% zur übrigen Kostenanschlagssumme zuzurechnen.

7. Für Reisen und alle hier nicht benannten, von dem Ingenieur zu leistenden Arbeiten gelten die allgemeinen Bestimmungen.

8. Bei Eisenbetonbauten werden die Gebühren der Gebührentafel um 50% erhöht.

Die Brückenbauten werden zur Berechnung der Gebühr in drei Gruppen eingeteilt:*

Gruppe I: Konstruktionen mit vollwandigen Balkenträgern und ebensolchen Säulen oder Pfeilern sowie Gewölbekonstruktionen jeder Art.

Gruppe II: Konstruktionen mit gegliederten Balkenträgern und ebensolchen Pfeilern sowie gewölbte Monumentalbrücken jeder Art.

Gruppe III: Konstruktionen mit Bogen- und Hängewerksträgern, bewegliche Brücken sowie Monumentalbrücken aller Systeme aus Eisen, ferner Kuppeldachstühle, Glashäuser, Hallen, eiserne Gebäude und ähnliche Konstruktionen.

D. Besondere Bestimmungen für Eisenbahnbauten.

Alle Arbeiten für außergewöhnliche Bahnsysteme (Zahnrad-, Seil-, elektrische Bahnen u. dgl.) sowie auch für Bahnanlagen unter besonderen Verhältnissen (wie Stadtbahnen oder Bahnen durch unwirtliche Gegenden) sind entweder nach der Zeitgebühr oder nach besonderen Vereinbarungen mit dem Auftraggeber zu bezahlen.

Dasselbe gilt für alle Arbeiten, welche in den nachstehenden Tabellen nicht genannt sind sowie für solche Arbeiten, für welche die Herstellungssumme unter 10000 S liegt.

Ist eine Arbeit nach dem Gebührentarife übernommen, so hat der Ingenieur außer auf den daraus berechneten Geldbetrag keinerlei Anspruch auf irgendeine wie immer Namen habende weitere Vergütung, also auch nicht für Reiseauslagen, Hilfsingenieure, Hilfsarbeiter, Karten usw. Die Kosten für Bodensondierungen sind jedoch dem Ingenieur zu ersetzen.

Für jede Arbeitskategorie sind zunächst die in den österreichischen Gesetzen und Verordnungen zur Vorlage an die Behörden verlangten Projektstücke in der dort vorgeschriebenen Ausführung und Anzahl von Stücken abzuliefern, außerdem erhält der Auftraggeber ein vollständiges Stück der ganzen Vorlagen an die Behörden, jedoch von jedem Entwurfsstück nur eine Ausfertigung.

---

* Siehe Tabelle auf S. 28.

Gebühr für Brückenbauten, Stahlkonstruktionen und Eisenbetonbauten in Prozenten der Baukosten.

	Kostensumme in Schilling	Bezeichnung der Leistung						
		a	b	c	d	e	f	
		Skizze und Kosten-schätzung	Entwurf und allgemeine statische Berechnung	Einzelheiten und besondere Berechnungen	Kosten-anschlag	Bauleitung und Aufsicht	Bauabnahme und Abrechnung	Zusammen
Gruppe I	5000	0,83	1,50	1,50	0,67	2,40	0,60	7,50
	10000	0,75	1,26	1,36	0,61	2,18	0,54	6,70
	20000	0,68	1,24	1,24	0,56	1,98	0,50	6,20
	35000	0,63	1,14	1,14	0,51	1,82	0,46	5,70
	55000	0,58	1,05	1,05	0,47	1,68	0,42	5,25
	80000	0,53	0,97	0,97	0,44	1,55	0,39	4,85
	110000	0,50	0,90	0,90	0,40	1,44	0,36	4,50
	120000	0,46	0,84	0,84	0,38	1,34	0,34	4,20
	200000	0,43	0,79	0,79	0,36	1,26	0,32	3,95
	300000	0,41	0,75	0,75	0,34	1,20	0,30	3,75
	500000	0,40	0,72	0,72	0,32	1,15	0,29	3,60
	1000000	0,39	0,70	0,70	0,31	1,12	0,28	3,50
	2000000	0,38	0,69	0,69	0,31	1,10	0,28	3,45
	4000000	0,37	0,68	0,68	0,30	1,08	0,27	3,38
	8000000	0,36	0,67	0,67	0,29	1,06	0,26	3,31
	16000000	0,35	0,66	0,66	0,28	1,04	0,25	3,24
	32000000	0,34	0,65	0,65	0,27	1,02	0,24	3,17
	64000000 und darüber	0,30	0,60	0,60	0,25	1,00	0,22	2,97
Gruppe II	5000	0,99	1,89	1,89	0,77	2,79	0,67	9,00
	10000	0,91	1,74	1,74	0,71	2,58	0,62	8,30
	20000	0,85	1,62	1,62	0,65	2,38	0,58	7,70
	35000	0,79	1,50	1,50	0,61	2,21	0,54	7,15
	55000	0,73	1,40	1,40	0,57	2,05	0,50	6,65
	80000	0,68	1,30	1,30	0,53	1,92	0,47	6,20
	110000	0,64	1,22	1,22	0,49	1,80	0,43	5,80
	120000	0,60	1,14	1,14	0,46	1,70	0,41	5,45
	200000	0,57	1,08	1,08	0,44	1,59	0,39	5,15
	300000	0,54	1,03	1,03	0,42	1,51	0,37	4,90
	500000	0,52	0,99	0,99	0,40	1,45	0,35	4,70
	1000000	0,50	0,96	0,96	0,39	1,40	0,34	4,55
	2000000	0,49	0,94	0,94	0,38	1,37	0,33	4,45
	4000000	0,48	0,92	0,92	0,37	1,33	0,32	4,34
	8000000	0,47	0,90	0,90	0,36	1,30	0,31	4,24
	16000000	0,46	0,88	0,88	0,35	1,27	0,30	4,14
	32000000	0,45	0,86	0,86	0,34	1,24	0,29	4,04
	64000000 und darüber	0,44	0,84	0,84	0,33	1,21	0,28	3,94
Gruppe III	5000	1,16	2,31	2,31	0,84	3,15	0,73	10,50
	10000	1,08	2,16	2,16	0,78	2,94	0,68	9,80
	20000	1,01	2,01	2,01	0,73	2,75	0,64	9,15
	35000	0,94	1,88	1,88	0,68	2,57	0,60	8,55
	55000	0,88	1,76	1,76	0,64	2,40	0,56	8,00
	80000	0,83	1,65	1,65	0,60	2,25	0,52	7,50
	110000	0,78	1,55	1,55	0,56	2,12	0,49	7,05
	120000	0,73	1,46	1,46	0,53	2,00	0,47	6,65
	200000	0,69	1,39	1,39	0,50	1,89	0,44	6,30
	300000	0,66	1,32	1,32	0,48	1,80	0,42	6,00
	500000	0,63	1,27	1,27	0,46	1,72	0,40	5,75
	1000000	0,61	1,22	1,22	0,44	1,67	0,39	5,55
	2000000	0,59	1,19	1,19	0,43	1,62	0,38	5,40
	4000000	0,57	1,16	1,16	0,42	1,57	0,37	5,25
	8000000	0,55	1,13	1,13	0,41	1,52	0,36	5,10
	16000000	0,53	1,10	1,10	0,40	1,47	0,35	4,95
	32000000	0,51	1,07	1,07	0,39	1,42	0,34	4,80
	64000000 und darüber	0,48	1,04	1,04	0,38	1,37	0,33	4,64

Im besonderen wird folgendes bestimmt:

1. Untersuchung der Trasse. Hierzu gehört die Rekognoszierung der Bahnlinie mit eventuellen Varianten im Felde, die Entwicklung einer Längenprofilskizze aus vorhandenen Karten, die Skizzierung der schwierigeren Arbeiten, die Berechnung der mutmaßlichen Baukosten, die allgemeinen Erhebungen über die wirtschaftlichen Verhältnisse und die Berechnung des zu erwartenden Verkehres.

Dem Auftraggeber sind hierüber abzuliefern:

a) eine Spezialkarte, womöglich 1 : 75000, mit eingezeichneter Trasse;

b) eine Längenprofilskizze;

c) ein eingehender Bericht, welcher die Ergebnisse der ganzen Arbeit in technischer und kommerzieller Hinsicht darlegt.

2. Generelles Projekt. Der Umfang dieser Arbeit ist in den bestehenden Verordnungen bestimmt. Außerdem sind dem Auftraggeber abzuliefern:

a) der Original-Schichten- oder -Kotenplan;

b) das Verzeichnis der Höhenfixpunkte.

Der Verfasser des generellen Projektes hat bei der Trassenrevision zu intervenieren. Mit derselben ist seine Arbeit beendet, falls nicht etwa auf Grund mangelhafter Ausarbeitung des Projektes von den Behörden Umarbeitungen verlangt werden. Aus anderen Gründen geforderte Varianten sind als neue Arbeiten aufzufassen und zu bezahlen.

Die eventuelle Intervention bei den Konzessionsverhandlungen ist nach dem Zeittarife zu vergüten.

3. Detailprojekt. Auch der Umfang dieser Arbeit ist in den Verordnungen bestimmt. Dem Auftraggeber ist zu übergeben:

a) falls die Linie auf Grund eines Schichten- oder Kotenplanes ausgearbeitet wurde, das Original dieses Planes:

b) die graphisch oder rechnerisch durchgeführte Kubaturberechnung nebst Massenverteilung;

c) die im Felde abgesteckte, stationierte und nivellierte Bahnachse;

d) das Verzeichnis der Winkel in den Bruchpunkten der Achse und der Entfernung dieser voneinander;

e) das geschriebene Längenprofil des Geländes der abgesteckten Linie;

f) das gezeichnete Detaillängenprofil des Geländes der abgesteckten Linie;

g) die Ergebnisse der Bodensondierungen und Erhebungen über den Bezug von Baustoffen.

Der Projektverfasser hat bei der politischen Begehung zu intervenieren und die von der Kommission verfügten Änderungen in den Plänen und Verzeichnissen durchzuführen, womit dann seine Arbeit abgeschlossen ist.

Von der Kommission geforderte Verlegungen der Trasse, welche nicht etwa durch mangelhafte Projektausarbeitung begründet sind, sind als neue Arbeit zu betrachten und zu bezahlen.

Wird das generelle und das Detailprojekt gleichzeitig ausgearbeitet, so ist der Gebühr für Post 3 die Hälfte von derjenigen für Post 2 zuzuschlagen. Dem Auftraggeber sind in diesem Falle die unter 2 und 3 angeführten Stücke abzuliefern.

4. Grundeinlösung. Das Grundeinlösungsgeschäft umfaßt die Intervention bei den Grundeinlösungsverhandlungen, die Ermittlung der an die einzelnen Grundbesitzer zu leistenden Entschädigungen, die Vermessung und Vermarkung der Bahn (Lieferung und Versetzung der Grenzsteine ausgenommen) und die technischen Arbeiten behufs Eröffnung des vorläufigen und der definitiven Eisenbahnbucheinlagen. Dem Auftraggeber ist außer den behördlich vorgeschriebenen Vorlagen zu liefern:

a) der definitive Grundeinlösungsplan mit eingeschriebenen, auf die Stationierung der Bahnlinie bezogenen Abszissen und auf die Achse des Hauptgleises bezogenen Ordinaten sämtlicher Grenzsteine nebst Angabe der als Baugründe und der für Nebenanlagen eingelösten Flächen;

b) eine Grenzbeschreibung mit tabellarischer Angabe der Abszissen und Ordinaten der Grenzsteine sowie der Entfernung der letzteren voneinander;

c) ein Verzeichnis der eingelösten Flächen nach Parzellen und nach Bahngrund und Nebenanlagen getrennt, nebst Angabe der Einheitspreise und ausbezahlten Summen.

5. Bauleitung und Bauaufsicht. Der Bauleitung obliegt die Ausarbeitung des ganzen Vergebungselaborats sowie der gesamten für die Baudurchführung in technischer und kommerzieller Hinsicht erforderlichen Pläne und Berechnungen sowie die Intervention bei sämtlichen zu diesem Zwecke stattfindenden Verhandlungen und Kommissionen.

Die Bauaufsicht umfaßt die Kontrolle sämtlicher zur Herstellung der betreffenden Bahn erforderlichen Arbeiten in qualitativer und quantitativer Hinsicht.

Hierbei sind dem Bauherrn zu übergeben:

a) die Bau- und Tagebücher;

b) sämtliche übrigen auf die Abrechnung der Unternehmer sich beziehenden Pläne, Behelfe und Belege;

c) die Ausführungspläne sämtlicher Kunstbauten, Hochbauten und Stationsanlagen;

d) die zur Betriebseröffnung bereite Bahnanlage.

Die Verpflichtungen des Bauleiters sind nach Behebung der bei der Bauabnahme vorgefundenen Mängel erloschen.

6. Schlußvermessung und Abrechnung umfaßt sämtliche nicht schon während des Baues erforderlich gewesenen Aufnahmen der fertiggestellten Bahn, auf Grund dieser die Zusammenstellungen und Bewertung der geleisteten Quantitäten in den verschiedenen Arbeitskategorien und die Abrechnung mit den einzelnen Unternehmungen. Nach Abschluß dieser Arbeit ist dem Bauherrn abzuliefern:

a) ein mit der Ausführung vollkommen übereinstimmender Situationsplan der Bahn;

b) ein ebensolches Speziallängenprofil;

c) die Schlußabrechnung über den ganzen Bau, sowohl nach Unternehmern als auch nach Arbeitskategorien getrennt.

Wird die Schlußvermessung und Abrechnung einem anderen Ingenieur übertragen als demjenigen, welcher die Bauleitung führte, so gebührt dem Neueintretenden zu der aus den Tafeln sich ergebenden Gebühr ein Zuschlag von 50%.

Die in den Punkten 1 bis 6 beschriebenen Arbeiten gelten auch für Bahnen mit elektrischem Betrieb, jedoch nur für den eisenbahntechnischen Teil. Für die zum elektrischen Bahnbetrieb erforderlichen Kraftanlagen, Kabellegungen, elektrische Streckenausrüstung usw. sind eigene Vereinbarungen zu treffen.

Gebühr für den Bau von normalspurigen Adhäsionsbahnen (einschließlich Schlepp- und Industriebahnen) in Prozenten der Baukosten.

Herstellungssumme in Millionen Schilling	Bezeichnung der Leistung						Gesamtgebühr
	1	2	3	4	5	6	
	Untersuchung der Trasse	Generelles Projekt	Detailprojekt	Grundeinlösung	Bauleitung und Bauaufsicht	Schlußvermessung und Abrechnung	
0,01	1,10	3,20	5,05	2,15	7,30	2,90	21,70
0,05	0,24	1,80	3,48	1,07	6,62	2,34	15,55
0,5	0,19	1,45	2,70	0,91	5,76	2,00	13,01
1	0,15	1,12	2,13	0,81	5,04	1,73	10,98
2	0,12	0,89	1,83	0,76	4,60	1,58	9,78
3	0,11	0,81	1,77	0,74	4,55	1,56	9,54
4	0,10	0,72	1,72	0,72	4,49	1,53	9,28
5	0,09	0,65	1,66	0,70	4,44	1,51	9,05
6	0,08	0,59	1,62	0,68	4,38	1,49	8,84
8	0,07	0,51	1,53	0,65	4,28	1,46	8,50
10	0,06	0,45	1,49	0,63	4,17	1,43	8,23
12	0,06	0,41	1,45	0,62	4,06	1,40	8,00
14	0,05	0,36	1,41	0,59	3,98	1,37	7,76
16	0,05	0,36	1,39	0,58	3,91	1,34	7,63
20	0,05	0,35	1,38	0,55	3,86	1,32	7,51
24	0,04	0,35	1,37	0,51	3,79	1,29	7,35
48 und darüber	0,02	0,25	1,10	0,40	3,20	1,01	5,98

Gebühr für den Bau von Schmalspurbahnen (einschließlich Feld-, Wald- und Industriebahnen) in Prozenten der Herstellungskosten.

Herstellungssumme in Millionen Schilling	Bezeichnung der Leistung						Gesamtgebühr
	1	2	3	4	5	6	
	Untersuchung der Trasse	Generelles Projekt	Detailprojekt	Grundeinlösung	Bauleitung und Bauaufsicht	Schlußvermessung und Abrechnung	
0,01	1,20	3,50	6,60	2,30	10,10	3,50	27,20
0,05	0,39	2,84	5,76	1,31	9,72	3,42	23,44
0,5	0,27	2,01	4,02	1,25	8,13	2,71	18,39
1	0,22	1,64	3,30	1,20	7,00	2,34	15,70
2	0,19	1,39	3,04	1,10	6,78	2,02	14,52
3	0,16	1,18	2,90	1,05	6,65	1,74	13,68
4	0,14	1,02	2,78	1,01	6,53	1,54	13,02
5	0,12	0,91	2,69	0,98	6,41	1,40	12,51
6	0,11	0,82	2,60	0,96	6,29	1,28	12,06
8	0,09	0,71	2,48	0,92	6,04	1,13	11,37
10	0,08	0,63	2,40	0,88	5,89	1,02	10,90
12	0,08	0,60	2,34	0,84	5,77	0,99	10,62
14	0,08	0,57	2,28	0,80	5,68	0,96	10,57
16	0,07	0,54	2,23	0,77	5,59	0,92	10,12
20	0,065	0,49	2,13	0,69	5,54	0,91	9,825
24	0,06	0,44	2,06	0,62	5,52	0,90	9,60
48 und darüber	0,04	0,35	1,50	0,50	4,30	0,80	7,49

Gebührensätze für Schätzungen.

Baugründe		Baugründe		Bauwerke und Gebäude		Bauwerke und Gebäude	
Schätzungssumme bis S	Mindestgebühr S	Schätzungssumme bis S	Mindestgebühr S	Schätzungssumme bis S	Mindestgebühr S	Schätzungssumme bis S	Mindestgebühr S
5000	50	200000	180	10000	75	300000	420
10000	55	300000	220	20000	90	500000	580
20000	65	500000	290	30000	125	1000000	700
30000	75	700000	335	50000	160	Für einen Mehrwert von 400000 S erhöht sich die Gebühr um je 80 S	
50000	90	1000000	390	75000	195		
70000	105	1500000	430	100000	240		
100000	125	2000000	472	150000	300		
150000	155			200000	350		

Wenn bei Schätzungen die Gebühr nach dem Zeitgebührensatze samt Aufschlägen und Nebengebühren höher ist als nach der obigen Tafel, so ist die Zeitgebühr zu verrechnen.

E. Besondere Bestimmungen für Straßenbauten.

Der Umfang der einzelnen Leistungen besteht in:

a) der Skizze: Eintragung der Trasse in eine Karte 1 : 25000. Absteckung der Hauptpunkte der Trasse im Gelände. Aufnahme und Darstellung charakteristischer Querprofile, allenfalls Absteckung der Trassenhauptpunkte im Gelände mittels Gefällsmessers und Eintragung dieser Punkte der Trasse in die Karte;

b) dem Entwurf: Ermittlung, Absteckung und Nivellement der Trasse (allenfalls tachymetrische Behandlung). Anfertigung des Lageplanes, der Längen- und Querprofile, der Massenverteilung, der generellen Entwürfe für die Kunstbauten samt statischen Berechnungen für letztere.

Im allgemeinen genügt eine schematische Behandlung dieser Arbeiten, und zwar soweit, daß daraus ein summarischer Kostenanschlag angefertigt und die Geländemittellinie in die Karte eingezeichnet werden kann, endlich Typen für Kunstbauten;

c) dem Kostenvoranschlag: Vorausmaß und Kostenvoranschlag, getrennt nach den verschiedenen Materien.

Flächen- und Massenberechnung auf Grund der Detailpläne. Für Vorprojekte (generelle Projekte) genügt ein summarischer Kostenvoranschlag, getrennt nach Materien;

d) den Details und der Detailberechnung: Genaue Darstellung der Brücken, Stützmauern und der sonstigen Kunstbauten;

e) der Bauleitung und Aufsicht: Mitwirkung bei Aufstellung der Bau- und Lieferungsverträge. Absteckung der Trasse und der Profilierung im Felde. Führung des Baujournals. Überprüfung von Interims- und Schlußrechnungen. Richtigstellung der Pläne. Kontrolle über die Leistungen des Unternehmers in qualitativer und quantitativer Einsicht;

f) der Bauabnahme und Abrechnung: Revision der Baurechnungen und der Ausführungspläne auf Grund der tatsächlichen Ausführung.

Gebühr für Straßenbauten in Prozenten der Baukosten.

	Kostensumme in Schilling	Bezeichnung der Leistung						
		a	b	c	d	e	f	
		Skizze	Entwurf	Kosten-voranschlag	Einzelheiten und besondere Berechnungen	Bauleitung und Bauaufsicht	Bauabnahme und Abrechnung	Zusammen
Gruppe I	10000	1,5	3,0	0,5	0,5	3,0	0,5	9,0
	20000	1,2	2,5	0,4	0,4	2,5	0,4	7,4
	35000	1,0	2,2	0,4	0,4	2,2	0,4	6,6
	55000	0,9	2,0	0,4	0,4	2,0	0,4	6,1
	80000	0,8	1,8	0,4	0,4	1,8	0,4	5,6
	110000	0,7	1,6	0,3	0,4	1,6	0,3	4,9
	150000	0,6	1,5	0,3	0,4	1,5	0,3	4,6
	200000	0,5	1,4	0,3	0,3	1,4	0,3	4,2
	300000	0,4	1,3	0,3	0,3	1,3	0,3	3,9
	500000	0,3	1,2	0,2	0,2	1,2	0,2	3,3
	1000000	0,2	1,1	0,2	0,2	1,1	0,2	3,0
	2000000	0,1	1,0	0,1	0,1	1,0	0,1	2,4
	4000000	0,08	0,9	0,08	0,09	0,9	0,08	2,13
	8000000	0,06	0,8	0,06	0,08	0,8	0,06	1,86
	16000000	0,05	0,7	0,05	0,07	0,7	0,05	1,62
	32000000 und darüber	0,04	0,6	0,04	0,06	0,6	0,04	1,38
Gruppe II	10000	1,5	4,0	0,5	0,5	4,0	0,5	11,0
	20000	1,2	3,5	0,4	0,4	3,5	0,4	9,4
	35000	1,0	3,2	0,4	0,4	3,2	0,4	8,6
	55000	0,9	3,0	0,4	0,4	3,0	0,4	8,1
	80000	0,8	2,8	0,4	0,4	2,8	0,4	7,6
	110000	0,7	2,6	0,3	0,3	2,6	0,3	6,8
	150000	0,6	2,5	0,3	0,3	2,5	0,3	6,5
	200000	0,5	2,4	0,3	0,3	2,4	0,3	6,2
	300000	0,4	2,3	0,3	0,3	2,3	0,3	5,9
	500000	0,3	2,2	0,2	0,2	2,2	0,2	5,3
	1000000	0,2	2,1	0,2	0,2	2,1	0,2	5,0
	2000000	0,1	2,0	0,1	0,1	2,0	0,1	4,4
	4000000	0,08	1,9	0,08	0,08	1,9	0,08	4,12
	8000000	0,06	1,7	0,06	0,07	1,7	0,06	3,65
	16000000	0,05	1,5	0,05	0,06	1,5	0,05	3,21
	32000000 und darüber	0,04	1,2	0,04	0,05	1,2	0,04	2,57
Gruppe III	10000	1,5	5,0	0,5	0,5	5,0	0,5	13,0
	20000	1,2	4,5	0,4	0,4	4,5	0,4	11,4
	35000	1,0	4,2	0,4	0,4	4,2	0,4	10,6
	55000	0,9	4,0	0,4	0,4	4,0	0,4	10,1
	80000	0,8	3,8	0,4	0,4	3,8	0,4	9,6
	110000	0,7	3,6	0,3	0,3	3,6	0,3	8,8
	150000	0,6	3,5	0,3	0,3	3,5	0,3	8,5
	200000	0,5	3,4	0,3	0,3	3,4	0,3	8,2
	300000	0,4	3,3	0,3	0,3	3,3	0,3	7,9
	500000	0,3	3,2	0,2	0,2	3,2	0,2	7,3
	1000000	0,2	3,1	0,2	0,2	3,1	0,2	7,0
	2000000	0,1	3,0	0,1	0,1	3,0	0,1	6,4
	4000000	0,08	2,7	0,08	0,08	2,7	0,08	5,72
	8000000	0,06	2,4	0,06	0,06	2,4	0,06	5,05
	16000000	0,05	2,1	0,05	0,05	2,1	0,05	4,41
	32000000 und darüber	0,04	1,8	0,04	0,04	1,8	0,04	3,77

Sollte für die Herstellung einer Skizze nur die Einzeichnung der Straßentrasse in einem vorhandenen Plan (ohne Feldarbeit) gewünscht werden, so ist hierfür die Gebühr mit 30% der in der Tabelle unter a ausgewiesenen Ansätze zu berechnen.

Auslagen für die erforderlichen Meßgehilfen und Geräte sind dem Ingenieur besonders zu vergüten.

Die Gebühren gelten für vollständig ausgeführte Detailprojekte in einem Stück und für deren Ausführung.

Bei generellen Entwürfen betragen die Kosten:

a) für Skizze 10%;
b) für den Entwurf 15%, und
c) für den Kostenvoranschlag 5%,

somit zusammen 30% von der für jede Kategorie berechneten Gebühr.

Für Reisen und alle hier nicht benannten, von dem Ingenieur zu leistenden Arbeiten gelten die allgemeinen Bestimmungen.

Für Bohrungen, Herstellung der Probegruben usw. sind alle hieraus erwachsenen Kosten zu vergüten.

Für Objekte, deren freie Spannweite mindestens 10 m beträgt, gelangt der Gebührentarif für Brückenbauten zur Anwendung.

Die Kosten der Grunderwerbung und die grundbücherliche Durchführung der Grundeinlösung sind in dem Gebührentarif nicht einbezogen, daher die hierfür notwendigen geometrischen Arbeiten nach dem Tarife für Vermessungsarbeiten zur Anrechnung kommen. Enthält ein Straßenbau Strecken von auffallend verschiedener Kategorie oder Konstruktion, wodurch die Baukosten wesentlich differieren, so ist die Gebühr für diese Strecken getrennt zu behandeln.

Wird dem Ingenieur nur die Oberleitung des Baues übertragen, so gebührt demselben nur ein Drittel der unter e in der Gebührentafel angegebenen Gebühren.

Wird die Bauabnahme und Abrechnung des Baues nicht durch den bauleitenden, sondern durch einen anderen Ingenieur vorgenommen, so tritt für die Post f für den Neueintretenden eine Gebührenerhöhung von 50% ein.

Zur Berechnung der Gebühr werden die Straßenbauten in drei Gruppen eingeteilt:

Gruppe I: Landstraßen im leicht übersichtlichen, ebenen oder wenig kupierten Gelände, wenig bewaldet und verbaut, samt Projektierung und Ausführung aller zu denselben gehörigen kleineren Objekte aus Holz, Stein, Stahl oder Eisenbeton unter 10 m Spannweite. Planierungen von ziemlich ebenem Gelände für Märkte, Exerzierplätze, große Fabrikhöfe usw.

Gruppe II: Landstraßen im steileren Hügellande oder Mittelgebirge mit viel zusammenhängendem Walde und starker Verbauung, samt Projektierung und Ausführung aller zu denselben gehörigen kleineren Objekte aus Holz, Stein, Stahl oder Eisenbeton unter 10 m Spannweite.

Gruppe III: Landstraßen im steilen, schwer zugänglichen, felsigen Hoch- und Mittelgebirge samt Projektierung und Ausführung aller zu denselben gehörigen kleineren Objekte aus Holz, Stein, Stahl und Eisenbeton unter 10 m Spannweite.

F. Besondere Bestimmungen für Vermessungsarbeiten.

Wenn die Aufnahmspläne über Verlangen auf Glasplatten ausgeführt werden, so ist die Auslage für letztere abgesondert zu vergüten.

Für Signalisierung, Herstellung unvermeidlicher Visurfreihiebe sowie für jegliches Absteckungsmaterial sind, insofern keine näheren Bestimmungen getroffen werden, die Selbstkosten vom Auftraggeber besonders zu vergüten.

Bei allen Arbeiten sind die Reisekosten einschließlich des Zeitaufwandes für die Reisen und die Auslagen für den Transport der Instrumente vom Auftraggeber besonders zu vergüten.

Die Gebühr für alle jene geometrischen Arbeiten, welche in den folgenden Ansätzen nicht enthalten sind, ist nach der Zeitgebühr zu berechnen.

Wenn die Aufnahmen in der Zeit vom 1. November bis 31. März verlangt werden, so sind die betreffenden Tarifansätze um 50% zu erhöhen, insofern nicht der Zeitgebührentarif in Anwendung zu kommen hat.

1. Aufnahmen größerer Gebiete im offenen Gelände:

I. unter günstigen Verhältnissen in Gebieten von mehr als 1000 ha Ausdehnung;
II. unter mittleren Verhältnissen in Gebieten von 500 bis 1000 ha Ausdehnung;
III. unter schwierigen Verhältnissen in Gebieten von weniger als 500 bis 100 ha Ausdehnung.

a) Triangulierung im Anschlusse an die Landesvermessung.

In Gebieten der Art	I	II	III
Für 1 Punkt	70 S	100 S	150 S
„ 1 ha	1,5 „	2 „	3 „

Vorausgesetzt wird die Bestimmung eines Triangulierungspunktes bei einer durchschnittlichen Größe der Parzellen:

Über 0,6 ha	auf je 50 ha Fläche
„ 0,4 „ bis 0,6 ha	„ „ 40 „ „
„ 0,4 „ „ 0,1 „	„ „ 30 „ „

b) Triangulierung ohne Anschluß an die Landesvermessung mit gemessener Basis.

In Gebieten der Art	I	II	III
Für 1 km Dreieckslänge	7,50 S	10 S	13 S
Außerdem für jeden Dreieckspunkt	1 „	3 „	15 „

Jede Dreiecksseite, welche zwei Dreiecken gemeinsam ist, kommt mit ihrer doppelten Länge in Anrechnung. Kontrolldreiecksseiten sind nicht zu vergüten.

c) Polygonalvermessung mit dem Theodoliten bei direkter Längenmessung, einschließlich der Detail- oder Parzellenvermessung, dann der Berechnung der Koordinaten, der Detailauftragung, der Kartierung und der Flächenberechnung.

Für 1 ha in Gebieten der Art	I	II	III
Bei Einzelparzellen im Ausmaße von:			
0,5 bis 1,0 ha	14 S	20 S	28 S
1,0 „ 3,0 „	11 „	15 „	22 „
3,0 „ 10,0 „	8 „	11 „	18 „

d) Aufnahme mittels Bussole und optischer Distanzmessung, einschließlich Detailmessung, Kartierung, Flächenberechnung.

Für 1 ha in Gebieten der Art	I	II	III
Bei Einzelparzellen im Ausmaße von:			
0,5 bis 1,0 ha	4,50 S	6 S	8 S
1,0 „ 3,0 „	3,50 „	5 „	6,50 „
3,0 „ 10,0 „	2,50 „	3,50 „	5 „

Die vorstehenden Gebührensätze gelten für planliche Darstellungen im Maßstabe 1 : 2500 oder 1 : 2880, eine 10%ige Erhöhung tritt ein bei Anwendung der Maßstäbe 1 : 1000, 1 : 1250 oder 1 : 1440, eine 10%ige Verminderung bei Anwendung der Maßstäbe 1 : 5000 oder 1 : 5760.

Unter der Vermessung nach der Polygonalmethode ist im Sinne der „Instruktion zur Ausführung der trigonometrischen und polygonometrischen Vermessungen behufs Herstellung neuer Pläne für die Zwecke des Grundsteuerkatasters (fünfte Auflage) vom Jahre 1904“ (kurz als „Theodolitinstruktion“ bezeichnet) zu verstehen, und es sind für die Fehlergrenzen bei den Längenmessungen sowie bei den Polygonzuganschlüssen die Tabellen VIc und VId der „Meßtischinstruktion“ vom Jahre 1907 maßgebend:

1. die Aufnahme eines Gebietes auf Grund eines an die trigonometrische Triangulierung sich anschließenden Polygonnetzes, bei welchem die Seiten durch direkte oder gleichwertige optische Längenmessungen und die Winkel mit den Theodoliten gemessen werden;

2. daß an das Polygonnetz sich ein weiteres festverbundenes Netz von Linien (Messungslinien) in einer solchen Ausdehnung anreiht, daß von demselben die Grenzen der Parzellen oder sonstige in die Aufnahme einzubeziehende Objekte mit Hilfe kurzer rechtwinkliger Abstände (Ordinaten) oder durch unmittelbare Schnitte oder in einer anderen zweckentsprechenden Weise festgelegt werden können.

Die Operationen haben hierbei zu umfassen:

1. die Triangulierung, 2. die Anlage und Berechnung des Polygonnetzes, 3. die Parzellenvermessung, 4. die Kartierung, 5. die Flächenberechnung.

In den Einheitspreisen für Polygonisierung ist die Verfassung und Ablieferung eines Stückes der nachstehenden Behelfe inbegriffen:

α) Im Falle einer Triangulierung:

1. ein Triangulierungscroquis 1 : 25000,
2. die topographische Beschreibung der neubestimmten Punkte,
3. das Winkelmanuale,
4. ein Koordinatenverzeichnis.

β) Mit und ohne Triangulierung:

1. Winkel- und Streckenmanuale,
2. Berechnungsprotokoll der Polygonzüge,
3. Polygonnetzkarte 1 : 10000,
4. Feldskizzen (Original),
5. Koordinatenverzeichnis,
6. Originalaufnahmskarte,
7. Flächenberechnungsprotokoll,
8. Flächenverzeichnis.

Hingegen sind zu liefern bei der Aufnahme mittels Bussole und optischer Distanzmessung:

α) Im Falle einer Triangulierung die gleichen Operatbestandteile wie bei der Polygonisierung;

β) 1. die Aufnahmsmanualien samt Feldskizzen,
2. die Originalaufnahmskarte,
3. ein Flächenverzeichnis.

Die Polygonpunkte werden in beiden Fällen mit starken Pflöcken bezeichnet. Die Vergütung für alle über diese Art der Festlegung hinausgehenden Aufträge erfolgt im Wege eines separaten Übereinkommens.

2. Aufnahmen kleiner Gebiete im offenen Gelände unter 500 ha.

a) Polygonisierung von Massenflächen.

In Gebieten der Art	I	II	III
Bis zum Flächenausmaße von 0,5 bis 2 ha	32 S	48 S	64 S
Bei Flächenausmaßen von:			
2 bis 5 ha je ha	16 ,,	24 ,,	32 ,,
5 ,, 10 ,, ,, ,,	12 ,,	20 ,,	24 ,,
10 ,, 100 ,, ,, ,,	8 ,,	16 ,,	20 ,,
100 ,, 500 ,, ,, ,,	4 ,,	8 ,,	12 ,,

b) Polygonisierung von Streifenflächen bei Aufnahmen von Straßen, Wegen, Flüssen usw. (etwa 40 m Breite).

In Gebieten der Art	I	II	III
Für 1 ha	23 S	28 S	40 S

c) Polygonisierung von Streifenflächen bei Aufnahme von Eisenbahngrenzen von der Achse aus.

Anteil der geraden Strecken in Prozenten der Länge	Anteil der Bogen in Prozenten der Länge	Für das erste Hektar	Für jedes folgende Hektar
100	0	16 S	2 S
90	10	17,50 ,,	3,50 ,,
80	20	19 ,,	6,50 ,,
70	30	20 ,,	9,50 ,,
60	40	21,50 ,,	12,50 ,,
50	50	23 ,,	15,50 ,,
40	60	24 ,,	19 ,,
30	70	25,50 ,,	22 ,,
20	80	27 ,,	25 ,,
10	90	28 ,,	28 ,,

Polygonisierung im Sinne der „Meßtischinstruktion" vom Jahre 1907, jedoch mit eventueller Streckenreduktion auf den Horizont.

In den Einheitspreisen für „Polygonisierung" ist die Verfassung und Ablieferung eines Stückes der nachstehenden Behelfe inbegriffen:

1. Topographische Beschreibung der Polygonpunkte,
2. Streckenmanuale,
3. Winkelmanuale,
4. Streckenreduktion (wenn kein Nivellement vorhanden),
5. Koordinatenberechnungsprotokoll,
6. Verzeichnis der Koordinaten der Polygonpunkte,
7. Skizze des Polygonzuges (etwa im Maßstabe 1 : 2500).

Die Punkte des Polygonzuges werden im Felde mittels starker Pflöcke, Marken oder großer Nägel bezeichnet. Die Vergütung für alle über diese Art der Festlegung hinausgehenden Aufträge bleibt einem besonderen Übereinkommen überlassen.

d) Vermessung (Detailaufnahmen).

In Gebieten der Art	I	II	III
Für eine Fläche			
bis 0,5 ha je Fläche	95 S	117,50 S	132,50 S
von 0,5 „ 1,0 „ „ „	122,50 „	160 „	197,50 „
„ 1,0 „ 2,0 „ je ha	105,50 „	120,50 „	158 „
„ 2,0 „ 5,0 „ „ „	63,50 „	82 „	101 „
„ 5,0 „ 10,0 „ „ „	42,50 „	51,50 „	80 „
„ 10,0 und mehr ha je ha	23 „	41,50 „	60,50 „

Hierbei sind die Pläne im Maßstabe 1 : 2880 oder 1 : 2500 zu liefern; für planliche Darstellungen in größerem Maßstabe treten

Aufzahlungen von 5% für Pläne im Maßstabe 1 : 1440
„ „ 10% „ „ „ „ 1 : 1000
„ „ 15% „ „ „ „ 1 : 720 und
„ „ 20% „ „ „ „ 1 : 500 ein.

Vermessung von Flächen, welche vorzugsweise der Pflanzenproduktion dienen, einschließlich der zugehörigen Wege, Straßen, Wasserläufe, Eisenbahnen und sonstiger Verkehrswege samt den Gebäuden, jedoch mit Ausschluß größerer Stationsanlagen, dann der umfriedeten, dem internen Betriebe gewidmeten Gartenkulturen.

Die ‚Vermessung' erfolgt auf Grund der vom Auftraggeber beigestellten Daten der „Triangulierung" und „Polygonisierung" im Sinne der Verordnung vom 11. Juni 1890, RGBl. 149.

Die Vermessung umfaßt daher nicht nur die Durchführung der geodätischen Arbeit für die Neukonstruktion am Papiere, sondern auch die Kontrolle mittels in der Natur gemessener Entfernungen für die Besitzgrenzen und für Umfriedungen, Gebäude usw. sowie anderer Hauptkontrollinien.

Die Fehlergrenzen sind durch die Vorschriften der „Meßtischinstruktion" gegeben, daher ist die Anwendung der topographischen Tachymetrie ausgeschlossen.

α) Für die Vermessung sind an Feldarbeiten durchzuführen:

1. Orientierung im Aufnahmsgebiete mit gleichzeitiger Konstatierung der Besitzgrenzen, bzw. vorläufiger Absteckung derselben;
2. Aufnahme der Situation mit
   a) direkten Maßzahlen,
   b) mit Abszissen und Ordinaten auf Standlinien (Winkelprisma),
   c) polarer Arbeit bei direkter Winkellesung (eine Minute) und direkter Messung der Distanzen,
   d) Messung der Kontrollen;

β) an Büroarbeiten:

1. Konstruktionen der Feldaufnahmen;
2. Auftragung der hierzu berechneten Fixpunkte mit allen in der Natur bestimmten Meßkontrollen;
3. Kartierung, d. h. Ausziehen und fachgemäßes Beschreiben des Originalplanes.

Das dem Auftraggeber abzuliefernde Elaborat enthält eine vollkommen adjustierte Kopie der Darstellung des vermessenen Gebietes. Die Vergütung für die Lieferung weiterer Kopien der Behelfe erfolgt nach dem Zeittarif.

3. Aufnahme von Gebieten im geschlossenen Gelände.

I. Unter günstigen Verhältnissen im ebenen Terrain bei spärlicher Verbauung. Große, regelmäßige Gebäude, umfriedete Höfe und Gärten nicht über 1000 qm mit dem anschließenden öffentlichen Gute und den Wasserflächen.

II. Unter mittleren Verhältnissen bei geringen Niveauunterschieden und dichter Verbauung, umfriedete Höfe und Gärten nicht über 500 qm.

III. Unter schwierigen Verhältnissen bei großen Niveauunterschieden, dichter Verbauung, umfriedete Gärten nicht über 400 qm.

a) Triangulierung.

Bei einem Flächenausmaße in Gebieten der Art	I	II	III
bis 100 ha	700 S	1000 S	1400 S
100 „ 200 „	800 „	1150 „	1600 „
200 „ 300 „	900 „	1300 „	1850 „
300 „ 400 „	950 „	1450 „	2050 „
400 „ 500 „	1000 „	1600 „	2250 „
500 „ 600 „	1150 „	1750 „	2450 „
für je weitere 100 ha	90 „	150 „	210 „

Triangulierung im Sinne der „Theodolitinstruktion“ (Schrauben- oder Schätzmikroskope). Das dem Auftraggeber abzuliefernde Elaborat enthält in einem Stück folgende Behelfe:

1. Topographische Beschreibung der neubestimmten trigonometrischen Punkte,
2. Winkelmanuale,
3. Berechnung der vorläufigen und endgültigen Südwinkel,
4. Berechnung der Vorwärtsabschnitte,
5. Berechnung der Rückwärtsabschnitte,
6. Ausgleich nach empirischer Methode oder mittels Diagrammen,
7. Verzeichnis der Längen und der Südwinkel der Triangelseiten,
8. Verzeichnis der Koordinaten der neu bestimmten Punkte,
9. Skizze der Triangulierung etwa 1 : 10000.

Die Punkte der Triangulierung werden mittels Signalen bezeichnet; die Vergütung für jede Art der Versicherung dieser Punkte bleibt einem besonderen Übereinkommen überlassen.

b) Polygonisierung.

Bei einem Flächenausmaße in Gebieten der Art	I	II	III
0,5 bis 2 ha je ha	48 S	64 S	80 S
2 „ 5 „ „ „	32 „	48 „	64 „
5 „ 10 „ „ „	24 „	40 „	48 „
10 „ 100 „ „ „	16 „	24 „	40 „
100 „ 500 „ „ „	12 „	20 „	32 „

c) Vermessung (Detailaufnahme).

Bei einem Flächenausmaße in Gebieten der Art	I	II	III
bis zu 2000 qm je Fläche	132,50 S	170 S	207,50 S
„ „ 5000 „ „ „	227,50 „	265 „	302,50 „
„ „ 10000 „ „ „	275 „	350 „	425 „
von 1 bis 5 ha je ha	180 „	265 „	340 „
„ 5 „ 10 „ „ „	142,50 „	180 „	255 „
„ 10 und mehr ha je ha	95 „	155,50 „	207,50 „

Hierbei sind Pläne im Maßstabe 1 : 1000 vorausgesetzt.

Bei Plänen kleineren Maßstabes werden Nachlässe zugestanden, und zwar:

5% Nachlaß für Pläne im Maßstabe 1 : 1250,
10% „ „ „ „ „ 1 : 1440 und
20% „ „ „ „ „ 1 : 2880 oder 1 : 2500.

Für Pläne größeren Maßstabes kommen Zuschläge zur Verrechnung, und zwar:

5% Aufzahlung für Pläne im Maßstabe 1 : 720,
10% „ „ „ „ „ 1 : 500 und
20% „ „ „ „ „ 1 : 360.

4. Grundteilungen.

a) Im offenen Gelände.

In Gebieten der Art	I	II	III
bis 1000 qm je Fläche	45 S	50 S	55 S
1000 „ 2000 „ „ qm	4,5 g	5 g	5,5 g
2000 „ 3000 „ „ „	4 „	4,5 „	5 „
3000 „ 4000 „ „ „	3,5 „	4 „	4,5 „
4000 „ 5000 „ „ „	3 „	3,5 „	4 „
5000 „ 6000 „ „ „	2,5 „	3 „	3,1 „
6000 „ 7000 „ „ „	2,1 „	2,5 „	3 „
7000 „ 8000 „ „ „	1,8 „	2,1 „	2,5 „
8000 „ 9000 „ „ „	1,6 „	2 „	2,1 „
9000 „ 10000 „ „ „	1,4 „	1,7 „	1,9 „

In Gebieten der Art	I	II	III	In Gebieten der Art	I	II	III
1 ha je ha	140 S	170 S	190 S	11 ha je ha	38 S	62 S	65 S
2 „ „ „	95 „	120 „	150 „	12 „ „ „	36 „	50 „	60 „
3 „ „ „	85 „	110 „	135 „	13 „ „ „	35 „	48 „	57 „
4 „ „ „	70 „	95 „	120 „	14 „ „ „	34 „	46 „	55 „
5 „ „ „	60 „	80 „	100 „	15 „ „ „	33 „	44 „	53 „
6 „ „ „	56 „	75 „	95 „	16 „ „ „	32 „	42 „	51 „
7 „ „ „	52 „	70 „	90 „	17 „ „ „	31 „	40 „	49 „
8 „ „ „	50 „	65 „	80 „	18 „ „ „	30 „	38 „	47 „
9 „ „ „	45 „	60 „	72 „	19 „ „ „	29 „	37 „	45 „
10 „ „ „	40 „	55 „	70 „	20 „ „ „	28 „	36 „	43 „

Vorstehende Einheitspreise gelten für Darstellungen im Maßstabe 1 : 2880 oder 1 : 1000;

zuzuschlagen sind 5% für Darstellungen im Maßstabe 1 : 720,
„ „ 10% „ „ „ „ 1 : 500,
abzurechnen „ 5% „ „ „ „ 1 : 1250,
„ „ 10% „ „ „ „ 1 : 1440,
„ „ 40% für Grundteilungen, die nur in einem der üblichen Katastermaßstäbe dargestellt werden sollen.

Eine weitere Erhöhung tritt überdies ein:

um 5%, wenn die Teilung für 2 Besitzer durchgeführt wird,
„ 10%, „ „ „ „ 3 „ „ „ ,
„ 15%, „ „ „ „ 4 „ „ „ ;

und um weitere je 5% für jeden weiteren Besitzer.

b) Im geschlossenen Gelände.

In Gebieten der Art	I	II	III
bis 1000 qm je Fläche	100 S	150 S	180 S
1000 „ 2000 „ „ qm	10 g	15 g	18 g
2000 „ 3000 „ „ „	8 „	12 „	14 „
3000 „ 4000 „ „ „	7 „	9 „	10 „
4000 „ 5000 „ „ „	6 „	7 „	7,5 „
5000 „ 6000 „ „ „	5 „	6 „	7 „
6000 „ 7000 „ „ „	4,5 „	5 „	6 „
7000 „ 8000 „ „ „	4,1 „	4,8 „	5,5 „
8000 „ 9000 „ „ „	4 „	4,5 „	5,1 „
9000 „ 10000 „ „ „	3,3 „	4 „	4,7 „

In Gebieten der Art	I	II	III	In Gebieten der Art	I	II	III
1 ha je ha	330 S	400 S	470 S	6 ha je ha	180 S	240 S	305 S
2 „ „ „	290 „	355 „	420 „	7 „ „ „	170 „	225 „	290 „
3 „ „ „	255 „	320 „	390 „	8 „ „ „	160 „	210 „	275 „
4 „ „ „	225 „	290 „	355 „	9 „ „ „	150 „	195 „	260 „
5 „ „ „	190 „	260 „	320 „	10 und mehr ha je ha	140 „	180 „	240 „

Die vorstehenden Einheitspreise gelten für Darstellungen im Maßstabe 1 : 2880 oder 1000.

Zuzuschlagen sind 5% für Darstellungen im Maßstabe 1 : 720,
„ „ 10% „ „ „ „ 1 : 500 und
„ „ 20% „ „ „ „ 1 : 360.
Abzurechnen „ 5% „ „ „ „ 1 : 1250,
„ „ 10% „ „ „ „ 1 : 1440 und
„ „ 20% „ „ „ „ 1 : 2880 und 1 : 2500.

Abzurechnen sind 10% für Grundteilungen, die nur in einem der üblichen Katastermaßstäbe dargestellt werden sollen.

Eine weitere Erhöhung tritt überdies ein:

um 5%,	wenn die Teilung für	2	Besitzer	durchgeführt wird,
„ 10%,	„ „ „ „	3	„	„ „,
„ 15%,	„ „ „ „	4	„	„ „,
„ 20%,	„ „ „ „	5	„	„ „,

und um weitere je 5% für jeden weiteren Besitzer.

Die einschlägigen Arbeiten sind im Sinne der diesbezüglichen Verordnungen vom 11. Juni 1890, RGBl. Nr. 149, und vom 9. Februar 1907, RGBl. Nr. 29, durchzuführen, und es hat eine Neumessung des abzutrennenden Grundes sowie eine Darstellung desselben in einem größeren als dem üblichen Katastralmaßstabe zu erfolgen.

Durchzuführen sind daher nachstehende Feld- und Bureauarbeiten:

1. Die Vermessung jener Flächenstücke (mit der neuen Trennungslinie), welche aus dem derzeitigen Grundbuchskörper auszulösen sind, im Anschlusse an den alten Bestand.

Diese Vermessung wird demzufolge umfassen:

a) eine allfällige Polygonisierung,

b) eine Detailvermessung,

c) die vollständige Konstruktion der neuen Aufnahme in einem größeren Maßstabe als dem katastralen samt der Kotierung und Beschreibung,

d) die Flächenberechnung des gesamten Trennstückes in einem Stück.

2. Die Beschaffung:

a) einer Katastralkopie der zu teilenden Parzelle oder Parzellen samt den Nachbarparzellen,

b) der Flächendaten über die zu teilenden Parzellen,

c) die Grundbuchseinlagen über die zu teilenden Parzellen.

3. Die Einlegung der dermaligen Parzellen in die neue Aufnahme.

4. Die Einzelberechnung der Flächen der neu entstehenden, unterteilten Parzellen des neuen Bestandes samt Ausweis derselben und Ausweis der verbliebenen katastralen Reste.

5. Die Einlegung der Neuaufnahme in den katastralen Bestand, das heißt Eintragung der Teilungslinie in die Katastralmappenkopie und eventuelle Verbesserung des katastralen Bestandes, wenn ein Fehler obwaltet, samt der neuen Parzellenbezeichnung.

6. Herstellung von 3 bis 5 Reinplänen zur Durchführung der Grundteilung.

7. Eventuelle Kommissionen.

In den unter a und b angeführten Einheitspreisen sind nicht inbegriffen die Kosten für Meßgehilfen, für Kommissionen, für Grenzberichtigungen und Vormerkungen.

Erreicht der nach diesen Einheitspreisen berechnete Verdienstbetrag nicht die Summe von 100 S, so kommt die Zeitgebühr zur Anwendung.

5. Parzellierungen.

a) Im offenen Gelände mit landwirtschaftlicher Benützung.

In Gebieten der Art	I	II	III
bis 1000 qm je Fläche	125 S	140 S	160 S
1000 „ 2000 „ „ qm	12,5 g	14 g	16 g
2000 „ 3000 „ „ „	8 „	9 „	10 „
3000 „ 4000 „ „ „	6 „	7 „	8 „
4000 „ 5000 „ „ „	5,5 „	6 „	7 „
5000 „ 6000 „ „ „	5 „	5,7 „	6 „
6000 „ 7000 „ „ „	4,5 „	5,2 „	5,6 „
7000 „ 8000 „ „ „	4 „	4,7 „	5 „
8000 „ 9000 „ „ „	3,7 „	4,2 „	4,4 „
9000 „ 10000 „ „ „	3,4 „	3,6 „	3,8 „

In Gebieten der Art	I	II	III
1 ha je ha	340 S	360 S	380 S
2 „ „ „	250 „	280 „	310 „
3 „ „ „	200 „	230 „	260 „
4 „ „ „	190 „	220 „	250 „
5 „ „ „	180 „	210 „	240 „
6 „ „ „	175 „	205 „	235 „
7 „ „ „	170 „	200 „	230 „
8 „ „ „	165 „	195 „	225 „
9 ha je ha	160 S	190 S	220 S
10 „ „ „	155 „	185 „	215 „
11 „ „ „	150 „	180 „	210 „
12 „ „ „	145 „	175 „	205 „
13 „ „ „	140 „	170 „	200 „
14 „ „ „	135 „	165 „	195 „
15 und mehr ha je ha	130 „	160 „	190 „

b) Im geschlossenen Gelände.

In Gebieten der Art	I	II	III
bis 1000 qm je Fläche	140 S	170 S	190 S
1000 „ 2000 „ „ qm	14 g	17 g	19 g
2000 „ 3000 „ „ „	12 „	14 „	16 „
3000 „ 4000 „ „ „	10 „	12 „	13 „
4000 „ 5000 „ „ „	8 „	9 „	10 „
5000 „ 6000 „ „ „	7,5 „	8,5 „	9,5 „
6000 „ 7000 „ „ „	7 „	8 „	9 „
7000 „ 8000 „ „ „	6,5 „	7,5 „	8,5 „
8000 „ 9000 „ „ „	6 „	7 „	8 „
9000 „ 10000 „ „ „	5,5 „	6,5 „	7,5 „

In Gebieten der Art	I	II	III	In Gebieten der Art	I	II	III
1 ha je ha	550 S	650 S	750 S	6 ha je ha	290 S	340 S	420 S
2 „ „ „	405 „	475 „	570 „	7 „ „ „	270 „	315 „	395 „
3 „ „ „	355 „	415 „	510 „	8 „ „ „	255 „	300 „	370 „
4 „ „ „	330 „	390 „	480 „	9 „ „ „	245 „	285 „	355 „
5 „ „ „	315 „	370 „	460 „	10 und mehr ha je ha	235 „	275 „	340 „

Die vorstehenden Einheitspreise gelten für Darstellungen im Maßstabe 1 : 1000.

Zuzuschlagen sind	5%	für Darstellungen im Maßstabe	1 : 720,	
„ „	10%	„ „ „ „	1 : 500	und
„ „	15%	„ „ „ „	1 : 360.	
Abzurechnen „	5%	„ „ „ „	1 : 1250,	
„ „	10%	„ „ „ „	1 : 1440	und
„ „	20%	„ „ „ „	1 : 2880.	

Für Parzellierungen sind nachstehende Feld- und Büroarbeiten durchzuführen:

1. Vermessung und Herstellung des alten Besitzstandes in einem Original, und zwar:
a) Feststellung der Besitzgrenze in der Natur, „Grenzbegehung“,
b) eventuelle Polygonisierung,
c) Detailvermessung,
d) Konstruktion des Planes samt Kotierung,
e) Flächenberechnung in einem Stücke.

2. Beschaffung der notwendigen Daten:
a) Katastralkopie,
b) Grundbesitzbogen,
c) Grundbuchsdaten,
d) Stadtbauamtsdaten.

3. Einlegen der Katastralparzellen in die Aufnahme.

4. Einlegen der neuen Parzellierungslinien in den Originalplan, im Einvernehmen mit dem Auftraggeber, eventuell vorher Projektplan.

5. Flächenberechnungen:
a) der neuen Parzellen, Baustellen, Straßenabtrennungen, verbliebenen Restflächen,
b) der Übergangsflächen samt Ausgleich,
c) Aufstellung der Flächenausweise, und zwar des alten Baustandes nach dem Kataster und nach der Vermessung, der endgültig neugebildeten Parzellen und der provisorisch bezeichneten Übergangsfläche.

6. Einlegen der neuen Linien in die Katastralkopie.

7. Beschreibung und Kotierung des Planes:
a) Kotierung des neuen Bestandes,
b) Bezeichnung der alten Parzellen nach Namen, Grundbuchseinlagezahl, Kultur- und Parzellennummer,
c) Bezeichnung der neugebildeten Parzellen in Rot,
d) Angabe der vorläufigen Bezeichnung der Übergangsparzellen,
e) Buchstabenumschreibung,
f) Beschreibung aller Nachbarparzellen nach Parzellennummer, Name, Kultur und G.B.E.

8. Niveaubestimmung.

9. Ausfertigung von 5 bzw. 3 nach dem Originalplan abgenommenen Kopien für die Baubehörde und für die grundbücherliche Durchführung.

In den angeführten Einheitspreisen sind nicht inbegriffen: die Kosten der Vermarkung der neuen Baustellen, die Grenzbestimmung verlorengegangener Grenzen des alten Bestandes (wohl aber Grenzbegehung und Konstatierung der bestehenden Grenzen für die Aufnahme), die Eingaben usw. an Behörden, die Auslagen für Grundbesitzbogen, Katastralkopien, Grundbuchsdaten, baubehördliche Daten sowie die Kosten der Meßgehilfen.

Der Berechnung des Verdienstbetrages wird immer die ausgewiesene wirkliche Fläche zugrunde gelegt, und zwar gilt der Einheitssatz der vorausgehenden Tarifpost insolange, als die verwendete Fläche einen höheren Verdienstbetrag ergibt.

6. Zusammenlegungen.

I. Unter günstigen Verhältnissen und im Gebiete über 500 ha.
II. Unter mittleren Verhältnissen und im Gebiete von 200 bis 500 ha.
III. Unter schwierigen Verhältnissen und im Gebiete von 50 bis 200 ha.

Durchschnittliches Flächenausmaß der Abfindungen in Gebieten der Art	I	II	III
0,5 bis 1,5 ha je ha	85 S	105 S	125 S
1,5 „ 2,5 „ „ „	80 „	95 „	115 „
2,5 „ 7,5 „ „ „	70 „	90 „	105 „

Zusammenlegung der Grundstücke ist die Beseitigung der irrationellen Gemenglage zum Zwecke einer intensiveren und rationelleren landwirtschaftlichen Benützung. Die Arbeiten umfassen eine neue genaue Einschätzung des Bodens, eine Neuaufnahme des Gebietes hinsichtlich der sich ändernden Grenzen nach der Polygonalmethode mit Triangulierung, Projektierung, Absteckung und Vermarkung eines neuen Weg- und Grabennetzes und einer vollständig neuen Feldeinteilung, die Herstellung einer Originalmappe nebst einer neuen Originalkatastralkarte und einer Kopie derselben für die Durchführung im Grundbuche und im Kataster nebst den erforderlichen Zusammenstellungen. Für die Darstellung des alten Besitzstandes werden jedoch die bestehenden Katastralkarten benützt.

7. Flächenberechnung.

a) Groß- und Gruppenberechnung.

	S
Bis 1 ha je Fläche	10
1 bis 5 ha je Fläche	20
5 „ 10 „ „ „	40
10 „ 50 „ „ „	60
für je 100 ha	50 mehr

b) Parzellen- und Einzelberechnung, einschließlich des Ausgleiches auf die Hauptfläche und Anfertigung des Konzeptes des Flächenbestandes. Bei Kotierung im Maßstabe 1 : 100 genügt der Zirkelabgriff.

	S
Bis 1 ha je ha	10
1 bis 5 ha je ha	5
5 „ 10 „ „ „	4
10 „ 100 „ „ „	3,50

Flächenberechnung auf Grundlage von Messungs- oder Berechnungszahlen. Bei Anwendung der Fadenplanimetrie ist die Hälfte, bei Anwendung der Polarplanimetrie der dritte Teil der vorstehenden Einheitssätze in Rechnung zu stellen.

8. Fixpunktnivellement.

Im leichtest gangbaren Gelände (Ebene, Art I) für 1 km 25 S.
Im leicht gangbaren Gelände (Hügelland, Art II) für 1 km 35 S.
Im schwer gangbaren Gelände (Gebirge, Art III) für 1 km 135 S.

Doppelte Ausführung (hin und zurück, jede Zielung doppelt auf zwei einzelne Latten, Wendelatte). Widerspruch pro Kilometer nivellierter Länge nicht über 5 mm. Zielweiten rück- und vorwärts möglichst gleich. In Abständen von etwa 0,5 km Länge sind Festpunkte einzunivellieren. Als Festpunkte dienen gewachsener Fels, feststehende Grenzsteine, Kilometer- oder Zehntelkilometersteine, Türschwellen, Treppenstufen u. dgl., oder es sind in Ermangelung dessen entsprechend lange Pflöcke aus hartem Holz fest einzurammen, in deren Oberfläche ein großköpfiger Nagel eingeschlagen wird.

Die Fixpunkte sind in der Natur deutlich mit Farbe kenntlich zu machen und im Nivellementprotokoll genau nach Lage und Aussehen zu beschreiben.

Dem Auftraggeber ist ein Fixpunktverzeichnis mit genauer topographischer Bezeichnung der Fixpunkte zu liefern.

9. Gewöhnliches Nivellement.

Im leichtest gangbaren Gelände (Ebene, Art I) für 1 km 10 S.
Im leicht gangbaren Gelände (Hügelland, Art II) für 1 km 15 S.
Im schwer gangbaren Gelände (Gebirge, Art III) für 1 km 60 S.

Zweck: Höhenbestimmung von Punkten zwischen Festpunkten. Anschlußdifferenz an den Festpunkten darf 20 mm per Kilometer nivellierter Länge nicht übersteigen.

Dem Auftraggeber ist eine Abschrift des Nivellementprotokolls auszufolgen.

10. Polygonzugsmessung für Projektierungszwecke.

Gelände	Sichtig	Mindersichtig	Unsichtig
Nach Art I, Ebene	50	55	70 S je km Polygonzugslänge
„ „ II, Hügelland	75	85	110 „ „ „ „
„ „ III, Gebirge	145	155	185 „ „ „ „

Die Polygonzugsmessung umfaßt nachstehende Feld- und Büroarbeiten: Auspflockung des Zuges, Messung der Horizontalwinkel, Längenmessung, Rechnung des Zuges, Auftragen des Zuges, fachgemäßes Beschreiben der Pläne.

Dem Auftraggeber sind eine Abschrift der Manuale sowie eine Kopie des aufgetragenen Polygonzuges im Maßstabe 1 : 2880 oder 1 : 1000 zu übergeben.

Die Standpunkte für die Detailaufnahme sind untereinander mittels eines Polygonzuges zu verbinden, welcher an vorhandene Triangulierungspunkte schließt, oder als geschlossenes Polygon die Kontrolle eindeutig erzielt. Bei sehr langgestreckten Zügen (Operationsbasis für Eisenbahnvorarbeiten) kann diese Kontrolle auch durch Vergleich der Winkel- und Längenmessung des Zuges mit den Ablesungen bei der topographisch-tachymetrischen Detailaufnahme erfolgen.

Horizontalwinkel sind in zwei Fernrohrlagen an zwei Nonien (mindestens eine Minute) zu lesen. Längenmessung doppelt, in der Ebene mit Stahlband, sonst mit Meßlatten oder mit einer der Latttenmessung gleichwertigen Methode.

11. Lageplanaufnahme für Projektierungszwecke mittels topographischer oder Präzisionstachymetrie.

Gelände	Sichtig	Mindersichtig	Unsichtig
Nach Art I, Ebene	15	17	23 S je ha Fläche des Lageplanes
„ „ II, Hügelland	16	19	26 „ „ „ „ „ „
„ „ III, Gebirge	20	23	30 „ „ „ „ „ „

Die Lageplanaufnahme umfaßt nachstehende Feld- und Büroarbeiten: Polygonzugsmessung und Rechnung, Aufnahme (topographische bzw. Präzisionstachymetrie), einschließlich Einmessung der Gebäude und Erhebung der Besitzverhältnisse, Rechnen und Auftragen der Punkte, Verbindung der Punkte, Ausziehen, Beschreiben und fachgemäßes Ausstatten der Pläne.

Dem Auftraggeber sind Abschriften der Manuale und eine Kopie des fachmännisch ausgestatteten Lageplanes auszufolgen.

Der Lageplan hat alle Besitz- und sichtbaren Parzellengrenzen sowie die Kulturgrenzen zu enthalten; Maßstab 1 : 500 bis 1 : 2880.

12. Kotierung eines vorhandenen Lageplanes für Projektierungszwecke mittels topographischer oder Präzisionstachymetrie.

Gelände	Sichtig	Mindersichtig	Unsichtig
Nach Art I, Ebene	13	16	22 S je ha Fläche des Lageplanes
„ „ II, Hügelland	26	32	44 „ „ „ „ „ „
„ „ III, Gebirge	43	52	70 „ „ „ „ „ „

Die Kotierung eines vorhandenen Lageplanes umfaßt nachstehende Feld- und Büroarbeiten: Fixpunktnivellement, gewöhnliches Nivellement, Aufnahme (topographische Tachymetrie), Rechnen der Punkte und Höhenkoten, Auftragen, Verbinden der Punkte, Einzeichnen der Schichtenlinien, fachgemäße Ausstattung der Pläne.

Dem Auftraggeber sind die Abschriften der Manuale und eine Kopie des fachmännisch ausgestatteten Lageplanes auszufolgen.

Außer den Punkten des Lageplanes, deren Höhen zu bestimmen sind, müssen noch so viele Geländepunkte der Lage und Höhe nach aufgenommen werden, daß Schichtenlinien im Abstande von 1 m Höhe mit Sicherheit angezeichnet werden können.

13. Aufnahme eines Schichtenplanes.

a) Mittels topographischer Tachymetrie.

b) Mittels Präzisionstachymetrie.

Gelände	Sichtig	Mindersichtig	Unsichtig
Nach Art I, Ebene	19	22	29 S je ha Fläche des Schichtenplanes
„ „ II, Hügelland	33	40	54 „ „ „ „ „ „
„ „ III, Gebirge	53	63	83 „ „ „ „ „ „

Die Herstellung eines Schichtenplanes umfaßt nachstehende Feld- und Büroarbeiten: Polygonzugmessung und Rechnung, Fixpunktnivellement, gewöhnliches Nivellement, Aufnahme (Tachymetrie), Rechnen der Punkte und Koten, Auftragen, Verbinden der Punkte, Schreiben der Höhenkoten, Einzeichnen der Schichtenlinien, fachgemäßes Ausstatten der Pläne.

Dem Auftraggeber sind Abschriften der Manuale und eine Kopie des fachmännisch ausgestatteten Schichtenplanes auszufolgen.

Ein Schichtenplan ist ein nur die wichtigsten, charakteristischen Parzellen und Kulturgrenzen enthaltender kotierter Lageplan mit Schichtenlinien von 1 m Höhenabstand.

Die Durchführung der Arbeiten mittels der Präzisionstachymetrie kann nur dann vom Auftraggeber angesprochen werden, wenn dem Ingenieur die diesfalls erforderlichen Instrumente zur Verfügung stehen oder kostenlos zur Verfügung gestellt werden.

c) Mittels Photogrammetrie oder Stereophotogrammetrie.

		Breite des dargestellten Streifens des Geländes bis
Im günstigen Standliniengelände	je km 295 S	150 m
Im mindergünstigen Standliniengelände	„ „ 325 „	100 „
Im ungünstigen Standliniengelände	„ „ 385 „	100 „

In den Einheitssätzen für die kilometrische Länge ist die Breite des dargestellten Streifens bei einer Geländeneigung bis 25⁰ mit höchstens 150 m vorausgesetzt; beträgt jedoch die Geländeneigung über 25⁰, so ist ein Geländestreifen bis zu 50 m Höhenausdehnung darzustellen, und es wird hierfür ein Streifen von 100 m Breite in Rechnung gestellt. Über 150 m Breite oder dort, wo beide Lehnen eines Tales oder einer ausgedehnten Schlucht zur Aufnahme gelangen, ist der Preis doppelt in Rechnung zu stellen.

Die Einbindung der Standpunkte mittels eines Polygonzuges und deren Höhenbestimmung durch ein geometrisches Nivellement ist auf Grund der Ansätze unter 8, 9, 10 zu vergüten, während eventuelle Ergänzungen mittels topographischer Tachymetrie nach dem Ansatze unter 13 zu verrechnen sind.

Dem Auftraggeber ist eine Kopie der photographischen Aufnahmen und ein Exemplar der Manuale sowie eine Kopie des fachmännisch ausgestatteten Planes zu übergeben.

14. Übertragung einer Trasse aus dem Schichtenplane in die Natur.
(Abstecken der Achse, Straße, Bahn usw.)

Gelände	Sichtig	Mindersichtig	Unsichtig
Nach Art I, Ebene	50	65	100 S je km Länge der übertragenen Achse
„ „ II, Hügelland	70	100	190 „ „ „ „ „ „ „
„ „ III, Gebirge	110	200	270 „ „ „ „ „ „ „

Von diesen Einheitssätzen sind in Rechnung zu setzen für:

Schmalspurige Haupt- und Lokalbahnen	100%
Schmalspur- und Kleinbahnen	120%
Reichsstraßen, Bezirks- und Landstraßen	140%
Werkskanäle aus Flüssen mit maximal 100 cbm Betriebswasser	70%
Werkskanäle aus Bächen, dann für Hochdruckanlagen, Wasserleitungen usw.	145%

Die Übertragung einer Trasse aus dem Schichtenplane in die Natur umfaßt nachstehende Feldarbeiten und Vergütungen: Einmessen der Winkelpunkte und Auspflockung der Tangentenrichtungen nebst der hierfür erforderlichen Freilegung der Visuren, Beistellung der Pflöcke und Ersatz für Kulturschäden, dann das Abstecken der Bögen und Freilegen der Achse in denselben, Beistellung der Pflöcke und Ersatz für Kulturschäden.

Dem Auftraggeber ist eine Abschrift der Manuale und die mit Pflöcken in die Natur fixierte Achse zu übergeben.

15. Aufnahme des Längenprofils einer abgesteckten Trasse.
(Achse einer Bahn, Straße usw.)

	Gelände	
Nach Art	I, Ebene	35 S je km Länge der abgesteckten Trasse
„ „	II, Hügelland	60 „ „ „ „ „ „ „
„ „	III, Gebirge	135 „ „ „ „ „ „ „

Die Aufnahme des Längenprofils umfaßt nachstehende Feld- und Büroarbeiten: Stationierung, Nivellement und Rechnen der Überstellungspunkte, Rechnen der Zwischenpunkte und Aufstellen des geschriebenen Längenprofils.

Dem Auftraggeber ist auszufolgen: ein geschriebenes und ein auf Millimeterpapier gezeichnetes Stück Längenprofil, letzteres höchstens im Maßstabe 1 : 1000 für die Längen, 1 : 100 für die Höhen.

Im Zuge des Nivellements sind sämtliche Bruchpunkte und sonst wichtigen Punkte des Terrains in der Achse mit Bodenpflöcken und Schreibpflöcken zu versehen.

Der Abstand dieser Punkte ist vom Ausgangspunkte (Stationierung) entweder nach der direkten Methode in der Ebene mit dem Stahlmeßbande, im Hügellande und Gebirge mit Meßlatten (oder nach einer indirekten Methode) mit entsprechender Genauigkeit einzumessen. Die Höhenlage dieser Punkte ist durch Anschluß an ein als vorhanden vorausgesetztes Fixpunktnivellement durch ein gewöhnliches Nivellement zu bestimmen.

16. Aufnahme von Querprofilen.

	Gelände	Sichtig	Mindersichtig	Unsichtig
Nach Art	I, Ebene	20	25	35 S je km Länge des Querprofils
„ „	II, Hügelland	37	45	63 „ „ „ „ „ „
„ „	III, Gebirge	54	67	93 „ „ „ „ „ „

Die Querprofilaufnahme umfaßt nachstehende Feld- und Büroarbeiten: Aufnehmen, Rechnen, Auftragen und sachgemäße Ausstattung der Pläne. Maßstab 1 : 100 oder 1 : 200.

Dem Auftraggeber ist auszufolgen: ein Exemplar der Manuale und ein Exemplar der auf Millimeterpapier aufgetragenen Querprofile.

Die Aufnahme der Querprofile erfolgt in der Ebene mit dem Nivellierinstrument (durchschnittlich je 8 m ein Punkt), im Hügelland und im Gebirge entweder mittels Präzisionstachymetrie oder nach der Staffelmethode (durchschnittlich je 3,5 bzw. 2,5 m ein Punkt).

Vorstehende Einheitspreise gelten nur für Querprofilaufnahmen ohne irgendwelche Vorkehrungen für die Sicherung der Ingenieure. Bei Zuhilfenahme von Strickleitern usw. kommt für derartige Aufnahmen die Zeitgebühr in Anwendung.

17. Flächenermittlung der Querprofile.

0,4 S je Quadratmeter der Querprofilflächen.

Von diesem Einheitssatze kommen in Rechnung (Maßstab 1 : 100 oder 1 : 200):

für Eisenbahnen mit Auf- und Abträgen und streckenweisen Stütz- und Futtermauern, dann für Straßenanlagen	100%
für große Werksgräben	60%
und für kleine Werksgräben	110%

Das Ergebnis der Flächenberechnung ist auf der Zeichnung ersichtlich zu machen.

28. **Tschechoslowakei.** Auszug aus den „Entgeltsätzen für Ingenieurarbeiten“. (Erl. v. 2. Juli 1927, Z. O. 55/4, 1927.)

1. Zeitentgelt:

a) für einen Zivilingenieur

für einen ganzen Arbeitstag in der Kanzlei .... 245 Kč,
„ „ „ „ außerhalb der Kanzlei .... 280 „ ,
Zehrgeld + Fahrt (I. Klasse) und Übernachtungsauslagen;

b) für einen angestellten Ingenieur
für einen ganzen Arbeitstag in der Kanzlei .... 184 Kč
„ „ „ „ außerhalb der Kanzlei .... 210 „
Zehrgeld + Fahrt (II. Klasse) und Übernachtungskosten.

2. Zehrgeld: Zivilingenieur je Tag 35 Kč, angestellter Ingenieur je Tag 30 Kč, andere Angestellte je Tag 20 Kč.

3. Übernachtungsgebühr: Zivilingenieur 30 Kč, angestellter Ingenieur 25 Kč, andere Angestellte 15 Kč.

I. Entgeltsätze für Wasserbauten.

Die Vermessungsarbeiten für den Entwurf von Wasserbauten werden nach den unten angegebenen Sätzen berechnet.

Die hydrologischen, hydrographischen und geologischen Erhebungen werden nach der aufgewendeten Zeit oder nach Vereinbarung entschädigt.

Für die Berechnung des Entgeltes werden die Wasserbauten nach der Schwierigkeit des Entwurfes in drei Klassen eingeteilt, und zwar:

I. Klasse: Erdarbeiten (Baggerungen); Flußbettvertiefungen; Teiche; Bohrungen und Sonden; Uferschutz; Bewässerung und Entwässerung (mit Ausschluß der eigentlichen Meliorationsarbeiten, für die die Ermittlung des Entgeltes auf S. 46 gegeben wird); Schwimmschulen und Badeplätze im Freien.

II. Klasse: Wasserkraftausnützung bis zu 50 PS; feste Wehre; Flußregelungen (ohne bewegliche Wehre und Brücken); Wildbachverbauungen; Schwemmen; Ufermauern; Kanäle und Wasserleitungen in Gemeinden bis zu 10000 Einwohnern.

III. Klasse: Schächte; Stollen; Tunnels; Brunnen; Talsperren; Wasserkraftausnützung über 50 PS; bewegliche Wehre; Schiffahrtskanäle; Schiffbarmachung der Flüsse; Hafenbauten: Schiffswerfte; Leuchttürme; Kanäle und Wasserversorgung in Gemeinden mit mehr als 10000 Einwohnern; Reinigung der Wässer; Badeanstalten.

Klasse	Baukosten in Kč													
	50 000	100 000	200 000	300 000	500 000	1 Mill.	2 Mill.	4 Mill.	8 Mill.	16 Mill.	32 Mill.	64 Mill.	128 Mill.	250 Mill. und mehr
I	8,2	7,1	6,0	5,5	4,9	4,4	3,8	3,3	2,8	2,2	1,6	1,1	0,6	0,4
II	9,8	8,5	7,2	6,5	5,8	5,2	4,6	3,9	3,3	2,6	2,0	1,3	0,7	0,5
III	13,0	11,3	9,6	8,7	7,8	7,0	6,1	5,2	4,4	3,5	2,6	1,7	1,0	0,7

Das Entgelt für den Vorentwurf, den Bauentwurf und die Bauleitung wird nach der Klasse des Baues und nach der Höhe der Baukosten nach dem in der obenstehenden Tabelle festgesetzten Prozentsatz berechnet. Von diesem Entgelt entfallen auf:

I. den Vorentwurf 12%

II. den Bauentwurf und zwar:
a) den ausführlichen Entwurf 38%
b) den ausführlichen Entwurf von Baueinzelheiten samt den statischen Berechnungen, Massen- und Arbeitsausweisen und ausführlichen Kostenvoranschlägen 8%
c) die ausführlichen Baukostenanschläge der ganzen entworfenen Anlage... 12% 58%

III. die Bauleitung, und zwar
a) die Bauvergebung 2%
b) die Bauaufsicht 20%
c) die Bauabnahme 8% 30%

II. Entgeltsätze für Meliorationen.

Ein ausführlicher Entwässerungsentwurf umfaßt die folgenden Leistungen: Lageplan 1 : 2000 oder 1 : 2500 mit Schichtenlinien und Eintragung des Entwurfes; Längen- und Querschnitte, Massen- und Arbeitsausweis, Bodenuntersuchung, Darstellung der Kunstbauten mit

Massen- und Kostenausweis, Kostenberechnung, Verzeichnis der berührten Grundstücke, Verzeichnis der Dienstbarkeiten, der einzulösenden Grundstücke. Diese Leistungen werden nach den folgenden Ansätzen verrechnet:

Entgelt für 1 km entworfener Trasse für offene Vorflutgräben, bei einem Niederschlagsgebiet von

bis 5	5—10	10—20	20—50	qkm
1200	1400	2000	2400	Kč/km

Entgelt für den Entwurf für eine Dränung bei einem Ausmaß des Gebietes von

10—20	20—40	40—100	100—200	über 200	ha
170	150	130	110	100	Kč/ha

Entgelt für 1 ha einzumessenden Gebietes

10—20	20—40	40—100	100—200	über 200	ha
48	44	40	36	32	Kč/ha

Wird ein Entwurf für Ent- und Bewässerung hergestellt, so erfolgt ein Zuschlag von 30%. Für Entwürfe für Kunstbauten werden 4% von deren Baukosten verrechnet. Erfolgt die Entwässerung nur mit offenen Gräben, so ermäßigen sich die Sätze um 10%.

Für die Bauleitung, einschließlich aller Absteckungen und der Schlußabrechnung werden 18% der ausbezahlten Löhne verrechnet.

Die Meßgehilfen und Pflöcke sind vom Bauherrn beizustellen.

Werden Meßgehilfen und Pflöcke nicht beigestellt, so werden für 100 m Saugstränge 20 Kč, für 100 m Sammelstränge 15 Kč verrechnet.

III. Entgelt für Straßenbauten.

1. Besichtigung des Geländes .... nach dem Zeitaufwand
2. a) Allgemeiner Entwurf je Kilometer .... 600 Kč
   b) „ Bauentwurf je Kilometer .... 1500 „
   c) Ausführlicher Bauentwurf je Kilometer .... 3600 „
3. Bauleitung und Bauaufsicht .... vom Bauaufwand 3,5%
4. Bauabrechnung und Bauübergabe .... „ „ 1,1%
5. Einmessung für die Grundeinlösung und Versetzen der Grenzsteine (aber ohne Lieferung derselben) und
   a) für die Begrenzungspläne 1 : 1000 oder 1 : 720 je Kilometer .... 960 Kč
   b) „ „ Grundeinlösungspläne im Maßstabe der Katastermappe je Kilometer 1440 „

Für Straßenstrecken in unübersichtlichem Gelände werden die Sätze unter 2 bis um 40%, die Sätze unter 5. um 10 bis 50% erhöht.

IV. Entgelt für öffentliche, private und besonderen Zwecken dienende Bahnen, in Kč je Kilometer.

Leistung	Im ebenen oder mäßig gewellten Gelände			Im Hügelland			Im gebirgigen Gelände		
	Länge bis km			Länge bis km			Länge bis km		
	2	5	20	2	5	20	2	5	20
Untersuchung des Geländes.	480	360	300	640	520	440	850	800	680
Vorentwurf mit Schichtenplänen 1 : 2880	2200	2000	1700	2800	2500	2300	4800	4300	3600
Ausführlicher Bauentwurf ..	6600	5600	5200	8000	7300	6600	12000	10400	9400
Vergebungsbehelfe (ohne Sonden)	1000	800	640	1100	1000	880	2000	1750	1500
Begrenzungsentwurf für die Grundeinlösung..........	5800	5200	4800	7200	6400	6050	7800	6800	6400
Bauleitung und Bauaufsicht .	12000	10000	8800	18000	16000	14000	32000	28000	25000
Vermessung nach Beendigung des Baues und Abrechnung	4800	4000	3500	5600	5000	4600	9600	8600	8000
Zusammen je km...	32880	27960	24990	43340	38720	34870	69050	60650	54580

Bei Privatbahnen ohne Verbindung mit öffentlichen Bahnen ermäßigen sich die oben angegebenen Sätze um 20%.

Bei Seil- und Hängebahnen werden die obigen Sätze bis um 30% erhöht.

V. Entgelt für Brückenbauten in Prozenten des Bauaufwandes.

Leistung	Bauaufwand in Kč								
	50 000	100 000	500 000	1 Mill.	2 Mill.	5 Mill.	10 Mill.	15 Mill.	30 Mill. und mehr
Für den allgemeinen Entwurf.......	1,30	1,12	0,87	0,74	0,62	0,45	0,38	0,30	0,23
Für den ausführlichen Bauentwurf ..	3,40	3,00	2,32	1,96	1,64	1,20	1,00	0,80	0,60
Für den Massenausweis und den ausführlichen Voranschlag	0,85	0,75	0,58	0,49	0,41	0,30	0,26	0,20	0,15
Für die Anfertigung der Zeichnungen aller Einzelheiten und der Ausführungspläne und die Massenausweise	0,65	0,57	0,44	0,37	0,31	0,23	0,19	0,15	0,12
Für die Bauüberwachung...........	1,70	1,50	1,16	0,98	0,82	0,60	0,50	0,40	0,30
Für die Überprüfung der Baurechnungen und die Bauabnahme	0,60	0,56	0,43	0,37	0,30	0,22	0,18	0,15	0,10
Insgesamt...	8,50	7,50	5,80	4,90	4,10	3,00	2,50	2,00	1,50

VI. Entgelt für Hochbauten.

Zur Berechnung des Entgeltes für Hochbauten werden diese in Klassen eingeteilt. Von den bei Wasserbauten vorkommenden Hochbauten fallen in die

I. Klasse: landwirtschaftliche Gebäude, gewerbliche und Industriebauten, Werkstätten, Lagerhäuser, Speicher, Behelfsbauten, Fabriken, Stallungen, Wagenschuppen, ganz einfache Wohngebäude, Arbeiter-Reihenhäuser;

II. Klasse: gewerbliche und Industriebauten mit Wohnräumen, Kanzleigebäude, gewöhnliche Häuser mit Wohnungen, einfache Familienhäuser.

Das Entgelt für alle vom Ingenieur zu leistenden Arbeiten wird nach der folgenden Aufstellung in Prozenten der Baukosten berechnet.

Entgelt in Prozenten der Baukosten.

Baukosten in Kč	Klasse I	Klasse II	Baukosten in Kč	Klasse I	Klasse II	Baukosten in Kč	Klasse I	Klasse II	Baukosten in Kč	Klasse I	Klasse II
50 000	3,85	5,75	700 000	3,00	4,54	3 000 000	2,03	3,22	7 000 000	1,62	2,57
100 000	3,69	5,50	800 000	2,93	4,44	3 500 000	1,90	3,06	8 000 000	1,60	2,55
200 000	3,48	5,21	900 000	2,87	4,35	4 000 000	1,80	2,91	9 000 000	1,57	2,53
300 000	3,35	5,03	1 000 000	2,81	4,26	4 500 000	1,73	2,80	10 000 000	1,55	2,50
400 000	3,24	4,88	1 500 000	2,56	3,91	5 000 000	1,69	2,71	15 000 000	1,51	2,41
500 000	3,14	4,76	2 000 000	2,34	3,64	6 000 000	1,65	2,60	20 000 000	1,45	2,32
600 000	3,07	4,65	2 500 000	2,17	3,40						

Von diesem Entgelt entfallen die in der folgenden Tabelle angeführten Prozentsätze auf die angegebenen Teilleistungen.

Teilleistung	Klasse I	Klasse II
Vorentwurf (Skizze)	12	11
Ausführlicher Entwurf....................	24	23
Kostenvoranschlag	12	10
Ausführungspläne und Einzelzeichnungen...	18	24
Bauleitung	24	23
Bauabnahme	10	9

VII. Entgelt für Vermessungsarbeiten.

a) Triangulierungen. Bei mehr als 5 Punkten je Punkt im freien Gelände 240 Kč, in wenig günstigem Gelände 320 Kč, in unsichtigem Gelände 400 Kč und überdies für jedes Hektar des Netzes 4 Kč. Alle Barauslagen werden gesondert verrechnet.

b) Längen- und Höhenmessung. Entgelt je Kilometer:

Länge der gemessenen Strecke	1—2	2—5	über 5	km
In freiem, mäßig welligem Gelände	200	180	160	Kč/km
In hügeligem, freiem oder in mäßig gewelltem, bewachsenem oder verbautem Gelände	260	240	220	„
In freiem Gelände mit großen Höhenunterschieden	320	280	250	„
In bewachsenem, unsichtigem oder verbautem Gelände mit großen Höhenunterschieden	400	350	320	„

c) Tachymetrische Vermessung einschließlich Anfertigung eines Schichtenplanes 1 : 1000:

Im ebenen Gelände bei einer Fläche von	2—10	über 10	ha
Je Hektar	140	120	Kč/ha

Bei welligem, bewachsenem oder hügeligem Gelände erfolgt ein Zuschlag von 5 bis 30%.

d) Verrainung von Eisenbahnen und Anfertigung der zugehörigen Pläne, je Kilometer:

Länge der Strecke	bis 2	bis 5	bis 20	km
In ebenem oder mäßig gewelltem Gelände	5800	5200	4800	Kč/km
Im Hügelland	7200	6400	6050	„
In gebirgigem Gelände	7800	6800	6400	„

IV. Preise von Baustoffen und Bauhilfsstoffen. Grund- und Bauwerksablösen. Baukostenindex.

29. Preise von Baustoffen und Bauhilfsstoffen werden am besten durch unmittelbare Anfrage bei Lieferwerken erfragt. Um eine rasche Orientierung über Durchschnittspreise zu ermöglichen, sind unter Nr. 30 für die wichtigsten Stoffe Durchschnittspreise zusammengestellt, und es sind überdies noch an vielen Stellen des Buches Preise von Stoffen für besondere Arbeiten angeführt. Besonders sei aber hervorgehoben, daß die angeführten Preise nur über die Größenordnung orientieren sollen. Die Preise für ein und denselben Baustoff weisen in verschiedenen Gegenden mitunter recht große Unterschiede auf, die zum Teil auf die verschiedenen Entfernungen von den Erzeugungsstätten, auf die besonderen Verhältnisse in den Erzeugungsstätten und auf die Konkurrenzverhältnisse im Handel zurückzuführen sind (vgl. Nr. 34a).

30. Preise von Baustoffen und Bauhilfsstoffen, 1936.

Baustoff	Einheit	Deutsches Reich RM	Österreich S	Tschechoslowakei Kč
Aluminium	100 kg	144,—		
Aluminiumwolle	100 „	450,—		
Ammoniak	100 „	80,—		
Asphalt	100 „		35,—	80,—
Asphaltkitt	100 „		35,—	150—160
Bandeisen	100 „	15—26	54—62	185,—
Bauträger	100 „	11,—	45,—	175,—
Benzin	100 „	25—35	65—70	350,—
Benzol	100 „	35—40	100,—	370,—
Betonrundstahl	100 „	20—25	45,—	150—220
Betonschotter	1 rm			28,—
Bitumen-Jutegewebeplatten	1 qm	1,50—2,—	3,60	12—15
Bleiblock	100 kg	35,—	70,—	250—320
Bleiriffel	100 „	42,—	170,—	800,—
Bleiwolle	100 „	41,—	170,—	1000,—
Bleibleche	100 „		175,—	490—570
Bleirohre	100 „		160,—	
Chlor, flüssig	100 „	25—50		660—685
Chlormagnesium	100 „	4—8		125,—
Dachziegel, Biberschwanz	1000 Stück	50—80	120,—	260—560
„ , Falz-	1000 „		140,—	700,—
Dissousgas in Leihflaschen	1 cbm	2,20		24,—

Fortsetzung der Tabelle.

Baustoff	Einheit	Deutsches Reich RM	Österreich S	Tschechoslowakei Kč
Dynamoöl	100 kg	35—70		613,—
Dynamit I	100 „			3000,—
„ II	100 „			2700,—
Dynamon I	100 „			2350,—
Drahtseilfett	100 „	60—70		843,—
Gerüstholz	1 fm		45,—	250,—
Grauguß, 2—10 kg je Stück	100 kg	20—50		350—280
„ , über 10 kg je Stück	100 „	18—45		340—160
Granitwürfel, 10 × 10 × 10 cm	1000 kg	36,—		
Grubensand	1 rm	4—8	12—15	22,—
Gummistiefel	1 Paar	14—30		77—125
Hafer	100 kg	17,—	25—27	140,—
Heißdampfzylinderöl	100 „	50—110	150,—	800—1200
Heu	100 „	4,5—6,0	7,50—10,—	65,—
Jutewickelstreifen, imprägniert, 10 cm breit	100 m	3,20	6,—	40,—
„ , „ , 15 „ „	100 „	4,60	9,—	60,—
Kabelvergußmasse	100 kg	30—60	30,—	90,—
Kaliwasserglas, 30—33° B	100 „	18,—		600,—
Kantholz	1 fm	50,—		320,—
Karbid	100 kg	30—40		297—320
Koks, Gas-	1 t	25—27		338,—
Kokerei-Rohteer	1 „	4—6		50,—
Korksteinplatten, 3 cm dick	1 qm	2,50	5,40	18,—
Klinker-Mauerziegel, D. F.	1000 Stück		700,—	1100,—
„ , Ö. F.	1000 „	—	850,—	1600,—
Klinker für Wasserbauten, 22 × 10.5 × 5,2 cm	1000 „	39,—	—	—
Lötzinn, 50%ig	100 kg	110—210	525,—	1700,—
Maschinenöl	100 „	40—60	65,—	600,—
Mauerziegel, D. F.	1000 Stück	34,—	60,—	—
„ , Ö. F.	1000 „	—	70—75	190—240
Motorenöl	100 kg	45—70	110,—	600—800
Natron-Wasserglas, 30—33° B	100 „	6—8		110,—
Paraffin	100 „			420,—
Petroleum	100 „	30,—	30,—	170,—
Preßluft in Leihflaschen	1 cbm	0,45		10,—
Putzöl	100 kg	30,—	30,—	234,—
Putzwolle	100 „	30—65		450,—
Quecksilber	1 kg			80,—
Rabitzgewebe, roh, 1 m breit	50 m	11—13		175,—
„ , verzinkt, 1 m breit	50 „	13—16		200,—
Rundholz	1 fm			280,—
„ für Pfähle	1 „	45,—		350,—
Ruß	100 kg			450,—
Sauerstoff in Leihflaschen	1 cbm	0,60		13,—
Schalungsholz	1 cbm		38—42	190—270
Schnittholz	„	37,—	60,—	250—370
Schwefeldioxydgas	100 kg	24,—		
Sprengpulver	100 „			3200,—
Staufferfett	100 „	36—46		380,—
Staußgewebe	1 qm		2,60	
Steinkohle	1 t			280,—
Steinkohlenteerpech	100 kg		24,—	80,—
Straßenbauteer	100 „	7—9	30,—	90,—
Streutorf	100 „			30,—
Stroh	100 „	1,4—1,5		40,—
Stückkalk	100 „	1,80—3,—	4,30—4,60	13—19
Teerstrick	100 „	20,—	150,—	250,—
Transformatorenöl	100 „	60,—	140,—	360,—
Traß	100 „	16—18		180,—
Treiböl	100 „	13—15	62,—	170,—
Wasserstoff in Leihflaschen	1 cbm	0,65—0,80		15,—
Weißstrick	100 kg	30,—	250,—	250—380
Zement, Portland, gewöhnlicher	1 t	37—44	90—97	260—350
„ , „ , hochwertiger	1 „	63,—	100,—	
„ , Tonerdeschmelz-	1 „	72—75	160,—	
„ , Eisenportland-	1 „	40,—	—	240,—
„ , Portland, weiß	1 „	130—150	320,—	1500,—

31. Preisindizes einiger Baustoffe.

Baustoff		1913, 1914	1925	1926	1927	1928	1929	1930	1931	1932	1933	1934	1935
Mauerziegel	D. R.	100	171	229	185	175	189	189	182	164	150	150	150
	Öst.	100	127	137	152	160	173	183	178	170	154		
	ČSR.	100		137	146	167	150	135	119	116	104	72	
Baustein	D. R.	100											
	Öst.	100											
	ČSR.	100		162	162	171	195	195	143	125	111	90	
Grubensand	D. R.	100											
	Öst.	100	97	100	100	99	126	149	115	111			
	ČSR.	100		167	167	192	167	136	117	109	101	76	
Flußsand	D. R.	100											
	Öst.	100	68	74	74	74	100	100	100	77			
	ČSR.	100		179	179	195	154	154	128	129	120	96	
Bauholz (Konstruktionsholz)	D. R.	100	157	143	149	184	165	165	129	103	81	103	114
	Öst.	100	114	123	123	123	123	131	106	98	94		
	ČSR.	100		117	130	141	133	115	89	79	77	71	
Zement	D. R.	100	123	124	125	125	126	126	112	109	101	98	93
	Öst.	100	125	134	137	137	142	142	142	139	138	138	
	ČSR.	100		95	95	95	96	97	95	91	84	45	
Kalk	D. R.	100											
	Öst.	100	113	122	122	122	144	144	150	133	116		
	ČSR.	100		125	125	154	159	146	124	121	128	94	
Eisen	D. R.	100	144	144	144	152	152	152	149	138	132	132	132
	Öst.	100	104	103	106	125	131	131	131	135	119	119	
	ČSR.	100		116	116	116	116	116	102	102	102	85	
Abflußrohre (Gußeisen)	D. R.	100											
	Öst.	100											
	ČSR.	100		129	129	156	157	153	164	165	158	129	
Gasrohre, gezogen	D. R.	100											
	Öst.	100											
	ČSR.	100		116	116	163	144	130	116	130	126	98	
Beton-Rundstahl	D. R.	100											
	Öst.	100	98	95	98	115	123	123	123	127	127		
	ČSR.	100	109	109	109	107	103	102	101	102	102	102	
Steinzeugrohre	D. R.	100	154	182	182	182	185	185	173	156	156	144	144
	Öst.	100											
	ČSR.	100											
Granit-Großpflastersteine	D. R.	100	106	141	120	120	123	123	113	100	88	88	88
	Öst.	100											
	ČSR.	100											
Granit-Kleinpflastersteine	D. R.	100	133	153	126	126	141	141	121	107	90	90	95
	Öst.	100											
	ČSR.	100											
Bitumen	D. R.	100	146	145	150	150	133	130	105	105	100	100	100
	Öst.	100											
	ČSR.	100											
Straßenteer	D. R.	100	350	238	280	216	216	216	171	160	160	160	160
	Öst.	100											
	ČSR.	100											
Basalt-Hartschotter	D. R.	100	104	119	105	105	103	103	100	98	94	94	94
	Öst.	100											
	ČSR.	100											

Fortsetzung der Tabelle.

Baustoff		1913, 1914	1925	1926	1927	1928	1929	1930	1931	1932	1933	1934	1935
Weichschotter	D. R.	100	118	156	145	145	156	136	127	125	118	118	118
	Öst.	100											
	ČSR.	100											
Blei	D. R.	100	179	171	147	116	129	106	75	41	54	51	49
	Öst.	100											
	ČSR.	100											
Kupfer	D. R.	100				109	148	103	63	38	43	32	
	Öst.	100											
	ČSR.	100											
Dynamit I	D. R.	100											
	Öst.	100	138	138	138	138	138	138	138	138	153		
	ČSR.	100											
Zündschnur, einfach, schwarz	D. R.	100											
	Öst.	100	116	109	132	132	132	132	153	153	170		
	ČSR.	100											
Sprengkapseln	D. R.	100											
	Öst.	100	124	124	124	124	124	130	130	142	149		
	ČSR.	100											
Stahlblech (Feinbleche)	D. R.	100											
	Öst.	100	108	95	95	102	104	125	125	125			
	ČSR.	100											
Leinölfirnis	D. R.	100											
	Öst.	100		122	110	115		149	87	76			
	ČSR.	100											
Durchlaufventile	D. R.	100											
	Öst.	100	120	114	114	117	118	115	110	100			
	ČSR.	100											
Spülabortschale	D. R.	100											
	Öst.	100	147	147	139	139	131	124	108	108			
	ČSR.	100											

32. Preisbewegung einiger Baustoffe.

Baustoff		1914	1925	1926	1927	1928	1929	1930	1931	1932	1933	1934	1935
Zement je 1000 kg	RM	41,50	51,30	51,70	51,90	51,90	52,50	52,50	46,50	45,20	41,90	40,60	38,50
	S	40 K	75	81	83	83	87	87	86	84	84	84	
	Kč	49 K	370	365	340	350	345	373	345	344	300	178	180
Mauerziegel je 1000 St.	D. F. RM	28	48	64	52	49	53	53	51	46	42	42	42
	Ö. F. S	36 K	49	51	55	57	61	66	63	58	53		
	Ö. F. Kč	36 K	350	350	350	290	347	285	265	260	240	190	220
Stückkalk je 1000 kg	S	30 K	43	46	46	46	54	54	57	50	47		
	Kč	20 K	210	210	230	200	195	200	195	195	185	175	175
Schnittholz, Bauware, je cbm	RM	37 M	58	53	55	68	61	61	48	38	31	38	42
	S	50 K	65	65	65	65	65	70	55	50	48	41	
Betonrundstahl je 1000 kg	S	20 K	35	34	35	40	43	43	44	45	45	45	
	Kč	24 bis 28 K	1950	1950	1950	1900	1830	1810	1800	1810	1810	1810	
Fuhrwerk, zweispännig, je Tag	S	22 K	40	40	40	40	40	40	40	40	40	40	
Blei je 100 kg	RM	38 M	65 bis 70	65	53 bis 59	42 bis 46	46 bis 52	35 bis 46	25 bis 32	14 bis 17	19 bis 22	17 bis 22	

Fortsetzung der Tabelle.

Baustoff	1914	1925	1926	1927	1928	1929	1930	1931	1932	1933	1934	1935
Kupfer je 100 kg RM	130 M				140 bis 143	156 bis 228	171 bis 96	101 bis 64	43 bis 56	46 bis 66	40 bis 44	
Betonschotter je rm S / Kč	6,50 K / 4 K	4,40 / 42	4,80 / 42	4,80 / 38	4,80 / 39	6,50 / 38	6,50 / 37	6,50 / 40	5,— / 26	25	23	24
Dynamit I, je kg S	3,50 K	4,80	4,80	4,80	4,80	4,80	4,80	4,80	4,80	5,30		
Zündschnur, einfach, schwarz, je Ring zu 8 m S	0,43 K	0,50	0,47	0,57	0,57	0,57	0,57	0,66	0,66	0,73		
Sprengkapsel Nr. 3 je 1000 St. S	34,60 K	43	43	43	43	43	45	45	49	52		

33. Gang der Preise einiger Baustoffe in Stuttgart.[223]

Baustoff		1913	1924	1925	1926	1927	1928	1929
Basalthartschotter	rm	14,35	21,70	15,—	17,—	15,10	15,10	14,85
Weichschotter	,,	5,50	6,90	6,50	8,60	8,—	8,—	8,60
Granitgroßpflastersteine	qm	12,—	11,20	12,80	17,—	14,40	14,40	14,80
Backsteine	1000 St.	28,—	48,—	48,—	64,—	52,—	49,—	53,—
Zement	10 t	415,—	580,—	510,—	517,—	519,—	519,—	525,—
Bauholz	cbm	37,—	65,—	58,—	53,—	55,—	68,—	61,—
Eisen	t	130,—	155,—	188,—	188,—	188,—	198,—	198,—
Steinzeugrohr, 25 cm	m	3,50	5,91	5,40	6,40	6,40	6,40	6,48
Bitumen	t	100,—	144,50	144,50	144,50	150,—	150,—	133,—
Straßenteer	,,	50,—	175,—	175,—	119,—	145,—	108,—	108,—
Granitkleinpflastersteine 8 × 10 cm	qm	6,—	6,—	8,—	9,20	7,60	7,60	7,70
Mainsand	rm	—	—	—	—	—	—	—
Granitleistensteine, 15 × 30 cm	m	—	—	—	—	—	—	—

Baustoff		1930	1931	1932	1933	1934	1935	1936
Basalthartschotter	rm	14,85	14,30	14,—	13,50	13,50	13,50	13,50
Weichschotter	,,	7,50	7,—	6,90	6,50	6,50	6,50	6,50
Granitgroßpflastersteine	qm	14,80	13,60	11,50 bis 13,—	10,50	10,50	10,50	—
Backsteine	1000 St.	53,—	51,—	46,—	42,—	42,—	42,—	42,—
Zement	10 t	525,—	465,—	453,—	420,—	405,—	385,—	361,—
Bauholz	cbm	61,—	44,—	38,—	30,—	38,—	42,—	44,—
Eisen	t	198,—	194,—	180,—	171,50	171,50	171,50	171,50
Steinzeugrohr, 25 cm	m	6,48	6,05	5,45	5,45	5,05	5,05	5,05
Bitumen	t	130,—	105,—	105,—	100,—	100,—	100,—	100,—
Straßenteer	,,	108,—	85,50	80,—	80,—	80,—	80,—	78,—
Granitkleinpflastersteine, 8 × 10 cm	qm	7,71	7,30	6,40	5,40	5,40	5,70	—
Mainsand	rm	11,50	9,53	9,53	9,45	9,45	9,45	9,45
Granitleistensteine, 15 × 30 cm	m	4,—	3,—	2,75	2,85	3,30	3,30	3,30 bis 3,55

34. Preisunterschiede einiger Baustoffe am 1. Februar 1934 im Deutschen Reich.[206]

	Niederster Preis RM	Höchster Preis RM	Häufigster Preis RM
Mauerziegel, je 1000 Stück	20—25	40—45	30—35
Biberschwanzziegel, je 1000 Stück	40—45	75—85	60—65
Pfannen, je 1000 Stück	60—70	130—140	100—110
Falzziegel, je 1000 Stück	65—75	145—155	115—125
Stückkalk, je t	15—20	35—40	25—30
Mauersand, je cbm	1—2	10—15	3—4
Holzbalken, je cbm	30—45	60—65	40—45

34 a. Portlandzement, 10 t, frei Bahnwagen.

Relative Preise 1929.

Berlin	1,00	München	1,12
Darmstadt	1,06	Tilsit	1,57
Flensburg	1,10		

35. Baukostenindizes.

Jahr	Deutsches Reich	Österreich	Tschecho-slowakei	Ungarn	U. S. A. (E. N. R.)	Jahr	Deutsches Reich	Österreich	Tschecho-slowakei	Ungarn	U. S. A. (E. N. R.)
1913	100				100	1925	168,4	140			207
1914	100	100	100	100	89	1926	161,1		132		208
1915					92	1927	172,5	146	135		206
1916					130	1928	172,7		152		207
1917					180	1929	176,9	154	146		207
1918					190	1930	167,6	156	140		203
1919					197	1931	147,8		129		181
1920					250	1932	123,2	148	126		157
1921					203	1933		111	121		170
1922					172	1934	132,0	106	93	82	198
1923					213	1935			93		195
1924	137,4				215	1936					206

Berechnungsart der Baukostenindizes:

Tschechoslowakei: Aus Baustoffaufwand und Arbeitsaufwand für ein dreigeschossiges Haus mit 10 Zweizimmerwohnungen samt Zugehör in Prag. 1 GK (Goldkrone) = 6,84 Kč bis 17. Februar 1934. Ab 17. Februar 1934 1 GK = 8,21 Kč, ab 5. Oktober 1936 1 GK = 9,40 Kč.

36. Großhandelsindizes.

Land	1913, 1914	1924	1925	1926	1927	1928	1929	1930	1931	1932	1933	1934	1935
Argentinien	100								75	69	62	47	46
Japan	100								85	58	52	47	47
Ungarn	100				132	135	121	96	70	65	54	55	56
Belgien	100								83	75	70	67	58
Großbritannien	100								69	65	64	58	58
Polen	100								79	67	64	60	59
Dänemark	100								84	81	70	67	63
Schweden	100								79	72	69	65	65
Kanada	100								92	87	69	66	67
Vereinigte Staaten	100	140	151	141	139	144	138	117	98	90	66	67	67
Frankreich	100								90	83	82	70	67
Norwegen	100								85	78	75	69	69
Bulgarien	100								85	69	67	68	70
Holland	100								85	76	77	77	75
Italien	100	512*	596*	603*	495*	462*	447*	383*	85	78	75	78	79
Tschechoslowakei	(100)	143	147	139	143	141	134	119	102	97	95	84	86
Österreich	(100)	136	136	123	133	130	130	117	92	91	85	86	88
Schweiz	(100)	175	162	144	142	145	141	126	103	92	91	89	89
Deutsches Reich	100	137	142	134	138	140	137	125	101	91	96	101	102

37. 1 ha Grundablösung (1927):

Ödland, Wege, Wasserflächen[7]	500— 1000	RM
Waldboden ohne Bestand[7]	800— 2000	,,
Weideflächen[7]	800— 1600	,,
Wiesen[7]	1600— 4000	,,
Ackerflächen[7]	2000— 5000	,,
Hofgrund, Gärten[7]	8000— 50000	,,
Industrie- und Bebauungsgelände[7]	80000—200000	,,

38. Entschädigung für abzulösende Wasserkraftanlagen, je PS Ausbauleistung (1927).[7]

Veraltete Anlagen mit Einschichtbetrieb	500—1000	RM
Zeitgemäße Anlagen mit durchlaufendem Betrieb	1000—1800	,,

* Papierlire.

39. Gebäudeablösung, je Kubikmeter umbauten Raumes (1927).

Offene Schuppen, Feldscheunen[7]	4—5	RM
Scheunen, Holzschuppen[7]	5—7,5	,,
Massive Ställe, einfache Wirtschaftsgebäude[7]	10—15	,,
Landwirtschaftliche Wohnbauten[7]	16—22	,,
Einfache Landhäuser[7]	22—30	,,
Industriebauten[7]	16—22	,,

V. Versicherungen.

40. Bauriskenversicherung der Allianz- und Stuttgarter Verein Versicherungs A. G. in Berlin. Die Bauriskenversicherung umfaßt die Montageversicherung, die Garantieversicherung und die Bauwesenversicherung.

1. Die Montageversicherung. Es können versichert werden:

a) Eisenkonstruktionen mit und ohne mechanische oder maschinelle Einrichtungen;

b) Maschinen, maschinelle Einrichtungen und Apparate, und im Zusammenhang mit den unter a und b angeführten Gegenständen überdies

c) Montageausrüstung, wie Maste, Gerüsthölzer, Hilfsmaschinen, Geräte, Werkzeuge, Apparate, Baubuden und Eigentum der Angestellten, Monteure und Arbeiter;

d) fremde Sachen auf dem in der Versicherungsurkunde oder in der Anmeldung bezeichneten Montageplatz, die sich in Benützung, Gewahrsam oder Obhut des Versicherungsnehmers, seiner Angestellten, Arbeiter, Bediensteten, Bevollmächtigten oder Beauftragten befinden oder bezüglich welcher der Versicherungsnehmer zur Zeit der Beschädigung die Gefahr trägt.

Die Versicherung erstreckt sich nicht auf Schmucksachen, Gold- und Silbersachen, Geld und Wertpapiere, ferner nicht auf schwimmende Fahrzeuge und auf Kraftfahrzeuge.

Der Versicherer gewährt Versicherungsschutz gegen:

I. Schäden an den versicherten Sachen, verursacht

a) durch Ungeschicklichkeit, Fahrlässigkeit oder Böswilligkeit;

b) durch Konstruktionsfehler sowie Guß- und Materialfehler, Berechnungs-, Werkstätten- oder Montagefehler, unter Ausschluß der Kosten, welche zur Beseitigung der Fehler selbst erforderlich sind;

c) durch unglückliche Zufälle, wie Herabfallen von Montagegegenständen, Seil- oder Kettenbruch, Senkung, Verschiebung oder Bruch der Montagerüstung;

d) durch Probebelastungen, Probebetriebe;

e) durch höhere Gewalt, wie Feuer, Blitzschlag, Sturm, Hagelschlag, Frost, Explosion, Eisgang, Hochwasser, Erdrutsch, Erdbeben;

f) durch sonstige Betriebsunfälle.

II. Schäden an den versicherten Sachen, die durch Streik, Aufruhr, innere Unruhen oder darauf zurückzuführende Plünderungen innerhalb Deutschlands entstehen. Diese Gefahren können außerhalb Deutschlands nur auf Grund besonderer Vereinbarungen versichert werden.

III. Verluste durch Einbruchdiebstahl und Diebstahl, letzteren begrenzt auf 75%, gleichviel ob sich die gestohlenen Gegenstände auf dem Montageplatz montiert, demontiert, lagernd, in Ruhe oder in Arbeit befunden haben, sowie gegen Schäden, welche durch Zertrümmerung der versicherten Gegenstände zum Zwecke widerrechtlicher Entwendung entstehen.

IV. Ersatzansprüche dritter Personen für Sachschäden, für welche der Versicherungsnehmer nach dem Gesetze ersatzpflichtig ist. Die Ersatzleistung geht in keinem Falle über 100000 RM für ein Schadensereignis hinaus.

V. Die Kosten für Aufräumung und Beseitigung von Trümmern als Folge eines ersatzpflichtigen Schadens sind, mangels anderer Vereinbarung, bis zu 2% der Versicherungssumme eingeschlossen.

Die Prämiensätze schwanken je nach der Dauer und Schwere des Risikos und betragen bei mittleren Risken 0,1 bis 1,0% der Versicherungssumme für die gesamte Montagezeit.

2. Die Garantieversicherung. Die Versicherung erstreckt sich auf:

a) Maschinen, maschinelle Einrichtungen und Apparate.
b) Eisenkonstruktionen mit und ohne mechanische oder maschinelle Einrichtungen.

Nicht versichert werden Werkzeuge, Riemen, Seile, Gurte, Transportbänder, Ketten u. dgl.
Der Versicherer gewährt Versicherungsschutz gegen Folgeschäden an den versicherten Sachen, verursacht durch Konstruktionsfehler, Guß- oder Materialfehler, Berechnungs-, Werkstätten- oder Montagefehler, soweit sie der Versicherungsnehmer auf Grund seines Verkaufs- oder Lieferungsvertrages zu vertreten hat, unter Ausschluß der Kosten, welche zur Beseitigung der Fehler selbst erforderlich sind.

Der Versicherungsschutz erstreckt sich nicht auf

a) Schäden durch dauernde Schäden des Betriebes, Korrosion, Erosion und Rost, soweit sie nicht auf Ursachen zurückzuführen sind, die ersatzpflichtig sind.
b) Schäden durch ungenügende Wartung oder sonstige unsachgemäße Behandlung während des Betriebes.
c) Schäden, die auf einen vor dem Schadensfall bereits erkannten Konstruktions- oder Materialfehler zurückzuführen sind.
d) Ersatzansprüche aus Vertragsstrafen, selbst wenn die Ursache auf einen ersatzpflichtigen Schaden zurückzuführen ist.

Der Versicherungsnehmer hat 20% eines Schadensbetrages selbst zu tragen.
Die Prämiensätze schwanken zwischen 0,4 und 1,0% der versicherten Summe je Versicherungsjahr.

3. Die Bauwesenversicherung. Es können versichert werden

a) Bauobjekte und Behelfsbauten, d. h. Bauleistungen, wie Bauarbeiten, Lieferungen von Baustoffen oder Bauteilen, die zur Herstellung oder Instandhaltung eines Bauwerkes des Hoch-, Tief- und Straßenbaues dienen, einschließlich der erforderlichen Baugrubensicherungen, Grundwasserabsenkungen, Lehrgerüste, Hilfsbrücken, Rüstungen, Schalung, Hölzer, Träger usw.
In Zusammenhang mit den unter a angeführten Sachen können mitversichert werden
b) Lieferungen des Bauherrn, deren Verarbeitung durch den Versicherungsnehmer erfolgt:
c) Baustelleneinrichtung zu Wasser und zu Land, wie Geräte, Transportmittel, Maschinen, Ersatzteile, Werkzeuge, Rohre, elektrische Leitungen, Werkstätten, Lagerschuppen, Baracken, Baubuden, einschließlich der Ausrüstungs- und Kleidungsstücke der Belegschaft.

Ausgeschlossen von dem Versicherungsschutz sind Personen- und Lastkraftfahrzeuge, Geld, Wertpapiere, Zeichnungen und Akten, Schmuck, Gold- und Silbersachen.

Der Versicherer gewährt Versicherungsschutz gegen Sachschäden, verursacht durch

a) Ungeschicklichkeit, Fahrlässigkeit, Böswilligkeit;
b) Fehler in der statischen Berechnung, der Konstruktion, den Baustoffen und der Durchführung der Bauarbeiten;
c) Bruch von Maschinenteilen, Gerüsten, Seilen oder Ketten, Herabfallen von Geräten u. dgl.;
d) Probebelastung und Probebetrieb;
e) Feuer, Blitzschlag und Explosion, nicht aber planmäßige Sprengungen;
f) höhere Gewalt, wie Hochwasser, Sturm, Sturmflut, Eisgang, Erdbeben, Erdrutsch, Wassereinbruch usw. und Witterungseinflüsse jeglicher Art, sofern sie durch ihren plötzlichen oder ungewöhnlichen Eintritt, durch Dauer oder Umfang wie höhere Gewalt zu betrachten sind:
g) Zusammenstoß, Entgleisung, Brücken- oder Bahnkörpereinsturz;
h) Streik, Aufruhr, innere Unruhen oder darauf zurückzuführende Plünderungen;
i) Kurzschluß, d. h. unmittelbare Wirkungen der elektrischen Energie, Bildung von Lichtbogen u. dgl., sowie durch mittelbare Wirkungen atmosphärischer Elektrizität;
k) Zerreißungen infolge von Zentrifugalkraft;
l) Wassermangel in Dampfkesseln und Dampfgefäßen;
m) Einbruchdiebstahl, Diebstahl auf bewachter Baustelle.

Die Kosten der Aufräumung der Schadensstätte und Beseitigung von Trümmern als Folge eines ersatzpflichtigen Schadens sind prämienfrei bis zu 2% des betreffenden Schadens, sofern nicht höhere Aufräumungskosten versichert sind.
Die Prämiensätze liegen zwischen 0,25 und 1,5% der Versicherungssumme, je nach der Dauer des Baues und der Schwere des Risikos.

41. Sonstige Versicherungen.[146]

Prämien in Promillen des versicherten Wertes:

Maschinenbruch	15
Kasko für fahrbare Geräte	(5—20)
Eisenbahntransporte innerhalb des Deutschen Reiches	0,75
Eisenbahntransporte in Europa	(1,3—4)
Wasser- und Seetransporte	(3—10)
Feuerversicherung von Geräten und Baustoffen	(5—11)
„ „ Gebäuden	0,4
Einbruchsversicherung	(20—50)
Autokasko	30

VI. Die Baustelleneinrichtung.

A. Allgemeines.

42. 1 t Maschinen oder Baugeräte mittels eines Kranes auf Eisenbahnwagen **verladen:**
(2,5 bis 4,5) Hilfsarbeiterstunden.

43. 1 t Maschinen oder Baugeräte aus Eisenbahnwagen mittels eines Kranes **ausladen** oder auf andere Fahrzeuge umladen:
(2 bis 3,5) Hilfsarbeiterstunden.

44. 1 t Baugeräte auf der Baustelle auf kleine Entfernungen befördern,[34] einschließlich des Auf- und Abladens: 4 Hilfsarbeiterstunden.

45. Baumaschinen, die in Teile zerlegt zur Baustelle gebracht werden, **zu montieren und nach Beendigung des Baues wieder zu zerlegen** erfordert je Tonne:
(30 bis 60) Arbeitsstunden, von denen etwa zwei Drittel Facharbeiter- und ein Drittel Hilfsarbeiterstunden sind.

46. Eine kleine Baustelle abräumen und für die Absteckung herrichten, ohne Fällen und Roden von Bäumen und ohne Abtragung von Bauwerksresten:
(30 bis 80) Hilfsarbeiterstunden.

47. Aufstellen der Schnurgerüste für kleinere Bauwerke:[42]

Bei kleinen Baustellen mit	(120—200) cbm Beton	(10— 15) h Hilfsarbeiter
„ „ „ „	(200—500) „ „	(15— 50) „ „
„ mittleren „ „	(über 500) „ „	(50—100) „ „

48. Aufstellen und Abtragen von Baracken aus vorbereiteten, zusammenschraubbaren Tafeln:[21]

a) Aufstellen von Baracken:

	Polierstunden	Facharbeiter-stunden	Hilfsarbeiter-stunden
Baubüro, 50 qm	—	72	72
„ 150 „	48	288	192
Baumagazin, 100 qm	48	288	288
„ 250 „	100	600	600
Einfache Bauhütte, 10 qm	—	—	20

b) Abtragen von Baracken aus zusammenschraubbaren Tafeln erfordert einschließlich Instandsetzung 75% der Aufstellungskosten.

49. Baracken und Baubuden:[34]

a) 1 qm (Grundriß) einfacher Buden mit Dach, Fußboden und einfach verschalten Wänden erfordert:

für das Aufstellen: (3—5) h Zimmerer + (1—2) h Hilfsarbeiter + (0,15—0,25) cbm Holz,
„ „ Abtragen: (1—2) „ „ + (1—2) „ „ .

b) 1 qm (Grundriß) besserer Baracken mit Dach, Fußboden, Decke und doppelt verschalten Wänden erfordert:

für das Aufstellen: (4—8) h Zimmerer + (2—4) h Hilfsarbeiter + (0,2—0,35) cbm Holz,
„ „ Abtragen: (2—3) „ „ + (1—2) „ „ .

50. Barackenselbstkosten,[42] je Quadratmeter Grundfläche, uneingerichtet, einfachste Ausführung:

Baracke für Vorarbeiter und Facharbeiter	16—20 RM
Polierbude	16—20 ,,
Lagerbaracke	14—18 ,,
Zementschuppen	11—14 ,,

Allgemein kann gerechnet werden 2,7 bis 3,4 RM je Quadratmeter Wand, Fußboden- oder Dachfläche; bei Zementschuppen wegen stärkerer Wände und Fußboden Zuschlag 25 bis 30%.

Hierzu kommen die Kosten für Zufuhr und Abfuhr, für Aufstellen und Abbrechen und die Abschreibung sowie die Verzinsung.

Für Verzinsung und Abschreibung sind zu rechnen (15 bis 20)% des Neuwertes.

Für Lastwagentransport hin und zurück je 4 bis 5 km sind zu rechnen etwa 0,85 bis 1,7 RM je Quadratmeter.

Für Aufstellen, Abbrechen, Aufladen und Abladen 2,5 bis 3,3 RM je Quadratmeter.

51a. Kosten von Baustellenbaracken.

Baubüro,[21] vollkommen eingerichtet, je Quadratmeter	125—135 RM
Lagerschuppen,[21] vollkommen eingerichtet, mit Werkzeugen und Meßgeräten, je Quadratmeter	115—140 ,,
Lokomotivschuppen,[21] je Quadratmeter	22— 30 ,,
Bauwerkstätten,[21] vollkommen eingerichtet, mit allen erforderlichen Werkzeugmaschinen und Handwerkzeugen, je Quadratmeter:	
bei kleinen Bauschmieden	115 ,,
,, größeren Werkstätten mit Werkzeugmaschinen	125—180 ,,
,, Stellmachereien	45 ,,

51b. Kosten von Baracken und Bauwerkstätten:[21]

a) Baukanzleien, vollständig eingerichtet:

1. für eine mittelgroße Baustelle, 50 qm Grundfläche	4800 RM
2. ,, ,, große Baustelle, 150 qm Grundfläche	12350 ,,

b) Baumagazine, vollständig eingerichtet:

1. für eine mittelgroße Baustelle, 100 qm Grundfläche	13900 RM
2. ,, ,, große Baustelle, 250 qm Grundfläche	30800 ,,
3. ,, ,, Großbaustelle, 400 qm Grundfläche	48100 ,,

c) Werkstätten, vollkommen eingerichtet, ohne Antriebsmaschine:

1. Bauschmiede für eine kleine Baustelle, 25 qm Grundfläche	2800 RM
2. Werkstätte für eine mittelgroße Baustelle, 150 qm Grundfläche	18500 ,,
3. ,, ,, ,, große Baustelle, 250 qm Grundfläche	44500 ,,
4. ,, ,, ,, Großbaustelle, 400 qm Grundfläche	66000 ,,
5. Stellmacherei für eine mittelgroße Baustelle, 100 qm Grundfläche	4550 ,,
6. ,, ,, ,, große Baustelle, 250 qm Grundfläche	11650 ,,

d) Lokomotivschuppen, eingerichtet:

1. für 4 Lokomotiven, 150 qm Grundfläche	4500 RM
2. ,, 6 ,, , 240 ,, ,,	5750 ,,
3. ,, 9 ,, , 350 ,, ,,	7500 ,,

e) Kantinen, eingerichtet:

1. Kantine mit 120 qm Grundfläche	6000 RM
2. ,, ,, 300 ,, ,,	15000 ,,

f) Wohn- und Schlafbaracken, eingerichtet:

1. für 30 Männer, 120 qm Grundfläche	9000 RM
2. ,, 75 ,, , 300 ,, ,,	23000 ,,

Wegen der Anordnung und Einrichtung von Bauwerkstätten siehe: Garbotz G.: Handbuch des Maschinenwesens beim Baubetrieb, 1. Bd. Berlin: J. Springer. 1931.

52. Unterkunft und Verköstigung der Arbeiter.

a) Im Lager: Je Bett mindestens 3,5 qm Grundfläche und 12 cbm umbauten Raumes; im Aufenthaltsraum je Arbeiter mindestens 0,75 qm Grundfläche.[21]

Eine Wohnbaracke aus vorbereiteten Tafeln zusammenstellen[21] kostet bei einer

Grundfläche von	120 qm	48 h Polier	+	288 h Facharbeiter	+	192 h Hilfsarbeiter,
„ „	300 „	100 „ „	+	1000 „ „	+	600 „ „ .

Das Abtragen und Wiederinstandsetzen erfordert etwa 75% des Lohnes für das Aufstellen.

Eine Wohn- und Schlafbaracke, vollständig eingerichtet,[21] einschließlich der Wäsche, kostet je Quadratmeter Grundfläche (50 bis 75) RM; uneingerichtet, in einfachster Ausführung je Quadratmeter Grundfläche 20 bis 25 RM.

Zur Aufsicht und Bedienung sind im Lager zu rechnen: für je 250 Männer 1 Lagerwart, 4 Aufräumerinnen und im Jahresdurchschnitt 1 Heizer.

b) In der Küche: für je 250 Arbeiter 1 Beamter, 1 Lagerarbeiter, 5 Köche und 2 bis 3 Helfer.

Eine Kantine kostet vollkommen eingerichtet je Quadratmeter Grundfläche etwa[21] 50 RM.

53. Die Entscheidung über die Verwendung von Baumaschinen und die Auswahl der Baumaschinen.

Bei der Entscheidung der Frage, ob Baumaschinen anzuwenden sind oder nicht, ist vor allem die Frage maßgebend, ob die in Betracht gezogene Arbeit in der geforderten Güte überhaupt ohne Baumaschine geleistet werden kann. Wenn die Leistung der Arbeit von Hand in der geforderten Güte möglich ist, so muß weiter als entscheidend angesehen werden, ob die Arbeit von Hand in der geforderten Zeit möglich ist und schließlich sind die Kosten der Arbeit zu beachten. Durch die Maschinenarbeit kann die Arbeitszeit in der Regel wesentlich abgekürzt werden; bei einem Vergleich der Kosten einer Bauherstellung in Handarbeit mit jenen bei Maschinenarbeit muß die durch die Maschinenarbeit ermöglichte Ersparnis an Bauzinsen mitberücksichtigt werden und es darf nicht außer acht gelassen werden, daß bei Maschinenarbeit auch die Kosten für die Unterbringung der Arbeiter (Baracken) wesentlich herabgesetzt werden.

Vielfach wird gegen die weitgehende Verwendung von Baumaschinen der Einwand erhoben, daß die Maschine unzähligen Arbeitern den Arbeitsplatz nimmt. Dem ist entgegenzuhalten, daß viele Arbeiten, die gegenwärtig ausgeführt werden, in Handarbeit wegen der hohen Kosten und wegen der langen Bauzeiten niemals begonnen worden wären. Erst die Anwendung der Baumaschinen hat diese Arbeiten überhaupt möglich gemacht und hat erst in vielen Fällen Arbeitsplätze und Brot geschafft. Billiges Bauen kommt aber der ganzen Volksgemeinschaft zunutze, regt die ganze Wirtschaft an und schafft letzten Endes auch in anderen Wirtschaftszweigen neue Arbeitsplätze.

54. Die Verzinsung und Abschreibung von Baumaschinen und Geräten.

Die Verzinsung und die Abschreibung der Baumaschinen und Geräte wird stets in Prozenten des Neuwertes berechnet. Wenn der Zinsfuß $p\%$ beträgt, so genügt es, mit Rücksicht darauf, daß das zu verzinsende Kapital innerhalb der Nutzungsdauer voll abgeschrieben wird, also ein vom Neuwert auf Null fallender Betrag zu verzinsen ist, mit dem jährlich gleichbleibenden Zinsfuß $0{,}5\,p$ den Neuwert zu verzinsen.

Dieser Satz würde hinreichen, wenn alle Baumaschinen des Unternehmers stets ausgenützt wären. In der Regel werden die angeschafften Baumaschinen nur zu $b\%$ (des Neuwertes) beschäftigt sein; die beschäftigten Baumaschinen müssen dann auch die Verzinsung für die am Lagerplatz in Bereitschaft stehenden verdienen. Daher müssen die beschäftigten Maschinen mit einem höheren Zinssatz belastet werden, und zwar mit $0{,}5\,p\,\frac{100}{b}$, so daß z. B. bei einer Beschäftigung der Baugeräte von $b = 60\%$ die beschäftigten Baumaschinen mit dem durchschnittlichen Zinssatz von $0{,}83\,p$ zu belasten sind.

Bei Baumaschinen ist nach dem Vorschlage des Reichsverbandes industrieller Bauunternehmungen (Ribau) mit einer Ausnützung durch 7,2 Monate im Jahre oder durch 180 Tage oder durch 1440 Stunden im Jahre zu rechnen. Wenn bei dieser Ausnützung die Nutzungsdauer n Jahre beträgt, so beträgt die jährliche Abschreibung (ohne Rücksicht auf den Altwert)

$$a_n = \frac{100}{n}\%.$$

Wenn die Zahl der jährlichen Betriebsstunden z von der oben angegebenen abweicht, so muß die Abschreibung je nachdem, ob die Betriebsstundenzahl größer oder kleiner als 1440 ist, auch vergrößert oder verkleinert werden. Man setzt dann

$$a = a_n \left(1 - \frac{1440 - z}{\alpha\, 1440}\right),$$

wobei $\alpha = 1$ oder nach dem Vorschlage von L. Baumeister[145] $\alpha = 1{,}25$ gesetzt wird.

Wenn es sich um eine besondere Baumaschine handelt, die nach Vollendung des Baues, für den sie angeschafft worden ist, voraussichtlich lange Zeit hindurch nicht zur Verwendung kommen wird, so ist es angebracht, die Kosten sicherheitshalber schon anläßlich des ersten Baues vollständig abzuschreiben.

Sowohl die Verzinsung als auch die Abschreibung werden nun auf die zu erwartende Arbeitszeit von 7,2 Monaten = 180 Tagen = 1440 Stunden aufgeteilt.

55. Nutzungsdauer, jährliche Abschreibung und jährliche Instandhaltungskosten bei einer jährlichen Arbeitszeit von 7,2 Monaten = 1440 Stunden.

Geräte	Nutzungsdauer in Jahren	Abschreibung jährlich in Prozenten	Instandhaltung jährlich in Prozenten
Absetzgeräte	8	12,5	
Aufzugswinden	8	12,5	
Autogene Schweiß- u. Schneidgeräte	6	17	
Bagger	6	17	8,65
Bandbetoniertürme	5	20	
Bandförderer	5	20	
Bandsägen	4	25	
Baracken aller Art	4	25	
Bauaufzüge	6	17	
Baubüromöbel	6	17	
Benzinlokomotiven	8	12,5	
Betonkipper	7	14,3	14,4
Betonmischer bis 250 l	4	25	5—7
„ , 250 bis 1000 l	5—8	20—12,5	
Bohrtürme aus Eisen	8	12,5	
„ „ Holz	5	20	
Dampfkessel	8	12,5	
Dampfkrane	6	17	
Dampflokomotiven	6—10	17—10	5,8
Dampflokomobile	8	12,5	5,8
Dampframmbären	5—7	20—14,3	7,2
Dampfstraßenwalzen	10	10	7
Diaphragmapumpen	4—5	25—20	8
Dieselmotoren	4—5	25—20	
Diesellokomotiven	6	17	8,65
Drehscheiben	6—8	17—12,5	
Einebnungspflüge	8	12,5	
Eisenbiegemaschine	5—8	20—12,5	5,8
Eisenschneidemaschine	5	20	5,8
Elektrolokomotive	5	20	
Elektromotor	6—10	17—10	4,3
Elevator	5	20	
Feldschmiede	3—5	33—20	
Förderbänder	2	50	10,8
Gleise, lose, schwere Rollbahnschienen	8—10	12,5—10	2,2
Gleise, Rahmen-	6	17	2,2
Gießtürme	6	17	
Handkarren	4	25	
Handwerkzeuge	1	100	
Hebezeuge	6	17	
Holzbearbeitungsmaschinen	5	20	
Holzkastenkipper	4	25	
Karrbahnen	0,25	300	
Kieswäscher	5	20	
Kipper, Mulden-	5	20	14,4
Kraftwagen für Personen	4—6	25—17	
Kraftwagen f. Lasten	4—6	25—17	
Kolbenbaupumpen	5	20	
Krane	4—8	25—12,5	5,8
Luftverdichter, fahrbar	4	25	6,6
Luftverdichter, ortsfest	6	17	
Mörtelmischer	4	25	
Meßgeräte	6—10	17—10	
Preßluftgeräte	1—4	100—25	10
Preßluftschläuche	1	100	
Preßluftrohre	3	33	10
Rammgerüste	6—10	17—10	
Riemen	1	100	10
Rohrleitungen für Wasser	5—7	20—14,3	
Sandmühlen	5—7	20—14,3	7,2
Selbstkipper aus Stahl	6	17	
Spülpumpen	5	20	7
Steinbrecher	5—7	20—14,3	14,4
Transformatoren	6—10	17—10	
Trommelsiebe	5—7	20—14,3	8,65
Verbrennungskraftmaschinen	4—7	25—14,3	7,2
Waagen	6—10	17—10	
Wagen für Pferde	4	25	
Wasserfahrzeuge	5—6	20—17	
Weichen	6—8	17—12,5	5,8
Werkbänke	1	100	
Werkzeugmaschinen	5—8	20—12,5	5—8
Winden	6—8	17—12,5	7
Windkessel	5	20	
Zentrifugalpumpen	5	20	7

B. Energieversorgung der Baustelle.

56. Aufgenommene Leistung von Baumaschinen.[42]

Wegen der im Wesen des Betriebes gelegenen und sonstiger, unvermeidlicher Pausen ist die durchschnittliche Arbeitsaufnahme von Baumaschinen nur 35 bis 65% jener bei Vollbelastung der Baumaschine.

57. 1 t Kohlen aufladen:

Auf niedrige Wagen[34] .... 1,2 h Hilfsarbeiter
„ Eisenbahnwagen[34] .... 1,5 „ „

58. 1 t Kohlen abladen:

Von niedrigen Wagen[34] .... 1,0 h Hilfsarbeiter
„ Eisenbahnwagen[34] .... 1,2 „ „

59. Dampflokomobilen, Gewichte in Tonnen:

Lokomobile		Leistung in PS										
		10	15	20	25	30	40	50	60	80	100	120
Heißdampf-Einzylinderlokomobile	fahrbar	3,5	3,7	4,5	5,2	5,7	6,9	8,5	9,3	11,5	13,6	17,3
	ortsfest	2,4	3,5	4,1	4,8	5,3	6,1	7,1	7,7			
Sattdampf-Einzylinderlokomobile	fahrbar	3,2	3,9	4,8	5,7	6,8	7,5	8,6	9,5	12,0		
	ortsfest						6,3	7,4	7,9			

60. Dampflokomobilen, Preise in RM.[178]

a) Sattdampf-Einzylinderlokomobilen:

Leistung	PS	9	12	15	22	27	33	40
Richtpreise, fahrbar	RM	4660	5100	5460	6800	7300	8300	9300
„ , ortsfest	„	4220	4660	5000	6200	6600	7600	8400

b) Heißdampf-Einzylinderlokomobilen:

Leistung	PS	18	22	27	35	45	60	80	100
Richtpreise, fahrbar ..	RM	8500	9600	11200	12600	13800	17200	19700	
„ , ortsfest ..	„	7500	8500	10000	11200	12300	15500	18000	23000

c) Heißdampf-Verbundlokomobilen, ortsfest, ohne Kondensation:

Leistung ...	PS	25	30	40	50	60	80	95	120	150
Richtpreise .	RM	10500	11700	13200	17000	19300	23900	25500	35000	38000

61. Dampflokomobilen, Kohlen-, Schmier- und Putzmittelverbrauch.

Betriebsstoffe			Leistung in PS														
			9	12	15	18	21	26	33	45	53	70	90	120	150	175	205
Sattdampf	Kohlen:																
	Anheizen	kg	22	25	28	31	36	44	52	71	82						
	Vollast	kg/h	22	25	28	31	36	44	52	71	82						
	Halblast	„	18	20	23	25	30	35	44	60	71						
Heißdampf	Kohlen:																
	Anheizen	kg			28	32	36	42	48	65	70	100	125	160			
	Vollast	kg/h			24	28	32	36	44	55	75	100	130	160			
	Halblast	„			18	21	25	28	32	42	60	80	100	130			
Zylinderöl		g/h	34	45	53	60	66	75	80	90	100	130	180	220	270	300	360
Maschinenöl		„	53	70	80	90	97	110	120	135	150	160	220	270	330	380	450
Staufferfett		„													30	40	50
Putzöl		„	15	15	15	15	15	15	20	20	20	25	30	30	30	35	40
Putzwolle		„	20	20	20	20	20	20	25	25	25	30	35	35	35	40	50

Instandhaltung: laufende (0,085 bis 0,10) h Werkstätte je Betriebsstunde.

Schlußausbesserung:

Bei einer Leistung	bis 25	25—50	50—100	100—200 PS
Werkstattstunden je Betriebsstunde	0,03—0,05	0,05—0,08	0,08—0,12	0,10—0,15

62. Dampflokomobilen, Aufstellung, ohne Herstellung der Baracke und des Grundwerkes kostet die folgenden Arbeitsstunden, von denen zwei Drittel Monteur- und ein Drittel Hilfsarbeiterstunden sind:

Dampflokomobilen, fahrbar, bis 50 PS[34]	50— 100 h
„ , ortsfest mit Auspuff, bis 50 PS[34]	150— 250 „
„ , „ , „ „ , über 50 PS[34]	250— 350 „
„ , „ , „ Kondensation, bis 50 PS[34]	300— 400 „
„ , „ , „ „ , über 50 PS[34]	400— 600 „
„ , „ , je Tonne, ohne Zufuhr und Grundwerk[279]	32 „
Schornstein, bis 15 m, einschließlich Aufstellungsgerüst[34]	200— 300 „
„ , für weitere 10 m[34]	200— 300 „
„ , je Tonne, ohne Zufuhr und Grundwerksherstellung[279]	80 „
Schutzhütte für fahrbare Lokomobile aufstellen[21]	150— 200 „
Große, ortsfeste Lokomobile mit Kondensation[21] aufstellen, samt Baracke, Grundwerk, Schornstein, Rohrleitungen	2500—4000 „

Für Nebenkosten und Montagestoffe: Zuschlag + 10%.

63. Abmessungen des Maschinenschuppens[35] für eine ortsfeste Lokomobile und einen Stromerzeuger mit Riemenantrieb:

Leistung des Stromerzeugers in kW	Leistung der Lokomobile in PS	Lichte Abmessungen des Schuppens in m			Grundfläche in qm	Umbauter Raum in cbm
		Länge	Breite	Höhe		
3,3	5,5	6	3	3	18,0	54
6,6	10,5	6,5	3	3	19,5	58,5
8,3	13	7	4	3	28,0	84
11,0	17	7,5	4	3,5	30,0	105
13,3	21,5	8	4	3,5	32,0	112
20	31	8,5	5	3,5	42,5	148,7
27	42	9	5	4	45	180
36	55	10	5	4	50	200
48	73,5	11	6	4	66	264
72	110,8	12	6	4	72	288

64. Dampf-Turbo-Dynamo.

Raumbedarf F (qm) bei N kW: F (qm) $= 0{,}49\sqrt{N}$, gültig bei $200 < N < 10000$ kW.
Dampfverbrauch, bei Erzeugung von Drehstrom 5000 V:

Leistung	kW	200	500	1000	2000	5000
Dampf von 12 atü, 350°	kg/kWh	8,2	6,7	6,2	5,7	5,45

Gewicht der Dampfturbine allein bei 350° Überhitzung und 2500 kW: 100 kg/kW.
Schmiermittelkosten: 1 bis 2% der Kohlenkosten.

65. Kosten einer Dampf-Turbo-Dynamoanlage, ohne Kosten des Maschinenhauses, für 1150 kW.

Kostenverteilung:

a) Einzylinder-Kondensationsturbine für 1150 kW, $n = 7000$, Zahnradgetriebe $n = 7000/1500$, Drehstromerzeuger 1530 kVA, 220/380 V, $\cos\varphi = 0{,}75$. Frischdampf 20 atü, 375°, Kühlwassertemperatur 25°, Kondensations-Pumpenmotor 50 PS, $n = 1450$. Dampfverbrauch bei einer Belastung an den Klemmen von:

1150	900	675 kW
5,37	5,30	5,54 kg

27,15%

b) Turbinengrundwerk ... 1,94%

c) Kessel, 230 qm Heizfläche, 22 atü, 400°, für höchstens 8000 kg Stundenleistung. Überhitzer 90 qm Heizfläche, Ekonomiser 385 qm Heizfläche, Temperaturregler, Seitenwand-Kühlregister. Rostmotor 2,25 PS, Unterwindmotor 8,5 kW. Wirkungsgrad bei Speisewassertemperatur von 40° $\eta = 0{,}78$ bis 0,80 ... 26,70%

d) Kesseleinmauerung ... 6,07%

e) Kühlturm, 410 cbm ... 3,30%

f) Kühlturmunterbau ... 1,55%

Übertrag ... 66,71%

Übertrag ...	66,71%
g) Blechkamin, 15 m hoch, 1300 mm weit, und ein Saugzugventilator, 11 kW	2,33%
h) Eine Elektro- und eine Dampfspeisepumpe, 25 PS	1,60%
i) Wasserreinigungsanlage für 2 cbm stündlich	1,21%
k) Wasserbehälter und Rohrleitungen	13,10%
l) Elektrische Schaltanlage	4,85%
m) Kran, 7 t	1,60%
n) Verpackung und Fracht	2,00%
o) Montage	6,60%
	100,00%

Gesamtpreis (1936) 2062000 Kč.

Bedienung je Schicht: 1 Maschinenwärter, 1 Heizer und 2 Männer für Kohlenzu- und Aschenabfuhr.

66. Dieselmotoren,[178] fahrbar, auf eisernem Fahrgestell, mit Verdampfungskühlung. Treibölverbrauch bei Vollast je PS-Stunde 200 bis 210 g.

Leistung in	PS	6	9	12	18	20	24	30
Richtpreise, Motor stehend ..	RM	—	1540	2700	5000	—	5700	7100
„ , „ liegend ...	„	3000	4700	4800	—	7000	—	—

67. Dieselmotoren, ortsfest.

Brennstoffverbrauch bei Vollast:

Nennleistung des Motors	PS	5	10	25	50	100 und mehr
Rohöl von 10000 WE/kg je PSh	kg	0,24	0,22	0,21	0,20	0,19

Zweitaktmaschinen verbrauchen um 8 bis 10% mehr.

Brennstoffverbrauch bei Teilbelastung in Prozenten des Verbrauches bei Vollast:

Belastung		1/4	1/2	3/4	1/1
Verbrauch je PSh	%	160	120	105	100

Schmier- und Putzölverbrauch je PSh: 0,003 kg.

Kühlwasserverbrauch bei 10° je PSh: 20 bis 25 l.

Gewichte bei einer Leistung...........	PS	bis 25	25—100	über 100
Viertaktmotor	kg/PS	35— 60	40— 65	55—75
Zweitaktmotor...........................	„	40—170	25— 70	—

Raschlaufende Motoren sind bei gleicher Leistung leichter als langsamlaufende.

68. Dieselmotoren, ortsfest, Abmessungen des Motors und des Grundwerkes.

Leistung in PS	Stehend, Viertakt, Einzylinder				Stehend, Viertakt, Zweizylinder				Stehend, Zweitakt (Sulzer)								
	Drehzahl n	Abmessungen			Drehzahl n	Abmessungen			Zylinderzahl	Drehzahl n	Grundwerksabmessungen				Motorabmessungen		
		Breite in m	Länge in m	Höhe in m		Breite in m	Länge in m	Höhe in m			Breite in m	Länge in m	Höhe in m	Rauminhalt in cbm	Breite in m	Länge in m	Höhe in m
8	270	2,0	1,7	1,9													
12	250	2,4	1,9	2,0													
20	215	2,8	2,4	2,5													
30	195	3,2	2,6	2,7	235	2,6	3,1	2,2									
40	180	3,4	2,9	3,1	215	2,8	3,3	3,7									
50	170	3,5	3,1	3,3													
60	165	3,6	3,3	3,5	195	3,2	3,7	2,7									
70	160	3,7	3,5	3,7													
80	160	3,8	3,9	3,9	180	3,4	4,2	3,1									
100	160	3,9	4,3	4,2	170	3,5	4,4	3,3	2	300	2,8	4,5—3,2	1,6	19—13,5	1,3	2,3	2,9
120					165	3,6	4,4	3,5									
140					160	3,7	4,6	3,7									
150	155	4,3	5,2	5,0					3	300	2,8	5,1—3,7	1,6	21,5—16	1,3	2,9	2,9
160					160	3,8	4,8	3,9									
200	140	4,8	6,0	5,5	160	3,9	5,1	4,2	4	300	2,8	5,7—4,2	1,6	24—18	1,3	3,5	2,9
250					155	4,0	5,5	4,5	5	300	2,8	6,5—5,0	1,6	27,5—21,5	1,3	4,2	2,9
300					155	4,3	6,0	5,0	6	300	2,8	7,0—5,6	1,6	30—24	1,3	4,8	2,9
350									7	300	2,8	7,5—6,1	1,6	32—25	1,3	5,4	2,9
400					140	4,8	9,2	5,5	8	300	2,8	8,0—6,6	1,6	34,5—28,5	1,3	5,9	2,9

69. Dieselmotoren, ortsfeste Preise.

Die Preise von Dieselmotoren können der Abb. 8 entnommen werden; die niedrigeren Preise gelten für rascher laufende Motoren bzw. Zweitaktmotoren.

Für ein schweres Schwungrad: Zuschlag 8 bis 10%.

Für Grundwerk, Montage, Rohrleitungen: Zuschlag 8 bis 12%.

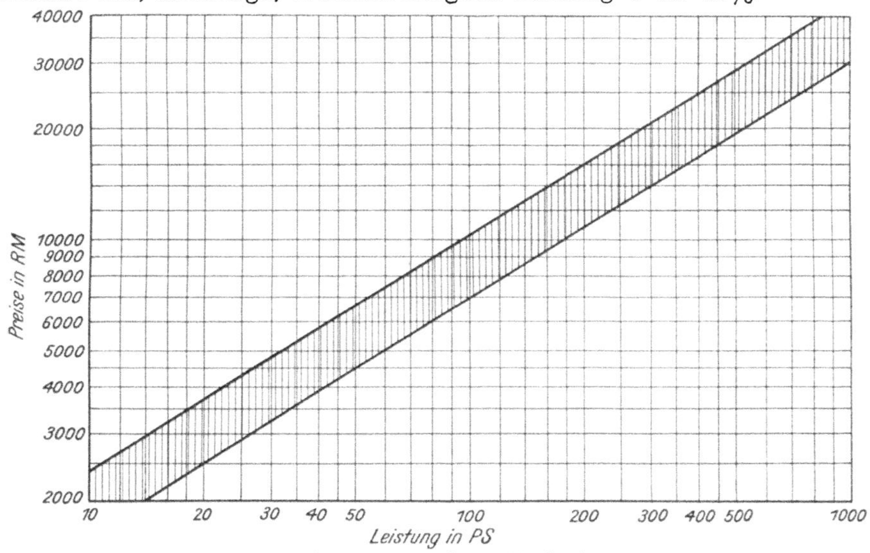

Abb. 8. Preise von ortsfesten Dieselmotoren.

70. Kosten von Dieselelektrischen Kraftanlagen.[252]

a) Baukosten ohne Hochbau:

Leistung kW		10	20	30	40	50
Drehzahl je Minute		650	600	500	400	350
Dieselmotor samt Zugehör	RM	1700	2850	4200	5400	6600
Stromerzeuger	,,	1000	1500	2000	2500	3000
Grundwerk	,,	200	250	300	350	400
Verankerungen und Leitungen	,,	150	200	350	400	450
Fracht und Verpackung	,,	75	120	200	250	300
Aufstellung	,,	200	300	400	500	600
Brennstoffbehälter mit Zugehör	,,	50	50	75	75	100
Schalttafel mit Zugehör	,,	75	90	110	120	130
Aufstellung	,,	40	40	50	50	60
Unvorhergesehenes und Kleinigkeiten	,,	300	300	315	455	460
Zusammen ...	RM	3790	5700	8000	10100	12000

b) Jahreskosten ohne Hochbau:

Nutzungsdauer: 10 Jahre, daher Abschreibung 10%. Instandhaltung (Reserveteile): 2%. Steuern und Abgaben: 2%. Verzinsung: (5 bis 7)%.

Je kWh: bei Leistung	kW	10	20	30	40	50
Brennstoffverbrauch:						
bei Vollast	g	310	310	300	280	280
,, Halblast	,,	370	370	360	330	330
durchschnittlich	,,	340	340	330	310	300
Schmieröl	,,	8	8	8	8	8
Löhne	Rpf	2,5	2,5	2,5	2,5	2,5
Unterhaltung	,,	0,5	0,5	0,5	0,5	0,5

71. Benzin- und Benzolmotoren.

Brennstoffverbrauch bei Vollast:

Nennleistung des Motors	PS	1,5	3	6	10	12	25
Benzin je PSh	kg	0,34	0,31	0,29	0,28	0,27	0,25
Benzol ,, ,,	,,	—	0,37	0,34	0,31	0,31	

Brennstoffverbrauch bei Teilbelastung in Prozent des Verbrauches bei Vollast:

Belastung		$^1/_4$	$^1/_2$	$^3/_4$	$^1/_1$
Verbrauch je PSh	%	160	120	105	100

Schmier- und Putzölverbrauch je PSh: 0,003 kg.
Kühlwasserverbrauch bei 10° je PSh: 20 bis 25 l.
Aufstellung ortsfester Motoren, einschließlich Rohrleitungen: (100 bis 200) h Monteur.
Raumbedarf: 0,3 bis 0,25 qm/PS.
Preise, überschlägig, nach Abb. 9.

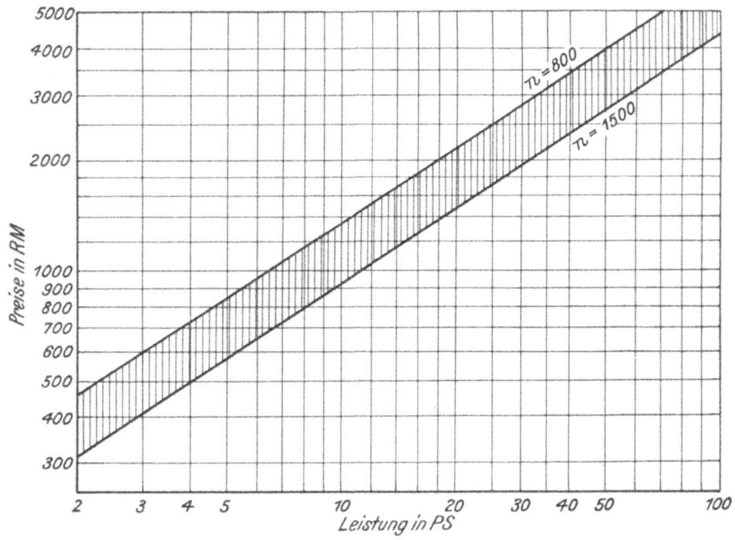

Abb. 9. Preise von ortsfesten Benzin- und Benzolmotoren. (n = Drehzahl je Minute.)

72. Drehstromerzeuger, Gewichte, Kosten:[146]

a) Klemmenspannung 3000 V:

Leistung bei $\cos\varphi = 1$	kVA	125	160	300	320
Drehzahl	n	600	1000	750	600
Antrieb	PS	160	233	400	434
Gewicht	t	2,4	1,6	2,9	4,43
Preis	RM	7000	5200	8500	9800

b) Klemmenspannung 2000 V:

Leistung bei $\cos\varphi = 1$	kVA	50	100	125	150
Drehzahl	n	1500	1500	1500	750
Antrieb	PS	74	147	150	219
Gewicht	t	0,67	1,08	1,22	2,00
Preis	RM	2600	3600	4000	6500

c) Klemmenspannung 750 V:

Leistung bei $\cos\varphi = 1$	kVA	50	50	125	320
Drehzahl	n	1000	750	1000	1000
Antrieb	PS	74	75	150	380
Gewicht	t	0,76	0,92	1,00	3,07
Preis	RM	2800	3500	4800	8600

73. Pfeilradmotoren mit angebautem Vorgelege für den Antrieb von Förderbändern, Verlademaschinen u. dgl. (Flottmann A. G., Herne, Westfalen.)

Leistung bei 4 atü	PS	15	25	35	50
Verbrauch an angesaugter Luft	cbm/min	9,5	15	20	25
Ohne Vorgelege	RM	1020,—	1150,—	1320,—	1675,—
Mit Vorgelege, Drehzahl 250 und 750 je Minute	„	1810,—	1980,—	2250,—	2780,—
Drehzahl 1000 und 1500 je Minute	„	1615,—	1830,—	2080,—	2560,—

74. Drehstromventilatoren, in einen Wandring eingebaut. (M. Levy, Berlin N 65, Müllerstr. 30.)

Propeller Durchmesser etwa mm	Drehzahl etwa minutlich	Luftleistung		Gegen Luftwiderstand arbeitend		Richtpreise in RM					
		Freiblasend und freisaugend cbm/min etwa	Energieverbrauch Watt etwa	Widerstand mm W. S. etwa	cbm/min etwa	Propeller normal im Wandring eingebaut 125/220 oder 220/380 Volt	Regelanlasser	Verschlußklappe Selbsttätig	Verschlußklappe Handverstellbar	Mehrpreise Vertikale Achse bzw. Kugellager	Mehrpreise Gekapselter Motor
250	1400	20	70	6	10	90	25**	6	10	5	7
300	920	28	85	4,5	10	100	25**	7	11	5	7
	1400*	40	125	5 10	22 15	95	40				
360	920	50	100	5	35	135	25**	9	13	5	7
	1400*	75	250	7,5 15	40 25	165	40			5	12
405	700	50	160	3	25	160	25**	11	17	5	12
	900	65	250	5	45	145	40			5	12
	1430	100	350	10 15	65 40	230	57			inbegriffen	20
450	700	65	200	5	35	205	40	13	21	20	25
	910	90	270	5	75	220	48			20	25
	1400	140	600	10 15	85 50	255	57			inbegriffen	25
500	680	90	240	3	60	220	48	15	25	25	40
	920	120	380	5 10	70 45	245	57				
600	710	150	350	5 10	100 60	315	63	25	41	40	85
	920	185	680	10 15	100 65	350	100				
750	460	175	380	3	120	425	63	52	78	55	90
	710	275	1070	5 10	220 160	425	100			55	90
900	450	300	820	5	200	610	100	78	127	65	120
	710	475	1900	10 15	325 225	625	122			75	120
1050	450	500	1550	5 10	350 200	850	133	145	218	90	160
1200	450	750	3000	5 10	550 380	1300	166	194	290	115	225
1500	450	1400	6400	15	1000	1800	320	300	445	160	290

75. Stahlfässer, verzinkt:

Inhalt	l	125	150	200	300	400
Preis[178]	RM	10,50	11,50	13,50	24,00	34,00

76. Abfüllpumpen für flüssige Brennstoffe und Öl, aufzusetzen auf Fässer. (Klein, Schanzlin & Becker, Frankenthal, Pf.)

Ausführung A: mit Auslaufbogen, Absperrhahn, Saugrohr, Faßverschraubung.

„ B: mit Saugrohr, Faßverschraubung, Druckrohr mit Winkelstück, 2,5 m Gummispiralabfüllschlauch und aufhängbarem Leichtmetallmundstück.

Leistung der Pumpe je Doppelhub	l	0,20	0,30	0,46	0,62
Hubzahl je Minute	bis etwa	100	100	90	80
Ausführung A	RM	33	40	49	61
„ B	„		59	65	

* Kugellager sehr empfehlenswert. ** Für 380 V 40 RM.

77. Riementriebe.

Wenn der Durchmesser der treibenden Riemenscheibe mit d mm und deren Drehzahl je Minute mit n bezeichnet wird, so beträgt der erforderliche Durchmesser der getriebenen Riemenscheibe, die N Umläufe je Minute machen soll

$$D = \frac{d\,n}{N}.$$

Infolge des Riemenschlupfes ist es dann, wenn die Drehzahl N sehr genau einzuhalten ist, erforderlich, den Durchmesser D bei offenem Riementrieb um 1 bis 3%, bei Spannrollentrieb um 1% zu verkleinern.

Der anzuwendende kleinste Riemenscheibendurchmesser hängt von der Drehzahl n der Scheibe und von der zu übertragenden Leistung ab.

Kleinste und größte Riemenscheibendurchmesser D in Millimeter.

Drehzahl je Minute n	Zu übertragende Leistung in PS									
	2		5		10		15		20	
	von	bis	von	bis	von	bis	von	bis	von	bis
200	140	2125	200	2350	265	2500	340	2700	380	2850
300	125	1425	185	1575	255	1675	320	1800	360	1900
400	115	1060	170	1075	240	1250	300	1350	340	1420
750	100	570	145	730	200	670	245	720	275	760
1000	90	425	130	470	180	500	215	540	240	570
1250	80	340	120	375	160	400	185	430	220	460
1500	75	285	110	315	150	335	170	360	200	380

Kleinster, größter und normaler Achsenabstand.

Durchmesser der kleineren Scheibe in mm	Kleinstzulässiger Achsenabstand in m											Normaler Achsenabstand in m								
	Durchmesser der größeren Scheibe in mm											Unterschied der Scheibendurchmesser in mm	Riemenbreite b in cm							
	200	300	400	500	600	700	800	900	1000	1100	1200		6	8	10	12	14	16	18	20
50	0,5	0,75	1,0	1,25	1,5	1,75	1,9	2,2	2,4	2,75	2,90	400	3,1	3,3	3,5	3,7	3,9	4,1	4,3	4,5
100	—	0,5	0,75	1,0	1,25	1,5	1,75	2,0	2,25	2,50	2,75	500	3,2	3,4	3,6	3,8	4,0	4,2	4,4	4,6
150	—	—	0,6	0,8	1,1	1,3	1,6	1,9	2,1	2,4	2,6	600	3,4	3,6	3,8	4,0	4,2	4,4	4,6	4,8
200	—	—	0,5	0,75	1,0	1,25	1,5	1,75	2,0	2,25	2,5	700	3,5	3,7	3,9	4,1	4,3	4,5	4,7	4,9
250	—	—	—	0,6	0,9	1,10	1,3	1,6	1,9	2,10	2,4	800	3,6	3,8	4,0	4,2	4,4	4,6	4,8	5,0
300	—	—	—	0,5	0,75	1,0	1,25	1,5	1,75	2,0	2,25	900	3,7	3,9	4,1	4,3	4,5	4,7	4,9	5,1
350	—	—	—	—	0,70	0,9	1,1	1,4	1,6	1,9	2,1	1000	3,9	4,1	4,3	4,5	4,7	4,9	5,1	5,3
400	—	—	—	—	0,6	0,8	1,0	1,25	1,5	1,75	2,0	1100	4,0	4,2	4,4	4,6	4,8	5,0	5,2	5,4
450	—	—	—	—	—	0,75	0,9	1,1	1,4	1,6	1,9	1200	4,2	4,4	4,6	4,8	5,0	5,2	5,4	5,6
500	—	—	—	—	—	0,70	0,9	1,0	1,25	1,5	1,75	1400	4,4	4,6	4,8	5,0	5,2	5,4	5,6	5,8
Größter zulässiger Achsenabstand in Meter													5,2	5,6	6,0	6,4	6,8	7,2	7,6	8,0

Höchstzulässiges Übersetzungsverhältnis bei offenem Riementrieb.

	Achsenabstand größter	normaler	kleinster
a) Antrieb annähernd waagrecht,			
unteres Trum ziehend	10 : 1	8 : 1	6 : 1
oberes Trum ziehend	7 : 1	6 : 1	5 : 1
b) Antrieb schräg nach unten,			
unteres Trum ziehend	8 : 1	6,5 : 1	5 : 1
oberes Trum ziehend	5 : 1	4,5 : 1	4 : 1
c) Antrieb schräg nach oben,			
unteres Trum ziehend	7 : 1	6 : 1	5 : 1
oberes Trum ziehend	5 : 1	4,5 : 1	4 : 1
d) Antrieb lotrecht nach unten	6 : 1	5 : 1	4 : 1
e) Antrieb lotrecht nach oben	5 : 1	4 : 1	3 : 1

Bemessung der Riemenbreite bei Einfachriemen und offenem Riementrieb.

Durchmesser der kleineren Riemenscheibe in mm	Die von 1 cm Riemenbreite übertragbare Leistung in PS													
	Drehzahl n je Minute der kleineren Riemenscheibe													
	200	300	400	500	600	700	800	900	1000	1100	1200	1300	1400	1500
100	Riemenscheibe zu klein.			0,08	0,11	0,13	0,15	0,17	0,19	0,20	0,22	0,24	0,26	0,28
112			0,08	0,10	0,14	0,16	0,18	0,20	0,23	0,24	0,26	0,29	0,32	0,24
125			0,09	0,12	0,16	0,19	0,21	0,23	0,26	0,29	0,32	0,35	0,38	0,41
140		0,09	0,12	0,15	0,18	0,22	0,27	0,29	0,33	0,37	0,40	0,46	0,47	0,52
160	0,08	0,10	0,15	0,18	0,22	0,28	0,33	0,38	0,42	0,48	0,53	0,58	0,62	0,69
180	0,09	0,12	0,17	0,21	0,27	0,34	0,41	0,48	0,52	0,60	0,67	0,74	0,80	0,88
200	0,10	0,15	0,20	0,25	0,33	0,41	0,49	0,58	0,66	0,75	0,83	0,92	1,01	1,10
225	0,12	0,18	0,24	0,31	0,40	0,50	0,60	0,70	0,81	0,92	1,03	1,14	1,27	1,40
250	0,14	0,21	0,30	0,38	0,50	0,62	0,75	0,88	1,00	1,13	1,29	1,45	1,62	1,80
280	0,16	0,27	0,37	0,48	0,63	0,78	0,97	1,14	1,32	1,49	1,68	1,87	2,05	2,28
320	0,20	0,34	0,48	0,63	0,82	1,03	1,25	1,49	1,74	1,97	2,23	2,46	2,69	
360	0,26	0,44	0,62	0,80	1,06	1,26	1,55	1,86	2,16	2,48	2,80	3,29		
400	0,33	0,55	0,77	1,00	1,28	1,58	1,88	2,25	2,63	3,00	3,38		Riemengeschwindigkeit zu groß.	
450	0,42	0,68	0,95	1,25	1,55	1,89	2,30	2,73	3,20	3,70				
500	0,50	0,83	1,15	1,50	1,86	2,30	2,75	3,30	3,93					

Einfachriemen mit Spannrollen können 1,3 bis 1,5 mal soviel Leistung übertragen als beim offenen Riementrieb.

Bemessung der Riemendicke s:

Kleinerer Riemenscheibendurchmesser	100—150 mm,	$s =$ 3,5—4 mm
,, ,,	150—200 ,, ,	$s =$ 4,5 mm
,, ,,	200—250 ,, ,	$s =$ 5 ,,
,, ,,	über 250 ,, ,	$s =$ 5 ,,

Riementriebe verringern den Wirkungsgrad um 6 bis 10%.[295]

78. Riemenscheiben.

a) Gußeiserne Riemenscheiben: Kranzbreite bei den kleinen 100 bis 250 mm, bei den großen bis 300 mm:

Durchmesser in	m	0,2	0,3	0,4	0,5	0,6	0,7	0,8	0,9	1,0
Gewicht in ..	kg	8—17	11—24	15—31	19—40	24—50	30—61	37—75	49—99	53—107
Preise:										
einteilig ..	RM[178]	7—15	12—22	15—27	20—35	25—45	30—60	40—60	50—75	60—90
zweiteilig.	,, [178]	12—16	16—26	18—32	24—36	28—44	36—52	40—60	48—72	56—80

b) Stahlblechriemenscheiben: Kranzbreite 100 bis 250 mm.

Durchmesser in	m	0,3	0,4	0,5	0,6	0,7	0,8	0,9	1,0	1,5
Durchschnittspreis, einteil.	RM	18—35	24—40	30—50	35—55	40—60	45—70	50—90	55—90	85—160

Durchschnittspreis, zweiteilig, Zuschlag + 5%.

c) Holzriemenscheiben, zweiteilig.

Durchmesser in	m	0,2	0,3	0,4	0,5	0,6
Preise je nach Breite	RM[178]	4—11	7—19	8—29	10—36	12—56
Durchmesser in	m	0,7	0,8	0,9	1,0	1,5
Preise je nach Breite	RM[178]	14—66	17—77	20—91	28—117	60—190

79. Treibriemen.

a) Kernlederriemen. Richtpreise je Zentimeter Breite, Millimeter Dicke und Meter Länge: 0,07 RM.

b) Balatariemen, fünffach, für feuchte Räume. Richtpreise je Zentimeter Breite und Meter Länge: 0,333 RM.

80. Riemenspannrollen.

Riemenbreite	mm	50	70	85	100	140	200
Preis	RM[178]	40	42	55	65	95	130

81. Transmissionen. (N = zu übertragende Leistung in PS, n = Drehzahl je Minute.)

$N:n$	0,007	0,012	0,02	0,03	0,04	0,06	0,08	0,12	0,15	0,20	0,32	0,48
Durchmesser . . . . mm	35	40	45	50	55	60	65	70	75	80	90	100
Gewicht . . . . kg/m	7,5	9,8	12,5	15,3	18,5	22,0	25,8	30,0	34,5	39,0	50,0	61,0
Richtpreise je m . . . . . RM[178]	8	9	10	13	15	18	20	25	29	33	40	50
Lagerentfernung . . . . . . m	1,80	2,00	2,12	2,20	2,35	2,40	2,55	2,60	2,73	2,80	3,00	3,20
Ringschmierlager . . . . . RM[178]	8	8	11	11	16	16	25	25	33	33	43	53
Wandlager, Konsolen ohne Lager:												
Ausladung . . . . mm	200—500			200—600				300—700			300—800	
Preise . . . . RM[178]	4—8			10—22				16—36			28—50	
Lagerhängeböcke mit Ringschmierlagern, DIN 194:												
Ausladung . . . . mm	250—500		300—600			300—700			300—700		400—700	
Preise . . . . RM[178]	12—17		18—26			23—28			28—40		50—75	

82. 1 Meter Transmission aufbauen[34] kostet (14 bis 20) h Monteur + (6 bis 10) h Hilfsarbeiter.

C. Wasserversorgung der Baustelle.

83. Wasserverbrauch an Baustellen.

Wasch- und Sortieranlagen, für 1 cbm Gestein[146]	500—700 l
Sandwaschanlagen für 1 cbm ungewaschenen Sand[146]	2000—3000 ,,
Wäsche für Bruchsteine, für 1 rm Bruchstein	,,
Betonmischer, für 1 rm Beton[146]	150—300 ,,
Löffelbagger, für 1 rm Baggergut[146]	5—12 ,,
Eimerkettenbagger, für 1 rm Baggergut[146]	15—25 ,,
Lokomobile ohne Kondensation, für 1 PSh[146]	8—10 ,,
,, mit ,, , ,, 1 ,, [146]	200—300 ,,
Benzinmotor ohne Rückkühlung, für 1 PSh[146]	10—15 ,,
Rohölmotor ,, ,, , ,, 1 ,, [146]	10—15 ,,
Kompressoren, Enddruck 7 atü, für den Kubikmeter in der Minute angesaugte Luft stündlich[146]	200—300 ,,
Dampflokomotive, für 1 PSh[146]	6—10 ,,
Arbeiter je Tag	40—60 ,,
Zugtier ,, ,, ...	40—60 ,,
Vermauern von 1000 Ziegeln, einschließlich Mörtelbereitung	500 ,,
Beton, für Mischen, Netzen der Schalungen und Feuchthalten des Betons, je Kubikmeter fertigen Betons	1000 ,,

84. 1 Kübel Wasser (10 l) an der Wasserleitung füllen,[11] einschließlich der Pausen 0,04 h Hilfsarbeiter.

85. 1 Kübel Wasser (10 l) aus einem Behälter schöpfen,[11] einschließlich Pausen 0,021 h Hilfsarbeiter.

86. 2 Kübel Wasser zu je 10 l 10 m weit tragen und leer wieder zurückbringen, einschließlich aller Pausen: 0,006 bis 0,009 h Hilfsarbeiter.

87. 1 Pumpe zur Wasserversorgung einer Baustelle aufstellen, samt Behälter und kurzen Leitungen:[34] 120 bis 250 h + 10% für Dichtungen u. dgl.

D. Die Preßluftversorgung.

88. Die Luftverdichter, Allgemeines.

Die Luftverdichter werden als ortsfeste Anlagen und fahrbar gebaut. Ortsfeste Anlagen werden angewendet, wenn auf großen Baustellen Preßluft lange Zeit hindurch benötigt wird, wie z. B. beim Grundwerksaushub für Staumauern, bei größeren Stollenbauten, in Steinbrüchen. Die fahrbaren Luftverdichter kommen bei Arbeiten kleineren Umfanges zur Anwendung, bei denen zur Ersparung langer Preßluftleitungen häufige, leicht durchführbare Ortsveränderungen des Luftverdichters erwünscht sind, wie z. B. bei kleineren Grundwerksaushüben in Fels, Rohrgräben und bei Arbeiten, die Preßluft nur kürzere Zeit hindurch erfordern.

Die Preßluftgeräte erfordern in der Regel Preßluft von 5 bis 6 atü. Die Luftverdichter müssen die Luft im Windkessel um mindestens 1 atü höher verdichten.

Der Preßluftverbrauch der Preßluftgeräte wird durch das in der Minute verbrauchte, vom Verdichter angesaugte Luftvolumen angegeben. Die Größe der Luftverdichter wird daher auch durch Angabe der je Minute angesaugten Luft von Normaldruck (1 ata) gekennzeichnet. Die von einem Luftverdichter je Minute tatsächlich angesaugte Luft beträgt bei Normaldruck etwa 0,7 bis 0,9 des Hubvolumens je Minute. Je Kubikmeter angesaugte Luft und je 1 atü Pressung erfordert ein Luftverdichter etwa 1,3 bis 1,6 PS Antriebsleistung. Für Verluste in den Preßluftleitungen wird zum Verbrauch der Geräte etwa 15 bis 20% zugeschlagen.

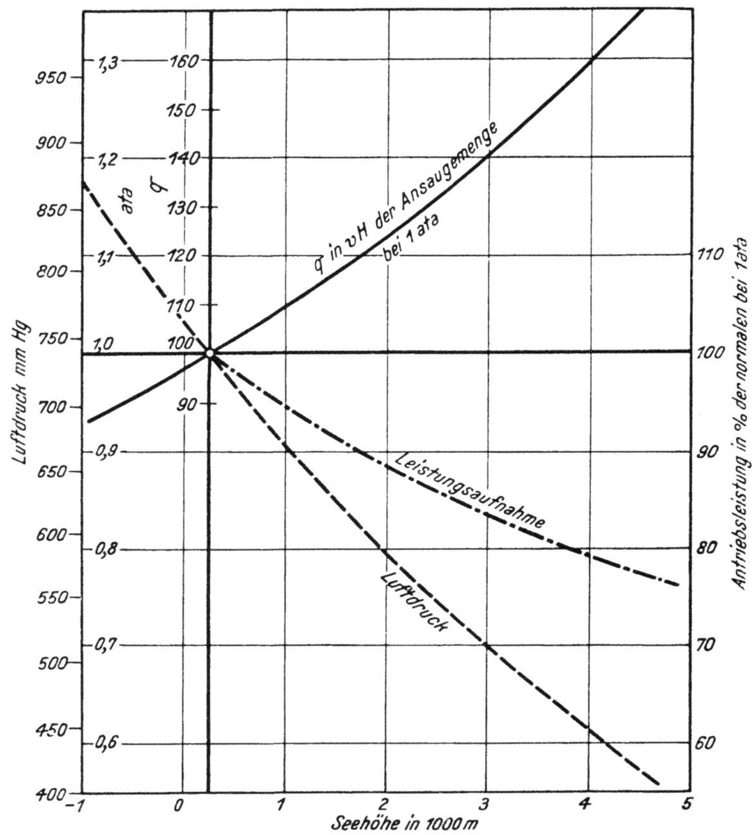

Abb. 10. Einfluß der Seehöhe auf die Größenbemessung und die aufgenommene Leistung eines Luftverdichters. (Nach Demag-Nachrichten 1930, S. 41.)

Bei Verwendung eines Luftverdichters in größeren Seehöhen muß bei der Größenauswahl dem in der Höhe geringeren Druck der angesaugten Luft Rechnung getragen werden. Um eine gewisse Menge Preßluft zu erhalten, muß der Luftverdichter für eine um so größere, je Minute angesaugte Luftmenge gewählt werden, je höher er zur Verwendung kommt. Wenn die bei Normaldruck angesaugte Luftmenge q und die erforderliche Antriebsleistung des Luftverdichters L gleich 1 gesetzt werden, so können die betreffenden Werte bei größeren Seehöhen in Prozenten der Normalwerte der Abb. 10 entnommen werden.

Wenn ein und derselbe Luftverdichter in verschiedenen Seehöhen aufgestellt wird, so liefert er für je 100 m Seehöhe um etwa 4% weniger Preßluft gegenüber der Lieferung bei Normaldruck in etwa 250 m Seehöhe.

89. Ortsfeste Luftverdichter.

Nutzungsdauer: Bei Einbau in ein Maschinenhaus, wie z. B. bei Steinbruchbetrieb, 10 Jahre.

Bei Einbau in einen Holzschuppen auf Baustellen etwa 5 Jahre.

Kühlwasserverbrauch: Für jeden in der Minute angesaugten Kubikmeter Luft stündlich 200 l Wasser.[34]

Aufstellen und Abtragen einer Luftverdichteranlage samt Windkessel, Kühlwasserleitung und Preßluftleitung bis zum Windkessel je Tonne 50 h, hiervon zwei Drittel Facharbeiterstunden (ohne Betonierung des Grundwerkes).[34]

89 a. Ortsfeste, zweistufige Rotationskompressoren mit elektrischem Antrieb. (Demag A. G., Duisburg.)

Maschinengröße		RC 027	RC 050	RC 085
Ansaugeleistung, effektiv	cbm/min	4,23	7,61	12,92
Förderleistung, effektiv	„	3,71	6,80	9,13
Erforderliche Antriebsleistung bei 6 atü	PS	29,5	51,5	86,0
Vorzusehende Antriebsleistung	„	32,5	56,5	95,0
Drehzahl	n/min	1450	1450	1450
Gewicht	kg	720	1050	1800
Richtpreis	RM	2900	4000	5600
Kühlwasserverbrauch bei 15° Eintrittstemperatur	cbm/h	0,66	1,21	2,22
Ölverbrauch	g/PSh	1,25	1,25	1,25
Stoffluftfilter, Gewicht	kg	52	65	80
„ , Preis	RM	145	170	210
Druckluftbehälter, Inhalt	cbm	1	2	3
„ , stehend, Gewicht	kg	440	740	1045
„ , „ , Preis	RM	435	560	720
„ , liegend, Gewicht	kg	400	690	980
„ , „ , Preis	RM	410	535	670
Elektrischer Antrieb, 380 V Drehstrom:				
Drehstrommotor, Leistung (bis 8 atü ausreichend)	PS	37	60	110
„ , Gewicht	kg	245	330	750
„ , Preis	RM	620	900	2000
Sterndreieckschalter, Gewicht	kg	19	26	100
„ , Ölbedarf	„	11	15	35
„ , Preis	RM	105	145	400
Motorschutzschalter, Stromstärke	A	60	100	200
„ , Gewicht	kg	32	50	58
„ , Preis	RM	165	220	250

90. Preßluftbehälter, verwendbar bis 8 atü, Preise und Gewichte:[146]

Inhalt	cbm	0,5	1	2	3	4	5	6	8	10	12
Gewicht	t	0,26	0,45	0,65	0,98	1,25	1,50	1,75	2,20	2,90	4,00
Preis	RM	280	380	500	650	750	875	1000	1250	1600	2100

91. Fahrbare Luftverdichter mit Benzin-Benzol-Motorantrieb oder mit Dieselantrieb samt Windkessel, auf Fahrgestell mit Stahlrädern ohne Federung. (Intern. Preßluft- und Elektrizitäts-G. m. b. H., Berlin.)

Angesaugte Luft, effektiv cbm/min		1,65	2,5	3,5	4,8	6,25
Enddruck	atü	7	7	7	7	7
Leistungsaufnahme, größte	PS	18	23	32	45	58
Mit Benzin-Benzol-Motor	Gewicht kg	1320	2270	2950	3700	3700
	Preis RM	4100	4800	6600	7700	9500
Mit Dieselmotor	Gewicht kg	1350	1830			
	Preis RM	4600	6900			

91 a. Luftverdichter, fahrbar, als Anhängewagen zu Lastwagen, mit Dieselmotorantrieb. (Demag A. G., Duisburg.)

Effektive Förderleistung 3 cbm/min; Verdichtungsdruck 6 atü; Drehzahl je Minute 1100; Leistungsaufnahme 29,2 PS; Antrieb Dieselmotor 32 PS; Brennstoffbehälterinhalt 55 l; Druckluftbehälterinhalt 100 l; Gewicht betriebsfertig 1,55 t; Preis RM 6500.

91 b. Rotationskompressoranlage, fahrbar, als Anhängewagen zu Lastwagen oder Traktor, mit Dieselmotorantrieb. (Demag A. G., Duisburg.)

Förderleistung, effektiv	cbm/min	4,35	7,05	10,50
Verdichtungsdruck	atü	6	6	6
Drehzahl je Minute		1700	1500	980
Leistungsaufnahme	PS	34,6	53,3	77
Antriebsmotor	„	54,0	80	98
Fahrgeschwindigkeit, höchste	km/h	25	25	25
Gewicht der betriebsfertigen Anlage	t	2,6	3,95	6,62
Preis der betriebsfertigen Anlage	RM	9175	14025	16950

92. Luftverdichter Bamag-Torkret, fahrbar, als Anhänger zu einem Traktor, mit Windkessel und Kühler:

Ansaugeleistung 2,7 cbm/min; Enddruck bis 6 atü; Preis: Luftverdichter 3100 RM; Traktor 5200 RM.

93. Preßluftleitungen.

Legen und später Abtragen von Preßluftleitungen kostet bei einer Lichtweite

	von	60	70	80	100	125 mm
je Meter	etwa	0,2	0,3	0,4	0,6	1,0 h Facharbeiter.

Bei einer angesaugten Luftmenge von

	3	4,5	6	9	15 cbm je Minute
wird ein Rohr von	60	70	80	100	125 mm Weite gewählt.

Nutzungsdauer der Preßluftrohre: 3 Jahre.

Lange Preßluftleitungen erfordern zur Beaufsichtigung und Instandhaltung 1 Mann.

Der höchstzulässige Spannungsabfall vom Windkessel bis zum Preßluftwerkzeug beträgt etwa 1 atü.

94. Preßluftschläuche und Zugehör. (Frankfurter Maschinenfabrik A. G., vorm. Pokorny & Wittekind, Frankfurt a. M.)

Schläuche, Preise in RM.

Lichte Weite der Schläuche in mm	10	13	16	19	25
Schlauch ohne Umwicklung je Meter	1,60	1,80	2,50	3,20	4,50
Schlauchschelle hiezu je Stück	0,35	0,40	0,45	0,50	1,—
Schlauch mit Drahtumwicklung je Meter	1,85	2,15	2,90	3,60	
Schlauchschelle je Stück	0,35	0,40	0,45	0,50	1,—
Schlauch mit Teerkordelumklöppelung je Meter		3,25	3,80	4,40	6,50
Schlauchschelle hiezu je Stück		0,70	0,80	0,90	1,—
Kupplungshälfte aus Eisen je Stück	1,50	1,50	1,50	1,50	1,50

Lukra-Lufthähne mit geradem Durchgang, mit 1-Zoll-Gewinde und Kupplungsanschluß. Preise: Einfachhahn 5,50 RM, Doppelhahn 11 RM.

Dreiwegstücke: Preis 6 RM.

E. Die Baustellenbeleuchtung.

95. Beleuchtungskalender für Außenbeleuchtung.

Monat	Tag	Beleuchtungszeit von	bis	Monat	Tag	Beleuchtungszeit von	bis	Monat	Tag	Beleuchtungszeit von	bis
	1—10	16^{35}	7^{50}		1—10	19^{55}	4^{15}		1—10	19^{05}	5^{10}
Januar	11—20	16^{50}	7^{45}	Mai	11—20	20^{10}	4^{00}	September	11—20	18^{45}	5^{25}
	21—31	17^{05}	7^{40}		21—31	20^{25}	3^{45}		21—30	18^{20}	5^{40}
	1—10	17^{25}	7^{25}		1—10	20^{40}	3^{30}		1—10	18^{00}	6^{00}
Februar	11—20	17^{40}	7^{05}	Juni	11—20	20^{45}	3^{30}	Oktober	11—20	17^{35}	6^{15}
	21—28	18^{00}	6^{45}		21—30	20^{50}	3^{30}		21—31	17^{15}	6^{30}
	1—10	18^{15}	6^{30}		1—10	20^{50}	3^{15}		1—10	16^{55}	6^{50}
März	11—20	18^{30}	6^{10}	Juli	11—20	20^{40}	3^{45}	November	11—20	16^{40}	7^{05}
	21—31	18^{45}	5^{45}		21—31	20^{30}	4^{00}		21—30	16^{30}	7^{20}
	1—10	19^{05}	5^{20}		1—10	20^{10}	4^{20}		1—10	16^{25}	7^{35}
April	11—20	19^{20}	5^{00}	August	11—20	19^{50}	4^{35}	Dezember	11—20	16^{20}	7^{45}
	21—30	19^{40}	4^{35}		21—31	19^{30}	4^{50}		21—31	16^{25}	7^{50}

96. Ermittlung der Lampenstärke für die Beleuchtung von Innenräumen.

a) Erforderliche Beleuchtungsstärke in Lux in 1 m Höhe über dem Fußboden, bzw. am Arbeitsplatz:

1. Räume mit schwachem Verkehr, wie Keller, Bodenräume, Lagerräume....... 5 Lux
2. Räume mit stärkerem Verkehr, Werkstätten für Grobarbeit, Aborte, Bäder, Kleiderablagen, Umkleideräume, Treppen, Schlafsäle .... 15 „
3. Aufenthaltsräume, in denen Schrift und Druck erkennbar sein müssen, wie Küchen, Speiseräume, Maschinenräume, Werkstatt für Kleinarbeit und feine Einzelteile, Botenzimmer, Fernsprechschalträume, Büchereien, Schmieden..... 30 „
4. Geschäftszimmer, Kassen, Lesezimmer, Registraturen, Sitzungsräume, Zeichensäle, Schlossereien, Tischlereien, Baustellen bei Nachtarbeit .... 50 „
5. Räume für kartographische Arbeiten, Laboratorien .... 75 „

b) Wattbedarf für geschlossene Räume mit weißer Decke und halbindirekter Beleuchtung:

Wenn Einzelplatzbeleuchtung vorgesehen ist, so wird der Wattbedarf für die Allgemeinbeleuchtung auf höchstens ein Drittel der tieferstehenden Beträge herabgesetzt.

Für Einzelplatzbeleuchtung werden 25-Watt-Lampen, bei Apparaten und Werktischen 40-Watt-Lampen verwendet.

Wattaufnahme der Glühlampen: 15, 25, 40, 60, 75, 100, 150, 200, 300, 500, 750, 1000, 1500, 2000.

Bodenfläche in qm	Allgemeinbeleuchtung in Lux					Bodenfläche in qm	Allgemeinbeleuchtung in Lux				
	5	15	30	50	75		5	15	30	50	75
	Wattbedarf						Wattbedarf				
10	16	34	69	106	155	60	69	164	288	480	720
15	20	52	95	140	210	65	72	175	312	520	780
20	27	68	118	180	270	70	77	183	336	560	840
25	32	88	140	210	315	75	82	193	360	600	900
30	36	94	165	246	370	80	87	203	384	640	960
35	40	105	188	280	420	85	95	214	408	680	1020
40	46	115	212	320	480	90	102	225	432	720	1080
45	52	128	225	360	540	95	107	235	455	760	1140
50	60	139	246	400	600	100	110	246	480	800	1200
55	66	152	264	440	660						

97. Ermittlung der Lampenstärke zur Beleuchtung von Innenräumen unter Verwendung der Nomogramme in der Abb. 11.

Beispiel: Erwünscht eine mittlere Beleuchtungsstärke von 50 Lux bei 6 m Lampenabstand. Erforderlich sind Osram-Nitralampen von 300 Watt Stromverbrauch in 5 m Höhe über dem Fußboden.

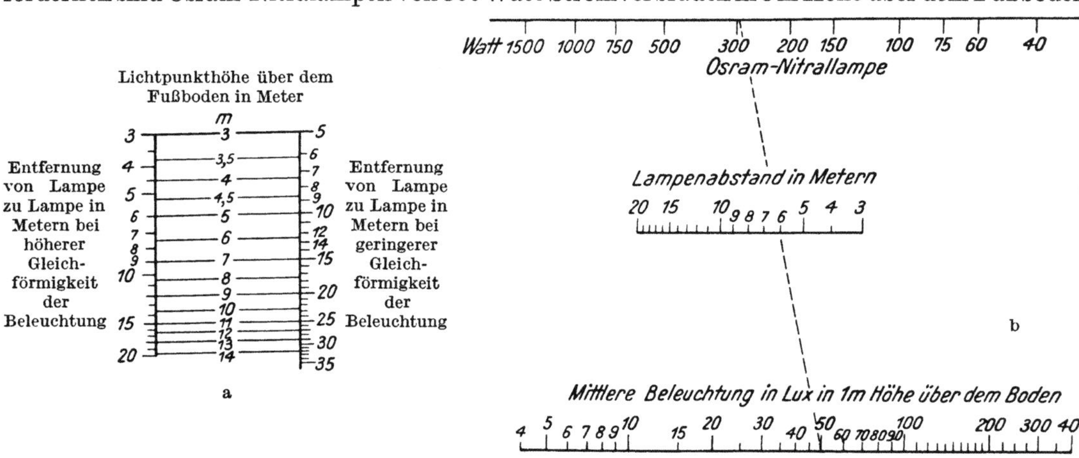

Abb. 11. Ermittlung der Lampenstärke für Innenräume. (Nach Siemens Handbuch.)
a Wahl des Lampenabstandes, b Auswahl der Lampenstärke. (Ablesebeispiel: Erwünscht 50 Lux bei 6 m Lampenabstand; erforderliche Lampe 300 Watt.)

98. Auswahl der Lampenstärke, der Leuchten, der Lampenentfernung und der Lampenhöhe zur Baustellenbeleuchtung.

Wenn eine möglichst gleichmäßige Beleuchtung des Arbeitsfeldes bei Nachtarbeiten gefordert wird, so werden die Lampen dichter aneinandergereiht, und es werden Leuchten verwendet, die eine besondere Verteilung des von der Lampe ausgestrahlten Lichtes bewirken.

Der Lichtstrom, den eine Lichtquelle ausstrahlt, wird in Lumen (Lm) gemessen. Eine Lichtquelle liefert den Lichtstrom 1 Lm, wenn sie die Lichtstärke von 1 Hefnerkerze (HK) gleichmäßig in den Raumwinkel 1^0 ausstrahlt.

Lichtströme von Osram-Nitralampen für 220 V.

Verbrauchte Leistung	Watt	150	200	300	500	750	1000	1500	2000	3000	5000
Lichtstrom	Lm	2350	3150	5300	9000	15000	21000	30500	41500	67000	110000

Lebensdauer einer Glühlampe durchschnittlich 700 bis 1000 Brennstunden; innerhalb dieser Zeit nimmt der Lichtstrom um etwa 15 bis 20% ab.

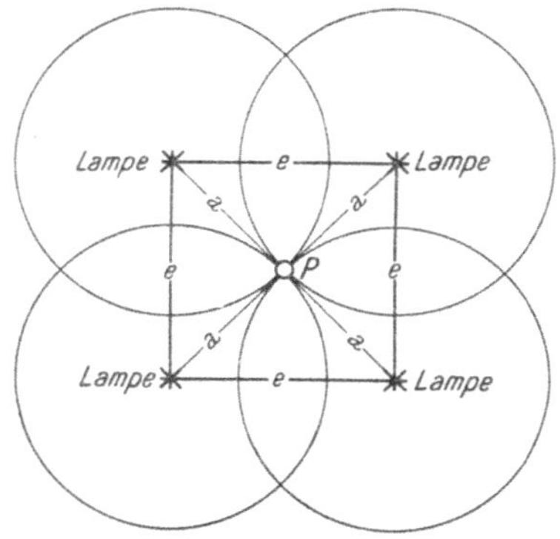

Abb. 12. Anordnung der Lampen in Quadratverband.

Berechnungsbeispiel.

Eine Baustelle soll durch Lampen, die in 10 m Höhe aufgehängt sind, derart beleuchtet werden, daß die Beleuchtungsstärke an keiner Stelle 50 Lux unterschreitet. In welchen Entfernungen sind die Lampen anzuordnen und welche Lampengröße ist zu verwenden?

Zur Anwendung kommt eine leicht tiefstrahlende Leuchte (vgl. Abb. 13).

Die Lampen können in gleichen gegenseitigen Abständen im Quadratverband oder im Dreiecksverband angeordnet werden. Zunächst seien die Lampen im Quadratverband nach Abb. 12 untersucht. Zwischen 4 Lampen ist der Punkt P der ungünstigst belichtete; in P muß die Beleuchtungsstärke noch mindestens 50 Lux betragen. Nachdem P von 4 Lampen Licht zugestrahlt erhält, muß eine Lampe in P noch die Beleuchtungsstärke $\frac{50}{4} = 12{,}5$ Lux bewirken.

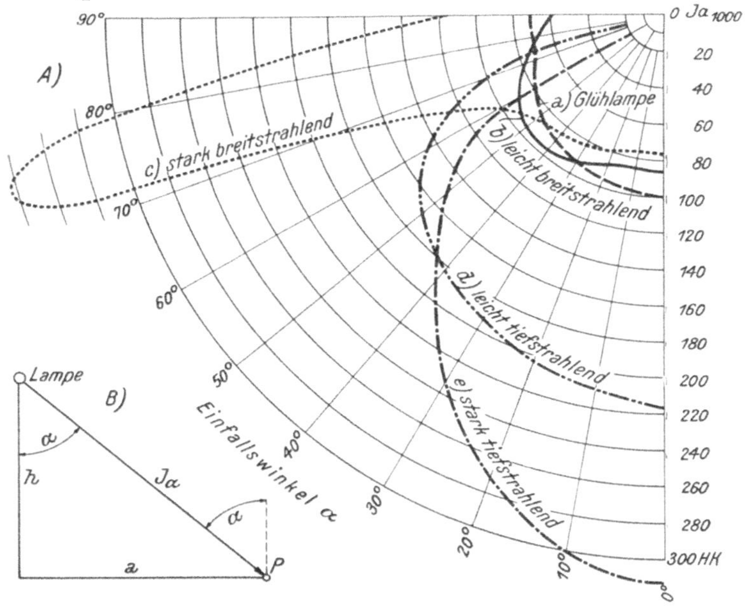

Abb. 13. Lichtverteilung einer Glühlampe von 1000 Lm ohne und mit vier verschieden strahlenden Leuchten. (Nach AEG.)

Durch besonders geformte Leuchten, in denen die Lampen sitzen, kann auch eine besondere Verteilung des Lichtes bewirkt werden. Für vier verschiedene Leuchten gibt die Abb. 13 die Lichtverteilung an.

Die Beleuchtungsstärke E einer Fläche, die mit einer Lichtstärke von I_α HK beleuchtet wird, wird in Lux (Lx) ausgedrückt; sie beträgt mit den Bezeichnungen der Abb. 13:

$$E = \frac{I_\alpha\, h}{\sqrt{(a^2 + h^2)^3}} = \frac{I_\alpha \cos^3 \alpha}{h^2}.$$

Zur Beleuchtung des Punktes P mit $E = 12{,}5$ Lux bei einer Lampenhöhe $h = 10$ m ergeben sich bei den Abständen a des Punktes P vom Lot durch die Lampe die folgenden erforderlichen Lichtstärken der Lampe:

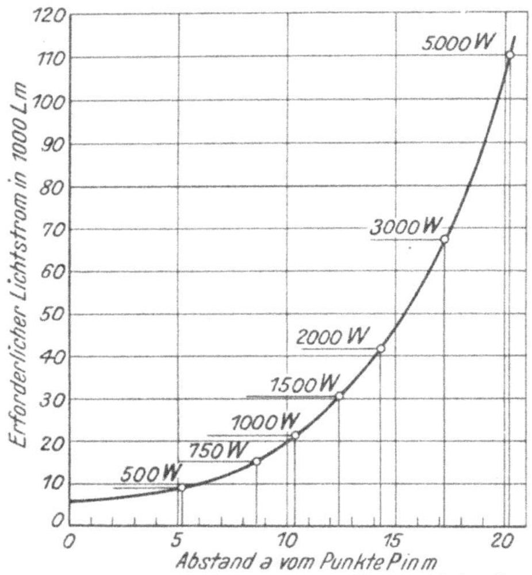

Abb. 14. Ermittlung der Lampenentfernung bei voller Ausnützung der Lampen bei der Lampenhöhe $h = 10$ m.

$a =$	0	5	10	15	20 m
$I_\alpha =$	1250	1750	3535	7340	13950 HK
$\alpha =$	0	27	45	56	63°

Bei den angegebenen Winkeln α beträgt die Lichtstärke einer Lampe von 1000 Lm bei Verwendung einer leicht tiefstrahlenden Leuchte, wie ein Blick in die Abb. 13 lehrt,

$I_{\alpha 1000} =$ 215 196 177 156 130 HK.

Um in P die erforderliche Beleuchtungsstärke von $E = 12{,}5$ Lux zu bewirken, muß die Lampe einen Lichtstrom von $I_\alpha : I_{\alpha 1000}$, also 5820, 8930, 20000, 47100 bzw. 107500 Lumen aussenden. Die Beleuchtung des Punktes P mit der geforderten Beleuchtungsstärke kann, wie ein Blick in die Auftragung in der Abb. 14 lehrt, mit den verschiedensten Lampen erreicht werden.

Bei einer Lampenleistung von	500	750	1000	1500	2000	3000	5000	Watt
darf der Abstand a	5,2	8,6	10,3	12,4	14,2	17,20	20,2	m
betragen. Die Beleuchtung von 1 qm Boden erfordert dann	9,26	5,07	4,63	4,87	4,95	5,07	6,13	Watt/qm.

Wenn nur der Stromverbrauch in Betracht gezogen wird, so ergibt sich die wirtschaftlichste Beleuchtung bei Verwendung von 1000-Watt-Lampen. Wenn auch die Anlagekosten berücksichtigt werden, so verschiebt sich die wirtschaftlichste Lampengröße etwas gegen die größeren Lampen hin.

Wenn die Lampen im Dreiecksverband angeordnet werden, so ist der Stromverbrauch je Quadratmeter beleuchtete Fläche wesentlich höher.

99. Azetylen-Grubenlampen, offene, aus verzinntem Stahlblech. Brenndauer (7 bis 14) h. Gewicht etwa 1,5 kg. Preis je Stück 4,20 RM; 8,50 S; 47,00 Kč.

Karbidverbrauch einer Grubenlampe stündlich 30 g. Eine Lampenfüllung = 200 g Karbid.

Jeder im Stollen tätige Arbeiter erhält eine Grubenlampe, die er selbst reinigt und instand hält.

Beim Bau des Druckstollens Arnstein an der Teigitsch waren bei Arbeit in drei Dritteln je Ort bei drei gleichzeitig arbeitenden Bohrhäuern 48 Grubenlampen vorhanden.

Nutzungsdauer einer Grubenlampe 0,5 bis 1 Jahr.

F. Gerüstungen und Einfriedungen.

100. Vorschriften.

„Technische Vorschriften für Stahlbauwerke" der Deutschen Reichsbahn-Gesellschaft. § 8 und Anlage 2.

101. 1 m freistehendes Hauptgerüst mit zwei Gerüstgeschossen aufstellen:[22] 12 h Gerüster.

Für jedes weitere, bis 4 m hohe Gerüstgeschoß: Zuschlag 3,75 h Gerüster.

102. 1 m Hauptgerüst, dessen Riegel einerseits auf der Mauer aufliegen, mit zwei Gerüstgeschossen:[22] 9,5 h Gerüster.

Für jedes weitere, bis 4 m hohe Gerüstgeschoß: Zuschlag 4,75 h Gerüster.

103. 1 qm Arbeitsgerüste aufstellen und wieder abtragen, ohne Zu- oder Abfuhr: (0,5 bis 1) h Gerüster.

104. 1 qm Leitergerüst an gut zugänglichen Mauern aufstellen und wieder abtragen:
a) ohne Konsolen (0,4 bis 0,5) h Gerüster;
b) mit ,, (0,45 ,, 0,6) ,, ,, .

105. Ausbrechen von Gerüstriegellöchern und behelfsmäßige Abdeckung, bis zur Wiederherstellung:[22]
a) bei Ziegel- und Schieferdächern: 1 h Gerüster;
b) ,, Blechdächern: 1,5 h Gerüster;
c) in Mauern: 1,2 h Maurer.

106. 100 Stück Gerüsthölzer, 4 bis 5 m lang, mittels Seil und Rolle *H* m hochziehen:
(1,67 + 0,1 *H*) h Mannschaft = (5 + 0,3 *H*) h Hilfsarbeiter.
Mannschaftsstand: 2 Arbeiter unten, 1 Arbeiter oben. Für Aufsicht und Geräte: 10% der Löhne.

107. 1 m Schragengerüst aufstellen und wieder abtragen:[22]

Höhe des Schragengerüstes	m	2	3	4
Gerüster	h	0,31	0,37	0,43

Für Benützung durch 3 Wochen, Zu- und Abfuhr, Abnützung, Verluste: Zuschlag + (30 bis 50)%.
Für jede Woche weitere Benützung: Zuschlag + 10%.

108. 1 m Ausschußgerüst, 3 Bohlen breit,[22] herstellen: 2 h Gerüster.

109. Gerüste aufstellen und abtragen für Hochbauten[16] kostet bei Fachwerksbauten 4 bis 5%, bei massiven Bauten 6 bis 10% der Maurerlöhne.

110. Abbinden, Aufstellen und Abtragen von Baugerüsten:[34] Kosten je laufenden Meter Gerüstholz; für Aufsicht: Zuschlag 5 bis 8%):

Gerüstart	Abbinden und Aufstellen		Abbrechen	
	Zimmerer-Stunden	Hilfsarb.-Stunden	Zimmerer-Stunden	Hilfsarb.-Stunden
Komplizierte Gerüste, wie Lehrgerüste, Brücken, Kräne, mit Holzquerschnitten 12/16 bis 30/30 cm	1,2—1,6	0,2—0,4		
,, ,, 10/10 ,, 20/20 ,,	1,0—1,4	0,1—0,3	0,3—0,4	0,1—0,4
Einfache Gerüste, die zum Teil ohne vorhergehendes Abbinden aufgestellt werden, bei starkem Holz	0,8—1,2	0,2—0,4		
,, schwachem Holz	0,6—1,0	0,1—0,3	0,2—0,3	0,1—0,4
Gerüste mit langen, leichten Hölzern und einfachen Schwellen, wie Transportstege, Aufstellungsgerüste, bestehend aus hohen Rundholzböcken, die ohne vorhergehendes Abbinden aufgestellt werden, Holzquerschnitt 10/14 bis 24/24 cm	0,4—0,6	0,2—0,4	0,2—0,3	0,1—0,4
,, 10/10 ,, 20/20 ,,	0,3—0,5	0,1—0,3	0,1—0,2	0,1—0,4
Pfahlgerüste und -stege. Verzangung und Schwellen aufbringen, Pfähle zurechtziehen und abschneiden, aber ohne Rammung	0,6—1,0	0,2—0,4	0,2—0,3	0,1—0,4
1 qm Bohlenbelag auf Gerüsten und Transportstegen legen	0,3—0,4	0,1—0,3	0,1—0,2	0,1—0,4
1 m einfaches Geländer	0,8—1,5	0,1—0,5	0,1—0,2	0,1—0,4
1 t eiserne Träger ohne Bearbeitung in Gerüste einbauen	5—10	15—25	3—5	7—15
1 qm Verschalung von Aufzugschächten	0,5		0,2	

Bei Gerüstarbeiten, die durch Wasser behindert sind, Zuschlag 20%.

111. Holzaufwand bei Gerüsten und Transportstegen:[34]
a) Verschnitt: 3—5%.
b) Lehrgerüste: für 1 cbm umbauten Raum . . . 0,03—0,06 cbm
in ungünstigen Fällen . . . 0,08 ,,
(Umbauter Raum = Gerüstansichtsfläche × Gerüsttiefe.)

c) Transportstege, Aufstellungsgerüste, geeignet für schwere Lasten, zum Befahren mit Baulokomotiven, für 1 cbm umbauten Raum,

leichtere Gerüste: .... 0,02—0,03 cbm
schwere „ : .... 0,03—0,04 „

d) Pfahlgerüste und Pfahlstege. Wenn die Pfähle nur an den Köpfen durch Zangen oder Holme verbunden werden, für 1 qm Grundfläche ... 0,1 —0,12 „

Wenn die Pfähle auch noch durch tieferliegende Zangen und Streben verbunden werden, für 1 qm Grundfläche .... 0,14—0,16 „

112. Stahlaufwand bei Gerüsten und Transportstegen[34] (Schrauben, Klammern u. dgl.) für 1 cbm verbautes Holz:

Bei einfachen Gerüsten und Transportstegen mit hohen Böcken ...... 10—15 kg

Bei komplizierten Gerüsten, wie Lehrgerüsten, hölzernen Brücken u. dgl. .. 20—30 „
Wenn Anker, Schuhe u. dgl. erforderlich sind .... bis 70 „

113. Holzverbrauch bei Lehrgerüsten von Eisenbetonbogenbrücken:[149]

a) Eisenbahnviadukt Martinsfuhren.

1. Dreigelenkbogen, 30,20 m Spannweite.

Untergerüst: 26 cbm Kantholz, 32 cbm Rundholz, 12,1 cbm Halbrundholz, das ist 3% des umbauten Raumes.
Obergerüst, ohne Gewölbeschalung: 96 cbm Kantholz, 2,5 cbm Buchenkantholz, 2,6 cbm Halbrundholz, das ist 6,2% des umbauten Raumes.
Kleineisenzeug: 35 kg je Kubikmeter Holz.

2. Eingespannte Bögen, 15 m Spannweite.

Untergerüst: 7,5 cbm Kantholz, 16,2 cbm Rundholz, 12,4 cbm Halbrundholz, das ist 2,7% des umbauten Raumes.
Obergerüst ohne Gewölbeschalung: 25,5 cbm Kantholz, 5,1 cbm Halbrundholz, das ist 5% des umbauten Raumes.

b) Kaiserstraßenüberführung bei Kaiserslautern.

(Zwei eingespannte Bogenrippen mit angehängter Fahrbahn, 31,2 m Spannweite.)
Für den Brückenteil neben der Durchfahrtsöffnung unterhalb der Fahrbahn: 14 cbm Kantholz, 6,5 cbm Halbrundholz, das ist 3,5% des umbauten Raumes.
Für die Hängewerke samt Pfosten und linkes Widerlager: 21 cbm Kantholz, 6,5 cbm Rundholz, 0,7 cbm Halbrundholz, das ist 3,2% des umbauten Raumes.
Für die beiden ober der Fahrbahn liegenden Bögen ohne Wölbdielen: 7,6 cbm Kantholz, 2,3 cbm Rundholz, 0,25 cbm Halbrundholz, das ist 5% des umbauten Raumes.
Für Knotenbleche, Zugstangen und Schrauben der Hängewerke 1350 kg Stahl oder 93 kg Stahl je Kubikmeter Holz der Hängewerke.
Für die Aufhängekonstruktion, bestehend aus Schraubenbolzen und U-Stahl, 3280 kg Stahl, das ist 25 kg Stahl je Quadratmeter Fahrbahn.

c) Eisenbahnbrücke über die Saar bei Völklingen.

(Bogenbrücke mit aufgehängter Fahrbahn, Spannweite 60 m.)
Für die Rüstung auf Pfählen, unter der Fahrbahn: 140 cbm Kantholz, 50 cbm Rundholz, 19 cbm Halbrundholz, das ist 3,6% des umbauten Raumes.
Für die oberen Bögen ohne Wölbedielen: 55 cbm Kantholz, 35 cbm Rundholz, 19 cbm Halbrundholz, das ist 3,3% des umbauten Raumes.

d) Schlackenbrücke der Adolf-Emil-Hütte in Esch.

(Frei aufliegende Balkenbrücke von 14 m Spannweite.)
Für das Untergerüst: 1,85 cbm Kantholz, 11,3 cbm Rundholz, 15,2 cbm Halbrundholz, das ist 2,35% des umbauten Raumes.
Für das Obergerüst ohne Schalboden: 6,5 cbm Kantholz, 20,9 cbm Rundholz, 3,3 cbm Halbrundholz, das ist 7,8% des umbauten Raumes.
Für die Gesamtrüstung wurden 3,7% des umbauten Raumes an Holz verbraucht.

e) Überführung der Moschwitzer Straße in Plauen.

(Rahmenkonstruktion von 15,64 m Spannweite.)

Für die ganze Rüstung wurden verbraucht: 32,4 cbm Kantholz, 11,5 cbm Rundholz, 16,2 cbm Halbrundholz, das ist 2,7% des umbauten Raumes.

114. **Schüttgerüste:**[21]

Arbeitsaufwand für 1 cbm verbautes Holz sind zu rechnen: 30 h Gerüstzimmerer + 20 h Hilfsarbeiter.

Holzbedarf je Kubikmeter umbauten Raumes: 0,033 cbm.

Eisenbedarf je Kubikmeter verbauten Holzes: 25 kg Gerüstschrauben und Klammern. Vom Holz- und Eisenverbrauch ist nur etwa die Hälfte wiedergewinnbar.

115. **1 qm Notbrücken über Rohrgräben aus Holz zusammenbauen:**

a) nur für Fußgänger:

1 h Zimmerer + 1,3 h Hilfsarbeiter + 10% für Aufsicht und Geräte;

b) für mittelschweres Fuhrwerk:

(2,5 bis 3) h Zimmerer + (2,5 bis 3) h Hilfsarbeiter + 10% für Aufsicht und Geräte.

116. **1 qm Abdeckung von Glasoberlichten** während Bauherstellungen herstellen und wieder abtragen: 0,5 h Gerüster.

117. **1 Stück Zaunpfahl aus Rundholz bezimmern,** wobei der im Boden stehende Teil rund zu belassen ist: (1,5 bis 2,5) h Zimmerer.

118. **1 Stück Schlitz für die Riegel** in einen Einfriedungspfahl **einschneiden** kostet (0,05 bis 0,1) h Zimmerer.

119. **1 m Riegel für Zäune** aus weichem Holz, 10 × 10 cm aus Rundholz **behauen, anpassen und einlegen** kostet: 0,7 h Zimmerer + 0,2 h Hilfsarbeiter.

120. **1 qm Lattenverschalung für Zäune,** Abteilungen, Tore:

Lattenentfernung von Mitte zu Mitte		0,1 m		0,13 m		0,16 m	
Bearbeitung der Lattenköpfe		Geschnitten	Geköpft	Geschnitten	Geköpft	Geschnitten	Geköpft
Zimmerer	h	0,65	1,35	0,6	1,2	0,5	1,0
Latten	m	10,5	10,5	8,5	8,5	6,6	6,6
Nägel, 80 mm	Stück	15	15	12	12	10	10

121. **1 m Zaun mit schon zugeschnittenen Latten verschalen:** (0,15 bis 0,25) h Zimmerer.

122. **1 qm Schwartenverschalung für Zäune** zuschneiden und annageln kostet 0,4 bis 0,7 h Zimmerer.

123. **1 m Lattenzaun, bis 1,4 m hoch, durchwegs aus Rundholz,** ohne Löchergraben:[22]

1,8 h Zimmerer + 0,15 kg Nägel; Verschnitt 10 bis 15%.

124. **1 m Lattenzaun,** mit Säulen alle 2,5 m, 2 Riegel, 2 m hoch, alles rauh, die Latten zugeschärft, alles aus Kiefernholz, einschließlich Versetzen der Säulen und Zurichten des Holzes:[138] 5,3 h Zimmerer.

125. **1 m roher Zaun, zum Schutze neu angelegter lebender Zäune,** bestehend aus einem Zaunpfahl alle 2 m und zwei Riegeln, aus rundem Holz: 0,6 h Zimmerer + 1,2 h Hilfsarbeiter + 0,5 Stück Zaunpfahl + 2,2 m Waldlatten + 2 Nägel, 150 mm.

126. **1 m einfache Baustelleneinplankung,** bis 1,8 m hoch, **herstellen und später wieder abtragen** kostet: (2 bis 2,5) h Gerüstzimmerer.

Abschreibung: 20 bis 30%.

127. **1 Stück Einfriedungspfahl,** 8 bis 15 cm stark, bis zu 2 m lang, 0,6 bis 0,8 m tief, mit dem Schlägel in den Boden treiben kostet, je nach der Bodenart, (0,3 bis 0,6) h Zimmerer + (0,3 bis 0,6) h Hilfsarbeiter.

128. **1 Stück Zaunpfosten** aus Holz in die gegrabenen Löcher **versetzen** und feststampfen:[22] 1,0 bis 1,5 h Hilfsarbeiter.

129. **1 Stück Loch für einen Zaunpfahl,** 0,5 × 0,5 m, 0,8 m tief **ausheben,** bei:[22]

Mutterboden oder lockerem Sandboden	0,5 h Hilfsarbeiter
Moorboden	0,6 ,, ,,
Lehmboden	1,5 ,, ,,
Lehm und Kies	2,0 ,, ,,
Lehm und Gesteinkies	3,0 ,, ,,

130. **1 m Drahtgitterzaun auf schon versetzten Zaunpfählen anbringen:** (Drahtgeflecht, 1,5 m hoch, mit drei Spanndrähten).

(0,28 bis 0,32) h Zimmerer + 0,15 h Hilfsarbeiter + 10% der Löhne für Drahtklammern, Draht und Spannschlösser + 1,5 qm Drahtgeflecht.

131. **1 m Draht für Zäune an schon versetzten Zaunpfählen spannen und mit Klammern annageln:**[22]

bei glattem Draht	0,02 h Hilfsarbeiter je Meter Draht
,, Stacheldraht	0,025 ,, ,, ,, ,, ,,

132. **100 Stück Drahtklammern in Zaunpfähle einschlagen** kostet (2,5 bis 3) h Zimmerer.

133. **Stacheldraht,** auf Holzhaspeln, je zirka 25 kg = zirka 200 m, verzinkt, aus zwei verdrillten Drähten. Preis je 100 kg (30 bis 40) RM.[178]

134. **Eisenbetoneinfriedung,** 2,40 m hoch, bestehend aus Eisenbetonsäulen, 20 × 20 cm, mit je zwei Nuten, in die Eisenbetonbohlen, je 2,50 m lang, vom Querschnitt 6 × 20 cm eingeschoben sind.[22]

Herstellung einer Säule und einer Bohle:

		Säule	Bohle
Maurer	h	1,2	0,7
Hilfsarbeiter	,,	3,0	1,4
Eisenbieger	,,	0,5	0,08
Zement	kg	60	14
Sand	rm	0,18	0,035
Rundeisen	kg	17	1,5

Modellkosten je nach Ausmaß der Einfriedung.

Versetzen einer Säule, einschließlich Erdarbeit und Einbetonierung 1 : 10, samt Zufuhr vom nahen Lager: 5 h Hilfsarbeiter + 35 kg Zement + 0,3 rm Sand und Kies.

Einschieben von 10 Bohlen in die Nuten, samt Zufuhr vom nahen Lager: 1,5 h Hilfsarbeiter.

VII. Massenbewegungen und Güterbeförderung.

135. **Länge des Förderweges.**

Als Länge des Förderweges gilt bei Massenbewegungen die Entfernung der Schwerpunkte der Ausschachtung und der Anschüttung längs des kürzestmöglichen Beförderungsweges.

A. Werfen und Tragen.

136. **1 rm gewachsenen Boden, der schon gelöst ist, werfen** erfordert die folgenden Erdarbeiterstunden:

Bodenart (Bezeichnung nach DIN 1926)	Bodenklasse (Siehe Nr. 240)	Vom Haufen 3 m weit flach werfen[34]	Von glatter Unterlage 3 m weit flach werfen[34]	Vom Haufen aus 2 m hoch werfen	Vom Haufen aus 2 m hoch steil auf Bühne in enger Baugrube
Leichter Boden	I, II	0,6—0,8	0,6—0,8	0,6—0,7	0,7—1,1
Mittlerer Boden	III	0,8—1,2	0,7—0,9	0,9—1,1	1,1—1,5
Fester Boden	IV	1,2—1,6	0,9—1,1	1,1—1,5	1,5—1,9
,, ,,	V	1,6—2,4	1,2—1,6	1,5—2,2	1,9—2,6

1 rm gewachsener Boden = (1,25 bis 1,30) rm loser Boden.

1 rm Boden, lose gemessen, werfen erfordert 0,77 bis 0,8 der oben angegebenen Zeiten.

137. **1 rm Schutt aus einem Gebäude frei herabwerfen**[23] erfordert 0,4 h Hilfsarbeiter.

138. **1 rm Schutt durch Rinnen oder Schläuche herablassen**[23] erfordert 1,8 h Hilfsarbeiter + 10% für Aufsicht und Geräte.

139. **1 Mann trägt** ohne besondere Schulung etwa 30 kg und legt stündlich im Durchschnitt des Hin- und Rückweges 3 bis 4 km auf waagrechter Bahn zurück.

Geübte Träger im Gebirge tragen im Akkord bis zu 50 bis 60 kg.

Für je 100 m Steigung: Zuschlag 0,3 bis 0,4 h.

140. **1 rm Aushub oder Schutt, lose gemessen, aus Höfen oder Gebäuden *L* m weit heraustragen,** einschließlich des Einfüllens in Traggefäße und des Verladens auf Fuhrwerke oder des Ausbreitens und der Pausen:

(2,4 + 0,02 L) h Hilfsarbeiter + 5% für Aufsicht und Geräte.
Für jeden Meter Steigung: Zuschlag 0,5 h Hilfsarbeiter,
„ „ „ Fall: „ 0,4 „ „ .

141. **Beförderung durch Tragtiere.**

Gewöhnliches Ladegewicht: 80 kg; bei Verwendung guter Tragsättel auch bis 100 kg.

Geschwindigkeit auf waagrechter Bahn durchschnittlich stündlich 4 km.

Steigungszuschlag für je 100 m: 0,25 bis 0,3 h.

Fallzuschlag bei belastetem Gang für je 100 m: 0,25 h.

Gewöhnlich wird für jedes Tragtier ein Führer gerechnet; in ganz ungefährlichem Gelände kann auf je zwei Tragtiere ein Führer gerechnet werden.

B. Beförderung mit Schubkarren.

142. **1 rm (Grubenmaß) Boden mit dem Schubkarren auf einer Karrbahn *L* m weit waagrecht befördern,** erfordert:

$$\frac{\alpha}{b}\left(\frac{2L}{v} + z\right) \text{h Hilfsarbeiter;}$$

hierbei bedeutet α den Ladebeiwert (vgl. Nr. 240 auf S. 105), b die Ladung einem Schubkarren gleich $^1/_{15} = 0{,}067$ rm, v den Durchschnitt der Fahrgeschwindigkeit am Hin- und Rückweg gleich 2700 bis 3600, gewöhnlich 3000 m je Stunde, z den Aufenthalt beim Be- und Entladen, für den bei Beladung durch andere Arbeiter 0,05 bis 0,06 h zu setzen ist; bei Schubkarrenwechsel kann für z etwa 0,02 h gesetzt werden.

Für je 15 bis 20 Männer ist ein Aufseher (gleich 1,3 Hilfsarbeiter und 1 Mann an der Kippe zum Einebnen) zu rechnen; das ergibt für Aufsicht und Kippe einen Zuschlag von 15,3 bis 11,5% der Löhne.

Für das Verlegen der Karrbahn, für die Abnützung von Karrbahn und Schubkarren und für Pausen erfolgt ein weiterer Zuschlag von 40 bis 60% der Löhne.

Zuschlag[34] für H m Steigung .... (12—15) H m Weg,
„ „ „ „ Fall .... 10 „ „ „ .

Größte zulässige Steigung:[37] 1 : 10 (100‰).
Zweckmäßigste Steigung: 1 : 18 (~ 55‰).
Grenzen der Förderweite: L = 10 bis 300 m.

143. **Schubkarren und Karrbahn:**

P r e i s eines hölzernen Schubkarrens: 10—15 S, 65—70 Kč.

G e w i c h t: 30 bis 50 kg.

N u t z u n g s d a u e r: 100 bis 120 Arbeitstage.

R e s e r v e k a r r e n: 5% der in Dienst stehenden Schubkarren.

N u t z u n g s d a u e r e i n e r K a r r b a h n, 30 cm breit, 5 bis 6 cm stark, mit Bandeisenbeschlag: 50 bis 60 Arbeitstage.

B e d a r f a n K a r r b a h n e n: Länge je Arbeitskolonne gleich (1,5 bis 2,0) × dem Förderweg.

C. Beförderung mit Wagen und Kraftwagen.

144. 1 rm gelagerten Boden aufladen, einschließlich Aufsicht, je nach Bodenart und -feuchte:

		Von glatter Unterlage aus	Vom Haufen aus
Auf Schubkarren	Hilfsarbeiterstunden	(0,6—1,6)	(0,7—2,0)
„ Muldenkipper	„	(0,7—1,8)	(0,8—2,2)
„ Pferdefuhrwerk	„	(0,7—1,9)	(0,8—2,3)
„ Lastkraftwagen	„	(0,8—2,0)	(0,9—2,4)

145. 1 rm Boden (Grubenmaß) aus Fuhrwerken ausschaufeln:[34]

		Wenn alles auszuschaufeln ist	Wenn beim Entfernen der Seitenbretter ein Teil herausfällt
Boden, leicht	Hilfsarbeiterstunden	0,7	0,4
„ , mittelschwer	„	0,8	0,5
„ , schwer	„	1,0	0,6
„ , sehr schwer	„	1,4	0,8

146. 1 rm Boden aus Fuhrwerken kippen, wenn das Neigen des Wagens vom Lenker besorgt wird, verursacht keine besonderen Entladungskosten.[34]

147. 1 m Bohlenfahrt aus gebrauchten Hauptbahnschwellen kostet einschließlich kleiner Einebnungsarbeiten:[42]

Schwellen je nach Zustand (4 Stück)	10,4—12,8 RM
Verlegen und wieder abtragen	0,2— 0,4 „
Abschreibung und Verzinsung je Jahr	3,0— 5,0 „

148. Kosten der Pferdehaltung je Paar:

a) Ein Paar Pferde:

Ankaufspreis zweier schwerer Pferde	3000—4000 RM
Nutzungsdauer	10 Jahre
Verzinsung	5—8%
Pferdefutter: 7200 kg Hafer, 2600 kg Beifutter (Melasse, Kleie u. dgl.), 7200 kg Heu oder Häcksel, 1800 kg Streustroh	RM
Hufbeschlag, je nach Straßenbeschaffenheit 6 bis 15 mal im Jahr, je	10—12 S, 56 Kč
Tierarzt und Arzneien	RM
Stallmiete im Jahr	250 „
Bedienung, 1 Knecht	1500—1800 „

b) Ein Paar Pferdegeschirre:

Ankaufspreis	400 RM
Nutzungsdauer	5 Jahre
Verzinsung	5—8%
Instandhaltung jährlich	20%

149. Kosten eines Fuhrwagens:

Ankaufspreis: 800—1200 Kč.
Nutzungsdauer: 5 Jahre.
Instandhaltung: 20% jährlich.
Wagenschmiere: 10 bis 30 kg jährlich.

150. Ausnützung eines Pferdefuhrwerkes:

Von den 365 Tagen des Jahres fallen aus: 52 Sonntage + 10 Feiertage + 8 Krankheitstage + Tage, an denen wegen der Wetterlage, Frost oder Regen, kein Boden gelöst werden kann + Tage, an denen wegen Auftragsmangel gefeiert werden muß. Es ist zweckmäßig, mit höchstens 200 Arbeitstagen im Jahre zu rechnen.

151. 1 rm Boden (Grubenmaß) mit vierrädrigem, zweispännigem Pferdefuhrwerk *L* m weit führen, erfordert auf waagrechter Bahn:

$$\frac{\alpha}{b}\left(\frac{2\,L}{v}+z\right)\text{h Fuhrwerk.}$$

Hierin bedeutet α den Ladebeiwert (vgl. Nr. 240 auf S. 105), b die Ladung des Fuhrwagens, auf Fahrwegen etwa 1 bis 1,2 rm, auf befestigten Wegen bis 1,7 cbm, v die Durchschnittsfahrgeschwindigkeit auf Hin- und Rückweg,[34] bei guten Straßen 5000 m/h, bei Kopfsteinpflaster und guten Erdwegen 4500 m/h, bei Feldwegen 3500 m/h, z den Aufenthalt an der Be- und Entladestelle, für den bei Wagenwechsel an der Beladestelle und Entladung mittels Winde (0,25 bis 0,35) h zu setzen ist. Wenn kein Wagenwechsel erfolgt und die Entladung durch Ausschaufeln erfolgt, kommen hierzu noch die hierfür erforderlichen Zeiten laut Nr. 145 auf S. 80.

Steigungszuschlag: für H m (30 bis 40) H m.

Für Aufsicht: Zuschlag + 5%.

Für Pausen: Zuschlag + 30%.

152. Beförderung auf Lastkraftwagen:

a) Lastwagen:

Nutzlast in	t	1,5	2	3	4	5	8
Gewicht in	,,	2	2,25	2,9	4,8	6,2	8,0
Preis in	RM	6000	7000	10000	17000	19000	26000

Anhänger:

Nutzlast in	t	3	4—5	6
Gewicht ,,	,,	1,5	2,2	3
Preis ,,	RM	2000	2800	3800

b) Feste Jahresauslagen:

Verzinsung	5— 8% des Neuwertes,	Versicherungen	2—3%
Abschreibung	10—15% ,, ,, ,	Lohn des Lenkers	%
Instandhaltung	6—10% ,, ,, ,	Kosten des Schuppens	%
Kraftfahrzeugsteuer	~ 5% ,, ,, .		

c) Veränderliche Jahresauslagen:

Brennstoffverbrauch bei einer Nutzlast von	t	1	3	5	8
je Tonne und 100 km	kg	15	25	32	50

Schmier- und Putzmittel: 10% der Brennstoffkosten.

Bereifung: 30% der Brennstoffkosten oder 3% des Neuwertes.

Lohn eines Mitfahrers: 1500—2000 RM.

d) Ausnützbarkeit: etwa 200 Tage im Jahr.

e) Fahrgeschwindigkeit: je Stunde 20 bis 35 km.

153. 1 Schlepper mit 2 Anhängwagen von je 5 t Ladefähigkeit, Betriebskosten:[230]

Fahrgeschwindigkeit 10 km/h.

a) Preis:

Schlepper ohne Bereifung (15/30 PS)	6510 RM
Bereifung	1090 ,,
2 Anhänger ohne Bereifung	3350 ,,
Bereifung	2448 ,,
Zusammen...	13398 RM

b) Feste Jahreskosten:

Verzinsung 8%	1072 RM
Versicherungen ~ 2%	268 ,,
Kraftfahrzeugsteuer	281 ,,
Unterstellung	360 ,,
Führerlohn	2500 ,,
Zusammen...	4481 RM

c) Veränderliche Jahreskosten je Kilometer:

Nutzungsdauer des Schleppers	100000 km
,, der Anhänger	150000 ,,
,, ,, Bereifung	20000 ,,
Abschreibung des Schleppers	$^1/_{1000}$%
,, der Anhänger	$^1/_{1500}$%
,, ,, Bereifung	$^1/_{200}$%
Instandhaltung des Schleppers	$^4/_{10\,000}$%
,, der Anhänger	$^2/_{15\,000}$%
Rohöl (bei mittlerer Belastung) mit 18 PS	0,45 kg
Schmieröl	0,02 ,,

Schmierfett: $^1/_4$ der Schmierölkosten.

154. Fuhrwerkskosten[42] je Tag:

Autolastzug, bestehend aus Motorwagen und Anhänger, 2 Männer ohne Hilfe, für 8 h .... 90—120 RM

Pferdegespann: 2 Pferde, Kutscher und Wagen, für 8 h .... 28— 36 ,,

1 Pferd, ,, ,, ,, , ,, 8 ,, ... 18— 24 ,,

D. Beförderung in Rollwagen.

155. Muldenkipperförderung mit Handbetrieb, Allgemeines.

1 Mann übt eine Zugkraft gleich $^1/_5$ bis $^1/_6$ seines Gewichtes, also etwa 11 bis 13 kg aus.

Der Reibungswiderstand beträgt auf Rollgleisen mit Handbetrieb 10 bis 12 kg/t, so daß auf waagrechter Bahn für einen Muldenkipper 1 bis 2 Männer, allenfalls für zwei gekuppelte Kipper 3 Männer erforderlich sind. Der Muldeninhalt beträgt bei Handbetrieb 0,5, 0,75 oder 1,0 cbm.

Die Steigung soll nicht größer als 1 : 25 sein.

Wenn die Steigung so groß ist, daß 2 Männer einen Kipper nicht mehr fahren können, erfolgt Unterstützung durch Pferdevorspann.

Die größte Förderweite L beträgt etwa 300 m.

156. 1 cbm gewachsenen Boden in Muldenkippern mit Handbetrieb L m weit auf waagrechter Bahn durch A Förderer je Wagen zu **fördern,** erfordert bei Wagenwechsel an der Beladestelle

$$T_H = \frac{\alpha}{\beta b}\left(\frac{2L}{v} + z\right) . A \text{ Lohnstunden;}$$

hierin bedeutet α den Ladebeiwert laut Nr. 240, b den Muldeninhalt in Kubikmetern, β die Kipperausnützung, die bei Ladung gestrichen voll gleich 1, bei gehäufter Ladung bis 1,1 beträgt, v die Durchschnittsgeschwindigkeit am Hin- und Rückweg, 3200 bis 4300, durchschnittlich 3600 m/h, und z die Dauer der Aufenthalte an der Beladestelle und an der Kippe, für die etwa 0,1 bis 0,12 h zu setzen ist.

Bei einer Steigung von H m erfolgt zur Förderweite L ein Zuschlag von (50 bis 80) H m; bei Gefälle erfolgt kein Zuschlag.

Aufsicht:[34] 1 Aufseher für 20 bis 30 Männer, daher Zuschlag zu den Förderlöhnen für Aufsicht etwa 5 bis 6%.

Kippe: für Hilfeleistung an der Kippe beim Kippen, Gleisfreilegen, Gleisrücken erfolgt je Raummeter ein Zuschlag, der bei hohen Kippen und leichten Böden 0,2 h Hilfsarbeiter, bei flachen Kippen und schweren Böden 0,4 h Hilfsarbeiter beträgt.

Pausen: für unvermeidliche Pausen und Betriebsstörungen werden 10% den Förderzeiten T_H zugeschlagen.

157. Ermittlung der erforderlichen Zahl der Muldenkipper bei Handbetrieb.

Bei einer Förderweite von L m, einer Fördergeschwindigkeit von v m/h und z h Aufenthalten an der Beladestelle und an der Kippe sowie 10% Zuschlag für unvermeidliche Pausen infolge von Störungen ist ein Wagen bei einer Hin- und Rückfahrt

$$D = 1{,}1\left(\frac{2L}{v} + z\right)\text{h}$$

unterwegs. In der Zeit t legt er daher $\frac{t}{D}$ Fahrten zurück.

Bei einem Ladebeiwert α, einem Muldeninhalt b cbm und einer Wagenausnützung β fördert daher 1 Muldenkipper in der Zeit t

$$q_1 = \frac{\beta b}{\alpha}\,\frac{t}{D} = \frac{\beta b \,.\, t}{\alpha \,.\, 1{,}1\left(\frac{2L}{v} + z\right)} \text{ rm (Grubenmaß).}$$

Zur Förderung von Q rm in der Zeit t sind daher

$$\frac{Q}{q_1} \text{ Wagen}$$

unterwegs.

Wenn das Lösen und Laden von 1 rm Boden n h erfordert und je 2 Arbeiter 1 Muldenkipper beladen, so Lösen und Laden je 2 Arbeiter in der Zeit t h $\frac{2t}{n}$ rm Boden. Für das Ausschachten von Q rm in der Zeit t sind daher

$$\frac{nQ}{2t} \text{ Arbeiterpaare}$$

erforderlich und ebensoviele Wagen stehen gleichzeitig in Beladung.

Für die Leistung der Bodenbewegung sind daher

$$\frac{nQ}{2t} \text{ Wagen an der Beladestelle} + \frac{1{,}1\,\alpha Q\left(\frac{2L}{v}+z\right)}{\beta b t} \text{ Wagen unterwegs} + 10\% \text{ Reserve erforderlich.}$$

158. Gleiskosten bei Muldenkipperförderung mit Handbetrieb.

a) Bei Handbetrieb beträgt die Spurweite 0,60 m. Es werden in der Regel Rahmengleise mit Schienen von 6 bis 9 kg/m verwendet. Preise laut Nr. 183. Miete: jährlich etwa 30% des Neuwertes. Nutzungsdauer: 1400 bis 1800 Arbeitstage.[34] Instandhaltung: 0,03 bis 0,06% je Arbeitstag.

b) Die erforderliche Gleislänge ist gleich der Förderweite + der Länge des zweiten Gleises an der Be- und Entladestelle (etwa je 75 m) + der Länge des zweiten Gleises an allfälligen Ausweichen + Reserve.

c) 1 m Rahmengleis[34] legen und wieder aufnehmen, einschließlich kleiner Einebnungen und Beförderungen, aber ohne größere Erdarbeiten erfordert: (0,6 bis 0,8) h Hilfsarbeiter.

d) 1 m Gleis auf Holzschwellen[34] legen und wieder aufnehmen, sonst wie oben: (1,2 bis 1,4) h.

e) 1 Stück Weiche[34] (etwa 5 m lang) einbauen kostet so viel wie das Einbauen von 10 m Gleis.

f) 1 m Gleis in weichem Boden mit Balken oder Schwellen unterfangen[34] kostet einschließlich des Holzverlustes etwa: (1,2 bis 1,4) h Hilfsarbeiter.

159. Muldenkipperförderung mit Zugtieren.

Zugkraft eines Pferdes: 70 kg; zweier Pferde: 100 bis 120 kg. Ein Pferd zieht 2 bis 4 Wagen. Für jedes Pferd ist ein Führer zu rechnen. Für jeden Zug überdies 1 bis 2 Begleiter.

Größte Steigung: 1 : 30.

Fahrgeschwindigkeit: durchschnittlich $v = 4200$ m/h. Aufenthalte an der Beladestelle und an der Kippe $z = 0{,}1$ bis 0,15 h. Steigungszuschlag: für H m Steigung 100 H m. Kosten der Pferdehaltung laut Nr. 148. Alle übrigen Daten so wie bei Handbetrieb.

Wenn die Wagen an der Kippe noch von Hand geschoben werden müssen, Zuschlag (0,1 bis 0,2) h/rm gewachsenen Bodens.

160. Rollwagenförderung mit Lokomotiven.

Die Förderzeit T eines Zuges beträgt

$$T = \left(\frac{2L}{v} + t_u + t_k + t_b + t\right) \text{ Stunden.}$$

Hierin bedeutet L die Förderweite in Metern, v die Durchschnittsgeschwindigkeit aus Hin- und Rückfahrt in Metern pro Stunde, für die bei den Spurweiten 600, 750 und 900 mm etwa 10000, 10000 bzw. 12000 m/h zu setzen ist. t_u bedeutet den Aufenthalt beim Umsetzen, etwa 0,05 h, t_k den Aufenthalt an der Kippe, für den zu setzen ist: bei Muldenkippern (0,09 bis 0,17) h, bei größeren Kippwagen und leicht kippbarem Boden 0,17 h, bei schwer kippbarem Boden 0,25 h, bei Selbstentladern und leicht kippbarem Boden 0,08 h, bei schwer kippbarem Boden 0,17 h. t bedeutet sonstige erforderliche Aufenthalte, z. B. Brennstoffe- und Wasserfassen 0,17 h, Warten an der Kreuzung auf einen Gegenzug 0,08 h und t_b den Aufenthalt beim Beladen.

161. Betriebskosten der Rollbahn.

Sachkosten: Kosten des Fahrparkes, Kosten des Gleises,
„ der Betriebsmittel, „ der Ersatzteile.

Personalkosten:
Kosten der Aufsicht,

Löhne der Lokomotivführer und Heizer,
,, ,, Bremser,
,, ,, Weichensteller an der Beladestelle, an der Kippe und an Kreuzungsstellen,
,, ,, Wächter an Straßenkreuzungen,
,, ,, Wärter der Wasserstation und des Betriebsmittellagers,
,, ,, Gleisstopfer,
,, ,, Sandtrockner (falls die Weichenwächter diese Arbeit nicht nebenbei leisten können).

162. Beförderungspersonal auf Rollbahnen.

Beim Bau des Kraftwerkes Arnstein an der Teigitsch waren für Baustofftransporte bei 3,3 km unterer Rollbahn (0,6 m Spur), 0,65 km Schrägaufzug (213 m Hub, 1,0 m Spur) und 6,4 km oberer Rollbahn (0,6 m Spur) 1 Transportleiter, 20 Transportarbeiter, 56 Verladearbeiter und 16 Bahnerhaltungsarbeiter beschäftigt.

163. Auswahl der Lokomotiven.

Bei einer Leistung der Lokomotive von N PS und einer Fahrgeschwindigkeit von V km/h beträgt die Zugkraft in Kilogramm

einer Dampflokomotive: $Z = 270 \frac{N}{V}$, einer Diesellokomotive $Z = 200 \frac{N}{V}$,

ist aber höchstens gleich $^1/_6$ bis $^1/_8$ des Lokomotiv-Dienstgewichtes.

Die Fahrgeschwindigkeit[135] von Dampflokomotiven beträgt bei mäßigen Steigungen und Krümmungen bei kleinen Lokomotiven von 20 bis 50 PS im Durchschnitt von Voll- und Leerfahrt etwa 7 km/h, bei Lokomotiven von 160 bis 200 PS durchschnittlich 14 km/h.

Die Fahrgeschwindigkeit der Diesellokomotiven von 8 bis 50 PS ist kleiner als die der Dampflokomotiven und beträgt etwa 5 km/h.

Diese Zugkraft muß mindestens gleich sein der Summe aus dem Reibungswiderstand des Zuges, dem Krümmungswiderstand und dem Steigungswiderstand.

Der Reibungswiderstand beträgt bei Lokomotiven 10 kg/t, bei Rollwagen 6 bis 8 kg/t, durchschnittlich 6 kg/t.

Der Krümmungswiderstand in Bögen vom Halbmesser r m beträgt je Tonne bei einer

Spurweite von	600	750	900 mm
	$\frac{200}{r-5}$	$\frac{300}{r-10}$	$\frac{400}{r-16}$ kg/t.

Bei Lokomotiven von	20—50	50—80	80—120	120—200 PS
sollte der Krümmungshalbmesser r von	20—30	30—50	50— 80	80—100 m

tunlichst nicht unterschritten werden.

Der Steigungswiderstand je Tonne bei einer Steigung von $s^0/_{00}$ beträgt schließlich s kg/t.

Bezeichnet G_l das Gewicht der Lokomotive in Tonnen, G_w das Gewicht der Rollwagen in Tonnen, so muß die Lokomotive mindestens die Zugkraft Z in Kilogramm bei einer

Spurweite von 600 mm: $Z = G_l \,.\, 10 + (G_l + G_w)\, s + (G_l + G_w) \frac{200}{r-5}$,

,, ,, 750 ,, : $Z = G_l \,.\, 10 + (G_l + G_w)\, s + (G_l + G_w) \frac{300}{r-10}$,

,, ,, 900 ,, : $Z = G_l \,.\, 10 + (G_l + G_w)\, s + (G_l + G_w) \frac{400}{r-16}$

betragen.

Bei guter Beschäftigung, etwa mehr als 1000 Betriebsstunden im Jahr, sind trotz der hohen Anschaffungskosten die Diesellokomotiven im Betriebe billiger als die Dampflokomotiven.[21]

164. Zahl der erforderlichen Lokomotiven.

Die Zahl der erforderlichen Dampflokomotiven ist gleich der Zugzahl + 12% Reserve bei Tagbetrieb, bzw. 17 bis 20% bei Tag- und Nachtbetrieb. Bei Diesellokomotiven werden als Reserve bei Tagbetrieb 15%, bei Tag- und Nachtbetrieb 20% gerechnet.

Der Kapitalsdienst bzw. die Miete für die Reservelokomotiven muß bei der Berechnung der Förderkosten auf die im Betrieb stehenden (also verdienenden) Lokomotiven aufgeteilt werden.

165. Gewichte, Preise und Betriebskosten je Betriebsstunde von Dampfförderlokomotiven.[21, 135]

Leistung der Lokomotive in PS		30	40	50	60	80	100	125	160	200
Dienstgewicht	kg	6000	8000	9200	10700	12800	14800	16700	19500	22500
Preis	RM	8100	9000	9500	10150	13200	14500	16800	18000	20400
Kohlen (7500—8200 WE)	kg/h	17—24	20—28	25—33	30—37	35—48	37—50	45—56	50—65	52—70
Anheizen: Kohle	kg	28—35	32—35	38—45	44—50	46—50	48—55	50—55	54—60	68—75
Holz	„	10	12,5	12,5	15	15	17,5	17,5	20	25
Maschinenöl	kg/h	0,07 bis 0,12	0,08 bis 0,13	0,09 bis 0,15	0,10 bis 0,16	0,125 bis 0,18	0,145 bis 0,20	0,16 bis 0,22	0,175 bis 0,24	0,20 bis 0,26
Sattdampfzylinderöl	„	0,04 bis 0,10	0,05 bis 0,10	0,06 bis 0,12	0,07 bis 0,12	0,08 bis 0,13	0,09 bis 0,14	0,10 bis 0,14	0,11 bis 0,15	0,12 bis 0,18
Putzöl	„	0,015 bis 0,02	0,015 bis 0,02	0,015 bis 0,02	0,015 bis 0,02	0,02 bis 0,03	0,02 bis 0,03	0,02 bis 0,03	0,02 bis 0,04	0,02 bis 0,04
Putzwolle	„	0,02	0,02 bis 0,03	0,02 bis 0,03	0,02 bis 0,04	0,025 bis 0,04	0,025 bis 0,05	0,03 bis 0,05	0,03 bis 0,05	0,03 bis 0,05
Speisewasser	cbm/h	0,18 bis 0,30	0,22 bis 0,30	0,26 bis 0,35	0,30 bis 0,40	0,38 bis 0,45	0,45 bis 0,50	0,50 bis 0,54	0,60 bis 0,65	0,70 bis 0,80
Je Betriebsstunde: Betrieb einschichtig:										
Lokomotivführer	h	1,15	1,15	1,15	1,15	1,15	1,15	1,15	1,15	1,15
Heizer	„	1,30	1,30	1,30	1,30	1,30	1,30	1,30	1,30	1,30
Betrieb zweischichtig:										
Lokomotivführer	„	1,15	1,15	1,15	1,15	1,15	1,15	1,15	1,15	1,15
Heizer	„	1,20	1,20	1,20	1,20	1,20	1,20	1,20	1,20	1,20
Betrieb dreischichtig:										
Lokomotivführer	„	1,10	1,10	1,10	1,10	1,10	1,10	1,10	1,10	1,10
Heizer	„	1,15	1,15	1,15	1,15	1,15	1,15	1,15	1,15	1,15

166. Der Preis (1934) einer Dampflokomotive für Rollbahnen beträgt bei einer Leistung von N PS zwischen 30 und 200 PS etwa $(6500 + 72\,N)$ RM.

167. Die Miete von Dampflokomotiven beträgt je Monat

bei einer Mietdauer	bis 3	bis 6	bis 12	über 12 Monate
vom Neuwert	5,5	4,5	3,6	2,7%.

168. Die Nutzungsdauer einer Dampflokomotive beträgt 6 bis 10 Jahre, daher Abschreibung 17 bis 10% des Neuwertes.

169. Kohlenverbrauch von Baulokomotiven je Nennpferdekraft × Stunde bei verschiedenen Zeitausnützungsgraden der Lokomotive,[83] einschließlich des Anheizeverbrauchs.

Der Kohlenverbrauch (Steinkohle) ist der Abb. 15 zu entnehmen. PS × h bedeutet das Produkt aus Nennpferdestärke der Lokomotive × Dauerstunden der täglichen Dienstzeit der Lokomotive. Der Zeitausnützungsgrad β der Lokomotive wird erhalten aus dem Bruch

$$\beta = \frac{\text{reine Fahrzeit}}{\text{reine Fahrzeit} + \text{Pausen}}.$$

Beispiel: Eine Baulokomotive von 100 PS Nennleistung verbraucht in 8 h bei einem Zeitausnützungsgrad $\beta = 0{,}5$

$$100 \times 8 \times 0{,}55 = 440 \text{ kg Kohle.}$$

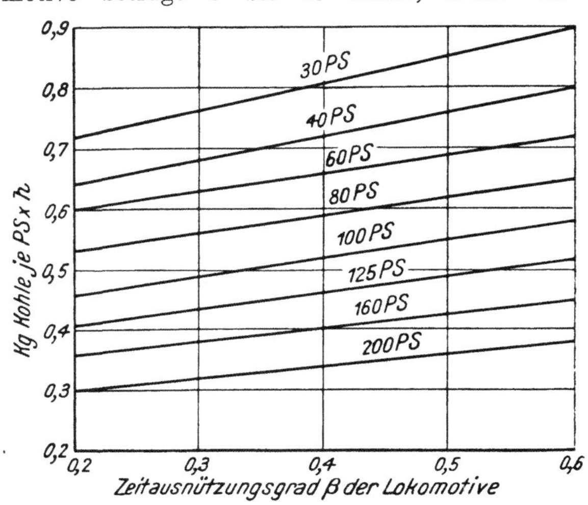

Abb. 15. Kohlenverbrauch von Bau-Dampflokomotiven.

170. Dampflokomotive, Lohnkosten der laufenden Instandhaltung und der Schlußinstandsetzung[21] in Facharbeiterstunden je Betriebsstunde:

Leistung	PS	bis 50	50—100	über 100
Laufende Instandhaltung,	Werkstättenarbeiterstunden	0,2 —0,25	0,2 —0,25	0,2 —0,25
Schlußinstandsetzung,	,,	0,05—0,1	0,06—0,15	0,08—0,25

171. Dampflokomotiven bei Baubeginn betriebsfertig auf das Gleis bringen kostet:[21]

bei einer Spurweite von	mm	600	750	900
Lokomotivführer	h	8	8	16
Heizer	,,	8	8	16

172. Dampflokomotive, Kosten der Ersatzteile[135] für je 1000 Betriebsstunden:

a) für die laufende Instandhaltung .... 1—2,5%,
b) ,, ,, Schlußinstandsetzung .... 1—1,5% vom Neuwert.

173. Diesellokomotive, 2/2 gekuppelt. (Motorenfabrik Deutz A. G., Köln-Deutz.)

Nennleistung	PS	8	11	15	20	24	30	40	50
Höchstleistung	PS	9	12	16,5	22	26	33	44	55
Dienstgewicht	t	2,2	4	5,3	6,4	7	7	8	12
Leergewicht	,,	2,1	3,8	5,1	6,2	6,8	6,8	7,8	11,8
Geschwindigkeit	km/h	3,7 / 8,1	3,5 / 8	3,5 / 8	3,5 / 8	3,5 / 8	5 / 7,5 / 14	5,5 / 9 / 14,5	5 / 10
Hakenzugkraft	kg	480 / 200	700 / 250	960 / 350	1200 / 470	1500 / 540	1325 / 775 / 375	1450 / 900 / 500	2225 / 950
Kleinstzulässige Gleiskrümmung	m	5	8	10	10	10	12	10	15
Preis ab Werk: Spur 600 mm	RM	4750	7500	9100	10100	10600	12000	19950	17500
,, 750 ,,	,,	—	8000	9600	10600	11100	12500	20450	18000

174. Der Preis (1934) einer Diesellokomotive für Rollbahnen beträgt bei einer Leistung von $N = 10$ bis 50 PS angenähert $(5000 + 256\,N)$ RM.

175. Die Miete von Diesellokomotiven beträgt je Monat

bei einer Mietdauer	bis 3	bis 6	bis 12	über 12 Monate
vom Neuwert	7,6	5,7	4,8	3,8%.

176. Die Nutzungsdauer einer Diesellokomotive beträgt 6 Jahre, daher Abschreibung jährlich 17% des Neuwertes.

177. Bedienung der Diesellokomotive:

1 Lokomotivführer je Schicht gegen normale Entlohnung + 25% für Reinigungsarbeiten in Überstunden.

178. Diesellokomotiven, Betriebsmittel[21] **je Betriebsstunde:**

Leistung	PS	8	11	15	20	24	30	40	50
Treiböl	kg	1,2	1,6	2,2	2,8	3,2	4,0	5,0	6,2
Motorenöl	g	100	120	150	200	250	350	400	450
Maschinenöl	,,	40	40	50	60	65	70	80	90
Putzöl	,,	15	15	15	15	20	20	20	20
Putzwolle	,,	20	20	20	20	25	25	25	25

179. Diesellokomotive, Arbeitskosten der laufenden Instandhaltung und der Schlußinstandsetzung[21] in Facharbeiterstunden je Betriebsstunde:

Leistung	PS	bis 30	über 30
Laufende Instandhaltung	Werkstättenarbeiterstunden	0,1 —0,125	0,1—0,125
Schlußinstandsetzung	,,	0,08—0,15	0,1—0,2

180. Diesellokomotiven bei Baubeginn betriebsfertig auf das Gleis bringen kostet[21] etwa 8 h Lokomotivführer.

181. Diesellokomotiven, Kosten der Ersatzteile für je 1000 Betriebsstunden 1,5 bis 2% des Neuwertes der Lokomotive.

182. Auswahl des Schienenquerschnittes.

Bezeichnet R den größten Raddruck in Kilogramm, S die Entfernung der Schwellen von Mitte zu Mitte in Zentimetern, σ die zulässige Beanspruchung der Schienen in kg/qcm = = ~ 1000 kg/qcm, so muß nach Winkler die Schiene ein Widerstandsmoment in Kubikzentimetern

$$W = \frac{0{,}189\,SR}{\sigma}$$

haben.

183. Preise, Gewichte und Monatsmieten für Rollgleise je Meter Gleis:[21]

Gleisart	Spurweite mm	Normale Baulänge m	Schiene			Gewicht kg je m Gleis	Preis RM je m Gleis	Weiche, Preis in m Gleis	Drehscheibe, Preis in m Gleis	Monatsmiete in RM bei einer Mietdauer			
			Höhe mm	Gewicht kg/m	Widerstandsmoment cm³					bis 3	bis 6	bis 12	über 12
										Monate			
Rahmengleis, Stahlschwellen	600	5	65	7,0	15,3	17,5	3,25	14	10	0,20	0,18	0,15	0,12
	600	5	65	7,0	15,3	19,0	3,50	17	10	0,20	0,18	0,15	0,12
	600	5	70	9,0	21,9	23,5	4,30	18	10	0,20	0,18	0,15	0,12
	600	5	70	9,5		25,5	4,70	21	10	0,20	0,18	0,15	0,12
Brigadegleis, Stahlschwellen	600	5	70	9,5		46,0	6,50	23	10	0,25	0,22	0,18	0,15
	600	7	70	9,5		38,5	6,50	23	10	0,25	0,22	0,18	0,15
Gleis auf Holzschwellen	600	9	80	12,0	34,3	36,8	6,45	25	10	Schienen: Preis je 1000 kg 180 bis 250 RM			
	600	9	80	14,0	36,7	42,7	6,35	24	10				
	600	9	93	16,0	51,5	49,4	7,15	26	10				
	750	9	93	18,0	56,1	55,8	8,00	26	10				
	750	9	100	20,0	65	62,8	8,75	45	10				
	750	9	115	24,4	104	76,2	10,70	45	10				
	900	9	115	24,4	104	77,6	10,90	49	10				
	900	9	115	27,6		89,2	12,65	48	10				
	900	9	134	33,4	154	101,2	14,90	48	10				

184. Laschen, Bolzen und Schienennägel:[21]

Spurweite	mm	600	750	900
Laschengewicht je Paar	kg	3—4	8,6—14	14—27,5
Bolzengewicht „ 100 Stück	„	17,5	24—36	36—77
Schienennägel „ 100 „	„	15	15—16,5	16,5—18

Preis je 100 kg Laschen .... RM 14
„ „ 100 „ Bolzen .... „ 30
„ „ 100 „ Schienennägel .... „ 25—35.

185. Kiesbedarf für 1 m Rollgleis bei Lokomotivförderung:

Mindeststärke der Bettung unter Schwellenunterkante bei Vollspur wenigstens 13 cm, bei Schmalspur wenigstens 10 cm.

Spurweite	mm	600	750	900	1435
Bettung	rm	0,4	0,5	0,6	0,9

186. Schwellenabmessungen für Rollgleise:

Spurweite	mm	600	750	900	1435
Schwellenlänge	m	1,2—1,3	1,4—1,6	1,6—1,8	2,3
Schwellenhöhe	cm	10—12	12—13	14	16
Schwellenbreite	„	12—15	15—18	17—21	24
Schwellenabstand	„	60—75	60—75	60—75	60—75

Preis von 1 cbm Holzschwellen 40 bis 50 RM.

187. 1 m Rollgleis legen und später wieder aufnehmen,[135] einschließlich kleiner Einebnungsarbeiten, Zufuhr von Schienen und Schwellen (aber ohne Abladen und später wieder Verladen am Bahnhof) und des ersten Unterstopfens:

für Rahmengleise, 600 mm Spur	0,35 + 0,15 = 0,5 h	Oberbauarbeiter
„ Schwellengleise, 600 „ „	0,45 + 0,25 = 0,7 „	„
„ „ , 750 „ „	0,70 + 0,40 = 1,1 „	„
„ „ , 900 „ „	0,90 + 0,50 = 1,4 „	„
für eine Weiche, 600 mm Spur	25 + 15 = 40 h	Oberbauarbeiter
„ „ „ , 750 „ „	40 + 20 = 60 „	„
„ „ „ , 900 „ „	50 + 25 = 75 „	„

Wenn in weichem Boden Unterfangungen erforderlich sind, so erhöhen sich die Lohnkosten auf das Doppelte bis Dreifache.[34]

Verlegung des Gleises in fertigen Stößen mittels Kranes ermäßigt die Lohnkosten.[34]

188. Dauer des Einbaues von Rollbahngleisen.[21]

In 8 Stunden können von einer Stelle aus bei unbehinderter Materialzufuhr und nur geringfügigen Erdarbeiten etwa 200 m Rollbahngleis betriebsfertig verlegt werden.

189. Anarbeiten der Schwellen für 1 m Gleis:[17] (0,5 bis 0,6) h Oberbauarbeiter.

190. 1 rm Kies als Bettung einebnen:[17] (0,8 bis 1,2) h Oberbauarbeiter.

191. 1 km Rollgleis während des Betriebes richten:[21]

a) bei gutem Boden: ständig 1 Mann;
b) „ schlechtem „ : „ 2 bis 3 Mann;

oder[135] je Kilometer Gleis und Betriebsstunde 0,4 bis 1,0 h Gleisrichter.

192. Instandhaltungskosten der Rollgleise:[34]

bei Rahmengleisen, jährlich	1,2%	des Neuwertes
„ Schienen, „	0,3%	„ „
„ Weichen, „	0,6%	„ „

für die Ergänzung von Verlusten: jährlich etwa 5%.

193. Nutzungsdauer der Rollgleise:[34, 135]

Rahmengleise	6 Jahre	Schwellen	2 Jahre
Schienen, Laschen	7—8 „	Laschenbolzen	4 „
Weichen	7—8 „	Schienennägel	4 „

194. Ermittlung des erforderlichen Gesamtfassungsraumes und der Zahl der Rollwagen bei Lösung des Bodens durch Bagger.[21]

Der erforderliche Fassungsraum F cbm der fahrenden Wagen ist gleich der größten Baggerleistung während der Dauer einer Vollhin- und Leerrückfahrt eines Zuges; es ist also

$$F = B \cdot \alpha \left(\frac{2L}{v} + t_u + t_k + t_b + t\right) \text{cbm.}$$

Hierin bedeutet B die durchschnittliche Baggerleistung in Kubikmetern pro Stunde + 35% (Sicherheitszuschlag), α den Ladebeiwert laut Nr. 240, L die Förderweite in Metern, v die durchschnittliche Fahrgeschwindigkeit am Hin- und Rückweg in Metern pro Stunde, t_u den Aufenthalt beim Umsetzen in Stunden, t_k den Aufenthalt an der Kippe in Stunden und t_b den Aufenthalt beim Beladen und t die Dauer sonstiger erforderlicher Aufenthalte (siehe Nr. 160).

Der erforderliche Gesamtfassungsraum verteilt sich auf $(Z - 1)$ fahrende Züge, von denen jeder n Wagen mit dem Fassungsraum b führt und einen gleichen Zug am Bagger; es ist daher

$$Z = \frac{F}{n\,b} + 1.$$

Der Fassungsraum eines Wagens soll mindestens gleich zwei bis drei Löffelinhalten gewählt werden.

Die größte Zahl n hängt von der Zugkraft Z kg der Lokomotive und der Beschaffenheit der Wagen und der Bahn ab. Bezeichnet w_l den Laufwiderstand der Lokomotive vom Gewicht G_l in Tonnen (etwa gleich 10 kg/t), w_w den Laufwiderstand eines beladenen Wagens vom Gewicht G_w in Tonnen (etwa gleich 6 kg/t) und die maßgebende Steigung $s^0/_{00}$, so beträgt bei Vernachlässigung des Krümmungswiderstandes

$$n = \frac{Z - G_l\,(w_l + s)}{G_w\,(w_w + s)}.$$

Die Ladezeit t_b und daher die Zahl n der Wagen eines Zuges muß so gewählt werden, daß die Transportzeit ein ganzes Vielfaches der Ladezeit ist.[34]

Das Gewicht G_w eines beladenen Wagens ist gleich der Summe aus dem Leergewicht g, laut Nr. 197 auf S. 90, und dem Gewicht der Füllung, das bei einem Ladebeiwert α und einem Raumgewicht γ des Bodens $\frac{b}{\alpha}\gamma$ beträgt, so daß also

$$G_w = g + \frac{b}{\alpha}\gamma \text{ Tonnen.}$$

Zur Gesamtwagenzahl $n.z$ kommt schließlich noch bei Tagbetrieb eine Reserve von 6 bis 12%, bei Tag- und Nachtbetrieb eine Reserve von (10 bis 20)%.

195. Aufteilung des Wagenparkes auf Läufer und Bremser.[21]

Es bedeute:

G_l das Gewicht der Lokomotive in Tonnen,
G_w das Gewicht eines beladenen Wagens in Tonnen,
ΣG das Zuggewicht in Tonnen,
n die Anzahl der Wagen im Zug,
M die Masse des Zuges $= \frac{1000}{g} . \Sigma G = \frac{1000}{g}(G_l + n\,G_w)$,
v die Fahrgeschwindigkeit in Metern pro Sekunde,
μ den Reibungsbeiwert zwischen Rad und Bremsklotz $= \sim 0{,}16$,
k das Verhältnis des Bremsklotzdruckes zum abgebremsten Zuggewicht $= \sim 0{,}6$,
p das Verhältnis des abgebremsten Zuggewichtes zum Gewicht des ganzen Zuges,
w den mittleren Laufwiderstand des ganzen Zuges $= \frac{G_l\,.\,10 + n\,G_w\,.\,6}{G_l + n\,G_w}$,
s_m die maßgebende Steigung der Bahn in Promille,
l_{br} den Bremsweg in Metern $= \sim 40$ bis 60 m,

dann muß

$$\frac{1}{2} M\,v^2 = \Sigma G\,(p\,\mu\,k + w \pm s_m)\,l_{br}$$

oder

$$p = \frac{500\,v^2 - (w \pm s)\,l_{br}\,.\,g}{g\,\mu\,k\,l_{br}}$$

sein. Nachdem die Lokomotive immer mit einer Bremse ausgerüstet ist, muß das Zuggewicht $p.\Sigma G - G_l$ noch mit Bremsen ausgerüstet werden; die Zahl der Bremser beträgt daher

$$n_{br} = \frac{p\,(G_l + n\,G_w) - G_l}{G_w}.$$

196. Preise von Rollwagen.[135]

Es kosten angenähert:

a) stählerne Muldenkipper je t	....	30—35 RM
b) Holzkastenkipper ,, ,,	....	25—30 ,,
c) hölzerne Selbstentlader ,, ,,	....	30—35 ,,
d) stählerne Selbstentlader ,, ,,	....	40—50 ,,

197. Gewichte und Preise von Rollwagen:[21]

Spurweite in mm	Wageninhalt in cbm	Muldenkipper												Holzkasten-			
		leicht				mittelschwer				schwer				einseitig kippend			
		Läufer		Bremser		Läufer		Bremser		Läufer		Bremser		Läufer		Bremser	
		Gew. in kg	Preis in RM	Gew. in kg	Preis in RM	Gew. in kg	Preis in RM	Gew. in kg	Preis in RM	Gew. in kg	Preis in RM	Gew. in kg	Preis in RM	Gew. in kg	Preis in RM	Gew. in kg	Preis in RM
	0,75	330	105	410	145	345	112	425	152	450	155	550	200				
	1,00	380	120	460	160	395	127	475	167	635	220	750	273	730	190	850	229
600	1,25									705	245	820	298	800	215	920	248
	1,50									790	275	905	330	920	248	1040	280
	2,00													1100	297	1230	332
	1,00									650	226	770	281				
	1,25									720	251	845	308				
	1,50									810	281	935	341	950	256	1080	291
750	2,00									1100	380	1250	455	1140	307	1280	345
	3,00																
	5,00																
	6,00																
	1,50																
	2,00									1140	395	1300	474	1190	321	1340	361
	2,50													1340	361	1510	407
	3,00													2000	540	2200	599
	3,50													2200	594	2440	658
900	4,00													2350	634	2600	702
	4,50													2800	756	3080	831
	5,00																
	5,30																
	6,00																
	4,30																

198. Monatsmieten für Rollwagen.

Bei einer Mietdauer	bis zu 3	bis zu 6	bis zu 12	über 12 Monate
vom Neuwert	7,5—8	5,5—7	5—6	4—5%

199. Nutzungsdauer von Rollwagen.

a) Stählerne Rollwagen:

bei Bodenförderung .... 5—6 Jahre
„ Steinförderung .... 4—5 „

b) Holzkastenwagen:

bei Bodenförderung .... 4—5 Jahre
„ Steinförderung .... 3—4 „

200. Instandhaltung der Rollwagen.

a) Materialkosten für die laufende und die Schlußinstandsetzung je 1000 Betriebsstunden:

stählerne Muldenkipper bis 2 cbm Inhalt .... 4 %
„ Selbstkipper, bis 2 cbm Inhalt 2,5%
„ „ , schwere Bauart .... 2 %
Holzkastenkipper, bis 2 cbm Inhalt................. 15 %
„ , über 2 cbm Inhalt 12,5%

vom Neuwert der Wagen.

b) Lohnkosten für die laufende und die Schlußinstandsetzung:

Je 1000 Betriebsstunden gleich den Materialkosten[135] oder je 1000 Betriebsstunden bei Muldenkippern 20 bis 40 h, bei Holzkastenkippern und Stahlselbstkippern 50 bis 150 h Werkstättenarbeiter oder je Kubikmeter Bodenbewegung bei Muldenkippern 0,03 bis 0,04 h, bei Holzkastenkippern 0,06 bis 0,14 h Werkstättenarbeiter.

kipper				Zweiseitig kippende Stahlkastenkipper				Muldenselbstentlader				Krupp-Selbstentlader			
zweiseitig kippend															
Läufer		Bremser		Läufer		Bremser		Läufer		Bremser		Läufer		Bremser	
Gew. in kg	Preis in RM	Gew. in kg	Preis in RM	Gew. in kg	Preis in RM	Gew. in kg	Preis in RM	Gew. in kg	Preis in RM	Gew. in kg	Preis in RM	Gew. in kg	Preis in RM	Gew. in kg	Preis in RM
810	219	930	251												
880	238	1000	270												
1000	270	1120	302					900	370	1030	450				
				1580	685	1720	757	1085	465	1220	550				
								910	374	1050	458				
1260	340	1400	378	2225	975	2390	1060	1100	472	1240	560				
				2450	1060	2680	1180								
				3910	1775	4240	1900								
				4500	2120	4850	2300								
								940	387	1085	475				
				2275	1000	2455	1095	1150	492	1300	586				
1460	394	1630	439												
2140	578	2360	637	3510	1090	2740	1210								
2350	635	2590	699									2730	1300	2950	1435
2510	677	2760	745									3525	1800	4010	2000
				3540	1600	3860	1765								
				3980	1810	4320	1990								
												3800	1885	4200	2085
				4600	2170	4960	2360	3900	1800	4250	2000	6600	3500	7050	3750
												7000	3800	7500	4050

201. Schmierölverbrauch[135] je Tag zu 8 Betriebsstunden.

Stählerne Muldenkipper	(0,5—2,0) cbm	(0,04—0,10) kg
Holzkastenkipper	(2,0—4,5) ,,	(0,08—0,16) ,,
Stahlselbstkipper	5,3 ,,	0,20 ,,

202. 1 Stück Rollwagen auf der Baustelle zusammensetzen[21] und auf das Gleis bringen erfordert:

bei einer Spurweite von.. mm	600	750	900
Facharbeiterstunden..........	1,0—1,5	1,5—2,0	3—5

203. Motordraisine, 0,6 m Spur, für Personenbeförderung: 0,6 kg Benzin je Stunde und 5 kg Schmieröl je Monat.

E. Beförderung auf der Eisenbahn.

204. Rauminhalt einer Wagenladung von 10 t.

Bruchsteine	3 — 3,5 rm
Flußkies, naß	5 — 6 ,,
,, , trocken	3,5— 5,5 ,,
Flußsand, feucht	5,7 ,,
Buchenholzscheite	25 ,,
Fichtenholzscheite	31,3—31,5 ,,
Nadelholzscheite	30,3 ,,
Kalksteine	5,0 ,,
Braunkohle, lufttrocken	12,8—15,4 ,,
Steinkohle, Ruhr-...........	11,8—13,7 ,,
,, , Saar-	12,8—14,3 ,,
,, , Oberschlesische ...	13,2—14,3 ,,
,, , Niederschlesische ..	11,9—14,1 ,,
Koks	21,3—30,3 rm
Lehm, erdfeucht	6,0 ,,
Schlacke, Koksasche	16,7 ,,
Schwemmsteine, rheinische ...	11,8 ,,
Teer	8,3 ,,
Ton, naß....................	5,0 ,,
,, , trocken	5,6 ,,
Torf, lufttrocken............	24,4—30,8 ,,
Traß, gemahlen..............	10,5 ,,
Ziegelsteine	6,7— 7,3 ,,
Klinker	5,6— 6,3 ,,
Kalk, gebrannt	7,7— 8,4 ,,

205. Einreihung der Güter in Tarifklassen zur Berechnung der Frachten.

Ware	Deutsches Reich	Österreich bis 5 t	Österreich 5—10 t	Österreich über 10 t	Tschechoslowakei 5 t	Tschechoslowakei 10 t
Akkumulatorenbestandteile und -platten	B	—	—	—	VIII	IX
Asbestzementrohre	C	12	22	23	VIII	XVII
Asbestzementschieferplatten, glasiert	D	12	22	23	VIII	XII
„ , unglasiert	D	12	22	23	VIII	XVII
Asphalt, natürlich, weich	D	10	20	21	VIII	XVII
„ , „ , hart	D	10	20	21	VIII	IX
Asphaltpappe	D	10	16	17	VIII	XVII
Bandeisen, Bandstahl	D	12	18	19	VIII	XII
Baubaracken	F	12	22	23	—	—
Baugeräte, gebrauchte	F	12	22	23	VIII	XVII
Bäume, lebende, Pflanzen	F	12	18	19	VIII	IX
Benzin in Fässern	A	8	14	15	VIII	IX
Benzol	C	—	—	—	VIII	IX
Betonwaren	F	12	22	23	VIII	XVII
Bleche, eiserne	D	10	16	17	VIII	XII
Bleirohre	C	10	18	19	VIII	IX
„ , geschwefelt oder mit Zinnmantel	B	10	20	21	—	—
Bleiwolle, Riffelblei, Walzblei, Bleiblech	C	10	18	19	—	—
Blei in Blöcken	C	10	20	21	—	—
Braunkohle	F	12	16	32	VIII	XVII
Braunkohlenteeröl, schwer, in Fässern	F	12	22	23	VIII	XVII
Braunkohlenteerpech	F	12	20	21	VIII	XVII
Brennholz	G	12	20	26	VIII	XVII
Chlormagnesium	F	12	20	21	VIII	XII
Dachteer	F	12	18	19	VIII	XVII
Dachpappe	C	10	16	17	VIII	XVII
Dachziegel	F	12	20	21	VIII	XVII
Dampfkessel	C	10	18	19	VIII	XII
Draht, isoliert	—	8	14	15	VIII	IX
Dränrohre	F	12	30	31	VIII	XVII
Dynamomaschinen	B	10	16	17	VIII	IX
Drahtgewebe für Betonbauten	F	10	16	17	—	—
Dichtungsstricke	C	10	16	17	—	—
Eisen, alt, unverpackt	F	12	22	23	XII	XVII
„ , Stab- und Form-, unbearbeitet	D	12	18	19	VIII	XII
„ , „ „ „ , bearbeitet	C	12	18	19	—	—
Eisenkonstruktionen	C	12	18	19	—	—
Eisenrohre	D	12	16	17	VIII	XII
„ , verzinkt	C	—	—	—	—	—
Eisendraht	D	12	18	19	VIII	XII
Eisennägel	C	12	18	19	VIII	XII
Eisennieten	C	12	18	19	VIII	XII
Eisenbahnschienen	D	12	18	19	VIII	XII
Eisenbahnschwellen, Buche, imprägniert, über 2,7 m	F	12	20	26	VIII	XVII
Eisenbahnschwellen, andere	F	12	22	23	VIII	XVI
Elektromotoren	G	10	16	17	VIII	IX
Faschinenholz	F	12	22	23	—	—
Feuertonwaren	B	10	16	17	—	—
Firnisse	B	10	16	17	VIII	IX
Gaskoks	F	12	16	32	VIII	XV
Gase, verflüssigt, verdichtet	C	12	18	19	VIII	IX
Gerüstholz, gebraucht, für Bauzwecke	F	—	—	—	VIII	XVII
Gips	F	12	28	29	VIII	XVII
Gipswaren für Bauzwecke	—	12	20	21	VIII	XVII
Gipsbauplatten	F	12	20	21	VIII	XVII
Gleisrahmen und Zugehör	C	12	18	19	—	—
Holz, Stämme, über 2,5 m lang	G	12	20	26	VIII	XVI
„ , „ , unter 2,5 m lang	G	12	22	23	VIII	XVII
„ , Kantholz, Bretter, Bohlen, Pfosten	G	12	20	26	VIII	XVI
„ , imprägniert	G	12	20	26	VIII	XVI
Holzkonstruktionen	C	10	18	19	—	—

Fortsetzung der Tabelle.

Ware	Deutsches Reich	Österreich			Tschechoslowakei	
		bis 5 t	5—10 t	über 10 t	5 t	10 t
Isolatoren	C	10	18	19	VIII	IX
Kabel für elektrische Leitungen	A	8	14	15	VIII	IX
Kalk, hydraulischer, gebrannt, gelöscht	F	12	18	19	VIII	XVII
„ , „ , „ , ungelöscht	G	12	18	19	—	—
Kalksandsteine, Kalkziegel	F	12	20	21	VIII	XVII
Ketten	C	10	16	17	—	—
Kohlenteeröl	F	12	20	21	—	—
Kohlenteer	F	12	22	23	VIII	XVII
Maschinen	B	10	16	17	II	V
Maschinenöl	B	10	16	17	VIII	IX
Maschinenteile, eiserne	B	10	16	17	VIII	IX
Magnesit	F	10	18	19	—	—
Mauerziegel	F	12	20	21	VIII	XVII
Motoren, elektrische	G	10	16	17	VIII	IX
Nieten	C	12	18	19	VIII	XII
Rasen	F	12	22	23	—	—
Rundeisen	C	12	18	19	VIII	XII
Schotter, Sand	G	12	28	29	VIII	XXII
Schrauben, eiserne	B	10	16	17	VIII	IX
Schlamm aus Kläranlagen	G	12	30	31	—	—
Steine, roh	F	12	28	29	VIII	XXII
„ , behauen	F	12	22	23	VIII	XIX
Steinsplitt, -grus, -mehl	F	12	28	29	—	—
Steinzeugwaren für Kanalisationen	F	10	16	17	—	—
Steinkohle	F	12	20	27	VIII	XVIII
Transformatoren	G	10	16	17	VIII	IX
Traß	F	12	22	23	—	—
Ton	G	12	22	23	—	—
Umzuggut	F	12	18	19	—	—
Zement	F	10	16	17	VIII	XVII

206. Berechnung der Frachten.

A. Deutsches Reich.

Grundsätze für die Frachtberechnung.

1. Die Fracht wird nach dem Gewicht in Kilogramm berechnet. Bei Stückgutsendungen im frachtpflichtigen Gewicht bis zu 1000 kg gelten für die Frachtberechnung bis zu 200 kg Gewichtsstufen von 10 zu 10 kg, von 200 bis 900 kg Gewichtsstufen von 20 zu 20 kg und schließlich die Gewichtsstufe von 901 bis 1000 kg. Angefangene Kilogramme werden als volle Kilogramme gerechnet. Beträgt das frachtpflichtige Gewicht einer Sendung mehr als 1000 kg, so wird es bei Anwendung der Frachtsätze für Stückgut auf volle 10 kg nach oben, bei Anwendung der Frachtsätze für Wagenladungen auf volle 100 kg nach oben abgerundet.

2. Als frachtpflichtiges Gewicht gilt das wirkliche Gewicht der Sendung oder, soweit eine Erhöhung oder Verminderung des Gewichtes vorgeschrieben ist, das erhöhte oder verminderte Gewicht.

3. Bei Wagenladungen wird die Fracht für eine Mindestentfernung von 5 km erhoben, ausgenommen bei Neuabfertigung einer Sendung mit demselben Frachtbrief mangels direkter Tarife.

4. Die Fracht wird auf volle 10 Reichspfennig in der Weise abgerundet, daß Beträge unter 5 Reichspfennig gar nicht, Beträge von 5 Reichspfennig ab für 10 Reichspfennig gerechnet werden.

5. Die Frachtberechnung ist verschieden, je nachdem das Gut als Frachtgut, als Eilgut oder als beschleunigtes Eilgut, und ob es als Stückgut oder als Wagenladung aufgegeben wird. Soweit nichts anderes bestimmt ist, werden befördert:

zu den Frachtsätzen der Wagenladungsklassen die Sendungen, die der Absender als Wagenladung mit einem Frachtbrief für einen Wagen aufgibt,

zu den Frachten und Frachtsätzen für Stückgut die übrigen Sendungen.

6. Für Stückgut besteht die Frachtstückgutklasse. Die Fracht wird für Sendungen im frachtpflichtigen Gewicht bis zu 1000 kg nach der Frachtentafel für Stückgut ermittelt, für Sendungen im frachtpflichtigen Gewicht von mehr als 1000 kg nach den Frachtsätzen für Stückgut berechnet. Die Mindestfracht beträgt 0,60 RM.

Frachtsatzzeiger für Stückgut der Deutschen Reichsbahn. Frachten in RM. (Ab 20. Januar 1936 Zuschlag 5%.)

Stückgewicht in kg	50	100	150	200	250	300	400	500	600	700	800	900	1000	Über 1000 kg je 100 kg
50 km	0,90	1,50	2,10	2,60	3,30	3,70	4,90	5,80	6,60	7,70	8,80	9,80	9,80	0,97
100 „	1,30	2,30	3,30	4,30	5,40	6,20	8,20	9,70	11,20	13,00	14,80	16,60	16,60	1,64
200 „	2,10	3,80	5,50	7,20	9,10	10,50	14,00	16,40	18,80	22,00	25,10	28,00	28,00	2,77
300 „	2,70	5,10	7,50	9,80	12,40	14,30	19,10	22,20	25,60	29,90	34,10	38,20	38,20	3,78
400 „	3,30	6,20	9,10	12,10	15,30	17,70	23,50	27,40	31,60	36,80	42,10	47,20	47,20	4,67
500 „	3,80	7,20	10,70	14,10	17,90	20,70	27,60	32,10	37,00	43,20	49,30	55,20	55,20	5,47
600 „	4,20	8,00	11,90	15,70	19,90	23,00	30,70	35,70	41,20	48,10	55,00	61,60	61,60	6,10
700 „	4,50	8,70	12,80	17,00	21,50	24,90	33,20	38,60	44,50	52,00	59,40	66,50	66,50	6,58
800 „	4,70	9,10	13,50	17,90	22,70	26,20	35,00	40,70	47,00	54,80	62,70	70,10	70,10	6,94
900 „	4,90	9,40	14,00	18,50	23,50	27,10	36,20	42,10	48,60	56,70	64,80	72,60	72,60	7,19
1000 „	5,00	9,60	14,20	18,90	24,00	27,70	36,90	42,90	49,50	57,80	66,10	74,00	74,00	7,33
1100 „	5,10	9,80	14,50	19,20	24,40	28,10	37,50	43,70	50,40	58,80	67,20	75,30	75,30	7,46
1200 „	5,10	9,90	14,70	19,50	24,80	28,60	38,20	44,40	51,20	59,80	68,30	76,70	76,70	7,59
1300 „	5,20	10,10	15,00	19,80	25,20	29,10	38,80	45,10	52,00	60,70	69,40	78,00	78,00	7,72
1400 „	5,30	10,20	15,20	20,10	25,60	29,50	39,40	45,80	52,90	61,70	70,50	79,30	79,30	7,85
1500 „	5,40	10,40	15,40	20,50	26,00	30,00	40,10	46,50	53,70	62,70	71,70	80,60	80,60	7,98
1600 „	5,50	10,60	15,70	20,80	26,40	30,50	40,70	47,30	54,50	63,70	72,80	81,90	81,90	8,11
1700 „	5,50	10,70	15,90	21,10	26,80	31,00	41,30	48,00	55,40	64,60	73,90	83,10	83,20	8,24

Frachtsatzzeiger für Wagenladungen für die Tarifhauptklassen A bis G der Deutschen Reichsbahn. Frachtsätze je 100 kg in RM. (Ab 20. Januar 1936 erfolgt auf die Frachtkosten noch ein Zuschlag von 5%.)

Tarifklasse	A	B	C	D	E	F	G	Tarifklasse	A	B	C	D	E	F	G
50 km	0,57	0,51	0,45	0,39	0,34	0,29	0,24	800 km	4,90	4,42	3,74	3,10	2,57	2,04	1,59
100 „	1,07	0,97	0,83	0,70	0,59	0,48	0,39	850 „	4,99	4,51	3,81	3,16	2,62	2,08	1,62
150 „	1,49	1,35	1,15	0,97	0,81	0,66	0,52	900 „	5,08	4,59	3,88	3,22	2,67	2,12	1,65
200 „	1,90	1,72	1,46	1,22	1,02	0,82	0,65	950 „	5,13	4,63	3,92	3,25	2,70	2,14	1,66
250 „	2,27	2,05	1,74	1,45	1,21	0,97	0,77	1000 „	5,18	4,67	3,95	3,28	2,72	2,16	1,68
300 „	2,63	2,37	2,01	1,68	1,40	1,12	0,88	1050 „	5,23	4,71	3,99	3,31	2,75	2,18	1,69
350 „	2,95	2,66	2,26	1,88	1,57	1,25	0,98	1100 „	5,28	4,75	4,02	3,34	2,77	2,20	1,71
400 „	3 26	2,95	2,50	2,08	1,73	1.38	1,08	1150 „	5,33	4,77	4,06	3,37	2,80	2,22	1,72
450 „	3,54	3,20	2,71	2,25	1,87	1,49	1,16	1200 „	5,38	4,83	4,09	3,40	2,82	2,24	1,74
500 „	3,81	3,44	2,91	2,42	2,01	1,60	1,25	1250 „	5,43	4,87	4,13	3,43	2,85	2,26	1,75
550 „	4,04	3,65	3,09	2,57	2,13	1,70	1,32	1300 „	5,48	4,91	4,16	3,46	2,87	2,28	1,77
600 „	4,27	3,85	3,26	2,71	2,25	1,79	1,39	1400 „	5,58	4,99	4,23	3,52	2,92	2,32	1,79
650 „	4,45	4,02	3,40	2,82	2,34	1,86	1,45	1500 „	5,68	5,07	4,30	3,58	2,97	2,36	1,82
700 „	4,63	4,18	3,53	2,93	2,43	1,93	1,51	1600 „	5,78	5,15	4,37	3,64	3,02	2,40	1,85
750 „	4,77	4,30	3,64	3,02	2,50	1,99	1,55	1700 „	5,88	5,23	4,44	3,70	3,07	2,44	1,88

Zuschläge zu den Frachtkosten bei Mindergewicht in Prozenten der Frachtkosten der Tarifhauptklassen A bis G.

Tarifklasse	A	B	C	D	E	F	G
Ladung zu 10 t (Nebenklasse A 10 bis G 10)	5	5	7	10	10	10	10
„ „ 5 „ („ A 5 bis F 5)	10	10	15	20	30	30	—

7. Für Stückgüter, die der Absender nach Vereinbarung mit der Eisenbahn verladen hat, wird die Fracht nach den Bestimmungen für Wagenladungen berechnet, wenn sich hierbei eine billigere Fracht ergibt.

8. Die Wagenladungsgüter werden in sieben Haupttarifklassen eingereiht (siehe Nr. 205).

9. Bei Verwendung von Wagen mit einem Ladegewicht von weniger als 25 t wird der Frachtberechnung nach den Sätzen der Hauptklassen ein Gewicht von mindestens 15 t für jeden verwendeten Wagen zugrunde gelegt.

10. Im Verkehr mit Bahnhöfen an Strecken mit beschränktem Achsdruck wird der Frachtberechnung nach den Sätzen der Hauptklassen das verladbare Gewicht, mindestens aber 10 t zugrunde gelegt.

11. Abweichend hiervon wird bei Verwendung von Wagen mit einem Ladegewicht von mehr als 15 t und weniger als 25 t für die tiefer unten angeführten Güter der Frachtberechnung nach den Sätzen der Hauptklassen mindestens das Ladegewicht des verwendeten Wagens zugrunde gelegt. Werden diese Güter jedoch mit gleichtarifierten, in dem Verzeichnis nicht angeführten Gütern in einem Wagen mit einem Ladegewicht von mehr als 15 t verladen und ist das Gewicht der Güter getrennt angegeben, so wird der Frachtberechnung nach den Sätzen der Hauptklassen nur dann das Ladegewicht des verwendeten Wagens zugrunde gelegt, wenn das Gewicht der nachstehend verzeichneten Güter mindestens 5 t beträgt.

12. Verzeichnis der maßgebenden Güter: Asphalt und Asphaltgoudron, Asphaltplatten, Asphaltstein, auch gemahlen, Asphaltmastix, Brocken von aufgerissenem Asphaltpflaster, Braunkohlen, Brikette aus Kohlen, Dolomit, roh, gebrannt, auch zerkleinert, auch als Grus, Splitt, Schlag, Schotter mit Asphalt oder Teer überzogen, Eisen- und Stahlwaren, und zwar Stückbleche von mindestens 3 mm Stärke, aus denen sich rechtwinklige Bleche von 70 × 140 cm nicht schneiden lassen, Erde, Grand, Kies, Sand und Schlick, Schlamm aus Flüssen und Kanälen, Gips, Kalkstein, auch zerkleinert, Kalksteingrus, Splitt, Schlag und Schotter, sämtlich mit Asphalt oder Teer überzogen, Rasen, Kunststeine, Pflastersteine, Platten und Fliesen, rohe Steine, Steinkohlen, Ton, Lehm, Mauerziegel, Hohl- und Dachziegel, Traß.

13. Bei Verwendung von Wagen mit einem Ladegewicht von weniger als 25 t wird der Frachtberechnung nach den Frachtsätzen der Nebenklassen A 10 bis G 10 ein Gewicht von mindestens 10 t für jeden verwendeten Wagen, der Frachtberechnung nach den Frachtsätzen der Nebenklassen A 5 bis F 5 ein Gewicht von mindestens 5 t für jeden verwendeten Wagen zugrunde gelegt.

14. Für Sendungen im Gewicht von weniger als 5 t wird jedoch die Fracht nach den Frachtsätzen für Stückgut, mindestens, soweit nichts anderes bestimmt ist, für 2,5 t für jeden verwendeten Wagen, berechnet, wenn sich hierbei eine billigere Fracht ergibt.

15. Für Sendungen im Gewicht von mehr als 5 t und weniger als 10 t wird die Fracht nach den Frachtsätzen der Nebenklassen A 5 bis F 5 für das frachtpflichtige Gewicht berechnet. Ergibt jedoch die Frachtberechnung nach den Frachtsätzen der Nebenklassen A 10 bis G 10 für ein Gewicht für 10 t eine billigere Fracht, so wird diese berechnet.

16. Für Sendungen im Gewicht von mehr als 10 t und weniger als 15 t wird die Fracht nach den Frachtsätzen der Nebenklassen A 10 bis G 10 für das frachtpflichtige Gewicht berechnet. Ergibt jedoch die Frachtberechnung nach den Frachtsätzen der Hauptklassen für ein Gewicht von 15 t eine billigere Fracht, so wird diese berechnet.

17. Ist bei Verwendung von Wagen mit einem Ladegewicht von mehr als 15 t und weniger als 25 t für die im obigen Verzeichnis genannten Güter das Ladegewicht des verwendeten Wagens nicht voll ausgelastet, so wird die Fracht für das frachtpflichtige Gewicht, mindestens für die im Absatz 13 festgesetzten Mindestgewichte berechnet. Ergibt jedoch die Frachtberechnung nach den Frachtsätzen der Hauptklassen für das Ladegewicht des verwendeten Wagens eine billigere Fracht, so wird diese berechnet.

18. Bei Verwendung von Wagen mit einem Ladegewicht von 25 t und mehr wird die Frachtberechnung nach den Frachtsätzen

der Nebenklassen	A 5 bis F 5	ein Gewicht von mindestens ...	8 t
,, ,,	A 10 bis G 10	,, ,, ,, ,, ...	13 ,,
,, Hauptklassen	A bis G	,, ,, ,, ,, ...	18 ,,

für jeden verwendeten Wagen zugrunde gelegt.

19. Für Sendungen im Gewichte von weniger als 8 t wird jedoch die Fracht nach den Frachtsätzen für Stückgut, mindestens für 4 t für jeden verwendeten Wagen berechnet, wenn sich hierbei eine billigere Fracht ergibt.

20. Für Sendungen im Gewichte von mehr als 8 t und weniger als 13 t wird die Fracht nach den Frachtsätzen der Nebenklassen A 5 bis F 5 für das frachtpflichtige Gewicht berechnet. Ergibt jedoch die Frachtberechnung nach den Frachtsätzen der Nebenklassen A 10 bis G 10 für ein Gewicht von 13 t eine billigere Fracht, so wird diese berechnet.

21. Für Sendungen im Gewicht von mehr als 13 t und weniger als 18 t wird die Fracht nach den Frachtsätzen der Nebenklassen A 10 bis G 10 für das frachtpflichtige Gewicht berechnet. Ergibt jedoch die Frachtberechnung nach den Frachtsätzen der Hauptklassen A bis G für ein Gewicht von 18 t eine billigere Fracht, so wird diese berechnet.

22. Das Verladen und Ausladen der Stückgüter wird von der Eisenbahn gebührenfrei besorgt. Die Eisenbahnverwaltung kann aber verlangen, daß Gegenstände, die einzeln mehr als 500 kg wiegen oder die in gewöhnlich gedeckte Wagen nicht verladen werden können, vom Absender verladen und vom Empfänger ausgeladen werden.

23. Bei Verladung von Gütern in gedeckten Wagen erfolgt zu den Frachtsätzen ein Zuschlag von 5%. Gegen Vergütung werden von der Bahn Decken leihweise zur Verfügung gestellt. Die Mieten betragen bei Entfernungen bis zu 100 km 3 RM, bis 200 km 4 RM, bis 400 km 5 RM und für je 300 weitere Kilometer je 1 RM mehr.

24. Das Lagergeld beträgt, wenn das Gut in gedeckten Räumen gelagert wird, je 100 kg für die ersten 24 Stunden 0,10 RM, für je weitere 24 Stunden 0,15 RM. Bei Lagerung im Freien je 100 kg für die ersten 24 Stunden 0,04 RM, für je weitere 24 Stunden 0,07 RM. Das Platzgeld beträgt für jeden angefangenen Quadratmeter je angefangene 10 Tage 0,03 RM.

B. Österreich.

Grundsätze für die Frachtberechnung.

1. Die Fracht wird nach dem Gewicht in Kilogramm berechnet, wenn nichts anderes festgesetzt ist. Für Sendungen im Gewicht unter 20 kg wird das Gewicht für 20 kg, je weitere 10 kg werden für volle 10 kg, bei Frachtberechnungen für mehr als 5 t werden je angefangene 100 kg für volle 100 kg angenommen. Diese letztere Aufrundung gilt bei getrennter Frachtberechnung für mehrere Tarifklassen nur für jene Klassen, für die die Fracht für mindestens 5 t berechnet wird.

2. Die Frachtberechnung ist verschieden, je nachdem das Gut als Frachtgut, als Eilgut oder als beschleunigtes Eilgut aufgeliefert wird, sie ist verschieden für Mengen unter 5 t für den Frachtbrief, für Mengen von mindestens 5 t für den Frachtbrief und Wagen und für Mengen von mindestens 10 t für den Frachtbrief und Wagen oder das Ladegewicht des Wagens. Die Fracht für 5 t, 10 t oder das Ladegewicht nach den für diese Mengen vorgesehenen Frachtsätzen ist jedoch auch bei Auflieferung von geringeren Mengen zu berechnen, wenn sie sich billiger stellt als die Fracht für das wirkliche Gewicht nach den hierfür vorgesehenen Frachtsätzen.

3. Wird ein Wagen mit geringerem Ladegewicht als 10 t beigestellt, so wird die für Mengen von mindestens 10 t für den Frachtbrief und Wagen vorgesehene Tarifierung schon bei Frachtzahlungen für das wirkliche Gewicht, mindestens aber für das Ladegewicht des verwendeten Wagens berechnet.

4. Die Fracht wird derart abgerundet, daß Beträge unter 5 Groschen nicht gerechnet, Beträge von 5 Groschen und darüber für 10 Groschen gerechnet werden.

Frachtsätze der österreichischen Bundesbahnen je 100 kg in S.

Tarifklasse	20	50	100	150	200	250	300	350	400	450	500	600	700	800	900	1000
	Kilometer															
8	1,15	2,17	3,88	5,59	7,30	9,01	10,72	11,75	12,78	13,81	14,84	16,56	17,93	19,30	20,67	22,04
10	0,96	1,73	3,01	4,30	5,58	6,87	8,15	8,93	9,70	10,48	11,25	12,54	13,57	14,60	15,63	16,66
12	0,85	1,49	2,57	3,65	4,73	5,81	6,89	7,54	8,19	8,84	9,49	10,58	11,45	12,32	13,19	14,06
14	1,01	1,90	3,36	4,84	6,30	7,78	9,24	10,06	10,86	11,68	12,48	13,52	13,96	14,40	14,85	15,29
15	0,84	1,58	2,80	4,03	5,25	6,48	7,70	8,38	9,05	9,73	10,40	11,26	11,63	12,00	12,37	12,74
16	0,83	1,46	2,50	3,54	4,59	5,63	6,68	7,25	7,83	8,40	8,98	9,72	10,05	10,37	10,70	11,02
17	0,69	1,21	2,08	2,95	3,82	4,69	5,56	6,04	6,52	7,00	7,48	8,10	8,37	8,64	8,91	9,18
18	0,65	1,13	1,95	2,76	3,58	4,19	4,80	5,21	5,62	6,03	6,44	7,01	7,35	7,68	8,02	8,36
19	0,54	0,94	1,62	2,30	2,98	3,49	4,00	4,34	4,68	5,02	5,36	5,84	6,12	6,40	6,68	6,96
20	0,62	1,03	1,72	2,41	3,10	3,62	4,14	4,49	4,83	5,18	5,52	6,02	6,30	6,58	6,85	7,13
21	0,46	0,77	1,29	1,81	2,33	2,72	3,11	3,37	3,63	3,89	4,15	4,52	4,73	4,94	5,15	5,36
22	0,49	0,80	1,33	1,71	2,07	2,34	2,60	2,81	3,03	3,24	3,46	3,89	4,32	4,76	5,19	5,62
23	0,36	0,59	0,98	1,26	1,53	1,73	1,92	2,08	2,24	2,40	2,56	2,88	3,20	3,52	3,84	4,16
26	0,38	0,61	1,00	1,39	1,78	2,08	2,37	2,59	2,80	3,02	3,23	3,61	3,93	4,25	4,57	4,89
27	0,54	0,82	0,95	1,20	1,46	1,71	1,97	2,22	2,48	2,59	2,71	2,94	3,17	3,40	3,63	3,89
28	0,45	0,73	1,21	1,56	1,89	2,14	2,37	2,57	2,76	2,96	3,15	3,54	3,93	4,33	4,72	5,11
29	0,31	0,50	0,83	1,07	1,30	1,47	1,63	1,77	1,90	2,04	2,17	2,44	2,71	2,98	3,25	3,52
30	0,31	0,49	0,82	1,07	1,31	1,50	1,70	1,88	2,06	2,24	2,43	2,79	3,15	3,52	3,88	4,25
31	0,22	0,35	0,58	0,76	0,93	1,07	1,21	1,34	1,47	1,60	1,73	1,99	2,25	2,51	2,77	3,03
32	0,69	0,97	1,10	1,35	1,61	1,86	2,12	2,37	2,63	2,74	2,86	3,09	3,32	3,55	3,78	4,01

5. Werden mit einem Frachtbrief verschiedene, nicht zu einem Frachtstück vereinigte Güter aufgeliefert, für die auf Grund der im Frachtbrief getrennt angegebenen Einzelgewichte oder des Gesamtgewichtes dieselbe Tarifklasse anzuwenden ist, so wird die Fracht für die nach Absatz 1 ermittelte Gewichtssumme berechnet.

6. Werden mit einem Frachtbrief verschiedene, nicht zu einem Frachtstück vereinigte Güter aufgeliefert, für die verschiedene Tarifklassen anzuwenden sind, und wird das Gewicht der verschieden tarifierten Güter getrennt angegeben oder auf Antrag des Absenders im Frachtbrief von der Eisenbahn getrennt ermittelt, so wird die Fracht entweder für das nach Absatz 1 ermittelte Gesamtgewicht der Sendung nach dem dabei befindlichen höchsttarifierten Gute berechnet oder getrennt für die nach Absatz 1 ermittelten Gewichte der einzelnen Tarifklassen, wobei als Mindestgewicht für die einzelne Tarifklasse in allen Fällen nur 10 kg zu gelten haben. Von diesen Frachtberechnungen ist die billigere anzuwenden. Bei getrennter Frachtberechnung wird die Fracht für den etwa aus ungleich tarifierten Gütern bestehenden Teil der Sendung, wenn sich die Frachtberechnung hiernach billiger stellt, für das nach Absatz 1 ermittelte Gesamtgewicht dieses Teiles der Sendung nach dem dabei befindlichen höchsttarifierten Gute, für den aus gleich tarifierten Gütern bestehenden Teil der Sendung nach Absatz 5 berechnet.

7. Werden mit einem Frachtbrief ungleich tarifierte Güter aufgeliefert und sind sie zu einem Frachtstück vereinigt oder ist bei Vereinigung zu einem Frachtstück das Gewicht der verschiedentarifierten Güter nicht getrennt angegeben, so wird die Fracht für das nach Absatz 1 ermittelte Gesamtgewicht der Sendung nach dem dabei befindlichen höchsttarifierten Gute berechnet.

8. Die Fracht wird in den nachstehend bezeichneten Fällen auch bei Sendungen im Gewichte von weniger als 5 t für mindestens 5 t berechnet:

a) Wenn dem Absender über seinen Antrag ein Wagen zur ausschließlichen Benützung überlassen wird.

b) Wenn der Absender den Wagen mit Schlössern absperrt, verbleit oder durch sonstigen Verschluß der Türen für weitere Zuladungen unzugänglich macht.

c) Wenn der Absender die Verladung selbst derart besorgt, daß keine Zuladungen erfolgen können.

d) Wenn die Sendung durch eine Begleitperson im Wagen begleitet wird.

9. Das Verladen und das Ausladen der Stückgüter wird von der Eisenbahn gebührenfrei besorgt. Güter, die einzeln mehr als 500 kg wiegen oder die in gewöhnlichen gedeckten Wagen durch die Seitentüren nicht verladen werden können, müssen über Aufforderung der Eisenbahn vom Absender verladen und vom Empfänger ausgeladen werden.

Für das Ein- und Ausladen von Gütern wird seitens der Eisenbahn gegen besondere Vergütung ein Kran zur Verfügung gestellt.

Die Deckenmiete beträgt je Wagen für die ersten 200 km 30 S, für je weitere angefangene 100 km 10 S.

10. Das Lagergeld beträgt für Güter, die in gedeckten Räumen oder im Freien unter Decken lagern, in den ersten zwei Tagen je Tag und 100 kg 0,20 S, für jeden weiteren Tag je 100 kg 0,35 S. Für Güter, die im Freien lagern, für die ersten zwei Tage je Tag und 100 kg 0,10 S, für jeden weiteren Tag je 100 kg 0,15 S. Das Platzgeld beträgt je Quadratmeter für die ersten 14 Tage täglich 0,02 S, für weitere 14 Tage je Quadratmeter und Tag 0,04 S und für jeden weiteren Tag je Quadratmeter 0,15 S.

C. Tschechoslowakei.

Die Frachtkosten werden aus der Tarifklasse (Nr. 205) und den in der folgenden Tabelle zusammengestellten Frachtsätzen ermittelt und auf ganze Kč aufgerundet. Das Gewicht wird bei Sendungen über 5000 kg von 100 zu 100 kg aufgerundet.

Die Ladegebühr beträgt für das Ein- oder Ausladen von Gütern über 7 m Länge oder mehr als 500 kg Stückgewicht je 100 kg 1 Kč, für alle anderen Güter je 100 kg 0,50 Kč.

Das Wägegeld für das Abwiegen ganzer Wagenladungen auf der Gleiswage beträgt 15 Kč je Wagen.

Für die Einlagerung auf freiem Platz beträgt das Lagergeld je 100 kg und Tag 0,15 Kč. Das Platzgeld beträgt je Quadratmeter und 10 Tage 0,20 Kč.

Das Wagenstandgeld beträgt für die ersten 24 Stunden je Wagen und Stunde 1,50 Kč, für jede weitere Stunde 3 Kč.

Frachtsätze je 100 kg in Kč der tschechoslowakischen Staatsbahnen.

Tarifklasse	II	V	VII	VIII	IX	XII	XV	XVI	XVII	XIX	XX	XXII
50 km	5,95	5,65	4,95	4,55	4,10	3,70	4,50	3,30	3,10	3,05	1,65	1,80
100 „	10,10	9,60	8,30	7,70	6,95	6,20	7,00	5,00	4,70	4,25	2,25	2,45
200 „	17,60	16,70	14,40	13,20	11,90	10,20	9,70	7,15	6,75	6,05	3,45	3,80
300 „	24,05	22,85	16,65	17,90	16,10	13,35	11,10	8,80	8,35	7,45	4,50	4,95
400 „	30,85	29,30	25,15	22,70	20,40	16,55	12,55	10,50	10,05	8,85	5,60	6,15
500 „	35,85	35,85	34,05	26,65	23,95	19,10	13,95	12,20	11,75	10,15	6,50	7,15
600 „	40,75	38,70	33,15	30,55	27,50	21,60	15,40	13,90	13,45	11,45	7,40	8,15
800 „	50,55	48,05	41,10	38,35	34,50	26,60	18,30	17,30	16,85	14,05	9,20	10,10
1000 „	60,35	57,35	49,05	46,15	41,50	31,60	21,15	20,70	20,25	16,65	11,00	12,10
1200 „	70,15	66,65	57,00	53,95	48,55	36,60	24,05	24,10	23,65	19,25	12,80	14,10
1400 „	79,95	75,95	64,90	61,75	55,55	41,60	26,95	27,50	27,05	21,85	14,60	16,05

F. Sonstige Beförderungen.

207. Fahrbare Förderbänder. (Maschinenfabrik A. W. Mackensen, Magdeburg.) Bandbreite: 0,5 m.

Förderlänge		10 m	15 m	20 m
Kleinste Förderhöhe	m	1,50	1,75	2,00
Größte Förderhöhe	„	3,70	5,60	7,40
Antriebsmotor bei Gurtgeschwindigkeit 1 m/sec	PS	4—5	4,5—6	5—6,6
„ „ „ 2 „	„	6—10	6,5—11	7—13
Leistung stündlich bei einer Gurtgeschwindigkeit von 1 m/sec	rm	bis 60	bis 60	bis 60
Preis ohne Motor	RM	1700	2200	3000

Nutzungsdauer: 8 bis 10 Jahre; innerhalb dieser Zeit ein- bis zweimaliger Ersatz des Bandes. Anschlußkabel bei elektrischem Antrieb: 6 bis 8 RM/m.

208. Bandförderer, ortsfest. (Friedr. Krupp, Grusonwerk, A. G., Magdeburg.)

Bandbreite		600 mm	800 mm	1000 mm
Antriebsvorrichtung mit Vorgelege	Gewicht t	0,97	1,14	1,62
	Preis* RM	970	1120	1510
Spannvorrichtung	Gewicht t	0,31	0,45	0,70
	Preis* RM	550	680	915
1 Satz Muldenrollen auf Stahlschwellen mit Kugellagerung (alle 1 bis 2 m anzuordnen)	Gewicht kg	45	59	77
	Preis* RM	77	87	106
1 Stück untere Tragrolle mit Kugellagerung (alle 2,5 bis 4 m anzuordnen)	Gewicht kg	20	24	27
	Preis* RM	34	37	40
1 Satz Kantenrollen auf Holzbohle (alle 10 bis 15 m anzuordnen)	Gewicht kg	12	12	15
	Preis* RM	23	23	28
Leistung stündlich bei einer Bandgeschwindigkeit von 1,25 m/sec	rm	60	100	150
Leistungsaufnahme bei 60 m Förderlänge und einer Bandgeschwindigkeit von 1,25 m/sec	PS	9	14	25
Abwurfvorrichtung (auf Schienen fahrbar)	Gewicht kg	600	830	1000
Ohne Schienen	Preis* RM	880	1010	1165

209. Fahrbares Verladebecherwerk auf Raupenbändern für feines, körniges oder stückiges Material, wie Steinkohle, Koks, Kies, Sand und Bruchsteine bis 15 cm Kantenlänge. (Maschinenfabrik A. W. Mackensen, Magdeburg.)

Kopfhöhe etwa	3,0 m	Fahrgeschwindigkeit:	
Förderbandlänge	6,0 „	während der Arbeit	0,94 m/min
Bandbreite	0,5—0,6 „	außer Arbeit	13,40 „
Abwurfhöhe	4,0 „	Antrieb	10 PS

* Preise unverbindlich, ab Werk, ohne Verpackung und ohne Aufstellung.

Stundenleistung	rm	50	75
Dieselantrieb, Gewicht	kg	7500	8000
,, , Preis frei deutscher Bahnstation	RM	12500	13500
Elektroantrieb, Gewicht	kg	7200	7700
,, , Preis frei deutscher Bahnstation	RM	12000	13000

210. Fahrbares Verladebecherwerk auf Rädern, geeignet für Sand, Kies u. dgl. (Maschinenfabrik A. W. Mackensen, Magdeburg.) Abb. 16.

Abb. 16. Fahrbares Becherwerk auf Rädern. (A. W. Mackensen, Magdeburg.)

a) Ohne Förderband:

Kopfhöhe	m	3,3		4,0		5,0	
Geeignet für die Beladung von		Muldenkippern Bandförderern		Kleine Lastwagen		Große Lastwagen, Eisenbahnwagen	
Abwurfhöhe	m	1,5		1,7		2,5	
Stundenleistung	rm	15	30	15	30	15	30
Mit Dieselantrieb, Preis*	RM	3000	3100	3200	3300	3500	3600
,, Drehstromantrieb, Preis*	,,	2650	2750	2850	2950	3150	3300
Gewichte	kg	1900		bis		2500	

b) Mit Förderband:

Kopfhöhe .... 2,7 m Bandlänge ... 3,0 m
Abwurfhöhe .... 2,5 ,, Bandbreite ... 0,5—0,6 ,,
Antrieb: 5—6 PS.

Stundenleistung	rm	25	50
Mit Dieselantrieb, Preis*	RM	4500	4700
,, Elektroantrieb, Preis*	,,	4150	4350
Mehrpreis für mechanisches Verfahren durch Motor mit äußerst 6 m/min	,,	650	650
Gewicht bei Handverfahrung	kg	3000	
,, ,, mechanischer Verfahrung	,,	3200	

211. Spülförderung von Sand beim Oderdurchstich bei Maltsch.[122]

Sand und Wasser, 1 : 8 gemischt, wurden durch eine 450 mm weite Eisenrohrleitung etwa 100 m weit gespült.

1 Pumpe für 1250 cbm/h für Zuleitung des Wassers in den Mischbehälter,
1 kleine Hochdruckpumpe zum Aufwirbeln des Sandes,
1 Pumpe für 1350 cbm/h für die Ableitung des Sand-Wasser-Gemisches.
Leistung: in dreischichtigem Betrieb bis 3000 rm Sand.

* Frei deutscher Bahnstation.

212. Beförderung mittels Bauschiffen:

1 rm Boden (Grubenmaß) oder Fels Lm weit auf Bauschiffen befördern erfordert:

$$\frac{\alpha}{b}\left(\frac{2L}{v}+z\right)\text{h},$$

hierbei bedeutet α den Ladebeiwert laut Tabelle 240 auf S. 105, b die Ladefähigkeit des Schiffes in Kubikmetern, v die durchschnittliche Fahrgeschwindigkeit aus Berg- und Talfahrt, z den Aufenthalt beim Be- und Entladen.

In der Drau bei einem Gefälle von $I = 0{,}003$ beträgt $b = 6$ cbm, $v = 2000$ m/h. Erforderlich sind 2 Schiffsleute und 7 Hilfsarbeiter.

Für Aufsicht und Schiffsbeistellung werden 20 bis 25% der Löhne berechnet.

213. Wolff-Krane laut Abb. 17. (Maschinenfabrik J. Wolff, Heilbronn a. N.)

Die Wolff-Krane bestehen aus einem nicht drehbaren Turm, der auf einem fahrbaren Portal steht. In der Turmspitze ist drehbar der Ausleger gelagert. Das Portal läuft auf Schienen

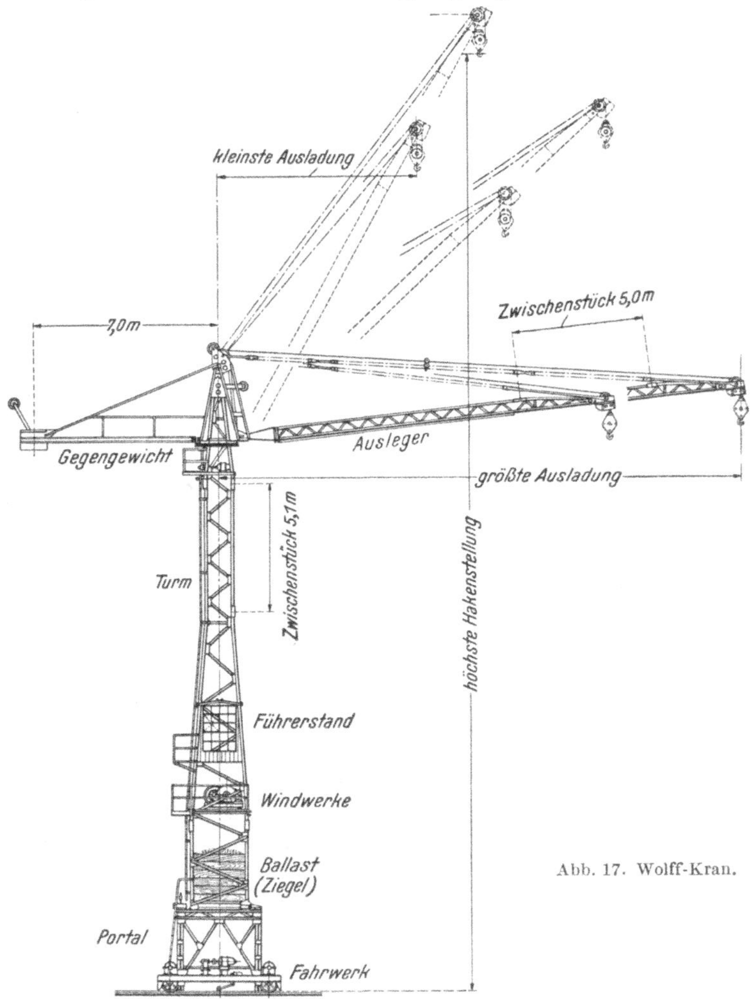

Abb. 17. Wolff-Kran.

und ist so bemessen, daß Lastkraftwagen durchfahren können. Die Höhe des Turmes kann durch zwei einschaltbare Zwischenstücke um je 5,1 m verändert werden. Der Führerstand ist im Turm angeordnet, darunter liegt das Windwerk. Das Fahren des Kranes auf den Schienen, das Heben der Last und das Schwenken des Auslegers erfolgt durch Elektromotoren. Die Krane sind mit elektrischen Kippsicherungen und Sicherungen gegen ein Überfahren der Gleisenden ausgestattet. Bögen bis herab zu Krümmungshalbmessern von 25 m können durchfahren werden; andere Richtungsänderungen werden mittels Drehscheiben im Gleis bewirkt.

Gewichte, Abmessungen und Preise.

Krangröße	Gewicht des ganzen Kranes etwa t	Preis in RM	Erforderlicher Balast t	Spurweite der Laufschienen in m	Ausleger in m	Ausladung in m	Tragkraft in kg	Höchste Hakenstellung in m		
								ohne Zwischenstück	mit einem Zwischenstück	mit zwei Zwischenstücken
15	10	10000	10	2,80	16	6	3000	26,9	30,4	33,9
						10	1750	24,8	28,3	31,8
						16	900	15,4	18,9	22,4
30	18	14000	22	3,06	15	7,5	4000	27,7	32,8	37,9
						10,0	3000	26,0	31,1	36,2
						15,0	2000	17,2	22,3	27,4
					20	10,0	3000	31,9	37,0	43,1
						15,0	2000	26,3	33,4	38,5
						20,0	1500	17,2	22,3	27,4
45	21	18000	22	3,80	15	7,5	6000	27,6	32,7	37,8
						10	4500	26,0	31,1	36,2
						15	3000	16,7	21,8	26,9
					20	10	4000	31,7	36,8	41,9
						15	3000	27,9	33,0	38,1
						20	2000	16,8	21,9	27,0
60	28	25000	25	3,80	20	10	6000	33,2	38,3	43,4
						15	4000	29,4	34,5	39,6
						20	3000	18,8	23,9	29,0
				4,50	25	10	6000	38,7	43,8	48,9
						17	3500	35,8	40,9	46,0
						25	2000	18,4	23,5	28,6
					30	20	2500	38,3	43,4	48,5
						30	1500	18,2	23,3	28,4

Aufstellung, Bedienung, Betrieb.

Krangröße		15	30	45	60
Hubwerk, Normalwindwerk, Antrieb	PS	11	11	11	11
„ , „ , Leistungsaufnahme	bis kW	11	11	11	11
„ , „ , Hubgeschwindigkeit:					
bei Lasten bis 4000 kg	m/min		9	9	9
„ „ „ 3000 „	„	12,5			
„ „ „ 2000 „	„		18	18	18
„ „ „ 1000 „	„	40	35	35	35
Hubwerk, Schnellwinde, Antrieb	PS		27	27	27
„ , „ , Leistungsaufnahme	bis kW		27	27	27
„ , „ , Hubgeschwindigkeit:					
bei Lasten bis 4000 kg	m/min		22,5	22,5	22,5
„ „ „ 3000 „	„		30	30	30
„ „ „ 2000 „	„		45	45	45
„ „ „ 1500 „	„		60	60	60
Kranfahrwerk, Antrieb	PS	11	11	11	11
„ , Leistungsaufnahme	kW	6	6	6	6
„ , Fahrgeschwindigkeit	m/min	40	30	30	30
Schwenken, Antrieb	PS	1,5	1,5—2,0	1,5—2,0	1,5—2,0
„ , Leistungsaufnahme	kW	1	1	1	1
„ , Schwenkgeschwindigkeit, Umgänge	je min	1,1	1,1	0,8	0,6
Auf- und Abladen, Arbeitsstunden[42]		130			
Aufstellen, Arbeitsstunden		385			
Abtragen, „		290			

Fortsetzung der Tabelle.

Krangröße	15	30	45	60
Bedienung, Kranführer	1	1	1	1
„ , Hilfsarbeiter	2	2	2	2
Stromverbrauch, durchschnittlich je Stunde . . . kWh	10—12	12—20	12—20	12—20
Abschreibung, jährlich vom Neuwert . . . %	20	20	20	25
Instandhaltung, jährlich vom Neuwert . . . %	5—8	5—8	5—8	5—8
Schmiermittel, jährlich vom Neuwert . . . %	0,5—1	0,5—1	0,5—1	0,5—1

214. Zahnstangenwinden.

Tragkraft in	t	1	2	3	4	5	8	10	15	20	25
Gewicht	kg	26	30	36	40	45	65	75	85	95	107
Preis	RM	41	47	53	62	64	68	72	86	93	105

215. Hebeböcke.

a) Schraubenhebeböcke:

Tragkraft	t	10	15	20	30
Gewicht	kg	30	35	42	58
Preis	RM	27	30	34	45

b) Hydraulische Hebeböcke:

Tragkraft	t	20	35	50	100	200
Gewicht	kg	56	68	90	163	310
Preis	RM	110	125	150	190	330

216. Kabelwinden.

a) Handkabelwinden:

Zugkraft	t	0,5	1,0	1,5	2,0	3,0	5,0
Gewicht	„	0,13	0,20	0,27	0,38	0,62	0,96
Preis	RM	80	130	170	200	270	425

b) Kabelwinden für Kraftantrieb mit 1 Trommel, ohne Antriebsmaschine:

Zugkraft	t	0,5	0,6	0,75	1,0	1,5	2,0	3,0
Gewicht	„	0,42	0,65	0,80	0,85	0,90	1,00	1,20
Preis	RM	500	750	900	950	1000	1050	1250

c) Kabelwinden für Kraftantrieb mit 2 Trommeln, ohne Antriebsmaschine:

Zugkraft	t	1,0	1,5	2,0	3,0
Gewicht	„	1,75	1,90	2,10	2,50
Preis	RM	1800	1900	2100	2500

d) Friktionswinden ohne Motor:

Zugkraft	t	0,25	0,50	0,75	1,00	1,50	2,00	3,00
Gewicht	„	0,15	0,35	0,40	0,45	0,70	0,80	1,20
Preis	RM	300	600	700	750	1100	1200	1700

217. Elektroflaschenzüge.

Tragkraft	t	0,5	0,75	1,0	1,5	2,0	3,0	5,0
Hubhöhe	m	7—15	9,5	7—14	13,5	8,5—15	7,5—14	8—16
Hubgeschwindigkeit	m/min	7,5	9,5	7,5	13,5	9,0	6,3	6,0
1. Ohne Fahrwerk:								
Gewicht	kg	135	140	215	370	385	510	900
Antrieb	PS	0,9—1,5	2	1,9—2	6	4,8	4,8	7,8
Preis	RM	650	700	800	1300	1400	1450	1850
2. Mit Fahrwerk:								
Gewicht	kg	195	250	295	320	500	630	1100
Antrieb	PS	1,4	3	2,8	5	6,3	6,3	9,8
Preis	RM	1000	1100	1150	1500	1650	1800	2600

218. Hebezeugketten, kalibriert, nach DIN 671.

Stärke der Kettenglieder	mm	5	6	7	8	9,5	11	13	16	19	23
Nutzlast	t	0,16	0,25	0,37	0,54	0,85	1,14	1,59	2,42	3,41	5,00
Gewicht je Meter	kg	0,5	0,72	1,0	1,3	1,9	2,7	3,75	5,8	8,0	12,0
Preis[178] je Meter	RM	0,45	0,65	0,75	0,90	1,10	1,25	1,80	2,70	3,50	4,00

219. Stahlseile.[178] (Kran- und Aufzugseile.)

a) 6 mal 19 Drähte:

Seildurchmesser	mm	5,6	9,5	11	14	16	19	20	22
Gewicht je 100 m	kg	13	30	41	68	85	122	143	166
Bruchlast	t	2,3	5,1	7,0	11,6	14,3	20,6	24,2	28,1
Preis je 100 m	RM	29	44	51	78	93	119	136	153

b) 6 mal 37 Drähte:

Seildurchmesser	mm	9	15	18	26	28	35	37	44
Gewicht je 100 m	kg	26	81	106	238	280	424	478	662
Bruchlast	t	4,4	13,6	17,9	40,2	47,1	71,4	80,6	111,6
Preis je 100 m	RM	55	104	130	233	266	367	404	549

c) 6 mal 61 Drähte:

Seildurchmesser	mm	20	25	28	36	39	48	51	56
Gewicht je 100 m	kg	133	221	273	461	535	789	884	1090
Bruchlast	t	22,5	37,2	46,0	77,7	90,1	132,9	149,0	184,0
Preis je 100 m	RM	171	253	298	437	492	668	739	905

220. Hanfseile.

Nenndurchmesser	mm	16	18	20	23	26	29	36	46	52
Gewicht	kg/m	0,20	0,24	0,30	0,39	0,50	0,66	0,95	1,50	1,90
Zulässige Last bei achtfacher Sicherheit	t	0,20	0,25	0,30	0,40	0,50	0,60	1,0	1,4	1,8

Preis[178] je Kilogramm: Indischer Hanf ...... 1,00 RM
Russischer Hanf...... 1,50 ,,
Schleißhanf .... 1,80 ,,
Italienischer Langhanf 2,90 ,,

Faustregel: Tragkraft bei achtfacher Sicherheit in Tonnen ist gleich dem Gewicht von 1 m Seil in Kilogramm.

221. Hydraulische Hebeböcke.

Tragkraft	t	7	12	20	35	50	70	100	150	200
Preis[178]	RM	200	220	250	300	350	400	700	800	1000

222. Windeböcke (Lokomotivwinden).

Tragkraft	t	10	15	20	30	40	60
Preis[178]	RM	600	700	1000	1100	1300	1500

223. Windwerke für Schrägaufzüge.[146]

Zugkraft	t	1	2	3	4	6
Gewicht	,,	0,6	1,0	1,5	3,0	4,5
Preis	RM	1200	1800	2500	4200	6000

224. Kettenflaschenzüge mit Handantrieb, selbstsperrend:

Tragkraft	t	0,5	1	1,5	2	3	4	5	6	7,5	10
Gewicht	kg	25	36	50	60	84	140	170	204	240	260
Preis bei 3 m Hub	RM	31	34	43	49	60	72	86	123	148	205

Mehrpreis für je 1 m Mehrhub (7 bis 10)%.

225. Preßluftmotorhebezeug. (IPEG, Berlin, Schuchardt & Schütte, Wien und Berlin.) Kettenhebezeug mit 500 kg Tragkraft, ganze Höhe 480 mm, Gewicht 56 kg, Luftverbrauch 0,82 cbm/min. Preis 625 RM.

226. Derrickkrane „KOD“. (Allgemeine Baumaschinengesellschaft, Leipzig und Wien.)

Ausladung	m	2,5	3,0	2,5	3	2,5	3	4	5
Nutzlast	kg	500	500	1000	1000	2000	2000	2000	1000
Hakenhöhe	m	2,40	2,40	2,40	2,55	3,00	3,84	3,92	5,00
Gewicht ohne Winde	kg	345	380	415	470	700	830	950	1030
Preis ohne Winde	S	720	780	770	820	1390	1530	1640	1720
„ mit „	S	1390	1450	1620	1670	2490	2630	2740	2570
Winde, Gewicht	kg	165		235		305			235
Leistungsaufnahme	PS	3,1—4,6		5,3—8		8,2—12,4			5,3—8
Seilgeschwindigkeit	m/min	32—48		37—55		22—33			37—55
Preis ohne Motor	S	670		850		1100			850

Bedienung: 1 Mann + 25% für Instandhaltungsarbeiten außer der normalen Arbeitszeit. Winde und Motor müssen nicht unbedingt am Derrickgerüst aufgebaut werden.

227. Schmiermittelverbrauch eines Derrickkranes je Stunde:

12 g Maschinenöl, 9 g Staufferfett,
6 „ Petroleum, 9 „ Seilschmiere.

228. ABG-Baugrubenaufzug. (Allgemeine Baumaschinengesellschaft, Leipzig und Wien.)

Die Führungsschienen für den Aufzugkübel sind normal für 6 m Ausschachttiefe bemessen, aber beliebig verlängerbar.

Inhalt des Aufzugkübels	l	500	750
Spiele je Minute	bis	30	30
Antrieb durch Benzinmotor	PS	8	12
Bedienung	Männer	1,25	1,25
Gewicht ohne Motor	kg	2200	2750
„ mit „	„	2600	3100
Preis ohne Motor	S	4100	5000
„ mit „	„	5750	7250

229. Bauwinden. (Allgemeine Baumaschinengesellschaft, Leipzig und Wien.)

Windenart	Gewicht in kg	Tragkraft des einfachen Seils in kg	Seil-geschwindigkeit m/min	Leistungs-aufnahme in PS	Preis S
Friktionswinde	360	750	25	7	1250
Räderwinde	145	250	27—40	2—3	640
„	185	500	29—44	4,2—6,5	760
„	305	1000	22—33	6,5—9,8	1100

230. Schräges Becherwerk.[34]

Becherbreite	mm	150	200	250	300	400	500
Gewicht bei 10 m Förderhöhe	t	1,0	1,25	1,50	1,75	2,00	2,25
Antrieb „ 10 „ „	PS	0,6	1,0	1,50	2,00	3,00	4,00

231. Seilbahn für Zuschlagstoffe. Betrieb beim Bau der Staumauer Pardee.[109]

Länge der Seilbahn 5,7 km. Theoretische Leistung 200 t/h, tatsächlich während des Hochbetriebes zwei Monate hindurch erreichte Leistung 84% der theoretischen Leistung. Seilauswechslung nach 460000 Wagen.

Betriebskosten je Kubikmeter: Antrieb 3,85 Rpf, Löhne 23,00 Rpf, Seilauswechslung 8,8 Rpf, Unterhaltung 44,2 Rpf, Anlagekosten 112 Rpf.

232. Aufzug für Ziegel und Mörtel (Paternoster)[23] betriebsfähig aufstellen und später wieder abbauen und lagern, ohne Herstellung der Schutzverschalung:

80 h Gerüster + 10% für Aufsicht und Geräte. Für jedes Höherstellen weitere 10 h Gerüster + 10%.

233. Baukrane aufstellen und wieder abbrechen[34] kostet 30 bis 40 Arbeitsstunden je Tonne.

234. Baukrane, Bedienung:[34]

1 Maschinist und 1 bis 2 Männer zum Führen und Entleeren der Fördergefäße. In engen Baugruben ein weiterer Mann zum Führen des Fördergefäßes durch die Aussteifungen.

235. **Baukrane, Antrieb:**[34] durchschnittlich zwei Drittel der Leistungsaufnahme bei Vollast.

236. **Aufzüge aufstellen und wieder abtragen**[34] kostet 30 Arbeitsstunden je Tonne.

237. **Aufzüge, Bedienung:**[34] 1 Maschinist und oben und unten je 1 bis 2 Männer.

238. **Aufzüge, Antrieb:**[34] durchschnittlich zwei Drittel der Leistungsaufnahme bei Vollast.

VIII. Aushub, Ausbruch und Anschüttung.

239. **Normen.**

DIN 1962. Technische Vorschriften für Bauleistungen.
ČSN 1171. Erdarbeiten.

A. Handaushub.

240. **Bezeichnung der Bodenarten.**

Bodenklasse	0	I	II	III	IV	V	VI	VII
Übliche Bezeichnungen	Fließender Boden	Stichgebirge (rolliges Gebirge)		Hackgebirge (mildes Gebirge)		Schußgebirge (festes und sehr festes Gebirge)		
					Brechgebirge (gebräches Gebirge)			
Bezeichnung nach DIN 1962	Fließender Boden	Leichter Boden		Mittlerer Boden	Fester Boden		Fels	
Bodenart	Schlammboden, Triebsand	Mutterboden, Sand, Kies ohne Bindung	Sandiger Lehm, leichter Ton, lehmiger Sand	Schwerer Lehm und Ton, Letten, Mergel, grober Kies, lehmiger Torf, steiniger Boden, loses Gerölle	Trümmergesteine, weicher Sandstein, kleinbrüchiger Schiefer, festgelagerte Gerölle	Gebrächer Fels in Bänken geringer Mächtigkeit, Schiefer, Sandstein, Kalk, Kreide, Konglomerate	Fels in geschlossenen, starken Bänken, Sedimentgesteine, fester Schiefer, harter Sandstein, Kalkstein	Harter Fels aus Erstarrungs- und Ergußgesteinen, Gneis, Granit, Quarz, Syenit, Porphyr
Lösegeräte bei Handarbeit	Schöpfgefäße	Schaufel, Spaten	Schaufel, Spaten, Keile und Schlägel	Breithacke, Keile und Schlägel.	Spitzhacke, Kreuzhacke, Brechstange, Keile.	Brecheisen, Keilhaue, Treibkeile, Spitzhacke, Bohrung u. Sprengmittel	Handbohrung, Bohrmaschine, Keile, Sprengmittel	Handbohrung, Bohrmaschine, Sprengmittel
Raumgewicht (Grubenmaß) etwa .... t/rm		1,5	1,6	1,8	2,0	2,2	2,5	2,6—2,8
Gewinnungsfestigkeit .... kgm/cbm		10 000	15 000	20 000	26 000	70 000	100 000	150 000
Auflockerung, vorübergehend .... %		10	20	25	30	35	40	50
Auflockerung, bleibend. %		3	4	6	8	10	13	15
Ladebeiwert		1,10	1,20	1,25	1,30	1,35	1,40	1,50

241. **1 rm Boden (Grubenmaß) lösen, lösen und werfen, bzw. lösen und laden,** je nach der Übung der Arbeiter und der Feuchte des Bodens.

Bodenklasse		I	II	III	IV
Bodenbezeichnung nach DIN 1962		Leicht		Mittel	Fest
Lösen und Werfen	Erdarbeiter h	0,7—1,5	1,1—2,3	1,8—3,2	2,8—4,5
„ „ Laden auf Schubkarren	„ „	0,6—1,4	1,0—2,0	1,5—3,1	2,6—4,1
„ „ „ „ Muldenkipper	„ „	0,7—1,5	1,1—2,3	1,8—3,2	2,8—4,5
„ „ „ „ hohe Wagen	„ „	0,8—1,7	1,2—2,7	2,2—3,7	3,2—5,5
Für Aufsicht und Gerätebeistellung, Zuschlag	%	10	10	15	20

242. **1 rm Abgrabung an der Oberfläche breiter Einschnitte oder von Hängen,** einschließlich des Verladens in Schubkarren und des Verführens auf 50 bis 60 m:

a) in lockerem Boden, wie z. B. Sand, Moor, Torf, Gartenerde, Ackererde, ungebundenem Schotter .... (3—4) h Erdarbeiter
b) in mittelfestem Boden, wie z. B. Lehm, Letten, festgelagertem, grobem Sand .... (5—6) ,, ,,
c) in schwerem Boden, wie z. B. Ton, eisenschüssigem Kies, lockerem, verwittertem Felsabraum .... (6—7) ,, ,,

Für die Beistellung der Geräte Zuschlag 10%.
Für je 25 bis 30 Mann ein Aufseher.

243. **1 qm waagrechte Fläche ebnen,**[25] wenn die Abträge zur Auffüllung von Mulden verwendet werden und die Unebenheiten nicht mehr als ± 30 cm betragen
erfordert 0,15 bis 0,25 h Erdarbeiter + 10% für Aufsicht und Geräte. Für Stampfen der Aufträge: Zuschlag 0,2 h Erdarbeiter + 10%.

244. **1 qm Böschungsfläche ebnen erfordert,**[25, 28] wenn die Abträge zur Auffüllung von Mulden verwendet werden können und die Unebenheiten nicht mehr als ± 30 cm betragen:

bei leichtem Boden (0,15—0,25) h Erdarbeiter + 10% für Aufsicht und Geräte
,, schwerem ,, (0,25—0,45) ,, ,, + 10% ,, ,, ,, ,,
,, felsigem ,, (0,6 —1,3) ,, ,, + 10% ,, ,, ,, ,,

Für Stampfen der Aufträge: Zuschlag 0,4 h Erdarbeiter + 10%.

245. **1 rm Grundwerksaushub in 0,3 m Gartenerde, darunter fetter, toniger Lehm,**[150] infolge viel Regens sehr feucht; die Aushubbeförderung geschah durch Bandförderer.
1 Bandförderer beförderte stündlich 5 rm Aushub.
1 rm lösen, befördern und ablagern erforderte (0,77 bis 2,47) h Erdarbeiter, durchschnittlich 1,61 h.

246. **1000 rm Boden durch Pflügen lösen** erfordert die folgenden Pflugstunden:[36]

Bodenart	Pflug zweispännig	Pflug vierspännig	Traktorpflug
Mutterboden	33		15,5
Dammerde	38		17,5
Schwerer Boden	40		19,0
Ton, weich	66		29,0
,, , steif		66	37,5

247. **Zugwiderstand eines Pfluges zum lösen des Bodens:**[89]

bei Sand und lehmigem Sand .... 0,2—0,3 kg/qcm
,, sandigem Lehm .... 0,3—0,4 ,,
,, Lehm .... 0,4—0,6 ,,
,, schwerem Lehm und Ton .... 0,6—0,8 ,,

248. **1 cbm Steine durch Taucher heben**[28] erfordert außer dem Hebezeug:

bei Bruchstein .... 2 h Taucher + 50% für Geräte
,, Blöcken .... 5 ,, ,, + 50% ,, ,,

249. **1 rm Torf in Ziegeln, 30 × 15 × 10 cm, stechen und aufschlichten:** 1,4 h Torfstecher + (2,8 bis 3,5) h Hilfsarbeiter + 10% für Aufsicht und Geräte.

250. **Aufbruchhämmer und Spatenhämmer.** (Frankfurter Maschinenfabrik A. G., vorm. Pokorny & Wittekind, Frankfurt a. M.)

Geräte		Aufbruchhämmer		Spatenhämmer		
		AR I N	AR III N	FMA 2 S	FMA 3 S	FMA 4 S
Gewicht	kg	30	27	8,5	9,5	10,5
Schlagzahl je Minute		800	1300	1300	1050	975
Luftverbrauch	cbm/min	1,0	1,1	0,68	0,70	0,73
Schlauchanschluß	mm	19	19	16	16	16
Preis	RM	300	375	160	160	180

Leistung je Arbeiter: 10- bis 20mal soviel als in Handarbeit.

251. Aufbruchhämmer und Spatenhämmer. (Internationale Preßluft- und Elektrizitäts-G. m. b. H., Berlin.)

Bauart		Preßluftspatenhämmer CP 3	Aufbruchhämmer BQ 46	Aufbruchhämmer CP 116
Gewicht	kg	11,8	22	34
Luftverbrauch, anges.	cbm/h	0,8	1,84	1,68
Spannung der Luft	atü	6	6	6
Schlauchanschluß	mm	13	19	19
Schlagzahl je Minute		3050	1550	1550
Preis	RM	180	300	375
Verwendbare Einsteckwerkzeuge		Flachspaten, Rundspaten, Flachmeißel, Spitzmeißel	Spaten, Flachmeißel, Spitzmeißel, Hohlbohrer	Spaten, Flachmeißel, Spitzmeißel

252. Aufbrechen von gefrorenem Boden, Beton, Straßendecken und gebrächem Fels mittels der Meißelramme. (Deutsche Elektromaschinen- und Motorenbau-A. G., Eßlingen a. Neckar.)

Die 100 kg-Stampframme kann durch Auswechslung der Kolbenstange in eine Meißelramme umgebaut werden (Abb. 18).

Angaben über Betrieb und Preis vgl. Nr. 378.

Preis der Kolbenstange mit Meißelfuß: 200 RM.

In die Kolbenstange werden eingesetzt:

Spitzmeißel für Beton und harte Straßendecken.

Keilmeißel für Teerstraßendecken, Beton und Steindecken.

Spatenmeißel für gefrorene Böden, harten Ton, Schiefer, Mergel, Gips, Asphaltstraßen.

Abb. 18. Die Delmag-Meißelramme (100 kg, Type E) beim Aufbruch einer hartgefrorenen Straßendecke. (Delmag, Eßlingen.)

253. 1 rm Aushub aus der Tiefe *H*m unter dem Wasserspiegel mit Handbaggergeräten (Sackbagger, indische Schaufel od. dgl.) einschließlich Beistellung der Baggergeräte und Aufsicht, aber ohne Verführen des Baggergutes, kostet die folgenden Erdarbeiterstunden:

a) bei weichem Schlamm, losem feinen Sand: $(4 + 4\,H)$ h + 20% für Aufsicht und Geräte;

b) bei feinem Kies, festem, schotterdurchsetztem Schlamm, weichem Lehm: $(6 + 4\,H)$ h + 20% für Aufsicht und Geräte;

c) bei festgelagertem, grobem Kies mit Steinen: $(8 + 4\,H)$ h + 20% für Aufsicht und Geräte.

254. 1 rm Baggerung von Schlamm mit der Schaufel, wobei die Arbeiter im seichten Wasser stehen, kostet ohne Abfuhr:

6 h Erdarbeiter + 30% Zuschlag für Arbeit im Wasser + 10% für Aufsicht und Geräte.

Wenn der Aushub nicht aus dem Wasser gehoben, sondern nur unter dem Wasser beiseite geschafft wird: Abschlag 3 h Erdarbeiter.

255. 1 rm Flußbetträumung kleinen Umfanges samt dem Verführen des Aushubes bis auf 50 m ans Ufer und Ablagerung, einschließlich der Beistellung aller Geräte, je nach der Bodenart:

a) mittels der Handbaggerschaufel in Wassertiefen bis 1 m:

(6 bis 10) h Erdarbeiter + 30% für Aufsicht und Geräte;

b) mittels der Handbaggerschaufel bei Wassertiefen von 1 bis 2 m:

(9 bis 12) h Erdarbeiter + 30% für Aufsicht und Geräte;

c) mittels des Sackbaggers aus 1,5 bis 2,0 m tiefem Wasser:

(13 bis 24 h) Erdarbeiter + 30% für Aufsicht und Geräte.

256. **1 rm Aushub (Grubenmaß) in Baugruben bis 4 m breit,** ohne Pölzung und ohne Abfuhr, je nach Übung der Arbeiter und Feuchte des Bodens:

Bodenklasse	I	II	III	IV
Bodenbezeichnung nach DIN 1926	Leicht		Mittel	Fest
Lösen und Werfen bis zu 2 m Tiefe ...... Erdarbeiter h	1,2—4,0	1,5—4,8	1,9—6,0	3,0—8,0
1 Wurf von Bühne zu Bühne (2 m) ...... „ „	0,6—1,8	1,0—2,5	0,6—1,8	0,7—4,0
1 „ seitlich vom Baugrubenrand ...... „ „	0,7	0,9	0,8	0,9—1,5
Für Aufsicht und Geräte .... %	15	15	15	20

Pölzung siehe Nr. 258 bis 269.

257. **1 rm Aushub (Grubenmaß) aus allseits eng begrenzten, engen Baugruben,** wie Brunnen u. dgl.: zu den Löhnen in Nr. 256 Zuschlag 50%.

B. Pölzungen.

258. **Das Verschalen und Absteifen von Baugrubenwänden** wird nach dem Ausmaße der gestützten Flächen vergütet.

259. **Wiederverwendbarkeit von Pölzholz:**

Waagrechte Ladebretter: 5mal, ausnahmsweise 10mal.
Pfahlbretter: 1- bis 3mal.
Steifen: 3- bis 5mal.
Altwert gleich Brennholz oder weniger.
Wert nach einmaliger Verwendung:[34] 40% des Neuwertes.

260. **1 qm Wandfläche weiter Baugruben mit waagrechten, dichtgelegten Ladebrettern pölzen** und die Pölzung wieder entfernen, einschließlich der erforderlichen Auswechslungen:[22]

bei leichten Pölzungen: 1,5 h Zimmerer,
„ schweren „ : 2,5 „ „

Verschnitt: 25% des erforderlichen Holzes.

261. **1 Stück lange Steife einbauen und wieder entfernen:**[34]

(3 bis 8) h Zimmerer + (12 bis 30) h Hilfsarbeiter.

262. **1 qm Baugrubenaussteifung mit Bohlen zwischen gerammten I-Trägern,**[34] und zwar: Zurechtschneiden, Einbauen und Wiederherausnehmen der Bohlen und Keile, aber ohne Rammarbeit:

2 h Zimmerer + 1,0 h Hilfsarbeiter.

263. **Pölzung von Rohrgräben:**

Für überschlägige Kostenermittlungen werden die Kosten der Pölzung gleichgesetzt den Kosten des Mehraushubes, der über Böschungen unter 1 : 1 liegt.

264. **1 qm Pölzung von Rohrgrabenwänden** mit 5 cm starken Ladebrettern, 5 bis 7 cm starken Brusthölzern und 15 bis 20 cm starken Rundholzsprießen einbauen:

bei Grabentiefen bis zu 2 m, je nachdem ob die Ladebretter mit Zwischenräumen oder dicht verlegt werden: (0,3 bis 0,6) h Zimmerer;

bei Grabentiefen über 2 m: für jeden Meter Mehrtiefe ein Zuschlag von (0,02 bis 0,04) h Zimmerer.

Anrechenbarer Holzaufwand: etwa ein Fünftel des tatsächlichen Holzaufwandes, ohne Rücksicht auf den Altwert.

Eisenzeug: 0,25 bis 0,5 kg je Quadratmeter Wandfläche.

265. **1 qm Pölzung von Rohrgrabenwänden wieder herausnehmen** kostet ein Viertel bis ein Drittel des Einbauens.

266. **1 qm Pölzung von Wandungen enger, schachtartiger Baugruben** erfordert:[38]

bei quadratischem Grundriß: 1,2 h Zimmerer + 1,2 h Hilfsarbeiter,
bei rundem Grundriß: 2,5 h Zimmerer + 2,5 h Hilfsarbeiter.

267. 1 qm Baugrubenaussteifung mit lotrechten Pfahlbrettern erfordert die folgenden Zimmererstunden:[36]

Aushubtiefe	Eintreiben der Pfahlbretter und aussteifen	Ausbauen der Baugruben-aussteifung
Bis zu einer Tiefe von 3 m	1,1	0,3
Bei Tiefen von 3 bis 4,5 m	1,25	0,35
„ „ „ 4,5 „ 6 „	1,55	0,55
„ „ „ 6 „ 7,5 „	1,85	0,80
„ „ „ 7,5 „ 9 „	2,15	1,15

Die Pfahlbretter werden bis 0,6 m unter die Baugrubensohle gerammt.
Für 1 cbm Steifholz werden 5 kg Eisenzeug gerechnet.

268. Stählerne „Duff“-Grabenspreizen, bestehend aus einem Paßstück aus Temperguß mit einer Stahlschraube und einem Temperguß-Fußstück, beide mit Kugelgelenken, die auf die Enden von Gasrohren aufgesetzt werden. Die Länge der Gasrohre wird der Grabenbreite angepaßt. (Internationale Preßluft- und Elektrizitäts-G. m. b. H., Berlin.)

Gewichte und Preise ohne Rohre.

Schraubendurchmesser	Zoll	1$^1/_2$	1$^1/_2$	1$^1/_2$	1$^1/_2$	2
Schraubenlänge	mm	305	355	406	457	457
Sicherheitslänge der Schraube	„	177	203	228	254	254
Gewicht je Garnitur	kg	6,90	7,25	7,75	7,85	16,70
Preise	RM	10,00	10,80	11,70	12,50	25,80

269. Schraubenpaßstücke für hölzerne Grabenspreizen für Gräben von 0,6 bis 9,0 m Breite, für runde oder vierkantige Spreizen. (Internationale Preßluft- und Elektrizitäts-G. m. b. H., Berlin.)

Gewichte und Preise ohne Holz.

Schraubendurchmesser	Zoll	1$^1/_2$	1$^1/_2$	1$^1/_2$	2	2
Schraubenlänge	mm	355	355	457	457	457
Passend für Kantholz	cm/cm	10/10	15/15	15/15	15/15	20/20
Gewicht je Stück	kg	6,60	7,25	8,10	14,50	15,50
Preise	RM	12,50	13,30	14,20	25,00	27,50

C. Baggerungen.

270. Anzahl der Betriebstage im Jahr bei Baggerarbeiten.

Mit Rücksicht auf Sonn- und Feiertage kann im Jahr nur mit durchschnittlich 300 Arbeitstagen gerechnet werden.

Bei Arbeiten im Freien erfährt die Zahl der Arbeitstage eine weitere Einschränkung durch die Witterungseinflüsse. Sowohl Niederschläge als auch Frost zwingen zu weiteren Feiertagen, und bei Arbeiten im Bereiche von Flüssen können auch höhere Wasserstände die Einstellung der Arbeiten bedingen. Th. Janssen rechnet mit einem Ausfall von 50 Betriebstagen infolge ungünstiger Witterung und einem Ausfall von weiteren 20 Tagen infolge Überprüfungen und Instandsetzungen an den Geräten. H. Eckert[21] rechnet dagegen im Jahre bei großen Erdarbeiten mit 275, bei mittleren und kleinen Erdarbeiten mit 250 Betriebstagen. Bei Arbeiten, die weniger als ein Jahr dauern, muß bei Festsetzung der Betriebstage die Jahreszeit berücksichtigt werden.

Sowohl die Angaben von Janssen als auch jene von Eckert gelten nur für das deutsche Flach- und Hügelland. Im Gebirge muß mit einem weit größeren Ausfall an Arbeitstagen infolge der Witterung gerechnet werden. Der voraussichtliche Ausfall der Arbeitstage kann annähernd aus den meteorologischen Beobachtungen der nächstgelegenen Beobachtungsstation ermittelt werden, wenn man annimmt, daß an allen Tagen mit mehr als 20 mm Niederschlag und an allen Tagen mit weniger als — 5° C mittlerer Tagestemperatur die Erdarbeiten ruhen.

271. Menck-Universal-Raupenbagger mit Dieselantrieb.

Baggergröße		M_0	M_a	M_b	M_c	M_d	M_e
Grundbagger:							
Gewicht	t	13,00	18,10	26,40	40,65	62,4	
Preis	RM	22000	28000	37000	50000	76000	
Fahrgeschwindigkeit	km/h	1,14; 2,48	1,06; 2,45	1,0; 2,5	0,9; 2,0	0,83	0,78
Drehgeschwindigkeit	Umdr./min	7,00	6,26	4,78	4,24	4,46	3,90
Normale Löffelhochbaggereinrichtung:							
Gewicht	t	2,90	4,10	5,75	8,85	14,70	
Preis	RM	3835	5100	6350	8125	13000	
Löffelinhalt, normal	cbm	0,42	0,58	0,80	1,10	1,50	2,05
„ für leichten Boden	„	0,58	0,80	1,10	1,50	2,05	2,80
Größte Reißkraft am Löffel	t	7,00	9,75	14,30	20,5	29,2	41,6
Seildurchmesser	mm	1 × 16	1 × 19	1 × 22	1 × 26	1 × 32	2 × 27
Flächendruck beim Fahren	kg/qcm	0,76	0,77	0,85	0,89	1,08	1,27
Spezial-Löffelhochbaggereinrichtung:							
Gewicht	t	3,50	5,00	7,40	11,00	16,70	
Preis	RM	4750	6100	6250	11275	16500	
Löffelinhalt, normal	cbm	0,63	0,87	1,2	1,65	2,25	3,1
„ für leichten Boden	„	0,73	1,00	1,4	1,90	2,60	3,6
Größte Reißkraft am Löffel	t	8,95	12,35	18,20	26,00	37,00	52,00
Seildurchmesser	mm	2 × 13	2 × 15	2 × 18	2 × 21	2 × 25	2 × 30
Flächendruck beim Fahren	kg/qcm	0,79	0,80	0,88	0,92	1,1	1,3
Löffeltiefbaggereinrichtung:							
Gewicht	t	2,2	3,3	4,4	6,4	9,5	
Preis	RM	3275	4300	5200	6700	10100	
Löffelinhalt	cbm	0,42	0,58	0,80	1,10	1,50	2,05
Greifbaggereinrichtung:							
Gewicht	t	1,83	2,50	3,60	4,85	7,30	
Preis	RM	2600	3150	4200	5150	7500	
Größter Greiferinhalt	cbm	0,30	0,42	0,60	0,85	1,20	1,78
Auslegerlänge	m	8,22	9,38	10,90	12,85	13,70	15,70
Schleppeimerbaggereinrichtung:							
Gewicht	t	1,58	2,20	3,33	4,53	7,85	
Preis	RM	2485	3050	3950	4975	8800	
Größter Eimerinhalt	cbm	0,42	0,60	0,85	1,20	1,78	2,54
Auslegerlänge	m	8,22	9,38	10,90	12,85	13,70	15,70
Größte Zugkraft bei kleiner Trommel	t	5,25	7,30	10,75	15,40	22,00	31,20
Größte Zugkraft bei großer Trommel	„	3,72	5,17	7,60	11,00	15,50	22,00
Planierbaggereinrichtung:							
Gewicht	t	2,10	3,00	4,20	6,15	8,70	12,50
Preis	RM	3000	3800	4800	6200		
Löffelinhalt	cbm	0,42	0,58	0,80	1,10	1,50	2,05
Größte Reichweite	m	7,20	8,20	9,35	10,65	12,15	13,85
Löffelverschiebung	„	3,94	4,50	5,13	5,85	6,67	7,60
Kraneinrichtung einschließlich Ausleger:							
Gewicht	t	0,90	1,23	1,85	2,50	3,80	4,90
Preis	RM	1200	1400	1950	2350	3550	
Tragkraft je nach Ausladung	t	1,52—4,05	2,17—5,80	3,15—8,35	4,3—11,5	6,5—17,3	9.3—25,0
Größte Ausladung	m	8,76	10,00	11,50	13,50	14,82	16,94

272. Betriebskosten eines Universal-Raupenbaggers.

a) Abschreibung je Arbeitstag .... 1‰ des Neuwertes,

b) Verzinsung jährlich .... 5 bis 8% „ „ ,

c) Ersatzteile jährlich .... 5% „ „ ,

d) Betriebsmittel laut Nr. 273,

e) Bedienung: 1 Aufseher, 1 Baggerführer, 1 Helfer + (2 bis 6) Männer für Gleisreinigung, Zubringen von Betriebsmitteln und Hilfeleistungen. Der Baggerführer und der Helfer erhalten für Arbeiten außerhalb der eigentlichen Arbeitszeit des Baggers, wie z. B. Anheizen, Kesselwaschen, Reinigungsarbeiten und kleine Instandsetzungsarbeiten die folgenden Lohnzuschläge:

bei Dampfantrieb, Betrieb mit Pausen	20—25%
,, ,, , ,, ohne ,, ...	15—20%
,, Diesel- oder Elektroantrieb mit Pausen	15%
,, ,, ,, ,, ohne ,, ...	10—12%

f) Instandhaltung laut Nr. 276.
g) Aufstellen und Abtragen laut Nr. 277.
h) Monatsmieten in Prozenten vom Neuwert:

Bei einer Mietdauer...	bis 3	bis 6	bis 12	über 12 Monate
	6,5	4,8	4	3%

273. Betriebsmittelverbrauch der Menck-Diesel-Bagger.*

Baggergröße		M_0	M_a	M_b	M_c	M_d	M_e
Leistung des Dieselmotors	PS	48	67,5	93	132	200	300
Treiböl von mind. 10000 WE	kg/h	3,75—5,00	5,60—6,87	6,87—8,75	10—12,5	15—18,2	23—27
Motorenschmieröl	,,	0,22	0,28	0,41	0,56	0,81	1,20
Maschinenschmieröl	g/h	62	75	88	100	112	125
Staufferfett	,,	125	125	187	220	250	280
Putzwolle	,,	63	63	84	84	84	125
Seile, ausgedrückt in Helferstunden	h/Tag	1	1	1	1,2	1,3	1,5

274. Betriebsmittelverbrauch von Dampflöffelbaggern.[21, 174]

Löffelinhalt		0,75 cbm	1,0 cbm	1,5 cbm	2,0 cbm
Kohle von 7500 WE für Anheizen	kg	30	50	80	90
,, ,, 7500 ,, ,, Betrieb	kg/h	50—62	75—80	110—130	120—140
Maschinenöl	g/h	85	100	120	180
Putzöl	,,	35	40	45	50
Staufferfett	,,	35	40	45	50
Zylinderöl	,,	70	80	100	150
Putzwolle	,,	35	40	45	50
Wasser	cbm/h	0,6	0,7	0,95	1,25
Seile, ausgedrückt in Heizerstunden	h/Tag	1	1,2	1,3	1,5

275. Betriebsmittelverbrauch von Elektrolöffelbaggern.[21, 174]

Löffelinhalt		0,4 cbm	0,75 cbm	1,0 cbm	1,5 cbm	2,0 cbm
Stromverbrauch	kWh	16—22	35—44	50—59	78—100	100—125
Schmiermittel	g/h	9	20	22	80	105
Putzwolle	,,	35	35	40	45	50
Seile, ausgedrückt in Heizerstunden	h/Tag	1	1	1,2	1,3	1,5

276. Laufende Instandhaltung und Schlußinstandsetzung von Universal-Raupenbaggern in Facharbeiterstunden je Betriebsstunde:

a) Laufende Instandhaltung:[21]

Ersatzteile jährlich: 6 bis 7% der Baggeranschaffungskosten + (0,25 bis 0,5) h Facharbeiter + + 70% für Werkstätte.

b) Schlußinstandsetzung:[21]

Löffelinhalt	0,4	0,75	1,0	1,5	2,0 cbm
Facharbeiter	0,08—0,12	0,12—0,20	0,18—0,25	0,25—0,40	0,4—0,6 h

+ 70% für Werkstätte.

277. Einen Universal-Raupenbagger nach der Zufuhr betriebsfertig zusammenbauen und nach beendigter Arbeit wieder für die Abfuhr zerlegen erfordert je Tonne (35 bis 60) h, von

* Die kleineren Verbrauchszahlen gelten für kleinere Baggerleistungen und geringe Förderhöhen.

denen etwa zwei Drittel Facharbeiterstunden sind. Etwa zwei Drittel der Zeit ist für das Zusammenbauen, ein Drittel für das Zerlegen erforderlich.

Bei fabrikneuen Baggern sind noch 33% für Monteure des Lieferwerkes zuzuschlagen,[21] die beim ersten Zusammenbau mitarbeiten.

Bagger mit 0,4 cbm Löffelinhalt können in betriebsfertigem Zustand verladen werden und zur Baustelle fahren, so daß für das Betriebsfertigmachen nur (8 bis 16) h Baggerführer + Helfer zu rechnen sind.

Für das Umbauen eines Universalbaggers in eine andere Baggerart und das Lagern der ausgebauten Teile können etwa je Tonne auszuwechselnder Teile (siehe Nr. 271) 40 h Facharbeiter + 20 h Hilfsarbeiter gerechnet werden.

Die Montagedauer der Universalbagger auf der Baustelle beträgt bei achtstündiger Arbeitszeit für gebrauchte Geräte beim Bagger:

	M_0	M_a	M_b	M_c	M_d	M_e
Arbeitstage der Mannschaft	1	5	6	8	10	14;

bei neuen Geräten muß mit einer um 33% längeren Montagedauer gerechnet werden.

278. Ermittlung der voraussichtlichen Baggerleistung bei Löffelbaggern.[174, 234]

Je nach den klimatischen Verhältnissen stehen im Jahr 200 bis 270 Tage für Baggerarbeiten zur Verfügung. Infolge Pausen, die durch unvermeidliche Vorfälle im Betriebe erzwungen werden, können von dieser Arbeitszeit für die Baggerung nur etwa 60 bis 70% ausgenützt werden.

Bei einer Grabhöhe von	2,4 m	6,0 m
und einem Drehwinkel von 90° kann mit	3,4	2,7
„ „ „ „ 180° „ „	2,5	2,1

Baggerspielen äußerstenfalls oder durchschnittlich mit etwa 100 Spielen je Stunde gerechnet werden.

Der Füllungsgrad des Löffels bei kleinen Löffelbaggern beträgt in leichtem Boden 0,83, in mittelschwerem Boden 0,77 und in schwerem Boden 0,53. Bei Löffelinhalten über 5 cbm und schweren Böden geht der Füllungsgrad bis auf 0,30 herab.

Der Füllungsgrad der Wagen beträgt bei leichtem Boden 0,87, bei mittelschwerem 0,77 und bei schwerem 0,65.

279. Zeitverluste im Löffelbaggerbetrieb.

a) Nach Haller.[235]

Beobachtungen bei Löffelbaggerbetrieben an 51 Straßenbaustellen haben die folgenden Zeitverluste ergeben:

1. Verlust an Arbeitszeit infolge kleiner Störungen von weniger als 0,25 h Dauer in Prozenten der möglichen Arbeitszeit:

Ursache des Zeitverlustes	Durchschnitt aller 51 Baustellen in Prozenten	An einer Baustelle in Prozenten	
		Höchstwert	Mindestwert
Versorgung mit Wagen	5,2	17,3	0,5
Betrieb der Förderung	4,7	13,5	0,5
Vorwärtsbewegung des Baggers	5,0	9,8	1,7
Ausbesserungen und Ausrichtungen	1,9	4,3	0,4
Maschinenstörungen	0,7	4,8	0,0
Betriebsführer	1,5	3,9	0,2
Felsen, Wurzeln u. dgl.	6,9	26,6	0,5
Abböschen der Bankette, Ebnen des Planums	4,6	12,7	0,0
Sprengen des Gesteins	0,3	3,7	0,0
Nachprüfen des Planums	0,3	11,7	0,0
Verschiedenes	2,1	5,9	0,0
Zusammen ...	33,2	55,7	20,9

2. Verlust an Arbeitszeit infolge größerer Störungen von mehr als 0,25 h Dauer in Prozenten der möglichen Arbeitszeit:

Ursache des Zeitverlustes	Durchschnitt aller 51 Baustellen in Prozenten	An einer Baustelle in Prozenten Höchstwert	Mindestwert
Regen	7,1	26,6	0,0
Nasser Untergrund	4,0	19,6	0,0
Schnee und Kälte	3,8	40,8	0,0
Vorwärtsbewegung des Baggers	1,7	6,3	0,0
Ausbesserungen	6,6	23,0	0,0
Maschinenstörungen	0,6	6,7	0,0
Auswechseln schadhafter Drahtseile	0,2	2,0	0,0
Einnehmen von Brennstoff und Wasser	0,1	1,4	0,0
Betriebsführer	0,3	1,5	0,0
Bohren und Lösen von Fels	1,9	10,6	0,0
Ladeausrüstung	0,2	2,8	0,0
Öffnen neuer Einschnitte	1,1	20,7	0,0
Abböschen der Bankette, Ebnen des Planums	0,4	8,7	0,0
Störungen an der Kippe	0,6	12,2	0,0
Rutschungen, Überflutungen	0,5	9,7	0,0
Verschiedenes	1,3	5,4	0,0
Zusammen ...	30,4	64,4	5,8

b) Nach Brugsch.[234]

Dauer der Störungen in Prozenten der möglichen Arbeitszeit:

Verschieben des Zuges	bis 20%
Störungen am Bagger	„ 2%
„ im Zugbetrieb	„ 3%
„ am Gleis und an der Kippe	„ 10%
„ im Zugsbetrieb, sonstige	„ 3%
„ infolge der Witterungseinflüsse auf die Gleise	„ 10%
„ „ von unvorhersehbaren Ausbesserungen	„ 10%
„ „ des Umsetzens des Baggers	„ 5%
Zusammen ...	bis 63%

280. Tatsächlich erzielbare Durchschnittsleistungen mit Löffelbaggern in Kubikmetern je Stunde:

a) Nach H. Eckert[21] bei Betrieb mit Pausen, wenn die Förderung und das Kippen keine Störungen verursacht:

Antrieb			Dampfantrieb				Dieselantrieb				Elektroantrieb				
Löffelinhalt in cbm			0,75	1,0	1,5	2,0	0,4	0,75	1,0	1,5	0,4	0,75	1,0	1,5	2,0
Bodenklasse (siehe Nr. 240)	I	Bodenbezeichnung nach DIN 1926: leicht	75	90	135	180	38	60	70	110	38	68	80	125	160
	II	„	42	55	80	125	22	35	42	65	22	40	50	72	110
	III	mittel	18	32	52	68		15	25	40		16	30	45	60
	IV	fest			30	48				24				27	40

Bei ununterbrochenem Betrieb sinken die Leistungen bei kleinen Baggern um 8 bis 9%, bei großen um 3 bis 6%.

b) Nach W. Tartarini[174] bei Betrieb ohne Pausen:

Löffelinhalt in cbm	Bodenklasse II		III		IV		V	
	Bodenbezeichnung nach DIN 1926: Leicht		Mittel		Fest			
	Arm normal	Arm verlängert	Arm normal	Arm verlängert	Arm normal	Arm verlängert	Arm normal	Arm verlängert
0,38	33		26		19			
0,56	48		38		33			
0,76	60		48		43		29	
1,12	81	67	67	55	58	48	53	37
1,52	105	91	86	76	77	67	72	57
2,67	163	139	143	125	134	105	115	86
3,05	182	153	158	139	143	115	125	96
4,57		200		182		153		129
6,09		240		220		177		144

c) Niederschläge können bei bindigem Boden die Baggerleistungen wesentlich herabsetzen.

d) Bei Baggerung mittels Tieflöffelbaggers aus dem Wasser sinkt die Baggerleistung bei Böden, deren Konsistenzform vom Wasser nicht beeinflußt wird, wie bei Kies und Sand um etwa 10%, bei anderen Böden um bis 25%.

281. Einfluß der Abtragshöhe, des Drehwinkels und der Bodenart auf die Leistung von Löffelbaggern.

Kleine Abtraghöhen bis zu einem Drittel der bei dem betreffenden Bagger größtmöglichen verringern die Leistung um 15 bis 20%.

Eine Vergrößerung des Drehwinkels von 90° auf 180° verringert die Leistung um 15 bis 25%.

Die Baggerleistungen bei leichtem, mittelschwerem und schwerem Boden verhalten sich wie 1 : 0,70 : 0,45.

282. Wirtschaftliche Grenzen der Verwendbarkeit der Löffelbagger bei verschiedenen Bodenarten:

a) Nach W. Tartarini:[174]

Bodenbezeichnung nach DIN 1926	Bodenklasse	Untere Grenze des Aushubes in cbm bei einem Löffelinhalt in rm				
		0,38	0,57	0,76	1,12	1,52
Leicht	II	88000	139000	178000	196000	308000
Mittel	III	57000	88000	113000	131000	200000
Fest	IV	39000	57000	76000	82000	131000
„	V			50000	57000	89000

b) Nach G. Garbotz:[84] siehe Abb. 19.

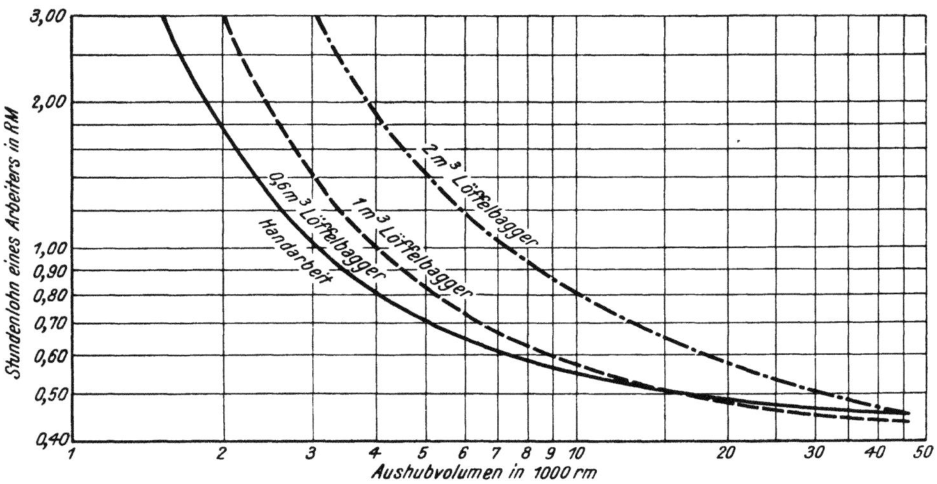

Abb. 19. Wirtschaftliche Grenzen der Verwendbarkeit von Baggern bei verschiedenen Erdarbeiterstundenlöhnen nach G. Garbotz.

283. Baggerung mittels Greifbaggern.

Gewichte, Preise und Abmessungen des Grundbaggers + Greifbaggereinrichtung siehe Nr. 271.

Leistung:[34] Füllungsgrad des Greifers:

	Bodenbezeichnung nach DIN 1926	Füllungsgrad des Greifers im Trockenen	im Wasser
Bodenklasse I	leicht	0,8	0,5
„ II	„	0,7	0,4
„ III	mittel	0,6	0,35
„ IV	fest	0,5	0,3

In engen Baugruben geht die Leistung stark zurück. Wenn die Baugrubensohle vom Greifer nicht überall bestrichen werden kann, muß der Boden gelöst und dem Greifer zugeworfen werden.

Bedienung: je Greifer 1 Aufseher, 1 Baggerführer, 1 Helfer (Kesselheizen, Schmieren); in engen Baugruben zur Führung des Greifers 1 bis 2 Männer, 2 bis 5 Männer zur Führung des Greifers beim Entleeren und zum Einschaufeln danebengefallenen Bodens.

Der Baggerführer und sein Gehilfe erhalten für Instandhaltungsarbeiten außerhalb der Baggerzeit 25% Zuschlag zu den Löhnen.

Vorteilhafteste Wagengröße für die Abfuhr des Baggergutes: Der Wageninhalt soll ein Vielfaches (etwa das 4- bis 2-fache) des Greiferinhaltes betragen.

Betriebsmittel: Etwa 10% weniger als bei Löffelbaggerbetrieb.

284. Eimerkettenbagger, Kohlenaufwand je achtstündige Schicht,[12] einschließlich des Bedarfes für Anheizen:

Eimerinhalt	l	100	200	300
Kohle	kg	700	1600	2700

285. Instandsetzungskosten bei Eimerkettenbaggern[21] (laufende und Schlußausbesserung), je Arbeitsstunde: 1 bis 3 h Facharbeiter.

286. 1 m Baggergleis legen und wieder aufnehmen:[34] (2 bis 3) h Hilfsarbeiter.

287. Vergleich der Gewinnungskosten bei Anwendung von Handschacht- und Maschinenarbeit[8] im Moor- und Torfboden.

8 Männer beim Lösen und 2 Männer an der Kippe, Beförderung mit Muldenkippern auf 5 bis 10 m.

Leistung bei Lohnarbeit in 8 h	56 rm	Akkordarbeit	72 rm
Lohn: 1 Vorarbeiter + 9 Männer	44,93 RM	Akkordlohn (0,85 RM/rm)	61,50 RM
30% Geräteabschreibung und sonstige Unkosten	15,— ,,	Geräteabschreibung	5,— ,,
	59,93 RM		66,50 RM
Je Kubikmeter	1,07 RM		0,925 RM

Schwimmbagger (Eimerkettenbagger mit Überleiter, Dampfantrieb):

Leistung bei Lohnarbeit in 8 h	80 rm	Akkordarbeit	100 rm
Lohn: 1 Baggerführer, 1 Maschinist, 1 Decksmann, 5 Männer	49,35 RM	Akkordlohn (0,55 RM/rm)	55,— RM
Betriebsstoffe	20,— ,,	Betriebsstoffe	20,— ,,
Abschreibung und soziale Lasten	30,— ,,	Abschreibung u. soz. Lasten	30,— ,,
	99,35 RM		105,— RM
Je Raummeter	1,24 RM		1,05 RM

Menckscher Raupengreifer, Dampfantrieb: Greiferinhalt 0,575 cbm. Je Minute 2 Spiele von je 0,3 cbm, in 8 h 288 rm.

Lohnkosten: 1 Maschinist + 1 Heizer + 2 Männer	25,80 RM
Betriebsstoffe	15,— ,,
Abschreibung je Tag 1‰	43,— ,,
30% sonstige Unkosten	28,— ,,
	111,80 RM
Je Raummeter	0,42 RM

Menckscher Raupengreifer mit Dieselantrieb:

Leistung und Lohn wie oben	25,80 RM
Betriebsstoffe	9,50 ,,
Abschreibung 1‰ wie oben	43,— ,,
30% Unkosten	26,50 ,,
	104,80 RM
Je Raummeter	0,40 RM

D. Bohren und Sprengen.

288. Bestimmung der Bohrlochweite.

Es können auf 1 cm Bohrlochtiefe bei einem

Bohrlochdurchmesser von	mm	25	30	35	40	45	50
Dynamit I	g	7	10	14	18	22	27

geladen werden.

289. Für die Lösung von 1 cbm Fels erforderliche Bohrlochlänge in Metern,[34] überschlägig:

Gestein	Leicht schießbar	Mittelschwer schießbar	Schwer schießbar
Steinbruch	0,2	0,3	0,4
Offene Wände	0,3	0,5	0,7
Große Baugruben, Stollenausweitung	0,7	1,0	1,5
Enge Baugruben, Schlitze, Gräben	1,4	2,0	3,0
Stollen, flache Gräben	2,0	3,5	5,0
Einzelne Trümmer		0,4	0,5

290. Gesamtbohrlochlänge je Kubikmeter Stollenausbruch,[26,80] auf Grund von Beobachtungen bei Stollenbauten.

Gestein	Von m	Bis m	Durchschnittlich m
Augengneis	3,19	4,60	3,66
Bergschutt, verkittet	1,68	1,70	1,69
Buntsandstein	3,04	4,20	3,63
Callovien			2,64
Dolomit	3,34	5,85	4,35
„ , zerklüftet	2,77	5,55	4,42
Effingerschichten	2,23	2,30	2,27
Feldspat			3,62
Gips, Keuper			2,21
Glimmerschiefer	2,5	6,60	5,52
Glimmergneis	2,30	4,10	3,20
Gneis, sehr hart	2,60	4,15	3,37
„	2,60	4,15	3,37
„ , quarzhaltig			2,80
„ mit Glimmereinlagen			2,47
Gneis, zerstört			3,08
„ , zersetzt	1,1	1,5	1,4
Gneisgranit, hart	1,10	5,30	3,00
„ mit Glimmerschiefer			3,79
Granit, fest	2,94	6,10	4,77
„ , wenig fest	2,00	4,30	2,74
„ , quarzreich			3,42
„ , lassig	2,52	3,00	2,75
„ , zerklüftet	4,28	4,32	4,30
Grauwacke			3,54
„ mit Tonschiefer			3,33
Kalkstein, fest	2,1	5,1	4,31
„ , zum Teil verwittert			3,00
Kalkstein, dolomitisch			4,50
Kalk, Dachstein-	2,55	4,45	3,26
„ , Opponitzer-			2,05

Gestein	Von m	Bis m	Durchschnittlich m
Kalk, Wetterstein- und Gutenstein-	2,45	4,80	4,98
Kalk, Trias-	1,5	5,00	2,90
„ , Muschel-			3,40
Kalkphyllit			3,20
„ und Kalkglimmerschiefer			3,20
Kalkglimmerschiefer			4,30
„ mit kristall. Kalk			5,00
Lunzer Schiefer	1,94	1,95	1,95
Mergel	0,93	4,15	3,03
Mergelkalk			2,02
Mergel und Keupersandstein			8,20
Phyllitquarzschiefer			4,20
Phyllit, Serizit, Quarzit			2,80
Quarzit	2,74	4,70	3,72
Quarzitschiefer	1,90	4,20	2,67
Quarzkonglomerat			3,30
Randzone, mylonitische			3,00
Rauchwacke	2,55	4,30	3,44
Rogenstein	2,40	3,80	3,80
Rotliegendes	3,09	3,46	3,25
Sandschiefer			5,05
Sandstein	0,60	4,20	2,90
Schiefer			3,00
„ , Werfener-			2,95
„ mit Grauwacke			2,08
Serpentin	3,33	3,70	3,50
Tonschiefer, fest	2,40	6,00	4,20
„ mit Grauwacke, zerklüftet			6,00
Wellenmergel			2,96

291. 1 m Bohrloch in Handarbeit herstellen.[17,34]

Gesteinsklasse (siehe Nr. 240)		V				VI				VII			
Bohrlochdurchmesser d in mm		20	30	40	50	20	30	40	50	20	30	40	50
Steinarbeiterstunden	von	2,0	4,5	7,9	12,0	3,0	7,0	12,5	20,0	6,0	14,0	25,0	39,0
	bis	2,6	5,9	10,5	16,0	5,3	12,0	21,0	32,0	10,5	24,0	42,0	66,0
Für Verschleiß und Ersatz an Werkzeugen %		5				5				5			
Für Aufsicht und Gerätebeistellung %		7—12				7—12				7—12			

Die kurzen Bohrzeiten gelten für kurze und lotrechte Löcher, die längeren für aufwärtsgerichtete oder tiefe Löcher.

In Stollen oder in engen, tiefen Baugruben: Zuschlag bis + 30%.

292. 1 m Bohrloch in Handarbeit herstellen:[231]

a) Bohrung im Trockenen.

Gestein		Schneidenbreite des Bohrers in mm	Wie vielmännisch	Bohrzeit in Stunden je m Bohrloch
Sandstein	weich		1	2,0
	mittelhart		1	2,95
	hart	53	3	1,90
Kalkstein	hart	26—33	1	3,0—3,85
	tonhaltig	26	3	5,6
		33	3	7,7
		40	3	8,4—9,5
Tonschiefer		26	2	6,0
Grauwacke			1	4,2
Gneis, mittelhart		26	1	5,1
Marmor			3	7,7
Dolomit, derb		23	1	3,1—3,9
		33	1	5,9
		46	1	9,1
Quarzit			1	11,1
Granit			1	12,5
Bruchsteinmauer			2	6,3
Ziegelmauer		53	2	2,1—3,1

b) Bohrung mit Verwendung von Bohrwasser.

Der Fortschritt ist um 20 bis 33% größer, als unter a angegeben.

293. Zeitaufwand für das Bohren von 1 m Bohrloch, 35 bis 40 mm weit, mit Bohrhämmern, in Minuten, einschließlich aller Pausen während der Bohrzeit in Stollen (nach Angaben in [26]).

Gestein	Bohrzeit			Gestein	Bohrzeit		
	von — bis	durchschnittlich	relative, bezogen auf Granit		von — bis	durchschnittlich	relative, bezogen auf Granit
Granit, fest, zähe	21—61	44	1	Kalkschiefer, kristallinisch	13—26	16	0,36
„ , hart, zum Teil verwittert	31—56	44	1	Effinger Mergel	11—15	13	0,30
Granit, lassig	25—28	27	0,61	Mergel, fest	30—43	37	0,84
Gasterngranit	16		0,36	Feldspat	31		0,71
Schwarzwaldgranit	27—41	34	0,77	Grauwacke		24	0,55
Gneis, hart	64—170	76	1,73	Kohlenschiefer	21		0,48
„ , mittelhart	55—96	76	1,73	Schiefer	25		0,57
„ und Glimmerschiefer	57		1,30	Sandschiefer		34	0,77
Basalt	54		1,23	Schiefer, kristallinisch	24		0,55
Urkalk	26		0,59	Quarzit	29		0,66
Triaskalk	20		0,46	Tonschiefer, mild	7		0,16
Karbonkalk	32		0,73	Bergschutt, verkittet	35		0,80
Molasse	34—36	35	0,80	Ruhrsandstein	24		0,55
Gutensteinkalk	13—21	17	0,39	Lunzer Schiefer	18		0,41
Wettersteinkalk	10—17	14	0,32	Konglomerat	40		0,91
Opponitzer Kalk	11—15	13	0,30	Quarzitschiefer	68		1,55
Dachsteinkalk	43—50	47	1,07	Sandsteinkonglomerat	68—90	79	1,80
Kalkstein	13—24	19	0,43	Sandstein, fest, und Schiefer	22		0,50
Rogenstein	23—24	24	0,55	Sandstein, hart	43		0,98
Muschelkalk	11		0,25	Rotliegendes	32—43	38	0,87
Dolomit	11—38	33	0,75	Buntsandstein mit tonigen Streifen	28		0,64
„ , massig geschichtet	11		0,25				

294. Auswahl geeigneter Bohrhämmer.[134]

a) Bei weichem Gestein, wie z. B. Schiefer, weichem Sandstein, werden leichte Bohrhämmer verwendet, z. B.: Flottmann AZ 11.

b) Bei mittelhartem bis hartem Gestein, wie z. B. Sandstein, Granit, Grauwacke, Syenit, Diabas, Gneis, eignen sich z. B. Flottmann-Bohrhämmer AN 55.

c) Bei sehr hartem Gestein, wie z. B. Basalt, Quarzit, Porphyr, werden am besten schwere Bohrhämmer mit Handumsatz, mit Spannsäulen und Preßluftvorschub verwendet, z. B. Flottmann AV 28.

Als Schläuche werden solche von 19 mm Weite und am besten 15 m Länge verwendet (siehe Nr. 94).

Die Bohrleistung L je Minute hängt bei einem Bohrhammer von der Spannung p der Preßluft ab; es gilt mit einem Beiwert α

$$L = \alpha\, p^{1,5};$$

die zweckmäßigste Spannung beträgt 4 bis 5 atü.

Zur Entfernung des Bohrmehles aus dem Bohrloch wird in trockenem oder nur mäßig feuchtem Gestein Preßluft durch den Hohlbohrer geblasen. Bei schräg nach oben gerichteten Bohrlöchern werden Schlangenbohrer verwendet. Wenn in nassen Bohrlöchern das Blasen nicht mehr hinreicht, wird am besten zum Herausspülen des Bohrmehles ein am Bohrhammer aufgesetzter Wasserspülapparat benützt, der das Wasser aus einem tragbaren Kessel bezieht, in dem es unter Preßluftspannung steht.

Nutzungsdauer eines Bohrhammers:

bei Verwendung im Stollenbau .... etwa 200 Arbeitstage
„ „ „ Steinbruch .... „ 300 „

Bedienung: 1 Bohrhäuer und zu dessen Bedienung 0,25 bis 0,5 Hilfsarbeiter.

In einer 8-stündigen Arbeitsschicht kann im Stollen höchstens 4 bis 6 Stunden gebohrt werden. Die übrige Zeit wird ausgefüllt durch Laden, Schießen, Lüften, Freilegen und Verlegen der Preßluftleitung.

295. Bohrhämmer und Abbauhämmer.

a) Flottmann-Bohrhämmer.

Luftverbrauch bei 5 atü, Schmierölverbrauch, Gewicht und Preis.

Bohrhammer	AZ 11		AN 55		AT 18		AT 26	AV 20	AV 28
	nicht oder mäßig blasend	stark blasend	nicht oder mäßig blasend	stark blasend	nicht oder mäßig blasend	stark blasend	stark blasend	stark blasend	stark blasend
Luftverbrauch, nicht blasend, angesaugte cbm/min	1,32	—	1,38	—	1,50	—	—	—	—
Luftverbrauch, mäßig blasend, angesaugte .... „	1,32	—	1,38	—	1,50	—	—	—	—
Luftverbrauch, stark blasend, angesaugte „	—	1,44	—	1,50	—	1,74	2,46	2,04	2,58
Gewicht .... kg	11,8	14,1	15,3	17,6	16,3	18,9	26,0	20,0	28,0
Preis .... RM	130,—	150,—	110,—	140,—	135,—	185,—	270,—	245,—	440,—

Der Schmierölverbrauch von Bohrhämmern bei Stollenarbeiten, einschließlich der Verluste, beträgt je 8-stündige Schicht 0,2 bis 0,25 kg.

b) Demag-Abbauhämmer.

Gewicht ohne Meißel: 8,5 kg, Preis ohne Meißel und Schlauch 100 RM.

Abbaumeißel: Länge 350 mm, Preis 5,20 RM.
„ 450 „ , „ 6,00 „ .

296. Bohrleistungen mit dem Flottmann-Bohrhammer AV 28 im Steinbruch,

bei einem Bohrlochdurchmesser von 64 bis 36 mm, beim Luftdruck 5,5 bis 6 atü. (Nach Flottmann A. G., Herne.)

Gestein		Melaphyr	Quarzit	Quarzporphyr	Diabas	Granit
Durchschnittsleistung je 8 h-Schicht in Metern	harte Schicht	6—8	6—8	10—12	10—12	
	mittelharte Schicht...	8—12	10—12	12—16	12—16	20—30
	normale Schicht	14—18	16—18	16—20	16—20	25—35
Mittlere Lochtiefe in Metern		8	5	5	8	8
Größte Lochtiefe in Metern		10	8	8	10	10

297. Bohrstahl, Auswahl und Verbrauch.

a) Auswahl des Bohrstahles.[134]

1. Bei Handbohrung wird in der Regel Sechskantstahl benützt.

2. Bei Bohrhammerbetrieb wird für lotrechte oder steil abwärts gerichtete Bohrlöcher Hohlstahl verwendet, und zwar rund, mit den Durchmessern 22, 26, 30 und 32 mm, oder sechskantig, mit Dicken (von Fläche zu Fläche gemessen) von 22, 22,5 und 25,4 mm. Für waagrechte oder wenig abwärts gerichtete Bohrlöcher werden Schlangenbohrer angewendet, die das Bohrmehl selbsttätig herausbefördern. Für lotrecht nach oben oder steil ansteigende Bohrlöcher kommen Vollbohrer aus achtkantigem Stahl zur Anwendung.

b) Preis der Bohrstähle:
für Handbohrung, 1 kg ...... 1,1—1,5 RM   für Bohrhämmer, 1 kg .... 1,5—2,0 RM

c) Bohrstahlverbrauch:
1. Bei Handbohrung:

Gesteinsklasse (siehe Nr. 240)	V	VI	VII
Bohrstahlverbrauch je Meter Bohrloch[34] ..... kg/m	0,05—0,10	0,2—0,3	0,3—0.4

2. Bei Bohrhammerbetrieb.[80] Bohrstahlverbrauch je Meter Bohrloch:

	Bohrerschneiden je m	Bohrstahl je m
Kalkphyllit und Kalkglimmerschiefer	6 Stück	0,05 kg
Kalkphyllit	6 „	0,06 „
Kalkglimmerschiefer	11 „	0,08 „
„ und kristallinischer Kalk	10 „	0,06 „
Augengneis	17 „	0,11 „
Mylonitische Randzone	4 „	0,04 „
Quarzit	29 „	0,21 „

Der Bohrstahlverbrauch je Schneidenschärfung beträgt 0,006 bis 0,012 kg. Eine Bohrerschneide kostet überschlägig 0,20 bis 0,30 RM für Stahl und Lohn.

Bohrstahlverbrauch bei Verwendung von abschraubbaren Bohrerkronen, siehe: Detachable and forged drill bits compared by TVA. Eng. News Rec. 1935, Bd. 115, S. 884, und Experience in three mines favours detachable drill bits. Ebenda, S. 887.

d) Bohrerschärfen:

1. In Handarbeit können 1 Schmied und 1 Gehilfe stündlich 12 bis 17 Bohrerschneiden schärfen oder etwa 2 bis 4 Bohrmaschinen mit Bohrern versorgen.

2. Eine Preßluftbohrerschärfmaschine kann stündlich 50 bis 60 Schneiden schärfen. Auf eine Bohrerschärfmaschine wird ein Schmiedefeuer mit Ventilator (0,1 bis 1 PS) und zur Bedienung 5 Männer gerechnet. Eine solche Anlage kann 10 bis 15 gleichzeitig arbeitende Bohrhämmer mit Bohrern versorgen.

Die erforderliche Schmiedekohle kostet etwa 30% des Bohrstahlverbrauches.

298. Bohrerschärf- und Schmiedemaschinen mit Füßen. (Flottmann A. G., Herne.) Antrieb Preßluft von 5 atü.

Type	Bezeichnung	Bohrerlänge	Verwendungszweck	Preßluftbedarf, angesaugte cbm/min	Gewicht in kg	Preis in RM
FV 01	Schärfmaschine	beschränkt	Herstellung und Nachschärfen von Bohrerschneiden	1,63	105	365
FV 03	Schärfmaschine mit Stellvorrichtung	beschränkt	Herstellung und Nachschärfen von Bohrerschneiden	1,63	140	505
FV 02	Schärf- und Stauchmaschine	beschränkt	Herstellung und Nacharbeiten von Bohrerschneiden und Einsteckenden	1,63	130	530
FV 04	Schärf- und Stauchmaschine mit Stellvorrichtung	beschränkt	Herstellung und Nacharbeiten von Bohrerschneiden und Einsteckenden	1,63	165	670
FL 01	Leichte Schärfmaschine	unbeschränkt	Herstellung und Nachschärfen von Bohrerschneiden	1,63	110	825
FL 03	Leichte Schärfmaschine mit Klappfüßen	unbeschränkt	Herstellung und Nachschärfen von Bohrerschneiden	1,63	115	860
FL 02	Leichte Stauch- und Schärfmaschine	unbeschränkt	Herstellung und Nacharbeiten von Bohrerschneiden und Einsteckenden	1,63	125	935
FL 04	Leichte Schärf- und Stauchmaschine mit Klappfüßen	unbeschränkt	Herstellung und Nacharbeiten von Bohrerschneiden und Einsteckenden	1,63	130	970

Fortsetzung der Tabelle.

Type	Bezeichnung	Bohrerlänge	Verwendungszweck	Preßluftbedarf, angesaugte cbm/min	Gewicht in kg	Preis in RM
FR 01	Schmiedemaschine mit Schärf- und Streckhammer	beschränkt	Herstellung und Nachschärfen von Bohrerschneiden, sonstige Schmiede- und Streckarbeiten	2,07	1100	2070
FR 02	Desgl. mit Stauchmatrizen-klemme		Desgl. und Herstellung von Einsteckenden	2,07	1170	2400
FR 03	Desgl. mit Stauchmatrizen-klemme		Desgl.	3,70	1270	2750
FR 04	Desgl. mit Stauchmatrizen-klemme		Desgl. für Bohrer bis 32 mm ∅	4,35	1285	2850
FP	Pickeisenschärfmaschine		Herstellung und Nachschärfen von Pickeisenspitzen, sonstige Schmiede- und Steckarbeiten	2,28	540	1275

299. Bohrung mit Freifallbohrmaschinen für den Abbau in Steinbrüchen:

Bohrlochdurchmesser	10—20 cm
Fortschritt, stündlich	0,35—0,65 m
Bohrlochtiefen	10—30 ,,

300. Bohren von Sprenglöchern unter Wasser mittels des Demag-Hochleistungsbohrhammers SHK 60 W in der Ewst (Lettland).

Bohrerlängen: 2 bis 7 m, Bohrloch-Wasserspülung und -Luftspülung, Schlagzahl 1700/min, selbsttätiger Bohrerumsatz.

Bei Überlagerung von Lehm und Kies über dem Fels wurde mit Schutzrohr gebohrt. Bohrlochweite 45 bis 60 mm. Bedienung: 1 erster Maschinist, $3 \times 2 = 6$ Maschinisten, $3 \times 6 = 18$ Steinhauer an 4 Bohrhämmern, 3 Schmiede und 3 Zuschläger, zusammen 31 Mann für 4 Bohrhämmer beim Arbeiten in 3 Dritteln.

Fels: geschichteter Dolomit mit 48 bis 50,5% Kalkgehalt, dünne Zwischenschichten von Lehm und von Granit bis 0,5 m Stärke. Stellenweise Überlagerung von Lehm und Kies bis 0,5 m.

Größte Bohrtiefe: 7,0 m. Verhältnis der $\frac{\text{produktiven}}{\text{gesamten}}$ Bohrstunden = 0,605, Kosten je Meter Bohrloch 4,68 RM mit eingearbeiteter Mannschaft, früher 6,24 RM. Bohrleistung je Stunde brutto 3,12, netto 4,10 m.

301. Bosch-Hammer (Bohr- und Meißelhammer) mit elektrischem Antrieb, Gleich- oder Wechselstrom 110, 125, 155 oder 220 Volt, für Stemm- und Bohrarbeiten, Bearbeitung von Beton- und Steinflächen, für Stampfarbeiten, für Spatenarbeiten in zähen Schichten u. dgl.

Gewicht des Hammers 7,8 kg, des Trag- und Zugehörkastens 9 kg.
Preis: 800 RM, 1600 S, 9300 Kč einschließlich Umsatzsteuer, Verpackung und Porto.
Leistungsaufnahme: 600 Watt.
Schlagzahl: 1000 bis 5000 je Minute, je bis 1 kgm.
Bedienung: 1 Mann.
Leistung: Bohrlochdurchmesser 30 mm, Bohrfortschritt in Eisenbeton (80 bis 100) mm/min, in Ziegelmauerwerk (220 bis 250) mm/min.

302. Kosten der Zündmittel.

Die Zündleitungen[34] kosten:

bei Maschinbohrung	3— 5%	der Dynamitkosten,
,, Handbohrung	8—10%	,, ,, ,
oder bis	50%	,, Sprengpulverkosten.

Die Zündmittel, also Zündleitung und Kapsel, betragen:

beim Stollenvortrieb	5— 8%	der Dynamitkosten,
,, Stollenausweiten	10—25%	,, ,,

303. Sprengungen mit frei angelegter Ladung.

a) Relative Wirksamkeit von Sprengstoffen:

Ekrasit	1,0	Dynamit II A	0,50
Dynamit 00	1,1	,, II B	0,62
,, 0	0,71	,, III	0,25
,, I	0,62	Dynamon	0,59
,, II	0,56	Wetterdynamon	0,33

b) Sprengmittelbedarf L in Gramm bei frei angelegter Ladung:[136]

1. Rundholz, Pfähle vom Durchmesser D cm:
   über dem Wasserspiegel $L = 0{,}25\,D^2$ g Dynamit I,
   unter ,, ,, $L = 0{,}50\,D^2$ g Dynamit I.
2. Stahlkonstruktionen vom Querschnitte F/qcm:
   über dem Wasserspiegel $L = 25\,F$ g Dynamit I,
   unter ,, ,, $L = 50\,F$ g Dynamit I.

304. Sprengung von Bäumen mit verdämmter Ladung.[231]

Bei einem Durchmesser D cm sind $L = 0{,}12\,D^2$ g Dynamit I erforderlich.

305. Sprengung von Eis.[231]

Ladung in kg		Dicke des Eises in cm	Versenkungstiefe der Ladung unter die Eisoberfläche in m	Durchmesser des Sprengtrichters in m	Ladung in kg		Dicke des Eises in cm	Versenkungstiefe der Ladung unter die Eisoberfläche in m	Durchmesser des Sprengtrichters in m
Sprengpulver	Dynamit I				Sprengpulver	Dynamit I			
1,68	—	26	1,00	1,70	—	0,56	30	1,25	5,50
2,24	—	26	1,10	2,30	—	0,56	40—45	0,6—1,0	4,00
2,24	—	95	1,0—1,25	2,0—3,0	—	1,12	37—55	0,6—2,0	5,00
2,80	—	29	1,25	3,40	—	1,68	37—53	1,25—2,0	6,00
3,36	—	25	1,40	4,60	—	2,24	50	1,25—2,0	6,40

306. Wertigkeit der Sprengstoffe bei verdämmter Ladung.[298]

Trinitrotoluol	1,00	Dynamit mit 15% Nitroglyzerin	0,59
Ekrasit	1,00	Sprenggelatine	2,00
Schwarzpulver	0,28	Gelatinedynamit, 70%	1,04
Dynamit mit 75% Nitroglyzerin	1,28	60%	0,96
60% ,,	1,11	55%	0,89
55% ,,	1,04	50%	0,84
50% ,,	1,00	40%	0,75
45% ,,	0,92	35%	0,71
40% ,,	0,86	30%	0,67
35% ,,	0,80	20%	0,60
30% ,,	0,73	Schießbaumwolle	1,22
25% ,,	0,67	Rauchloses Pulver	1,16
20% ,,	0,64	Ammongelatine	1,60

1 kg flüssiger Sauerstoff ist gleichwertig $^2/_3$ kg Ammonsalpetersprengstoff.[12]

Es enthält Dynamit I . . . . 63% Nitroglyzerin,
,, ,, ,, III . . . . 38% ,, ,
,, ,, ,, V . . . . 19% ,,

307. Sprengung mit verdämmter Ladung, in Gestein, Boden, Beton und Mauerwerk, ohne Verspannung.[136]

Bei einer Vorgabe v in Metern beträgt der Sprengmittelverbrauch L in Kilogramm

$$L = K\,v^3,$$

wobei bei Vorgaben bis $v = 1$ m für den Beiwert K zu setzen ist:

	Bei Verwendung von Sprenggelatine	Dynamit, Ammonsalpetersprengstoffen	Sprengpulver
Bei hartem, zähem Gestein	0,3	0,6	2,0
,, mittelhartem Gestein, Beton, Mauerwerk	0,2	0,5	1,5
,, weichem Gestein, festgelagertem Boden	0,1	0,4	1,0

In klüftigem Gestein sollen Laderohre verwendet werden.
Für Erschütterungsschüsse nur zur Lösung: $^1/_3$ bis $^1/_5$ L.
Sprengen von Baumstämmen, 10 bis 18 cm stark: 150 g Dynamon.

308. Dynamitverbrauch in Kilogramm pro Kubikmeter in Stollen bei einem Vortriebsquerschnitt von 3 qm.

Gestein	Dynamit I kg/cbm von — bis	Dynamit I kg/cbm durchschnittlich
Granit, zäh	9,8—10,0	9,9
„ , fest	4,0—7,3	5,7
„ , wenig fest	2,0—3,8	2,7
„ , klüftig	4,7—12,6	6,9
Gasterngranit	6,7	
Albulagranit	5,3—5,6	5,5
Schwarzwaldgranit	1,6—4,6	3,0
Granitgneis	6,7—7,6	7,2
Gneisgranit, hart	3,8—11,6	6,3
„ , wenig fest	1,8—3,0	2,7
„ , klüftig	2,5	
Gneis, hart	3,0—7,5	5,0
„	2,6—3,5	3,1
Antigoriogneis	7,4—7,5	7,5
Tauerngneis	4,1—4,4	4,3
Augengneis	2,3—4,5	3,4
Glimmergneis	3,8—5,7	4,5
Gneisschiefer	8,7—9,1	8,9
Gneis mit Glimmereinlagen	1,8	
Serpentin, sehr hart	7,5—8,0	7,8
Feldspat	3,2	
Porphyr	1,8	
Porphyrkonglomerat	4,2	
Kalkstein, fest	3,6—7,0	4,8
Silurkalk	1,9—2,5	2,3
Triaskalk	1,5—4,0	2,6
Karbonkalk	6,1	
Urkalk, klüftig	4,9—5,1	5,0
Opponitzer Kalk	1,4	
Dachsteinkalk	3,1—4,9	3,8
„ , hart	6,1	
Wettersteinkalk	3,3—4,3	3,8
Gutensteinkalk	3,0—3,9	3,5
Muschelkalk	1,9	
Rogenstein	6,1	
Kalkschiefer, kristallinisch	4,8—9,5	7,2
„ mit Quarz	5,1—8,2	7,1
„ mit Anhydrit	4,8	
Kalk, kristallinisch	3,9—7,0	5,5
„ , dolomitisch	1,2—3,4	1,9
Dolomit	2,9—4,4	3,4
„ , teils verwittert	2,3	
„ , zerklüftet	1,9—5,1	3,5
„ mit Sandspalten	2,2—3,1	2,7

Gestein	Dynamit I kg/cbm von — bis	Dynamit I kg/cbm durchschnittlich
Mergel, fest	3,1—3,2	3,2
„ , tonig	1,2—1,3	1,3
Wellenmergel	1,5	
Tonschiefer, fest	1,4—1,8	1,6
„ , mit Grauwacke, zerklüftet	2,1—7,0	5,1
Schieferton, weich	0,9	
Quarzit	4,4—4,9	4,7
„ , klüftig	1,2—2,5	1,9
Quarzsandstein	3,1	
Quarzkonglomerat	3,6	
Quarzschiefer	3,6—5,8	4,8
Phyllit mit viel Quarz	6,9	
„	3,5	
Glimmerschiefer	3,1—8,8	6,1
„ mit Quarzadern, sehr hart	4,7—5,1	4,9
Serizit, Phyllit, Quarzit	3,7—4,7	5,2
Schiefer, kristallinisch	4,8—6,5	5,9
„ mit Dolomit	4,3—4,9	4,6
Lunzer Schiefer	0,8	
Werfener Schiefer	2,0—4,8	3,4
Kohlenschiefer	1,3	
Schiefer, schwarz	3,8	
Hornblende	5,0	
Hornsteinporphyr	8,6	
Rotliegendes	3,7—6,5	4,5
Anhydrit	6,3	
„ mit Ton	7,1	
Buntsandstein	1,8—4,0	2,6
Sandstein, hart	2,5	
Molasse, Sandstein	2,1—2,2	
Sandstein, weich, und Mergel	2,2	
Keupersandstein	1,8	
Nagelfluh	2,2	
Sandstein und Schiefer	3,0	
Kies und Gerölle	1,9	
Bergschutt, verkittet	2,9	
Grauwacke, fest	5,0	
„	1,9—4,3	3,2
„ mit Tonschiefer	1,8	
Grauwackenschiefer	1,2—1,5	1,4
„ , weich, mit Schieferton	0,7	

309. Für die Lösung von 1 cbm Fels erforderliche Menge des für den Fels geeigneten Sprengstoffes in Kilogramm (überschlägig):[34]

Gestein	Leicht schießbar	Mittelschwer schießbar	Schwer schießbar
Steinbruch	0,15	0,2	0,3
Offene Wand	0,20	0,3	0,5
Große Baugruben, Stollenausweitung	0,4	0,6	1,0
Enge Baugruben, Schlitze, Gräben	0,8	1,2	2,0
Flache Gräben	1,5	2,5	4,0
Einzelne Trümmer		0,2	0,4

Sprengpulver wird nur noch in Steinbrüchen zur Gewinnung von Stein für Bauzwecke verwendet. Die Zündmittel kosten 15 bis 20% der Sprengmittel. Zündschnurverbrauch etwa 1,5 m je Loch, Ladetiefe: 0,3 bis 0,4 der Lochtiefe.

310. Erfahrungen beim Bau des Freispiegelstollens des Kraftwerkes Mallnitz:[80]

Gestein	Dynamitverbrauch je cbm bei 5 qm Ausbruchquerschnitt	Dynamitverbrauch reduziert auf 3 qm Vortriebquerschnitt
Kalkphyllit	2,21	2,99
„ und Kalkglimmerschiefer	2,25	3,04
Kalkglimmerschiefer	2,80	3,78
Quarzit	3,27	4,42
Augengneis	3,29	4,45
Kalkglimmerschiefer und kristallinischer Kalk	2,71	3,67
Mylonitische Randzone	2,10	2,84

311. Sprengung mit verdämmter Ladung bei Verspannung im Gestein (Stollen), siehe Abb. 20.

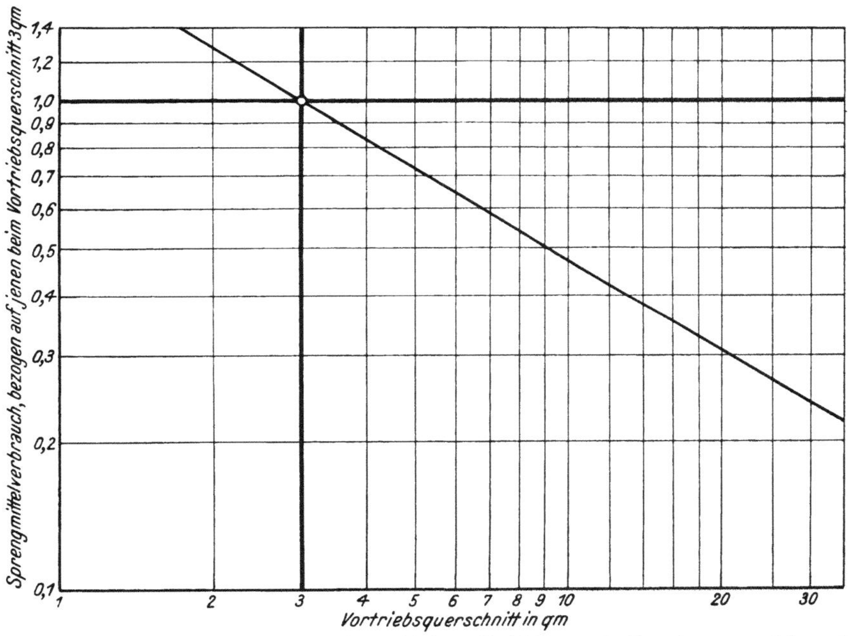

Abb. 20. Relativer Sprengmittelverbrauch in Stollen bei verschiedenen Vortriebsquerschnitten, bezogen auf jenen beim Vortriebsquerschnitt von 3 qm, nach E. Teischinger. Der Verbrauch im offenen Bruche beträgt 0,1 desjenigen bei 3 qm Vortriebsquerschnitt.

312. Sprengstoffverbrauch bei der Stollenausweitung.

Bei einem Vortriebsquerschnitt von 4 bis 5 qm ist der Sprengmittelverbrauch bei der folgenden Ausweitung nur 0,20 bis 0,25 jenes beim Vortrieb.

313. Erzeugung flüssiger Luft für Sprengzwecke.

Leistung an flüssiger Luft, stündlich	kg	20	30	60	75	100	135	150
Gewicht der Anlage, ohne Motor	t	6,8	9,6	14,8	21,7	23,0	33,6	39,0
Preis[146] ohne Motor, Rohrleitungen, Gefäße	RM	36000	44000	63000	79000	85000	107000	121000

Eine Anlage zur Erzeugung von 20 l flüssiger Luft stündlich erfordert für den Antrieb im normalen Betrieb 60 PS, während der Inbetriebsetzung 80 PS. Bedienung: 1 Maschinist und 1 Hilfsarbeiter, der aber noch Nebenarbeiten verrichten kann.[214]

Nach Lisse verteilen sich die Kosten der Erzeugung von flüssiger Luft wie folgt:

Stromkosten	71%	Gefäße	7%
Löhne	11%	Abschreibungen	5%
Betriebsmittel	6%		

314. Stollenvortrieb mittels flüssigen Sauerstoffes.[125]

Beim Bau des Druckstollens Campodolcino—Prestone, Vortriebsquerschnitt 5 qm, sind Sprengversuche mit Dynamit und mit Sprengluft angestellt worden, die dazu geführt haben, daß der Stollen mittels Sprengluft weiter vorgetrieben worden ist.

Bohrlochtiefe 1 m, Bohrlochdurchmesser 40/32 mm. Gestein: fester Gneis, Quarz und Granit.

a) Vortrieb mittels Sprengluft.

Verbrauch an Sprengmitteln je Kubikmeter Ausbruch:

Kapseln	4,4—6 Stück	Patronen	10,3—15,7 Stück
Flüssiger Sauerstoff	5,4—9,25 l	Sprengmittelkosten	22,5—44,5 Lire

b) Vortrieb mittels Dynamit.

Verbrauch an Sprengmitteln je Kubikmeter Ausbruch:

Kapseln	5—6 Stück	Sprengmittelkosten	62—84 Lire
Dynamit	2,4—3,6 kg	Dynamitkosten an der Verbrauchsstelle	24 Lire/kg

Vortrieb in beiden Fällen monatlich 30 bis 40 m.

315. Laden, Schießen und Lüften erfordern im Stollen samt allen Nebenarbeiten, unabhängig vom Vortriebsquerschnitt, 60 Minuten, von denen etwa die Hälfte auf das Lüften entfallen.

E. Felsaushub.

316. Lösen und Laden von 1 cbm Fels im Einschnitt oder in einer weiten Baugrube:[34, 37, 51, 136]

Felsklasse		V	VI	VII
Erforderliche Gesamtbohrlochlänge	m/cbm	0,2—0,8	0,5—1,6	1,0—2,5
Bohrmaschinen (Maschine + Preßluft + Arbeiter)	h/cbm	0,1—0,3	0,25—0,8	0,75—1,9
Oder Handbohrung, 25 mm weit	Arbeitsstunden	0,7—3,5	2,5—13,5	10—42
Bohrerschärfen, Schmied	h	0,05—0,2	0,18—0,6	0,5—1,3
Für Abschreibung und Abnützung der Geräte, Steinarbeiter	h/cbm	0,12—0,16	0,16—0,20	0,20—0,25
Für Aufsicht, von den Löhnen	%	7—12	7—12	7—12
Dynamit	kg/cbm	0,05—0,2	0,12—0,3	0,2—0,4
Kapsel	Stück/cbm	0,4	0,6	0,7
Zündschnur	m/cbm	0,5	0,7	1,0
Sprengmittelkosten, überschlägig, Steinarbeiter	h/cbm	0,19—0,25	0,28—0,5	0,65—0,95
Lösen nach der Sprengung, Hilfsarbeiter	„	2—2,6	2,6—3,5	3,5—5,8
Einmal Werfen, Hilfsarbeiter	„	1—2	1—2	1—2

Heraussortieren von Steinen für Bauzwecke 1,5 Hilfsarbeiterstunden; für Arbeiten in seichtem Wasser Zuschlag 3 Hilfsarbeiterstunden.

317. 1 qm Felsflächen nach der Sprengung sorgfältig ebnen[51] erfordert bei hartem Fels (Felsklasse VI):

a) bei waagrechten Flächen: 2 h Steinarbeiter + 20% für Aufsicht und Geräte;

b) bei lotrechten oder geneigten Flächen: 1 h Steinarbeiter + 20% für Aufsicht und Geräte.

318. 1 cbm Felslösung an Berglehnen, wenn die gelösten Steine nur beiseite zu werfen sind, unterhalb der Lösungsstelle aber liegenbleiben können oder in Einschnitten samt Aufladen der Steine:

a) bei weichem Gestein, verwittertem oder dünn geschichtetem oder stark zerklüftetem Gestein, z. B. verwittertem Granit, Gneis oder Tonschiefer, Kalkmergel, wenn der Fels mit Spitzhaue oder Krampen, Keilen und Brechstange gelöst werden kann:

(2,9 bis 3,0) h Steinbrecher + (5,8 bis 6,0) h Hilfsarbeiter + 10% für Geräte;

b) bei weichem Gestein, wie zuvor, das aber unter Zuhilfenahme von Sprengmitteln gelöst werden muß, wie z. B. Sandstein, weicher Kalkstein, Grauwacke, Oberflächendiorit: (5,8 bis 6,0) h Steinbrecher + 4,4 h Hilfsarbeiter + 10% für Geräte + 0,01 kg Sprengpulver;

c) bei mittelhartem, zutage liegendem Gestein, wenig klüftig, wie Kalkstein, Hornblende, hartem Sandstein, Granit, Gneis, Diorit, weichem Basalt:

10,3 h Steinbrecher + 2,2 h Hilfsarbeiter + 12% für Geräte + 0,33 kg Sprengpulver;

d) bei sehr hartem, zutage liegendem Gestein, z. B. sehr festem Granit, Porphyr, Quarz, Basalt, Grauwacke, Grünstein, Glimmer- oder Kieselschiefer:

13,2 h Steinbrecher + 3 h Hilfsarbeiter + 12,5% für Geräte + 0,41 kg Sprengpulver.

319. 1 cbm Aushub von Fels (Felsklasse VI) bis 2,5 m tief, wenn nicht gesprengt werden darf, nur mit dem Meißel in Handarbeit: 28 h Steinarbeiter + (20 bis 28) h Hilfsarbeiter + 20% für Aufsicht, Geräte, Schmiedekosten + 3,5 kg Bohrerstahl.

320. 1 cbm Sprengtrümmer (Grubenmaß) verladen, z. T. nach 34, **oder abladen.**

a) In offener Baugrube von Gleishöhe aus, mit einem Wurf

in niedrige Wagen: 1,5 h Hilfsarbeiter, in hohe Wagen: 1,8 h Hilfsarbeiter.

b) In offener Baugrube aus Höhen unter Gleis aus, mit einem Wurf: Zuschlag (0,2 bis 0,5) h Hilfsarbeiter.

c) In engen Baugruben: Zuschlag 30%.

d) Wenn große Trümmer zu verladen sind, die ein Mann nicht mehr heben kann, für Zerkleinern Zuschlag bis 30%.

e) Wenn schwache Ladungen beim Schießen verwendet werden müssen, so daß das Gestein nur zerrissen wird, die Trümmer aber liegen bleiben, Zuschlag bis 100%.

f) Aus nicht kippbaren Wagen abladen: (0,8 bis 1) h Hilfsarbeiter.

321. Aufreißhammer Demag A 65.

Gewicht 32 kg ohne Meißel. Preis 300 RM. Meißel, 450 mm. Preis 10 RM.
Preßluftschlauch 15 m lang mit Armaturen 60 RM.

322. 1 cbm Felsaushub aus engen Baugruben, wie Baugruben für Grundwerke, Brunnen, Schächte, samt Aufladen und Verführen bis auf 50 m (Handbohrung).

Gesteinsart			Sehr zerklüfteter Fels	Fels, zerklüftet	Fels, teilweise klüftig	Fels, sehr hart
Bis 2 m Tiefe	Steinbrecher	h	2,5—3	6—7	9—12	13—15
	Hilfsarbeiter	,,	7,5—9	6—8	4—6	4,5—6
	Für Aufsicht und Geräte	%	15	15	15	15
	Dynamit	kg		0,13	1,7	2,1
	Zündmittel	%		5—8	5—8	5—8
Bei Tiefen über 2 m Zuschlag für je 2 m Mehrtiefe	Steinbrecher	h	0,7	0,7	0,7	0,7
	Hilfsarbeiter	,,	1,5	1,5	1,5	1,5
	Für Aufsicht und Geräte	%	15	15	15	15

F. Stollenvortrieb.

323. Bohrlochtiefe und die gesamte Bohrlochlänge für 1 cbm Ausbruch in Stollen.

Die für 1 cbm Ausbruch erforderliche Gesamtbohrlochlänge ist vom Vortriebsquerschnitt unabhängig.[26]

Die bei einem Vortriebsquerschnitt $F = 1$ bis 6 qm zweckmäßigste Tiefe der Bohrlöcher beträgt[26]

$$L = a + (F - b)\,c \text{ m},$$

wobei zu setzen ist:

a) bei einmänniger Handbohrung $a = 0{,}5$, $b = 1$, $c = 0{,}10$,
Bohrlochdurchmesser $d = 20 - 30$ mm,

b) bei zweimänniger Handbohrung $a = 0{,}6$, $b = 3$, $c = 0{,}20$,
Bohrlochdurchmesser $d = 25 - 40$ mm,

c) bei Bohrhammerbetrieb....... $a = 0{,}5$, $b = 1$, $c = 0{,}18$,
Bohrlochdurchmesser $d = 35 - 45$ mm.

Die Bohrlochtiefen liegen zwischen $L = 0{,}5$ und 1,4 m. Der Angriffsfortschritt beträgt in der Regel 0,75 bis 1,0, durchschnittlich 0,9 der Bohrlochlänge.

324. Erforderliche Vortriebsquerschnitte:

a) in Stollen je Bohrloch:

bei einmänniger Bohrung[26] .... 1,3 qm
,, zweimänniger ,, [26] .... 2—3 qm
,, Bohrung mit Preßluftbohrhämmern[26] .... 2 ,,

b) im Schacht je Bohrloch:

bei einmännigem Bohren .... 1,75 qm

„ zweimännigem „ .... 3,20 „

für 2 Förderkübel .... 1,60 „

325. Vortriebsgeschwindigkeit in Felsstollen.[128] Näherungsformeln nach Randzio.

Es bedeutet: B_w den Bohrlochlängenwirkungsgrad, für den etwa 0,9 gesetzt wird, B_L^1 die Gesamtbohrlochlänge für 1 cbm Ausbruch nach Nr. 323, t_B^1 die Gesamtzeit, die zur Herstellung von 1 m Bohrloch erforderlich ist, in Minuten nach Nr. 293.

a) Bei Bohrhammerbetrieb mit drei gleichzeitig arbeitenden Bohrhämmern beträgt, bei einem Vortriebsquerschnitt von 6 qm, die Vortriebsgeschwindigkeit

$$V\,\mathrm{m/24\,h} = \frac{350}{0{,}5\,.\,B_L^1\,.\,t_B^1 + 3\,B_L^1 + 10}\,B_w$$

und bei einem Vortriebsquerschnitt von 4 qm

$$V\,\mathrm{m/24\,h} = \frac{380}{0{,}5\,.\,B_L^1\,.\,t_B^1 + 3\,B_L^1 + 10}\,B_w.$$

b) Bei einmännigem Handbetrieb, wenn drei Männer gleichzeitig bohren, beträgt die Vortriebsgeschwindigkeit in m/24 h, bei einem Vortriebsquerschnitt von 6 qm

$$V\,\mathrm{m/24\,h} = \frac{240}{0{,}25\,.\,B_L^1\,.\,t_B^1 + 3\,B_L^1 + 8}\,B_w$$

und bei einem Vortriebsquerschnitt von 4 qm

$$V\,\mathrm{m/24\,h} = \frac{290}{0{,}25\,.\,B_L^1\,.\,t_B^1 + 3\,B_L^1 + 9}\,B_w.$$

326. Durchschnittliche Vortriebsgeschwindigkeiten bei neueren, kleinen Stollen.[26]

Gestein	Anlage	Vortriebs-querschnitt in qm	Vortrieb in 24 Stunden in m
Granit, fest, zähe	Partenstein	9,0	2,20
Jurakalk, teilweise zertrümmert, wasserhaltig	Luzern-Engelberg	9,0	1,25
Schwarzwaldgranit, fest	Murgwerk	8,8	4,50
Quarzit	Landkreis Aachen	7,5	4—4,5
Tonschiefer, sehr mild	„ „	7,5	8—9
Rauchwacke, druckhaft	Kienberg-Gaming	6,8	1,5
Buntsandstein	Teinachkraftwerk	6,7	4,3
Bergschutt, verkittet	Achensee	6,5	2,8
Rauhwacke	„	6,3	4,50
Opponitzer Kalk	Kienberg-Gaming	6,0	1,80
Kalk, Molasse, Mergel, zum Teil verwittert	Wäggital	6,0	5,40
Schwarzwaldgranit	Schluchseewerk	5,50	2,88
Granit, hart	Oberhasli	5,50	2,16
„ , fest, quarzreich	Murgwerk	5,20	3,00
Kies und Gerölle	Spiez	5,00	4,50
Dolomit, mäßig geschichtet	Kienberg-Gaming	5,0	5,40
Muschelkalk	„	5,0	4,05
Lunzerschiefer	„	5,0	2,70
Gutenstein- und Wettersteinkalk	Achensee	4,9	3,2
Granit, hart, zum Teil verwittert	Rannawerk	4,9	3,5—4,2
„ , lassig	„	4,9	2,4—2,7
Wettersteinkalk	Achensee	4,6	1,3—5,8
Gutensteinkalk	„	4,6	3—5,5
Kalkstein, hart	Kandergrund	4,5	4,3
Dolomit	Alfenzwerk	4,5	2,7—4,0
Mergel, fest, steigend	„	4,5	4,0
„ , „ , fallend	„	4,5	3,0
Dachsteinkalk, steigend	„	4,5	2,7
„ , fallend	„	4,5	3,0
Gneis, 50% Einbau	Arnstein	4,0	2,70
„ , gebräch, durchaus Einbau	„	4,0	0,75
Dolomit und Opponitzer Kalk, wechselnd	Kienberg-Gaming	4,0	4,6
Urkalk, klüftig, mit viel Wasser	Bärenwerk	4,0	3,50
Tonschiefer mit Grauwacke, zerklüftet, brüchig	Wiesental	3,8	2,7
Gneis, hart, ohne Einbau	Arnstein	3,5	1,8
„ , „	Haslitalwerk	3,24	2,0

327. Der Mehrausbruch bzw. die Mehrwandstärke beträgt bis 20 cm in Stollen ohne oder mit nur leichtem Einbau und bis 30 cm bei schwerem Einbau. Er ist unabhängig vom Stollenquerschnitt, hängt aber von der Arbeitsweise und von der Art der Entlohnung der Arbeiter ab.

Nach Rziha beträgt der Mehrausbruch im festen Gebirge 16 cm, im verwitterten Gebirge 30 cm.

Einzelne Zacken dürfen bleiben, wenn sie mindestens 5 cm stark von Beton überdeckt werden.

Der Mehrausbruch hat z. B. beim Druckstollen Arnstein einen Mehrbetonverbrauch von 143% bewirkt.[132]

Im Druckstollen „Im Schräh" betrug der Mehrausbruch nur bis 9 cm, im Druckstollen Siebnen-Rempen nur 6 bis 9 cm; trotzdem betrug der Betonmehrverbrauch bei diesen Stollen je nach der Stärke der Auskleidung 14 bis 41%.

328. Holzverbrauch bei Stollenzimmerungen.[233]

Der Holzverbrauch bei verschiedenen Aufbruchquerschnitten verhält sich wie die dritten Wurzeln der Aufbruchflächen.

Der Aufwand an Rundholz zum Pfahlholz verhält sich in der Regel wie 3 : 1.

Der Holzverbrauch für die Stollenzimmerung beträgt bei einem Aufbruchquerschnitt von 70 bis 75 qm je Meter Stollen:

bei sehr festem Gebirge	0,13—0,55 cbm
„ festem „	0,58—0,87 „
„ gebrächem „	1,13—2,13 „
„ mildem „	2,25—2,60 „
„ rolligem „	3,42—3,80 „
„ schwimmendem „	4,8 —5,7 „

329. Verbrauch an Klammern bei der Stollenzimmerung,[233] je Raummeter eingebautes Zimmerholz:

bei sehr festem Gestein	26 kg
„ festem „	18 „
„ gebrächem „	15 „
„ mildem „	13 „
„ rolligem „	11,5 „
„ schwimmendem „	11,5 „

330. Stollenzimmerung, verschiedene Zimmerhäuerarbeiten.[233]

100 Stück Pfähle schneiden und zurichten	18 h Zimmerhäuer
100 „ Pfandkeile herstellen	15 „ „
100 „ breite Treibkeile herstellen	12 „ „
100 „ Fäustelstiele herstellen	35 „ „
1 m Wandruten, Schwellen, Unterzüge auf zwei Seiten behauen	1,6 „ „
1 „ Anlegeholz auf zwei Seiten behauen	1,2 „ „
1 „ Sparrenzimmer, Türstock oder Schachtkranz aus Tannenholz abbinden und aufschlichten	1,2 „ „
1 „ Sparrenbockholz abbinden	1,6 „ „
1 Stück Rundholz, 45 cm stark, aussuchen und abschneiden, einschließlich aller Nebenarbeit	1,0 „ „

331. 1 rm vorbereitetes Pölzungsholz und Pfähle im Stollen[233] einbauen erfordert:

bei sehr festem Gestein	170 h Zimmerhäuer
„ festem „	140 „ „
„ gebrächem „	80 „ „

332. Stollenzimmerung im Druckstollen des Kraftwerkes Arnstein.[132] Ausbruchfläche 9,5 qm.

Es wurden je Meter Stollen bezahlt (Akkordlöhne):

für einfache Firstzimmerung 19 h Hilfsarbeiter,
„ schweren Einbau bis zu 230 h Pölzhäuer.

333. Stollenzimmerung. Getriebezimmerung, Türstockabmessungen: Höhe 1,60 m, Breite oben 1,0 m, unten 1,6 m, bei sehr günstigen Verhältnissen, einschließlich Förderung, aber ohne Lösung des Ausbruches, je Meter:

65 h Häuer + 13 h Hilfsarbeiter + 15% für Aufsicht und Geräte.

334. Union-Stollendielen (Abb. 21, 22). (Dortmund-Hoerder Hüttenverein.)
Normale Länge: 1,75 m.

Form	A,	Wandstärke	4 mm,	Gewicht je Meter	3,77 kg,	Preis	RM
„	A,	„	5 „,	„ „ „	4,71 „,	„	„
„	B,	„	4 „,	„ „ „	6,60 „,	„	„
„	B,	„	5 „,	„ „ „	8,25 „,	„	„

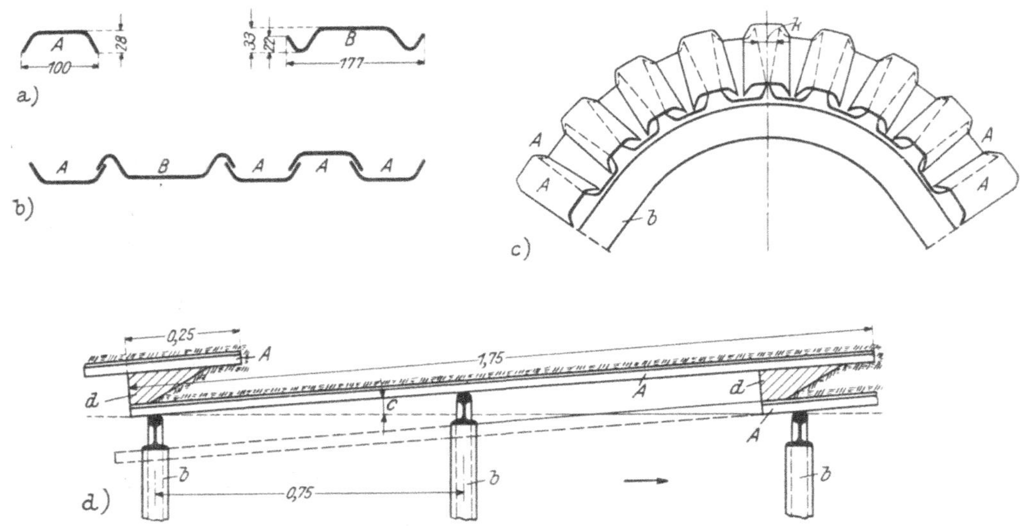

Abb. 21. Union-Stollendielen.
a) Querschnitte, b) die Formen *A* und *B* beliebig aneinandergereiht, c) Form *A*, abwechselnd nach innen und außen verlegt, d) Längsschnitt durch einen Stollen. *A* Stollendiele, Form *A*, *b* Rahmen aus gebogenen Schienen, *c* Pfändung, *d* Beton.

335. Klöckner Stollendielen (Abb. 23).
Normale Länge: 1,8 m; Blechstärke: 5 mm.
Richtpreise ab Werk:

a) Normale Stollendiele je Stück .... 2,75 RM
b) Keildiele „ „ .... 1,40 „
c) Firstdiele „ „ .... 2,60 „

336. 1 m Rollgleis in Stollen einbauen kostet 8 h Häuer.

337. Das Schuttern.

Auf je 3 qm Vortriebsquerschnitt werden 1 bis 4 Schutterer gerechnet. Die Schutterzeit beträgt etwa 1 bis 3,5 h.

Von der Schutterzeit ist nur ein Bruchteil, etwa 20 bis 60%, auf die Angriffszeit anrechenbar, weil schon während des Schutterns wieder gebohrt werden kann.

338. Demag-Schaufellader beim Bau des Eichholzstollens des Schluchseewerkes.[268]
Preßluftantrieb: 4 bis 5 atü. Bedarf: 4 cbm angesaugte Luft je Minute.

Schmiermittel: 0,25 RM/Tag.	Bedienung: 1 Mann.
Fassungsvermögen der Schaufel: 0,2 cbm.	Preis: 7000 RM.
Arbeitsspiele: 3 bis 4 je Minute.	Nutzungsdauer: 5 Jahre.
Durchschnittsleistung: 10 cbm Gestein/h.	Unterhaltung jährlich: 20% des Neuwertes.
Spitzenleistung: bis 13 cbm Gestein/h.	

339. Der Schaufellader von Allis Chalmers (Manufacturing Comp., Milwaukee, Wisc., U. S. A.):

Schaufellader	Größe	Nr. 2	Nr. S 2
Drehmotor	PS	4,5	4,5
Hubmotor	„	7,0	7,0
Lademotor	„	7,0	7,0
Preßluft	atü	6—7	6—7
Preßluftverbrauch	Angesaugte cbm/min	8,5	8,5
Schaufelinhalt	cbm	0,13, 0.17	0,13, 0,17

Arbeitsbreite, erforderliche, bei Schaufelinhalt	0,13 cbm	. . . . . m	2,15	2,75
,, , ,, , ,, ,,	0,17 ,,	. . . . . ,,	2,45	2,75
Arbeitshöhe, ,, , ,, ,,	0,13 ,,	. . . . . ,,	2,15	2,60
,, , ,, , ,, ,,	0,17 ,,	. . . . . ,,	2,30	2,75
Gewicht des Schaufelladers, betriebsfertig		. . . . kg	2900	3800

Bedienung: 1 Schaufelführer + 1 Helfer. Instandhaltung: jährlich 3200 RM, hiervon 44% Löhne. Nutzungsdauer: etwa 4 Jahre. Reine Ladezeit je Raummeter Ausbruch (Grubenmaß): 0,085 bis 0,135 h Schaufellader. Für Pausen, Nebenarbeiten: Zuschlag 200%.

Abb. 22. Stollenvortrieb mit Union-Stollendielen. (Dortmund-Hoerder Stahlverein, Dortmund.)

340. Stollenbewetterung.

Lufttbedarf: für 1 Arbeiter . . . . 10—25 cbm/h
,, 1 Pferd . . . . 35 ,,
,, 1 kg Dynamit . . . . . 300 cbm.

Im Vortriebsstollen soll die Luft mit 0,10 bis 0,3 m/sec strömen. Die zur Bewirkung dieser Strömungsgeschwindigkeit erforderliche Luft ist in der Regel größer als die erforderliche Lebensluft.

Die Luft wird durch einen Ventilator und eine Rohrleitung von der Länge L und dem Durchmesser d m eingeblasen. Bezeichnet V die in der Sekunde eingeblasene Luft in cbm/sec, h die Pressung der Luft am Ventilatorausgang in mm WS, $\eta = 0,5$ bis 0,8, durchschnittlich 0,6 den Wirkungsgrad des Ventilators, so nimmt der Ventilator die Leistung

$$L_e = \frac{V \cdot h}{\eta \cdot 102}\ \text{kW}$$

auf. Der Antriebsmotor wird sicherheitshalber für eine um 20% höhere Leistung genommen. Der erforderliche Überdruck am Ventilator in mm WS beträgt

$$h = 8\,\frac{\gamma}{g\,\pi^2}\,\frac{V^2}{d^4}\left(1 + \frac{\lambda}{d}\,L\right),$$

wobei λ eine Rauhigkeitsziffer ist, für die, je nach der Beschaffenheit der Rohrwandung, $\lambda = 0,015$ bis 0,027 zu setzen ist und $\gamma = 1,25$ kg/cbm das Eigengewicht der Luft bedeutet.

Der Überdruck am Ventilator wird in der Regel etwa $h = 500$ mm WS gewählt und die Luttenrohre werden dementsprechend genommen.

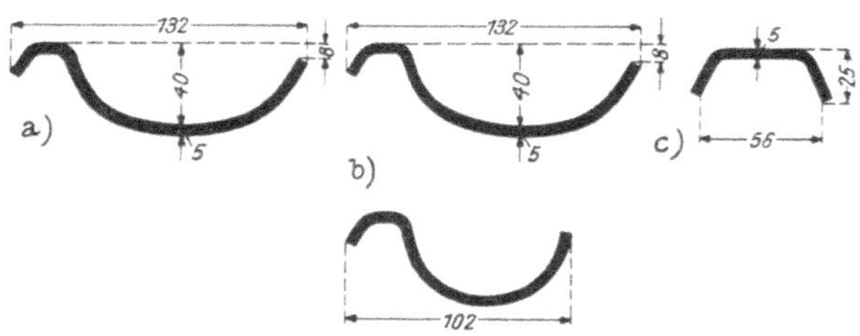

Abb. 23. Klöckner Stollendielen (Kölner Form). a) Normale Stollendiele, b) Keildiele, Breite an den Enden 132 bzw. 102 mm, c) Firstdiele. Normale Länge der Dielen 1,80 m.

341. Luttenrohre zur Stollenbewetterung. Preis je Meter beim Durchmesser 0,5 m (5 bis 10) RM.[178]

342. Reinhaltung eines Sohlendräns in einem Druckstollen während der Bauzeit: Druckstollen des Kraftwerkes Partenstein, je Meter (2 bis 3) h Hilfsarbeiter.

343. 1 cbm Stollenausbruch, einschließlich aller Nebenarbeiten bei Handbohrung:

a) bei Querschnitten unter 2 qm in hartem Gestein: 41 h Häuer;
b) bei Querschnitten über 2 qm in hartem Gestein: 22 h Häuer;
c) bei Querschnitten von 35 bis 40 qm:
1. in festem Gestein ohne Beförderung des Ausbruches: 35 h Häuer,
2. in lockerem Gestein, ohne Beförderung des Ausbruches: 28 h Häuer,
3. in festem Boden, ohne Beförderung des Aushubes: 20 h Häuer.

344. Druckstollenausbruch beim Strubklammwerk:[208] Hauptdolomit. Vortrieb mit Vollausbruch. Ausbruchquerschnitt (einschließlich 20% Mehrausbruch) 5,4 qm. Bohrung mit zwei Ingersoll-Bohrhämmern BAR 33. Vortrieb täglich bei zwei zehnstündigen Schichten durchschnittlich 3,67 m, höchstens 6,20 m. Größte Förderweiten in den Stollentrümmern 500 m, 1200 m, 370 m und 150 m.

1 cbm Ausbruch hat durchschnittlich erfordert: 2 h Bohrhäuer + 4,4 h Schlepper + 1,75 h Hilfsarbeiter + 0,85 h Schmied + 1,25 h Maschinist + 0,5 h Sprengmittelmanipulant + 3,15 kg Dynamit + 6,6 m Zündschnur + 4,5 Stück Kapseln + 0,3 kg Karbid + 0,28 kg Maschinenöl + 0,018 kg Kompressorenöl + 1,02 kg Schmiedekohle + 0,25 kg Bohrstahl.

345. **1 cbm Stollenausbruch** (Vortrieb + Ausweitung) für Stollen von Wasserkraftanlagen, überschlägig:[194]

1,5 h Aufseher + 9 h Häuer und Facharbeiter + 7,5 h Schlepper + (20 bis 30)% der Löhne bei starkem Wasserandrang + 2 kg Dynamit + 5 Stück Kapseln + 6 m Zündschnur + 25% der Dynamitkosten für Karbid, Kohle und Bohrstahl.

Bei Ausbau: + 0,15 cbm Rundholz + 0,08 cbm Schnittholz.

346. **1 cbm Ausbruch in einem Stollen** von 5,5 qm Vortriebsquerschnitt in festem Granit bei Handbohrung. Tagesfortschritt 0,5 m. Förderweite 200 m.

31,9 h Häuer,	1,6 kg Dynamit,
2,53 „ Schmied,	6,1 m Zündschnur,
1,54 „ Helfer,	9,1 Stück Kapseln,
2,86 „ Laufbursche,	0,43 kg Stahl,
0,44 „ Wagner,	0,40 „ Öl.
4,51 „ Schlepper.	

347. **Freispiegelstollen des Murwerkes bei Muhr** (Salzburg).[232]

Querschnitt 1,5 × 1,8 m in Glimmerschiefer und Gneis. Einmännige Handbohrung. Vortrieb in zwei Schichten, Förderung in einer Schicht.

		Für 1 m Stollen	Für 1 cbm Ausbruch
Mineur	h	91	30
Schlepper	„	16	5,5
Schmiede und Bohrerträger	„	30	10
Dynamit	kg	8,9	3,3
Sprengkapseln	Stück	51	17
Zündschnur	m	23	7,7
Holzkohle	kg	20	6,6
Karbid	„	1,3	0,44
Bohrerstahl	„	0,84	0,28

348. **Vortriebsgeschwindigkeit in Erdstollen.**[128]

Es bedeute: Q den Vortriebsquerschnitt in Quadratmetern, V_A den Fortschritt eines Angriffes in Metern = dem Rahmenabstand, U den Umfang des Vortriebsquerschnittes in Metern, P_b die Pfahlbreite in Metern, W_p die Zahl der gleichzeitig eingetriebenen Pfähle, t_p^1 die Zeit für das Eintreiben eines Pfahles, W_b die Anzahl der gleichzeitig am Bodenaushub und am Bohlenvorstrecken an der Stollenbrust tätigen Arbeiter, t_v^1 die Zeit für das Bohlenvorstrecken für 1 rm Aushub in Minuten, t_b^1 die Zeit für den Bodenaushub allein in Minuten, t_z die Zeit für die Auszimmerung in Minuten.

Die Vortriebsgeschwindigkeit beträgt dann in Metern je 24 h,

$$V\,(\mathrm{m}/24\,\mathrm{h}) = \frac{1440\, V_A}{\dfrac{U\, t_p^1}{P_b \cdot W_p} + \dfrac{Q\, V_A\,(t_b^1 + t_v^1)}{W_b} + t_z}.$$

Es kann gesetzt werden:

t_p^1 = 15 bis 40 Minuten bei Eintreiben der Pfähle von Hand,

t_b^1 = 30 bis 180 Minuten, je nach Bodenart,

t_v^1 = etwa 100 Minuten,

t_z = ein Viertel der Gesamtangriffszeit, das ist also ein Drittel der Summe der erforderlichen Zeiten für das Eintreiben der Pfähle, für den Bodenaushub und für das Vorstrecken des Brustverzuges.

Auf je 4 m Umfang kann ein Eintreibgerät gerechnet werden. Auf je 1,5 m Vortriebsbreite kann 1 Arbeiter gerechnet werden.

349. 1 rm Bodenaushub in Erdstollen.

Der Zeitaufwand für den Aushub ist gleich dem der betreffenden Bodenart in weiten Baugruben entsprechenden plus einem Zuschlag von 30 bis 50% für Arbeitsbehinderungen im Stollen.

350. Stollenvortrieb unter Verwendung von Union-Stollendielen UStD[192] für den Bau eines Abwassersammlers in der Obermeidericher Straße in Duisburg-Hamborn.

Bodenbeschaffenheit: 0,80 m blauer Letten, darüber Schüttboden eines Eisenbahndammes mit Steinen und Findlingen bis 35 cm Durchmesser.

Stollenquerschnitt: 110/145 cm, Länge: 103 m.

Leistung: 1 Häuer, 1 Schlepper im Stollen, 2 Männer am Förderschacht, in 8 Stunden durchschnittlich 1,8 m; in Boden ohne Hindernisse bis 3 m.

351. 1 m Stollenvortrieb in Kölner Bauweise[55] durch Schüttboden, Lehm, Sand und Kies, unter Verwendung von Kölner Tunnelblechen und eisernen Tunnelbögen; Eintreiben der Bleche mittels Preßlufthämmern, Brustverzug. Bleche und Bögen verbleiben im Stollen.

Die Arbeitsmannschaft bestand aus je 2 Häuern, 2 Hilfshäuern, 4 Erdarbeitern, 1 Maschinisten und 1 Zimmermann.

Der Arbeitsaufwand betrug je Meter Stollen:

beim Stollenquerschnitt	m	4,7 × 5,1	3,2 × 3,8	1,7 × 1,8
für den Kanalquerschnitt	„	3,7 × 3,7	2,5 × 2,78	1,2 × 1,33
Arbeitsmannschaft	Stunden	11,6—12,5	6,7—8,4	3—3,5

Beim Stollenquerschnitt 4,7 × 5,1 m wurden verbraucht je Meter Stollen:

Rundholz für	50 RM	Brustwandbohlen und Aussteifung für	8,4 RM
Stützbögen für	125 „	Tunnelbleche für	334 „

Für Geräte und Gewinn sind 50% verrechnet worden. 1 cbm Beton ohne Zement und Zuschlagstoffe kostete (16—20) RM.

352. 1 m Stollenvortrieb in Kölner Bauweise durch Schüttboden, Lehm, Sand und Kies, mit Brustverzug, wie unter Nr. 351, erfordert bei einem Vortriebsquerschnitt von F qm $1{,}6\,F^{0,63}$ h Arbeitsmannschaft.

Die Mannschaft besteht aus 2 Häuern, 2 Hilfshäuern, 4 Erdarbeitern, 1 Maschinisten und 1 Zimmerhäuer.

353. Erreichte Vortriebsgeschwindigkeit bei Erdstollen.[26]

Bodenart	Anlage	Vortrieb	Vortriebs-querschnitt in qm	m/Tag
Weicher, blauer Ton mit sandigen Einlagen	Wasserstollen, Chicago	Lösung mit Spaten und Spitzhaue, Stahlverschalung, 8 bis 10 Männer vor Ort	7,55	5,5
Ton, fest, und reiner Sand	Siele, Hamburg	Vortrieb mit eisernen Pfählen	6,50	0,82
Diluvialsand, erdfeucht, lehmige und tonige Einlagerungen, Überlagerung 2,5 bis 1,7 m	Sammler, Berlin	Pfahlvortrieb über eiserne Bögen	8,0	2,4
Lehm, Tuffsand, Tuffstein, Sauerwasserkalk, roter Keupermergel, druckhaft	Entwässerungsstollen, Stuttgart	Pfahlvortrieb über eiserne Bögen	6,0	2,4
Sand und Ton	Gasleitungsstollen, Boston	Pfahlvortrieb, 9 Männer vor Ort	4,5	2,75
Sand	Wasserleitung, Loing und Lunain	Getriebezimmerung	7,25	4,5
Blauer Ton, hart, wenig Wasser, Einlagerungen von Triebsand, Gasaustritte	Kabeltunnel, Chicago	Lösen mit Spaten und Ziehmesser, Stahlverkleidung, 20 Männer	6,5	9,5

Fortsetzung der Tabelle.

Bodenart	Anlage	Vortrieb	Vortriebs-querschnitt in qm	m/Tag
Nasser Sand und Kies	Glasgow	Pfahlvortrieb mit Preßluft Stahlverkleidung	1,2	1,37
Ton, zum Teil Wasserandrang	Wasserleitung, Gary	Pfahlvortrieb mit Preßluft	2,9	8,0
Sand, Wasser führend	Kanal, Hamburg	Vortrieb mit eisernen Pfählen und Preßluft	6,5	2,30
Sand, festgelagert, standfest	Achenseewerk	Pfahlvortrieb in der Firste, Zimmerung und Verladung	6,25	2,90

354. Stollenvortriebsgeschwindigkeit bei Schildvortrieb, überschlägig.

Bei Schildvortrieb in sehr ungünstigem Boden unter Flüssen und bei Anwendung von Preßluft können durchschnittlich nach R. Randzio Vortriebsgeschwindigkeiten von 1,50 m/Tag erreicht werden. Bei günstigeren Bodenverhältnissen steigt der Vortrieb auf etwa 2,50 m/Tag.

Wenn keine Preßluft angewendet werden muß, können Vortriebe von durchschnittlich 3 bis 5 m/Tag erreicht werden.[128]

355. Erreichte Vortriebsgeschwindigkeiten (m/Tag) bei Schildvortrieb.[26]

Bodenart	Anlage	Vortrieb	Vortriebsquerschnitt in qm	m/Tag
Ton, fest, blaugrau	Fußgängerstollen, London	Schild	3,5	2,58
Ton, fest, und Sand	Kanal, Hamburg	Schild	9,5	1,77
Schutt, einige Kalkbänke, Mergel, kein Wasser	Kanal, Paris	Schild	8,0	2,50
Flußsand, rein, rollig, Kies, Mergel	Paris	Schild	9,0	1,50
Ton und Sand	Straßenbahn, London	Schild, zum Teil mit Preßluft	8,7	3,25 max. 4,88
Sand, teilweise rollig, Kalkbänke	Düker	Schild mit Preßluft	5,7	0,80
Kalk, Mergel	Düker, Paris	Schild mit Preßluft, 3 atü	5,0	1,80 max. 2,50
Kies mit Findlingen	Düker, Paris	Schild mit Preßluft, 3 atü	5,0	0,51
Sand, rein	Düker, Paris	Schild mit Preßluft, 3 atü	5,0	2,56

356. 1 m Stollen im Schildvortrieb kostet bis fünfmal soviel als 1 m Stollen im Fels.[26]

G. Schachtabteufen.

357. Das Verhältnis der Abteufleistung in Schächten zur Vortriebsleistung in Stollen beträgt bei gleichem Gebirge und gleichem Querschnitte nach E. Teischinger:

in erdigem Boden .... weniger als 1,
„ Schuttgestein .... „ „ $^2/_3$.

358. Förderung aus Schächten mit Kübeln.

1 rm sandiger Boden mit Steinen (Grubenmaß) in Kübel von 0,06 bis 0,08 cbm Fassungsraum verladen erfordert 0,3 bis 0,35 h Hilfsarbeiter.

1 rm steinigen oder an der Schaufel haftenden Boden (Grubenmaß) in die Kübel verladen erfordert 0,4 bis 0,5 h Hilfsarbeiter.

1 rm Schußgestein (Grubenmaß) in Kübel verladen erfordert 0,6 bis 0,7 h Hilfsarbeiter.

359. 1 m Schacht, 3,2 × 1,5 m, in zersetztem Glimmerschiefer abteufen, mit maschineller Haspelung, Bohrhammerbetrieb, einschließlich Lüftung und Wasserhaltung, bei Ausbau in Lärchenholz.

Abteufleistung mit drei Drittel Belegschaft, je Monat mit je 25 Arbeitstagen = 75 Schichten, 16 m/Monat.

Belegschaft: Auf der Schachtsohle 3 Häuer, 1 Pumpenwärter (auch Sonntags); über Tag 1 Maschinist für den Kompressor und für die Fördermaschine, auf der Hängebank 1 Abzieher, ab Hängebank 2 Förderer, 2 Reservemänner für das Vorrichten von Holz, Transporte u. dgl., 1 Aufseher, zusammen 12 Mann je Schicht.

Zimmerung: je Meter Schacht 1 Schachtkranz. Holzaufwand je Meter Schacht einschließlich Schalung 1,65 rm Holz.

Sprengmittelaufwand: je Meter Schacht 7 kg + 15% für Zündmittel.

Betriebskraft: je Stunde Gleichwert für 1,35 h Häuer.

Schmiedekohle und Geräte: ohne maschinelle Anlage 10% der Gesamtkosten.

360. Druckschachtausbruch beim Strubklammwerk.[208] Hauptdolomit.

a) Oberer Teil, unter 45° geneigt, 125 m lang, Kreisquerschnitt 3,80 qm. Der Ausbruch erfolgte von unten.

1 cbm Ausbruch hat erfordert: 8,4 h Bohrhäuer + 7,3 h Schlepper + 1,3 h Schmied + 2,3 h Maschinist.

b) Unterer Teil, Neigung 10‰, Länge 113 m, Kreisquerschnitt 6,2 qm, Bohrung mit zwei Ingersoll-Hämmern BAR 33.

1 cbm Ausbruch hat erfordert: 5,1 h Bohrhäuer + 4 h Schlepper + 1 h Schmied + 1,7 h Maschinist.

361. Auffahren tonlägiger Gesenke in Schiefergneis und Glimmerschiefer, Querschnitt 2,5 × 2,0 m, mit Zimmerung und Sohlriegel. Fortschritt in 1 Monat zu 25 Arbeitstagen = 75 Schichten 25 m.

Belegschaft je Schicht: 3 Häuer, 1 Abzieher, 1 Förderer, 1 Reservemann, 1 Maschinist für den Kompressor, die Förderhaspel und die Pumpe, zusammen 7 Männer.

Holzaufwand, einschließlich Schwellen, 0,6 rm/m.

Betriebskraft je Stunde: Gleichwert für 1,6 h Häuer.

Sprengstoffe und Zündmittel je Meter: Gleichwert für 32 h Häuer.

Geleuchte, Schmiedekosten je Meter: Gleichwert für 16 h Häuer.

Für Aufsicht und Geräte: 10% der Gesamtkosten.

Einbau je Meter Doppelgleis für den Aufzug: 24 h Häuer.

362. Kosten des Schachtabteufens von Hand auf Teufen von 600 bis 1000 m. Siehe: Heidorn W.: Wirtschaftliche Betrachtung über das Abteufen von Hand. Glückauf, Essen 1931, S. 1141, 1582.

362 a. Kosten fertiger Schächte.[288] (Vorkriegspreise.) Durchschnitt aus 120 Schachtbauten in Westfalen.

Lichte Weite des Schachtes in Metern	Kosten je Meter fertigen Schachtes in Reichsmark in Mergel	im Steinkohlengebirge
4,5—5,0	1017	841
5,0—5,5	1138	935
5,5—6,0	1201	996

362 b. Kosten des Schachtes Achenbach IV in Westfalen.[289]

Lichtweite des Schachtes 5,7 m. Teufe 670 m, hiervon 332 bis 444 m durch weißen, wasserführenden Mergel mit Hilfe des Zementierens abgeteuft. Monatsleistung durchschnittlich 38,40 m, im weißen Mergel 37,40 m. Ausmauerung zwei Steine stark.

Je Meter Schacht waren erforderlich:

48,5 Schichten unter Tag + 28,2 Schichten über Tag + 4,14 Beamtenschichten + 1,16 bezahlte Urlaubsschichten + 25,28 kg Dynamit + 79,62 t Kohle + 5000 Ziegelsteine.

Je Meter Schacht waren durchschnittlich 63 m Bohrloch erforderlich.

Von den Kosten entfielen: 41% auf die Löhne, 11% auf Kohle, 30% auf sonstige Erfordernisse und 18% auf den Abteufturm, das Kesselhaus, die Maschinenanlage, Gebäude u. dgl.

362c. Kosten eines Schachtbaues unter Anwendung des Gefrierverfahrens von Poetsch.[290]

a) Kostenschätzung unter der Voraussetzung, daß keine Betriebsstörungen vorkommen. Vorkriegsverhältnisse.

Schachtweite 4,50 m, Teufe 100 m, Herstellungsdauer der Gefrierlöcher 1,5 Monate, Gefrierdauer 1,5 Monate, Abteufen und ausbauen 4 Monate, Auftauen 2 Monate. Gesamte Bauzeit 9 Monate. Kosten etwa 3000 M je Meter Schacht.

b) Kostenverteilung bei einem Schacht von 6 m Weite und 400 m Teufe im niederrheinischen Tertiär (leicht gefrierbar). Vorkriegsverhältnisse.

Kostenanteil der Abteufeinrichtung	M	52000	= 1,67%	der Gesamtkosten
Bohrarbeit, einschließlich der Rohre	„	1334400	= 43,02%	
Kostenanteil der Kälteanlage	„	70000	= 2,26%	
Gefrieren	„	180000	= 5,80%	
Abteufen und Ausbau	„	1465600	= 47,25%	
Gesamtkosten	M	3102000		

H. Anschüttungen.

363. 1 rm Hinterfüllung von Mauern mit Boden, der in Schichten von 20 cm eingefüllt und gestampft wird, ohne Zufuhr: (1,5 bis 2,5) h Hilfsarbeiter + 10% für Aufsicht und Geräte.

364. 1 rm Bruchsteine hinter Kunstbauten hinterbeugen, ohne jede Zufuhr (2 bis 2,5) h Hilfsarbeiter.

365. 1 rm Hinterfüllung von Grundwerken, samt Zufuhr bis auf 60 m und Stampfen: 4 h Erdarbeiter + 10% für Aufsicht und Geräte.

366. 1 rm zugeführten Boden für Dammschüttungen ausbreiten und in Handarbeit stampfen, wobei festgesetzte Querschnittsformen einzuhalten sind:

Stärke der zu stampfenden Schichten in Zentimetern		10	20	30	50
Je nach der Art und Feuchte des Bodens, Hilfsarbeiterstunden	von	1,8	1,3	1,0	0,5
	bis	2,5	2,1	1,8	1,3
Bei sehr schwerem Boden und großen Kastenkippern	„	3,5	3,1	2,8	2,3

Für Aufsicht und Geräte zu den Löhnen Zuschlag 15%.

367. 1 rm Boden für Dammschüttungen von Wurzelwerk und Pflanzenteilen reinigen: (1 bis 2) h Hilfsarbeiter.

368. 1 rm Boden, der mit Schubkarren oder Fuhrwerken angefahren wird, einebnen: (0,2 bis 0,4) h Hilfsarbeiter.

369. 1 rm zugeführten Boden kippen[21, 34] (Kippen, allenfalls Wagen ausräumen, Gleise freimachen, Gleise heben und rücken und Ebnen des Bodens):

Art der Kippe	Ablagerungskippe				Dammkippe			
Wagenart	Holzkastenkipper		Selbstentlader		Holzkastenkipper		Selbstentlader	
Höhe der Kippe	hoch	nieder	hoch	nieder	hoch	nieder	hoch	nieder
Leicht kippbarer Boden, wie trockener Sand und Kies, Dammerde	0,15	0,18	0,05	0,10	0,20	0,25	0,15	0,20
Mittelschwer kippbarer Boden, wie nasser Sand und Kies, Trümmergesteine, Mergel, trockener Lehm	0,25	0,30	0,12	0,20	0,35	0,40	0,27	0,32
Schwer kippbarer Boden, wie nasser Lehm und Ton	0,40	0,50	0,25	0,40	0,50	0,60	0,40	0,50
Boden, der zu Rutschungen neigt	Zuschlag 40—50%							

Bei kurzen Rampen: Zuschlag (20 bis 30)%.
An der Kippe überdies 1 Aufseher, daher Zuschlag für Aufsicht (6 bis 20)%.

Mindestbesatzung an der Kippe:

a) Bei Holzkastenkippern:

Wageninhalt	cbm	1—1,5	2—2,5	3—3,5	4—4,5
Hilfsarbeiter		5	7—8	12	14—15

Bei großen Massen und langen Zügen für je 4 Wagen 2 Männer.

b) Bei Selbstentladern: 2 bis 3 Männer.

370. Einebnungspflug, Bauart Beck.[21]

Spurweite	600 mm				750 mm				900 mm			
Ausladung von Mitte, Gleis m	2—3	2—3	3—4	3—4	2—3	2—3	3—4	3—4	2—3	2—3	3—4	3—4
Gewicht ..... t	4,0	3,8	4,2	4,1	7,3	6,9	10,0	8,5	10,0	7,8	11,5	9,6
Antrieb durch Lokomotive PS	50—60				80—100				125—160			
Preis ab Werk RM	4800	4600	5100	4950	8400	7900	11500	10000	10700	9150	12100	10300

Nutzungsdauer: 5 bis 6 Jahre.

371. Absetzgerät der Friedr. Krupp A. G. in Essen.

Absetzergröße		400/34	500/40	500/47
Erforderliche Gleislänge	m	480	600	600
Gewicht des Absetzers	t	419	502	522
Preis samt Gleis, Stromzuführung und Reserveteile	RM	330000	384500	409500
Betriebsmittel:[21]				
Stromverbrauch je Stunde	kW	175	200	210
Motorenöl	g/h	40	45	50
Maschinenöl	,,	220	260	300
Staufferfett	,,	60	75	80
Putzöl	,,	40	40	40
Putzwolle	,,	40	40	40
Instandhaltung:[21]				
Ersatzteile jährlich vom Neuwert	%	5	5	5
Laufend je Betriebsstunde Werkstättenarbeiter	h	0,5—1	0,5—1	0,5—1
Schlußinstandsetzung je Betriebsstunde Werkstättenarbeiter	,,	0,8—1,6	1—2	1—2
Abschreibung jährlich vom Neuwert	%	20	20	20
Abladen und Betriebsfertigmachen:[21]				
Baggermeister	h	360	416	448
Facharbeiter	,,	2880	3328	3584
Hilfsarbeiter	,,	2880	3328	3584

Bei neuen Geräten: Zuschlag 60% + (1- bis 3)fache Baggermeisterstundenzahl für Monteure des Lieferwerkes.

Absetzergleis legen je Meter:[21]				
Schachtmeister	h	0,4	0,4	0,4
Facharbeiter	,,	1,2	1,2	1,2
Hilfsarbeiter	,,	6	6	6

Bedienung:[21] 1 Baggermeister + 1 Helfer + 1 Schachtmeister + 12 Männer.

Leistung stündlich, Betrieb mit Pausen:[21]				
Leichter Boden	rm/h	500	570	570
Mittelschwerer Boden	,,	440	515	515
Schwerer Boden	,,	400	465	465

Bei Betrieb ohne Pausen sinkt die Leistung bei leichtem Boden um 3 bis 5%, bei schwerem Boden um 9 bis 10%.

372. Spülkippen.

Geländeaufspülung bei Otrokowitz an der March.

Der Boden (Lehm mit Gesteinstrümmern und stark verwittertem Fels) wird mit Preßwasserstrahlen mit 7, 20 bzw. 60 atü abgespült. Das Spülgut wird in Holzrinnen von parabolischem Querschnitt und Blechauskleidung mit 8 mm starken Schleißblechen am Boden unter einem Gefälle von 3,3% abgeleitet. Das ablaufende Wasser-Boden-Gemisch enthält 12 bis 15 Gewichtsprozent Boden. Die Schleißbleche müssen alle 4 bis 8 Monate ausgewechselt werden. Das Spülgut stellt sich nahezu waagrecht ein und kann nach einjährigem Austrocknen mit etwa 1,5 bis 2 kg/qcm belastet werden.

1 rm Aufspülung kostet ohne Tilgung der Anlagekosten 1,20 Kč = 14 Rpf.

Bisher aufgespülte Menge: 2500000 rm Boden.

373. Preßluftstampfer. (Internationale Preßluft- und Elektrizitäts-G. m. b. H., Berlin.)

Bauart		Systeme Keller und Boyer				Ringventilstampfer	
		4 B	4 x	RA	P 8	RV 1	RV 2
Gewicht	kg	5,2	6,3	10,0	11,6		
Luftverbrauch .... Angesaugte	cbm/h	0,39	0,43	0,48	0,85	0,65	0,60
Spannung der Luft	atü	5	5	5	5	5	5
Schlauchanschluß	mm	10	13	13	13	13	13
Preis	RM	135	165	165	205	205	185

374. Walzen von Ausschüttungen mit 5 t-Motorwalzen.

Leergewicht: 4,5 t; Dienstgewicht: 5 t; Motorleistung: 10/14 PS; Fahrgeschwindigkeit: 2 bis 5 km/h.

Bedienung: 1 Walzenführer (Lohn + 25% für Instandhaltung und Reinigung außer der Walzzeit) + (1 bis 2) Männer für Hilfeleistungen.

Die Walze bei Baubeginn betriebsfertig machen und später für die Abfuhr bereitmachen: (20 bis 30) h Walzenführer.

Leistung je Stunde:[34]

bei leichtem Boden	30 rm	bei schwerem Boden	15 rm
„ mittelschwerem Boden	20 „	„ sehr schwerem Boden	10 „

375. Walzen von Schüttungen mittels der Schaffußwalze. (Menck u. Hambrock, Altona.)

Eine Schaffußwalze wird durch einen 25 PS-Raupenschlepper mit 4 bis 5 km/h gezogen. Bei 20maligem Überwalzen können stündlich 200 bis 250 qm oder 75 rm Boden gewalzt werden. Schüttungshöhe etwa 30 cm. Kleinste Länge der Walzbahn nicht unter 100 m.

Technische Angaben über die Schaffußwalze:

Gesamtlänge	2,85 m	Länge der Stempel	0,18 m
Gesamtbreite	1,67 „	Gewicht ohne Wasserfüllung	1,98 t
Durchmesser der Walze über den Stempeln	1,33 „	Gewicht mit Wasser gefüllt bis	2,78 t
Walzbreite	1,5 „	Flächendruck	(4,6—7,0) kg/qcm

376. Walzen von Boden mittels einer Einrad-Motorwalze. (Urkraft-Motorwalze der Straßenbau-Maschinen-Ges., Gera.)

Dienstgewicht normal 0,6 t, erhöhbar bis 0,8 t; Antrieb durch Dieselmotor 3 PS; Walzbreite 700 mm; Reisegeschwindigkeit 2 km/h; Walzgeschwindigkeit 2 km/h; überwindbare Steigung 15%. Leistung stündlich bis zu 125 qm. Bedienung 1 Mann. Benzin-Benzol-Gemisch stündlich 1 kg. Preis ab Werk 1350 RM.

377. Stampfen von Schüttungen mittels des Universal-Raupenbaggers.[176]

Der Universal-Raupenbagger wird zum Kran (siehe Nr. 271) mit kurzem Ausleger umgebaut. Als Stampfer wird ein Gußeisengewicht von 2 t mit einer Grundfläche von etwa

86 × 86 cm = 0,75 qm verwendet, das bei Fallhöhen von 1,5 bis 2 m bis zu 20 Schläge je Minute macht. In 8 h können etwa 1000 qm gestampft werden, wobei jede Stelle 5- bis 7 mal vom Stampfer getroffen wird.

378. Bodenverdichtung mittels der „Delmag"-Stampframme. (Deutsche Elektromaschinen- und Motorenbau-A. G., Eßlingen a. Neckar.)

Die Stampframmen (Abb. 24) werden durch ein in einem Zylinderraum explodierendes Benzol-Luft-Gemisch hochgeschleudert und fallen mit ihrem vollen Gewicht auf den zu verdichtenden Boden.

Anwendungsbereiche:

a) Die 100 kg-Stampframme eignet sich besonders für das Stampfen von Hinterfüllungen, bei der Verfüllung von Rohrgräben und Kabelgräben und im Straßenbau für das Verdichten von Schüttungen geringer Höhe. Diese Ramme läßt sich auf der Baustelle leicht in eine Pfahlramme (vgl. Nr. 921) in einen Aufbruchmeißel (vgl. Nr. 252) oder in eine Pflasterramme (vgl. Nr. 2022) umbauen.

Abb. 24. Der Delmag-100 kg-Stampfer beim Stampfen einer Gleisbettung. (Delmag, Eßlingen.)

Technische Angaben, Gewichte und Preise.

Nenngewicht der Stampframme		100 kg	200 kg
Benzolverbrauch	kg/h	0,36	0,66
Schmierölverbrauch und Zündbatterieladung, Kosten in Prozenten des Benzolverbrauches	%	10	10
Sprunghöhe	m	0,35—0,50	0,35—0,45
Sprungzahl je Minute		30—60	30—40
Leistung bei dreimaligem Überrammen	qm/h	30—40	80—90
Bedienung in ebenem Gelände	Männer	1	1
„ in unebenem Gelände	„	1	2
Laufende Instandhaltung vom Neuwert	%	5	5
Abschreibung jährlich vom Neuwert	%	20	20
Preis der Stampframme	RM	850,—	1500,—

b) Die 200 kg-Stampframme dient für das Abrammen von höheren Schüttungen; sie kann auch in eine Pflasterramme umgebaut werden.

379. Bodenverdichtung mittels des „Delmag"-Frosches. (Deutsche Elektromaschinen- und Motorenbau-A. G., Eßlingen a. Neckar.) (Abb. 25.)

Der „Delmag"-Frosch ist ähnlich den Explosionsrammen gebaut; das im Zylinderraum explodierende Benzol-Luft-Gemisch schleudert den Frosch hoch, der dann frei auf den Boden herabfällt. Die Zylinderachse ist etwas geneigt, so daß sich der Frosch bei jeder Explosion selbsttätig etwas vorrückt.

Abb. 25. Der Delmag-Frosch (1 t) während des Sprunges. (Delmag, Eßlingen.)

Technische Angaben, Gewichte und Preise.

Nenngewicht des Frosches		$^1/_2$ t	1 t
Benzolverbrauch je Stunde	kg	1,6	4,0
Schmierölverbrauch und Zündbatterieladung in Prozenten des Benzolverbrauches	%	10	10
Sprunghöhe	m	0,3—0,4	0,4—0,55
Sprungzahl je Minute		50	50
Sprungweite	m	0,15—0,25	0,20—0,30
Leistung je Stunde: einmal überstampfen	qm	bis 200	250
„ „ „ : zweimal „	„	„ 140	175
„ „ „ : dreimal „	„	100—75	110—90
Größte zulässige Dicke der zu stampfenden Schicht	m	0,5—0,6	0,8—1,0
Bedienung	Männer	1,25	1,25
Laufende Instandhaltung vom Neuwert	%	5	5
Nutzungsdauer	Jahre	6	6
Preis einschließlich Montagebock und Werkzeug	RM	3750,—	5500,—

Ergebnisse der Bodenverdichtung mittels des $^1/_2$ t-„Delmag“-Frosches.

a) Feinkörniger, scharfer, schwach feuchter Quarzsand (Reichsautobahn Frankfurt—Mannheim bei Lorsch):

Raumgewicht des gewachsenen Bodens	1,58 t/rm
„ „ lose eingefüllten Bodens	1,16 „
„ einer frischen Schüttung	1,43 „
„ „ 6 Wochen alten Schüttung	1,44 „
„ „ frischen, 70 cm hohen Schüttung, einmal überstampft	1,59 „
„ „ „ , 70 „ „ „ , zweimal „	1,61 „
„ „ „ , 70 „ „ „ , dreimal „	1,65 „
„ „ 6 Wochen liegenden Schicht, dreimal überstampft	1,60 „

b) Schwach plastischer Lehmboden (Reichsautobahnüberführung über die Straße Scharnhausen—Neuhausen):

Raumgewicht des trockenen, zur Schüttung verwendeten gewachsenen Bodens t/rm	Wie oft überstampft		Zeit für das Stampfen je qm in Minuten	Raumgewicht des trockenen Bodens nach dem Stampfen	
	Zahl	Zahl der Schläge je qm		Obere Hälfte der Schicht t/rm	Untere Hälfte der Schicht t/rm
1,54	einmal	29	3	1,59	1,46
1,60	zweimal	47	5	1,68	1,54
1,68	dreimal	59	8	1,76	1,55
1,61	viermal	72	10	1,67	1,58

380. Bodenschwingungsrüttler. (Losenhausenwerk, Düsseldorf-Grafenwerk.)

a) Vibromax AT 5000, zur Verdichtung von Bodenschichten bis 1 m Dicke, bestehend aus einer Stampfplatte von 1 m Durchmesser mit eingebautem Schwingschlagerzeuger, einem eingebauten Benzin- oder Dieselmotor von 18 PS, 3000 Umläufe je Minute, Luftkühlung und allem Zugehör, sowie zwei abnehmbaren Transporträdern mit Zugstange. Es erfolgen je Minute 1000 bis 1500 Schwingschläge; Arbeitsgeschwindigkeit vorwärts und rückwärts stufenlos zwischen 0 und 4 m/min. verstellbar. Größter Schwingungsschlag 5000 kg. Bruttogewicht mit Rädern 1,6 t. Größte Leistungsaufnahme 7 bis 10 PS. Bedienung 1,25 Männer. Preis mit Benzinmotor 7550.— RM, mit Dieselmotor 8340.— RM.

b) Große Bodenverdichtungsmaschine, Abb. 26.

Die große Bodenverdichtungsmaschine bewegt sich auf Raupenbändern fort. Sie vollführt je Minute 1500 Schwingungsdrücke von je 30000 kg und verdichtet in einem Arbeitsgang Bodenschichten bis zu 3 m Dicke. Je Minute werden (2 bis 4) qm verdichtet. Bedienung: 1 Mann. Antrieb: 100 PS-Dieselmotor. Die Maschine wird nur verliehen.

Abb. 26. Der große Bodenschwingungsrüttler des Losenhausenwerkes.

IX. Gewinnung von Baustoffen.

A. Stein.

381. Normen betreffend Bausteine.

DIN 1968. Technische Vorschriften für Bauleistungen; V. Steinmetzarbeiten.
DVM 2101. Richtlinien für Probeentnahmen und gesteinskundliche Untersuchungen.
DVM 2102. Prüfverfahren für natürliche Gesteine; Raumgewicht, spezifisches Gewicht, Dichtigkeitsgrad.
DVM 2103. Prüfverfahren für natürliche Gesteine; Wasseraufnahme, Wasserabgabe.
DVM 2104. ,, ,, ,, ,, ; Frostbeständigkeit.
DVM 2105. ,, ,, ,, ,, ; Druckfestigkeit.
DVM B 2107. ,, ,, ,, ,, ; Schlagfestigkeit, an Würfeln ermittelt.
DVM 2108. ,, ,, ,, ,, ; Abnützbarkeit durch Schleifen.
Önorm B 3107. Bruchsteine.
Önorm B 3102. Natürliche Gesteine; Probenahme und Prüfung.
Önorm B 2013. Steinmetzarbeiten.

382. Einteilung der Gesteine bei Steinarbeiten.

A. Weiche Gesteine, wie: weicher Sandstein, Kalkstein, Schiefer, Konglomerate, Kalkmergel.

B. Mittelharte Gesteine, wie: harte Kalksteine, Marmor, manche Porphyre und feinkörnige Granite, Hornblende.

C. Harte Gesteine, wie: grobkörnige Granite, Basalt, Porphyr, Diabas, Diorit, Grauwacke, Glimmerschiefer, Quarzitschiefer, Gneis, Quarzit.

383. 1 cbm Stein im Steinbruch mit Handbohrung gewinnen, einschließlich des Aufladens auf Wagen, aber ohne Aufschlichtung.

Gestein		A weich			B mittelhart			C hart		
Verwendung der gebrochenen Steine		für Steinwurf	für Bruchsteinmauerwerk	für Werksteine	für Steinwurf	für Bruchsteinmauerwerk	für Werksteine	für Steinwurf	für Bruchsteinmauerwerk	für Werksteine
Steinbrecher	h	3—5	4—6	22—42	5—6	8—14	42—62	7—7,7	10—23	130
Hilfsarbeiter	,,	4—5	7	8	4—5	7	8	4—5	7	8
Für Aufsicht und Geräte	%	10	15	20	15	20	25	20	25	30
Sprengpulver	kg	0,13—0,15			0,15—0,25			0,25—0,35		
Für Zündschnur	%	50			50			50		
Oder Dynamit	kg				0,04			0,065		
Für Zündmittel	%				25			25		

384. 1 rm Erdabräumung in Steinbrüchen, samt Verführen bis 50 m: (12 bis 16) h Erdarbeiter + 10% für Aufsicht und Geräte.

385. Gneisgewinnung beim Bau der Talsperre Mauer am Bober:[200]

Zur Gewinnung von täglich durchschnittlich 375 rm Bruchsteine im Steinbruch Rabenstein waren, bei 10-stündiger Arbeitszeit, erforderlich:

Sprengtechniker	1	Bremsbergbedienung	1
Bruchmeister	2	Wasser- und Bohrerträger	5
Vorarbeiter und Schießmeister	5	Schmiede für Bohrerschärfen	6
Handbohrer auf den Wänden und Steinspalter	48	Hilfsarbeiter in der Schmiede	2
Maschinbohrer	6	Köche	7
Ladearbeiter	150	Laufburschen	3
Arbeiter für das Abfahren des Abraumes	32	Zimmerleute	4
Arbeiter zur Instandhaltung der Gleise	6	Kompressorenwärter	1
		Weichenbedienung, Fernsprecher	2

386. Waschen der Bruchsteine beim Bau der Staumauer Mauer am Bober:[200]

a) Steinbruch Rabenstein:

Das Waschen von 375 rm Bruchstein täglich in 11-stündiger Arbeitszeit erforderte:

Vorarbeiter	1	Wäscher	13
Verschieber	2	Bedienung der Wasserleitung	3

b) Steinbruch Neumühle:

Für 150 rm gewaschene Bruchsteine in 11 Stunden waren erforderlich:

Vorarbeiter	1	Wäscher	36
Verschieber	2	Bedienung der Wasserleitung	1

c) Wäscherei für Basaltsteine:

Für 140 rm gewaschene Bruchsteine in 11 Stunden waren eingestellt:

Vorarbeiter	1	Köche	1
Bremsbergbedienung	3	Wäscher	17

Sachausgaben in den Wäschereien je Raummeter gewaschenen Bruchstein:

Druckwasser von 5 atü	0,8—1,2 cbm
Stahlbürsten mit 45 mm langen Stahldrähten	0,012 Stück
Hanfschläuche	0,015 m
Strahlrohre	0,001 Stück

Je Wäscher sind 16 qm Waschbühne mit 1 Auslaufventil, 5 m Hanfschlauch und 1 Strahlrohr zu rechnen.

387. 1 rm Bruchsteine aus großen Findlingen erzeugen:

2 bis 3 h Steinbrecher + 7 h Hilfsarbeiter + 15% für Aufsicht, Geräte und Sprengmittel.

388. 1 rm Bruchsteine aus Abtragsmassen aussondern[23, 28, 51] und in meßbare Figuren schlichten, als Zuschlag zu den Lösungskosten:

a) bei Steinen für Packungen, Trockenmauern, Straßengrundbau, Steinwurf 1,5 h Hilfsarbeiter;

b) bei Steinen für Bruchsteinmauerwerk 2,5 bis 3,0 h Hilfsarbeiter.

389. 1 rm Sprengtrümmer zur späteren Verwendung **aufschlichten:** (1,2 bis 1,8) h Hilfsarbeiter.

390. Quadergewinnung:

Aus den gewonnenen Bruchsteinen im Steinbruch können durchschnittlich 50%, höchstens 60 bis 70% Quadern gewonnen werden; der Rest ist als Bruchstein oder für Splitgewinnung verwendbar.

391. 1 cbm Stein für Steinmetzarbeiten, Quadern, mittels Keilen spalten (Handarbeit), wenn die Blöcke nicht über 0,5 bis 0,65 cbm messen, einschließlich des Aufladens im Steinbruch:

Gestein		Weich	Mittelhart	Hart
Steinbrecher	h	35	40	45
Hilfsarbeiter	„	10	10	10
Für Aufsicht und Geräte	%	15	20	25

Bei größeren Blöcken erfolgen Zuschläge:

Blockinhalt	cbm	1,3	1,9	2,5	3,2
Zuschlag	%	10	20	30	40

392. Quadern trennen, für 1 m Trennungslänge:

Gestein		Weich	Mittelhart	Hart
Steinmetz	h	0,7	1,2	2,4
Hilfsarbeiter	„	0,1	0,2	0,4
Für Aufsicht und Geräte	%	20	25	30

393. 1 cbm Schablonenquadern mit höchstens 1,25 cbm Inhalt nach Zeichnungen am Werkplatz rein bearbeiten, mit runden oder zusammengesetzten Formen (Handarbeit):

a) bei mittelhartem Stein: 240 h Steinmetz + 25% für Aufsicht und Geräte,
b) bei hartem Stein: 320 h Steinmetz + 30% für Aufsicht und Geräte.

Bei größeren Quadern: Zuschlag 10%.

394. 1 rm Bruchsteine für Bruchsteinmauerwerk zurichten:

Gestein		Weich	Mittelhart	Hart
Rohe Bruchsteine, lagerhaft	Maurer h	0,5—1,5	1,5—2	2—3
„ „ , sehr unregelmäßig	„ „	1,5—2	2—3	3—5

Bedarf an rohen Bruchsteinen:

bei lagerhaften Rohsteinen	1,15 rm
„ sehr unregelmäßigen Rohsteinen	1,35 „

395. 1 cbm Quadern, die gespitzt angeliefert werden, an den Sichtflächen fein stocken, an den übrigen Flächen grob stocken[51] (Handarbeit):

Größe der Quadern		Gestein		
		weich	mittelhart	hart
Bis 0,15 cbm	Steinmetz h	230—290	460—580	690—870
0,15—0,30 cbm	„ „	190—215	380—430	570—645
0,30—0,60 „	„ „	160—175	320—350	480—525
0,60—1,00 „	„ „	120—150	240—300	360—450
1,00—1,50 „	„ „	110—135	220—270	330—405
1,50—2,00 „	„ „	100—120	200—240	300—360
Für Aufsicht und Geräte Zuschlag zu den Löhnen	%	20	25	30

396. Bearbeitung von Steinflächen in Handarbeit,[51] einschließlich aller Vorarbeiten, je Quadratmeter:

Bearbeitung der Fläche		Gestein		
		weich	mittelhart	hart
Spitzen	Steinmetz h	1,5	3,0	4,5
Grob stocken (1—2,25 Zähne je qcm)	„ „	1,65	3,3	4,95
Fein stocken (4—9 Zähne je qcm)	„ „	2,80	5,6	8,40
„ „ (mindestens 16 Zähne je qcm)	„ „	3,4	6,8	10,2
Grob scharrieren	„ „	4,0	8,0	12,0
Fein scharrieren	„ „	5,5	11,0	16,5
Schleifen	„ „		26,0	39,0
„ und polieren	„ „		78,0	117,0
Für Aufsicht und Gerätebeistellung von den Löhnen	%	20	25	30

Wenn die Steinfläche schon vorbereitende Bearbeitungen erfahren hat, so werden nur die betreffenden Differenzen des Arbeitsaufwandes eingerechnet.

397. Bearbeitung gekrümmter Flächen an Steinen.[51] (Handarbeit.)

Bei der Bearbeitung gekrümmter Flächen erfolgen zu den Bearbeitungskosten in Nr. 396 die folgenden Zuschläge:

Krümmungshalbmesser .... m	über 8	8—1	1—0,2	0,2—0,1	weniger als 0,1
Fläche konkav, Zuschlag .... %	10	20	40	70	100
„ konvex, „ .... %	10	20	40	60	90
„ doppelt gekrümmt			Doppelte Zuschläge		

398. 1 m geraden Schlag, 2,5 cm breit,[51] herstellen:

Gestein		Weich	Mittelhart	Hart
Steinmetz	h	0,2	0,4	0,6
Für Aufsicht und Geräte	%	10	15	20

399. 1 rm Hackelsteine, unter 0,3 cbm Inhalt, aus Bruchsteinen (Kalk- oder Sandstein) erzeugen: (32 bis 44) h Steinmetz + 25% für Aufsicht und Geräte + (1,3 bis 1,5) rm Bruchstein. Bei Granit oder Gneisporphyr: Zuschlag 50%.

400. 1 rm Klaubsteine mit der Hand aufladen:

auf niedrige Wagen .... (1,5—2,5) h Hilfsarbeiter
„ hohe „ .... (2,5—3,0) „ „

401. 1 rm Klaubsteine abladen: (1 bis 1,3) h Hilfsarbeiter.

402. 1 rm Klaubsteine für Packungen in Entwässerungsgräben auf Schotterbänken gewinnen und in meßbare Figuren schlichten:

(3 bis 7,5) h Hilfsarbeiter + 10% für Aufsicht und Geräte.

403. 1 rm Flußgeschiebe in der Größe 0,001 bis 0,004 cbm gewinnen, aufladen, aber ohne Verführen:

a) Auf Schotterbänken oder neuen Ablagerungen: (5 bis 5,5) h Hilfsarbeiter + 5% für Aufsicht und Geräte.

b) Auf alten Schotterbänken oder aus alten Ablagerungen: (6 bis 7) h Hilfsarbeiter + 5% für Aufsicht und Geräte.

404. 1 rm gewonnenes Flußgeschiebe in meßbare Figuren schlichten kostet:

(0,7 bis 0,8) h Hilfsarbeiter + 5% für Aufsicht und Geräte.

405. 1 kg Ölkitt, zum Verkitten von Stein, erzeugen:

1,8 h Hilfsarbeiter + 10% für Aufsicht und Geräte + 0,02 kg ungelöschten Kalk + 0,6 l Ziegelmehl + 0,2 l Leinöl.

B. Kies, Sand und Splitt.

406. Normen.

DIN 1179. Körnungen für Sand, Kies und zerkleinerte Stoffe.
DIN 2109. Prüfverfahren für natürliche Gesteine. Widerstandsfähigkeit von Steinschlag und Schotter gegen Beanspruchung durch Schlag und Druck.
DIN 2110. Prüfverfahren usw. Raummetergewicht von Steingekörn, Gehalt an Hohlräumen im Haufwerk.
Önorm B 3109. Zuschlagstoffe für Mörtel und Beton, Baustoffe für wassergebundene Straßen und Gleisbettungen.

407. Korngrößen des Materials der Schotterstraßendecke nach DIN 1995.

Korngrößenbezeichnung		Korngröße von mm bis mm	Oberfläche von 1 kg in qm	Korngrößenbezeichnung		Korngröße von mm bis mm	Oberfläche von 1 kg in qm
00 0	Staub	0—0,06 0,06—0,09	90,6 32,0	6 7	Steinsplitt	12—18 18—25	
1 2 3	Sand	0,09—0,2 0,2—0,6 0,6—2,0	15,0 5,5 1,75	8 9 10	Steinschlag	25—35 35—45 45—55	
4 5	Grus	2—7 7—12	0,505 0,15				

408. **1 rm Sand, Kies, Schotter, Splitt auf- bzw. abladen,** einschließlich des Zuschlages für Aufsicht und Geräte:

a) Aufladen:

		Sand	Kies	Schotter	Splitt
Auf Schubkarren	Hilfsarbeiter h	0,5	0,6	0,8	1,0
„ niedrige Wagen	„ „	0,6	0,8	1,0	1,2
„ hohe Wagen	„ „	0,7	0,85	1—1,5	1—1,8
„ Eisenbahnwagen	„ „	0,8—1,0	1—2	1—1,5	1,2—2,2

b) Abladen:

		Sand	Kies und Schotter
Von Plattformwagen ohne Seitenbretter herabschaufeln	Hilfsarbeiter h	0,2—0,4	0,25—0,6
Aus Fuhrwerken über die Seitenwände werfen	„ „	0,4—0,8	0,6—1
„ Bahnwagen auf Fuhrwerke überschaufeln	„ „	0,8—1,2	1—1,5

409. **Auflader** von Eitle in Stuttgart mit um 60° verstellbarem Becherwerk.

Preis ohne Antrieb, ab Werk	3000 RM
„ eines Elektromotors mit Anlasser	445 „
„ „ Benzin- oder Benzolmotors	850 „

Leistung 20 rm/h. Bedienung 1 Mann.

Verwendbar zur Beschickung eines Bandförderers mit Sand, Kies, Splitt; bei Grobschotter nicht verwendbar.

410. **1 rm Sand, Kies oder Bruchschotter *L* m weit verfahren** kostet, einschließlich der Pausen, aber ohne Beladen und ohne Gerätekosten:

in Schiebkarren: $(0{,}40 + 0{,}01\,L)$ h Hilfsarbeiter,
in Kippwagen: $(0{,}11 + 0{,}001\,L)$ h Mannschaft.

411. **1 rm Sand, Kies oder Kiessteine aus Abtragsmassen aussondern** und in meßbare Figuren schlichten, als Zuschlag zu den Lösekosten: 0,7 bis 1,0 h Erdarbeiter.

412. **1 rm Kies auf einer Sandbank gewinnen,** zum nahegelegenen Bauschiff fahren, verladen, 200 m flußab fahren und wieder ausladen kostet (3 bis 5) h Hilfsarbeiter.

413. **1 rm Sandaushub in Sandgruben,** samt Verführen auf kleine Entfernungen und Aufschütten in Haufen: 3,0 h Erdarbeiter.

414. **1 rm Schlägelschotter aus zugeführten Geschieben oder Bruchsteinen erzeugen** und in meßbare Figuren schlichten kostet:

Kantenlänge der Schotterstücke in cm		Aus Geröllen	Aus mittelfestem Bruchstein	Aus hartem Bruchstein
4—5	Steinarbeiter h	5,0	6	7,5—10
3—4	„ „	5,5	7,5	9—13
2—3	„ „	6,0	9	12—18

415. **1 rm Ziegelmehl in Handarbeit erzeugen** und durchsieben kostet, je nach der Feinheit des Mehles, 60 bis 130 h Hilfsarbeiter.

416. **1 rm durch Wurfgitter durchgeworfenen Sandes** zur Erzeugung von Mörtel erfordert, je nach der Körnung des Rohsandes:

bei einer Ausbeute von	$^2/_3$	$^1/_2$	$^1/_3$
Hilfsarbeiter h	1—3	1,5—4	2,7—5

Wenn der Sand zu Mörtel für das Versetzen von Quadern verwendet werden soll: Zuschlag + 50%.

Das Wegschaffen des Abfalles und alle Beförderungen sind besonders zu berechnen.

Wenn der durchgeworfene Sand in meßbare Figuren zu schlichten ist, Zuschlag 0,8 bis 1 h Hilfsarbeiter.

417. **Wurfgitter für Sand und Kies:**[178]

mit Holzgestell	9,5—14 RM
„ Eisengestell	19—24 „

418. **Preßluft-Sandsiebmaschine.** (Ipeg, Berlin.) Siebdurchmesser 500 mm. In die Maschine werden Rundsiebe aus gebogenem Holz eingespannt. Gewicht 57 kg. Luftverbrauch 0,25 cbm/min. Preis 300 RM.

419. **Preßluft-Sandsiebmaschine.** (Ipeg, Berlin.) Für fortlaufenden Betrieb. Rechteckige Siebe 76 × 54 cm. Gewicht 120 kg. Luftverbrauch 0,25 cbm/min. Preis 320 RM.

420. 1 rm Sand waschen erfordert, je nach dem Grade der Verunreinigung (Handarbeit), (3 bis 5) h Hilfsarbeiter + 10% für Aufsicht und Geräte + 3 bis 5 cbm Waschwasser.

421. Backenbrecher, ortsfest, mit einteiligem Brecherrahmen. (Friedr. Krupp, Grusonwerk, A. G., Magdeburg.)

Leistung, Gewichte und Preise.

Brecherrahmen	Gußeisen		Stahlguß									
Brechmaul: Breite .... mm	250	320	400	500	600	700	800	1000	400	500	600	800
Weite .... mm	150	200	230	280	330	400	500	650	120	140	150	200
Aufgabestückgröße cm	12 × 20	17 × 28	20 × 35	25 × 45	30 × 55	35 × 65	42 × 75	57 × 92	9	12	13	16
Leistung, stündlich, zerkleinertes Gestein .... cbm	1,5	3	5—7	10—12	15—20	25—35	40—50	70—90	3—4	7—9	10—15	20—25
Leistung bei Normalbrechspaltweite .... mm	30	35	50	60	60	70	90	100	35	40	45	50
Der Brecher eignet sich für Spaltweiten von mm	25	30	35	45	45	55	70	80	20	25	25	30
bis mm	50	60	70	80	85	95	125	140	50	50	60	60
Drehzahl je Minute ...	250	230	220	220	220	220	220	220	275	275	275	275
Leistungsaufnahme* ...... PS	3	6	10	16	22	40	50	70	10	16	22	50
Gewicht des Brechers ...... t	2,25	3,6	4,2	6,7	10,2	14,8	19,8	31,5	4,2	6,7	7,1	9,8
Gewicht des schwersten Teiles t	< 2	< 2	< 2	2,4	5,0	7,2	10,5	18,5	< 2	2,4	2,8	4,2
Preis** mit Brechbacken und Seitenkeilen aus Hartstahl ..... RM	2005	2715	3910	5850	8140	10665	13875	20350	3910	5850	6400	8400

422. Backenbrecher, ortsfest, mit geteiltem Brecherrahmen. (Friedr. Krupp, Grusonwerk, A. G., Magdeburg.)

Leistung, Gewichte und Preise.

Brechermaul	Breite in mm								
	200	250	320	400	500	600	700	800	1000
	Weite in mm								
	120	150	200	230	280	330	400	500	650
Aufgabestückgröße cm	10×15	12×20	17×28	20×35	25×45	30×55	35×65	42×75	57×92
Leistung, stündlich, zerkleinertes Gestein .... cbm	0,5	1,5	3	5—7	10—12	15—20	25—35	40—50	70—90
Leistung bei Normalbrechspaltweite mm	15	30	35	50	60	60	70	90	100
Der Brecher eignet sich für Spaltweiten von .... ,,	15	25	30	35	45	45	55	70	80
bis .... ,,	50	50	60	70	80	85	95	125	140
Drehzahl je Minute	250	250	230	220	220	220	220	220	220
Leistungsaufnahme*** PS	1,5	3	6	10	16	22	40	50	70
Gewicht d. Brechers t	1	1,6	2,65	4,4	7,3	11,0	15,8	22,0	32,5
Gewicht des schwersten Teiles .... ,,	< 2	< 2	< 2	< 2	< 2	< 2	2,5	3,4	5,7
Preis, unverbindlich, ab Werk, ohne Verpackung ..... RM	1765	2380	3400	4950	7365	9770	12615	16240	22620

* Mit Rücksicht auf Belastungsschwankungen muß der Antriebsmotor um mindestens 50% stärker gewählt werden.

** Preise unverbindlich ab Werk, ohne Verpackung und ohne Aufstellung.

*** Mit Rücksicht auf Belastungsschwankungen muß der Antriebsmotor um mindestens 50% stärker gewählt werden.

423. Backenbrecher, ortsfest, Abb. 27. (Friedr. Krupp, Grusonwerk, A. G., Magdeburg.)

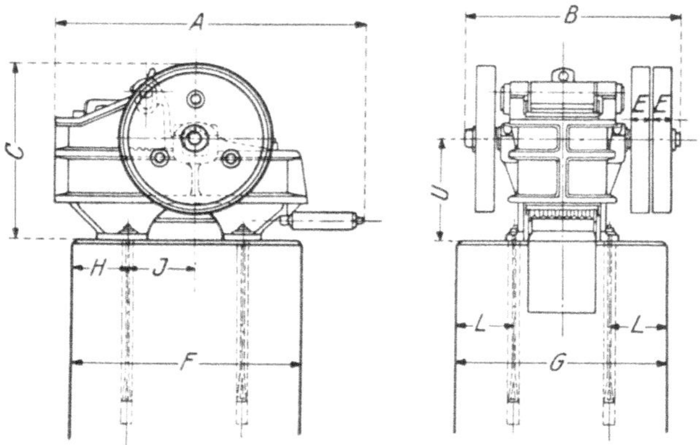

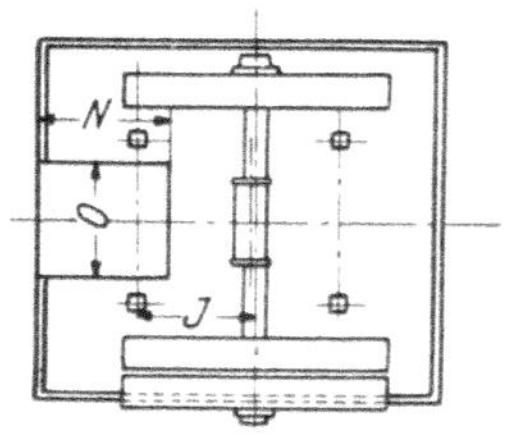

Abb. 27. Hauptabmessungen von ortsfesten Backenbrechern von Fr. Krupp.

Hauptabmessungen der Brecher und des Grundwerkes in Millimetern.

Brecherrahmen	Brechermaul		Brecher, Außenmaße				Grundwerksabmessungen							Belastung des Grundwerkes t
	Breite mm	Weite mm	*A*	*B*	*C*	*U*	*F*	*G*	*H*	*J*	*L*	*N*	*O*	
einteilig, Gußeisen	250	150	1700	1215	1205	705	1150	1070	300	315	300	350	260	4,5
	320	200	1920	1470	1370	820	1400	1260	350	440	350	400	335	7,2
einteilig, Stahlguß	400	230	2250	1560	1250	700	1700	1400	450	400	375	490	480	8,4
	500	280	2660	1820	1520	890	1900	1800	500	500	490	550	590	13,4
	600	330	3110	1820	1680	980	2200	2100	500	700	565	650	690	20,4
	700	400	3300	2070	1900	1100	2400	2200	600	700	600	800	700	30,0
	800	500	3740	2330	2150	1250	2600	2350	600	800	600	800	800	40
	1000	650	4135	2610	2450	1550	3150	2800	650	1050	650	900	1100	63
	400	130	2250	1560	1250	700	1700	1400	450	400	375	490	480	8,4
	500	140	2660	1820	1520	890	1900	1800	500	500	490	550	590	13,4
	600	150	2590	1930	1425	800	2100	2100	500	525	585	500	720	14,2
	800	200	2735	2110	1550	850	2340	2260	600	600	550	800	800	20
mehrteilig, Stahlguß	200	120	1320	950	960	510	1100	930	300	270	300	260	200	2,0
	250	150	1655	1000	1065	565	1150	970	300	290	300	300	250	3,2
	320	200	2000	1150	1250	720	1350	1160	350	350	350	350	320	5,3
	400	230	2250	1560	1250	700	1700	1400	450	400	375	490	480	9,2
	500	280	2660	1820	1520	890	1900	1800	500	500	490	550	590	14,6
	600	330	3110	1820	1680	980	2200	2100	500	700	565	650	690	22,0
	700	400	3300	2070	1900	1100	2400	2200	600	700	600	800	700	31,6
	800	500	3740	2330	2150	1250	2600	2350	600	800	600	800	800	44,0
	1000	650	4135	2610	2450	1550	3150	2800	650	1050	650	900	1100	65,0

Das Grundwerk muß aus Beton 1 : 5 hergestellt und mindestens 1 m tief gegründet werden.

424. Walzenmühlen, einfache, zur Beschickung mit Gesteinsbrocken bis zu Faustgröße. (Friedr. Krupp, Grusonwerk, A. G., Magdeburg.)

Walze, Durchmesser/Breite mm	260/260	400/260	550/275	700/300	950/500
Durchmesser der Riemenscheibe . . . . mm	800	1 250	1 000	1 200	1 500
Breite der Riemenscheibe . . . . „	120	170	150	200	250
Drehzahl je Minute	80	60	200	160	180

Fortsetzung der Tabelle.

Walze, Durchmesser/Breite mm		260/260	400/260	550/275	700/300	950/500
Außenmaße der Anlage, Länge	m	2,0	2,4	3,3	3,5	4,1
„ „ „ , Breite	„	1,5	1,8	2,6	3,0	3,5
„ „ „ , Höhe	„	0,8	1,1	1,3	1,4	1,6
Leistungsaufnahme	PS	2	5	8	11	20
Leistung* stündlich bei 5-mm-Spalt	kg	1000	2500	4000	5500	10000
Gewicht der ganzen Anlage	t	1,35	2,70	4,30	6,50	13,20
„ des schwersten Teiles	„	> 2	> 2	> 2	2,4	3,5
Preis mit Walzenmänteln aus Hartstahl, unverbindlich, ab Werk, ohne Verpackung	RM	2200,—	3250,—	4830,—	6350,—	11800,—

425. Doppelwalzenmühlen. (Friedr. Krupp, Grusonwerk, A. G., Magdeburg.)

Walzen, Durchmesser/Breite mm		260/260	320/260	400/260	550/275	700/300	950/500
Durchmesser der Riemenscheibe	mm	700	800	800	1000	1240	1800
Breite der Riemenscheibe	„	120	140	170	170	200	260
Drehzahl je Minute		190	200	210	160	160	180
Außenmaße der Anlage, Länge	mm	1,6	2,2	2,6	2,8	3,0	3,8
„ „ „ , Breite	„	1,4	1,6	1,7	2,2	2,6	3,8
„ „ „ , Höhe	„	1,6	1,8	2,0	2,5	2,7	2,8
Leistungsaufnahme	PS	2—3	3—4	6—8	9—12	12—18	25—35
Leistung stündlich bei 5-mm-Spalt	t	1	1,5	2,5	4	5,5	10
Gewicht der ganzen Anlage	„	1,95	2,8	4,85	7,55	10,9	21,6
Preis mit Walzenmänteln aus Hartstahl, unverbindlich, ab Werk, ohne Verpackung	RM	3920,—	4600,—	6410,—	8600,—	11630,—	18710,—

426. Splitt-Walzenbrecher mit Schüttelspeiser. (Friedr. Krupp, Grusonwerk, A. G., Magdeburg.)

Leistung, Gewicht und Preis.

Walzen, Durchmesser/Breite mm		550/275	750/300	1000/320	1000/400
Leistung stündlich bei 8-mm-Spalt	cbm	5—6	7—9	10—12	11—14
Aufgabestückgröße bei 8-mm-Spalt bis	mm	30	40	45	45
Leistungsaufnahme	PS	8—10	12—16	18—22	22—26
Gewicht der Anlage	t	4,0	7,4	10,9	11,5
„ des schwersten Teiles	„	< 2	< 2	2,1	2,1
Preis** mit Walzenmänteln aus Hartstahl	RM	4310,—	7300,—	9830,—	10200,—
Außenmaße des betriebsfertigen Brechers, Länge	mm	2805	3645	4220	4220
„ „ „ „ , Breite	„	1720	1930	2200	2200
„ „ „ „ , Höhe	„	1050	1285	1620	1620
Grundwerk, Länge	„	2275	2880	3550	3550
„ , Breite	„	1400	1600	1800	1800
Grundwerksbelastung	t	8,0	15,0	22,0	23,0

427. Schotteranlage, fahrbar, bestehend aus einem Steinbrecher und einer Siebtrommel mit zwei Siebfeldern auf gemeinsamem Fahrgestell; Riemenantrieb. (Friedr. Krupp, Grusonwerk, A. G., Magdeburg.)

Abmessungen des Brechmaules		320 × 200 mm	400 × 230 mm	500 × 280 mm
Größte aufzugebende Steine	mm	280 × 150	350 × 180	450 × 230
Durchmesser der Siebtrommel	„	700	750	850
Länge bei zwei Siebfeldern	„	2000	2000	2400
Durchmesser der Riemenscheibe	„	630	700	850
Breite der Riemenscheibe	„	140	140	200
Drehzahl je Minute		230	220	200

* Die Walzenmühle bricht die zugeführten Steine auf etwa ein Viertel, wobei sich gleichzeitig auch feinere Körner und Mehl bilden. Wenn eine weitergehende Zerkleinerung erforderlich ist, so werden Doppelwalzenmühlen (Nr. 425) angewendet.

** Preise unverbindlich, ab Werk, ohne Verpackung.

Fortsetzung der Tabelle.

Abmessungen des Brechmaules		320 × 200 mm	400 × 230 mm	500 × 280 mm
Leistungsaufnahme*	PS	6,5	11	17
Leistung stündlich bei 60 mm Spaltweite	cbm	3	5—7	9—11
Gewicht der ganzen Anlage	t	5	7,3	11,7
Preis unverbindlich, ab Werk, ohne Packung	RM	5210,—	6550,—	9300,—

428. Sortiertrommeln für Zuschlagstoffe, ortsfest, Siebbleche auswechselbar aus Stahlblech; mit Riemenantrieb oder unmittelbarem Motorenantrieb. (Maschinenfabrik A. Groß, G. m. b. H., Schwäbisch-Gmünd, Württemberg.)

Trommellichtweite mm		600	600	700	800	800	900	1000	1000
Trommellänge	m	3	4	6	5	7	5	5	8
Umdrehungen je Minute		16	16	15	14	14	13	12	12
Leistung stündlich	rm	3	3,5	6	7	9,5	10	11	16
Antrieb	PS	1,5	2	2,5	3	4	4	4	5
Gewicht mit Riemenscheibe	kg	400	460	680	780	1010	900	980	1350
Preis mit Riemenscheibe	RM	480	580	810	890	1050	930	1020	1320

429. Aufbereitungsmaschinen für Sand, Kies und Schotter. Aufbauen und Abbauen kostet:[34]

bei ortsfesten Anlagen .... 35—45 h je Tonne
„ fahrbaren „ .... 15 „ „ „

430. Förderschnecken nach Abb. 28 zur Förderung von trockenem oder nassem Fördergut. (Internat. Baumaschinenfabrik A. G., Neustadt a. d. Haardt, Rheinpfalz.)

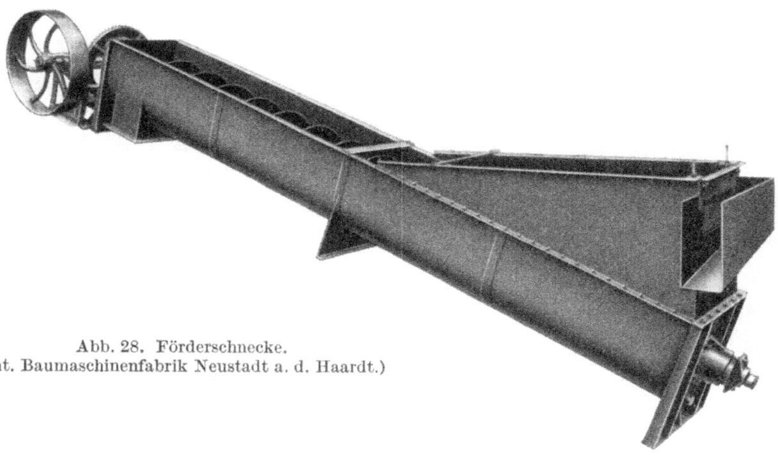

Abb. 28. Förderschnecke.
(Int. Baumaschinenfabrik Neustadt a. d. Haardt.)

a) Förderschnecken zur Förderung von trockenem Fördergut.

Schneckendurchmesser in mm	Rohrwellendurchmesser in mm	Steigung in mm	Riemenscheibe			Leistung je Stunde bei 1/3 Füllung in rm	Leistungsaufnahme		Länge in m	Gewicht in kg	Preis für 10 m Länge in RM	Je m Schnecke	
			Durchmesser in mm	Breite in mm	Umläufe je Minute		für 10 m Länge in PS	für weitere 5 m Länge in PS				Gewicht in kg	Preis in RM
150	50	130	400	80	200	5,0	0,5	0,15	10	370	485	25	35
200	60	130	600	100	200	10,0	1,0	0,3	10	550	785	45	60
250	60	130	600	100	200	15,0	1,5	0,4	10	680	965	60	80
300	60	160	600	100	200	25,0	2,0	0,5	10	950	1150	70	90
350	83	160	700	150	350	35,0	2,5	0,5	10	1100	1450	95	120
400	83	210	700	150	350	50,0	3,0	0,7	10	1400	1760	120	145
500	114	245	800	160	300	80,0	4,0	0,7	10	1900	2365	170	200
600	114	310	900	170	300	125,0	5,0	0,8	10	2560	2975	235	260

* Mit Rücksicht auf Belastungsschwankungen muß der Antriebsmotor um mindestens 50% stärker gewählt werden.

b) Förderschnecken zur Förderung von nassem Sand.

Schnecken-durchmesser in mm	Rohrwellen-durchmesser in mm	Steigung in mm	Riemenscheiben			Leistung je Stunde in rm	Leistungs-aufnahme in PS	Länge in m	Gewicht in kg	Preis in RM	Aufsatzkasten*	
			Durch-messer in mm	Breite in mm	Um-läufe je Minute						Gewicht in kg	Preis in RM
250	70	130	600	100	80	3—4	2	4,0	400	700	95	85
300	70	160	600	100	80	5—6	2,5	4,0	455	850	115	100
400	83	210	700	150	110	8—10	3	5,0	800	1020	135	110
500	114	245	800	160	85	12—14	4	6,0	1220	1480	155	120
600	114	310	900	170	95	18—20	5	6,0	1330	1530	180	135

431. Kieswasch- und Sortiermaschine, nach dem Gegenstromverfahren arbeitend.[146]

Trommeldurchmesser mm		500	900	1000	1200	2000
Gewicht	t	1,1	3,2	4,0	6,0	23,0
Preis	RM	1600,—	4100,—	5000,—	7200,—	22000,—
Leistung	rm/h	2	5—7	8—12	20—25	50—60
Antrieb	PS	0,8	1,7	3	7	

432. Schräge Elevatoren für stückiges Fördergut nach Abb. 29. (Internat. Baumaschinenfabrik A. G., Neustadt a. d. Haardt, Rheinpfalz.)

Abb. 29. Schräger Elevator für stückiges Fördergut. (Internat. Baumaschinenfabrik A. G., Neustadt a. d. Haardt.)

1. Becherbreite . mm	150	200	250	300	400	500	550	600	600	700	700
2. Für Achsabstände bis .. m	30	30	30	30	30	30	30	20	30	20	30
3. Trommeldurchmesser . mm	400	400	400	500	500	600	600	700	1000	700	1000
4. Umdrehungen der Trommel je Minute	32	33	33	33	38	21	21	18	14	18	14
5. Durchmesser der Riemenscheibe ...... mm	600	750	750	750	800	1000	1000	1200	1200	1200	1200

* Werden geliefert nach den Abmessungen der Längerubrik. Der Preis versteht sich für die jeweils angegebene Länge.

Fortsetzung der Tabelle.

Breite der Riemenscheibe . mm	100	120	120	120	140	140	170	170	200	240	280
Umdrehungen der Riemenscheibe je Minute	128	132	132	132	152	105	105	108	81	108	81
6. Stündliche Leistung .... rm	6—10	10—15	15—20	20-32	32-45	45-50	50-60	60-70	60-70	70-85	70-85
7. Leistungsaufnahme (je n. Förderhöhe 4—18m) ... PS	0,25-1	0,5-1,5	0,75-2,5	1—3	1,5—5	2—6	2—7	3—8	3—12	5—15	5—18
8. Komplettes Gewicht f. 10 m Förderhöhe netto . kg	1200	1450	1750	2000	2500	3100	3600	4300	4700	5200	5700
Gewicht je lfd. Meter .. „	90	100	120	130	160	180	230	250	260	300	320
9. Preis f. 10 m Förderhöhe .. RM	1340	1600	1750	1860	2180	2560	2950	3400	4100	4100	4500
10. Preis je lfd. Meter mehr od. weniger .. „	80	90	105	115	120	140	160	175	180	230	240
11. Elevatoreinlaufkasten (seitlicher Einlauf) Gewicht... kg	45	55	60	80	120	150	170	220	220	240	240
12. Preis ..... RM	35	45	50	55	70	80	85	105	105	115	115
13. Elevatoreinlaufkasten (rückwärtiger Einlauf) Gewicht... kg	40	50	55	70	95	105	115	135	135	150	150
14. Preis ..... RM	30	40	45	50	55	80	85	105	105	120	120
15. Elevatorauslaufkasten Gewicht... kg	70	80	100	115	130	160	180	200	200	250	280
16. Preis ..... RM	65	70	85	100	110	130	145	155	155	180	180

433. Siloverschlüsse nach Abb. 30 a und 30 b. (Internat. Baumaschinenfabrik A. G., Neustadt a. d. Haardt, Rheinpfalz.)

a) Zweiteilige Siloklappverschlüsse für nach unten zu entleerende Silozellen.

Silo-Klappenverschluß:				
Lichte Weite .... mm	300 × 300	400 × 400	500 × 500	700 × 700
Gewicht .... kg	35	70	100	300
Abbildung 30a	a	a	a	a
Preis .... RM	35,—	60,—	110,—	310,—
Abnehmbares Gestänge für Autobeladung:				
Gewicht .... kg	10	10	15	25
Abbildung 30b	b	b	b	b
Preis .... RM	20,—	20,—	25,—	40,—
Festes Gestänge für Autobeladung:				
Gewicht .... kg	20	20	25	40
Abbildung 30b	c	c	c	c
Preis .... RM	35,—	35,—	40,—	60,—
Festes Gestänge für die Beladung von Bahnwagen:				
Gewicht .... kg	30	30	40	60
Abbildung 30b	d	d	d	d
Preis .... RM	50,—	50,—	60,—	90,—

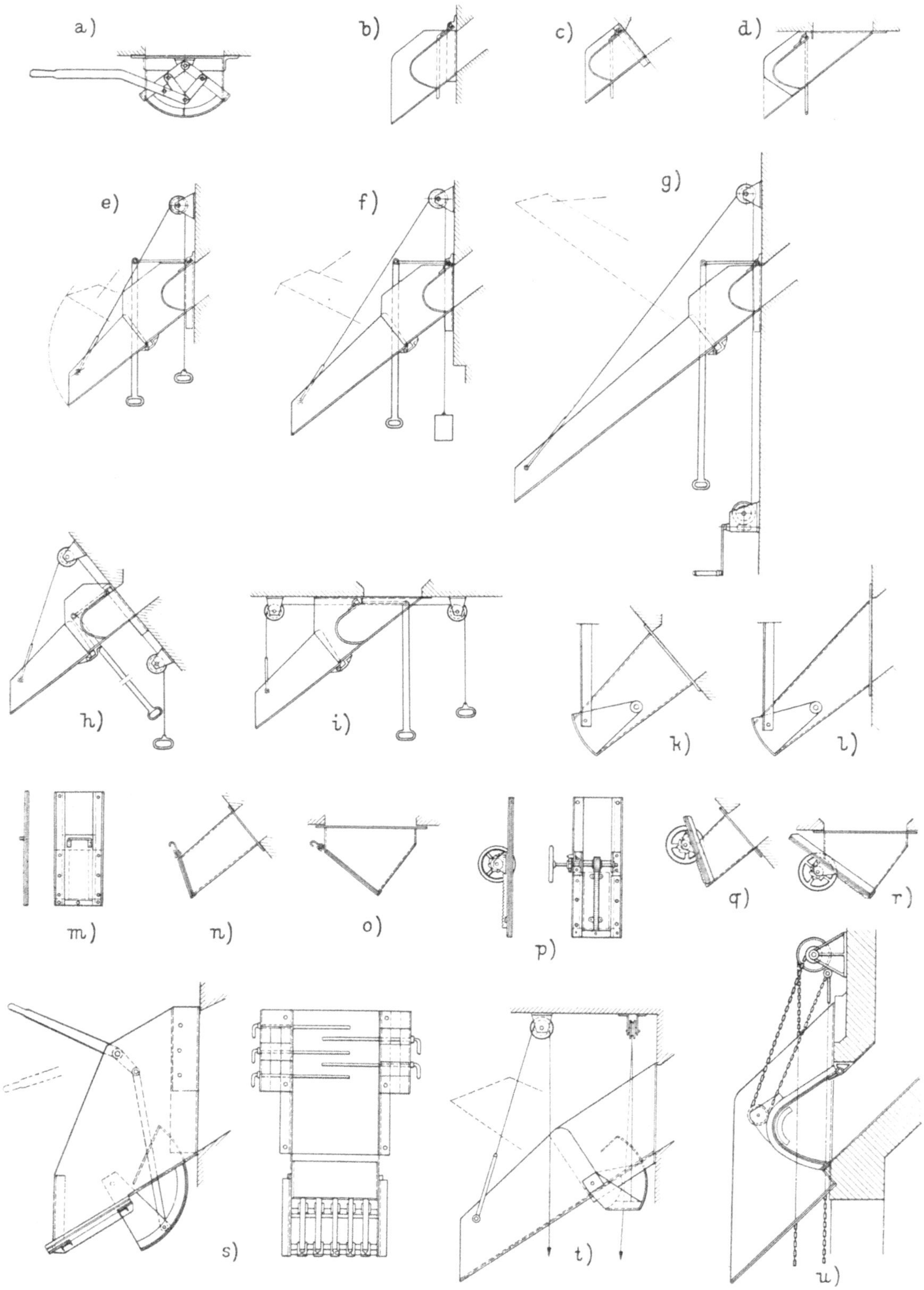

Abb. 30a. Siloverschlüsse. (Internat. Baumaschinenfabrik A. G., Neustadt a. d. Haardt, Rheinpfalz.)
a Zweiteiliger Siloverschluß, b bis l schräge Siloverschlüsse, m bis r Flachschieber-Siloverschlüsse, s bis u Großsiloverschlüsse.

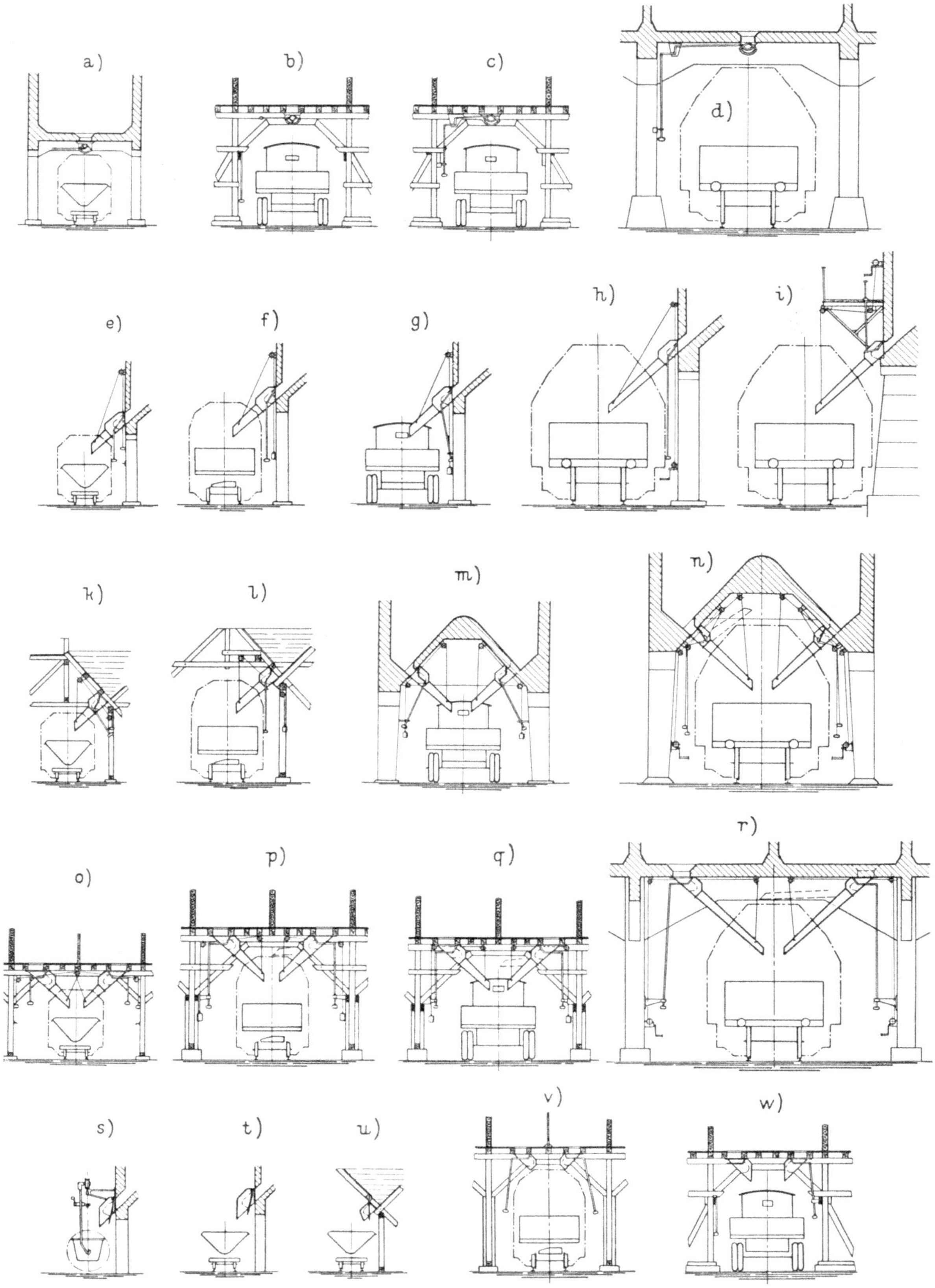

Abb. 30b. Einbauarten der Siloverschlüsse.

b) Schräge Siloklappenverschlüsse für die seitliche Entleerung von Silozellen.

Lichte Weite des Auslaufquerschnittes in mm	200 × 190			400 × 270			500 × 370		
Für Anschluß an	lotrechte Wand	schräge Wand	waagrechte Decke	lotrechte Wand	schräge Wand	waagrechte Decke	lotrechte Wand	schräge Wand	waagrechte Decke
Normalverschluß:									
Abbildung 30 a	b	c	d	b	c	d	b	c	d
Abbildung 30 b	s	u	v	t	u	v	t	u	v
Rutschbodenlänge mm	700	500	900	700	500	900	700	500	900
Gewicht kg	30	25	35	65	45	75	80	55	90
Preis RM	30	26	35	60	40	70	75	50	80
Verschlüsse mit verlängerter Rutsche für Kippwagenbeladung:									
Abbildung 30 a	e	h	i	e	h	i	e	h	i
Abbildung 30 b	e	k	o	e	k	o	e	k	o
Rutschbodenlänge mm	500/700	—	—	500/700	—	—	—	—	—
Gewicht kg	50	45	55	110	105	120	130	125	145
Preis RM	55	50	60	105	100	115	120	115	140
Verschlüsse mit verlängerter Rutsche für Auto- und Kastenkipperbeladung:									
Abbildung 30 a	f	—	—	f	—	—	f	—	—
Abbildung 30 b	f, g	l, m	p, q	f, g	l, m	p, q	f, g	l, m	p, q
Gewicht kg	80	75	90	130	125	140	155	150	170
Preis RM	85	80	100	125	120	135	150	140	160
Verschluß mit verlängerter Rutsche mit Wandwinde für Bahnwagenbeladung:									
Abbildung 30 a				g	—	—	g	—	—
Abbildung 30 b				h, i	n	r	h, i	n	r
Gewicht kg				215	205	260	255	250	310
Preis RM				275	265	340	325	320	400

c) Vorsilosegmentverschlüsse zum Beschicken von Aufzugskästen.

Breite × Höhe in mm: Verschlußauslauf	Breite × Höhe in mm: Siloauslauf	Rutschbodenlänge in mm	Nach Abb. 30 a, Bild	Gewicht in kg: Verschluß	Gewicht in kg: Gestänge	Preis für Verschluß und Gestänge in RM
400 × 250	400 × 350	900	k	100	40	190,—
500 × 250	500 × 400	1000	k	110	60	230,—
600 × 300	600 × 450	1000	k	150	90	320,—
800 × 400	800 × 500	1000	k	290	130	480,—
1000 × 500	1000 × 600	1100	k	380	180	590,—
400 × 250	400 × 500	900	l	110	40	200,—
500 × 250	500 × 550	1000	l	120	60	240,—
600 × 300	600 × 600	1000	l	165	90	335,—
800 × 400	800 × 700	1000	l	310	130	460,—
1000 × 500	1000 × 800	1100	l	400	180	600,—

d) Flachschieberverschlüsse zum fortlaufenden Beschicken von Förderbändern.

Betätigung	Breite × Höhe in mm: Verschlußauslauf	Breite × Höhe in mm: Siloauslauf	Rutschbodenlänge in mm	Nach Abb. 30 a, Bild	Gewicht in kg	Preis in RM
ohne Handrad	150 × 400	—	—	m	55	60,—
	250 × 400	—	—			
	150 × 400	150 × 600	—	n	40	45,—
	250 × 400	250 × 600	800			
	150 × 400	150 × 600	—	o	40	45,—
	250 × 400	250 × 600	800			
mit Handrad	150 × 400	—	—	p	95	130,—
	250 × 400	—	—			
	150 × 400	150 × 600	—	q	70	95,—
	250 × 400	250 × 600	800			
	150 × 400	150 × 600	—	r	70	95,—
	250 × 400	250 × 600	800			

e) Vorsilosegmentverschlüsse, von unten schließend, für grobstückige Stoffe.

Breite × Höhe in mm		Rutschbodenlänge in mm	Nach Abb. 30 a, Bild	Gewicht in kg	Preis in RM
Verschlußauslauf	Siloauslauf				
1000 × 600	1000 × 600	1700	s	710	565,—
1200 × 700	1200 × 700	1350	t	500	735,—

434. Bedienung und Schmiermittelverbrauch in Aufbereitungsanlagen für Zuschlagstoffe:

Einrichtung: 1 Grobbrecher, 1 Feinbrecher, 1 Sortiertrommel, 1 Sandwalze, 1 Elevator, 1 Elektromotor, etwa 60 PS.

Höchstleistung: 5 rm stündlich. Bedienung: 1 Maschinist, 1 Helfer.

Schmiermittel und Verbrauchsstoffe je Betriebsstunde: 0,35 bis 0,4 kg Staufferfett, 0,15 bis 0,4 kg Schmieröl, 0,025 bis 0,030 kg Petroleum, 0,02 kg Riemenwachs.

435. Zusammensetzung des Preises von Flußsand und Kies in Berlin je Raummeter (1929).[42]

Herkunft	Parey a. d. Elbe	Fürstenberg a. d. Oder
Baggern, Verladen, Unkosten und Gewinn des Lieferers	0,57 RM	0,80 RM
Abgabe an die Regierung für die Entnahme	0,73 „	0,40 „
Wasserfracht bis Berlin	3,50 „	3,00 „
Gewinn des Händlers	0,25 „	0,25 „
Preis in Berlin frei Kahn	5,05 RM	4,45 RM

Zuschlag frei Ufer .... 0,40—0,70 RM
„ „ Lager .... 1,70—2,75 „

C. Sonstige Stoffe.

436. 1 rm Waldmoos sammeln erfordert 8 bis 10 h.

X. Mauerwerk.

A. Mörtel.

437. Normen und Vorschriften.

DIN 1060. Leitsätze für einheitliche Lieferung und Prüfung von Baukalk.

„Anweisung für Mörtel und Beton" der Deutschen Reichsbahngesellschaft. 2. Aufl. W. Ernst u. Sohn. Berlin 1929.

Önorm B 3322. Weißkalk für Bauzwecke.

438. 1 rm Kalkstein im Ofen schlichten und brennen, einschließlich des Zutragens der Brennstoffe und des Herausschaffens des gebrannten Kalkes in ein nahe gelegenes Lager: 1,5 h Kalkbrenner + 7,5 h Hilfsarbeiter + 15% für Aufsicht und Geräte. Brennstoffaufwand je Raummeter Kalkstein: 2,5 rm weiches oder 1,7 rm hartes Brennholz oder 0,6 t Steinkohle.

1 rm Kalkstein ergibt 0,75 bis 0,80 rm gebrannten Kalk.

1 rm gebrannter Kalk wiegt 1100 kg.

439. 1 cbm gelöschten Kalk erzeugen, ohne jedwede Zufuhr:

(3 bis 4) h Hilfsarbeiter + 8% für Aufsicht und Geräte + (410 bis 450) kg Stückkalk + 1,25 cbm Wasser.

1 cbm gelöschter Kalk wiegt 2400 kg.

440. 1 cbm Kalkmörtel bereiten:

a) Baustoffbedarf:

beim Mischungsverhältnis		1 : 1	1 : 2	1 : 2,5	1 : 3	1 : 4
Gelöschter Kalk	cbm	0,65	0,42	0,36	0,32	0,26
Sand	rm	0,65	0,84	0,90	0,96	1,04
Wasser	cbm	0,14	0,19	0,20	0,22	0,23

b) Arbeitsaufwand bei Handmischung:[11]

1 rm zugeführten Sand vom Haufen in den Mischtrog werfen: 0,66 h Hilfsarbeiter;
1 cbm gelöschten Kalk in ein niedriges Gefäß schöpfen: 0,78 h Hilfsarbeiter;
1 cbm gelöschten, in ein Gefäß geschöpften Kalk 10 m weit tragen: 0,4 h Hilfsarbeiter;
1 cbm Mörtel im Trog von Hand mischen: 1 h Hilfsarbeiter.

441. 1 cbm Zementmörtel bereiten:

a) Baustoffaufwand:

beim Mischungsverhältnis		1 : 1	1 : 2	1 : 2,5	1 : 3	1 : 4
Zement	kg	900	605	520	455	365
Sand	rm	0,65	0,87	0,93	1,0	1,04
Wasser	cbm	0,3	0,28	0,26	0,24	0,22

b) Arbeitsaufwand bei Handmischung:

1000 kg Zement in Säcken am Stappel aufnehmen, L m weit tragen und über dem Sand entleeren und ausbreiten: $(0{,}85 + 0{,}017\,L)$ h Hilfsarbeiter;

1 rm zugeführten Sand vom Haufen in den Meßrahmen und weiter in den Mischtrog schaufeln: 1,4 h Hilfsarbeiter;

1 cbm Mörtel mischen: (1,2 bis 1,6) h Hilfsarbeiter.

442. 1 cbm Mörtel auf der Baustelle in Traggefäße füllen: (0,45 bis 0,75) h Hilfsarbeiter.

443. 1 cbm in Traggefäße gefüllten Mörtels L m weit und H m hoch tragen:
$(0{,}04\,L + 0{,}23\,H)$ h Hilfsarbeiter.

444. Eine Mörtelmischmaschine auf der Baustelle betriebsfertig aufstellen, später wieder abtragen, instandsetzen und lagern: (20 bis 40) h Facharbeiter.

B. Verputz und Verkleidung.

445. Normen.

DIN 1964. Technische Vorschriften für Bauleistungen. IIa. Putz- und Stuckarbeiten.
DIN 1965. Technische Vorschriften für Bauleistungen. IIb. Estrich- und Fliesenarbeiten.
Önorm B 3231. Fliesen, Wandplatten, Formstücke.
Önorm B 3411. Korksteine.
Önorm B 3421. Asbestzementplatten.
Önorm B 2004. Erd-, Maurer- und Putzarbeiten.
Önorm B 2007. Estrich-, Platten- und Wandbelagarbeiten.

446. 1 qm Stukkaturung, einschließlich aller Nebenarbeiten, aber ohne jedwede Gerüstung und Weißung:

Berohrung		Einfach		Doppelt, kreuzweise	
Raumhöhe		bis 5 m	über 5 m	bis 5 m	über 5 m
Maurer	h	1,5	1,9	2,2	2,8
Hilfsarbeiter	„	0,6	0,75	0,8	1,0
Für Aufsicht und Geräte	%	15	15	15	15
Kalk, gelöscht	l	13	13	20	20
Sand	„	26	26	40	40
Stukkaturrohr	qm	1,10	1,10	2,20	2,20
Eisendraht, geglüht, 1 mm stark	kg	0,04	0,04	0,075	0,075
Stukkaturnägel, 3 cm lang (6 cm lang)	Stück	55	55	50 + (30)	50 + (30)

447. 1 qm Kalkmörtelverputz herstellen, einschließlich aller Nebenarbeiten, wie Kalklöschen, Mörtelmischen, Gerüstung, Zubringen des Mörtels, Beistellung aller Geräte und Beaufsichtigung:

Art des Verputzes		Grob, 10 bis 15 mm stark, bis 4 m hoch	Fein, 6 mm stark, bis 4 m hoch	Zuschlag für 1 m Mehrhöhe	
				Grob	Fein
Maurer	h	0,7	0,35	—	—
Hilfsarbeiter	„	0,35	0,15	0,05	0,025
Für Aufsicht und Geräte	%	15	15	15	15
Kalk, gelöscht	l	7	2,6	—	—
Sand	„	14	6	—	—

Wenn für das Verputzen von Außenwänden das erforderliche Gerüst erst aufzustellen ist, so erfolgt hierfür je Quadratmeter zu verputzende Fläche ein Zuschlag: 1,2 h Maurer + 0,6 h Hilfsarbeiter + 15% für Aufsicht und Geräte.

Die Kosten von Verputz anderer Stärke ändern sich verhältnisgleich mit der Dicke.

448. **1 qm Zementmörtelverputz herstellen,** einschließlich aller Nebenarbeiten, wie Mörtelmischen, Gerüstung, Zubringen des Mörtels, Beistellung aller Geräte und Beaufsichtigung:

Art des Verputzes		Grob, 10—15 mm stark, bis 4 m hoch		Fein, 6 mm stark, bis 4 m hoch		Zuschlag für 1 m Mehrhöhe	
		1 : 1	1 : 2	1 : 1	1 : 2	Grob	Fein
Maurer	h	1,4	1,4	1,2	1,2	—	—
Hilfsarbeiter	,,	0,7	0,7	0,6	0,6	0,05	0,025
Für Aufsicht und Geräte	%	15	15	15	15	15	15
Zement	kg	14	9,8	8,4	5,6	—	—
Sand	l	10	14	6	7	—	—

Wenn beim Verputzen von Außenwänden größere Gerüste erst aufgestellt werden müssen, so erfolgt je Quadratmeter zu verputzende Fläche ein Zuschlag: 1,2 h Maurer + 0,6 h Hilfsarbeiter + 15% für Aufsicht und Geräte.

Die Kosten des Verputzes anderer Stärke ändern sich verhältnisgleich mit der Dicke.

Für das Bügeln des Feinputzes, Zuschlag: 1,25 h Maurer + 15% für Aufsicht und Geräte.

449. **1 qm Fugenverbrämung bzw. Fugenverstreichung an Ziegelmauerwerk,** einschließlich sämtlicher Nebenarbeiten:

a) Mit Kalkmörtel.

1. Fugenverbrämung: 1,4 h Maurer + 0,28 h Hilfsarbeiter + 15% für Aufsicht und Geräte + 3 l gelöschten Kalk + 6 l Sand.

2. Fugenverstreichung: 0,7 h Maurer + 0,14 h Hilfsarbeiter + 15% für Aufsicht und Geräte + 3 l gelöschten Kalk + 6 l Sand.

b) Mit Zementmörtel.

1. Fugenverbrämung: Arbeitsaufwand wie oben + 4,2 kg Zement + 6 l Sand.
2. Fugenverstreichung: Arbeitsaufwand wie oben + 4,2 kg Zement + 6 l Sand.

450. **1 qm Fugenverbrämung bzw. Fugenverstreichung an Bruchsteinmauerwerk,** einschließlich sämtlicher Nebenarbeiten:

a) Mit Kalkmörtel.

1. Fugenverbrämung: 1,1 bis 1,8 h Maurer + 0,16 h Hilfsarbeiter + 15% für Aufsicht und Geräte + 1,5 l gelöschten Kalk + 3 l Sand.

2. Fugenverstreichung: 0,55 bis 0,9 h Maurer + 0,08 h Hilfsarbeiter + 15% für Aufsicht und Geräte + 1,5 l gelöschten Kalk + 3 l Sand.

b) Mit Zementmörtel.

1. Fugenverbrämung: Arbeitsaufwand wie oben + 2,1 kg Zement + 3 l Sand.
2. Fugenverstreichung: Arbeitsaufwand wie oben + 2,1 kg Zement + 3 l Sand.

451. **1 qm Quaderverkleidung verfugen,** ohne Mörtelbereitung und Zufuhr:

(0,8 bis 1) h Maurer + (5 bis 8) l Mörtel.

452. **1 qm zweimaliger Zementmilchschlämmung auf Betonflächen:**[140]

(0,1 bis 0,2) h Betonarbeiter + 30% für Aufsicht, Pinsel und Geräte + 1,5 kg Zement.

453. **1 m Eisenträger mit Drahtgewebe ummanteln**[31] kostet (0,10 bis 0,12) Akkordstunden, einschließlich aller Nebenarbeiten.

454. **1 qm Fliesenverkleidung auf Wänden:**

a) herstellen:

(3 bis 4) h Maurer oder Plattenleger + 1 h Hilfsarbeiter + 15% für Aufsicht und Geräte + 1,1 qm Fliesen + (15 bis 30) l Zementmörtel 1 : 2;

b) ablösen und seitlich lagern:

(0,4 bis 0,6) h Maurer + (0,8 bis 1,2) h Hilfsarbeiter + 10% für Aufsicht und Geräte.

455. 1 qm Fliesenverkleidung auf Wänden, gelegentlich von Installationsarbeiten **in kleinem Umfang ablösen und später wiederherstellen:**

		Ablösen	Wiederherstellen
Maurer	h	2	4
Hilfsarbeiter	„	1	4
Für Aufsicht und Geräte	%	10	15
Zementmörtel	l	—	30
Fliesen	qm	—	0,5

456. Stahl- und Diamantbeton „Kleinlogel“.

Flächen von Wasserbauten, die nicht durch Geschiebe hoch beansprucht sind, können durch eine 3 cm starke Stahl- oder Diamantbetonschicht geschützt werden, die auf einer 3 cm starken Ausgleichsbetonschicht 1 : 3 mit Drahtgewebeeinlage aufgetragen wird. Eine solche Schutzschicht (Ausgleichsschicht und Deckschicht) kostet je Quadratmeter einschließlich Handmischung:

(1,75 bis 2,25) h Betonarbeiter + 15% für Aufsicht und Geräte + 30 kg Portlandzement + 30 kg Härtematerial + 30 l besten Estrichkies + 1,1 qm Drahtgewebe.

Bei anderen Schichtstärken ist bei einer Stärke S der Ausgleichsschicht + Deckschicht in Zentimeter der Arbeitsaufwand je Quadratmeter: [35 + 1,4 S (cm)] Minuten und der Baustoffaufwand wird im Verhältnis der Schichtstärken verändert.

Preise der Härtestoffe.

Preise ab Werk je 100 kg	Ab Magdeburg RM
Diamantbeton, „Rekord“, rostfrei	11,00
„ , „Spezial“, „	22,00
„ , „Extra“, „	30,00
Stahlbeton „Kleinlogel“	15,00

Raumgewicht der Härtestoffe für Diamantbeton .... 2,2 t/rm
„ „ „ „ Stahlbeton .... 2,8 t/rm

457. 1 qm Stock- oder Vorsatzbeton im Mischungsverhältnis 1 : 3:[16]

Stärke des Vorsatzbetons	cm	3	4	5
für Mischen, Einbringen, Stampfen	Maurer h	1,0	1,05	1,10
„ Stocken	„ „		1,2—1,4	

1 qm Stockbeton, der nachträglich angeworfen wird, erfordert für das Mischen, Auftragen und Glätten, einschließlich des Reinigens der Mauer das Doppelte der oben angegebenen Zeiten.

458. 1 qm Weißigung, einmal, einschließlich aller Nebenarbeiten:
0,05 h Maurer + 0,03 h Hilfsarbeiter + 10% für Aufsicht und Geräte + 0,2 l gelöschten Kalk.

459. 1 qm Wandverkleidung mit Korkisolierplatten, einschließlich aller Nebenarbeiten:
0,75 h Maurer + 0,25 h Hilfsarbeiter + 15% für Aufsicht, Geräte und Nägel + 1,05 qm Korkplatten + 10 l Mörtel.

460. 1 qm Wandisolierung mit Heraklitplatten herstellen, einschließlich des Zutragens der Platten vom Lager:
(0,5 bis 0,6) h Maurer + (0,5 bis 1,4) h Hilfsarbeiter + 15% für Aufsicht und Geräte + 1,05 qm Heraklitplatten + 10 l Zementmörtel + 0,1 kg Nägel.

461. 1 qm alten Verputz abschlagen, die Fugen auskratzen und den Schutt bis auf 50 m verführen und lagern:

		Kalkmörtel	Zementmörtel
Maurerstunden		0,30—0,35	0,75
Weibliche Hilfsarbeiterstunden		0,15—0,25	0,50
Für Aufsicht und Geräte	%	10	10
Schuttabfuhr	rm	0,03	0,03

Das Abschlagen des Feinputzes allein kostet nur ein Viertel.

462. 1 qm alte Weißung, Färbelung oder Malerei von Decken oder Wänden abkratzen und den Schutt bis auf 50 m wegbefördern: 0,1 h Hilfsarbeiter + 10% für Aufsicht und Geräte.

463. 1 qm alte Tapeten von Decken oder Wänden abkratzen und beseitigen:
0,5 h Hilfsarbeiter + 10% für Aufsicht und Geräte.

C. Ziegelmauerwerk.

464. Normen, betreffend Ziegel und Ziegelmauerwerk.

DIN 1963. Technische Vorschriften für Bauleistungen. II. Maurerarbeiten.
DIN 1960. Allgemeine Bestimmungen für die Vergebung von Bauleistungen.
DIN 1961. Allgemeine Vertragsbestimmungen für die Ausführung von Bauleistungen.
DIN 105. Mauerziegel (Backsteine).
DIN 106. Kalksandsteine (Mauersteine).
DIN 1057. Ringziegel.
DIN 1059. Zementschwemmsteine aus Bimskies.
Önorm B 3201. Mauerziegel.
Önorm B 3203. Radialziegel.
Önorm B 3220. Klinkerziegel.
Önorm B 2004. Erd-, Maurer- und Putzarbeiten.
Önorm B 2102. Beanspruchung des Mauerwerkes.

465. Ziegelmauerwerk, Aufmaß und Abrechnung. Deutsches Ziegelformat (Österr. Ziegelformat).

Ziegelmauerwerk	von	$^1/_2$	Steinstärke	wird	mit	12	cm	(15)
,,	,,	1	,,	,,	,,	25	,,	(30)
,,	,,	$1^1/_2$	,,	,,	,,	38	,,	(45)
,,	,,	2	,,	,,	,,	51	,,	(60)

Stärke berechnet und für je weitere $^1/_2$ Steinmehrstärke werden je weitere 13 cm (15 cm) Mauerstärke zugerechnet.

Mauern bis 12 cm (15 cm) Stärke werden nach dem Flächenmaß, alle stärkeren Mauern nach dem Raummaß berechnet. Abgezogen werden innerhalb der Mauerstärke liegende Öffnungen von mehr als 0,1 cbm Einzelausmaß, Fenster-, Tür- und sonstige Öffnungen von mehr als 0,5 qm kleinster Einzellichtfläche, Wandnischen von mehr als 0,1 cbm Einzelausmaß, Rauch- oder Lüftungsrohre, Schächte, Schlitze u. dgl. von mehr als 600 qcm Querschnitt, Luftschichten über 7 cm Breite, soweit sie dieses Maß überschreiten, und Auflager von Decken, ferner von Unterzügen, soweit sie mehr als 0,1 cbm Einzelausmaß haben, wenn sie unmittelbar nach dem Abgleichen des Mauerwerkes der einzelnen Geschosse ausgeführt werden.

Getrennt oder mit Zuschlag werden verrechnet: Unterfangungsmauerwerk, in der Grundfläche gebogene Mauern, freistehendes Giebelmauerwerk und Mauerwerk in Zementmörtel.

466. Mauerziegel (Backsteine) müssen DIN 105 entsprechen. Als Mittel aus zehn Versuchen müssen lufttrockene Mauerziegel die folgenden Festigkeiten aufweisen:

Klinker	350 kg/qcm	Druckfestigkeit
Hartbrandziegel	250 ,,	,,
Mauerziegel 1. Klasse	150 ,,	,,
,, 2. ,,	100 ,,	,,

Ziegel, die die Festigkeit der 2. Klasse im Mittel nicht erreichen, dürfen nicht als Mauerziegel bezeichnet werden.

Mauerziegel haben im Deutschen Reich die Abmessungen $25 \times 12 \times 6{,}5$ cm. In Österreich ist auch noch das österreichische Format $29 \times 14 \times 6{,}5$ cm in Gebrauch und in der Tschechoslowakei steht nur das letztere Ziegelformat in Verwendung.

Klinker dürfen höchstens 5%, Hartbrandziegel höchstens 8% Wasser aufnehmen; bei den Mauerziegeln 1. und 2. Klasse soll sie in der Regel nicht unter 8% betragen.

467. Bedarf an Ziegeln und Mörtel je Kubikmeter Mauerwerk.

Bedeutet l die Länge der Ziegel in Zentimetern, b die Breite in Zentimetern, d die Dicke in Zentimetern, m die Dicke der Stoßfuge in Zentimetern ($\sim$ 1 cm) und n die Dicke der Lagerfuge in Zentimeter ($\sim$ 1,2 cm), so beträgt (einschließlich der unvermeidlichen Verluste) der Bedarf an Mauerziegeln

$$Z = \frac{1050000}{(l+m)(b+m)(d+n)} \text{ Stück}$$

und an Mörtel

$$M = \frac{1{,}15\,[(l+m)(b+m)(d+n) - l \,.\, b \,.\, d]}{(l+m)(b+m)(d+n)} \text{ cbm.}$$

468. 1000 Stück Mauerziegel (Handschlagziegel) im österreichischen Format erzeugen, und zwar den Lehm graben, Wasser schöpfen, den Lehm durchkneten, zum Ziegelteich führen, die Ziegel streichen, auf den Trockenplatz tragen, wenden, schließlich hochkantig stellen und in die Trocknungshütten schaffen und aufschlichten:

a) wenn der Lehm geschlemmt werden muß:
10 h Ziegelstreicher + 52 h Hilfsarbeiter + 10% für Aufsicht und Geräte;
b) wenn der Lehm nicht geschlemmt wird:
10 h Ziegelstreicher + 32 h Hilfsarbeiter + 10% für Aufsicht und Geräte.

469. 1000 Stück Mauerziegel, österreichisches Format, von den Trocknungshütten auf 50 m **zum Ofen führen,** im Ofen aufschlichten und nach dem Brande herausnehmen und nahe dem Ofen aufschlichten: (2,5 bis 3,0 h) Ziegelsetzer + 15 h Hilfsarbeiter + 15% für Aufsicht und Geräte.

470. 1000 Stück Mauerziegel, österreichisches Format, brennen, kostet:
(5,0 bis 7,0) h Ziegelbrenner + (5 bis 7) h Hilfsarbeiter + (400 bis 500) kg Steinkohle.

471. Bruch und Verlust bei Ziegeln:[16]

bei aufgehendem Mauerwerk .... 5— 8%
,, kniffIichem (kompliziertem) Mauerwerk 12%
,, der Ausmauerung von Riegelfachwerk .... 8—10%

472. 1000 Stück Mauerziegel befördern:

a) Vom Wagen abladen und unmittelbar daneben stapeln oder auf eine Tragkraxe legen oder vom Stapel auf die Kraxe oder auf den Schubkarren legen oder vom Schubkarren abladen und stapeln oder auf einen Aufzug oder Bandförderer legen, bzw. von diesen abnehmen: (0,5 bis 0,9) h Hilfsarbeitermannschaft.

Mannschaftsstand: bei Entfernungen unter 1 m 1 Mann, bei größeren Entfernungen für je 2 bis 2,5 m ein weiterer Mann.

b) (2 bis 3) m hoch schupfen und stapeln: (3,2 bis 5) h Hilfsarbeiter.

c) (2 bis 3) m weit und bis 1 m hoch schupfen und stapeln: (1,0 bis 1,8) h Hilfsarbeiter.

d) L m weit und H m hoch bzw tief mittels Tragkraxe tragen:

Deutsches Ziegelformat .... $(1{,}7 + 0{,}06\,L + 0{,}33\,H)$ h Hilfsarbeiter
Österreichisches Ziegelformat .... $(1{,}8 + 0{,}07\,L + 0{,}4\,H)$,, ,,

e) L m weit mit der Schubkarre führen, einschließlich des Beladens vom Stapel und des Abladens und Wiederstapelns:

Deutsches Format .... $[(1{,}2\text{—}1{,}8) + 0{,}03\,L]$ h Hilfsarbeiter
Österreichisches Format .... $[(1{,}2\text{—}1{,}8) + 0{,}04\,L]$,, ,,

f) Mittels eines Paternosteraufzuges hochheben oder mittels eines Bandförderers befördern: (0,6 bis 0,7) h Gerät.

Bedienung: zur Be- und Entladung je 1 Mann und je nach der Entfernung des Stapels die erforderliche Mannschaft für die Zu- und Abfuhr der Ziegel.

473. 1 cbm Ziegelmauerwerk in Kalkmörtel, ohne Verputz, einschließlich aller Nebenarbeiten, wie Gerüstung, Kalklöschen, Mörtelbereitung, aller Zufuhren am Bau, Beistellung aller Gerüste und Geräte und einschließlich der Beaufsichtigung:

Art des Mauerwerkes		Deutsches Ziegelformat			Österreichisches Ziegelformat			Zuschläge je m	
		Grundwerk bis 2 m Tiefe	Keller bis 2 m Tiefe	Geschoss bis 4 m Höhe	Grundwerk bis 2 m Tiefe	Keller bis 2 m Tiefe	Geschoss bis 4 m Höhe	Tiefe	Höhe
Maurer	h	7	7,5	8,5	6	6,5	7,5	0,20	0,20
Hilfsarbeiter	,,	9	10	10,5	9	10	10,5	0,75	0,75
Für Aufsicht und Geräte	%	15	15	15	15	15	15	15	15
Mauerziegel	Stück	400	400	400	300	300	300		
Kalk, gelöscht	cbm	0,09	0,09	0,09	0,085	0,085	0,085		
Sand	rm	0,27	0,27	0,27	0,26	0,26	0,26		

Bei Ziegelmauerwerk, das unverputzt bleibt, Zuschlag je Quadratmeter Sichtfläche: (1 bis 3) h Maurer + 15%.

Bei Mauerwerk mit vielen Aussparungen, Nischen u. dgl., Zuschlag 20 bis 40% der Löhne.

474. 1 cbm Ziegelmauerwerk in Zementmörtel (1 : 3,5), ohne Verputz, einschließlich aller Nebenarbeiten, wie Gerüsten, Mörtelbereitung, aller Zufuhren am Bau, Beistellung aller Gerüste und Geräte und einschließlich der Beaufsichtigung:

Art des Mauerwerkes		Deutsches Ziegelformat			Österreichisches Ziegelformat			Zuschläge je m	
		Grundwerk bis 2 m Tiefe	Keller bis 2 m Tiefe	Geschosse bis 4 m Höhe	Grundwerk bis 2 m Tiefe	Keller bis 2 m Tiefe	Geschosse bis 4 m Höhe	Tiefe	Höhe
Maurer	h	8,5	9	10	7,5	8,0	9,0	0,20	0,20
Hilfsarbeiter	,,	12,0	13,0	13,5	12,0	13,0	13,5	0,75	0,75
Für Aufsicht und Geräte	%	15	15	15	15	15	15	15	15
Ziegel	Stück	400	400	400	300	300	300		
Zement	kg	115	115	115	110	110	110		
Sand	rm	0,29	0,29	0,29	0,275	0,275	0,275		

Bei Ziegelmauerwerk, das unverputzt bleibt, Zuschlag je Quadratmeter Sichtfläche: (1 bis 3) h Maurer + 15%.

Bei Mauerwerk mit vielen Aussparungen, Nischen u. dgl., Zuschlag 20 bis 40% der Löhne.

475. 1 cbm Ziegelmauerwerk in Ausmaßen von höchstens 2 cbm an einer Arbeitsstelle, einschließlich der Mörtelbereitung, Zuführen bis auf 50 m, mit allen Nebenarbeiten:

Art des Mauerwerkes		Deutsches Ziegelformat			Österreichisches Ziegelformat		
		In Kalkmörtel	In verlängertem Zementmörtel	In Zementmörtel	In Kalkmörtel	In verlängertem Zementmörtel	In Zementmörtel
Maurer	h	9	9	9	8	8	8
Hilfsarbeiter, männlich	,,	9	9	9	8	8	8
,, , weiblich	,,	4,5	4,5	4,5	4	4	4
Für Aufsicht und Geräte	%	10	10	10	10	10	10
Mauerziegel	Stück	400	400	400	300	300	300
Kalk, gelöscht	cbm	0,11	0,11	—	0,1	0,1	—
Sand	rm	0,33	0,33	—	0,3	0,3	0,3
Zement	kg	—	22	150	—	20	140

476. 1 cbm Ziegelmauerwerk in Kalkmörtel, *d* cm stark, ohne Verputz, Mörtelbereitung, ohne Gerüstung und ohne Zufuhr (reine Maurerarbeit):

		Deutsches Ziegelformat			Österreichisches Ziegelformat		
Freie Wandfläche		Keine	Eine	Zwei	Keine	Eine	Zwei
Maurer	h	$(5 \text{ bis } 5{,}5) + \frac{25}{d}$	$(5 \text{ bis } 5{,}5) + \frac{37}{d}$	$(5 \text{ bis } 5{,}5) + \frac{50}{d}$	$(4{,}5 \text{ bis } 5) + \frac{25}{d}$	$(4{,}5 \text{ bis } 5) + \frac{37}{d}$	$(4{,}5 \text{ bis } 5) + \frac{50}{d}$
Für Aufsicht und Geräte	%	10	10	10	10	10	10
Mauerziegel	Stück	400	400	400	300	300	300
Mörtel	l	280	280	280	270	270	270

Für Kaminmauerwerk: Zuschlag 0,5 h.

Bei Ziegelmauerwerk, das unverputzt bleibt, je Quadratmeter Sichtfläche Zuschlag: (1 bis 3) h Maurer + 10%.

Bei Mauerwerk mit vielen Aussparungen, Nischen u. dgl.: Zuschlag zu den Löhnen 20 bis 40%.

477. 1 cbm Ziegelmauerwerk in Zementmörtel, *d* cm stark, ohne Verputz, Mörtelbereitung, ohne Gerüstung und ohne Zufuhren (reine Maurerarbeit):

		Deutsches Ziegelformat			Österreichisches Ziegelformat		
Freie Wandflächen		Keine	Eine	Zwei	Keine	Eine	Zwei
Maurer	h	$(6 \text{ bis } 6{,}5) + \frac{25}{d}$	$(6 \text{ bis } 6{,}5) - \frac{37}{d}$	$(6 \text{ bis } 6{,}5) + \frac{50}{d}$	$(5{,}5 \text{ bis } 6) - \frac{25}{d}$	$(5{,}5 \text{ bis } 6) + \frac{37}{d}$	$(5{,}5 \text{ bis } 6) + \frac{50}{d}$
Für Aufsicht und Geräte	%	10	10	10	10	10	10
Mauerziegel	Stück	400	400	400	300	300	300
Mörtel	l	280	280	280	270	270	270

Bei Ziegelmauerwerk, das unverputzt bleibt, Zuschlag je Quadratmeter Sichtfläche: (1 bis 3) h Maurer + 10%.

Bei Pfeilermauerwerk und Mauerwerk mit viel Aussparungen, Nischen u. dgl.: Zuschlag zu den Löhnen 20 bis 40%.

Bei Unterfangungsmauerwerk aus Klinkerziegeln, Zuschlag 50% zu den Löhnen.

478. **1 qm Ziegelmauer, $^1/_2$ oder $^1/_4$ Stein stark,** ohne Mörtelbereitung, Putz, Gerüstung und Zufuhren:

Mörtel	Kalk	Zement	
Mauerstärke Stein	$^1/_2$	$^1/_2$	$^1/_4$
Maurer . . . . . h	1—1,4	1,1—1,5	1,1—1,5
Für Aufsicht und Geräte	8—10	8—10	8—10
Mauerziegel . . . . . Stück	52	52	32
Mörtel l	36	36	16

479. **1 qm Riegelwandausmauerung,** ohne Zufuhren, Putz und Gerüstung:

a) Stahlfachwerk:

1,2 h Maurer + 10% für Aufsicht und Geräte + 52 Stück Mauerziegel (Deutsches Format) + 36 l Mörtel.

b) Holzfachwerk:

1,1 h Maurer + 10% für Aufsicht und Geräte + 42 Stück Mauerziegel (Deutsches Format) + 25 l Mörtel + 2 m Dreikantleisten + 10 Stück Nägel.

D. Bruchsteinmauerwerk.

480. **1 cbm Trockenmauerwerk,** *d* cm stark, aus Bruchstein, ohne jedwede Zufuhren zur Arbeitsstelle:

Art des Mauerwerkes	Trockenmauerwerk, in Moos gelegt, aus gut lagerhaften Bruchsteinen			Zuschlag für die Bearbeitung nicht lagerhafter Bruchsteine	Zuschlag für Trockenmauerwerk aus ausgesuchten Geröllsteinen, mit sorgfältiger Verzwickung der Fugen	Zuschlag für Trockenmauerwerk aus Bruchsteinen, mit roh zugerichteten Stoß- und Lagerfugen
	Keine freie Mauerfläche	Eine freie Mauerfläche	Zwei freie Mauerflächen			
Maurer . . . . . h	(3 bis 5) + $\frac{100}{d}$	(3 bis 5) + $\frac{150}{d}$	(3 bis 5) + $\frac{200}{d}$	1—2	3—5	6—9
Hilfsarbeiter . . . . ,,	3	3	3	1	1—2	3—4
Für Aufsicht und Geräte . . . . . %	15	15	15	15	15	15
Bruchstein . . . . . rm	1,15			0,1	0,2	0,2
Moos . . . . . ,,	0,3—0,4			—	—	—

481. **1 rm Bruchsteine auf der Baustelle befördern und lagern:**

a) Aufladen:

auf Schubkarren	0,8	h Hilfsarbeiter
,, niedrige Wagen	(1—1,1)	,, ,,
,, hohe Wagen	(1,3—1,5)	,, ,,
,, Eisenbahnwagen	(1,5—1,7)	,, ,,
,, Kähne, einschließlich Zufuhr auf 50 m mittels Schubkarren	(3—3,5)	,, ,,

b) Abladen und lagern:

von niedrigen Wagen	(0,9—1)	h Hilfsarbeiter
,, hohen Wagen	(1—1,2)	,, ,,
aus Eisenbahnwagen	1,3	,, ,,
,, Kähnen und verführen mit Schubkarren auf 50 m	(3—4)	,, ,,
von Wagen abwerfen	(0,3—0,5)	,, ,,

c) 1 rm Bruchsteine in meßbare Haufen von höchstens 1 m Höhe dicht aufschlichten:[17] (1 bis 2) h Hilfsarbeiter.

d) 1 rm Bruchsteine befördern (ohne Auf- und Abladen), L m weit und H m hoch oder tief, mittels Schubkarren: $(0{,}04\,L + 0{,}75\,H)$ h Hilfsarbeiter.

482. 1 rm Bruchsteine für Bruchsteinmauerwerk zurichten:

Bei sehr unregelmäßigen Bruchsteinen: (2 bis 4) h Maurer + 1,3 rm Bruchsteine.
Bei lagerhaften Bruchsteinen: 1 h Maurer + 1,15 rm Bruchsteine.

483. 1 cbm Bruchsteinmauerwerk, d cm dick, aus zugerichteten Bruchsteinen in Zementmörtel, ohne Mörtelbereitung, ohne Verfugen, Gerüstung und Zuführen zur Arbeitsstelle:

Freie Wandflächen		Keine	Eine	Zwei
Maurer	h	$(5 \text{ bis } 7) + \frac{100}{d}$	$(5 \text{ bis } 7) + \frac{250}{d}$	$(5 \text{ bis } 7) + \frac{400}{d}$
Hilfsarbeiter	„	3—4	3—4	3—4
Für Aufsicht und Geräte	%	15	15	15
Bruchsteine, zugerichtet	rm	1,1	1,1	1,1
Mörtel*	cbm	0,15—0,35	0,15—0,35	0,15—0,35

Bei Mauerwerk aus Findlingen: Zuschlag 50% zu den Löhnen.

Bei Bruchsteinmauerwerk im Ausmaß bis höchstens 2 cbm an einer Stelle, Zuschlag (50 bis 70)% der Löhne.

Für sorgfältige Ausschieferung der Fugen und reine Bearbeitung der Bruchsteine an den Sichtflächen bei:

	minder harten oder lagerhaften Steinen	harten oder nicht lagerhaften Steinen	sehr harten Steinen
Zuschlag je qm Sichtfläche	1,4 h Maurer	4,2 h Maurer	6,3 h Maruer

+ 15% für Aufsicht und Geräte.

Für ganz reine Bearbeitung der Fugen, für 4 bis 6 mm starke Fugenverbrämung, wobei keine Ausschieferung erfolgen darf, bei:

	minder harten oder lagerhaften Steinen	harten oder nicht lagerhaften Steinen	sehr harten Steinen
Zuschlag je qm Sichtfläche	7 h Maurer	10 h Maurer	15 h Maurer

+ 15% für Aufsicht und Geräte.

Für die Mörtelbereitung kann je Kubikmeter Bruchsteinmauerwerk 1,5 h Mörtelmischer gerechnet werden.

484. 1 qm alte, schadhafte Bruchsteinmauer instand setzen, einschließlich Mörtelbereitung und Nebenarbeiten:

a) nur Auszwicken oder Verschiefern:

0,7 h Maurer + 0,7 h Hilfsarbeiter + 15% für Aufsicht und Geräte + 0,1 rm Bruchsteine + 0,05 rm Sand + 23 kg Zement.

b) Auszwicken, Verschiefern und Einsetzen einzelner größerer Steine:

1 h Maurer + 2 h Hilfsarbeiter + 15% für Aufsicht und Geräte + 0,2 rm Bruchstein + 0,1 rm Sand + 46 kg Zement.

485. 1 cbm altes Bruchsteinmauerwerk abtragen, die wiederverwendbaren Steine aussondern und reinigen und alles bis auf 20 m befördern und lagern, einschließlich der erforderlichen Gerüstung, ohne Rücksicht auf die Höhe:

Mörtel		Kalk		Zement	
Mauerdicke in cm		bis 125	über 125	bis 125	über 125
Maurer	h	3,2	3,7	4,2	4,8
Hilfsarbeiter	„	6,4	7,4	8,4	9,6
Für Aufsicht und Geräte	%	10	10	10	10

486. 1 qm Bruchsteinmauerwerk mit dem Zweispitz abarbeiten:

(5 bis 6) h Steinmetz + 15% für Aufsicht und Geräte.

* Der Mörtelverbrauch hängt von der Beschaffenheit der zugerichteten Bruchsteine ab; mit dem geringeren Mörtelverbrauch ist bei gut lagerhaften Steinen zu rechnen.

E. Quadermauerwerk und -verkleidung.

487. Steinverblendung, Aufmaß und Abrechnung.

Steinverblendungen werden nach dem Flächenmaß verrechnet. Öffnungen mit verblendeten Leibungen bis zu 2,5 qm Einzelfläche werden nicht abgezogen, ihre verblendeten Leibungen aber auch nicht berechnet.

Werkstücke werden nach dem Raummaß des dem Werkstück umschriebenen Parallelepipeds berechnet.

488. 1 cbm Quadern auf der Baustelle befördern:

a) Aufladen:

auf niedere Wagen (ohne Hebezug): (2 bis 4) h Hilfsarbeiter,
auf Wagen mit geeigneten Hebezeugen: (2 bis 2,5) h Hilfsarbeiter + (8 bis 10)% für Hebezeug.

b) Abladen:

von Wagen über Rutschen auf Sandbett: (1,5 bis 2) h Hilfsarbeiter.

c) 1 m hoch heben kostet (0,5 bis 0,75) h Hilfsarbeiter.

d) Auf der Baustelle geordnet lagern: (2 bis 3) h Hilfsarbeiter.

489. 1 cbm schwere Quaderverkleidung in Zementmörtel, ohne Mörtelbereitung und Gerüstung und ohne Zufuhr:

a) wenn geeignete Hebegeräte zur Verfügung stehen:

(6 bis 8) h Maurer + (6 bis 8) h Hilfsarbeiter + 20 bis 25% für Aufsicht, Beistellung und Betrieb des Hebezeuges und sonstige Geräte + 1 cbm Quadern + 100 l Mörtel;

b) wenn keine Hebegeräte zur Verfügung stehen:

(12 bis 14) h Maurer + (12 bis 22) h Hilfsarbeiter + 10% für Aufsicht und Geräte + 1 cbm Quadern + 100 l Mörtel;

c) wenn die Quadern auf einem Wehrboden od. dgl. zu versetzen sind:

Zuschlag zu a oder b: 0,15 bis 0,2 cbm Beton zur Bettung der Quadern;

d) wenn die Quadern mit Stahldübeln und Haken im Unterbeton zu verankern sind:

Zuschlag zu c: (2 bis 3) h Maurer + (2 bis 3) h Hilfsarbeiter.

490. 1 cbm Hackelsteinverkleidung an Pfeilern, ohne Mörtelbereitung, Gerüstung und Zufuhr:

(4 bis 6) h Maurer + (4 bis 6) h Hilfsarbeiter + 15% für Aufsicht und Geräte + 1 rm Hackelstein + 150 l Mörtel.

491. Herstellung von Betonquadern:

a) Nach C. Dingmann (U. S. A.):[36] bei vollständig mechanischer Herstellung in einer Fabrik erzeugen 8 Männer in 9 h 3300 Quadern von 0,2 × 0,4 × 0,2 m; das sind also je Kubikmeter Quadern 1,37 h. Unkostenzuschlag 50%.

b) Nach C. Dingmann (U. S. A.):[36] bei vollständiger Handarbeit erzeugen 3 Männer in einer Woche = 162 h 700 Quadern von 0,2 × 0,4 × 0,2 m; das sind je Kubikmeter 14,7 h.

c) Nach V. Anderlik[38] erfordert das Betonieren von Quadern am Werkplatz je Kubikmeter: 3 h Maurer + 9 h Hilfsarbeiter.

492. Vermauern von 100 Betonquadern 0,2 × 0,4 × 0,2 m,[36] gültig bis zu 3,5 m Mauerhöhe:

3,8 h Maurer + 3,8 h Hilfsarbeiter + 1,9 h Mörtelmischer + 0,8 h Hilfsarbeiter für je 30 m Zufuhr + 0,5 h Hilfsarbeiter für Aufladen oder Abladen + 0,15 cbm Mörtel.

F. Beton.

1. Allgemeines.

493. Normen und Vorschriften, betreffend Beton- und Eisenbetonbauwerke.

DIN 1044. Einheitliche Bezeichnungen im Eisenbetonbau.
DIN 1045. Bestimmungen für Ausführung von Bauwerken aus Eisenbeton.
DIN 1046. Bestimmungen für Ausführung von Steineisendecken.

DIN 1047. Bestimmungen für Ausführung von Bauwerken aus Beton.
DIN 1048. Bestimmungen für Steifeprüfungen und für Druckversuche an Würfeln bei Ausführung von Bauwerken aus Beton und Eisenbeton.
DIN 1967. Technische Vorschriften für Bauleistungen. IV. Beton- und Eisenbetonarbeiten.
DIN 1164. Portlandzement, Eisenportlandzement, Hochofenzement.
DVM 1043. Traß, Begriff, Eigenschaften, Prüfverfahren, Traßnormen — Kalkpulver, Normensand, Prüfgeräte.
DVM 1044. Traß, chemische Untersuchung.
DIN 459. Betonmischmaschinen, Baugrundsätze.
DIN 489. Treppenstufen, Podestplatten, Beton.
DIN 455. Abdeckplatten für Mauern, Beton.
Bestimmungen des Deutschen Ausschusses für Eisenbeton, 1932. Verlag: W. Ernst & Sohn, Berlin.
Richtlinien über die Ausführung von Betonbauten im Meerwasser, 1930. Verlag: W. Ernst & Sohn, Berlin.
Richtlinien für die Ausführung von Bauwerken im Moor, in Moorwässern und ähnlich zusammengesetzten Wässern, 1930. Verlag: W. Ernst & Sohn, Berlin.
Deutsche Normen 1932 für Portlandzement, Eisenportlandzement und Hochofenzement. Verlag: W. Ernst & Sohn, Berlin.
Önorm B 2011. Beton- und Eisenbetonarbeiten.
Önorm B 2300. Bestimmungen für die Ausführung von Bauwerken aus Beton und Eisenbeton.
Önorm B 2301. Einheitliche Bezeichnungen im Eisenbetonbau.
Önorm B 2302. Berechnung und Ausführung von Tragwerken.
Önorm B 2303. Probewürfel und Probebalken.
Önorm B 2304. Werkstücke.
Önorm B 2305. Stiegenstufen.
Önorm B 3331. Betonrundstahl, Durchmesser.
Önorm B 3311. Portlandzement.
ČSN 1090. Entwurf von Betonbauten (1931).
ČSN 1091. Ausführung der Betonarbeiten (1935).
ČSN 1092. Verrechnung von Betonarbeiten (1932).
ČSN 1093. Baukontrolle der Betonarbeiten (1935).

494. Geräte zur Prüfung von Zement und Beton auf der Baustelle. (Chemisches Laboratorium für Tonindustrie G. m. b. H., Abt. Prüfmaschinen, Berlin.)

1.	Normal-Vicat-Nadelapparat zur Ermittlung des Beginnes des Abbindens und der Abbindezeit, samt Reserveteilen	64 RM
2.	Gerät zur Messung der Temperatur während des Abbindens, samt einem Reservethermometer	18 ,,
3.	Tasterapparat nach Bauschinger zur Bestimmung von Volumenänderungen des Betons, samt zwei Messingformen und 100 Neusilberplättchen	249 ,,
4.	Mahlfeinheitsprüfmaschine nach Förderreuther, mit Antrieb durch Elektromotor, für Normalsiebringe, Durchmesser 200 mm, aber ohne Siebe	825 ,,
5.	Normal-Mörtelmischer nach Steinbrück-Schmelzer, für Handantrieb, mit selbsttätiger Ausrückung nach 20 Umdrehungen der Schale	558 ,,
6.	Hammerapparat, Bauart Böhme-Martens, für Handantrieb, mit selbsttätiger Ausrückung nach 150 Schlägen, mit einem Hammer	365 ,,
7.	Normalformen für Zugprobekörper, 5 qcm, samt Zugehör	36 ,,
8.	Entformgerät nach Michaelis, für Zugprobenkörper	40 ,,
9.	Normalformen für Würfel von 70,7 mm Kantenlänge, samt Zugehör	45 ,,
10.	Formen für Betonwürfel, 20 cm Kantenlänge	51 ,,
	Aufsatzkasten dazu	21 ,,
11.	Formen für Betonwürfel, 30 cm Kantenlänge	101 ,,
	Aufsatzkasten dazu	30 ,,
12.	Normalbetonstampfer, 12 × 12 cm, 12 kg	22 ,,
	Normalspatel	9 ,,
	Lineal	6 ,,
13.	Normal-Zerreißmaschine nach Frühling-Michaelis, einschließlich Schroteimer und selbsttätigem Schrotzulaufapparat	229 ,,

14. Vorrichtung zur Ermittlung der Biegefestigkeit, passend zu 13, einschließlich drei Satzformen .... 386 RM
15. Vorrichtung zur Ermittlung der Haftfestigkeit, passend zu 13, samt Zugehör. 200 ,,
16. Baustoff-Prüfpresse, bis 60 t, für Würfel bis 75 mm Kantenlänge, samt Manometern und Pumpe .... 1500 ,,
17. Baustoff-Prüfpresse, bis 100 t, samt Elektropumpe .... 3200 ,,
18. ,, ,, , ,, 200 t, ,, ,, ... 3800 ,,
19. ,, ,, , ,, 500 t, ,, ,, und dem erforderlichen Zugehör .... 6675 ,,
20. Baustoff-Prüfpresse, bis 500 t, samt Elektropumpe für Prismen bis 3 m Höhe und Balken bis 2 m Länge und elektrischer Querhauptverstellung .... 11800 ,,
21. Fließtisch mit runder Platte, 12,5 mm Hub, Handkurbel, zwei konische Formen 178 ,,
22. Biegungsmesser nach Kraft, schreibend, für $^1/_{40}$ bis 80 mm Durchbiegung. 215 ,,
100 Registrierblätter .... 12 ,,
23. Biegungsmesser nach Bauschinger, für Durchbiegungen bis $^1/_{500}$ mm... 166 ,,
24. Gefrieranlage, bis — 25°, mit Einrichtung zum Konstanthalten der eingestellten Temperatur .... 4440 ,,
25. Wasserdurchlässigkeitsprüfer nach Burchartz, für Drücke bis 15 atü, samt allem Zugehör und einer Preßluftflasche,
für den Anschluß von 2 Probekörpern .... 1100 ,,
,, ,, ,, ,, 4 ,, ... 1350 ,,
,, ,, ,, ,, 6 ,, ... 1600 ,,
26. Laboratoriums-Steinbrecher, für Riemenantrieb, Brechmaul 100 × 150 mm 1405 ,,
27. Laboratoriums-Kugelmühle, 50 l Inhalt, Riemenantrieb .... 1105 ,,
28. Gegenstrom-Kleinmischer, 50 l Inhalt, Riemenantrieb .... 800 ,,
29. Normal-Siebbüchse, Durchmesser 200 mm:
Deckel und Auffangschale .... 24 ,,
Siebring, je nach Maschenweite .... 23—28 ,,
30. Siebe in Holzrahmen:
Auffangkasten mit drei Ketten zum Aufhängen .... 12 ,,
Siebrahmen, mit Geweben bespannt, je nach Maschenweite .... 19—40 ,,
,, , mit gelochten Blechen, 1 bis 90 mm .... 14 ,,

2. Betonmischung.

495. Baustoffaufwand für Stampfkiesbeton nach Burchartz.[152]

Mischung in Raumteilen	Zement kg je cbm gestampften Betons	Zement kg je rm Kies	Mittleres Raumgewicht von frisch gestampftem Beton in t/rm	Grenzwerte der Druckfestigkeit nach 28 Tagen in kg/qcm	Festigkeitsverhältnis 28 Tage / 7 Tage	Raumgewicht lufttrocken in t/rm	Ausbeute in %
1 : 3	510	400	2,40	250—440	1,17	2,33	90
1 : 4	400	300	2,30	220—300	1,23	2,25	86
1 : 5	310	250	2,25	180—250	1,27	2,20	84
1 : 6	260	200	2,20	130—200	1,33	2,16	83
1 : 7	230	170	2,17	110—180	1,38	2,14	82
1 : 8	200	150	2,15	90—150	1,43	2,12	81
1 : 9	180	130	2,13	80—130	1,47	2,10	80
1 : 10	160	120	2,11	70—120	1,50	2,09	80
1 : 15	100	80	2,06	40—70	1,66	2,05	79
1 : 20	80	60	2,03	30—60	2,00	2,03	78

496. 1 t Zement in Säcken aufladen oder abladen, einschließlich des Zutragens bis auf 10 m:

a) niedrige Wagen .... (0,7—1,1) h Hilfsarbeiter
b) Eisenbahnwagen ... (1—2) ,, ,,

497. 1 t Zement in Säcken, die zugetragen werden, im Schuppen stapeln: (0,4 bis 0,5) h Hilfsarbeiter.

498. 1 t Zementsäcke *L* m weit tragen, und zwar vom Stapel nehmen, tragen und ablegen, einschließlich der unvermeidbaren Pausen: nach 11 $(0,4 + 0,017\,L)$ h Hilfsarbeiter.

499. Zementbeförderung in besonderen Behälterwagen, mit Entladung mittels Preßluft.[65] Ladung: 20 t Zement.

Bei dieser Beförderungsart wird ab Werk ein Preisnachlaß von 2,15 RM je Tonne Zement wegen des Wegfalles des Verfüllens in die Säcke und der Ersparung der Säcke gewährt. Überdies entstehen keine Verluste während der Beförderung infolge Feuchtwerdens, Verstreuens und Diebstahles, und die Entladung erfolgt rascher und billiger.

Die Anschaffung eines Behälterwagens lohnt sich, wenn er mehr als 24 Fahrten im Jahr macht.

500. Biber-S der Biberwerke in Köln a. Rhein, zur Beschleunigung des Abbindens von Beton.

Packung zu 50 und 25 kg.	Preis je Kilogramm	... 1,20 RM
„ „ 15 „ 10 „ .	„ „ „	... 1,30 „
„ „ 5 „ 2,5 „ .	„ „ „	... 1,40 „

Verbrauch: Biber-S wird dem Anmachwasser zugesetzt. Bei einem Aufwand von 1 Teil Anmachwasser auf 3 bis 4 Teile Mörtel ist bei 18° C der folgende Aufwand an Biber-S erforderlich:

Abbindezeit in Minuten	Mörtelmischung	Mischung von Biber-S mit reinem Wasser
4—6	reiner Zement	reines Biber-S
8—10	1 Zement + 1 Sand	2 Biber-S + 1 Wasser
15—20	1 „ + 1 „	1 „ + 1 „
30—40	1 „ + 2 „	1 „ + 1 „
60—80	1 „ + 2 „	1 „ + 2 „

501. Abbindebeschleunigung durch Ceresit-Schnell der Wunnerschen Bitumenwerke in Unna i. W.

Preis bei Mengen von 1—10 kg	2,00 RM/kg
„ „ „ „ 11—50 „	1,75 „
„ „ „ „ 51 und mehr	1,50 „

einschließlich Weißblechdosen.

Verbrauch: 1 kg Ceresit-Schnell für 7 bis 8 kg Mörtel.

502. 1 rm Beton von Hand auf Pritschen mischen, ohne Zufuhr des Zementes, der Zuschlagstoffe und des Wassers und ohne Abfuhr des Betons:

1000 kg Zement über die Zuschlagstoffe ausbreiten	0,45 h Hilfsarbeiter
1 rm Sand und Kies abmessen	(0,6—0,8) „ „
1 rm Beton (fertig gemessen) trocken mischen	(0,8—1,0) „ „
1 rm Beton (fertig gemessen) anfeuchten und feucht mischen	(0,8—1,0) „ „

Für 1 rm fertigen Beton sind rund 1,25 rm zu mischen.

Abb. 31. Bindemittelwaage mit aufgebauter Zuführungsschnecke. (Ibag, Neustadt a. d. Haardt.)

503. Bindemittelwaage, selbsttätig arbeitend, mit aufgebauter Beschickungsschnecke. Meßgenauigkeit 0,2 bis 0,3%. (Internat. Baumaschinenfabrik A. G., Neustadt a. d. Haardt.) Abb. 31.

Größe		00	0	1	1a	2	2a	3
Jedesmalige Ausschüttung	kg	20	30	50	60	80	120	160
Leistung pro Stunde kontinuierlich etwa	t	2,4	4,4	7,2	8,4	10,8	14,4	20,0
Leistung pro Stunde intermittierend etwa	„	1,4	2,1	3,5	4,2	5,6	8,4	11,2
Gewicht der Waage einschließlich Schnecke	kg	485	505	700	820	950	1450	1700
Leistungsaufnahme	PS	0,55	0,55	0,9	0,9	1,4	1,4	1,4
Preise:								
Waage	RM	1460,—	1780,—	2030,—	2210,—	2450,—	2700,—	3230,—
Schnecke	„	380,—	450,—	480,—	505,—	540,—	595,—	710,—
Gewichtssteine pro kg	„	0,40	0,40	0,30	0,30	0,30	0,30	0,30
Elektr. Ausrüstung	„	175,—	175,—	188,—	188,—	258,—	258,—	258,—

Fortsetzung der Tabelle.

Größe		4	5	6	7	8	9	10
Jedesmalige Ausschüttung	kg	250	300	400	500	600	800	1 000
Leistung pro Stunde kontinuierlich etwa	t	28,0	36,0	48,0	60,0	80,0	100,0	120,0
Leistung pro Stunde intermittierend zirka	„	18,0	21,0	28,0	35,0	42,0	56,0	70,0
Gewicht der Waage einschließlich Schnecke	kg	2 245	3 235	4 400	4 550	5 280	7 000	8 875
Leistungsaufnahme	PS	2	2	3	3	5	5	5
Preise:								
Waage	RM	3 850,—	5 700,—	6 500,—	7 950,—	9 400,—	11 000,—	13 000,—
Schnecke	„	810,—	1 210,—	1 310,—	1 620,—	1 750,—	1 920,—	2 150,—
Gewichtssteine pro kg.	„	0,30	0,30	0,30	0,30	0,30	0,30	0,30
Elektr. Ausrüstung	„	270,—	270,—	345,—	345,—	520,—	520,—	520,—

504. Stoßaufgabeeinrichtung zum selbsttätigen Abmessen der Zuschlagstoffe und Bindemittel und zum fortlaufenden Beschicken von Betonmischern mit einer einstellbaren Mischung.

Die abgegebenen Mengen werden durch einen Stoßzählapparat aufgezeichnet. Die von den einzelnen Stoßaufgabeapparaten abgegebenen Stoffe fallen auf ein Förderband. Eine eigene Manschette an jedem Stoßaufgabeapparat hält den Apparat frei von Beanspruchungen infolge von Setzungen des Silos. Ein Rührwerk im Bindemittelsilo verhindert ein Festsetzen des Bindemittels an den Silowänden. (Internat. Baumaschinenfabrik A. G., Neustadt a. d. Haardt.) Abb. 32.

a Untereinander gekuppelte Stoßaufgabeapparate mit Hauptantrieb.

b Stoßaufgabeapparat mit Manschette.

Abb. 32. Stoßaufgabeeinrichtung. (Ibag, Neustadt a. d. Haardt.)

Breite des Beschickungsschuhes		300 mm	450 mm	600 mm	800 mm	1000 mm
a) Als Beschickungsapparat:						
Leistung (theoretisch)	cbm/h	25	40	55	100	150
Leistungsaufnahme	PS	1	1,5	2	2,5	3
Riemenscheibendurchmesser	mm	500	600	600	600	700
Riemenscheibenbreite	„	85	100	100	100	120
Riemenscheibendrehzahl	n	200	170	170	160	160
Gewicht einschließlich Manschette	kg	270	440	550	800	1000
Preis	RM	395,—	485,—	580,—	775,—	900,—
b) Zum automatischen Abmessen von Zuschlagstoffen						
Leistung (theoretisch)	cbm/h	25	40	55	100	150
Leistungsaufnahme	PS	1	1,5	2	2,5	3
Gewicht	kg	245	390	570	750	950
Preis	RM	375,—	435,—	525,—	725,—	845,—
Hauptantrieb für 3—6 Apparate:						
Gewicht	kg	110	285	350	420	480
Preis	RM	195,—	330,—	365,—	420,—	470,—
Gallsche Gelenkkette für die Kraftübertragung:						
Gewicht je Meter	kg	1,2	2,2	2,2	2,2	2,2
Preis je Meter	RM	6,50	7,50	7,50	7,50	7,50
Unterstützungskonstruktion für die Stoßaufgabeapparate:						
Gewicht	kg	90	120	160	200	250
Preis	RM	60,—	65,—	70,—	80,—	100,—

Fortsetzung der Tabelle.

Breite des Beschickungsschuhes	300 mm	450 mm	600 mm	800 mm	1000 mm
Unterstützungskonstruktion f. d. Hauptantrieb:					
Gewicht .... kg	150	285	300	350	400
Preis .... RM	100,—	115,—	120,—	135,—	155,—
c) Zum Abmessen von Bindemitteln:					
Leistung (theoretisch) .... cbm/h	25	40	55	100	150
Leistungsaufnahme .... PS	0,5	1	1,5	2	2,5
Gewicht .... kg	250	405	520	800	1000
Preis .... RM	305,—	445,—	550,—	775,—	900,—
Rührwerk im Bindemittelsilo:					
Gewicht .... kg	250	250	250	350	350
Leistungsaufnahme .... PS	0,5	0,5	0,5	0,7	0,7
Preis .... RM	300,—	300,—	300,—	400,—	400,—

505. Betonmischer, Allgemeines.[34, 36, 37, 151]

Aufstellen und wieder abtragen:

Bei fahrbaren Mischern: je Tonne 10 h Facharbeiter + 5 h Hilfsarbeiter.

Bei ortsfesten Mischern: je Tonne (23 bis 37) h Facharbeiter + (12 bis 18) h Hilfsarbeiter.

Ersatzteile: jährlich 5% der Anschaffungskosten.

Instandhaltung: jährlich 3 bis 10% der Anschaffungskosten.

Nutzungsdauer: normal 7 bis 10 Jahre.

Kosten des Antriebes: Schätzwert 0,5 RM je Stunde und 150 l Trommelinhalt oder je Kubikmeter fertigen Betons 1 kWh oder $^1/_4$ l Benzin + 30% für Schmier- und Putzmittel.

Schmiermittel: bei Trommelinhalt 300 bis 700 l je Betriebsstunde 40 g Staufferfett und (20 bis 40) g Maschinenöl.

Bedienung: 1 Maschinenwärter + (1 bis 2) Männer für die Beschickung mit den zugeführten Stoffen.

Leistung: Im Durchschnitte längerer Bauzeiten 15 bis 20 Mischen je Stunde; Spitzenleistungen (30 bis 40) Mischen je Stunde.

Anwendungsbereich: Maschinenmischung lohnt sich bei Tagesmengen von etwa 20 cbm aufwärts.

506. Freifallmischer von Gauhe, Gockel u. Cie., Oberlahnstein a. Rh. (Preise 1934). Abb. 33a.

Bezeichnung	Kippmischer		Schnellmischer R						
	Für kleine Baustellen		Für mittlere Baustellen			Für Großbaustellen			
Trommelinhalt	150 l	150 l	250 l	375 l	500 l	750 l	1000 l	1300 l	1600 l
Mischer, ortsfest, ohne Zugehör, ohne Motor .... kg	400	460	750	880	1315	2365	3300	4180	4680
Preis .... RM	425	460	880	1370	2230	2800	3940	4650	5100
Mischer, komplett, mit Wasserabmessung, fahrbar, ohne Motor kg	480	825	1260	1400	1900	3390	4600	4340	4860
Preis .... RM	480	980	1560	2090	3020	3950	5300	5100	5600
Antrieb .... PS	2	3,5	6,5	8,5	11	18	20,5	27	33
Elektromotor, aufmontiert (Drehstrom 220/380 V, 1450 Umdrehungen) .... kg	62	87	104	122	170	190	220	300	330
Preis .... RM	320	340	420	500	600	930	1200	1300	1550
Benzinmotor, aufmontiert ...... kg	105	140	180	220	260	320	350	370	420
Preis .... RM	340	395	720	880	1320	1980	2530	2970	3410

Anschlußkabel je Meter: 6 bis 10 RM.

507. Zwangsmischer von Gauhe, Gockel u. Cie., Oberlahnstein a. Rh. (Preise 1934). Abb. 33 b und c.

a)

b)

c)

Abb. 33. Mischer von Gauhe, Gockel u. Cie., Oberlahnstein.
a Freifallmischer, b Zwangsmischer, c Rührwerk des Zwangsmischers.

Bezeichnung	Piccolo	Universal		Kreislauf-Doppeltrog			Mörtelmischer	
Trommelinhalt	100 l	150 l	250 l	375 l	500 l	900 l	Trogform	Trichterform
Mischer, ohne Zugehör, ortsfest .... kg	560	1505	1600	1600	2100	3700	440	400
Preis .... RM	630	1220	1510	1760	2210	3300	305	275
Mischer, mit Wasserabmessung, komplett, fahrbar .... kg	660	2150	2300	3400	4200	7000	—	—
Preis .... RM	815	1810	2150	3140	3920	6100	460	420
Antrieb .... PS	2	4	8,5	10	15	22	2	2
Elektromotor, aufmontiert (Drehstrom 220/380 V, 1450 Umdrehungen) ...... kg	62	95	120	170	190	—	62	62
Preis .... RM	250	370	455	565	890	—	250	250
Benzinmotor, aufmontiert .... kg	105	180	250	270	320	—	105	105
Preis .... RM	340	550	820	1140	1790	—	340	340

508. Fahrbare Betonmischer „Neoroll". (Allgemeine Baumaschinengesellschaft, Leipzig und Wien.)

Bauart	Kleinschnellmischer ohne Hochzug		Schnellmischer mit Hochzug		Großschnellmischer mit Hochzug	
Trommelfüllung	130 l	150—180 l	150—180 l	250—300 l	375 l	500 l
Leistung bei 40 Trommelfüllungen je h .... cbm	5	6—7	6—8	10—12	15	20
Leistung bei Dauerbetrieb je h „	2,5—3	3—4	3—6	5—9	8—12	10—15
Leistungsaufnahme .... PS	2	2,5	3	5	7,5	7,5
Drehzahl der Antriebsriemenscheibe je Minute	300	300	300	300	300	300
Gewicht ohne Motor .... kg	600	750	1200	1770	2640	3450
Preis ohne Motor .... RM						
„ „ „ (Österreich) (1935) .... schw. Fr.	980	1100	2200	3000	4150	5000

Bedienung: 1 Mann + 25% für Instandhaltungsarbeiten außerhalb der normalen Arbeitszeit, überdies die Mannschaft für die Zufuhr des Zements und der Zuschlagstoffe und für die Abfuhr des Betons.

Die Maschine erfordert keine Montagearbeiten.

3. Bewehrung biegen und flechten.

509. Normen.

DIN 488. Rundstahl, gewalzt, für Eisenbeton.

Önorm B 3331. Betonrundstahl, Durchmesser.

510. Rundstahlaufwand bei Eisenbetonbauten,[17] **überschlägig,** wenn der maximale Stahlquerschnitt *fe* Quadratzentimeter, einschließlich der Aufbiegungen, Haken, Verteilrundstähle und Bügel, beträgt:

a) Frei aufliegende Platten, je Quadratmeter .... (0,8—0,9) *fe* kg Rundstahl
b) Mittelfelder durchlaufender Platten, je Quadratmeter .... (0,9—1,0) „ „ „
c) Endfelder „ „ , „ „ .... (1,0—1,1) „ „ „
d) Frei aufliegende Balken, je Meter .... (0,9—1,0) „ „ „
e) Mittelfelder durchlaufender Balken .... (1,1—1,2) „ „ „
f) Endfelder „ „ .... (1,0—1,1) „ „ „

511. Rundstahlverschnitt bei Eisenbetonbauten:

a) Bei Verarbeitung von abgelängt geliefertem Rundstahl, Verschnitt .... 2—3%.
b) „ „ „ Rundstahl vom Lager, Verschnitt .... 4—6%.

512. Aufwand an Bindedraht.

Preis gleich 1 bis 2% des Rundstahlaufwandes.

513. Isteg-Stähle, bestehend aus zwei verwundenen St-37-Rundstählen (Krupp A. G.).

Durchmesser eines Stahles in mm	Umfang beider Rundstähle in cm	Querschnitt beider Rundstähle in qcm	Gewicht je m kg	Preis je Tonne in RM	Preis je Tonne in Kč	Durchmesser eines Stahles in mm	Umfang beider Rundstähle in cm	Querschnitt beider Rundstähle in qcm	Gewicht je m kg	Preis je Tonne in RM	Preis je Tonne in Kč
5	3,20	0,39	0,308		1750	17	10,68	4,54	3,560		1675
5,5	3,46	0,47	0,373		1750	18	11,30	5,09	3,995		1675
6	3,78	0,57	0,443		1730	19	11,94	5,67	4,451		1675
7	4,40	0,77	0,604		1715	20	12,56	6,28	4,932		1675
8	5,02	1,01	0,788		1715	21	13,20	6,92	5,438		1675
9	5,66	1,27	0,998		1700	22	13,82	7,60	5,968		1675
10	6,28	1,57	1,232		1695	23	14,46	8,30	6,523		1675
11	6,92	1,90	1,491		1695	24	15,08	9,04	7,103		1675
12	7,54	2,26	1,774		1675	25	15,70	9,80	7,707		1675
13	8,16	2,65	2,082		1675	26	16,34	10,60	8,336		1675
14	8,80	3,08	2,415		1675	27	16,96	11,46	8,989		1675
15	9,42	3,53	2,772		1675	28	17,60	12,32	9,667		1675
16	10,06	4,02	3,154		1675	30	18,84	14,14	11,098		1675

Aufschläge auf die Grundpreise der Isteg-Stähle je Tonne:

1. Zuschläge für genaue Längen:

Bei Längen zwischen 3 und 18 m und einem gestatteten Längenspielraum von

± 250 mm oder + 500 mm	RM	— Kč
± 100 „ „ + 200 „	„	2,00 „
± 50 „ „ + 100 „	„	5,00 „
± 25 „ „ + 50 „	„	7,50 „
± 10 „ „ + 20 „	„	15,00 „

2. Zuschlag für Überlängen:

Für Längen über 10 bis 18 m für jeden angefangenen Meter über 10 m und das Gewicht des ganzen Stückes.............................. RM 3,00 Kč

(Dieser Zuschlag wird bei einem gestatteten Längenspielraum von ± 250 mm oder + 500 mm nicht berechnet.)

Bei einem gestatteten Längenspielraum von ± 250 mm oder + 500 mm und Längen über

18 m bis 25 m	RM	50,00 Kč
25 „ „ 30 „	„	80,00 „
30 „ „ 35 „	„	100,00 „

und außerdem für jeden angefangenen Meter über 18 m und das Gewicht des ganzen Stückes.. RM 3,00 Kč

Bei einem engeren Längenspielraum als ± 250 mm oder + 500 mm kommt dieser Zuschlag schon für jeden angefangenen Meter über 10 m und das Gewicht des ganzen Stückes zur Anrechnung.

3. Zuschlag für Unterlängen:

Für Längen von 1 bis 3 m .... RM 3,00 Kč

Längen unter 1 m bedingen Zuschläge für genaue Länge.

4. Minderladungsaufschläge:

Bei Bestellungen von 10 t und mehr............	RM	— Kč
„ „ „ 5 t bis 10 t	„	25,00 „
„ „ unter 5 t....................	„	50,00 „

5. Mindermengenzuschläge:

Bei Durchmessern von 8 mm und mehr, bei einem Gewicht von weniger als 1 t..	RM	50,00 Kč
Bei Durchmessern unter 8 mm und einem Gewicht unter 0,5 t.........	„	50,00 „
Bei allen Durchmessern bei einem Gewicht unter 0,25 t..............	„	100,00 „

514. Streckmetall. (Schüchtermann & Kremer, Dortmund.)

Nr.	Maschen-		Steg-		Querschnitt *fe* für einen Meter-streifen	Ungefähres Gewicht je qm in kg	Größte lieferbare Abmessungen		Grundpreis je qm bei einer Mindestabnahme von 250 qm in Normaltafeln in RM
	weite in mm	länge in mm	breite in mm	stärke in mm			Länge in m	Breite in m	
6	40	115	3	$1^{1}/_{2}$	2,25	1,8	8,0	3,0	1,10
6a	40	115	2	1	0,80	0,8	10,5	2,4	0,80
5	40	115	$2^{1}/_{2}$	$1^{1}/_{4}$	1,50	1,2	8,0	2,4	0,90
16	75	200	3	2	1,60	1,3	15,0	3,6	0,80
9	75	200	$4^{1}/_{2}$	3	3,60	2,9	15,0	4,8	1,15
8a	75	200	8	3	6,40	5,1	7,0	4,8	1,25
11	75	200	$4^{1}/_{2}$	$4^{1}/_{2}$	5,40	4,3	12,0	4,8	1,70
10a	75	200	7	5	9,30	7,5	7,0	4,8	2,60
17	75	200	8	5	10,70	8,5	7,0	4,8	3,10
12	150	400	6	3	2,40	1,9	18,0	2,4	0,80
13	150	400	6	$4^{1}/_{2}$	3,60	2,9	18,0	2,4	1,05
13a	150	400	8	5	5,30	4,3	14,0	2,4	1,60
14	150	400	$4^{1}/_{2}$	3	1,80	1,5	23,0	2,4	0,65
14a	150	400	3	2	0,80	0,7	25,0	2,4	0,50

Abmessungen der Normaltafeln:
Breiten 2400, 2500, 3000, 3600, 4000 und 4800 mm.
Längen, mindestens 1000 mm (in der Streckrichtung gemessen).

Preiszuschläge bzw. -nachlässe:

Bei gleichzeitiger Abnahme unter	100 qm einer Sorte	Zuschlag	10%
,, ,, ,, von	100— 249 ,, ,, ,,	,,	5%
,, ,, ,, ,,	1000—2000 ,, ,, ,,	Nachlaß	3%
,, ,, ,, ,,	mehr als 2000 ,, ,, ,,	,,	5%

Für Abmessungen, die von den Normalmaßen abweichen, ein weiterer Zuschlag von 10%.

515. 1 t Beton-Rundstahl auf-, ab- oder umladen: (2 bis 3) h Hilfsarbeiter.

516. Beton-Rundstahl.

Durchmesser in mm		5	6	7	8	10	12	14	16	18
Umfang	cm	1,57	1,89	2,20	2,51	3,14	3,77	4,40	5,03	5,65
Querschnitt	qcm	0,20	0,28	0,38	0,50	0,79	1,13	1,54	2,01	2,54
Gewicht je Meter	kg/m	0,154	0,222	0,302	0,395	0,617	0,89	1,21	1,58	2,00
Durchmesser in mm		**20**	**22**	**24**	**26**	**28**	**32**	**36**	**40**	**50**
Umfang	cm	6,28	6,91	7,54	8,17	8,80	10,05	11,31	12,57	15,71
Querschnitt	qcm	3,14	3,80	4,52	5,31	6,16	8,04	10,18	12,56	19,63
Gewicht je Meter	kg/m	2,47	2,98	3,55	4,17	4,83	6,31	7,99	9,87	15,41

517. Baustahlgewebe. (Baustahlgewebe G. m. b. H., Düsseldorf.)

Zulässige Beanspruchung: $\sigma = 2400$ kg/qcm.

Das Baustahlgewebe wird normal in Rollen von 2 m Breite und 50 m Länge geliefert.

Bei größeren Mengen wird das Gewebe auch in zugeschnittenen Matten, nicht unter 2 m breit und 3 m lang geliefert. Überdies sind die Gewebe mit Drahtstärken bis 12 mm erzeugbar.

Nr.	Abstände der		Drahtstärken		Stahlquerschnitt je laufenden Meter		Gewicht je qm kg	Preis je qm Frachtbasis Hamm i. W. RM*
	Längs-drähte mm	Quer-drähte mm	längs mm	quer mm	längs qcm	quer qcm		
1	50	50	2,5	2,5	1,0	1,0	1,5	0,80
2	50	50	3,0	3,0	1,4	1,4	2,2	1,—
3	75	300	5,0	4,2	2,6	0,5	2,4	0,80
4	75	300	6,0	4,2	3,8	0,5	3,2	1,05
5	100	100	3,4	3,4	0,9	0,9	1,4	0,66
6	100	100	4,2	4,2	1,4	1,4	2,2	0,88
7	100	100	5,0	5,0	2,0	2,0	3,2	1,15
8	100	300	4,2	4,2	1,4	0,5	1,4	0,56
9	100	300	5,0	4,2	2,0	0,5	1,9	0,72
11	100	300	6,0	4,2	2,8	0,5	2,8	0,92
12	100	300	7,0	5,0	3,9	0,7	3,6	1,18
13	150	150	4,2	4,2	0,9	0,9	1,5	0,54
14	150	150	5,0	5,0	1,3	1,3	2,1	0,72
15	150	150	5,5	5,5	1,6	1,6	2,5	0,85
16	150	150	6,0	6,0	1,9	1,9	3,0	1,—
17	150	150	7,0	7,0	2,6	2,6	4,0	1,32
18	150	300	5,0	4,2	1,3	0,5	1,4	0,51
19	150	300	6,0	5,0	1,9	0,6	2,0	0,68
20	150	300	8,0	6,0	3,4	0,9	3,4	1,12
22	200	200	5,0	5,0	1,0	1,0	1,5	0,54
23	200	200	6,0	6,0	1,4	1,4	2,2	0,72

518. Rundstahl biegen und flechten. Akkordlöhne.[213]

Bei normalen Hochbauten werden für das Schneiden, Biegen und Flechten des Rundstahles je Tonne 45 h bezahlt. Wenn nur Decken ausgeführt werden, so ist der Akkordlohn wegen des Fehlens der starken Rundstähle höher und beträgt 55 h. Von diesen Löhnen entfällt auf

* Die Preise sind ab 1. Januar 1935 um 10 bis 20% ermäßigt und gelten bei einer Mindestabnahme von 1000 qm. Bei Abnahmen bis 500 qm Zuschlag 5%, bei Abnahmen von 500 bis 1000 qm Zuschlag 2%.

das Schneiden und Biegen $^1/_3$ bis $^1/_4$, wobei vorausgesetzt ist, daß zur Vermeidung des Wendens der Rundstähle wenigstens zwei Biegevorrichtungen vorhanden sind. In den oben angegebenen Akkordlöhnen sind keinerlei Transportarbeiten enthalten.

519. **1 t Rundstahl ablängen,** von Hand, bzw. mittels Maschine **biegen,** bis auf 25 m **befördern** und **verlegen,** erfordert einen Arbeitsaufwand, der der Abb. 34a bzw. 34b zu entnehmen ist. Als Lohn für eine Arbeitsstunde ist die Summe aus 70% des Facharbeiterstundenlohnes + 30% des Hilfsarbeiterstundenlohnes anzusetzen.

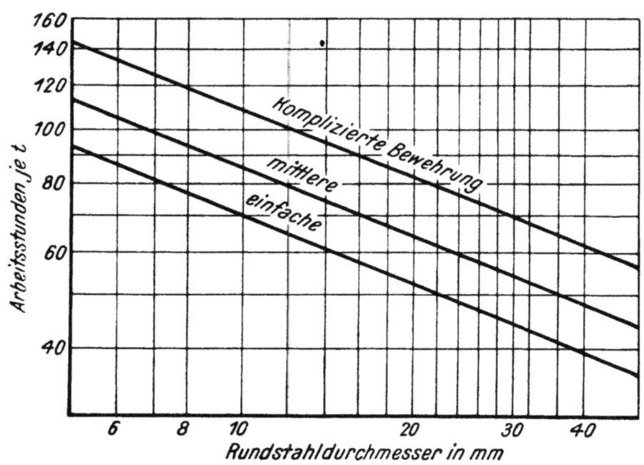

Abb. 34a. Arbeitsaufwand für Ablängen, Biegen von Hand, Befördern und Verlegen von Rundstahl, je t.

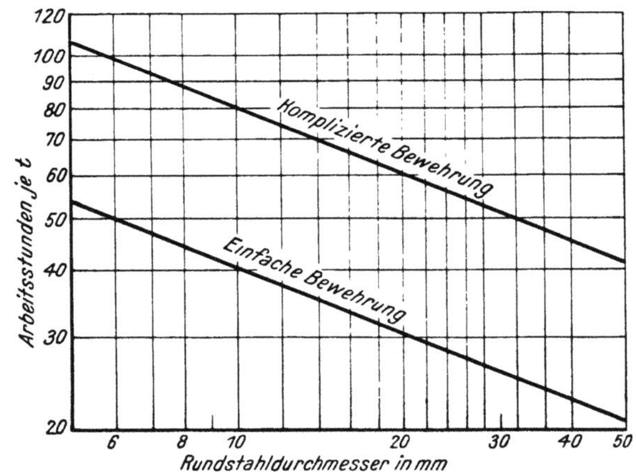

Abb. 34b. Arbeitsaufwand für Ablängen und Biegen mit guten Maschinen, Befördern und Verlegen von Rundstahl, je t.

520. **1 t Bewehrungsrundstahl ablängen, biegen** mittels Maschine und **flechten** (Vereinigte Staaten):[36]

Rundstahl-durchmesser mm	Arbeitsstunden je Tonne für				
	Biegen für		Flechten in		
	Träger, Säulen, Stiegen	Wände, Platten	Wände, Träger, Stiegen	Platten, kreuzweise bewehrt	Platten eben, einfach bewehrt
8	5,5	3,25	17,0	12,5	12,0
13—16	5,0	2,75	12,0	8,5	8,0
18	4,5	2,25	7,5	6,0	5,5
25	3,0	2,00	4,5	3,5	3,0

521. **1 t Betonrundstahl ablängen, biegen, etikettieren und aufräumen** erfordert bei Anwendung zeitgemäßer Maschinen:[129]

Durchmesser der Rundeisen mm	Arbeitsstunden bei einfachen Abbiegungen	Arbeitsstunden bei komplizierten Abbiegungen
5—8	1,47	—
10—15	1,05	2,93
16—20	1,0	2,09
20—25	1,05	1,5
25—40	0,5	0,67

Stromverbrauch je Tonne .... 0,7 kWh. Bedienung........ 2—3 Männer.

522. **Handschneider für Rundstahl.** (Maschinenfabrik „Futura", A. Wagenbach & Co., Elberfeld.)

Bolzenschneider „Stabil", schneidet bis	mm	10	13	15
Preis	RM	30	36	45
Betoneisenschneider „Greif", schneidet bis	mm	20	25	35
Gewicht	kg	29	35	99
Preis	RM	104	120	369
Betoneisenschneider „Hexe", schneidet bis	mm	16		
Gewicht	kg	13		
Preis	RM	55		

523. Handrundstahlbieger. (Maschinenfabrik „Futura", A. Wagenbach & Co., Elberfeld.)

Betoneisenbieger „Rapid",

biegt bis ...... mm	13	20	25	40
Gewicht .... kg	7	8,5	17,5	43,5
Preis .... RM	23	37	52	112

Betoneisenbieger „Rex",

biegt bis ...... mm	16	25
Gewicht .... kg	18	72
Preis .... RM	60	135

Abb. 35. Rundstahlschneidemaschine „Romryk". (Maschinenfabrik „Futura", A. Wagenbach & Co., Elberfeld.)

524. Rundstahlschneidemaschine, fahrbar. (Maschinenfabrik „Futura", A. Wagenbach & Co., Elberfeld.) Abb. 35.

Die Maschine schneidet bei kleineren Durchmessern auch mehrere Stangen auf einmal. In der Minute sind 32 bis 42 Schnitte möglich.

Der Motor ist umschaltbar für 110, 190, 220, 290, 380 und 500 Volt. Für Drehstrom und Einphasenwechselstrom. Der Antrieb ist auch mittels Riemenscheibe möglich.

Instandhaltungskosten: 0,25 Rpf je Tonne Stahl. Nutzungsdauer: 10 Jahre.

Bezeichnung und größte Schnittfläche	Columbus 32 mm	Romryk 40 mm	Romryk 50 mm	Romryk 60 mm
Gewicht mit Elektromotor .... t	0,43	1,05	1,32	1,37
Aufgenommene Leistung bis .... PS	1,5	3,0	5,5	5,5
Preis ab Werk mit Motor .... RM	1450,—	2470,—	3129,—	4112,—
Bedienung	1 Facharbeiter + (2—3) Helfer, je nach Stangengewicht			

525. Rundstahlbiegemaschine „Rekordstandard", fahrbar; Antrieb durch Elektromotor oder Riemen. (Maschinenfabrik „Futura", A. Wagenbach & Co., Elberfeld.) Abb. 36.

Abb. 36. Rundstahlbiegemaschine „Rekord". (Maschinenfabrik „Futura", A. Wagenbach & Co., Elberfeld.)

Die Maschinen leisten bis zu vier Abbiegungen in einem Arbeitsgang. Von dünnen Rundstählen können bis 12 Stück gleichzeitig gebogen werden. Die Maschinen können bis zu 100 Arbeitsgänge je Stunde ausführen oder bis zu 5 t Rundstahl je Stunde biegen.

Die Instandhaltungskosten der Maschinen betragen 0,25 Rpf je Tonne gebogenen Stahles. Die Nutzungsdauer kann mit etwa 10 Jahren angesetzt werden.

Der Motor ist umschaltbar für 110, 190, 220, 290, 380 und 500 Volt, für Drehstrom und Einphasenwechselstrom. Der Stromverbrauch beträgt (0,9 bis 1,0) kWh je Tonne.

Biegt Rundstahl bis	32 mm	40 mm	50 mm	60 mm
Gewicht mit Elektromotor . . . . t	0,84	1,04	1,35	1,48
Aufgenommene Leistung . . . . PS	1,5	3,0	5,5	5,5
Preis mit Motor ab Werk . . . . RM	2545,—	3550,—	4930,—	5720,—
Bedienung	1 Biegemeister + (2—3) Helfer, je nach Stangengewicht			

Sondervorrichtungen:

Schnellbiegeflügel für das gleichzeitige Biegen von mehreren Rundstählen	RM	98,—
Scherbügelbiegevorrichtung	,,	360,—
Biegevorrichtung für Bögen, Ringe, Spiralen, 15 m je Minute	,,	530,—
,, ,, besonders enge Haken	,,	169,—
Vorrichtung zum Geradebiegen verbogener Stähle	,,	144,—

526. 1 qm Streckmetall oder Stahlgewebe als Bewehrung von Beton verlegen:

a) waagrecht . . . . 0,2 h Hilfsarbeiter
b) lotrecht . . . . 0,27 ,, ,,

4. Schalungen.

527. Schalungen auf der Baustelle befördern:[31, 42]

a) Hochstecken von Schalbrettern, wobei in jedem Geschoß 1 Mann steht: je Stunde 240 bis 300 Bretter.

b) Schalbretter tragen (je 3 Stück aufnehmen, auf L m tragen, ablegen und zurückgehen, einschließlich aller Pausen: $[0{,}1 + (0{,}0003 \text{ bis } 0{,}0004)\,L]$ h Hilfsarbeiter.

c) Schalholz auf- oder abladen, je Tonne: 2 h Hilfsarbeiter.

528. Verbrauch von Nägeln und Rödeldraht je qm abgewickelter Fläche:[42, 18]

Deckenschalungen	0,05 bis 0,06 kg Nägel,	— kg Draht
Balkenschalungen	0,06 ,, 0,08 ,, ,, ,	0,03 bis 0,05 ,, ,,
Stützen		0,06 ,, 0,16 ,, ,,

529. Wiederverwendbarkeit von Schalholz und Rüstungen:[18, 42]

Rauhe Schalbretter	3-	bis	4	mal
Schalbretter, gut gehobelt und geölt (5% teurer)		,,	10	,,
Deckenplatten	3-	,,	5	,,
Glatte Wandschalungen	3-	,,	5	,,
Balken mit kleinen Vouten	3-	,,	4	,,
,, ,, großen ,, ...	2-	,,	3	,,
Gewölbe, glatt	2-	,,	4	,,
Kreuzgewölbe, Silotrichter, Einlaufspiralen, Saugrohre . . .			1	,,
Hartholzkeile	5-	,,	7	,,
Kanthölzer		,,	10	,,
Rundhölzer		,,	10	,,

530. Holzverbrauch für Lehrbögen.

a) Oberteil (Bogenrüstung):[149] Holzverbrauch in Kubikmetern gleich 4 bis 6% des umbauten Raumes.

b) Unterteil:[149] Holzverbrauch in Kubikmetern gleich 3 bis 3,5% des umbauten Raumes.

531. Verschnitt bei der Herstellung von Schalungen:

Im Eisenbetonhochbau:[42]

Schalbretter . . . . 12—15% Kantholz . . . . 6—8% Steifen . . . . 7—9%

Bei Decken mit vielen und großen Vouten:[42] Schalbretter 20 bis 25%.

Für Verschnitt und Nägel werden auch (50 bis 60)% der Löhne gerechnet.[16]

532. Schalungen, Entnageln und Reinigen, je Quadratmeter abgewickelter Fläche:

a) Handreinigung und Entnageln:[17,31,42] etwa (0,04 bis 0,15) h/qm.

b) Maschinreinigung mit dem Schalungsreiniger der Maschinenfabrik „Futura“ in Elberfeld:[42]

Preis mit Elektromotor	RM	1434
Antrieb	PS	1,5
Leistung stündlich	qm	100—150

533. 1 qm Schalung für Stampfbetongrundwerke herstellen, aufstellen, abtragen, samt Beförderung, Entnageln und Reinigen: (1 bis 2) h Zimmerer.[18]

534. 1 qm Deckenschalung herstellen, aufstellen und wieder abtragen:

a) Nach H. Bazali,[17] einschließlich Zu- und Abfuhr bis auf 30 m:

1. eben	(2,3—2,8) h Zimmerer
2. mit Vouten an zwei Seiten	(2,8—3,0) „ „
3. „ „ „ allen „	(3,0—4,0) „ „
4. alte Deckenschalungen ohne Abänderungen wiederverwenden	1 „ „

b) Nach A. Kleinlogel,[18] einschließlich Beförderung auf der Baustelle, des Entnagelns und Reinigens:

1. zwischen I-Trägern	(0,5—1,5) h Zimmerer
2. „ Eisenbetonbalken ohne Vouten	(1,0—2,0) „ „
3. „ „ mit Vouten an zwei Seiten	(1,5—2,5) „ „
4. „ „ „ „ „ vier „	(2—3) „ „

535. Schalungen für Träger, Balken, Unterzüge, Rippen, je Quadratmeter abgewickelte Sichtfläche, herstellen, aufstellen und abtragen:

a) Nach H. Bazali[17] samt Beförderung bis auf 30 m, bei einem Umfang der Sichtfläche von V cm:

1. bis 3 m Länge	(1,14 + 0,0072 V) h Zimmerer.
„ 4,5 „ „	(1,0 + 0,006 V) „ „
„ 6 „ „	(0,91 + 0,0048 V) „ „
2. alte Trägerschalungen umändern und wiederverwenden:	
bis 3 m Länge	(1,50 + 0,008 V) h Zimmerer
„ 4,5 „ „	(1,26 + 0,0068 V) „ „
„ 6,0 „ „	(1,00 + 0,006 V) „ „
3. alte Trägerschalungen unverändert wiederverwenden:	
bis 3 m Länge	(1,0 + 0,006 V) h Zimmerer
„ 4,5 „ „	(0,98 + 0,0044 V) „ „
„ 6 „ „	(0,73 + 0,0044 V) „ „
4. Hohe Brückenträger	(3—4) „ „

b) Nach A. Kleinlogel[18] samt Befördern, Entnageln und Reinigen: (3 bis 5) h Zimmerer.

536. 1 qm Säulen- und Stützenschalungen herstellen, aufstellen und abtragen:

a) Nach H. Bazali[17], einschließlich der Beförderung bis auf 30 m, bei einem Umfange von V cm:

1. bis 2 m Höhe, quadratisch oder rechteckig	(2,7 + 0,0085 V) h Zimmerer
„ 4 „ „ , „ „ „	(1,92 + 0,006 V) „ „
„ 6 „ „ , „ „ „	(1,80 + 0,005 V) „ „
2. alte, schon verwendete Schalungen umarbeiten und wiederverwenden:	
bis 2 m Höhe	(3,15 + 0,0075 V) h Zimmerer
„ 4 „ „	(2,21 + 0,0055 V) „ „
„ 6 „ „	(2,00 + 0,005 V) „ „
3. alte, schon verwendete Schalungen ohne Umänderung wiederverwenden:	
bis 2 m Höhe	(2,32 + 0,008 V) h Zimmerer
„ 4 „ „	(1,68 + 0,0065 V) „ „
„ 6 „ „	(1,40 + 0,005 V) „ „

4. überschlägig bei rechteckigem Querschnitt .... (3—4) h Zimmerer
„ vieleckigem „ .... (5—8) „ „
„ rundem „ .... (11—14) „ „

b) Nach A. Keinlogel[18] samt Beförderung, Entnageln und Reinigen:
bei rechteckigem Querschnitt .... (2—3,5) h Zimmerer
„ achteckigem „ .... (4—7) „ „
„ rundem „ .... (7—9) h „

537. **1 qm Wandschalung** herstellen, aufstellen und wieder abtragen:
a) Nach H. Bazali,[17] einschließlich Beförderung bis auf 30 m:
1. freistehende Wände .... (2,8—3,5) h Zimmerer
2. Ufermauern, Widerlager, Flügelmauern ...... (1,5—2,5) „ „

b) Nach A. Kleinlogel,[18] einschließlich der Beförderung, des Entnagelns und des Reinigens:
1. Eisenbetonwände, eben, bis 4 m hoch .... (2—3) h Zimmerer
2. „ , gebogen .... (3—5) „ „
3. Stampfbetonwände .... (3—4,5) „ „

538. **1 qm Gurtbogenschalung** herstellen, aufstellen und abtragen:
a) nach H. Bazali[17] samt Beförderung bis auf 30 m: (5,6 bis 8,4) h Zimmerer;
b) nach A. Kleinlogel[18] samt Beförderung, Entnageln und Reinigen: (4,5 bis 7,5) h Zimmerer.

539. **1 qm Gewölbeschalungen,** in der Abwicklung gemessen, herstellen, aufstellen und abtragen:
a) nach H. Bazali[17] samt Beförderung bis auf 30 m:
bis 4 m Spannweite .... (5—5,5) h Zimmerer
für jeden Meter Mehrspannweite Zuschlag ... (1,3—1,4) „ „

b) nach A. Kleinlogel[18] samt Beförderung, Entnageln und Reinigen:
bis 4 m Spannweite .... (4—6) h Zimmerer
„ 6 „ „ .... (5—7) „ „
„ 8 „ „ .... (7—10) „ „
„ 10 „ „ .... (10—13) „ „
Kreuzgewölbe (im Grundriß gemessen):
bis 5 m Spannweite .... (7—9) h Zimmerer
„ 8 „ „ .... (10—14) „ „
„ 10 „ „ .... (14—18) „ „

540. **1 qm Schalung, bestehend aus Brettern oder Bohlen, Kanthölzern, Rundhölzern, zusammenbauen, wieder abbrechen, reinigen und lagern:**[34]

	Zimmerer-stunden	Hilfsarbeiter-stunden
Bei ganz einfachen Schalungen, z. B. für Grundwerke	0,5	0,5
Für einfache, aufgehende Bauwerksteile und Platten	1,0—1,5	0,5
„ komplizierte Bauteile, Eisenbetonträger	1,5—2,0	1,0
„ Eisenbetonsäulen und ähnliche Bauwerksteile	2,0	1,0
„ komplizierte Eisenbetonbauwerksteile	3,0 und mehr	1,0

541. **1 qm Tafelschalungen:**[34]

	Zimmerer-stunden	Hilfsarbeiter-stunden
a) Zurichten von einfachen Schalungstafeln und Schalungsformen	1—1,5	0,5
b) „ „ komplizierten Schalungsformen	5	1
c) Aufstellen, Abbrechen, Reinigen und Lagern von Schalungstafeln und -formen	0,2—0,5	0,5—1,5

542. **1 m Schalbogen (im Bogen gemessen) aus Bohlen, genagelt herstellen:**
a) für einfache Gewölbe: (1,0 bis 2,0) h Zimmerer + 10% für Aufsicht und Geräte;
b) für Kuppeln: 2 bis 3,5 h Zimmerer + 10% für Aufsicht und Geräte.

543. **1 qm Schalung für gekrümmte Flächen auf die Rüstung aufnageln,** samt allen Nebenarbeiten: (2 bis 4) h Zimmerer + 10% für Aufsicht und Geräte.

544. **1 qm Leibungsfläche der Schalung für Kanalgewölbe** einbauen und wieder entfernen, wenn das Lehrgerüst wiederholt verwendet wird, kostet:

(2,8 bis 3,0) h Gerüstzimmerer + 10% für Aufsicht und Geräte.[Nach 17]

545. **1 qm Schalung für Betonspiralen, Saugrohre, Kuppelböden von Intzebehältern** u. dgl.[34, 18], und zwar: Herstellen und Aufstellen der Rüstung, Verschalen, Ausschalen und Entnageln, kostet:

(7 bis 9) h Zimmerer + (0,5 bis 1,5) h Hilfsarbeiter + 0,06 bis 0,07 cbm Schnittholz (nur einmal verwendbar).

546. **1 Stück Steife zurechtschneiden,** das Querhaupt aufsetzen und die Bänder aufnageln:[42] (0,25 bis 0,35) h Zimmerer.

547. **1 Stück zugerichtete Steife aufstellen:**[42] 0,1 h Zimmerer.

548. **1 qm Schalung samt Aussteifung erfordert:**[34]

a) Einfache Schalungstafeln aus 25 mm Brettern mit Unterstützungen 5/10 cm alle 60 bis 70 cm, samt Absteifhölzern	0,05 cbm
b) Komplizierte Schalungen mit viel Verschnitt	0,06—0,08 ,,
c) Schalungen aus 40 mm Bohlen, mit Leisten 12/16 cm alle Meter und Rundholzsteifen	0,06—0,07 ,,

d) Bei waagrechten Schalungen (Decken) überdies auf je 1 bis 1,5 qm eine Stütze.

549. **Gebrauchte Schalungen** am selben Bau unverändert **wieder aufstellen** und **wieder ausbauen** erfordern 70 bis 90% des Arbeitsaufwandes bei der ersten Aufstellung.[17, 4]

550. **Gebrauchtes Schalholz zu anderen Schalungen verarbeiten** erfordert um 50 bis 90% größeren Aufwand an Zurichtungsarbeit als bei Verwendung neuen Holzes.[37, 42]

551. **Schalungsarbeiten, Akkordlöhne:**[213]

Für das Einschalen und Absteifen bis zu Geschoßhöhen von 4 m, ohne jedwede Transporte, werden je Quadratmeter abgewickelte Fläche bezahlt:

Deckenschalungen	0,7 h
Balken und Stützen	1,3 ,,
Dachdecken	0,8 ,,
Dachbalken und Binder	1,5 ,,
Treppenschalung	1,2—1,3 ,,
Für schwierige Binderschalungen	bis zu 2,0 ,,
,, jeden angefangenen Meter über 4 m Geschoßhöhe Zuschlag	0,1 ,,
Ausschalen	0,2 ,,
Für kleinere Teile eines Bauwerkes	bis zu 0,4 ,,
Entnageln und Reinigen von Schalungen und stapeln	0,15 ,,

552. **1 qm Schalung für Eisenbetonbauten,** einschließlich Beförderung auf höchstens 60 m (Nordamerika).[36]

Bauwerksteil	Zurichten		Aufstellen		Ausschalen Hilfsarbeiterstunden	Auseinandernehmen und Reinigen Hilfsarbeiterstunden	Zuschlag für die Beförderung auf weitere 10 m Hilfsarbeiterstunden
	Zimmererstunden	Hilfsarbeiterstunden	Zimmererstunden	Hilfsarbeiterstunden			
Säulen, quadratisch	0,70	0,22	0,22	0,22	0,38	0,33	0,02
Überlagen	0,60	0,22	0,22	0,22	0,38	0,33	0,02
Träger	0,70	0,22	0,22	0,22	0,38	0,33	0,02
Konsolen und Säulenköpfe	0,92	0,40	0,33	0,33	0,38	0,33	0,02
Felder, quadratische, über Säulenköpfen	0,70	0,33	0,27	0,27	0,38	0,33	0,02
Platten	0,70	0,16	0,16	0,16	0,38	0,33	0,02
Wände und Scheidewände	0,60	0,33	0,33	0,22	0,38	0,33	0,02
Stiegen	0,92	0,33	0,33	0,33	0,38	0,33	0,02

Verschnitt: 15%.

553. **1 qm Schalung für Stampfbetonbauten** aus 25 mm Brettern, einschließlich Beförderung auf höchstens 60 m (Nordamerika).[36]

Bauwerksteil	Zurichten		Aufstellen		Ausschalen	Auseinandernehmen und Reinigen	Zuschlag für die Beförderung auf weitere 10 m
	Zimmererstunden	Hilfsarbeiterstunden	Zimmererstunden	Hilfsarbeiterstunden	Hilfsarbeiterstunden	Hilfsarbeiterstunden	Hilfsarbeiterstunden
Säulenfüße, Grundwerke	0,27	0,11	0,06	0,11	0,38	0,33	0,02
Grundmauern bis 3 m über Grundwerk	0,32	0,17	0,17	0,17	0,38	0,33	0,02
Säulen, parallel	0,43	0,17	0,17	0,17	0,38	0,33	0,02
„ , konisch	0,55	0,17	0,17	0,17	0,38	0,33	0,02
Stufen	0,75	0,17	0,22	0,22	0,38	0,33	0,02

Verschnitt: 15%.

554. **Eine Stahlform für eine runde Säule aufstellen, abtragen und reinigen** kostet: 16 h Facharbeiter.[36]

555. **Schalbretterreinigungsmaschine „Vampir“.** (Maschinenfabrik „Futura“, A. Wagenbach & Co., Elberfeld.)

Die Maschine reinigt Schalbretter von 20 bis 50 mm Dicke und von 5 bis 30 cm Breite allseits in einem Arbeitsgang. Vorschub 15 m/min. Leistung 100 bis 150 qm je Stunde.

Bedienung: 1 Mann an der Maschine, je 1 Mann für das Zureichen der zu reinigenden und das Abtragen der gereinigten Bretter.

Antrieb: 1,5 PS mittels eingebauten Motors, umschaltbar für 110, 190, 220, 290, 380 oder 500 Volt Drehstrom oder Einphasenwechselstrom oder mittels Riemenscheibe.

Preis der Maschine mit eingebautem Motor: 1500 RM.

5. Betonbeförderung.

556. **1 rm Beton von der Pritsche schaufeln,** einschließlich der Pausen:[11]

	Bei Stampfbeton	Bei weichem Beton
In Schiebkarren	0,45 h	0,70 h
„ Kippwagen	0,53 „	0,80 „
Durch Schaufelwurf ausbreiten	0,74 „	0,84 „

557. **1 rm Beton mit der Schaufel 4,5 m weit tragen** erfordert einschließlich der Pausen:

a) bezogen auf fertigen Beton:[37] 1,3 h Hilfsarbeiter
b) „ „ frischen „ :[37] 1,0 „ „

558. **1 cbm Beton (fertig gemessen) in 10-l-Eimern befördern,**[37] einschließlich der Pausen:

Füllen der Eimer	1,0 h	Hilfsarbeiter
Kippen	0,65 „	„
Tragen von je 2 Eimern auf 30 m samt Rückweg	2,0 „	„
An Rolle 3 m hochziehen	0,3 „	„
„ „ 3 „ senken	0,11 „	„
In Eimern 3 m hoch von Hand zu Hand heben	0,60 „	„

559. **1 rm Beton von der Pritsche mit der Schaufel in Butten (20 l Inhalt) füllen und L m weit tragen, wobei H m zu steigen sind,** einschließlich der Pausen: [Nach 11]

bei Stampfbeton .... $(1{,}49 + 0{,}038\,L + 0{,}23\,H)$ h Hilfsarbeiter
„ weichem Beton .... $(1{,}59 + 0{,}038\,L + 0{,}23\,H)$ „ „

560. **1 rm Beton (lose gemessen) in Schubkarren L m weit fördern,** einschließlich der Pausen:

a) ohne Beladen:

bei Stampfbeton .... $(0{,}78 + 0{,}018\,L)$ h Hilfsarbeiter[11]
„ weichem Beton .... $(0{,}84 + 0{,}020$ „ $)$ „ „ [11]
„ Gußbeton .... $(1{,}03 + 0{,}028$ „ $)$ „ „ [37]

b) mit Beladen der Schiebkarren:

bei Stampfbeton .... $(1{,}23 + 0{,}018\,L)$ h Hilfsarbeiter[11]
„ weichem Beton .... $(1{,}37 + 0{,}020$ „ $)$ „ „ [11]
„ Gußbeton .... $(1{,}68 + 0{,}028$ „ $)$ „ „ [37]

1 cbm fertiger Beton = 1,3 rm Beton, lose gemessen.

561. 1 rm Beton in Kippwagen L m weit fördern, einschließlich der Pausen, aber ohne Beladen:[11]

bei einem Inhalt des Kippwagens von 300 l: $(0{,}26 + 0{,}0033\,L)$ h Hilfsarbeiter
,, ,, ,, ,, ,, ,, 500 l: $(0{,}167 + 0{,}0021\,L)$,, ,,

562. 1 rm Beton in zweirädrigem Muldenwagen (Inhalt 150 l) **auf L m weit fahren,** einschließlich der Pausen:[11]

a) ohne Beladen .... $(0{,}42 + 0{,}007\,L)$ h Hilfsarbeiter
b) mit Beladen:
bei Stampfbeton .... $(0{,}95 + 0{,}007\,L)$,, ,,
,, weichem Beton .... $(1{,}22 + 0{,}007\,L)$,, ,,

563. Betonhochzug, selbstkippend, 330 l, mit 8 m Schienenführung. (Allgemeine Baumaschinengesellschaft, Leipzig und Wien.)[42]

Abladen und Aufladen .... 20 h
Aufstellen .... 30 ,,
Abtragen .... 20 ,,

564. Bandförderer für Beton. (Allgemeine Transportanlagen-Ges., Leipzig.)

Mit einem Förderband von 0,5 m Breite können bei 1 m/sec Laufgeschwindigkeit stündlich bis 60 rm Beton befördert werden.

1 m Förderer mit Band und Rollen, aber ohne Traggerüst, wiegt 35 bis 53 kg/m.

	Antriebsleistung des Förderbandes in PS bei einer Gurtgeschwindigkeit von	
	1 m/sec	2 m/sec
Bei einer waagrechten Förderlänge von 10 m	2—2,5 PS	3,0—5,0 PS
,, ,, ,, ,, ,, 20 ,, ...	2—3,3 ,,	3,5—6,6 ,,
,, ,, ,, ,, ,, 30 ,, ...	2,5—4,0 ,,	4,0—8,0 ,,
,, ,, ,, ,, ,, 40 ,, ...	2,7—4,7 ,,	4,8—9,4 ,,
,, ,, ,, ,, ,, 50 ,, ...	3,2—5,4 ,,	5,8—10,8 ,,
,, ,, ,, ,, ,, 75 ,, ...	4,4—7,0 ,,	8,0—14,0 ,,
,, ,, ,, ,, ,, 100 ,, ...	6,0—9,0 ,,	10,0—18,0 ,,

Bei einer Steigung von 1 : 20, Zuschlag 50%
,, ,, ,, ,, 1 : 10, ,, 100%

Bei erdfeuchtem Beton sind Steigungen bis 45° möglich.

1 m Förderlänge kostet für Gummigurt mit vier Einlagen, 3 mm Gummi auf der Tragseite und 1 mm Gummi auf der Laufseite, einschließlich der Trag- und Führungsrollen, aber ohne Traggerüst 150 bis 160 RM/m.

Der Antrieb, die Spann- und Leitrollenstation, aber ohne Antriebsmotor, kosten 600 bis 2000 RM.

565. Fahrbare Bandförderanlage mit eingebautem Mischer für Gußbetonarbeiten. (Maschinenfabrik A. W. Mackensen, Magdeburg.) Abb. 37.

Abb. 37. Fahrbarer Bandförderer mit eingebautem Betonmischer. (A. W. Mackensen, Magdeburg.)

Geeignet für die Betonierung langgestreckter Bauwerke. Fahrbar auf Schienen. Länge des Bandförderers 10 bis 15 m. Fliegerrinne 6 bzw. 10 m lang, um 360° schwenkbar. Leistung im Dauerbetrieb bis 90 cbm Gußbeton stündlich.

Antrieb 8 PS. Preis 6000 RM.

566. Förderbandanlage, ortsfest. (Internat. Baumaschinenfabrik A. G., Neustadt a. d. Haardt, Rheinpfalz.) Abb. 38.

a Muldenbandtragstation, fünfrollig.

b Seitliche Bandführungsstation.

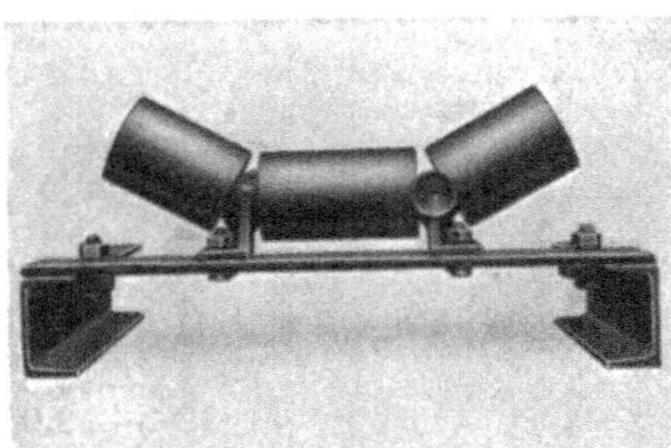

c Muldenbandtragstation, dreirollig.

d Antriebstation für Riemenantrieb.

e Antriebstation mit unmittelbarem Antrieb durch Elektromotor.

f Fahrbarer Aufgabeschub.

Abb. 38. Ortsfeste Förderbandanlage. (Ibag, Neustadt a. d. Haardt.)

Bandbreite	300 mm	400 mm	500 mm	600 mm	700 mm	800 mm	900 mm	1000 mm
Leistung bei Horizontalförderung und 1 m/sec Bandgeschwindigkeit pro Stunde .... cbm	25	45	70	100	140	180	230	300
Energiebedarf für 10 m Achsenabstand bei Horizontalförderung .... PS	0,8	1,6	2,4	3,5	5,0	6,0	8,0	10,0
Energiebedarf für weitere 5 m Bandlänge .... ,,	0,3	0,5	0,8	1,8	2,3	3,0	3,5	4,5
Gurttrommeldurchmesser bis 25 m Achsenabstand .... mm	300/250	300/250	400/300	500/400	600/500	700/600	800/700	900/800
Gurttrommeldurchmesser bis 50 m Achsenabstand .... ,,	500/400	500/600	600/600	700/700	800/800	900/900	1000/1000	1200/1100

Fortsetzung der Tabelle.

Bandbreite		300 mm	400 mm	500 mm	600 mm	700 mm	800 mm	900 mm	1000 mm
Riemenscheibendurchmesser	„	500	500	500	700	700	700	800	800
Riemenscheibenbreite	„	100	100	100	120	120	120	150	150
Drehzahl der Riemenscheibe bei 25 m Achsenabstand	n	235	300	268	197	200	—	—	—
Drehzahl der Riemenscheibe bei 50 m Achsenabstand	„	235	300	268	700	700	700	700	700
Gewichte:									
Antriebsstation + Spannstation + Bandreiniger + Gurt über Trommel bei 25 m Achsenabstand	kg	430	465	515	735	935	1090	1250	1410
Antriebsstation + Spannstation + Bandreiniger + Gurt über Trommel bei 50 m Achsenabstand	„	730	920	1075	1330	1550	1650	1850	2100
Je Meter Förderband einschließlich Gurt ohne Bandabstreifer, ohne Unterstützungskonstruktion	„	30	35	40	55	90	140	155	200
Je Meter Förderband einschließlich Gurt mit Bandabstreifer, ohne Unterstützungskonstruktion ...	„	50	60	70	90	135	190	210	265
Je Meter Förderband einschließlich Gurt mit Bandabstreifer, mit Unterstützungskonstruktion ...	„	60	70	80	115	155	205	235	295
Preise:									
Antriebsstation + Spannstation + Bandreiniger + Gurt über Trommel bei 25 m Achsenabstand	RM	495	540	630	830	1025	1155	1305	1510
Antriebsstation + Spannstation + Bandreiniger + Gurt über Trommel bei 50 m Achsenabstand	„	775	955	1085	1225	1345	1480	1620	1745
Je Meter Förderband einschließlich Gurt ohne Bandabstreifer, ohne Unterstützungskonstruktion	„	43	53	61	83	97	112	171	200
Je Meter Förderband einschließlich Gurt mit Bandabstreifer, ohne Unterstützungskonstruktion	„	52	63	73	97	115	132	195	228
Je Meter Förderband einschließlich Gurt mit Bandabstreifer, mit Unterstützungskonstruktion	„	60	71	81	107	125	142	210	243
Aufgabeschuh, stationär (Schuhlänge ca. 1000 mm):									
Gewicht	kg	35	50	55	60	90	130	150	180
Preis	RM	50	60	65	70	95	135	155	180
Aufgabeschuh, fahrbar von Hand (Schuhlänge zirka 1000 mm):									
Gewicht	kg	95	105	250	300	350	450	550	600
Preis	RM	170	180	360	420	470	570	660	780
Abwurfwagen, von Hand fahrbar:									
Gewicht	kg	500	600	700	900	1300	1700	1800	2000
Preis	RM	550	630	700	880	1240	1530	1600	1700

Fortsetzung der Tabelle.

Bandbreite	300 mm	400 mm	500 mm	600 mm	700 mm	800 mm	900 mm	1000 mm
Abwurfwagen, automatisch fahrbar:								
Gewicht .... kg	700	800	900	1200	1500	1900	2300	2500
Preis .... RM	740	820	900	1160	1420	1640	2000	2150
Verstellbarer Bandabstreifer:								
Gewicht .... kg	25	35	60	80	110	150	200	250
Preis .... RM	35	50	75	90	125	160	200	235
Laufsteg ohne Holzbelag:								
Gewicht je laufenden Meter .... kg	8	10	15	17	20	20	25	25
Preis .... RM	8	10	14	16	18	18	20	20

567. Betontransport mit Bandförderern. Erzielte Leistungen.

a) Eine Mischanlage (Inhalt 500 l) mit 12 m langem Bandförderer hat stündlich 6 bis 10 cbm Beton geliefert. Laufgeschwindigkeit des Bandes 1 m/sec, Bandbreite 0,5 m, Gewicht je Meter Bandförderer 60 kg/m. Antrieb des Bandförderers 1,75 PS. Antrieb der ganzen Anlage 8 PS. Bedienung der ganzen Anlage 15 bis 16 Männer.[154]

Nach der Förderung von 6000 cbm Beton konnte keine Abnützung des Bandes festgestellt werden.

b) Bau der Vermuntsperre. 3 Türme, 47, 48 und 72 m hoch, an jedem Turm ein Förderband von 32 m Reichweite, 0,6 bzw. 0,65 m breit. Je Turm zwei Aufzugkübel mit je 1,35 cbm Inhalt. Größte Leistung je Turm 45 bzw. 60 cbm/h. Alle drei Türme förderten durchschnittlich 950 cbm in 20 h. Zu den Türmen wurde der Beton mittels eines 250 m (5 × 50 m) langen Förderbandes zugefördert.[109]

568. Gußbetonanlage, Höhe der Gießtürme:[42]

Bei einer größten erforderlichen Reichweite w und einer größten Gebäudehöhe h muß der Gießturm mindestens die Höhe[42]

$$H = h + 0{,}5\,w + 6\ \mathrm{m}$$

haben.

569. Gußbetonanlage, Betrieb ohne Zufuhr zum Mast:[42]

Rohrgießmast, 25 m hoch (laut Abb. 121, 122 in David-Perl, Prakt. Eisenbetonbau, S. 299).

Anlagekosten:

Preis der Rohrmastanlage mit allen Seilen, der Winde, aber ohne Mischer .... 6000 RM
Jährliche Abschreibung.............................. 15%
Jährliche Verzinsung .... 5—6%

Instandhaltung:

Ein neuer Anstrich alle 2 Jahre .... $\frac{200}{2}$ RM
Ersatz sämtlicher Seile alle 3 Jahre .... $\frac{750}{3}$,,
Kleine Instandhaltungsarbeiten ....2,5—3,5%

Aufstellen und Abtragen:

Aufstellen .... 150 h
Abtragen .... 80 ,,

Betriebskosten: Winde mit 15 PS-Benzinmotor für den Aufzug, mit 375 l Inhalt, je PS-Stunde 0,3 kg Benzin = 4,5 kg. Bei 30 Spielen je Stunde Verbrauch 0,5 . 4,5 kg = 2,25 kg, dazu Schmieröl.

Bedienung: 1 Schlosser.
Leistung: 7 bis 12 cbm/h.

570. Maste für Betongießanlagen. Mast, Mastfuß, Mastkopf, Verspannung, Führung für den Schlitten und die Aufzugkübel. (Maschinenfabrik A. Groß, G. m. b. H., Schwäbisch-Gmünd, Württemberg.)

Masthöhe		12 m	18 m	24 m	30 m	36 m	42 m	48 m
Anzahl der Verspannungen		1	2	2	3	3	4	4
Gesamtlänge der Verspannungsseile, ∅ 12 mm	m	100	260	260	480	480	760	760
Betonaufzugseil, ∅ 14 mm, je Aufzug	„	35	45	60	70	90	100	110
Schlittenseil, ∅ 14 mm	„	35	55	75	100	120	145	175
Auslegerseil, ∅ 14 mm	„	35	35	35	35	35	35	35
Ausgleichsseil, ∅ 14 mm, bei doppeltem Aufzug	„	24	36	48	60	72	84	96
Seilklemmen bei einfachem Aufzug	Stuck 1/2″	24	48	48	72	72	96	96
	„ 5/8″	18	18	18	18	18	18	18
„ „ doppeltem Aufzug	„ 1/2″	24	48	48	72	72	96	96
	„ 5/8″	30	30	30	30	30	30	30
Für einfachen Aufzug	kg	1795	2640	3290	4230	4880	5980	6600
	RM	1140	1670	2070	2665	3065	3700	4200
„ doppelten Aufzug	kg	2375	3335	4465	5365	6500	7500	8500
	RM	1470	2050	2730	3260	3940	4490	5100

Die erforderliche Masthöhe = 0.45 mal Rinnenlänge + 6 m (bei Verwendung einer Fliegerrinne + 9 m).

Die Maste sind aus je 6 m langen Normalelementen zusammengesetzt.

571. Zugehör für Betongießanlagen. (Maschinenfabrik A. Groß, G. m. b. H., Schwäbisch-Gmünd, Württemberg.)

a) Laufkatze mit Betonmulde:

Muldeninhalt	l	150	250	330	450
Gewicht	kg	320	350	370	420
Preis	RM	340	360	385	430

b) Schlitten mit Betonsilo und Rinnenaufhängung:

Muldeninhalt	l	150	250	330	450
Für einfachen Aufzug	kg	520	520	520	520
Preis	RM	475	475	475	475
Für doppelten Aufzug	kg	590	590	590	590
Preis	RM	520	520	520	520

c) Verteilersilo am Mastfuß für den doppelten Aufzug:

Gewicht: 395 kg. Preis: 425 RM.

d) Auslegerrinnen mit doppelter Verspannung:

Länge der Rinne	m	6	9	12
Gewicht	kg	240	350	480
Preis	RM	280	360	460
Ersatzschleißbleche, Preis	RM/m	8	8	8

e) Fliegerrinnen:

Länge der Rinne	m	6	9	12
Gewicht	kg	700	1100	1700
Preis	RM	675	1005	1530

f) Einfache Schüttrinnen:

Länge der Rinne	m	3	6	9	12
Gewicht	kg	75	150	240	315
Preis	RM	100	195	290	335

g) Schlittenmontagegerät für den Aufbau des Mastes:

Gewicht: 400 kg. Preis: 285 RM.

h) Aufzugsplattform zur Benützung des Mastes als Aufzug:

Gewicht: 560 kg. Preis: 490 RM.

i) Mastschwenkkran für 500 kg Tragkraft:

Gewicht: 175 kg. Preis: 170 RM.

k) Winde:

Für Muldeninhalt	l	150	250	330	450
Bei einfachem Aufzug	RM	550		1085	
„ doppeltem „	„	935		1695	

572. Aufstellung und Betrieb von Gießmastanlagen.

a) Aufstellung:

Mannschaftsstand: 4 bis 6 Männer.

Arbeitsstunden bei Masthöhe	m	12	18	24	30	36	42	48
Insgesamt	h	96	110	120	140	150	170	190

b) Abtragen:

Mannschaftsstand: 4 bis 6 Männer.

Abtragen bei Masthöhe	m	12	18	24	30	36	42	48
Arbeitsstunden insgesamt	h	50	60	70	80	90	95	100

c) Betrieb:

Bedienung am Mastfuß: 1 Mann,
„ am Mastsilo: 1 „ ,
„ an der Fliegerrinne, 1 bis 2 Männer.

Antrieb bei Muldeninhalt	l	150	250	330	450
Einfacher Aufzug, $v = 0{,}6$ m/sec	PS	8	10	12	15
Doppelter „ , $v = 0{,}6$ „	PS	6	8	9	12

Verbrauch an Schleißblechen:

bei scharfkantigen Zuschlagstoffen, für je 2000 bis 2500 cbm Beton 1 mm Blech;
bei rundem Kies und Sand, für je 5000 bis 6000 cbm Beton 1 mm Blech.

Instandhaltung, jährlich vom Neuwert: 5%
Abschreibung, „ „ „ 20%

Leistung stündlich bei Muldeninhalt	l	150	250	330	450
Mit einfachem Aufzug	cbm/h	4,5	7,5	10,0	14,5
„ doppeltem „	cbm/h	7,5	12,5	16,5	22,0

573. Derricks für die Beförderung von Beton.[156]

Durchschnittlich stündlich 15 bis 20 Hübe (bei Hubhöhen über 50 m weniger). Reichweite gewöhnlich 15 bis 20 m, höchstens 30 bis 40 m. Bei einer Tragkraft von 6 t, das sind etwa 2 cbm Beton, können in 8 h 180 cbm (festgemessen) Beton befördert werden.

574. Betonbeförderung mittels Kabelkrans mit aufgehängter Fliegerrinne.

a) Staumauer Wäggital. Kübelinhalt 3 cbm Beton. Heben 1,5 m/sec, Senken 0,5 m/sec, Vollfahrt 2,0 m/sec, Leerfahrt 4,3 m/sec, Neigung der Gießrinne 33°, Geschwindigkeit in der Gießrinne (2 bis 4) m/sec. Antrieb 95 PS.

Bei durchschnittlich 14 Spielen in der Stunde und 100 m Fahren und 100 m Senken sind 36 bis 40 cbm/h Beton befördert worden. Bei kleinen Fahrweiten und kleinen Senktiefen ist die Leistung auf höchstens 50 cbm/h gestiegen.

b) Schwarzenbachsperre.[155] Bei durchschnittlich 8 Spielen je Stunde sind 16 cbm/h Beton befördert worden.

575. Beförderung des Betons mittels der Betonpumpe. (Torkret-Gesellschaft, Berlin.)

Kornzusammensetzung der Zuschlagstoffe:

Damit der Beton in den Röhren gut gleitet, soll er die nebenstehende Zusammensetzung haben.[66]

Körnung der Zuschlagstoffe mm	Kornanteile in Prozenten beim Mischungsverhältnis	
	1 Ze + 0,5 Traß + 10 Sand und Kies	1 : 5
0—1	15	22
1—3	5	10
3—7	8	10
7—15	26	26
15—30	34	24
30—50	12	8

Wasserzementfaktor: 0,7—0,5.

Betonpumpe von Giese-Kooijman.

Förderweiten: bis 200 m. Förderhöhen: bis 50 m.

Größtzulässiges Korn der Zuschlagstoffe:

beim Durchmesser des Förderrohres von 150 mm .... 50 mm
„ „ „ „ „ 180 „ .... 80 „

Antrieb: für je 1 cbm/h Betonförderung, je nach Förderweite und Förderhöhe, 1 bis 2 PS. Bei Leerlauf nimmt die Pumpe bis zu 40% der Vollastleistungsaufnahme auf.
Leistung: Einfachpumpe 12 bis 16 cbm/h, Zwillingspumpe bis 40 cbm/h.
Bedienung: 1 Mann an der Pumpe, 2 bis 3 Männer für die Verteilung des Betons am Rohrauslauf und für die Verlegung der Rohre.

Rohrleitungen:

Die Rohrleitungen werden aus 3, 2 und 1 m langen Stahlrohren und aus Krümmern von 30° und 45° mittels Schnellkupplungen zusammengebaut. Auch Gummischlauchstücke können eingeschaltet werden.

Der Widerstand in einem 90°-Krümmer, ebenso wie der Widerstand von 1 m Steigrohr ist gleich jenem von 3 bis 5 m waagrechter Rohrleitung.

Reinigung der Rohre:

Bei jeder längerwährenden Betriebsunterbrechung müssen die Rohre entleert und gereinigt werden. Die Steigleitungen werden nur unten geöffnet; man läßt den Beton herabgleiten und spült durch. Waagrechte Leitungen werden entweder in einzelne Abschnitte oder vollständig zerlegt.

Arbeitsaufwand für das Reinigen der Rohrleitungen:

a) *Kläranlage Stahnsdorf:*[66]

Das Reinigen und Wiederzusammensetzen der bis 196 m langen Rohrleitung erforderte bei Entleerung Schuß für Schuß bis zu 5 h Hilfsarbeiter.

b) *Stauwehr Ladenburg:*[66]

Die Reinigung der Rohrleitung durch Auspressen des Betons mittels Preßluft und Nachspülen mit Wasser in 50 m langen Rohrabschnitten und Wiederzusammenbauen erforderte bei 150 m Leitungslänge 2,25 h Hilfsarbeiter.

c) *Reinigung der Rohrleitung mittels Putzkolbens* mit Gummikappen (go-devils).

Bei Arbeitsschluß werden an der Betonpumpe in die Leitung einige Putzlappen und ein mit einer Gummikappe ausgerüsteter Putzkolben geschoben. Hierauf wird die Pumpe sorgfältig gereinigt und ausgewaschen. Dann wird die Leitung wieder an die Pumpe angeschlossen und der Putzkolben mittels Wassers, das die Betonpumpe in die Leitung preßt, durch die Rohrleitung durchgetrieben. Die Gummikappe verhindert hierbei ein Eindringen des Preßwassers in den Beton vor dem Putzkolben.

6. Betonierung.

576. Betonmauerwerk, Aufmaß und Abrechnung.

Betonmauerwerk wird im allgemeinen nach Raummaß, nur Wände unter 15 cm Stärke werden nach dem Flächenmaß berechnet. Hohlräume bis zu 0,5 cbm Einzelausmaß und Aussparungen bis zu 1 qm Einzellichtfläche in Wänden, die nach dem Flächenmaße vergütet werden, werden nicht abgezogen.

Balken, Unterzüge, einbetonierte Eisenträger, Stürze und Stützen werden in voller Länge über Pfeiler, Zwischenwände und Kreuzungen durchgemessen. Die Rippen von Rippenplattendecken werden zusammen mit den Platten verrechnet. Geneigte Platten werden nach der Schrägfläche berechnet.

Säulen und Stützen aus Eisenbeton werden von der Oberkante des Grundwerkes bis zur Oberkante der Decke berechnet.

Eisenbetonwände, die sich schneiden, werden in beiden Richtungen durchgemessen.

577. Unproduktive Lohnzuschläge bei Betonarbeiten.

Für das Einrichten der Baustelle bei kleineren Betonarbeiten, Transporte, Aufräumarbeiten, Geräteausgeben, Ab- und Aufladearbeiten, unvermeidliche Pausen, Betriebsstörungen u. dgl. werden Zuschläge zu den Löhnen berechnet, die meist unproduktive Lohnzuschläge genannt werden.

Diese unproduktiven Lohnzuschläge betragen[213] bei gut arbeitenden Baustellen (35 bis 40)%, bei wenig beaufsichtigten Baustellen, die nur von Polieren geleitet werden, bis zu 100%, manchmal auch mehr.

Die Zuschläge für Platzarbeiter und Schmiede allein betragen 3 bis 6%, jene für die Bauleitung und Bewachung allein 8 bis 12% der produktiven Löhne.[42]

578. Betonverluste.

Bei Arbeiten geringen Umfanges ...	(5—6)%
Auf großen Baustellen	(3—4)%

579. 1 cbm Beton von Hand stampfen, einschließlich der Pausen:[11,100]

bei Stampfbeton	0,3—0,4 h
,, weichem Beton, größere Bauwerksabmessungen	0,12 ,,
,, ,, ,, , dünne, hohe, stark bewehrte Eisenbetonwände	bis 1,5 ,,

580. 1 cbm gemischten und zugeführten Beton einbringen und verdichten erfordert die folgenden Betonarbeiterstunden:[140]

Decken	2—3,5
Säulen	3—5
Silotrichter	3,5—5,5
Ebene Silowände in den unteren Lagen	4,5—5,5
,, ,, ,, größeren Höhenlagen	5—7
Runde Behälterwände, große Abmessungen	3—4.5
,, ,, , kleine ,, ...	5—7
Widerlager, Flügelmauern	1,5—2,5
Grundwerke	1—2
Füllbeton	1
Eisenbetonstiegen	5—7
Eisenbetonpfähle	6—7

581. 1 cbm Beton ohne Bewehrung erfordert für kurze Zufuhr der Baustoffe, Mischen, Befördern des Betons, Einbringen, Stampfen bzw. Rühren und Nässen nach der Fertigstellung:

a) Nach H. Ritter:[34]

bei plastischem Beton und Handmischung: (5 bis 8) h Betonarbeiter + (5 bis 8)% für Aufsicht;

bei plastischem Beton und Maschinenmischung: (3 bis 5) h Betonarbeiter + Maschinenkosten + (5 bis 8)% für Aufsicht (bei ganz kleinen Arbeitergruppen auch mehr);

bei Stampfbeton und Handmischung: (6 bis 10) h Betonarbeiter + (5 bis 8)% für Aufsicht;

bei Stampfbeton und Maschinenmischung: (4 bis 7) h Betonarbeiter + (5 bis 8)% für Aufsicht;

bei sehr kleinen und komplizierten Bauwerken, Stampfbeton und Handmischung: bis 20 h Betonarbeiter + 15% für Aufsicht.

b) Nach Ch. Märckle:[16] bei Zufuhr der Baustoffe auf höchstens 10 m, Stampfbeton und Handmischung: (4 bis 5) h Betonarbeiter + Zuschlag für Aufsicht. Für je 10 m Mehrtransportweite: 0,1 h Hilfsarbeiter.

c) Nach M. Förster:[37] bei Stampfbeton und Handmischung: 1,6 h Maurer + 4,8 h Hilfsarbeiter + Zuschlag für Aufsicht.

d) Nach W. Hoffmann:[22] bei Stampfbeton und Handmischung: 10 h Betonarbeiter. Maschinenmischung: 6 h Betonarbeiter + Maschinenkosten.

e) Nach Räthling:[150] Stampfbeton, Mischer längs der Baugrube verfahrbar, Beförderung des Betons in 0,75-cbm-Muldenkippern: (2,6 bis 6,0) h Betonarbeiter + Gerätekosten.

582. 1 cbm Beton mit Steineinlagen für Grundwerke erfordert denselben Arbeitsaufwand wie reiner Stampfbeton, wobei aber das Reinigen und Anfeuchten der Steine inbegriffen ist.[16]

583. 1 cbm Magerbeton als Unterbeton bei Grundwerken,[140] 1 : 5 : 10 (106 kg Zement je Kubikmeter fe. Beton), ohne Mischen (Ausbeute 0,76):

2 h Betonarbeiter + 2,5 h Hilfsarbeiter + Zuschlag für Aufsicht + 106 kg Zement + 0,44 rm Sand + 0,88 rm Kies.

584. Betonieren im Hochbau, Akkordlöhne.[213]

Bei Verwendung einer 333-l-Mischmaschine besteht die vollständige Betonierkolonne aus:

1 Maschinisten an der Mischmaschine.
1 Mann an der Winde.
3 Männer für das Einschaufeln von Kies und Zement von den höchstens 5 m entfernten Stapeln.
1 Mann zur Bedienung der Loren unten.
1 Mann oben am Aufzug.
2 Männer für das Verfahren des Betons oben.
3 bis 4 Männer für das Betonieren; bei dünnen Dachplatten u. dgl. kommen noch 1 bis 2 Männer für das Betonieren hinzu. Diese Männer besorgen auch das Rücken der Gleise während des Betonierens.

Diese Kolonne kann stündlich 20 bis 22 Mischungen verarbeiten. Wenn Kies und Zement aus Entfernungen bis zu 25 m zum Mischer zuzuführen sind, sind für diese Arbeit 2 weitere Männer erforderlich.

Für das Verführen des Betons sind mindestens 3 Loren erforderlich.

585. 1 cbm Beton für Fensterstürze von Hand mischen, einbringen und stampfen:[16] 8 h Betonarbeiter.

586. 1 qm Betonoberfläche zum Weiterbetonieren sorgfältig aufrauhen und reinigen:[34] (0,6 bis 1,2) h Betonarbeiter.

587. 1 qm Betonfläche stocken kostet,[22,140] je nach der Beschaffenheit der Betonfläche und der Sauberkeit der Arbeit, (2 bis 10) h Facharbeiter.

588. 1 qm Betonfläche ausbessern:[140] 0,4 h Facharbeiter + 2 l Mörtel.

589. Betonbauten, Behebung von Schäden, Ausbesserungen, wegen Entmischung, Nesterbildung, schlecht herausgekommener Kanten:[42] 2 bis 5% der Löhne.

590. 1 qm Betonoberfläche abziehen (ebnen):[11] 0,24 h Betonarbeiter.

591. Bearbeitung von Betonsichtflächen kostet etwa soviel als von mittelhartem Stein.

592. 1 cbm Rüttelbeton für dünnwandige Wände und verwickelte Formen, bei denen nicht gestampft werden kann.

Die Verdichtung erfolgt durch Erschüttern der Schalung mit leichten Preßlufthämmern:[133]

Kosten: 4 h Hilfsarbeiter mehr als für Stampfbeton + Kosten der Preßluft (etwa 60 cbm angesaugte Luft).

593. Gußbeton auf der Schalung verteilen und zurechtstochern, je Kubikmeter:

Nach David-Perl:[42] in Balken 0,05 h Hilfsarbeiter; in Stützen 0,10 h Hilfsarbeiter.
Nach M. Förster:[37] bis 0,75 h Hilfsarbeiter.
Nach L. Herzka:[22] (0,75 bis 1,0) h Hilfsarbeiter.

594. Betonieren bei Frost:[158] 1 Salamanderofen (Kokskorbofen) für je 27 qm zu beheizende Deckenfläche.

595. Elektrische Erwärmung des Betons zur Vermeidung von Frostschäden und zur Beschleunigung des Abbindens.[157]

Um Beton durch Wechselstrom zu erwärmen, wird der Betonmasse der Strom durch zwei als Schalung mitverwendete Elektrodenbleche zugeleitet; der Beton wird vom Strom durchflossen und erwärmt sich hierbei. Wenn von allen Verlusten abgesehen wird, so würden zur Erwärmung von 1 cbm um 1° C etwa 0,67 kW h erforderlich sein.

	Gemessener Stromaufwand kWh/cbm °C
Eisenbetonpfahl	0,72
Decke	0,97
Balken	0,96
Maschinengrundwerk	1,40
Betongrundwerk im Freien	0,85
„ „ „ (Sturm)	0,91

Man kann also etwa 1 kW/h je Kubikmeter und Grad rechnen. Sollen B cbm Beton in z Stunden um t^0 C erwärmt werden, so muß ein Transformator (mit mehreren Anzapfungen für die Entnahme verschiedener Spannungen) mit einer Leistung von

$$L\,(\mathrm{kW}) = B\frac{t}{z}.$$

verwendet werden.

596. Dilathermeter nach Probst und Pfeiffer[124] zur elektrischen Fernmessung von Temperatur und Spannung in Betonbauten. (R. Fuess, Berlin-Steglitz.)

Für Wechselstrom, 50 Perioden, 110 oder 220 V.

Stückpreis bei gleichzeitigem Bezug von 10 Stück	140 RM
„ „ „ „ „ 20 „	120 „
„ „ „ „ „ 30 „	110 „
Hierzu: Meßkasten	1350 „
Verstellbare Vergleichsselbstinduktion	365 „
Unveränderliche Normalselbstinduktion	95 „
Verteilerkasten für 10 Meßstellen	60 „
„ „ 20 „	80 „
„ „ 30 „	120 „
„ „ 40 „	155 „
Zuführungskabel je Meter	4—5 „

597. 1 m halbrunde Rinne, bis 30 cm Durchmesser, 10 cm stark **betonieren, verputzen und schleifen,**[22] einschließlich Handmischung:

3 h Maurer + 1 h Hilfsarbeiter + 45 kg Zement + 0,6 rm Sand und Kies + 5 l Schleifsand.

598. 1 cbm Unterwasser-Schüttbeton (Trichterbetonierung) kostet etwa so viel wie Stampfbeton gleicher Mischung.[34]

599. 1 cbm Unterwasser-Gußbeton für Pfeiler nach dem Kontraktorverfahren kostet (1931) einschließlich Beschaffen, Herunterbringen und Umsetzen der Schalungen sowie Abschreibung und Verzinsung der Geräte:[54]

a) Grundwerk: 16 bis 17 RM; hierin enthalten für Schalungen 3,50 RM.
b) Pfeilerbeton: 32 bis 34 RM; hierin enthalten für Schalungen 14,50 RM.

600. Preßluftstampfer für Beton und angeschüttete Böden. (Frankfurter Maschinenfabrik A. G., vorm. Pokorny & Wittekind, Frankfurt a. M.)

Bezeichnung		St 12	St 18	St 25	St 28	St 33
Gewicht	kg	7	8	9	12	15
Schlagzahl je Minute		600	500	420	420	420
Luftverbrauch, angesaugte	cbm/min	0,35	0,40	0,45	0,60	0,70
Schlauchanschluß	mm	13	13	13	13	13
Preis	RM	165,—	165,—	165,—	205,—	205,—

Leistung: 5- bis 8 mal so viel als bei Handarbeit.

601. Preßluft-Betonvibratoren für das Verdichten von Beton und das Ziehen leichter Spundbohlen. (Frankfurter Maschinenfabrik A. G., vorm. Pokorny & Wittekind, Frankfurt a. M.)

Bezeichnung		BV 50	BV 80	BV 100
Gewicht	kg	7	19	25
Schlagzahl je Minute		4000	3600	3200
Luftverbrauch, Kubikmeter angesaugte Luft je Minute		0,8	1,1	1,4
Schlauchanschluß	mm	16	19	19
Preis	RM	150,—	250,—	300,—

602. Betonrüttler „Vibromax“. (Losenhausenwerke, Düsseldorf-Grafenberg.)

Der Betonrüttler vollführt in der Minute 3000 Schläge. Er wird zur Verdichtung des Betons an Stelle von Stampfern und zur Erschütterung der Schalungen zur Verdichtung des Betons verwendet (Abb. 39).

Zur Verdichtung des Betons wird der „Vibromax“, wie es die Abb. 39 zeigt, langsam über den Beton oder die Schalung gezogen.

Gewicht: 17 kg. Bedienung: 1 Mann. Antrieb: Drehstrom 220 oder 380 V, 0,1 kW.

Leistung: 1 qm Betonfläche in (0,033 bis 0,066) h. Preis: 398 RM.

Abb. 39. Betonrüttler „Vibromax“. (Losenhausenwerk.)

603. Betonverdichtung mittels des „Deprag“-Betonrüttelstampfers. (Deprag-Preßluftmaschinen G. m. b. H. in Amberg, Oberpfalz.) Abb. 40.

Die Maschine besteht aus einem kurz und gedrungen gebauten Preßluft-Schlagwerkzeug, welches mittels gegabelten Handgriffes leicht hin- und herbewegt werden kann. Beim Arbeiten wird der tellerförmige Stampf- und Rüttelschuh durch kräftige, schnell aufeinanderfolgende Schläge des Kolbens in Schwingungen versetzt, die auf die zu rüttelnde Betonmasse übertragen werden. Gleichzeitig wird auch durch die starke Schlagwirkung ein gutes Verdichten der bearbeiteten Betonmasse erzielt. Der Stampf- und Rüttelschuh wird durch eine kräftige Schraubenfeder unter Spannung gegen den Arbeitszylinder gepreßt. Beim Aufschlag des Kolbens wird diese Feder etwas auseinandergezogen und schlägt beim Hochgehen des Kolbens den Rüttelschuh wieder gegen den Zylinder, wodurch die Schwingungszahlen des Rüttelschuhes in zweckmäßiger Weise erhöht werden.

Schlagzahl je Minute: 1700. Leistung je Schlag: 6 kgm. Schlauchweite: 16 mm. Gewicht: 34,5 kg. Luftverbrauch, angesaugt: 0,9 cbm/min. Nutzungsdauer bei jährlich 1600 Betriebsstunden: 4 Jahre.

Leistung bei einer Schütthöhe von 20 cm stündlich 6 cbm Beton.

Für die Bedienung von 4 Rüttelstampfern ist ein Verdichter mit 3,6 bis 4,0 cbm Ansaugeleistung erforderlich. Antrieb durch Dieselmotor. Brennstoffverbrauch: 7 bis 8 kg Rohöl stündlich. Bei einem Rohölpreis von 0,15 RM je Kilogramm kostet der Brennstoff stündlich rund 1,20 RM; für Schmieröl, Putzstoffe u. dgl. 25% der Brennstoffkosten, also etwa 0,30 RM.

Für Tilgung und Instandhaltung des Luftverdichters samt Antriebsmotor und für vier Rüttelstampfer bei jährlich 1600 Betriebsstunden 100% der Kosten der Betriebsmittel, also etwa 1,50 RM stündlich. Wird als Lohn für 4 Bedienungsmänner, einschließlich eines Zuschlages für die Beaufsichtigung des Luftverdichters, ein stündlicher Lohn von 4 RM ausgesetzt, so kostet das Verdichten von 1 cbm Beton rund 0,30 RM.

Wenn für den Antrieb des Luftverdichters statt eines Dieselmotors ein Benzinmotor verwendet wird, erhöhen sich die stündlichen Betriebskosten um etwa 1,50 RM.

Abb. 40. „Deprag“-Betonrüttelstampfer.

Durch Auswechseln des tellerförmigen Stampfschuhes gegen Zahn- oder Riffelstocker kann das Gerät auch für das Beseitigen von Unebenheiten und für das Stocken und Aufrauhen waagrechter oder wenig geneigter Flächen verwendet werden.

604. Betonverdichtung mittels Betonrüttlern.

Beim Bau der Staumauer Colderwood sind mit Rüttlern, die auf den Beton aufgesetzt worden sind, 3 cbm Beton von 2 bis 3 Rüttlern in 5 Minuten verdichtet gewesen. Der Rüttler bestand aus einem hölzernen Stampfboden, 30 × 70 cm, der durch einen $^1/_4$-PS-Elektromotor mittels eines Exzenters in Schwingungen (je Minute 3600) versetzt wurde. Bedienung je Rüttler 2 Männer.

605. Der Delmag-Explosions-Betonstampfer für das Stampfen von Grundwerksbeton und das Rammen von Pflaster. (Deutsche Elektromaschinen- und Motorenbau A. G., Eßlingen a. Neckar.) (Abb. 41).

Abb. 41. Der Delmag-Betonstampfer (65 kg) im Augenblick des Hochspringens. (Delmag, Eßlingen.)

Gewichte und Preise.

Nenngewicht des Stampfers		65 kg	100 kg
Betonstampfer mit rundem Holzfuß:			
Gewicht	kg	88	112
Preis	RM	748,—	870,—
Betonstampfer mit quadratischem Holzfuß:			
Gewicht	kg	89	112
Preis	RM	780,—	905,—
Quadratischer Fuß zum Stampfer für das Rammen von Kleinpflaster:			
Gewicht	kg	36	54
Preis	RM	190,—	200,—
Runder Fuß zum Stampfer für das Rammen von Großwürfelpflaster:			
Gewicht	kg	35	51
Preis	RM	190,—	200,—
Transportwagen:			
Gewicht	kg	55	55
Preis	RM	36,—	36,—
Benzolverbrauch je Stunde	kg/h	0,15	0,25
Schmiermittel, Putzmittel, Batterieladung in Prozenten des Benzolverbrauches	%	10	10
Abschreibung, jährlich, in Prozenten des Neuwertes	%	20	20
Instandhaltung, jährlich, in Prozenten des Neuwertes	%	10	10

606. Vibromax-Platte. (Losenhausenwerk, Düsseldorf-Grafenberg.)

Die Vibromax-Platte dient zum Einrütteln des Betons in Formen zur Erzeugung von Betonwaren, Betonrohren u. dgl.

Tischgröße: 1 × 1,5 m. Größte Last: 300 kg. Schwingungen: 3000 je Minute. Antrieb: Drehstrom 220 oder 380 V, 1,5 kW. Leistung: Die Verdichtung erfordert $^1/_2$ bis 1 Minute. Preis: 1350 RM.

7. Torkretarbeiten.

607. Allgemeines über Torkretarbeiten.

Die Einstampfung[133] beträgt 30 bis 35%, daher ist mit einer Ausbeute von 0,74 bis 0,77 zu rechnen.

Der Rückprall[133] beträgt

bei waagrechten Bodenflächen 15%
„ „ Deckenflächen........... 60%
„ lotrechten Wänden 40%

des losen, trocken gemischten Betons. Es beträgt daher der Sand- und Kiesbedarf für 1 cbm fertigen Torkretbeton

bei waagrechten Bodenflächen ... 1,45—1,50 rm
„ „ Deckenflächen... 1,90—1,95 „
„ lotrechten Wänden .... 1,70—1,75 „

Etwa 80% des Rückpralles können bei anderen Betonarbeiten verwendet werden.

608. Leistung bei Schlauchlängen bis 100 m und Preis der Torkretgeräte. (Torkret-G. m. b. H., Berlin.)

Größenbezeichnung		Baby		Normal		Spezial		Groß	
		B 00	B 0	N 1	N 2	S 3	S 4	G 5	G 6
Theoretische Leistung, lose Masse	cbm/h	0,5	1,0	1,5	2,0	4,0	5,0	6,5	10,0
Luftverbrauch .... angesaugte	cbm/min	1,7	2,7	4,5	5,5	12	14	20	28
Spannung der Luft.............	atü	2,5—3,5		2,5—3,5		1,5—2,5		1—2	
Schlauchdurchmesser für die Masse	mm	19	25	32	35	57	63	76	102
Größte Körner im Kies..........	,,	3	5	8	10	20	25	30	40
Antrieb des Luftverdichters......	PS	10	16	26	32	50	60	75	100
Preis des Torkretgerätes mit Düse	RM		3965	4400					

Für 100 m Mehrlänge des Masseschlauches erhöht sich der Luftverbrauch um 20%.

609. Bedienung des Torkretgerätes N 1.

1 Düsenführer (gleichzeitig Vormann) und 1 Helfer.

1 Mann am Torkretgerät.

3 Männer für Zufuhren und Mischen von Hand.

1 bis 2 Männer für Nebenarbeiten, wie Wegschaffen des Rückpralles, Geräteumstellungen u. dgl., allenfalls 1 Mann am Luftverdichter.

610. Stündliche Leistung an Torkretputz, 1 cm stark aufgetragen, in Quadratmetern mit dem Torkretgerät N 1:

25 bis 32 qm Putz (unter Berücksichtigung aller Pausen).

Das Glätten der letzten Putzschicht ist besonders zu berechnen.

Für Verzinsung und Tilgung der Gerätekosten, ferner für Instandhaltung des Gerätes und für Schlauchersatz können überschlägig 80 bis 100% der Löhne angesetzt werden.

G. Stemmarbeiten.

611. Bohren von Löchern in Stein in Handarbeit,[138] je 100 ccm:

Sandstein	1,4 —1,55 h	Steinmetz
Kalkstein	1,65—2,0 ,,	,,
Granit	2,9 —3,4 ,,	,,

612. Quadratische oder rechteckige Löcher in Stein:[22]

Zuschlag 45% zum Preis der runden Löcher.

Als Lochdurchmesser wird die Seitenlänge des Quadrates bzw. das arithmetische Mittel aus den beiden Rechteckseiten angesehen.

613. Auflager für Träger aus bestem Mauerwerk mittels Preßluftgerätes ausstemmen,[42] 0,4 × 0,4 × 0,25 m

an gut zugänglichen Stellen, reine Stemmzeit .... 20 h/cbm
,, minder gut ,, ,, , ,, ,, ... 33 ,,

614. 1 qm Ziegelmauerwerk abstemmen oder ausstemmen, nach [22] einschließlich des Herausschaffens des Schuttes, bei einer

Ausstemmtiefe von	cm	5	10	15	20	25	30	35	40	45
Maurerstunden		2,5	3,7	4,7	5,5	6,3	7,0	7,6	8,2	8,7
Hilfsarbeiterstunden		1,4	2,0	2,5	3,0	3,4	3,8	4,2	4,5	4,8
Schuttabfuhr	rm	0,07	0,14	0,21	0,28	0,35	0,42	0,49	0,56	0,63

Stockwerkszuschlag: 1,8 h Hilfsarbeiter je Raummeter Schutt.

615. 1 qm Beton abstemmen oder ausstemmen, nach [22] einschließlich des Herausschaffens des Schuttes, bei einer

Ausstemmtiefe von ...	cm	2,5	5	10	15	20	25	30	35	40	45
Maurerstunden		4,5	7,5	11,1	14,1	16,5	18,9	21,0	22,8	24,6	26,1
Hilfsarbeiterstunden		0,9	1,4	2,0	2,5	3,0	3,4	3,8	4,2	4,5	4,8
Schuttabfuhr	rm	0,035	0,07	0,14	0,21	0,28	0,35	0,42	0,49	0,56	0,63

616. **1 cbm Mauerwerk ausbrechen,** die brauchbaren Steine aussondern und reinigen und alles bis zu 40 m befördern und lagern:[10, 51]

Durchbruchquerschnitt	Mauerwerk	Bis 64 cm Mauerstärke			Zuschlag für je 25 cm Mehrdicke	
		Maurerstunden	Hilfsarbeiterstunden	Für Aufsicht und Geräte in Prozenten	Maurerstunden	Für Aufsicht und Geräte in Prozenten
0,1—0,4 qm	Ziegel- oder Bruchsteinmauerwerk in Kalkmörtel	9—18	6—9	10	2,2	10
	Ziegel- oder Bruchsteinmauerwerk in Zementmörtel	22,5	11,3	10	2,75	10
	Beton, Romanzement	11,5	6	10	4,5	10
	„ , Portlandzement	14,4	7,5	10	5,6	10
	Quadermauerwerk	23	9	10	5,0	10
über 0,4 qm	Ziegel- oder Bruchsteinmauerwerk in Kalkmörtel	4,5	6	10	1,5	10
	Ziegel- oder Bruchsteinmauerwerk in Zementmörtel	5,6	7,5	10	0,9	10
	Beton, Romanzement	6—9	6	10	3	10
	„ , Portlandzement	11,3	7,5	10	3,8	10
	Quadermauerwerk	17,5	7,5	10	4	10

617. **Schlitze in Mauern aus Hartbrandziegeln** in verlängertem Zementmörtel, mehrere Dezimeter breit und bis zu 1,20 m tief, mittels Preßluftgerätes ausstemmen erfordert je Kubikmeter (8 bis 15) h reine Stemmzeit.[42]

618. **Preßluftmeißel-, -abbau- und -stemmhämmer.** (Frankfurter Maschinenfabrik A. G., vorm. Pokorny & Wittekind, Frankfurt a. M.)

Gerät		Meißel- und Stemmhämmer			Meißelhämmer		Abbauhämmer		
		MH 21	MH 22	MH 23	H 58	H 60a	FAW 20	FAW 30	FAW 40
Gewicht	kg	7,0	5,5	5,0	2,5	2,0	9,6	8,6	7,7
Schlagzahl je Minute		1300	2000	3000	5000	8000	975	1050	1300
Luftverbrauch	cbm/min	0,5	0,5	0,5	0,3	0,25	0,73	0,70	0,68
Schlauchanschluß	mm	13	13	13	10	10	16	16	16
Preis	RM	135	125	125	100	100	130	130	130

Leistung: 4- bis 6mal so viel als bei Handarbeit.

H. Versetzarbeiten.

619. **1 Stück Ankerschraubenlöcher in Maschinengrundwerken aussparen und später mit Zementmörtel vergießen:**

(0,25 bis 0,40) h Maurer + (0,15 bis 0,25) h Zimmerer + (0,1 bis 0,2) h Hilfsarbeiter + 15% für Aufsicht, Geräte, Holz + (10 bis 15) l Zementmörtel 1 : 1.

620. **1 t Schrauben, Anker oder Bolzen in gebohrten oder ausgesparten Löchern versetzen:**

(80 bis 120) h Maurer + (40 bis 60) h Hilfsarbeiter + 10% für Aufsicht und Geräte + Mörtel.

621. **1 m Brückengeländer aus Eisen versetzen:**

(2 bis 4) h Facharbeiter + 10% für Aufsicht und Geräte + 5 l Zementmörtel.

622. **1 t eiserne Geländer versetzen:**[51]

80 h Maurer + 80 h Hilfsarbeiter + 10% für Aufsicht und Geräte + Mörtel je nach Beschaffenheit des Geländers.

623. **1 Stück Steigeisen aus gebogenem Rundeisen versetzen:**

a) In bestehendem Mauerwerk, einschließlich des Stemmens der Löcher.

Ziegelmauerwerk (0,8 bis 1,2) h Maurer + (0,4 bis 0,6) h Hilfsarbeiter + 10% für Aufsicht und Geräte + Baustoffe für 4 l Mörtel.

Bruchsteinmauerwerk oder Beton: (1 bis 1,5) h Maurer + (0,5 bis 0,75) h Hilfsarbeiter + 10% für Aufsicht und Geräte + Baustoffe für 4 l Mörtel.

b) in neuherzustellendem Mauerwerk:

(0,3 bis 0,4) h Maurer + 10% für Aufsicht und Geräte.

624. **1 Stück Dachrinnenträger, Rohrschelle od. dgl. versetzen,** einschließlich der Stemmarbeit und aller sonstigen Nebenarbeiten, in Ziegelmauerwerk:

0,5 h Maurer + 0,25 h Hilfsarbeiter + 15% für Aufsicht und Geräte + 1 kg Zement + 2 l Sand.

In Bruchsteinmauerwerk oder Beton zu den Löhnen Zuschlag 100%.

625. **1 Stück Klammer in Granit versetzen,**[138] und zwar Bohren der Löcher und mit Blei vergießen: (1,7 bis 2,0) h Steinmetz.

626. **100 kg eiserne Türen, Fenster, Fenstergitter, Geländer u. dgl. versetzen,** einschließlich aller Nebenarbeiten, Stemmarbeiten und Beigabe des Mörtels:

(6 bis 8) h Maurer + (6 bis 8) h Hilfsarbeiter + 20% für Aufsicht, Geräte und Baustoffbeigabe.

627. **1 Stück stählerne Fenster, Tür od. dgl.** in bestehendem Mauerwerk **versetzen,** einschließlich aller Nebenarbeiten:

Lichtfläche in	qm	bis 0,7	0,7—1,2	1,2—2	über 2
Maurer	h	2,5	4	6	10
Hilfsarbeiter	,,	1,25	2	3	5
Für Aufsicht und Geräte	%	15	15	15	15
Zement	kg	3	5	9	14
Sand	l	8	12	20	30

628. **1 Stück Fenstergitter versetzen** kostet 50% der Kosten für das Versetzen eines gleichgroßen stählernen Fensters.

629. **1 t Träger, 4 bis 6 m lang, an der Baustelle abladen, bis zu 50 m weit befördern, *H*m hoch heben, auf den vorbereiteten Auflagern zurechtlegen und einmauern:**

(15 bis 20) h Maurer + [(5 bis 15) + 0,75 H] h Hilfsarbeiter + 20% für Aufsicht und Geräte.

630. **1 Holzdübel versetzen,** zur Befestigung von Holz- oder Eisenteilen an Mauern, einschließlich des Stemmens und Wiederverputzens der Öffnung:

0,5 h Maurer + 0,5 h Hilfsarbeiter + 2 kg Zement + 3 l Sand + 10% für Aufsicht und Geräte.

631. **1 m Polsterholz in einer Mauernut versetzen,** gut verzwicken und verputzen:

0,4 h Maurer + 0,25 h Hilfsarbeiter + 10% für Aufsicht und Geräte + Baustoffe für 6 l Mörtel.

632. **1 m Kantenschutzwinkel versetzen,** ohne Stemmarbeiten:

1 h Maurer + 15% für Aufsicht und Nebenarbeiten + (10 bis 15) l Mörtel.

633. **1 Stück gußeisernen Lüftungsaufsatz versetzen:**

(1,5 bis 2,5) h Maurer + (1,5 bis 2,5) h Hilfsarbeiter + 10% für Aufsicht und Geräte + 15 l Zementmörtel.

I. Dichtung und Isolierung von Mauerwerk.

634. **Normen, betreffend Asphaltbitumendichtungen.**

DIN 4031: Wasserdruckhaltende Dichtungen aus nackten Teerpappen oder nackten Asphaltbitumenpappen für Bauwerke.
DIN 2118: Rohdachpappe, Wollfilzpappe, Prüfverfahren.
DIN 2119: Vornorm Wollfilzpappe.
DIN 2128: Asphaltbitumenpappen, teerfrei, mit beiderseitiger Asphaltbitumendeckschicht.
DIN 2129: Nackte Asphaltbitumenpappen, teerfrei.

DIN 2130: Prüfung von Asphaltbitumenpappen.
DIN 1996: Bitumen und Teer enthaltende Massen für Straßenbau und ähnliche Zwecke.
Önorm B 3634: Rohpappe.
Önorm B 3635: Dachpappe und Isolierpappe.
Önorm C 9201: Naturasphalte und Erdölasphalte.

635. **Asphaltgoudron I nach DIN 1996** besteht aus einer Mischung von harten und weichen Asphalten oder Erdölasphalten und dient zur Herstellung von Mastix oder von Gußasphalt. Der Erweichungspunkt muß höher als 38° liegen.

636. **Asphaltgoudron II** besteht aus einer Mischung von harten Asphalten oder Erdölasphalten mit Erdölrückständen.

637. **Asphaltmastix** ist (nach DIN 1996) ein Gemisch aus Asphaltkalkstein oder Kalkstein (Korngröße 00 bis 3) mit Goudron I oder II, in dem die mineralischen Bestandteile 85 Gewichtsprozente des Mastix nicht überschreiten dürfen. Teer darf nicht zugesetzt werden.

638. **Asphaltbitumenpappe, teerfrei:**

a) Mit beiderseitiger Asphaltbitumendeckschicht, laut DIN DVM 2128: Die Bezeichnung erfolgt nach dem Gewicht von 1 qm Wollfilzpappe, die zur Herstellung verwendet wird.

Bezeichnung	Gewicht von 1 qm Wollfilzpappe	Gehalt an Tränk- und Deckmasse (benzollöslich)	Bruchlast
625er Asphaltbitumenpappe (teerfrei) mit beiderseitiger Asphaltbitumendeckschicht	0,625 kg/qm	1,30 kg/qm	45 kg
500er Asphaltbitumenpappe (teerfrei) mit beiderseitiger Asphaltbitumendeckschicht	0,500 ,,	1,10 ,,	38 ,,
333er Asphaltbitumenpappe (teerfrei) mit beiderseitiger Asphaltbitumendeckschicht	0,333 ,,	0,85 ,,	30 ,,

b) Nackt, laut DIN DVM 2129:

625er nackte Asphaltbitumenpappe (teerfrei) ..	0,625 ,,	0,720 ,,	25 ,,
500er ,, ,, (,,) ..	0,500 ,,	0,575 ,,	20 ,,

639. **1 qm waagrechte Mauerisolierung mit Asphaltpappe:**

		Einlagig, nur an der Überdeckung geklebt	Einlagig, mit einmaligem Anstrich	Zweilagig, mit einmaligem Anstrich
Maurer	h	0,1	0,3	0,3
Hilfsarbeiter	,,	0,1	0,4	0,5
Für Bürsten und Geräte ...	%	10	10	10
Asphaltpappe	qm	1,1	1,1	2,2
Asphaltmastix	kg	0,3	1,5	1,8
Brennholz	,,	0,5	2	2

640. **1 qm wasserdichte Asphaltpappenabdeckung, zweilagig, auf Beton:**

0,5 h Asphaltarbeiter + 0,75 h Hilfsarbeiter + 15% für Aufsicht, Bürsten und Geräte + 2,2 qm Asphaltpappe + (3 bis 5) kg Asphaltmastix + (3 bis 5) kg Brennholz.

641 **1 qm Asphalthaut zur Grundwasserabdichtung aus 2 Lagen Asphaltpappe und 3 Anstrichen:**

a) auf waagrechten Flächen:

0,5 h Asphaltarbeiter + (0,9 bis 1) h Hilfsarbeiter + 15% für Aufsicht, Bürsten und Geräte + 2,2 qm Asphaltpappe + (5 bis 7) kg Asphalt + (5 bis 7) kg Brennholz;

b) auf lotrechten Flächen: Zuschlag 50 bis 100% der Löhne.

642. **1 qm Außenhautdichtung** mit zwei Lagen Asphaltpappe und drei Anstrichen, wobei die Unterlage mit Benzinflammen zu trocknen ist:

a) an Wänden: (0,5 bis 1) h Facharbeiter + 2,25 qm Asphaltpappe + (7 bis 9) kg Asphalt;

b) auf waagrechten Flächen: (0,4 bis 0,75) h Facharbeiter + 2,25 qm Asphaltpappe + (7 bis 8) kg Asphalt.

643. **Außenhautdichtung aus Asphaltanstrichen** mit Einlagen von Asphaltpappe oder Asphaltfilz:

mit 3 Einlagen Preis je Quadratmeter .... RM[178] 4,50—5,50
,, 4 ,, ,, ,, ,, ... ,, [178] 6—8

644. 1 qm Asphaltanstrich auf vorbereitetem Mauerwerk:

a) Auf waagrechten oder schwach geneigten Flächen:

Anzahl der Anstriche		einmal	zweimal	dreimal
Stärke des Anstriches	mm	2	3—4	5
Asphaltarbeiter	h	0,3	0,4—0,5	0,5—0,6
Hilfsarbeiter	,,	0,3	0,4—0,5	0,5—0,6
Für Bürsten und Geräte	%	10	10	10
Asphaltmastix	kg	4,6	7—9,2	12,5
Brennholz	,,	5	7—10	13

b) Auf lotrechten Wänden: Zuschlag 50 bis 100% der Löhne.

645. 1 qm Asphaltputz auf vorbereitetem Mauerwerk:

a) Auf waagrechten oder schwach geneigten Flächen:

Dicke des Asphaltputzes	mm	7,5	10
Asphaltarbeiter	h	0,4	0,5
Hilfsarbeiter	,,	0,9	1,2
Für Geräte	%	10	10
Asphaltmastix	kg	12,7	17
Quarzsand	l	6	8
Brennholz	kg	13	17

Bei sandfreiem Asphaltputz erhöht sich der Verbrauch an Asphaltmastix und Brennholz um 35%.

b) Auf lotrechten oder stark geneigten Flächen: Zuschlag (50 bis 100)% der Löhne.

646. 1 qm Asphaltisolierung auf Grundwerken auftragen, 5 mm stark:

1,5 h Asphaltarbeiter + 2,0 h Hilfsarbeiter + 12% für Aufsicht und Geräte + 0,03 cbm Asphaltmastix + 3 l Sand + 0,03 rm Holz.

647. 1 qm Mauerisolierung in alte Ziegelmauern nachträglich einbauen:[38]

(3 bis 4,5) h Maurer + 1,5 h Hilfsarbeiter + (1,1 bis 1,2) qm Asphaltpappe + 40 Ziegel + 0,04 cbm Zementmörtel 1 : 3 + 20% für Aufsicht und Geräte.

648. 1 qm Mauerisolierung aus Asphaltblei auf Grundmauern herstellen:[17]

1,6 h Asphaltarbeiter + 1,25 qm Asphaltbleiplatte + 3 kg Asphaltmastix + 5,0 kg Brennholz + 10% für Aufsicht und Geräte.

649. 1 qm Bleiisolierplatte, beiderseits mit Asphaltpappe belegt:[178]

Bleifoliendicke	mm	0,1	0,15	0,20
Gewicht	kg/qm		4—7	
Preis je Quadratmeter	RM	4,20	5,10	6,00

650. Bleibleche (Eigengewicht 11400 kg/cbm):

Stärke des Bleches	mm	1	1,5	1,75	2	2,5	3	3,5	4
Gewicht	kg/qm	11,4	17,1	19,9	22,8	28,5	34,2	39,9	45,6
Preis je 100 kg = Preis des Blockbleies		+ 23 bis 10 RM			+ 12 bis 1 RM				

651. 1 qm Betonfläche oder fugenverschossene Ziegelmauer mit Goudron streichen:

a) Lotrechte Flächen:

Anstrich		einmal	zweimal
Hilfsarbeiter	h	0,4	0,8
Goudron	kg	3—4	5—6
Brennholz	,,	1,5	2,0

b) Waagrechte Flächen: 0,5 h Hilfsarbeiter + 2 kg Goudron + 0,8 kg Brennholz.

652. Palesit. Bitumenmasse zur Isolierung und Abdichtung beliebiger Flächen:

Palesitart	Verwendungszweck	Verbrauch je qm	Preis je kg RM	S	Kč
Palesit, dünn	Mit dem Pinsel auf gut erhaltene Pappdächer und Blechflächen aufzutragen	Für einmaligen Anstrich 0,5 kg			9,—
Palesit-isoliermasse	Bitumenisoliermasse, kalt aufzutragen auf Dächer, unebene Flächen, in Fugen	Bei 1 mm Schichtdicke 1 kg			9,—
Palesitmörtel	Für mehrere Millimeter dicke Schichten	Je 1 mm Schichtdicke 1,8 kg			6,—
Palesit-schmelzmasse	Für dicke Isolierschichten und für Dehnungsfugen	Je 1 mm Schichtdicke 1 kg			6,—
Palesit-schmelzmörtel	Für 10 mm starke, besonders tragfähige Schichten	Je 1 mm Schichtdicke 1,8 kg			3,70

653. Dursitektisolierhaut mit imprägnierter Juteeinlage zur Isolierung von Gewölben, Dachflächen, Mauern. (Biberwerk, Köln a. Rh.)

	Dursitekt 2 2 mm stark, in Rollen, 1 m breit, 15 m lang	Dursitekt 3 3 mm stark, in Rollen, 1 m breit, 10 m lang	Zum Aufkleben Dursitekt-Klebemasse kalt	Zum Aufkleben Dursitekt-Klebemasse heiß	Zur Vorgrundierung und als Deckanstrich
Preis je qm .... RM	1,50	1,65	—	—	Gabritol oder Aquasol
Preis je kg bei Packung zu 200 und 100 kg .... „	—	—	0,38	0,30	
Preis je kg bei Packung zu 50 und 25 kg .... „	—	—	0,42	0,34	
Verbrauch je qm .... qm	1,1	1,1	0,5—0,66	0,6—0,8	

654. Biberzusatz zur Dichtung von Zementmörtel 1 : 3. (Biberwerk in Köln a. Rhein.)

Preise je Kilogramm in Reichsmark und Verbrauch.

Packung	Biber F flüssig Preis RM/kg	Biber W weiß, teigförmig Preis RM/kg	Biber A schwarze bituminöse Flüssigkeit Preis RM/kg
Packung zu 200 kg	1,02	0,73	0,75
„ „ 100 „	1,05	0,75	0,80
„ „ 50 und 25 kg	1,10	0,80	0,85
„ „ 15 kg	1,10	0,80	0,85
„ „ 10 „	1,15	0,85	0,90
„ „ 5 „	1,15	0,85	0,90
Verbrauch je cbm Mörtel 1 : 3 kg	7	15	10
„ je qm Putz, 2 cm stark .... „	0,14	0,28	0,2

655. Biber-St (Stopfbiber) zur raschen Abdichtung eines Wassereinbruches.

Bei Packungen 25, 10 oder 5 kg Preis je Kilogramm RM 1,75.

Verbrauch: auf 100 Raumteile Zement 40 Raumteile Biber-St.

656. Betondichtung durch Zeresit der Wunnerschen Bitumenwerke in Unna in Westfalen:

Preis: 0,80 RM je Kilogramm in Holzfässern von 200 kg Inhalt und mehr;
0,90 RM je Kilogramm in Blechkannen von 15, 30 und 50 kg sowie in kleinen Fässern.

Holzfässer 5 RM per Stück extra; bei Rücksendung frei Station Unna in tadellosem Zustande (mit Deckel) innerhalb 6 Wochen werden 3 RM vergütet.

Verbrauch: je Kubikmeter Mörtel 25 kg Zeresit.

Bei Mörtel 1 : 3 werden auf je 50 kg Zement 2,5 kg Zeresit zugesetzt.

Je Quadratmeter Verputz, bei 2 cm Putzstärke, 0,5 kg Zeresit.

657. Abdichtung von quarzhaltigem Sand und Kies nach dem Verfahren von Joosten.
In Bohrlöcher wird nacheinander Chlormagnesiumlauge und Wasserglas eingepreßt. Preis je Kubikmeter bis 100 RM.

658. Chemische Abdichtung von Mauerwerk nach dem Verfahren von Joosten.[284]
Die Abdichtung von 1 qm Schachtwand erfordert 15 bis 25 kg Chemikalien.
Die Abdichtung je Quadratmeter Schachtwand (innen gemessen) erfordert für die Lieferung der erforderlichen Chemikalien, Beistellung der Preßpumpen, Löhne des Poliers der Firma, für die Hilfsgeräte, Löhne von 4 bis 5 Hilfsarbeitern (einschließlich des Fördermaschinenführers):

a) für Mauerwerksschächte, die bis auf mehrere Liter Wasserzufluß je Minute gedichtet werden sollen	(10—18) RM/qm
b) für Mauerwerksschächte, die möglichst vollständig zu dichten sind	(30—40) ,,
c) für Beton hinter Tübbingen	(25—30) ,,
d) für reine Betonschächte	(25—35) ,,

659. 1 cbm Lehm- oder Lettenstampfung, einschließlich Zufuhr bis auf höchstens 20 m:

a) wenn in Schichten von 15 cm Dicke gestampft wird	7,33 h Hilfsarbeiter
b) ,, ,, ,, ,, 5 ,, ,, ,, ,,	17,59 ,, ,,

660. 1 rm zugeführten Lehm einsumpfen:
(3 bis 4) h Hilfsarbeiter + 5% für Aufsicht und Geräte.

661. 1 cbm Lehmschlag aus zugeführtem, eingesumpftem Lehm in 10 cm starken Schichten auftragen und stampfen kostet ohne Zufuhr Erdarbeiterstunden:

a) auf Gewölben oder Decken	6 h
b) ,, Dämmen, einschließlich Beförderung bis auf 20 m auf der Böschung	14 ,,
c) hinter Brunnenmauerwerk, an Quellfassungen u. dgl., bis 2 m Tiefe	4,5 ,,
Zuschlag für je 2 m Mehrtiefe	1,5 ,,
d) für Aufsicht und Geräte: 10% der Löhne.	

662. Dränung von Bauwerken,[38] bestehend aus Dränrohren, auf Kies gebettet und mit Kies umpackt, ohne Zu- oder Abfuhren:
Der Grabenaushub innerhalb bestehender Bauwerke erfordert wegen der Erschwernisse doppelt soviel Zeit als im Freien.
1 m Dränrohre verlegen: (0,4 bis 0,5) h Erdarbeiter.
1 rm Kiespackung um die Dränrohre herstellen: im Freien: (1,5 bis 2) h Erdarbeiter, innerhalb der Bauwerke: (3 bis 4) h Erdarbeiter.

K. Fußbodenpflaster und Belage.

663. Normen.
DIN 1984. Technische Vorschriften für Bauleistungen. XXI. Steinsetzer- (Pflasterer-) Arbeiten.
DIN 486. Fußbodenplatten und Wandplatten, Beton.
DIN 1400. Steinzeugplatten. Fußbodenplatten, Sockelplatten.
DIN 272. Steinholz für Fußböden. Begriff, Dicke, Eigenschaften, Prüfverfahren.
DIN 273. Vorschriften für die Lieferung und Prüfung von kaustischer Magnesia für Steinholz.
Önorm B 3202. Pflasterziegel.
Önorm B 3225. Klinkerplatten.
Önorm B 2007. Estrich-, Plattenpflaster- und Wandbelagarbeiten.
Önorm B 3651. Linoleum.
ČSN 2006. Steinzeug, Fußbodenplatten.
ČSN 1058. Xylolith (Steinholz).

664. 1 qm Stampfbetonboden ohne Feinputz aus zugeführtem Beton herstellen:[37]

Stärke des Bodens 8 cm	0,67 h Maurer	+ 0,33 h Hilfsarbeiter
,, ,, ,, 10 ,,	0,80 ,, ,,	+ 0,40 ,, ,,
,, ,, ,, 12 ,,	0,91 ,, ,,	+ 0,46 ,, ,,
,, ,, ,, 15 ,,	1,11 ,, ,,	+ 0,56 ,, ,,

665. **1 qm Betonunterlage,**[16] 10 bis 12 cm stark, einschließlich Ebnung des Bodens, Zufuhr bis auf 10 m, Handmischung, Abfuhr auf 10 bis 15 m und Stampfen:

(0,1 bis 0,2) h Maurer + (1 bis 1,5) h Hilfsarbeiter + 10% für Aufsicht und Geräte + (25 bis 30) kg Zement + 0,14 rm Sand und Kies.

666. **1 qm Betonestrich,** 6 cm stark, im Mischungsverhältnis 1 : 6, darauf Glattstrich 1 : 1, 1 cm stark, glatt verrieben, einschließlich aller Nebenarbeiten:[10]

1,1 h Maurer + 2,2 h Hilfsarbeiter + 31 kg Zement + 0,095 rm Sand und Kies.

Für 1 cm Mehrdicke: Zuschlag 0,07 h Maurer + 0,14 h Hilfsarbeiter + 3,5 kg Zement + 14 l Sand und Kies.

667. **1 qm Rauhstrich auf Betonboden,** 1 cm stark, einschließlich Handmischung und kurze Zufuhr:[16]

0,4 h Maurer + 0,2 h Hilfsarbeiter + 10% für Aufsicht und Geräte + Stoffe für 10 l Mörtel 1 : 4 (350 kg Zement je Kubikmeter fertigen Beton).

668. **1 qm Glattstrich auf Betonboden,**[16] 2 cm stark, einschließlich Handmischung und kurze Zufuhr:

0,55 h Maurer + 0,35 h Hilfsarbeiter + 10% für Aufsicht und Geräte + Stoffe für 20 l Mörtel 1 : 1 bis 1 : 3 (925 bzw. 443 kg Zement je Kubikmeter fertigen Beton).

669. **1 qm Betonboden, 5 cm stark,** als Unterlage für Pflaster, rauh verrieben,[10] einschließlich aller Nebenarbeiten:

0,7 h Maurer + 1,4 h Hilfsarbeiter + 17,5 kg Zement + 25 l Sand + 50 l Kies.

Für jeden Zentimeter Mehrdicke: Zuschlag 10% der Löhne und 20% der Baustoffe.

670. **1 qm Betonboden für den Aushub von Rohrgräben aufbrechen und wiederherstellen,** einschließlich der Betonmischung, aber ohne Zufuhren:

Arbeit		Aufbrechen je nach Stärke und Mischung	Wiederherstellung in Beton 1 : 8	
			8 cm stark, darüber 2 cm Beton 1 : 2, fein verrieben	10 cm stark, mit der Latte abgeglichen
Maurer	h	0—0,3	1,0	0,8
Hilfsarbeiter	„	0,75—1,4	0,5	0,5
Für Aufsicht und Geräte	%	5—10	10	10
Betonschotter	rm	—	0,12	0,12
Zement	kg	—	22	18
Sand, fein	rm	—	0,03	—

671. **1 m Betonfußleisten,** 10 cm hoch,[37] aus zugeführtem Beton:

0,62 h Maurer + 0,31 h Hilfsarbeiter.

672. **1 qm Betonunterlage unter Asphalt- oder Steinholzpflaster,** zu ebener Erde, 15 cm stark, einschließlich Beförderung des Schuttes aus dem Bauwerke:

Aufbrechen: 0,5 h Maurer + 1,0 h Hilfsarbeiter + 0,2 rm Schuttabfuhr.

Ausstemmen: 1,2 h Maurer + 1,0 h Hilfsarbeiter + 0,2 rm Schuttabfuhr.

Bei Flächen unter 2 qm ...... Zuschlag 10%
„ „ „ 0,5 „ ...... „ 40%
„ „ „ 0,2 „ ...... „ 200%
Stockwerkszuschlag ....0,35 h Hilfsarbeiter

673. **1 qm Asphaltbelag in Gebäuden,** 13 mm stark, auf vorhandener Unterlage herstellen:

1 h Asphaltarbeiter + 3 h Hilfsarbeiter + 10% für Geräte und Brennstoff + 75 kg Asphaltmastix + 38 kg trockenen Kiessand.

674. **1 qm Asphalt oder Steinholzbelag aufbrechen:** 0,3 h Hilfsarbeiter.

675. **1 qm Steinholzfußboden** auf vorbereiteter Unterlage herstellen:[15]

0,85 h Facharbeiter + 5 kg Sägespäne + 3 kg feinen Sand + 7 kg Magnesit + 6,6 kg Chlormagnesium + 1 kg Farbe.

676. Linoleumbodenbelag.

Korklinoleum für stark begangene Räume, 4 bis 7 mm dick, 4 bis 14 RM je Quadratmeter.
Linoleumklebemittel für Stein-, Beton- oder Holzunterlage; je 100 kg 20 RM.
Linoleumunterlagen mit Steinholzüberzug, 1 cm dick, je qm 7,5 kg, Preis 4 bis 7 RM je qm.
Ausgleichsmasse für das Ausgleichen unebener Unterlagen; je 100 kg 18 bis 22 RM.

677. 1 qm Linoleum auf vorbereiteter Unterlage verlegen:[15]
(0,2 bis 0,3) h Facharbeiter + 0,35 kg Klebemittel. Verschnitt (5 bis 10)%.

678. Fußbodenbelagplatten, Preise:[17]
a) aus Ton, vier-, sechs- oder achteckig, in verschiedenen Farben, glatt, genarbt oder gerieft, je Quadratmeter 3,40 bis 6,70 RM;
b) aus Steinzeug, nach DIN 485, wetter- und säurebeständig, ein- und mehrfarbig, glatt oder gerippt, vier-, sechs- oder achteckig, 15 bis 20 mm dick, Gewicht je Quadratmeter etwa 40 kg; je Quadratmeter einfarbig 7,50 bis 12 RM, mehrfarbig 13 RM;
c) Klinkerplatten, säure- und laugenbeständig, in verschiedenen Farben, je Quadratmeter 4,00 bis 6,50 RM;
d) aus Kunststein, in verschiedenen Farben:

Dicke	cm	$2^1/_2$	3	4	5	6
Gewicht je Quadratmeter	kg	47,5	65	90	110	132
Preis je Quadratmeter	RM	4,50	4,50	5,00	6,00	7,00

e) aus Beton mit Siliziumkarbid:
je Quadratmeter Zuschlag 0,80 RM zu den Preisen unter d:
f) aus Marmor, geschliffen oder poliert:

Dicke	cm	2	$2^1/_2$	3	4	5
Gewicht je Quadratmeter	kg	60	75	90	120	150
Preis je Quadratmeter	RM	25—50	32—60	34—65	38—70	44—75

679. 1 qm Bodenbelag aus Mosaik- oder Keramitplatten in Zementmörtel, samt allen Nebenarbeiten:[10]
2 h Maurer + 1,1 h Hilfsarbeiter + 1,1 h weibliche Hilfsarbeiter + 10 kg Zement + 22 l Sand.

680. 1 m Fußleisten versetzen: 0,4 h Maurer + 0,2 h Hilfsarbeiter + 2 l Mörtel.

681. 1 qm liegendes Ziegelpflaster aufbrechen, die Ziegel reinigen und seitlich lagern:
0,08 h Maurer + 0,43 h Hilfsarbeiter.

682. 1 qm stehendes Ziegelpflaster aufbrechen, die Ziegel reinigen und seitlich lagern:
0,24 h Maurer + 0,9 h Hilfsarbeiter + 0,23 cbm Schuttabfuhr.

683. 1 qm altes Pflaster aufreißen, die brauchbaren Steine aussondern und aufstapeln, alles andere seitlich lagern.

Pflasterart		Klinkerpflaster auf 10 cm Beton	Bruchstein- oder Plattenpflaster
Maurer	h	0,2	—
Hilfsarbeiter	,,	1,2	0,9—1,0
Für Aufsicht und Geräte	%	5	5

684. 1 qm Klinkerziegelpflaster in Zementmörtel, aufreißen bzw. legen, einschließlich der Mörtelbereitung und aller Nebenarbeiten, aber ohne Ab- bzw. Zufuhren.

Arbeit		Aufreißen		Legen			
				Deutsche Ziegelgröße		Österreichische Ziegelgröße	
		liegend	stehend	liegend	stehend	liegend	stehend
Maurer	h	—	0,5	1,2	2,2	1,0—1,1	1,9—2
Hilfsarbeiter	,,	0,3	1,0	1,2	2,2	1,0—1,4	2—2,8
Für Aufsicht und Geräte	%	10	10	10	10	10	10
Ziegel	Stück	—	—	30—33	50—55	22—25	40—44
Mörtel	l	—	—	25—30	60—65	30—40	60—70

685. **1 qm Lehmestrich, 0,15 bis 0,20 m hoch auftragen,** ohne Zufuhr:
6 h Hilfsarbeiter + 10% für Aufsicht und Geräte + 0,25 rm Lehm + 15 l Holzasche + 50 l Wasser.

686. **1 qm Holzfußboden für den Aushub eines Rohrgrabens aufreißen** und mit vorhandenem, alten Holz **wiederherstellen:**

		Aufreißen	Wiederherstellen
Zimmerer	h	0,3	1,0
Hilfsarbeiter	,,	—	0,3
Für Aufsicht und Geräte	%	15	15
Drahtstifte	kg	—	0,1

687. **1 qm Eichenbrettelboden samt Blindboden über Rohrgräben aufreißen und wiederherstellen:**

Leistung		Aufbrechen	Wiederherstellen mit altem Material	Wiederherstellen mit altem Material und Beigabe von einem Viertel neuem
Tischler	h	1,0	3,0	3,0
Hilfsarbeiter	,,	0,25	1,0	1,0
Für Aufsicht und Geräte	%	15	15	15
Eichenbrettel	qm	—	—	0,25
Bretter, 30 mm	,,	—	—	0,30
Drahtstifte	kg	—	0,2	0,20

L. Abbrucharbeiten.

688. **1 t Geländer, Schrauben, Anker, Bolzen ausbrechen, in der Höhe von H m:**[17]
3 h Maurer + (6 + 0,7 H) h Hilfsarbeiter.

689. **1 t Träger oder Eisenkonstruktionen aus Mauerwerk ausbrechen und lagern,** aber ohne Zerlegung: (30 bis 40) h Maurer + (15 bis 20) h Hilfsarbeiter + 20% für Aufsicht und Geräte.

690. **1 cbm Ziegelmauerwerk bis 64 cm stark abtragen,** die wiederverwendbaren Ziegel aussondern, reinigen und alles bis auf 50 m verführen, einschließlich der erforderlichen Gerüstungen:

a) bei Mauerwerk in Kalkmörtel:
3 h Maurer + (4 bis 7) h Hilfsarbeiter + 10% für Aufsicht, Geräte, Gerüstung;

b) bei Mauerwerk in Zementmörtel:
(10 bis 20) h Maurer + (7 bis 8) h Hilfsarbeiter + 15% für Aufsicht, Geräte, Gerüstung.
Für je 25 (30) cm Mehrdicke Zuschlag: (0,7 bis 1,0) h Maurer + 10%.
Für Abbruch in beschränkten Räumen Zuschlag: + (1 bis 2) h Maurer + 10%.

691. **1 cbm Ziegelgrundwerk in Zementmörtel mittels Preßlufthämmern abtragen:**
(3 bis 5) h Facharbeiter + (3 bis 5) h Hilfsarbeiter + 40% für Werkzeugabnützung und Maschinenabschreibung + Preßluft durch 3 bis 5 h.

692. **1 cbm Trockenmauerwerk abtragen,**[51] die wiederverwendbaren Steine aussondern und aufschlichten, das übrige seitlich lagern:
(0,7 bis 2) h Maurer + (4 bis 7) h Hilfsarbeiter + 10% für Aufsicht und Geräte.

693. **1 cbm Bruchsteinmauerwerk in Kalkmörtel abtragen** und bis auf 50 m weit verführen und lagern:

a) mit Handwerkzeugen:
(6 bis 10) h Maurer + (5 bis 7) h Hilfsarbeiter + 10% für Aufsicht und Geräte;

b) mittels Preßluftgerätes:
(3 bis 4) h Facharbeiter + (3 bis 4) h Hilfsarbeiter + 40% für Aufsicht und Geräte + Preßluft für (3 bis 4) h.

694. **Sprengmittelverbrauch L in Kilogramm zur Sprengung von Beton oder Mauerwerk ohne Verspannung** (freie, weite Baugrube), bei einer Vorgabe v in Metern:[24]

bei Anwendung von Sprenggelatine .... $L = 0{,}2\, v^3$
,, ,, ,, Dynamit oder Ammonsalpetersprengstoffen .... $L = 0{,}5\, v^3$
,, ,, ,, Sprengpulver .... $L = 1{,}5\, v^3$

695. Sprengung von Mauerwerk und Beton mittels des hydraulischen Sprengapparates von Tübben-Linnemann. (A. Linnemann, Berlin.)

Gerätgröße	Durchmesser des Gerätes in mm	Länge des Gerätes in mm	Anzahl der Kolben	Durchmesser der Kolben in mm	Gewicht des Gerätes in kg	Leistung, bezogen auf einen laufenden Meter Bohrloch in cbm	Preis des Gerätes in RM
1	85	540	8	45	50	1—3	511
2	85	300	4	45	40	1—1,5	405
3	85	260	3	45	38	0,5—1	342
4	80	540	8	40	48	1—2	468
5	80	300	4	40	38	0,5—1	378
6	55	540	13	25	42	0,5—0,75	405
7	55	280	6	25	30	0,5	300

Das Sprengen von 1 cbm Zementklinkermauerwerk oder Stampfbeton 1 : 6 bis 1 : 10 kostet, einschließlich Bohrarbeit, Zerkleinern in transportfähige Stücke und Verdienst, 9 bis 10 RM.

696. Beton und Eisenbeton abbrechen und aufladen, je Kubikmeter:

Art des Mauerwerkes	Handarbeit			Mit Preßluftgeräten			Mit Sprengmitteln			
	Maurerstunden	Hilfsarbeiterstunden	Für Aufsicht und Geräte Prozent	Facharbeiterstunden	Hilfsarbeiterstunden	Für Aufsicht und Geräte Prozent	Facharbeiterstunden	Hilfsarbeiterstunden	Dynamit kg	Für Aufsicht, Geräte und Zündmittel Prozent
Stampfbeton 1 : 8 bis 1 : 10	4—8	6—10	15				4—6	4—6	0,3	60
Mauern bis 20 cm stark	5—10	7—15	15							
Mauern über 20 cm stark	10—15	15—25	15				4—6	4—8	0,3	60
Mauern über 100 cm stark	20—25	30—40	15				4—6	4—8	0,3	60
Dicke Eisenbetonmauern	15—20	20—30	15	10—15	15—20	50	5—6	5—10	0,4	60
Eisenbetontragwerke	15—25	20—40	15	10—15	15—20	50	5—6	5—10	0,4	60
Eisenbetondecken	6—8	10—12	15	3—4	5—8	50				

Siehe auch R. Bortsch: Der Abbruch mehrerer Eisenbetonindustriehallen in Brünn. Veröff. d. I. Internat. Kongr. für Beton- und Eisenbeton. Lüttich 1930.

697. Abbruch des Strompfeilers der alten Havelbrücke bei Rathenow:[179]

Bis über den Wasserspiegel wurden 1 m tiefe, 5 cm weite Löcher gebohrt, mit je 500 g Ammonitgelatine geladen und elektrisch gezündet. Die Abbruchmassen wurden in Prahme geladen und weggeführt.

Von der Höhenlage 50 cm über der Wasserlinie aus sind 24 Löcher von 12 cm Weite 4 m tief gebohrt worden und mit zusammen 80 kg Ammonitgelatine geladen worden; die Zündung erfolgte elektrisch und die Entfernung der Sprengtrümmer mittels Greifbaggers.

698. Abtragen alter Brückenpfeiler aus Bruchsteinmauerwerk:[56]

Abtragung in 1 m hohen Schichten.

Je Quadratmeter ein 1 m tiefes Bohrloch, Durchmesser 37 mm, geladen mit je 100 bis 300 g Ammonitgelatine; die schwachen Ladungen in den am Rande liegenden Löchern.

Grundwerk aus Beton zwischen hölzernen Spundwänden. Die Spundwand wurde gesprengt, indem längs der Spundbohlen Eisenrohre eingetrieben wurden, und die Sprengladung eingeführt.

In den Beton wurden mit 320 kg schweren Fallmeißeln 20 cm weite Löcher bis 1 m über Grundwerkssohle 4,5 m tief gebohrt und die Sprengladung eingeführt.

699. Abbrucharbeiten mit dem Demag-Union-Rammhammer.[180]

Bei Antrieb mit Preßluft auch unter Wasser.

Meißeldurchmesser 150 bis 200 mm.

Aushub des unter Wasser liegenden, gebrochenen Mauerwerkes mittels Polypgreifers.

XI. Holzarbeiten.

700. Normen betreffend Holz.

DVM C 3001. Prüfung von Holz. Übersicht. Allgemeine Grundsätze.
DVM C 3002. Bestimmung des Raumgewichtes.
DVM C 3003. Bestimmung des Feuchtigkeitsgehaltes.
DVM C 3004. Druckversuch.
DVM C 3005. Biegeversuch.
DVM C 3006. Scherversuch.
DVM C 3007. Zugversuch.
DVM C 3008. Schlagbiegeversuch.
DVM C 3009. Abnützungsversuch.
DVM C 3010. Schwind- und Quellversuch.
DVM C 3011. Härtebestimmung durch Kugeldruckversuch.
DIN 104. Holzbalken für Kleinhäuser.
DIN 4070. Kant-, Halb- und Balkenholz, Dachlatten, Nadelholz aller Arten.
DIN 4071. Bretter und Bohlen, besäumt und unbesäumt.
DIN 4072. Spundung von Hobeldielen und Rauhspund.
DIN 287 bis 294. Holztreppen.
DIN 281, 1139 bis 1141. Holztüren.
DIN 295 bis 299; 1105 bis 1108, 1240 bis 1248. Holzfenster.
DIN 1969. Technische Vorschriften für Bauleistungen. V. Zimmererarbeiten.
DIN 1973. Technische Vorschriften für Bauarbeiten. X. Tischlerarbeiten.
DIN 1052. Bestimmungen für die Ausführung von Bauwerken. (Enthält Bestimmungen für Holzbauten zu vorübergehenden Zwecken, für fliegende Bauten, Baugerüste, Aussteifungen, Lehrgerüste, Schalungsstützen.)
Önorm B 2015. Zimmermannsarbeiten.
Önorm B 2017. Tischlerarbeiten.
Önorm B 2103. Holzbeanspruchungen.
Önorm B 2320. Gütevorschriften für Holzhäuser.
Önorm B 5210. Deckenbalken aus Nadelholz; Zulässige Spannweiten.
Önorm B 5315 bis 5317. Fenster.
Önorm B 5330, 5331. Türen.
Önorm B 3301. Holzabmessungen, Nadelholz (Sägenutzholz).
Önorm B 6302. Holzbeanspruchungen bei Straßenbrücken.
ČSN 1052. Vorschriften für Holzkonstruktionen im Hochbau.
ČSN 2001. Bedingungen für Bautischlerarbeiten.
ČSN 2008. Bedingungen für Zimmermannsarbeiten.

701. Das Rundholz.

Das Waldnutzholz wird in die Gruppen geschieden:

a) Stammholz, über 14 cm Zopfdurchmesser;
b) Derbholz, von 7 bis 14 cm Zopfdurchmesser;
c) Reiserholz, unter 7 cm Zopfdurchmesser.

Das Langbaurundholz wird in Klassen eingeteilt:

a) Im Deutschen Reich:

1. außergewöhnlich starkes Holz	Zopfdurchmesser über	35 cm,	Länge über	14 m
2. gewöhnliches starkes Holz	,,	25—35 ,, ,	,,	12—14 ,,
3. Mittelbauholz (Riegelholz)	,,	20—25 ,, ,	,,	9—12 ,,
4. Kleinbauholz (Sparrholz)	,,	15—20 ,, ,	,,	7—11 ,,
5. Bohlstämme	,,	13—15 ,, ,	,,	7— 9 ,,
6. Lattstämme	,,	8—13 ,, ,	,,	7— 9 ,,

b) In Österreich:

I. Klasse,	Zopfdurchmesser	über	30 cm,	Länge über	18 m
II. ,, ,	,,	,,	22 ,, ,	,, ,,	18 ,,
III. ,, ,	,,	,,	17 ,, ,	,, ,,	16 ,,

IV.	Klasse,	Zopfdurchmesser	über 14 cm, Länge über 14 m
V.	,, ,	,,	,, 12 ,, , ,, ,, 10 ,,
VI.	,, ,	,,	1 m vom Stammende mindestens 14 cm

c) In der Tschechoslowakei:

I.	Klasse,	14—19 cm	Mitteldurchmesser,	ohne	Rücksicht	auf	die	Länge
II.	,, ,	20—24 ,,	,, ,	,,	,,	,,	,,	,,
III.	,, ,	25—29 ,,	,, ,	,,	,,	,,	,,	,,
IV.	,, ,	30—34 ,,	,, ,	,,	,,	,,	,,	,,
V.	,, ,	35—39 ,,	,, ,	,,	,,	,,	,,	,,
VI.	,, ,	40 cm und mehr	,, ,	,,	,,	,,	,,	,,

überdies Waldlatten von 10 bis 14 cm Mitteldurchmesser, ohne Rücksicht auf die Länge.

702. **Das Bauholz.**

Das Bauholz wird nach der Beschaffenheit der Kanten geschieden:

a) Im Deutschen Reich:

1. in scharfkantiges Holz, ohne jede Waldkante;
2. in scharfkantiges Holz, bei dem kleine Waldkanten bis zu 5% der größeren Querschnittsseite auf ganz kurze Längen vorkommen dürfen (anzuwenden für Ingenieurbauten von langem Bestand);
3. in vollkantiges Holz, bei dem Waldkanten, und zwar bis zu 15% der größeren Querschnittsseite vorkommen dürfen;
4. in Holz mit üblicher Waldkante, die bis zu 25% der größeren Querschnittsseite betragen darf;
5. in baumkantiges Holz, das auf die ganze Länge Waldkante besitzen darf, doch auf jeder Seite auf der ganzen Länge in mindestens 5 cm Breite von der Säge gestreift sein muß.

b) In Österreich:

I. Klasse: Baumwalziges Bauholz. Das Bauholz muß am Zopfende mindestens die Kantholzstärke haben. Die beiden hohen Seiten müssen durchwegs eine sichtbare Schnittfläche aufweisen.

II. Klasse: Bauholz mit üblicher Baumwalze. Die Breite der Baumwalze darf bis zu $^1/_4$ der Breite der höheren Seite aufweisen.

III. Klasse: Vollkantiges Bauholz. Die Baumwalze ist an allen vier Kanten zulässig; ihre Breite darf $^1/_7$ bis $^1/_6$ der Breite der höheren Seite ausmachen.

IV. Klasse: Scharfkantiges Bauholz. Wenn keine andere Vereinbarung getroffen wird, darf die Breite der Baumwalze $^1/_{10}$ der Breite der höheren Seite haben.

c) In der Tschechoslowakei:

Das gezimmerte Bauholz wird geschieden in:

I. Klasse, scharfkantig.

II. Klasse, scharfkantig, mit üblicher Baumkante, bis höchstens $^1/_4$ der Breite und $^1/_3$ der Länge.

III. Klasse, konisch bezimmert, wobei das stärkere Ende gemessen wird.

703. **Das Schnittholz (Bretter, Bohlen).**

Das Schnittholz wird nach seiner Güte in Klassen eingeteilt:

a) Im Deutschen Reiche:

1. in reine und halbreine Ware, geeignet für Tischlerarbeiten;
2. in Ware erster Klasse für tragende Holzbauten;
3. in Ware zweiter Klasse, auch Ausschuß genannt, für untergeordnete Zwecke, Schalungen u. dgl.;
4. in X-Bretter, auch Feuerborde oder Brennborde genannt, für Schalungen untergeordneter Bauwerke.

b) In Österreich und in der Tschechoslowakei:

I. Klasse: Bautischlerware.
II. „ : Vorwiegend Exportware.
III. Klasse: Bauware.
IV. „ : Ausschuß, für Schalungen u. dgl.

(Benennung des Schnittholzes: Laden unter 10 mm Dicke, Bretter von 13 bis 45 mm, Pfosten von 50 bis 130 mm Dicke, Staffeln mit 8 × 10 cm Querschnitt, Kantholz über 8 × 10 cm Querschnitt.)

704. Abmessungen der genormten Holzsorten für Bauzwecke:

a) Bretter und Bohlen, nach DIN 4071:

1. Bretter, besäumt oder unbesäumt:
Dicke: 10, 12, 15, 18, 20, 24, 26, 30, 35 und 40 mm. Längen abgestuft von 25 zu 25 cm.

2. Bohlen, besäumt oder unbesäumt:
Dicke: 45, 50, 55, 60, 65, 70, 80, 90 und 100 mm. Längen abgestuft von 25 zu 25 cm.

b) Dachlatten, nach DIN 4071:

Querschnitte: 24/28, 30/50, 40/60 und 50/80 mm.

c) Kantholz, nach Din 4071:

Querschnitte: 6/10, 6/12; 8/8, 8/10, 8/14, 8/16; 10/10, 10/12, 10/14, 10/16; 12/12, 12/14, 12/16; 14/14, 14/16, 14/18; 16/16; 18/18 cm.

d) Balken, nach DIN 4071:

Querschnitte: 8/20; 10/20, 10/22; 12/24, 12/26; 14/20; 16/20, 16/22, 16/24; 18/22, 18/24; 20/20, 20/24, 20/26 cm.

705. 1 m Stammholz fällen, abästen und berauchwerken:[51]

Mittlerer Stammdurchmesser .... cm	10	10—15	15—20	20—25
Holzarbeiterstunden	0,1	0,15	0,2	0,25
Mittlerer Stammdurchmesser ..... cm	25—30	30—35	35—40	über 40
Holzarbeiterstunden	0,3	0,4	0,5	für je 5 cm + 0,1 h

706. 1 rm Brennholz, weich, aus gefälltem Holz, 25 cm lang schneiden und spalten (Handarbeit).
10 h Hilfsarbeiter + 5%.
(1 rm Brennholz, dicht aufgeschlichtet = 0,7 fm Holz.)

707. Sägewerk beim Bau des Kraftwerkes Arnstein an der Teigitsch.
Einrichtung: 1 Vollgatter 900 mm, 1 Besäumkreissäge, 1 Hobelmaschine, 1 Bandsäge.
Antrieb: 1 Motor 40 PS, 1 Motor 7,5 PS.
Leistung: 1 fm Rundholz je Stunde.
Bedienung: 1 Sägemeister, 7 Facharbeiter, 11 Hilfsarbeiter je Schicht.
Schmierölverbrauch: 2 kg in 24 h.

708. Holzausbeute beim Schneiden von Bauholz in Prozenten des in Festmetern gemessenen Stammholzes.[4]

Bauholzklasse	Stammholzklasse	Holzlänge in m	Holzquerschnitt in qcm	Ausbeute			
				Bauholz in %	Seitenbretter, Latten in %	Schwarten in %	Sägemehl in %
I. Baumwalziges Bauholz	V und VI	bis 8	bis 200	80—85	8—12	5—10	7—12
	III „ IV	„ 6	„ 300	76—80	10—12	6—8	8—10
	III „ IV	„ 10	„ 300	70—72	12—15	5—7	10—12
	II „ III	„ 10	„ 300	65—68	16—20	6—8	12—14
	II „ III	„ 10	„ 400	54—56	25—30	7—9	12—16
II. Bauholz mit üblicher Baumwalze	II bis IV	bis 6	bis 300	69—71	12—16	5—8	11—15
	II „ IV	„ 10	„ 400	65—67	15—18	6—7	12—16
	II „ IV	„ 14	„ 400	50—60	22—30	7—8	13—16
III. Vollkantiges Bauholz	III und IV	bis 8	bis 300	56—60	18—21	7—10	12—16
	II „ III	„ 14	„ 400	48—52	26—32	6—12	12—18
IV. Scharfkantiges Bauholz	II bis IV	bis 8	bis 300	49—52	24—28	8—10	14—16
	II und III	„ 14	„ 400	44—48	26—34	8—10	13—17

709. 1 fm Bauholz aufladen:
auf niedrige Wagen . . . . 1,2 h   auf Eisenbahnwagen . . . . 1,6 h

710. 1 fm Bauholz abladen:
von niedrigen Wagen . . . . 0,8 h   aus Eisenbahnwagen . . . . 1,2 h

711. 1 fm Schnittholz von dem 10 m entfernten Stapel aus **aufladen:**
auf niedrige Wagen . . . . (2—2,5) h Hilfsarbeiter
,, Eisenbahnwagen . . . . (2,5—3) ,, ,,

712. 1 fm Schnittholz abladen, 10 m weit tragen und stapeln:
von niedrigen Wagen . . . . (1,7—2) h Hilfsarbeiter
aus Eisenbahnwagen . . . . (1,9—2,2) ,, ,,

713. Zimmermannsarbeiten, Aufmaß und Abrechnung.
Die Lieferung von Bauholz erfolgt nach Raummaß. Das Abbinden und Aufstellen wird nach dem Längenmaß, Verschalungen unter Angabe der Stärke in Millimetern nach dem Flächenmaß, Fußleisten, Stirn- und Bodenbretter u. dgl. werden, unter Angabe der Stärke in Millimetern, nach dem Längenmaß berechnet.
Balken und Verbandhölzer werden nach ihrer wirklichen Länge einschließlich der Zapfen verrechnet; Zuschläge für Verschnitt werden nicht besonders berechnet.
Bei Lattungen, Verschalungen, Fußboden und sonstigen Bretterarbeiten werden vortretende oder zurückspringende Teile mit Einzelflächen bis 0,1 qm weder abgezogen noch zugerechnet.

714. Zimmermannsarbeiten im Hochbau.
Siehe: Bronneck H.: Preisermittlung der Zimmerarbeiten. Wien: J. Springer. 1927. — Herzka L.: Der Bauratgeber. 9. Aufl. Wien: Julius Springer. 1931.

715. Holzarbeiten:
Lohnunkosten:[4] ~ 25% der produktiven Löhne.
Baustoffunkosten:[4] 3 bis 5% der Baustoffkosten.

716. Holzbearbeitung mit Maschinen:
Für den Maschinendienst und die Antriebskosten werden überschlägig zu den Löhnen die folgenden Zuschläge gemacht:

bei elektrischem Antrieb 100%
,, Dampfantrieb 110%
,, Wasserkraftantrieb . . . . 50—70%
,, Benzinmotorantrieb . . . . 80—90%

717. Holzbearbeitung mit Maschinen:
1 qm Bretter einseitig auf gleiche Dicke hobeln . . . . 0,05 h Maschinarbeit
1 ,, ,, beiderseits ,, ,, ,, ,, ... 0,075 ,, ,,
1 ,, ,, einseitig ,, ,, ,, ,, und spunden: 0,09—0,12 ,, ,,

Maschinenbedienung: 1 Maschinenarbeiter + 1 Helfer + 2 Männer für das Zureichen und Lagern des Holzes.

718. Sägegatter. (Kirchner & Co., Leipzig.)

Bezeichnung	Lichte Rahmenweite in mm	Sägehub in mm	Größte Sägeblattzahl	Raumbedarf Breite in m	Raumbedarf Höhe in m	Antrieb in PS	Gewicht in t	Preis in RM	Bemerkungen
QLC 0	450	430	12	1,4	3,3	30	3,9	5500	Vorschub bis 3 m je Minute
QLD 1a	550	480	22	1,8	3,5	40	5,8	9000	Bedienung 3 bis 4 Männer
QLD 2a	650	500	22	1,9	3,9	45	6,0	10200	
QLD 3a	780	530	25	1,95	4.0	55	7,0	11500	
QLD 4a	900	600	30	2,2	4.4	65	9,5	12900	
QLC 5	1100	750	30	2,2	5.8	70	13,0	13000	

719. Kreissägen.

Firma	Bezeichnung der Maschine	Sägenart	Sägeblattdurchmesser in mm	Schnitthöhe bis mm	Tisch Länge in mm	Tisch Breite in mm	Raumbedarf Länge in mm	Raumbedarf Breite in mm	Raumbedarf Höhe in mm	Antrieb in PS	Gewicht in kg	Preis in RM
C. L. P. Fleck Söhne, Berlin-Reinickendorf	FD I	Kreissägen, Tisch und Gestell aus Eisen	400	140	900	550	1 000	680	960	4	265	420
	FD II		500	190	900	550	1 000	680	1010	5	275	425
	FE		600	200	1500	860	1 600	1050	1060	7,5	500	700
	FE		750	260	1500	860	1 600	1100	1135	10	565	760
	FE		900	320	1500	860	1 600	1150	1210	12	600	835
Kirchner & Co., Leipzig	LGH 3	Einfache Besäumsäge, eiserner Tisch, selbsttätiger Vorschub	600	190	6000	—	13 000	1500	770	10	1150	1930
	LGH 4		750	240	6000	—	13 000	1500	770	12	1250	2050
	LGJ 5		900	290	6000	—	13 000	1500	770	15	2000	2600
	LNA	Doppelte Besäumsäge mit Walzeneinzug	325	75	Schnittbreite 800 mm		—	2100	1190	10—40	1400	4100
	LNC		600	160	900 ,,		—	2700	1370	20—60	3000	6400
	LKL 1	Pendelsäge	500	110	—	—	1 750 oder 2 200	1100	1600	3	325	550
	LKL 2		600	140	—	—	2 200	1100	1600	4,5	330	560
	LPL 3		750	175	—	—	2 100	1350	1750	5	475	830
	LPL 4		900	230	—	—	2 100	1350	1850	6	620	850
	LPL 6		1200	300	—	—	2 100	1700	1850	8	675	1025

720. Bandsägen. (Kirchner & Co., Leipzig.)

Bezeichnung	Rollendurchmesser in mm	Schnitthöhe in mm	Tischgröße in mm	Raumbedarf Länge in mm	Raumbedarf Breite in mm	Raumbedarf Höhe in mm	Antrieb in PS	Gewicht in t	Preis in RM
HNC 00	350	250	300 × 365	600	520	1250	1	0,160	455
HNC 0	600	300	550 × 625	1300	800	2200	3	0,325	800
HNC 1	700	400	600 × 725	1400	900	2300	3,5	0,450	890
HNC 2	800	450	650 × 825	1700	1050	2550	4	0,65	1050
HNC 3	900	550	675 × 925	1700	1150	2675	5	0,85	1250
HNC 4	1050	700	850 × 1025	2200	1400	3200	6	1,10	1650
HNC 5	1200	750	1000 × 1130	2500	1850	3300	7	1,80	2300

721. Abricht-, Füge- und Kehlmaschinen. (Kirchner & Co., Leipzig.)

Bezeichnung der Maschine	Hobelbreite in mm	Tischfläche Länge in mm	Tischfläche Breite in mm	Raumbedarf der Maschine Länge in mm	Raumbedarf der Maschine Breite in mm	Raumbedarf der Maschine Höhe in mm	Antrieb in PS	Gewicht in t	Preis in RM
BF 1	300	2000	310	2000	700	750	2,0	0,34	610
BGE 2	400	2500	410	2900	1000	750	3,0	0,58	1075
BGE 3	500	2500	510	2900	1100	750	4,0	0,63	1130
BGE 4	600	2500	610	2900	1200	750	5,0	0,73	1360

722. Diktenhobelmaschinen. (Penika-Maschinenbauges., Penig, Sa.)

Bezeichnung	Hobelt Holz bis Breite in mm	Hobelt Holz bis Dicke in mm	Tischlänge in mm	Raumbedarf der Maschine Länge in mm	Raumbedarf der Maschine Breite in mm	Raumbedarf der Maschine Höhe in mm	Antrieb in PS	Gewicht in t	Preis in RM
HE	500	220	900	900	1320	825	4,5	0,675	855
HE	600	220	900	900	1420	825	4,5	0,725	935
HE	700	220	900	900	1520	825	6,0	0,795	1035
HE	800	220	900	900	1620	825	6,0	0,875	1145

723. Hobelbänke.

Länge	cm	185	200	215	235
Preis[178]	RM	65	70	73	76

724. Tischfräsemaschine. (Kirchner & Co., Leipzig.)

Bezeichnung	Tischgröße in mm	Raumbedarf Länge in mm	Breite in mm	Höhe in mm	Antrieb in PS	Gewicht in t	Preis in RM
GRA	700 × 750	3000	700/1300	800	2,5	0,22	565
GCA	900 × 950	3500	900/1350	880	3,0	0,42	790
GC	900 × 1000	3300	900/1350	860	3,0	0,365	710
GB	1000 × 1200	3500	1000/1500	870	4,0	0,475	915

725. Holzarbeiten auf der Baustelle mit Handmaschinen mit elektrischem oder Preßluftantrieb verbilligen die betreffenden Kosten gegenüber Handarbeit um etwa 30%.[36]

726. Kosten von Zimmermannsarbeiten je Meter Holz vom Querschnitt F qcm in Höhen bis 20 m über Gelände,[nach 51] laut Abb. 42 (überschlägig):

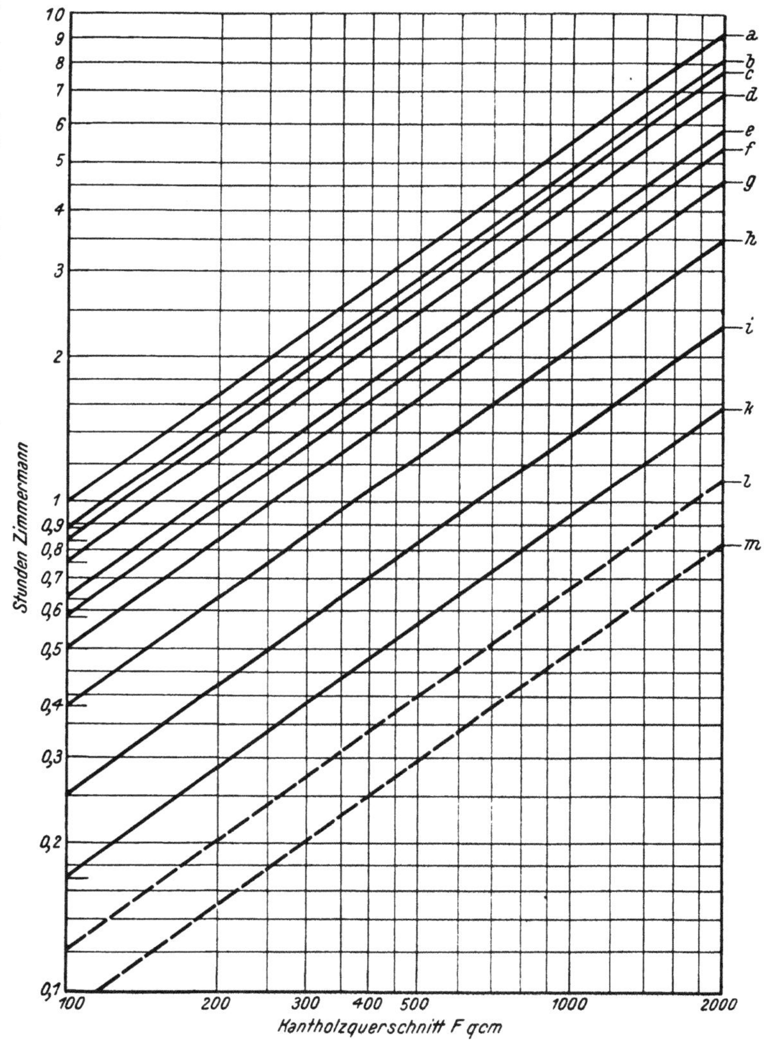

Abb. 42. Aufwand an Arbeitsstunden für die Bearbeitung und Verarbeitung von Bauholz.

a) 1 m Kantholz aus weichem Rundholz auf den Querschnitt F qcm rein, vierkantig behauen, abbinden und aufstellen, für einfache Herstellungen mit Verband.

b) 1 m Rundholz auf zwei Seiten auf den Querschnitt F qcm rein behauen, abbinden und aufstellen, für einfache Herstellungen mit Verband.

c) 1 m rauhbehauenes Kantholz vom Querschnitt F qcm rein behauen, abbinden und aufstellen, für einfache Herstellungen mit Verband.

d) 1 m Rundholz auf den Querschnitt F qcm vierkantig behauen und aufstellen, zu Herstellungen ohne Verband, samt Befestigung mit Nägeln, oder

1 m Kantholz oder Rundholz vom Querschnitt F qcm abbinden und aufstellen, für Herstellungen mit Verband.

e) 1 m Rundholz auf zwei Seiten auf den Querschnitt F qcm rein behauen und aufstellen, zu Herstellungen ohne Verband.

f) 1 m rauh behauenes Kantholz vom Querschnitt F qcm rein behauen und aufstellen, zu Herstellungen ohne Verband.

g) 1 m Kantholz oder Rundholz vom Querschnitt F qcm aufstellen, zu Herstellungen ohne Verband.

h) 1 m Rundholz vom Querschnitt F qcm auf zwei Seiten behauen, abschneiden und legen.

i) 1 m Rundholz vierkantig auf den Querschnitt F qcm rein behauen oder

1 m Holz vom Querschnitt F qcm abbinden (Herstellen der Holzverbindungen, wie Zapfen, Überblattungen u. dgl.) oder

1 m Holz vom Querschnitt F qcm abschneiden, befördern und legen (z. B. als Brückenbelag u. dgl.).

k) 1 m Rundholz auf den Querschnitt F qcm rauh behauen.

Für das Aufstellen in Höhen über 20 m erfolgt für das Aufziehen und die Erschwernisse ein Zuschlag von 7,5%.

Bei Verwendung von hartem Holz: Zuschlag 33%.

Für Verschnitt: 5% des Holzbedarfes.

727. **100 Stück Nägel von der Länge L cm einschlagen,** erfordert: (0,1 bis 0,15) L h Zimmerer.

728. **1 Stück Schraubenloch vom Durchmesser d cm und der Tiefe L cm anreißen und von Hand bohren:** $(0{,}05 + 0{,}00055\, d^2\, L)$ h Zimmerer.

Bei hartem Holz: Zuschlag $0{,}0003\, d^2\, L$ h Zimmerer.

729. **1 Stück Schraubenbolzen von der Länge L cm in zu verbindende Hölzer in die vorgebohrten Löcher einziehen und die Mutter festziehen:**[28]

$(0{,}034 + 0{,}0006\, L)$ h Zimmerer.

730. **1 qm Holz mit dem Handhobel hobeln:**

a) bei geschnittenem, weichem Kantholz .... (0,2—0,3) h Zimmerer[4]
,, weichem Schnittholz .... (0,25—0,35) ,, ,,
b) ,, glatt behauenem, weichem Kantholz .... (0,25—0,35) ,, ,,
c) ,, rauh behauenem, weichem Kantholz .... 0,8 ,, ,,
d) ,, Lärchenholz: Zuschlag 20%;
e) ,, hartem Holz: Zuschlag 100%;
f) ,, gekrümmten Flächen: Zuschlag 50%.

731. **1 Stück d cm breiten Hartholzdübel in einen verdübelten Balken von der Breite b cm einsetzen** erfordert an aller Arbeit an Dübel und Balken (Handarbeit):

$0{,}065\,(d + b)$ h Zimmerer.[28]

732. **1 Stück weiches Holz vom Durchmesser D cm, bzw. vom Querschnitt F qcm abmessen und abschneiden,** samt Aufsicht und Gerätebeistellung:

a) Am Werkplatz: $(0{,}1 + 0{,}0005\, F)$ h Zimmerer.

Für das Aussuchen aus dem Lagervorrat: Zuschlag 0,12 h Zimmerer.

b) An der Baustelle:

Querschnitt	Rundholz			Kantholz		
Lage der Schnittstelle	über Wasser	0,3 m unter Wasser	tiefer unter Wasser	über Wasser	0,3 m unter Wasser	tiefer unter Wasser
Zimmerer .... h	$0{,}0016\, D^2$	$0{,}0027\, D^2$	$0{,}004\, D^2$	$0{,}0022\, F$	$0{,}0036\, F$	$0{,}0052\, F$
Für Aufsicht und Geräte .. %	10	15	20	10	15	20

733. **1 m weiches Schnittholz von der Stärke s cm in der Faserrichtung von Hand zersägen,** samt Aufsicht und Gerätebeistellung: (0,03 bis 0,04) s h Zimmerer.

734. **1 Stück Zapfenloch einstemmen,** bei einem Rauminhalt des Zapfenloches von V ccm:

a) beim Stemmen von oben oder von der Seite .... $(0{,}05 + 0{,}00025\, V)$ h Zimmerer
b) ,, ,, ,, unten .... $(0{,}06 + 0{,}0003\, V)$,, ,,

735. **1 Stück gerammten Pfahl in der Höhe des Wasserspiegels mit der Zugsäge absägen** erfordert ohne Beseitigung des Abfalles bei 25 cm Pfahldicke: 0,3 h Zimmerer.

736. **1 Stück Zapfen auf Kantholz vom Querschnitt F qcm schneiden:**

$(0{,}05 + 0{,}001\, F)$ h Zimmerer.

737. **Legen von Polsterhölzern** für Fußböden, je Quadratmeter Bodenfläche:

0,5 h Zimmerer + 0,2 h Hilfsarbeiter + 10% für Aufsicht und Geräte.

738. **1 m Polsterholz** 13 × 15,5 cm abschneiden und legen:

0,17 h Zimmerer + 0,17 h Hilfsarbeiter.

739. **1 m Polsterhölzer mit Karbolineum streichen und verlegen:**[4]

Abmessungen des Polsterholzes	cm	5/8	8/10	10/13
Zimmererstunden		0,25	0,35	0,45
Karbolineum	kg	0,06	0,09	0,12

740. **1 qm Fußboden** aus gefugten rauhen Brettern auf vorhandenen Polsterhölzern legen: 1,8 h Zimmerer + 0,3 h Hilfsarbeiter + 10% für Aufsicht und Geräte.

741. **1 qm Bedielung** aus rauhen gefugten Pfosten, 5 bis 8 cm stark, samt allen Nebenarbeiten:

a) auf vorhandenen Polsterhölzern zu verlegen:
1,8 h Zimmerer + 0,5 h Hilfsarbeiter + 10% für Aufsicht und Geräte;

b) einschließlich des Legens der erforderlichen Polsterhölzer:
2,0 h Zimmerer + 0,5 h Hilfsarbeiter + 10% für Aufsicht und Geräte.

742. **1 qm Fußboden oder Brückenbelag sorgfältig verlegen und annageln:**

Stärke des Belages	cm	2,5	3	5	8	10
Zimmererstunden		0,95	1,1	1,4	1,9	2,2

743. **1 qm Verschalung aus Brettern** ohne Fugung und ohne Übergreifung: 0,7 h Zimmerer + 0,3 h Hilfsarbeiter + 10% für Aufsicht und Geräte.

744. **1 qm Verschalung aus gesäumten Brettern, Schwarten bzw. Bohlen annageln,** aber ohne jedwede Beförderung:

a) Leichte Zugänglichkeit:

Stärke der Verschalung	cm	2	2,5	3	5	8	10
Zimmererstunden		0,6	0,75	0,85	1,1	1,5	1,75

b) Schwere Zugänglichkeit (wie z. B. bei der Verschalung von Pfahljochen): Zuschlag 25%.

745. **1 m Fußboden- oder Verschalungsbretter mit dem Handhobel mit Nut und Feder versehen:**[51] 0,6 h Zimmerer.

746. **1 m Dreikantleisten an die Pfosten einer Riegel- oder Fachwerkswand annageln:**[4] 0,05 h Zimmerer.

747. **1 m Fugendeckleisten auf Verschalungen annageln:**[4] 0,04 h Zimmerer + 1,05 m Deckleisten + 4 Stück Nägel.

748. **1 qm Verschalung mit ungesäumten Schwarten:** (0,7 bis 1,1) h Zimmerer.

749. **1 qm Abteilungswand aus lotrechten Latten auf waagrechten Riegeln** (ohne die erforderlichen Säulen):

		Aufstellen	Abtragen
Zimmerer	h	1,0	0,1
Hilfsarbeiter	„	—	0,2
Latten	m	16	—
Riegel	„	1,5	—
Nägel	kg	0,15	—

750. **1 m Lattenzaun,** unter einem Faulladen auf 2 Riegeln, 12 × 16 cm, auf weichen Säulen alle 2,5 m, samt allen Nebenarbeiten:

a) wenn die Säulen und Riegel aus Rundholz zuzuarbeiten sind:
10,4 h Zimmerer + 1,3 h Hilfsarbeiter + 10% für Aufsicht und Geräte;

b) wenn Kantholz verwendet wird:
7,8 h Zimmerer + 1,3 h Hilfsarbeiter + 10% für Aufsicht und Geräte.

751. **1 qm einfache hölzerne Türen,**[4] für Zäune, Baracken u. dgl.

Lattentür:
1,0 h Zimmerer + 10 m Latten, 3/5 cm + 1,5 m Latten, 4/7 cm + 30 Nägel 40/110.

Brettertür, einflügelig:
1,5 h Zimmerer + 1,2 qm Bretter, 25 mm + 25 Nägel 40/100.

Brettertor, zweiflügelig:
(1,7 bis 2,2) h Zimmerer + 1,2 qm Bretter, 30 mm + 1,2 m Leisten, 4/25 cm + 0,35 m Schlagleisten, 5/25 cm + 8 Nägel 40/100 + 1,5 Nägel 31/65 + 2 Torbandschrauben, 80 mm.

752. **1 qm einfache Tür, 2 bis 4 qm:** (4 bis 5) h Zimmerer.

753. **Hölzerne Stiegen aus rauhem Holz:**

1 m Stiegenstufe .... 0,5 h Zimmerer + 10%
1 ,, Stiegenwange ..... 1,8 ,, ,, + 10%

754. **1 m einfache Stiegen,** bestehend aus rauhen Wangen und eingelassenen Stufen aus rauhen, 4 cm starken Brettern:

6,5 h Zimmerer + 0,5 h Hilfsarbeiter + 10% für Aufsicht und Geräte + 2 m Wangenholz, 15 bis 18 cm stark + 3 m Brett, 4 cm stark + 12 Nägel.

Für Handhobeln des Holzes: Zuschlag 1,3 h Zimmerer.

755. **Einfache Leitertreppen, je Stufe:**[4]

Treppenbreite .... m	0,5—0,8	0,8—1,0
Zimmererstunden	0,6—0,85	0,7—0,95
Verschnitt	10%	

756. **1 m Holzleiter mit eichenen Sprossen:**[51]

3,5 h Zimmerer + 10% für Aufsicht und Geräte + 2,2 m Rundholz, weich, 13 cm stark + 2,2 m Eichenastholz, 5 cm stark.

757. **1 Stück Erdkeil aus hartem Holz** anfertigen: (0,2 bis 0,25) h Zimmerer.

758. **1 Stück Sitzbank ohne Lehne,** 1,6 m lang, 35 cm breit, mit 4 eingebohrten Füßen: 2 h Zimmerer.

759. **1 Stück Pritsche aus weichem Holz** anfertigen, mit Kopfbrett, gehobelt:

a) für 1 Person, 2 m lang, 1,1 m breit .... 15 h Zimmerer
b) ,, 2 Personen, 2 ,, ,, , 2 ,, ,, ... 25 ,, ,,

760. **1 Stück Mörtelkasten,** 1,4 m lang, 80 cm breit, 32 cm tief anfertigen: 3,5 h Zimmerer.

761. **1 Stück Gerüstbock,** 2 m lang, 2 m hoch, anfertigen: 3,5 h Zimmerer.

762. **Riegel- oder Fachwerkswände** aus geschnittenem, weichem Kantholz ausarbeiten und aufstellen, je Meter Kantholz:[4]

bei Holzstärken in .... cm	10/10, 12/12	14/14, 14/16
nicht verriegelt: Zimmererstunden	0,25—0,30	0,30—0,35
ein- oder zweimal verriegelt: Zimmererstunden	0,35—0,40	0,40—0,50

Verschnitt: 5 bis 7%. Zuschlag für behauenes Holz: 5% der Löhne.

Nur Aufrichten des schon abgebundenen Holzes: 40% der Löhne.

763. **1 qm Blockwand abbinden und aufrichten:**[4]

Bauart	Aus rohbleibendem Rundholz			Aus auf den Lagerseiten zu behauendem Rundholz			Aus Rundholz, das vierkantig, baumwalzig zu behauen ist		Aus vollkantigem Kantholz		Aus Rundholz, das vollkantig zu behauen ist	
Wandstärke .. cm	20	25	30	20	25	30	15	25	15	25	15	25
Erforderlicher Holzquerschnitt cm	⌀ 20	⌀ 25	⌀ 30	⌀ 20	⌀ 25	⌀ 30	⌀ 20	⌀ 30	15/15	25/25	⌀ 21	⌀ 35
Zimmermannstd. .	1,0	1,5	2,0	2,0	2,7	3,5	3,0	4,5	2,5	3,5	5,5	7,9
Rund- bzw. Kantholz .. m	5,5	4,4	3,6	8,3	6,7	5,0	7,0	4,5	6,7	4,0	6,7	4,0

764. **1 m kleine Holzrinnen auspichen:**[51]

0,5 bis 0,6 h Zimmerer + 0,3 kg Pech + 0,1 kg Unschlitt + 0,06 l Leinöl.

765. **1 m Holzschlauch, jede Seite nur aus einem Brett,** 4 cm stark, samt Verlegen, kostet: 4 h Zimmerer.

766. **1 m Kronenholz oder Kappbaum bei Fangdämmen, Ufersicherungen u. dgl.,** mit einem Querschnitt 16 × 16 cm bis 21 × 23 cm, kostet alles in allem: 1,80 h Zimmerer.

767. **1 m Riegelwandgehölz,** (18 bis 21) × (21 bis 24) cm, vollständig aus Kantholz anarbeiten: 1,1 h Zimmerer + 0,17 h Hilfsarbeiter.

768. **1 m Endsbäume, Unterzüge, Sättel oder Träger,** mit einem Querschnitt 27 × 32 cm bis 32 × 37 cm, kostet alles in allem: 3,2 bis 4,25 h Zimmerer.

769. **1 m Spannriegel, Brustriegel, Sprengstreben,** 27 bis 32 cm breit, 32 bis 37 cm hoch, abzimmern und aufstellen, kosten alles in allem: 3,2 h Zimmerer.

770. **1 m Jochholm,** vierkantig, mit dem Querschnitt 32 × 32 cm oder 37 × 42 cm, abzimmern, lochen und aufsetzen, kostet alles in allem: 5,5 h Zimmerer.

771. **1 m Jochbänder** behauen und an die Jochpfähle annageln, 11 × 13 cm bis 13 × 21 cm stark:

a) zweiseitig behauen .... 0,66 h Zimmerer
b) vierkantig ,, ... 0,88 ,, ,,

772. **1 m Windruten,** 21 × 24 cm, abzimmern und festmachen, kostet alles in allem: 2,35 h Zimmerer.

773. **1 qm Brückenstreu** (-belag) aus 15 × 15 cm oder 15 × 20 cm starkem Kantholz, samt Abzimmern des Rundholzes, Aufsicht, Gerätebeistellung und allen Nebenarbeiten: (6,5 bis 7) h Zimmerer.

774. **1 m Saum- oder Schotterschwelle,** 21 × 26 cm bis 24 × 27 cm, abzimmern und auflegen, kostet alles in allem: 0,9 h Zimmerer.

775. **1 m gehobeltes Brückengeländer** abzimmern und aufstellen, kostet alles in allem: 2,65 h Zimmerer.

776. **1 m Länge einer 5 m breiten hölzernen Jochbrücke abzutragen,** samt Aufsicht, Gerätebeistellung und allen Nebenarbeiten: (10 bis 12) h Zimmerer.

777. **1 qm alte Brückenstreu,** 15 × 20 cm, abheben und bis zu 200 m weit verführen, samt Aufsicht, Gerätebeistellung und allen Nebenarbeiten: 0,2 h Zimmerer + 0,2 h Hilfsarbeiter.

Bei Arbeiten in geringem Ausmaße erhöhen sich die Kosten auf das 2- bis 3-fache.

778. **1 m Balken von Tragwerken oder sonstigen Herstellungen abtragen** und in einer Entfernung von höchstens 20 m lagern:

a) Balken mit Verband: laut Abb. 42 *l* (S. 207). b) Balken ohne Verband: laut Abb. 42 *m*.

779. **1 qm Jochverschalungen oder Verschalung von Pfahlwänden abtragen** und höchstens 20 m weit tragen:

		Bretter-verschalung	Bohlen-verschalung
Zimmerer	h	0,3	0,6
Hilfsarbeiter	,,	0,4	0,8
Für Gerüste und Geräte	%	25	25

780. **1 kg Holzkitt zum Verkitten von Sprüngen im Holz erzeugen:**

0,5 h Hilfsarbeiter + 10% für Aufsicht und Geräte + 0,007 kg ungelöschter Kalk + 0,67 kg Roggenmehl + 0,25 l (0,235 kg) Leinöl.

XII. Stahlarbeiten.

781. **Normen.**

DIN 1050. Berechnungsgrundlagen für Stahl im Hochbau.
DIN 1051. Baustoffe für Hochbauten; Beanspruchungen von Gußeisen und Stahl.
DIN 1055. Belastungsannahmen.
DIN 4100. Vorschriften für geschweißte Stahlhochbauten.
DIN 1606. Flußstahl, geschmiedet oder gewalzt.
DIN 1612. ,, , gewalzt, Formstahl, Breitflachstahl.

DIN 1613. Schraubenstahl, Nietstahl.
DIN 1620. Stahlbleche, Allgemeines. (Nur für Grobbleche gültig.)
DIN 1621. „ , Gütevorschriften. (Nur für Grobbleche gültig.)
DIN 1622. „ von 3 bis 4,75 mm; technische Lieferbedingungen.
DIN 1623. „ unter 3 mm; technische Lieferbedingungen.
DIN 1541. „ unter 3 mm, Dicken, Größen, Maß- und Gewichtsabweichungen.
DIN 1542. „ von 3 bis 4,75 mm, Dicken, Größen, Maß- und Gewichtsabweichungen.
DIN 1543. „ von 5 mm und darüber. Maß- und Gewichtsabweichungen.
DIN 488. Rundstahl, gewalzt, für Eisenbetonbau.
DIN 1013. „ , „ , „ allgemeine Zwecke.
DIN 1014. Quadratstahl, gewalzt.
DIN 1015. Sechskantstahl, gewalzt.
DIN 1016. Bandstahl, warm gewalzt.
DIN 1017. Flachstahl, gewalzt.
DIN 1019. Flachwulststahl.
DIN 1020. Winkelwulststahl.
DIN 1023. Belagstahl.
DIN 1024. T-Stahl.
DIN 1025. I-Stahl.
DIN 1026. [-Stahl.
DIN 1027. Z-Stahl.
DIN 1028. L-Stahl, gleichschenkelig.
DIN 1029. L-Stahl, ungleichschenkelig.
DIN 1031. I- und [-Profile für Stahlskelettbau.
DIN 460. Trapezstahl.
DIN 996. Streichmaße für Stab- und Formstahl.
DIN 997. Wurzelmaße für Stab- und Formstahl.
DIN 998. Nietabstände für ungleichschenkelige Winkelstähle.
DIN 999. „ „ gleichschenkelige „ .
DIN 1000. Normalbedingungen für die Lieferung von Stahlbauwerken.
DIN 1030. Gütevorschriften für ortsfeste Stahlhäuser.
DIN 1034. Darstellung von Einzelheiten bei Stahlkonstruktionen.
DIN 1970. Technische Vorschriften für Bauleistungen. VII. Eisenbauwerke, Schmiede- und Kunstschmiedearbeiten.
DIN 1974. Technische Vorschriften für Bauleistungen. XI. Schlosserarbeiten.
DIN 1005. Eiserne Fachwände Anschluß der Riegel an I-Stiele.
DIN 1006. „ „ , „ „ „ „ Bleche und [-Stiele.
DIN 1007. „ „ aus I F 14 und [F 14, Belastungsbreiten für Winddruck, und aus I 14 und [14, Belastungsbreiten für Winddruck.
DIN 1908. Pfettenbefestigung.
DIN 1909. Gelenke für Gerberpfetten, Ausbildung und Tragfähigkeit.
DIN 1910. Gerberpfetten bei gleichbleibendem Binderabstand mit erhöhten Profilen der Endfelder.
DIN 1911. Desgleichen mit Verstärkung in den Endfeldern.
DIN 1912. Gerberpfetten bei verkürztem Binderabstand in den Endfeldern.
DIN 1350. Zeichen für Festigkeitsberechnungen. Besondere Zeichen für Bauingenieurwesen.
DIN 1052. Bestimmungen für die Ausführung von Bauwerken.
DIN 4102. Widerstandsfähigkeit von Baustoffen und Bauteilen gegen Feuer und Wärme.
DIN 265. Niete, Übersicht.
DIN 407. Sinnbilder für Niete und Schrauben bei Eisenkonstruktionen.
DIN 660. Halbrundniete von 1 bis 9 mm.
DIN 661. Senkniete von 1 bis 9 mm.
DIN 662. Linsenniete von 1 bis 9 mm.
DIN 123. Halbrundniete für den Kesselbau von 10 bis 43 mm Durchmesser.
DIN 124. „ „ „ Eisenbau von 10 bis 43 mm Durchmesser.
DIN 301. Halbversenkniete von 10 bis 43 mm Durchmesser.
DIN 302. Senkniete von 10 bis 43 mm Durchmesser.
DIN 303. Linsensenkniete von 10 bis 43 mm Durchmesser.

DIN 126. Rohe Scheiben.
DIN 434. Vierkant-U-Scheiben für U-Träger.
DIN 435. „ -I- „ „ I- „ .
DIN 436. Vierkantscheiben für Holzverbindungen.
DIN 418. Rohe Sechskantschrauben mit Sechskantmuttern.
DIN 570. Vierkantholzschrauben.
DIN 589. Rohe Schrauben und Muttern; technische Lieferbedingungen.
Önorm B 2025. Schlosserarbeiten; technische Vorschriften.
Önorm M 3121. Flußstahlbleche, Grobbleche, Werkstoff.
Önorm M 3351. „ , „ , Abmessungen.
Önorm B 2104. Genietete (geschraubte) Stahlbauwerke, Beanspruchung.
Önorm B 2331. „ („) „ , Ausführung.
Önorm B 2332. Geschweißte Stahlbauten, Richtlinien für die Berechnung und Ausführung.
Önorm B 2334. Sinnbilder für Schrauben und Nieten.
Önorm B 2335. Nietanordnung in Formstahl und Trägern.
Önorm B 6301. Berechnungsgrundlagen für Brücken aus Stahl.
Önorm M 3105. Flußstahl, Kennfarben.
Önorm M 3030. „ , Werkstoffprüfung.
Önorm M 3100. „ , Allgemeine Erläuterungen.
Önorm M 3111. „ , unlegiert, geschmiedet oder gewalzt.
Önorm M 3112. „ , „ , gewalzt.
Önorm M 3301. I-Träger.
Önorm M 3302. Breitflansch-I-Träger.
Önorm M 3303. [-Träger.
Önorm M 3304. Wagenbau-I- und [-Träger.
Önorm M 3306. Gleichschenkelige L-Eisen.
Önorm M 3307. Ungleichschenkelige L-Eisen.
Önorm M 3309. T-Eisen.
Önorm M 3311. Z-Eisen.
Önorm M 5010. Rohe Sechskantschrauben mit Sechskantmuttern.
Önorm M 5011. „ „ , Gewinde bis zum Kopf.
Önorm M 5013. „ Vierkantschrauben mit Vierkantmuttern.
Önorm M 5100. Blanke Sechskantschrauben.
Önorm M 5101. „ „ , Gewinde bis zum Kopf.
Önorm M 5354. Vierkantholzschrauben.
Önorm M 5280. Rohe Unterlagscheiben für Sechskant- und Vierkantmuttern.
Önorm M 5283. „ „ „ Auflage auf Holz.
Önorm M 5284. Vierkantunterlagplatten für Auflage auf Holz.
Önorm M 5310. Halbrundnieten, 1 bis 9 mm Durchmesser.
Önorm M 5311. „ , 10 „ 43 „ „ .
Önorm M 5315. Senknieten, 1 bis 9 mm Durchmesser, Winkel 75°.
Önorm M 5316. „ , 1 „ 9 „ „ , „ 90°.
Önorm M 5317. „ , 10 „ 43 „ „ .
Önorm M 5320. Linsennieten, 1,6 bis 8,4 mm Durchmesser.
Önorm M 5321. „ , 10 „ 43 „ „ .
ČSN 1004. Niete.
ČSN 1006. Winkelstahl.
ČSN 1007. T- und Z-Stahl.
ČSN 1014. Stahlquerschnitte.
ČSN 1016. Kohlenstoffstahl, gewalzt, mit Vorschrift für die Lieferung und Abnahmeprüfung von Eisenmaterial.
ČSN 1002. 1024. Schrauben und Muttern.
ČSN 1031. Kesselbleche.
ČSN 1036. Technisches Eisen.
ČSN 1038. Mechanische Prüfung des Stahles.
ČSN 1051. Vorschriften für Eisenkonstruktionen im Hochbau.
ČSN 1101. Klein- und Spezialniete.
ČSN 2005. Bedingungen für Bauschlosserarbeiten.

Gewindedurchmesser	1/4" M 6	5/16" M 8	3/8" M 10	1/2"	5/8"	3/4"	7/8"	1"	1 1/8"	1 1/4"	1 3/8"	1 1/2"	1 5/8"	1 3/4"
Sinnbilder für Schrauben mit	1/4"	5/16"	M10						Kreis mit Maßangabe, z. B.					1 3/4"
DIN-Durchgangsloch für Stahlbau in Millimetern	7	9	11	14	17	20	23	26	30	33	36	39	42	46
Für alle übrigen Durchgangslöcher	6,4	8,4	10,5	Kreis mit Maßangabe, z. B. 40										
Sinnbild für Gewindelöcher	M10 Doppelkreis mit Maßangabe, z. B. 1 1/2"													

Abb. 43. Sinnbilder für Schrauben nach DIN 407. (Aus: Stahl im Hochbau. Verlag Stahleisen, Düsseldorf, und Julius Springer, Berlin.)

Durchmesser des fertig geschlagenen Nietes in mm	11	14	17	20	23	26	29	32	35	38	41	44
Sinnbilder für beiderseits halbrunde Köpfe							Kreis mit Maßangabe, z. B.					41
Sinnbilder für Senkköpfe: oberer Kopf versenkt							”	”	”	”	”	41
Sinnbilder für Senkköpfe: unterer Kopf versenkt							”	”	”	”	”	41
Sinnbilder für Senkköpfe: beide Köpfe versenkt							”	”	”	”	”	41
Sinnbilder für Linsenköpfe: oberer Kopf versenkt							”	”	”	”	”	41
Sinnbilder für Linsenköpfe: unterer Kopf versenkt							”	”	”	”	”	41
Sinnbilder für Linsenköpfe: beide Köpfe versenkt							”	”	”	”	”	41
auf der Baustelle zu schlagende Niete							”	”	”	”	”	41
auf der Baustelle zu bohrende Nietlöcher							”	”	”	”	”	41

Für geschlagene Niete vom Durchmesser unter 29 bis einschließlich 14 mm kann an Stelle der Sinnbilder ebenfalls die Kennzeichnung durch einen Kreis mit Maßangabe treten.

Für geschlagene Niete unter 11 mm wird zur Kennzeichnung das +-Zeichen wie für den 11-mm-Niet verwendet und der Durchmesser des Nietes beigesetzt.

In Entwurfs- und Werkstattzeichnungen bis zum Maßstab 1 : 5 genügt für die Sinnbilder die Größe des Schaftdurchmessers; bei kleineren Durchmessern kann der Deutlichkeit halber die Größe des Kopfdurchmessers gewählt werden.

Abb. 44. Sinnbilder für Niete im Stahlbau nach DIN 407. (Aus: Stahl im Hochbau. Verlag Stahleisen, Düsseldorf, und Julius Springer, Berlin.)

782. **1 t Stahlkonstruktionsteile abladen:**[36] (2 bis 2,5) h Hilfsarbeiter.

783. **1 t Kleineisenzeug aus Eisenbahnwagen oder Lastkraftwagen ausladen:** 1,5 h Hilfsarbeiter.

784. **1 t Bauträger aufladen,**[34] je nach Wagenhöhe: (1,5 bis 2,0) h Hilfsarbeiter.

785. **1 t Bauträger abladen,**[34] je nach Wagenhöhe: (1,3 bis 1,8) h Hilfsarbeiter.

786. **Rohe Sechskantschrauben mit Muttern** nach DIN 418, Beiblatt.

a) Gewicht je 100 Stück in Kilogramm.

Bolzenlänge in mm	Schraubendurchmesser in Zoll									
	$^3/_8$	$^1/_2$	$^5/_8$	$^3/_4$	$^7/_8$	1	$1^1/_8$	$1^1/_4$	$1^3/_8$	$1^1/_2$
30	3,98	8,01	13,9	22,5	—	—	—	—	—	—
35	4,26	8,45	14,7	23,6	—	—	—	—	—	—
40	4,53	8,97	15,5	24,7	35,5	49,9	—	—	—	—
45	4,81	9,46	16,2	25,8	36,9	51,9	—	—	—	—
50	5,08	9,94	16,9	26,9	38,5	53,8	—	—	—	—
55	5,34	10,3	17,6	27,6	39,6	55,2	—	—	—	—
60	5,61	10,8	18,4	28,7	41,1	57,2	—	—	—	—
65	5,89	11,3	19,2	29,8	42,6	59,1	—	—	—	—
70	6,16	11,8	19,9	30,9	44,1	61,1	—	—	—	—
75	6,44	12,3	20,7	32,0	45,6	63,0	83,9	—	—	—
80	6,71	12,8	21,4	33,1	47,0	64,9	86,4	110	—	—
90	7,26	13,7	22,9	35,2	50,0	68,8	91,3	116	148	188
100	7,81	14,7	24,5	37,4	53,0	72,7	96,3	122	156	197
110	8,34	15,6	25,8	39,3	55,5	76,0	100	128	162	204
120	8,89	16,6	27,3	41,5	58,5	79,9	105	134	170	213
130	9,44	17,6	28,8	43,7	61,5	83,8	110	140	177	222
140	9,99	18,5	30,3	45,9	64,5	87,7	115	146	184	231
150	10,5	19,5	31,9	48,1	67,5	91,6	120	153	192	240
160	11,1	20,5	33,4	50,2	70,5	95,6	125	159	199	248
170	11,6	21,4	34,9	52,3	73,5	99,4	130	165	207	257
180	12,2	22,4	36,4	54,5	76,4	103	135	171	214	266
190	12,7	23,4	37,9	56,7	79,4	107	140	177	221	275
200	13,3	24,3	39,4	58,9	82,4	111	145	183	229	284

Mehrgewicht für je 10 mm Mehrlänge, je 100 Stück:

Schraubendurchmesser	Zoll	$^3/_8$	$^1/_2$	$^5/_8$	$^3/_4$	$^7/_8$	1	$1^1/_8$	$1^1/_4$	$1^3/_8$	$1^1/_2$
Mehrgewicht	kg	0,62	1,04	1,58	2,46	3,26	4,17	5,18	6,31	7,55	9,38

b) Preise je 100 Stück, bei der Länge L cm zwischen Mutter und Kopf.

Schraubendurchmesser in Zoll	Deutsches Reich	Österreich	Tschechoslowakei
$^3/_8$	$(3,70 + 0\ 19\ L)$ RM	$(8,22 + 0,82\ L)$ S	$(20 + 2,85\ L)$ Kč
$^1/_2$	$(6,20 + 0,33\ L)$ „	$(14,39 + 1,37\ L)$ „	$(34 + 3,95\ L)$ „
$^5/_8$	$(9,30 + 0,50\ L)$ „	$(21,52 + 1,64\ L)$ „	$(53 + 5,35\ L)$ „
$^3/_4$	$(13,00 + 0,70\ L)$ „	$(29,45 + 2,40\ L)$ „	$(80 + 7,50\ L)$ „
$^7/_8$	$(18,00 + 0,95\ L)$ „	$(45,21 + 2,74\ L)$ „	$(118 + 9,20\ L)$ „
1	$(23,50 + 1,20\ L)$ „	$(61,65 + 4,11\ L)$ „	$(150 + 11,50\ L)$ „
$1^1/_8$	$(30,00 + 1,60\ L)$ „	—	$(220 + 15,40\ L)$ „
$1^1/_4$	$(37,00 + 2,00\ L)$ „	—	$(290 + 18,55\ L)$ „
$1^3/_8$	$(46,00 + 2,40\ L)$ „	—	$(380 + 22,25\ L)$ „
$1^1/_2$	$(52,00 + 2,80\ L)$ „	—	$(490 + 26,50\ L)$ „

787. Beilagscheiben, Gewicht und Preise je 100 Stück.

Passend zu Schrauben vom Durchmesser		$^3/_8$ Zoll	$^1/_2$ Zoll	$^5/_8$ Zoll	$^3/_4$ Zoll	$^7/_8$ Zoll	1 Zoll	$1^1/_8$ Zoll	$1^1/_4$ Zoll	$1^3/_8$ Zoll	$1^1/_2$ Zoll
Runde Beilagscheiben, DIN 126:											
Gewicht	kg	0,56	1,09	1,57	2,86	3,58	6,11	7,39	8,29	12,0	14,9
Preis	RM[178]	0,21	0,33	0,45	0,78	0,93	1,40	1,72	2,—	2,82	3,50
	S	1,47	2,80	4,62	7,—	9,80	11,90	14,—	16,80	21,—	25,20
	Kč	2,90	5,30	6,16	10,50	12,65	20,80	25,50	28,40	41,30	51,40
Vierkant-Beilagscheiben, DIN 434, für die Flanschen von U-Trägern:											
Gewicht	kg	0,86	2,06	3,54	6,48	9,49	12,5	15,2	19,0	24,7	28,6
Preis	RM[178]	0,50	0,90	1,50	2,40	4,40					
Vierkant-Beilagscheiben, DIN 435, für die Flanschen von I-Trägern:											
Gewicht	kg	0,92	2,32	4,08	7,54	10,1	13,6	17,1	22,1	29,3	33,4
Preis	RM[178]	0,50	1,—	1,70	2,90	5,—					
Vierkant-Beilagscheiben, DIN 430, für Holz:											
Gewicht	kg	2,50	5,61	10,6	17,8	24,3	36,3	45,9	63,9	77,5	102
Preis	RM	0,70	1,55	2,90	4,80	6,50	9,70	12,50	17,—	21,—	27,—

788. Preise und Gewichte von Halbrundnieten.

a) Preise von Konstruktions-Halbrundnieten (ohne Preßgrat) je 100 kg.

	Bolzenlänge in mm	20	25	30	35	40	45	50	55	60	70	80	90	100
Reichsmark	Bolzendicke des Rohnietes:													
	10 mm													
	13 „													
	16 „													
	19 „													
	22 „													
	25 „													
	28 „													
	31 „													
	34 „													
Schilling	Bolzendicke des Rohnietes:													
	10 mm	139	131	125	120	118	116	116	—	—	—	—	—	—
	13 „	—	120	115	112	109	107	106	106	106	—	—	—	—
	16 „	—	—	112	107	105	103	101	101	101	—	—	—	—
	19 „	—	—	—	—	—	100	98	97	96	96	96	—	—
	22 „	—	—	—	—	—	—	—	—	96	96	96	96	96
Tschechische Kronen	Bolzendicke des Rohnietes:													
	10 mm	500	500	500	415	415	415	415	415	330	330	330	—	—
	13 „	454	454	454	454	384	384	384	384	384	315	315	315	—
	16 „	410	410	410	410	410	355	355	355	355	300	300	300	300
	19 „	390	390	390	390	390	390	343	343	343	343	296	296	296
	22 „	—	—	370	370	370	370	370	332	332	332	293	293	293
	25 „	—	—	—	350	350	350	350	350	350	320	320	320	290
	28 „	—	—	—	—	343	343	343	343	343	315	315	315	315
	31 „	—	—	—	—	—	336	336	336	336	336	312	312	312
	34 „	—	—	—	—	—	—	330	330	330	330	308	308	308

Kesselniete (mit Preßgrat) um 8 bis 2% billiger.

b) Gewicht je 100 Stück.

Rohnietbolzendicke	10 mm	13 mm	16 mm	19 mm	22 mm	25 mm	28 mm	31 mm	34 mm
Gewicht des Nietkopfes .... kg	0,63	1,41	2,50	4,04	6,42	6,90	13,6	18,5	24,6
„ von 1 cm Schaftlänge .... „	0,62	1,04	1,58	2,23	2,98	3,85	4,83	5,90	7,13

Bezeichnet d die Rohnietbolzendicke und s die Summe der Dicken der zu vernietenden Teile, so beträgt die erforderliche Nietschaftlänge für Halbrundköpfe

bei Maschinennietung .... $l = s + {}^4/_3\, d$,

bei Handnietung .... $l = s + {}^7/_4\, d$;

s soll nicht größer als 4 bis $5\,d$ sein.

789. Drahtseile.

a) Kran- und Aufzugseile: Gewichte und Preise je 100 m: siehe Nr. 219.

b) Tragseile für Seilbahnen: Gewichte und Preise je 100 m:

Nenndurchmesser in mm	20	25	30	35	40	45	50	60
Gewicht je 100 m ... kg	240	370	520	690	910	1160	1430	1740
Bruchlast .... t	34	55	75	100	133	170	213	260
Preise je 100 m ..... RM	218	300	429	560	733	900	1150	1400

790. Walzstahl. Abmessungen und Gewichte:
Siehe: Stahl im Hochbau. Berlin: J. Springer. 1935.

791. Stahlbleche. Allgemeine Bestimmungen DIN 1620.

a) Feinbleche, bis 2,75 mm. Gütevorschrift DIN 1623. Abmessungen und zulässige Abweichungen DIN 1541.

Nenndicke in mm	Deutsche Blechlehre Nr.	Lagergrößen Breite in mm	Lagergrößen Länge in mm	Zulässige Abweichungen Dicke in mm	Zulässige Abweichungen Gewicht in %	Gewicht je qm kg/qm
0,18	32	530 oder 500	760 oder 1000	±0,02	±10	1,44
0,20	31					1,60
0,22	30					1,76
0,24	29					1,92
0,28	28	530	760	±0,03	±10	2,24
		500	1000			
		600	1200			
0,32	27	530 600 700	760 1200 1400	±0,03	± 8	2,56
0,38	26			±0,04		3,04
0,44	25	530 800	760 1600	±0,04		3,52

Nenndicke in mm	Deutsche Blechlehre Nr.	Lagergrößen Breite in mm	Lagergrößen Länge in mm	Zulässige Abweichungen Dicke in mm	Zulässige Abweichungen Gewicht in %	Gewicht je qm kg/qm
0,50	24	530 800 1000	760 1600 2000	±0,05	±7	4,00
0,56	23			±0 05		4,48
0,63	22			±0,06		5,04
0,75	21			±0,07		6,00
0,88	20			±0,08		7,04
1,00	19			±0,09	±6	8,00
1,13	18	800 1000	1600 2000	±0,10		9,04
1,25	17			±0,11		10,0
1,38	16			±0,12		11,0
1,50	15	800 1000 1250	1600 2000 2500	±0,13	±5	12,0
1,75	14			±0,14		14,0
2,00	13			±0,15		16,0
2,25	12			±0,15		18,0
2,50	11			±0,16		20,0
2,75	10			±0,16		22,0

Preise: 170 bis 150 RM/t

b) Mittelbleche, 3 bis 4,75 mm. Gütevorschrift DIN 1622. Abmessungen und zulässige Abweichungen DIN 1542.

Nenndicke in mm	Gewicht in kg/qm	Lagergrößen	Für Längen in mm	bis 1200 mm	bis 1200 %	über 1200 bis 1450 mm	über 1200 bis 1450 %	über 1450 bis 1700 mm	über 1450 bis 1700 %	über 1700 bis 2000 mm	über 1700 bis 2000 %	über 2000 bis 2500 mm	über 2000 bis 2500 %	Zulässige Breiten- und Längenabweichungen
				Zulässige Abweichungen der Durchschnittsdicke (mm) und des gewogenen Gewichtes (%) vom errechneten										
3,00	24,0	1000 × 2000 und 1250 × 2500 mm	bis 4000	± 0,25	± 6	± 0,30	± 6	± 0,35	± 7					Bei Bestellung von Lagergrößen: Breite ± 15 mm Länge ± 25 „ Bei Bestellung nach festen Maßen: Breiten bis 1600 mm + 8 mm „ über 1600 „ + 0,5 % Längen bis 1600 „ + 8 mm „ über 1600 „ + 0,5 % Bei Längen über 4000 mm darf die Breite die Nennbreite um 0,2 % der jeweiligen Länge überschreiten
3,25	26,0		über 4000 bis 6000	± 0,30	± 6	± 0,35	± 7	± 0,40	± 8					
3,50	28,0													
3,75	30,0		über 6000	Ohne besondere Vereinbarung sind die Bleche so zu nehmen, wie sie fallen										
4,00	32,0		bis 5000	± 0,30	± 5	± 0,35	± 6	± 0,40	± 7	± 0,45	± 8			
4,25	34,0		über 5000 bis 7000	± 0,35	± 6	± 0,40	± 7	± 0,45	± 8	± 0,50	± 10			
4,50	36,0													
4,75	38,0		über 7000	Ohne besondere Vereinbarung sind die Bleche so zu nehmen, wie sie fallen										

Preise: 160 bis 140 RM/t

c) Grobbleche, über 4,75 mm. Gütevorschrift DIN 1621. Abmessungen und zulässige Abweichungen DIN 1543.

Nenndicke in mm	Gewicht in kg/qm	Zulässiger Unterschied der kleinsten und größten Dicke des gleichen Bleches in mm und zulässige Überschreitungen des Gewichtes in %							Längen- und Breitenabweichungen bis 20 mm Dicke
		bis 1500	über 1500 bis 1700	über 1700 bis 2000	über 2000 bis 2300	über 2300 bis 2600	über 2600 bis 3000	über 3000 bis 3300	
5,0 5,5 6,0	40 44 48	1,1 mm 7%	1,4 mm 11%	1,8 mm 14%	Ohne besondere Vereinbarung sind die Bleche so zu nehmen, wie sie fallen				Bis 2000 mm + 10 mm, über 2000 bis 7000 mm + 0,5%, über 7000 mm + 35 mm Bei langen Blechen + 0,2% der Länge
7	56	1,1 mm 6%	1,3 mm 9%	1,7 mm 12%	2,1 mm 14%				
8 9 10	64 72 80	1,0 mm 5%	1,2 mm 7%	1,6 mm 9%	2,0 mm 11%	2,4 mm 14%			
11 12 13 14 15	88 96 104 112 120	0,9 mm 4,5%	1,1 mm 6%	1,5 mm 7%	1,8 mm 9%	2,2 mm 11%	2,7 mm 13%		
16 17 18 19 20	128 136 144 152 169	0,8 mm 4%	1,0 mm 5%	1,4 mm 6%	1,7 mm 8%	2,1 mm 10%	2,6 mm 13%	3,1 mm 14%	

Preise: 150 bis 130 RM/t

792. Kranbahnschienen.

a) Breitfußschienen, Abb. 45a.

Querschnitt KS	Abmessungen in mm						Stahlquerschnitt F	Umfang U	Gewicht je m G	Schwerpunktsabstand e_x	Trägheitsmoment J_x	Widerstandsmoment W_x	Bemerkungen
	b	h	k	r	$k-2r$	d	qcm	cm	kg/m	cm	cm⁴	cm³	
1	125	55	45	3	39	24	28,7	37,7	22,5	2,25	94,1	29	Zulässiger Raddruck P in kg
2	150	65	55	4	47	31	41,1	44,9	32,2	2,65	185	48	$P = D\,s\,(k-2r)$
3	175	75	65	5	55	38	55,6	51,6	43,6	3,06	329	74	D = Raddurchmesser in cm
4	200	85	75	6	63	45	72,6	58,6	57,0	3,52	523	105	r = Radius der Kopfkantenabrundung in mm
5	200	85	90	8	74	50	79,4	60,9	62,3	3,72	603	126	s = 25 kg/qcm bei Gußeisenrädern auf Stahlschienen
5a	200	100	100	6	88	60	97,4	63,3	76,9	4,54	1030	189	s = 30—40 kg/qcm bei Hartgußrädern auf Stahlschienen
6	200	95	100	9	82	60	95,4	61,2	74,9	4,33	902	174	s = 50—60 kg/qcm bei Stahlgußrädern auf Stahlschienen
7	220	105	120	10	100	72	130	68,8	102	4,70	1430	246	

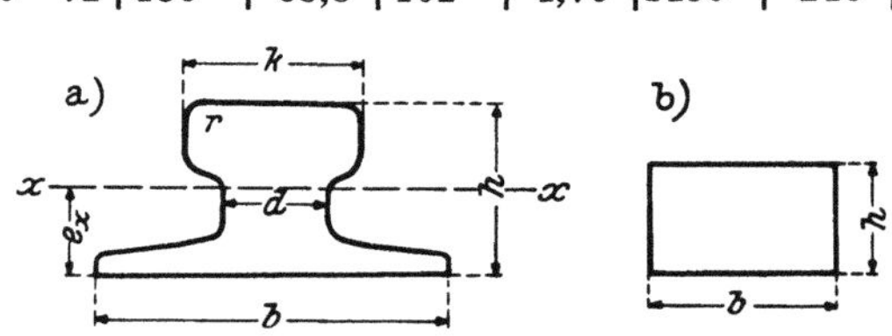

Abb. 45. Kranbahnschienen.
a Breitfußschiene, b Flachschiene

b) Flachschienen, Abb. 45b.

Breite b	mm	50	50	50	60	60
Höhe h	„	25	30	40	30	40
Gewicht je Meter	kg	9,81	11,8	15,7	14,1	18,8

793. Zuschlag zum Gewicht von stählernen Tragwerken für Nietköpfe nach DIN 1000:

a) Bei Brückenbauten:

für Überbauten mit fachwerkartigen Hauptträgern, vom Stahlgewicht des ganzen Überbaues 3%

für Überbauten mit vollwandigen, genieteten Hauptträgern sowie für Überbauten mit Hauptträgern aus Walzträgern und mit besonderen Fahrbahnträgern, vom Stahlgewicht des ganzen Überbaues 2%

für Überbauten mit Hauptträgern aus Walzträgern mit Verbänden, aber ohne besondere Fahrbahnträger, vom Stahlgewicht des ganzen Überbaues 1%

b) Bei anderen Stahlbauwerken:

falls keine anderen Vereinbarungen getroffen werden, vom ganzen Walzstahlgewicht. 3%

794. Auf 1 t stählernes Tragwerk entfallen im Werke an Schlosserlohnstunden:[138]

Bei kleinen, leichten Konstruktionen	100—120 h
,, mittleren Konstruktionen	70—100 ,,
,, schweren ,,	20— 70 ,,
,, eisernen Dächern, leichte Binder	70— 80 ,,
,, ,, ,, , schwere ,,	52— 56 ,,
Fachwerksbrücken, Blechträgern	54— 70 ,,
Eiserne Skelette	60— 70 ,,
Laufkranträger	70— 80 ,,
Drehgestelle	140—160 ,,
Förderkörbe	32— 40 ,,
Lokomotivdrehscheiben	80— 90 ,,

Die Arbeitsstunden sind auf Schlosserstunden nach dem Schlüssel: 1 Schlosserstunde = 0,56 Hilfsarbeiterstunde umgerechnet.

An Unkosten müssen auf die produktiven Lohnstunden zugeschlagen werden: in Großbetrieben 150%, in Klein- und Mittelbetrieben 90 bis 100%.

795. Verschnitt bei der Herstellung von stählernen Tragwerken: 10 bis 15%. Wenn bei großen Arbeiten die Stahlsorten mit bestimmten Maßen bestellt werden, beträgt der Verschnitt nur 3 bis 5%.

796. Kohlenverbrauch im Werk[183] für 1 t stählerne Tragwerke: (120 bis 150) kg Kohle.

797. 100 Schrauben in Stahlkonstruktionen einziehen und anziehen:[36] 5 bis 7 h Facharbeiter.

798. 100 Niete schlagen, im Werk, erfordert die folgenden Facharbeiterstunden:

	Nach G. Stöckle		Nach C. F. Dingmann	
	Handnietung	Mit Preßluftgerät	Handnietung	Mit Preßluftgerät
Nietdurchmesser 13 mm	4,5	3,0	13—17	7—9
,, 15 ,,	8,7	6,3		
,, 19 ,,	10,0	7,5		
,, 22 ,,	13,8	8,7		
,, 25 ,,	16,2	11,2		

Für Nietungen an der Baustelle: Zuschlag bis + 100%.

799. 1 Stück Steigeisen aus 20 mm starkem Rundstahl herstellen:
(0,3 bis 0,4) h Schlosser + 15% für Aufsicht, Geräte und Feuer + 2,5 kg Rundstahl.

800. Biegen von Trägern, I oder U:

a) in der Stegebene .... Zuschlag zum Stahlpreis 150—175%
b) ,, ,, Flanschebene ...... ,, ,, ,, 75— 85%

801. Stahlkonstruktionen, genietet, Stahlfenster, -türen, -oberlichten, -treppen, -geländer und -fenstergitter.

1 t kostet α-mal so viel als der verwendete Formstahl bzw. Stabstahl.

Industriebauten, einfache, fertig montiert	$\alpha = 1{,}5$ —1,8
,, , komplizierte, fertig montiert	$\alpha = 1{,}8$ —2,3
Stahlmaste, fertig montiert	$\alpha = 1{,}25$—2,5

Einmal gestrichen ab Werk:		Gewicht je qm in kg
Fenster mit Winkelrahmen und Flügeln	$\alpha =$ 4—5	30—40
„ ohne bewegliche Teile	$\alpha =$ 3,5—3,7	22—25
Fußbodenlichten	$\alpha =$ 2,5—3,2	45—50
Oberlichten	$\alpha =$ 2,5—3,2	15—20
Blechtüren, einflügelig	$\alpha =$ 3,9	40
„ , „ , oben mit Sprossen für Verglasung	$\alpha =$ 5	50
Schiebetor auf Rollen, ein- oder zweiflügelig, glattes Blech	$\alpha =$ 3,7	45—55
„ „ „ , zweiflügelig, Wellblech	$\alpha =$ 4,8	55
„ „ „ , „ , verzinktes Wellblech	$\alpha =$ 4,9	55
Treppe, zweiarmig, aus Rippenblech	$\alpha =$ 3,8—4,3	90—100
Podeste zu eisernen Treppen aus Rippenblech	$\alpha =$ 2,6	65
Wendeltreppen samt Geländer und Spindel	$\alpha =$ 5,1	Je Stufe und m Halbmesser 20 kg
		kg je qm
Stiegengeländer, einfach, ohne Holzhandleiste	$\alpha =$ 9	18—20
„ , reich verziert, ohne Holzhandleiste	$\alpha =$ 12,5	20—25
Fenstergitter	$\alpha =$ 5—6	12—15

802. **Scherengitter** für Fenster, Eingänge u. dgl.

Höhe bis	m	2	2—3	3—4
Scherenreihen		2	3	4
Preis je Quadratmeter	RM[178]	30	27	25

803. **1 t stählerne Tragwerke aufstellen, ohne Nietung oder Verschraubung.**[36]

Bei Stahlskelettbauten	6—7 h	Facharbeiter
„ eisernen Dächern	14—16 „	„

804. **1 t Stahlfachwerkswände auf der Baustelle fertig zusammenbauen:** 8 h Schlosser + 22 h Hilfsarbeiter.[15]

805. **1 t Stahlskelett** für ein Bauwerk mit Betondecken und Ziegelfüllmauern auf Betongrundwerk **abladen, aufstellen und vernieten,** einschließlich des Aufstellens und Abtragens eines Derrick-Krans mit Dampfwinde und einschließlich der Kohle für die Winde und des Benzins für den Luftverdichter für die Preßluftnieter: (10 bis 14) h Facharbeiter + Gerätekosten.

806. **1 t Stahlskelett für eine Kraftanlage,** 37 m hoch, **abladen, aufstellen und vernieten,** einschließlich des Aufstellens und Abtragens eines Derrick-Krans mit Dampfwinde: 20 h Facharbeiter + Gerätekosten + Brennstoff für die Dampfwinde und den Luftverdichter.

807. **1 t leichte, 10 m hohe Stahlmaste abladen, aufstellen und vernieten,** ohne Herstellung des Grundwerkes: (20 bis 25) h Facharbeiter.

808. **Preßluft-Niethämmer.**

Erzeuger		Internationale Preßluft- und Elektrizitäts-G. m. b. H., Berlin					Frankfurter Maschinenfabrik, Pokorny & Witteking		
Für Niete bis	mm	37	26	23	23	23	40	32	23
Gewicht	kg	10,4	9	7,15	6,9	6,6	12,6	10,3	9,0
Schlagzahl je Minute		1000	1200	1700	1700	1700	800	800	1250
Luftverbrauch	cbm/min	0,98	0,91	1,0	1,0	1,0	0,78	0,74	0,69
Schlauchanschlußweite	mm	16	16	16	16	16	16	16	16
Baulänge	„	475	385	310	280	205			
Richtpreis	RM	180	170	150	150	150	180	160	150

Bedienung: 1 Nieter, 1 Gegenhalter, 1 Nietwärmer.

Leistung: doppelt so viel als eine Hand-Nietkolonne, bestehend aus 1 Nieter, 1 Gegenhalter, 1 Nietwärmer und 2 Zuschlägern.

809. Preßluft-Gegenhalter. (Internationale Preßluft- und Elektrizitäts-G. m. b. H., Berlin.)

Maschinengröße	Einfacher Kolben					Doppelkolben	Schlagend
	Exzenter	B	D	E	F	E	3[1]/8" (E)
Luftverbrauch cbm/Hub	0,001	0,0016	0,0035	0,0049	0,011	0,0035	(1,6 cbm/min)
Größte Länge mm	110	163	210	335	360	300	370
Gewicht ..... kg	7	6	9	10,9	19	10,6	14,8
Preis .... RM	80	80	90	100	110	139	228

810. Preßluft-Handbohrmaschinen für Metall und Holz. (Internationale Preßluft- und Elektrizitäts-G. m. b. H., Berlin.)

Bauart	Für Eisen		Für Holz	
	4 R	45	3 RW	Nr. 5
Gewicht .... kg	13	14	7	11,5
Luftverbrauch, angesaugte ... cbm/h	0,98	1,30	1,4	1,5
Spannung der Luft .... atü	5—6	5—6	5—6	5—6
Schlauchanschluß .... mm	13	13	13	13
Drehzahl je Minute	375	400	800, 1500	450
Größter Bohrlochdurchmesser. mm	23	32	26	50
Umsteuerbar	ja	nein	ja	ja
Preis .... RM	380	435	315	350

811. Preßluft-Handschleifmaschinen. (Internationale Preßluft- und Elektrizitäts-G. m. b. H., Berlin.)

Maschinengröße	Vierzylindermotor					Rotationsmotor	
	104 B	105 B	3	4	3 DM	88 S & P	66 S & P
Luftverbrauch, anges. cbm/min	0,4	0,4	1,0	1,3	2,0	1,5	1,0
Umdrehungen je Minute	3800	3800	2900	2200	3000	3000	4800
Schlauchanschluß ... mm	13	13	13	13	13	16	16
Gewicht .... kg	3,6	3,5	8,7	13,5	16	7,9	6,1
Preise .... RM	270	270	290	360	580	300	275

812. Feldschmieden mit eingebautem Ventilator:

Tischgröße	cm × cm	45 × 55	50 × 60	60 × 80	80 × 100
Preis bei Fußbetrieb	RM[178]	40	45	60	70
Preis bei Elektroantrieb	„ [178]	98	100	—	—

XIII. Autogenes und elektrisches Schweißen und Schneiden.

813. Normen.

DIN 1901. Schläuche für Schweiß- und Schneidbrenner und Gasdruckminderer.
DIN 1902. Feste Schlauchtüllen für Schweiß- und Schneidbrenner.
DIN 1903. Lösbare Schlauchtüllen und Anschlüsse für Schweiß- und Schneidbrenner.
DIN 1904. Schweißbrenner, Stufung und Bezeichnung.
DIN 1905. Schneidbrenner mit festem, konzentrischem Düsenpaar, Stufung und Bezeichnung.
DIN 1906. Gasdruckminderer, Bezeichnung und Anstrich.
DIN 1907. Manometer, Anschlußabmessungen.
DIN 1908. Lösbare Schlauchtüllen für Gasdruckminderer.
DIN 1909. Anschlußbügel zwischen Druckminderer und Anschlußstützen für Azetylenflaschen.
DIN 1910. Schweißen, Begriffe, Arten (Kurzzeichen).
DIN 1911. Preßschweißen, elektrische Widerstandsschweißung.
DIN 1912. Schmelzschweißen, Schweißnähte (2 Blätter).
DIN 1913. Schweißdraht für Gas- und Lichtbogenschweißung von Stahl. Lieferbedingungen.
DIN 1914. Richtlinien für die Prüfung von Schweißverbindungen mit Röntgen- und Gammastrahlen.
RAL 690 A. Lötstoffe und Lötmittel, Begriffsbestimmungen und Bezeichnungsvorschriften.
DIN 4100. Vorschriften für geschweißte Stahlhochbauten.

DIN 477. Gasflaschenventile, Anschlußstutzen, Flaschenhalsgewinde.
DIN 4664. Nahtlose Stahlflaschen für verdichtete Gase.
DIN 4665. „ „ „ verflüssigte „ .
DIN 4666. „ „ „ Azetylen.
DIN 4667. Stahlflaschen, Schutzkappen.
DIN 4668. „ , Halsringe.
DIN 4669. „ , Füße.
DIN 4671. Gasflaschen, Kennzeichnung.
Önorm B 2332. Geschweißte Stahlbauten. Richtlinien für die Berechnung und Ausführung.
ČSN 1120. Vorschriften für geschweißte Stahlkonstruktionen im Hochbau.
ČSN 1195. Nahtlose Stahlflaschen für Gase.

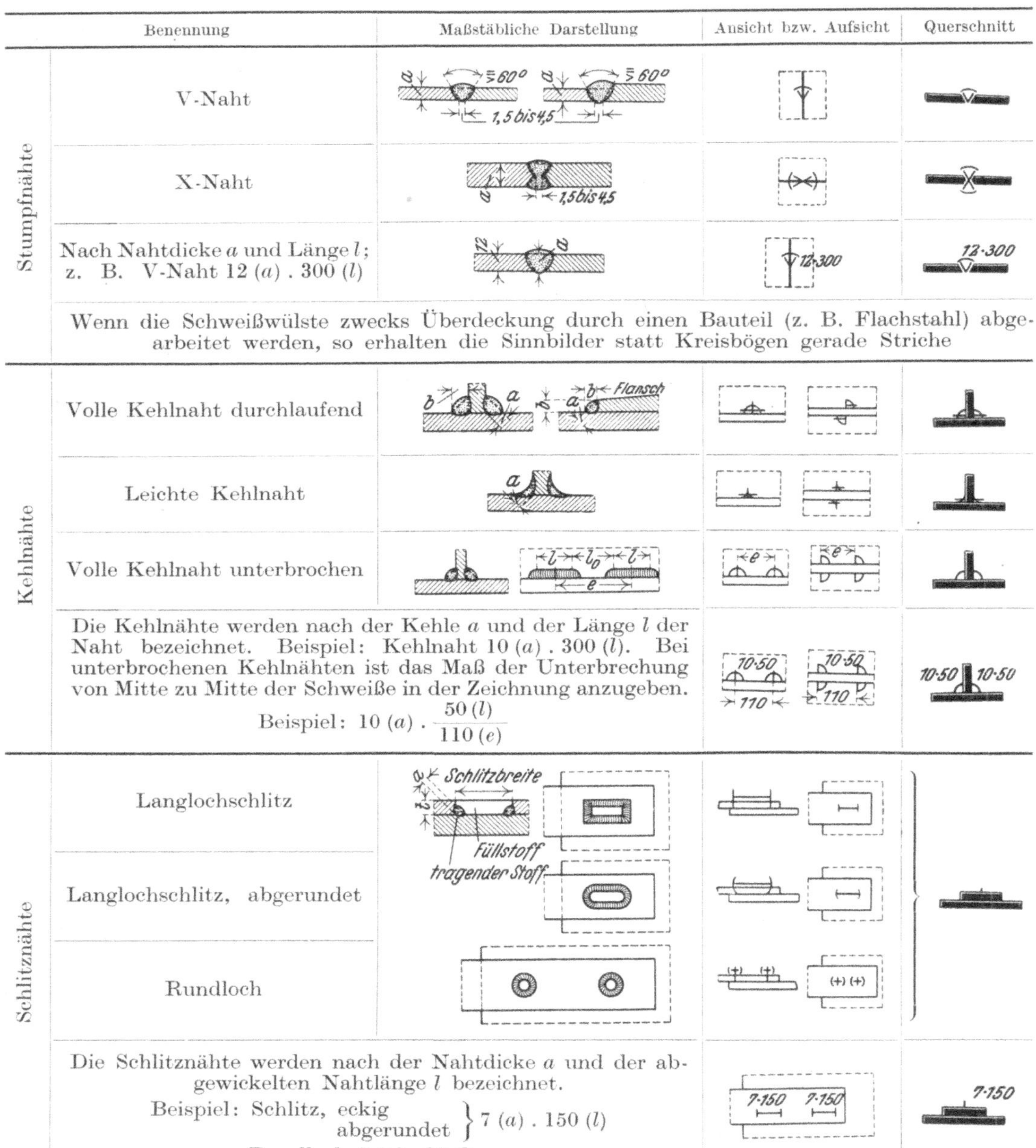

Abb. 46. Sinnbilder für Schweißnähte nach: Anlage zu DIN 4100. (Aus: Stahl im Hochbau. Verlag Stahleisen, Düsseldorf, und Julius Springer, Berlin.)

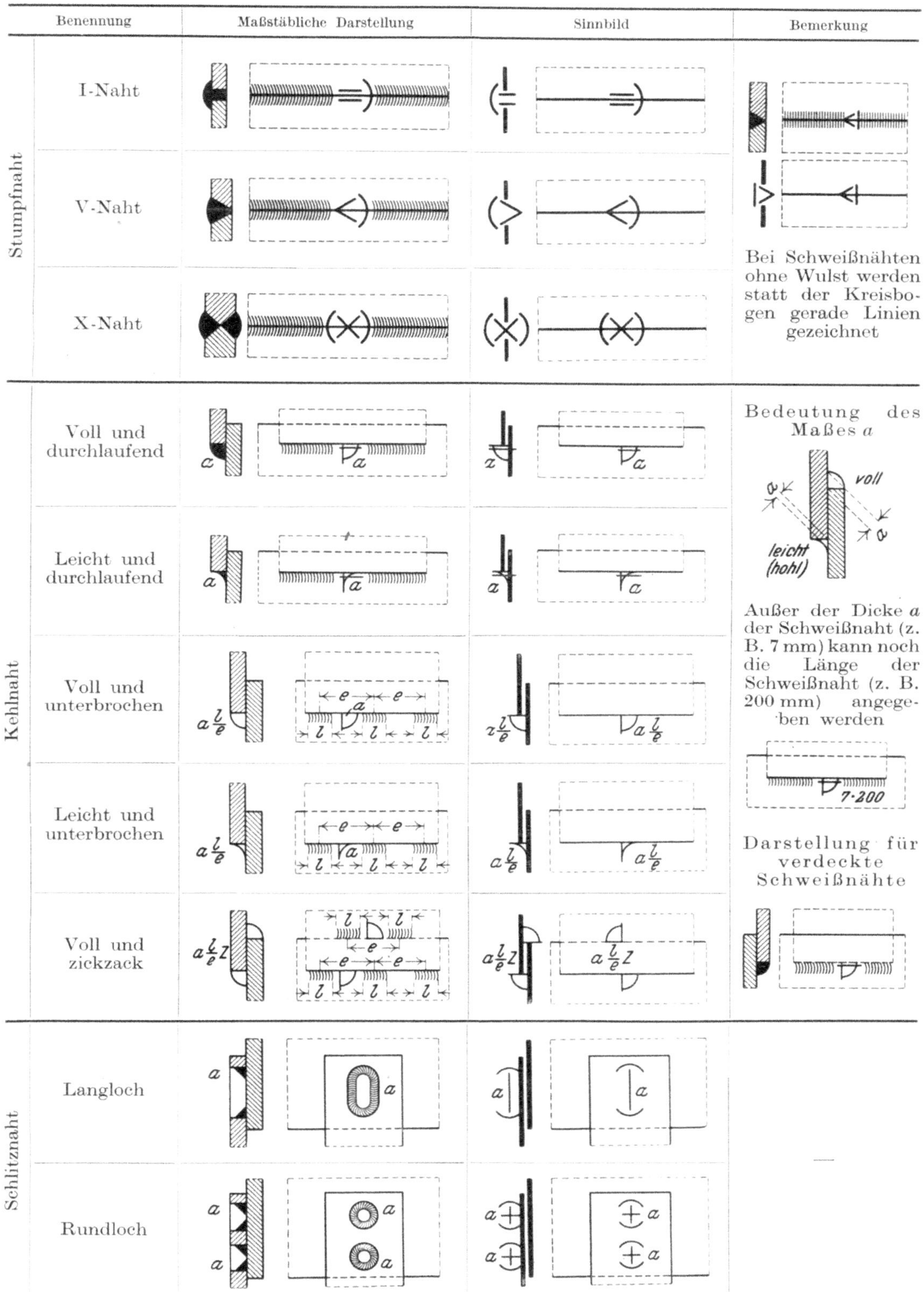

Abb. 47a. Sinnbilder für Schweißnähte nach DIN 1912. (Aus: Stahl im Hochbau. Verlag Stahleisen, Düsseldorf, und Julius Springer, Berlin.)

Benennung			Maßstäbliche Darstellung	Sinnbild
Überlappter Stoß	Durchlaufende Naht	einseitig		
		zweiseitig		
	Unterbrochene Naht	einseitig		
		zweiseitig		
	Unterbrochene und durchlaufende Naht	zweiseitig		
Laschenstoß	Durchlaufende Naht	beidseitig		
T-Stoß	Durchlaufende Naht	einseitig		
		zweiseitig		
	Unterbrochene Naht	einseitig		
		zweiseitig		
		zickzack		
	Unterbrochene und durchlaufende Naht	zweiseitig		
Winkelstoß	Durchlaufende Naht	Kehlnaht außen		
		Kehlnaht außen und innen		

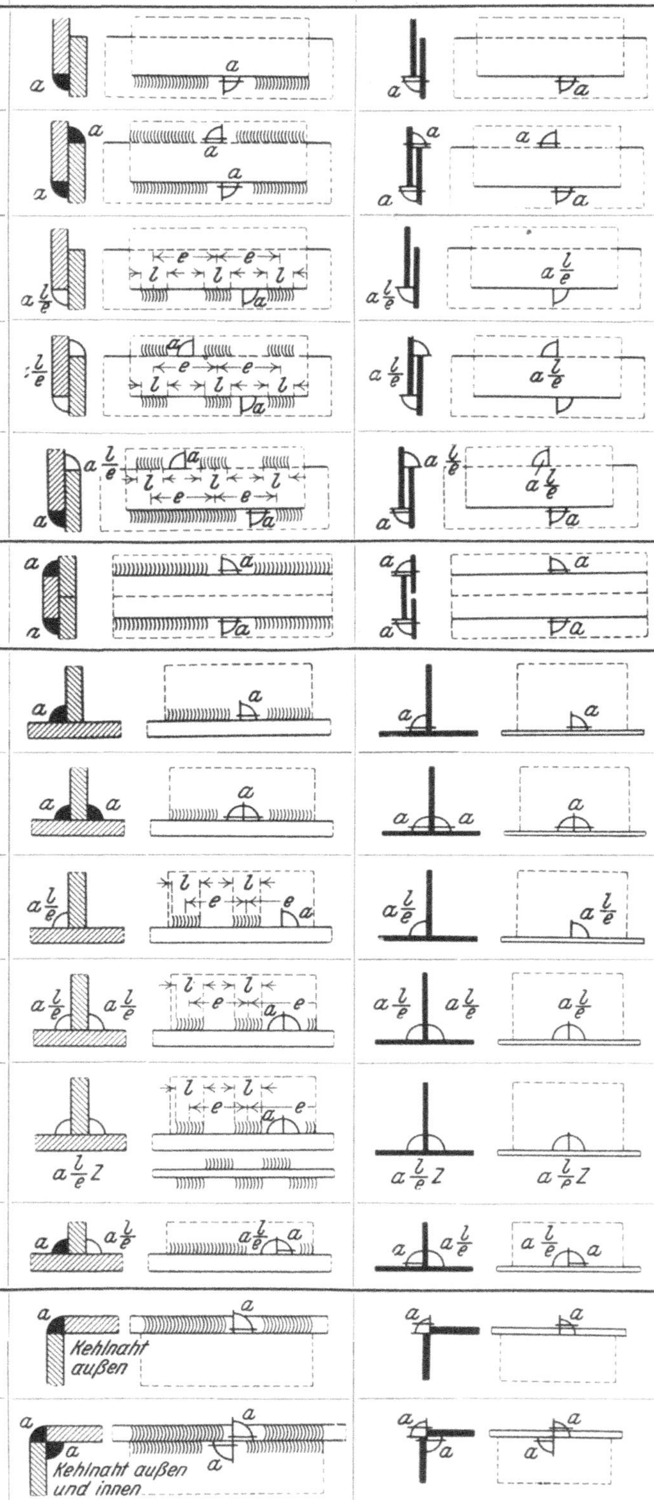

Abb. 47b. Sinnbilder für Schweißnähte nach DIN 1912. (Aus: Stahl im Hochbau. Verlag Stahleisen, Düsseldorf, und Julius Springer, Berlin.)

814. **Allgemeines.**

Die unter den folgenden Nr. 815 bis 825 angegebenen reinen Schweiß- und Schneidezeiten gelten für sehr geübte Arbeiter in der Werkstätte. Die Zeiten sind bei mittelmäßigen Arbeitern mit 1,25, bei langsamen Arbeitern mit 1,5 zu multiplizieren.

Die Gesamtschweißzeit setzt sich zusammen aus der Vorbereitungszeit (Vorbereiten und Heften), der reinen Schweißzeit und der Neben- und Verlustzeit, die als Zuschlag in Prozenten der Vorbereitungs- und der reinen Schweißzeit anzusetzen ist.

Die Neben- und Verlustzeit enthält bei Werkstättenarbeiten das Anschließen des Brenners, das Einstellen der Flamme, das Reinigen, Auswechseln und Kühlen der Düsen, das Zurichten des Schweißdrahtes, das Wenden des Werkstückes, Gespräche mit Vorgesetzten und kurze Ruhepausen. Bei Werkstättenarbeiten sind als Neben- und Verlustzeit nach H. Holler[116] (8 bis 12)% der reinen Arbeitszeit anzusetzen.

Bei Arbeiten an der Baustelle, wo die Arbeiter der Witterung ausgesetzt sind und vielfach sehr häufige Umstellungen der Schweißgeräte erforderlich sind, ist für diese Zeitverluste ein weiterer Zuschlag zu den Vorbereitungszeiten und den reinen Schweißzeiten zu machen, der 50 bis 100% und auch mehr beträgt. Dieser Zuschlag erhöht selbstverständlich den Gasverbrauch nicht.

Für die Beistellung von Hilfsgeräten bei den Schweißarbeiten können etwa 10 bis 20% der Löhne angesetzt werden.

Für die Beaufsichtigung der Schweißer sind etwa 10 bis 15% der Löhne zu rechnen.

815. **Kapitaldienst für die Schweiß- und Schneidanlagen.** (Nach H. Holler.)[116]

Es ist zu rechnen:

für die Verzinsung der Gerätekosten, jährlich	8%
,, ,, Tilgung ,, ,, , ,, ...	15%
,, ,, Instandhaltung der Geräte, ,, ...	8%
zusammen	31%

die auf die jährlichen Arbeitsstunden aufzuteilen sind.

816. **Verbrauch von Azetylengas (Karbid) und Sauerstoff je Stunde Schweißarbeit.** (Nach H. Holler.)[116]

Blechstärke .... mm	2—4	4—6	6—9	9—14	14—20	20—30
Azetylen .... l/h	300	490	700	1100	1600	2600
(Karbid) ....kg/h	1	1,6	2,3	3,7	5,3	8,7
Sauerstoff .... l/h	320	520	800	1300	1900	2800

817. **Verbrauch von Azetylengas (Karbid) und Sauerstoff je Stunde Handschneidearbeit.** (Nach H. Holler.)[116]

Blechstärke ...... mm	3	4	5	6	7	8	9	10	12	14	16
Azetylen .... l/h	300	330	350	370	390	410	425	440	470	490	510
(Karbid) ....kg/h	1	1,1	1,2	1,2	1,3	1,4	1,4	1,5	1,6	1,6	1,7
Sauerstoff .... l/h	630	810	1000	1130	1230	1400	1500	1600	1800	2100	2300

Blechstärke .... mm	18	20	22	24	26	28	30	40	50
Azetylen .... l/h	530	550	580	590	600	610	630	690	750
(Karbid) ....kg/h	1,8	1,85	1,95	2	2	2	2,1	2,3	2,5
Sauerstoff .... l/h	2600	2750	2900	3100	3250	3500	3600	4500	5200

818. **Verbrauch an Schweißdraht in Kilogramm je Meter Schweißdraht.** (Nach H. Holler.)[116]

Blechstärke in mm		3	4	5	6	7	8	9	10	12
Winkel φ der V-förmigen Schweißnaht	$\varphi = 60^0$	0,04	0,07	0,12	0,15	0,21	0,26	0,35	0,45	0,61
	$\varphi = 75^0$	0,06	0,10	0,16	0,24	0,31	0,40	0,55	0,63	1,0
	$\varphi = 90^0$	0,08	0,15	0,23	0,32	0,43	0,58	0,75	0,90	1,4
	$\varphi = 105^0$	0,12	0,20	0,30	0,42	0,60	0,80	1,0	1,2	1,8
	$\varphi = 120^0$	0,14	0,25	0,40	0,58	0,79	1,0	1,3	1,6	2,3
	$\varphi = 135^0$	0,18	0,30	0,49	0,65	0,95	1,2	1,6	2,0	2,9
	$\varphi = 150^0$	0,21	0,38	0,60	0,83	1,15	1,5	1,9	2,5	3,5

Fortsetzung der Tabelle.

Blechstärke in mm		14	16	18	20	22	24	26	28	30
Winkel φ der V-förmigen Schweißnaht	$\varphi = 60^0$	0,83	1,15	1,4	1,8	2,1	2,5	3,0	3,5	4,0
	$\varphi = 75^0$	1,3	1,7	2,2	2,7	3,2	3,8	4,6	5,0	6,0
	$\varphi = 90^0$	1,8	2,4	3,0	3,7	4,5	5,2	6,3	7,2	8,5
	$\varphi = 105^0$	2,5	3,1	4,0	5,0	6,0	7,0	8,5	9,7	11,5
	$\varphi = 120^0$	3,1	4,1	5,1	6,3	8,0	9,0	11,0	12,5	15,0
	$\varphi = 135^0$	4,0	5,0	6,3	8,0	9,8	11,2	13,0	15,5	18,0
	$\varphi = 150^0$	4,8	6,2	8,0	9,9	12,0	14,0	16,5	18,5	20,0

819. Autogenes Schneiden und Schweißen[116] von Stahlblechen nach H. Holler. Arbeitszeit je Meter in Minuten.

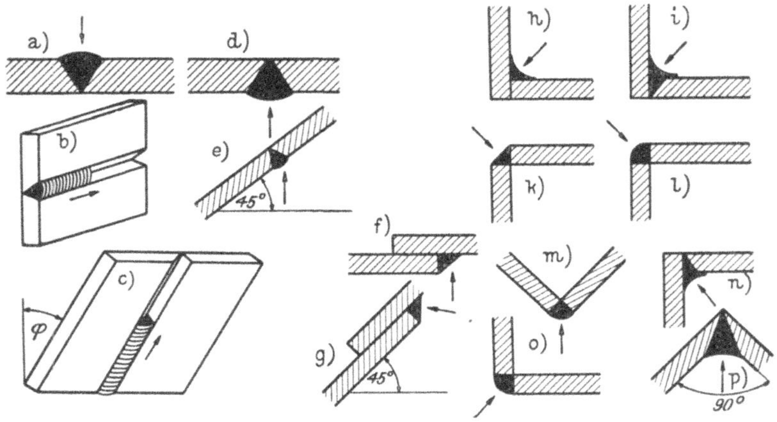

Abb. 48. Schweißverbindungen.

Blechdicke in mm	Abb. (Reine Schweißzeiten)	3	4	5	6	7	8	9	10	12	14	16	18	20	22	24	26	28	30
Schneiden:* Gerade Schnitte, reine Brennzeit		2,2	2,4	2,6	2,8	3,0	3,1	3,3	3,4	3,7	3,9	4,1	4,3	4,5	4,6	4,8	5,0	5,1	5,2
Vorbereitung: Abschrägen beider Enden, Heften usw.		8	10	12	13	14,5	16	18	19	22	24	26	28	30	32	34	36	38	40
Wände schweißen** (Rechtsschweißung):																			
Blech, waagrecht liegend, von oben	48a	8	11	12	15	17	20	22	24	28	33	36	41	45	50	53	58	61	65
Stehende Wand, waagrechte Naht	48b	10	13	15	18	19	22	24	26	31	35	39	44	47	51	55	59	64	70
Geneigte Wand, Schweißung über Kopf. $\varphi = 0^0$	48c	10	14	18	22	25	30	35	38	49	56	70	77	82					
$\varphi = 15^0$	48c	14	20	25	30	37	42	50	55	70	80	95	105	115					
$\varphi = 30^0$	48c	16	22	28	34	40	48	54	60	75	85	100	115	130					
$\varphi = 45^0$	48c	17	23	30	36	42	50	57	62	80	91	110	120	140					
$\varphi = 60^0$	48c	18	25	30	38	44	52	59	63	80	96	110	125	145					
$\varphi = 75^0$	48c	18	25	31	38	46	54	60	68	83	100	115	130	146					
$\varphi = 90^0$	48d	18	25	32	40	47	55	62	70	85	90	118	135	150					
Geneigte Wand, waagrechte Naht, über Kopf. $\varphi = 45^0$	48e	16	22	27	32	37	42	47	52	62	72	82	92	100					
	48f	19	25	31	38	44	52	56	61	75	80	100	110	120					
	48g	16	22	26	32	37	42	47	51	63	72	85	95	100					
Kanten schweißen:**																			
Von oben	48h	17	20	22	25	27	29	32	33	37	39	42	45	48	50	52	55	58	60
	48i	22	25	28	31	33	36	38	41	45	50	52	56	60	62	65	68	70	72
	48k	8	10	12	14	15	18	20	21	24	27	32	35	37	40	44	47	51	55
	48l	10	13	16	18	22	25	27	30	36	42	48	53	60	65	70	75	80	85
Über Kopf	48m	19	24	28	35	40	44	48	52	63	71	83	90	98					
	48n	48	55	60	64	70	73	78	81	88	94	100	105	110	116	120	123	125	127
	48o	13	17	24	30	35	42	49	54	65	82	100	112	122					
	48p	21	28	35	42	50	56	61	65	85	100	112	123	130					

* Für Bogenschnitte: Zuschlag 30 bis 40%.

** Wenn Bleche von den Stärken s_1 und s_2 zu schweißen sind, so ergeben sich die Schweißzeiten aus der obigen Tabelle hinreichend genau, wenn als Blechstärke $1{,}1\,\frac{s_1 + s_2}{2}$ genommen wird.

820. Autogenes Schweißen von dünnen Stahlblechen.[116] (Nach H. Holler.) Reine Schweißzeit je Meter Naht in Minuten.

Blechdicke ...... mm	0,5	0,6	0,7	0,8	0,9	1,0	1,2	1,4	1,6	1,8	2,0	2,5	3,0
Schweißzeit ..... min	4,3	4,6	5	5,2	5,5	5,7	6	6,5	6,8	7,1	7,5	8,2	8,8

821. Autogenes Schweißen von Flachstahl.[116] (Nach H. Holler.) Reine Schweißzeit in Minuten.

Querschnitt in mm/mm		20/6	20/10	40/6	40/10	50/6	50/10	60/6	60/10	70/6	70/10	80/6
Gerade Schweißung	V-Naht..	1,5	1,8	2	2,3	2,7	3	3,3	3,8	4	4,6	5
	X- „ ..	1,9	2	2,4	2,6	3	3,5	4	4,2	4,8	5,8	6
Gehrungsschweißung	V-Naht..	2	2,4	2,9	3	3,2	3,5	4	4,3	5	6	6,5
	X- „ ..	2,6	3	3,3	3,5	4	4,5	5	5,2	6,2	7,6	8,2

Querschnitt in mm/mm		80/10	90/6	90/10	100/10	110/10	125/10	140/10	150/10	170/10	180/10	200/10
Gerade Schweißung	V-Naht..	5,2	5	6	6,2	7	7,3	7,8	8	8,5	10	12
	X- „ ..	6,3	6	7,5	8,2	9	10	11	11,5	12,2	13	15
Gehrungsschweißung	V-Naht..	7,2	7	8,5	8,6	9,5	10,2	11	12,5	13,4	15,6	16,2
	X- „ ..	8,6	8,2	10	10,5	12	13,5	14,5	16	18	19,5	22

822. Autogenes Schweißen von Rundstahl.[116] (Nach H. Holler.) Reine Schweißzeit in Minuten.

Durchmesser .... mm	5	6	7	8	9	10	12	14	16	18	20
Gerade Schweißung	1	1,2	1,4	1,7	1,9	2,2	2,8	3,4	4	4,6	5,3
Gehrungsschweißung	1,6	2,1	2,5	2,9	3,4	3,8	5	6	7	8	9,5

Durchmesser .... mm	22	24	26	28	32	36	40	50
Gerade Schweißung	6	6,6	7,4	8,1	9,5	11	12,7	16,7
Gehrungsschweißung	10,5	11,7	13	14	17	19,5	24	30

Durchmesser .... mm	60	70	80	90	100
Gerade Schweißung	21	25,5	30	37	50

823. Autogenes Schneiden von Hand von Flach-, Rund-, Quadrat-, Winkel- und T-Stahl. Reine Schneidezeit in Minuten. (Nach H. Holler.)[116]

Flachstahl.

Abmessung in mm/mm	50/6	50/10	60/6	70/6	70/10	80/6	80/10	90/6	90/10	100/10	110/10	125/10	150/10	170/10	180/10	200/10
Gerader Schnitt	0,4	0,4	0,5	0,5	0,6	0,6	0,7	0,7	0,8	0,8	0,9	1	1,1	1,2	1,2	1,5
Gehrungsschnitt	0,6	0,6	0,7	0,8	0,8	0,9	1	1,1	1,1	1,2	1,3	1,5	1,7	1,8	2	2,2

Quadrat- und Rundstahl.

Abmessung in mm	20	30	40	50	60	70	80	90	100	110	120	150
Gerader Schnitt	0,6	0,8	1,2	1,8	2,4	3	3,6	4,2	5	6	7	9
Gehrungsschnitt	0,8	1,1	1,7	2,5	3,4	4,2	5,1	5,9	7	8	9,5	12

Winkel- und T-Stahl, gleichschenkelig.

Abmessung in mm/mm	20/20	30/30	40/40	50/50	60/60	70/70	80/80	90/90	100/100	110/110	120/120	150/150
Gerader Schnitt	0,3	0,4	0,5	0,6	0,7	0,9	1,0	1,2	1,5	1,6	1,8	1,9
Gehrungsschnitt	0,4	0,5	0,6	0,7	0,8	0,9	1,1	1,2	1,6	1,7	1,9	2,0
Ausklinken (V-förmig) .	0,6	0,7	0,9	1,0	1,2	1,4	1,6	1,8	2,0	2,2	2,5	3,0

Winkelstahl, ungleichschenkelig.

Abmessung in mm/mm	20/30	30/45	40/60	50/75	65/100	80/120	100/150
Gerader Schnitt	0,5	0,6	0,7	0,8	1,0	1,3	1,6
Gehrungsschnitt im kleinen Schenkel	1,0	1,3	1,5	1,6	1,8	2,0	2,3
„ „ großen „	1,1	1,5	1,7	1,9	2,1	2,4	2,8
Ausklinken im kleinen Schenkel	1,2	1,5	1,8	2,0	2,2	2,5	3,0
„ „ großen „	1,4	1,7	2,0	2,3	2,8	3,1	3,5

824. Autogenes Schneiden von I-Stahl von Hand.[116] (Nach H. Holler.) Reine Schneidezeit in Minuten.

Querschnittnummer	8	10	12	14	16	18	20	22	24	26	28	30	32
Gerader Schnitt	1,0	1,2	1,4	1,5	1,7	2,0	2,2	2,5	3,0	3,5	4,0	5,0	6,0
Gehrungsschnitt im Steg	1,8	2,0	2,5	2,8	3,0	3,5	4,0	4,3	4,7	5,0	5,5	6,0	6,2
„ in zwei Flanschen	1,8	2,0	2,5	2,8	3,0	3,5	4,0	4,3	4,7	5,0	5,5	6,0	6,2
Ausklinken im Steg, V-förmig	3,0	3,5	4,0	4,2	5,0	5,3	6,0	6,2	6,8	7,2	7,5	8,0	8,3
„ in zwei Flanschen, V-förmig	1,5	2,0	2,5	2,8	3,2	3,8	4,2	4,5	5,0	5,3	6,0	7,0	7,5
„ in einem Flansch, rechteckig, 100 mm lang, am Trägerende	1,6	1,8	1,8	2,0	2,2	2,5	3,0	3,5	4,0	4,6	5,0	6,0	6,5
Ausklinken in beiden Flanschen, rechteckig, 100 mm lang, am Trägerende	3,2	3,6	3,6	4,0	4,0	4,5	4,5	5,0	6,0	7,0	8,0	8,5	9,0

825. Autogenes Schneiden von U- und Z-Stahl von Hand.[116] (Nach H. Holler.) Reine Schneidezeit in Minuten.

Querschnittnummer	6½	8	10	12	14	16	18	20	22	24	26	28	30
Gerader Schnitt	1,0	1,2	1,3	1,4	1,5	1,6	1,8	2,5	2,8	3,0	4,0	4,5	5,0
Gehrungsschnitt im Steg	1,7	1,7	1,8	2,0	2,1	2,3	2,5	3,0	4,0	5,0	5,2	5,5	6,0
„ in zwei Flanschen	1,7	1,7	1,8	2,0	2,1	2,3	2,5	3,0	4,0	5,0	5,2	5,5	6,0
Ausklinken im Steg, V-förmig	1,9	2,2	2,6	3,0	3,6	3,9	4,4	4,8	5,2	5,7	6,2	6,6	7,0
„ in zwei Flanschen, V-förmig	1,6	1,7	1,9	2,0	2,2	2,4	2,6	2,8	3,0	3,2	3,4	3,6	3,8
„ in einem Flansch, rechteckig, 100 mm lang, am Ende	1,1	1,2	1,3	1,4	1,5	1,6	1,7	1,9	2,1	2,3	2,5	3,0	3,2
Ausklinken in zwei Flanschen, rechteckig, 100 mm lang, am Ende	2,0	3,0	3,6	4,0	4,2	4,4	5,0	6,0	7,0	8,0	9,0	9,0	10,0

826. Schweißstäbe der „Griesogen" Griesheimer Autogen-Verkaufs-G. m. b. H. in Frankfurt a. M.-Griesheim.

Preise in RM je Kilogramm.

Dicke der Schweißstäbe in mm	1	2	3	4	5	6	8	10	12	15	Bemerkung
Flußeisenschweißstäbe:											
Gv 1 für St 30, St 34	0,56	0,50	0,44	0,41	0,40	0,41	0,42	—	—	—	ohne Schweißpulver
„ 2 „ „ 37, „ 42	—	0,61	0,52	0,50	0,49	0,49	0,48	—	—	—	
„ 3 „ „ 52	—	—	1,00	0,81	0,81	0,81	—	—	—	—	
Stahlschweißstäbe N für hochbeanspruchte Verbindungen	—	—	2,16	—	2,16	—	2,16	—	—	—	
Gußeisenschweißstäbe	—	—	—	0,90	0,81	0,74	0,69	0,66	0,63	0,62	mit Schweißpulver PG 1

827. Schweißpulver für Gußeisen der „Griesogen" Griesheimer Autogen-Verkaufs-G. m. b. H. in Frankfurt a. M.-Griesheim. Preis je Kilogramm 2,25 RM.

828. Autogen-Schweißbrenner. (Griesheimer Autogen-Verkaufs-G. m. b. H. in Frankfurt a. M.-Griesheim.)

Wechselschweißbrenner mit 8 auswechselbaren Einsätzen für einen Schweißbereich von 0,5 bis 30 mm in Holzkasten, aus Messing oder Leichtmetall, Preis 81 RM;
desgleichen mit Schneideinsatz für den Schneidbereich von 2 bis 100 mm 116 RM.

Kleinschweißbrenner, für den Schweißbereich 0,1 bis 0,3, 0,3 bis 0,5, 0,5 bis 1, 1 bis 2, 2 bis 4 und 4 bis 6 mm, geeignet auch für Bleischweißung, je 16,20 RM.

829. Autogen-Schneidbrenner. (Griesheimer Autogen-Verkaufs-G. m. b. H. in Frankfurt a. M.-Griesheim.)

Universal-Schneidbrenner	Größe	I	II	III
Schneidbereich	mm	2—300	3—300	200—600
Preis	RM	52	65	149
Schneidbrenner für Gußeisen, Schneidbereich	mm	10—200		
Preis	RM	81		

Zugehör:

Wellen- und Rohrschneidführung	Größe	I	II	III
Schneidbereich, Durchmesser	mm	60—300	60—300	200—600
Preis	RM	32	33	35

Führungswagen für Geradeschnitte .... Preis RM 4—5
„ „ Kantenschnitte .... „ „ 3,5
Rundführung für Kreisschnitte .... „ „ 13—16
Führung für Lochschnitte .... „ „ 10

830. Azetylenentwickler für Baustelle und Innenräume. (Griesheimer Autogen-Verkaufs-G. m. b. H. in Frankfurt a. M.-Griesheim.)

Preise ab Werk in RM.

Stundenleistung in l/h	350	500	800	1200	1500	2000	2500	4000	6000
Hochdruckentwickler, 1,5 atü, mit Wasservorlagen und Gasreiniger	49	80	141	—	286	—	385	513	—
Mitteldruckentwickler, 500—870 mm WS, mit Wasservorlagen und Gasreiniger	—	—	—	—	82	106	—	146	228
Niederdruckentwickler, 90—140 mm WS, mit Wasservorlagen und Gasreiniger	—	—	—	189	198	—	112	230	272

831. Stahlflaschen, nahtlos, für Preßgase.

Zur Verwendung für	Sauerstoff, Wasserstoff					Kohlensäure		Chlor				Dissousgas			
Probedruck .. atü	190	190	225	225	225	190	190	22	22	22	22	70	70	70	70
Betriebsdruck „	125	125	150	150	150	125	125					15	15	15	15
Durchmesser außen ..... mm	109	109	143	164	207	205,5	205,5	159	203	241	267	159	203	241	267
Länge mit Kappe .... „	486	740	990	1390	1670	1230	1465	1380	1640	1740	1890	1380	1640	1740	1890
Rauminhalt .. l	2	4	10	20	40	26,8	33,5	20	40	60	80	20	40	60	80
Gewicht ..... kg	6,6	10,8	23,8	42,9	72,2	49,5	58,4	26,8	47,8	71,4	94,0	26,8	47,8	71,4	94,0
Preis .... RM		26	30		55								180		
S															
Kč	97	125	210	330	540	380	430	290	490	625	740				

Stahlflaschenventile:

Für Sauerstoff, Wasserstoff, Kohlensäure, je Stück .... RM 3,—, Kč 31,—
„ Chlor .... „ 4,—, „ 42,—

832. Schläuche für autogene Schweiß- und Schneidgeräte. (Griesheimer Autogen-Verkaufs-G. m. b. H. in Frankfurt a. M.-Griesheim.)

Sauerstoffdruckschlauch, je Meter RM 1,85 Azetylenschlauch je Meter RM 1,80
Für Drahtumflechtung: Zuschlag $33^1/_3$%.

833. Zugehör für Schweiß- und Schneidgeräte. (Griesheimer Autogen-Verkaufs-G. m. b. H. in Frankfurt a. M.-Griesheim.)

Schlauchklemmen, je Stück .... RM 0,23
Schlauchverbinder, „ „ .... „ 0,68
Schutzbrille .... „ 1,10—2,10
Gassparer .... „ 22,00
Karbiddosen für 10 bis 12 kg .... „ 2,90
Rollkarre für Azetylenentwickler .... „ 9—11
Wagen für Azetylenentwickler und Sauerstoffflaschen, zweirädrig, je nach Größe und Ausführung .... „ 90—220
Druckregler für Hochdruckazetylenentwickler .... „ 38
Wassereimer für 9,5 l .... „ 4,40
Manometer, bis 150 atü .... „ 26
Druckminderventile für hochgespannte Gase .... „ 30—50

834. Elektrisches Schweißen. (Messer & Co., Frankfurt a. M.)

a) Schweißspannungswandler:

Wirkungsgrad $\eta = 0{,}8$ bis 0,9.

Schweißstrombereich 45—200 Amp. .... Preis für Anschluß an eine Spannung RM 670
„ 80—250 „ .... „ „ „ „ „ „ „ 690

Spannungswandler für wahlweisen Anschluß an mehrere Spannungen erfordern etwas höhere Preise.

b) Schweißumformer:

Wirkungsgrad $\eta = 0{,}5$ bis 0,6. Schweißstrombereich 200 bis 250 Amp.
Preis bei Drehstromantrieb (1400 bis 1450) RM.

835. Schweißelektroden für Gleich- oder Wechselstrom. (Messer & Co., Frankfurt a. M.)

Preis je 1000 Stück in RM.

Umhüllung			Dünn			Dick			Dünn			Mittel	Dick	Dünn	Mittel
Länge in mm	Drahtdicke in mm	Ungefähres Eisengewicht je 1000 Stück in kg	Für Stäbe, lotrechte und Überkopfschweißungen	Für dünne Blecharbeiten, in allen Lagen	Für dicke Bleche, Füll- und Verschweißungen	Für Kehlnähte, ferner Behälter- und Rohrschweißungen St 37—St 42	Für Kessel- und Behälterbau, Lotrecht und Überkopf, St 37—St 52	Dichtschweißungen	Für Auftragschweißungen, Brinellhärte 250	Für Auftragschweißungen, Brinellhärte 350	Für Auftragschweißungen, Brinellhärte 500—600	Für Auftragschweißungen, 10—14% Mangan	Gußeisen-Kaltschweißung, Übergangszone weich	Gußeisen-Kaltschweißung, Übergangszone hart	Gußeisen-Warmschweißung
300	1,5	4,2	14	14	14	21	24	27							
350	2	8,6	16	18	18	31	31	35					270	19	
350	2,5	13,5	21	23	23	36	36	40						24	
450	3	25	25	28	30	50	48	60	49	67	75	80	480	31	
450	3,25		28	32	34	56	53	73						35	
450	4	44	36	39	42	69	68	88	71	92	116	110	660	44	95
450	5	69	55	62	64	91	90	120	98	122	154	180	990	67	110
450	6	100 (133)*	75	85	93	123	120	150	130	165	210	250	1380	94	200*
450	8	176 (235)*				198	190	240					2540	153	270*
450	10	275 (366)*				290	290	300							410*
450	12	396 (528)*				400	410	440							740*

836. Reine Schweißzeiten, Elektroden- und Stromverbrauch.

Blechdicke in mm	Schweißart	Elektroden			Schweißlagen	Schweißstromstärke A	Reine Schweißzeit je m Naht in Minuten	Arbeitsverbrauch je m Naht in kWh bei Verwendung	
		Sorte	Durchmesser in mm	Stück je m				eines Schweißspannungswandlers $\eta = 0{,}8$ bis 0,9	eines Schweißumformers $\eta = 0{,}5$ bis 0,6
3	Stumpf	Norma	2,5	5—6	1	90	4—5	0,2—0,3	0,3—0,45
4	„	Norma	3	7	1	110	9	0,4	0,6
5	„	Norma	4	5—6	1	145	10	0,6	0,9
6	„	Norma	4	6—7	1	150	12	0,8—0,9	1,2—1,35
8	V-Naht	Norma	4	12	2	135	25	1,6—1,7	2,4—2,6
10	„	Norma	4	4	2	135	27	2—4	3—6
		Norma	5	8		175			
3	Stumpf	Rapid	2,5	2—3	1	85	3	0,2—0,3	0,3—0,45
4	„	Rapid	3	4—5	Vorder- u. Rückseite	85—90	10	0,5	0,75
5	„	Rapid	4	3—4	„	120	10	0,6—0,7	0,9—1,1
6	„	Rapid	4	4—5	„	150	10	0,8	1,2
8	V-Naht	Rapid	3	3	1	115	17	1,3	2,0
		Rapid	4	6	2	140			
10	„	Rapid	4	8	3	140	25—30	2,5	3,8
		Rapid	5	4	1	170			

* 600 mm lang.

837. 1 m Eisenblechnaht elektrisch schweißen.[36]

Die Arbeitsstunden des Schweißers und des Helfers, den Bedarf an Elektroden und der Aufwand an elektrischer Energie wird der Abb. 49 entnommen. Hierzu kommen die Kosten der Überwachung, die Verzinsung, Tilgung und Unterhaltung der Geräte, für die bei elektrischem Antriebe 60 bis 80%, bei Antrieb mit Verbrennungskraftmaschinen 75 bis 95% zuzuschlagen sind.

838. Elektrisches Schweißen nach dem Verfahren von Slawianoff. (Der Schweißstab ist gleichzeitig die eine Elektrode.)

Stumpfschweißung				Überlappungsschweißung			
Blechstärke in mm	Schweißstromstärke in A	Schweißspannung in V	Schweißdrahtdurchmesser in mm	Blechstärke in mm	Schweißstromstärke in A	Schweißspannung in V	Schweißdrahtdurchmesser in mm
4—6	120	18	3	10 + 10	150	20	4
6—8	130	20	3	15 + 15	180	20	4,5
8—10	150	20	4	20 + 20	180	20	5
10—15	180	20	4				
15—20	200	22	5				

Schweißleistungen.

Schweißdrahtdurchmesser in mm	Schweißstromstärke in A	Schweißspannung in V	Gleichstrom			Wechselstrom			Stündlicher Verbrauch an Schweißenergie in kWh
			Stündlicher Niederschlag in kg	Hiervon Abbrand in Prozenten	Reiner stündlicher Niederschlag in kg	Stündlicher Niederschlag in kg	Hiervon Abbrand in Prozenten	Reiner stündlicher Niederschlag in kg	
2	60	22	0,364	8	0,335	0,352	13	0,306	1,32
3	130	26	0,729	10	0,656	0,720	15	0,612	3,39
4	180	27	0,921	11	0,820	0,942	16	0,791	4,86

839. Elektrisches Schneiden von Stahl:[186] 1 m Schnittlänge erfordert:

Bei einer Blechstärke	in	mm	10	20
Reine Schneidezeit	,,	h	0,135	0,167
Energieverbrauch	,,	kWh	0,7	1,2
Stromstärke	,,	A		250

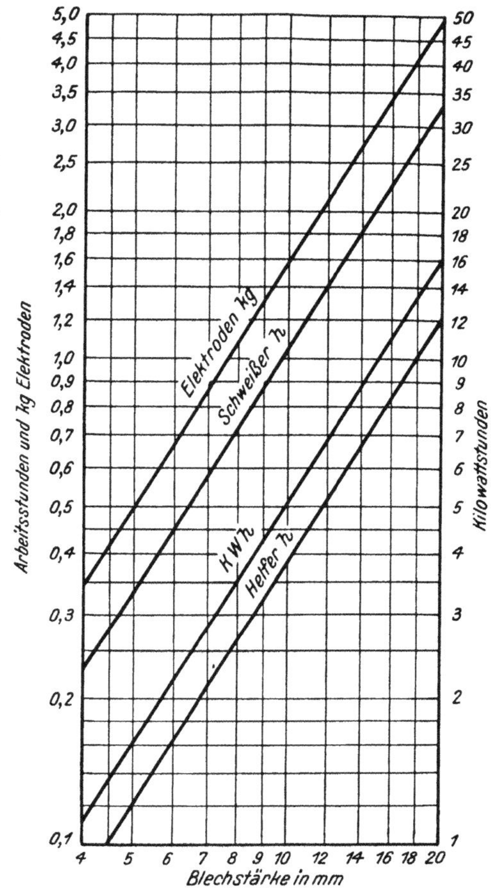

Abb. 49. Kosten des elektrischen Schweißens ohne die Kosten von Versicherungen, der Überwachung und der Jahresauslagen für Entwertung, Verzinsung, Unterhaltung der Geräte. Für die letzterwähnten Jahresauslagen sind bei elektrischen Anlagen 45%, bei Antrieb durch Verbrennungsmotoren 60% des Nennwertes anzusetzen.

XIV. Reinigungsarbeiten.

840. 1 qm Fußboden, Fenster oder Türen reiben und abwaschen, einschließlich Beigabe aller Geräte und Stoffe: 0,25 h weibliche Hilfsarbeiter + 5%.

841. 1 qm eiserne Tragwerke von Hand entrosten:

a) Unter Verwendung von Spachtel, Schaber, Drahtbürste und Handfeger, allenfalls Hammer und Meißel:[53] 0,75 h Hilfsarbeiter + 15% für Aufsicht und Geräte. Bei leichter Verrostung weniger. Für Verschleiß und Verlust an Geräten allein: 6% der Löhne.

b) Mittels Drahtbürsten allein: (0,5 bis 3) h Hilfsarbeiter + 15% für Aufsicht und Geräte.

c) Durch Abklopfen mit Hämmern: (1 bis 2) h Hilfsarbeiter + 10% für Aufsicht und Geräte.

842. 1 qm Entrostung nach dem Sandblomverfahren mit Rotationshämmern kostet (1931) etwa 4 RM.[53]

843. 1 qm Entrostung mittels Sandstrahlgebläsen:[53]
Preßluft von 2 bis 3 atü. Gebläsekies von 1 bis 2 mm Körnung aus Quarz.
Die Erzielung einer metallreinen Fläche erfordert: 0,09 h Maschinist + 0,18 h Düsenführer + 10% für Aufsicht + 1,07 l Benzol + 0,047 l Öl + 0,016 rm Gebläsekies + 0,034 Stück Düsen (Gußeisen).
Die Gesamtkosten für die Entrostung von 1 qm: 1,53 RM, hiervon Lohn 0,39 RM, Stoffverbrauch 0,81 RM, Kapitalsdienst 0,33 RM.
Mit 2 Düsen werden stündlich 10 bis 15, durchschnittlich 11,5 qm metallrein entrostet.

844. Entrosten von Stahlbauten mittels Sandstrahlgebläses.[237]
Betriebsdruck: 2,5 bis 3,0 atü an der Blasdüse bei Flußsand von 1,5 bis 2 mm Durchmesser, bis 6 atü bei Stahlsand.
Leistung: Bei einer 10 mm-Düse und 2,5 bis 3,0 atü bei Fachwerk etwa 3 qm Rostfläche bei starker Verrostung und 4 bis 6 qm bei geringerer Verrostung. Bei Bauwerken mit großen Flächen wie Behältern bis 10 bis 12 qm/h.
Sandverbrauch: 10 kg/min oder etwa 150 kg/qm blankgeblasene Fläche bei Flußsand oder 100 kg/qm bei Quarzsand (zweimal verwendbar).
Düsenverbrauch: Dura-Düsen zeigen nach 500 bis 800 Blasstunden noch keine Aufweitung.
Preise der Düsen:

Gußeisen, lichte Weite	mm	6	8	10
Preis je 100 Stück	RM	30	40	48
Dura-Düsen, lichte Weite	mm	6	8	10
„ , Länge	„	80	80	80
Preis je Stück	RM	56	65	75

845. Preßluftklopfer für das Abklopfen von Rost, Kesselstein. (Internationale Preßluft- und Elektrizitäts-G. m. b. H., Berlin.)

Bauart		Ohne Staubabsaugung				Mit Staubabsaugung
		S 2	MA 1	MA 2	KAO	KAM
Gewicht	kg	1,25	2,00	2,90	2,60	2,80
Luftverbrauch, angesaugte	cbm/h	0,26	0,44	0,48	0,25	0,25
Spannung der Luft	atü	4—6	4—6	4—6	4—6	4—6
Schlauchanschluß	mm	10	10	10	13	13
Gesamtlänge	„	210	205	233	400	390
Schlagzahl je Minute		4000	3750	2750	4500	5000
Preis	RM	100	100	100	50	80

846. 1 qm Betonoberfläche mittels des Torkretgerätes als Sandstrahlgebläse reinigen.
(0,1 bis 0,15) h Düsenführer + (0,2 bis 0,3) h Hilfsarbeiter + 0,03 rm Sand + Kosten für Geräte und Preßluft.

847. 1 qm Ziegelmauerwerk mittels Wasserstrahles abzuspülen und mittels verdünnter Salzsäure (1 : 20) zu reinigen erfordert ohne Gerüstung: 0,45 h Hilfsarbeiter + 0,01 kg Salzsäure.

XV. Anstriche.

848. Normen.
DIN 1976. Technische Vorschriften für Bauleistungen. XIII. Maler- und Anstreicherarbeiten.
DIN 1841. Farbe für Maschinen und Apparate, Ton- und Glanzgrad.
DVM 3201. Anstrichstoffe, Begriffe und Benennungen.
DVM 3210. Anstrichfarben, Bezeichnung des Rostgrades.
RAL 840. Fassadenfarben, Richtlinien für den Einkauf und die Prüfung.
RAL 840 A 2. Farben und Lacke, Einfache Prüfung.
RAL 844 B. Bleimennige, Lieferbedingungen und Prüfverfahren.
RAL 844 C 2. Zinkweiß und Zinkoxyd, Lieferbedingungen und Prüfverfahren.
RAL 848 A. Rohes, gebleichtes, raffiniertes und Lackleinöl, Lieferbedingungen.
RAL 848 B. Leinölfirnis, Lieferbedingungen.
RAL 848 C. Terpentinöl, Lieferbedingungen.

Önorm B 2029. Malerarbeiten.
Önorm B 2030. Anstreicherarbeiten.
Önorm C 2301. Terpentinöle und Kienöle.
Önorm C 2300. Anstrichstoffe.
Önorm C 2305. Leinölfirnis.

849. Anstrichflächen von genormten Form-, Stahl- und Walzprofilen sowie DIN-Rohren, in Quadratmetern, bezogen auf 1 m Stablänge sowie auf 1 t Profilgewicht, siehe: Verein deutscher Eisenhüttenleute: Stahl im Hochbau. Verlag Stahleisen, Düsseldorf und J. Springer, Berlin, 1935, S. 772 und 773.

850. 1 qm Ölfarbenhandanstrich auf großen Flächen:[17]

			Auf Holz	Auf Putzflächen
Arbeitsaufwand:				
	Kitten und Schleifen	h	0,1—0,13	0,1—0,13
	Grundanstrich	,,	0,15	0,10
	Zweiter Anstrich	,,	0,25	0,15
	Dritter Anstrich	,,	0,25	0,13
	Für Aufsicht und Geräte	%	15	15
Farbaufwand:				
	Ölfarbe, Grundanstrich	kg	0,07—0,10	0,1—0,12
	,, , zweiter Anstrich	,,	0,10—0,11	0,09—0,11
	,, , dritter Anstrich	,,	0,10—0,11	0,09—0,12

851. 1 qm Ölfarbenanstrich auf Stahltragwerken:

Arbeitsaufwand:[53]			
	Grundanstrich, Anstreicherstunden		0,13—0,15
	Deckanstrich, ,,		0,15
	Für Aufsicht und Geräte	%	15
Farbaufwand:			
	Bleimennige	kg	0,17—0,2
	Eisenoxydfarbe	,,	0,17
	bleifreie Farbe	,,	0,15

852. Ölfarbenanstrich auf gehobeltem Holz, ausschließlich der Vorbereitung der Fläche, wie Kitten, Entstauben usw., je 100 qm:

a) dreifach: 21 h Anstreicher; b) zweifach: 16 h Anstreicher; c) einfach: 9 h Anstreicher.

853. Ölfarbenanstrich auf einer vorbereiteten Stahlfläche, je 100 qm:

a) zweifach: (14 bis 16) h Anstreicher; b) einfach: (7 bis 9) h Anstreicher.

854. Ölfarbenanstrich auf vorbereitetem Beton, je 100 qm:

a) zweifach: 16 h Anstreicher; b) einfach: 9 h Anstreicher.

855. 1 qm Farbe mit Preßluftpistole aufspritzen erfordert[53] 0,091 h Farbpistole.

Farbverbrauch: Grundanstrich je Quadratmeter .... kg 0,20
Deckanstrich ,, ,, ... ,, 0,13
Eine Farbspritzpistole kostet etwa ....RM 170,—

856. Aluminiumanstriche. (Biberwerk in Köln a. Rhein.)

Preis in RM je Kilogramm und Verbrauch.

Packung	Gabrit S 1. Für Eisen im Freien und in Innenräumen	Gabrit S 2. Für Heizröhren und Kessel bis 500° C	Gabritekt-Al. Dachanstrich als Schutz gegen Erwärmung durch Sonnenstrahlung
Packung zu 30 kg	—	—	1,75
,, ,, 25 ,,	2,10	2,10	—
,, ,, 15 ,,	—	—	1,90
,, ,, 10 ,,	2,20	2,20	—
,, ,, 5 ,,	2,30	2,30	—
,, ,, 2,5 und 1 kg	2,40	2,40	—
Verbrauch je qm bei einmaligem Anstrich . kg	0,1—0,125	0,67—0,85	—
,, ,, ,, Pappdach ,,	—	—	0,1—0,125
,, ,, ,, Metallfläche ,,	—	—	0,085
,, ,, ,, Mauerwerk ,,	—	—	0,1—0,125
,, ,, ,, Holz ,,	—	—	0,1—0,125

857. Schutzanstrich von Pappe-, Beton-, Mauerwerks- oder Eisenflächen gegen Angriffe von angreifenden Gasen oder Wasser **mit Fixif 1.** (Wunnersche Bitumenwerke in Unna i. W.):

Preis: in Leihfässern von 200 kg	RM/kg	0,59
„ Blechkannen zu 15, 30 oder 50 kg	„	0,64

Leihfrist der Eisenfässer: 6 Wochen.

Verbrauch je Quadratmeter bei zweimaligem Anstrich:

bei rauhem Beton oder Mauerwerk	kg	0,33—0,4
„ Glattputz oder Pappe	„	0,25—0,33
„ Eisenflächen	„	0,16—0,2

Auftragung: mittels Pinsel.

Arbeitsaufwand je Quadratmeter bei zweimaligem Anstrich: 0,5 h Anstreicher + 15% für Aufsicht und Geräte.

858. Abdichtungs- und Schutzanstrich für Papp-, Blech- oder Betondächer und eiserne Tragwerke mittels Fixif 2 (zähflüssig) (Bitumenfasermasse). (Wunnersche Bitumenwerke in Unna i. W.)

Preis: bei Mengen über 200 kg	RM/kg	0,59
„ „ unter 200 „	„	0,64

Verbrauch je Quadratmeter:

bei Dachpappe oder Beton	kg/qm	0,5
„ Blech oder eisernen Tragwerken	„	0,25

Auftragung mittels Bürste oder Pinsel.

Arbeitsaufwand je Quadratmeter: (0,3 bis 0,5) h Anstreicher + 15% für Aufsicht und Geräte.

859. Inertol. Bitumenschutz- und Dichtungsanstrich, kalt aufzutragen. Entflammungspunkt 35° C. Feuergefährlich.

Inertol I, schwarz, für Außenflächen, Preis je kg	Kč	10,—
„ II, „ , „ Innenflächen, „ „ „	„	6,—
„ 49, „ , gegen angreifendes Wasser, Preis je kg	„	10,—
Inertol 35, schwarz, gegen heißes Wasser, Preis je kg	„	12,50
„ farbig, so wie Inertol I bis 35, auf schwarzer Grundierung aufzutragen, Preis je kg	„	11,50 bis 13,—

Arbeitsaufwand je Quadratmeter Anstrich: 0,2 h Anstreicher + 15% für Aufsicht und Geräte. Wegen des Benzolgehaltes ist nach 0,5 h Arbeit in kleinen, geschlossenen Räumen[181] mehrstündiger Aufenthalt im Freien erforderlich, daher wesentliche Verteuerung in solchen Fällen.

Verbrauch bei zweimaligem Anstrich je Quadratmeter:

auf Eisenflächen	kg	0,2—0,3
„ Beton oder Mauerwerk	„	0,3—0,5

860. 1 qm Goudronanstrich auf Mauerwerk:[17]

Anstrich	einmal	zweimal
Hilfsarbeiterstunden	0,5	0,8
Für Aufsicht und Geräte . . . . %	10	10
Goudron . . . . kg	1,8	2,5
Brennholz . . . . „	0,3	0,5

861. Schutzanstrich für Holz mit Karbolineum Verol. (Biberwerk in Köln a. Rhein.)

	Braun	Rot, gelb	Grün
Preis: in Packung von 200 kg	0,38 RM/kg	—	—
„ „ „ 100 „	0,40 „	—	—
„ „ „ 50 „	0,46 „	1,00 RM/kg	1,20 RM/kg
„ „ „ 25 „	—	1,05 „	1,25 „
„ „ „ 10 und 5 kg	—	1,20 „	1,40 „

Verbrauch kg/qm:	Bei einmaligem Anstrich	Bei zweimaligem Anstrich
bei rauhem Holz	0,2—0,25	0,33
„ gehobeltem Holz	0,13—0,20	0,25

Arbeitsaufwand je Quadratmeter und Anstrich: (0,25 bis 0,3) h Hilfsarbeiter + 10% für Aufsicht und Geräte.

862. Dachschutz- und Isolieranstriche. (Biberwerk in Köln a. Rhein.)

Packung	Grundierlack D. Zum Grundieren von Beton und Pappe	Dursit normal. Streichmasse	Dursit konzentriert. Spachtelmasse für Ausbesserungen	Raxit, kalt streichbar Mittelflüssig	Raxit, kalt streichbar Spachtelmasse	Spezialdachlack 3. Für Bitumen und Teerpappe
Packung zu 160 kg	0,50	0,65	0,65	0,49	0,52	0,38
„ „ 100 „	—	0,68	0,68	0,52	0,55	—
„ „ 50 und 25 kg	0,60	0,75	0,75	0,55	0,60	—
„ „ 15 „ 10 „	—	—	—	—	—	—
Verbrauch je qm ...... kg	0,25—0,33	—	—	—		0,25—0,33
„ „ „ und 1 mm Schichtstärke.. „	—	—	1,0	—		—
Verbrauch je qm Pappe . „	—	0,75—1,0	—	0,33—0,5		—
„ „ „ Blech . „	—	0,50—0,67	—	0,25—0,33		—
„ „ „ Beton . „	—	1,0—1,35	—	—		—

863. Abdichtung von Rissen, Fugen, Kehlen mittels der Bitumenfasermasse Fixif 3. (Wunnersche Bitumenwerke in Unna i. W.)

Preis des Fixif 3: in Mengen bis 200 kg .... RM/kg 0,64
„ „ über 200 „ .... „ 0,59
einschließlich Verpackung.

Verbrauch je Quadratmeter und je 1 mm Schichtdicke: 1 kg. Auftragung mit der Spachtel oder Kelle.

Arbeitsaufwand je Quadratmeter: (0,4 bis 0,6) h Facharbeiter + 10% für Aufsicht und Geräte.

864. Schutzanstrich gegen Hausschwamm und Trockenfäule mit Itex. (Biberwerk in Köln a. Rhein.)

Preis: in Glasballons von 60 kg .... RM/kg 0,90
„ „ „ 30 „ .... „ 0,95
„ „ „ 15 oder 10 kg .... „ 1,00

Verbrauch bei zweimaligem Anstrich je Quadratmeter: 0,1 kg.

Arbeitsaufwand je Quadratmeter und Anstrich: 0,3 h Anstreicher + 15% für Aufsicht und Geräte.

865. Feuerschutzanstrich auf Holz mit Gabrit. (Biberwerk in Köln a. Rhein.)

Preis: in Fässern von 150 kg Inhalt .... RM/kg 0,46
„ „ „ 100 „ „ .... „ 0,49
„ Kannen von 35 oder 70 kg Inhalt.................. „ 0,55

Verbrauch je Quadratmeter bei einmaligem Anstrich:
bei rauhem Holz .... kg 0,25—0,33
„ gehobeltem „ .... „ 0,20—0,25

Arbeitsaufwand je Quadratmeter: (0,2 bis 0,25) h Anstreicher + 15% für Aufsicht und Geräte.

866. Aquasan. Mattweißer Isolieranstrich für frischen Putz, feuchte Wände, Rauch- und Wasserflecken. (Biberwerk in Köln a. Rhein.)

Preis je Kilogramm: bei Packung zu 80 oder 40 kg .... RM 1,20
„ „ „ 20 „ .... „ 1,25
„ „ „ 10 „ 5 „ .... „ 1,30
„ „ „ 2,5 „ 1 „ .... „ 1,45

Verbrauch je Quadratmeter Fläche bei einmaligem Anstrich: 0,25 kg.

Arbeitsaufwand je Quadratmeter bei einmaligem Anstrich: (0,2 bis 0,25) h Facharbeiter + 15% für Aufsicht und Geräte.

867. Aquasan M. Leuchtend weißer Anstrich zur Isolierung von Teer-, Öl- und Anilinflecken und zur Bezeichnung von Übergängen u. dgl. auf Straßen.

Preis wie Aquasan.

Verbrauch je Quadratmeter bei einmaligem Anstrich: 0,25 bis 0,33 kg.

Arbeitsaufwand: wie bei Aquasan.

868. Arbagit. Farbloser, wasserabweisender Isolieranstrich für Schlagwetterseiten. (Biberwerk in Köln a. Rhein.)

Preis je Kilogramm:	bei Packung zu 160 kg	RM 1,05
	„ „ „ 50 „	„ 1,15
	„ „ „ 25 „	„ 1,20
	„ „ „ 10 „	„ 1,30

Verbrauch je Quadratmeter bei einmaligem Anstrich: 0,25 kg.

Arbeitsaufwand je Quadratmeter bei einmaligem Anstrich: (0,2 bis 0,25) h Facharbeiter + 15% für Aufsicht und Geräte.

869. Laosin. Farbloser Fluatanstrich für Zementfußböden zur Härtung und zur Neutralisierung von Mauerwerk vor der Auftragung von anderen Anstrichen. (Biberwerk in Köln a. Rhein.)

Preis je Kilogramm:	bei Packung zu 60 kg	RM 0,90
	„ „ „ 30 „	„ 0,95
	„ „ „ 15 und 10 kg	„ 1,00

Verbrauch je Quadratmeter bei einmaligem Anstrich: 0,25 kg.

Arbeitsaufwand je Quadratmeter bei einmaligem Anstrich: (0,2 bis 0,25) h Facharbeiter + 15% für Aufsicht und Geräte.

870. Schutz- und Isolieranstriche für Beton, Mauerwerk und Stahlflächen. (Biberwerk in Köln a. Rhein.)

Preis je Kilogramm in RM und Verbrauch.

Packung	Gabrit* schwarz, kalt streichbar	Gabrit farbig rot	Gabrit farbig grau	Gabrit farbig blau, grün	Gabritol schwarz	Aquasol für feuchten Untergrund: Paste. Für Anstrich auf rißfreiem Untergrund, als Klebemasse	Aquasol für feuchten Untergrund: Fasermasse. Für Isolierungen, für Aquasolzement und Terrazzoestrich
Packung zu 160 kg	0,62	—	—	—	0,52	0,68	0,73
„ „ 100 „	0,65	—	—	—	0,55	0,70	0,75
„ „ 50 und 25 kg	0,70	0,90	0,95	1,05	0,60	0,75	0,80
„ „ 15 „ 10 „	0,75	—	—	—	0,65	—	—
„ „ 10 „ 5 „	—	1,10	1,15	1,25	—	—	—

	Gabrit Voranstrich	Gabrit Deckanstrich	rot	grau	blau, grün	Gabritol schwarz	Paste	Fasermasse
Verbrauch je qm auf Glattputz kg	0,17 bis 0,20	0,2 bis 0,25	—	—	—	—	—	—
„ „ „ „ rauhem Putz „	0,2 bis 0,25	0,2 bis 0,33	—	—	—	—	—	—
Verbrauch je qm auf rauhem Beton „	0,25 bis 0,33	0,33 bis 0,5	—	—	—	0,33	—	—
Verbrauch je qm auf Metall „	0,125 bis 0,17	0,2	0,145 bis 0,165	0,145 bis 0,165	0,145 bis 0,165	0,2	—	—
„ „ „ „ vorgrundiertem Putz, Beton, Holz „	—	—	0,165 bis 0,2	0,165 bis 0,2	0,165 bis 0,2	—	—	—
Verbrauch je qm und 1 mm Stärke „	—	—	—	—	—	—	1,0	1,0

* Gabrit (ohne nähere Bezeichnung) ist das allgemein anwendbare Standardfabrikat, ein Allwetteranstrich, der den Normen für Betonschutzanstriche hinsichtlich Wasserdichtigkeit, chemischer Beständigkeit und Deckkraft in bester Weise entspricht, der auch unter Wasser für allgemeine Isolier- und Rostschutzzwecke Verwendung findet. — Für Siloanstriche ebenfalls gut geeignet. — Gabrit 1, dünnflüssiger, rasch trocknender Tauchlack für Eisenteile sowie zur Vorgrundierung mit darauffolgendem Deckanstrich in normaler dickerer Konsistenz. (Auch für Spritzverfahren geeignet.) — Gabrit 2, Bitumenanstrich in Konsistenz und Zusammensetzung entsprechend den Bestimmungen der Deutschen Reichsbahn und Reichspost — sowohl für Beton als auch für Eisenflächen gleich gut verwendbar. — Gabrit 3 (geruchlos) ist für Trinkwasserbehälter der bestgeeig-

871. Ceresitol als unsichtbarer Schutzanstrich gegen Schlagregen auf Mauerwerk. (Wunnersche Bitumenwerke in Unna i. W.)

Je Kilogramm in Leiheisenfässern von zirka 200 kg Inhalt	RM	0,90
„ „ „ Korbflaschen von 15 kg und 30 kg Inhalt	„	1,—

Ceresitol-Eisenfässer werden für die Dauer von 6 Wochen leihweise überlassen und sind in gutem Zustande franko Station Unna zurückzusenden.

		15 kg	30 kg
Korbflaschenpreise:	je Stück	RM 2,75	RM 4,—
Rückvergütung innerhalb 6 Wochen frei Station Unna	„	„ „ 2,—	„ 3,—

1 kg Ceresitol reicht bei einmaligem Anstrich für 2,3 bis 4 qm, bei zweimaligem Anstrich für 1,5 bis 3 qm Wandfläche.

872. 1 qm Teeranstrich auf Holz:[51]

Anstrich		einmal	zweimal	dreimal
Hilfsarbeiterstunden		0,3	0,5	0,7
Für Aufsicht und Geräte	%	10	10	10
Teer	kg	0,32	0,55	0,78
Unschlitt	„	0,01	0,02	0,03
Brennholz	„	0,5	0,8	1,1

873. Anstrich des Schiffshebewerkes Niederfinow.[269]

Die Farbe wurde beigestellt. Übersicht über die eingereichten Angebote.

Angebot	Gesamtpreis in RM	Einheitspreis je Tonne in RM	Einzeleinheitspreise je Tonne in RM: Vorhalten des Gerüstes und Transport	Einzeleinheitspreise je Tonne in RM: Auf-, Um- und Abbau des Gerüstes	Einzeleinheitspreise je Tonne in RM: Anstrich	Angesetzter Stundenlohn in RM	Zuschlag für Risiko, soziale Lasten und Verdienst in Prozenten vom Lohn	Unternehmerlohnstunde in RM	Aufzuwendende Arbeitsstunden für: Auf-, Um- und Abbau des Gerüstes	Aufzuwendende Arbeitsstunden für: Anstrich	Arbeiterzahl bei 75 Arbeitstagen zu je 8 Stunden: Gerüst	Arbeiterzahl bei 75 Arbeitstagen zu je 8 Stunden: Anstrich	Mittlere Leistung für alles je Arbeiter und Stunde in qm	Leistung für Anstrich allein je Arbeiter und Stunde in qm	Angebotssumme, umgerechnet auf den Lohn 0,90 RM pro Stunde		Art der Rüstung
1	11130	1,59	0,21		1,38	0,86	61	1,38		7000		11,6	10,4	10,4	11570	Leichte Rüstung	Hängegerüste, Leitern, Ketten, Seile
2	15050	2,15	0,17	0,25	1,73	0,66	43	0,94	1861	12883	3,1	20,1	5,4	6,3	20090	Leichte Rüstung	Schwebendes Wanderhängegerüst
3	22680	3,24	0,24	0,80	2,20	0,80	44	1,15	4869	13391	8,1	22,3	4,2	5,7	25280	Leichte Rüstung	Bretter auf eisernen Haken und Seilen
4	37100	5,30	0,45	1,85	3,00	0,97	75	1,70	7617	12353	12,7	20,0	3,8	6,3	34650	Feste Rüstung	Gerüstdielen, schwebende Rüstung, hängende Leiterrüstung
5	44100	6,30	0,32	1,92	4,06	1,10	82	2,01	6686	14139	11,1	23,5	3,6	5,2	36440	Feste Rüstung	Oberer Teil vollständig eingerüstet, Zwischenetagengerüst, Bordkörbe
6	45150	6,45	3,14		3,31	1,05	60	1,68	11300	13779	18,8	22,9	3,0	5,4	42800	Feste Rüstung	Vollständige Einrüstung

Angebot 3 wurde für das angemessenste angesehen, und die Firma Sommer in Frankfurt a. M. erhielt für dieses Angebot den Zuschlag.

Je Tonne Stahlbau sind durchschnittlich verbraucht worden: für einmaligen Grundanstrich 2,2 kg Farbe und für einmaligen Deckanstrich 1,33 kg Farbe.

874. 1 qm Metallisierung mit der Metallspritzpistole:[182]

Arbeitsaufwand je Quadratmeter: (0,2 bis 0,25) h.

Luftverbrauch: Kubikmeter angesaugt bei 2,5 atü 30 bis 37.

---

nete Anstrich; auch gegen chloriertes Wasser widerstandsfähig. — Gabrit 4, heißwasserbeständig, für Kondenswasserbehälter u. a. — Gabrit 5, ein Spezialanstrich gegen starke Aggressivstoffe, wie Säuren, Alkalien, Salze usw., also für bestimmte Sonderfälle. Da die angreifenden Stoffe verschieden einwirken, ist die jeweilige Angabe von Art, Konzentration sowie Temperatur des Aggressivstoffes notwendig, um Mißerfolgen vorzubeugen. — Gabrit 2 bis 5 werden auch in dünnflüssiger Beschaffenheit für Vorgrundierung sowie besonders dickflüssig für dickere Deckanstriche geliefert.

XVI. Grundbau.

A. Vorarbeiten.

875. **Normen, Allgemeine.**

DIN 1054. Richtlinien für die zulässige Beanspruchung des Baugrundes im Hochbau.
DIN 1055. Belastungsannahmen im Hochbau. Raumgewichte von Bau- und Lagerstoffen. Eigengewichte von Bauteilen. Verkehrslasten. (3 Blätter.)
DIN 4021. Grundsätze für die Entnahme von Bodenproben.
DIN 4022. Einheitliche Benennung der Bodenarten und Aufstellung der Schichtenverzeichnisse (Bohrergebnisse).

876. **Normen betreffend Bohrungen.**

DIN 4911. Bohrrohre und Gestängerohre für Schlag- und Kernbohrverfahren, technische Lieferbedingungen.
DIN 4912. Nahtlose Bohrrohre für Öl- und Wasserbohrungen nach dem Schlag- und Kernbohrverfahren.
DIN 4913. Nahtlose Bohrrohre für Gesteinsbohrungen nach dem Schlag- und Kernbohrverfahren.
DIN 4914. Nahtlose Gestängerohre für Öl-, Wasser- und Gesteinsbohrungen nach dem Schlag- und Kernbohrverfahren.
DIN 4915. Nahtlose Bohrrohre für Öl- und Wasserbohrungen nach dem Schlag- und Kernbohrverfahren. Bohrrohrgewinde.
DIN 4916. Nahtlose Bohrrohre für Gesteinsbohrungen nach dem Schlag- und Kernbohrverfahren. Bohrrohrgewinde.
DIN 4917. Nahtlose Gestängerohre für Öl-, Wasser- und Gesteinsbohrungen nach dem Schlag- und Kernbohrverfahren, Gestängerohrgewinde, 6 Gänge auf 1 Zoll.

877. **Bohrungen zur Bodenerkundung,** einschließlich Beistellung der Bohrrohre und Gewinn:[178]

Durchschnittspreise je Meter Bohrloch in RM in Sand, Kies, Lehm, Ton.

Anfangsdurchmesser des Bohrloches	100 mm	150 mm	200 mm	250 mm	300 mm	350 mm	400 mm
Bei Tiefen von 0—20 m	13	15	22	24	27	31	34
„ „ „ 20—40 „	15	22	26	31	35	39	43
„ „ „ 40—60 „	19	27	32	37	43	46	52
„ „ „ 60—80 „	—	33	38	43	50	55	64
„ „ „ 80—100 „	—	40	44	50	55	64	77

In hartem Boden, bei großen Steinen, Fels: Zuschlag bis + 150%.

878. **Bohrleistungen im milden Gebirge:**

a) Trockendrehbohrung von Hand:

Fortschritt mittels der Trockenschappe in sandigen und kiesigen Schichten, einschließlich Verrohrung, 0,2 m je Stunde; in sandigem oder fettem Ton, ohne Verrohrung, 0,4 m je Stunde. Im Mergel beträgt der Fortschritt 0,2 bis 0,6 m je Stunde.

b) Spüldrehbohrung:

Fortschritt 0,4 bis 1,2 m stündlich im Durchschnitt.

Fortschritt mittels der Spülschappe in sandigem und fettem Ton, ohne Verrohrung, 1 bis 1,5 m je Stunde.

879. **Bohrrohre, Gewichte und Preise.**

Durchmesser	mm	83	102	133	165	203	254	305	355	406	457	508
Gewicht je Meter	kg	6,5	9,5	13,5	18	27	40	55	68	83	92	111
Preis je Meter ohne Gewinde	RM	4,00	5,80	8,50	12,00	18,30	27,00	37,00	56,00	63,00	84,00	86,00
Preis je Verbindung	„	8,50	9,50	11,00	14,00	15,00	20,00	26,00	50,00	65,00	77,00	94,00

880. Schrotbohren.

Ein Craelius-Bohrgerät (Lange, Lorcke & Co., Heidenau in Sachsen) für Bohrungen bis 40 m Tiefe, Kronendurchmesser 86 mm, bestehend aus der Bohrmaschine, der Spülpumpe, 40 m Gestängerohren und allem Zubehör, aber ohne Motor, kostet rund .. 4000 RM

eine Schrotkrone, 86 mm	25 ,,
100 kg Schrot ab Werk	27 ,,

Schrotverbrauch je Meter Bohrloch:

bei Schiefer, weichem Sandstein	(1—1,5) kg
,, Granit, Gneis	3 ,,
,, Quarz	bis 8 ,,

Leistung stündlich:

in weichem Gestein	bis 1,5 m/h
,, hartem Gestein	,, 0,5 ,,
,, Granit	0,25 ,,

Antrieb: 5 PS. Bedienung: 1 Bohrmeister (0,75 RM/h) und 1 Helfer (0,50 RM/h).

Kronenabnützung: je achtstündigen Arbeitstag etwa 6% des Kronenpreises.
Abschreibung vom Bohrgerät: jährlich 15%.

881. Diamantkronenbohren.

Die Bohrkrone ist mit Diamanten besetzt. Je Zentimeter der Bohrkrone etwa 1 Diamant. Bei 60 mm Kernstärke beträgt der Besatz der Bohrkrone 10 bis 15 Karat (1 Karat = 0,205 g). Preis für 1 Karat 250 bis 350 RM. Ersatz für Diamanten bilden Splitter von Siliziumkarbid oder Wolframkarbid.

Diamantverbrauch je Meter Bohrloch:

bei Muschelkalk	0,046 Karat/m
,, Schiefer	0,122 ,,
,, Sandstein	0,82 ,,
,, Konglomerat	2,5 ,,

Drehzahl der Bohrkrone: 90 bis 120 je Minute.

Leistung je Stunde: 0,3 bis 0,5 m.

Antrieb: 5 bis 10 PS.

Preis eines Diamantbohrgerätes für 56 und 100 mm Bohrlochweite, bis zu 25 m Bohrtiefe, ohne den 5 PS-Antriebsmotor: 8000 bis 10000 RM.

Bei einer Diamantkronenbohrung im Steinkohlengebirge, bei der dem Unternehmer je Meter 126 M bezahlt worden sind, setzte sich diese Summe aus den folgenden Posten zusammen:[276]

	RM	Prozent
Antrieb	14,—	11,1
Schmiermittel	2,—	1,6
Instandsetzungen an den Maschinen	4,—	3,1
Verschleiß der Geräte außer den Diamantkronen	9,—	7,0
Löhne	12,—	9,5
Aufsicht	6,—	4,8
Montage, Demontage und Transport	3,—	2,4
Rohrverschleiß und Verlust	14,—	11,1
Fangarbeiten	2,—	1,6
Diamanten	30,—	23,9
Verwaltungskosten, Abschreibung und Verdienst	30,—	23,9

882. Bohrleistungen beim Diamantkronenbohren:

a) Northhampton (1879 bis 1881):

Kronendurchmesser außen 381 mm. Antrieb 20 PS. Drehzahl der Krone 40 bis 150.

Fortschritte in Quarz	0,025 m je Stunde
,, Kalk und Tonschiefer	0,061 ,, ,, ,,
,, Liasschiefer	0,076 ,, ,, ,,
,, Sandstein und Mergel	0,1 ,, ,, ,,

b) Girard, Kansas (1885):

Kronendurchmesser 50 mm.

Fortschritte in	Sandstein	3,29 m je Stunde
,,	Kalkstein	3,23 ,, ,, ,,
,,	sandigem Schieferton mit Schwefelkies	2,29—3,29 m je Stunde

c) Böhmisch-Brod (1874):

Lochdurchmesser 100 bis 130 mm. Antrieb 15 bis 20 PS.
Drehzahl der Krone $n = 200$ bis 300. Druck 200 bis 400 kg.
Spülwasserverbrauch 120 bis 160 l/min.

Fortschritte in	festem Sandstein	4,80—6,00 m je Stunde reine Bohrzeit
,,	Granit	3,00—4,80 ,, ,, ,, ,, ,,
,,	Quarz	1,80 ,, ,, ,, ,, ,,
,,	festem Sandstein, durchschnittlich	0,80 ,, ,, ,,
,,	Konglomerat	0,62 ,, ,, ,,

883. Preise von Geräten zur Bodenerkundung.

Sondierstange, 1 m lang	RM 12,60
,, , 2 ,, ,,	,, 14,40
,, , 3 ,, ,,	,, 15,30
,, , 4 ,, ,, , geteilt	,, 21,60
Moorbohrer, schwedischer, 5 m lang	,, 50,00
,, , amerikanischer, 5 m lang	,, 35,00
Tellerbohrer, 10 m lang	,, 68,00
Erdbohrer mit Schappe und Spirale, 5 m lang	,, 41,00

884. Bodenprüfer nach K. Fischer für Bodenpressungen bis 20 kg/qcm. (Chem. Laboratorium für Tonindustrie, Abt. Prüfmaschinen, Berlin.)

Bodenprüfer, laut Abb. 50, samt Pumpe und Bodenplatte mit 200 qcm	RM 1100
Bodenplatte, 20 cm Kantenlänge, 400 qcm	,, 44
Bodenplatte, 31,6 cm Kantenlänge 1000 qcm	,, 65
Bodenplatte, Durchmesser 226 mm, 400 qcm	,, 32
Bodenplatte, Durchmesser 357 mm 1000 qcm	,, 51

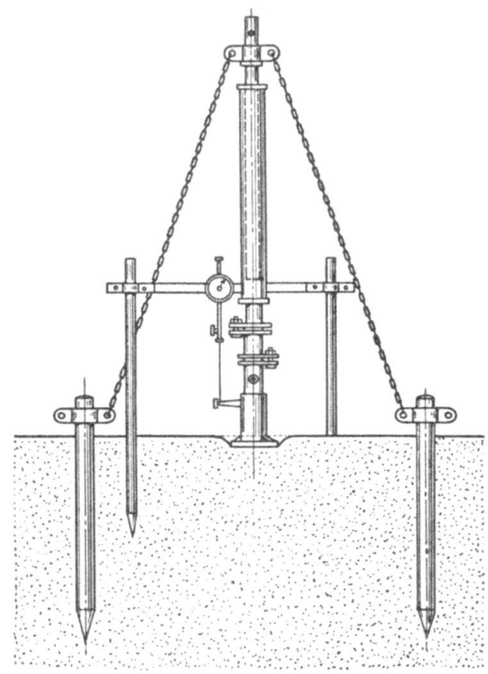

Abb. 50. Bodenprüfer von K. Fischer.

885. Dilathermeter-Erddruckdosen von R. Fueß, Berlin-Steglitz, für Baugrundbelastungsversuche. Bewegung der Membran 0,05 bis 0,1 mm, Durchmesser 160 mm.

Stückpreis bei Bezug von 5 Stück	RM 204
,, ,, ,, ,, 10 ,,	,, 190
,, ,, ,, ,, 20 ,,	,, 182

Meßkasten und Zugehör wie bei Nr. 596.

886. Pneumatische Druckmeßdose nach Goldbeck, für Baugrundbelastungsversuche. (R. Fueß, Berlin-Steglitz.) Mit 5 m Gummianschlußkabel.

Stückpreis bei Bezug von 1 Stück	RM 320
,, ,, ,, ,, 5 ,,	,, 300
,, ,, ,, ,, 10 ,,	,, 270
Hierzu: Meßgerät für 5 Meßstellen	,, 600
Mehrpreis für jede weitere Meßstelle	,, 40

887. Festpunkte zur Beobachtung von Bauwerkssetzungen:[70]

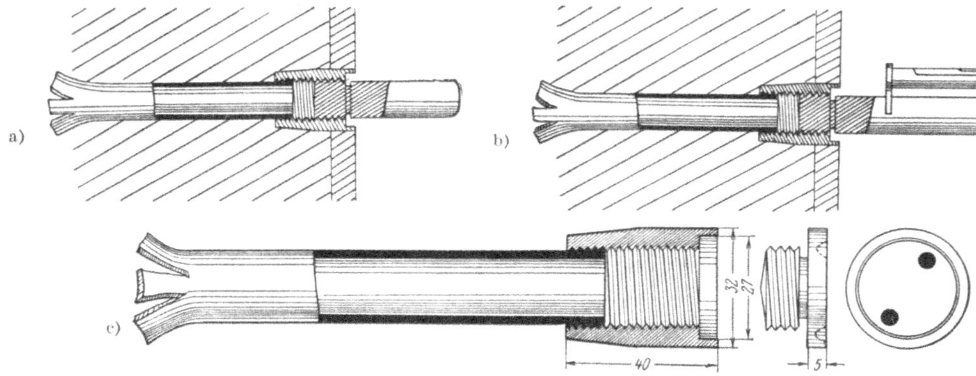

Abb. 51. Festpunkte nach K. Terzaghi. (Aus Bautechnik 1933, H. 41.)

Liefern und Versetzen von 20 Festpunkten laut Abb. 51	RM	40
4 Einmessungen bis zur Baubeendigung und 6 Einmessungen bis zur Erreichung des Gleichgewichtes, zusammen 10 Arbeitstage je 10 RM	,,	100
Verarbeitung der Messungen: 6 Arbeitstage je 10 RM	,,	60
Zusammen...	RM	200

B. Baugrundverbesserung.

888. 1 cbm Sandschüttung unter einem Grundwerk[138] aus zugeführtem Sand herstellen, nämlich in Lagen von höchstens 30 cm Stärke ausbreiten, begießen und feststampfen, erfordert ohne Zufuhr: 0,4 bis 0,5 h Hilfsarbeiter + 10% für Aufsicht und Geräte.

889. 1 qm Steinpackung unter Grundwerken,[140] 0,15 cm stark: 0,75 h Hilfsarbeiter + 10% für Aufsicht und Geräte + 0,25 rm Bruchstein.

890. Chemische Bodenversteinung nach Dr. Joosten (1934):

1 rm Boden zu versteinen kostet, bei größerem Umfang der Arbeit, 50 bis 90 RM.

Bodenwände kommen billiger als Bodenplatten, weil weniger Einpreßrohre erforderlich sind. Stemmarbeiten u. dgl. sind nicht inbegriffen.

C. Fangdämme.

891. 1 m einfachen, hölzernen Fangdamm herstellen[39] kostet, bei einer Fangdammhöhe von

1,0 m .... 12—15 h Zimmerer 1,5 m .... 20—25 h Zimmerer

892. Das Abtragen eines einfachen hölzernen Fangdammes kostet etwa ein Viertel der Errichtungslohnkosten.[39]

893. 1 m einfacher, hölzerner Fangdamm,[28] 1,5 m hoch, kostet etwa 20 M (Vorkriegspreis).

894. 1 m Kastenfangdamm kostet (Vorkriegspreis):[28]

bei 2 m Höhe und 1,5 m Breite etwa	M	70
,, 3 ,, ,, ,, 2,75 ,, ,, ,,	,,	120

895. Kastenfangdämme.[39]

Heranschaffen eines Pfahles vom Lager zur Rammstelle und Aufstellen zum Rammen	2	h	Hilfsarbeiter
Einrammen eines Pfahles mit der Handramme, bei leichtem Boden	5	,,	Zimmerer
,, schwerem ,,	8	,,	,,
Einrammen der Bohlen, für 1 qm	15—20	,,	,,
1 m Holm zurichten, auf die Pfähle bringen und befestigen	2,5	,,	,,
1 ,, Zangen zurichten und befestigen	2,0	,,	,,

Das Abtragen kostet $^1/_4$ bis $^1/_5$ des Arbeitsaufwandes für die Herstellung.

896. 1 rm Füllung in Fangdämme einfüllen und stampfen:

a) in 0,2 m hohen Schichten: 8,0 h Erdarbeiter + 10% für Aufsicht und Geräte,
b) „ 0,05 „ „ „ : 10,5 „ „ + 10% „ „ „ „ .

897. Betonfangdamm.[143]
Beim Bau des Kachlet-Wehres an der Donau kostete der Betonfangdamm, 5 m hoch und 1,4 m dick, je laufenden Metern 800 RM. 1 rm des Fangdammes kostete 115 RM.
Zum Sprengen des Fangdammes waren, bei 1 m Entfernung der lotrechten Sprenglöcher, je Meter Fangdamm 1,5 kg Sprengstoff erforderlich.

D. Wasserhaltung.

898. Wasserförderung aus Baugruben von Hand. Allgemeines.
Ein Arbeiter leistet in Dauerarbeit etwa 7 kgm/sec.

899. 1 cbm Wasser mit der Wurfschaufel 0,75 m hoch werfen: (0,3 bis 0,5) h Hilfsarbeiter. Wirkungsgrad des Arbeiters etwa $\eta = 0{,}10$ bis 0,06.

900. 1 cbm Wasser in Baugruben in Kannen oder Eimer schöpfen und *H* m hoch fördern kostet:
[(0,15 bis 0,30) + 0,15 H] h Hilfsarbeiter. Wirkungsgrad des Arbeiters etwa $\eta = 0{,}13$ bis 0,09.

901. 1 cbm Wasser aus Baugruben mit Handpumpen *H* m hoch fördern erfordert:

bei einfachen Baupumpen	($\eta = 0{,}4$ —0,5) ...	(0,08—0,09) H h Hilfsarbeiter
„ doppeltwirkenden Saugpumpen ...	($\eta = 0{,}55$—0,6) ...	0,07 H „ „
„ Diaphragmapumpen	($\eta = 0{,}7$ —0,85) ...	(0,05—0,06) H „ „

902. 1 m Dränrohr bei Bauherstellungen in einem Graben in 10 cm dicker Kiesbettung verlegen und 10 cm mit Kies umpacken, einschließlich des Grabenaushubes, der Aufsicht und der Geräte:[10]

	bis 6	über 6
Drändurchmesser .... cm	bis 6	über 6
Facharbeiterstunden..........	2	3
Hilfsarbeiterstunden	1	1,5

903. Diaphragmapumpen. Allgemeines.
Die Fördermenge Q (cbm), die ein einzelner Arbeiter stündlich mittels einer Diaphragmapumpe auf die manometrische Förderhöhe H m fördern kann, beträgt bei einem Pumpenwirkungsgrad $\eta = 0{,}7$ bis 0,85

$$Q_{\text{cbm/h}} = \frac{25{,}2}{H}\eta = (17{,}6 \text{ bis } 21{,}4)\frac{1}{H}.$$

Die in den folgenden Tabellen angegebenen Fördermengen sind Höchstmengen, die nur bei reinem Wasser und besonders angestrengtem Betrieb erreichbar sind.
Um ein zuverlässiges Arbeiten der Pumpen zu gewährleisten, soll die vakuumetrische Saughöhe bei Normalluftdruck 5 m WS nicht übersteigen. Bei Saughöhen über 4 m muß am Ende des Saugschlauches ein Saugkorb mit Fußventil angeordnet werden; bei geringeren Saughöhen genügt ein einfacher Saugkorb.
Nutzungsdauer: Pumpe 5 bis 6 Jahre, Schläuche 1 Jahr.
Instandhaltung: jährlich 6 bis 10% des Neuwertes der Pumpe.

904. Diaphragmapumpen. (Hammelrath & Schwenzer, Düsseldorf.)
A. Einfachwirkende Dia-Saugpumpe für Handantrieb, samt 3 m Saugschlauch und gußeisernem Saugkorb.

Sauganschlußweite	2½ Zoll	3 Zoll	4 Zoll
Größte Förderung bis .... cbm/h	14	24	30
Preis der kompletten Pumpe .... RM	79,30	93,60	139,50
Preis einer eisernen Karre .... „	35,—	35,—	39,—

B. Dia-Saugpumpen mit Motorantrieb.

Bauart der Pumpe	Antrieb durch Elektromotor			Antrieb durch Benzinmotor		
	0,75 PS Karre RM	3 PS Fahrgestell RM	4 PS Fahrgestell RM	2—4 PS Karre RM	2—4 PS Fahrgestell RM	2—4 PS Fahrgestell RM
Förderung bis ... cbm/h	14	36	80	14	36	80
Einfachwirkend ...	380,—	—	—	770,—	—	—
Doppeltwirkend ...	—	1000,—	—	—	960,—	—
Dreifachwirkend ...	—	—	1450,—	—	—	1600,—

905. Diaphragmapumpen für Handantrieb. (Klein, Schanzlin & Becker, Frankenthal, Pfalz.)

Pumpenbauart	Ortsfest, einfach			Auf Karren, einfach			Ortsfest, einfach mit 2 Kurbeln		Ortsfest, Zwillingspumpe mit 2 Kurbeln	
Leistung stündlich bis cbm	8	18	24	8	18	24	18	24	30	45
Saugpumpen:										
Anschlußweite ... mm	64	76	104	64	76	104	76	104	76	104
„ ... Zoll	$2^1/_2$	3	4	$2^1/_2$	3	4	3	4	3	4
Gewicht ... kg	50	90	130	95	130	175	220	260	340	400
Preis ... RM	95	125	195	160	205	285	255	400	430	725
Saug- und Druckpumpen:										
Gewicht ... kg	65	100	170	105	140	220	280	320	—	—
Preis ... RM	130	175	285	200	255	375	295		—	—

906. Diaphragmapumpen für Riemenantrieb, mit Fest- und Losscheibe und Schwungrad, ortsfest. (Klein, Schanzlin & Becker, Frankenthal, Pfalz.)

Pumpenbauart Drehzahl höchstens 50 je Minute	Saugpumpen				Saug- und Druckpumpen	
	einfach		Zwillingspumpe		einfach	
Leistung stündlich bis cbm	18	24	30	40	18	24
Anschlußweite ... mm	76	104	76	104	76	104
„ ... Zoll	3	4	3	4	3	4
Gewicht ... kg	220	250	340	455	260	320
Preis ... RM	280	425	455	750	320	

907. Zugehör zu Diaphragmapumpen.

Nennweite des Anschlusses	64 mm, $2^1/_2$ Zoll		76 mm, 3 Zoll		104 mm, 4 Zoll	
Preis	RM	S	RM	S	RM	S
Halbe Schlauchverschraubung aus Eisen ...	4,60		5,50		7,50	
Ganze „ „ „ ...	8,—		9,50		13,50	
Gewindestutzen mit Gasgewinde und Schlauchverschraubungsgewinde ...	4,80		6,—		7,—	
Schlauchtülle mit Gasgewinde ...	3,80		4,50		5,90	
Anschlußflansch für den Saugstutzen mit Gasgewinde ...	3,80		4,50		5,90	
Anschlußflansch mit Schlauchverschraubungsgewinde	3,80		4,50		5,90	
Seiher aus Gußeisen mit Schlauchtülle ...	10,—		12,50		18,50	
Fußventil aus Eisen mit Gummikugel ...	28,50		35,—		47,50	
„ „ „ mit Lederklappe ...	10,—		15,—		24,—	
Schlauchklammer ...	3,—		3,75		4,50	
Spiralschlauch je Meter ...	7,60		8,70		13,—	

908. Bauzentrifugalpumpen. Allgemeines.

Bei elektrisch angetriebenen Bauzentrifugalpumpen kann mit einem Wirkungsgrad je Maschinensatz von durchschnittlich $\eta = 0{,}45$ bis $0{,}50$ gerechnet werden.

Um vorhandene Pumpen den bei verschiedenen Bauten vorkommenden Förderhöhen möglichst anpassen zu können, wird in der Regel Riemenantrieb gewählt. Die Veränderung der Drehzahl geschieht durch Auswechslung der Riemenscheiben.

Wenn eine Pumpe für die manometrische Förderhöhe H m und für die Fördermenge Q cbm/sec bei der Drehzahl n je Minute gebaut ist, so muß bei Verwendung der Pumpe zur Förderung auf H_1 m die Drehzahl verändert werden. Es gelten die Beziehungen

$$\frac{H}{n^2} = \frac{H_1}{n_1^2}$$

oder

$$n_1 = n\sqrt{\frac{H_1}{H}}\,.$$

Die Fördermenge Q_1 beträgt dann bei der Drehzahl n_1

$$Q_1 = Q\,\frac{n_1}{n}$$

und die Leistungsaufnahme in PS oder kW

$$N_1 = \frac{\eta}{\eta_1}\,N\,\frac{n_1^3}{n^3},$$

wobei η bzw. η_1 die Wirkungsgrade bei den Drehzahlen n bzw. n_1 bedeuten. Wenn n und n_1 nicht weit auseinanderliegen, kann überschlägig $\eta = \eta_1$ gesetzt werden.

Die Leistungsaufnahme einer Pumpe beträgt in PS bzw. kW

$$N = \frac{1000\,Q\,H}{75\,\eta}\ \text{PS bzw.}\ \frac{1000\,Q\,H}{102\,\eta}\ \text{kW}$$

$$= 13{,}33\,\frac{Q\,H}{\eta}\ \text{PS bzw.}\ 9{,}8\,\frac{Q\,H}{\eta}\ \text{kW}.$$

Für den Wirkungsgrad von Bauzentrifugalpumpen setze man vorsichtshalber höchstens $\eta = 0{,}5$ ein.

Die Antriebsmotoren werden um 15 bis 20% stärker gewählt, als es die obige Formel ergibt.

Nutzungsdauer von Bauzentrifugalpumpen: 6 Jahre.

Instandhaltung: jährlich (4 bis 8)% des Neuwertes.

Schmiermittelverbrauch: je 24 h, je nach Größe der Pumpe und Bauart der Lager, (0,25 bis 1,0) kg Maschinenöl.

Größenbezeichnung der Zentrifugalpumpen geschieht durch Angabe der Lichtweite der Anschlüsse und die Fördermenge wird in handelsüblicher Weise in Litern je Minute ausgedrückt.

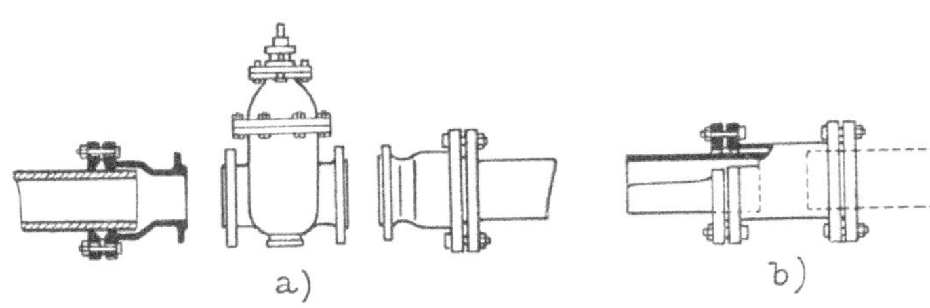

Abb. 52. Bewegliche Rohrverbindungen für glatte Rohre, verwendbar bis 6 atü. a für den Einbau eines Flanschenschiebers, b für die Verbindung von Rohren. (Bopp & Reuther, Mannheim.)

909. Bewegliche Rohrverbindungen für glatte Rohrenden. Verwendbar bis 6 atü. (Bopp & Reuther, Mannheim.)

Zur Verwendung bei rasch zu verlegenden Rohrleitungen in unebenem oder beweglichem Gelände, wie z. B. auf Baustellen.

Nennweite	40	50	70	80	100	125	150	200	250	300	350	400	450	500	600
Bewegliche Schieberansatzstücke (Abb. 52a):															
Baulänge .... mm	250	250	250	250	250	250	250	250	250	250	310	310	310	310	450
Gewicht .... kg	13,5	15	18	20	26	30	35	48	63	82	135	175	200	225	300
Preis .... RM	8	9	11,5	12,5	15	19	23	35	45	55	80	100	120	140	180
Bewegliche Rohrverbindungsstücke (Abb. 52b):															
Gewicht .... kg	17,5	20	25	28	35	42	50	68	83	110	175	215	240	290	390
Preis .... RM	14	15,5	17,5	19	25	30	35	47,5	62,5	80	110	150	175	200	250

910. 1 Stück Bauzentrifugalpumpe auf der Baustelle betriebsfertig aufstellen und später wieder abtragen, einschließlich des Verlegens und Wiederabtragens von 15 m Rohrleitung und einschließlich kleiner Unterfangungen, aber ohne Herstellung des Pumpensumpfes und ohne Aufstellung der Antriebsmaschine und der Schutzhütte:

Anschlußweite der Pumpe ... mm	100	125	150	175	200	250	300	350	400
Facharbeiterstunden	60	85	115	145	180	250	340	430	520

911. Leihgebühren für Bauzentrifugalpumpen ohne Motor, je Tag:

Anschlußweite der Pumpe ... mm	100	125	150	175	200	250	300	350	400
Facharbeiterstunden	4	5	6	7	8	10	12	14	16

912. Sicherheitspumpensumpf von A. Stäschen, (Maschinenfabrik J. Postert, Herne, Westfalen) mit einem Außendurchmesser von 0,40 m kostet ab Werk:

bei einer Länge von m	2	3
RM	150	180

Zur Füllung sind je Meter Pumpensumpf 50 l Filtersand von 4 bis 6 mm Körnung erforderlich.

Der Sicherheitspumpensumpf wird in den Boden eingespült. Das betriebsfertige Einbauen des Pumpensumpfes, nämlich Aufstellen, Einfüllen des Filterkieses, der Anschluß des Spülrohres an eine Wasserleitung oder Pumpe erfordert 4 Männer durch je 20 Minuten, also 80 Minuten. Das Einspülen selbst dauert je nach der Bodenbeschaffenheit 2 bis 10 Minuten. Die lichte Weite der Spüldüse beträgt 20 mm.

913. 1 Stück Röhrenbrunnen für Grundwasserabsenkungen in Sandboden herstellen und später wieder abtragen, einschließlich des Anschließens an die Saugleitung und aller Nebenarbeiten, aber ohne jede Materialbeigabe:

Brunnentiefe in Meter	10	15	20	30
Facharbeiterstunden bei Brunnendurchmesser 150 mm	190	260	430	650
,, ,, ,, 200 ,,	375	520	775	1110
,, ,, ,, 250 ,,	530	750	1150	1650

In festem Kies oder Schotterboden Zuschlag 30 bis 50%.

914. 1 m Rohrleitung bei Grundwasserabsenkungsanlagen verlegen und später wieder abtragen, ohne Erdarbeiten:

Nennweite des Rohres in Millimetern	100	125	150	175	200	250	300	350	400
Facharbeiterstunden	3	3,7	4,5	5,2	6	7,5	9	10,5	12

915. Grundwasserabsenkung.[207]

Beim Bau der Zwillingsschachtschleuse bei Fürstenberg kostete:

a) die Beschaffung und der Einbau eines Röhrenbrunnens von 150 mm Durchmesser, mit einem Einhängerohr von 100 mm Durchmesser, einer Rückschlagklappe, einem Krümmer und einem Schieber (150 mm) bei einer

Bohrtiefe von 11 m und einer Filterlänge von 10,50 m	RM 550
,, ,, 20,50 ,, ,, ,, ,, ,, 20,00 ,,	,, 1240

b) die Beschaffung und der Einbau einer vollständigen Pumpstation mit zwei Pumpensätzen, Anschlußweite 250 mm, je 5 cbm/min auf 7,5 m, Leistungsaufnahme je 12,2 PS, einer Absaugpumpe mit Motor (4 PS), zwei Saugwindkesseln, fünf Schiebern, Rohrleitungen, elektrischer Einrichtung und Pumpenhäuschen .... RM 6900

916. Tauchpumpen für Grundwasserabsenkung auf größere Tiefen: vgl. Nr. 1114.

917. Gefrierverfahren von Poetsch zur vorübergehenden Verfestigung von Schwimmsand und für Arbeiten in Tiefen, die Arbeiten in Preßluft nicht mehr zulassen.

Der Boden wird durch eine Kühlflüssigkeit, die in Rohren im Boden umläuft, zum Gefrieren gebracht. Der Aushub erfolgt unter dem Schutz der Frostmauer.

Kühlrohre: Durchmesser 175 bis 200 mm, in Bohrlöcher eingeführt.

Kühlflüssigkeit: Chlormagnesium- oder Chlorkalziumlauge, günstige Mischung 85 Teile Chlorkalziumlauge + 10 Teile Chlormagnesiumlauge + 5 Teile Methylalkohol. Abkühlung an der Maschine bis — 45° C.

Die Frostwirkung erstreckt sich auf einen Umkreis von 0,75 bis 0,90 m um das Kühlrohr. Die Kühlrohre werden 1 m außerhalb des Baugrubenumrisses angeordnet. Entfernung $a = (0{,}9$ bis $1)$ m oder nach Brennecke

$$a = \sqrt{2{,}25 - \delta^2}\,,$$

wobei die angestrebte Dicke der Frostmauer

$$\delta = \frac{d}{2}\left(-1 + \sqrt{\frac{k}{k - 0{,}2\,t}}\right)$$

beträgt; es bedeutet weiter t die Tiefenlage unter dem Grundwasserspiegel in Zentimetern, $k = 40$ kg/qcm und d den Innendurchmesser der Ausschachtung.

Frostdauer bis zum Beginn der Ausschachtung: 40 bis 60 Tage.

Abschreibung von den Kosten der Kühlanlage: vom Neuwert 20 bis 25% jährlich.

Im Jahre 1885 kostete die Bildung von 1 cbm Frostmauer etwa 30 bis 35 M.

1 m Schacht, 4,5 bis 5,5 m Durchmesser, einschließlich der Schachtauskleidung, unter Anwendung des Gefrierverfahrens abgeteuft, kostet[178] 3000 bis 8000 RM.

E. Rammarbeiten.

1. Rammarbeiten und die Rammgeräte.

918. Handrammen.

Handrammen werden in der Regel aus Hartholz mit Eisenbeschlägen hergestellt. Gewicht je Mann etwa 15 bis 20 kg. Preis je 100 kg (40 bis 70) RM. Bedienung: 2 bis 4 Männer, je nach Gewicht der Ramme.

919. Zugrammen mit 500 kg schweren Bären kosten etwa 700 bis 1000 RM.

Das Aufstellen und das Abtragen erfordert etwa 20 h Zimmerer + 40 h Hilfsarbeiter.

Bedienung: 1 Rammeister + (10 bis 20) Hilfsarbeiter. Auf (15 bis 20) kg Bärgewicht wird 1 Hilfsarbeiter gerechnet.

Fallhöhe des Rammbären: normal 1 m, bei Trommelhitzen 1,70 m.

Schlagzahl in der Stunde durchschnittlich 375 bis 450. Spitzenleistung 15 Schläge je Minute.

920. Preßluft-Spundwandrammen. (Frankfurter Maschinenbau A. G. vorm. Pokorny & Wittekind, Frankfurt a. Main.)

a) Die Preßluft-Spundwandramme VN 950 eignet sich für das Rammen leichter Pfähle, hölzerner und eiserner Spundbohlen auf Tiefen von 2 bis 4 m. Gewicht 130 kg. Schlagzahl je Minute 500. Luftverbrauch 1,5 cbm angesaugte Luft je Minute. Schlauchanschluß 25 mm. Preis RM 1100.

b) Die Preßluftramme AR III N rammt leichte Spundbohlen. Ein Spundwandeisen von 250 mm Breite konnte auf 2,5 m Tiefe in 25 Sekunden reiner Rammzeit eingerammt werden. Hölzerne Spundbohlen von 50 mm Stärke können 2 bis 3 m tief gerammt werden. Gewicht 48 kg. Schlagzahl je Minute 1300. Luftverbrauch 1,3 cbm angesaugte Luft je Minute. Schlauchanschluß 19 mm. Preis RM 550.

Abb. 53. Die Delmag-100-kg-Pfahlramme beim Einrammen eines leichten Holzpfahles. (Delmag, Eßlingen.)

921. Die Delmag-Explosionsrammen. (Deutsche Elektromaschinen- und Motorenbau-A. G., Eßlingen a. Neckar.)

Der schlagende Zylinder wird durch ein explodierendes Benzol-Luft-Gemisch hochgeschleudert. Die Rammbären werden in der Regel am Rammgerüst geführt verwendet. Die 65-kg- und die 100-kg-Rammbären können beim Rammen leichter Pfähle ohne Führung durch ein Gerüst verwendet werden, müssen aber dann von Hand geführt werden. Bei größeren Pfählen können die 65-kg- und 100-kg-Rammbären mit einer Kolbenstange verwendet werden, die in eine 20 mm weite, 200 mm tiefe Bohrung im Kopf des Pfahles eingeschoben wird. Holzspundwände von 6 bis 8 cm Dicke können mit dem 100-kg-Rammbären gerammt werden, wenn eine eigene Kolbenstange verwendet wird, die mittels Klemmbacken auf den Bohlen festgespannt wird. Zum 100-kg-Rammbären wird eine Kolbenstange mit Schlagstück für Union-Kanaldielen (UKD) erzeugt; der Rammbär muß aber geführt werden.

Wenn für das Aufstellen des Rammgerüstes eine ebene Fläche vorhanden ist, wird das Dreibeingerüst verwendet. Bei stark unebenem Gelände wird das Stativgerüst genommen. Beide Gerüste erlauben Schrägpfähle zu rammen und sind mit Winden für das Aufstellen der Pfähle ausgerüstet.

Anwendungsbereich der Delmag-Explosionsrammen.

a) 65-kg-Rammen als Ersatz für Handrammen für Holzpfähle bis etwa 15 cm Durchmesser, leichte hölzerne Spundbohlen und Kanaldielen.

b) 100-kg-Rammen (Abb. 53) als Ersatz für Handrammen, für Holzpfähle bis etwa 20 cm Durchmesser, hölzerne Spundbohlen bis 12 cm Dicke und Kanaldielen.

Abb. 54. Delmag-Pfahlramme mit Stativgerüst beim Rammen von Holzpfählen, ∅ 20 cm, 3 m lang.

Abb. 55. Die $^1/_2$-t-Delmag-Ramme mit Dreibein-Rammgerüst. (Delmag, Eßlingen.)

c) 200-kg-Ramme (Abb. 54) als Ersatz für Zugrammen, für Holzpfähle bis 35 cm Durchmesser, Stahlspundbohlen bis zum Gewicht von 65 kg je Meter in schwerem Boden.

d) 500-kg-Ramme (Abb. 55) als Ersatz für Dampframmbären, für Eisenbetonpfähle bis 30 × 30 cm, Holzpfähle bis 40 cm Durchmesser und Stahldoppelbohlen bis zum Gewicht von 100 kg je Meter und Bohle.

Gewichte und Preise der Delmag-Rammbären und -Rammgerüste.

Nenngewicht des Rammbären		65 kg	100 kg	200 kg	500 kg
Rammbär samt Zugehör, Gewicht	kg	88	124	376	950
,, ,, ,, , Preis	RM	730,—	850,—	2080,—	4800,—
Spundwandkolbenstange, Gewicht	kg	—	28,5	—	—
,, , Preis	RM	—	72,—	—	—
Führungsschlitten, Gewicht	kg	50,5	50,5	Im Rammbärengewicht bzw. -preis schon enthalten.	
,, , Preis	RM	160,—	160,—		
Stativrammgerüst mit Winde, Rammlänge	m	4	4	5	6
,, ,, ,, , Gewicht	kg	255	255	380	—
,, ,, ,, , Preis	RM	292,—	292,—	350,—	—
Dreibeinrammgerüst mit Winde, Rammlänge	m	5	5	6,5	8
,, ,, ,, , Gewicht	kg	325	325	490	1960
,, ,, ,, , Preis	RM	402,—	402,—	545,—	1190,—
Transportwagen für die Ramme samt Zugehör, Gewicht	kg	55	55	97,5	—
,, ,, ,, ,, ,, ,, , Preis	RM	36,—	36,—	112,—	—

Die Rammlängen können gegen Mehrpreis auch vergrößert werden.

Betriebsangaben.

Nenngewicht des Rammbären		65 kg	100 kg	200 kg	500 kg
Benzolverbrauch	kg/h	0,15	0,25	0,6	1,6—2,0
Schmieröl, Putzwolle, Batterieladung in Prozenten des Benzolverbrauches	%	10	10	10	10
Instandhaltung, jährlich in Prozenten des Neuwertes	%	5	5	5	5
Abschreibung, jährlich, in Prozenten des Neuwertes	%	17	17	17	17
Bedienung für Rammen und Nebenarbeiten	Männer	2	2	3—4	4—5
Abladen, Aufstellen und Betriebsfertigmachen	h	1	1	4	6
Fallhöhe bei Dauerbetrieb	m	0,4	0,4	0,8	0,6—0,7
Schlagzahl je Minute		30—60	30—60	30—40	30—45

922. Freifallrammen mit Dampfwinde.[146]

Bärgewicht		800 kg	1200 kg	1600 kg	2000 kg
Nutzhöhe des Rammgerüstes	m	5	10	14	16
Leistungsaufnahme	PS	11	14	17	20
Gesamtgewicht	t	8,4	11,0	14,5	21,0
Preis	RM	11000	13500	17000	22000

Fallhöhe des Rammbären, normal 4 m. Schlagzahl je Minute 3 bis 9.

923. Menck-Dampframmen. (Menck & Hambrock, G. m. b. H., Altona-Hamburg.)

Ein Unterwagen mit vier Laufrädern mit doppeltem Spurkranz trägt den drehbaren Oberwagen mit dem Rammgerüst, der Winde und dem Dampfkessel. Die Führung des Rammbären erlaubt das Rammen bis 5 m unter Laufschienenhöhe.

Der Kessel arbeitet mit 8 atü. Die Dampfzuführung zum Rammbären erfolgt durch Gelenkrohre. Das Windwerk hat je eine Trommel für das Bärseil und für das Pfahlseil, die unabhängig voneinander einrückbar sind.

Zugehör: 1 Bärseil, 2 Steuerseile, Schraubenschlüssel, Wasserfaß, 2 Ölkannen.

Menck-Rammen, Gewichte, Abmessungen, Preise.

Fallgewicht des Bären		2 t	2,8 t	4 t	6 t
Hubhöhe	m	1,68	1,21	1,28	1,28
Zulässiges Pfahlgewicht	t	3,60	5,00	8,00	12,00
Ganze Höhe des Gerüstes	m	22,2	20,0	24,3	30,7
Nutzhöhe des Gerüstes, unverkürzt	„	16	14	18	24
„ „ „ , verkürzt	„	9	—	10	16
Spurweite von Mitte bis Mitte Schiene	„	3,25	3,25	3,50	4,50
Neigungsverstellung nach vorne bis		1 : 10	1 : 10	1 : 10	—
„ nach hinten bis		1 : 3,5	1 : 3	1 : 3	1 : 3
Gerüstfußverschiebung senkrecht zu den Schienen	mm	400	400	800	1200
Gerüstfußverschiebung, betätigt durch		Hand	Hand	Maschine	Maschine
Fahren, betätigt durch		Seil	Seil	Zahnräder	Zahnräder
Drehen, betätigt durch		Seil	Triebstock	Triebstock	Triebstock
Neigen, betätigt durch		Maschine	Maschine	Maschine	Maschine
Wasserberührte Heizfläche des Kessels	qm	11,4	10,2	13,6	24,9
Heizfläche des Überhitzers	„	2,7	2,56	5	8
Leistungsaufnahme, Gleichwert	PS	22	24	40	50
Gewicht der vollständigen Ramme	t	25,7	27,5	45,5	69,2
Preis	RM	31000	32000	45000	60000

924. Dampframmen. Betriebskosten.

Schlagzahl: 30 bis 40 je Minute.

Instandhaltung jährlich: 8 bis 15% des Neuwertes. Nutzungsdauer: 6 Jahre.

Das Einrichten der Baustelle für die Rammarbeit erfordert überschlägig 15 bis 25% der reinen Rammlöhne; besser ist die Berechnung auf Grund des Entwurfes für die Einrichtung.

Die Löhne des Rammeisters und des Heizers sind wegen der außerhalb der Rammzeit auszuführenden Arbeiten, wie Anheizen des Kessels, Reinigungs- und kleineren Instandsetzungsarbeiten um 25% zu erhöhen.

Das betriebsfertige Aufstellen[34] und Wiederabbrechen einer Dampframme erfordert je Tonne etwa 40 bis 60 Arbeitsstunden (hiervon $^2/_3$ Monteur- und $^1/_3$ Hilfsarbeiterstunden).

Bedienung:[34]

Bärgewicht in Tonnen	0,5	0,8	1,0	1,25	1,5	2,0	2,5	4,0
Rammeister	1	1	1	1	1	1	1	1
Heizer	1	1	1	1	1	1	1	1
Hilfsarbeiter	4	4	5	5	5	6	6	6
Bei schwimmenden Rammen überdies Hilfsarbeiter			1	bis	2		2	2

Betriebsmittel:[34]

Kohlen kg/h	25	30	35	43	50	60	65	80

Schmier- und Putzmittel etwa 15% der Kohlenkosten.

925. Demag-Union-Rammhammer.

Der Demag-Union-Rammhammer wird entweder in Verbindung mit einem Rammgerüst (wie z. B. jene der Menck-Dampframmen) oder an einem Kran hängend verwendet.

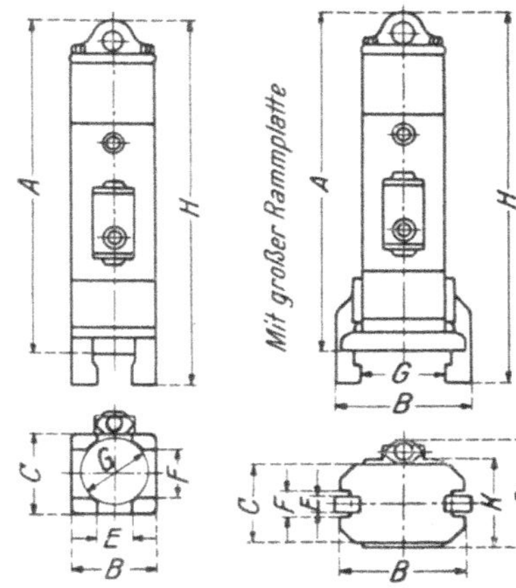

Abb. 56. Demag-Union-Rammhammer. (Demag A. G., Duisburg.)

Abmessungen und technische Angaben.

Hammergröße	Mit Rammplatte	Außenmaße in mm A	B	C	H	J	Gewicht in kg	Schlagkolben Gewicht in kg	Hub in mm	Schlagzahl je Minute	Schlagarbeit je Schlag in kgm	Betriebsdruck Dampf in atü	Preßluft in atü	Kesselheizfläche mindestens qm	Kompressoransaugleistung bei 6 atü cbm/min	Schlauchweite in mm	Preis in RM
VR 15	klein groß	1990 2000	400 640	400 395	2175 2175	— 660	1900 2100	200	300	215	320	8	6—7	10	8,5	40	5000
R 20	klein groß	2360 2380	445 670	445 485	2540 2540	— 700	3000 3250	250	400	230	730	8	6—7	18	16	40	6800
VR 20	klein groß	2500 2540	500 670	500 495	2700 2710	— 700	3600 3950	700	400	130		8	6—7	12	10	40	8200
VR 28	klein	2755	650	650		—	6550					8	6—7	25	20	55	14200

Anwendungsbereich der Demag-Union-Rammhämmer.

Hammergröße	Holzbohlen Querschnitt cm/cm	Holzbohlen Rammtiefe m	Holzpfähle Durchmesser cm	Holzpfähle Rammtiefe m	Larssen-Doppelbohlen Querschnitt	Larssen-Doppelbohlen Rammtiefe m	Larssen-Doppelbohlen Querschnitt	Larssen-Doppelbohlen Rammtiefe m	Peiner-Träger INP	Peiner-Träger Rammtiefe m	Betonpfähle cm/cm	Betonpfähle Rammtiefe m	Union-Kastenbohlen Querschnitt	Union-Kastenbohlen Rammtiefe m
VR 15	15/30	4—6	25—30	4—6	Ia, Ib, I, IIa, II	10	IIIa, III	8	20—30	6—9				
R 20	20/30	10	25—30	10	IIIa, III, IVa	10	IV, V	7	30—45	9—11	25/25	6	Ia	6
VR 20	20/30	9—12	40	9—12	IV, V	18	VI	15	45—55	15—18	30/30	6	I, II	10
VR 28			50	18—24	alle	alle vorkommenden			alle	20—30	35/35	10	II	18–24

Nutzungsdauer: 6 Jahre. Instandhaltung jährlich: 15% des Neuwertes.

926. Abladen und Stapeln von Pfählen und Spundbohlen am Bauplatz kostet je Tonne etwa (2,5 bis 5) h Hilfsarbeiter.

927. Zufuhr langer, schwerer Pfähle zur Ramme kostet bei einer Länge L m etwa (0,1 bis 0,2) L h Hilfsarbeiter.

928. Hochziehen eines L m langen, schweren Pfahles an der Ramme kostet etwa 0,1 L h Hilfsarbeiter.

929. 1 m Gerüstpfahl mit der viermännigen Handramme einrammen erfordert, einschließlich aller Nebenarbeiten, aber ohne Zurichten des Pfahles und ohne Zufuhr:

Art der Rammung	Vom festen Boden aus				Vom Boot aus			
Boden	leicht		schwer		leicht		schwer	
Pfahldurchmesser	10—15 cm	15—20 cm	10—15 cm	15—20 cm	10—15 cm	15—20 cm	10—15 cm	15—20 cm
Hilfsarbeiter .... h	1,2—1,8	1,8—2,4	2,0—3,0	3,0—4,0	2,4—3,6	3,6—4,8	4,0—6,0	6,0—8,0
Schiffsmann .... „	—	—	—	—	0,6—0,9	0,9—1,2	1,0—1,5	1,5—2,0
Für Aufsicht und Geräte .... %	10—15	10—15	10—15	10—15	30	30	30	30

930. 1 m Holzpfahl vom Umfang *U* cm einrammen, einschließlich Herstellung des Rammgerüstes, Beistellung der Zugramme, Aufsicht und aller Nebenarbeiten, kostet die folgenden Hilfsarbeiterstunden:

Bodenart	Schwebepfähle		Festpfähle		Rammtiefen von	
	Rammtiefe bis 2 m	Rammtiefen zwischen 2 und 7 m	Gerüstpfähle u. dgl., 2—7 m tief	Brückenjochpfähle u. dgl., 2—7 m tief	7 bis 10 m	über 10 m
Flug- und Alluvialsand; Mutterboden; Gartenerde; leichter Lehm; feiner Kies; Stichboden	(0,08—0,12) *U*	(0,12—0,16) *U*	—	—	Zuschlag 25%	Zuschlag 75%
Schotter, fein und fest; Lehm, fest; Letten, fest; Hackboden	(0,12—0,15) *U*	(0,15—0,25) *U*	(0,25—0,8) *U*	(0,8—1,0) *U*		
Ton, fest; Mergel; Kalkboden; Schotter, grob und fest	(0,15—0,25) *U*	(0,25—0,8) *U*	(0,8—1,0) *U*	(1,0—1,35) *U*		

Zuschläge für Erschwernisse bei Rammarbeiten:

a) für das Rammen von Schrägpfählen .... + 10—20% Zuschlag
b) „ „ „ in seichtem Wasser .... + 20% „
c) „ „ „ von Schiffen aus, für die Schiffsbeistellung und für die Erschwernisse .... + 50% „
d) „ „ „ „Mann an Mann“ .... + 20% „
e) „ „ „ weit auseinanderliegender Pfähle .... + 100% „
f) „ „ „ durch Sinkwalzen oder Faschinenbettung, bis 1,5 m dick.. 50% Abschlag

931. 1 qm hölzerne Spundwand mit der Zugramme einrammen, einschließlich der Beistellung des Schlagwerkes, der Gerüste und aller Nebenarbeiten, aber ohne Wasserhaltung, kostet an Hilfsarbeiterstundenlöhnen:

	Rammtiefe bis 2 m	über 2 m
a) bei Flug- und Alluvialsand, Humus, feinem Schotter, Stichboden ..	16 h	32 h
b) „ feinem, aber festem Schotter, festem Lehm, festem Letten, Böden, die nur mit Schaufel und Krampen lösbar sind	20 „	48 „
c) bei festem Ton, Mergel- oder Kalkboden, sehr grobem, festem Schotter, Böden, die nur mit der Spitzhaue lösbar sind	24 „	64 „

Zuschläge: bei Bohlen von mehr als 8 m Länge + 10%, für Schiffsbeistellung + 50%.

932. Rammen von Stahlpfählen und Schleuderbetonpfählen.[137] (Siehe Nr. 1003.)

Im Hamburger Hafen sind bei 1,6 tm je Schlag eingedrungen:

a) runde Stahlpfähle (unten offen), Durchmesser 420 mm, anfänglich um 1,43 cm, zuletzt um 1,10 cm,

b) Pfähle aus Unionkästen I und II (unten offen), anfänglich um 1,43 cm, zuletzt um 1,10 cm,

c) Peiner IP 34 mit zwei Flacheisen 360 × 10 und geschweißter Spitze, anfänglich um 0,80 cm, zuletzt um 0,6 cm,

d) Schleuderbetonpfähle, Durchmesser 370 mm, mit Spitze, anfänglich um 0,47 cm, zuletzt um 0,2 cm.

Stahlrohr nach der Rammung,	Proportionalitätsgrenze	56 t,	Grenzlast	100 t
,, ausbetoniert,	,,	70 t,	,,	110 t
Kastenpfahl, ausbetoniert,	,,	80 t,	,,	120 t
Peiner Trägerpfahl,	,,	90 t,	,,	130 t

933. Rammen von Trägern IP Nr. 22, St 37 im Bremer Hafen[238] durch schlammhaltigen Sand, feinen grauen Sand, groben grauen Sand und Kies auf 7 bis 8 m Rammtiefe in 2 m gegenseitiger Entfernung erforderte mit einer Freifallramme, Bärgewicht 2 t und 3 t, Fallhöhe 2 m, 400 bis 500 Schläge und zeigten leichte bis schwere Stauchungen. Eindringungstiefe im Durchschnitt in den letzten 3 Hitzen zu 10 Schlägen 15 bis 20 cm je Hitze oder 1,5 bis 2 cm je Schlag.

934. Rammen von Wulstpfählen aus Peiner-Trägern mit geschweißter Spitze. Vgl. Agatz: Der Rammstahlpfahl für Pfahlrostbauwerke. Bautechn. 1934, S. 56. (Bericht über die Ergebnisse von Proberammungen in Hamburg mit verschieden ausgeführten Pfählen.)

935. Rammung von Larssen-Doppelbohlen im Bremer Hafen. Bodenbeschaffenheit: Sand und Kies.[238]

Larssen-Bohle	Stahl St	Länge in m	Rammtiefe in m		Art der Ramme	Bärgewicht in t	Fallhöhe in m		Schlagzahl		Eindringungstiefe in den letzten 3 Hitzen in cm/Hitze	Anteil der beschädigten Bohlen in %				
			im Durchschnitt	höchstens			im Durchschnitt	höchstens	im Durchschnitt	höchstens		unbeschädigt	beginnende Stauchung	leichte Stauchung	schwere Stauchung	gerissen
V	50/60	14,5 bis 15,7	9	10	Freifallramme, schwimmend	2	2—3	5	150	200	20—25	20	40	32	8	—
III	50/60	18,5	6	6	Freifallramme, Gerüst	2,5 und 2,8	1	2	160	200	6—8	27	—	70	3	—
III	45/52	18,6	6	6,5	Freifallramme, schwimmend	2	2,5	4	100	150	20—30	—	50	30	18	2
IV	37	18,5	8,5	9	Freifallramme, schwimmend	2	3	5	300	500	15—18	—	10	50	30	10
IV	Resista	23,2	10	12	Freifallramme, Gerüst	3	1	5	300 bis 500	700	bei 4—5 m Fallhöhe 6—10	9,5	50	40	—	0,5

936. Rammen von Pfählen und Stahlspundbohlen mittels der Delmag-Explosionsrammen. Reine Rammzeiten.

a) 65-kg-Ramme. *Holzpfähle*, Durchmesser 12 cm, 2 m tief, in leichten Boden in 3 Minuten.

b) 100-kg-Ramme. *Hölzerne Spunddielen*, 8 × 16 cm, 2 m tief in leichten Lehmboden in 10 Minuten.

c) 125-kg-Ramme. *Holzpfähle*, Durchmesser 20 cm, 3 m tief in mittelschweren Boden in 15 Minuten.

d) 200-kg-Ramme. *Holzpfähle*, Durchmesser 35 cm, 4 m tief in festen Lehm mit Kies in 25 Minuten. *Hoesch-Stahlbohlen IV a*, 4 m tief in Lehm mit Kies in 18 Minuten. *Larssen-Stahlbohlen III*, 3,5 m tief in Kies und Sand mit kopfgroßen Brocken in 50 Minuten.

e) 500-kg-Ramme. *Holzpfähle*, Durchmesser 35 cm, 7 m lang, 5 m tief in festgelagerten Sand in 45 Minuten. *Betonpfähle*, 30 × 30 cm, 6,5 m lang, auf die ganze Länge in 4 m sandigen Lehm und 2,5 m sandigen Kies in 35 Minuten. *Larssen-Doppelbohlen II*, 3 m in kiesigen Boden und 1 m in feinsten Keupermergel in 50 Minuten. *Stahlpfähle* aus 2 Larssen-Bohlen II geschweißt,

10 m lang, 9,4 m tief, und zwar durch 1 m Moorboden, 3 m festen blauen Ton und 5,4 m festgelagerten Sand in 40 Minuten.

937. **1 m Holzpfahl mittels Dampframmen einrammen,**[36] je nach Bodenart: 0,035 bis 0,070 h Ramme.

Bedienung der Ramme: 1 Rammeister + 1 Maschinist + 6 Hilfsarbeiter.

938. **1 m Eisenbetonpfahl mittels Dampframme**[36] **einrammen** erfordert etwa 0,07 h Ramme.

Bedienung der Ramme: 1 Rammeister + 1 Maschinist + 6 Hilfsarbeiter.

939. **Rammen von Klöckner-Spundbohlen.**[130]

a) Dortmund-Ems-Kanal:

Boden: 0 bis 1,5 m Ton, 1,5 bis 5,5 m Sand und Kies, 5,5 bis 6,3 m Mergel.
Rammbär: Dampframmbär von 2,8 t Fallgewicht.
Spundwandeisen: Klöckner, Profil 3 D und III a, in Längen bis zu 9 m.
Rammleistung in 8 h: 26 Doppelbohlen, 146 qm eingerammte Fläche.

b) Dortmund-Ems-Kanal:

Boden: 0 bis 2,5 m feiner, trockener Sand, 2,5 bis 7,0 m nasser Sand.
Rammbär: Dampframmbär von 2,8 t Fallgewicht.
Spundwandeisen: Klöckner, Profil II, III a und 3 D in Längen zu 7,0 m.
Rammleistung in 8 h: 26 Doppelbohlen, 146 qm eingerammte Fläche.

c) Rügendammbrücke Stralsund-Ostsee:

Boden: 10 m Wasser, darunter Sand, Kies und Geröll.
Rammbär: Dampframmbär Menck & Hambrock, von 4 t Fallgewicht, schwimmendes Gerüst.
Spundwandeisen: Klöckner, Profil 4 D, 23,5 m lang.
Rammleistung in 8 h: 75 qm eingerammte Wandfläche.

940. **Rammen von Ransom-Spundbohlen**[95] für einen Inselfangdamm.

Boden: Kies, Schlamm, Kalkstein.
Rammbär: 691 kg, 180 bis 200 Schläge je Minute. Bedienung: 1 Meister, 1 Heizer, 5 Hilfsarbeiter.
Spundwand: 72 m = 199 Bohlen, je 7 m lang.
Rammarbeit: 22 Tage je 10 h.
Abladen der Bohlen und Arbeiten mit denselben am Werkplatz.

Abladen der Bohlen und Arbeiten mit denselben am Werkplatz	180 h
Werkstätte, Montage, Instandsetzungen	400 ,,
Vertreter der Unternehmung	195 ,,

Kohle: 5390 kg; Öl: 34 l; Fett: 70 l; 1 Dampfschlauch; 12 Leitpfähle.
3 Kähne je 15 t durch je 26 Tage.
Unkosten 20%. Gewinn 10%. Kosten ohne Spundbohlen 201 Francs/m Wand, hiervon 45% Löhne.
Das Ziehen kostete 90% des Rammens. In 10 h wurden 9 bis 13 Bohlen gezogen.

941. **Rammen von Hoesch-Doppelbohlen.**[96]

Proberammung am Donauufer in Wien. Boden: Schotter bis 70 mm und Steintrümmer eines alten Uferschutzes. Schlagzahl: 40 bis 45 je Minute.

Hoesch-Bohle Nr.	Bohlenlänge in m	Bärgewicht in t	Bärhub in m	Schlagzahl	Reine Rammzeit in Minuten	Schlagarbeit in kgm	Hoesch-Bohle Nr.	Bohlenlänge in m	Bärgewicht in t	Bärhub in m	Schlagzahl	Reine Rammzeit in Minuten	Schlagarbeit in kgm
III	7	0,8	1,4	960	22	1075000	II	6	0,8	1,4	920	21	1012000
III	7	0,8	1,4	790	18	885000	II	6	0,8	1,4	900	22	990000
III	7	0,8	1,4	880	20	986000	II	6	0,8	1,4	600	15	660000
III	8	0,8	1,4	1750	42	1925000	II	5	0,8	1,4	380	9,5	418000
III	8	0,8	1,4	3300	75	3630000	II	5	0,8	1,4	360	9	396000
III	8	1,2	1,05	850	23	1062000	II	5	1,2	1,08	440	12	550000

941a. Rammen von Peiner Spundbohlen mittels Demag-Union-Rammhämmern. (Ilseder Hütte, Abt. Peiner Walzwerk, Peine.)

Eindringungstiefen in Metern nach verschiedenen Rammzeiten.

Rammhammer	R 20					VR 20	R 20	
Spundbohle	PSp 30 *s*					PSp 60 *l*	PSp 35 *l*	PSp 30 *l*
Reine Rammzeiten in Minuten	1,80 m aufgeschütteter Boden, mit Bauschutt, 2,9 m Klei mit Schlamm, 0,7 m Moor mit wenig Klei, 3 m sehr feiner grauer Sand, darunter sehr feiner, scharfer Sand mit Steinen und Geröll					5 m Klei-Dorg, 1,3 m Moor, 2,2 m Sand, 1,2 m Moor, 0,3 m Holz und Blätter, 2 m grober Sand, 1,0 m Kies, 3,5 m grober Sand	2 m Wasser, 3 m grober Sand, 0,45 m Holz mit Sand und Kieselsteinen, 1,85 m Sand mit Holzfasern, 1,30 m grober Sand mit Kieselsteinen, darunter Kies und Sand	0,74 m lehmig-kiesiger Sand, 1,02 m sandiger Kies, 0,75 m Sand, 0,55 m Kies, 0,60 m Geschiebemergel, 2,55 m toniger Mergel, darunter Mergel
0	2,0	1,5	1,5	1,5	2,0	0	1,2	0
2	7,5	6,5	7,0	7,4	7,0	1,5	4,0	3,4
4	8,7	7,9	8,0	8,5	8,1	2,5	5,6	5,0
6	9,4	9,0	8,6	9,1	9,0	4,4	6,0	5,4
8	—	—	9,1	—	—	5,5	6,7	6,2
10	—	—	—	—	—	6,8	7,0	6,5
15	—	—	—	—	—	9,2	7,8	7,3
20	—	—	—	—	—	11,2	8,7	7,9
30	—	—	—	—	—	13,5	10,1	8,9
40	—	—	—	—	—	14,4	—	—

942. Rammung von Larssen-Doppelbohlen mittels des Demag-Union-Rammhammers R 20.[97]

Boden: 0 bis 10 m grober Kies mit Findlingen, darunter Dolomit (130 kg/qcm).

Reine Rammleistung ohne Nebenarbeiten im Kies: 10 m in 23 Minuten, im Dolomit: 0,5 m in 20 bis 40 Minuten.

Von 16 m langen Larssen-Bohlen konnten in 8 h 30 bis 60 Stück 6 bis 8 m tief gerammt werden, das sind 10 bis 20 qm/h.

943. Rammen von Holzpfählen mit dem Demag-Union-Rammhammer VR 20.

Für das Lehrgerüst der Adolf-Hitler-Brücke in Koblenz wurden täglich bis zu 33 Pfähle, Durchmesser 25 bis 35 cm, 4,50 m tief in mittlerem bis grobem Kies gerammt.

Rammhammer und Mäkler waren am Ausleger eines Raupenkrans angehängt.

944. Rammen von Union-Kastenpfählen[240] mittels des Demag-Union-Rammhammers R 20.

Am Rhein-Herne-Kanal erforderte das Rammen solcher 12,5 m langer Pfähle auf 6 m Tiefe in gewachsenen schweren Kiesboden im gegenseitigen lichten Abstande von 0,37 m 30 bis 40 Minuten reine Rammzeit. Täglich konnten drei bis fünf Pfähle gerammt und hergerichtet werden.

945. Rammen von Hoesch-Doppelbohlen mittels eines McKiernan-Terry-Pfahlhammers Nr. 7.

Hoesch-Spundbohlen Nr. II. Boden: 3,5 m mittlerer bzw. grober Rollkies, 0,5 m gebrächer Fels und 1,3 m fester Krilfels.

Gewicht des Rammbären: 2,269 t; Schlagzahl: 180 je Minute. Bedienung: 4 Männer.

Höchstleistung: 42 qm in 10 h.

946. Rammen von Hoesch-Spundbohlen.

Eine Rammkolonne von 5 Männern rammt in 8 Stunden, einschließlich aller Nebenarbeiten, bei Rammung von Doppelbohlen:

a) Querschnitt I: Rammtiefe 6,2 m in lehmhaltigem Fließsand. Rammbär: Mc Kiernan-Terry-Bär Nr. 6, 1300 kg schwer, 180 qm Spundwand in 8 Stunden.

b) Querschnitt IV; 17,5 m lange Spundbohlen, 10 bis 11 m tief, in festem Sand mit Steinen und Holzresten. Rammbär: 4-t-Dampframmbär. Rammleistung: durchschnittlich 210 qm in 8 Stunden; Spitzenleistung 280 qm.

c) Querschnitt II; 9,5 m lange Spundbohlen, 2 m tief, durch Stechboden, 5 m Sand und 2 m festgelagerten Mergel. Rammbär: 1,8-t-Dampframmbär. Rammleistung: durchschnittlich 190 qm; Spitzenleistung 228 qm. Schlagzahl je Doppelbohle: 400 bis 600 Schläge.

947. Rammen von Union-Kanaldielen UKD.

Baustelle	Bodenbeschaffenheit	Von welcher Tiefe ab sind UKD verwendet m	Rammen: Rammgerät	Rammen: Gewicht kg	Rammen: Männer beim Rammen beschäftigt	Rammen: In 8 Stunden gerammte Wand, laufende Meter	Ziehen: Ziehgerät	Ziehen: Beim Ziehen beschäftigte Männer	Ziehen: In 8 Stunden gezogene Wand, laufende Meter	Wievielmal wiederverwendet
Duisburg-Großenbaum-Wedau-Kanal	0—4 m Sand, 4—5 m streckenweise Fließ oder Sand. Von 3—4,5 m Tiefe ab Grundwasser	2,70 bis 3,0	Vorschlaghammer	8 bis 10	1	6,25	Dreibein mit Kabelwinde	?	12	17
Duisburg	Sand und Kies, ab 1 m wasserführend	2	Handramme	7	2	—	Fahrbarer Kran	—	—	15
Kanal Wesel—Datteln	0—0,8 m sandiger Lehm, 0,8—2,5 m lehmhaltiger Sand; Wasser und Fließ ab 1,5 m	0,7	„	20 bis 30	3	10 bis 15	Kettenzug	—	—	7 bis 8
Lünen a. d. Lippe	1—2 m Sand, teils Fließ, 2—2,4 m Lehm und Fließboden, ab 2 m Grundwasser	0 bis 2	„	30	4	35	Dreibein mit Flaschenzug	2	35	
Weißwasser O/L	2—4,5 m Schwemmsand, starker Grundwasserandrang	2	„	50	4+2 beim Ansetzen	7	Dreibein mit Flaschenzug	3	12	
Marienfelde bei Berlin	6—7,20 m Kies, 7,20—7,50 m Ton; Kies wasserführend	7	„	60	6	4 bis 4,5	—	—	—	fest eingebaut
Norderney	0—0,5 m reiner Sand, 0,5—1,50 m grauer Sand mit Muscheln, 1,5 bis 3 m desgleichen mit Schlick, ab 0,5 m Fließsand	0	Zugramme	200	10	8 bis 10	—	—	—	fest eingebaut
Barnstorf (Hannover)	1,50—3,50 m Erde und Lehm, ab 1,50 m Wasser	1,50	„	300	8	15	—	6	40	4
Stettin	0—0,5 m Humus, 0,5—5 m feiner Sand, wasserführend, 5—7 m lehmhaltiger Fließsand	1,0	Preßlufthammer	50	3	15 bis 28	—	3	25	15
Duisburg	Sand, Kies, Grundwasser	2	„	—	—	—	Dampfkran	—	19	20
Stadt Braunschweig	2,5—3,5 m sandiger Boden, 3,5 bis 4 m wasserführender Schwemmsand	3 bis 4,5	Handramme, Explosionsramme Delmag	40 90	2 2	18 24	—	—	48	10
Bad Freienwalde (Oder)	0—1 m Schüttboden, 1—1,8 m trockener, feiner Sand, 1,8—2,5 m feiner Sand und Wasser, 2,5—3 m feuchter Mergelboden, 3—4,25 m nasser, scharfer Sand mit Lehm	1,8	Explosionsramme Delmag	90	3	20	—	—	20	5 bis 8
Hamborn a. Rhein	0—5 m Sand ohne Wasser	0	Handramme und Vorschlaghammer	—	2	—	Hebebaum	—	—	7
Frankfurt a. d. Oder	2—4,5 m Schwemmsand, starker Grundwasserandrang	2,0	Handramme	50	6	7	Dreibein mit Flaschenzug	—	12	4

948. **Rammen von Union-Kanaldielen UKD** mittels des Demag-Rammhammers AD 60.[241]
Gewicht des Rammhammers: 32 kg. Luftverbrauch: 1,4 cbm angesaugte Luft je Minute bei 5 atü.

Mindestleistung (reine Rammleistung): 1 m Rammtiefe je Minute, bei leichtem Boden und guter Zugänglichkeit auch wesentlich mehr, ohne Berücksichtigung der Nebenarbeiten.

Mit der Handramme können 2 Männer durchschnittlich 16 m Spundwand von 2 bis 2,5 m Länge in 8 Stunden rammen.[192]

949. **Das Einspülen von Pfählen.**
Beim Bau der Ufermauer Burchard-Kai in Hamburg sind für das Einspülen von 66000 m Pfählen und hölzernen Spundbohlen 179244 kWh verbraucht worden, also je Meter Pfahl 2,7 kWh.

2. Ziehen und Kürzen von Pfählen und Spundbohlen.

950. **1 Stück Holzpfahl mit Ketten und Wuchtbaum aus dem Boden ziehen,** einschließlich aller Nebenarbeiten:

a) Bei 2 m Rammtiefe, am Land:

Boden		locker	mittelfest	fest
Zimmerer	h	1—3	2—5	4—10
Hilfsarbeiter	,,	10—20	20—40	40—60
Für Aufsicht und Geräte	%	15	15	15

b) Bei einer Rammtiefe:

von 1 m	— 50%
,, über 3 m	+ 100%

c) Bei Arbeiten im Wasser: Zuschlag 2,5, 5,0 bzw. 10 h Schiffmann + 15% aller Löhne für die Beistellung der Schiffe und sonstige Erschwernisse.

951. **Herausziehen gerammter Pfähle** kostet überschlägig etwa ein Halb bis drei Viertel soviel wie das Rammen derselben.[34]

952. **Ziehen von Stahlspundbohlen**[279] mittels eines 5-t-Flaschenzuges aus Sand.

a) Rammtiefe 4,5 m: 100 m Spundbohlen erfordern 25 h Hilfsarbeiter,
b) ,, 6 ,,: 100 ,, ,, ,, 28 ,, ,, .

953. **Demag-Union-Rammhämmer als Pfahlzieher.**
Demag-Union-Rammhämmer können auch als Pfahlzieher verwendet werden, wenn sie in einer eigenen Ziehvorrichtung verkehrt, also nach oben schlagend eingebaut werden. Die Ziehvorrichtung hängt ähnlich wie der Pfahlzieher PZ 3 oder 4 an einem Flaschenzug von 20000 kg Tragkraft und wird mittels der Greiferzange mit der zu ziehenden Bohle verschraubt.

Demag-Union-Rammhammer	VR 15	R 20	VR 20
Gewicht der Ziehvorrichtung kg	760	910	1100

954. **Ziehen von gerammten Stahlspundbohlen**[279] mittels eines an einem Flaschenzug aufgehängten, aufwärts schlagenden, 2500 kg schweren Pfahlhammers. Rammtiefe 12 m in grobem Sand.

Das Ziehen von 100 m Spundbohlen erfordert (13 bis 14) h Facharbeiter und (3,25 bis 3,5) h Maschinen und Geräte.

955. **Ziehen von Stahlspundbohlen** mittels des Pfahlziehers „Deutschland" der A. G. Hoesch, Köln-Neuessen.

Hoesch-Bohlen, Querschnitt I a, Rammtiefe 5 m in tonigem Fließ. Reine Ziehzeit je Bohle	6 Minuten
Hoesch-Bohlen, Querschnitt III, 2 m in festem Mergel und 4 m in feinem, festgelagertem Sand. Reine Ziehzeit durchschnittlich	8 ,,
Hoesch-Bohlen, Querschnitt I a, 3 m in Mutterboden und 4 m in festem Ton und Mergel. Reine Ziehzeit	3—9 ,,
Hoesch-Bohlen, Querschnitt IV, 19 m lang, in Kiesboden am Rheinufer. Reine Ziehzeit	4—6 ,,

956. Der Pfahlzieher der Demag-Union.

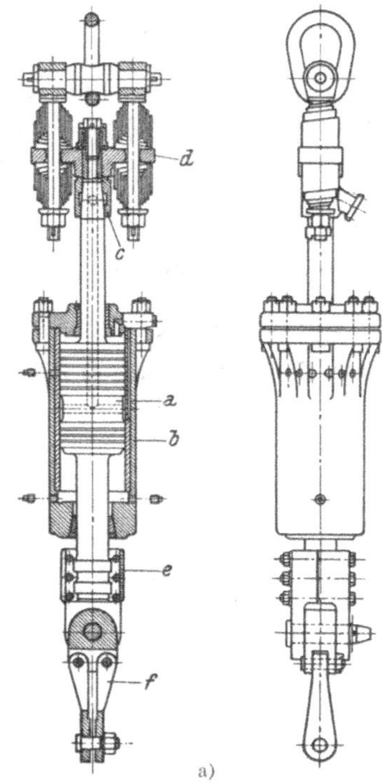

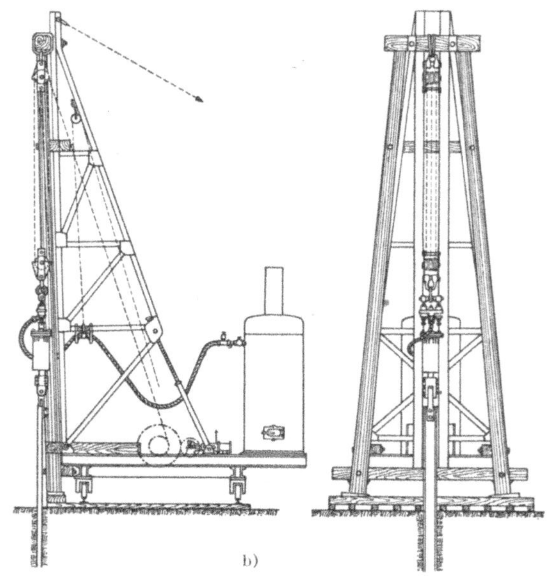

Abb. 57. a) Demag-Union-Pfahlzieher. b) Durch Pfosten verstärktes Rammgerüst zum Aufhängen des Pfahlziehers.

Bezeichnung		PZ 3	PZ 4
Schlagzahl je Minute bei 6 atü im Zylinder		230—170	190—160
Betriebshub bei 6 atü im Zylinder	mm	100—180	150—230
Preßluft	atü	6	6
Ansaugemenge	cbm/min	5,5	8,5
oder Dampf	atü	6—8	6—8
Dampfverbrauch	kg/h	250	370
Kesselheizfläche für Dampf von 7—8 atü	qm	8—10	12—15
Länge über alles einschließlich Greiferzange	mm	2950	3550
Gewicht, betriebsfertig, etwa	kg	1100	1900
Schlauch, ∅ 45 mm	m	10	10
Mindestzug der Dampfwinde am einfachen Seil	kg	3000	3000
Tragfähigkeit des Ziehgerüstes	,,	20000	25000
,, ,, Flaschenzuges	,,	20000	25000
Schlagleistung je Schlag beim kleinsten Betriebshub	kg/m	200	350
,, ,, ,, ,, größten Betriebshub	,,	350	510
Preis	RM	5700	8000

957. **1 Stück Eisenbetonrammpfahl, 34 × 34 cm,** nach dem Rammen mit Handwerkzeug in der ausgehobenen Baugrube **kürzen,** erfordert einschließlich des Umbiegens der freigelegten Längseisen, aber ohne Beseitigung des abgestemmten Betons aus der Baugrube:[31] (2,5 bis 4,0) h Facharbeiter.

958. Kürzen von Eisenbetonpfählen.

Pfähle aus Erzzementbeton, Durchmesser 30 cm, als Preßbetonpfähle hergestellt, stahlbewehrt. Drei zu einem Pfahlbündel vereinigte Pfähle 0,6 m unter der Straßenoberfläche abtrennen und die abgetrennten Pfahlstücke wegführen kostete (1935) 250 RM.[226]

959. Abbohren von hölzernen Spundwänden unter Wasser. (P. Jansen, Köln-Worringen.) Um hölzerne Spundwände unter Wasser zu kürzen, werden an Stellen, an denen Sägen unmöglich ist, zwei Reihen von etwa 40 mm weiten, gegeneinander versetzten Löchern gebohrt, die nahe aneinander liegen und so angeordnet sind, daß jede Holzfaser mindestens einmal geschnitten wird. Der abzuschneidende Teil der Spundwand wird schließlich durch Seilzug von einem Schiff aus umgebrochen.

Bei einer 600 m langen Ufermauer in Köln, mit einer 15 cm starken Spundwand, hat ein Taucher mittels einer Preßluftbohrmaschine im Durchschnitt stündlich 2,5 m Spundwand abgebohrt.

960. Abschneiden von Larssen-Bohlen über dem Wasser.[34]

Für das autogene Abschneiden von Larssen-Bohlen Profil I bis III über Wasser sind erforderlich: 0,7 bis 1,0 h Schweißer + 0,7 bis 3,0 h Hilfsarbeiter + 2 bis 3 cbm Sauerstoff + 0,8 bis 1,2 cbm Wasserstoff (oder 1,5 bis 2,0 kg Karbid).

961. Autogenes Schneiden unter Wasser.

Die Unterwasserschneidbrenner werden ausgeführt für den Betrieb mit Sauerstoff-Wasserstoff und Preßluft, mit Sauerstoff-Azetylen und Preßluft und mit Sauerstoff und flüssigen Brennstoffen (Benzin), wobei die Preßluft auch durch Sauerstoff ersetzt werden kann.

Der Gasverbrauch ist in trübem Wasser, je Meter Schnittlänge wesentlich höher als im klaren, weil er von der Benützungsdauer des Brenners und nicht von der Schnittleistung abhängt.

Preis eines Unterwasserschneidgerätes 4200 RM.

962. Autogenes Abschneiden von Larssen-Bohlen unter Wasser.[184]

Ein Taucher schneidet durchschnittlich in der Stunde in klarem, durchsichtigem Wasser 0,9 bis 1,0 m, in trübem, undurchsichtigem Wasser 0,2 laufende Meter Larssen-Wand, Profil III; hierbei sind alle Nebenarbeiten des Tauchers berücksichtigt. Spitzenleistungen können wesentlich höher sein.

Gasverbrauch: Beim Abschneiden einer 170 m langen Larssen-Wand, Profil III, in der Mosel wurden je Spundbohle 2,5 cbm Wasserstoff + 3,5 cbm Sauerstoff verbraucht, wobei die Preßluft durch Sauerstoff ersetzt worden ist.

Beim Bau des Rheinkraftwerkes Albbruck-Dogern sind in 6 bis 7 m tiefem Wasser mit einem Brenner für flüssigen Brennstoff bis zu 4 Bohlen, Profil IV, stündlich abgeschnitten worden.

In klarem Wasser beträgt der Gasverbrauch beim Sauerstoff-Wasserstoff-Brenner, wenn die Preßluft durch Sauerstoff ersetzt wird, je Quadratzentimeter Schnittfläche 24 bis 30 l Wasserstoff + 36 bis 45 l Sauerstoff; für den Sauerstoff-Azetylen-Brenner 5 bis 6 l Azetylen + 36 bis 45 l Sauerstoff, und der Brenner für flüssigen Brennstoff verbraucht je Quadratzentimeter Schnittfläche etwa 0,012 bis 0,018 l Benzol + 25 bis 40 l Sauerstoff.

Umständliche Schnitte durch dünne Stahlteile erfordern mehr Gas als einfache Schnitte durch dicke Stahlteile.

963. 1 m Schnittlänge bei 10-mm-Blech und Unterwasserschneiden erfordert:[185] 0,5 h Taucher + 4,9 cbm Wasserstoff + 6,5 cbm Sauerstoff.

964. Unterwasserschneiden mit flüssigen Brennstoffen nach dem Verfahren von H. Töpper, Berlin.[185]

Brennstoffe: Sauerstoff und Benzol oder Benzin, Benzolspiritus, Solventnaphtha, Petroleum, Gasolin u. dgl. Der flüssige Brennstoff wird durch elektrische Heizelemente erwärmt.

Leistung: Blechstärke	10 mm	40 mm
Reine Schneidedauer je Meter	160 Sekunden	220 Sekunden

Schnittleistung stündlich bei 10 mm Blechstärke: 10 bis 12 m.

Brennstoffverbrauch bei 10 mm Blechstärke, je Meter Schnittlänge: (0,4 bis 0,5) l Benzol + 0,95 cbm Sauerstoff. Heizstrom: 150 Watt.

Frachtkosten für Gasflaschen und Brennstoff: nur $^1/_{10}$ derjenigen bei Verwendung von Wasserstoff-Sauerstoff, etwa 14 kg je Meter Schnittlänge bei 10 mm Blechstärke.

3. Spundwände.

965. Hölzerne Spundbohlen.

Bohlenlänge	m	2—3	3—5	5—8	8—11	11—14
Bohlenstärke[34] mindestens	cm	8—10	10—14	14—18	18—20	20—22

Für das Koppeln zweier hölzerner Spundbohlen zum Rammen sind an Klammern je Quadratmeter Wand 0,15 bis 0,30 kg erforderlich.[34]

Bei einer Bohlenstärke von b cm haben die Bohlenschuhe je Meter Wand das Gewicht von etwa 1,25 b kg.

966. Beschuhen von hölzernen, gespitzten Spundbohlen kostet soviel Arbeit wie bei Pfählen gleichen Umfanges, also etwa 0,65 h Zimmerer je Meter Spundwand.

967. Spitzen und Beringen von Spundbohlen sowie Verklammern von je zwei Bohlen[34] zu einer Doppelbohle und allfälliges Bearbeiten von Paßbohlen kostet für einen laufenden Meter Spundwand 5 bis 8 h Zimmerer und je Quadratmeter Wand 0,15 bis 0,30 kg Eisen für Klammern und Ringe.

968. Bearbeitung der Spundbohlen von Hand.

1 m Feder	0,4—0,5 h	Zimmerer	+ 0,25 h	Hilfsarbeiter
1 „ Nut	0,7—0,8 „	„	+ 0,40 „	„
1 „ halbe Spundung	0,3 „	„	+ 0,15 „	„
1 „ Gratspundung (beiderseits)	1,3—1,4 „	„	+ 0,7 „	„

969. 1 m Spundbohle mit Nut und Feder versehen[17] erfordert etwa 2 Minuten Arbeit an der Spundmaschine und kostet ein Halb bis zwei Drittel der Handarbeit.

970. Holzspundwand, 10 cm stark,[140] einschließlich aller Nebenarbeiten kostet:

1 m Spundwand nach der Rammung abschneiden	1 h	Zimmerer
1 „ „ spitzen	0,75 „	„
1 „ „ beschuhen	0,50—0,65 „	„
1 „ „ , Kopfring anlegen	0,67 „	„
1 „ „ mit Zangen, 14/20 cm, versehen	0,35—0,50 „	„

Verschnitt 15 bis 20%.

971. 1 qm Spundwand aus Bohlen 10 × 18 cm herstellen, und zwar Anarbeiten der Spundung von Hand, Spitzen, Beschuhen und Abschneiden nach dem Rammen, aber ohne Rammarbeit, kostet: 10 h Zimmerer + 1 h Hilfsarbeiter + 15% für Aufsicht und Geräte.

972. 1 m Spundpfahl, mit Nut und Feder, gespitzt, Handarbeit, erfordert:

a) ohne Schuh:	32 × 32 cm:	4,22 h	Zimmerer,
	37 × 37 „ :	4,68 „	„ ,
b) beschuht:	32 × 32 „ :	4,68 „	„ ,
	37 × 37 „ :	5,27 „	„ .

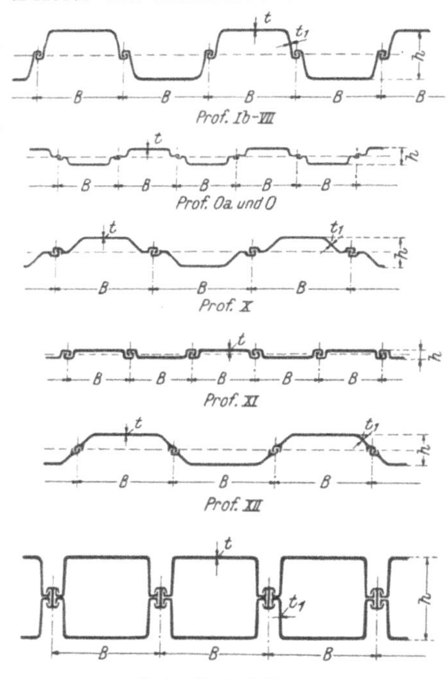

Abb. 58. Larssen-Spundbohlen und Union-Kastenbohlen.

973. Larssen-Bohlen und Union-Kastenbohlen.

Die Stahlbohlen werden in den Stahlsorten	St 37/44	St 45/52	St 50/60	Resista
mit den zulässigen Beanspruchungen .... kg/qcm	1200	1460	1620	2200

erzeugt. Zur Erhöhung der Widerstandsfähigkeit gegen Rosten kann ein Kupferzusatz von 0,25 bis 0,35% erfolgen; Resistastahl enthält stets mindestens 0,4% Kupfer.

Richtpreise je Tonne ab Werk bei größeren Bezügen:

Stahlsorte		St 37/44	St 45/52	St 50/60	Resista
Preis	RM/t	125,00	135,00	138,00	150,00
Zuschlag für Kupferzusatz	„	10	10	10	—

a) Larssen-Spundbohlen und Union-Kastenbohlen (Abb. 58). (Dortmund-Hoerder Hüttenverein A. G., Dortmund.)

Bohlenart	Bezeichnung	Querschnittsabmessungen B mm	h mm	t mm	t_1 mm	Gewicht g je m Bohle kg	Gewicht G je qm Wand kg	Stahlquerschnitt je m Wand qcm	Umfang je m Wand cm	Gesamtquerschnitt je m Wand qcm	Trägheitsmoment je m Wand J cm⁴	Widerstandsmoment je m Wand W cm³	Trägheitshalbmesser i cm	Zulässige Biegungsmomente in tm bei St 37/44	St 45/52	St 50/60	Resistastahl	Güteverhältnis $\frac{W}{G}$
Bohlen-Larssen	0 a	350	80	4,5	4,5	16,5	47,0	60	230	—	511	130	2,92	1,56	—	—	—	2,76
	0	275	75	5,0	5,0	15,4	56,0	71	236	—	454	121	2,53	1,45	1,77	1,96	2,66	2,16
	I b	355	100	6,5	6,5	27,0	76	97	235	—	1 242	250	3,58	3,00	3,65	4,05	5,50	3,29
	I a	400	130	7,0	6,5	32,8	82	104	250	—	2 470	380	4,87	4,56	5,55	6,16	8,36	4,63
	I a neu	400	220	7,5	6,3	35,6	89	113	260	—	—	600	—	—	—	—	—	6,75
	I	400	150	8,0	8,0	40,0	100	127	260	—	3 696	500	5,53	6,00	7,30	8,10	11,00	5,00
	II a	400	270	8,4	7,5	46,4	116	148	301	—	13 100	970	9,47	11,64	14,16	15,71	21,34	8,36
	II	400	200	10,2	8,7	48,8	122	156	270	—	8 486	850	7,38	10,19	12,40	13,75	18,68	6,97
	II neu	400	270	9,5	7,5	48,8	122	156	301	—	—	1 100	—	—	—	—	—	9,02
	III a	400	290	11,0	8,7	56,4	141	180	309	—	20 300	1 400	10,56	16,80	20,44	22,68	30,80	9,93
	III	400	247	14,2	9,2	62,0	155	198	285	—	16 831	1 363	9,24	16,36	19,90	22,08	29,99	8,80
	III neu	400	290	13,0	8,5	62,0	155	198	309	—	—	1 600	—	—	—	—	—	10,32
	IV a	400	360	13,0	10,0	68,8	172	219	330	—	36 000	2 000	12,79	24,00	29,20	32,40	44,00	11,63
	IV	400	310	15,2	11,0	74,0	185	236	310	—	31 579	2 037	11,50	24,44	29,74	33,00	44,81	11,02
	V	420	360	20,5	12,0	100,0	238	303	330	—	50 993	3 000	12,97	35,54	43,25	47,98	62,20	12,61
	VI	420	440	22,0	14,0	121,8	290	370	368	—	91 740	4 200	15,66	50,04	60,88	67,55	87,57	14,48
	VII	460	460	26,0	14,0	142,6	310	394	370	—	—	5 000	—	—	—	—	—	16,12
	X	450	145	9,5	9,5	46,8	104	133	230	—	2 576	356	4,41	—	—	—	—	3,42
	X v	450	145	10,5	10,2	50,4	112	143	230	—	—	390	—	—	—	—	—	3,48
	XI	290	49	14,0	12,0	43,5	150	191	215	—	475	190	1,58	—	—	—	—	1,27
	XII	450	155	12,0	12,0	57,6	128	163	218	—	4 789	640	5,40	—	—	—	—	5,00
Union-Kasten-Bohlen	I c	460	270	10,5	9,7	113,4*	290,0	370	266**	2 350	35 100	2 600	9,8	31,20	37,96	42,14	57,20	8,96
	I	460	276	13,5	10,7	135,4*	337,8	430	267**	2 420	44 160	3 200	10,1	38,40	46,72	51,84	70,40	9,48
	II	460	369	14,5	10,5	155,0*	380,4	485	312**	3 170	90 240	4 890	13,6	58,68	71,39	79,22	107,58	12,85

* Je Meter Kasten, ohne Schloßeisen.

** Einschließlich des erforderlichen Schloßeisens. Schloßeisen 20 kg/m.

b) Eck- und Abzweigbohlen für Larssen-Spundwände.

Beim Entwerfen von Eck- bzw. Abzweigbohlen nach der Abb. 59 werden womöglich halbe Bohlen verwendet, so daß sich kein Abfall ergibt.

Wenn $i + x$ bzw. $e + x$ bzw. $g + x$ (siehe Abb. 60) kleiner ist als die halbe Querschnittshöhe h, dann schneiden sich bei Eckbohlen (Abb. 60, g) bzw. Abzweigbohlen (Abb. 60, o und p) mit dem Winkel $\alpha = 90^0$ die Nachbarbohlen. In diesem Falle muß i bzw. e bzw. g größer gewählt werden. Bei den Abzweigbohlen, Abb. 60, o und p, wird nach Möglichkeit nur g vergrößert. Bei Ausführungen mit Querschnitt VI müssen die größtmöglichen Maße e und i bzw. e und g sowie Winkelstahl $160 \times 160 \times 15$ gewählt werden.

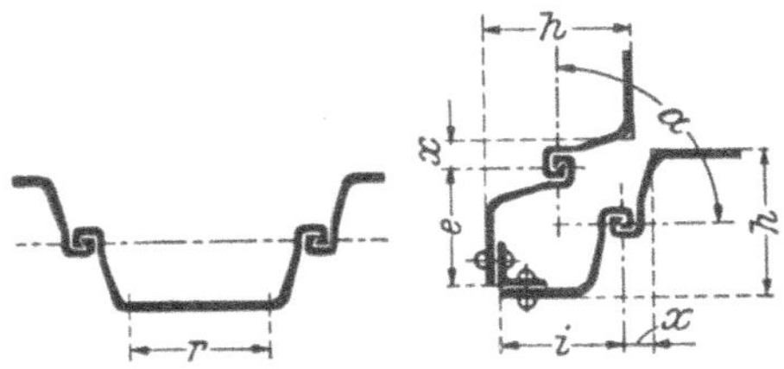

Abb. 59. Larssen-Eck- und Abzweigbohlen, Bemessung.

Die Kleinst- bzw. Größtwerte der Maße c, i, e, f und g lassen sich aus der Breite r des Bohlenrückens berechnen. Bei den geschweißten Abzweigbohlen sind die Maße a und b begrenzt durch die Breite des Bohlenrückens r und die Fußbreite der Anschlußleiste von 62 mm. Außerdem ist bei den Abzweigbohlen, Abb. 60, o und p, das Maß a auch von der Höhe der anschließenden Bohlen abhängig.

Aus wirtschaftlichen Gründen sollen als Eckbohlen in erster Reihe die gewalzten der Abb. 60, a und b, oder die geknickten der Abb. 60, c und d, und als Abzweigbohlen die geschweißten der Abb. 60, k bis n, verwendet werden. Genietete Eck- bzw. Abzweigbohlen sollen nur dort angewendet werden, wo es die Abmessungen des Bauwerkes erfordern. Die Ausführungen nach den Abb. 60, g, o, p, k und l, sollen aus rammtechnischen Gründen womöglich vermieden werden.

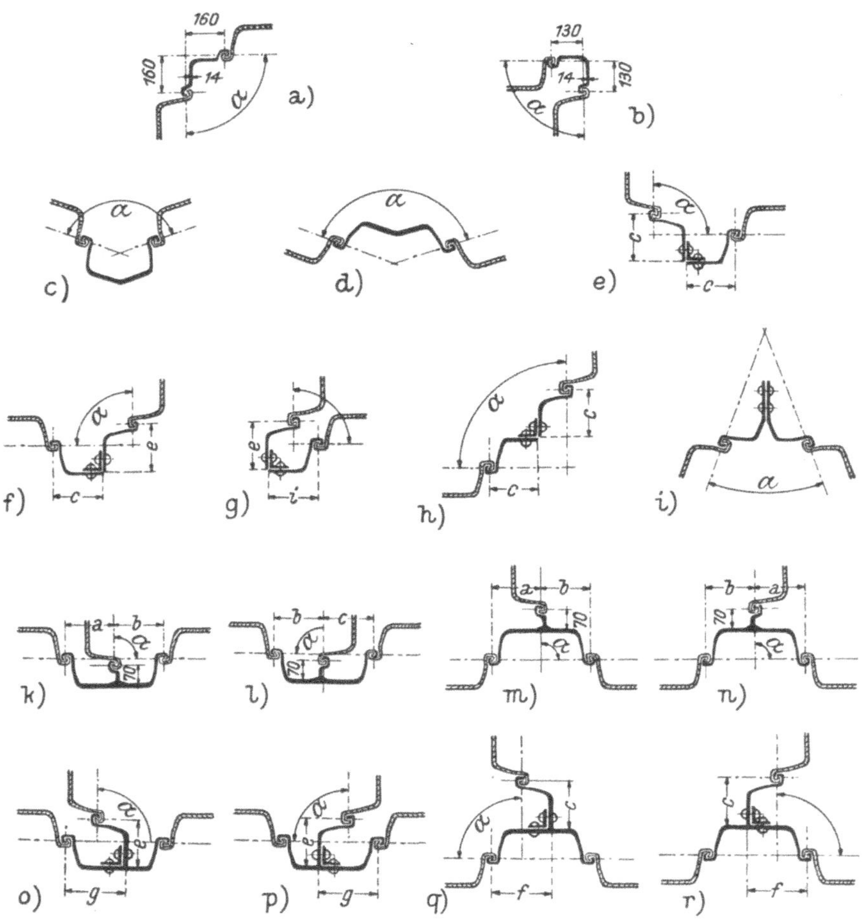

Abb. 60. Larssen-Eckbohlen. i nur für $\alpha = 30$ bis 70^0.

Gewichte und Abmessungen der Eckbohlen und der Abzweigbohlen.

Larssen-Querschnitt	Gewichte der Eckbohlen je m laut Abb. 60			Winkelstahl der genieteten Bohlen	Gewichte der Abzweigbohlen je m laut Abb. 60			Maße zur Abb. 59		
	c, d	*h, e, f*	*g*		*k, l, m, n*	*q, r*	*o, p*	*x*	*h*	*r*
	kg				kg			mm		
0 a	15,7	22,8	22,8	60 × 60 × 8	—	30,7	30,7	45	75	212
0	15,4	22,5	22,5	60 × 60 × 8	—	30,2	30,2	45	75	160
I b	27,0	36,3	36,3	70 × 70 × 9	—	49,8	49,8	35	100	257
I a	32,8	42,1	42,1	70 × 70 × 9	51,3	58,5	58,5	30	130	307
I a neu										
I	40,0	49,3	49,3	70 × 70 × 9	58,5	69,3	69,3	35	150	288
II a	45,6	54,9	63,3	70 × 70 × 9	64,1	77,7	77,7	45	270	267
II	48,8	60,7	60,7	80 × 80 × 10	67,3	85,1	85,1	40	200	275
II neu										
III a	57,2	69,1	80,1	80 × 80 × 10	75,7	97,7	97,7	40	290	254
III	62,0	76,1	76,1	80 × 80 × 12	80,5	107,1	107,1	45	247	250
III neu										
IV a	68,8	86,6	98,2	100 × 100 × 12	87,3	121,0	121,0	55	360	228
IV	74,8	92,6	107,8	100 × 100 × 12	93,3	130,0	130,0	40	310	250
V	100,0	123,0	145,0	110 × 110 × 14	119,0	173,0	173,0	45	344	260
VI	123,0	146,0	203,0	110 × 110 × 14	142,0	242,4	242,4	45	440	251
VII										
X	46,8	58,7	58,7	80 × 80 × 10	65,3	82,1	82,1	120	145	180
X v										
XI	43,5	55,4	55,4	80 × 80 × 10	62,0	77,2	77,2	28	49	194
XII										

Weitere Angaben betreffend die Eckbohlen und Abzweigbohlen:

1. Gewalzte Eckbohlen, Abb. 60, *a* und *b*. Gewicht je Meter 43,5 kg; sie passen zu den Larssen-Bohlen II a bis V, X und XI und werden mit Winkeln von $\alpha = 70^0$ bis 150^0 erzeugt.

2. Geknickte Eckbohlen, Abb. 60, *c* und *d*, werden nur aus St 37/44 und aus Resistastahl erzeugt. Es beträgt

bei den Larssen-Bohlen	0a bis IIa	II, IIIa, X	III, IVa	IV	V, VI
der kleinstzulässige Winkel $\alpha =$	90^0	120^0	135^0	145^0	160^0

3. Genietete Eckbohlen, Abb. 60, *e, f, g, h* und *i*. Zulässige Winkel α: bei den Eckbohlen *e* bis *h*, $\alpha = 70^0$ bis 170^0, bei den Eckbohlen *i*, $\alpha = 30^0$ bis 70^0.

4. Geschweißte Abzweigbohlen, Abb. 60, *k, l, m* und *n* werden nur für den Winkel $\alpha = 90^0$ erzeugt. Als Abzweigstück gelangt ein gewalzter Anschlußstahl zur Verwendung, der zu den Larssen-Bohlen I a bis VI, X und XI paßt.

5. Genietete Abzweigbohlen, Abb. 60, *o, p, q* und *r*. Bei den Bohlen *q* und *r* werden nur Winkel α von 70^0 bis 170^0 ausgeführt. Um das Aufsetzen der Rammhaube zu ermöglichen, werden die Abzweigstücke nur bis 350 mm unter den Kopf der Normalbohle heraufgeführt.

c) Wiederverwendbarkeit von Larssen-Bohlen:

In feinem Sand und Kies .... etwa 5—8 mal,
,, Kies mit Steinen .... ,, 2—3 ,, ,
,, groben Geschieben der Alpenflüsse .... ,, 0—1 ,, .

974. Hoesch-Spundwandbohlen (Abb. 61). (Stahlwerk Hoesch, Dortmund.)

Bohlenart	Bezeichnung	Querschnittsabmessungen				Gewicht		Stahlquerschnitt je m Wand *F* qcm	Umfang je m Wand *U* cm	Widerstandsmoment je m Wand *W* cm³	Güteverhältnis $\frac{W}{G}$
		B	*h*	*t*	t_1	*g* je m Bohle kg	*G* je qm Wand kg				
		mm									
Spundbohlen	0	350	100	6	6	25,9	74	94,3	252	338	4,55
	0 a	400	100	9	9	38,0	95	121	223	358	3,75
	0 a v	400	100	9,5	9,5	39,2	98	125	225	374	3,83
	I	400	150	8	8	40,0	100	127	254	700	6,74
	I a	400	150	7	7	35,6	89	113	252	600	6,92
	I v	400	150	12	12	51,2	128	163	236	685	4,97
	II	400	185	9,5	8,5	48,8	122	155	275	1100	8,47
	II a	400	185	8,5	8	46,4	116	148	272	1000	8,21
	II v	400	185	10	10	48,8	122	155	253	850	6,97

Fortsetzung der Tabelle.

Bohlenart	Bezeichnung	Querschnittsabmessungen B	h	t	t_1	Gewicht g je m Bohle kg	G je qm Wand kg	Stahlquerschnitt je m Wand F qcm	Umfang je m Wand U cm	Widerstandsmoment je m Wand W cm³	Güteverhältnis $\frac{W}{G}$
		mm									
Spundbohlen	III	400	230	12	9,5	62,0	155	197	291	1600	10,27
	III a	400	228	11	9	56,4	141	180	288	1400	10,26
	III v	400	230	12	10,5	62,0	155	197	270	1350	8,72
	IV	400	267	14	10,5	74,0	185	236	306	2200	12,00
	IV a	400	265	13	10	68,8	172	219	302	2000	11,83
	V	425	290	18	12	101,2	238	303	327	3000	12,74
	VI	425	330	22	14	123,2	290	369	342	4200	14,55
	VII	425	370	24	15	131,8	310	395	361	5000	16,12
	VIII	300	400	14	10	81,3	271	345	441	4520	16,68
	X alt	200	—	14	—	29,0	145	185	—	68	0,47
	X	300	—	14	—	43,5	145	185	—	65	0,45
Hoesch-Kastenprofile	0	700	200	6	6	104	148	189	430	771	5,19
	I	800	300	8	8	160	200	255	460	1620	7,95
	II	800	370	8,5	8	186	232	296	500	2290	9,72
	III	800	456	11	9	226	282	360	540	3340	11,76
	IV	800	530	13	10	275	344	438	570	4980	14,18

Preise: Querschnitte 0 bis IV aus St 37/12 je Tonne 123 RM.

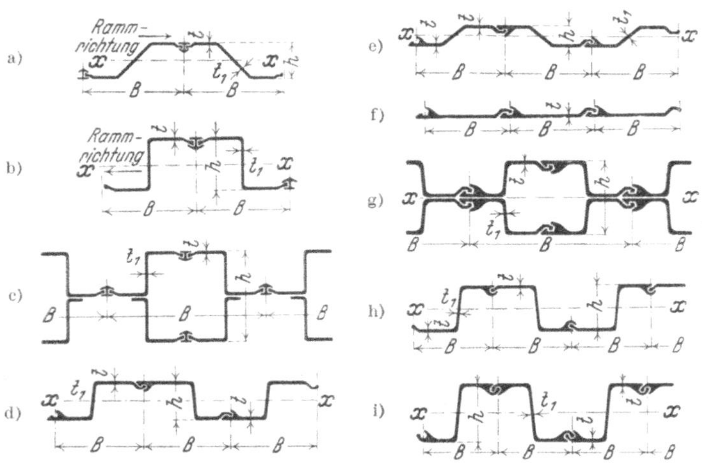

Aus korrosionsbeständigem, besonderem Stahl, Festigkeit 50 bis 60 kg/qmm, Mindestdehnung 22%, Streckgrenze mindestens 38 kg/qmm, dauernd belastbar mit $\sigma = 2200$ kg/qcm, je Tonne 145 RM.

Abb. 61. Krupp-, Hoesch- und Klöckner-Stahlspundbohlen. Krupp-Stahlspundbohlen: a) KS-Spundbohlen, b) K-Spundbohlen, c) KK-Krupp-Kastenbohlen. Hoesch-Stahlspundbohlen: d) und e) Regelquerschnitte 0 bis VH, f) Querschnitt X, g) Hoesch-Kastenbohlen 0 bis IV. Klöckner-Stahlspundbohlen: h) Wulst-Klauenbohlen Ia bis IV, i) Doppelklauenbohlen 1 D bis 5 D. (Aus: Stahl im Hochbau. Verlag Julius Springer, 1935.)

975. Klöckner-Spundwandeisen (Abb. 61). (Klöckner-Werke, Osnabrück.)

Querschnitt Nr.	Breite B mm	Höhe h mm	Flansch t mm	Steg t_1 mm	Widerstandsmoment des Stabes cm³	je m Wand cm³	Stahlquerschnitt qcm/Bohle	Gewicht in kg je m Bohle	je qm Wand	Güteverhältnis $\frac{W}{G}$
I a	333,3	150	6,5	6	200	600	37,83	29,7	89	6,8
II a	400	200	8,5	8	400	1000	59,11	46,4	116	8,6
II	400	200	9,5	8,5	440	1100	62,20	48,8	122	9,0
III a	400	230	10	8	560	1400	71,84	56,4	141	9,9
III	400	231	11	9	640	1600	79,00	62,0	155	10,3
IV a	375	270	11,5	9	770	2050	82,16	65,7	175	11,7
IV	375	270	12	9	787	2100	85,20	66,9	178,3	11,8
X	400	100	9,5	9,5	154	385	52,00	40,8	102	3,8
XII	400	130	12	12	240	600	65,22	51,2	128	4,7
1 D	400	130	8	8	231	580	50,93	40,0	100	5,8
2 D	400	175	9	8	400	1000	62,2	48,8	122	8,2
3 D	400	220	11	9,5	600	1500	79,0	62,0	155	9,7
4 D	400	250	12	10,5	800	2000	94,17	74,0	185	10,8
5 D	375	300	14	11	1125	3000	112,65	89,3	238	12,6

Preis in Handelsgüte: ~ 125 RM/t.

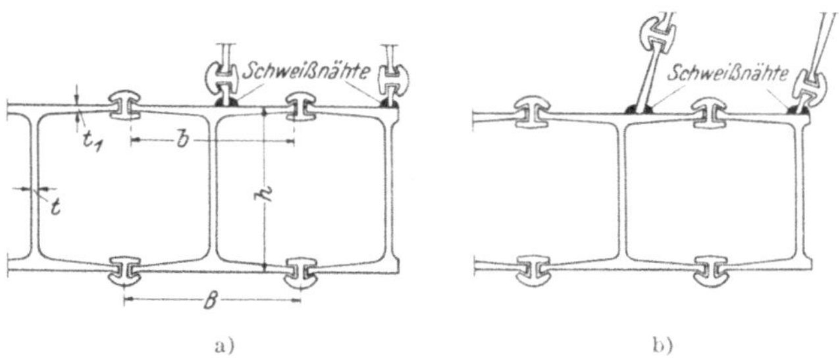

Abb. 62. Beispiele für Eckausbildungen mit Peiner-Spundbohlen. a) Rechtwinkelige Ecke, b) stumpfe Ecke.

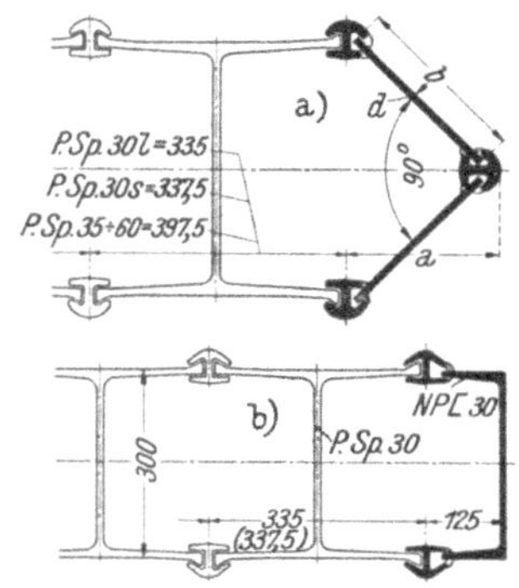

Abb. 63. Pfeilerköpfe für Pfeiler aus Peiner-Spundbohlen.

976. Peiner Spundwandstähle (Abb. 62). (Ilseder Hütte, Abt. Peiner Walzwerk, Peine.)

Bezeichnung	Abmessungen: Bohle und Schloß B mm	Bohle allein b mm	Höhe h mm	Stegdicke t mm	Flanschdicke t_1 mm	Gewicht: je m Bohle ohne Schloß g kg	je qm Wand G kg	Umfang U je m Wand cm	Widerstandsmoment je m Wand W cm³	Güteverhältnis $\frac{W}{G}$
PSp 30l	335	320	300	8	11,0	83	324	222	4430	13,7
„ 30s	337,5	320	300	9	13,0	95	389	230	5220	13,4
„ 35l	397,5	380	350	9	12,5	109	366	224	5860	16,0
„ 35s	397,5	380	350	12	15,5	134	428	224	6610	15,4
„ 40l	397,5	380	400	10	13,5	121	395	224	7210	18,3
„ 40s	397,5	380	400	12	15,5	138	440	224	7840	17,8
„ 50l	397,5	380	500	11	14,5	139	440	224	9980	22,7
„ 50s	397,5	380	500	12	16,5	154	479	224	10780	22,5
„ 60l	397,5	380	600	12	14,5	152	472	224	12640	26,8
„ 60s	397,5	380	600	12	16,5	163	503	224	13550	26,9
„ 80s	400	380	800	16	21,0	232	680	224	23240	34,2

Größte Länge: normal 25 m. Preise: ~ 140 RM/t ab Werk.

977. Pfeilerköpfe für Pfeiler aus Peiner Spundbohlen (Abb. 63).

a) Spitzer Kopf.

Bohlenquerschnitt	PSp	30	35	40	50	60
Gewicht je Meter	kg/m	81	99	105	133	149

b) Stumpfer Kopf.

Bohlenquerschnitt	PSp	30
Gewicht je Meter	kg/m	82

978. Krupp-Stahlspundbohlen. (Friedr. Krupp A. G., Rheinhausen.) (Abb. 61.)

Bohlenart	Bezeichnung	Abmessungen (mm): Breite B	Höhe h	Flansch t	Stegdicke t_1	Gewicht: je m Bohle g kg	je qm Wand G kg	Stahlquerschnitt je m Wand F qcm	Umfang je m Wand U cm	Widerstandsmoment je m Wand W cm³	Güteverhältnis $\frac{W}{G}$
Spundbohlen	KS I a	430	160	8,3	7,0	38,3	89	113	236	600	6,75
	KS I	430	160	8,8	8,0	43,0	100	127	236	635	6,35
	KS I b	430	160	9,5	9,5	45,6	106	135	236	665	6,27
	KS II	430	180	12,0	10,0	52,5	122	155	258	850	6,97
	K II a	400	200	8,0	7,2	46,4	116	148	295	1000	8,62
	K II	400	200	8,2	8,0	48,8	122	155	295	1100	9,02
	K III a	400	240	9,0	8,0	56,4	141	180	315	1400	9,93
	K III	400	240	10,0	9,0	62,0	155	198	315	1600	10,30
	K III b	400	200	12,0	10,0	62,0	155	198	295	1350	8,72
	K IV a	400	280	12,0	9,0	68,8	172	219	336	2000	11,62
	K IV	400	280	13,5	10,0	74,0	185	236	336	2200	11,90
	K V	360	320	17,0	11,5	85,7	238	303	368	3000	12,60
	K VI	360	320	23,5	13,0	104,4	290	369	364	3900	13,45
Kastenbohlen	KK II a	800	400	8,0	7,2	160	200	255	300	2400	12,00
	KK II	800	400	8,2	8,0	168	210	268	300	2600	12,37
	KK III a	800	480	9,0	8,0	192	240	306	320	3500	14,58
	KK III	800	480	10,0	9,0	212	265	338	320	3800	14,33
	KK III b	800	400	12,0	10,0	212	265	338	300	3200	12,08
	KK IV a	800	560	12,0	9,0	240	300	382	340	5000	16,67
	KK IV	800	560	13,5	10,0	260	325	414	340	5000	15,38

979. Leichte Stahlspundbohlen und Kanaldielen bzw. Stollendielen.

Erzeugerwerk	Bezeichnung		Abmessungen: Breite B (mm)	Höhe h (mm)	Rückendicke t (mm)	Stegdicke t_1 (mm)	Gewicht: je m Diele g kg	je qm Wand G kg	Stahlquerschnitt je m Wand F qcm	Umfang je m Wand U cm	Widerstandsmoment je m Wand W cm³	Güteverhältnis $\frac{W}{G}$
Dortmund-Hoerder-Hüttenverein, Dortmund	Union-Stollendielen (Abb. 64)	A	100	28	4	4	3,77	—	—	—	—	—
			100	28	5	5	4,71	—	—	—	—	—
		B	177	33	4	4	6,60	—	—	—	—	—
			177	33	5	5	8,25	—	—	—	—	—
	Union-Kanaldielen* (Abb. 64)	4 mm	245	35	4	4	10,8	44,1	55,9	—	27,2	0,64
		5 „	245	36	5	4,5	12,9	52,7	66,9	—	30,4	0,58
		6 „	245	37	6	5	15,0	61,2	78,0	—	34,7	0,57
Krupp A. G., Rheinhausen	Krupp-Kanaldielen (Abb. 64)	KD I a	300	35	4	4	12,0	40	51	260	42	1,05
		KD I	300	35	5	5	15,0	50	64	260	54	1,08
		KL IX	240	125	6	6	17,8	74	95	322	324	4,38
		KL VI a	285	57	4,6	4,6	14,0	49	62	275	84	1,71
		KL VI	285	57	5,0	5,0	15,7	55	68	275	91	1,65
Hoesch-Stahlwerke, Dortmund	Leichtspundwandprofile	HK 1	400	80	4,5	4,5	19,6	49	62,4	252	90	1,83
		HK 2	400	81	5,0	5	22,0	55	70,1	254	104	1,85
		HK 3	400	82	5,5	5,5	24,8	62	79,0	256	114	1,82
	Hoesch-Kanaldielen	D 1	250	39	4	—	9,0	36	45,9	210	35,2	0,97
		D 2	250	40	5	—	11,5	46	58,6	212	40,5	0,88
		D 3	250	41	6	—	13,8	55	70,7	214	45,1	0,82
	Kanaldielen „Kölner Modell“	HKM 1	220	30	4,5	4,5	9,24	42,0	53,5	238	26,8	0,64
		HKM 2	220	30	5	5	10,3	46,6	59,4	238	29,8	0,64
		HKM 3	220	31	5,5	5,5	11,4	51,8	66,0	240	32,0	0,62
		HKM 4	220	32	6	6	12,5	57,0	72,6	242	35,1	0,62
Klöckner A. G., Osnabrück	Klöckner-Kanaldielen**	4 mm	214	30	4	4	8,26	38,6	49,2	247	13,1	0,34
		5 „	214	30	5	5	10,3	48,0	61,0	248	15,5	0,32

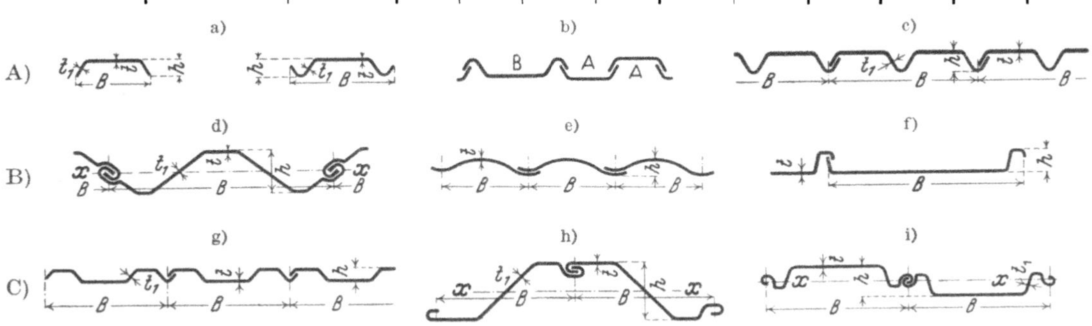

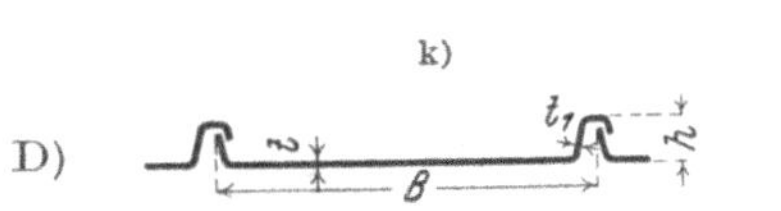

Abb. 64. Leichte Stahlspundbohlen, Kanaldielen und Stollendielen. A) Dortmund-Hoerder-Hüttenverein: a) Union-Stollendielen, b) Beispiel für die beliebige Zusammensetzung der Stollendielen A und B, c) Union-Kanaldielen. B) Hoesch-Stahlwerke: d) Leichte Spundbohlen HK, e) Hoesch-Kanaldielen D, f) Kanaldielen „Kölner Modell“ HKM. C) Krupp A.G.: g) Krupp-Kanaldoelen KD, h) Leichte Spundbohlen KL IX, i) Leichte Spundbohlen KL VIa und KL VI. D) Klöckner A. G.: k) Klöckner-Kanaldielen.

980. Kosten der Beseitigung einer Einschnittsrutschung,[173] wenn die Einschnittssohle während der Arbeiten freizuhalten ist. Tiefe des Einschnittes h m, Länge der Rutschung l m. Die Kosten in Reichsmark betragen bei Verwendung von Larssen-Spundbohlen:

$$K_1 = 1{,}23\, h^2\, l$$

und bei Verwendung von hölzernen Spundbohlen:

$$K_2 = 1{,}71\, h^2\, l.$$

* Normale Länge: 2,25 m. Gewalzt aus St 37/44.
** Normale Länge: 2,5 m. — Preis ab Werk: 180 RM/t.

4. Pfähle.

981. Hölzerne Pfähle.

Preis je Festmeter: RM 40 bis 50, S 50 bis 60.

Mindestpfahldurchmesser:

Pfahllänge	m	3—4	4—9	9—14	14—19	19—25
Pfahldurchmesser d ...	cm	16—18	18—24	24—30	30—34	34—38

Pfahlschuhe: Gewicht G eines Pfahlschuhes beim Pfahldurchmesser d cm in Kilogramm:

$$G = (0{,}15 \text{ bis } 0{,}30)\, d.$$

Preis je 100 kg: Kč 400 bis 500.

982. 1 cbm Holzpfähle aufladen:

auf niedrige Wagen[34] .... 1,5 h
„ Eisenbahnwagen[34] .... 2,0 „

983. 1 cbm Holzpfähle abladen:

von niedrigen Wagen[34] .... 1,0 h
„ Eisenbahnwagen[34] .... 1,5 „

984. Bearbeitung eines Holzpfahles vom Durchmesser d cm, einschließlich Beaufsichtigung und aller Nebenarbeiten, Zimmererstunden:

a) Aussuchen des Holzes am Lager, abmessen, abschneiden und schälen .. (0,0011—0,0014) d^2
b) Spitzen .... (0,0009—0,0011) d^2
c) Beschuhen .... (0,010—0,014) d
d) Beringen und später den Ring wieder abnehmen .... (0,008—0,01) d
e) Bohren eines Loches, 25 mm weit, 20 cm tief in den Pfahlkopf ..... 0,06—0,07

985. Bearbeitung eines gerammten Holzpfahles vom Durchmesser d cm, einschließlich Beaufsichtigung und aller Nebenarbeiten:

a) Abschneiden des gerammten Pfahles:

Lage der Schnittstelle	Am Land	Über dem Wasserspiegel		Unter dem Wasserspiegel vom Schiff aus				
				bis 0,5 m Tiefe			0,5—1,0 m	über 1,0 m
				Strömung			Keine Strömung	
		vom Gerüst aus	vom Schiff aus	keine	mäßig	heftig		
Zimmerer ..... h	0,001 d^2	0,0011 d^2	0,0016 d^2	0,0024 d^2	0,004 d^2	0,0064 d^2	0,0035 d^2	0,008 d^2
Hilfsarbeiter ... „	—	—	—	0,0008 d^2	0,008 d^2	0,016 d^2	0,00175 d^2	0,004 d^2
Schiffmann .... „	—	—	0,0016 d^2	0,0024 d^2	0,004 d^2	0,0064 d^2	0,0035 d^2	0,008 d^2
Für Aufsicht und Geräte .. %	10	10	25	25	25	30	25	25

b) Auf dem in richtiger Höhe abgeschnittenen Pfahl einen Zapfen schneiden: (0,035 bis 0,050) d h Zimmerer.

986. Herstellung eines hölzernen Pfahlrostes aus Kantholz, einschließlich der Zufuhr in die Baugrube bis auf höchstens 50 m Entfernung und 4 m Tiefe und aller Nebenarbeiten und der Aufsicht, bei einem Holzquerschnitt von F Quadratzentimetern:

a) 1 m Rostunterschwelle zurichten und einbauen:

in der trockenen Baugrube .... 0,0015 F h Zimmerer + 0,0003 F h Hilfsarbeiter
über dem Wasserspiegel .... 0,0040 F „ „ + 0,0008 F „ „

b) 1 Stück Zapfenloch in eine Rostschwelle stemmen: (0,3 bis 0,6) h Zimmerer.

c) 1 m Rostoberschwelle zurichten und einbauen, einschließlich des Einhauens der 4 cm tiefen Kammnester in die Rostober- und Unterschwellen:

in der trockenen Baugrube .... 0,003 F h Zimmerer + 0,0006 F h Hilfsarbeiter
über dem Wasserspiegel .... 0,004 F „ „ + 0,0008 F „ „

d) 1 m Zangen (Paar) statt Rostoberschwellen, anpassen und einbauen (F = Querschnitt des Zangenpaares in Quadratzentimetern):

in der trockenen Baugrube .... 0,002 F h Zimmerer + 0,0004 F h Hilfsarbeiter
über dem Wasserspiegel .... 0,0035 F „ „ + 0,0007 F „ „

e) 1 qm Bohlenbelag auf den Rost anpassen und aufnageln: (1,5 bis 2,0) h Zimmerer + (0,3 bis 0,4) h Hilfsarbeiter.

f) Verschnitt: Balken 10%, Bohlen 10 bis 15%.

g) Für Aufsicht und Geräte: 15% der Löhne.

h) „ Arbeiten in geringer Tiefe unter dem Wasserspiegel: Zuschlag 150 bis 200%.

987. 1 m Pfahlrost auf den gerammten Pfählen herstellen, wobei die Zangen alle 1,25 bis 1,50 m angeordnet werden, einschließlich des Bohlenbelages erfordert:[138]

Breite des Rostes in m	Pfahlreihen	Lohnstunden Zimmerer	Breite des Rostes in m	Pfahlreihen	Lohnstunden Zimmerer
1,0	2	14,1	3,30	5	35,8
1,4	3	19,2	3,65	5	37,1
1,7	3	20,5	4,00	5	38,7
2,0	3	22,1	4,30	6	44,8
2,3	4	27,5	4,65	6	46,4
2,65	4	28,8	5,00	6	48,0
3,00	4	30,4			

988. Eisenbeton-Fertigrammpfähle und Ortbetonpfähle werden in ganzer Länge von Unterkante Spitze bis Oberkante Kopf berechnet. Bei Fertigpfählen wird die volle vorgesehene Länge, wie sie unter die Ramme kommt, berechnet. Etwa erforderliche Aufsattelungen werden besonders vergütet. Die in den Rost einzubindenden Pfahlköpfe werden vom Grundmauerwerk nicht abgezogen.

989. Eisenbetonrammpfähle herzustellen erfordert:[15,16]

Für 1 qm Schalung: 0,7 bis 0,8 h Zimmerer, Verschnitt 10%.
Für 1 kg Bewehrung biegen und flechten: 0,08 h bis 0,10 h Eisenbieger.

990. 1 cbm Eisenbetonrammpfahl. Richtpreis: ~ 90 RM.

991. 1 Stück Hohlpfahl der Brückenjoche der Lidingöbrücke bei Stockholm herzustellen erforderte:[139]

8 h Betonarbeiter am Mischer,
24 „ Hilfsarbeiter für die Zufuhr von Sand, Kies und Zement,
16 „ „ „ „ „ des Betons,
48 „ Betonarbeiter für das Betonieren.

(Abmessungen der Pfähle: Länge 44 m, Durchmesser außen 0,93 m, innen 0,76 m.)

992. Dahren-Pfähle.[242]

Dahren-Pfähle sind Ortbetonpfähle mit verlorenem Futterrohr. Das Futterrohr aus Stahl oder Eisenbeton mit kreisrundem oder quadratischem Querschnitt erhält eine besondere Spitze, auf die im Pfahlinnern ein Rammbär schlägt, während das Rohr oben gleichzeitig mittels Dauerdruckes (bis 75 t), den eine Schraubenwinde hervorruft, nachgedrückt wird. Sowohl den Dauerdruck als auch das Rammen bewirkt eine eigene Pfahlgründungsmaschine, die nur einen freien Raum von 1,8 m Höhe erfordert; die Maschine kann auch noch für einen Belastungsversuch verwendet werden. Der Pfahl wird schließlich ausbetoniert. Bisher sind Pfähle bis 40 m Länge ausgeführt worden.

Unter günstigen Verhältnissen kann ein 20 bis 30 m langer Pfahl in einem Tag, unter ungünstigen in zwei Tagen eingetrieben werden.

Überschlägig kann für 1 m fertigen Pfahl 22 bis 25 schw. K = 14,75 bis 16,75 RM angesetzt werden.

993. Preßbetonpfähle.

Bei der Herstellung von Brückenwiderlagern aus Pfahlbündeln aus je drei stahlbewehrten, 30 cm dicken Preßbetonpfählen kosteten die Pfähle, einschließlich der Verbindung der drei Pfahlköpfe eines Bündels für die Auflagerung von Unterzügen, 1935 ohne Zementkosten, je Meter Pfahl 48 RM.[226]

994. 1 m Simplexpfahl,[140] Durchmesser 42 cm, erfordert 0,138 cbm Beton (300 kg Zement je Kubikmeter fertigen Beton):

Rammen des Rohres, Mischen und Stampfen.... 4,5 h Facharbeiter + 3,5 h Hilfsarbeiter
Abstemmen des Pfahlkopfes .... 0,25 „ „ + 0,25 „ „

\+ Lizenzgebühr + Gerätekosten.

995. 1 m Strauß-Pfahl,[140] Durchmesser 30 cm, erfordert 0,071 cbm Beton (300 kg Zement je Kubikmeter fertigen Beton).

Aufstellen des Bohrzeuges, Bohren, Verrohren,
Betonieren .... 3 h Facharbeiter + 2,5 h Hilfsarbeiter
Abstemmen ....0,25 ,, ,, + 0,25 ,, ,,
+ Lizenzgebühr + Gerätekosten.

996. Aba-Lorenz-Pfähle. Herstellung, einschließlich der Baustoffbeistellung und aller Nebenarbeiten:

Bei Gründungen von freier Bohrebene aus und bei 1000 bis 2000 m Gesamtpfahllänge kostet 1 m Pfahl (1934) bis zu 15 m Pfahllänge .... RM 22—24

Bei Unterfangungen und einer Gesamtpfahllänge von 200 bis 400 m kostet 1 m Pfahl (1934) bis zu 15 m Pfahllänge .... ,, 36—42

Voraussetzung ist normal bohrfähiger Boden, wie etwa Sand, Kies, Ton oder Lehm. Die Beseitigung von Bohrhindernissen, wie Baumstämme, Findlinge, muß besonders vergütet werden.

Bei sehr leicht bohrbarem Boden kann der Preis je Meter Pfahl um 1 bis 2 RM ermäßigt werden, während sich der Preis bei ungewöhnlich schwer bohrbarem Boden um 2 bis 4 RM je Meter erhöht.

Bei Pfählen über 15 m Länge erhöht sich der Preis für jeden Meter Mehrtiefe um 0,60 RM je Meter der Gesamtlänge des Pfahles.

997. Preßbetonpfahl Michaelis-Mast (1934):

Bei größeren Gründungen kostet 1 m Michaelis-Mastpfahl bei einem

Durchmesser von 30 cm .... RM 20—22
,, ,, 40 ,, ... ,, 26—28

Diese Pfähle sind stets bewehrt; bei besonders schwerer Bewehrung erfolgt ein Zuschlag von 2 RM je Meter Pfahl.

Vorausgesetzt ist Arbeit ohne örtliche Behinderung. Bei Arbeiten von Kellern u. dgl. aus erfolgen sehr erhebliche Zuschläge.

Bei weniger als 300 m Gesamtpfahllänge sind die Bohrpfähle hinsichtlich der Kosten den Rammpfählen überlegen.

(Grundlagen: 1 Facharbeiterstunde 1,08 RM.)

998. Ortbetonrammpfahl, System Mast (1934).

Bei größeren Gründungen kostet 1 m Mastpfahl bis zu 10 m Länge bei einem

Durchmesser von 32 cm .... RM 16—18
,, ,, 40 ,, ... ,, 20—23

Bei Längen über 10 m erfolgen Zuschläge, so daß z. B. bei 15 m Länge und bei einem

Durchmesser von 32 cm der Preis um RM 2 je Meter
,, ,, 40 ,, ,, ,, ,, ,, 3 ,, ,,
höher ist.

Bei bewegten Lasten, bei Schrägpfählen und bei Längen über 10 m erfolgt durchgehende Bewehrung, die je Meter etwa 2,5 RM kostet.

(Grundlage: 1 Rammarbeiterstunde 0,9 RM, 1 Facharbeiterstunde 1,08 RM.)

999. 1 cbm Wolfsholzpreßbeton kostet (1927), ohne die Kosten der erforderlichen Bohrungen:[22] 90 bis 150 RM.

1000. 1 cbm Preßbeton kostet fertig eingepreßt bis etwa 4- bis 6 mal soviel als fertig eingebrachter Grundwerksbeton gleicher Mischung.

1001. Greiferbohrgerät[141] für Bohrlöcher von 15 bis 100 cm Durchmesser bis zu Tiefen von 100 m. Das Eintreiben der Futterrohre geschieht mittels eines 500-kg-Rammbären.

Leistung: Löcher für Ortbetonpfähle von 8 bis 9 m Tiefe in 1 bis 1,5 h. In Tonboden 10 m Bohrloch je Stunde, in sehr schwerem Boden 0,5 bis 1 m je Stunde.

Antrieb für Bohrungen von 60 bis 70 cm Durchmesser: 20 bis 22 PS.

1002. Stahlpfähle aus Larssen-, Union-Kasten bzw. Krupp-Stahlspundbohlen geschweißt.

Bezeichnung*	Querschnittsabmessungen B (mm)	h (mm)	t (mm)	t_1 (mm)	r (mm)	Gewicht G je m kg	Querschnitt Stahl qcm	Querschnitt Gesamt qcm	Außenumfang U cm	J_x cm^4	W_x cm^3	i_{min} cm	J_y cm^4	W_y cm^3	$\frac{W_{min}}{G}$	Bemerkungen
Larssen- und Unionkastenpfähle.																
L IIa	436	314	8,4		270	92,8	118	1100	138	15 200	970	11,4	26 350	1210	10,45	Schweißnaht: 100 mm geschweißt und 300—500 mm Lücke; an den Enden 500 mm durchlaufend geschweißt. Die x-Achse verläuft durch die Schweißnähte.
L IIIa	436	336	11,0		260	112,8	144	1180	142	22 580	1340	12,4	30 600	1400	11,88	
L IVa	436	409	13,0		240	137,6	175	1375	150	38 360	1880	14,2	35 330	1620	11,77	
UK I	446	276	13,5		326	135,4	173	1070	140	20 100	1460	10,8	37 620	1690	10,79	
UK II	446	369	14,5		338	155,0	197	1400	160	41 300	2240	14,5	43 650	1960	12,65	
Krupp-Stahlpfähle.																
KP IIa	407	400	8,0	7,2		120	153	1630	162	43 100	2150	14,0	29 900	1480	12,33	
KP II	408	400	8,2	8,0		130	166	1630	162	44 370	2220	15,0	37 550	1840	14,15	
KP IIIa	408	480	9,0	8,0		150	191	1960	178	67 200	2800	15,2	43 900	2150	14,33	
KP III	409	480	10,0	9,0		164	209	1960	178	75 300	3140	15,2	48 560	2370	14,45	
KP IIIb	410	400	12,0	10,0		162	207	1640	162	51 200	2560	14,6	44 000	2140	13,20	
KP IVa	409	560	12,0	9,0		183	233	2290	194	112 000	4000	14,9	52 000	2540	13,88	
KP IV	410	560	13,5	10,0		198	252	2290	194	121 000	4320	15,3	59 000	2880	14,55	
KP V	372	640	16,0	11,5		236	300	2640	210	173 000	5550	14,0	59 000	3170	13,42	
KP VI	373	640	23,5	13,0		282	359	2640	210	221 000	6910	14,1	71 000	3700	13,12	

1003. Stahlpfähle aus Stahl von 47 bis 56 kg/qmm Festigkeit und 18% Dehnung mit 0,25% Kupferzusatz.[137]

Querschnitte	Wandstärke mm	Querschnitt Stahl qcm	Querschnitt Lichtraum qcm	Umfang cm	Gewicht je Meter kg	Preis (1932) je Tonne RM	Preis (1932) je Meter RM
Mannesmannrohr, nahtlos, $\varnothing_{\text{außen}} = 368$ mm	10	112	950	116	88,3	306	26,80
Mannesmannrohr, nahtlos, $\varnothing_{\text{außen}} = 420$ mm	10	116	1260	132	109,9	304	30,60
Mannesmannrohr, geschweißt, $\varnothing_{\text{außen}} = 420$ mm	10	116	1260	132	96,0	192,5	18,40
Union-Kasten I, verschweißt	10	172	890	130	135,4	145	19,60
„ II, „	10	197	1210	146	155,0	145	22,50
Peiner I P 34 mit zwei Flachstählen 360 × 10, verschweißt	10	174	1150	136	152,0	155	23,60

1004. Wulstpfähle aus Peiner Trägern I P 20 bis 24, mit geschweißten Spitzen aus 10-mm-Stahlblech.[142]

Erfahrungen und Rammergebnisse sowie Kostenvergleich zwischen Holz-, Eisenbeton- und Stahlpfahl siehe: Agatz: Der Rammstahlpfahl für Pfahlrostbauwerke. Bautechnik 1934, S. 56.

F. Senkgründungen.

1005. Ausbetonieren von Senkbrunnen bei Gründungen:[36]

Für das Herablassen des Betons je Kubikmeter 1,3 h Hilfsarbeiter.

Für das Ausbetonieren: Stampfbetonkosten + 50%.

1006. Das Gewicht stählerner Druckluftsenkkästen beträgt bei einer Grundfläche von F qm, einem Umfang von U m und einer Breite B m in Kilogramm nach Brennecke

$$G = 280\,U + 130\,F,$$

nach E. Swoboda

$$G = (225 + 50\,B)\,U.$$

Beide Formeln gelten nur überschlägig für schmale, langgestreckte Druckkästen.

1007. 1 cbm Aushub aus Druckluftsenkkästen mittels Preßluftaufzugswinden **herausschaffen**[100] erfordert bei 6 atü 20 cbm angesaugte Luft.

---

* Vgl. Nr. 973 und 978.

1008. 1 cbm Aushub in Druckluftsenkkästen, einschließlich des Herausschaffens des Aushubes hat erfordert:

beim Bau der Rheinbrücke in Basel (Kies und Letten)	(6—8,4) h Hilfsarbeiter
,, ,, ,, Elbebrücke bei Dönitz	5 ,, ,,

Der tatsächliche Aushub übersteigt den theoretischen um 20 bis 40%.
Die Senkung innerhalb 24 Stunden beträgt 0,2 bis 0,5 m.

1009. 1 cbm gemischten und zugeführten Beton einschleusen und in der Arbeitskammer stampfen erfordert: (1,25 bis 1,75) h Betonarbeiter.

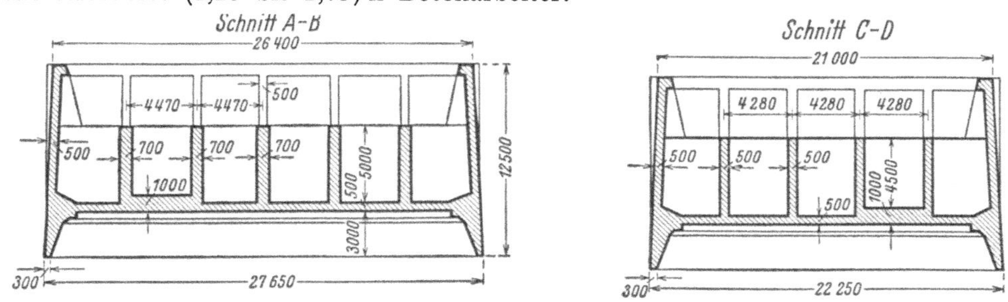

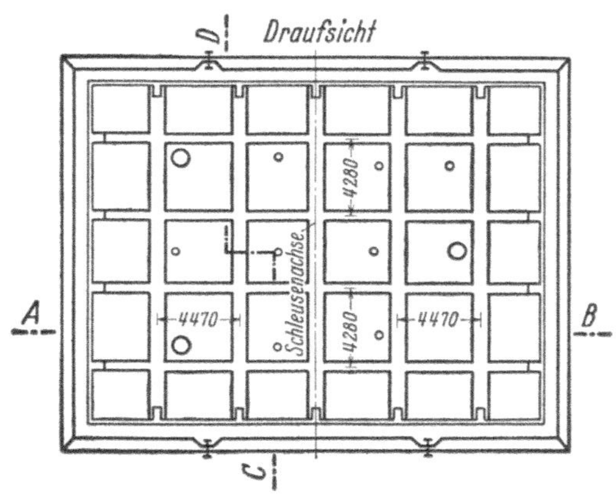

Abb. 65. Eisenbetondruckluftsenkkasten für das Unterhaupt der Schleuse Friedrichsfeld im Wesel-Datteln-Kanal. (Aus Bautechn. 1931, S. 376.)

1010. Eisenbetondruckluftsenkkasten für die Gründung des Unterhauptes der Schleuse Friedrichsfeld im Wesel-Datteln-Kanal (Abb. 65). Es wurde bezahlt (1930):[54]

1 t Bewehrungseisen zurichten und verlegen	RM 100,00
1 cbm Arbeitskammer und Zellen ausbetonieren, ohne Baustoffkosten	,, 12,50
mit ,, ...	,, 31,00
1 ,, Boden in der Arbeitskammer ausheben, herausbefördern und anschütten	
bei Kiessand	,, 25,50
,, Glimmerton	,, 28,50

Für die Herstellung des Senkkastens bis zur Oberkante der inneren Zellen, insgesamt 8,50 m Höhe, und für das Absenken auf die entwurfsgemäße Tiefe wurden je Kubikmeter des umbauten Raumes 14,20 RM bezahlt. In dieser Summe ist inbegriffen das Vorhalten aller zur Herstellung und Absenkung erforderlichen Geräte, Rüstungen, Maschinen u. dgl., nicht aber die Lieferung von Baustoffen, das Zurichten und Verlegen der Eisen und das Ausheben des Bodens in der Arbeitskammer.

Für die Ausbetonierung des Raumes innerhalb der Aufsatzmauern über den inneren Zellenwänden und das Zurichten und Verlegen der Eisen, aber ohne Lieferung der Baustoffe wurden je Kubikmeter 20,— RM bezahlt.

1011. Druckluftsenkkasten des Ostpfeilers der Kanalbrücke am Schiffshebewerk Niederfinow:[277]

Grundfläche 17 × 32 m = 544 qm, Umfang 98 m.

Steifbewehrung (Nietkonstruktion)	259 t
Rundstahlbewehrung (Schlaffbewehrung)	31 ,,
	290 t

Stahlgewicht je Quadratmeter: 532 kg.

Bei Ausführung in Eisenbeton wären je Quadratmeter etwa 368 kg Rundstahl erforderlich gewesen, also um 164 kg/qm weniger, dafür wären die Schalungskosten viel höher und die Bauzeit doppelt so lang geworden.

1012. **1 cbm unter dem Wasserspiegel liegendes Grundwerk, mittels Druckluftsenkkastens gegründet,** kostet etwa 100 bis 175 RM.

1013. **1 qm Isoliermauerwerk aus Klinkerziegeln** (D. F.) für Druckluftsenkkästen, ohne Zufuhren: 2 h Maurer + 15% für Aufsicht und Geräte + 60 bis 70 Klinkerziegel + 40 l Mörtel.

1014. **Schleusen für Druckluftsenkgründungen:**

a) Personenschleusen:

für 4 bis 5 Personen, ohne Krankenaufzug, Gewicht 2,5 t	Preis RM	4000
,, 7 ,, 9 ,, , mit Handkrankenaufzug, Gewicht 4,1 t	,, ,,	6700
,, 18 ,, 20 ,, , ,, Elektrokrankenaufzug, Gewicht 7,75 t	,, ,,	12600
b) Materialschleuse mit Windwerk, Gewicht 5500 kg	,, ,,	9000
c) Kombinierte Personen- und Materialschleuse mit Vorkammer für 4 Personen, mit 2 Ansätzen für Materialhosen, Gewicht 7000 kg	,, ,,	12000
1 Materialhose mit 450 l Inhalt, Gewicht 700 kg	,, ,,	1400
1 Förderkübel, 200 l Inhalt, Gewicht 160 kg	,, ,,	250
d) Krankenschleuse für 2 Personen, Gewicht 5600 kg	,, ,,	6500

e) 1 m Schachtrohr, Durchmesser	mm	650	850
Gewicht je Meter	kg	190	250
Preis je Meter	RM	110	200
1 m Schachtrohr, elliptisch	mm	1500/850	
Gewicht je Meter	kg	400	
Preis je Meter	RM	380	

f) Ausrüstung für Schleusen, bestehend aus 1 Druckschreiber, 1 Schlußzeituhr, 2 elektrischen Heizöfen, 1 Fernsprecher, Preis 1500 RM.

1015. **Arbeiten unter der Taucherglocke.**[127]

Bei den Arbeiten an einer Kaimauer in Kiel ist das Grundwerk unter einer Taucherglocke, 44 m lang und 11 m breit, ausgeführt worden.

1 Tag = 24 h der Taucherglocke, einschließlich aller Betriebs-, Unterhaltungs- und Allgemeinkosten und der Bedienung über Tag, aber ohne die Bedienung in Preßluft, kostete (1914 bis 1916) 1600 M.

1016. **1 cbm Beton 1 : 8 unter der Taucherglocke hergestellt** kostete (1914 bis 1916)

ohne Baustoffe und ohne Kosten der Taucherglocke	RM 16,—
desgleichen einschließlich Lieferung der Baustoffe	,, 24,30

1017. **Taucherarbeiten.**

1 vollständiger Taucheranzug mit Schlauch und Luftpumpe, Preis (1800 bis 2500) RM.[178]

Bedienung: 1 Taucher, 2 Männer an der Pumpe, 1 Signalgeber.

1 Taucher-Unterwasserlampe (elektrische Glühlampe in Glasgehäuse), Preis (100 bis 200) RM.[178]

G. Unterfangungen.

1018. **1 cbm Unterfangung von bestehendem Grundwerk mit Klinkermauerwerk in Zementmörtel,** ausgeführt in schmalen Streifen, einschließlich des Absteifens und des Ausschachtens:[138] 8 bis 10 h Maurer + 10 bis 14 h Hilfsarbeiter.

1019. **1 m Unterfangung einer 0,6 m dicken Grundmauer, 1 m tief,** in je 1 m langen Abschnitten, aber ohne Abfuhr des Aushubes und Zufuhr der Baustoffe, kostet:[38]

Aushub je Raummeter	4 h Erdarbeiter
Pölzung je Meter	2 ,, Zimmerer

Holzverbrauch, einschließlich 20% Verschnitt, 0,15 cbm.

Untermauerung: 8 h Maurer + 8 h Hilfsarbeiter + 400 Stück Klinkerziegel + 0,28 cbm Zementmörtel.

XVII. Wasserversorgung der Ortschaften.

A. Allgemeines.

1020. Normen betreffend die Wasserversorgung.

DIN 1980. Technische Vorschriften für Bauleistungen. XVII. Be- und Entwässerungsanlagen und Gasleitungen innerhalb der Grundstücke.
DIN 1998. Richtlinien für die Einordnung und Behandlung der Gas-, Wasser-, Kabel- und sonstigen Leitungen und Einbauten bei der Planung öffentlicher Straßen.
DIN 1181. Viehtränken.
DIN 1959. Ländliche Wasserleitungen und Kanalisationen.
Önorm C 9001. Wasseruntersuchungen.
ČSN 1099. Wasserleitungsordnung.

1021. Normen betreffend das Feuerlöschwesen.

FEN 210. Feuerlöschteiche, 800 cbm und 1800 cbm Inhalt, mit Schlammfängen und Saugschacht.
FEN 211. Feuerlöschteiche mit befestigter Böschung, vereinfachte Ausführung.
FEN 212. Großer Schlammfang für Feuerlöschteiche.
FEN 213. Kleiner Schlammfang und Fettabscheider für Feuerlöschteiche.
FEN 220. Feuerlöschbrunnen (Flachspiegelbrunnen). Besondere Vertragsbedingungen für die Herstellung.
FEN 224. Mönch, zugleich Saugschacht an Feuerlöschteichen.
FEN 370. Standrohre für Unterflurhydranten.
FEN 371. Einfachkrümmer für Standrohre.
FEN 372. Doppelkrümmer für Standrohre.
DIN 3221. Unterflurhydrant für Feuerlöschzwecke, 80 mm Anschlußnennweite, 70 mm Ventilnennweite.
DIN 3222. Unterflurhydrant für Feuerlöschzwecke, 80 mm und 100 mm Anschluß- und Ventilnennweite.
FEN 200. Wasserlieferungen, l/min.
ČSN 1135. Feuerwehr-Saugverschraubungen und Saugschläuche.

1022. Trinkwasseruntersuchungen.

Härtebestimmung	RM[178]	3,50
Untersuchung	,, [178]	20—30
Quellschöpfthermometer	,,	2,50

1023. Kosten der Vorarbeiten für ländliche Wasserversorgungsanlagen, nämlich für Katasterkopien, Nivellement, Verfassung des Entwurfes, Massenberechnungen, Wasseruntersuchung und Kostenanschlag, betragen etwa 2% der Baukosten.[28]

1023 a. Örtliche Bauaufsicht beim Bau der Wasserleitung in Kempten:[60] 2% der Baukosten oder 1,25 RM je Meter Rohrstrang.

1024. Erforderlicher Grunderwerb bei Wasserversorgungsanlagen.[291]

(0,3 bis 0,4) qm mal der Einwohnerzahl oder
(40 bis 80) qm mal der Stundenleistung des Werkes in Kubikmetern.

1025. Schätzung der Kosten von Wasserversorgungsanlagen.

a) Städtische Wasserversorgungsanlage:[291]

1. nach der Zahl der zu versorgenden Einwohner E:

$$K = k_1 E,$$

wobei $k_1 = 40$ bis 80 RM zu setzen ist. k_1 ist klein bei enger Verbauung, einfacher Wassergewinnungsanlage, billiger Förderung und geringen Erdarbeiten;

2. nach der voraussichtlichen Länge L m des Rohrnetzes:

$$K = k_2 L,$$

wobei $k_2 = 20$ bis 40 RM zu setzen ist. Die Größe von k_2 wird durch dieselben Umstände bedingt wie bei k_1.

b) Ländliche Wasserversorgungsanlagen in Bayern:[19]

1. in Einzelortschaften:	Einwohnerzahl	100—200	500—6000
	Kosten je Kopf ...... RM	150—100	60—40

2. bei Gruppenwasserversorgungsanlagen: Kosten je Kopf..... RM 170—60

1026. **Kostenverteilung bei Wasserversorgungsanlagen,** in Prozenten der Gesamtkosten:

a) Bei städtischen Wasserversorgungsanlagen (Mittel aus 40 Städten):[291]

	Mittelwert	Mittlere Grenzwerte
Grund und Boden	4	3— 5
Wassergewinnung	8	6—12
Aufbereitung	11	6—15
Pumpwerk	17	12—20
Speicherung	6	5— 8
Rohrnetz	54	50—60
hiervon Ortsnetz	44	40—50
Hausanschlüsse	10	8—15

b) Bei ländlichen Wasserversorgungsanlagen in Baden:[19]

1. bei Zuleitung unter natürlichem Gefälle:

Wassergewinnung	3—26%,	im Durchschnitt 8,5%
Wasserbehälter	6—24%,	,, ,, 15,5%
Zuleitung	9—47%,	,, ,, 30,0%
Verteilleitung	18—53%,	,, ,, 37,0%
Hausanschlüsse	5—24%,	,, ,, 12,0%
Sonstiges	3—25%,	,, ,, 7,0%

2. bei künstlicher Hebung:

Wassergewinnung	5— 6%
Wasserförderung	23—25%
Wasserbehälter	20%
Rohrleitungen und Hausanschlüsse	50%

3. bei ländlichen Gruppenwasserleitungen:

Wassergewinnung	2— 4%,	im Durchschnitt 3%
Wasserförderung	10—17%,	,, ,, 13%
Wasserbehälter	5—15%,	,, ,, 10%
Rohrleitungen		,, ,, 50%
Hausanschlüsse		,, ,, 24%

1027. **Stranglänge und Hausanschlüsse je Einwohner** in deutschen Städten, z. T. nach[257]:

Stadt	Einwohner Mio	Verbrauch je Kopf und Tag l	Gesamtlänge des Rohrnetzes ohne Hausanschlüsse km	Hausanschlüsse Anzahl	Angeschlossene Wassermesser Anzahl	Meter Rohrleitung je E.	Hausanschlüsse auf je 1000 E.
Berlin	4,14	129	3847	96314	95526	0,93	23,26
Hamburg	1,60	155	1189	39964	39964	0,74	20,15
München	0,733	223	1049	30954	30954	1,43	42,22
Leipzig	0,679	106	827	28543	28543	1,22	42,05
Dresden	0,619	117	941	31190	31190	1,52	50,40
Breslau	0,557	87	656	19541	19541	1,18	35,10
Frankfurt a. M.	0,549	144	831	40920	40920	1,51	74,60
Dortmund	0,535	186	1061	33180	33180	1,98	62,00
Düsseldorf	0,433	152	805	33334	33334	1,86	76,90
Hannover	0,422	122	662	21188	21188	1,57	50,20
Stuttgart	0,415	138	819	25497	25497	1,97	61,50
Nürnberg	0,393	127	565	22432	22432	1,44	60,57
Wuppertal	0,409	204	768	31353	31353	1,88	76,60
Chemnitz	0,332	76	395	13137	13137	1,20	39,60
Bremen	0,295	109	612	51459	49342	2,07	174,44
Königsberg	0,280	81	293	10432	10160	1,04	37,30
Magdeburg	0,308	98	373	10826	11281	1,21	35,10
Mannheim	0,248	—	386	17818	16319	1,56	71,85
Stettin	0,270	92	314	8575	9912	1,16	31,75
Altona	0,227	142	430	16594	17046	1,90	73,10
Kiel	0,219	99	276	12338	13096	1,26	59,82
Halle	0,194	109	300	11645	13183	1,53	59,71

1028. Wasserversorgung der Landgemeinde Böhl[256] (Rheinpfalz). Durchschnittlicher Wasserverbrauch 66 l/Kopf und Tag. Feuerlöschwasser 7 l/sec. Grundwasserfassung mit 40 m tiefem Rohrbrunnen, 400 mm weit. Pumpwerk mit 1 Vorpumpe für 15 m, 1 Hauptpumpe für 55 m Förderhöhe, 25 cbm/Stunde. Tropf- und spritzwassersichere Drehstrommotoren. Enteisnung und Entsäuerung. Rohrnetz 7544 m. Einwohnerzahl 2748. 84 Überflurfeuerpfosten. 613 Hausanschlüsse. Wasserturm 180 cbm, 34 m hoch. Kosten 209452 RM.

Kostenverteilung:

Hydrologische Vorarbeiten	2,6%
Fassungsanlage	5,2%
Pumpenhaus, Bau	2,7%
,, , Maschinen und Einrichtung	2,5%
Elektrische Zuleitung	3,4%
Ortsrohrnetz und sonstige Rohrleitungen	34,0%
Hausanschlüsse und Wassermesser	19,5%
Wasserturm	15,4%
Entsäuerung und Enteisnung	1,8%
Wiederherstellung des Straßenpflasters	2,4%
Grunderwerb, Bauzinsen, Entschädigungen, Verwaltungskosten, Spesen, Projektierung, Bauleitung	10,5%

1029. Wasserpreise in einigen deutschen Städten für 1933 und 1933/34:[257]

Stadt	Durchschnittspreis für 1 cbm Haushaltwasser in Rpf bei einem Jahresverbrauch von			Auf einen Einwohner entfallen jährlich cbm	
	100 cbm	300 cbm	1000 cbm	Gesamtwasserabgabe	bezahltes Wasser
Leipzig	35,6	29,9	28,3	38,6	35,1
Düsseldorf	30,2	27,2	25,7	54,7	47,6
Bochum I	24,0	20,0	18,6	101,3	95,0
Kiel	30,0	30,0	30,0	36,0	28,5
Augsburg	22,0	22,0	22,0	91,3	87,0
Wiesbaden	32,0	32,0	32,0	47,6	39,5
Mülheim	12,0	12,0	12,0	55,7	46,4
Plauen	24,0	24,0	24,0	30,4	25,3
Freiburg	14,0	14,0	14,0	77,8	49,8
Pforzheim	15,0	15,0	15,0	70,4	65,3
Hildesheim	28,0	28,0	28,0	33,6	23,2
Jena	35,0	35,0	35,0	24,7	20,6
Würzburg	23,0	23,0	23,0	61,7	43,0
Weimar	45,0	45,0	45,0	27,6	19,4

1030. Verluste im Straßenrohrnetz:[99]

Stadt	Länge des Straßenrohrnetzes in km	Gesamtwasserabgabe im Jahr cbm	Verluste im Jahr cbm	Verlust in Prozenten der Gesamtabgabe	Verlust je km Straßenrohr cbm
Mannheim	374	14112000	1932000	12,69	5165
Altona	420	12661000	2625000	20,07	6250
Augsburg	—	16309000	645000	3,95	—
Darmstadt	152	4976000	165000	3,32	1085
Heidelberg	227	4532000	115000	2,53	507
Stuttgart	819	18397000	1265000	6,88	1546
Solingen	—	5159000	1715000	33,20	—
Osnabrück	—	3217000	866000	26,90	—

1031. Gegen Bezahlung abgegebenes Wasser in Prozenten der Gesamtabgabe in deutschen Städten:

Berlin	94,2
Hamburg	90,5
Köln I	67,4
,, II	73,0
Dortmund	94,3
Darmstadt	93,1
Dessau	64,4
Fürth	93,8
Koblenz	65,9
Stuttgart	90,4
Solingen	66,5
Osnabrück	72,4
Leipzig	90,95
Düsseldorf	87,05
Bochum I	89,10
Kiel	79,20
Augsburg	95,30
Wiesbaden	83,00
Mülheim	83,30
Plauen	83,20
Freiburg	64,00
Pforzheim	92,70
Hildesheim	69,10
Jena	83,50
Würzburg	69,70
Weimar	70,30

B. Quellfassungen.

1032. Geldwert einer Quelle.

Der Geldwert einer Quelle läßt sich nur außerordentlich schwer allgemein festlegen. Für die Bewertung einer Quelle vom Standpunkt des Käufers schlägt R. Müller[5] die Formel

$$W = 1000\,n - 0{,}5\,l \pm 2\,h^2$$

vor, in der W den Wert der Quelle in Mark je Liter/Sekunde der geringsten Schüttung, l die Entfernung der Quelle vom Versorgungsgebiete und h die Höhenlage der Quelle gegenüber dem Versorgungsgebiete bedeutet; wenn die Quelle über dem Versorgungsgebiete liegt, soll das + -, wenn sie tiefer liegt, das —-Zeichen gelten. n bedeutet schließlich einen Beiwert, der bei guter Wasserbeschaffenheit in wasserreicher Gegend gleich 1, in wasserarmer gleich 2 gesetzt wird; bei minder guter Wasserbeschaffenheit gelten die Werte 0,5 bzw. 1.

1033. Bei Quellablösungen bezahlte Preise[40] je Liter/Sekunde:

Quellen bei Reichenberg	RM 2080
Kundolfinger Quellen bei Diessenhofen (Schweiz)	„ 117
Glaneggquellen in Salzburg	„ 6200

1034. Sammelstollen für Wassergewinnung[286] in Fels; Ausbruchquerschnitt 2 bis 4 qm, Höchstlänge 100 m. Zweimännige Handbohrung. 1 cbm Ausbruch kostet (überschlägig)

$$K = 4\,\tau\,\frac{(v+1)^2}{v}\cdot\frac{c+1}{c} + 0{,}8\,(1 + 0{,}2\,c + 0{,}03\,c^2)\,p \text{ RM.}$$

Hierin bedeutet τ den Stundenlohn eines Mineurs, p den Preis von 1 kg Gelatinedynamit Nr. 1, und für c und v sind je nach der Gebirgsbeschaffenheit zu setzen:

bei rolligen Bergen	$c = 1$	$v = 0{,}5$
„ Mergel, zerfallendem Tonschiefer	$c = 2$	$v = 1{,}7$
„ jüngeren Sandsteinen	$c = 3$	$v = 2{,}1$
„ Dolomit	$c = 4$	$v = 2{,}3$
„ Glimmerschiefer	$c = 5$	$v = 5$
„ dichten Kalksteinen, harten Sandsteinen	$c = 6$	$v = 5{,}8$
„ Gneis, Basalt	$c = 7$	$v = 20$
„ Granit, Syenit	$c = 8$	$v = 24$
„ Quarz	$c = 9$	$v = 35$

1035. 1 m Sammelschlitz für Wassergewinnung,[286] bis zu Tiefen von $t = 5$ m, mit einem Drän auf der undurchlässigen Schicht, umpackt mit Kies und Bruch- oder Klaubsteinen, darüber gestampfter Aushubboden, einschließlich Besämung des Bodens, kostet (überschlägig) bei einem Stundenlohn τ

$$K = 12\,\tau\,(0{,}1 + 0{,}7\,t + 0{,}3\,t^2) + 1{,}5 \text{ RM.}$$

1036. Baukosten von Quellfassungen, je Liter/Sekunde:

Die Baukosten von Quellfassungen, bezogen auf den Liter/Sekunde der kleinsten Quellschüttung, müssen wegen der Verschiedenartigkeit der erforderlichen Bauwerke sehr verschieden sein; so wurden z. B. bezahlt:[40]

in Kaufbeuren, Sickerung und Brunnen in diluvialem Schotter, kleinste Schüttung 15 l/sec	RM 435
„ Goßweil, Sickerung und Schacht in diluvialem Schotter, kleinste Schüttung 2,1 l/sec	„ 2990
„ Goldbach-Hößbach, Sickerung und Brunnen in Buntsandstein, kleinste Schüttung 10 l/sec	„ 415
„ Impfling, Sickerung und Brunnen in Buntsandstein, kleinste Schüttung 13 l/sec.	„ 2277
„ Reichstal, Senkbrunnen im Rotliegenden, kleinste Schüttung 0,25 l/sec	„ 1668
„ Mörsheim, Sickerung und Schacht im weißen Jura, kleinste Schüttung 16 l/sec.	„ 160
„ Friedenfels, Sickerung und Schacht im Granit, kleinste Schüttung 2,2 l/sec.	„ 3588
im Isergebirge, Sickerung im Kalkstein	„ 4000

1037. **Baukosten von Sickerungen und Stollen zur Wasserfassung in der Schweiz,**[40] je Meter Länge:

in Moräne, Sickerung 120 × 90 cm .... RM 80—120
,, alluvialem Schotter, Sickerung 120 × 90 cm .... ,, 120—160
,, treibendem Gebirge, Sickerstollen 180 × 90 cm .... ,, 240—400

1038. **1 cbm Steinpackung bei Quellfassungen aus zugeführten Steinen herstellen** erfordert: 2 h Maurer + (2 bis 5) h Hilfsarbeiter + 10% für Aufsicht und Geräte + 1,1 rm Steine.

1039. **1 Stück gußeisernen Lüftungsaufsatz versetzen:** 2 h Maurer + 4 h Hilfsarbeiter + 10 kg Zement + 0,015 rm Sand.

1040. **Gelochte Eternitrohre und Halbrohre.**

Nennweite ... mm	50	60	80	100	125	150	175	200	250	300	400	500
Wandstärke . ,,	7	7	8	8	8	9	9	10	10	11	12	13
Gewicht je m . kg	2,1	3,0	4,4	5,4	6,7	9,0	10,4	13,2	16,3	21,5	31,0	42,0
Ganzgelochte Rohre, 2 m lang:												
Preise .... { S / Kč	33,—	39,—	47,50	54,—	71,—	84,—	108,—	129,—	172,—	270,—	450,—	630,—
Halbgelochte Rohre, 2 m lang:												
Preise .... { S / Kč	30,—	35,—	43,—	50,—	64,—	76,—	96,—	116,—	155,—	242,—	405,—	567,—
Halbrohre, 2 m lang:												
Preise .... { S / Kč	28,—	31,—	40,—	45,—	59,—	70,—	90,—	108,—	143,—	225,—	375,—	525,—

1041. **Gelochte Steinzeugrohre,** je Meter:

Ganz- oder zwei Drittel gelocht, Preis gleich 1,5 m normalen Rohres. Halb- oder weniger gelocht, Preis gleich 1,35 m normalen Rohres. (Preise der normalen Rohre siehe Nr. 1274.)

1042. **Ausrüstungsstücke für Quellfassungen und Wasserkeller.**

Ausrüstungsstück	Nennweite	40 mm	50 mm	70 mm	80 mm	100 mm	125 mm	150 mm	200 mm	250 mm	300 mm	350 mm
Leer- und Überlauf für Quellfassungen für 1 m Wassertiefe	Gewicht . kg	22	24	37	45	56	72	96	—	—	—	—
	Preis .. { RM / S / Kč	40	47	63	72	90	110	117	—	—	—	—
Froschklappe mit Muffe	Gewicht . kg	6	7,5	10	12	16	20	25	39	54	72	98
	Preis .. RM	7,0	7,5	9	10,50	11	12	13	15	21	24	27
	S	10	12	15	16	24	25	29	40	53	68	91
	Kč	33	34	39	46	54	65	85	130	185	240	320
Lüftungsaufsatz aus Gußeisen	Gewicht . kg	—	—	—	—	72	91	115	159	—	—	—
	Preis .. RM	—	—	—	—	28	35	46	62	—	—	—
	S	—	—	—	—	65	82	99	143	—	—	—
	Kč	—	—	—	—	252	318	410	556	—	—	—
Überlaufmundstücke	Gewicht . kg	3	4	6	8,5	13,5	16,5	23	29	36	57	72
	Bauhöhe . mm	50	70	100	125	150	150	180	200	225	250	250
	Preis .. RM	1,20	1,60	2,40	3,40	5,40	6,60	9,20	11,50	14,40	22,80	28,—
	S	3,60	4,20	5,20	7,—	7,50	8,20	10,20	13,50	17,—	20,—	24,—
	Kč	18	21	26	35	35	42	51	67	85	100	120
Einlaufseiher	Baulänge mm	192	197	237	247	280	310	345	415	470	540	670
	Seiherdurchmesser . ,,	155	155	155	162	190	230	280	305	455	505	585
	Gewicht . kg	6	6,5	7,5	8,5	12	16	20	29	47	45,5	72
	Preis .. RM											
	S	52	61	82	92	115	141	175				
	Kč	45	49	76	80	108	147	184	266	399	481	

1043. Schachtdeckel, leicht. (Passavant-Werke, Michelbacher Hütte, Nassau.)

Bauart nach Abbildung	66 a	66 b	66 c			66 d		66 e	66 f
Deckelgröße (*D*) .... mm	620	670	550	550	560	940	940	800/600	500/770
Schlupfweite (*d*) .... „	590	600	500	500	500	855	855	525/725	500/770
Auflageaußenmaße (*A*) ... „	760	720	675	675	720	1160	1160	660/860	
Auflagehöhe (*H*) .... „	120	120	50	100	110	120	200	80	70
Gewicht .... kg	70	75	45	75	135	150	300	100	60
Preis .... RM	23,85	24,75	16,25	25,50	36,—	64,68	99,75	31,15	19,—

Preise leichter Schachtdeckel je 100 kg: (30 bis 40) RM; (75 bis 100) S; (350 bis 400) Kč.

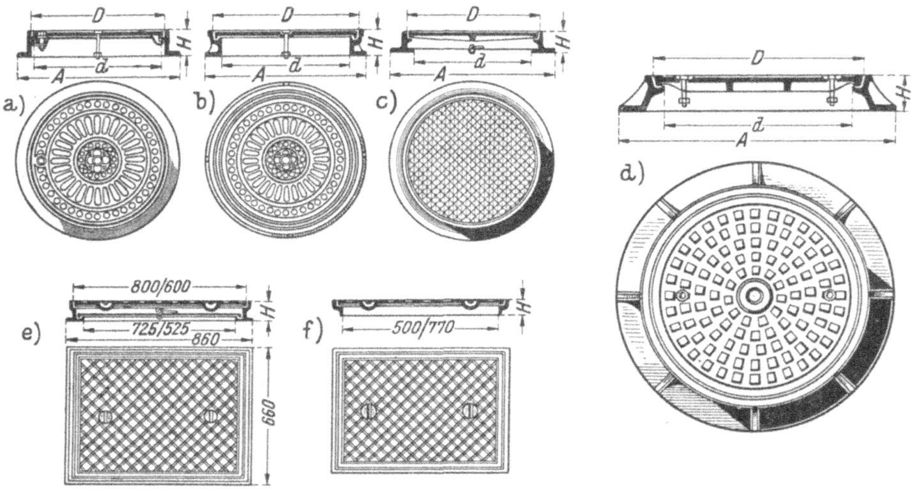

Abb. 66. Leichte Schachtdeckel. (Passavant-Werke, Michelbacher Hütte, Nassau).

C. Brunnen.

1044. Normen.

DIN 1983. Technische Vorschriften für Bauleistungen. XX. Brunnenarbeiten.
DIN 1202. Brunnenringe, Beton.

1045. Rammfilter für Rammbrunnen, aus Stahl, mit geschmiedeter Spitze, verzinkt, mit Messingfiltergewebe und gelochtem Messingschutzmantel. Gasgewindeanschluß.

Nennweite	Zoll	$1^1/_4$	$1^1/_2$	2
„	mm	30	40	50
Gesamtlänge 0,93 m	Preis RM	8,40	10,20	13,60
„ 1,08 „	„ „	9,90	11,90	15,25

1046. Rammgerät für Rammbrunnen, bestehend aus einem eisernen Dreibein mit 2 Rollen, 1 Rammbär, 1 Rammklemme, 1 Führungsstange und 2 Rammseilen. (Garvenswerke Berlin, Wien und Prag.)

Für Rohre von	Zoll	$1^1/_4$	$1^1/_2$	2
Preis	RM	200	212	242
„	S	390	400	460
„	Kč	1113	1181	1298

Zur Bedienung des Rammgerätes sind 2 Männer erforderlich.

1047. Röhrenbrunnenbau. Unkostenzuschläge.

Nach E. Bieske[35] muß im Röhrenbrunnenbau mit einem Unkostenzuschlag von 150 bis 200% der produktiven Löhne wegen der hohen Gerätekosten gerechnet werden. Bei Bohrung mit Diamantkronenbohrern ist ein noch wesentlich höherer Zuschlag erforderlich.

Auf die Baustoffpreise werden Zuschläge bis zu 45% verrechnet.

Auf die Kosten der Beförderung der Bohrgeräte und auf die Reisekosten der Begleitmannschaft erfolgen Zuschläge bis zu 15%.

1048. Gesamtherstellungskosten von Rohrbrunnen. Richtpreise können der Abb. 67 entnommen werden.

1048 a. Kosten K eines Röhrenbrunnens[291] vom Durchmesser D mm und der Tiefe t m:

$$K = \alpha \frac{t D}{10} \left(1 + \frac{t}{100}\right) \text{RM},$$

es wird gesetzt $\alpha = 1$ in leichtem, sandigem Boden,
$\alpha = 1{,}5$ bis 2 in schwerem, tonigem Boden und
$\alpha =$ wesentlich höher bei Fels.

1048 b. Schätzung der Kosten K von Brunnenanlagen (Röhrenbrunnen, Heberleitung und Sammelbrunnen).[291]

$K =$ (300 bis 850) RM mal der stündlichen Entnahme in Kubikmetern oder
$K =$ (25 bis 60) RM mal der täglichen Entnahme in Kubikmetern.

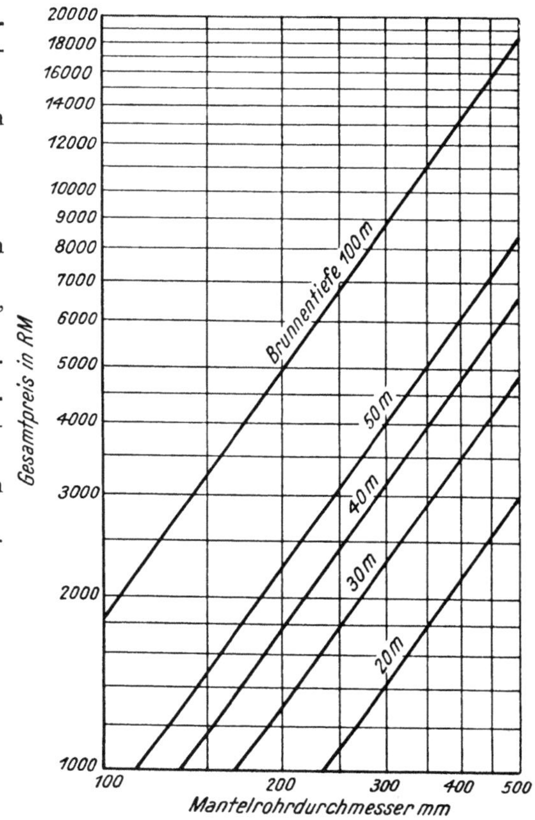

Abb. 67. Gesamtherstellungskosten von Rohrbrunnen.

1049. Bohrungen für Rohrbrunnen. Preise ohne Beistellung von Bohrrohren, aber mit Gewinn.

a) Deutsches Reich.[178]

Durchschnittspreise je Meter Bohrloch in RM in Sand, Kies, Lehm, Ton.

Anfangsdurchmesser in mm	175	225	275	325	375	425	500	600	700	800	900	1000
Bei Tiefen bis 20 m	14	16	20	25	28	33	41	49	57	65	73	85
„ „ „ 60 „	20	25	28	33	36	41	49	57	65	73	85	90
„ „ „ 100 „	28	33	36	41	44	49	57	65	73	85	90	100

In hartem Boden, bei großen Steinen, Fels: Zuschlag bis 150%.

b) Österreich.[22]

Durchschnittspreise je Meter Bohrloch in S für Bohrungen mit einem Enddurchmesser von 127 mm.

Tiefe des Bohrloches bis	20 m	30 m	50 m	100 m
In Sand, Lehm, Tegel, grober und feiner Kies, loser Schotter	20	25	45	70
In Mergel, Sandstein, grober, festgelagerter Schotter, Konglomerat (Meißelbohrung)	60	70	100	120

Bei anderen Durchmessern D ändern sich die Kosten etwa verhältnisgleich mit $D^{1,2}$.

1050. Bohrungen für Rohrbrunnen, einschließlich aller Nebenarbeiten und der Beistellung des Bohrzeuges und der Rohre.

Preise je Meter Bohrung in RM[35] in Sand.

Durchmesser der Endverrohrung	114 mm	152 mm	203 mm	254 mm	305 mm
Bohrtiefe von 0—10 m	8,—	10,—	18,—	28,—	38,—
„ „ 10—20 „	10,—	13,—	22,—	34,—	44,—
„ „ 20—30 „	12,—	16,—	26,—	40,—	51,—
„ „ 30—40 „	15,—	20,—	31,—	47,—	58,—
„ „ 40—50 „	18,—	24,—	36,—	54,—	66,—

In schwerem Boden (Ton, hartem Lehm u. dgl.): Zuschlag 100%.

1051. Stahlbohrrohre, schwarz.[146]

Durchmesser	mm	83	102	133	165	203	254	305	355	406	457	508
Gewicht je Meter.	kg	6,5	9,5	13,5	18	27	40	55	68	83	92	111
Preis für 1 m Rohr	RM	4,—	5,80	8,50	12,—	18,30	27,—	37,—	56,30	63,—	84,—	86,—
Zuschlag je Verbindungsstelle .	„	8,50	9,50	11,—	14,—	15,—	20,—	26,—	50,—	65,—	77,—	94,—

Für verzinkte Rohre, Zuschlag 20%.

1052. Schneidenringe für Bohrrohre kosten so viel wie (1 bis 1,5) m des gleichweiten Bohrrohres.

1053. Leihgebühr für Bohrrohre. Für jede angefangene oder volle Woche 0,5% des jeweiligen Neuwertes der Rohre.

1054. Filterrohre für Rohrbrunnen.

a) Aus Stahl, gelocht oder geschlitzt, mit Gewebe umhüllt:

Nennweite	mm	100	200	400	500	800	1000
Preis[178] je Meter ..	RM	15	25	40	60	80	100

b) Aus Kupfer, mit Tressengewebe:

Nennweite	mm	100	150	200	250	300
Preis je Meter	RM	34	44	54	65	76

c) Aus glasiertem Steinzeug.

1. *Glockenfilter.* (E. Hänchen, Penzig O.-L.) Nach Abb. 68a.

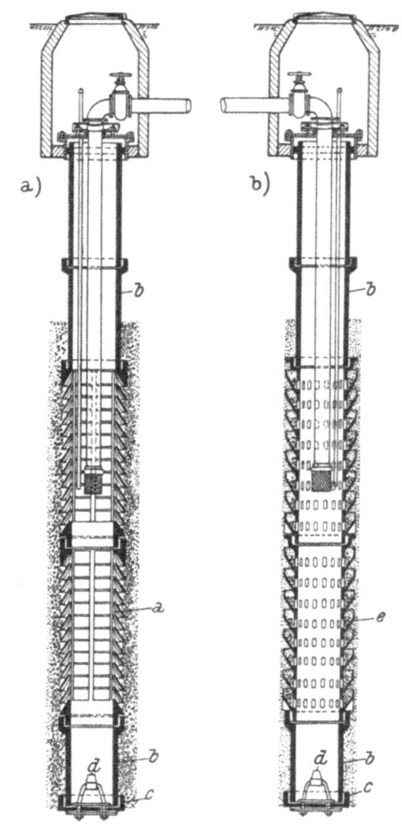

Abb. 68. Steinzeugfilterbrunnen von E. Hänchen.
a) Glockenfilter, b) Taschenfilter. *a* Glockenfilterrohr, *b* Aufsatz- und Ablagerungsrohr, *c* Filterboden, *d* Bügel für den Filterboden, *e* Taschenfilterrohr.

Preise in RM.

Lichtweite	100 mm	150 mm	200 mm	250 mm	300 mm	500 mm	800 mm
Außendurchmesser	190 mm	280 mm	330 mm	390 mm	460 mm	650 mm	970 mm
Steinzeugfilter je Meter	32,20	55,90	76,15	84,25	99,60	218,70	364,50
Aufsatz- und Ablagerungsrohr je Meter........	5,45	8,10	11,30	13,75	16,20	37,25	76,95
Steinzeugfilterboden je Stück	9,75	11,50	12,95	18,40	20,55	73,70	103,68
Eiserner Bügel für den Filterboden je Stück...	8,10	9,70	10,50	11,35	12,95	18,65	23,50
Eiserne Filterführungsschelle je Stück	3,—	3,—	3,—	3,—	3,—	4,50	4,50

2. *Taschenfilter* aus glasiertem Steinzeug. (E. Hänchen, Penzig, O.-L.) Nach Abb. 68b.

Preise in RM.

Lichtweite	50 mm	75 mm	100 mm	150 mm	200 mm	300 mm
Außendurchmesser	120 mm	170 mm	225 mm	300 mm	350 mm	450 mm
Steinzeugfilter je Meter	48,80	55,10	68,85	97,20	113,40	136,—
Aufsatz- oder Ablagerungsrohr je Meter.............	3,40	4,30	5,45	8,10	11,30	16,20
Steinzeugfilterboden je Stück	7,30	8,50	9,75	11,50	12,95	20,55
Eiserner Bügel für den Boden je Stück..............	6,50	7,20	8,10	9,70	10,50	12,95
Eiserne Führungsschelle je Stück....................	3,—	3,—	3,—	3,—	3,—	3,—

d) Kellerfilter aus geschlitzten Rohren mit Hartgummibelag. (Joh. Keller, Frankfurt a. M.)

Lichte Weite		150 mm	200 mm	250 mm	300 mm	400 mm	500 mm	600 mm	800 mm	1000 mm
Größter Außendurchmesser	mm	234	284	334	384	484	584	684	884	1084
Normale Wandstärke bei 1 mm starkem Belag	,,	5	5	5	5	5	6	6	6	6
Gewicht je Meter, geschlitzt	kg	8	11	13	16	21	33	40	53	65
Gewicht je Meter, vollwandig	,,	14	18	22	26	35	57	68	90	112
Gummierte Schrauben je Verbindung	Stück	4	6	6	8	10	12	14	18	24
Durchmesser	mm	230	280	330	380	480	580	680	880	1080
Stärke der Gummiflanschendichtung	,,	150/3	200/3	250/3	300/3	400/3	500/3	600/3	800/3	1000/3
Preise je Meter normale Baulänge, geschlitzt	RM	27,50	34,—	40,—	45,50	62,—	92,—	121,—	175,—	225,—
vollwandig	,,	25,—	30,50	36,—	41,—	55,—	75,—	97,—	131,—	165,—
Stückzuschlag	,,	13,75	17,—	20,—	22,75	29,—	34,75	40,75	52,50	65,50

Normale Baulängen: 5,00, 2,50, 1,00 und 0,50 m. Normale Schlitzabmessungen: 3 × 25 mm. In den Preisen inbegriffen sind die erforderlichen Dichtungen und Flanschenschrauben, einschließlich 10% Reserve und die Verpackung. Preis eines Rohres = Länge × Meterpreis + Stückzuschlag.

1055. Blechaufsatzrohre.

Nennweite	mm	150	350
Gewicht je Meter	kg	11	35
Preis je Meter	RM	8	27,50

1056. Einhängerohr.

Nennweite 90 mm, Gewicht je Meter 11 kg, Preis je Meter 6,50 RM.

1057. Kosten des Filtereinbaues,[35] und zwar Säubern des Bohrloches, Einbauen des Filters und des Aufsatzrohres, Hochziehen der Mantelrohre um die Länge des Filters, Herausziehen der Bohrrohre, Entsanden des Rohrbrunnens und Abrüsten des Bohrzeuges.

Kosten des Filtereinbaues in RM.

Durchmesser der Endverrohrung	114 mm	152 mm	203 mm	254 mm	305 mm
Brunnentiefe von 0—15 m	35,—	45,—	110,—	125,—	225,—
,, ,, 15—30 ,,	75,—	105,—	195,—	270,—	425,—
,, ,, 30—50 ,,	120,—	160,—	280,—	380,—	620,—

1058. 1 cbm Aushub aus Brunnen von *H* m Tiefe:[36]

So wie aus engen Baugruben + 20% für Aufsicht und Geräte + 1,3 H h Hilfsarbeiter für das Hochwinden.

1059. Der tatsächliche Bodenaushub beträgt bei Senkbrunnen um (50 bis 200)% mehr als den Außenabmessungen des Brunnens entspricht.[39]

1060. 1 cbm Senkbrunnenmauerwerk aus Klinkerziegeln in Zementmörtel erfordert, einschließlich aller Nebenarbeiten (6 bis 8) h Maurer + (9 bis 12) h Hilfsarbeiter + 15% für Aufsicht und Geräte.

1061. Stahlbrunnenkränze wiegen 100 bis 150 kg/m.

Verschnitt: ~ 10 bis 15%. Herstellung: für 100 kg können 15 bis 20 h Schlosser + 100% für Werkstätte und Geräte gerechnet werden.

1062. 1 m hölzerner Brunnenkranz (innen gemessen).

Arbeitsaufwand: (6 bis 8) h Zimmerer.
Holz: Bohlenstärke: 4 bis 10 cm, Verschnitt: 20%. Bohlenbreite: ~ 30 cm.
Schrauben und Nägel: 4 bis 6 kg/m.

1063. Stahlschneiden für hölzerne Brunnenkränze kosten fertig etwa 2- bis 3mal soviel als der dazu verwendete Formstahl.

Arbeitsaufwand je Meter: (10 bis 15) h Schlosser + (70 bis 100)% für Aufsicht, Werkstätte. Winkelstahl: 30 bis 40 kg je Meter.

1064. 100 kg Stahldruckringe, Ankerschrauben u. dgl. für Senkbrunnen herstellen: (15 bis 20) h Schlosser + (70 bis 100)% für Aufsicht und Werkstättenbetrieb.

1065. 1 cbm Brunnenmauerwerk, in der Tiefe *H* m im Brunnen hergestellt, einschließlich Mörtelbereitung und Zufuhr auf höchstens 50 m:

a) Bis $H = 2$ m Tiefe:

Mauerwerk		Trocken-mauerwerk	Bruchstein-mauerwerk	Klinker-mauerwerk
Maurer	h	6	9—13	12—15
Hilfsarbeiter	,,	6	13—17	13—17
Aufsicht und Geräte	%	10	15	15
Bruchstein	rm	1,2	1,25	—
Ziegel	Stück	—	—	400
Zement	kg	—	105	130
Sand	rm	—	0,3	0,35

b) Über $H = 2$ m Tiefe ein Zuschlag von $1{,}3\,H$ h Hilfsarbeiter.

1066. Herstellung eines 1,5 m weiten Brunnens,[138] in dem zuerst die Baugrube ausgehoben, abgesteift und eingeschalt und dann der Brunnenkessel von unten aufgemauert wird, erfordert im Durchschnitt der ganzen Tiefe je Meter, bei einer

Brunnentiefe bis . . . m	10	18	25
Brunnenarbeiterstunden	50	70	100
Hilfsarbeiterstunden	70	100	140

1067. Senkbrunnen, Preise, überschlägig:[178]

Brunnendurchmesser	1—1,5	1,5—2,5 m
Wandstärke bei Ziegelmauerwerk	1	$1^1/_2$ Stein

Preis in RM je Kubikmeter verdrängter Bodenmasse ohne Baustoffbeigabe.

Brunnen-tiefe in m	Über dem Grundwasserspiegel		Unter dem Grundwasserspiegel		Brunnen-tiefe in m	Über dem Grundwasserspiegel		Unter dem Grundwasserspiegel	
	In Ton, Kies, Sand oder Lehm	In Geröll oder Fels	In Ton, Kies, Sand oder Lehm	In Geröll oder Fels		In Ton, Kies, Sand oder Lehm	In Geröll oder Fels	In Ton, Kies, Sand oder Lehm	In Geröll oder Fels
5	13—18	18—36	20—30	25—45	30	50—54	55—110	55—70	60—120
10	22—27	25—55	25—40	30—65	35	60—70	65—130	65—80	70—140
15	30—36	35—60	35—50	40—80	40	65—75	70—180	70—90	80—150
20	40—45	45—70	45—60	50—100					

1068. 1 m hölzernes Brunnenrohr aus Kiefernholz 4 cm weit ausbohren, einschließlich des Abschälens: 1 h Zimmerer + 10%.[51]

Für jeden Zentimeter Mehrweite: Zuschlag 0,3 h Zimmerer.

1069. 1 m hölzernes Brunnenrohr in einen Brunnen einsetzen, mit der Brunnenbüchse verbinden und befestigen, erfordert: 2 h Zimmerer + 10%.[51]

1070. 1 m altes Brunnenrohr aus einem Brunnen herausheben erfordert: 1 h Zimmerer + 10%.[51]

1071. Der Sammel- und Wassergewinnungsbrunnen des Wasserwerkes Oldenburg i. O.:[103] (Abb. 69.)

Brunnenweite: 5,00 m, Brunnentiefe: 19,10 m. Wandstärke: 0,75 m. Klinkermauerwerk. Offene quadratische Baugrube, 7 × 7 m, bis zum Grundwasserspiegel mit waagrechten, 1,8 m langen Bohlen zwischen gerammten I-Trägern ausgesteift. Eiserner, ausbetonierter Brunnenkranz auf der Baugrubensohle zusammengebaut. Brunnenmantel aus Klinkerziegelmauerwerk

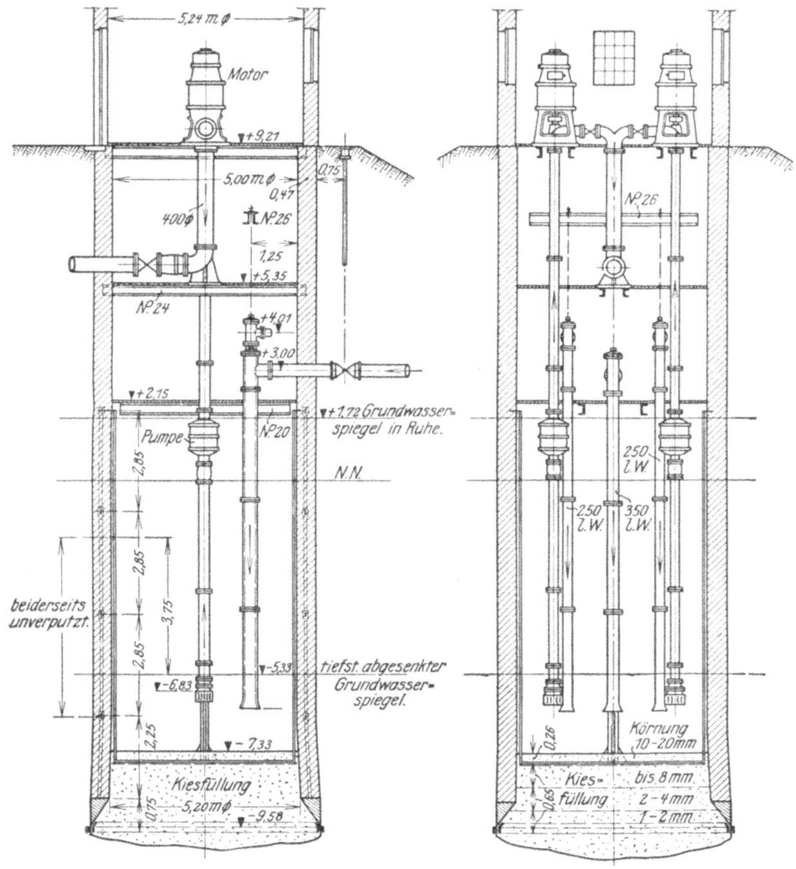

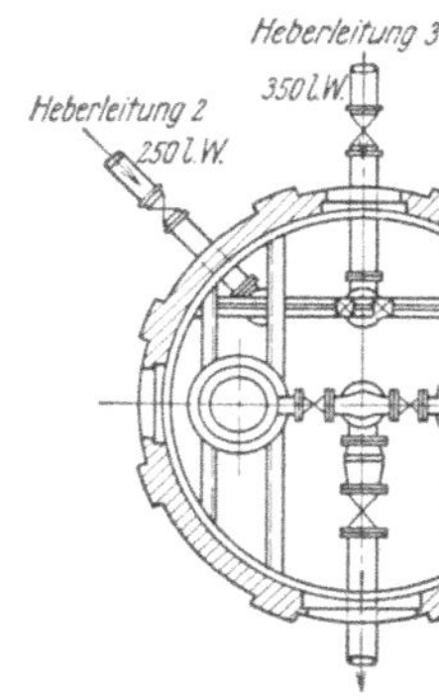

Abb. 69. Sammelbrunnen in Oldenburg. (Aus Bautechn. 1929, S. 13.)

mit[1] einem Druckring alle 2,00 m aus Flacheisen, 80 × 100 mm; 9 Anker aus Flacheisen, 50 × 6 mm. Der Kiesfilter wird durch ein Sieb herabgedrückt, das ein Gerüst auf Formeisen stützt. Brunnenaushub mittels Greifbaggers. Absenkung täglich 12 bis 80 cm. Während der Absenkung war Beschwerung erforderlich.

Preis (1928): 39000 RM, ohne Haus, Maschinen und Rohrleitung.

Preis je Kubikmeter unter dem Boden liegenden umbauten Raumes: 63 RM/cbm.

D. Pumpwerke.

1. Allgemeines.

1072. Schätzung der Kosten eines Wasserleitungspumpwerkes (Gebäude und vollständige Maschinenanlage).[291]

a) je Einwohner 5 bis 10 RM,

b) je Kubikmeter stündlich zu hebenden Wassers 400 bis 700 RM.

Von diesen Kosten entfallen 25 bis 33% auf die Gebäude, der Rest auf die Maschinen und deren Zugehör.

1073. Grundwasserfassung in Kempten:[60]

14 Versuchsbohrungen, zusammen 111,40 m Tiefe	RM	4551	oder RM/m 41,—
2 Hauptbrunnen mit 950 mm Weite und 16,50 m Gesamttiefe, Kupferfilter 10,2 m lang, 450 mm weit	„	4832	„ „ 293,—
Kabel für Stromzufuhr	„	7080	
Saugleitung mit 2 Schächten zwischen Brunnen- und Pumpwerk	„	3785	
Probepumpen, Fuhrleistungen	„	5923	
Pumpwerk: Bau	„	9152	„ RM/cbm 26,80 umbauten Raumes
Maschinen und elektrische Einrichtung	„	14504	
Innere Einrichtung und Hauptwassermesser	„	3488	

Normale Förderung: 30 l/sec.

1073 a. Wasserfassung und Pumpwerk Hochheim der Stadt Erfurt:[72]

10 Filterbrunnen, Durchmesser 350 mm, 4,4 bis 5,7 m tief. Brunnenköpfe 0,8 m über Gelände. Ergiebigkeit 85 l/sec. Saugleitung, Durchmesser 350 mm. Mannesmann-Stahlmuffenrohre.

Maschinenhaus: 2 selbstansaugende Kreiselpumpen mit 175-mm-Anschlüssen, Förderung bis 100 l/sec auf 45 m. Antrieb mittels Drehstrommotoren, 3000 Volt, $n = 1450$, 95/108 PS. Fernsteuerung auf 600 m. Kurzschlußläufer. Stromstoß beim Einschalten gleich der 2,95fachen höchsten Betriebsbelastung.

Baukosten (1931): einschließlich Druckrohrleitung, Starkstrom- und Fernsteuerkabel 195000 RM.

1074. Durchschnittliche Arbeitsleistung der Brennstoffe und des Stromes in kleinen und mittleren Pumpwerken:[177]

Maschinengröße	unter 10 PS,		30 bis 50 PS
Dampfmaschine, je Kilogramm Kohle	100 mt	bis	200 mt
Leuchtgasmotoren, je Kubikmeter Gas	325 ,,	,,	360 ,,
Dieselmotoren, je Kilogramm Treiböl	900 ,,	,,	1000 ,,
Elektromotoren mit Kolbenpumpen, je kWh	215 ,,	,,	240 ,,
,, ,, Kreiselpumpen, ,, ,,	170 ,,	,,	200 ,,

1074 a. Bedienungskosten von selbsttätigen Pumpwerken:[295]

Einwohnerzahl	1000	3000	5000	10000	15000
jährlich RM	250	350	450	550	650

1075. Raumbedarf der Maschinenräume in Pumpwerken.

a) nach S. Baer:[177]

Die Förderhöhe ist ohne nennenswerten Einfluß auf die Maschinenraumgröße.

Antrieb	Förderung cbm/min	Maschinenraum qm/cbm je Minute	Kesselraum qm/cbm je Minute	Maschinenraum Breite : Länge
Liegende Dampfmaschine	1—2,67 3,13—11,10 12,37—41,88 54—190	46,35 33,55 15,36 7,36	48,86 31,15 11,66 6,55	1 : 1,95 1 : 1,47 1 : 1,39 1 : 2,00
Stehende Dampfmaschine	1,0—5,94 8,2—10,0 16,6—41,6 50,0—62,7	13,94 15,52 7,57 3,54	43,40 27,06 11,71 2,54	1 : 1,21 1 : 1,01 1 : 1,53 1 : 2,20
Wasserkraftmaschine	0,06—0,50 5,33—19	164,0 46,7	— —	
Gasmotoren	0,5—1,50 1,5—3,0 3,33—6,0	61,33 42,75 38,33	— — —	1 : 1,45 1 : 1,32 1 : 1,34
Dieselmotoren	1—7,5 10—17,5 112—150	40,30 13,17 3,08	— — —	1 : 1,44 1 : 1,38
Diesel- und Elektromotoren	0,6—6,75 12—38,33	43,34 10,29	— —	1 : 1,53 1 : 1,15
Elektromotoren mit Kolbenpumpen	0,7—3,60 7—10,0	25,63 17,08	— —	1 : 1,30 1 : 1,45
Dampfturbinen	30—50 133—333	5,39 1,82	9,0 4,0	
Elektromotoren mit liegenden Wellen	0,36—1,44 1,67—2,17 3,33—8,33 12,00—21,00 25,95—50,00 51,0—166,0	19,53 15,57 8,38 6,12 5,26 1,96	— — — — — —	1 : 1,45 1 : 1,50 1 : 1,47 1 : 1,35 1 : 1,61 1 : 1,96
Elektromotoren mit stehenden Wellen	0,27—4,32 10,55—25,0 58,33—210,0	8,09 1,89 1,22	— — —	1 : 1,19 1 : 1,16 1 : 1,36

b) nach A. Eigenbrodt.[190]

Bei einer sekundlichen Förderung von Q cbm beträgt der erforderliche umbaute Raum

$$R = 4750\, Q^{0,8} \text{ cbm}.$$

Bei Maschinenhäusern mit mehr als 1000 cbm umbauten Raumes kann je Kubikmeter mit einem Einheitspreis von 30 RM, bei 5000 cbm umbauten Raumes mit 25 RM gerechnet werden.

1076. Die Kosten einer Maschinistenwohnung bei Wasserversorgungsanlagen betrugen 1929:[295]

bei 10000 Einwohnern etwa 11000 RM,
„ 15000 „ „ 12000 „

1077. Woltmann-Wassermesser.[146]

Für den Einbau in Rohre								
von der Nennweite . .	mm	50	100	150	200	250	300	500
Gewicht	kg	13	25	41	51	90	100	260
Für Durchflüsse bis . . .	cbm/h	13	67	160	265	410	600	1650
Preis ohne Anzeigegerät	RM	140	200	300	400	500	550	1200

Schreibende Anzeigegeräte: 300 bis 700 RM.

1077 a. Venturi-Wassermesser.

Für den Einbau in Rohre									
von der Nennweite . .	mm	50	100	150	200	250	300	350	500
Gewicht	kg	30	50	80	195	255	330	430	855
Für Durchflüsse bis . . .	cbm/h	10	60	150	200	330	400	600	1500
Preis ohne Anzeigegerät	RM	100	160	210	300	370	450	530	900

Schreibende Anzeigegeräte: 700 bis 1500 RM.

2. Die Kleinwasserversorgung.

1078. Kleinwasserversorgung. Allgemeines.

Die Kleinwasserversorgung umfaßt die selbständige Wasserversorgung eines einzelnen Hauses oder einer Häusergruppe; sie kann aus hinreichend hoch liegenden Quellen unter natürlichem Gefälle, bei zu tief liegenden Quellen durch Hebung des Wassers mittels des hydraulischen Widders oder mittels der Lambach-Pumpe und schließlich aus Brunnen erfolgen, wobei das Wasser mittels Handpumpen oder elektrisch angetriebener Pumpen gefördert wird.

1079. Einfache, gußeiserne Handsaugpumpen. Zugehör siehe Nr. 1083. (Klein, Schanzlin & Becker, Frankenthal, Pf.)

Zylinderweite		64 mm	76 mm	82 mm	90 mm	102 mm
Saugrohranschluß	mm	25; 32	32	38	38	51
	Zoll	1; 1¹/₄	1¹/₄	1¹/₂	1¹/₂	2
Förderung bei 50 Hüben	l/min	24	40	46	60	85
Freistehende Pumpe ohne Untersatz	RM	18	23	25	30	47
Freistehendes Pumpengehäuse ohne Untergestell und ohne Kolben	„	14	17	18	23	43
Freistehendes Pumpengehäuse mit Untersatz und ohne Kolben	„	30	33	38	40	97
Arbeitszylinder, tiefer einzubauen, für Pumpengehäuse ohne Kolben, für gemauerte Brunnen	„	22	25	—	37	—
Desgleichen für Rohrbrunnen	„	22	25	—	33	—
Freistehende Pumpe mit Ständer und mit offener Schwengelstütze	„	—	57	—	61	77
Desgleichen mit geschlossener Haube	„	—	101	—	111	121
Freistehende Pumpe mit geschlossener Haube, tiefliegendem Arbeitszylinder und Entleerungshahn, frostsicher	„	—	128	—	136	143

1080. Gußeiserne Handbrunnenpumpen, frostsicher, mit Arbeitszylinder aus Messing. Die Schwungradpumpe ermöglicht auch die Füllung höher liegender Behälter. (Garvenswerke.)

Brunnentiefe in m	Schwengelpumpe				Schwungradpumpe				Brunnentiefe in m	Schwengelpumpe				Schwungradpumpe			
	Förderung l/min	Preise			Förderung l/min	Preise				Förderung l/min	Preise			Förderung l/min	Preise		
		ohne Rohre RM	ohne Rohre S	mit Rohr Kč		RM	S	Kč			ohne Rohre RM	ohne Rohre S	mit Rohr Kč		RM	S	Kč
3	66	95	181	627	33	140	267	1150	15	26	55	103	1051	33	140	267	1599
4	66	95	181	653	33	140	267	1176	16	26	55	103	1089	24	135	261	1602
5	66	95	181	679	33	140	267	1202	17	26	55	103	1148	24	135	261	1681
6	66	95	181	705	33	140	267	1228	18	26	55	103	1186	24	135	261	1719
7	66	95	181	731	33	140	267	1254	19	16	—	—	1224	24	135	261	1757
8	66	95	181	769	33	140	267	1292	20	16	—	—	1262	24	135	261	1795
9	66	95	181	807	33	140	267	1330	21	16	—	—	1300	17	130	254	1813
10	55	70	135	845	33	140	267	1368	22	16	—	—	1379	17	130	254	1892
11	50	70	135	883	33	140	267	1406	23	16	—	—	1417	17	130	254	1930
12	37	65	124	937	33	140	267	1485	24	16	—	—	—	17	130	254	1968
13	37	65	124	975	33	140	267	1523	25	16	—	—	—	17	130	254	2006
14	37	65	124	1013	33	140	267	1561									

1081. Flügelpumpen, doppeltwirkende Saug- und Druckpumpe mit Klappenventilen. Bei mehr als 2 m Saughöhe ist ein Fußventil erforderlich. Gehäuse Eisen, Innenteile Messing. (Garvenswerke.)

Pumpengröße		0	1	2	3	4	5	7
Förderung je Doppelhub	l	0,21	0,31	0,46	0,66	0,87	1,25	2,50
Größte Förderhöhe	m	24	20	16	14	10	7	4
Gewicht	kg	5	6,5	9	12	15,5	20	34
Preis	RM	17,—	21,—	26,—	32,—	41,—	44,—	80,—
	S	38,—	44,—	55,—	70,—	87,—	99,—	167,—
	Kč	130,—	154,—	190,—	228,—	258,—	295,—	500,—

1082. „Corona"-Doppelzylinderhandpumpe, Zylinder aus Messing, Ledermanschettenkolben. (Garvenswerke.)

Pumpengröße		1	2	3	4	5	6
Förderung je Doppelhub	l	0,377	0,514	0,631	0,865	1,247	1,89
Größte Förderhöhe	m	25	20	16,5	12	9	6
Anschlußweiten	Zoll	$^3/_4$	1	$1^1/_4$	$1^1/_4$	$1^1/_2$	$1^1/_2$
„	mm	19	25	32	32	38	38
Gewicht	kg	18	21	25	33	41	51
Preis	RM	—	—	32,—	—	41,—	—
	S	—	—	60,—	—	72,—	—
	Kč	258,—	278,—	315,—	391,—	448,—	578,—

1083. Zugehör für Handpumpen. (Klein, Schanzlin & Becker, Frankenthal, Pf.)

Nennweite der Rohrleitung		$^3/_4$ Zoll 19 mm	1 Zoll 25 mm	$1^1/_4$ Zoll 32 mm	$1^1/_2$ Zoll 38 mm	2 Zoll 51 mm	$2^1/_2$ Zoll 64 mm	3 Zoll 76 mm
Windkessel aus Gußeisen mit seitlichem und oberem Auslauf:								
Gewicht	kg	5,3	6,4	8,0	9,4	16,0	26,0	—
Preis	RM	6,90	7,30	9,—	10,50	17,50	27,—	35,—
Saugkorb aus Eisen mit Lederklappe:								
Gewicht	kg	0,7	0,7	1,1	1,5	1,8	3,4	4,6
Preis	RM	1,60	1,80	2,30	2,90	3,65	4,50	6,—
Saugkorb aus Eisen für Bohrlöcher:								
Gewicht	kg	—						
Preis	RM	—	5,90	6,90	8,50	10,50	13,80	17,—
Zwischenventil aus Eisen mit Lederklappe:								
Gewicht	kg	1,1	1,1	1,45	1,75	2,2	4,0	5,8
Preis	RM	2,—	2,30	2,70	3,10	3,90	6,60	10,—

1084. Saugkörbe für Handpumpen.

a) Saugkorb mit Gasinnengewinde, Lederventilklappe, Eisen, verzinkt.

Anschlußweite	Zoll	$^1/_2$	$^3/_4$	1	$1^1/_4$	$1^1/_2$	2
Preis in	RM		1,60	1,80	2,00	2,40	3,30
,, ,,	S		3,00	3,20	3,60	4,50	6,00
,, ,,	Kč	20	21	24	29	34	45

b) Saugkorb, Eisen, mit Stechventil, Gummidichtung, Gasinnengewinde. Druckverlust sehr gering.

Anschlußweite	Zoll	$1^1/_4$	$1^1/_2$	2
Preis in	RM	3,80	4,30	9,60
,, ,,	S	7	8	18
,, ,,	Kč	28	33	55

1085. Der hydraulische Widder.

Bezeichnet h das manometrische Triebwassergefälle, Q die Triebwassermenge in l/min, H die manometrische Steighöhe in Meter und q die Fördermenge in l/min, so gilt

$$q = \frac{Q h \eta}{H}.$$

a) Garvens-Widder.

Triebwassergefälle h = 1 bis 5 m, Triebwasserleitungslänge = 5 bis 10 h, höchstens aber 25 m.

Triebwassergefälle h / Steighöhe	Wirkungsgrad η in Prozenten	Fördermenge in Prozent der Triebwassermenge	Triebwassergefälle h / Steighöhe	Wirkungsgrad η in Prozenten	Fördermenge in Prozenten der Triebwassermenge
1 : 2	70	35	1 : 7	36	5
1 : 3	58	19	1 : 8	33	4,2
1 : 4	50	12,5	1 : 10	28	2,8
1 : 5	45	9	1 : 12	24	2
1 : 6	40	6,6			

Leistungen, Gewichte und Preise des Widders. (Garvenswerke, Wien, Prag und Hannover.)

Triebwassermenge Q	l/min	3—7,5	6—15	11—26	22—53	45—94	110—150
Triebrohrlichtweite	Zoll	$^3/_4$	1	$1^1/_4$	2	$2^1/_2$	3
Steigrohrlichtweite	,,	$^3/_8$	$^1/_2$	$^1/_2$	$^3/_4$	1	$1^1/_2$
Gewicht des Widders	kg	9	13	29	44	59	72
Widder mit Entleerungshahn, betriebsbereit, Preis	RM	38,—	40,—	57,—	82,—	112,—	130,—
	S	70,—	74,—	105,—	156,—	205,—	250,—
	Kč	390,—	505,—	701,—	1035,—	1340,—	1620,—
Einlaufseiher, Preis	RM	1,20	1,20	1,60	3,30	5,80	7,50
	S	2,—	2,—	3,—	6,—	11,—	14,—
	Kč	12,—	12,—	19,—	40,—	68,—	90,—
Rückschlagventil für die Steigleitung, Preis	RM	2,60	2,90	2,90	9,70	11,20	17,20
	S	4,70	5,70	5,70	17,60	21,—	33,50
	Kč	22,—	25,—	25,—	34,—	80,—	105,—

b) Sano-Widder. (Pfister & Langhanss, München.)

Wirkungsgrade des Sano-Widders.

h / H	Lichtweite des Treibrohres in mm										
	20	25	32	40	50	65	80	100	125	150	200
1 : 2,2	0,68	0,70	0,72	0,74	0,76	0,78	0,80	0,82	0,84	0,86	0,88
3	0,69	0,71	0,73	0,75	0,77	0,79	0,81	0,83	0,85	0,87	0,89
4	0,70	0,72	0,74	0,76	0,78	0,80	0,82	0,84	0,86	0,88	0,90
6	0,72	0,74	0,76	0,78	0,80	0,82	0,84	0,86	0,88	0,90	0,92
8	0,71	0,73	0,75	0,77	0,79	0,81	0,83	0,85	0,87	0,89	0,91
10	0,67	0,69	0,71	0,73	0,75	0,77	0,79	0,81	0,83	0,85	0,87
12	0,62	0,64	0,66	0,68	0,70	0,72	0,74	0,76	0,78	0,80	0,82
14	0,56	0,58	0,60	0,63	0,66	0,68	0,70	0,72	0,74	0,76	0,78
16	0,50	0,53	0,56	0,59	0,62	0,64	0,66	0,68	0,70	0,72	0,74
18	—	0,50	0,53	0,56	0,58	0,60	0,62	0,64	0,66	0,68	0,70
20	—	—	0,50	0,53	0,55	0,57	0,59	0,61	0,63	0,65	0,67
22	—	—	—	0,50	0,52	0,54	0,56	0,58	0,60	0,62	0,64
24	—	—	—	—	—	0,50	0,52	0,55	0,57	0,60	0,62
26	—	—	—	—	—	—	—	0,52	0,55	0,58	0,60
28	—	—	—	—	—	—	—	—	0,52	0,54	0,56
30	—	—	—	—	—	—	—	—	—	0,50	0,52

Die Wirkungsgrade des Wildwasser-Widders betragen nur etwa $^4/_5$ der oben angegebenen.

Abmessungen, Gewichte und Preise der Sano-Widder.

Größe		0	1	2	3	4	5	6	7	8	9
Triebrohrweite	mm	20	25	32	40	50	65	80	100	125	150
Triebwasser	l/min	2 bis 7	5 bis 16	10 bis 28	15 bis 45	30 bis 65	50 bis 115	70 bis 180	120 bis 280	180 bis 450	280 bis 700
Steigleitungsanschluß	mm (Zoll)	(3/8")	(1/2")	(1/2")	(3/4")	25	25	30	40	50	60
Ganze Höhe des Widders	mm	320	450	600	750	850	980	1100	1400	1500	1800
Länge des Widders ohne Schieber	,,	230	300	375	425	500	580	680	750	850	1000
Gewicht	kg	15	35	50	75	80	140	170	250	320	400
Preis *	RM	160	220	330	440	550	710	770	1120	1410	1620
Einlauftrichter mit Kugelseiher aus Kupfer für die Triebleitung	,,	6	7	9	12	16	34	40	52	—	—
Reserveteilsatz	,,	40	49	79	117	148	191	216	345	424	555

Abmessungen, Gewichte und Preise der Sano-Wildwasser-Widder. Antrieb durch Bachwasser, Förderung von Quellwasser, wobei bis zu 1 m Saughöhe zulässig ist.

Größe		1	2	3	4	5
Triebrohrweite	mm	50	80	100	125	150
Triebwasser	l/min	30—70	60—175	110—280	160—450	250—700
Steigleitungsanschluß	mm	25	30	40	50	60
Gewicht	kg	105	210	310	400	490
Preis, einschließlich des Zugehörs (siehe oben)	RM	720	1020	1460	1760	2020

1086. Die Lambach-Pumpe. (Maschinenfabrik W. Lambach, Marienheide, Rheinland.)

Die Lambach-Pumpen werden durch Wasser angetrieben, das, ähnlich wie beim hydraulischen Widder, der Pumpe unter Gefälle zufließen muß. Bezeichnet q die zu fördernde Wassermenge, Q die Triebwassermenge, h die manometrische Förderhöhe in Metern (das ist der Höhenunterschied von der Quelle bis zur höchsten Auslaufstelle + etwa 2 bis 4 m WS-Druck an dieser Auslaufstelle — Druckverlust in der Leitung von der Quelle zur Pumpe und von der Pumpe zur Verbrauchsstelle), H das manometrische Triebgefälle in Metern, so gilt

$$q = \eta\, Q \frac{H}{h}.$$

Wenn die Quellergiebigkeit $q + Q$ beträgt, so wird für den Antrieb das Quellwasser benützt, sonst wird als Triebwasser Q Bachwasser verwendet.

Die Pumpen werden als einfache, stehende, als doppeltwirkende, stehende und als liegende Pumpen gebaut, die ohne umlaufende Teile arbeiten. Sie erreichen Förderhöhen bis 300 m.

Für den Wirkungsgrad η ist zu setzen:

I. Pumpe, einfach, stehend

$q + Q$ l/min	Wirkungsgrad η beim Triebgefälle H in m: 3	4	6	10	20	30	40
200	0,56	0,60	0,80	—	—	—	—
150	0,48	0,54	0,76	0,82	—	—	—
100	—	0,48	0,68	0,80	0,85	—	—
80	—	0,35	0,59	0,76	0,84	—	—
60	—	0,22	0,51	0,68	0,82	0,84	—
40	—	—	0,35	0,58	0,72	0,82	0,80
20	—	—	—	0,40	0,65	0,60	0,72
10	—	—	—	—	0,60	0,55	0,63

II. Pumpe, doppelt, stehend

$q + Q$ l/min	Wirkungsgrad η beim Triebgefälle H in m: 3	4	6	10	20	30	40	50	60	70
880	0,50	0,68	0,78	0,85	—	—	—	—	—	—
750	0,45	0,60	0,75	0,84	—	—	—	—	—	—
600	0,40	0,54	0,72	0,82	0,85	—	—	—	—	—
450	0,36	0,48	0,67	0,80	0,83	—	—	—	—	—
400	—	0,25	0,64	0,79	0,82	—	—	—	—	—
350	—	—	0,60	0,78	0,80	0,82	—	—	—	—
300	—	—	0,55	0,74	0,79	0,82	0,85	—	—	—
250	—	—	0,50	0,72	0,78	0,80	0,84	0,86	—	—
200	—	—	0,42	0,65	0,76	0,80	0,84	0,86	0,88	—
175	—	—	—	0,62	0,74	0,79	0,83	0,85	0,87	0,88
150	—	—	—	0,57	0,70	0,78	0,83	0,85	0,87	0,88
125	—	—	—	0,50	0,66	0,75	0,81	0,84	0,86	0,87
100	—	—	—	0,45	0,56	0,74	0,79	0,82	0,84	0,84
75	—	—	—	—	0,50	0,64	0,68	0,78	0,81	0,82
50	—	—	—	—	0,35	0,54	0,64	0,70	0,76	0,78

* Bis einschließlich Triebrohrweite 50 mm einschließlich Betonsockel mit Wassertrog. Alle Widder einschließlich Sperrventil, selbsttätiger Belüftung, Triebleitungsschieber, Steigleitungsschieber, Gegenflanschen und Schrauben, eines Satzes Schraubenschlüssel und der Fundamentschrauben.

III. Pumpe, liegend

$q + Q$ l/min	Wirkungsgrad η beim Triebgefälle H in m									
	6	10	20	30	40	50	60	80	100	120
300	0,50	0,72	0,82	0,85	0,86	0,88	—	—	—	—
250	0,44	0,68	0,81	0,83	0,85	0,87	0,88	—	—	—
200	0,35	0,60	0,80	0,82	0,83	0,86	0,87	—	—	—
175	—	0,58	0,78	0,80	0,82	0,85	0,86	0,88	—	—
150	—	0,52	0,75	0,78	0,82	0,84	0,85	0,87	0,89	—
125	—	0,46	0,72	0,77	0,81	0,82	0,83	0,85	0,88	0,89
100	—	—	0,64	0,70	0,80	0,81	0,82	0,83	0,85	0,88
75	—	—	0,50	0,58	0,68	0,72	0,78	0,79	0,80	0,84
50	—	—	—	0,50	0,60	0,65	0,72	0,75	0,78	0,80

Die Lambach-Pumpe kann bei hinreichender Ergiebigkeit ohne Wasserbehälter verwendet werden, andernfalls ist ein offener Wasserbehälter oder ein Druckkessel anzuordnen. Die Pumpe arbeitet bedienungslos und bleibt bei Überschreitung eines gewissen Druckes in der Förderleitung stehen; sobald dieser Druck nachläßt, beginnt sie wieder zu arbeiten.

Anwendungsbereich, Raumbedarf, Gewichte, Preise, Unterhaltung.

Pumpenbauart	Größte Förderung täglich cbm	Triebgefälle H m		Quellgefälle m		Abmessungen des Pumpenraumes in m			Gewicht der Pumpe in t	Preis ab Werk in RM	Unterhaltung jährlich in RM
		höchstes	niedrigstes	höchstes	niedrigstes	Breite	Länge	Höhe			
I. Einfach, stehend	30	60	2,5	60	2,5	3	3	2,4	0,7—2,0	2200—4400	25
II. Doppelt, stehend	300	60	2,5	60	3,0	3,6	4,2	2,8	2,2—5,0	4600—8800	35
III. Einfach, liegend	300	200	4	200	1,5	3,6	5,4	2,2	2,2—5,0	4800—8800	35

1087. Selbsttätige Elektrohauswasserpumpen.

Als Hauswasserpumpen mit selbsttätigem elektrischen Antrieb werden Zentrifugalpumpen mit waagrechter oder lotrechter Welle verwendet (Nr. 1090 bis 1097). Die Aufstellung erfolgt

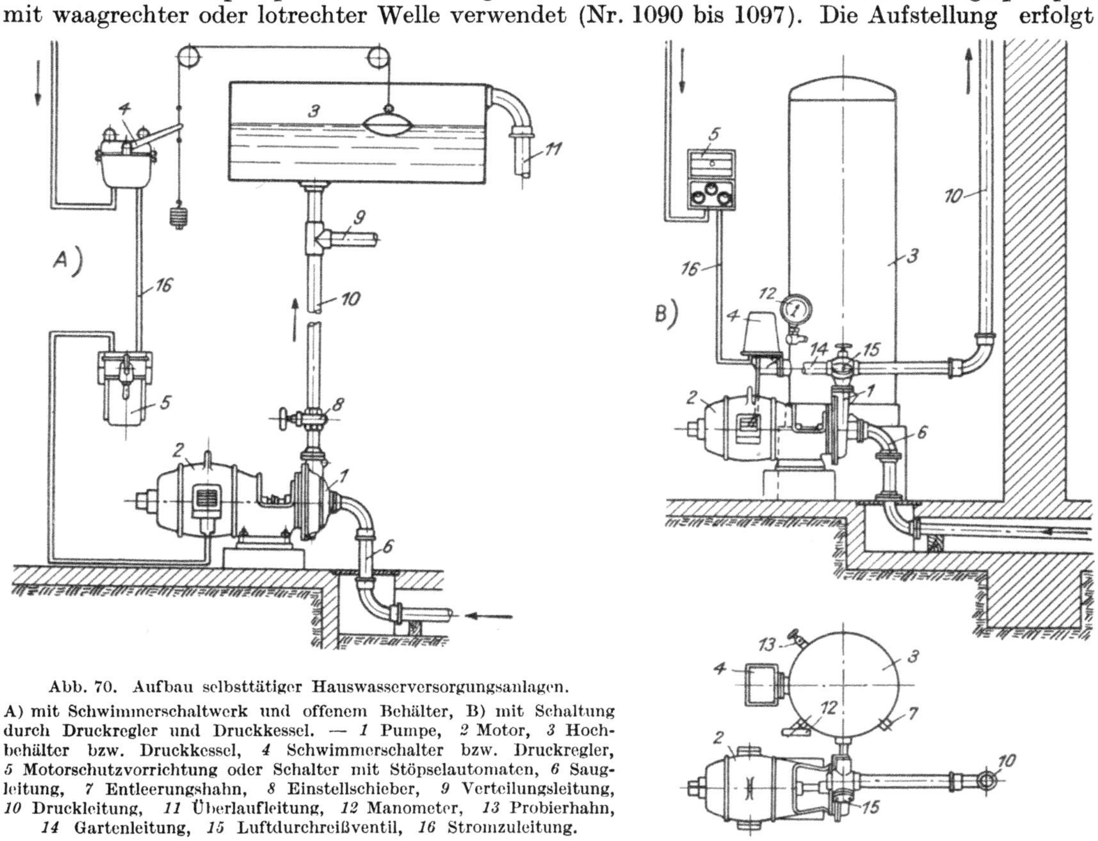

Abb. 70. Aufbau selbsttätiger Hauswasserversorgungsanlagen.
A) mit Schwimmerschaltwerk und offenem Behälter, B) mit Schaltung durch Druckregler und Druckkessel. — *1* Pumpe, *2* Motor, *3* Hochbehälter bzw. Druckkessel, *4* Schwimmerschalter bzw. Druckregler, *5* Motorschutzvorrichtung oder Schalter mit Stöpselautomaten, *6* Saugleitung, *7* Entleerungshahn, *8* Einstellschieber, *9* Verteilungsleitung, *10* Druckleitung, *11* Überlaufleitung, *12* Manometer, *13* Probierhahn, *14* Gartenleitung, *15* Luftdurchreißventil, *16* Stromzuleitung.

womöglich nicht höher als 6 m über dem tiefsten Wasserspiegel im Brunnen. Bei größerer Tiefenlage des Wasserspiegels im Brunnen kann eine Tiefsaugeeinrichtung angeordnet werden (Nr. 1098). Besser ist es aber in solchen Fällen, eine Tauchpumpe (Nr. 1100) zu verwenden.

Als Wasserbehälter eignen sich am besten Druckkessel (Nr. 1106), mit denen zum Ein- und Ausschalten der Pumpe ein Druckschalter verbunden wird. Der Luftvorrat im Druckkessel wird durch ein Lufteinlaßventil selbsttätig ergänzt, und er kann allenfalls auch durch eine besondere Luftpumpe vermehrt werden.

1088. Druckverluste in Hauswasserversorgungsleitungen aus Stahl. (E. Vogel, Stockerau.)

a) In geraden Rohrleitungen:

NW des Rohres		Druckverlust auf je 100 m gerader Rohrleitung in m WS bei einer Fördermenge von Litern je Minute																
Zoll	mm	10	15	20	25	30	40	50	60	70	75	80	85	90	95	100	110	120
$^1/_2$	13	13	28	52	81	117	210											
$^3/_4$	19	3,5	8	14	22	31	55	86	124									
1	25	1	2,3	4	6,2	9	16	25	36	49	56	64	72	81	90	100	121	
$1^1/_4$	32	0,3	0,6	1,1	1,7	2,4	4,3	6,7	9,7	13,2	15	17,2	19,4	21,7	24	27	32,5	39
$1^1/_2$	38	0,1	0,24	0,43	0,7	1	1,7	2,7	3,8	5,2	6	6,8	7,7	8,6	9,6	10,7	12,9	15,5
2	51	0,03	0,07	0,1	0,15	0,2	0,4	0,6	0,9	1,2	1,4	1,6	1,8	2	2,3	2,5	3	3,6

b) Formstücke und sonstige Ausrüstungsstücke:

Der Druckverlust ist gleichzusetzen jenem in geraden Rohren von den folgenden Längen:

Saugkorb mit Fußventil	= 20 m	T-Stück im Durchgang	= 4 m
Krümmer 90°	= 3 ,,	,, in der Abzweigung	= 8 ,,
Knie	= 6 ,,	,, im Zusammenlauf	= 15 ,,
Rückschlagklappe, lotrecht	= 15 ,,	Hanfschläuche	= 1,7- bis 2fache Länge

1089. Die Auswahl der Pumpengröße bei bedienungslosen Hauswasserversorgungsanlagen. Die Pumpengröße hängt von der manometrischen Förderhöhe und von der erforderlichen Fördermenge ab. Der Wasserbedarf wird am zweckmäßigsten nach Normalzapfstellen (N) bestimmt. Eine Normalzapfstelle hat einen Wasserverbrauch bis 6 l/min. Als Normalzapfstellen gelten Küchenausläufe, Waschtischausläufe u. dgl.; ein Spülklosettauslauf = $^1/_3$ N, ein Waschküchenauslauf = 2 N, ein Badewannenauslauf = 3 N. Sprenghähne im Garten = je nach der Düsenweite und dem Wasserdruck 2 bis 15 N, laut der folgenden Tabelle:

Druck an der Düse in m WS		10			20			30			40			50		
Düsenweite in mm		4	6	8	4	6	8	4	6	8	4	6	8	4	6	8
Wasserverbrauch ..	l/min	12	24	42	15	34	60	18	42	74	21	49	85	24	55	93
Normalzapfstellen N		2	4	7	$2^1/_2$	$5^1/_2$	10	3	7	12	$3^1/_2$	8	14	4	9	$15^1/_2$
Größte Steighöhe des Strahles	m	6	7	8	8	10	11	10	12	14	11	14	16	12	15	17
Größte Wurfweite des Strahles	,,	6	7	8	8	11	12	10	14	15	12	16	17	13	17	19

Von den gesamten Zapfstellen eines Hauses oder einer kleinen Siedlung werden niemals alle gleichzeitig benützt. Es ist in der Regel leicht möglich zu ermitteln, wie viele Zapfstellen voraussichtlich gleichzeitig in Tätigkeit treten können; im allgemeinen werden stets weniger als die Hälfte für die Pumpenbemessung anrechenbar sein. Die in der Abb. 71 wiedergegebene Wähltafel ermöglicht es nun, einfach aus der Zahl der anrechenbaren Normalzapfstellen und der manometrischen Förderhöhe H die in Betracht kommende Art von Garvens-Kleinpumpen zu ermitteln.

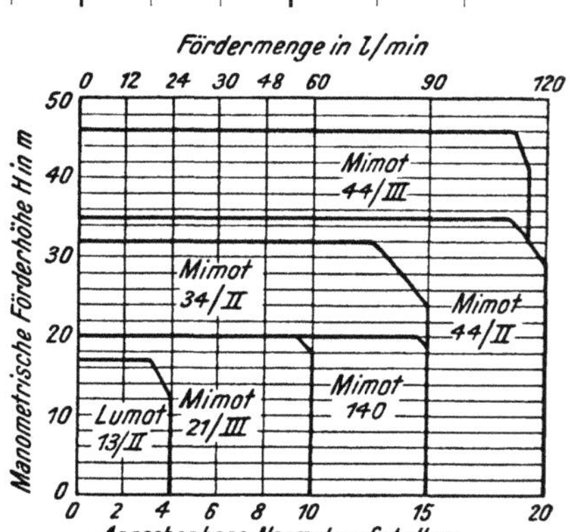

Abb. 71. Wähltafel für Garvens-Kleinwasserpumpen.

1090. Lumot-Automat. Kleinwasserpumpe mit dem Motor (0,5 PS) und dem Druckkessel (46 l) betriebsfertig zusammengebaut, einschließlich Druckschalter und elektrischem Zugehör, Fülltrichter, Luftdurchreißventil, Manometer, 1 Saugkorb und 1 Absperrschieber. Mittlere Fördermenge 20 l/min, Nutzförderhöhe 17 m. (Garvenswerke.)

		Wechselstrom 220 V	Drehstrom 220/380 V
Gewicht	kg	106,6	106,6
Preis	RM	260,—	—
	S	514,—	—
	Kč	2520,—	2470,—

Erforderliche Bodenfläche 60 × 70 cm; ein Maschinengrundwerk ist nicht erforderlich. Sauganschlußweite 1″, Druckanschlußweite 3/4″.

1091. Mimot-Kleinpumpensätze mit lotrechter Welle. (Garvenswerke.)

Stromart und Spannung	Drehstrom, 50 Hz, 110/190 V, 150/260 V, 220/380 V			Wechselstrom 220 V	Gleichstrom 110, 150, 220 V	
Bezeichnung der Pumpensätze Mimot	VK 21/I	VK 21/III	VK 21/V	VL 21/III	VG 21/I	VG 21/III
Sauganschluß/Druckanschluß ..... mm	30/30	30/30	30/30	30/30	30/30	30/30
Motorstärke ..... PS	0,3	0,6	1,0	0,5	0,6	0,6
Gewicht der Pumpensätze ..... kg	16,5	27,0	37,5	29,2	19,5	30,0
Größte manometrische Förderhöhe *H* m bei der Fördermenge von:						
10 l/min ..... m	10,7	31	50	30	10,6	32
20 „ ..... „	10,5	30	48	28,5	10,3	31
30 „ ..... „	9,8	28,5	46	26	10	30
40 „ ..... „	8,8	26	40	23	9,3	28
50 „ ..... „	7,5	22,5	34	19	8,3	25
60 „ ..... „	6,2	18	25	14	7	21
Preis ..... RM	128,—	155,—	180,—	172,—	183,—	205,—
S	246,—	302,—	356,—	332,—	375,—	402,—
Kč		1130,—	1450,—	1335,—		1850,—

Erforderliche Grundfläche etwa 65 × 30 cm; Grundfläche des Grundwerkes 30 × 30 cm.

1092. Mimot-Kleinpumpensätze mit waagrechter Welle, nur für Drehstrom 50 Hz, 110/190, 150/260, 220/380 Volt. (Garvenswerke.) Wähltafel Abb. 71.

Bezeichnung der Pumpensätze Mimot	44/I	140	34/II	44/II	34/III	44/III
Sauganschluß/Druckanschluß ..... mm	40/40	30/30	40/30	40/40	40/30	40/40
Motorstärke ..... PS	1	1,3	1,5	2,2	2,2	3
Gewicht der Pumpensätze ..... kg	39	40	49	54	58	59
Größte manometrische Förderhöhe *H* m bei der Fördermenge von:						
30 l/min ..... m			43,3		66	
40 „ ..... „		31,2	42,2	46,5	64,5	70
50 „ ..... „	23	30,6	41	46,3	61,5	69,5
60 „ ..... „	22,8	29,1	38,5	45,8	57,5	68,5
70 „ ..... „	22,4	27	35,5	45	52	67
80 „ ..... „	21,9	23,5	31	43,5	42	65
90 „ ..... „	21	19	24	41,5		61
100 „ ..... „	20			39		56
110 „ ..... „	18,7			35		48
120 „ ..... „	16			29		
Preis ..... RM	160,—	180,—	198,—	220,—	242,—	256,—
S	315,—	350,—	390,—	430,—	470,—	500,—
Kč	1575,—	1750,—	1950,—	2150,—		

Grundfläche des Grundwerkes 28 × 28 cm.

1093. Gamot-Kleinpumpensätze mit waagrechter Welle, für Drehstrom 50 Hz. (Garvenswerke.)

Bezeichnung der Pumpensätze Gamot	52	53	54
Sauganschluß/Druckanschluß .... mm	50/50	50/50	50/50
Motorstärke ..... PS	1	2	2
Gewicht ..... kg	45	47	49
Größte manometrische Förderhöhe *H* m bei der Fördermenge von:			
50 l/min ..... m	14,5		25
100 „ ..... „	14,5	19	24
150 „ ..... „	13,5	19	22,5
200 „ ..... „	13	18,5	21

Fortsetzung der Tabelle.

Bezeichnung der Pumpensätze Gamot		52	53	54
250 l/min	m	11,5	18	19
300 „	„	9,5	17	15
350 „	„	7,5	15,5	8
400 „	„	5	14	
450 „	„	2	12	
Preis	RM	182,—	192,—	198,—
	S	354,—	377,—	381,—
	Kč			

Erforderliche Grundfläche 60 × 30 cm, Grundfläche des Grundwerkes 30 × 30 cm.

Abb. 72. Hauswasser-Kreiselpumpe NZ. (Pumpenfabrik Borsig-Hall, Berlin.)

1094. Fördermengen der Kleinpumpensätze Mimot und Gamot mit Tiefsaugeeinrichtung.

Abstand des Wasserspiegels im Brunnen von Pumpenmitte *h* m	Pumpenbezeichnung										
	Mimot lotrecht				Mimot waagrecht						Gamot
	VL 21/III	VG 21/III	VK 21/III	VK 21/V	140	34/II	34/III	44/I	44/II	44/III	54
	Am Druckstutzen der Pumpe einzustellender Druck *H* m WS										
	15	21	18,5	30	23	31,5	48	17	35	52	18,5
	Nutzförderung der Pumpe mit Tiefsaugeeinrichtung l/min										
8	23	26	24,5	29	36	40	45	47	59	65	76
10	20	23	22	26	31	36	41	40	53	60	65
12	17	20	19,5	24	28	32	38	35	49	56	58
14	15,5	18	17,5	22	25	29	35	31	45	52	52
16	13	17	16	20	22	27	33	28	41	49	46
18		15	14	18,5	20	25	31	25	39	46	42
20		13	12	17		23	29	22	37	43	38
22		12		16		20	27	20	34	42	34
24				15			26		32	40	31
26				13			24		30	38	
28							23		29	36	
30							22		27	35	
Tiefsaugeeinrichtung	I	I	I	I	I	I	I	II	II	II	III

Siehe Nr. 1098.

1095. **Selbstansaugende Siemens-Kreiselpumpe** für Hauswasserversorgungen, zusammengebaut mit Elektromotoren, für selbsttätigen Betrieb.

Manometrische Förderhöhe m	Fördermenge l/min	Bezeichnung der Pumpe	Mittlere Leistungsaufnahme kW	Gewicht kg	Raumbedarf: Länge / Breite, Gleichstrom mm	Raumbedarf: Länge / Breite, Drehstrom mm	Raumbedarf: Höhe mm	Preis der Pumpe mit Motor: Drehstrom, 50 Perioden, 125/220 oder 220/380 V RM	Preis der Pumpe mit Motor: Gleichstrom 110 V RM	Preis der Pumpe mit Motor: Gleichstrom 220 V RM	Verpackung etwa RM
14 15 16	40 30 20	LPW 30 I	0,44	44	510 / 305	435 / 285	300	230	385	385	2,—
27 31 34	40 30 20	LPW 30 II	0,79	47	526 / 305	455 / 285	300	245	400	400	2,—
40 47 51	40 30 20	LPW 30 III	1,3	53	580 / 305	480 / 285	300	280	500	500	2,10
52 61 67	40 30 20	LPW 30 IV	1,5	63	596 / 305	520 / 305	300	325	515	515	2,20
10 13	80 50	LPW 30 Ib	0,65	45	510 / 305	435 / 285	300	235	390	390	2,—
19 27	80 50	LPW 30 IIb	1,2	51	567 / 305	470 / 285	300	265	485	485	2,—
28 41	80 50	LPW 30 IIIb	1,7	62	677 / 330	515 / 305	300	315	575	530	2,10
37 56	80 50	LPW 30 IVb	2,1	65	700 / 330	535 / 305	300	330	600	555	2,20
15 20 24	200 160 120	LPW 51 II	2,2	76	810 / 330	675 / 305	335	405	665	620	2,50
29 35 39	200 160 120	LPW 51 III	3	88	880 / 330	700 / 305	335	470	750	700	2,50
43 49 54	200 160 120	LPW 51 IV	4	110	815 / 365	790 / 350	335	575	835*	785*	3,25

1096. **Hauswasser-Kreiselpumpe NZ,** für Saughöhen bis 6 m, mit waagrechter Welle (siehe Abb. 72). (Vereinigung Deutscher Pumpenfabriken Borsig-Hall, Berlin.)

Abmessungen, Gewichte, Preise und Leistungen.

Pumpengröße		NZ 30		NZ 40		NZ 50		NZ 50a	
Anschlußweite	Zoll	$1^1/_4$		$1^1/_2$		2		2	
Gesamtförderhöhe der Pumpe	m	30	40	30	40	30	40	30	40
Zulässige Lage der höchsten Zapfstelle über dem Brunnenwasserspiegel	„	13	20	13	20	13	20	13	20
Bei einer Schaltdifferenz von	at	1,2	1,5	1,2	1,5	1,2	1,5	1,2	1,5
Motor, 220/380 V, $n = 2800$	kW	1,1	1,5	1,1	1,5	1,5	2,0	2,0	3,0
Preis** der Pumpe mit Motor	RM	240,—	254,—	240,—	254,—	314,—	326,—	326,—	340,—
Preisaufschlag für Gleichstrommotor	„	68,—	92,—	68,—	92,—	92,—	92,—	92,—	128,—
Gewicht von Pumpe mit Motor	kg	70	70	70	70	90	90	90	90

* Zu diesem Motor ist überdies ein Selbstanlasser erforderlich.

** Im Preis inbegriffen ist die Füllvorrichtung, der Entleerungshahn und der Gegenflansch. Nicht inbegriffen sind ein Fußventil mit Saugkorb, zwei Absperrschieber und ein Satz Grundplattenschrauben.

Fortsetzung der Tabelle.

Pumpengröße		NZ 30		NZ 40		NZ 50		NZ 50 a	
Stündliche Fördermenge bei einer Tiefenlage des Wasserspiegels im Brunnen unter der Pumpe von:									
bis 5 m ohne Tiefsauger	cbm	3	3	5	5	8	8	12	12
5—8 m mit Tiefsauger	,,	1,8	2	3,1	3,3	4,9	5,3	7,4	8,0
10 ,, ,, ,,	,,	1,6	1,8	2,7	3,0	4,4	4,8	6,6	7,0
12,5 ,, ,, ,,	,,	1,4	1,6	2,3	2,7	3,8	4,4	5,8	6,5
15 ,, ,, ,,	,,	1,2	1,5	2,2	2,5	3,0	4,0	4,8	6,0
17,5 ,, ,, ,,	,,	1,0	1,4	1,8	2,3	2,6	3,7	3,6	5,5
20 ,, ,, ,,	,,	—	1,2	—	2,0	—	3,2	—	4,8
25 ,, ,, ,,	,,	—	0,9	—	1,5	—	2,4	—	3,6
NW der Falleitung zum Tiefsauger	mm	25		30		40		50	
Kleinste Brunnenweite	,,	100		120		150		190	
Preis des Tiefsaugers samt Zugehör	RM	76,—		92,—		112,—		160,—	

1097. Hauswasser-Kreiselpumpen RV, für Saughöhen bis 8 m, selbstansaugend, mit lotrechter Welle (siehe Abb. 73). (Vereinigung Deutscher Pumpenfabriken Borsig-Hall, Berlin.)

Pumpengröße, RV		20/1	20/1	30/1	35/2	30/2	30/1	40/1	30/2	40/2	30/2	40/2	50/1	50/2	50/2	50/3
Anschlußweite	mm	20	20	26	30	30	26	30	30	40	30	40	40	50	50	50
Mittlere stündliche Leistung	cbm	1,0	1,5	1,5	1,5	1,5	2	2	2	2	3	3	4	4	5	5
Gesamtförderhöhe, manometrisch	m	30	28	21	40	43	20	30	40	58	36	53	22	40	35	45
Größtzulässige Höhenlage der Zapfstellen über dem Spiegel im Brunnen	,,	18	12	10	18	25	8	13	20	35	36	53	22	40	35	45
Bei der Schaltdifferenz von	at	0,5	0,5	0,5	1,3	1,0	0,5	1,0	1,5	1,5	1,3	1,5	0,5	1,0	1,0	1,5
Motor	kW	0,3	0,3	0,36	0,55	0,8	0,36	0,55	0,8	1,1	0,8	1,1	0,8	1,1	1,1	1,5
Drehzahl	n	2850	2850	1450	1450	1450	1450	1450	1450	1450	1450	1450	1450	1450	1450	1450
Gewicht von Pumpe und Motor	kg	16	16	33	40	40	33	52	40	66	40	66	55	70	70	80
Preis* des Maschinensatzes mit Drehstrommotor mit Kurzschlußanker, 220/380 V	RM	120	120	152	176	180	152	176	180	220	180	220	184	228	228	276
Aufschlag für Gleichstrommotor	,,	24	24	76	96	116	76	96	120	132	120	132	120	132	132	168
Aufschlag für Einphasenwechselstrommotor	,,	24	24	44	56		44	56								

1098. Tiefsaugeeinrichtung für Hauswasserpumpen. (Vereinigung Deutscher Pumpenfabriken Borsig-Hall, Berlin.)

Um bei tiefliegendem Wasserspiegel im Brunnen eine normale Pumpe höher als in der üblichen Saughöhe über dem Wasserspiegel, leicht zugänglich, aufstellen zu können, wird im Brunnen in die Saugleitung eine Wasserstrahlpumpe, „Tiefsauger" genannt, eingebaut, die das Wasser bis in den Saugbereich der Pumpe hochfördert. Das Betriebswasser wird von der Pumpe durch eine eigene Falleitung zugeführt. Die Pumpe muß daher für die Nutzförderung + Betriebswasserförderung für den Tiefsauger bemessen werden.

Höhe der Pumpe über dem Wasserspiegel im Brunnen	10 m	15 m	20 m	25 m
Anteil der Nutzförderung an der Gesamtförderung der Pumpe bei einer Förderhöhe von 30 m	0,55	0,40		
Anteil der Nutzförderung an der Gesamtförderung der Pumpe bei einer Förderhöhe von 40 m	0,65	0,50	0,40	0,30

* Einschließlich Füllvorrichtung, Entleerung und Gegenflansch. Nicht inbegriffen sind ein Fußventil, zwei Absperrschieber, die Luftschraube und ein Satz Grundplattenschrauben.

Abb. 73. Hauswasser-Kreiselpumpe RV. (Pumpenfabrik Borsig-Hall, Berlin.)

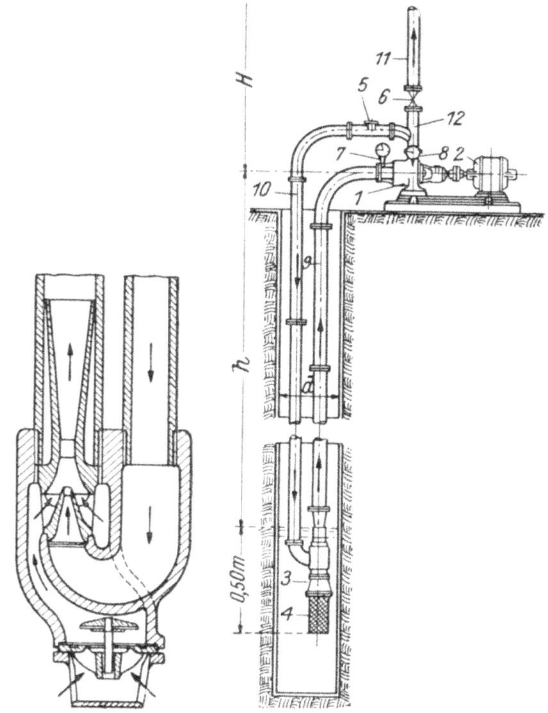

a) b)

Abb. 74. Tiefsauger.
a) Tiefsauger mit Fußventil. (E. Vogel, Stockerau.) b) Einbau eines Tiefsaugers. (Garvenswerke.) *1* Pumpe, *2* Motor, *3* Tiefsauger, *4* Saugkorb mit Fußventil, *5* Anfüll-T-Stück, *6* Einstellschieber, *7* Manovakuumeter, *8* Manometer, *9* Steig- bzw. Saugleitung, *10* Betriebswasserleitung, *11* Druckleitung, *12* T-Stück mit gebogenem Abzweig.

Preise der Tiefsaugeeinrichtung einschließlich Saugkorb, Mano-Vakuumeter mit Hahn.

Anschlußweite	30 mm	40 mm	50 mm	60 mm
Preis* .... RM	95,—	115,—	140,—	200,—
Kleinstzulässiger Brunnendurchmesser .... mm	100	120	150	190

Tiefsaugeeinrichtung und Zugehör (Abb. 74). (Garvenswerke.)

Tiefsaugeeinrichtung		Nr. I	Nr. II	Nr. III
Außendurchmesser	mm	90	130	130
Anschlußweite { Triebleitung	Zoll	1	$1^1/_4$	$1^1/_2$
Anschlußweite { Steigleitung	,,	$1^1/_4$	$1^1/_2$	2
Gewicht	kg	2,8	6	6
Preis (mit Saugkorb)	RM	27,—	27,—	27,—
	S	51,—	51,—	51,—
	Kč	350,—	350,—	350,—
Preis des Anfüll-T-Stückes mit Pfropfen, verzinkt, Gasgewinde...	RM	1,—	1,60	2,10
	S	2,—	3,—	4,—
	Kč	10,—	15,—	20,—

Preis eines T mit gebogenem Abzweig, 90°, egal oder reduziert, verzinkt:

$1^1/_4$" RM 2,40	$1^1/_2$" RM 3,10
$1^1/_4$" S 4,50	$1^1/_2$" S 6,50
$1^1/_4$" Kč 24,—	$1^1/_2$" Kč 33,—

* Abschlag derzeit 20%.

1099. Kleintauchpumpen für Hauswasserversorgungen.

Wenn der Wasserspiegel im Brunnen tiefer als 6 bis 7 m unter dem Kellerflur liegt, so wird am besten ein Tauchpumpensatz gewählt und nach den Übersichten in den Abb. 75 oder 76 eingebaut.

1100. UTA-Kleinunterwasserpumpen. (Garvenswerke, Hannover, Wien und Prag.)

Pumpe / Motor		L 21/VI / HGL 5	L 21/VI / HGD 5	S 44/I / PG 15	S 34/II / PG 15	S 44/II / PG 20	S 34/III / PG 25	S 44/III / PG 30
Stromart 220/380 V		Wechselstrom	Drehstrom, 50 Perioden					
Größter Außendurchmesser	mm	135		232	232	232	232	232
Rohranschluß	Zoll	1		$1^1/_2$	$1^1/_2$	$1^1/_2$	$1^1/_2$	$1^1/_2$
Stufenzahl		6		2	2	3	3	3
Motor	PS	0,5		1,5	1,5	2,0	2,5	3
Fördermengen bei freiem Auslauf l/min.								
Bei manometrischer Förderhöhe von:								
10 m		40		125	95	130	100	118
15 ,,		35		115	95	130	100	115
20 ,,		31		80	95	125	100	115
22 ,,		29		40	95	125	100	115
25 ,,		25		—	90	120	100	115
30 ,,		20		—	85	115	95	115
35 ,,		14		—	80	100	95	115
40 ,,		—		—	65	80	90	110
43 ,,		—		—	40	50	85	110
45 ,,		—		—	—	—	85	110
50 ,,		—		—	—	—	75	105
55 ,,		—		—	—	—	65	95
60 ,,		—		—	—	—	55	80
65 ,,		—		—	—	—	40	60
Fördermengen bei selbsttätigen Druckkesselanlagen.								
Erreichbare manometrische Förderhöhe	m	25		—	32	32	54	56
Mittlere Fördermenge beim Mitteldruck zwischen Ein- und Ausschalten	l/min	30		—	70	100	70	100
Preise:								
Pumpe mit Motor und eingebautem Rückschlagventil	RM	340	310	470	485	560	595	605
	S	650	600	900	950	1050	1130	1150
	Kč	3200	2900	3950	4150	4350	4800	5100
Motorschutzvorrichtung, zugleich Handschalter	RM	14	38	45	45	45	45	45
	S	24	70	80	80	80	80	80
	Kč	240	550	550	550	550	550	550
Schwimmerschalter, Schwimmer, Gegengewicht, 10 m Kupferseil, 2 Seilrollen, 2 Anschläge	RM	60	60	60	60	60	60	60
	S	110	110	110	110	110	110	110
	Kč	390	390	390	390	390	390	390
Druckregler für Druckkesselanlagen	RM	29	27	29	29	29	29	29
	S	54	50	54	54	54	54	54
	Kč	395	450	—	450	450	450	450

1101. Zugehör zu Klein-UTA-Pumpen. (Garvenswerke, Hannover, Wien und Prag.)

Wasserdichte Steckdose mit Stecker für den Pumpenanschluß:

Preis: RM 17,50 S 32,— Kč 130,—

Gummischlauchkabel mit Schellen alle 3 m:

dreiadrig, Preis je Meter: RM 1,50 S 2,80 Kč 15,—

vieradrig, ,, ,, ,, : ,, 1,90 ,, 3,50 ,, 19,—

Motorschutzvorrichtung mit Ölkühlung, für sehr feuchte Räume, ohne Ölfüllung (3,2 kg):

Preis: RM 54,— S 80,— Kč 500,—

Selbstanlasser mit Ölkühlung, ohne Ölfüllung (4 kg):

Preis:	RM 118,—	S 190,—	Kč 1500,—
Öl, Preis je Kilogramm:	„ 0,60	„ 1,10	„ 12,—
Tragschellen:	„ 9,50	„ 18,—	„ 100,—
Luftdurchreißventil: Preis:	„ 30,—	„ 54,—	„ 150,—

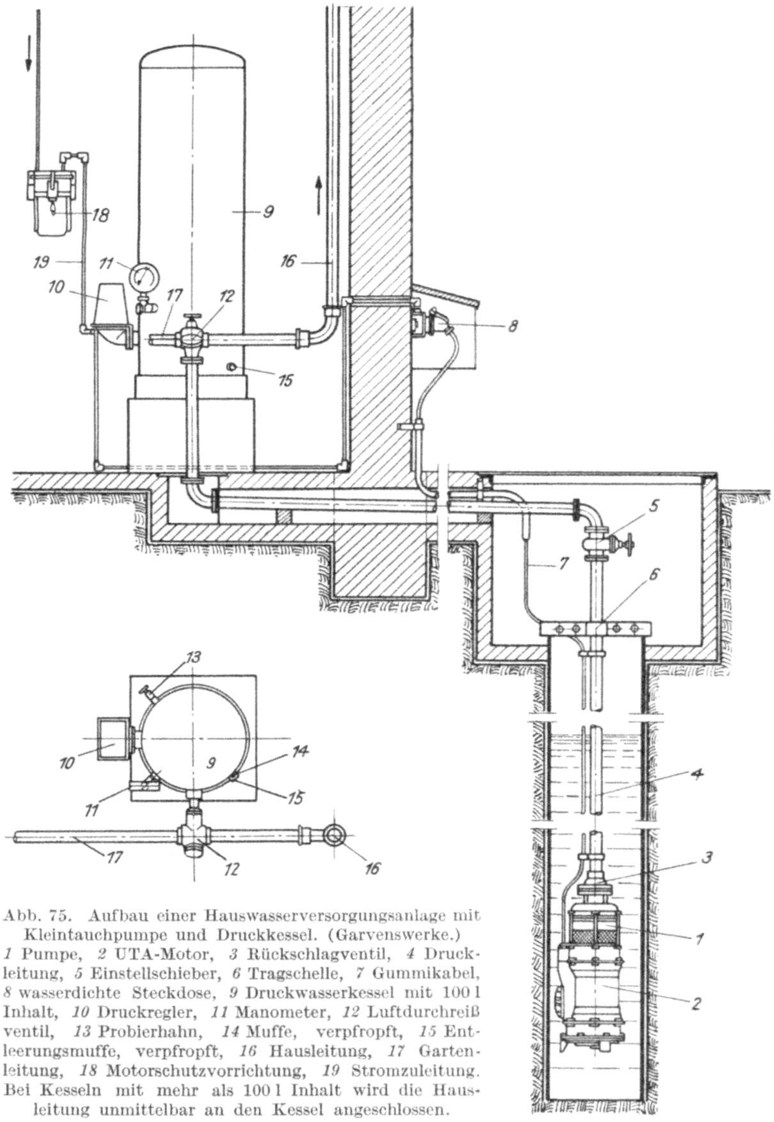

Abb. 75. Aufbau einer Hauswasserversorgungsanlage mit Kleintauchpumpe und Druckkessel. (Garvenswerke.) *1* Pumpe, *2* UTA-Motor, *3* Rückschlagventil, *4* Druckleitung, *5* Einstellschieber, *6* Tragschelle, *7* Gummikabel, *8* wasserdichte Steckdose, *9* Druckwasserkessel mit 100 l Inhalt, *10* Druckregler, *11* Manometer, *12* Luftdurchreißventil, *13* Probierhahn, *14* Muffe, verpfropft, *15* Entleerungsmuffe, verpfropft, *16* Hausleitung, *17* Gartenleitung, *18* Motorschutzvorrichtung, *19* Stromzuleitung. Bei Kesseln mit mehr als 100 l Inhalt wird die Hausleitung unmittelbar an den Kessel angeschlossen.

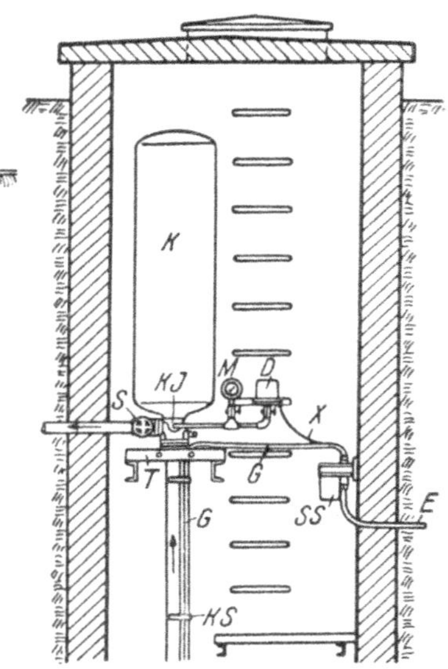

Abb. 76. Aufbau einer Hauswasserversorgungsanlage mit Kleintauchpumpe und Druckkessel im Brunnenschacht. (Pumpenfabrik E. Vogel in Stockerau, Österreich u. Znaim, ČSR.) *D* Druckschalter, *E* Erdkabel, *G* Kabel, *K* Druckkessel, *KJ* Kesselinjektor, *M* Manometer, *S* Schieber, *SS* Ölselbstschalter, *T* Tragschelle, *KS* Kabelschelle, *X* Zweileiter-Gummikabel.

1102. Drehstrommotoren für Hauswasserpumpen, 220/380 Volt, 50 Hz, mit Kurzschlußläufer. (Vereinigung Deutscher Pumpenfabriken Borsig-Hall, Berlin.)

Motorleistung in kW	0,55	0,8	1,1	1,5	2,2	3,3	4	5,5	7,5
Drehzahl $n = 2850$:									
Preis* . . . . RM	107,—	113,—	119,—	137,—	163,—	180,—	196,—	268,—	307,—
Gewicht . . . . kg	15	17	22	26	33	38	50	65	75

1103. Zugehör für Motoren der Hauswasserpumpen mit Druckwasserkessel. (Vereinigung Deutscher Pumpenfabriken Borsig-Hall, Berlin.)

* Abschlag derzeit 20%.

Preise.

Für Drehstrom	Motorschutzschalter bis 15 A	RM		36,—	
	Druckschalter	„		24,—	
	Schwimmerschaltvorrichtung, komplett .	„		52,—	
	Automatischer Sterndreieckschalter für 380 V, bis 7,5 kW	„		116,—	
Für Einphasen- und Gleichstrom	Druckschalter bis 15 A	RM		39,—	
	Schwimmerschaltvorrichtung, komplett .	„		64,—	
Für Gleichstrom	Für Motorleistung bis	kW	1,0	1,5	2,2
	Fester Vorschaltwiderstand	RM	18,—	18,—	25,—
	Relaiswiderstand	„	36,—	40,—	44,—

1104. Ölbedarf für die Motorschutzvorrichtung. (Garvenswerke.)

Volt	Motorstärke	2,5 PS	4 PS	6 PS	8 PS	11 PS	15 PS	22 PS	28 PS	38 PS
380	Ölfüllung .... kg	3,6	3,6	3,6	3,6	8,7	8,7	13,0	13,0	13,0
220	„ .... „	3,6	3,6	8,7	8,7	13,0	13,0	11,5	29,0	29,0

Preis für 1 kg Öl: RM 0,60 S 1,10 Kč 12,—.

1105. Die Auswahl der Größe des Druckkessels. (Abb. 77.)

Vom Inhalt J eines Druckkessels ist nur der Raum zwischen der Einschalt- und der Ausschaltspiegellage nutzbar. Bei verschiedenen Kesselfüllungen ändert sich die Pressung der Luft nach der Beziehung

$$p\,v = p_1\,(v + v_s).$$

Um zu häufige Wiederkehr der Schaltvorgänge zu vermeiden, soll der Speicherraum mindestens gleich $\frac{1}{10}$ des größten stündlichen Verbrauches fassen, und der Druckunterschied im Kessel $p - p_1 = \Delta$ soll in der Regel 1 bis 1,5 at nicht überschreiten. Bezeichnet N die Anzahl der anrechenbaren Normalzapfstellen von je 6 l/min Wasserverbrauch, so beträgt der größte stündliche Wasserverbrauch $6 \cdot N \cdot 60 = 360\,N$, und der Speicherraum muß mindestens $^1/_{10}$, also $v_s = 36\,N$ Liter fassen. Dann gilt weiter

$$(p_1 + \Delta)\,v = p_1\,(v + 36\,N)$$

oder

$$v = \frac{36\,p_1\,N}{\Delta}.$$

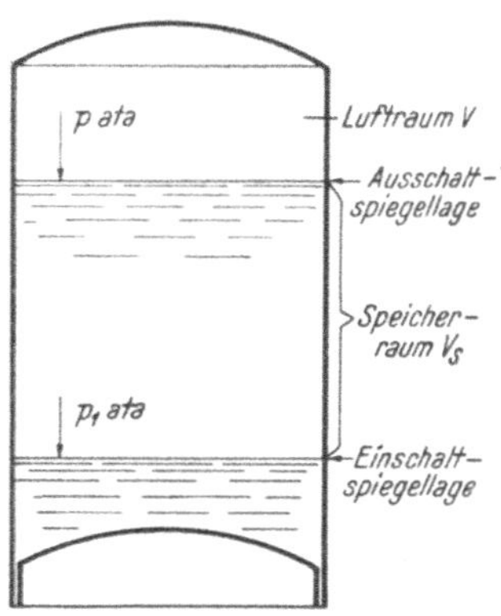

Abb. 77. Druckkessel.

Bezeichnet H die mindestens erforderliche manometrische Förderhöhe in m WS, so gilt $p_1 = \frac{H + 10}{10}$ oder weiter

$$v = \frac{3{,}6\,(H + 10)\,N}{\Delta}.$$

Der nicht ausnützbare, unterhalb des Einschaltspiegels liegende Kesselraum beträgt etwa 10% des darüber liegenden Raumes. Der gesamte Kesselinhalt muß schließlich mindestens

$$J = 1{,}1\,(v + v_s) = 1{,}1\,N\left(\frac{3{,}6\,(H + 10)}{\Delta} + 36\right) \text{ Liter}$$

betragen.

1106. Druckwasserkessel für Hauswasserpumpen.

a) Abmessungen und Preise einschließlich Wasserstandsglas, Druckmesser und Entleerung. (Vereinigung Deutscher Pumpenfabriken Borsig-Hall, Berlin.)

Kesselabmessungen Durchmesser mm / Höhe mm	400 / 965	550 / 1440	700 / 1490	925 / 1715	1000 / 2295	1100 / 2370	1150 / 3120
Inhalt des Kessels in cbm	0,1	0,25	0,5	1,0	1,5	2,0	3,0
Betriebsdruck 6 atü:							
Preis .... RM	47,—	63,—	87,—	136,—	192,—	248,—	316,—
Gewicht .... kg	25	56	90	175	258	340	460
Betriebsdruck 4 atü:							
Preis .... RM	44,—	54,—	74,—	108,—	152,—	184,—	244,—
Gewicht .... kg	20	39	63	120	190	220	335
Mehrpreis für Verzinkung .... RM	4,80	8,80; 6,40	18; 12	34; 24	48; 36	64; 44	88; 68

Ausrüstung zum Druckkessel, Preise.

Anschlußweite	20 mm	25 mm	30 mm	40 mm	50 mm
Saugkorb mit Fußventil (Gummiklappe) ... RM		6,—	7,20	8,80	10,40
„ „ „ (Gummikugel für Rohrbrunnen) ... „		9,20	11,20	15,60	20,—
Rückschlagklappe ... „		6,40	8,—	9,60	11,20
Absperrschieber ... „		4,80	6,40	8,—	13,—
Sicherheitsventil ... „	8,80	10,40	—	—	—

b) Gewichte und Preise, verzinkt, samt Wasserstandszeiger. (Garvenswerke.)

Betriebsdruck (Prüfdruck)		4 (6) atü				6 (10) atü			
Kesselinhalt V		100 l	250 l	500 l	1000 l	100 l	250 l	500 l	1000 l
Gewicht ...	kg	22	56	102	185	34	73	128	225
Preis ...	RM	27	85	110	162	37	88	122	190
	S	50	160	210	315	70	170	230	370
	Kč	500	680	1600	3500	675	1480	2320	4700

1107. Handluftpumpe für Druckwasserkessel mit Absperrhahn und T-Stück. (Vereinigung Deutscher Pumpenfabriken Borsig-Hall, Berlin) kostet 55,— RM. (Abschlag derzeit 20%.) Gewicht 13 kg.

3. Große Pumpenanlagen.

1108. Normen betreffend Kreiselpumpen.

DIN 1944. Regeln für Leistungsversuche an Kreiselpumpen.
ČSN 1117. Vorschriften für die Prüfung und Lieferung von Kreiselpumpen.

1109. Zentrifugalpumpen. Technische Angaben über Pumpen und Antrieb.

Die Saughöhe einer Pumpe soll, bei geringen Seehöhen (50 m) und kaltem Wasser, womöglich nicht über 5,5 bis 6,0 m gewählt werden. Bei warmem Wasser ist die größtmögliche Saughöhe nach der folgenden Aufstellung zu vermindern:

Wassertemperatur	10°	20°	30°	40°	50°	60°	70°	80°	90°	100°	110°	120°
Größtzulässige Saughöhe (vakuummetr.) m	7,5	7,0	6,5	5,7	4,8	3,6	2,0	0	—	—	—	—
Kleinstzulässige Zulaufdruckhöhe (manometr.) ... „	—	—	—	—	—	—	—	0	1,8	2,5	2,9	3,0

Bei Aufstellung der Pumpe in größeren Seehöhen ist entsprechend der Abnahme des Luftdruckes mit der Seehöhe von den oben angegebenen Saughöhen ein Abzug nach der tieferstehenden Zusammenstellung zu machen.

Seehöhe in ... m	100	200	300	400	600	800	1000	1200	1400	1600	1800	2000
Saughöhenverminderung „	0,15	0,25	0,34	0,50	0,70	0,94	1,20	1,40	1,60	1,80	2,00	2,20

Die Fördermengen der Pumpen in den folgenden Tabellen gelten mit einer Toleranz von $\pm$ 5%.

Die Wirkungsgrade von Pumpen gelten mit einer Toleranz von 7,5% der Verluste in der Pumpe; bei einem Wirkungsgrad von 70% beträgt daher die Toleranz $30 \times 0{,}075 = 2{,}25\%$.

Die Wirkungsgrade von Elektromotoren gelten mit einer Toleranz von 10% der Verluste im Motor; bei einem Wirkungsgrad von 90% beträgt daher die Toleranz $10 \times 0{,}1 = 1\%$.

Die vorzusehende Motorleistung soll um 10 bis 25% größer gewählt werden als die größte aufgenommene Leistung der Pumpe; der größere Zuschlag wird bei den kleinen Motoren gemacht. Bei einem Wirkungsgrad η, einer manometrischen Förderhöhe H m, einem Eigengewicht $\gamma = 1000$ kg/cbm und einer Fördermenge von Q cbm/sec, Q' cbm/min oder Q'' cbm/h beträgt daher die aufgenommene Leistung der Pumpe in kW:

$$L = \frac{\gamma Q H}{\eta \,.\, 102} = \frac{\gamma Q' H}{60 \,.\, \eta \,.\, 102} = \frac{\gamma Q'' H}{3600 \,.\, \eta \,.\, 102} =$$

$$= 9{,}8 \frac{Q H}{\eta} = 0{,}1635 \frac{Q' H}{\eta} = 0{,}00273 \frac{Q'' H}{\eta}.$$

Die Pumpe ist stets für die größte im Betrieb vorkommende manometrische Förderhöhe H_{max} zu bestellen. Bei kleineren Förderhöhen nimmt die Fördermenge Q zu, der Wirkungsgrad η ab und die Leistungsaufnahme der Pumpe steigt an. Aus der Leistungsaufnahme L der Pumpe bei voller Förderung und größter Förderhöhe H_{max} erhält man die vorzusehende Motorleistung.

indem man die Leistungsaufnahme L (mangels genauerer Daten) mit den in der tieferstehenden Zusammenstellung angegebenen Beiwerten multipliziert:

Leistungsaufnahme L der Pumpe bei voller Fördermenge auf die größte Förderhöhe H_{max}	Die Förderhöhe		
	bleibt konstant	kann bis 0,8 H_{max} fallen	kann bis 0,5 H_{max} fallen
Bis 3 kW	1,25	1,50	1,80
3—7,5 kW.	1,18	1,40	1,60
7,5—45 „	1,15	1,35	1,45
45—75 „	1,12	1,30	1,40
über 75 „	1,09	1,25	1,35

1110. Schätzung der Kosten K von Kreiselpumpen ohne Zugehör, Aufstellung und Antrieb[190] bei einer Förderung von Q Litern je Sekunde.

a) bei einer Förderhöhe von 60 m

$$K = 100\, Q^{0,63}\ \text{RM};$$

b) bei einer Förderhöhe über 100 m

$$K = 170\, Q^{0,63}\ \text{RM}.$$

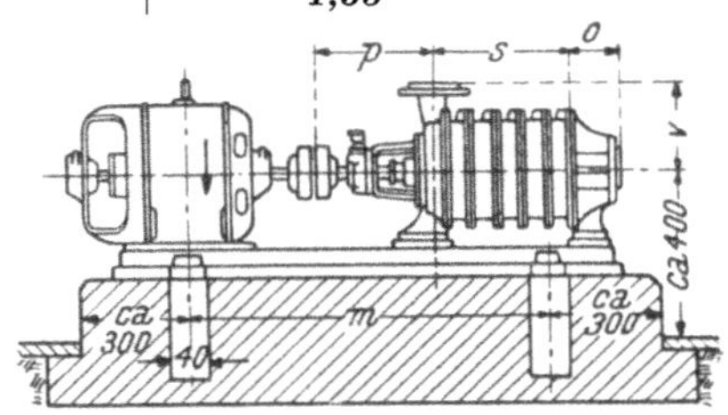

Abb. 78. Abmessungen der „Kleinod"-Pumpe. (Klein, Schanzlin & Becker, Frankental, Pfalz.)

1110a. Pumpen betriebsfertig aufstellen kostet 5 bis 8% des Preises ab Werk.

1110b. Schätzung der Kosten des Pumpenzugehörs, wie Rohrleitungen im Maschinenhaus, Rückschlagklappen, Schieber, Manometer und dgl. **und der Aufstellung:** ein Zuschlag von 140% zu den Kosten der Pumpe.

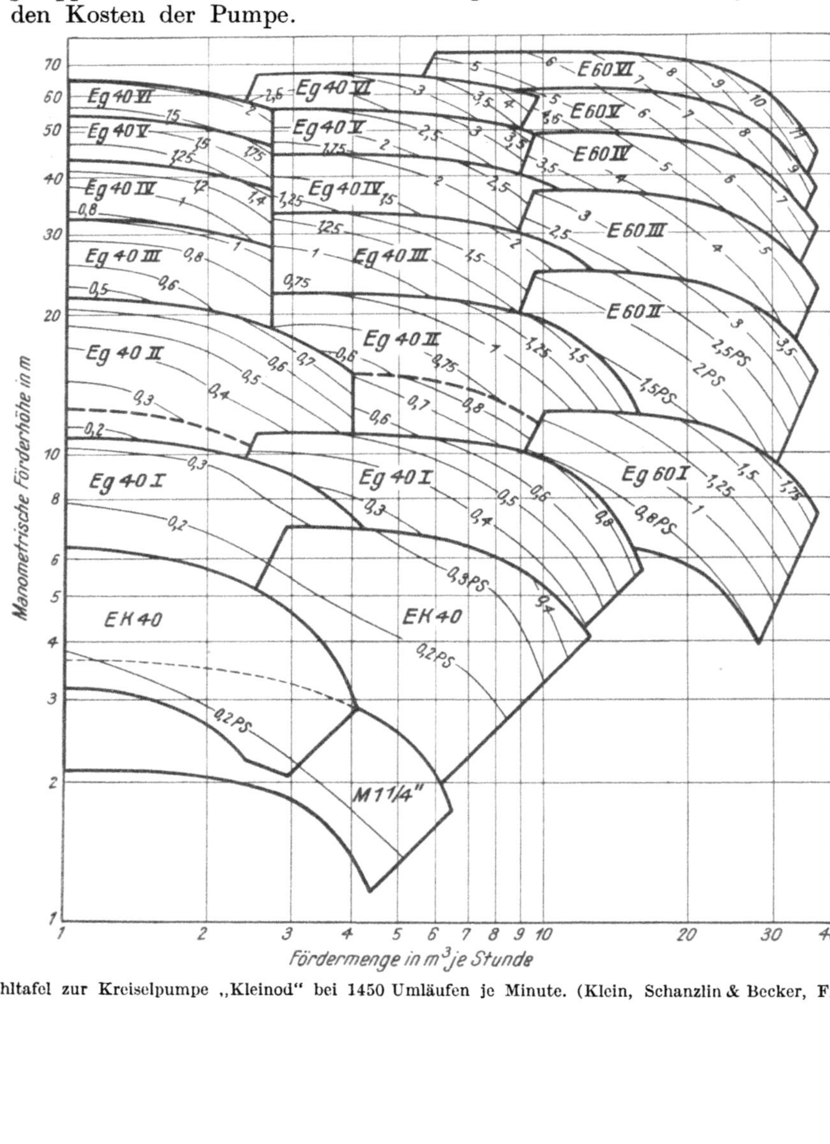

Abb. 79. Wähltafel zur Kreiselpumpe „Kleinod" bei 1450 Umläufen je Minute. (Klein, Schanzlin & Becker, Frankental, Pfalz.)

1111. Kreiselpumpe „Kleinod“ von Klein, Schanzlin & Becker, Frankenthal, Pf. (Abb. 78.) Die Auswahl des Pumpenmodells erfolgt nach der stündlichen Fördermenge und nach der manometrischen Förderhöhe in den Wähltafeln Abb. 79 und 80. In diesen Wähltafeln ist auch

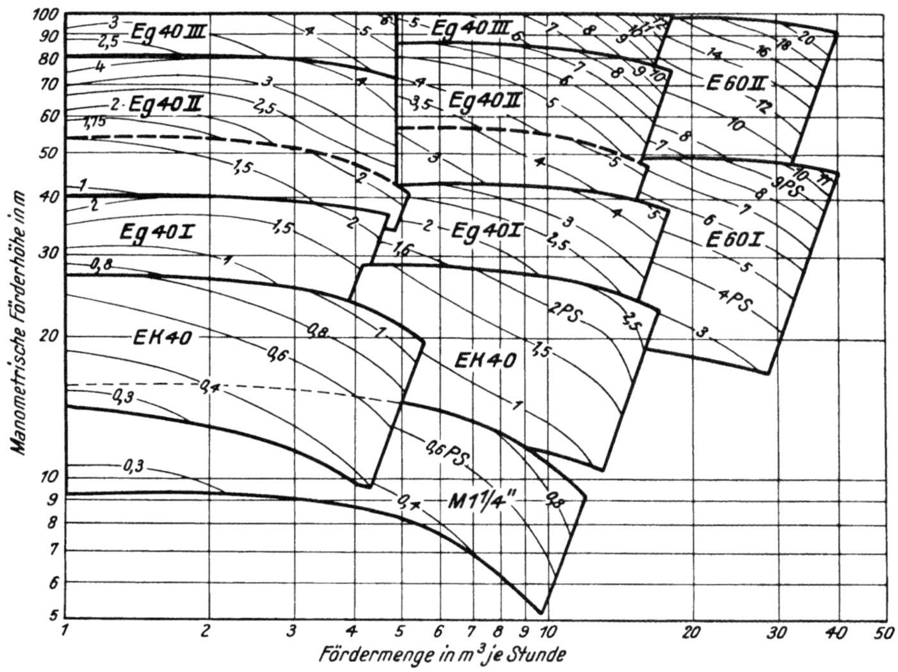

Abb. 80. Wähltafel zur Kreiselpumpe „Kleinod“ bei 2850 Umläufen je Minute. (Klein, Schanzlin & Becker, Frankental, Pfalz.)

die Leistungsaufnahme der Pumpe eingetragen; der Antriebsmotor wird um 15 bis 20 % stärker, aber nicht unter 0,75 PS gewählt.

Höchstzulässige Saughöhen.

Drehzahl je Min.	Pumpenmodell	Ek 40		Eg 40		E 60	
1450	Fördermenge . . . . cbm/h	10	12	12	17	bis 30	37
	Höchstzulässige Saughöhe . . . . . . m	6,5	6	7	5	7	5
2850	Fördermenge . . . . cbm/h	bis 16,5		bis 17	18	bis 33	40
	Höchstzulässige Saughöhe . . . . . . m	5		5	4	5	4

Abmessungen der „Kleinod“-Pumpe in Millimetern.

Modell	Lichte Weite mm	Pumpenmaße mm			s					
					Stufenzahl					
		v	q	o	I	II	III	IV	V	VI
Ek	40	175	200	18	24	—	—	—	—	—
Eg	40	175	200	70	24	76	128	180	232	284
E	60	210	235	80	28	86	144	202	260	318

Bei den ein- und zweistufigen Pumpen: $m =$ etwa 450 mm
„ „ drei- und mehrstufigen „ : $m =$ „ 700 „
Breite des Grundwerkes: hängt vom Motor ab, etwa 500 mm.

Gewichte und Preise der Kreiselpumpe „Kleinod“ mit Kugellagern, freiem Wellenende und gemeinsamer Grundplatte für Pumpe und Motor.

Pumpengröße*	M 1¼″			Ek 40	Eg 40						E 60					
	I	II	III	I	I	II	III	IV	V	VI	I	II	III	IV	V	VI
Pumpe mit Gehäuse aus Gußeisen, Laufrad Bronze. Bis 50 m Wassersäule:																
Gewicht .... kg	36	43	50	63	68	80	100	112	124	136	75	90	115	130	145	160
Preis .... RM	109	153	189	128	144	195	250	302	352	403	165	217	275	328	379	430
Mehrpreis für Förderhöhen bis 100 m Wassersäule ..... RM	—	—	—	—	12	16	20	24	28	32	15	19	24	29	34	38
Mehrgewicht ...... kg	—	—	—	—	5	7	9	11	13	15	7	12	17	22	27	32
Mehrpreis für Gehäuse aus Bronze ... RM	55	78	98	76	79	104	131	156	181	206	104	136	173	205	235	268
Mehrgewicht ...... kg	2	3	4	3	6	8	11	13	15	17	13	15	18	20	22	24

Zugehör zu „Kleinod“-Pumpen.

Pumpengröße	M 1¼″		Ek 40 und Eg 40		E 60	
	Gewicht kg	Preis RM	Gewicht kg	Preis RM	Gewicht kg	Preis RM
Regulierschieber mit Muffen, Rotguß	1,4	7,20	1,8	10,50	—	—
„ „ Flanschen, Gußeisen, bis 4 atü	—	—	12	13,—	20	15,20
Regulierschieber mit Flanschen, Gußeisen, bis 12 atü	—	—	15	14,40	22	17,60
Rückschlagventil mit Muffen, Rotguß	0,8	4,90	1,2	6,40	—	—
Rückschlagklappe mit Flanschen, Gußeisen	—	—	12	12,80	19	17,60
Saugkorb mit Fußventil, Muffen, Rotguß	1,5	2,40	1,8	2,90	—	—
Saugkorb mit Fußventil, Flanschen, Gußeisen	—	—	6	8,40	10	11,60
Elastische Kupplung:						
$\frac{\text{Motorleistung PS}}{\text{Drehzahl } n} = 0{,}0016$			1,3 kg,	RM 11,20		
„ $= 0{,}004$			3,5 „,	„ 14,40		
„ $= 0{,}018$			13 „,	„ 32,—		
Fülltrichter mit Hahn, Gußeisen ...			1 „,	„ 6,—		
Manometer oder Vakuummeter, ⌀ 80 mm			1 „,	„ 14,40		

1112. Hochdruckkreiselpumpe „EZ“, Abb. 81, 82, 83 (Vereinigung Deutscher Pumpenfabriken Borsig-Hall, Berlin.)

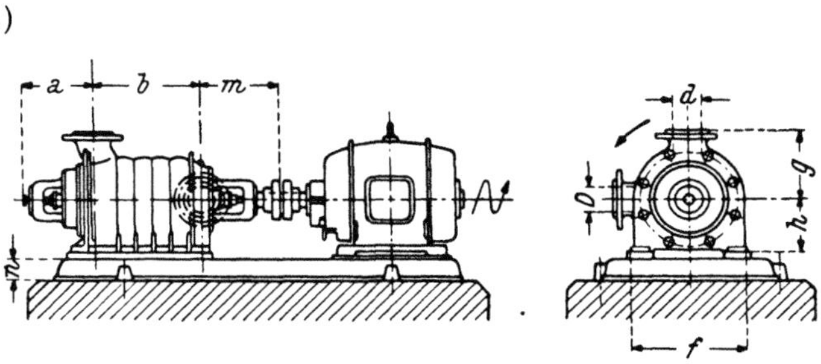

Abb. 81. Abmessungen der Hochdruck-Kreiselpumpe EZ. (Vereinigung Deutscher Pumpenfabriken Borsig-Hall, Berlin.)

* Die arabische Ziffer bedeutet die Anschlußweite in Millimeter, die römische die Stufenzahl.

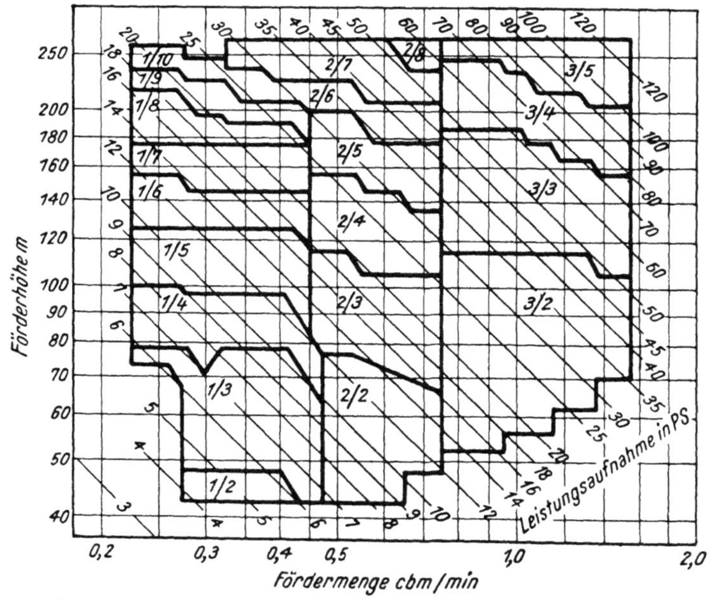

Abb. 82. Wähltafel zur EZ-Hochdruck-Kreiselpumpe bei 2900 Umläufen je Minute. (Bei den in der Wähltafel eingetragenen Bruchzahlen bedeutet der Zähler die Pumpengröße EZ, der Nenner die Stufenzahl. Der Motor ist um 10 bis 15% stärker zu wählen als die angegebene Leistungsaufnahme der Pumpe.)

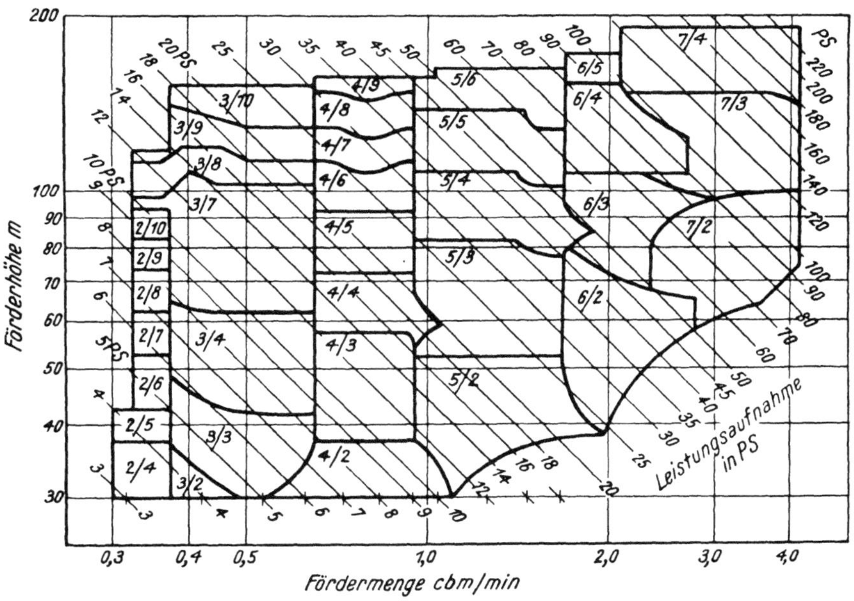

Abb. 83. Wähltafel zur EZ-Hochdruck-Kreiselpumpe bei 1450 Umläufen je Minute. (Siehe Bemerkung bei Abb. 82.)

Abmessungen in Millimetern.

Pumpengröße	d	a	g	h	n	f	m	b bei Stufenanzahl								
								2	3	4	5	6	7	8	9	10
EZ 1 ..	50	200	190	140	80	290	210	126	173	220	267	314	361	408	455	502
EZ 2 ..	60	233	200	150	90	300	235	132	182	232	282	332	382	432	482	532
EZ 3 ..	100	230	245	190	100	380	275	190	250	310	370	430	490	550	610	670
EZ 4 ..	80	230	245	200	100	390	275	200	270	340	410	480	550	620	690	—
EZ 5 ..	100	255	300	225	100	420	290	225	305	385	465	545	—	—	—	—
EZ 6 ..	125	260	325	265	110	500	290	280	370	460	—	—	—	—	—	—
EZ 7 ..	150	360	380	320	120	600	460	310	415	520	—	—	—	—	—	—

Preise in RM und Gewichte der Pumpe für direkte Kupplung mit Grundplatte für Pumpe und Motor, jedoch ohne Kupplung.

Pumpengröße	bei Stufenzahl 2		3		4		5		6		7		8		9		10		Mehrpreis für Ausführung mit Ringschmierlager in RM
	Gewicht in kg	Preis in RM	Gewicht in kg	Preis in RM	Gewicht in kg	Preis in RM	Gewicht in kg	Preis in RM	Gewicht in kg	Preis in RM	Gewicht in kg	Preis in RM	Gewicht in kg	Preis in RM	Gewicht in kg	Preis in RM	Gewicht in kg	Preis in RM	
EZ 1	192	292	226	348	259	400	293	456	327	508	360	564	394	616	427	676	461	736	9,60
EZ 2	240	356	282	432	324	504	366	568	408	636	450	704	492	762	534	848	576	920	18,—
EZ 3*	338	447	400	568	462	672	524	776	586	876	648	1000	709	1080	773	1192	836	1296	20,80
EZ3**	443	532	527	644	594	764	662	984											20,80
EZ 4	318	536	378	648	438	768	498	864	558	976	620	1096	690	1220	760	1344			24,—
EZ 5	390	644	473	762	557	920	650	1060	745	1200	900	1424							29,20
EZ 6	610	888	735	1088	860	1288	1070	1560											36,—
EZ 7	780	1056	928	1288	1076	1528													eingeschlossen

1113. Garvens-Zentrifugalpumpen LP und LPE für unmittelbaren Antrieb durch Drehstrommotoren, 50 Hz. (Garvenswerke.)

Fördermengen in l/min und Förderhöhe in m und Leistungsaufnahme in PS je Stufe. Die beiden letzteren Angaben sind daher noch mit der Stufenzahl zu multiplizieren.

Fördermenge l/min		150		200		300		400		500		600		700		800		900		1000		1100	
Größte Förderhöhe in m und Leistungsaufnahme in PS	Drehzahl *n*	m	PS	m	PS	m	PS	m	PS	m	PS	m	PS	m	PS	m	PS	m	PS	m	PS	m	PS
LP 75 1- bis 3-stufig	2900					31	3,7	30	4,3	27	4,9	23	5,5	16	6								
LPE 75 3- und 4-stufig	1450	7,8	0,7	7,5	0,8	6	0,9																
LP 83 1-stufig	2900					19,2	3,2	19	3,5	18,2	3,8	16,7	4,2	14,3	4,5	10	4,8						
2-stufig	1450					4,2	0,8	3,1	0,9														
LP 84 1- bis 3-stufig	2900							24,2	3,7	23,5	4,4	22,2	4,9	20,7	5,4	17,7	5,8	13,2	6				
LPE 84 3-stufig	1450							4,5	0,9														
LP 85 1- bis 3-stufig	2900					28	4,2	27,6	4,7	26,6	5,2	24,5	5,7	22,0	6,3	17,5	6,8						
LPE 85 3- und 4-stufig	1450					6,2	1,1	4,6	1,2														
LP 86 1- bis 3-stufig	2900					37	4,8	35,6	5,4	33,5	6	30,5	6,6	26	7,2	20,5	7,9						
LPE 86 3- und 4-stufig	1450					7,7	1,2	5,3	1,3														
LP 104 1- bis 3-stufig	2900									23,7	4,8	23,6	5,4	23,2	5,9	22,6	6,3	21,5	6,3	20	7,2	17,5	7,6
LPE 104 3- und 4-stufig	1450									5	1,2	3,8	1,3										
LP 105 1- bis 3-stufig	2900									32,5	6,4	31,3	6,7	29,8	7	28	7,3	26	7,6	24	7,9	21,4	8,2
LPE 105 3- und 4-stufig	1450									6,4	1,1	4,9	1,2										

Gewichte und Preise der LP- und LPE-Pumpen für unmittelbaren Antrieb durch Drehstrommotoren, 50 Hz, mit Grundplatte, aber ohne Kupplung.

Anschlußweite mm	Pumpenbezeichnung		LP			LP			LP			LPE			LPE		
	Stufenzahl		1			2			3			3			4		
80	LP 75 und LPE 75	Gewicht kg	117			155			184			182			224		
		Preis RM, S, Kč	235	425	3187	345	675	5060	450	870	6525	535	1030	7725	635	1240	9300
80	LP 83 und LPE 83	Gewicht kg	107			145											
		Preis RM, S, Kč	205	390	2925	330	640	4800									
80	LP 84 und LPE 84	Gewicht kg	117			155			187			195					
		Preis RM, S, Kč	215	410	3075	335	660	4950	445	860	6450	530	1020	7650			

* Für Drehzahl 1450. ** Für Drehzahl 3000.

Fortsetzung der Tabelle.

Anschluß-weite mm	Pumpenbezeichnung		LP			LP			LP			LPE			LPE		
	Stufenzahl		1			2			3			3			4		
80	LP 85 und LPE 85	Gewicht kg....	117			162			194			202			229		
		Preis RM, S, Kč	220	415	3110	345	670	5025	455	875	6560	535	1035	7760	640	1240	9300
80	LP 86 und LPE 86	Gewicht kg....	122			167			199			207			229		
		Preis RM, S, Kč	230	450	3370	360	700	5250	465	910	6825	550	1070	8025	665	1290	9675
100	LP 104 und LPE 104	Gewicht kg....	125			170			204			212			235		
		Preis RM, S, Kč	245	475	3375	385	735	5510	475	935	7010	565	1095	8210	685	1315	9860
100	LP 105 und LPE 105	Gewicht kg....	130			170			209			217			240		
		Preis RM, S, Kč	265	500	3750	395	765	5740	490	980	7350	595	1140	8550	705	1365	10200

Grundfläche des Grundwerkes für alle LP- und LPE-Pumpen etwa 60 × 90 cm. Grundwerksinhalt etwa 0,4 cbm Beton.

1114. UTA-Pumpen.

Die UTA-Unterwasserpumpen werden bei tiefliegendem Grundwasserspiegel, ferner bei Wasserspiegelschwankungen im Brunnen von mehr als etwa 7 m, in Wasserversorgungsanlagen und zur Grundwasserabsenkung bei Gründungen verwendet, wenn der Grundwasserspiegel in der Baugrube um mehr als 5 m abzusenken ist. Pumpe und Motor sind zusammengebaut und der Motor so eingerichtet, daß er ohne weiteres unter Wasser dauernd in Betrieb gehalten werden kann. Die Außenabmessungen der Pumpensätze sind so gehalten, daß sie in enge Röhrenbrunnen oder Bohrlöcher, am Druckrohr hängend, versenkt werden können (vgl. Abb. 84). In der Pumpenbezeichnung bedeutet die römische Ziffer die Stufenzahl der Pumpe.

Wenn es das Stromlieferwerk vorschreibt, kommt neben dem mit der Motorschutzvorrichtung verbundenen Trennschalter noch ein Handanlasser, bei selbsttätigen Anlagen ein Selbstanlasser oder ein Anlaßtransformator zur Anwendung. Um Stern-Dreieckschalter als Anlasser verwenden zu können, können bei den Motoren von 22 bis 38 PS zwei dreiadrige Kabel zum Motor hinabgeführt werden.

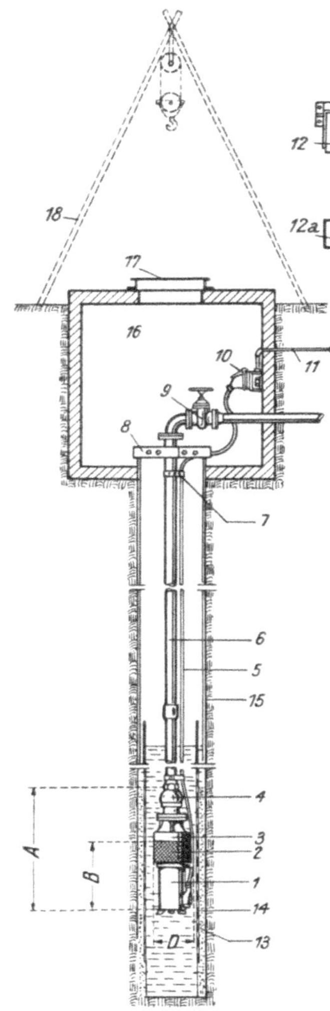

Abb. 84. Einbau einer UTA-Pumpe in den Brunnen.
A Länge des Pumpensatzes,
B Abstand der Saugsieboberkante von der Pumpenunterkante,
D größter Außendurchmesser des Pumpensatzes.
1 UTA-Motor, *2* Saugsieb, *3* Pumpe, *4* Rückschlagklappe, *5* Kabel, *6* Druckrohr, *7* Kabelschelle, *8* Tragschelle, *9* Einstellschieber, *10* wasserdichte Steckdose, *11* Stromzuleitung, *12* Motorschutzvorrichtung, zugleich Trennschalter, *12a* Handanlasser, *13* Filterrohr, *14* Kiesschüttung, *15* Brunnenmantelrohr, *16* Brunnenkopfschacht, *17* Schachtdeckel, *18* Dreibein mit Flaschenzug für den Einbau der Pumpe.

UTA-Pumpen, Leistungen und Preise (Garvenswerke.)

Pumpentype UTA	Leistung: Manometrische Gesamtförderhöhe m bei einer Fördermenge von l/min								Motorstärke	Druckstutzen	Preis je Pumpe + Motor			Motorschutzvorrichtung 220 V			Motorschutzvorrichtung 380 V			Handanlasser		
Pumpe + Motor	l/min	m	l/min	m	l/min	m	l/min	m	PS	mm	RM	S	Kč	RM	S	Kč	RM	S	Kč	RM	S	Kč
TP 44/I + JGK 25	100	23	150	20	200	16	250	11	2,5	50	870	1750	14000	45	80	500	45	80	500	86	160	800
TP 45/I + JGK 25	100	28	150	25	200	21	250	16	2,5	50	870	1750	14000	45	80	500	45	80	500	86	160	800
TP 46/I + JGK 25	100	38	150	35	200	28	210	27	2,5	50	870	1750	14000	45	80	500	45	80	500	86	160	800
TP 46/I + JGK 40	100	38	150	35	200	28	250	21	4	50	1080	2050	16400	45	80	500	45	80	500	86	180	900
TP 44/II + JGK 40	100	47	150	44	200	37	250	26	4	50	1130	2200	17600	45	80	500	45	80	500	96	180	900
TP 45/II + JGK 40	100	58	150	52	200	43	210	42	4	50	1130	2200	17600	45	80	500	45	80	500	96	180	900
TP 45/II + JGK 60	100	58	150	52	200	43	250	32	6	50	1290	2500	20000	122	230	1380	45	80	500	130	240	1200
TP 44/III + JGK 40	100	70	150	66	175	61	—	—	4	50	1210	2350	18800	45	80	500	45	80	500	96	180	900
TP 44/III + JGK 60	100	70	150	66	200	54	250	39	6	50	1420	2650	21200	122	230	1380	45	80	500	130	240	1200
TP 46/II + JGK 60	100	76	150	70	200	57	250	42	6	50	1290	2500	20000	122	230	1380	45	80	500	130	240	1200
TP 45/III + JGK 60	100	86	150	81	200	68	230	58	6	50	1420	2650	21200	122	230	1380	45	80	500	130	240	1200
TP 45/III + JGK 80	100	86	150	81	200	68	250	50	8	50	1540	2950	23600	130	240	1440	45	80	500	140	260	1300
TP 46/III + JGK 80	100	110	150	104	200	86	240	68	8	50	1540	2950	23600	130	240	1440	45	80	500	140	260	1300
TP 46/III + JGK 110	100	110	150	104	200	86	270	53	11	50	1720	3250	26000	130	240	1440	122	230	1380	145	280	1400
TP 46/IV + JKK 110	100	150	150	137	200	115	240	90	11	50	1875	3650	29200	130	240	1440	122	230	1380	145	280	1400
TP 46/IV + JKK 150	100	150	150	137	200	115	270	70	15	50	1875	3650	29200	130	240	1440	122	230	1380	180	340	1700
TP 55/I + JGK 40	150	31	250	29	350	25	450	14	4	60	1080	2050		45	80		45	80		85	160	
TP 58/I + JGK 60	150	45	250	42	350	35	450	20	6	60	1130	2200		122	230		45	80		130	240	
TP 55/II + JGK 60	150	62	250	59	300	55	—	—	6	60	1290	2500		122	230		45	80		130	240	
TP 55/II + JGK 80	150	62	250	59	350	50	450	28	8	60	1400	2700		130	240		45	80		140	260	
TP 58/II + JGK 110	150	90	250	84	350	70	450	40	11	60	1510	2900		130	240		122	230		145	280	
TP 55/III + JGK 110	150	93	250	89	350	76	450	44	11	60	1510	2900		130	240		122	230		145	280	
TP 55/IV + JKK 150	150	124	250	118	350	100	450	55	15	60	1950	3800		150	290		130	240		195	370	

TP 58/III + JKK 150	150	135	250	126	350	105	450	60	15	60	1780	3450	150	290	130	240	195	370
TP 58/IV + RKK 220	150	180	250	168	350	140	450	80	22	60	3100	5900	345	670	150	290	285	540
TP 76/I + JGK 60	200	32	400	30	600	24	750	15	6	80	1080	2050	122	230	45	80	130	240
TP 76/II + JGK 110	200	65	400	60	600	47	—	—	11	80	1290	2500	130	240	45	80	145	280
TP 76/II + JGK 150	200	65	400	60	600	47	750	30	15	80	1510	2900	150	290	122	230	195	370
TP 76/III + JKK 150	200	98	400	90	550	78	—	—	15	80	1510	2900	150	290	122	230	195	370
TP 76/IV + RKK 220	200	130	400	120	600	94	—	—	22	80	3100	5900	345	670	150	290	285	540
TP 84/I + JGK 60	400	24	600	22	800	19	950	14	6	80	1080	2050	122	230	45	80	130	240
TP 87/I + JGK 80	400	37	600	32	800	23	900	15	8	80	1130	2200	130	240	45	80	140	260
TP 84/II + JGK 110	400	48	600	45	800	37	—	—	11	80	1400	2700	130	240	122	230	145	280
TP 84/II + JGK 150	400	48	600	45	800	37	950	29	15	80	1720	3250	130	290	130	240	195	370
TP 87/II + JGK 150	400	75	600	66	750	56	—	—	15	80	1720	3250	130	290	130	240	195	370
TP 87/II + RKK 220	400	75	600	66	800	50	900	35	22	80	3100	5900	345	670	150	290	285	540
TP 84/IV + RKK 220	400	96	600	90	800	74	—	—	22	80	3550	6700	345	670	150	290	285	540
TP 84/IV + RKK 280	400	96	600	90	800	74	950	58	28	80	3550	6700	345	670	170	320	295	570
TP 87/III + RKK 220	400	112	600	100	700	90	—	—	22	80	3350	6400	345	670	170	320	285	540
TP 87/III + RKK 280	400	112	600	100	800	75	900	48	28	80	3650	6900	345	670	170	320	295	570
TP 87/IV + RKK 380	400	150	600	132	800	100	900	70	38	80	3850	7300	345	670	170	320	365	700
TP 114/I + JGK 80	600	24	900	22	1200	18	1400	14	8	100	1260	2450	130	240	45	80	140	260
TP 115/I + JGK 110	600	28	900	27	1200	23	1400	18	11	100	1450	2750	130	240	122	230	145	280
TP 114/II + JGK 150	600	51	900	46	1200	38	1400	29	15	100	1720	3250	150	290	130	240	195	370
TP 115/II + RKK 220	600	56	900	54	1200	46	1400	36	22	100	2850	5400	345	670	150	290	285	540
TP 114/III + RKK 220	600	76	900	69	1200	57	1400	43	22	100	2950	5700	345	670	150	290	285	540
TP 115/III + RKK 280	600	84	900	81	1200	69	1400	54	28	100	3300	6300	345	670	170	320	295	570
TP 114/IV + RKK 280	600	102	900	92	1200	76	—	—	28	100	3850	7300	345	670	170	320	295	570
TP 115/IV + RKK 380	600	112	900	108	1200	92	1400	72	38	100	3850	7300	345	670	170	320	365	700

Außenabmessungen der UTA-Pumpen in mm.

Pumpe, Motor	Ganze Länge des Pumpensatzes *A* mm				Pumpenunterkante bis Saugsieboberkante *B* mm
Pumpenstufen	1	2	3	4	1—4
Mit Motor:					
JGK 25 ..	809	—	—	—	645
40 ..	899	975	1051	—	735
60 ..	929	1005	1081	—	765
80 ..	979	1055	1131	—	815
110 ..	1059	1135	1211	—	895
150 ..	—	1235	—	—	995
JKK 60 ..	—	—	—	1269	877
80 ..	—	—	—	1319	927
110 ..	—	—	—	1399	1007
150 ..	—	—	1423	1499	1107
RKK 220 ..	—	1521	1597	1673	1237
280 ..	—	—	1707	1783	1347
380 ..	—	—	—	1993	1557
RKB 220 ..	—	2251	2327	2403	1237
280 ..	—	—	2437	2513	1347
380 ..	—	—	—	2723	1557

Pumpe — Motor	Größter Außendurchmesser *D* mm		
Kabel 3 × ... qmm	1,5	2,5	4
.../I + JGK	235	238	241
.../II + JGK	237	240	243
.../III + JGK	241	244	247
.../III + JKK	—	—	247
.../IV + JKK	—	250	253
Kabel 3 × ... qmm	6	10 und darüber	
.../I + JGK	242	236	
.../II + JGK	244	238	
.../III + JGK	248	242	
.../III + JKK	248	242	
.../IV + JKK	254	248	
.../II–.../IV + RKK	275		
.../II + RKB	245		
.../III + RKB	247		
.../IV + RKB	250		

Kabel für UTA-Pumpen. (Garvenswerke.)

a) Die Auswahl der Kabelquerschnitte erfolgt nach der tieferstehenden Tabelle. Die zulässigen Kabellängen sind unter der Annahme berechnet, daß ein 2- bis 5%iger Spannungsabfall und ein 2- bis 4%iger Leistungsverlust zulässig ist.

Volt	Motorstärke	2,5 PS	4 PS			6 PS			8 PS			11 PS		
380	Leitungslänge bis m.	50	90	—	—	70	120	—	80	140	—	70	110	150
	Querschnitt 3×qmm	1,5	1,5	—	—	2,5	4	—	2,5	4	—	4	6	10
220	Leitungslänge bis m.	50	50	70	90	50	70	120	60	100	140	60	100	150
	Querschnitt 3×qmm	1,5	2,5	4	6	4	6	10	6	10	16	10	16	25

Volt	Motorstärke	15 PS			22 PS				28 PS			38 PS		
380	Leitungslänge bis m.	80	150	—	80	150	180	—	80	150	—	70	110	150
	Querschnitt 3×qmm	6	10	—	10	16	25	—	16	25	—	16	25	35
220	Leitungslänge bis m.	70	110	150	40	60	110	150	50	70	100	50	70	—
	Querschnitt 3×qmm	16	25	35	16	25	35	50	25	35	50	35	50	—

b) Preise der Kabel je Meter, einschließlich Schelle alle 3 m:

Querschnitt 3 × qmm		1,5	2,5	4	6	10	16	25	35	50
Preis je Meter	RM	1,50	1,85	2,60	3,20	4,80	6,30	7,85	10,70	14,10
,, ,, ,, ...	S	2,80	3,50	5,—	6,—	9,—	12,—	15,—	20,—	27,—
,, ,, ,, ...	Kč	15,—	19,50	23,—	32,50	46,—	60,—	84,—	102,—	145,—

c) Wasserdichte Steckdosen, passend für Kabel vom

Querschnitt 3 × qmm..................		1,5	2,5, 4	6, 10, 16	25	35, 50
Preis je Stück.....................	RM	13,—	17,—	26,—	54,—	104,—
,, ,, ,, ...	S	24,—	32,—	50,—	100,—	190,—
,, ,, ,, ...	Kč	130,—	130,—	280,—	500,—	950,—

d) Kabelverbindungsstücke zur Verbindung der Flachkabel mit dem Rundkabel.

Kabelquerschnitt 3 × 10 qmm .... Preis RM 28,— S 50,— Kč 130,—
,, 3 × 35 und 50 qmm ...... ,, ,, 35,— ,, 65,— ,, 320,—

Zugehör für UTA-Pumpen. (Garvenswerke.)

Tragschellen für die Druckrohrweite .... mm	50	60	80	100	125
Gewicht je Paar .... kg	16	16	20	20	25
Preis ,, ,, ... RM	7,30	7,30	11,40	11,40	26,—
,, ,, ,, ... S	15,—	15,—	21,—	21,—	48,—
,, ,, ,, ... Kč	90,—	90,—	125,—	125,—	240,—

Amperemeter, an die Motorschutzvorrichtung angebaut.

Preis: RM 32,— S 60,— Kč 250,—

1115. Elastische Kupplungen.

Leistung in PS: Drehzahl *n*	0,0016	0,0055	0,010	0,019	0,047	0,09	0,22	0,35	0,52	0,91
Leistung in KW: Drehzahl *n*	0,0012	0,0042	0,0073	0,014	0,031	0,066	0,162	0,257	0,383	0,67
Außendurchmesser ..... mm	85	125	150	150	190	230	300	400	400	500
Nabenlänge einer Kupplungshälfte .... ,,	35	45	50	60	80	100	130	180	180	180
Größtzulässige Bohrung ,,	28	36	50	42	65	80	100	130	130	130
Gewicht .... kg	1,5	3	6	8	15	27	60	150		
Preis .... RM	10	13	20	44	66	94	160	270	325	540
Preis .... S	21	33	40	54	95	182	220	430	550	720
Preis .... Kč										

1116. Übergangsstücke mit Flanschen, zentrisch oder exzentrisch. (Garvenswerke.)

Anschlußweite		kg	Preis			Anschlußweite		kg	Preis			Anschlußweite		kg	Preis		
mm	mm		RM	S	Kč	mm	mm		RM	S	Kč	mm	mm		RM	S	Kč
40	50	5,5	6,50	12,—	72,—	70	125	14	13,—	25,—	150,—	125	150	25	21,—	40,—	240,—
40	60	6,5	7,50	14,—	84,—	70	150	15,5	15,—	28,—	168,—	125	200	31	26,—	50,—	300,—
40	80	8,5	9,—	17,—	102,—	80	100	13,5	12,50	24,—	144,—	125	250	35	29,—	56,—	336,—
40	100	10,0	9,60	18,—	108,—	80	125	14	13,—	25,—	150,—	150	200	34	28,—	54,—	324,—
50	60	7,0	8,50	16,—	96,—	80	150	16	15,—	29,—	174,—	150	250	35	29,—	56,—	336,—
50	80	9,0	9,—	17,—	102,—	80	200	26,5	22,50	43,—	258,—	150	300	40	29,50	57,—	342,—
50	100	10,5	10,—	19,—	114,—	100	125	20	19,—	36,—	216,—	200	250	49	36,—	69,—	414,—
50	125	12,0	12,—	22,—	132,—	100	150	23	20,—	39,—	234,—	200	300	53	39,—	74,—	444,—
70	80	10	9,50	18,—	108,—	100	200	29	24,—	46,—	276,—	250	300	55	40,—	76,—	456,—
70	100	11	11,—	20,—	120,—												

1117. Manometer — Vakuummeter.

a) Röhrenfeder-Manometer, Messinggehäuse, Durchmesser 80 mm, $^3/_8''$ Gewindezapfen. Bis 10 atü, einschließlich Anschlußgarnitur:

Preis: RM 13,— S 27,— Kč 120,—

Für Gehäusedurchmesser	100 mm	130 mm
Zuschlag	7,5%	28%

b) Röhrenfeder-Mano-Vakuummeter, Eisengehäuse, Durchmesser 100 mm, $^3/_8''$ Gewindezapfen. Bis 12 atü und Vakuum 0 bis 76 cm Hg.

Preis: RM 17,50 S 32,— Kč 130,—

1118. Fülltrichter für Zentrifugalpumpen.

Bei der Anschlußweite der Pumpe von .... mm	30—50	60—125	150	200—300
Preis in .... RM	4,—	5,60	6,40	9,60
,, ,, ... S	7,15	10,—	11,45	17,20
,, ,, ... Kč	50,—	125,—	143,—	215,—

1119. Entlüftungshahn für Zentrifugalpumpen.

Bei der Anschlußweite der Pumpe von .... mm	30—150	200—300
Preis in .... RM	2,40	3,20
,, ,, ... S	4,—	5,50
,, ,, ... Kč	20,—	26,—

1120. Entleerungshähne für Zentrifugalpumpen.

Bei der Anschlußweite der Pumpe von	mm	30—125	150	200—300
Preis in	RM	3,20	4,80	8,—
,, ,, ...	S	5,50	8,30	13,50
,, ,, ...	Kč	26,—	40,—	65,—

1121. Grundplatten für Pumpen oder Hochdruckgebläse. Preise je 100 kg.

Grundplattengewicht	kg	10—20	20—30	30—50	50—100	100—200
Preis je 100 kg in	RM	54,—	48,—	44,—	38,—	34,—
,, ,, 100 ,, ,, ...	S	220,—	200,—	190,—	160,—	140,—
,, ,, 100 ,, ,, ...	Kč	500,—	450,—	400,—	350,—	320,—

1122. Grundplattenschrauben mit Muttern und Beilagscheiben.

Stärke der Schrauben in Zoll		$^3/_8$	$^1/_2$	$^5/_8$	$^3/_4$	$^7/_8$
Gewicht je Satz zu 4 Stück	kg	0,6	1,6	2,0	4,4	5,6
Preis in	RM	1,30	1,80	3,40	5,50	7,60
,, ,, ...	S	2,—	3,—	6,—	10,—	14,—
,, ,, ...	Kč	10,—	15,—	30,—	50,—	70,—

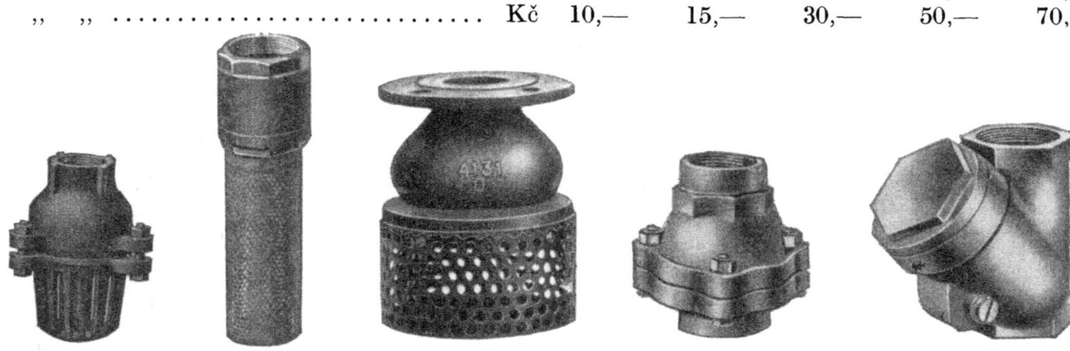

a) b) c) d) e)

Abb. 85. a), b), c) Saugkörbe mit Fußventil für Zentrifugalpumpen. d), e) Rückschlagklappen. (Garvenswerke.)

1123. Saugkörbe mit Gußventilen. (Garvenswerke.)

a) Mit Gasgewindeanschluß.

Anschluß-weite Zoll	Aus Eisen mit Stechventil (Abb. 85 a)					Aus Eisen mit Tellerventil und Lederdichtung (Abb. 85 a)					Rotguß, mit Stechventil, für Rammbrunnen (Abb. 85 b)				
	Außen-durch-messer mm	kg	RM	S	Kč	Außen-durch-messer mm	kg	RM	S	Kč	Außen-durch-messer mm	kg	RM	S	Kč
$1^1/_4$	130	2,1	3,80	7,—	28	—	—	—	—	—	60	1,2	8,30	15,—	75
$1^1/_2$	148	2,6	4,20	8,—	33	—	—	—	—	—	60	1,2	8,80	17,—	85
2	170	3,0	9,50	18,—	55	—	—	—	—	—	75	1,8	13,25	25,—	125
$2^1/_2$	—	—	—	—	—	218	10	13,80	26,—	130	—	—	—	—	—
3	—	—	—	—	—	265	15,5	20,50	38,—	140	—	—	—	—	—

b) Mit Flansch, aus Eisen, Gummiventildichtung (Abb. 85c).

Anschlußweite mm	kg	RM	S	Kč	Durchfluß Q l/min / Druckverlust h_v m WS					
80	11,5	22,50	42,—	210,—	Q	200	400	600	800	1000
					h_v	—	0,3	0,7	1,3	1,7
100	15,5	32,50	60,—	300,—	Q	400	800	1200	1600	2000
					h_v	—	0,15	0,6	1,35	2,5
125	21	42,—	80,—	400,—	Q	1000	1500	2000	2500	3000
					h_v	—	0,6	1,3	2,2	3,3
150	27	53,—	100,—	500,—	Q	1000	2000	3000	4000	5000
					h_v	—	—	0,6	1,7	3,3
200	55	104,—	195,—	975,—	Q	3000	4000	5000	6000	7000
					h_v	—	0,2	0,6	1,1	1,6
250	141	232,—	450,—	2250,—	Q	5000	6000	7000	8000	9000
					h_v	0,15	0,4	0,8	1,25	1,8

1124. Saugkörbe mit Fußventil. (Klein, Schanzlin & Becker, Frankenthal, Pf.)

NW des Anschlusses	Mit Lederklappe, mit Flansch					Mit Kegelventil, mit Flansch					Mit Kugelventil, mit Flansch						Bohrlochsaugkorb, mit Kegelventil, mit Gewinde			
	Größter Außendurchmesser	Ganze Höhe	Gewicht	Preis	Mehrpreis für Entleerungsvorrichtung	Größter Außendurchmesser	Ganze Höhe	Gewicht	Preis Mit Eisenkegel	Preis Mit Bronzekegel	Größter Außendurchmesser	Ganze Höhe	Gewicht	Preis Mit Eisenkugel	Preis Mit Gummikugel	Preis Mit Bronzekugel	Größter Außendurchmesser	Ganze Höhe	Gewicht	Preis
mm	mm	mm	kg	RM	RM	mm	mm	kg	RM	RM	mm	mm	kg	RM	RM	RM	mm	mm	kg	RM
40	140	122	2,2	7,—	3,50	185	225	6	12	15	185	225	6	16	14	22	82	215	5,5	14
50	168	157	4	8,—	3,50	185	230	7	13	17	185	230	7	17	15	24	92	225	6	19
70	206	225	8	13,—	3,75	210	250	10	17	24	210	250	10	21	20	33	107	240	7	26
80	210	240	10	15,—	4,25	240	265	14	20	29	240	265	14	24	23	40	125	295	10	30
100	230	285	13	20,—	5,—	280	325	22	25	44	280	325	22	34	31	63	175	330	18	44
125	270	398	22	27,—	6,—	355	365	32	34	54	355	365	34	41	43	80	200	490	23	54
150	320	447	33	35,—	7,—	395	425	40	45	68	395	425	45	51	59	105	230	505	26	67
200	395	533	54	64,—	9,—	480	560	78	75	125	480	560	82	93	117	195	315	505	35	102
250	478	613	84	92,—	15,—	550	590	115	107	175	550	700	136	126	175	310	370	610	70	167
300	568	689	115	145,—	19,—	660	725	165	170	260	660	850	215	190	270	—	—	—	—	—
350	639	808	177	198,—	19,—	715	760	225	232	350	715		300	265	—	—	—	—	—	—
400	731	916	245	275,—	32,—	790	800	280	295	470	—	—	—	—	—	—	—	—	—	—

Höchstzulässige Betriebsdrücke in atü:

bei NW	200	225 bis 350	400
Lederklappe	1	1	1
Eisenkegel	5	4	3
Bronzekegel	7	7	7
Eisenkugel	5	2	—
Gummikugel	3	1	—
Bronzekugel	5	5	—
Bohrlochsaugkorb	7	7	—

Lederklappen dürfen nur bei Wassertemperaturen unter 40° verwendet werden. — Kugelventile nur für schlammhaltiges Wasser

1125. Saugkörbe, große, mit Fußventilen in Gruppenanordnung. (Bopp & Reuther, Mannheim.)

Gehäuse Gußeisen, Ventile als Hohlkegel mit Dichtung, Gummi auf Eisen, Seiher Stahlblech verzinkt.

a) Zum Anhängen an die Saugleitung.

Nennweite	mm	400, 450	500, 550	600	700	800	900	1000	1200	1400	1600
Baulänge	,,	955	1185	1325	1490	1645	1800	1800	1985		
Größter Außendurchmesser	,,	575	680	790	900	1020	1120	1220	1420		
Gewicht	kg	350	550	750	1000	1250	1650	1650	2250	3150	4300
Preis, frachtfrei	RM	290	420	560	720	975	1350	1350	1900	2750	4000

b) Zum Aufsetzen auf die Sohle des Saugschachtes:

Gewichte wie bei a + 10%. Preise wie bei a + 15%.

c) Zum Aufsetzen auf die Sohle des Saugschachtes, mit einem zweiten, hochziehbaren Seiher:

Gewichte wie bei a + 20%. Preise wie bei a + 30%.

1126. Schieber. (Garvenswerke.)

a) Mit Gasgewindeanschluß. Betriebsdruck bis 10 atü aus Rotguß, mit Handrad.

Lichtweite		1/2 Zoll	3/4 Zoll	1 Zoll	1 1/4 Zoll	1 1/2 Zoll	2 Zoll	2 1/2 Zoll	3 Zoll
Baulänge	mm				67	75	90	112	115
Gewicht	kg				1,5	1,8	3,0	6,0	7,5
Preis	RM	4,20	4,80	5,60	8,30	12,—	17,—	31,—	52,—
	S	8,—	9,—	11,—	16,—	22,—	32,—	57,—	96,—
	Kč	30,—	38,—	49,—	70,—	95,—	140,—	245,—	392,—

b) Mit Flanschen, aus Eisen, mit Handrad.

Lichtweite in mm		40	50	70	80	100	125	150	200	250	300	350
Flachschieber bis 2,5 atü:												
Baulänge	mm	140	150	170	180	190	200	210	230	250	300	350
Gewicht	kg	11	13	16	21	29	39	48	73			
Preis	RM	26	29	36	51	67	84	87	146			
	S	50	56	69	98	127	160	185	285			
	Kč	113	130	167	195	253	330	435	650	935	1220	
Normalschieber bis 12 atü:												
Baulänge	mm	240	250	270	280	300	325	350	400	450	500	550
Gewicht	kg	16,5	16,5	21,5	35	46	62	81	146	210	303	400
Preis	RM	11	12	16	18	23	29	38	61	90	129	
	S	55	64	82	110	155	197	240	420			
	Kč	140	160	200	240	315	440	550	920	1235	1850	2520

1127. Rückschlagventile. (Garvenswerke.)

a) Mit Gasgewindeanschluß, für Betriebsdrücke bis 10 atü.

Anschlußweite Zoll	Eisen mit Lederventil, Einbau lotrecht (Abb. 85 d)					Eisen mit Stechventil, Einbau lotrecht (Abb. 85 d)					Messing, ohne Umlauf, Einbau beliebig (Abb. 85 e)				
	kg	Baulänge mm	RM	S	Kč	kg	Baulänge mm	RM	S	Kč	kg	Baulänge mm	RM	S	Kč
1 1/4	2,0	72	3,60	7,—	20,—	2,2	72	4,30	8,—	25,—	1,75	75	11,—	21,—	95,—
1 1/2	2,6	80	4,50	9,—	24,—	2,8	80	5,60	10,—	30,—	2,4	94	14,—	26,—	105,—
2	3,3	88	5,80	11,—	30,—	3,9	88	6,70	13,—	40,—	3,6	106	20,—	38,—	150,—
2 1/2	7,0	96	12,90	25,—	75,—	—	—	—	—	—	—	—	—	—	—

b) Mit Flanschen.

Anschlußweite mm	Eisen, für lotrechten Einbau, bis 12 atü					Eisen mit Lederklappe										Eisen, mit Metallsitz und Gummidichtung für 10 atü								
						Höchstdruck atü	Baulänge mm	ohne Umlauf				mit Umlauf				Baulänge mm	ohne Umlauf				mit Umlauf			
	Baulänge mm	kg	RM	S	Kč			kg	RM	S	Kč	kg	RM	S	Kč		kg	RM	S	Kč	kg	RM	S	Kč
40																180	10	31	55	330	11,5	46	84	504
50	125	7,5	16,0	30	180											200	13	34	62	372	14,5	50	91	546
60	135	8,3	18,2	34	210	8	270	17	32,0	62	372	18,5	49	92	552	220	15	39	74	444	16,5	57	103	618
80	155	12,5	25,5	48	320	6	300	21	38,6	75	450	22,5	58	105	630	260	25	54	101	606	26,5	68	130	780
100						5	360	34	54,0	104	624	36,0	71	134	804	300	35	72	136	816	37,0	88	165	990
125						4,5	420	52	67,0	130	780	54,0	85	160	960	350	46	88	171	1026	48,0	107	200	1200
150						4	510	77	98,0	190	1140	70,0	115	225	1350	400	65	112	215	1290	67,0	131	250	1500
200						3,5	620	136	172,0	310	1860	140,0	182	345	2070	500	113	175	335	2010	116,0	191	370	2220

E. Wasserbehälter.

1128. Wasserbehälter aus Stahlblech.

a) Genietete oder geschweißte, kleine Behälter, rechteckig oder rund, mit ebenen oder Hängeböden, wiegen, bei Inhalten J zwischen 100 und 10000 l in Kilogramm:

$$G = 2\, J^{0,7}.$$

Preis je Tonne, montiert = Blechpreis je Tonne mal (6,5 bis 4,0).

b) Schornsteinbehälter, montiert: Preis gleich Blechpreis je Tonne mal (5,5 bis 3,5).

c) Intze-Behälter, montiert: Preis gleich Blechpreis je Tonne mal (5,3 bis 3,0).

d) Kugelbehälter, 2200 cbm Inhalt: Preis 44 RM/cbm.[63]

e) Zylinderbehälter, Inhalt 1450 3600 cbm

Preis[63] 72,4 62,0 RM/cbm.

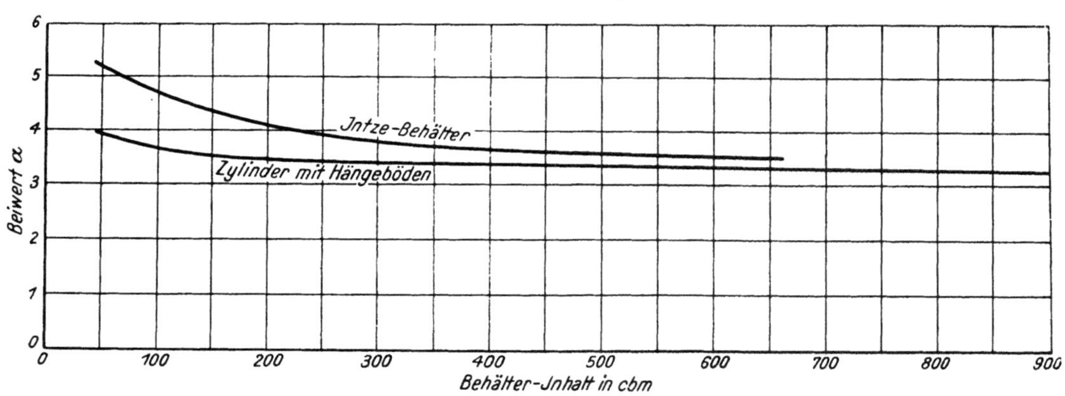

Abb. 86. Kostenbeiwerte α stählerner Wasserbehälter.

f) 1 t stählerner Wasserbehälter, am Unterbau fertig zusammengebaut und gestrichen, kostet α-mal soviel als 1 t zum Bau verwendeten Stahlbleches. Die α-Werte sind der Abb. 86 zu entnehmen.

g) Wasserbehälter aus Stahlblech, offen, ohne Unterbau.

Nutzinhalt .... in	cbm	1	2	3	5
Gewicht	t	0,29	0,42	0,62	0,86
Preis	RM	180	240	315	390
„ je Tonne	RM/t	620	571	509	453
Nutzinhalt	cbm	10	15	20	25
Gewicht	t	1,60	2,00	2,75	3,25
Preis	RM	755	935	1200	1450
„ je Tonne	RM/t	473	467	437	447

h) Gewichte stählerner Wasserbehälter:[292]

Behälterinhalt cbm	10	15	20	25	30	35	40	50	60	75
Intze-Behälter:										
Außendurchmesser des Mantels . . . . m	—	—	3,8	—	3,8	—	5,0	5,8	—	6,0
Auflagerring, Durchmesser „	—	—	2,5	—	2,5	—	3,3	3,3	—	4,2
Innenzylinder, Durchmesser „	—	—	0,7	—	0,7	—	0,8	0,8	—	0,8
Mantelhöhe . . . . „	—	—	1,8	—	2,7	—	1,9	2,5	—	2,8
Kegelhöhe . . . . „	—	—	0,65	—	0,65	—	0,85	0,85	—	0,9
Kugelboden, Halbmesser . „	—	—	1,75	—	1,75	—	3,0	3,0	—	3,0
Gewicht ohne Ummantelung . . . . t	—	—	2,1	—	2,9	—	3,5	4,1	—	5,4
Gewicht mit Ummantelung . . . . „	—	—	4,25	—	4,95	—	6,0	6,9	—	9,0
Barkhausen-Behälter:										
Mantel, Durchmesser . . . . . m	2,68	3,06	3,36	—	3,86	4,06	4,24	4,58	4,84	5,24
Kugelhalbmesser . . . . „	1,34	1,53	1,68	—	1,93	2,03	2,12	2,29	2,42	2,62
Mantelhöhe . . . . „	0,89	1,02	1,12	—	1,29	1,36	1,42	1,53	1,62	1,75
Gewicht ohne Ummantelung . . . . t	1,0	1,45	1,85	—	2,6	3,0	3,4	4,1	4,6	5,6
Schornsteinbehälter mit Holzeindeckung:										
Äußerer Mantel, Durchmesser . . . . m	5,0	4,6	4,8	5,0	5,6	6,0	6,3	6,9	6,6	6,9
Innerer Mantel, Durchmesser . . . . „	3,5	3,4	3,2	3,0	3,8	3,8	4,8	4,5	4,2	4,5
Mantelhöhe . . . . „	1,0	2,4	2,0	1,9	2,1	2,0	3,1	2,1	2,7	3,4
Gewicht . . . . t	3,7	4,9	5,0	5,4	6,9	7,7	8,7	9,1	9,5	11,8

Behälterinhalt cbm	100	120	150	200	300	400	500	600	750	1000
Intze-Behälter:										
Außendurchmesser des Mantels . . . . m	6,6	6,6	7,0	8,0	9,0	10,0	11,0	11,0	12,0	14,6
Auflagerring, Durchmesser „	4,6	5,0	5,0	5,5	7,0	8,0	8,0	8,0	8,8	9,5
Innenzylinder, Durchmesser „	1,0	1,0	1,0	1,0	1,0	1,0	1,0	1,0	1,2	1,2
Mantelhöhe . . . . „	2,9	3,5	3,7	3,8	4,4	4,6	5,0	6,0	5,8	5,0
Kegelhöhe . . . . „	1,0	1,0	1,2	1,25	1,25	1,35	1,5	1,5	1,6	2,55
Kugelboden, Halbmesser . „	4,0	4,0	4,0	4,5	5,0	5,5	5,5	5,5	6,25	6,75
Gewicht ohne Ummantelung . . . . t	6,7	7,7	9,0	10,0	15,0	17,6	21,3	25,2	30,0	39,0
Gewicht mit Ummantelung . . . . „	11,1	11,8	14,2	16,5	20,8	25,2	30,5	36,0	42,0	52,0
Barkhausen-Behälter:										
Mantel, Durchmesser . . . . . m	5,76	6,12	6,60	7,26	8,30	9,14	9,84	10,46	—	—
Kugelhalbmesser . . . . „	2,88	3,06	3,30	3,63	4,15	4,57	4,92	5,23	—	—
Mantelhöhe . . . . „	1,92	2,04	2,20	2,42	2,77	3,05	3,28	3,49	—	—
Gewicht ohne Ummantelung . . . . t	7,0	7,7	9,0	11,0	14,4	19,0	23,0	27,0	—	—
Schornsteinbehälter mit Holzeindeckung:										
Äußerer Mantel, Durchmesser . . . . m	8,1	8,5	9,0	—	—	—	—	—	—	—
Innerer Mantel, Durchmesser . . . . „	5,1	5,5	5,0	—	—	—	—	—	—	—
Mantelhöhe . . . . „	3,0	3,6	3,1	—	—	—	—	—	—	—
Gewicht . . . . t	16,3	18,0	21,0	—	—	—	—	—	—	—

1129. **1 t stählernes Traggerüst für Wassertürme** kostet fertig aufgestellt und einmal gestrichen 2- bis 2,5mal soviel als 1 t Formstahl.

1130. **Wassertürme.**[258]

a) Wasserturm Bahnhof Jädickendorf: 300 cbm. Behälterunterkante 9 m über Gelände. Eiserner Zylinder mit Kugelhaubenhängeboden. Preis (1925): 52000 RM. (Abb. 87.)

b) Wasserturm Bahnhof Pyritz: 150 cbm. Behälterboden 14 m über Gelände. Eisenbetonbehälter. Preis (1928): 48000 RM. (Abb. 88.)

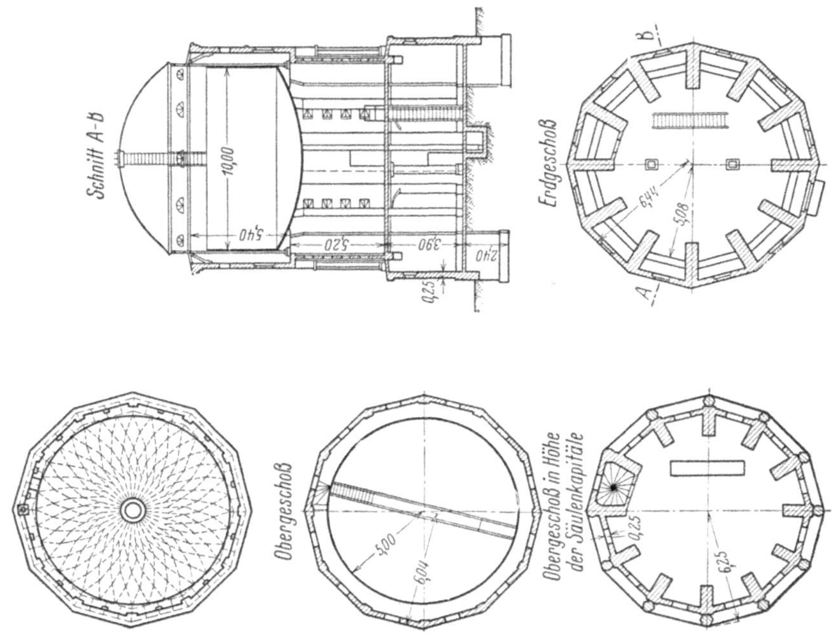

Abb. 87. Wasserturm am Bahnhof Jädickendorf. (Aus Bautechnik 1931, S. 528.)

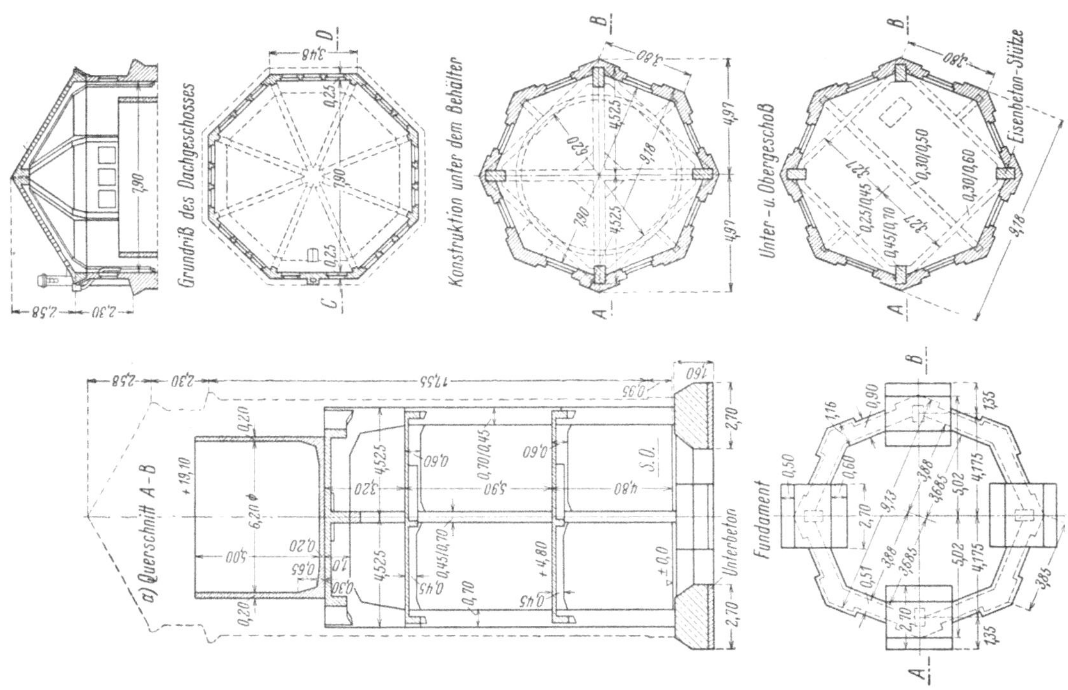

Abb. 88. Wasserturm am Bahnhof Pyritz. (Aus Bautechnik 1931, S. 529.)

c) Schätzung der Kosten K eines Wasserturmes einschließlich der Fernmeldeanlage und einer Maschinistenwohnung bei der zu versorgenden Einwohnerzahl E:[295]

$$K = E\left(4 + \frac{20\,000}{E}\right)\ \text{RM}.$$

d) Die Kosten der künstlerischen Ausgestaltung von Wassertürmen[295] verteuern den Wasserturm um 25 bis 50%, manchmal sogar 100% der Minimal-Wasserturmkosten.

1131. Wasserkeller.

a) Baustoffaufwand für kreisrunde Wasserkeller (ohne Schieberkammer):[112]

Beschaffenheit der kreisrunden Behälter	Höhe der Deckenüberschüttung	Decke, Säule, Säulengrundwerk				Wandung und Sohle Stampfbeton 1 : 6			Wandung und Sohle Eisenbeton			
		Beton	Rundstahl*	Schalung	Glattputz	Beton	Schalung	Glattschliff	Beton	Rundstahl*	Schalung	Glattschliff
	m	cbm	kg	qm	qm	cbm	qm	qm	cbm	kg	qm	qm
Nutzinhalt 10 cbm. Durchmesser innen 2,60 m. Rippenplattendecke.	1,50	0,90	105	7,3	—							
	1,25	0,84	90	7,3	—	5,8	38,2	22,0	3,3	210	38,0	22,0
	1,00	0,76	75	7,3	—							
Nutzinhalt 25 cbm. Durchmesser innen 3,60 m. Rippenplattendecke.	1,50	1,80	235	16,3	—							
	1,25	1,68	225	16,1	—	10,0	68,0	38,5	5,2	470	66,9	38,5
	1,00	1,57	205	16,0	—							
Nutzinhalt 50 cbm. Durchmesser innen 4,60 m. Rippenplattendecke.	1,50	3,68	510	27,7	—							
	1,25	3,51	480	27,6	—	15,4	108,0	62,0	7,9	975	106,0	62,0
	1,00	3,28	410	27,6	—							
Nutzinhalt 100 cbm. Durchmesser innen 6,60 m. Rippenplattendecke mit einem durch eine Säule abgestützten Unterzug	1,50	7,90	1197	68,0	4,2							
	1,25	7,19	1095	67,0	4,1	45,0	163,0	96,3	19,4	1600	156,0	96,3
	1,00	6,81	950	65,9	3,9							
Nutzinhalt 150 cbm. Durchmesser innen 8,00 m. Rippenplattendecke mit einem durch eine Säule abgestützten Unterzug	1,50	15,53	1824	118,5	5,4							
	1,25	12,31	1540	115,4	5,0	61,0	200,0	126,0	22,1	1850	188,0	126,0
	1,00	11,26	1332	114,2	4,8							

b) Schätzung der Kosten von Wasserkellern[291] je Kubikmeter Inhalt:

a) Wasserkeller aus Beton 20 bis 40 RM.

b) Wasserkeller aus Eisenbeton 30 bis 40 RM.

1132. Ausrüstungsstücke für Wasserkeller. Siehe auch Nr. 1042, 1126 und 1242.

Nennweite	40 mm	50 mm	70 mm	80 mm	100 mm	125 mm	150 mm	200 mm	250 mm	300 mm	350 mm	400 mm
Schwimmerventile: Gewicht . . . kg												
Preis . . . . . RM	67	80	115	125	185	225	300	460	700	1000		
Preis S	120	144	193	253	331	385	480	890				
Preis Kč	387	454	614	694	894	1014	1334	2134				

Säulenständer mit gekapselten Kegelrädern für den hochliegenden Antrieb von Absperrschiebern, samt Handkurbel (Bopp & Reuther, Mannheim).

a) Ohne Anzeiger für die Schieberstellung:

Gewicht	kg	130	270
Drehmoment, größtes	kgm	22,50	80,0
Preis, frachtfrei	RM	110	215

b) Mit Anzeiger für die Schieberstellung:

Gewicht	kg	132	290
Drehmoment, größtes	kgm	22,50	80,0
Preis, frachtfrei	RM	125	243

* Einschließlich 10% Verschnitt.

1133. Druckkessel.

a) Kosten von Druckkesseln bei einer kleinsten Dauer der Schaltperiode von 10 Minuten. (Ohne die Kosten von Pumpe und Motor, aber mit der Schaltanlage für den selbsttätigen Betrieb):[295]

Einwohnerzahl	Kesselkosten RM	Kesselzugehör RM	Gebäudemehrkosten RM	Zusammen RM
1000	420	2100	3600	6120
3000	1120	3500	5200	9820
5000	2100	4000	6000	12100
10000	4600	4500	6700	15800
15000	8500	4900	7000	20400

Für Verzinsung und Tilgung werden etwa 11% gerechnet.

b) Kostenvergleich zwischen:[295]

1. Wasserturm mit Maschinistenwohnung und Fernmeldeanlage und
2. Druckkessel mit Zugehör und Gebäudeanteil.

Einwohnerzahl		1000	3000	5000	10000	15000
1.	RM/Kopf	23—28	11—15	9—10,5	6—7	4,5—5,3
2.	,,	3,5—3,8	1,8—2,2	1,5—1,7	1,1—1,3	1—1,2

F. Trinkwasserreinigung.

1134. Schätzung der Kosten von Klärbecken zur Trinkwasserreinigung:[291]

a) Nicht überdeckte, rechteckige Beton- oder Eisenbetonbecken, je Kubikmeter Nutzinhalt 10 bis 15 RM.

b) Nichtüberdeckte Erdbecken mit Betonplatten verkleidet, je Kubikmeter Nutzinhalt 5 bis 8 RM.

c) Die Überdeckung erfordert je Quadratmeter Grundfläche 15 bis 20 RM.

d) In Bremen kostet der Zusatz von arsenfreier schwefelsaurer Tonerde je Kubikmeter geklärten Wassers 0,6 bis 0,8 Pf.

1135. Langsamfilter.

Baukosten, einschließlich Rohrleitungen, Kanäle, Sandwäsche, je Kubikmeter:[19]

a) offene Filter, mit mehr als 1000 qm	RM	40—50
b) überwölbte Filter, mit mehr als 1000 qm	,,	70—75
,, ,, , ,, 300 bis 400 qm	,,	125—150
c) Stufenfilter	,,	225

1136. 1 rm Filtersand waschen erfordert:

a) in der Waschmaschine 0,3 kWh + 6,5 cbm Wasser,

b) ,, ,, Wasserstrahlwäsche: 20 bis 25 cbm Wasser.

1137. Schnellfilter.

a) Offene Schnellfilter.

Rückspülung mit Wasser und Preßluft: Preis je Quadratmeter Filterfläche: (50 bis 70) RM.[178]

Rückspülung, unterstützt durch Rührwerk: Preis je Quadratmeter Filterfläche: (250 bis 350) RM.[178]

b) Geschlossene Schnellfilter.

Leistung stündlich	cbm	10	15	20	30	50
Preis[178]	RM	1500—1900	1800—2200	2100—2600	3500—4400	5200—6200

Leistung stündlich	cbm	75	100	200	500
Preis[178]	RM	7500—9200	11000—14000	20000—25000	50000—62000

Wabag-Schnellfilter für 100 cbm/h, bei 4 atü Betriebsdruck, Preis: 12000 RM.

100 kg der geschlossenen Schnellfilter einschließlich der erforderlichen Rohrleitungen und des Zusammenbaues kosten 200 bis 250 RM.

1138. Die Reinigung des Filtersandes in Schnellfiltern durch Rückspülung erfordert 2 bis 10% des Reinwassers.

1139. Kies für Schnellfilter.

a) Flußkies, gewaschen und sortiert. Preis je Tonne: (10 bis 12) RM.[178]

b) Quarzkies, 8mal gewaschen, sortiert. Preis je Tonne: (2 bis 5,50) RM.[178]

c) Quarzkies, gewaschen, geglüht, Körnung 1/4 bis 100 mm. Preis je Tonne: (2 bis 9) RM.

1140. Wasserenteisnung in Rieslern.

Baukosten der Riesler bei Steinpackung: 375 bis 400 RM je Quadratmeter Grundfläche.[19]
Die Spülung der Riesler erfordert 0,6 bis 1% des verrieselten Wassers.[19]
Betriebskosten[19] bei einem Eisengehalt von 2 bis 3 mg/l:

für Rieseln	10—13 Pf.	pro	1000 cbm
,, Filtern	20—50 ,,	,,	1000 ,,

ohne Verzinsung und Tilgung (Vorkriegspreis).

1141. Reinigung von Rieslersteinen (Klinkerziegeln) mit der Ziegelsteinreinigungsmaschine:[64]

Kosten je 1000 Steine:	Stromverbrauch	1—1,5 kWh
	Wasserverbrauch (5 atü)	10—15 cbm
	Reinigungsmaschine	1 h
	Für Ausbau, Beförderung und Wiedereinbau	8—9 ,, Hilfsarbeiter

1142. Enteisner.

a) Offene Enteisner (Riesler).

Leistung stündlich	cbm	10	20	30	40	50	100
Durchschnittspreis[178]	RM	4000	7000	9500	11500	14000	20000

b) Geschlossene Enteisner.

Leistung stündlich	cbm	10	20	30	40	50	100
Preis[178]	RM	2500	4000	5500	7000	8200	14000

1143. Quarzkies als Packung geschlossener Enteisner:

Preis je 100 kg: 0,40 bis 1,30 RM.

1144. Trinkwasserenteisnung in geschlossenen Enteisnern.

Betriebskosten: Luftbedarf: 0,5 bis 0,8% des Rohwasservolumens.[28] Spülwasser: 0,5 bis 1% des Reinwassers.[28] Druckverlust im Enteisner: 3 bis 10 m Wassersäule. Jährlich ein Innenanstrich.[28] Eine neue Füllung alle 2 bis 3 Jahre.[28] Bei jeder Instandsetzung 10% der Kontaktraumpackung als Ergänzung.[28]

1145. Entmanganungsanlagen, geschlossene.

Leistung stündlich	cbm	10	20	50	100
Preise[178]	RM	3500	6000	12000	16000

1146. Trinkwasserentsäuerung mittels Kalkwasser nach dem Verfahren ,,Bücher"[71] in Pforzheim. Zu entsäuern sind täglich durchschnittlich 4750 cbm, höchstens 6500 cbm. Angreifende Kohlensäure 15 bis 20 mg/l.

Gesamtbaukosten .... RM 65000

a) Feste Jahreskosten:

Verzinsung und Tilgung	6,5%
Abschreibung	4,5%
zusammen	11,0% gleich RM 7150

b) Veränderliche Jahreskosten:

Unterhaltung der Apparate		RM	250
36,6 t Kalkhydrat, je	RM 47,20	,,	1730
Kraftstromversorgung, 5589 kWh, je	,, 0,207	,,	1155
Lichtstrom, 850 kWh, je	,, 0,326	,,	277
Löhne		,,	4500
		RM	7912

Das Entsäuern von 1 cbm kostet 0,685 Rpf.

1147. Entsäuerung des Wassers in Marmorfiltern.

Baukosten: bei 23000 cbm Tagesleistung, je Kubikmeter Tagesleistung 5 RM.[19]
Betriebskosten: je Kubikmeter Wasser 0,2 Rpf.[19]
Marmorverbrauch: die Bindung von 1 g freier Kohlensäure erfordert 0,8 g Marmor.

1148. Marmor als Packung für Entsäuerungsfilter. Preis je 100 kg 2 bis 3 RM.[178]

1149. Wasserenthärtungsanlagen.

Leistung stündlich	cbm	1	2	3	5	10	15	20	30
Preis von	RM	1500	2000	2800	4400	6800	8200	9800	13600
bis	,,	2000	2700	3500	5900	7000	11000	13000	18000

1150. Chlorgasapparat für das indirekte Chlorgasverfahren von G. Ornstein der Chloratorgesellschaft in Berlin für eine Chlorgasabgabe bis 500 g je Stunde kostet frachtfrei 2150 RM.

Chlorgasgaben:	bei Trinkwasser	0,1—0,4	g/cbm
	,, Badewasser	1	,,
	,, Abwasser	bis 20	,,

1151. Trinkwasserentkeimung mittels Chlorkalkes.[43]

Um dem Wasser 0,5 g wirksames Chlor je Kubikmeter zuzusetzen, sind auf 1000 cbm Wasser 1,5 kg Chlorkalk erforderlich. Kosten bei einem Chlorkalkpreis von 0,1 RM/kg daher 1,5 Rpf pro 100 cbm. Hierzu für sonstige Betriebskosten weitere etwa 1,5 Rpf/100 cbm, so daß also die Entkeimung mit Chlorkalk 3 Rpf je 100 cbm kostet.

1152. Entkeimungsfilter „Pikkolo" zur Entkeimung des Wassers nach Zsigmondy, zum Aufstecken an den Zapfhahn der Wasserleitung, für Durchflüsse bis 2 l je Minute (Maschinenfabrik Karl Cron, Mannheim-Industriehafen): 15 RM.

G. Das Rohrnetz.

1. Allgemeines.

1153. Normen, allgemeine, betreffend Rohrleitungen.

DIN 2400. Rohrleitungen, Übersicht.
DIN 2401. Druckstufen, Nenndruck, Betriebsdruck, Probedruck.
DIN 2402. Nennweiten.
DIN 2429. Sinnbilder für Rohrleitungen.
DIN 2430. Formstücke für Rohrleitungen, Übersicht und Sinnbilder.
DIN 2403. Kennfarben für Rohrleitungen.

1154. Sinnbilder für Rohrleitungen nach DIN 2429.

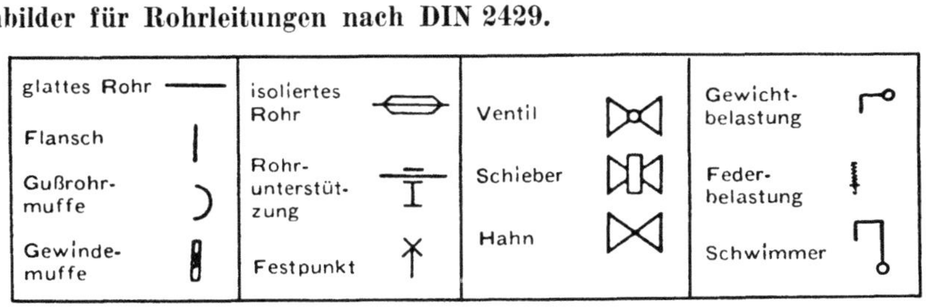

1155. **Darstellung und Bezeichnung von Formstücken nach DIN 2430.**

	Bild	Sinnbild	Benennung	Kurzzeichen
1			Muffenstück mit Flanschstutzen	A
2			Muffenstück mit zwei Flanschstutzen	AA
3			Muffenstück mit Muffenstutzen	B
4			Muffenstück mit zwei Muffenstutzen	BB
5			Muffenstück mit Muffenabzweig	C
6			Muffenstück mit zwei Muffenabzweigen	CC
7			Flanschmuffenstück	E
8			Flanschmuffenübergangstück	ER
9			Muffenflanschübergangstück mit Muffe am weiten Ende	ERw
10			Flanschstück	F
11			Flanschstück mit Flanschstutzen	FA
12			Flanschstück mit zwei Flanschstutzen	FAA
13			Flanschstück mit Muffenstutzen	FB
14			Flanschstück mit zwei Muffenstutzen	FBB
15			Flanschstück mit Muffenabzweig	FC
16			Flanschstück mit zwei Muffenabzweigen	FCC
17			Hosenstück	H
18			Hosenkugelstück	HKug
19			Hosenmuffenstück	HC
20			Muffenkniestück	J
21			Muffenbogen R = 10D	K
22			Muffenbogen R = 5D	L
23			Einflanschkniestück	FJ
24			Einflanschbogen R = 10D	FK

Bild	Sinnbild	Benennung	Kurz-zeichen
25		Einflanschbogen R = 5D	FL
26		Einflanschkrümmer	FQ
27		Flanschkrümmer	Q
28		Doppelkrümmer	D
29		Muffenkrümmer	MQ
30		Flanschmuffenkrümmer	EQ
31		Übergangskrümmer	RQ
32		Warzenkrümmer	WQ
33		Fußkrümmer	N
34		Hydrantenfußkrümmer	EN
35		Flanschmuffenfußkrümmer	EQN
36		Muffenfußkrümmer	MQN
37		Doppelmuffenfußkrümmer	MMQN
38		Muffenübergang	R
39		Muffenübergang mit Muffe am weiten Ende	Rw
40		Muffenübergang exzentrisch	Re
41		Muffenübergang mit Muffe am weiten Ende, exzentrisch	Rwe
42		Einflanschübergang	FR
43		Einflanschübergang exzentrisch	FRe
44		Einflanschübergang mit Flansch am weiten Ende	FRw
45		Einflanschübergang mit Flansch am weiten Ende, exzentrisch	FRwe
46		Flanschübergang	FFR
47		Flanschübergang exzentrisch	FFRe
48		S-Stück	S
49		Schuhstück	Sch
50		Übergangschuhstück	SchR

	Bild	Sinnbild	Benennung	Kurzzeichen
51			T-Stück bzw. Kreuzstück	T TT
52			Geschweiftes T-Stück bzw. geschweiftes Kreuzstück	Tg TTg
53			Kugel-T-Stück bzw. Kugelkreuzstück	TKug TTKug
54			Muffen-Kugel-T-Stück bzw. Muffen-Kugelkreuzstück	MTKug MTTKug
55			Überschiebmuffe	U
56			Geteilte Überschiebmuffe	$\frac{2}{2}$ U
57			Geteilte Überschiebmuffe mit Flanschstutzen	$\frac{2}{2}$ UA
58			Geteilte Überschiebmuffe mit Muffenstutzen	$\frac{2}{2}$ UB
59			Doppelmuffe	MM
60			Doppelmuffe mit Flanschstutzen	MMA
61			Doppelmuffe mit zwei Flanschstutzen	MMAA
62			Doppelmuffe mit Muffenstutzen	MMB
63			Doppelmuffe mit zwei Muffenstutzen	MMBB
64			Stopfen	P
65			Kappe	O
66			Blindflansch, flach	X
67			Blindflansch, gewölbt	X gew.
68			Krümmer-T-Stück	Y
69			Krümmer-T-Stück mit Übergangsschenkeln	YR
70			Flanschstück mit Warzen	Z
71			Schutzmuffe, senkrecht geteilt	Vv
72			Schutzmuffe, wagerecht geteilt	Vh

1155 a. Darstellung und Bezeichnung von Rohrleitungsteilen nach DIN 2429 (Abb. 89).

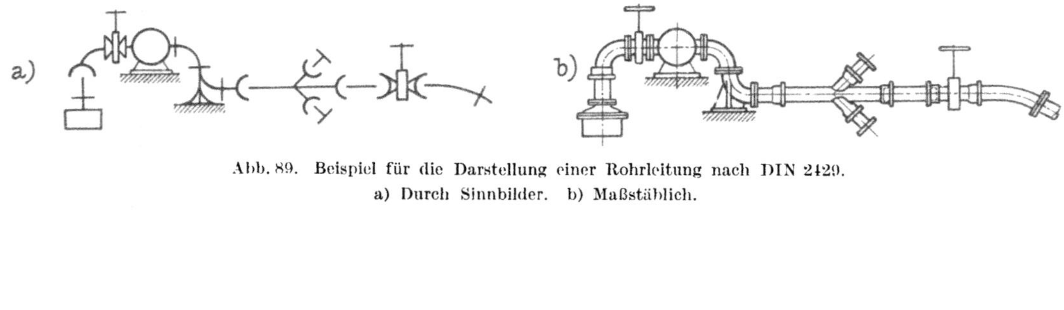

Abb. 89. Beispiel für die Darstellung einer Rohrleitung nach DIN 2429.
a) Durch Sinnbilder. b) Maßstäblich.

Gruppe	Benennung		Sinnbild
Ventile	Durchgang-Absperrventil	mit Flanschen	101
Ventile	Durchgang-Absperrventil	mit Gewindemuffen	102
Ventile	Eck-Absperrventil	mit Flanschen	103
Ventile	Eck-Absperrventil	mit Gewindemuffen	104
Ventile	Wechselventil	mit Flanschen	105
Ventile	Wechselventil	mit Gewindemuffen	106
Ventile	Durchgang-Sicherheitsventil mit Federbelastung und	Flanschen	115
Ventile	Durchgang-Sicherheitsventil mit Federbelastung und	Gewindemuffen	116
Ventile	Eck-Sicherheitsventil mit Federbelastung und	Flanschen	117
Ventile	Eck-Sicherheitsventil mit Federbelastung und	Gewindemuffen	118
Ventile	Rohrbruchventil	ohne besondere Absperrvorrichtung von Hand	119
Ventile	Rohrbruchventil	mit besondere Absperrvorrichtung von Hand	120
Ventile	Druckminderventil (Spitze des Dreiecks gibt Richtung der Druckminderung an)	mit Flanschen	121
Ventile	Druckminderventil (Spitze des Dreiecks gibt Richtung der Druckminderung an)	mit Gewindemuffen	122
Ventile	Durchgang-Schwimmer-Ventil	mit Flanschen	123
Ventile	Durchgang-Schwimmer-Ventil	mit Gewindemuffen	124
Ventile	Eck-Schwimmer-Ventil	mit Flanschen	125
Ventile	Eck-Schwimmer-Ventil	mit Gewindemuffen	126
Ventile	Durchgang-Rückschlagventil	mit Flanschen	107
Ventile	Durchgang-Rückschlagventil	mit Gewindemuffen	108
Ventile	Eck-Rückschlagventil	mit Flanschen	109
Ventile	Eck-Rückschlagventil	mit Gewindemuffen	110
Ventile	Durchgang-Sicherheitsventil mit Gewichtbelastung und	Flanschen	111
Ventile	Durchgang-Sicherheitsventil mit Gewichtbelastung und	Gewindemuffen	112
Ventile	Eck-Sicherheitsventil mit Gewichtbelastung und	Flanschen	113
Ventile	Eck-Sicherheitsventil mit Gewichtbelastung und	Gewindemuffen	114
Schieber	Schieber	mit Flanschen	127
Schieber	Schieber	mit Gewindemuffen	128
Schieber	Schieber	mit Gußrohrmuffen	129
Hähne	Durchganghahn	mit Flanschen	130
Hähne	Durchganghahn	mit Gewindemuffen	131
Hähne	Dreiwegehahn	mit Flanschen	132
Hähne	Dreiwegehahn	mit Gewindemuffen	133
Klappen	Drosselklappe	mit Flanschen	134
Klappen	Drosselklappe	mit Gewindemuffen	135
Klappen	Rückschlagklappe	mit Flanschen	136
Klappen	Rückschlagklappe	mit Gewindemuffen	137

Gruppe	Benennung		Sinnbild
Abscheider	Wasserabscheider		138
Abscheider	Ölabscheider		139
Ableiter	Kondenstopf		140
Ableiter	Regenhaube		141
Ableiter	Schalldämpfer		142
Ableiter	Abflußtrichter		143
Ableiter	Syphon		144
Saugkörbe	Saugkorb (Seiher) ohne Fußventil	mit Flansch	145
Saugkörbe	Saugkorb (Seiher) ohne Fußventil	mit Gewindemuffe	146
Saugkörbe	Saugkorb mit Fußventil	mit Flansch	147
Saugkörbe	Saugkorb mit Fußventil	mit Gewindemuffe	148
Ausgleicher (Kompensatoren)	Rohrbogenausgleicher		149
Ausgleicher (Kompensatoren)	Stopfbuchsausgleicher		150
Messinstrumente	Dampf-/Wasser-messer nicht registrierend	mit Flanschen	151
Messinstrumente	Dampf-/Wasser-messer nicht registrierend	mit Gewindemuffen	152
Messinstrumente	Dampf-/Wasser-messer registrierend	mit Flanschen	153
Messinstrumente	Dampf-/Wasser-messer registrierend	mit Gewindemuffen	154
Messinstrumente	Manometer Vakuummeter		155
Messinstrumente	Thermometer		156

1156. Schätzung der Kosten der Straßenrohrleitung einschließlich der Schieber, der Feuerpfosten, aller Formstücke und der Erdarbeiten:[190]

a) Bei unbekannten Rohrweiten je Meter Rohrstrang 15 RM.

b) Für Rohrstränge bis zu einer Nennweite von $D = 200$ mm je Meter Rohrstrang $\frac{D}{10}$ RM.

c) Für Rohrstränge von mehr als $D = 200$ mm Nennweite je Meter Rohrstrang $170\left(\frac{D}{1000}\right)^{1,335}$ RM.

1157. Korksteinschalen zur Rohrisolierung.

Schalenstärke	mm	20	25	30	40	50	60
Preis je Quadratmeter ..	RM[178]	3,25	3,75	4,00	4,50	5,00	5,80

1158. Abpressen eines verlegten Wasserleitungsrohres kostet etwa 1% der Kosten des Rohres, fertig verlegt, ohne Erdarbeiten. Prüfpumpen für Rohrleitungen bis 25 atü. Preis 100 RM.

1159. Pfahlgründung für die Wasserleitungsrohre in einer Moorstrecke in Kempten:[60] 5,92 RM je Meter Holzpfahl.

2. Rohrgräben.

1160. Der wirtschaftliche Durchmesser *d* einer Zuleitung beträgt bei Pumpbetrieb bei einer Förderung von q cbm/sec:[293]

$$d\,(\mathrm{m}) = \alpha \sqrt{q\,(\mathrm{cbm/sec})}\,.$$

Bei einer täglichen Pumpzeit von

	24	20	18	16	14	12	10	8	6	4	2	1 Stunden ist
$\alpha =$	1,5	1,64	1,73	1,84	1,96	2,12	2,33	2,60	3,00	3,68	5,20	7,35 zu setzen.

1161. Erforderliche Aushubbreite von Rohrgräben[28] bei einem Rohrdurchmesser D m oder einer Außenbreite von D m betonierter oder gemauerter Kanäle:

bei Gräben für Rohre ohne Pölzung........... $(D + 0{,}7)$ m
,, ,, ,, ,, mit ,, ... $(D + 0{,}9)$,,
,, ,, ,, gemauerte Kanäle............. $(D + 0{,}5)$,,

1162. 1 rm Aushub (Grubenmaß) **aus engen Rohrgräben,** ohne Pölzung und ohne Abfuhr, je nach Übung der Arbeiter und der Feuchte des Bodens:

Bodenklasse (siehe Nr. 240)		I	II	III	IV	V
Bodenbezeichnung nach DIN 1926		Leicht		Mittel	Fest	
Lösen und Werfen bis auf 2 m Höhe	Erdarbeiter h	1,4—4,5	1,8—5,5	2,2—7,0	3,5—9,0	5—14
Je ein Wurf von Bühne zu Bühne, 2 m hoch	,, ,,	0,6—1,8	1,0—2,5	0,6—1,8	0,7—4,0	1,5—4,0
Ein Wurf vom Grabenrand weg ...	,, ,,	0,7	0,9	0,8	0,9—1,5	1,5
Für Aufsicht und Geräte	%	10	10	10	15	15

Pölzung siehe Nr. 263 bis 265.

1162a. Arbeitsaufwand für das Ausheben und Wiederverfüllen von Rohrgräben in Erde je Raummeter (Grubenmaß)[296] nach Beobachtungen in den V. St. A.

Als Erde ist aller Boden angesehen, der sich mit Schaufel, Picke, Hacke, Brechstange lösen läßt, wie z. B. Kies, Sand, Lehm, Ton, Schotterstraßendecken, Konglomerate, verkitteter Kies und Sand, weicher, verwitterter Fels, weicher Sandstein, Grundwerke, lose Steine und Gerölle, Boden mit Holzstämmen und Wurzelstöcken.

Nennweite der Rohre in mm		150	200	250	300	400	500
Grabentiefe bei 0,97 m Deckung	m	1,12	1,17	1,22	1,27	1,37	1,47
Grabenweite..	,,	0,46	0,46	0,61	0,61	0,76	0,76
Aushub je Meter Graben	rm	0,52	0,54	0,75	0,77	1,04	1,12
Erdarbeiterstunden für das Ausheben und Wiederverfüllen von Hand je Raummeter	höchstens...........	8,37	6,80	5,71	6,60	—	—
	mindestens..........	0,71	1,24	1,00	1,33	—	—
	durchschnittlich	2,94	3,17	2,75	3,68	3,49	3,28

1163. 1 rm Aushub aus Rohrgräben in Kellern und Höfen in mittelfestem Boden (Bodenklasse III), einschließlich des Wiederverfüllens und Stampfens. (Das allenfalls erforderliche Aufreißen von Pflaster ist inbegriffen.)

Leistung		Ohne Pölzung, bis zu Tiefen von						Mit Pölzung,* bis zu Tiefen von							
		bis 0,6 m		0,6–1,0 m		1,0–1,5 m		1,5—2,0 m		2,0—4,0 m		4,0—6,0 m		6,0—8,0 m	
		Ausheben	Verfüllen	Ausheben	Verfüllen	Ausheben	Verfüllen	Ausheben	Verfüllen	Ausheben	Verfüllen	Ausheben	Verfüllen	Ausheben	Verfüllen
Erdarbeiter ...	von h	2,5	1,3	2,3	1,2	2,4	1,2	3	1,5	4	2	5	2,5	6	3
	bis ,,	3	1,5	2,7	1,4	2,8	1,4	4	2	5	2,5	6	3	7	3,5
Gerüstzimmerer	von h	—	—	—	—	—	—	0,3	—	0,3	—	0,3	—	0,3	—
	bis ,,	—	—	—	—	—	—	0,6	—	0,6	—	0,7	—	0,7	—
Für Aufsicht und Geräte	%	10	8	10	8	10	8	15	10	15	10	15	10	15	10
Rundholz	cbm	—	—	—	—	—	—	0,0036	—	0,0036	—	0,0036	—	0,0036	—
Schnittholz	,,	—	—	—	—	—	—	0,0057	—	0,0057	—	0,0057	—	0,0057	—

* Pölzung mit waagrechten Ladebrettern. Für Pölzung mit lotrechten Pfahlbrettern erfolgt ein Zuschlag von (0,5 bis 1) h Gerüstzimmerer + 0,5 kg Eisenzeug.

1164. Aussteifung eines 2,5 m tiefen Rohrgrabens mit lotrecht gerammten, 5 cm dicken Pfahlbrettern, die mittels Schlägeln in Sand- oder Lehmboden getrieben werden. 1 qm Wand erfordert (0,4 bis 0,5) h Facharbeiter.

1164 a. Die unter Nr. 1162 beschriebene Rohrgrabenaussteifung mittels Wuchtbaumes wieder entfernen und das Holz neben der Baugrube stapeln erfordert für 1 qm Wand (0,1 bis 0,11) h Facharbeiter.

1165. Rohrgrabenaushub mittels Spatenhammers:[84]

Tiefe des Grabens 1,50 m, Breite 0,6 m.

2 Männer mit Spatenhämmern und 6 Schaufler leisten soviel wie 14 Männer im Handbetrieb.

1 h Gerätevorhaltung kostet 6,25 h Arbeiter.

Leistung in 8 h etwa 30 m Graben für Wasserleitungsrohre.

1166. 1 rm Aushub von gebrächem Gestein oder altem Mauerwerk, das nicht mehr mit der Kreuzhaue gelöst werden kann, **aus Rohrgräben,** ohne Zuhilfenahme von Sprengmitteln: (8 bis 15) h Erdarbeiter + 15% für Aufsicht und Geräte.

1167. Rohrgrabenaushub in Fels. Aufwand je Raummeteraushub (Grubenmaß) bei Handbohrung:

Grabentiefe	m	bis 1,50	1,50—2,00	über 2,50
Steinarbeiterstunden		4,00	4,5	5,0
Hilfsarbeiterstunden		12,0	15,0	18,0
Schmiedstunden		2	2	2
Für Aufsicht und Geräte	%	15—20	15—20	15—20
Bohrstahl	kg	0,5	0,5	0,5
Holzkohle		30—50% der Stahlkosten		
Sprengpulver	kg	5,0	5,0	5,0
Zündschnur	m	10	10	10

1168. Herstellen der Kopflöcher in Rohrgräben für Muffendichtungen erfordert die folgenden Erdarbeiterstunden:

Rohrdurchmesser in mm			40—100	125—300	350—450	500—1200
Bodenklasse II	Bodenbezeichnung nach DIN 1926	leicht	1	1,3	1,5	1,8
„ III		mittel	1,5	1,8	2	2,6
„ IV		fest	2	2,3	2,5	2,8
„ V		„	6—9	8—12	8—12	8—12
Für Aufsicht und Geräte			10—20%			

1169. Wiederverfüllen von Rohrgräben und Stampfen des Bodens je Raummeter: (1,3 bis 1,9) h Erdarbeiter. Bei Tiefen über 2 m erfolgt für jeden Meter Mehrtiefe ein Zuschlag von 0,25 h Erdarbeiter. Für das Herausnehmen der Pölzung: Zuschlag von 15 bis 25%.

1170. Wiederverfüllen des Rohrgrabens und Einschlemmen des Bodens statt des Stampfens mit beigestelltem Wasser, je Raummeter Verfüllung: 1 h Erdarbeiter.

1171. Wiederverfüllen eines Grabens mit Boden, der am Grabenrand lagert, **ohne Stampfen,** je Raummeter (festgemessen = 1,25 rm aufgelockert): 0,5 h Erdarbeiter.

1172. 1 rm steinfreien Boden durch Durchwerfen durch ein weitmaschiges Wurfgitter für die ersten Lagen zur Verfüllung von Rohrgräben aus dem Aushub **gewinnen:** (1,5 bis 2) h Erdarbeiter.

1173. Verfüllen von Boden in einen Rohrgraben und Stampfen mittels Preßluftstampfers:[84]

8 Schaufler und 4 Stampfer mit Preßluftstampfern leisten soviel wie 24 Männer im Handbetrieb.

1 h Gerätevorhaltung kostet 8,5 h Erdarbeiter.

1174. Beim Verführen überschüssigen Aushubes aus Rohrgräben nach dem Verfüllen erfolgt für das Auflockern des festgetretenen Bodens **zu den Verladekosten ein Zuschlag je Raummeter** (am Haufen gemessen) von (0,15 bis 0,2) h Erdarbeiter.

1175. Für Hilfeleistung beim Entladen des verführten, überschüssigen Aushubes aus Rohrgräben und für das Ausgleichen des Bodens am Sturzplatz erfolgt je Raummeter verführten Bodens ein Zuschlag von 0,5 h Erdarbeiter.

3. Gußeisen- und Stahlrohrleitungen.

1176. Normen betreffend Rohrleitungen.

DIN 2410. Rohre, Übersicht.
DIN 2411. Gußeisenrohre, Erläuterungen zur Berechnung.
DIN 2420. Gußeiserne Rohre und Formstücke, Technische Lieferbedingungen.
DIN 2422. „ Flanschenrohre für Nenndruck 10.
DIN 2432. „ Muffendruckrohre für Nenndruck 10.
DIN 2437. Gußeisenmuffen für Nenndruck 10.
DIN 2821. Formstücke, Richtlinien für Abzweige und Schenkellängen, Konstruktionsblatt.
DIN 2829. Gußeiserne Formstücke für Nenndruck 10, Übersicht.
DIN 2830. Muffenstücke mit Flanschstutzen (A- und AA-Stücke) für Nenndruck 10.
DIN 2831. „ „ Muffenstutzen (B- und BB-Stücke) für Nenndruck 10.
DIN 2832. „ „ schrägem Muffenstutzen 45°. (C- und CC-Stücke) für Nenndruck 10.
DIN 2833. Flanschenmuffenstück (E-Stück) für Nenndruck 10.
DIN 2834. Einflanschstück (F-Stück) für Nenndruck 10.
DIN 2835. Muffenkniestück 30° (J-Stücke) für Nenndruck 10.
DIN 2836. Muffenbogen ($R = 10$ NW) (K-Stücke) für Nenndruck 10.
DIN 2837. „ ($R = 5$ NW) (L-Stücke) für Nenndruck 10.
DIN 2838. Muffenübergangsstücke (R-Stücke) für Nenndruck 10.
DIN 2839. Überschiebmuffen (U-Stücke) für Nenndruck 10.
DIN 2840. Flanschkrümmer (90°) (Q-Stücke) für Nenndruck 10.
DIN 2841. T-Stücke und Kreuzstücke (T- und TT-Stücke) für Nenndruck 10.
DIN 2500. Flansche, Übersicht.
DIN 2501. Anschlußmaße für Nenndruck 1 bis 6.
DIN 2502. „ „ „ 10 und 16.
DIN 2503. „ „ „ 25 „ 40.
DIN 2504. „ „ „ 64 „ 100.
DIN 2505. Feste Flansche, Erläuterungen zur Berechnung.
DIN 2506. Lose „ , „ „ „ .
DIN 2507. Schrauben für Flanschverbindungen. Erläuterungen zur Berechnung.
DIN 2508. Flansche, Anordnung der Schraubenlöcher.
DIN 2509. Hochwertige Bolzenschrauben.
DIN 2511. Randabstände und Schraubenlochdurchmesser für Flansche, Konstruktionsblatt.
DIN 2512. Flansche, Nut und Feder für Nenndruck 10 bis 100.
DIN 2513. „ , Eindrehung für Flachdichtungen für Nenndrücke 10 bis 100.
DIN 2514. Flanscheindrehung für Runddichtung für Nenndruck 10 bis 100.
DIN 2515. Walzflansche, Walzrillen und Abfassungen. Konstruktionsblatt.
DIN 2517. Flanscheindrehung für Dichtung Rohr gegen Rohr für Nenndruck 64 und 100.
DIN 2530. Gußeisenflansche für Nenndruck 1 und 2,5.
DIN 2531. „ „ „ 6.
DIN 2532. „ „ „ 10.
DIN 2533. „ „ „ 16.
DIN 2534. „ „ „ 25.
DIN 2535. „ „ „ 40.
DIN 2543. Stahlgußflansche für Nenndruck 16.
DIN 2544. „ „ „ 25.
DIN 2545. „ „ „ 40.
DIN 2546. „ „ „ 64.
DIN 2547. „ „ „ 100.
DIN 2550. Glatte ovale Gewindeflansche für Nenndruck 1 bis 6.

DIN 2560. Ovale Gewindeflansche mit Ansatz für Nenndruck 1 bis 6.
DIN 2561. ,, ,, ,, ,, ,, ,, 10 bis 16.
DIN 2555. Glatte runde Gewindeflansche für Nenndruck 1 bis 6.
DIN 2565. Runde Gewindeflansche mit Ansatz für Nenndruck 1 bis 6.
DIN 2566. ,, ,, ,, ,, ,, ,, 10 und 16.
DIN 2567. ,, ,, ,, ,, ,, ,, 25 ,, 40.
DIN 2568. ,, ,, für Nenndruck 64.
DIN 2569. ,, ,, ,, ,, 100.
DIN 2570. Glatte Flansche, gelötet oder geschweißt, für Nenndruck 1 bis 6.
DIN 2575. ,, Walzflansche für Nenndruck 1 bis 6.
DIN 2580. Walzflansche mit Ansatz für Nenndruck 1 bis 6.
DIN 2581. ,, ,, ,, ,, ,, 10.
DIN 2582. ,, ,, ,, ,, ,, 16.
DIN 2583. ,, ,, ,, ,, ,, 25.
DIN 2584. ,, ,, ,, ,, ,, 40.
DIN 2590. ,, ,, ,, und Sicherheitsnietung für Nenndruck 10.
DIN 2591. ,, ,, ,, ,, ,, ,, ,, 16.
DIN 2592. ,, ,, ,, ,, ,, ,, ,, 25.
DIN 2593. ,, ,, ,, ,, ,, ,, ,, 40.
DIN 2594. Flansche mit Ansatz für Nenndruck 64.
DIN 2595. ,, ,, ,, ,, ,, 100.
DIN 2600. Nietflansche für Nenndruck 1 bis 6.
DIN 2601. ,, ,, ,, 10.
DIN 2602. ,, ,, ,, 16.
DIN 2603. ,, ,, ,, 25.
DIN 2604. ,, ,, ,, 40.
DIN 2610. ,, aus Walzprofilen für Nenndruck 1 bis 2,5.
DIN 2611. ,, ,, ,, ,, ,, 6.
DIN 2612. ,, ,, ,, ,, ,, 10.
DIN 2613. ,, ,, ,, ,, ,, 16.
DIN 2620. Vorschweißflansche, überlappte Schweißung für Nenndruck 1 und 2,5.
DIN 2621. ,, , ,, ,, ,, ,, 6.
DIN 2622. ,, , ,, ,, ,, ,, 10.
DIN 2630. ,, , autogene Schweißung für Nenndruck 1 und 2,5.
DIN 2631. ,, , ,, ,, ,, ,, 6.
DIN 2632. ,, , ,, ,, ,, ,, 10.
DIN 2639. Lose Flansche für Bördelrohr, für Nenndruck 1.
DIN 2640. ,, ,, ,, ,, , ,, ,, 2,5.
DIN 2641. ,, ,, ,, ,, , ,, ,, 6.
DIN 2642. ,, ,, ,, ,, , ,, ,, 10.
DIN 2650. ,, ,, mit Bund, für Nenndruck 1.
DIN 2651. ,, ,, ,, ,, , ,, ,, 2,5.
DIN 2652. ,, ,, ,, ,, , ,, ,, 6.
DIN 2653. ,, ,, ,, ,, , ,, ,, 10.
DIN 2654. ,, ,, ,, ,, , ,, ,, 16.
DIN 2655. ,, ,, ,, ,, , ,, ,, 25.
DIN 2656. ,, ,, ,, ,, , ,, ,, 40.
DIN 2660. ,, ,, ,, Vorschweißbund, überlappte Schweißung, für Nenndruck 1.
DIN 2661. ,, ,, ,, ,, , ,, ,, , ,, ,, 2,5.
DIN 2662. ,, ,, ,, ,, , ,, ,, , ,, ,, 6.
DIN 2663. ,, ,, ,, ,, , ,, ,, , ,, ,, 10.
DIN 2664. ,, ,, ,, ,, , ,, ,, , ,, ,, 16.
DIN 2665. ,, ,, ,, ,, , ,, ,, , ,, ,, 25.
DIN 2666. ,, ,, ,, ,, , ,, ,, , ,, ,, 40.
DIN 2670. ,, ,, ,, ,, , autogene Schweißung, für Nenndruck 1.
DIN 2671. ,, ,, ,, ,, , ,, ,, , ,, ,, 2,5.
DIN 2672. ,, ,, ,, ,, , ,, ,, , ,, ,, 6.
DIN 2673. ,, ,, ,, ,, , ,, ,, , ,, ,, 10.

DIN 1626. Autogen und elektrisch geschweißte Flußstahlrohre und Formstücke, technische Lieferbedingungen.
DIN 1628. Überlappt geschweißte Flußstahlrohre und Formstücke (Wassergaspreßschweißung), technische Lieferbedingungen.
DIN 1629. Nahtlose Flußstahlrohre, technische Lieferbedingungen.
DIN 2412. Stahlgußrohre, Erläuterungen zur Berechnung.
DIN 2413. Flußstahlrohre, Erläuterungen zur Berechnung.
DIN 2440. ,, , Gewöhnliche Gewinderohre (Gasrohre).
DIN 2441. ,, , Dampfrohre (dickwandige Gasrohre).
DIN 2442. Nahtlose Flußstahlgewinderohre, Flußstahl St 35 . 29 DIN 1629, für Nenndruck 1 bis 100.
DIN 2448. Nahtlose Flußstahlrohre, Leitungs- und Konstruktionsrohre.
DIN 2449. ,, ,, , (handelsüblich), St 00 . 29 DIN 1629, für Nenndruck 1 bis 25.
DIN 2450. Nahtlose Flußstahlrohre, Flußstahl St 34 . 29 DIN 1629, für Nenndruck 1 bis 100.
DIN 2451. ,, ,, , St 45 . 29 DIN 1629, für Nenndruck 1 bis 100.
DIN 2453. Flußstahlrohre, wassergasgeschweißt, für Nenndruck 1 bis 50.
DIN 2454. ,, , autogengeschweißt, für Nenndruck 1 bis 6.
DIN 2455. ,, , genietet, für Nenndruck 1 bis 6.
DIN 2456. Nahtlose Flußstahlrohre, Flußstahl St 55 . 29 DIN 1629, für Nenndruck 1 bis 100.
DIN 2516. Genietete Flußstahlrohre, Nietung, Konstruktionsblatt.
DIN 2470. Richtlinien für Gasrohrleitungen mit geschweißten Verbindungen von mehr als 200 mm Durchmesser und mehr als 1 atü Betriebsdruck.

ČSN 1040. Rohrleitungen. Allgemeiner Teil.
ČSN 1041. Gußeiserne Wasserleitungs- und Gasleitungsrohre.
ČSN 1042. Stahlrohre.
ČSN 1043, 1044, 1143. Flansche.
ČSN 1049. Kennzeichnung von Rohrleitungen.

1177. Normen betreffend Dichtungen für Flanschverbindungen.

DIN 2690. Flachdichtungen für Flansche mit ebener Dichtungsfläche, für Nenndruck 1 bis 40.
DIN 2691. ,, ,, ,, ,, Nut und Feder, für Nenndruck 10 bis 100.
DIN 2692. ,, ,, ,, ,, Eindrehung, für Nenndruck 10 bis 100.
DIN 2693. Rundgummidichtungen für Flansche mit Eindrehung, für Nenndruck 10 bis 100.
DIN 2694. Nahtlose Dichtringe für Flansche mit Dichtung Rohr gegen Rohr DIN 2517, für Nenndruck 64 bis 100.

1178. 1 t Eisenrohre auf Eisenbahnwagen aufladen: 2,5 h Hilfsarbeiter.

1179. 1 t Eisenrohre von Eisenbahnwagen abladen: 2,0 h Hilfsarbeiter.

1180. Verlegen und Dichten von Flanschenrohren.

Für das Verlegen, Dichten und Verbinden von Flanschenrohren und Formstücken (ohne Erdarbeiten) können überschlägig 15% der Leitungskosten angesetzt werden.

1181. Dichtung von Muffenrohren.

Bleimuffendichtungen sind im Deutschen Reiche seit dem 24. April 1935 bei Neuanlagen verboten.

In bestehenden Muffenrohrleitungen dürfen Bleidichtungen angewendet werden, es dürfen bei Ausbesserungen aber nur die in DIN 2435 U für Gußrohre vorgeschriebenen Bleihöchstmengen verwendet werden.

Weißstrick und Teerstrick soll durch Holzwollestrick ersetzt werden.

1182. Arbeitsaufwand in Arbeitsstunden für das Verlegen von 1 m Rohr im ausgehobenen Rohrgraben, ohne Zufuhr zum Rohrgraben, aber einschließlich des Einbaues der Schieber, der Formstücke, der Feuerpfosten (alle 300 m), der Herstellung der Anschlüsse an die bestehenden Stränge und aller Nebenarbeiten, nach Beobachtungen an verschieden großen Baustellen in den V. St. A.[296]

Nennweite in mm	Aus den Bauaufträgen der Jahre 1922—1927						Aus den Bauaufträgen der einzelnen Jahre im Durchschnitt						
	Bauaufträge						Bauaufträge						
	nur große			große und kleine			klein	klein	klein	groß	klein	groß	klein
							Lohnarbeit				Akkordarbeit		
	höchstens	mindestens	durchschnittlich	höchstens	mindestens	durchschnittlich	1922	1924	1925	1925	1926	1926	1927
150	1,62	0,164	0,42	3,12	0,11	0,63	0,98	0,86	0,76	0,36	0,56	0,47	0,42
200	0,95	0,32	0,51	2,20	0,17	0,66	1,27	0,88	0,89	0,45	0,69	0,47	0,41
250	0,68	0,45	0,59	2,49	0,34	0,92	1,41	1,17	1,09	0,59	0,85	0,60	0,62
300	1,56	0,48	0,90	4,05	0,27	1,44	1,49	1,59	2,31	0,57	0,98	1,08	0,61
400	2,55	0,90	1,41	3,73	1,35	2,07	—	1,35	3,72	1,00	—	2,26	—
500	2,83	1,61	1,86	1,44	1,13	1,36	—	—	—	—	—	1,86	1,36

Die Gußrohre hatten eine Baulänge von 3,80 m. Das Zubringen der Rohre vom Stapel zum Rohrgraben kostet durchschnittlich 9% der oben angegebenen Arbeitskosten für die Rohrverlegung.

1182 a. Verlegen und Dichten von Gußmuffenrohren. Arbeitsaufwand ohne Erdarbeiten.

Nennweite in mm		40	50	70	80	100	125	150	200	250	300	350	400
Gewicht je m annähernd kg/m		9	11,6	16,5	19,5	24	31	38,4	55,5	75,5	97,8	123	145
Zufuhr auf höchstens 100 m und Verteilen längs des Rohrgrabens, je m	Hilfsarbeiter h	0,025	0,030	0,040	0,050	0,060	0,080	0,10	0,14	0,20	0,25	0,32	0,38
Herablassen, Legen und Ausrichten, je m	Rohrleger ... „	0,022	0,023	0,025	0,027	0,029	0,031	0,035	0,039	0,044	0,050	0,055	0,060
	Hilfsarbeiter „	0,13	0,14	0,16	0,17	0,19	0,23	0,26	0,33	0,43	0,52	0,64	0,73
Dichten und Verstemmen der Muffen, je Muffe	Rohrleger ... „	0,50	0,55	0,65	0,70	0,80	0,90	1,10	1,30	1,50	1,80	2,00	2,30
	Hilfsarbeiter „	0,25	0,28	0,33	0,35	0,40	0,45	0,55	0,65	0,75	0,90	1,00	1,15

Für Aufsicht und Geräte: 20% Zuschlag zu den Löhnen.

1183. Verlegen von Gußmuffenrohren,[279] einschließlich der Formstücke und Armaturen und aller Nebenarbeiten, ausschließlich aller Erd- und Stemmarbeiten und außergewöhnlichen Arbeiten.

Eine Arbeitspartie stellt in 8 Stunden die untenstehende Zahl von Muffenverbindungen her:

Rohrdurchmesser in mm	100	150	200	250	300	400	500	600	700	800	900
Monteur, Anzahl	1	1	1	1	1	1	1	1	1	1	1
Helfer, Anzahl	3	3	4	4	6	6	6	8	8	8	8
Muffenverbindungen	20	14	12	10	8	7	6	5	4,5	3,5	3

1184. Verlegen und Dichten von Stahlmuffenrohren. Arbeitszeitaufwand ohne Erdarbeiten.

Nennweite in mm	40	50	70	80	100	125	150	200	250	300	350	400	450	500
Gewicht je m annähernd kg	4	5	7	8,6	11,7	14,6	19,5	31,3	49	67	80	110	142	171
Zufuhr auf höchstens 100 m und Verteilen längs des Grabens, je m:														
Hilfsarbeiter .... h	0,008	0,010	0,015	0,018	0,025	0,031	0,041	0,066	0,094	0,141	0,168	0,231	0,30	0,36
Herablassen, Legen und Ausrichten, je m:														
Rohrleger .... „	0,007	0,008	0,009	0,009	0,010	0,011	0,013	0,016	0,019	0,022	0,025	0,028	0,031	0,035
Hilfsarbeiter .... „	0,023	0,025	0,032	0,036	0,046	0,055	0,070	0,108	0,16	0,22	0,26	0,35	0,45	0,54
Dichten und Verstemmen der Muffen, je Muffe:														
Rohrleger .... „	0,50	0,55	0,65	0,70	0,80	0,90	1,10	1,30	1,50	1,80	2,00	2,30	2,50	2,80
Hilfsarbeiter .... „	0,25	0,28	0,33	0,35	0,40	0,45	0,55	0,65	0,75	0,90	1,00	1,15	1,25	1,40
Jutieren der Muffe, je Muffe:														
Rohrleger .... „	0,08	0,10	0,12	0,13	0,13	0,15	0,17	0,32	0,41	0,49	0,57	0,65	0,73	0,82
Hilfsarbeiter .... „	0,08	0,10	0,12	0,13	0,13	0,15	0,17	0,32	0,41	0,49	0,57	0,65	0,73	0,82

Für Aufsicht und Gerätebeistellung: 20% Zuschlag zu den Löhnen.

1185. Abmessungen der Stahlmuffen C und D und der Bedarf an Dichtungsmitteln. (Eigengewicht des Bleies 11 300 kg/cbm, des Aluminiums 2700 kg/cbm.)

Nennweite des Rohres	Muffenabmessungen: Wandstärke	Muffenabmessungen: Muffenweite hinten	Muffenabmessungen: Muffenweite vorne	Muffenabmessungen: Muffentiefe	Muffenabmessungen: Stärke der Dichtungsfuge vorne	Querschnittsfläche der Dichtungsfuge vorne	Alte Abmessungen der Dichtung* – Gußblei: Tiefe des Bleiringes	Gußblei: Blei	Gußblei: Teerstrick	Gußblei: Hanfstrick	Bleiwolle od. Riffelblei: Tiefe des Bleiringes	Bleiwolle od. Riffelblei: Blei	Bleiwolle od. Riffelblei: Teerstrick	Abmessungen des Bleiringes nach Sparverordnung – Gußblei: Tiefe des Bleiringes	Gußblei: Blei	Gußblei: Teerstrick	Gußblei: Hanfstrick	Bleiwolle od. Riffelblei: Tiefe des Bleiringes	Bleiwolle od. Riffelblei: Blei	Bleiwolle od. Riffelblei: Teerstrick	Neue Dichtungen – Aluminiumwolle: Tiefe des Aluminiumringes	Aluminiumwolle: Aluminiumwolle	Aluminiumwolle: Teerstrick	Bemerkungen
mm	mm	mm	mm	mm	mm	qcm	mm	kg	kg	kg	mm	kg	kg	mm	kg	kg	kg	mm	kg	kg	mm	kg	kg	
40	2,50	63	60	85	7,0	9,55	33	0,38	0,037	0,019	22	0,24	0,072								20	0,055	0,075	Teerstrick und Hanfstrick können mit Erfolg durch Holzwollestrick ersetzt werden. — Der Aluminiumwollering ist nach der Fertigstellung durch einen Bitumenanstrich zu isolieren.
50	2,75	74	71	95	7,5	15,00	33	0,56	0,078	0,030	23	0,39	0,13								20	0,085	0,14	
70	3,00	95,5	91,5	95	7,5	19,70	37	0,85	0,095	0,039	25	0,56	0,17								22	0,12	0,18	
80	3,25	106	102	100	7,5	22,30	37	0,95	0,12	0,044	25	0,63	0,21								22	0,14	0,22	
100	3,5	127	123	110	7,5	27,30	40	1,25	0,18	0,054	27	0,84	0,28								22	0,17	0,30	
125	3,5	152	148	115	7,5	33,00	42	1,60	0,23	0,064	28	1,05	0,35								22	0,20	0,38	
150	4,0	178	174	115	7,5	39,20	45	2,00	0,26	0,077	30	1,33	0,41								25	0,27	0,44	
200	5,0	231	227	125	8,0	59,0	45	3,00	0,46	0,115	30	2,00	0,69								25	0,40	0,73	
250	5,5	286	281	135	8,5	72,0	50	4,10	0,62	0,141	33	2,70	0,91								27	0,55	0,97	
300	6,0	338	333	150	8,5	87,0	50	5,00	0,91	0,17	33	3,30	1,27								27	0,65	1,34	
350	6,5	390	385	160	8,5	101,0	50	5,80	1,18	0,20	33	3,80	1,60								27	0,75	1,67	
400	6,5	443	438	160	9,5	124,0	50	7,00	1,45	0,25	33	4,65	2,00								30	1,05	2,05	

1186. Abmessungen normaler Gußmuffen und der Bedarf an Dichtungsmitteln. (Eigengewicht des Bleies 11 300 kg/cbm, des Aluminiums 2700 kg/cbm.)

Nennweite des Rohres	Muffenabmessungen: Muffenweite	Muffenabmessungen: Muffentiefe	Muffenabmessungen: Stärke der Dichtungsfuge	Muffenabmessungen: Dichtungstiefe	Querschnittsfläche der Dichtungsfuge	Alte Abmessungen der Dichtung* – Gußblei: Tiefe des Bleiringes	Gußblei: Blei	Gußblei: Teerstrick	Gußblei: Hanfstrick	Bleiwolle od. Riffelblei: Tiefe des Bleiringes	Bleiwolle od. Riffelblei: Blei	Bleiwolle od. Riffelblei: Teerstrick	Abmessungen der Bleidichtung nach DIN 2435 U – Gußblei: Tiefe des Bleiringes	Gußblei: Blei	Gußblei: Teerstrick	Gußblei: Hanfstrick	Bleiwolle od. Riffelblei: Tiefe des Bleiringes	Bleiwolle od. Riffelblei: Blei	Bleiwolle od. Riffelblei: Teerstrick	Neue Dichtungen – Aluminiumwolle: Tiefe des Aluminiumringes	Aluminiumwolle: Aluminiumwolle	Aluminiumwolle: Teerstrick	Bemerkungen
mm	mm	mm	mm	mm	qcm	mm	kg	kg	kg	mm	kg	kg	mm	kg	kg	kg	mm	kg	kg	mm	kg	kg	
40	70	74	7,0	62	13,63	33	0,51	0,034	0,017	22	0,34	0,07	28	0,430	0,043	0,017	22	0,340	0,070	20	0,064	0,074	Teerstrick und Hanfstrick können mit Erfolg durch Holzwollestrick ersetzt werden. — Der Aluminiumwollering ist nach der Fertigstellung durch einen Bitumenanstrich zu isolieren.
50	81	77	7,5	65	18,28	33	0,69	0,046	0,023	23	0,48	0,10	28	0,540	0,065	0,023	22	0,425	0,103	20	0,073	0,107	
70	102	82	7,5	69	22,25	37	0,94	0,062	0,031	25	0,63	0,14	30	0,750	0,093	0,031	25	0,625	0,14	22	0,123	0,15	
80	113	84	7,5	70	24,90	37	1,05	0,070	0,035	25	0,71	0,15	30	0,835	0,098	0,035	25	0,700	0,15	22	0,141	0,16	
100	133	88	7,5	74	29,60	40	1,35	0,090	0,045	27	0,90	0,20	30	1,00	0,142	0,045	25	0,835	0,21	22	0,176	0,22	
125	159	91	7,5	77	35,70	42	1,70	0,114	0,057	28	1,12	0,24	30	1,21	0,173	0,057	25	1,00	0,26	22	0,205	0,27	
150	185	94	7,5	79	42,00	45	2,14	0,142	0,071	30	1,42	0,27	35	1,66	0,171	0,071	28	1,33	0,28	25	0,277	0,30	
200	238	100	8,0	83	58,00	45	2,97	0,194	0,097	30	1,96	0,39	35	2,28	0,256	0,097	28	1,83	0,41	25	0,384	0,43	
250	291	103	8,5	84	75,00	50	4,40	0,294	0,147	33	2,85	0,65	35	2,98	0,477	0,147	30	2,56	0,69	27	0,52	0,73	
300	343	105	8,5	85	90,00	50	5,09	0,340	0,170	33	3,36	0,76	35	3,53	0,561	0,170	30	3,03	0,80	27	0,67	0,85	
350	395	107	8,5	86	105,0	50	5,53	0,354	0,177	33	3,70	0,85	35	4,08	0,642	0,177	30	3,50	0,90	27	0,76	0,95	
400	448	110	9,5	88	131,0	50	7,46	0,492	0,246	33	4,95	1,05	40	5,90	0,671	0,246	35	5,16	1,12	30	0,94	1,11	

* Seit 24. April 1935 im Deutschen Reich verboten.

1187. Geräte für die Herstellung von Muffendichtungen. (Bopp & Reuther, Mannheim.)

Bleischmelzofen	Preis RM 50,—
Bleischmelzkessel dazu, Inhalt 50 kg	„ „ 10,—
„ „ „ 100 „	„ „ 15,—
Feuerhaken	„ „ 2,50
3 Bleilöffel, Inhalt 6, 10 und 16 kg	„ „ 13,50
Schaumlöffel	„ „ 5,—
Bleimeißel, 0,9 kg	„ „ 2,75
Flachmeißel, 0,8 kg	„ „ 2,50
Kreuzmeißel, 0,8 kg	„ „ 2,75
Bleistemmer, 6, 8, 10, 12, 14 mm stark, 5 Stück	„ „ 14,—
Strickeisen, 2, 4 und 6 mm stark, 3 Stück	„ „ 14,—
Fäustel, 2,2 kg schwer	„ „ 5,—
Stampfer, 9 kg schwer, mit Holzstiel	„ „ 4,50
Schmalstampfer, 3 kg schwer, mit Holzstiel	„ „ 3,—

Gießringe aus Gußeisen, zweiteilig, als Ersatz für Lehmgießringe:

Nennweite des Rohres mm	40	50	70	80	100	125	150	200	250	300
Gewicht kg	0,5	0,6	0,6	0,7	0,8	1,2	1,3	1,6	1,8	2,5
Preis, frachtfrei RM	2,—	2,40	3,65	4,—	5,—	5,50	6,—	7,—	10,50	12,—

Nennweite des Rohres mm	350	400	450	500	600	700	800	900	1000
Gewicht kg	2,7	2,9	3,1	3,2	3,5	4,5	5,5	6,5	7,0
Preis, frachtfrei RM	14,—	16,—	18,—	20,—	24,—	28,—	32,—	36,—	40,—

1188. Für Krümmer und Paßstücke werden überschlägig zu den Kosten der geraden Rohre 3 bis 7% zugeschlagen.

1189. 1 Stück Formstück verlegen und dichten kostet soviel wie das Verlegen eines gleichweiten geraden Rohres normaler Baulänge.

1190. Autogenes Schweißen der Rundnähte von Stahlrohren.[116] Reine Arbeitszeiten in Minuten je Meter Naht, ohne Pausen und Nebenarbeiten.

Blechdicke s in mm	3	4	5	6	7	8	9	10	12	14	16	18	20	22	24	26	28	30
Liegendes Rohr, drehbar gelagert	11	14	17	20	23	26	28	31	36	42	47	52	56	61	66	70	75	80
Stehendes Rohr	9	11	14	16	18	21	23	25	30									
Liegendes Rohr, nicht drehbar gelagert	34	40	55	64	75	86	98	110	130									
Liegendes Rohr, drehbar gelagert, abschrägen, heften und schweißen	16	20	24	29	33	37	40	44	52	59	66	73	80	86	94	100	106	113
Zwei Rohrenden abschrägen und heften	5	6	7	9	10	11	12	13	16	17	19	21	24	25	28	30	31	33

1191. Autogenes Schneiden und Schweißen von Formstücken für Wasserleitungsrohre.[116] (Nach H. Holler.) Reine Arbeitszeit je Stück in Minuten.

Rohrdurchmesser engl. Zoll	1/2	3/4	1	1 1/4	1 1/2	2	2 1/2	3	4			
Rohrdurchmesser mm	15	20	25	30	40	50	60	70	100	150	200	250
Rundnaht (Abb. 90a):												
Schneiden u. Anpassen, lose Rohre	1	1	1,2	1,2	1,5	1,8	2	2,2	2,5	3	4	5
„ „ „, feste „	2	2	3	3,5	4,5	6	7	7,5	8	15	20	25
Schweißen	4	5,2	6,5	7,8	9,1	10,4	11,7	13	15,6	21,4	30	37
Knie (Abb. 90b):												
Schneiden u. Anpassen, lose Rohre	1,2	1,4	2	2	2,5	3	3,2	4	4,2	6	11	15
Schweißen	5,2	6,5	8,3	10,4	11,7	13	15,6	18,2	21,4	27,3	36	42
T-Stück (Abb. 90c):												
Schneiden u. Anpassen, lose Rohre	2	2	2,5	2,5	4	5,5	7	9	12	18	22	25
„ „ „, feste „	3	5	8	11	11	13	15	18	20	25	30	34
Schweißen	5,8	7	9	11	12,2	14	16,3	19	22	32	42	50

Fortsetzung der Tabelle.

Rohrdurchmesser engl. Zoll	$^1/_2$	$^3/_4$	1	$1^1/_4$	$1^1/_2$	2	$2^1/_2$	3	4			
mm	15	20	25	30	40	50	60	70	100	150	200	250
Kreuzstück (Abb. 90d):												
Schneiden u. Anpassen, lose Rohre	4	4	5	5	7	9	12	16	18	30	40	45
Schweißen	12	14,2	16	20	23	26	30	35,2	41	60	80	95
Abzweig, schräg (Abb. 90e):												
Schneiden u. Anpassen, lose Rohre	2,5	2,5	3	3	4,5	5	6	8	10	15	20	25
Schweißen	6,5	7,8	9,5	12	13	15	18	22	26,5	36,2	48	55
Abzweig, gebogen (Abb. 90f):												
Schneiden u. Anpassen, lose Rohre	3	3	3,2	3,2	5	7	7	8	10	15	20	22
„ „ „ , feste „	5	8	10	12	15	17	19	22	27	35	41	45
Schweißen	8	9,5	11	13	15,5	18	22	25,5	29	41	57	64
Abzweig, gebogen, doppelseitig (Abb. 90g):												
Schneiden u. Anpassen, lose Rohre	4	4	5	5	8	11	12	14	16	23	30	35
„ „ „ , feste „	8	12	15	18	22	25	28	31	35	45	55	58
Schweißen	17	20	24	27	32	38	43	50	58	80	104	122
Krümmer (Abb. 90h):												
Schneiden u. Anpassen, lose Rohre	4	6	7,5	9	11	12	12	13	14	18	20	23
„ „ „ , feste „	5	7	9	12	12	14	14	15	17	22	28	31
Schweißen	8	11	13	16	20	23	26	29	32	45	62	75
Flanschen (Abb. 90i), Schweißen	6,5	9,1	11,7	15,6	16,9	19,8	20,8	23,4	31,2	41,6	49,4	54
„ („ 90k), „	9,1	12,3	18,2	22,1	26	31,2	35,1	41,6	52	67,6	88,4	95
„ („ 90l), „	3,9	4,5	5,6	6,5	9,1	11,7	13,6	16,5	19,5	27,3	39	44
„ („ 90m), „	7	8,5	11	12,5	15	19,5	23	30	37	48	70	85
„ („ 90n), „	9	12	14	18	20	25	30	36	41	53	75	95
„ („ 90o), „	12	19	21	25,2	30,5	34	40	45	54	74	95	102

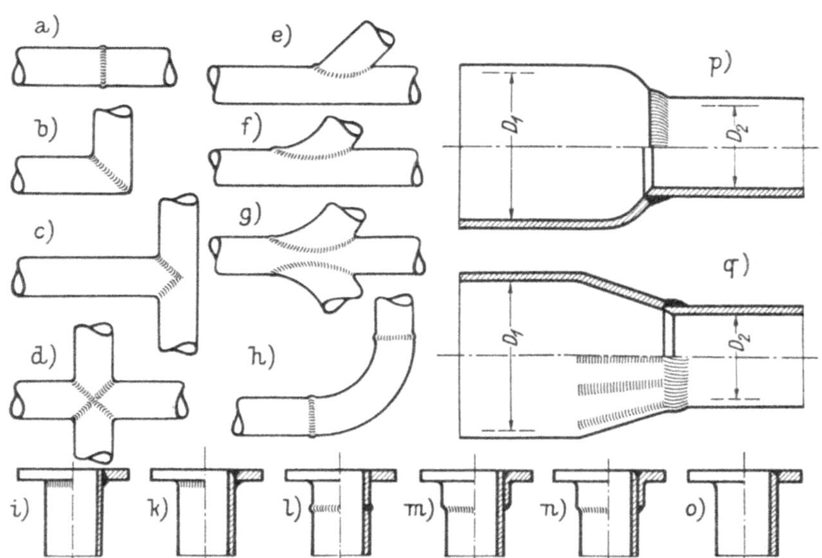

Abb. 90. Geschweißte Formstücke.

1192. Rohrverjüngungen, autogen geschweißt.[116] (Nach H. Holler.) Arbeitszeit in Minuten für Einziehen und Schweißen der Verjüngungen laut Abb. 90p.

Bei Rohren $D_1 \geqq 150$ mm und $D_2 \geqq 50$ mm wird die Verjüngung nach Abb. 90q ausgeführt und erfordert nur 60% der in der Tabelle angegebenen Zeiten.

D_2 \ D_1	25	50	75	100	125	150	200	250	300
25	6	22	38	—	—	—	—	—	—
50	—	10	28	39	55	—	—	—	—
75	—	—	13	33	44	58	88	—	—
100	—	—	—	16	40	50	75	104	—
125	—	—	—	—	18	46	67	93	—
150	—	—	—	—	—	21	61	83	—
200	—	—	—	—	—	—	30	79	98
250	—	—	—	—	—	—	—	37	92

1193. Verlegung einer Rohrleitung vom Durchmesser 200 mm[259] aus 12 m langen Rohrschüssen mit geschweißten Verbindungen laut Abb. 91 in 6 bis 15 m tiefem Wasser. Dichteprüfung durch Preßgaszuleitung in den Raum zwischen dem Rohrstoß und die 90 cm lange Überschiebmuffe.

Leistung täglich 240 bis 290 m oder für 24 m je 1,25 h einschließlich der Schweiß- und Prüfarbeit.

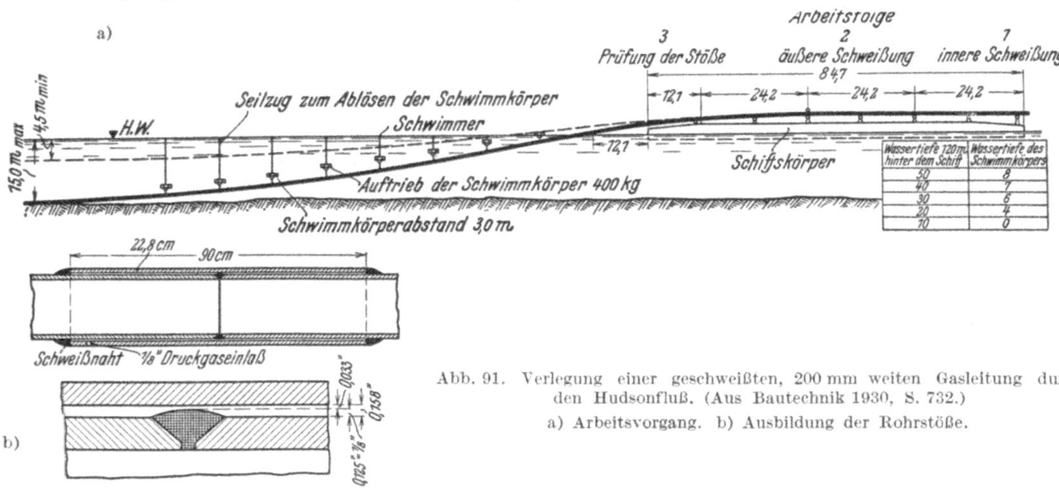

Abb. 91. Verlegung einer geschweißten, 200 mm weiten Gasleitung durch den Hudsonfluß. (Aus Bautechnik 1930, S. 732.)
a) Arbeitsvorgang. b) Ausbildung der Rohrstöße.

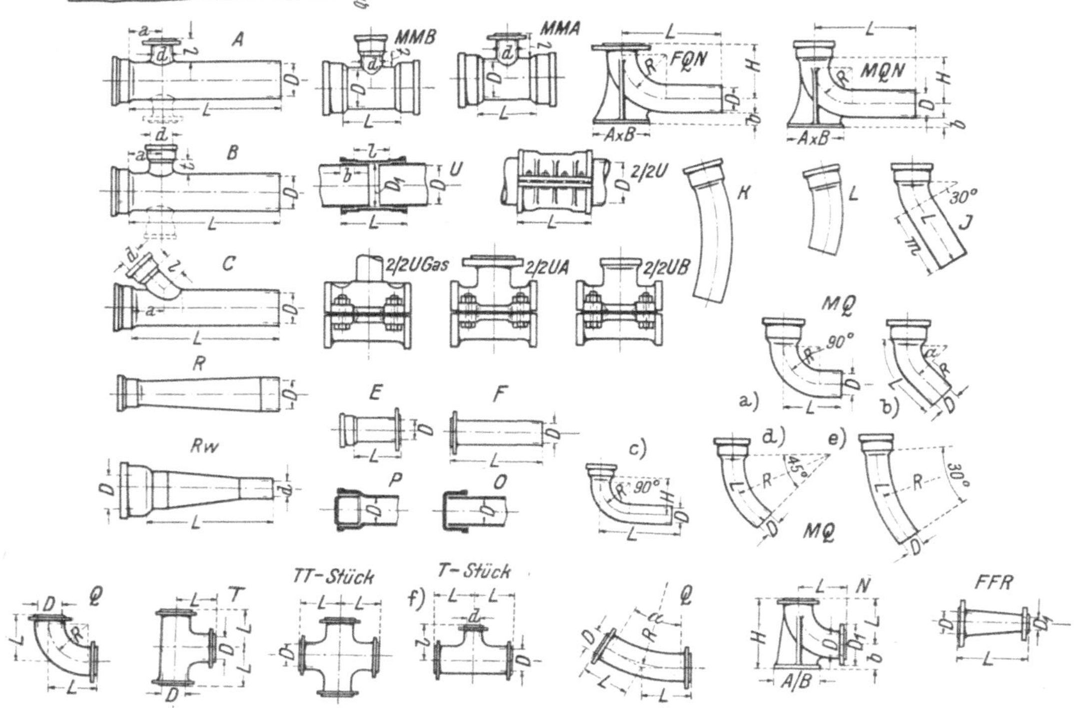

Abb. 92. Formstücke für gußeiserne Rohrleitungen.

1194. A-Stücke.

Gußeisen (Abb. 92) — Normale Baulänge: $a = 100 + 0{,}2\,D + 0{,}5\,d$; $l = 120 + 0{,}1\,d$

NW des Hauptrohres D mm	Baulänge L mm	Gewicht in kg bei NW d des Abzweiges 40	50	70	80	100	125	150	200	250	300
40	800	15	—	—	—	—	—	—	—	—	—
50	800	17	17,5	—	—	—	—	—	—	—	—
70	800	22,4	23	25	—	—	—	—	—	—	—
80	800	26	27	28,5	29,7	—	—	—	—	—	—
100	800	31	32	33,5	34,5	36,5	—	—	—	—	—
125	1000	46	46,5	48	49	51,5	53,5	—	—	—	—
150	1000	57	57,5	59	60	62	64,4	67	—	—	—
200	1000	81	81,5	83,5	84,5	86	88	90,5	96,5	—	—
250	1000	108	109	111	112	114	116	118	124	129	—
300	1000	140	140	142	143	145	147	149	153	161	170
350	1000	174	175	177	178	180	181	183	189	194	204
400	1000	206	207	208	209	211	213	215	219	225	236

Gußeisen (Abb. 92) — Kurze Baulänge: $a = 100 + 0{,}2\,D + 0{,}5\,d$; $l = 120 + 0{,}1\,d$

NW des Hauptrohres D mm	Baulänge L mm	Gewicht in kg bei NW d des Abzweiges 40	50	70	80	100	125	150	200
40	600	13	—	—	—	—	—	—	—
50	600	14,5	15	—	—	—	—	—	—
70	600	19	19,5	21,5	—	—	—	—	—
80	600	22	22,5	24	25,5	—	—	—	—
100	600	26	26,5	28	29,5	31	—	—	—
125	600	32,5	33	34,5	36	38	40	—	—
150	600	40	40,5	42	43	45,5	48	50	—
200	800	68,5	69	71	72	74	76	78	84
250	800	92	92,5	94	95	97	99	101	108
300	800	119	119	121	122	124	125	128	132
350	—	—	—	—	—	—	—	—	—
400	—	—	—	—	—	—	—	—	—

Stahl (Abb. 93): $a = 100 + 0{,}2\,D + 0{,}5\,d$; $l = 120 + 0{,}1\,d$

NW des Hauptrohres D mm	Baulänge L mm	Gewicht in kg bei NW d des Abzweiges 40	50	70	80	100	125	150	200	250	300
40	800	6,5	—	—	—	—	—	—	—	—	—
50	800	7,5	8,5	—	—	—	—	—	—	—	—
70	800	9,5	10,5	11,5	—	—	—	—	—	—	—
80	800	11,5	12	13,5	14,5	—	—	—	—	—	—
100	800	15	15,5	17	18	19,5	—	—	—	—	—
125	1000	21	22	23	24	26	28	—	—	—	—
150	1000	27	28	29	30	32	34	36	—	—	—
200	1000	42	43	44	45	47	49	52	57	—	—
250	1000	66	67	68	69	71	72	75	81	86	—
300	1000	88	89	90	91	93	95	98	103	109	114
350	*	111	111	113	113	115	136	138	143	148	154
400	*	152	153	154	155	156	185	187	193	198	203

1195. B-Stücke.

Gußeisen (Abb. 92) — Normale Baulänge: $a = 100 + 0{,}2\,D + 0{,}5\,d$; l = Muffentiefe

NW des Hauptrohres D mm	Baulänge L mm	Gewicht in kg bei NW d des Abzweiges 40	50	70	80	100	125	150	200	250	300
40	800	15	—	—	—	—	—	—	—	—	—
50	800	17,5	18	—	—	—	—	—	—	—	—
70	800	23	23,5	25,5	—	—	—	—	—	—	—
80	800	26,5	27	29	30	—	—	—	—	—	—
100	800	31,5	32	34	35	37	—	—	—	—	—
125	1000	46,5	47	49	50	51,5	54	—	—	—	—
150	1000	57,5	58	60	61	62,5	64,5	68	—	—	—
200	1000	81,0	82	84	85	86,5	88,5	92	99	—	—
250	1000	109	109	111	112	114	116	119	126	147	—
300	1000	140	141	142	144	145	147	150	157	181	189
350	1000	175	175	177	176	179	181	184	190	209	218
400	1000	207	207	209	210	211	213	216	222	240	249

Gußeisen (Abb. 92) — Kurze Baulänge: $a = 100 + 0{,}2\,D + 0{,}5\,d$; l = Muffentiefe

NW des Hauptrohres D mm	Baulänge L mm	Gewicht in kg bei NW d des Abzweiges 40	50	70	80	100	125	150	200
40	600	13	—	—	—	—	—	—	—
50	600	15	15,5	—	—	—	—	—	—
70	600	19,5	20	22	—	—	—	—	—
80	600	22,5	23	25	26	—	—	—	—
100	600	26,5	27	29	30	31,5	—	—	—
125	600	33	33,5	35	36	38	40,5	—	—
150	600	41	41	43	44	46	48	51	—
200	800	69	69,5	72	73	74	76	79,5	86,5
250	800	92	93	94,5	96	97	99	103	109
300	800	119	120,5	121,5	122,5	124	126	129	136
350	—	—	—	—	—	—	—	—	—
400	—	—	—	—	—	—	—	—	—

Stahl (Abb. 93): $a = 100 + 0{,}2\,D + 0{,}5\,d$; $l = 120 + 0{,}1\,d$

NW des Hauptrohres D mm	Baulänge L mm	Gewicht in kg bei NW d des Abzweiges 40	50	70	80	100	125	150	200	250	300
40	800	6	—	—	—	—	—	—	—	—	—
50	800	7	7	—	—	—	—	—	—	—	—
70	800	9	9	10	—	—	—	—	—	—	—
80	800	10,5	11	12	12,5	—	—	—	—	—	—
100	800	14	14,5	15,5	16	17,5	—	—	—	—	—
125	1000	20	21	21	22	23	25	—	—	—	—
150	1000	26	27	27	28	29	31	33	—	—	—
200	1000	41	42	43	43	45	46	48	54	—	—
250	1000	65	66	66	67	69	70	72	77	86	—
300	1000	88	88	89	89	91	92	94	100	109	119
350	**	111	111	112	113	114	135	138	144	155	165
400	**	152	152	153	154	156	185	187	193	204	214

* Bis $d = 100$ mm, $L = 1000$ mm; von $d = 125$ bis 300 mm, $L = 1250$ mm; von $d = 300$ bis 600 mm, $L = 1500$ mm.
** Bis $d = 100$ mm, $L = 1000$ mm; von $d = 125$ bis 300 mm, $L = 1250$ mm; von $d = 350$ bis 600 mm, $L = 1500$ mm.

1196. C-Stücke.

NW des Hauptr.	Gußeisen (Abb. 92)												Stahl (Abb. 93)											
	Baulänge	$a = 80 + 0{,}1\,D + 0{,}5\,d,\ l = 0{,}75\,a$											Baulänge	$a = 60 + 0{,}5\,D + d,\ l = 0{,}70\,a$										
		Gewicht in kg bei der NW d des Abzweigstutzens												Gewicht in kg bei der NW d des Abzweigstutzens										
D mm	L mm	40	50	70	80	100	125	150	200	250	300	350	L mm	40	50	70	80	100	125	150	200	250	300	350
40	800	15	—	—	—	—	—	—	—	—	—	—	800	6	—	—	—	—	—	—	—	—	—	—
50	800	17,5	18	—	—	—	—	—	—	—	—	—	800	6,5	7	—	—	—	—	—	—	—	—	—
70	800	23	23,5	26	—	—	—	—	—	—	—	—	800	9	9	10	—	—	—	—	—	—	—	—
80	800	26,5	27,5	29,5	31	—	—	—	—	—	—	—	800	10,5	11	12	13	—	—	—	—	—	—	—
100	800	31,5	32	34,5	35	37	—	—	—	—	—	—	800	13,5	13,5	15,5	16,5	18,5	—	—	—	—	—	—
125	1000	46	47	49	50	52	55	—	—	—	—	—	1000	20	21	22	22	24	26	—	—	—	—	—
150	1000	57	58	60	61	63	66	70	—	—	—	—	1000	26	27	28	29	31	32	36	—	—	—	—
200	1000	81	82	84	85	87	90	93	102	—	—	—	1000	41	42	43	44	46	48	51	60	—	—	—
250	1000	109	111	112	113	114	117	121	129	140	—	—	1250	77	78	79	80	82	84	87	97	112	—	—
300	1000	140	141	143	145	146	148	152	160	171	212	—	1250	104	104	105	106	109	111	114	124	140	156	—
350	1000	175	176	178	179	181	182	186	194	205	251	268	*	130	131	132	133	135	137	141	149	184	199	232
400	1000	207	208	210	211	212	214	218	226	236	289	305	*	179	180	181	182	185	187	190	199	242	257	298

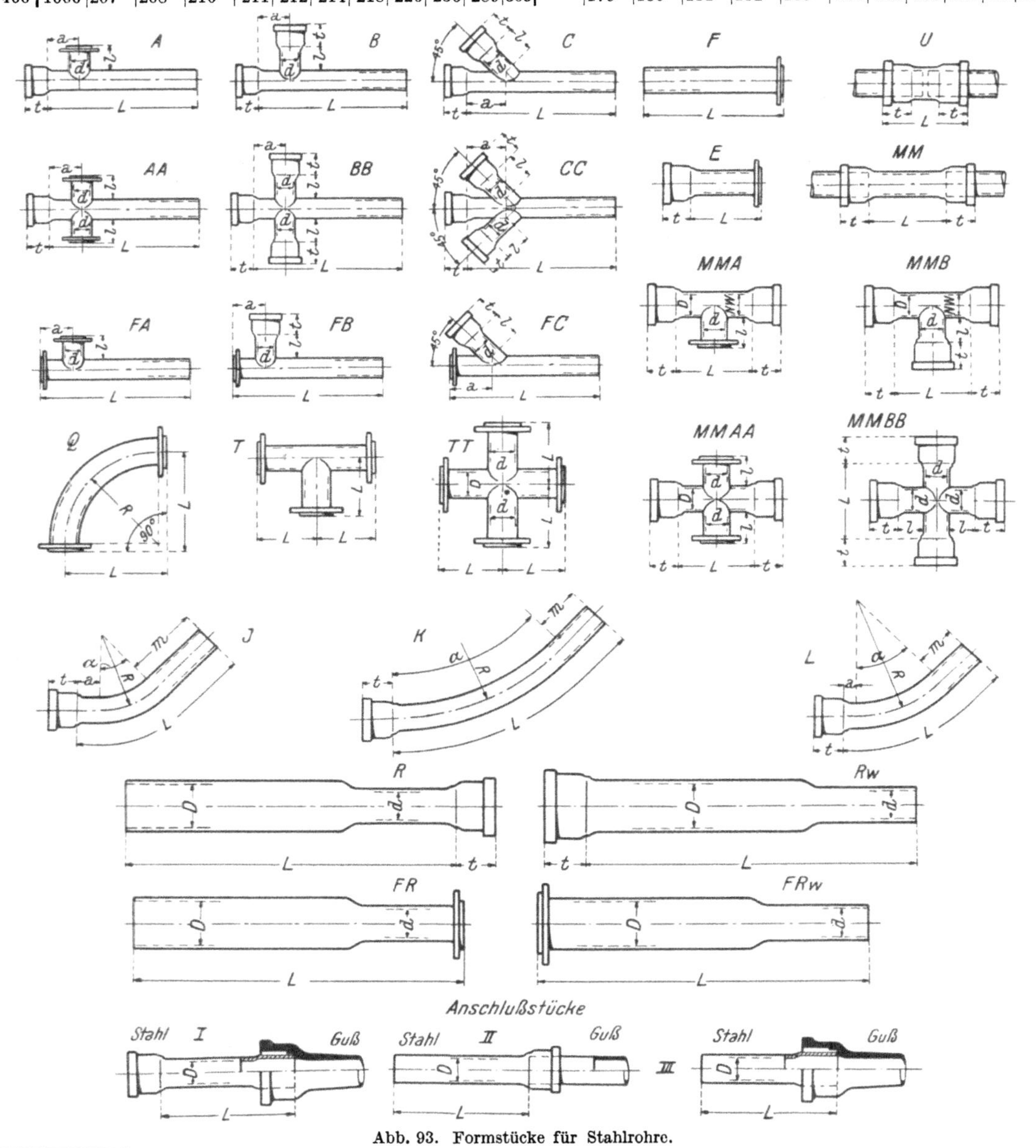

Abb. 93. Formstücke für Stahlrohre.

* Bis $d = 200$ mm, $L = 1250$ mm; bei $d = 250$ und 300 mm, $L = 1500$ mm; bei $d = 350$ und 400 mm, $L = 1750$ mm.

1197. AA-, BB- und CC-Stücke. Um die Gewichte dieser Formstücke zu erhalten, addiere man die Gewichte der Abzweigstutzen aus der Hilfstabelle 1198 zu den Gewichten der A-, B- bzw. C-Stücke.

1198. Hilfstafel zur Berechnung des Gewichtes der AA-, BB- und CC-Stücke und abnormaler Formstücke.

Nennweite des Abzweiges	Gußeisen									Stahl									
	Gewicht des glatten Rohres	Gewicht einer Muffe	Gewicht eines Flansches	Abzweigstutzen						Außendurchmesser	Gewicht des glatten Rohres, asphaltiert und bejutet	Gewicht einer Muffe	Gewicht einer halben Flanschverbindung	Abzweigstutzen					
				A-Stück		B-Stück		C-Stück						A-Stück		B-Stück		C-Stück	
				Länge	Gewicht	Länge	Gewicht	Länge	Gewicht*					Länge	Gewicht	Länge	Gewicht	Länge	Gewicht
d mm	kg/m	kg	kg	l mm	kg	l mm	kg	l mm	kg	mm	kg/m	kg	kg	l mm	kg	l mm	kg	l mm	kg
40	8,75	2,68	1,89	124	3,42	74	4,04	$l = 0{,}75\,(80 + 0{,}1\,D + 0{,}5\,d)$	3,9—4,6	46	3,92	0,94	1,70	124	2,3	124	1,60	$l = 0{,}7\,(60 + 0{,}5\,D + d)$	1,65
50	10,57	3,14	2,41	125	4,28	77	4,55		4,5—5,5	56	4,90	1,19	2,35	125	3,1	125	1,95		2,0
70	15,20	4,35	3,21	127	5,92	82	6,44		6,7—7,8	76,5	6,85	1,76	3,36	127	4,4	127	2,90		3,1
80	18,24	5,09	3,84	128	7,10	84	7,61		8,0—9,4	87	8,40	2,44	3,90	128	5,2	128	3,80		4,2
100	22,34	6,20	4,96	130	9,04	88	9,38		10,2—12,0	108	11,40	3,56	5,20	130	7	130	5,45		6,2
125	29,10	7,64	6,26	132,5	11,6	91	11,8		13,3—15,6	133	14,2	4,58	6,70	132,5	9	132,5	6,95		7,6
150	36,44	9,89	7,69	135	14,5	94	15,3		17,7—20,5	159	19,0	6,40	8,75	135	11,7	135	9,60		10,9
200	52,86	14,41	10,71	140	20,7	100	22,7		27,5—31,2	211	30,4	10,70	13,90	140	19	140	15,7		18,9
250	71,61	19,61	12,98	145	26,9	103	31,0		39,8—44,8	264	47,4	18,70	17,20	145	25	145	26,6		33,5
300	92,68	25,78	15,32	150	33,6	105	40,9		55,2—61	316	63,9	25,70	20,60	150	31	150	36,0		47,5
350	116,2	32,2	21,2	155	45,2	107	51,3		73,2—79,8	368	77,0	31,50	30,20	155	44	155	46,0		63,0
400	136,9	39,2	25,4	160	54,5	110	62,3		90,6—97,3	419	107,0	41,30	37,10	160	57	160	62,2		92,0

1199. FA-Stücke.

NW des Hauptrohres	Baulänge	Gußeisen (Abb. 92) $a = 0{,}2\,D + 0{,}5\,d + 100$, $l = 0{,}1\,d + 120$ Gewicht in kg bei NW d des Abzweiges										Stahl (Abb. 93) $a = 100 + 0{,}2\,D + 0{,}5\,d$, $l = 120 + 0{,}1\,d$ Gewicht in kg bei NW d des Abzweiges									
D mm	L mm	40	50	70	80	100	125	150	200	250	300	40	50	70	80	100	125	150	200	250	300
40	800	13,5	—	—	—	—	—	—	—	—	—	7,3	—	—	—	—	—	—	—	—	—
50	800	17,5	18,5	—	—	—	—	—	—	—	—	8,5	9,5	—	—	—	—	—	—	—	—
70	800	22	23	26	—	—	—	—	—	—	—	11	12	13	—	—	—	—	—	—	—
80	800	25	26	28	29	—	—	—	—	—	—	13	13,5	15	16	—	—	—	—	—	—
100	800	30	31	33	34	36	—	—	—	—	—	17	18	19	20	22	—	—	—	—	—
125	1000	45	45,5	47	43	50	53	—	—	—	—	24	24	26	27	28	30	—	—	—	—
150	1000	52	53	55	57	61	63	66	—	—	—	30	31	32	33	35	37	40	—	—	—
200	1000	78	79	81	82	84	86	88	93	—	—	46	46	48	48	50	52	55	60	—	—
250	1000	98	99	101	102	105	107	109	115	121	—	66	66	68	69	70	72	75	80	86	—
300	1000	132	133	135	136	138	139	141	147	152	159	84	84	86	87	88	90	93	98	104	109
350	**	165	166	168	169	171	204	207	213			108	109	110	111	112	133	136	141	146	152
400	**	193	194	196	197	199	237	240	246			147	147	148	149	151	180	182	187	192	198

* Länge und Gewicht hängen auch von der Nennweite des Hauptrohres D ab, daher sind nur Grenzen angegeben.
** Bis $d = 100$ mm, $L = 1000$ mm; bei $d = 125$—300 mm, $L = 1250$ mm; bei $d = 250$—600 mm, $L = 1500$ mm.

1200. FB-Stücke.

NW des Haupt-rohres	Gußeisen (Abb. 92)											Stahl (Abb. 93)										
	Bau-länge	$a = 0{,}2\,D + 0{,}5\,d + 100,\quad l =$ Muffentiefe										Bau-länge	$a = 100 \div 0{,}2\,D + 0{,}5\,d,\quad l = 120 + 0{,}1\,d$									
		Gewicht in kg bei NW d des Abzweiges											Gewicht in kg bei NW d des Abzweiges									
D mm	L mm	40	50	70	80	100	125	150	200	250	300	L mm	40	50	70	80	100	125	150	200	250	300
40	800	13,5	—	—	—	—	—	—	—	—	—	800	6,5	—	—	—	—	—	—	—	—	—
50	800	17,5	18,5	—	—	—	—	—	—	—	—	800	8	8,5	—	—	—	—	—	—	—	—
70	800	22,5	23	26	—	—	—	—	—	—	—	800	10,5	11	11,5	—	—	—	—	—	—	—
80	800	27	27,5	29	30	—	—	—	—	—	—	800	12	12,5	13,5	14	—	—	—	—	—	—
100	800	31,5	32	34	35	37	—	—	—	—	—	800	16	16,5	17,5	18	19,5	—	—	—	—	—
125	1000	46	46,5	48	49	51	54	—	—	—	—	1000	23	23	24	25	26	27	—	—	—	—
150	1000	54,5	55	57	59	63	65	68	—	—	—	1000	30	30	31	32	33	34	36	—	—	—
200	1000	82,5	83,5	86	87	90	91	92	96	—	—	1000	45	45	46	46	48	49	51	57	—	—
250	1000	104	105	107	108	112	114	116	120	125	—	1000	65	65	66	67	68	69	71	77	86	—
300	1000	132	133	135	136	138	140	143	149	157	165	1000	83	83	84	85	86	88	89	95	104	114
350	*	166	167	169	170	172	205	208	216			*	108	109	109	110	112	133	135	142	153	162
400	*	194	195	198	198	200	237	240	248			*	146	147	147	149	150	179	182	188	199	208

1201. FC-Stücke.

NW des Haupt-rohres	Gußeisen (Abb. 92)											Stahl (Abb. 93)										
	Bau-länge	$a = 80 + 0{,}1\,D + 0{,}5\,d,\quad l = 0{,}75\,a$										Bau-länge	$a = 60 + 0{,}5\,D + d,\quad l = 0{,}70\,a$									
		Gewicht in kg bei NW d des Abzweiges											Gewicht in kg bei NW d des Abzweiges									
D mm	L mm	40	50	70	80	100	125	150	200	250	300	L mm	40	50	70	80	100	125	150	200	250	300
40	800	15	—	—	—	—	—	—	—	—	—	800	6,5	—	—	—	—	—	—	—	—	—
50	800	17	18	—	—	—	—	—	—	—	—	800	8	8,5	—	—	—	—	—	—	—	—
70	800	24	25	27	—	—	—	—	—	—	—	800	10,5	11	11,5	—	—	—	—	—	—	—
80	800	26	27	29	30	—	—	—	—	—	—	800	12,5	14	14	14,5	—	—	—	—	—	—
100	800	31	32	34	35	37	—	—	—	—	—	800	15,5	16	17,5	18,5	20,5	—	—	—	—	—
125	1000	46	47	49	50	52	53	—	—	—	—	1000	23	23	24	25	25	29	—	—	—	—
150	1000	57	58	60	61	64	66	69	—	—	—	1000	31	31	32	33	35	37	40	—	—	—
200	1000	81	82	84	85	88	92	96	104	—	—	1000	44	46	47	47	50	51	55	63	—	—
250	1250	116	117	119	121	125	129	134	144	152	—	1000	77	78	79	80	82	84	87	97	112	—
300	1250	152	153	155	156	160	163	166	176	188	203	1000	100	100	101	102	105	107	110	120	135	152
350	**											**	128	128	129	131	133	135	138	147	182	196
400	**											**	174	174	176	177	179	181	185	193	236	251

* Bei d bis 100 mm, $L = 1000$ mm; bei $d = 125$—300 mm, $L = 1250$ mm; bei d über 350 mm, $L = 1500$ mm.
** Bei d bis 200 mm, $L = 1250$ mm; bei $d = 250$—300 mm, $L = 1500$ mm; bei $d = 350$ und 400 mm, $L = 1750$ mm.

1202. J-Krümmer.

NW des Rohres	Krümmungsradius		Gußeisen (Abb. 92) Gewicht in kg beim Zentriwinkel α											
		m	$\alpha = 11^1/_4{}^0$		$\alpha = 15^0$		$\alpha = 22^1/_2{}^0$		$\alpha = 30^0$		$\alpha = 45^0$		$\alpha = 90^0$	
D mm	r mm	mm	L mm	kg	L mm	kg	L mm	kg	L mm	kg	L mm	kg	L mm	kg
40	250	240	289	6,3		6	338	6,8	371	7		7		9
50	250	250	299	7,5		8	348	8	381	8,5		9		11
70	250	270	319	11		12	368	12	401	12,5		13		16
80	250	280	329	13		14	378	14,5	411	15		15		19
100	250	300	349	17		17	398	18	431	19		20		25
125	275	325	379	22		23	432	24	470	25,5		27		34
150	300	350	409	30		31	466	32	507	34		36		46
200	350	400	469	47		50	537	51	583	54		57		73
250	400	450	529	69		73	607	76	659	80		85		111
300	450	500	588	96		100	676	106	735	113		121		158
350	500	550	648	129		133	746	143	812	152		163		215
400	550	600	708	163		169	816	181	888	193		207		276

NW des Rohres	Krümmungsradius			Stahl (Abb. 93) Gewicht in kg beim Zentriwinkel α											
		m	a	$\alpha = 11^1/_4{}^0$		$\alpha = 22^1/_2{}^0$		$\alpha = 30^0$		$\alpha = 45^0$		$\alpha = 60^0$		$\alpha = 90^0$	
D mm	r mm	mm	mm	L mm	kg	L mm	kg	L mm	kg	L mm	kg	L mm	kg	L mm	kg
40	250	240	40	329	2,5	378	2,5	401	3	477	3	542	3,5	673	4
50	250	250	50	349	3	398	3,5	421	3,5	497	4	562	4	693	4,5
70	250	270	70	389	4,5	438	5,0	461	5	537	5,5	602	6	733	7
80	270	280	80	413	6	466	6,5	501	6,5	572	7	643	7,5	784	9
100	320	300	100	463	9	526	9,5	568	10	651	11	734	12	903	14
125	410	325	125	531	12	611	13	665	14	772	16	880	17	1094	20
150	500	350	150	598	17	696	19	762	20	893	23	1024	25	1286	30
200	710	400	200	740	32	880	36	972	39	1158	45	1344	50	1715	61
250	900	450	250	877	58	1053	66	1171	71	1407	82	1643	94	2194	116
300	1500	600	300	1195	98	1489	116	1685	128	2078	155	2471	177	3256	225
350	1750	700	350	1395	140	1738	166	1966	184	2425	219	2883	255	3799	326
400	2000	800	400	1593	215	1985	258	2247	286	2771	343	3294	400	4341	515

1203. K-Krümmer.

NW des Rohres	Krümmungsradius $r = 10\,D$	Gußeisen (Abb. 92) Gewicht in kg beim Zentriwinkel α								Stahl (Abb. 93)	Gewicht in kg beim Zentriwinkel α							
		$\alpha = 11^1/_4{}^0$		$\alpha = 22^1/_2{}^0$		$\alpha = 30^0$		$\alpha = 45^0$		m	$\alpha = 11^1/_4{}^0$		$\alpha = 22^1/_2{}^0$		$\alpha = 30^0$		$\alpha = 45^0$	
D mm	r mm	L mm	kg	L mm	kg	L mm	kg	L mm	kg	mm	L mm	kg	L mm	kg	L mm	kg	L mm	kg
40	400	—	—	—	—	—	—	314	6,5	128	—	—	—	—	—	—	442	3
50	500	—	—	—	—	—	—	393	9	143	—	—	—	—	—	—	536	4
70	700	—	—	—	—	—	—	550	15	143	—	—	—	—	—	—	693	6,5
80	800	340	12	314	13	419	13	628	20	150	308	5	464	6	569	7	778	9
100	1000	284	16	392	18	524	22	785	28	165	361	7,5	558	10	689	11,5	950	14
125	1250	336	21	490	26	655	32	985	43	173	418	11	663	14	827	16	1154	21
150	1500	388	29	590	38	785	46	1178	63	173	467	15	761	20	957	24	1350	31
200	2000	393	42	786	67	1047	84	1571	117	188	586	25	973	39	1235	47	1759	66
250	2500	491	66	982	108	1309	136	1964	192	203	694	49	1185	72	1512	87	2156	128
300	3000	589	97	1178	162	1571	206	—	—	225	815	75	1465	111	1795	135	2581	197
350	3500	687	134	1374	230	—	—	—	—	350	1037	112	1724	165	2183	201	3099	272
400	4000	785	176	1570	304	—	—	—	—	400	1185	171	1971	256	2494	313	3542	427

1204. MM-, MMA-, MMB-, MMAA- und MMBB-Stücke.

NW des Hauptrohres	MM-Stück				MMA-Stück, $l = 120 + 0{,}1\,d$																		MMAA-Stück
	Gußeisen		Stahl		Gußeisen (Abb. 92)									Stahl (Abb. 93)									Gußeisen und Stahl
	Baulänge	Gewicht	Baulänge	Gewicht	Baulänge*	Gewicht in kg bei NW d des Abzweiges								Baulänge	Gewicht in kg bei NW d des Abzweiges								
D mm	L mm	kg	L mm	kg	L mm	40	50	70	80	100	125	150	200	L mm	40	50	70	80	100	125	150	200	
40	148	8	210	3	300	12	—	—	—	—	—	—	—	210	5,5	—	—	—	—	—	—	—	Um die Gewichte zu erhalten, addiere man zu den nebenstehenden Gewichten die Gewichte der A-Stutzen aus der Hilfstabelle 1198
50	154	9	240	4	300	13	13,5	—	—	—	—	—	—	240	6,5	7	—	—	—	—	—	—	
70	164	13	260	5,5	300	18,5	19	21	—	—	—	—	—	260	8	8,5	10	—	—	—	—	—	
80	168	15	280	7	300	21	21,5	23	24	—	—	—	—	280	9,5	10	11,5	12	—	—	—	—	
100	176	19	320	10,5	300	25	25,5	27	28	30	—	—	—	320	13	13,5	15	16	17,5	—	—	—	
125	182	24	355	14	300	30,5	31,5	33	34	35,5	38	—	—	355	16	17	18	19	21	23	—	—	
150	188	30	380	19	300	38	39	40,5	41,5	43	45,5	48	—	380	21	22	23	24	26	28	30	—	
200	200	44	450	33	300	54	54	56,5	57,5	59,5	61,5	64	69,5	450	36	36	38	38	40	42	45	50	
250	206	62	520	58	300	73	74	76	77	79	81	83	106	520	60	61	62	63	65	66	69	74	
300	210	81	600	85	300	94	95	97	98	100	102	104	131	600	87	88	89	90	92	94	97	102	
350	214	103	670	117	300	117	118	120	121	123	125	127	160	670	119	120	121	122	124	126	129	135	
400	220	125	700	164	300	139	140	142	143	145	147	149	188	700	166	167	168	169	170	172	175	182	

NW des Hauptrohres	MMB-Stück, $l = 120 + 0{,}1\,d$																		MMBB-Stück
	Gußeisen (Abb. 92)									Stahl (Abb. 93)									Gußeisen und Stahl
	Baulänge*	Gewicht in kg bei NW d des Abzweiges								Baulänge	Gewicht in kg bei NW d des Abzweiges								
D mm	L mm	40	50	70	80	100	125	150	200	L mm	40	50	70	80	100	125	150	200	
40	300	12,5	—	—	—	—	—	—	—	210	4,5	—	—	—	—	—	—	—	Um die Gewichte zu erhalten, addiere man zu den nebenstehenden Gewichten die Gewichte der B-Stutzen aus der Hilfstabelle 1198
50	300	15	16	—	—	—	—	—	—	240	5,5	6	—	—	—	—	—	—	
70	300	19	20	22	—	—	—	—	—	260	7	7,5	8,5	—	—	—	—	—	
80	300	21,5	22,5	24	25,5	—	—	—	—	280	8,5	9	10	10,5	—	—	—	—	
100	300	26	26,5	28,5	29,5	31	—	—	—	320	12	12,5	13,5	14	15,5	—	—	—	
125	300	31,5	32	34	35	36,5	39,5	—	—	355	16	16	17	17	19	20	—	—	
150	300	39	40	42	43	44,5	47	50	—	380	20	21	21	22	23	25	27	—	
200	300	55	56	58	59	61	63	66	74	450	35	35	36	37	38	39	41	47	
250	300	75	76	78	79	81	82	85	108	520	59	59	60	61	62	64	66	71	
300	300	97	98	100	101	103	104	107	133	600	87	87	88	88	90	91	93	99	
350	300	118	119	121	122	124	125	128	162	670	119	119	120	121	123	124	127	133	
400	300	142	143	145	146	148	149	152	190	700	165	166	166	167	169	171	173	179	

* Bei der Nennweite d des Abzweiges von 200 mm ist $L = 500$ mm.

1205. L-Stücke (Krümmer).

NW des Rohres	Krümmungsradius	Gußeisen, $r = 5\,D$ (Abb. 92) Gewicht in kg beim Zentriwinkel α: $\alpha = 22^1/_2{}^0$		$\alpha = 30^0$		$\alpha = 45^0$		Stahl, $r = 5\,D$ (Abb. 93) m	a	Gewicht in kg beim Zentriwinkel α: $\alpha = 11^1/_4{}^0$		$\alpha = 22^1/_2{}^0$		$\alpha = 30^0$		$\alpha = 45^0$	
D mm	r mm	L mm	kg	L mm	kg	L mm	kg	mm	mm	L mm	kg	L mm	kg	L mm	kg	L mm	kg
125	625	—	—	327	21	491	26	173	63	—	—	—	—	563	13	725	15
150	750	—	—	393	29	589	38	173	75	—	—	—	—	640	18	837	21
200	1000	—	—	524	48	785	67	188	100	—	—	—	—	812	34	1073	42
250	1250	—	—	655	80	981	108	203	125	—	—	—	—	983	63	1315	78
300	1500	589	97	785	118	1178	162	225	150	—	—	964	78	1160	96	1553	120
350	1750	687	134	916	166	1374	230	525	175	1044	112	1388	139	1616	157	2075	192
400	2000	785	176	1047	219	1571	305	600	200	1193	171	1585	214	1847	243	2371	300

1206. E-, F-, X-, P-, O-, U- und VH-Stücke. (Abb. 92 bzw. 93.)

NW des Rohres	E-Stück Gußeisen Baulänge L in mm			E-Stück Stahl Baulänge L in mm	F-Stück Gußeisen Baulänge L in mm		F-Stück Stahl Baulänge L in mm	X-Stück (Blindflansch) Gußeisen	X-Stück Stahl	P-Stück (Stopfen) Gußeisen	P-Stück Stahl	O-Stück (Kappe) Gußeisen	O-Stück Stahl	U-Stück (Überschiebmuffen) Gußeisen Baulänge	Gußeisen einteilig, U-Stück	Gußeisen zweiteilig, $^2/_2$ U-Stück,	Stahl Baulänge	Stahl einteilig, U-Stück	VH-Stück (zweiteilige Doppelmuffe) Gußeisen Baulänge	Gewicht
D mm	300	150	100	300	600	300	600	kg	kg	kg	kg	kg	kg	L mm	kg	kg	L mm	kg	L mm	kg
40	8	6,8	6,5	4	8	5	4,5	2	1,5	0,9	0,5	3,1	1,5	296	9	18	296	3	328	21
50	10	8,2	7,3	5,5	10	6	5,5	2,5	2,5	1,1	1	4	2	308	10,5	19	308	4	315	23
70	13	11,2	10	7,5	13	8,5	7	4	3,5	1,8	1	5,5	2,5	328	14,5	24	328	5	340	31
80	16	12,3	11,8	9	16	10	9,5	4,5	4	2,3	1,5	6,5	3	336	18	28	336	6,5	325	33
100	20	16,7	14,7	12,5	20	13	13	7	5,5	3	2,5	8	4,5	352	22	30	352	10	325	41
125	25	21,0	—	16	26	—	16	9	8	4,2	3	10,5	6	364	28	36	364	15	390	44
150	31	26,5	—	20	32	—	21	11	10	5,7	4	13	7	376	34	50	376	18	390	59
200	45	35,7	—	32	46	—	32	17	17	9,5	7	19,5	13	400	48	63	400	24	420	91
250	59	49,8	—	46	61	—	45	23	24	14,2	13	28	23	412	67	77	412	36	440	108
300	76	63,3	—	61	78	—	58	30	31	21	19	37	33	420	88	109	421	46	460	136
350	97	—	—	86	100	—	76	42	44	29,5	23	50	41	428	113	125	430	74	480	154
400	116	—	—	112	118	—	101	52	58	36,5	36	61	59	440	136	146	440	98	482	180

1207. Q-Stücke (Flanschkrümmer). (Abb. 92 bzw. 93.)

NW des Rohres	Gußeisen Schenkellänge	Gußeisen Gewicht in kg beim Zentriwinkel α				Stahl Krümmungshalbmesser	Stahl Schenkellänge	Stahl Gewicht bei $\alpha = 90^0$
D mm	L mm	30°	45°	60°	90°	r mm	L mm	kg
40	140	7,5	7	7	7	120	160	5
50	150	9,5	9,5	9	9	150	200	6,5
70	170	14	14	13,5	13	210	280	9,5
80	180	17	17	16,5	16	240	320	12
100	200	22	22	22	21	300	400	18
125	225	30,5	30	29,5	28	375	500	26,5
150	250	40	39	39	37	450	600	37
200	300	63	62	61	57	600	800	74
250	350	90	89	87	80	1000	1250	132
300	400	124	122	119	109	1200	1500	197
350	450	174	171	166	154	1750	2100	328
400	500	222	219	212	195	2000	2400	504

1208. T- und TT-Stücke.

NW des Hauptrohres	Schenkellänge im Hauptrohr	Gußeisen (Abb. 92) Stutzenlänge $l = \frac{D+d}{2} + 100$ mm — Gewicht in kg bei NW d des Stutzens										Stahl (Abb. 93) Stutzenlänge $l = \frac{D+d}{2} + 100$ mm — Gewicht in kg bei NW d des Stutzens									
D mm	L mm	40	50	70	80	100	125	150	200	250	300	40	50	70	80	100	125	150	200	250	300
40	140	10	—	—	—	—	—	—	—	—	—	7	—	—	—	—	—	—	—	—	—
50	150	12	13	—	—	—	—	—	—	—	—	—	9	—	—	—	—	—	—	—	—
70	170	16,5	17,5	19	—	—	—	—	—	—	—	—	—	13,5	—	—	—	—	—	—	—
80	180	19,5	20,5	22	24	—	—	—	—	—	—	—	—	—	16,5	—	—	—	—	—	—
100	200	25	27	27,5	29	31	—	—	—	—	—	—	—	—	—	23	—	—	—	—	—
125	225	33	33,5	35	36	38,5	41	—	—	—	—	—	—	—	—	—	30	—	—	—	—
150	250	42	43	44,5	45,5	48	50	54	—	—	—	—	—	—	—	—	—	41	—	—	—
200	300	64	65	67	68	70	73	76	83,5	—	—	—	—	—	—	—	—	—	67	—	—
250	350	91	91,5	93	94	96,5	99	102	110	118	—	—	—	—	—	—	—	—	—	93	—
300	400	124	124	126	127	129	132	136	142	151	159	—	—	—	—	—	—	—	—	—	125
350	450	172	173	175	176	178	180	184	190	198	207	—	—	—	—	—	—	—	—	—	—
400	500	219	220	222	223	224	226	231	238	244	253	—	—	—	—	—	—	—	—	—	—

Gewicht der TT-Stücke = Gewicht der T-Stücke + Gewicht eines A-Stutzens von der Nennweite d + (0,4 d — 20)mal dem Metergewicht des glatten Rohres von der Nennweite d mm.

1209. R-Stücke (Übergangsstücke mit Muffe am engen Ende).

NW am glatten Ende	Gußeisen (Abb. 92) Baulänge L = 1000 mm — Gewicht in kg bei NW D_1 an der Muffe											Gußeisen (Abb. 92) Baulänge L = 500 mm — Gewicht in kg bei NW D_1 an der Muffe								Stahl (Abb. 93) Baulänge L = 1000 mm — Gewicht in kg bei NW D_1 an der Muffe										
D mm	40	50	70	80	100	125	150	200	250	300	350	40	50	70	80	100	125	150	200	40	50	70	80	100	125	150	200	250	300	350
50	14	—	—	—	—	—	—	—	—	—	—	8,4	—	—	—	—	—	—	—	5,5	—	—	—	—	—	—	—	—	—	—
70	16,5	18	—	—	—	—	—	—	—	—	—	10,1	11	—	—	—	—	—	—	7,0	7,5	—	—	—	—	—	—	—	—	—
80	18,5	20	23,5	—	—	—	—	—	—	—	—	11,2	12,1	14,3	—	—	—	—	—	8,0	9	10	—	—	—	—	—	—	—	—
100	21,5	23	26	28,5	—	—	—	—	—	—	—	12,8	13,6	15,8	17,2	—	—	—	—	10	11	12	13	—	—	—	—	—	—	—
125	25,5	27	30	33	36	—	—	—	—	—	—	—	16,2	18,4	19,7	21,6	—	—	—	12	13	14	15	17	—	—	—	—	—	—
150	30,5	32	35	37,5	40,5	45	—	—	—	—	—	—	19	21,2	22,5	24,5	27,2	—	—	15	16	17	19	21	22	—	—	—	—	—
200	—	—	46,5	48,5	51,5	56	62	—	—	—	—	—	—	—	29	31	33,5	37	—	—	—	26	27	32	32	34	—	—	—	—
250	—	—	59	61	64	69	74	86	—	—	—	—	—	—	—	38,5	41	45	53	—	—	35	39	43	44	46	54	—	—	—
300	—	—	—	75	78	83	88	103	117	—	—	—	—	—	—	46,5	49	53	60	—	—	—	52	58	60	62	68	80	—	—
350	—	—	—	—	93	98	104	116	129	145	—	—	—	—	—	—	—	—	—	—	—	—	—	81	82	84	88	96	103	—
400	—	—	—	—	—	—	118	130	144	160	177	—	—	—	—	—	—	—	—	—	—	—	—	—	—	115	119	128	135	141

1210. Rw-Stücke (Übergangsstücke mit Muffe am weiten Ende).

NW am glatten Ende	Gußeisen (Abb. 92)																Stahl (Abb. 93)										
	Baulänge $L = 1000$ mm									Baulänge $L = 500$ mm							Baulänge $L = 1000$ mm										
	Gewicht in kg bei NW D an der Muffe									Gewicht in kg bei NW D an der Muffe							Gewicht in kg bei NW D an der Muffe										
d mm	50	70	80	100	125	150	200	250	300	50	70	80	100	125	150	200	50	70	80	100	125	150	200	250	300	350	400
40	15,5	20	21	26	32	37	—	—	—	8,5	11	12,5	14	17	—	—	6	8	9,5	12,5	16	20	—	—	—	—	—
50	—	21	24	27	32	39	55	—	—	—	11,5	13	15	18	22	—	—	8	9,5	13	16	20	—	—	—	—	—
70	—	—	29	31	36	43	58	76	—	—	—	14,6	16,5	19,5	23,5	—	—	—	10,5	13,5	17	21	34	50	—	—	—
80	—	—	—	32	38	45	60	78	—	—	—	—	17,5	20,5	24,5	—	—	—	—	14,5	17	22	35	53	73	—	—
100	—	—	—	—	40	48	63	80	101	—	—	—	—	22	26	34	—	—	—	—	18	24	38	56	78	109	—
125	—	—	—	—	—	50	66	85	106	—	—	—	—	—	28	36	—	—	—	—	—	24	38	56	80	109	—
150	—	—	—	—	—	—	71	88	109	—	—	—	—	—	—	39	—	—	—	—	—	—	38	57	80	109	150
200	—	—	—	—	—	—	—	98	118	—	—	—	—	—	—	—	—	—	—	—	—	—	—	61	82	109	150
250	—	—	—	—	—	—	—	—	130	—	—	—	—	—	—	—	—	—	—	—	—	—	—	—	88	109	150
300	—	—	—	—	—	—	—	—	—	—	—	—	—	—	—	—	—	—	—	—	—	—	—	—	—	109	150
350	—	—	—	—	—	—	—	—	—	—	—	—	—	—	—	—	—	—	—	—	—	—	—	—	—	—	150

1211. FR-Stücke. (Übergangsstück, weites Ende glatt, enges Ende mit Flansch).

NW am glatten Ende	Gußeisen (Abb. 92)											Stahl (Abb. 93)										
	Baulänge $L = 1000$ mm											Baulänge $L = 1000$ mm										
	Gewicht in kg bei NW am Flansch											Gewicht in kg bei NW am Flansch										
D mm	40	50	70	80	100	125	150	200	250	300	350	40	50	70	80	100	125	150	200	250	300	350
50	14,5	—	—	—	—	—	—	—	—	—	—	6,5	—	—	—	—	—	—	—	—	—	—
70	17,5	18	—	—	—	—	—	—	—	—	—	8	8,5	—	—	—	—	—	—	—	—	—
80	19,5	20	23	—	—	—	—	—	—	—	—	9	9,5	11,5	—	—	—	—	—	—	—	—
100	23,5	24	27	30	—	—	—	—	—	—	—	11	12	13,5	15,5	—	—	—	—	—	—	—
125	25,5	26	30	33	39	—	—	—	—	—	—	13	14	16	17	20	—	—	—	—	—	—
150	31,5	33	37	39	45	49	—	—	—	—	—	16	17	19	20	23	25	—	—	—	—	—
200	—	—	50	52	57	62	67	—	—	—	—	—	—	27	29	32	33	36	—	—	—	—
250	—	—	65	67	71	75	80	91	—	—	—	—	—	38	41	45	47	48	56	—	—	—
300	—	—	—	81	84,5	89,5	95	106	119	—	—	—	—	—	54	57	59	62	70	76	—	—
350	—	—	—	—	—	—				—	—	—	—	—	—	82	83	85	90	93	97	—
400	—	—	—	—	—	—						—	—	—	—	—	—	116	121	125	128	138

1212. FRw-Stücke.

NW am glatten Ende	Gußeisen (Abb. 92)										
	Baulänge $L = 1000$ mm										
	Gewicht in kg bei NW am Flansch										
D mm	50	70	80	100	125	150	200	250	300	350	400
40	15	19	22	27	30	38	—	—	—		
50	—	19	22	27	30	39	—	—	—		
70	—	—	24	29	33	42	58	75	—		
80	—	—	—	31	36	43	59	76	93		
100	—	—	—	—	41	48	63	79	95		
125	—	—	—	—	—	51	67	82	99		
150	—	—	—	—	—	—	70	86	103		
200	—	—	—	—	—	—	—	94	111		
250	—	—	—	—	—	—	—	—	122		
300	—	—	—	—	—	—	—	—	—		
350	—	—	—	—	—	—	—	—	—	—	

NW am glatten Ende	Stahl (Abb. 93)										
	Baulänge $L = 1000$ mm										
	Gewicht in kg bei NW am Flansch										
D mm	50	70	80	100	125	150	200	250	300	350	400
40	7	9,5	11	14,5	18	24	—	—	—	—	—
50	—	9,5	11,5	15	19	24	—	—	—	—	—
70	—	—	12	15,5	19	25	37	51	—	—	—
80	—	—	—	17	20	25	38	53	69	—	—
100	—	—	—	—	21	26	40	56	71	107	—
125	—	—	—	—	—	27	40	56	71	107	—
150	—	—	—	—	—	—	40	56	72	107	145
200	—	—	—	—	—	—	—	60	77	107	145
250	—	—	—	—	—	—	—	—	79	107	145
300	—	—	—	—	—	—	—	—	—	107	145
350	—	—	—	—	—	—	—	—	—	—	145

1213. Krümmer (MQ-Stücke) aus Gußeisen.

Nennweite	$\alpha = 90^0$ (Abb. 92 c)				$\alpha = 45^0$ (Abb. 92 d)			$\alpha = 30^0$ (Abb. 92 e)			$\alpha = 22^1/_2{}^0$		
	r	*L*	*H*	Gewicht	*r*	*L*	Gewicht	*r*	*L*	Gewicht	*r*	*L*	Gewicht
D mm	mm	mm	mm	kg	mm	mm	kg	mm	mm	kg	mm	mm	kg
40	200	500	250	10	528	415	8	1003	525	9	1655	650	10
50	200	500	250	12	528	415	9	1003	525	10	1655	650	12
70	200	500	250	17	528	415	13	1003	525	15	1655	650	17
80	250	500	300	21	528	415	15	1003	525	17,5	1655	650	20
100	290	500	350	27	528	415	19	1003	525	21,5	1655	650	25
125	290	500	350	34	528	415	24	1003	525	27,5	1655	650	32
150	290	600	350	48	528	415	30	1003	525	35	1655	650	37
200	305	600	375	71	528	415	44	1003	525	51	1655	650	57
250	305	600	375	96	662	520	68	1165	610	75	1935	750	88
300	305	750	375	141	662	520	89	1165	610	98	1935	750	114
350	425	750	500	187	662	520	111	1165	610	122	1935	750	143
400	500	750	575	230	1010	800	178	1528	800	178	2165	850	187

Nennweite	Krümmungshalbmesser $r = D + 300$ mm								
	Krümmungshalbmesser	$\alpha = 90^0$ (Abb. 92 a)		$\alpha = 45^0$ (Abb. 92 b)		$\alpha = 30^0$ (Abb. 92 b)		$\alpha = 15^0$ (Abb. 92 b)	
		L	Gewicht	*L*	Gewicht	*L*	Gewicht	*L*	Gewicht
D mm	*r* mm	mm	kg	mm	kg	mm	kg	mm	kg
40	—	—	—	—	—	—	—	—	—
50	350	427	12	351	8	260	7	246	6,5
70	370	452	17	372	12	276	10	261	10
80	380	464	21	382	14,5	286	12	268	11,5
100	400	488	27	402	18	298	15	280	15
125	425	516	36	424	24	313	20	293	19
150	450	544	47	447	31	329	26	305	25
200	500	600	73	492	48,5	360	40	331	38
250	550	653	106	534	69,4	391	57	349	53,5
300	600	705	147	576	95	419	77,5	367	72
350	650	757	196	617	125	447	101	384	93
400	700	810	245	659	155	476	125	403	113

Preise je 100 kg: 25 RM; 63 S; Kč laut Nr. 1227.

1214. Fußkrümmer FQN und MQN aus Gußeisen. (Abb. 92.)

Nennweite *D*	Krümmungsradius *r*	Baulänge *L*	*H*	Muffenfußkrümmer MQN Gewicht	Flanschenfußkrümmer FQN Gewicht	Nennweite *D*	Krümmungsradius *r*	Baulänge *L*	*H*	Muffenfußkrümmer MQN Gewicht	Flanschenfußkrümmer FQN Gewicht
mm	mm	mm	mm	kg	kg	mm	mm	mm	mm	kg	kg
40	200	500	250	16	15	150	290	600	350	75	72
50	200	500	250	20	19	200	305	600	375	109	105
70	200	500	250	28	27	250	305	600	375	146	138
80	250	500	300	34	33	300	305	750	375	208	195
100	290	500	350	44	43	350	425	750	500	283	270
125	290	500	350	56	54	400	500	750	575	357	341

1215. Anschlußstücke für die Verbindung von Stahlrohrleitungen mit Gußrohrleitungen. (Abb. 92 bzw. 93.)

NW des Rohres	Gußeisen			Stahl			NW des Rohres	Gußeisen			Stahl		
	Baulänge	Anschlußstück I u. II	Anschlußstück III	Baulänge	Anschlußstück I u. II	Anschlußstück III		Baulänge	Anschlußstück I u. II	Anschlußstück III	Baulänge	Anschlußstück I u. II	Anschlußstück III
D mm	*L* mm	kg	kg	*L* mm	kg	kg	*D* mm	*L* mm	kg	kg	*L* mm	kg	kg
40	500	8	5	500	3	2	150	500	32	21	500	15	10
50	500	10	6	500	4	2,5	200	500	47	31	500	25	15
70	500	14	9	500	5,5	3,5	250	500	64	41	500	40	24
80	500	16	11	500	6,5	4,5	300	500	83	54	500	55	32
100	500	20	13	500	9	6	350	750			750	90	56
125	500	25	17	500	12	7	400	750			750	123	79

1216. Ausdehnungsstopfbüchsen für Stahlrohre (Abb. 94). (Mannesmann-Röhrenwerke, Düsseldorf.)

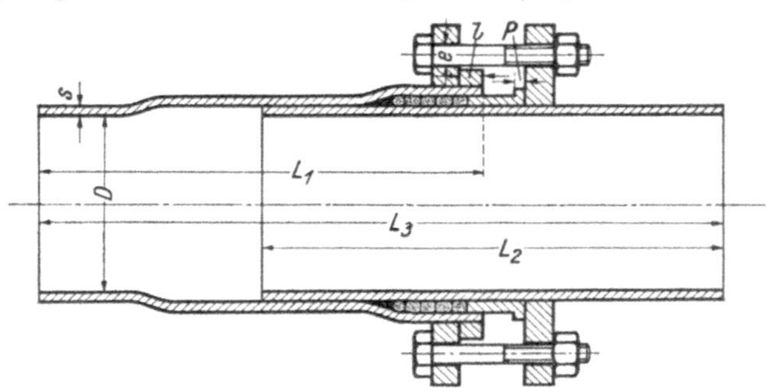

Abb. 94. Ausdehnungsstopfbüchse für Stahlrohre.

Abmessungen.

Nennweite in *D* mm	Außendurchmesser in D_1 mm	Wandstärke in *s* mm	Längen: des Muffenrohres L_1 in mm	Längen: des Degenrohres L_2 in mm	Längen: mittlere L_3 in mm	Anzahl, Durchmesser (Zoll) und Länge (mm) der Schrauben
40	46	3	644	500	1000	4 × $^1/_2$″ × 80
50	56	3	662	500	1000	4 × $^5/_8$″ × 90
70	76,5	3,25	662	500	1000	4 × $^5/_8$″ × 100
80	87	3,5	670	500	1000	4 × $^5/_8$″ × 100
100	108	4	688	500	1000	4 × $^5/_8$″ × 120
125	133	4	946	750	1500	4 × $^5/_8$″ × 120
150	159	4,5	946	750	1500	4 × $^3/_4$″ × 120
200	211	5,5	962	750	1500	4 × $^3/_4$″ × 130
250	264	7	980	750	1500	8 × $^3/_4$″ × 140
300	316	7,75	1004	750	1500	8 × $^3/_4$″ × 150
350	368	8	1272	1000	2000	8 × $^7/_8$″ × 170
400	419	10	1272	1000	2000	8 × $^7/_8$″ × 170

1217. Gußeiserne Flanschenrohre DIN 2422.

Nennweite	Normale Baulängen							
	Baulänge in mm							
	5000		4000		3000		2500	
	Gewicht je Meter und je Stück							
D mm	kg/m	kg	kg/m	kg	kg/m	kg	kg/m	kg
40	—	—	—	—	—	—	—	—
50	—	—	—	—	12,18	36,53	12,50	31,25
70	—	—	—	—	17,34	52,02		
80	—	—	—	—	20,80	62,40		
100	—	—	24,82	99,28	25,65	76,94		
125	—	—	32,23	128,92	33,27	99,82		
150	—	—	40,29	161,14	41,57	124,70		
200	57,15	285,72	58,22	232,86	60,00	180,00		
250	76,80	384,01	78,10	312,40	80,26	240,79		
300	98,81	494,04	100,34	401,36	102,89	308,68		
350	124,59	622,93	126,72	506,86	130,26	390,79		
400	147,07	735,33	149,61	598,44	153,85	461,55		

Nennweite	Kurze Flanschrohre (Paßrohre)											
	Baulänge in mm											
	2000	1800	1600	1400	1200	1000	800	600	500	400	300	200
	Gewicht je Stück											
D mm	kg	kg	kg	kg	kg	kg	kg	kg	kg	kg	kg	kg
40	22,5	21	19,5	18	16	14,5	12,5	10,5	9,5	8,5	7,5	6,5
50	27,5	25	23,5	22	20	17,5	15	12,5	11,5	10,5	9	8
70	39	35,5	32,5	31	27,5	24	21	17,5	15,5	14	12,5	10,5
80	46	42,5	39,5	37,5	33,5	29,5	25,5	21	19	17	15	13
100	57	52,5	48,5	46	41	36	31	26	23,5	21	18,5	16
125	74	68,5	62,5	59	53	46,5	40	33,5	30,5	27	24	21
150	93	84	78,5	75	66,5	58,5	50,5	42	38	34	30	26
200	134	123	112	106	94,5	82,5	71	59,5	53,5	47,5	42	36
250	178	163	148	140	124	108	93	77	69	61	52,5	44,5
300	227	208	189	178	158	138	117	97	86	76	66	56
350	288	264	241	228	202	176	151	125	112	99	86	73
400	342	313	284	269	239	208	178	148	133	118	103	88

1218. Abmessungen normaler Gußflanschen DIN 2422, der Flanschenschrauben und der Dichtungen.

Nenn-weite	Flanschabmessungen							Flanschenschrauben DIN 418					Dichtungsringe			
	Durch-messer	Dicke	Breite der Dichtungs-leiste	Höhe der Dichtungs-leiste	Lochkreis-durch-messer	Loch-durch-messer	Anzahl der Löcher	Schrauben-dicke		Bolzen-länge	Gewicht je 100 Stück	Beilagscheiben DIN 126, Gewicht je 100 Stück	Blei		Gummi	
													Dicke	Gewicht	Dicke	Gewicht
D mm	mm	mm	mm	mm	mm	mm		mm	Zoll	mm	kg	kg	mm	kg	mm	kg
40	150	18	24	3	110	18	4	16	$^5/_8$	65	19,2	1,57	3	0,260	3	0,033
50	165	20	26	3	125	18	4	16	$^5/_8$	65	19,2	1,57	3	0,246	3	0,038
70	185	20	26	3	145	18	4	16	$^5/_8$	65	19,2	1,57	3	0,308	3	0,050
80	200	22	29	3	160	18	4	16	$^5/_8$	80	21,4	1,57	3	0,341	3	0,057
100	220	22	29	3	180	18	8	16	$^5/_8$	80	21,4	1,57	3	0,410	3	0,070
125	250	24	31,5	3	210	18	8	16	$^5/_8$	80	21,4	1,57	3	0,517	3	0,076
150	285	24	31	3	240	22	8	19	$^3/_4$	80	33,1	2,86	3	0,648	3	0,080
200	340	26	34	3	295	22	12	19	$^3/_4$	90	35,2	2,86	3	0,900	3	0,140
250	395	28	35	3	350	22	12	19	$^3/_4$	100	37,4	2,86	3	1,045	3	0,162
300	445	28	35	4	400	22	12	19	$^3/_4$	100	37,4	2,86	3	1,300	3	0,240
350	505	30	40	4	460	22	16	19	$^3/_4$	100	37,4	2,86	3	1,750	3	0,291
400	565	32	41	4	515	25	16	22,5	$^7/_8$	110	55,5	3,58	3	2,140	3	0,320

1219 a. Gummidichtungsringe für Flanschen, 3 mm stark.

Preise je Stück.

Nennweite	40 mm	50 mm	70 mm	80 mm	100 mm	125 mm	150 mm	200 mm	250 mm	300 mm	350 mm	400 mm
RM .	0,10	0,15	0,35	0,45	0,50	0,60	0,75	1,20	1,80	2,40	3,—	3,50
S . . .												
Kč . .	1,35	1,50	2,—	2,50	3,40	5,70	7,—	9,50	12,—	15,—		

1219 b. Klingeritdichtungsringe für Flanschenrohre, 3 mm stark.

Preise je 100 Stück ab Werk Gumpoldskirchen, Niederösterreich.

Nennweite	40 mm	50 mm	70 mm	80 mm	100 mm	125 mm	150 mm	200 mm	250 mm	300 mm	350 mm	400 mm
RM	30,—	44,20	53,90	68,20	73,50	95,10	121,—	188,—	224,—	257,—	295,—	387,—
S	61,20	90,—	110,—	140,—	150,—	194,—	246,—	382,—	456,—	524,—	600,—	788,—
Kč	330,50	486,—	594,—	756,—	810,—	1048,—	1329,—	2063,—	2463,—	2830,—	3240,—	4256,—

1220. Flanschenschrauben und Beilagscheiben für Gußflanschen DIN 2422.

Gewichte und Preise.

Nennweite	Anzahl je Flansch	Schraubendicke		Flanschenschrauben DIN 418: Bolzenlänge	Gewicht je 100 Stück	Preis je 100 Stück			Preis je Dichtung			Beilagscheiben DIN 126: Gewicht je 100 Stück	Preis je 100 Stück			Preis je Dichtung		
mm	Stück	Zoll	mm	mm	kg	RM	S	Kč	RM	S	Kč	kg	RM	S	Kč	RM	S	Kč
40	4	5/8	16	65	19,2	12,60	32,18	87,80	0,50	1,29	3,56	1,57	0,45	4,62	6,16	0,02	0,19	0,26
50	4	5/8	16	65	19.2	12,60	32,18	87,80	0,50	1,29	3,56	1,57	0,45	4,62	6,16	0,02	0,19	0,26
70	4	5/8	16	65	19,2	12,60	32,18	87,80	0,50	1,29	3,56	1,57	0,45	4,62	6,16	0,02	0,19	0.26
80	4	5/8	16	80	21,4	13,30	34,64	95,80	0,53	1,38	3,88	1,57	0,45	4,62	6,16	0,02	0,19	0,26
100	8	5/8	16	80	21,4	13,30	34,64	95,80	1,06	2,76	7,75	1,57	0,45	4,62	6,16	0,04	0,37	0,52
125	8	5/8	16	80	21,4	13,30	34,64	95,80	1,06	2,76	7,75	1,57	0,45	4,62	6,16	0,04	0,37	0,52
150	8	3/4	19	80	33,1	18,60	48,65	140,—	1.49	3,90	11,05	2,86	0,78	7,—	10,50	0,06	0,56	0,87
200	12	3/4	19	90	35,2	19,30	51,05	147,50	2,32	6,13	17,40	2,86	0,78	7,—	10,50	0,10	0,84	1,31
250	12	3/4	19	100	37,4	20,—	53,45	155,—	2.40	6,42	18,45	2,86	0,78	7,—	10,50	0,10	0,84	1,31
300	12	3/4	19	100	37.4	20,—	53,45	155,—	2,40	6,42	18,45	2,86	0,78	7,—	10,50	0,10	0,84	1,31
350	16	3/4	19	100	37.4	20,—	53,45	155,—	3,20	8,56	24,65	2,86	0,78	7,—	10,50	0,13	1,12	1,74
400	16	7/8	22,5	110	55,5	28,45	75,35	219,20	4,56	12.06	34,10	3,58	0,93	9,80	12,65	0,15	1,57	2,10

1221. Flanschen mit Gasgewinde und Blindflanschen aus Gußeisen.

Runde Flanschen:

Nennweite des Rohres		10 mm	15 mm	20 mm	25 mm	30 mm	40 mm	50 mm	70 mm	80 mm
Blindflansch	kg	0,4	0,5	0,6	0,9	1,2	2,0	2,5	4,0	4,5
Preis, frachtfrei	RM			0,48	0,55	0,65	0,75	0,85	1,25	1,70
	S									
	Kč	2,40	3,—	3,60	5,40	7,50	12,—	13,—	19,—	21,—
Flansch mit Gasgewinde	kg	0,4	0,5	0,6	0,8	1,0	2,0	2,3	3,9	4,8
Preis, frachtfrei	RM	0,22	0,33	0,40	0,50	0,60	0,80	0,95	1,80	2,—
	S									
	Kč	1,50	1,60	2,20	2,50	3,25	3,80	5,50	8,60	14,—

Nennweite des Rohres		100 mm	125 mm	150 mm	200 mm	250 mm	300 mm	350 mm	400 mm
Blindflansch	kg	7	9	11	17	23	30	42	52
Preis, frachtfrei	RM	2,25	2,90	3,75	5,40	7,50	9,50		
	S								
	Kč	30,—	36,—	44,—	67,—	89,—	113,—	156,—	190,—
Flansch mit Gasgewinde	kg	6,0	—	—	—	—	—	—	—
Preis, frachtfrei	RM	2,50	—	—	—	—	—	—	—
	S		—	—	—	—	—	—	—
	Kč	18,—	—	—	—	—	—	—	—

Ovale Flanschen kosten 75% der runden.

1222. Verlegen von Flanschrohren mit festen Flanschen, einschließlich der Formstücke und Armaturen und aller Nebenarbeiten, ausschließlich aller Stemm- und Putzarbeiten, Erdarbeiten, Gerüstungen, Anbringen von Rohrunterstützungen, Isolierungen, Anstrichen.

Eine Arbeitspartie stellt in 8 Stunden die unten angegebene Zahl von Flanschenverbindungen her:

Rohrdurchmesser	mm	50	80	100	150	200	250
Monteur	Anzahl	1	1	1	1	1	1
Helfer	,,	1	1	1	3	3	3
Flanschenverbindungen		14	12	11	10	8	6

1223. Verlegen von Flanschenrohren mit losen Flanschen, einschließlich der Formstücke und Armaturen und aller Nebenarbeiten, ausschließlich aller Stemm- und Putzarbeiten, Erdarbeiten, Gerüstungen, Anbringen von Rohrunterstützungen, Isolierungen und Anstrichen.

Eine Arbeitspartie stellt in 8 Stunden die unten angegebene Zahl von Verbindungen her:

Rohrdurchmesser	mm	300	350	400	500	600	700	800	900
Monteur	Anzahl	1	1	1	1	1	1	1	1
Helfer	,,	3	3	3	4	4	4	4	4
Flanschenverbindungen ..		4	3,5	3	2,5	2,25	2	1,9	1,75

1224. Gußeiserne Flanschenrohre und Formstücke. Richtpreise.

a) Deutsches Reich: Netto-Mindestverkaufspreise Mai 1935, je 1000 kg:

für Süddeutschland .... RM 360
,, Norddeutschland .... ,, 380—400

Diese Richtpreise gelten bei Bezügen bis 200 kg ab Lieferwerk, bei Bezügen über 200 kg frei Verwendungsstation.

Die Listengewichte gelten mit einer Toleranz von 10%. Für Flanschenschrauben und Dichtungen können überschlägig 10% der Rohrleitungskosten angesetzt werden.

b) Österreich: unbearbeitete Stücke .... S/100 kg 63
mit 1 Flansch .... ,, 80
,, 2 oder mehr Flanschen.... ,, 83—84

c) Tschechoslowakei: laut Nr. 1227.

1225. Preise der gußeisernen Muffenrohre DIN 2432, für Betriebsdrucke bis 10 atü, innen und außen heiß asphaltiert, **und der Formstücke im Deutschen Reich, frachtfrei.**

NW des Rohres	Außendurchmesser	Wandstärke	Gewicht in kg		Preis in RM		Preis von einem Rohr in RM bei der Baulänge in mm						Formstücke: unbearbeitet 25 RM/100 kg, bearbeitet 35 bis 40 RM/100 kg
			je 1 m glattes Rohr	je Muffe	je 1 m glattes Rohr	je Muffe							
D mm	mm	*s* mm					2000	2500	3000	3500	4000	5000	
40	55	7,5	8,75	2,68	1,60	0,48	3,68	4,48	5,28	—	—	—	
50	65	7,5	10,57	3,14	1,90	0,57	—	5,32	6,27	—	—	—	
70	86	8	15,20	4,35	2,45	0,70	—	—	8,05	9,28	—	—	
80	98	9	18,24	5,09	2,92	0,82	—	—	9,58	—	12,50	—	
100	118	9	22,34	6,20	3,60	0,99	—	—	—	13,59	15,39	—	
125	144	9,5	29,10	7,64	4,65	1,25	—	—	—	—	19,85	—	
150	170	10	36,44	9,89	5,67	1,58	—	—	—	—	24,26	29,93	
200	222	11	52,86	14,41	8,45	2,30	—	—	—	—	36,10	44,55	
250	274	12	71,61	19,61	11,50	3,15	—	—	—	—	49,15	60,65	
300	326	13	92,68	25,78	15,50	4,28	—	—	—	—	66,28	81,78	
350	378	14	116,07	32,23	18,60	5,15	—	—	—	—	79,55	98,15	
400	428	14	136,89	39,15	21,90	6,25	—	—	—	—	93,85	115,75	

1226. Preise der gußeisernen Wasserleitungsrohre und Formstücke, asphaltiert, in Österreich, frachtfrei Bestimmungsstation in Schilling.

Nennweite in mm	40	50	70	80	100	125	150	200	250	300	350	400	450	500
Preis je Meter bei Bezug von mindestens 10 t, Gußeisen	3,75	4,31	6,08	6,69	8,04	11,42	13,12	18,65	25,10	32,50	39,20	47,60	56,—	66,80

Formstücke: unbearbeitet 63 S/100 kg, mit 1 Flansch 80 S/100 kg, mit 2 oder mehr Flanschen 83 bis 84 S/100 kg.

1227. Preise der gußeisernen Wasserleitungsrohre und Formstücke, asphaltiert, in der Tschechoslowakei, frachtfrei Bestimmungsstation, in Kč. Kartellpreise. (Maschinenbau A. G., Blansko, Mähren.)

Nennweite in mm	40	50	70	80	100	125	150	200	250	300	350	400	450	500
Gerade Flanschenröhren in normalen Baulängen, einschließlich Flanschenbearbeitung. Preis je Meter:														
Bezug mindestens 10 t.	23	27	35	39	47	61	76	113	153	195	235	275	318	380
Normale asphaltierte, gerade Gußmuffenrohre. Preis je Meter:														
Bezug mindestens 10 t.	33	38	41	58	62	80	100	137	182	215	277	322	380	450
Muffen und Flanschenrohre abnormaler Baulänge, alle Formstücke; ohne Flanschbearbeitungen. Preis je 100 kg:														
Bezug mindestens 10 t.	278	268	253	243	238	238	238	233	233	232	232	231	231	231
Bearbeiten und Bohren der Flanschen an Formstücken und abnormalen Rohren. Preis je Flansch:														
Bezug mindestens 10 t.	5	5	6	7	8	8	10	14	18	21	27	32	37	41

Bei Bezug von 10 t bis 5 t: Zuschlag 5%.
„ „ „ weniger als 5 t: Zuschlag 10%.

1228. Preise und Preiszuschläge für Mannesmann-Stahlmuffenrohre und -Formstücke.

Die angegebenen Preise gelten ab Werk bei Sendungen von 10 t oder darüber. Als Gewicht ist jenes anzusehen, das die Sendung hätte, wenn alle Stücke aus Gußeisen bestünden.

NW des Rohres	Normale Mannesmann-Stahlmuffenrohre, asphaltiert und bejutet, in Erzeugungslängen		
D mm	RM	S	Kč
40	Auf Anfrage an: Röhrenverband G. m. b. H., Düsseldorf, Hermann-Göring-Straße 19	3,75	23,—
50		4,37	26,40
70		5,70	34,90
80		6,79	38,80
100		8,16	46,30
125		10,66	60,50
150		13,32	75,60
200		18,94	112,50
250		25,63	152,30
300		32,83	194,90

Bei Sendungen unter 10 t bis 5 t: Zuschlag 5%
„ „ „ 5 t: „ 10%

Die Preise gelten überdies für Rohre in Erzeugungslängen; ihre Durchschnittslänge beträgt 12 m.

Zuschläge für fixe Längen unter 1 m 35%
„ „ „ „ zwischen 1 und 3 m 25%
„ „ „ „ „ 3 „ 5 „ 15%
„ „ „ „ über 5 m 5%
Rohre nur asphaltiert .... Abschlag 10%
„ schwarz .... „ 15%

Preisaufschläge für andere Muffen:

Hochdruckmuffe 2,5%
Schalker Muffe...................... 5%
Normale Schweißmuffe 0%
Entlastete Schweißmuffe.............. 2%

Preisaufschlag für rostträgen Stahl: 5%.

Preise der Formstücke je 100 kg:

unbearbeitet.............................. S 72—80 Kč 800
mit 1 Flansch.............................. „ 80—90 „ 1000
„ 2 oder mehr Flanschen.................... „ 85—105 „ 1100

1229. Preise normaler Siederohre mit glatten Enden.

NW des Rohres	Innen-durch-messer	Außen-durch-messer	Wand-stärke	Gewicht je m	Preis je m, schwarz, bei Bezug von wenigstens 10 t			NW des Rohres	Innen-durch-messer	Außen-durch-messer	Wand-stärke	Gewicht je m	Preis je m, schwarz, bei Bezug von wenigstens 10 t		
D mm	D_i mm	D_a mm	s mm	kg	RM	S	Kč*	D mm	D_i mm	D_a mm	s mm	kg	RM	S	Kč*
40	39,5	44,5	2,5	2,40		3,50	12,45	125	125	133	4,0	12,73		12	56,35
50	51,5	57	2,75	3,18		4,10	16,45	150	150	159	4,5	17,15		14	74,10
70	70	76	3,0	5,40		5,50	23,05	200	203	216	6,5	33,58		20	151,60
80	82,5	89	3,25	6,87		6,50	29,85	250	253	267	7,0	44,88		26	213,60
100	100,5	108	3,75	9,64		8,00	42,70	300	302	318	8,0	61,16		30	294,30

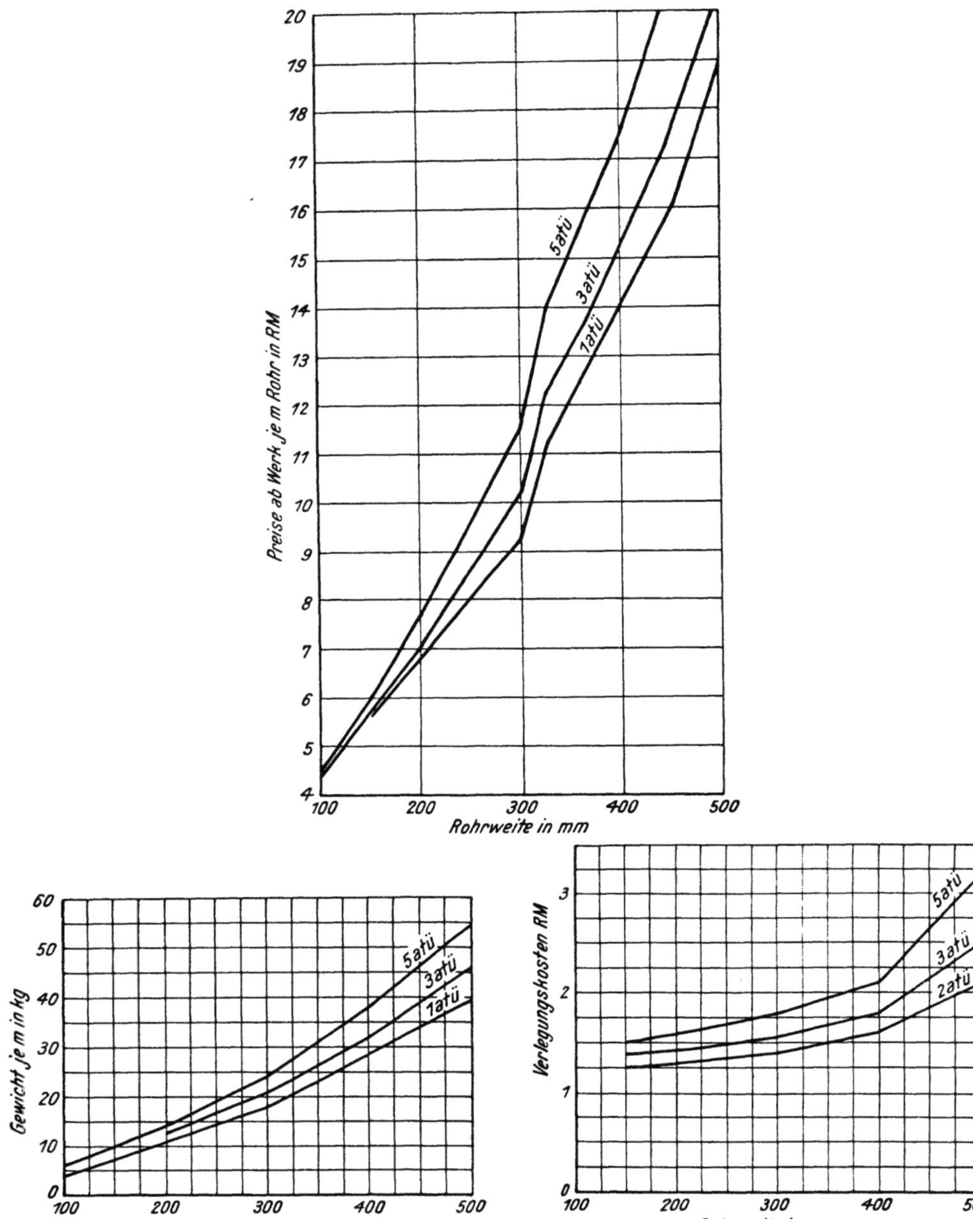

Abb. 95. Maschingewickelte Holzmuffenrohre. Preise ab Werk, Gewichte und Verlegungskosten (ohne Erdarbeiten) je Meter. (Steinbeis & Co., Rosenheim.)

* Preise loko Bestimmungsstation.

Bei Bezug einer Sendung zwischen 10 und 5 t: Aufschlag 4%. Bei Bezügen unter 5 t: Aufschlag 9%. Normale Erzeugungslängen 4 bis 6,5 m. Aufschläge für fixe Längen

unter 0,5 m	15%
zwischen 0,5 und 1 m	10%
über 1 m	5%

Die angegebenen Preise gelten für schwarze Rohre. Aufschlag für asphaltierte Rohre 5%, für Jutierung weitere 10%.

1230. Flanschenrohre, einfach gebördelt mit Losflanschen, aus Siederohren hergestellt.
Die Herstellung eines Flansches kostet annähernd soviel wie 0,5 m des Rohres. Wenn Rohre in genauen Längen benötigt werden, so werden die Rohrpreise je Meter mit den Zuschlägen für Fixlängen genommen.

1231. Wasserleitungsdüker durch die Iller in Kempten,[60] aus 400 mm weiten, längsgeschweißten Stahlrohren, 25 cm stark mit Beton ummantelt, ausgeführt zwischen 2 Fangdämmen. Betriebsdruck 8 atü. Länge 90 m. Preis 300,16 RM/m.

4. Holzrohrleitungen.

1232. Holzmuffenrohre, maschingewickelt.
Normale Baulänge: 4,40 m. Rohrweiten: 50, 80, 100, 125 mm, steigend um je 25 mm bis 500 mm. Herstellbar für Drücke bis 10 atü.
Ausführung: innen glattgehobelt, außen mit Stahlspiralen umwickelt, heiß asphaltiert und bejutet Nutzungsdauer: 30 bis 50 Jahre.
Preise ab Werk und Verlegungskosten (ohne Erdarbeiten) laut Abb. 95.

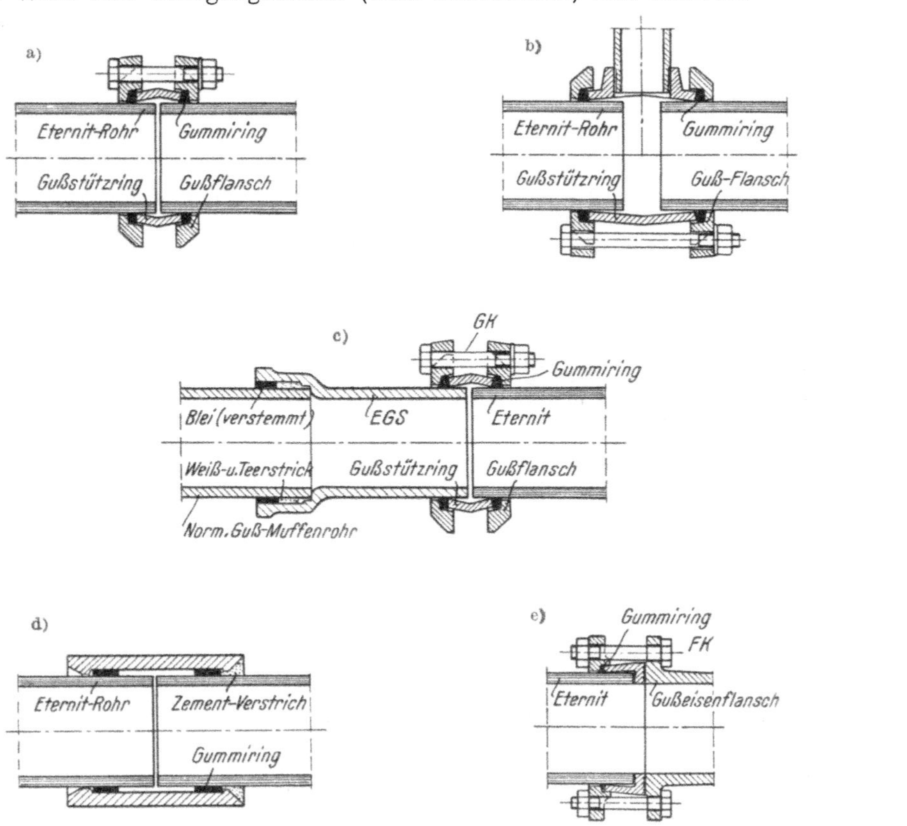

Abb. 96. Kupplungen zu Eternitrohren.
a) Gibault-Kupplung GK. b) Anschluß-Gibault-Kupplung. c) Gibault-Kupplung mit EGS-Stück. d) Simplex-Kupplung. e) Flanschkupplung FK.

5. Eternitrohrleitungen.

1233. Eternitdruckrohre. Normale Baulänge 4 m.

Gewichte und Preise je Meter Rohr ohne Kupplung.

Land	Betriebsdruck		50 mm	60 mm	70 mm	80 mm	90 mm	100 mm	125 mm	150 mm	175 mm	200 mm	250 mm	300 mm	400 mm	500 mm	Bemerkung
Deutsches Reich	5 atü	kg/m	4,23	4,70	5,50	5,60	7,05	8,52	11,80	17,90	21,15	23,88	32,6	45,0	—	—	Für Innen- oder Außenanstrich: Zuschlag je 3%
		RM/m	1,49	1,70	1,94	2,22	2,48	2,74	3,90	5,28	6,51	7,87	10,95	14,23	—	—	
Österreich*	3 atü	kg/m	3,4	4,0	—	5,2	—	6,3	8,8	9,5	12,0	15,1	20,7	27,1	42,0	59,0	Mit innerem Schutzanstrich. Äußerer Schutzanstrich gegen 3% Aufzahlung
		S/m	3,80	4,60	—	6,10	—	7,30	9,75	10,75	12,—	15,—	21,50	27,50	43,—	57,—	
	5 „	kg/m	3,4	4,0	—	5,2	—	7,1	9,7	11,5	14,7	18,5	26,6	36,5	66,7	106,2	
		S/m	4,—	5,—	—	6,40	—	7,60	10,25	11,75	15,—	18,—	24,50	34,50	61,—	97,—	
	10 „	kg/m	3,8	4,5	—	5,8	—	8,8	11,8	16,5	22,0	28,2	45,1	63,6	110,3	167,0	
		S/m	4,40	4,75	—	6,48	—	8,—	11,13	14,25	17,25	21,50	32,50	45,50	75,—	132,—	
Tschechoslowakei**	3 atü	kg/m	3,3	3,9	—	5,0	—	6,2	8,5	10,0	11,6	13,2	18,0	23,5	36,4	51,8	Innerer Schutzanstrich auf Wunsch kostenlos. Äußerer Schutzanstrich gegen Zuschlag von 10% des Preises der Rohre für 12,5 atü
		Kč/m	14,—	15,80	—	19,20	—	25,20	35,60	41,80	48,90	56,70	75,30	106,—	—	—	
	6 „	kg/m	3,3	3,9	—	5,0	—	6,2	8,5	10,0	12,8	16,0	23,2	31,8	58,3	92,8	
		Kč/m	15,30	17,20	—	20,90	—	28,20	37,90	48,90	62,10	75,60	106,—	162,—	—	—	
	12,5 „	kg/m	3,3	3,9	—	5,0	—	7,0	10,3	14,4	18,1	24,6	39,4	55,4	98,6	154,0	
		Kč/m	16,40	18,—	—	22,50	—	31,10	41,50	55,40	70,80	92,10	147,—	218,—	—	—	

1234. Kupplungen für Eternitdruckrohre (Abb. 96).

Rohrdurchmesser		50 mm	60 mm	70 mm	80 mm	90 mm	100 mm	125 mm	150 mm	175 mm	200 mm	250 mm	300 mm	400 mm	500 mm
Gibault-Kupplung, GK, heiß asphaltiert, samt Dichtungen und Schrauben:															
Gewicht	kg	3,1	3,3	3,9	4,2	5,1	5,4	7,1	8,7	10,9	12,1	16,0	20,7	—	—
Preis	RM	1,80	1,90	2,10	2,30	2,90	2,90	4,05	4,85	6,35	7,85	11,—	11,90	—	—
	S	4,80	5,20	—	6,80	—	8,80	13,—	17,—	20,—	24,—	30,—	38,—	48,—	72,—
	Kč	19,60	22,40	—	33,80	—	42,—	55,60	61,60	81,60	93,60	136,—	160,—	—	—
Simplexkupplung, SK, samt zwei Gummiringen:															
Gewicht	kg	1,1	1,2	—	1,6	—	1,9	2,4	2,8	3,4	4,5	6,2	8,5	18,3	25,6
Preis	RM	1,44	1,66	1,90	1,98	2,14	2,18	2,77	3,10	3,80	3,92	4,76	6,18	—	—
	S	4,80	5,20	—	6,80	—	8,80	13,—	17,—	20,—	24,—	30,—	38,—	48,—	72,—
	Kč	15,60	17,20	—	21,60	—	25,60	32,—	39,20	52,—	56,80	80,80	106,—	—	—
Flanschkupplung, FK, zur Verbindung von Eternitrohren mit Gußeisenflanschrohren samt Dichtung und Schrauben:															
Preis	RM	2,10	2,32	2,75	2,95	3,27	3,65	4,30	4,83	6,48	8,10	11,41	12,70	—	—
Anbohr-Gibault-Kupplung:															
Preis	S	6,50	7,50	—	8,50	—	12,—	15,50	19,—	23,—	26,—	—	—	—	—

* Preise frachtfrei, einschließlich Warenumsatzsteuer und Krisenzuschlag.
** Warenumsatzsteuer 5,25% extra.

1235. Sinnbilder für gußeiserne Formstücke von Eternitleitungen.

Sinnbild	Benennung	Kurzzeichen
	Eternitrohr	
	Simplex-Kupplung	SK
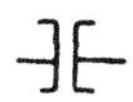	Gibault-Kupplung	GK
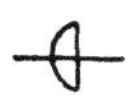	Flansch-Kupplung	FK
	Stahlrohrleitung	
	Gußrohrleitung	
	Muffe	
	Flansch	
	Anbohrschelle	AS
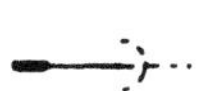	Anschlußstück von Eternitrohre an Gußmuffe	EGM
	Anschlußstücke von Eternitrohr an Gußschwanz	EGS
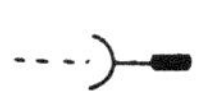	Anschlußstück von Eternit an Stahlschwanz	ESS
	Einflanschstück zum Anschluß an Eternitrohr	EF
	Rohrstück mit Rohrstutzen	EB
	Einflanschstück mit Rohrstutzen	EFB
	Rohrstück mit Flanschstutzen	EA
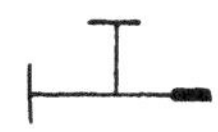	Einflanschstück mit Flanschstutzen	EFA
	Rohrstück mit schräg angesetztem Rohrstutzen	EC
	Einflanschstück mit schräg angesetztem Rohrstutzen	EFC
	Rohrbogen ($R = 5\,D$)	EL
	Rohrbogen mit einem Flansch	EFL
	Verjüngungsstück	ERe
	Verjüngung mit Flansch am engen Ende	EFR
	Verjüngung mit Flansch am weiten Ende	EFRW
	Rohrstopfen	EP

Bei Flanschen Normalie wegen Bohrung angeben

1236. Preise der Formstücke für Eternitrohrleitungen.

a) Deutsches Reich:

100 kg Formstücke kosten ab Werk 33 RM. Für jeden Flansch erfolgt ein Bearbeitungszuschlag von 1 RM.

b) Österreich:

Es werden nur EL-, EF-, EGM-, ESS-, EP-, EB-, EA- und ERe-Stücke erzeugt. Preise, frachtfrei, in der nachfolgenden Tabelle 1237. Die Gewichte weichen etwas von den deutschen Normalien ab.

c) Tschechoslowakei:

Es werden nur EL-, EF-, EP-, EB-, EA-, ERe- und EGM-Stücke erzeugt. Die Preise ab Werk sind willkürlich festgesetzt und können der nachfolgenden Tabelle 1237 entnommen werden. In diesen Tabellen sind auch die von den deutschen abweichenden Abmessungen aufgenommen.

1237. Formstücke für Eternitdruckrohrleitungen.

Die Formstücke für Eternitrohrleitungen werden aus Gußeisen hergestellt. Die Formen und die Abmessungen der Formstücke sind in Österreich und in der Tschechoslowakei etwas von den Normalien des Deutschen Reiches verschieden.

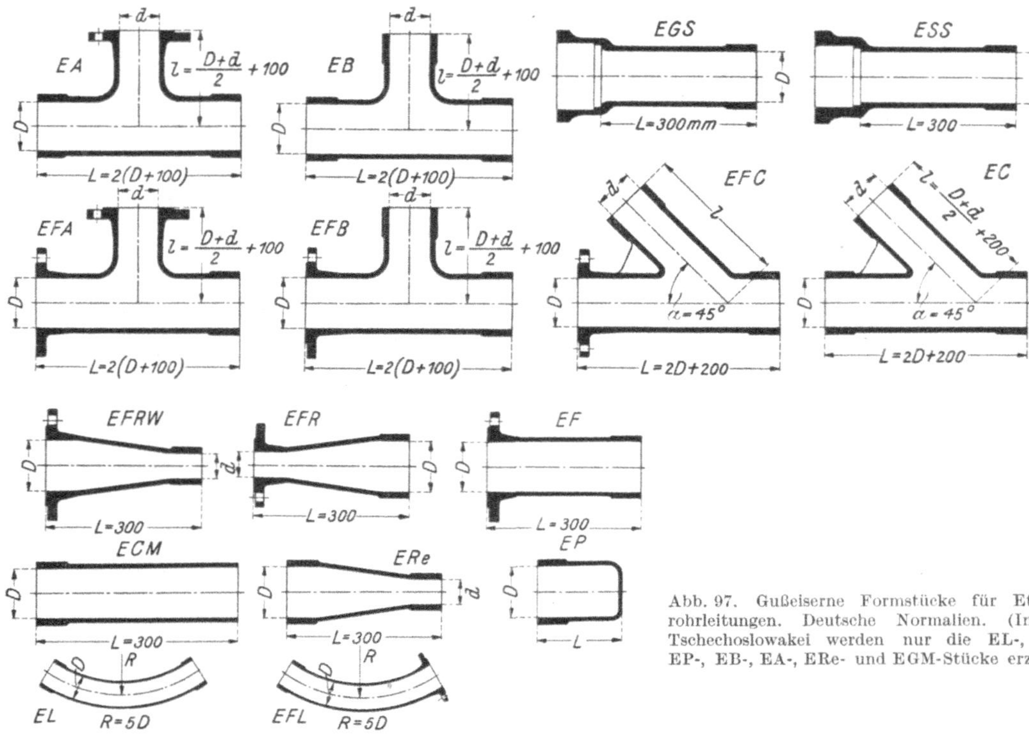

Abb. 97. Gußeiserne Formstücke für Eternitrohrleitungen. Deutsche Normalien. (In der Tschechoslowakei werden nur die EL-, EF-, EP-, EB-, EA-, ERe- und EGM-Stücke erzeugt.)

Gußeiserne Rohrstücke mit schrägen Stutzen (Deutsche Normalien).

	Lichter Durchmesser des Stutzens	Lichter Durchmesser des Hauptrohres											
	mm	50	60	70	80	90	100	125	150	175	200	250	300
Einflanschstück EFC mit schräg angesetztem Rohrstutzen	50	10,0	12,0	13,5	16,2	18,1	21,1	28,5	36,7	47,0	57,3	82,6	114,4
	60		12,6	14,2	16,8	18,8	21,9	28,6	37,5	47,8	58,1	83,6	115,4
	70			14,7	17,4	19,4	22,4	29,3	38,1	48,4	58,8	84,1	116,2
	80				18,2	20,2	23,2	30,7	39,0	49,3	59,7	85,2	117,2
	90					20,8	23,8	31,3	39,6	49,9	60,4	86,0	118,0
	100						25,2	32,6	41,0	51,6	61,9	87,5	119,5
	125							35,2	43,6	52,1	64,7	90,5	122,7
	150								46,8	57,5	68,0	93,9	125,9
	175									61,5	72,3	98,5	131,1
	200										75,5	104,0	134,5
	250											113,9	144,8
	300												157,3
Rohrstück mit schräg angesetztem Rohrstutzen EC	50	7,6	9,1	10,4	12,3	13,7	16,2	22,5	30,0	39,0	48,1	71,9	102,0
	60		9,7	11,1	12,9	14,4	17,0	23,3	30,8	39,8	48,9	72,9	103,0
	70			11,6	13,5	15,0	17,5	23,8	31,4	40,4	49,6	73,6	103,8
	80				14,3	15,8	18,3	24,7	32,3	41,3	50,5	74,6	104,8
	90					16,4	18,9	25,3	32,9	41,9	51,2	75,3	105,6
	100						20,3	26,6	34,3	43,6	52,7	76,9	107,1
	125							29,2	36,9	46,1	55,5	79,8	110,3
	150								40,1	49,5	58,8	83,2	113,5
	175									53,5	63,1	87,8	118,7
	200										66,3	93,3	122,1
	250											103,2	132,4
	300												144,9

Gußeiserne Rohrstücke mit Stutzen (Deutsche Normalien).

	Lichter Durchmesser des Stutzens	Lichter Durchmesser des Hauptrohres											
	mm	50	60	70	80	90	100	125	150	175	200	250	300
Rohrstück mit Flanschstutzen EA	50	6,5	7,6	8,9	10,1	11,2	13,1	18,0	24,0	31,3	38,9	58,9	84,9
	60		8,2	9,8	10,8	11,8	13,8	18,7	24,6	32,0	39,4	59,6	85,6
	70			10,0	11,3	12,3	14,6	19,3	25,2	32,6	40,0	60,1	86,2
	80				12,8	13,8	16,0	20,7	26,7	34,0	40,4	60,5	86,6
	90					14,5	16,6	21,4	27,3	34,7	41,1	61,2	87,3
	100						17,5	22,3	28,3	35,7	42,0	62,1	88,2
	125							25,1	31,1	38,6	44,9	65,0	91,1
	150								34,3	41,8	48,3	68,4	94,5
	175									46,0	52,8	72,9	99,0
	200										55,3	75,4	101,5
	250											84,5	110,6
	300												119,1
Rohrstück mit Rohrstutzen EB	50	4,1	5,2	6,5	7,8	8,9	10,7	15,6	21,7	28,9	36,5	56,5	82,5
	60		5,7	6,9	8,1	9,2	11,1	16,0	22,1	29,3	36,9	56,8	82,9
	70			7,2	8,4	9,5	11,3	16,3	22,5	29,7	37,2	57,2	83,2
	80				8,8	10,0	11,6	16,8	23,0	30,2	37,7	57,6	83,7
	90					10,5	11,9	17,2	23,4	30,6	38,1	58,1	84,1
	100						12,2	18,1	24,3	31,6	39,1	59,0	85,1
	125							19,9	26,1	33,0	40,9	60,8	86,7
	150								28,2	35,2	43,1	63,0	88,8
	175									37,8	46,2	66,0	91,6
	200										48,7	68,5	94,6
	250											74,4	102,4
	300												112,0
Einflanschstück mit Rohrstutzen EFB	50	5,5	8,1	9,6	11,7	13,3	15,6	21,6	28,5	36,8	45,7	67,2	94,8
	60		8,4	10,0	12,1	13,7	16,0	22,0	28,9	37,2	46,1	67,6	95,2
	70			10,4	12,6	14,0	16,3	22,3	29,3	37,6	46,5	68,0	95,5
	80				12,9	14,5	16,8	22,8	29,8	38,1	46,9	68,4	96,0
	90					14,9	17,2	23,2	30,2	38,6	47,4	68,8	96,4
	100						18,1	24,1	31,1	39,6	48,3	69,8	97,5
	125							25,9	32,9	41,3	50,1	71,5	99,2
	150								35,0	43,5	52,4	73,7	101,2
	175									47,1	54,9	76,7	104,1
	200										57,4	79,2	107,0
	250											87,1	114,8
	300												124,5
Einflanschstück mit Flanschstutzen EFA	50	7,9	10,5	12,0	12,1	15,7	18,0	24,0	30,9	39,2	48,0	69,6	97,2
	60		11,2	13,0	12,8	16,3	18,7	24,7	31,5	39,9	48,6	70,2	97,8
	70			13,2	13,6	16,8	19,3	25,3	32,1	40,5	49,2	70,8	98,4
	80				14,6	18,3	20,7	26,7	33,6	42,0	50,6	71,2	99,8
	90					18,9	21,4	27,4	34,2	42,7	51,3	72,1	100,5
	100						22,2	28,3	35,1	43,6	52,3	73,0	101,5
	125							31,1	38,0	46,5	55,1	75,8	104,3
	150								41,2	49,9	58,5	79,1	107,4
	175									53,8	63,0	83,6	111,8
	200										65,6	86,2	114,7
	250											95,3	123,8
	300												132,1

Gußeiserne Verjüngungsstücke (Deutsche Normalien).

	Lichter Durchmesser des engeren Rohres	Lichter Durchmesser des weiteren Rohres										
	mm	60	70	80	90	100	125	150	175	200	250	300
ERc	50	3,7	4,2	4,6	4,9	5,3	6,6	8,2				
	60		4,7	4,9	5,4	5,7	6,9	8,6	9,9			
	70			5,3	5,7	6,0	7,3	9,0	10,3	11,9		
	80				6,1	6,3	7,7	9,4	10,7	12,3	14,8	
	90					6,7	8,0	9,7	11,1	12,7	15,2	20,5
	100						8,8	10,5	11,9	13,4	16,0	21,3
	125							12,0	13,4	14,0	17,8	23,0
	150								15,0	15,7	19,6	24,8
	175									17,5	21,5	26,7
	200										23,6	28,9
	250											34,1
EFRW	50	6,8	7,3	8,5	9,3	10,1	12,6	15,0				
	60		7,7	8,9	9,6	10,4	12,9	15,4	17,8			
	70			9,3	10,0	10,8	13,2	15,8	18,2	21,1		
	80				10,4	11,2	13,6	16,2	18,6	21,5	25,2	
	90					11,5	14,0	16,5	19,0	21,9	25,6	32,6
	100						14,7	17,3	19,8	22,7	26,4	33,4
	125							18,8	21,3	24,2	28,0	35,0
	150								22,9	25,9	29,7	36,8
	175									27,8	31,7	38,8
	200										33,8	41,0
	250											46,2
EFR	50	6,3	6,5	6,9	7,3	7,7	9,0	10,6				
	60		7,1	7,6	7,9	8,3	9,6	11,2	12,8			
	70			8,2	8,5	8,9	10,2	11,8	13,5	15,1		
	80				9,8	10,2	11,5	13,1	14,8	16,5	18,4	
	90					10,8	12,2	13,8	15,5	17,1	19,1	24,7
	100						12,6	14,5	16,2	17,9	19,9	25,2
	125							17,1	18,8	20,5	22,6	28,0
	150								21,5	22,3	24,4	30,9
	175									26,7	27,8	34,4
	200										29,9	36,5
	250											43,0

Gewichte der gußeisernen Übergangsstücke, Bogen und Stopfen für Eternitleitungen (Deutsche Normalien).

Rohrdurchmesser	50 mm	60 mm	70 mm	80 mm	90 mm	100 mm	125 mm	150 mm	175 mm	200 mm	250 mm	300 mm
Übergangsstücke:												
EGM ..... kg	4,3	4,8	5,4	6,8	5,8	9,5	11,4	14,3	15,2	16,8	23,8	31,1
EGS, ESS . „	6,5	8,0	9,8	10,7	11,5	13,1	16,8	21,8	27,2	31,9	45,4	56,9
EF .... „	5,9	7,9	8,7	9,5	10,2	11,9	17,7	19,6	24,2	27,5	34,8	47,6
Bogen, beiderseits glatt:												
EL, 90° ... kg	5,5	8,1	10,5	12,5	17,0	20,6	33,1	53,0	68,6	92,5	153,9	233,6
EL, 60° ... „	4,3	5,9	7,0	9,8	12,2	16,1	25,8	34,5	55,9	72,3	121,3	187,4
EL, 45° ... „	3,1	4,5	5,2	8,5	9,2	12,5	18,0	27,5	43,0	55,9	93,8	145,0
EL, 30° ... „	2,8	3,7	4,0	5,2	6,3	9,3	13,8	18,7	30,1	39,3	66,3	102,4
EL, $22^1/_2$° . „	2,3	3,0	3,2	4,5	4,9	6,7	11,0	14,3	23,7	31,1	52,5	81,3
EL, $11^1/_4$° . „	—	—	—	—	—	—	6,4	9,8	14,0	18,7	31,9	49,5
Bogen, Flansch, glatt:												
EFL, 90° .. kg	7,9	11,0	13,6	16,5	21,4	25,5	39,1	60,0	77,5	101,5	164,6	245,9
EFL, 60° .. „	6,8	8,9	10,3	13,8	16,7	21,1	31,8	42,0	63,9	81,3	132,0	199,5
EFL, 45° .. „	5,6	7,5	8,5	12,5	13,7	17,5	24,0	34,0	51,0	64,9	104,5	157,1
EFL, 30° .. „	5,1	6,5	7,3	9,2	10,8	14,3	19,8	25,2	38,1	48,4	77,0	114,5
EFL, $22^1/_2$° „	4,7	5,8	6,5	8,5	9,4	11,7	17,0	20,8	31,7	40,1	63,2	93,4
EFL, $11^1/_4$° „	—	—	—	—	—	—	12,7	17,3	22,0	27,7	42,6	61,7
Stopfen:												
EP, Baulänge mm	155,5	157,5	159,0	161,0	162,5	167,0	168,3	172,5	176,8	181,0	189,5	198,0
EP, Baulänge kg	1,8	2,5	2,6	3,0	3,7	4,0	5,5	7,5	10,9	13,7	20,3	28,3

Preise und Abmessungen der in Österreich und in der Tschechoslowakei verwendeten Formstücke für Eternitrohrleitungen je Stück.

Nennweite	Bogen EL										EF		EGM		Kappe EP		Anbohrschelle kompl.	
	Halbmesser	λ = 90°		λ = 60°		λ = 45°		λ = 30°		λ = 15°								
D mm	R mm	S	Kč	S	Kč	S	Kč	S	Kč	S	S	Kč	S	Kč	S	Kč	S	Kč
50	250	8,30	33	6,—	27	5,30	27	4,50	25	3,—	6,—	28	5,30	20	3,—	12	Siehe Kupplungen	25
60	250	12,80	36	9,—	31	7,50	31	6,—	29	5,30	9,—	30	6,80	23	3,80	16		32
80	250	15,—	50	11,30	40	9,—	40	7,50	34	6,—	10,50	40	9,80	29	5,30	24		40
100	250	22,50	63	17,30	50	14,30	50	12,—	46	9,—	14,30	53	13,50	36	7,50	30		49
125	275	31,50	92	21,—	73	17,30	73	13,50	65	10,50	16,50	68	19,50	50	9,—	39		62
150	300	36,—	120	28,50	96	22,50	96	15,80	82	15,—	24,—	79	27,—	79	11,30	51		75
175	325	41,—	144	36,—	121	30,—	121	22,50	109	17,30	34,50	104	37,50	97	15,—	62		82
200	350	60,—	181	45,—	154	37,50	154	30,—	137	21,—	39,—	125	45,—	112	19,50	78		96
250	400		298		245		245		217			159		160		116		110
300	450		428		352		352		312			202		212		155		140

Nennwerte des Hauptrohres	T-Stücke							Verjüngung ERe				
	Stutzenweite	Baulänge	Stutzenlänge	EB		EA		Durchmesser weit	Durchmesser eng	Baulänge	Preise	
D mm	d mm	L mm	l mm	S	Kč	S	Kč	D mm	D_1 mm	L mm	S	Kč
50	50	300	150	5,30	28	9,80	44	50	—	—	—	—
60	60	320	160	9,—	33	13,50	54	60	—	—	—	—
	50	320	160	8,30	32	10,50	48		50	500	7,50	29
80	80	360	180	10,50	45	16,50	73	80	—	—	—	—
	60	360	180	9,80	43	15,—	61		60	500	10,50	36
	50	360	180	9,20	42	13,50	59		50	500	10,50	31
100	100	400	200	18,—	68	27,—	96	100	—	—	—	—
	80	400	200	18,—	62	21,80	88		80	500	15,—	52
	60	400	200	14,30	59	21,—	78		60	500	13,50	47
	50	400	200	14,30	58	21,—	73		50	500	—	45
125	125	450	225	27,80	95	38,30	127	125	—	—	—	—
	100	450	225	25,50	85	33,80	115		100	500	22,50	70
	80	450	225	24,—	83	33,—	106		80	500	18,—	64
	60	450	225	—	80	—	97		60	500	—	59
150	150	500	250	36,—	131	45,—	165	150	—	—	—	—
	125	500	250	33,80	122	43,50	152		125	500	27,—	86
	100	500	250	33,—	114	43,50	140		100	500	—	77
	80	500	250	31,50	109	42,80	132		80	500	—	70
175	175	550	275	67,50	189	75,—	220	175	—	—	—	—
	150	550	275	60,—	172	69,—	199		150	500	39,—	110
	125	550	275	—	158	—	188		125	500	—	100
200	200	600	300	75,—	252	90,—	273	200	—	—	—	—
	175	600	300	69,—	219	82,50	256		175	500	42,—	137
	150	600	300	—	208	—	242		150	500	—	125
250	250	700	350		368		409	250	—	—	—	—
	200	700	350		336		371		200	700		235
	175	—	—	—	—	—	—		175	700		221
300	300	800	400		550		580	300	—	—	—	—
	250	800	400		498		540		250	800		336

Nennweite	Nur in Österreich		
	Anschluß an Stahlmuffe ESM	Anschluß an Gußschwanz EGS	Anschluß an Stahlschwanz EES
D mm	S	S	S
50	5,30	6,—	6,—
60	6,80	9,—	9,—
80	9,80	10,50	10,50
100	13,50	14,30	14,30
125	19,50	16,50	16,50
150	27,—	24,—	24,—
175	37,50	34,50	34,50
200	45,—	39,—	39,—

1238. 1 m Eternitrohr im ausgehobenen Graben verlegen, wenn die Rohrverbindung mittels der Gibault-Kupplung bewerkstelligt wird, einschließlich Zufuhr der Rohre von den höchstens 20 m entfernten Stapelplätzen und Herablassens der Rohre in den Graben. (Eternit-Betriebs- und Handelsgesellschaft in Prag.)

Rohrdurchmesser		50 und 60 mm	80—100 mm	125—150 mm	175—200 mm	250—300 mm
Monteur	h	0,04—0,05	0,05—0,06	0,07—0,10	0,12—0,16	0,14—0,20
Hilfsarbeiter	,,	0,04—0,05	0,05—0,06	0,07—0,10	0,24—0,32	0,28—0,40
Für Aufsicht und Geräte	%	10	10	10	10	10

6. Eisenbetonrohrleitungen.

1239. Vianini-Schleuderbetondruckrohre. (Lanna, Bauunternehmung, Prag.)

Lichtweite in mm			200	250	300	350	400	450	500	600	700	800	900	1000	1100	1250
Baulänge m			3,0	3,6	3,6	3,6	3,6	3,6	3,6	3,6	3,6	3,6	3,0	3,0	3,0	3,0
Gewicht je Meter kg			95	125	155	195	240	270	310	430	580	770	850	1050	1120	1350
	Betriebsdruck atü	Probedruck atü														
Preis je Meter in	0	0	45	61	71	93	122	127	138	140	190	245	280	325	380	420
Kč frei Bahn-	1	1,5	56	84	100	126	140	160	190	240	330	410	450	530	645	590
wagen Lysa a. E.	2	3	58	86	105	131	148	169	200	255	345	430	475	560	680	670
ohne 3% Wust.	3	4,5	61	89	109	135	156	177	209	270	360	450	500	595	715	750
und ohne	4	6	64	92	114	139	164	185	218	285	375	470	525	625	750	830
Packung (60 Kč	5	7,5	66	94	118	144	172	194	227	300	390	490	555	660	790	915
je Wagen)	6	9	69	97	123	148	180	205	237	315	400	510	580	690	820	1000
	7	10,5	75	100	127	152	190	210	245	325	415	535	610	725	860	1100
Dichtungs- und Verlegungskosten je Meter Kč			18	21	24	27	30	32	35	41	48	55	60	70	85	105

7. Besondere Rohrleitungen.

1240. Seilrohre. (Felten & Guilleaume Carlswerk A. G., Köln-Mülheim.)

Für die Leitung von Wasser durch Sumpfgelände, Wasserarme, Seen u. dgl. werden von den Felten & Guilleaume-Werken gepanzerte Bleirohre hergestellt, die auf Trommeln aufgewickelt, versandt und wie Kabel verlegt werden. Das Bleirohr wird normal aus 97% Blei und 3% Zinn hergestellt und wird zweimal mit geteertem Papierband und einmal mit geteertem Juteband bewickelt. Darüber liegt eine Panzerung aus verzinkten Profilstahldrähten, die wieder zweimal mit geteertem Jutegarn bewickelt ist.

Die Verbindung der Seilrohre untereinander und der Anschluß an andere Rohrleitungen erfolgt mit Flanschen.

Die für Betriebsdrücke bis 10 atü verwendbaren Seilrohre mit den für die Leitung von Wasser üblichen Lichtweiten haben folgende Abmessungen, Gewichte und Preise:

Nennweite		40 mm	50 mm	70 mm	80 mm	100 mm
Wandstärke des Bleirohres	mm	4	5	7	8	10
Außendurchmesser des Seilrohres	,,	70	82	108	119	145
Erzeugungslängen	m	950	600	310	240	150
Bleigewicht je 100 m Rohr	kg	668	1044	2046	2672	4175
Gesamtgewicht je 100 m Rohr	,,	1576	2110	3482	4288	6254
Preis* je 100 m einschließlich Verpackung	RM	630	850	1400	1750	3115

8. Armaturen.

1241. Normen.

DIN 3204. Flachschieber mit Flanschanschluß nach Nenndruck 2,5.
DIN 3205. ,, ,, ,, ,, ,, 10.
DIN 3206. Ovalschieber ,, ,, ,, ,, 10.
DIN 3207. ,, ,, Muffenanschluß ,, ,, 10.
DIN 3208. Rundschieber ,, Flanschanschluß ,, ,, 10 und 16.
DIN 3400. Kennzeichen für Armaturen.
ČSN 1046. Schieber und Zugehör.

* Preisgrundlage: 14,10 Pfund Sterling je 1016 kg Blei. Bei jeder Änderung des Bleipreises um ein volles Pfund ändern sich die Preise der Seilrohre für je 100 kg Bleigewicht um 1,20 RM.

1242. **Wasserschieber, normal,** mit Flanschen und ovalem Gehäuse, Baulänge $D + 200$ mm, für Betriebsdrücke bis 12 atü. (Vereinigte Armaturen-Gesellschaft m. b. H., Mannheim.)

Nennweite *D* in mm		40	50	70	80	100	125	150	200	250	300	350	400	450	500
Flanschenschieber:															
Bauhöhe	mm	225	245	310	325	375	430	480	600	700	800	890	1000	1080	1210
Gewicht	kg	13	15	28	33	44	55	75	135	180	250	400	520	720	880
Preis	RM	11	12	16	18	23	29	38	61	90	129	206	265	370	450
	S	55	64	82	110	155	197	240	420	560	800	1240	1600	—	—
	Kč	140	160	—	240	315	440	550	920	1235	1850	2520	3250	3970	4970
Handrad:															
Gewicht	kg	2	2	4	4	6	6	8	11	14	18				
Preis	RM	0,80	0,80	1,30	1,30	2,—	2,—	2,70	3,60	5,—	6,30				
	S	2,40	2,40	4,—	4,—	6,—	6,—	8,—	10,—	14,—	18,—				
	Kč	3,10	4,40	5,80	5,80	10,70	10,70	15,80	15,80	37,10	37,10				
Einbaugarnitur mit Straßenkappe, rund:															
Gewicht	kg	23	23	24	24	26	26	26	34	34	34				
Preis	RM	8,55	8,55	8,55	8,55	8,55	10,—	10,—	10,—	10,—	12,20				
	S	18,50	18,50	18,50	18,50	21,—	21,—	21,—	21,—	27,—	27,—				
	Kč	90,—	90,—	92,—	92,—	105,—	105,—	105,—	120,—	135,—	135,—				

Straßenkappe, oben rund, 14 kg	Preis RM	4,05	S	Kč
,, , ,, viereckig, 15 kg	,, ,,	4,50	,,	,,
Bedienungsschlüssel 1 m lang, 7 kg	,, ,,	4,50	,,	,,

Holzbohlenkranz für die Straßenkappe:

Tannen-, Kiefern- oder Buchenholz	Preis RM	0,90	S	Kč
Eichenholz	,, ,,	1,35	,,	,,

Schieber für Betriebsdrücke bis 6 atü sind um etwa 20% billiger.

1243. **1 Stück Schieber einbauen,** samt Beistellung der Dichtungen, aber ohne Lieferung des Schiebers und ohne Erdarbeit[17] kostet:

Rohrdurchmesser .. mm	80	100	125	150	175	200	225	250	275	300	325	350
Rohrlegerstunden	4	4,4	5	5,6	6,4	7,4	8,5	9,2	11,1	12,9	13,8	15,5

Abb. 98. Keilflanschen von Klein, Schanzlin & Becker, Frankenthal, Pfalz.

1244. **Keilflanschen** für den Einbau von Schiebern. (Klein, Schanzlin & Becker, Frankenthal, Pfalz.)

Um das Ausbauen und Auswechseln von Flanschenschiebern u. dgl. aus starren Leitungen zu erleichtern, werden nach Abb. 98 zwei Keilflanschen eingebaut.

Nennweite des Rohres	40 mm	50 mm	70 mm	80 mm	100 mm	125 mm	150 mm	200 mm	250 mm	300 mm
Dicke beider Keilflanschen + einer Kupferdichtung . mm	51,2	58,5	63,0	64,2	67,3	70,5	73,6	85,5	91,7	98,0
Gewicht beider Keilflanschen .... kg	1,7	2,8	3,8	4,3	5,5	7	9	15,5	19	26,3
Preis beider Keilflanschen und dreier Kupferasbestdichtungen .... RM	4,10	4,50	5,40	6,20	7,70	9,30	12,50	22,—	29,—	35,25

1245. Normal-Überflurfeuerpfosten, mit einfacher Selbstentwässerung, für Rohrdeckung 1,50, 1,25 oder 1,0 m, mit 2 Schlauchabgängen für 52-mm-Normalschlauch, für Betriebsdrücke bis 12 atü. (Vereinigte Armaturen-Gesellschaft m. b. H., Mannheim.)

Anschlußweite		70 mm	80 mm	100 mm
Oberflurfeuerpfosten, normal, Gewicht bei 1,5 m Rohrdeckung ...	kg	160	160	230
Preis	RM	90,—	90,—	171,—
	S			
	Kč	—	605,—	—
Mehrpreis für Motorspritzenabgang	RM	22,50	22,50	27,—
	S			
	Kč	—		—
Mehrpreis für verbesserte Kolbenentwässerung	RM	9,—	9,—	11,30
	S			
	Kč	—		—

Bedienungsschlüssel für Schlauchabgänge .... RM 2,70 S Kč
Entleerungspumpe mit 1,50 m Gummischlauch .... „ 67,50 „ „

1246. Normal-Unterflurfeuerpfosten, für Rohrdeckung 1,50, 1,25, 1,00 oder 0,75 m, für Betriebsdrücke bis 12 atü. (Vereinigte Armaturen-Gesellschaft m. b. H., Mannheim.)

Anschlußweite		40 mm	50 mm	70 mm	80 mm	100 mm
Feuerpfosten mit Selbstentwässerung, aber ohne Straßenkappe:						
Gewicht	kg	40	50	56	70	110
Preis	RM	24,50	28,—	32,50	38,50	67,50
	S					
	Kč	—	—	334,—	334,—	—
Straßenkappe mit ovalem Rand:						
Gewicht	kg	18	28	28	35	65
Preis	RM	6,75	8,10	9,—	11,70	25,—
	S					
	Kč	—	—	42,—	53,—	—
Holzbohlenkranz, Tanne, Kiefer oder Buche:						
Preis	RM	1,35	1,60	1,80	2,25	2,70
	S					
	Kč	—	—	22,—	27,—	—
Holzbohlenkranz, Eiche:						
Preis	RM	2,25	2,70	2,70	3,60	4,50
	S					
	Kč	—	—	33,—	42,—	—
Mehrpreis für verbesserte Kolbenentwässerung	RM	4,50	5,40	6,75	9,—	11,25

Bedienungsschlüssel, 1 m lang, 7 kg .... RM 4,50 S 12,— Kč 42,—

1247. Standrohre für Unterflurfeuerpfosten, mit 2 Ventilauslässen aus Kupfer, Auslässe mit Kordel-Gewinde. (Bopp & Reuther, Mannheim.)

Passend zum Feuerpfosten mit der Ventilweite	mm	70	80
Gewicht	kg	14	16
Preis, frachtfrei	RM	51	53

1248. **Zwischenstücke** (Paßstücke) für Feuerpfosten mit Flanschen.

Nennweite	70 mm			80 mm			100 mm		
Preis	RM	S	Kč	RM	S	Kč	RM	S	Kč
Baulänge 100 mm	3,40	7,20	40,—	3,60	9,20	48,—	5,40	11,20	56,—
„ 150 „	3,60	8,—	43,—	4,05	10,10	50,—	5,85	12,30	60,—
„ 200 „	3,85	8,80	46,—	4,50	10,90	53,—	6,50	13,40	64,—
„ 250 „	4,05	9,70	49,—	4,95	11,80	56,—	6,95	14,45	68,—
„ 300 „	4,30	10,50	52,—	5,40	12,60	59,—	7,65	15,50	71,—
„ 350 „	4,50	11,40	55,—	5,85	13,40	62,—	8,10	16,50	75,—
„ 400 „	4,95	12,20	57,—	6,30	14,30	65,—	8,30	17,60	79,—
„ 450 „	5,40	13,—	59,—	6,75	15,10	68,—	9,20	18,65	82,—
„ 500 „	5,85	13,80	62,—	7,20	16,—	71,—	9,90	19,80	85,—

1249. **Fußkrümmer** für Feuerpfosten. (Vereinigte Armaturen-Gesellschaft m. b. H., Mannheim.)

Nennweite		40 mm	50 mm	70 mm	80 mm	100 mm
Gewicht	kg	10	13	20	22	30
Muffenfußkrümmer, Preis	RM	4,05	4,50	5,85	6,30	9,90
	S	6,—	7,80	12,—	13,—	18,—
	Kč	2,0—	29,—	43,—	48,—	69,—
Flanschfußkrümmer, Preis ...	RM	4,50	4,95	6,75	7,20	10,80
	S	9.—	11,70	18,—	19,60	27,—
	Kč	30,—	39,—	55,—	60,—	83,—

1250. **1 Stück Feuerpfosten in einen Rohrstrang, einschließlich des erforderlichen A-Stückes einbauen** kostet einschließlich Beistellung der Dichtungsstoffe, aber ohne Feuerpfosten und ohne Erdarbeit:[17]

Rohrweite des Stranges . mm	80	100	125	150	175	200	225	250	275	300	325	350
Rohrlegerstunden	7,6	8,5	9,5	10,2	11,1	12,5	13,3	13,8	16,0	16,5	17,3	18,7

1251. **Wasserkrane.** (Bopp & Reuther, Mannheim.)

a) Freistehender Kleinbahnwasserkran mit stählernem Steig- und Auslaufrohr, mit Absperrschieber samt Säulenständer und Handrad, gußeiserner Grundplatte, Steinschrauben und Riffelblechabdeckung, Auslaufhöhe 2650 mm, Ausladung 1000 mm.

Lichtweite	mm	50	80	100
Gewicht	kg	300	415	510
Preis ab Werk	RM	96	133	160

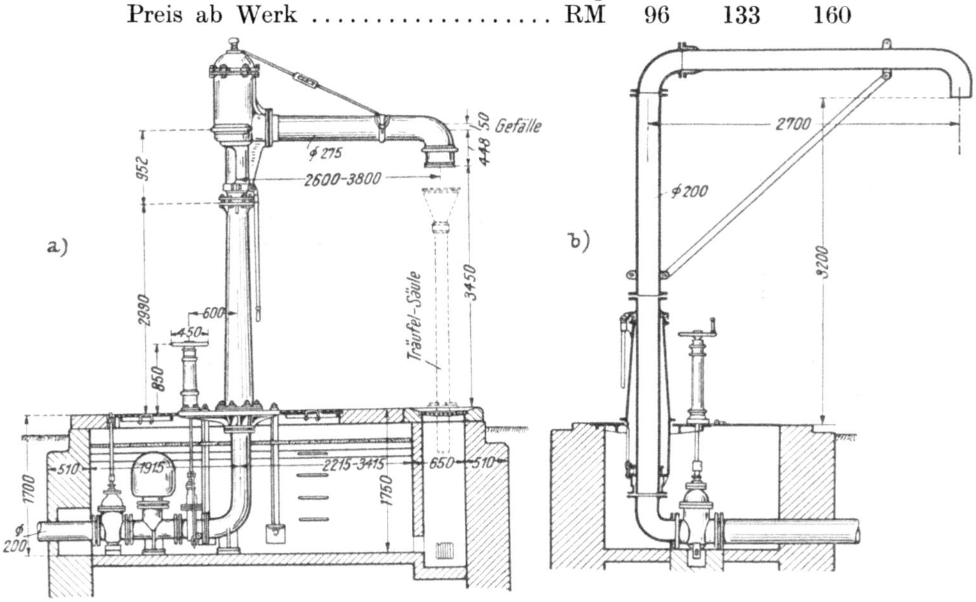

Abb. 99. Wasserkrane.
a) Preußisches Normalmodell. b) Badisches Modell.

b) Preußische Normal-Modelle, laut Abb. 99 a, ohne Hauptabsperrschieber.

Anschlußweite	mm	200	200
Auslegerweite	„	225	275
Gewicht	kg	3000	3450
Preis ab Werk	RM	575	650

Mit Gelenkrohrausleger:

Preis ab Werk	RM	650	750
Träufelsäule	„	25	25

c) Badisches Modell, laut Abb. 99 b.

Anschlußweite	mm	150	200	300
Gewicht	kg	1250	1500	2600
Preis ab Werk	RM	300	375	750

1252. Spund- und Streifkästen, zur Reinigung von Rohrleitungen für den Einbau in Muffenrohrleitungen. (Bopp & Reuther, Mannheim.)

Nennweite	mm	40	50	70	80	100	125	150	200	250	300
Baulänge	„	280	280	300	300	320	380	440	560	680	800
Gewicht	kg	19	22	32	38	52	68	90	135	190	270
Preis, frachtfrei	RM	10	12	15	18	23	29	35	60	90	115

1253. Ventilluftschraube mit Einbaugarnitur, zur Entlüftung der Rohrleitung. Preis, frachtfrei 20 RM.

1254. Druckminderungsventil für kaltes Wasser. (Bopp & Reuther, Mannheim.)

Nennweite in mm	15	20	25	30	40	50	70	80	100	125	150	200	250	300	400
Höchstzulässiger Druck ...... atü	25	25	25	25	25	18	18	18	18	18	18	15	15	15	15
Anschluß	Gasinnengewinde					Flanschen									
Baulänge ...... mm	120	120	150	150	180	250	280	310	350	400	450	550	650	750	950
Ohne Absperrung .... kg	2	2,3	4	4,4	6	35	49	69	100	146	200	365	760	1120	1960
Preis, frachtfrei. RM	42	48	55	66	77	92	129	163	212	314	384	642			
Mit Absperrung kg	3	3,3	5,5	5,9	8,0	40	55	79	112	161	220	415	825	1200	—
Preis, frachtfrei. RM	49	56	64	75	85	104	145	185	239	340	423	686			—

1255. Entlüftungsventile, selbsttätige:

für Rohrnennweite	mm	13	19	25	50
Preis	RM	15	22	30	60

1256. Straßenbrunnen für den Anschluß an Wasserleitungen, mit Ablaufschale. Preis: 300 RM.[178]

1257. Dehnungsstück (Stopfbüchse) mit Flanschen.

Nennweite D mm	Baulänge zusammengeschoben mm	Auszug mm	Gewicht kg	Preis RM	Preis S	Preis Kč	Nennweite D mm	Baulänge zusammengeschoben mm	Auszug mm	Gewicht kg	Preis RM	Preis S	Preis Kč
40	400	180	19			210	150	555	200	80			700
50	455	180	23			270	200	575	200	115			1080
60	470	180	28			320	250	630	230	163			1450
80	500	190	41			410	300	660	250	208			2000
100	515	190	51			510	350	710	270	273			2600
125	520	190	66			650	400	745	290	312			2980

XVIII. Ortsentwässerung.

A. Allgemeines.

1258. Normen betreffend die Ortsentwässerung.

DIN 1959. Ländliche Wasserleitungen und Kanalisationen.
DIN 1989. Technische Vorschriften für Bau und Betrieb von Grundstücksentwässerungsanlagen.
DIN 4050. Richtlinien für Bestandpläne für öffentliche Entwässerungsanlagen.

1259. Kosten der Abwasserbeseitigung in einer Siedlung mit 160 Siedlerstellen mit je 5 Bewohnern und 200 qm Grund. Einmalige Ausgaben je Siedlerstelle.[94]

	Art der Abwasserbeseitigung	Kosten der Baustoffe in RM	Arbeitslöhne in RM	Gesamtbaukosten je Siedlerstelle in RM	Baukosten je Einwohner in RM
Mit zentraler Wasserversorgung	Schmutzwassersammler für Abwasser und Spülaborte, zentrale dreikammerige Faulgrube	73,—	115,—	188,—	38,—
	Eine Sammelgrube für Trockenabort und eine für Abwasser auf jedem Grundstück	103,—	95,—	198,—	40,—
	Sammelgrube für Trockenabort auf jedem Grundstück, Sammler für Abwasser und zentrale Faulgrube	140,—	160,—	300,—	60,—
	Sammler für Abwasser und zentrale Faulgrube, Sammelgrube mit Überlauf für Spülaborte auf jedem Grundstück	140,—	160,—	300,—	60,—
	Einzelfaulgrube mit Sickergrube für Abwasser und Spülabort auf jedem Grundstück	260,—	240,—	500,—	100,—
	Einzelfaulgrube wie zuvor und Untergrundberieselung auf jedem Grundstück	330,—	320,—	650,—	130,—
Ohne zentrale Wasserversorgung	Sammelgrube für Trockenabort auf jedem Grundstück	69,—	69,—	138,—	28,—
	Torfstreuabort mit Kübel auf jedem Grundstück (einschließlich Raum für den Kübel und kapitalisierte Jahresausgaben für Torf)	—	—	175,—	35,—

1260. Betriebskosten für die Abwasserbeseitigungsanlagen in deutschen Orten.[94]

Stadt	Angeschlossene Einwohner	Betriebskosten des Kanalnetzes		Betriebskosten der Reinigungsanlage		Betriebskosten des Pumpwerkes
		je Einwohner ₰	je m ₰	je Einwohner ₰	je cbm ₰	je Einwohner ₰
Aachen	154586	58	55	65	0,5	—
Andernach	9200	49	34	5	20	—
Bad Salzuflen	7880	50	11	30	150	—
Beckum	8190	4	4	5	25	—
Berlin	4050000	20	16	9	0,14	59
Bielefeld	87300	82	35	85	344	41
Bocholt	20000	50	30	—	—	—
Bonn	84000	39	25	9		—
Bous	5500	73	50	—	—	—
Bremen	285000	160	105	—	—	81
Coesfeld	3000	133	70	—	—	—
Düsseldorf	395000	77	56	21		11
Emden	29000	100	52	—	—	85—100
Enskirchen	15000	80	75	—	—	—
Frechen	9940	169	139	—	—	
Fulda	27440	11	6	84		
Gütersloh	7170	91	23	28	100	
Herborn	2745	37	18	—	—	—
Herford	23940	170	81	25	333	—
Hersfeld	11316	100	36	67		—
Hofheim i. T	2600	115		—	—	—
Jever	2121	52		—	—	—

Stadt	Angeschlossene Einwohner	Betriebskosten des Kanalnetzes		Betriebskosten der Reinigungsanlage		Betriebskosten des Pumpwerkes
		je Einwohner ₰	je m ₰	je Einwohner ₰	je cbm ₰	je Einwohner ₰
Kirn	7125	70	43	—	—	—
Münster	110600	31	27	—	—	88
Nangeroog	900	111	23	22		—
Opladen	11000	5,5	4,3	—	—	
Osnabrück	81500	13	7	16	81	21
Ottweiler	3550	85	59	—	—	—
Porz	12240	90	83	—	—	—
Ratingen	6440	38	18	20	73	—
Saarbrücken	122455	104	96	—	—	—
Saarlouis	8500	106	70	7	40	—
St. Ingbert	17134	14	20	—	—	—
Schwelm	21000	100	100	—	—	—
Seligental	1860	8	2,5	—	—	—
Siegburg (Schmutzwasser)	8000	250	152	—	—	—
Siegburg (Regenwasser)	8000	138	54	—	—	—
Traben-Trarbach	4860	52	28	—	—	—
Waarburg	2800	270	150	—	—	—
Wiesbaden	153520	63	50	—	—	—
Wilhelmshaven	27100	500	383	—	—	325
Wuppertal	311000	130	69	44	140—170	—

B. Die Straßenkanäle.

1. Allgemeines.

1261. Baukosten für das Kanalnetz in deutschen Orten.[94]

Ort	Angeschlossene Einwohner	Kanalnetz Länge km	Kanalnetz je Kopf m	Baukosten je Kopf RM	Baukosten je m RM
Andernach	9200	9,95	1,08	35,70	25,—
Bad Godesburg	16000	32,0	2,0	85,—	42,—
Bad Salzuflen	7880	35,0	4,44	95,20	21,40
Bad Soden	3325	18,5	5,6	150,40	27,03
Beckum	8190	9,0	1,1	49,—	44,50
Bielefeld	87300	206,1	2,36	108,50	46,—
Blexen	2000	2,8	1,4	50,—	35,—
Bocholt	20000	34,0	1,7	80,—	46,—
Boffzen	1000	0,87	0,87	100,—	115,—
Bonn	84000	119,36	1,4	32,90	37,40
Borken	760	4,096	5,4	230,—	43,—
Bremen	285000	430,0	1,5	70,20	46,50
Emmerich	9940	14,26	1,43	21,—	14,70
Eschweiler	22000	41,5	1,9	56,—	30,—
Enskirchen	15000	24,0	1,6	33,—	31,—
Frechen	9440	11,5	1,22	81,—	68,—
Gütersloh	7170	28,68	4,0	87,20	21,80
Herford	23940	50,0	2,1	104,—	50,—
Hersfeld	11316	31,88	2,81	66,30	23,52
Kirn	7125	11,55	1,62	40,—	25,—
Koblenz	39000	76,0	2,0	87,—	44,50
Krefeld-Uerdingen	132000	212,0	1,6	92,—	57,30
Leverkusen	16000	23,0	1,45	74,—	52,—
Münster	110600	128,0	1,26	40,—	35,—
Nordenham	6860	16,0	2,33	37,—	16,—
Oldenburg	30800	48,0	1,56	45,45	30,—
Opladen	11000	14,0	1,27	23,—	18,—
Ottweiler	3550	5,06	1,42	45,—	31,60
Porz	12240	12,0	1,1	45,—	41,60
Rüstringen	43200	60,0	1,39	—	—
Seligental	1860	6,21	3,32	24,20	7,24
Warburg	2800	8,0	3,0	26,—	16,50
Wilhelmshaven	27100	36,0	1,32	111,—	83,—

1262. Kosten des Kanalnetzes ohne Pumpwerk und Abwasserreinigung. Bebautes Gebiet 100 ha. Vergleichsberechnung.[225]

Bebaubar vom Nettobauland	Geschoßzahl	Einwohnerzahl je ha	Kanallänge in m je ha	Kanalsystem	Kosten des Straßenkanalnetzes RM/ha	RM/m	RM/Einw.	Bemerkungen
1/10	2	50	90	Trenn-	3600,—	40,—	72,—	Abwasser unterirdisch, Regenwasser oberirdisch
2/10	2	100	90	,,	3800,—	42,22	38,—	
1/10	2	50	90	,,	7500,—	83,40	150,—	Regenableitung zum Teil unterirdisch
2/10	2	100	90	,,	8200,—	91,10	82,—	
1/10	2	50	90	,,	9500,—	105,60	190,—	Abwasser und Regenwasser unterirdisch
2/10	2	100	90	,,	10800,—	120,—	108,—	
2/10	2	100	90	Misch-	9400,—	104,40	94,—	
3/10	2	150	101	,,	10200,—	101,—	68,—	
3/10	3	240	99,5	,,	10200,—	102,50	42,50	
4/10	3	300	99,5	,,	11500,—	115,60	38,30	
4/10	4	400	99	,,	12000,—	121,20	30,—	
5/10	4	500	99	,,	12200,—	123,20	24,40	
5/10	5	630	81,5	,,	12800,—	157,—	20,30	
6/10	5	730	81	,,	13400,—	166,60	18,35	

1263. Kosten des Straßenkanalnetzes in Reichsmark je Kilometer bei Mischsystem in größeren Städten mit der Einwohnerzahl E, ohne Pumpwerk und Reinigungsanlage. Überschlägig!

$$K \text{ RM/km} = (1250 \text{ bis } 1500) \sqrt[3]{E}.$$

1264. Auf einen Einwohner entfallen in deutschen Städten mit Einwohnerzahlen zwischen $E = 50000$ und 1500000 und Mischkanälen.

$$l = \frac{50}{\sqrt[3]{E}} \text{ m Kanal.}$$

1265. 1 m Rohrgrabenaushub und Verfüllen für Rohrkanäle kostet unter normalen Verhältnissen, überschlägig, 8 bis 13 h Hilfsarbeiter.[60]

1266. Wasserhaltung und unvorhergesehene Arbeiten bei Kanalbauten:[260]

In Kempten betrugen diese Kosten beim Umbau alter Kanäle 8 bis 35% der Gesamtbaukosten.

1267. Kosten (1931) der Wasserhaltung beim Bau von Kanälen:[52] je Meter bei einer Grabentiefe von 3 m:

Grundwasserstand über Grabensohle 10 cm, je nach Bodenart	RM	2—4
,, ,, ,, 25 ,, , ,, ,, ,,	,,	6—15
,, ,, ,, 50 ,, , ,, ,, ,,	,,	18—24
,, ,, ,, 100 ,, , ,, ,, ,,	,,	35—54

1268. Erfahrungsgemäß haben in einem Kanalnetz Rohre verschiedenen Durchmessers die folgenden Anteile:[224]

Rohrdurchmesser ... cm	20	25	30	35	40	45	50	55	60
Anteil in Prozenten der Gesamtlänge	25	25	12	12	8	6	5	4	3

1269. 1 m Kanal im ausgehobenen Rohrgraben verlegt, einschließlich Entwässerung der Grabensohle kostet alles in allem, einschließlich der Baustoffe, überschlägig, bei einer Querschnittshöhe von H cm: H Hilfsarbeiterstunden.[60]

1270. 1 m fertiger Kanal kostet (1931):[52]

Kanalquerschnitt in cm	Baustoff	Kanaltiefe in m	Preis mit Schächten, ohne Straßendecke in RM	Zuschlag für Schotterdecke in RM	Zuschlag für Pflaster in RM	Zuschlag für Steinzeugrohr in RM
30	Betonrohr	3	25,—	5,— bis 8,50	5,60 bis 9,60	4,—
40	,,	3	31,—			6,50
50	,,	3	38,—			10,—
60	,,	3	50,—			—
80	Eisenbeton, spiralbewehrt	4	70,—			—
100	,, , ,,	4	95,—			—
60/90	,, , ,,	4	65,—			—
70/105	,, , ,,	4	80,—			—
80/120	Stampfbeton	4	120,—			—
90/135	,,	4	133,—			—
100/150	,,	4	160,—			—

Grundlage: 1 h Facharbeiter = 1,34 RM, 1 h Erdarbeiter = 1,03 RM.

1271. Kosten von Kanälen bei 3 m Verlegungstiefe in Schotterstraßen in Erdarbeiterstunden (1927: 1 h Erdarbeiter = 0,72 RM), ohne Schächte, Sinkkästen, Anschlußleitungen, Wasserhaltung, Fracht und Anfuhr:[224]

Rohrdurchmesser ... cm	20	25	30	35	40	45	50	55	60
Betonrohre	23,4	25,5	27,8	30,3	32,9	35,5	38,1	40,9	43,5
Steinzeugrohre	25,0	28,7	32,5	36,9	41,9	48,9	55,1	63	69,4

2. Steinzeugkanäle.

1272. Normen betreffend Steinzeugrohre.

DIN 1203. Steinzeugrohre.
DIN 1204. ,, , Bogen.
DIN 1205. ,, , Abzweige.
DIN 1206. ,, , Übergänge.
DIN 1230. Kanalisationssteinzeugwaren. Technische Lieferbedingungen.
DIN 1231. ,, . Prüfverfahren.
DIN 1995. Vorschriften für die Probenahme und Beschaffenheit sowie die Untersuchung von bituminösen Straßenbaubindemitteln (Muffenkitt).
DIN 1996. Vorschriften für die Lieferung von Asphalt und Teer sowie von Asphalt und Teer enthaltenden Massen.

Önorm B 8051. Gerade Steinzeugrohre.

ČSN 2004. Steinzeugkanalisationsrohre.

1273. Gerade, runde Steinzeugrohre. Normale Baulänge 1 m. Nach DIN 1203 bzw. Önorm 8051 und ČSN 2004. Eigengewicht 2300 kg/cbm. Abb. 100 a.

Nennweite	Wandstärke	Lichtweite der Muffe	Tiefe der Muffe	Querschnitt der Dichtungsfuge	Rauminhalt der Dichtungsfuge	Gewicht je Stück	Stück je 10-t-Wagen	Preise je Stück		
D mm	*s* mm	mm	mm	qcm	ccm	kg		RM*	S	Kč
150	19	224	70	117	819	24	418	4,05	8,10	27,50
200	20	276	70	136	952	34	291	5,70	11,40	38,80
250	22	334	70	197	1379	48	210	8,10	16,20	55,20
300	25	390	70	229	1603	63	159	10,20	20,40	69,40
350	28	446	70	260	1820	80	125	13,20	26,40	89,80
400	30	500	70	310	2170	100	100	16,50	33,—	112,20
450	34	558	70	340	2380	130	77	21,60	43,20	146,90
500	36	612	70	365	2555	150	67	25,80	51,60	175,40
550	39	668	70	400	2800	175	56	32,10	—	—
600	41	722	70	440	3080	200	50	37,50	75,—	255,—

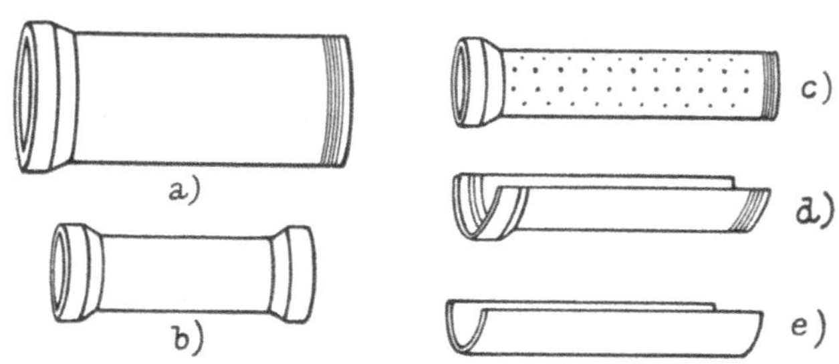

Abb. 100. Gerade Steinzeugrohre.
a) Normales Rohr. b) Rohr mit Muffen beiderseits. c) Gelochtes Rohr. d) Normales Halbrohr. e) Halbrohr mit glatten Enden beiderseits.

1274. Besondere gerade Steinzeugrohre. Abb. 100 b bis e.

Preise in Metern gleichweiten normalen Rohres.

Steinzeugrohrart	Deutsches Reich	Österreich	Tschechoslowakei
Gerades Steinzeugrohr ohne Muffe	1,00	—	1,00
„ „ von 75, 60 oder 50 cm Länge	0,75 0,60, 0,50	0,75 0,60, 0,50	0,75 0,60, 0,50
„ „ „ weniger als 50 cm Länge	0,50	0,50	0,50
„ „ , schräg abgeschnitten, bis 50 cm größte Länge	1,00	—	—
Gerades Steinzeugrohr, schräg abgeschnitten, über 50 cm größte Länge	1,33	—	—
Gerades Steinzeugrohr mit Muffe an beiden Enden	1,33	1,33	1,33
Halbiertes Steinzeugrohr ohne Muffe	0,67	0,67	0,67
„ „ mit Muffe	0,75	0,75	0,75
Gelochtes Steinzeugrohr, ganz oder zwei Drittel gelocht	1,50	1,50	1,50
„ „ , halb oder weniger gelocht	1,33	1,35	1,35

1275. Verschlußteller aus Steinzeug für tote Abzweige.

Für Rohrdurchmesser:

	mm	100	125	150	175	200	225	250	275	300	350	400
Preis**	RM	0,55	0,70	0,80	0,95	1,15	1,35	1,60	1,80	2,05	2,65	3,30
Preis	S	1,10	1,40	1,60	1,90	2,30	2,70	3,20	—	4,10	—	—
„	Kč	4,25	5,35	6,40	7,50	9,10	10,60	12,75	—	17,—	—	—

* Loko Bestimmungsstation: Abschlag derzeit 40%.
** Abschlag derzeit 40%.

1276. Saßsches Anschlußstück (Abb. 101) aus Steinzeug für den nachträglichen Einbau eines Abzweiges in eine bestehende Leitung, an Stelle eines herausgenommenen Rohres.

Preis des Anschlußstückes (4 Teile) = 3,5 m gerades Rohr.

1277. Muffenvergußmasse für Steinzeugrohre oder Betonmuffenrohre besteht nach DIN 1996 aus einem innigen Gemisch von Asphalt oder Pech, die reichlich hochsiedende Phenole enthalten, mit zementfein gemahlenem Schamottemehl, Kieselgur, feinstem Quarzmehl oder gesiebter Braunkohlenasche; die Mineralstoffe dürfen bis zu 30 bis 60 Gewichtsprozent ausmachen. Der Erweichungspunkt muß 10° über der höchsten zugelassenen Abwassertemperatur liegen; in der Regel werden 40° gefordert.

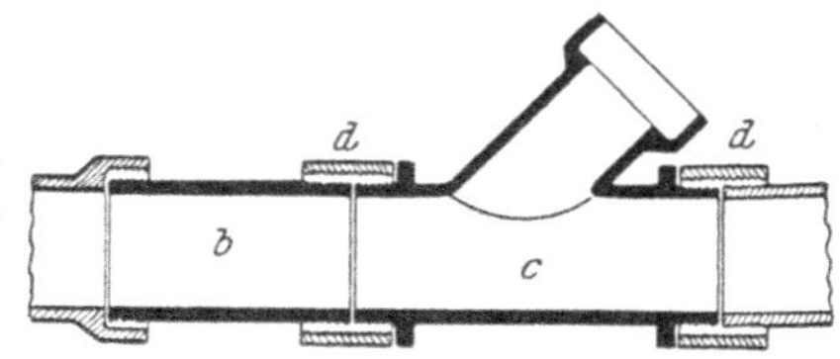

Abb. 101. Saßsches Einlaßstück. *b* gerades Rohrstück, *c* Abzweigstück, *d* Überschiebring.

Die Vergußmasse muß der Prüfung auf Wurzelfestigkeit nach DIN 1995 genügen.

Eine bewährte Mischung: 30 bis 35 Gewichtsteile Handelspech, Erweichungspunkt 65°, 10 bis 5 Gewichtsteile eines über 210° siedenden und Rohteersäuren enthaltenden Teeröls (Gehalt an Phenolen > 30 Gewichtsprozent) und 60 Gewichtsteile feinst gemahlenen Schamottemehles.

1278. Verlegen von Steinzeugrohren im vorbereiteten Rohrgraben, einschließlich des Zubringens von den höchstens 50 m entfernten Stapelplätzen.

Arbeitszeiten in Minuten.

Nennweite des Rohres	15 cm	20 cm	25 cm	30 cm	35 cm	40 cm	45 cm	50 cm	55 cm	60 cm
Gewicht eines Rohres	24 kg	34 kg	48 kg	63 kg	80 kg	100 kg	130 kg	150 kg	175 kg	200 kg
Zubringen und verteilen, Hilfsarbeiter	10	10	10	20	20	20	30	30	40	40
Herablassen, Hilfsarbeiter	5	5	5	10	10	10	15	15	20	20
Verlegen:										
Rohrleger	5	5	5	5	5	8	8	8	10	10
Hilfsarbeiter	5	5	5	10	10	10	15	15	20	20
Ausrichten:										
Rohrleger	10	10	10	15	15	15	20	20	25	25
Hilfsarbeiter	10	10	10	15	15	15	20	20	25	25
Dichten:										
Rohrleger	15	18	22	25	28	32	35	40	42	46
Hilfsarbeiter	15	18	22	25	28	32	35	40	42	46
Zusammen reine Arbeitszeit:										
Rohrleger	30	33	37	45	48	55	63	68	77	81
Hilfsarbeiter	45	48	52	80	83	87	115	120	147	151
Zusammen, einschließlich 30% Pausen:										
Rohrleger . . . h	0,65	0,71	0,81	0,98	1,04	1,20	1,37	1,47	1,66	1,75
Hilfsarbeiter . . . „	0,98	1,05	1,13	1,73	1,78	1,88	2,50	2,60	3,18	3,28

1279. Verlegung von Steinzeugrohren im vorbereiteten Rohrgraben. Grundlagen: Zubringen bis auf höchstens 50 m; Teerstrickdichtung 3 cm hoch, Rest Asphaltkitt. Rohrbedarf: Zuschlag 5% für Bruch.

Nennweite *D*	15 cm	20 cm	25 cm	30 cm	35 cm	40 cm	45 cm	50 cm	55 cm	60 cm
Rohrleger . . . h	0,65	0,71	0,81	0,98	1,04	1,20	1,37	1,47	1,66	1,75
Hilfsarbeiter . . . „	0,98	1,05	1,13	1,73	1,78	1,88	2,50	2,60	3,18	3,28
Für Aufsicht und Geräte . %	15	15	15	15	15	15	15	15	15	15
Teerstrick (0,625 kg/cbm) kg	0,24	0,28	0,37	0,48	0,54	0,64	0,71	0,75	0,83	0,91
Asphaltkitt (1750 kg/cbm) „	1,30	1,45	2,06	2,60	2,75	3,52	3,94	4,25	4,75	5,10
Brennholz . . . „	1	1	1,2	2	2	2,5	3	3	3,5	3,5
Zuschlag für je einen Abzweig:										
Rohrleger . . . h	0,25	0,30	0,37	0,42	0,47	0,54	0,59	0,67	0,70	0,77
Hilfsarbeiter . . . „	0,25	0,30	0,37	0,42	0,47	0,54	0,59	0,67	0,70	0,77
Aufsicht, Geräte . . . %	15	15	15	15	15	15	15	15	15	15
Dichtungsstoffe . . .	wie oben									
Vom Rohr verdrängter und daher abzuführender Boden, fest gemessen . . . cbm	0,029	0,045	0,07	0,10	0,13	0,17	0,21	0,26	0,32	0,37

Die Kosten des allenfalls erforderlichen Einbetonierens der Steinzeugrohre ebenso wie die Kosten einer Rohrgrabendränung sind in der obigen Aufstellung nicht enthalten.

Abweichend von den Angaben in der obenstehenden Tabelle, wird in Prag mit dem folgenden Aufwand an Dichtungsstoffen gerechnet:

Nennweite	cm	10	15	20	25	30	35	40	45
Teerstrick	kg	0,25	0,30	0,35	0,40	0,65	0,90	1,10	1,40
Asphaltkitt	„	0,65	0,90	1,15	1,50	2,00	2,55	3,35	5,00

1280. **1 Stück Steinzeugrohr aus der Leitung im aufgegrabenen Rohrgraben** vorsichtig **herausnehmen** und seitlich lagern, einschließlich Herausstemmen der Dichtung, bei einem Rohrdurchmesser D in Zentimeter: 0,04 D h Maurer + 0,04 D h Hilfsarbeiter.

1281. **1 m alten Steinzeugrohrkanal abtragen,** und zwar Ausstemmen der Dichtung, vorsichtiges Auseinandernehmen der Rohre und seitliches Lagern, aber ohne jedwede Erdarbeit:

Rohrdurchmesser	cm	20	25	30	35	40	45	50
Maurerstunden		1,1	1,2	1,5	1,7	1,9	2,2	2,5
Hilfsarbeiterstunden		1,1	1,2	1,5	1,7	1,9	2,2	2,5
Für Aufsicht und Geräte	%	15	15	15	15	15	15	15

1282. **1 Stück Abschlußdeckel** aus glasiertem Steinzeug, Durchmesser 20 cm, für den Abschluß toter Abzweige, **versetzen und mit Lehm dichten** kostet, einschließlich Aufsicht und Lehm: 0,25 h Rohrleger.

1283. **1 Stück Steinzeugrohr abhauen:**

Rohrdurchmesser	10 cm	15 cm	20 cm	25 cm	30 cm	35 cm	40 cm	45 cm	50 cm	55 cm	60 cm
Rohrleger . . . h	0,12	0,18	0,25	0,30	0,35	0,40	0,50	0,55	0,60	0,70	0,85
Hilfsarbeiter . . . „	—	—	—	—	—	0,40	0,50	0,55	0,60	0,70	0,85

Das gekürzte Rohr wird voll verrechnet. Für Bruch Zuschlag 10%.

3. Betonrohrkanäle.

1284. **Normen betreffend Betonrohrkanäle.**

DIN 1201. Kanalisationsrohre, Beton, mit Beiblatt.
Önorm B 8020. Betonabflußrohre.

1285. **Verlegen von Betonmuffenrohren** (1 m lang) im vorbereiteten Rohrgraben, einschließlich des Zubringens auf höchstens 50 m.

Reine Arbeitszeiten in Minuten und Arbeitszeit samt Pausen in Stunden.

Nennweite	15 cm	20 cm	25 cm	30 cm	35 cm	40 cm	45 cm	50 cm	55 cm	60 cm
Gewicht, ungefähr	33 kg	50 kg	70 kg	83 kg	100 kg	112 kg	138 kg	165 kg	185 kg	215 kg
Zubringen und Verteilen, Hilfsarbeiter	10	10	20	20	20	30	30	40	40	40
Herablassen, Hilfsarbeiter	5	5	10	10	10	15	15	20	20	25
Verlegen:										
Rohrleger	5	5	5	5	8	8	8	10	10	12
Hilfsarbeiter	5	5	10	10	10	15	15	20	20	25
Ausrichten:										
Rohrleger	10	10	15	15	15	20	20	25	25	30
Hilfsarbeiter	10	10	15	15	15	20	20	25	25	30
Dichten:										
Rohrleger	15	18	22	25	28	32	35	40	42	46
Hilfsarbeiter	15	18	22	25	28	32	35	40	42	46
Zusammen reine Arbeitszeit:										
Rohrleger	30	33	42	45	51	60	63	75	77	88
Hilfsarbeiter	45	48	77	80	83	112	115	145	147	166
Zusammen, einschließlich 30% Pausen:										
Rohrleger . . . h	0,65	0,72	0,91	0,98	1,11	1,30	1,36	1,63	1,67	1,91
Hilfsarbeiter . . . „	0,98	1,04	1,67	1,73	1,80	2,42	2,50	3,14	3,19	3,60

1286. Verlegung von 1 m langen Betonmuffenrohren im vorbereiteten Rohrgraben. Grundlagen: Zubringen auf höchstens 50 m. Muffentiefe 7 cm, Muffenweite 2,7 cm. Rohrbedarf: Zuschlag 5% für Bruch.

Nennweite	15 cm	20 cm	25 cm	30 cm	35 cm	40 cm	45 cm	50 cm	55 cm	60 cm
Rohrleger . . . . h	0,65	0,72	0,91	0,98	1,11	1,30	1,36	1,63	1,67	1,91
Hilfsarbeiter . . . . „	0,98	1,04	1,67	1,73	1,80	2,42	2,50	3,14	3,19	3,60
Für Aufsicht und Geräte . . %	15	15	15	15	15	15	15	15	15	15
Teerstrick (0,625 kg/cbm) . kg	0,26	0,32	0,37	0,43	0,49	0,54	0,61	0,67	0,72	0,78
Asphaltkitt (1750 kg/cbm) . „	2,3	2,8	3,3	3,8	4,4	4,9	5,4	6,0	6,5	7,0
Brennholz . . . . „	2,5	3,0	3,5	4,0	4,5	5,0	5,5	6,0	6,5	7,0
Zuschlag für je einen Abzweig:										
Rohrleger . . . . h	0,25	0,30	0,37	0,42	0,47	0,54	0,59	0,67	0,70	0,77
Hilfsarbeiter . . . . „	0,25	0,30	0,37	0,42	0,47	0,54	0,59	0,67	0,70	0,77
Aufsicht, Geräte . . . . %	15	15	15	15	15	15	15	15	15	15
Dichtungsstoffe					wie oben					
Vom Rohr verdrängter, daher abzuführender Boden, fest gemessen . cbm	0,045	0,07	0,10	0,13	0,15	0,20	0,23	0,29	0,34	0,40

1287. Verlegen von Betonfalzrohren im vorbereiteten Rohrgraben, einschließlich des Zubringens auf bis höchstens 50 m.

Reine Arbeitszeiten in Minuten und Arbeitszeit samt Pausen in Stunden.

Nennweite *D*	15 cm	20 cm	25 cm	30 cm	35 cm	40 cm	45 cm	50 cm	55 cm	60 cm
Gewicht je m ungefähr	44 kg	56 kg	76 kg	114 kg	150 kg	185 kg	215 kg	265 kg	295 kg	325 kg
Zubringen und Verteilen, Hilfsarbeiter	10	10	20	20	30	40	40	50	50	50
Herablassen, Hilfsarbeiter	5	5	10	10	15	20	25	25	30	30
Verlegen:										
Maurer	5	5	5	5	8	8	8	10	10	12
Hilfsarbeiter	5	5	10	10	10	15	15	20	20	25
Ausrichten:										
Maurer	10	10	15	15	20	20	25	25	30	30
Hilfsarbeiter	10	10	15	15	20	20	25	25	30	30
Dichten:										
Maurer	16	19	22	25	28	31	34	38	41	44
Hilfsarbeiter	16	19	22	25	28	31	34	38	41	44
Zusammen reine Arbeitszeit:										
Maurer	31	34	42	45	56	59	67	73	81	86
Hilfsarbeiter	46	49	77	80	103	126	139	158	171	179
Zusammen, einschließlich 30% Pausen:										
Maurer . . . . h	0,67	0,74	0,91	0,98	1,21	1,28	1,45	1,58	1,77	1,87
Hilfsarbeiter . . . . „	1,00	1,06	2,00	2,12	2,23	2,80	3,15	3,43	3,70	3,90

1288. 1 m Betonfalzrohr im ausgehobenen Rohrgraben verlegen. Grundlagen: Zubringen bis auf höchstens 50 m. Die Rohrstöße werden untermauert und 3,5 cm dick und 15 cm breit mit Beton 1 : 2 ummantelt. Rohrbedarf: Zuschlag 5% für Bruch.

Nennweite *D*	15 cm	20 cm	25 cm	30 cm	35 cm	40 cm	45 cm	50 cm	55 cm	60 cm
Maurer . . . . h	0,67	0,74	0,91	0,98	1,21	1,28	1,45	1,58	1,77	1,87
Hilfsarbeiter . . . . „	1,00	1,06	2,00	2,12	2,23	2,80	3,15	3,43	3,70	3,90
Für Aufsicht und Geräte . . %	10	10	10	10	10	10	10	10	10	10
Mauer- oder Betonziegel Stück	5	5	5	5	7	7	7	9	9	9
Zement . . . . kg	3	4	6	7	8	9	10	11	13	14
Sand l	4	6	8	10	12	13	15	16	18	20
Zuschlag für je einen Abzweig:										
Maurer . . . . h	0,27	0,32	0,37	0,42	0,47	0,52	0,57	0,64	0,69	0,74
Hilfsarbeiter . . . . „	0,27	0,32	0,37	0,42	0,47	0,52	0,57	0,64	0,69	0,74
Aufsicht, Geräte . . . . %	10	10	10	10	10	10	10	10	10	10
Baustoffe					wie oben					
Vom Rohr verdrängter, daher abzuführender Boden, fest gemessen . cbm	0,045	0,07	0,10	0,13	0,15	0,20	0,23	0,29	0,34	0,40

1289. Verlegen von eiförmigen Betonfalzrohren im vorbereiteten Rohrgraben, einschließlich des Zubringens bis auf höchstens 50 m.

Reine Arbeitszeiten in Minuten und Arbeitszeit samt Pausen in Stunden.

Querschnitt, Breite × Höhe	20 × 30 cm	30 × 45 cm	40 × 60 cm	50 × 75 cm	60 × 90 cm
Gewicht je m	100 kg	190 kg	300 kg	440 kg	630 kg
Zubringen und Verteilen, Hilfsarbeiter	20	40	50	70	100
Herablassen, Hilfsarbeiter	10	20	30	40	50
Verlegen:					
Maurer	5	8	10	14	20
Hilfsarbeiter	10	15	20	25	30
Ausrichten:					
Maurer	15	20	30	35	40
Hilfsarbeiter	15	20	30	35	40
Dichten:					
Maurer	22	31	38	44	55
Hilfsarbeiter	22	31	38	44	55
Zusammen reine Arbeitszeit:					
Maurer	42	56	78	93	115
Hilfsarbeiter	77	126	168	214	275
Zusammen, einschließlich 30% Pausen:					
Maurer . . . h	0,91	1,21	1,68	2,12	2,50
Hilfsarbeiter . . . ,,	1,67	2,73	3,64	4,65	6,00

1290. 1 m eiförmiges Betonfalzrohr im ausgehobenen Rohrgraben verlegen, an den Rohrstößen untermauern und 15 cm breit, 3,5 cm dick mit Beton 1 : 2 ummanteln, einschließlich Zufuhren bis auf 50 m.

Querschnitt, Breite × Höhe		20 × 30 cm	30 × 45 cm	40 × 60 cm	50 × 75 cm	60 × 90 cm
Maurer	h	0,91	1,21	1,68	2,12	2,50
Hilfsarbeiter	,,	1,67	2,73	3,64	4,65	6,00
Für Aufsicht und Geräte	%	10	10	10	10	10
Ziegel	Stück	5	5	7	9	9
Zement	kg	6	8	11	14	17
Sand	l	8	12	16	20	24
Vom Rohr verdrängter und daher abzuführender Boden, fest gemessen	cbm	0,09	0,18	0,32	0,47	0,70

Rohrbedarf: Zuschlag (2 bis 5)% für Bruch.

1291. Betonrohre, entsprechend DIN 1201 (mit Falzdichtung und Fuß). Die Wandstärken sind so zu wählen, daß die Mindestbruchlasten gewährleistet sind.

a) Runde Rohre. Baulänge 1 m.

Nennweite in mm		100	125	150	200	300	400	500	600	700	800	900	1000
Fußbreite *s*	mm	80	100	120	160	240	320	400	450	500	550	600	650
Mindestbruchlast	kg/m	2000	2000	2000	2000	2500	2800	3000	3000	3000	3000	3000	3000
Gewicht je Meter, ungefähr	,,												
Preis je Meter	RM	1,60	2,—	2,50	3,60	6,—	8,80	11,50	14,50	17,50	21,—	24,—	27,50
	S	2,30	2,60	3,—	3,85	5,70	8,80	13,—	17,20	—	—	—	—
	Kč	7,—	7,80	8,75	13,30	20,25	28,90	50,—	60,—	—	75,—	90,—	110,—

b) Eiförmige Rohre. Baulänge 1 m.

Lichte Querschnittsabmessungen		200	300	400	500	600	700	800	900	1000
	Breite in mm	200	300	400	500	600	700	800	900	1000
	Höhe in mm	300	450	600	750	900	1050	1200	1350	1500
Fußbreite *s*	mm	150	210	265	320	375	430	490	545	600
Mindestbruchlast	kg/m	3000	3000	3400	3400	3800	3800	4200	4400	4400
Gewicht je Meter, ungefähr	,,									
Preis je Meter	RM	3,60	6,70	10,75	15,—	20,—	26,50	33,—	40,—	48,—
	S	11,—	18,—	23,—	26,—	29,—	—	37,—	—	—
	Kč	—	40,—	50,—	60,—	—	—	—	—	—

1292. **1 m Betonfalzrohr** im Mischungsverhältnis 1 : 4 **in Handarbeit herstellen,** ohne Aufsicht und Gerätekosten.[17]

a) Kreisrohre.

Lichtweite	cm	20	30	40	50	60	70	80	90	100	120
Wandstärke	„	3,5	4,5	5,5	6,0	7,0	8,0	9,0	10,0	11,0	12,0
Betonarbeiter	h	1,0	1,5	2,0	2,5	3,0	3,5	4,0	4,5	5,0	6,0
Zement	kg	14	28	44	60	83	106	132	171	207	296
Kiessand	rm	0,03	0,06	0,09	0,12	0,16	0,21	0,26	0,33	0,40	0,57

b) Eirohre.

Breite/Höhe	cm/cm	20/30	30/45	40/60	50/75	60/90	70/105	80/120	90/135	100/150
Wandstärke	cm	4,0	5,0	6,0	7,0	9,0	11,0	11,0	12,0	13,0
Betonarbeiter	h	1,3	1,8	2,6	3,3	4,5	5,3	6,0	6,8	8,0
Zement	kg	21	40	68	96	142	186	233	273	331
Kiessand	rm	0,04	0,08	0,13	0,19	0,28	0,36	0,45	0,53	0,64

1293. **Erzeugung von Betonmuffenrohren mittels der Stampfmaschine Bauart Velten.** (Internat. Baumaschinenfabrik A. G., Neustadt a. d. Haardt, Rheinpfalz.)

Maschinengröße		I	II	III
Lichtweite der erzeugbaren Rohre	mm	100—300	100—400	350—1000
Antrieb	PS	3—5	4—6	8—9
Durchmesser × Breite der Riemenscheiben	mm	600 × 170	600 × 170	800 × 200
Drehzahl der Riemenscheiben	n	240	240	240
Gewicht der Maschine ohne Zugehör	t	2,85	2,85	8,40
Gewicht des Zugehörs	„	3,35	5,55	15,00
Preis der Maschine samt Zugehör	RM	10600,—	13400,—	28000,—
Vorsilo, Gewicht	t	0,225	0,225	1,10
„ , Preis	RM	250,—	250,—	600,—
Beschickungsaufzug, Gewicht	t	1,2	1,2	1,2
„ , Antrieb	PS	2—3	2—3	2—3
„ , Preis	RM	1330,—	1330,—	1330,—
Gegenstromschnellmischer, Gewicht	t	1,20	1,20	2,05
„ , Antrieb	PS	4—5	4—5	6—8
„ , Preis	RM	1900,—	1900,—	2750,—
Trogmischer, Gewicht	t	0,66	0,66	0,75
„ , Antrieb	PS	2—3	2—3	3—4
„ , Preis	RM	760,—	760,—	855,—

Nutzungsdauer der Rohrformen: 12 bis 15 Jahre.

		I	II	III
	Maschinengröße	I	II	III
Stand der Bedienungsmannschaft für die Bedienung der Stampfmaschine, des Mischers und für die Zufuhr der Rohstoffe und die Abfuhr der Rohre in den Abstellraum	Männer	3	4	5—6

Leistung stündlich mit zwei Rohrformen je Nennweite:

Nennweite der Rohre ... mm	100	125	150	200	250	300	350	400	450	500	600	700	800	1000
Stück Rohre	20	20	20	18	18	15	15	12	12	8	7,5	7	7	5—6

Durch Anschaffung je einer dritten Rohrform können die Leistungen bis um 50% gesteigert werden.

Die Muffen werden im Mischungsverhältnis 1 : 3 hergestellt; der Sand soll eine Körnung von 0 bis 2 mm aufweisen, scharfkantig sein und womöglich gewaschen werden.

Die Rohre werden im Mischungsverhältnis 1 : (4 bis 6) gemischt. Die Körnung der Zuschlagstoffe soll betragen:

für Rohre von	mm	100—200	250—300	350—600	700—1000
Körnung	„	0—12	0—15	0—20	0—30

Wenigstens ein Teil der Zuschlagstoffe soll gebrochen sein.

1294. Verlegung von Hume-Rohren im ausgehobenen Rohrgraben, einschließlich des Heranbringens von den nahegelegenen Stapelplätzen, des Herablassens mittels Dreibeins und Flaschenzugs oder mittels eines Handkranes und des Dichtens mit Asphalt. Baulänge der Rohre 2,50 m.[170]

Rohrdurchmesser	0,4 m	0,5 m	0,7 m	1,0 m	1,2 m	1,5 m	1,8 m
Wandstärke .... cm	4	4,5	5,5	6,5	8,0	10,0	12,5
Gewicht je Meter .... kg	138	192	328	530	770	1220	1815
Verlegungsmannschaft Männer	4	6	6	6	9	9	9
Leistung in 8 Stunden. m	35	30	27,5	25	22,5	20	17,5
Arbeitsaufwand je m.. h	0,92	1,60	1,75	1,92	3,2	3,6	4,1

1295. Vianini-Sielrohre. Abmessungen, Gewichte, Preise und Verlegungskosten, ohne Erdarbeiten. (Lanna, Bauunternehmung, Prag.)

Lichtweite	10 cm	15 cm	20 cm	25 cm	32 cm	37 cm	43 cm	47 cm	52 cm	64 cm
Baulänge .... m	2,0	2,0	3,0	3,6	3,6	3,6	3,6	3,6	3,6	3,6
Wandstärke .... mm	30	30	35	40	30	35	35	40	40	40
Muffenweite, außen....... „	260	310	380	455	506	570	640	690	740	880
Muffentiefe .... „	120	120	120	120	120	145	145	145	145	145
Weite der Dichtungsfuge, hinten .... „	12	12	12	12	12	12	13	13	13	14
Weite der Dichtungsfuge, vorne .... „	15	15	15	15	15	15	16	16	16	17
Gewicht je Meter .... kg	38	49	70	87	90	122	141	175	191	246
Grabenlichtweite .... m	0,65	0,70	0,80	0,85	0,90	1,—	1,05	1,10	1,15	1,30
Preis* je Meter .... Kč	15,—	21,—	30,—	40,50	45,—	53,—	61,—	80,—	90,—	120,—
Verlegungs- und Dichtungskosten je Meter** ...... „	6,—	6,50	7,—	8,—	9,50	10,—	12,—	13,50	15,—	19,—

Lichtweite	74 cm	85 cm	94 cm	105 cm	115 cm	125 cm	150 cm	175 cm	200 cm
Baulänge .... m	3,6	3,6	3,0	3,0	3,0	3,0	3,0	2,5	2,0
Wandstärke .... mm	50	55	60	60	65	75	90	105	120
Muffenweite, außen..... „	1015	1155	1220	1375	1495	1600	1895	2180	2480
Muffentiefe .... „	145	145	145	145	145	145	145	145	145
Weite der Dichtungsfuge, hinten .... „	14	14	14	14	14	14	14	15	15
Weite der Dichtungsfuge, vorne .... „	17	17	17	17	17	17	17	18	18
Gewicht je Meter ...... kg	340	432	520	590	700	855	1250	1500	2160
Grabenlichtweite .... m	1,45	1,55	1,65	1,80	1,90	2,00	2,30	2,60	2,90
Preis* je Meter .... Kč	155,—	180,—	220,—	275,—	330,—	415,—	520,—	700,—	950,—
Verlegungs- und Dichtungskosten je Meter** „	24,—	28,—	35,—	42,—	50,—	70,—	95,—	125,—	160,—

4. Beton- und Klinkerkanäle.

1296. Normen betreffend Kanalklinker.

DIN 4051. Kanalklinker, mit Beiblatt mit Anwendungsbeispielen für Eikanäle von 1 bis 2 m Höhe.

DIN 105. Mauerziegel (Klinkerziegel).

Önorm B 8065. Steinzeugsohlschalen und -wandplatten für schliefbare Kanäle.

1297. Klinkermauerwerk für Kanäle.

Für das Kanalmauerwerk werden neben den Normalklinkern 65 × 120 × 250 mm nach DIN 105 noch Kanalkeilklinker nach DIN 4051 verwendet, und zwar für Kopfgewölbe A-Steine, mit den Abmessungen 56/68 × 120 × 250 mm, für Sohlgewölbe B-Steine, mit den Abmessungen 46/68 × 120 × 250 mm, und für runde Kanalschächte C-Steine, mit den Abmessungen 65 × 77/120 × 250 mm. Beispiele für die Anwendung dieser Klinker gibt das Beiblatt zu DIN 4051.

* Frei Bahnwagen Lysa a. E., ohne 3% Wust. und ohne Packung (60 Kč je Wagen).
** Ohne jedwede Erdarbeiten.

Beim Kanalmauerwerk müssen die Innenfugen tunlichst 9 bis 11 mm, die Außenfugen 9 bis höchstens 29 mm messen.

1298. Klinkerziegel für Kanalmauerwerk. Gewichte und Preise.

	Gewicht von 1000 Stück in kg	Preis je 1000 Stück in RM
Normale Klinker, I. Kl.	4000	61,50
Kanalkeilklinker A, I. Kl.	3300	75,—
,, B, I. ,,	2900	75,—
,, C, I. ,,	3500	61,50

1299. Baustoffaufwand für Klinkerkanalmauerwerk:

1 cbm volles Mauerwerk, erfordert: 400 Ziegel (D. F.) + 280 l Mörtel.
1 qm Kopfgewölbe, 1 Stein stark, erfordert: (110 bis 120) Ziegel + (65 bis 120) l Mörtel.
1 ,, Sohlgewölbe, 1 Stein stark, erfordert: (135 bis 145) Ziegel + (75 bis 130) l Mörtel.
1 ,, hochkantiges Klinkerpflaster erfordert: 56 Ziegel + 45 l Mörtel.
1 ,, Ausfugung erfordert 5 l Mörtel.
1 ,, Rapputz erfordert 13 l Mörtel.

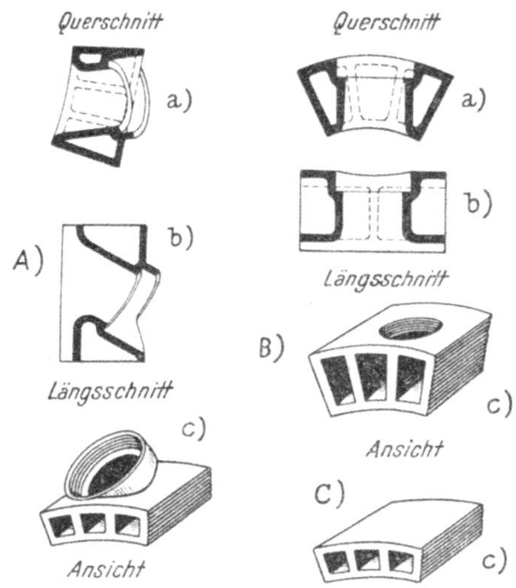

Abb. 102. Einlaßstücke und Einlaufplatten aus glasiertem Steinzeug.
A) Seiteneinlaßstück. B) Scheiteleinlaßstück. C) Einlaufplatte. a) Querschnitt, b) Längsschnitt, c) Ansicht.

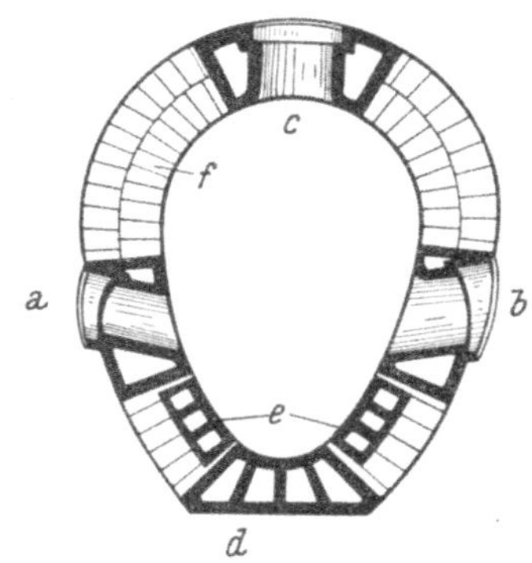

Abb. 103. Einbau der Seiten- und Scheiteleinlaßstücke, der Sohlsteine und der Einlaufplatten in Klinkerkanäle.
a Seiteneinlaßstück „links", *b* Seiteneinlaßstück „rechts", *c* Scheiteleinlaßstück, *d* Sohlstein, *e* Einlaufplatte unter einem Seiteneinlaßstück, *f* Klinkermauerwerk.

1300. Seiten- und Scheiteleinlaßstücke für Klinkerkanäle (Abb. 102, 103).

Lichtweite mm	Mauerstärke 12 cm Gewicht kg	Mauerstärke 12 cm Preis* RM	Mauerstärke 18 cm Gewicht kg	Mauerstärke 18 cm Preis* RM	Mauerstärke 25 cm Gewicht kg	Mauerstärke 25 cm Preis* RM
150	23	8,30	35	10,—	63	12,90
200	28	9,50	42	11,20	63	14,—
225	35	10,—	45	11,80	63	14,60
250	40	10,60	50	12,40	66	15,20
300	45	14,60	55	16,40	71	19,20

1301. Knauffsche Platten.

Normale Abmessungen: 11 × 33 cm, 20 mm stark,
15 × 33 ,, , 20 ,, ,, .
Gewicht je Quadratmeter: 40 kg.
Preis je Quadratmeter RM 11,—,** S 28,—, Kč 60,—.

* Abschlag derzeit etwa 40% (vgl. Nr. 1273).
** Abschlag derzeit etwa 40%.

1302. **Sohlschalen aus Steinzeug** für betonierte Kanäle.

Abmessungen und Preise.*

Für Eiquerschnitt Breite/Höhe	Für Kreis-querschnitt	Krümmungs-halbmesser	Wandstärke	Ein Viertel Kreis					Ein Drittel Kreis				
				Sehnenlänge	Gewicht je m	Preis je m			Sehnenlänge	Gewicht je m	Preis je m		
mm	Ø mm	mm	mm	mm	kg	RM	S	Kč	mm	kg	RM	S	Kč
250/375	125	62,5	18	88	4	1,30	—	—	108	6	1,73	—	—
300/450	150	75	19	106	5	1,52	—	—	130	7	2,03	4,06	14,50
350/525	175	87,5	20	124	6	1,80	—	—	152	8	2,40	—	—
400/600	200	100	20	141	7	2,14	—	—	173	9	2,85	5,70	19,50
500/750	250	125	22	177	9	3,04	—	—	217	12	4,05	8,10	28,—
600/900	300	150	25	212	12	3,83	—	—	260	16	5,10	10,20	35,—
700/1050	350	175	28	247	15	4,95	—	—	303	21	6,60	13,20	45,—
800/1200	400	200	30	283	18	6,19	—	42,50	346	25	8,25	16,50	56,—
900/1350	450	225	34	318	27	8,10	—	55,30	390	35	10,80	21,60	74,—
1000/1500	500	250	36	354	31	9,68	19,36	76,60	433	39	12,90	—	—
1100/1650	550	275	39	389	40	12,04	24,08	82,50	476	52	16,05	—	—
1200/1800	600	300	41	424	45	14,06	28,12	96,—	520	60	18,75	—	—

1303. **Sohlsteinschalen mit Stegen aus Steinzeug** (Abb. 194c) für normale Eikanäle und einringiges Mauerwerk.

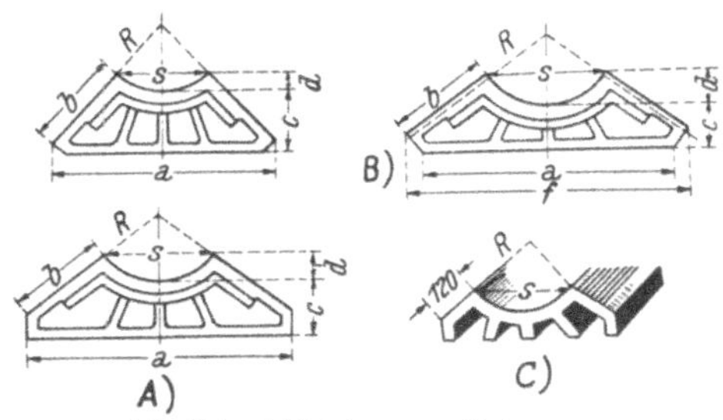

Abb. 104. Sohlsteine aus Steinzeug.
A) Kanalsohlsteine Nr. I bis IX. B) Kanalsohlsteine Klasse 0 bis XIII nach Lindley. C) Sohlsteinschale mit Stegen.

Für Eiquerschnitte Breite/Höhe	Krümmungs-halbmesser	Sehnen-länge	Gewicht je m	Preis* je m
mm	*R* mm	*s* mm	kg	RM
500/750	125	200	45	12,50
600/900	150	240		
700/1050	175	280		
800/1200	200	280		
900/1350	225	300		

Normale Länge: 0,5 m. Radial geschnittene Stücke für gekrümmte Kanäle: Zuschlag 25%.

1304. **Kanalsohlsteine** Nr. I bis IX (Abb. 104A) und Klasse 0 bis XIII (Abb. 104B) (nach Baurat Lindley) aus Steinzeug.

Nr.	*a* mm	*b* mm	*R* mm	*s* mm	*c* mm	*d* mm	Gewicht kg/m	Preis* RM/m
I	393	120	125	200	120	50	68	13,60
IIa	435	120	150	240	120	60	79	15,80
IIb	635	250	150	240	145	60	115	23,—
IIIa	472	120	175	280	125	70	88	17,60
IIIb	585	250	175	240	170	48	105	21,—
IIIc	680	250	175	280	140	70	129	25,80
IVa	610	180	200	320	150	80	127	25,40
IVb	630	250	200	280	145	57	110	22,—
V	460	120	225	300	120	55	88	17,60
Va	530	180	225	280	145	49	100	20,—
Vb	548	250	225	260	170	41	105	21,—
VI	642	250	250	320	150	59	114	22,80
VIa	520	120	250	250	100	73	92	18,40
VIIa	620	250	275	325	170	53	127	25,40
VIIc	470	120	275	325	100	53	79	15,80
VIII	624	250	300	340	170	53	122	24,40
IX	620	250	325	350	180	50	118	23,60

Klasse	*a* mm	*f* mm	*b* mm	*R* mm	*s* mm	*c* mm	*d* mm	Gewicht kg/m	Preis* RM/m
0	260	372	120	125	190	100	44	52	10,40
I	296	444	120	150	252	100	68	68	13,60
Ia	590	652	250	150	252	120	68	125	15,—
II	320	490	120	175	298	100	81	80	16,—
IIa	620	700	250	175	298	120	81	114	22,80
III	322	490	120	200	310	100	74	79	15,80
IIIa	410	490	250	200	220	200	32	110	22,—
IV—V	445	570	250	235	280	200	47	125	25,—
VI—VII	470	540	250	325	305	200	38	128	25,60
VIII—X	408	470	250	450	315	215	28	118	23,60
XI—XIII	475	540	250	600	395	215	34	130	26,—

Normale Baulänge der Sohlsteine: 0,5 m. Grundpreis* je Kilogramm: 0,20 RM.
Radial geschnittene Sohlsteine für gekrümmte Strecken: Aufschlag + 25%.

---

* Abschlag derzeit 40% (vgl. Nr. 1273).

1305. Einlaufplatten aus Steinzeug (Abb. 102 und 103) unter Seiteneinlaßstücken für Klinkerkanäle.

Größe	Länge in cm	Breite in cm	Dicke in cm	Gewicht in kg	Preis* in RM
I	40	20	12	17	4,50
II	40	28	12	23	6,25

1306. Einbindungsstutzen aus Steinzeug für die nachträgliche Herstellung von Anschlüssen.

Lichtweite des Stutzens	mm	100	125	150	175	200	225	250	300
Preis**	RM	5,40	6,90	8,10	9,60	11,40	13,20	16,20	20,40

1307. 1 cbm Klinkerziegelmauerwerk in Zementmörtel für Kanäle, einschließlich des Abladens der Steine an der Baustelle, des Beförderns zur Verwendungsstelle, Mörtelmischens, Ein- und Ausschalens, Verfugens und Verputzens:

a) bei Tiefen bis zu 3 m: (10 bis 14) h Maurer + (10 bis 14) h Hilfsarbeiter + 15% für Geräte und Gerüste.

b) Zuschlag für jeden Meter Mehrtiefe: 1,0 h Hilfsarbeiter.

1308. 1 cbm Klinkerziegelmauerwerk in Zementmörtel, ohne Verputz, ohne Gerüstung und ohne Zufuhren: (8 bis 10) h Maurer + (8 bis 10)% für Aufsicht und Geräte.

1309. 1 cbm Klinkerziegel-Gewölbemauerwerk in Zementmörtel, ohne Verputz, ohne Gerüstung und ohne Zufuhren (10 bis 14) h Maurer + 10% für Aufsicht und Geräte.

1310. 1 qm stehendes, muldenförmiges Klinkerziegelpflaster in Zementmörtel, mit vergossenen Fugen, ohne Zufuhren: 2 h Maurer + 10% für Aufsicht und Geräte + 56 Stück Klinkerziegel + 45 l Mörtel.

1311. 1 Steinzeugsohlstück samt beiderseitigen Dränleitungen bei Kanalherstellungen versetzen:[16] 1 h Maurer + 1 h Hilfsarbeiter.

1312. 1 cbm Beton für Kanäle, einschließlich Schalen, Betonmischen von Hand, Putz an allen Innenflächen, aber ohne Zufuhren: (3 bis 5) h Maurer + (2 bis 5) h Gerüstzimmerer + (8 bis 10) h Hilfsarbeiter + 30% für Aufsicht, Geräte und Schalholz.

1313. 1 qm Zementputz in Kanälen, 16 mm grob, darauf 2 mm fein, aus reinem Zement, gebügelt: (1 bis 1,5) h Maurer + 1 h Hilfsarbeiter + 10% für Aufsicht und Geräte + 15 kg Zement + 17 l Sand.

1314. 1 qm Zementputz 1 : 2, 30 mm stark, auf den Kanalaußenflächen rauh auftragen, einschließlich Mörtelbereitung: 0,5 h Maurer + 0,5 h Hilfsarbeiter + 10% für Aufsicht und Geräte + 14 kg Zement + 27 l Sand.

1315. 1 m Eikanal im ausgehobenen Rohrgraben betonieren, einschließlich Mischung des Betons von Hand:[z. T. 16]

Abmessungen des Kanals, Breite/Höhe	cm	60/90	80/110	84/126	90/135
Wandstärke	„	20	20	22	23
Betonfläche	qm	0,62	0,90	1,05	1,19
Maurer	h	1,4	2,0	2,4	2,7
Hilfsarbeiter	„	13,0	19,0	22,0	25,0
Für Aufsicht, Schalung, Geräte	%	30	30	30	30
Zement	kg	152	224	260	300
Kies	rm	0,76	1,12	1,30	1,50

Bei Arbeitserschwernissen: Zuschläge bis 25% der Löhne.

1316. Ein Stück Durchbruch in Straßenkanalmauerwerk für den Anschluß von Hausentwässerungsleitungen, samt Wiedervermauern in Beton 1 : 7 und Ausbesserung des Verputzes in Zementmörtel an der Innenseite:

Kanalmauerwerk		Klinkerziegel	Bruchstein	Beton
Maurer	h	10	8,5	6
Hilfsarbeiter	„	4	5,3	3,5
Für Aufsicht und Geräte	%	10	10	10
Zement	kg	25	25	10
Kies	rm	0,14	0,14	0,05
Sand, fein	„	0,001	0,001	0,001

* Abschlag derzeit 40% (vgl. Nr. 1273).
** Abschlag derzeit 40%.

1317. **1 Stück Seiteneinlaßstück aus Steinzeug,** glasiert, in einen Betonkanal **versetzen,** ohne Herstellung des Durchbruches:

Lichte Weite des Seiteneinlaßstückes	cm	20	25	30
Maurerstunden		2	3	4
Hilfsarbeiterstunden		1	1	1
Für Aufsicht, Beleuchtung und Geräte	%	15	15	15
Seiteneinlaßstück	Stück	1,05	1,05	1,05
Sand	rm	0,01	0,015	0,02
Zement	kg	7	9	14

1318. **1 m Kanalsohle mit Sohlschalen aus einseitig glasiertem Steinzeug** in Zementmörtel 1 : 2 **auslegen und mit Asphalt dichten,** einschließlich Zufuhr von den nahe gelegenen Lagern:

Sohlschale		0,125	0,15	0,175	0,20	0,225	0,25	0,275	0,30
Halbmesser	m	0,125	0,15	0,175	0,20	0,225	0,25	0,275	0,30
Zentriwinkel		120°	120°	120°	120°	120°	90°	90°	72°
Maurer	h	0,6	0,6	0,6	0,6	0,6	0,6	0,6	0,6
Hilfsarbeiter	,,	0,6	0,6	0,6	0,6	0,6	0,6	0,6	0,6
Für Aufsicht, Geräte, Beleuchtung	%	20	20	20	20	20	20	20	20
Sohlschalen	m	1,05	1,05	1,05	1,05	1,05	1,05	1,05	1,05
Zement	kg	2,1	2,1	2,1	2,1	2,4	2,1	2,1	1,2
Sand	rm	0,003	0,003	0,003	0,003	0,003	0,003	0,003	0,002
Asphalt	kg	0,10	0,13	0,13	0,17	0,19	0,16	0,13	0,10
Brennholz	,,	0,2	0,2	0,2	0,3	0,3	0,3	0,2	0,2

Bei Ausführung in alten Kanälen: Zuschlag 200% der Löhne.

1319. **1 qm Kanalauskleidung mit Knauffschen Platten** (Steinzeugplatten 30 × 15 × 2 cm, einseitig glasiert) **in Zementmörtel 1 : 2 verlegen und die Fugen mit Asphalt dichten,** einschließlich Zufuhr von den nahe gelegenen Lagern:

(1,3 bis 2,5) h Maurer + (1,3 bis 2,5) h Hilfsarbeiter + 20% für Aufsicht, Geräte und Beleuchtung + 24 Knauffsche Platten + 0,018 rm Sand + 12,5 kg Zement + 1 kg Asphalt + 1 kg Brennholz.

Bei Ausführung in alten Kanälen: Zuschlag 200% der Löhne.

1320. **Beleuchtung bei Arbeiten in Kanälen** kostet 10% der Löhne.

1321. **1 m Holzrinne zur Überleitung der Abwässer in einem bestehenden Kanal** über eine auszubessernde Stelle, einschließlich der Holzbeistellung und der Abdämmung mit Lehm:[22]

Rinnenbreite	cm	bis 30	über 30
Maurerstunden		0,5	0,5
Hilfsarbeiterstunden		1,5	2,5

1322. **1 cbm altes Kanalmauerwerk in der freigelegten Baugrube abbrechen und seitlich lagern:**

Art des Mauerwerkes		Altes, schweres Bruchsteinmauerwerk	Ziegelmauerwerk in Zementmörtel	Beton	Mauerwerk in Kalkmörtel
Maurer	h	5,5	4,0	5,0	3,0
Hilfsarbeiter	,,	5,5	4,0	7,5	3,0
Für Aufsicht und Geräte	%	20	20	20	15

5. Straßenabläufe.

1323. **Normen betreffend Straßenabläufe.**

DIN 1207. Aufsatz für Straßenabläufe mit Schmalrost. 4 Blätter.
DIN 593. ,, ,, ,, ,, Breitrost. 4 Blätter.
DIN 4052. Straßenablauf, Beton, Einzelteile, Ausführungsbeispiele.
DIN 4053. ,, , Steinzeug, Einzelteile, Ausführungsbeispiele.
Önorm B 8032. Wasserablaufgitter LWG, LWGL, für Raddrücke bis 2,5 t.
Önorm B 8033. ,, WG 450, für Raddrücke über 2,5 t.
Önorm B 8036. Kanalgitterroste KGR, nicht befahrbar.
Önorm B 8038. Kanalgitter LKG, für Raddrücke bis 2,5 t.
Önorm B 8043. Straßenkanaldeckel SKD, für Raddrücke über 2,5 t.

1324. **Aufsatz für Straßenabläufe mit Breitrost nach DIN 593,** aus Gußeisen, mit rundem Auflagerflansch (Abb. 105 A).

Für Straßenablaufdurchmesser	Rahmen: Lichte Breite × Länge des Rahmens	Rahmen: Breite des Rahmens außen	Rahmen: Länge des Rahmens außen	Rahmen: Außendurchmesser d. Auflagerflansches	Rahmen: Gewicht	Rahmen: Preis*	Rost L (mit Längsstäben): Breite	Rost L: Länge	Rost L: Gewicht	Rost L: Preis*	Rost Q (mit Querstäben): Breite	Rost Q: Länge	Rost Q: Gewicht	Rost Q: Preis*
D mm	a × b mm	o mm	p mm	d mm	kg	RM	e mm	f mm	kg	RM	e mm	f mm	kg	RM
400	425 × 475	470	520	640	54	14,—	420	470	67	16,30	420	470	51	12,30
450	475 × 485	520	530	700	60	15,—	470	480	76	19,—	470	480	60	15,—
	480 × 530	524	574		65	16,10	475	525	80	20,15	475	525	67	16,90

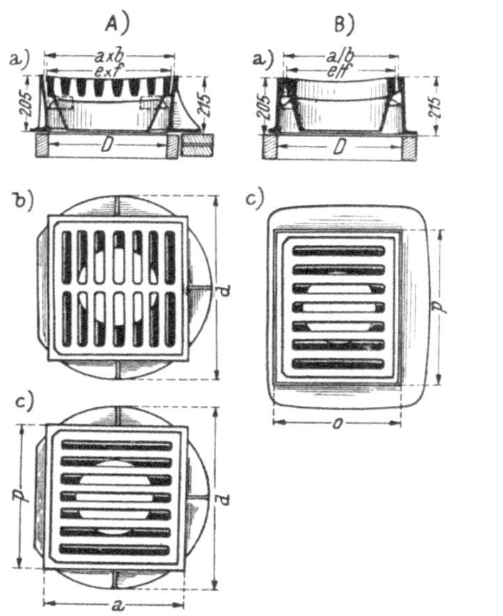

Abb. 105. Aufsätze für Straßenabläufe.
A) Mit Breitrost nach DIN 593. B) Mit Schmalrost nach DIN 1207. a) Querschnitt, b) Rost *L* mit Längsstäben, c) Rost *Q* mit Querstäben.

Beispiele für die Bezeichnung der Teile der letzten Zeile der Tabelle:
Rahmen 480 × 530 DIN 593,
Rost *L* 475 × 525 DIN 593,
Rost *Q* 475 × 525 DIN 593.

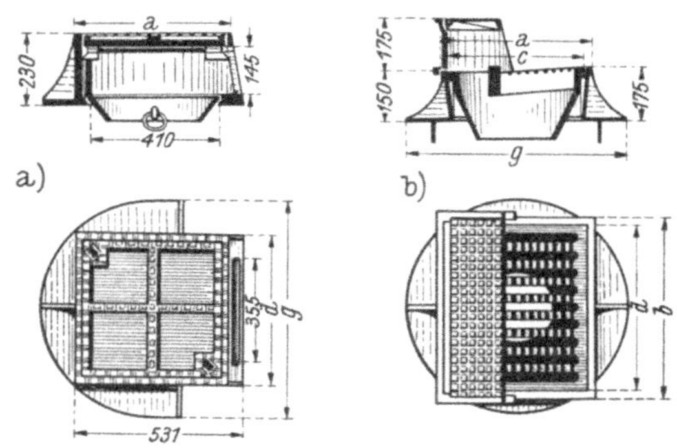

Abb. 106. Aufsätze für Straßenabläufe. (Halberger Hütte, Brebach.)
a) Mit seitlichem Einlauf und Asphaltfüllung am Deckel. b) Mit unmittelbarem und seitlichem Einlauf und Scharnierdeckel.

1325. Aufsatz für Straßenabläufe mit Schmalrost nach DIN 1207, aus Gußeisen (Abb. 105 B).

Für Straßenablauf: rund Durchmesser	Für Straßenablauf: rechteckig	Rahmen: Breite × Länge des Rahmens, innen	Rahmen: Breite außen	Rahmen: Länge außen	Rahmen: Gewicht	Rahmen: Preis	Rost: Abmessungen Breite	Rost: Abmessungen Länge	Rost L (mit Längsstäben): Gewicht	Rost L: Preis	Rost Q (mit Querstäben): Gewicht	Rost Q: Preis
D mm	mm × mm	a × b mm	o mm	p mm	kg	RM	e mm	f mm	kg	RM	kg	RM
400	400 × 520	360 × 480	400	520	52	12,50	356	476	56,5	13,50	52	12,50
450	450 × 520	410 × 480	450	520	58	14,—	406	476	70	17,—	58	14,—
450	450 × 570	410 × 530	454	574	66	16,—	406	526	72	17,10	64	15,20

Beispiele für die Bezeichnung der Teile der letzten Zeile der Tabelle:
Rahmen 410 × 530 DIN 1207, Rost *L* 406 × 526 DIN 1207, Rost *Q* 406 × 526 DIN 1207.

1326. Schlammeimer für Straßenabläufe, aus feuerverzinktem Blech. (Schmidt & Mellmer, Weidenau-Sieg.)

Bauart	System Geiger, mit festem Boden und Bodenventil RM	System Geiger, mit Klappboden und Bodenventil RM	System Passavant mit Löchern und Schlitzen RM
Nennweite 400 mm	7,05	8,35	4,95
„ 450 „	7,30	8,65	5,25

* Preise bis Reichsbahnempfangsstation.

1327. Aufsätze für Straßenabläufe mit seitlichem bzw. mit unmittelbarem und seitlichem Einlauf. (Halberger Hütte, Brebach.)

Bauart		Mit seitlichem Einlauf Abb. 106 a	Mit unmittelbarem und seitlichem Einlauf Abb. 106 b	
Passend für Straßenablaufweite	mm	450	400	450
Abmessung a	,,	487	470	480
,, b	,,	—	585	530
,, c	,,	—	430	440
,, d	,,	493	545	490
,, g	,,	700	690	740
Gewicht	kg	120*	145	150
Preis	RM	42,—	51,—	52,—

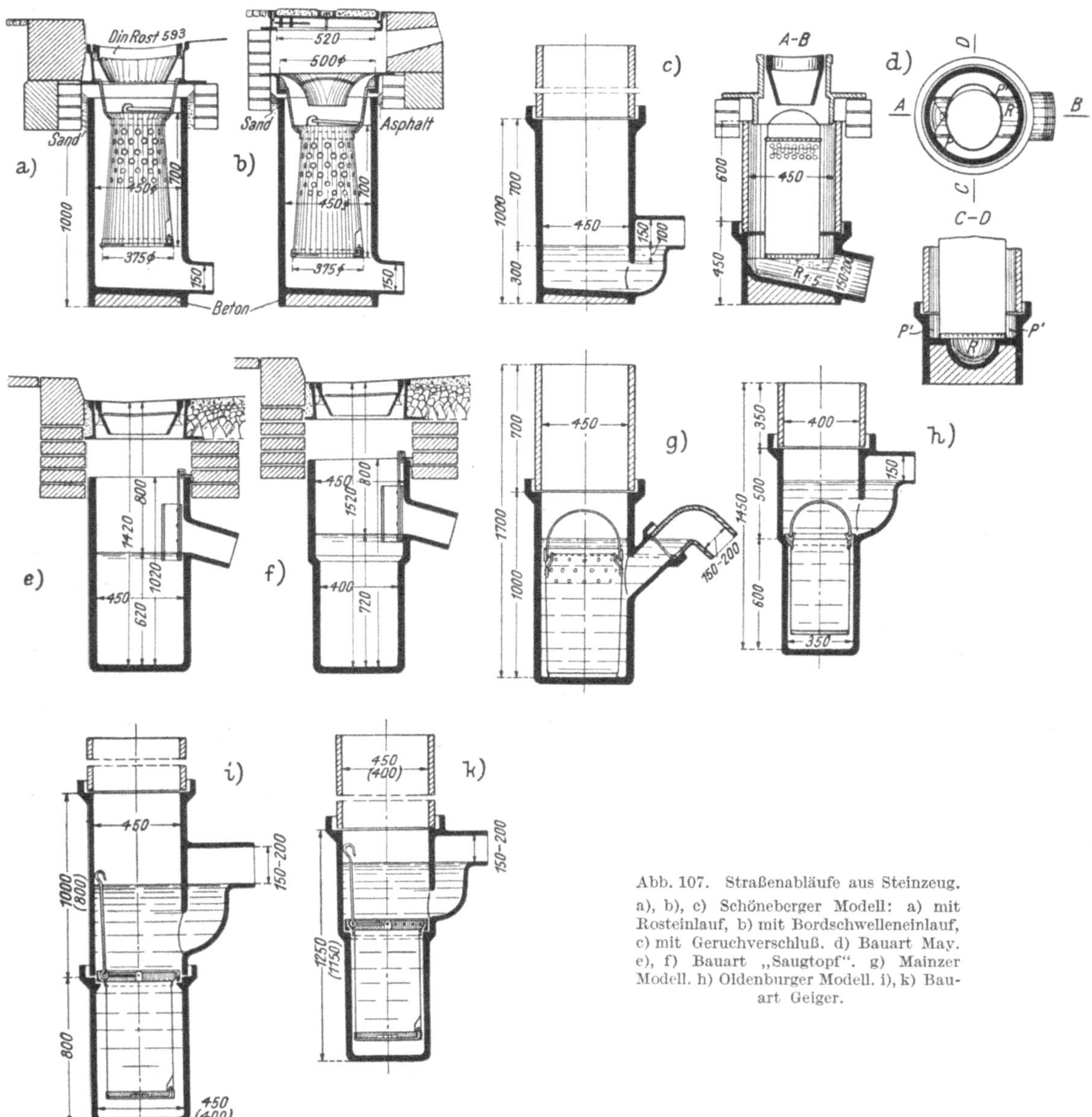

Abb. 107. Straßenabläufe aus Steinzeug. a), b), c) Schöneberger Modell: a) mit Rosteinlauf, b) mit Bordschwelleneinlauf, c) mit Geruchverschluß. d) Bauart May. e), f) Bauart „Saugtopf". g) Mainzer Modell. h) Oldenburger Modell. i), k) Bauart Geiger.

* Asphaltfüllung: + 6 kg.

1328. Straßenabläufe aus Steinzeug. Preise* und Gewichte ohne Eisenteile.

Bauart	Abb. 107	Lichtweite mm	Auslaufweite mm	Gewicht kg	Preis* RM
Schöneberger Form, ohne Geruchverschluß	a, b	450	150	155	58,—
,, ,, , mit ,, ...	c	450	150	160	63,—
Bauart ,,May", Unterteil	d	450	150	75	40,—
,, ,, , ,, ...	d	450	200	75	42,—
,, ,, , Oberteil laut Rohrliste	—	—	—	—	—
Bauart ,,Saugtopf"	e	450	150	135	53,—
,, ,, ...	e	450	200	135	55,—
,, ,, ...	f	400	150	135	61,—
,, ,, ...	f	400	200	135	63,—
Mainzer Form, Unterteil	g	400	150	115	49,—
,, ,, , ,, ...	g	400	200	115	51,—
,, ,, , ,, ...	g	450	150	150	54,—
,, ,, , ,, ...	g	450	200	150	56,—
Oldenburger Form, Unterteil	h	400	150	120	60,—
Bauart Geiger, Unterteil	i	400	—	105	30,—
,, ,, , Mittelteil	i	400	150	100	34,—
,, ,, , ,, ...	i	400	200	100	36,—
,, ,, , Unterteil	i	450	—	135	37,—
,, ,, , Mittelteil	i	450	150	150	44,—
,, ,, , ,, ...	i	450	200	150	46,—
,, ,, ...	k	400	150	125	64,—
,, ,, ...	k	400	200	125	66,—
,, ,, ...	k	450	150	165	81,—
,, ,, ...	k	450	200	165	83,—

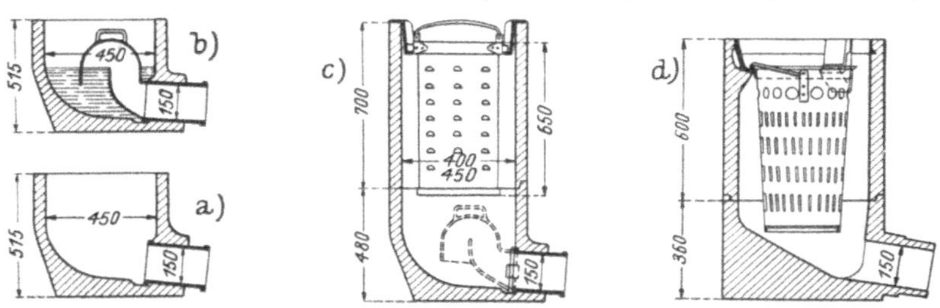

Abb. 108. Straßenabläufe aus fabriksmäßig hergestellten Betonformstücken.
a) Einfacher Ablauf. b) Ablauf mit Geruchverschluß. c) Ablauf mit Schlammeimer, ohne oder mit Geruchverschluß. d) Ablauf mit Schlammeimer ohne Geruchverschluß. (a) bis c) Hallberger Hütte, Brebach. d) Passavant-Werke, Michelbacher Hütte, Nassau.)

1329. Straßenabläufe aus Betonformstücken. (Halberger Hütte, Brebach.) Der eiserne Geruchverschluß kann nach Bedarf von Hand oder mittels einer Zange eingesetzt werden.

Bauart		Ohne Schlammeimer Abb. 108 a, b	Mit Schlammeimer Abb. 108 c	
Durchmesser		450 mm	400 mm	450 mm
Betonunterteil samt Ablaufrohr	kg	110	102	110
Richtpreis	RM	16,—	14,50	16,—
Aufsatzrohr aus Beton	kg	—	102	110
Richtpreis	RM	—	13,—	13,50
Geruchverschluß aus Gußeisen	kg	15	15	15
Richtpreis	RM	6,—	6,—	6,—
Eimerauflagerring aus Gußeisen	kg	—	11	12,5
Richtpreis	RM	—	4,50	5,—
Eimer, feuerverzinkt	kg	—	12	14
Richtpreis	RM	—	6,—	7,—

1330. Straßenablauf aus Beton, zweiteilig, mit eingesetztem Eimertragring und Tragnocken, samt verzinktem Schlitzeimer, laut Abb. 108 d. (Passasant-Werke, Michelbacher Hütte, Nassau.) Gewicht des Schaftes 105 kg, des Unterteiles 135 kg. Richtpreis, frachtfrei 42 RM.

1331. 1 cbm Betonmauerwerk für kleine Putz- und Einlaufschächte, kleine Sandfänge u. dgl., einschließlich Schalung und Glattputz an allen Innenflächen, Betonmischung von Hand, aber ohne Erdarbeiten: 12 h Maurer + 12 h Hilfsarbeiter + 30% für Aufsicht und Geräte und Schalung.

* Abschlag derzeit 40%.

1332. **1 Stück Straßenablauf aus Steinzeug oder Beton, ohne Schlammfang und Geruchverschluß versetzen,** ohne Erdarbeit: (3 bis 5) h Maurer.

1333. **1 Stück Straßenablauf aus Steinzeug oder Beton, mit Schlammfang, in der ausgehobenen Baugrube versetzen,** einschließlich Mörtelbeistellung:

a) 1 m tief:[17]	Durchmesser .... cm	30	35	40	45	50
	Maurerstunden	2,2	2,7	3,3	4,2	4,5

b) 2 bis 2,5 m tief: etwa 60% mehr.

1334. **1 alten eisernen Straßenablaufschacht ausgraben** und seitlich lagern: (6 bis 8) h Hilfsarbeiter.

1335. **1 Stück Straßeneinlauf** kostet bei mittleren Straßenbreiten, einschließlich Anschluß an den Kanal, je nach Ausstattung, 60 bis 150 M.[45]

1336. **1 Stück Straßeneinlauf kostet (1931) in Ludwigshafen, fertig eingebaut:**[52]
System Geiger....... RM 165 System Passavant ... RM 130

6. Einsteigschächte.

1337. **Normen betreffend Schachtabdeckungen und -ausrüstung.**

DIN 1211. Steigeisen, kurz.
DIN 1212. „ , lang.
DIN 1214. Schachtabdeckungen für Fahrbahn, Übersicht.
DIN 1215. „ „ „ , Runder Rahmen mit Flanschfuß, Kennmaß 500, 600 und 700.
DIN 1216. „ „ „ , Quadratischer Rahmen mit glattem Fuß, Kennmaß 500 und 600.

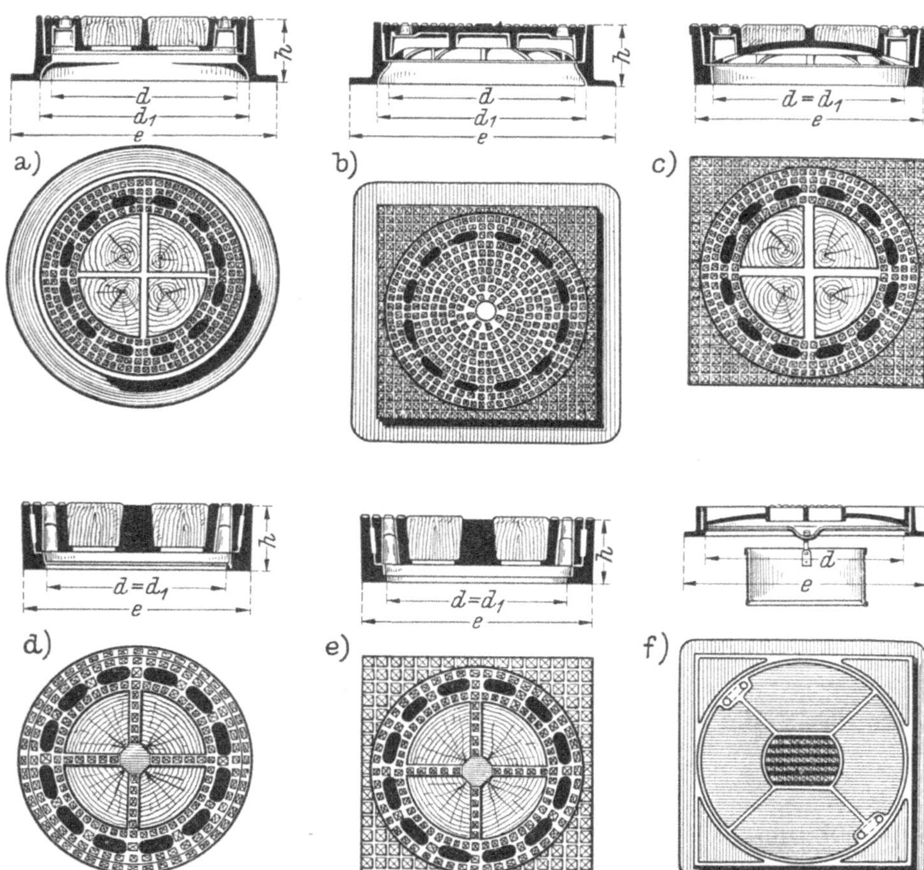

Abb. 109. Genormte Schachtabdeckungen aus Gußeisen.

DIN 1217. Schachtabdeckungen für Fahrbahn, Quadratischer Rahmen mit Flanschfuß, Kennmaß 500 und 600.
DIN 1218. „ „ „ , Deckel mit Riffelung, Kennmaß 500 und 600.
DIN 1219. „ „ „ , Deckel für Holzfüllung, Kennmaß 500 und 600.
DIN 1220. „ „ „ , Deckel für Asphaltfüllung, Kennmaß 500, 600 und 700.
DIN 1221. „ „ „ , Schmutzfänger, Kennmaß 500, 600 und 700.
DIN 1222. „ „ „ , Runder Rahmen mit glattem Fuß, Kennmaß 510.
DIN 1223. „ „ „ , Quadratischer Rahmen mit glattem Fuß, Kennmaß 510.
DIN 1224. „ „ „ , Deckel für Holzfüllung, Kennmaß 510.
DIN 1225. „ „ Gehbahn, Rahmen.
DIN 1226. „ „ „ , Deckel.
DIN 1227. „ „ „ , Schmutzfänger.

1338. Schachtabdeckungen aus Gußeisen.

a) Runde Schachtabdeckung mit Flanschfuß.

Form	A		B		C		
Kennmaß	500	600	500	600	500	600	700
Rahmen nach DIN	1215						
Deckel nach DIN	1218		1219		1220		
Deckelart	Riffeldeckel		Holzfüllung		Asphaltfüllung		
Kurzzeichen für die Schachtabdeckung	A 500, DIN 1214	A 600, DIN 1214	B 500, DIN 1214	B 600, DIN 1214	C 500, DIN 1214	C 600, DIN 1214	C 700, DIN 1214
Schlupfweite d … mm	500	615	500	615	500	615	700
Schachtweite d_1 … „	580	700	580	700	580	700	780
Äußeres Flanschmaß e … „	760	880	760	880	760	880	960
Rahmenhöhe h … „	205	205	205	205	205	205	205
Gewicht ohne Füllung … kg	167	225	162	220	162	221	290
„ mit „ … „	—	—	170	230	175	240	320
Preis ohne Füllung … RM	40,95	55,15	39,70	53,95	39,70	54,20	70,60
„ mit „ … „	—	—	44,85	60,90	41,65	58,10	76,70

b) Rahmen quadratisch, mit glattem Fuß, DIN 1216.

Form	D		E		F	
Kennmaß	500	600	500	600	500	600
Rahmen nach DIN	1216 (quadratisch mit glattem Fuß)					
Deckel nach DIN	1218		1219		1220	
Deckelart	Riffeldeckel		Deckel für Holzfüllung		Deckel für Asphaltfüllung	
Kurzzeichen für die Schachtabdeckung	D 500, DIN 1214	D 600, DIN 1214	E 500, DIN 1214	E 600, DIN 1214	F 500, DIN 1214	F 600, DIN 1214
Schlupfweite = Schachtweite d … mm	500	600	500	600	500	600
Unteres Rahmenmaß e … „	587	706	587	706	587	706
Rahmenhöhe h … „	140	180	140	180	140	180
Gewicht ohne Füllung … kg	170	265	165	260	165	261
„ mit „ … „	—	—	173	270	180	280
Preis ohne Füllung … RM	41,70	64,95	40,45	63,75	40,45	64,—
„ mit „ … „	—	—	45,60	70,70	42,40	67,90

c) Rahmen quadratisch, mit Flanschfuß, DIN 1217.

Form	G		H		J	
Kennmaß	500	600	500	600	500	600
Rahmen nach DIN	1217 (quadratisch, mit Flanschfuß)					
Deckel nach DIN	1218		1219		1220	
Deckelart	Riffeldeckel		Deckel für Holzfüllung		Deckel für Asphaltfüllung	
Kurzzeichen für die Schachtabdeckung	G 500, DIN 1214	G 600, DIN 1214	H 500, DIN 1214	H 600, DIN 1214	J 500, DIN 1214	J 600, DIN 1214
Schlupfweite *d* . . . mm	500	615	500	615	500	615
Schachtweite *d* . . . „	580	700	580	700	580	700
Äußeres Flanschmaß *e* . . . „	760	880	760	880	760	880
Rahmenhöhe *h* . . . „	205	205	205	205	205	205
Gewicht ohne Füllung . . . kg	215	300	210	295	210	296
„ mit „ . . . „	—	—	218	305	220	315
Preis ohne Füllung . . . RM	52,75	73,50	51,50	72,30	51,50	72,55
„ mit „ . . . „	—	—	56,65	79,25	53,45	76,45

d) Schachtabdeckungen mit Schlupfweite 510 mm und glattem Fuß.

Form	K	L
Kennmaß	510	
Rahmen nach DIN	1222 (rund)	1223 (quadratisch)
Deckel nach DIN	1224	
Deckelart	Deckel für Holzfüllung	
Kurzzeichen für die Schachtabdeckung	K 510, DIN 1214	L 510, DIN 1214
Schlupfweite = Schachtweite *d* . . . mm	510	510
Unteres Rahmenmaß . . . „	648	648
Rahmenhöhe . . . „	180	180
Gewicht ohne Füllung . . . kg	215	265
„ mit „ . . . „	230	280
Preis ohne Füllung . . . RM	52,70	64,95
„ mit „ . . . „	59,55	71,80

1339. Schachtabdeckung für Gehbahn, mit quadratischem Rahmen mit Flanschfuß, DIN 1225 und rundem Deckel, DIN 1226, für Asphaltfüllung.

Schlupfweite . . . . d = 700 mm — Rahmenhöhe . . . . h = 100 mm
Schachtweite . . . . d_1 = 730 „ — Gewicht ohne Füllung 135 kg
Äußeres Flanschmaß . . . . e = 850 „ — „ mit „ 175 „

Preis ohne Füllung . . . . . RM 36,—
„ mit „ . . . . . „ 42,10

1340. Schmutzfänger für Schachtabdeckungen aus verzinktem Blech.

Bezeichnung	Für Schachtabdeckung mit einer Schlupfweite von mm	Passend für Rahmen DIN	Gewicht in kg	Preis in RM
Ringschmutzfänger DIN 1221	500	1216	9,5	8,50
„ DIN 1221	600	1216	11,5	9,—
Schmutzfänger DIN 1221	500	1215, 1217	8	7,—
„ DIN 1221	600	1215, 1217	9	8,—
„ DIN 1221	700	1215	13,5	9,—
„ DIN 1227 für Gehbahn	700	1225		

1341. Straßenkappen für Lampenschächte. Gewicht etwa 50 bis 100 kg. Preis je 100 kg 30 bis 35 RM.

1342. 1 cbm Klinkermauerwerk für Einsteigschächte, einschließlich des Putzes und des Verfugens und aller Nebenarbeiten:

a) bei Tiefen bis zu 3 m: (10 bis 12) h Maurer + (10 bis 12) h Hilfsarbeiter + 15% für Aufsicht und Geräte;

b) für jeden Meter Mehrtiefe Zuschlag: 1 h Hilfsarbeiter.

1343. Brunnenringe aus Beton, nach DIN 1202.

Für die Herstellung von Einsteigbrunnen u. dgl. werden Bodenstücke, zylindrische Zwischenstücke und konische Verjüngungsringe fabrikmäßig erzeugt.

Die Bodenstücke und die zylindrischen Zwischenstücke werden mit Durchmessern von 500, 600, 700, 800, 900 und 1000 mm erzeugt. Die normale Baulänge beträgt 1000 mm, Paßstücke werden auch mit den Längen 300, 400 und 500 mm hergestellt.

Die konischen Verjüngungsringe haben eine Baulänge von 600 mm. Sie werden am engen Ende mit einer Lichtweite von 560 oder 700 mm, am weiten Ende mit 700, 800, 900 oder 1000 mm erzeugt. Der oberste Verjüngungsring ist so geformt, daß eine Erzeugende lotrecht steht, die Endquerschnitte also exzentrisch liegen.

Bezeichnungen: Schachtzwischenstück, Durchmesser 800 mm, 1000 mm lang = Schachtzwischenstück 800 × 1000 DIN 1202. Verjüngungszwischenring, Durchmesser 560 bzw. 800 mm = Verjüngungszwischenring 560 × 800 DIN 1202.

Brunnenring, Durchmesser 1000 mm, lang 500 mm, Preis 22,— S.

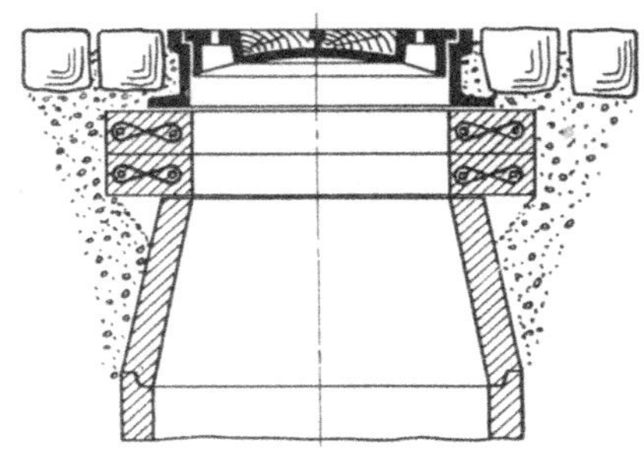

Abb. 110. Rahmenstützer aus Eisenbeton.

1344. 1 Stück Einsteigschacht für Kanäle aus fertigen Betonteilen, Durchmesser 80 bis 100 cm, in der Baugrube **versetzen,** ohne Zufuhr:

a) Schachtfuß: (3 bis 5) h Maurer.
b) Je Schachttrommel: (2 bis 3) h Maurer.

1345. 1 cbm Schachtkranzmauerwerk aus Ziegeln in Zementmörtel, verteilt auf Einsteigschächte auf einer Kanalstrecke von etwa 1000 m, einschließlich aller Nebenarbeiten: (14 bis 16) h Maurer + 20 h Hilfsarbeiter + 15% für Aufsicht und Geräte.

1346. Rahmenstützer aus Eisenbeton nach Abb. 110, als Auflager für Schachtrahmen an Stelle von Mauerwerk. (Hüser & Co., Oberkassel bei Bonn.)

Für Schächte von 60 cm oberer Lichtweite .	je Stück RM	5,—
„ Straßenabläufe von 40 und 45 cm Weite	„ „ „	3,—

1347. Steigeisen aus Gußeisen.

Bezeichnung	Einzumauernde Länge in mm	Gewicht in kg	Preis in RM
Steigeisen, kurz, DIN 1211	125	3,5	0,80
„ , lang, DIN 1212	200	4,5	1,—

1348. 1 Stück Steigeisen aus Rundeisen, Durchmesser 25 mm, versetzen, einschließlich Aufsicht und Biegen:

		In altem Mauerwerk, einschließlich des Stemmens der Löcher	In neuem Mauerwerk
Maurer	h	0,5—1,5	0,3—0,5
Hilfsarbeiter	„	0,5—1,5	0,3
Rundeisen	m	1	1
Zement	kg	2	2
Sand	l	2	2

1349. 1 t gußeiserne Schachtdeckel oder Kanaleinlaufgitter auf das vorbereitete Kranzmauerwerk **versetzen,** einschließlich Aufsicht und Geräten: (25 bis 35) h Maurer + (25 bis 35) h Hilfsarbeiter + 100 kg Zement + 350 l Sand.

1350. **Steigsteine aus Steinzeug** (Abb. 111a).
Gewicht 11,5 kg. Preis: RM 2,15 (derzeit — 40%).

1351. **Steigkästen aus Steinzeug** (Abb. 111b).
Gewicht 9,5 kg. Preis: RM 12,25 (derzeit — 40%).

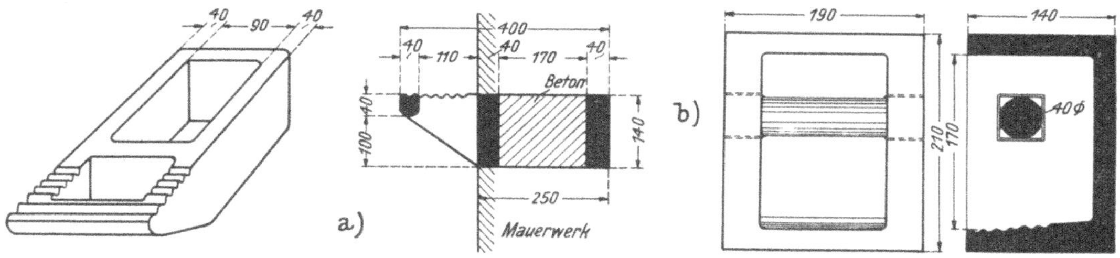

Abb. 111. a) Steigsteine aus Steinzeug, System Henneking. b) Steigkasten aus Steinzeug nach Delkeskamp und Radermacher.

1352. **1 m Steinzeughalbrohre,** ohne Muffen, auf höchstens 50 m in die Einsteigschächte **befördern und verlegen:**

Rohrdurchmesser	cm	25	30	35	40	45	50	55	60
Maurerstunden		0,3	0,3	0,4	0,4	0,5	0,6	0,7	0,7
Hilfsarbeiterstunden		0,3	0,3	0,4	0,4	0,5	0,6	0,7	0,7
Für Aufsicht und Geräte	%	10	10	10	10	10	10	10	10
Halbrohre	m	1,05	1,05	1,05	1,05	1,05	1,05	1,05	1,05
Zementmörtel	l	10	10	15	15	20	20	25	30

1353. **1 Stück Einsteigschacht** für Kanäle kostet bei Tiefenlagen des Kanals zwischen 2,5 und 4,0 m, je nach Ausstattung, 200 bis 350 RM.[45]

7. Kanalausrüstung.

1354. **Handzugschieber PAN 4, 5 mit Flachkeilverschluß.** (Passavant-Werke, Michelbacher Hütte, Nassau.) (Abb. 112.)

	Querschnitts-abmessungen in mm	Gewicht in kg	Mit einfacher Dichtung Preis* in RM	Mehrpreis* für doppelte Dichtung in RM	Mehrpreis* für normal gebohrten Flansch in RM	Mehrgewicht mit normalem Flansch in kg	Steinschrauben, Preis* je Garnitur in RM
Kreisquerschnitt PAN 4	150	20	17,50	5,80	4,—	7	1,20
	200	27	22,—	6,50	5,—	9	1,20
	250	35	27,—	7,40	5,80	10	2,60
	300	43	34,50	8,40	7,60	14	2,60
	350	53	40,—	9,50	10,—	19	2,60
	400	64	44,—	11,—	10,50	22	2,60
	450	75	51,50	13,—	13,50	25	2,60
	500	88	62,50	14,—	16,—	33	3,10
	550	95	75,—	15,50	18,60	37	3,10
	600	105	92,—	17,—	21,—	40	3,10
Eiquerschnitt PAN 5	200/300	36	38,—	7,50	—	—	2,60
	300/450	55	56,—	11,—	—	—	2,60
	400/600	95	85,50	18,50	—	—	3,10
	500/750	112	101,—	19,—	—	—	3,10
	600/900	150	135,—	21,—	—	—	3,10

* Abschlag derzeit 7%.

Zugstange mit Handgriff oder Gewindespitze, erster Meter .... RM 4,50
jeder weitere Meter .... „ 1,25
Aufhängeöse .... „ 2,—
Zugschlüssel zur Verwendung von Zugstangen mit Gewindespitze .... „ 5,50

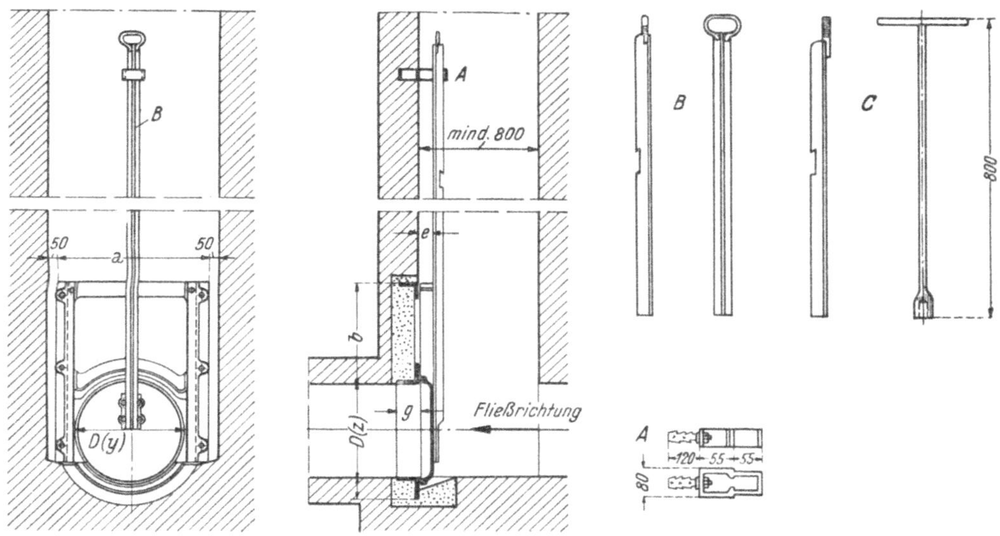

Abb. 112. Handzugschieber PAN 4, 5 mit Flachkeilverschluß. (Passavant-Werke.)
A Aufhängeöse, *B* Zugstange mit Handgriff, *C* Zugstange mit Gewindespitze und Zugschlüssel.

Abmessungen der Handzugschieber PAN 4, 5 in Millimetern.

a) Kreisquerschnitt PAN 4.

D	*a*	*b*	*e*	*f*	*g*
150	290	165	35	70	86
200	340	190	40	70	86
250	390	240	40	70	86
300	440	290	40	70	86
350	500	325	40	75	87
400	550	385	40	75	87
450	610	435	40	75	87
500	660	480	40	80	88

b) Eiquerschnitt PAN 5.

Y Z	*a*	*b*	*e*	*f*	*g*
200/300	340	310	40	70	75
300/450	440	395	40	70	75
400/600	560	560	40	80	75
500/750	660	670	42	80	75
600/900					

1355. Gewindeschieber. Abmessungen, Gewichte, Preise. (Passavant-Werke, Michelbacher Hütte, Nassau.)

Querschnitt *Y* × *Z*, mm	*a* mm	*b* mm	*c* mm	*e* mm	*g* mm	*l* mm	*r* mm	h_1 mm	PAN 62 (Abb. 113a)			PAN 63 (Abb. 113b)		
									h mm	kg	RM*	h^x mm	kg	RM*
300×200	465	30	242	40	60	200	20	235	830	100	83,50	beliebig	85	90,—
400×300	565	30	190	40	60	200	20	285	930	120	119,—		105	130,—
700×300	868	75	190	45	80	300	20	335	930	145	165,—		125	190,—

* Abschlag derzeit 7%.

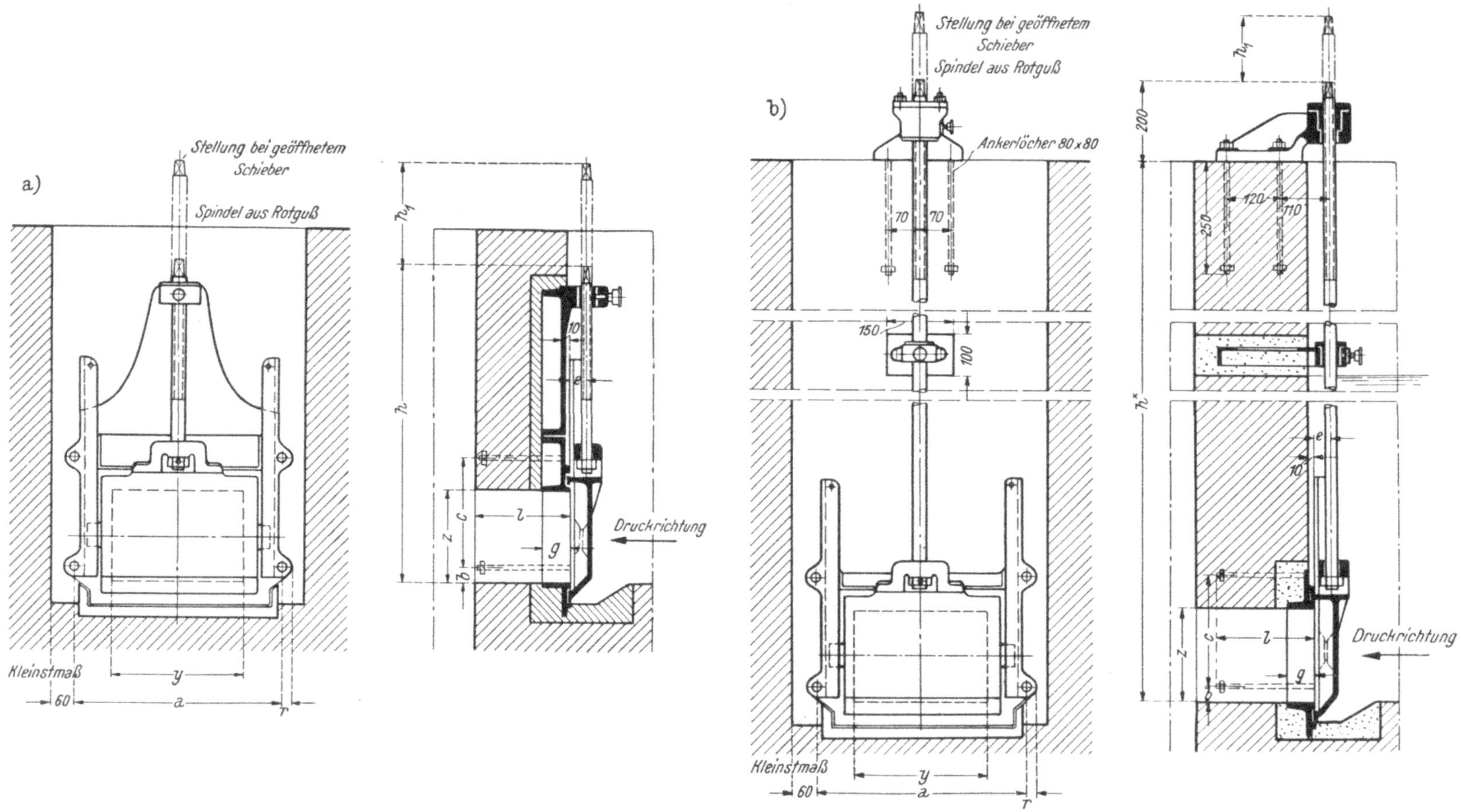

Abb. 113. Gewindeschieber. (Passavant-Werke, Michelbacher Hütte, Nassau.)
a) Mit Hubspindel PAN 62. b) Mit Hubspindel und Mauerbock PAN 63.

1356. Doppelgewindeschieber mit Festspindel (PAN 75) (Abb. 114). (Passavant-Werke, Michelbacher Hütte, Nassau.)

Querschnitt mm × mm	Mindest-schacht-tiefe m	Gewicht kg	Preis* RM	Mehrpreis für Rotgußdichtung auch auf der Platte RM*
1100 × 1100		1250	995,—	55,—
1200 × 1200	3,65	1450	1180,—	60,—
1300 × 1300	3,85	1670	1320,—	65,—
1400 × 1400	4,04	1880	1420,—	70,—
1500 × 1500	4,25	2050	1525,—	75,—
1600 × 1600	4,45	2590	1650,—	88,—
1800 × 1800	4,85	3370	1950,—	125,—
2000 × 2000	5,25	4350	2250,—	160,—

1357. Schraubenspindelschieber für Kreiskanäle, mit Hand- und Elektroantrieb (PAN 97) (Abb. 115). (Passavant-Werke, Michelbacher Hütte, Nassau.)

Kreiskanal *D* mm	Mindest-schacht-tiefe m	Gewicht kg	Preis* RM	Mehrpreis für Rotgußdichtung auch auf der Platte RM*
800	2,60	700	1230,—	24,—
900	2,80	750	1310,—	30,—
1000	3,00	850	1420,—	34,—
1100	3,20	1000	1550,—	42,—
1200	3,40	1200	1660,—	50,—

1358. Schneckenschieber (Spindelschieber) PAN 140 mit nachstellbarem Stufenrollkeilverschluß. (Passavant-Werke, Michelbacher Hütte, Nassau.) (Abb. 116.)

Querschnitts-abmessungen in mm		Gewicht in kg	Mit einfacher Dichtung Preis* in RM	Mehrpreis* für doppelte Dichtung in RM	Mehrpreis* für Flansch in RM	Mehrgewicht für Flansch in kg	Mindest-spindel-länge in mm
Kreisquerschnitt PAN 140	700	340	255,—	20,—	27,—	55	1300
	800	450	320,—	24,—	35,—	75	1400
	900	500	360,—	30,—	41,—	90	1500
	1000	580	420,—	34,—	48,—	110	1600
	1100	630	477,—	42,—	56,—	125	1700
	1200	800	550,—	50,—	68,—	150	1800
Eiquerschnitt PAN 141	600/900	400	297,—	20,—	—	—	1500
	700/1050	470	394,—	27,—	—	—	1620
	800/1200	550	475,—	34,—	—	—	1770
	900/1350	700	595,—	42,—	—	—	1920
	1000/1500	825	640,—	60,—	—	—	2100
Quadrat-querschnitt PAN 142	700	360	306,—	24,—	—	—	1300
	800	425	388,—	30,—	—	—	1400
	900	550	438,—	34,—	—	—	1500
	1000	740	515,—	42,—	—	—	1600

* Abschlag derzeit 7%.

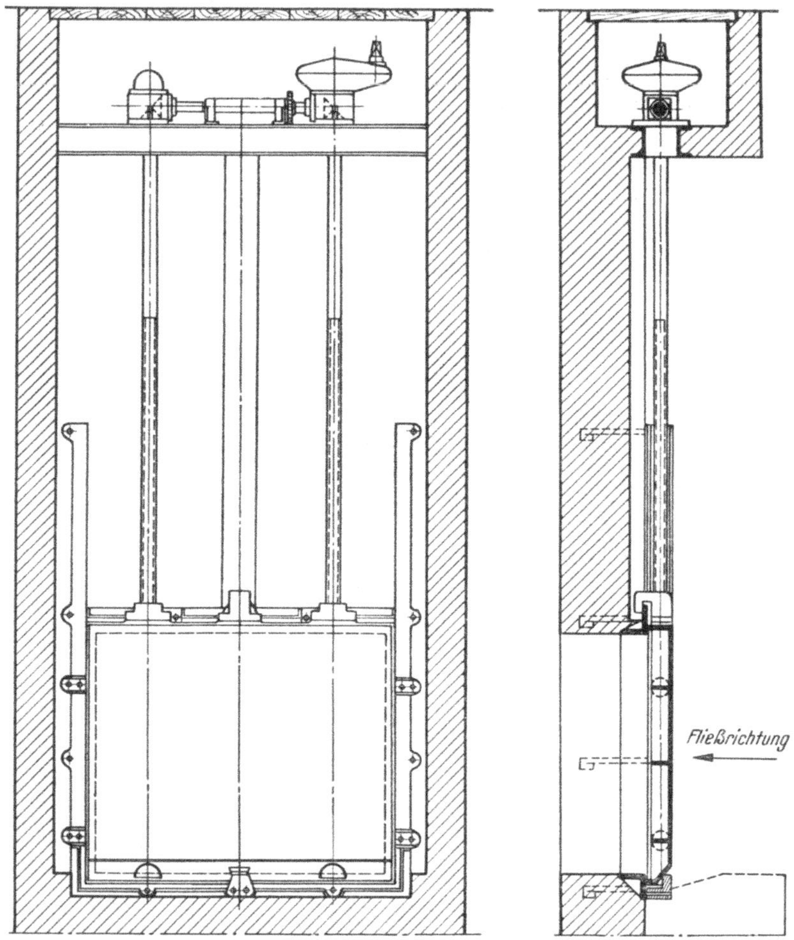

Abb. 114. Doppelgewindeschieber mit Festspindel PAN 75. (Passavant-Werke.)

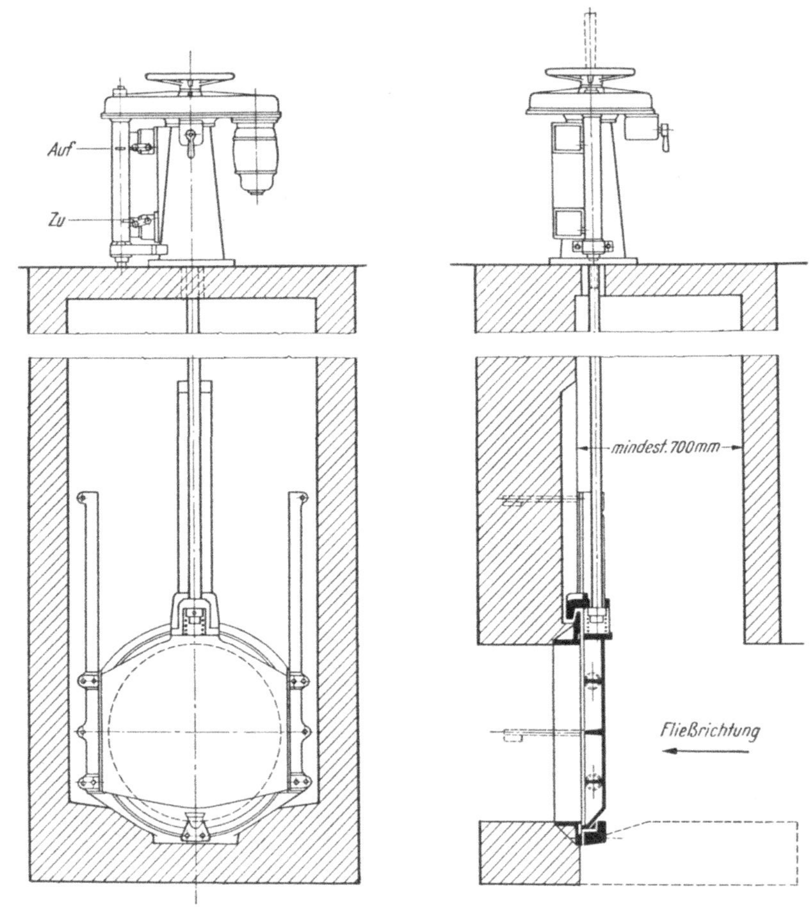

Abb. 115. Schraubenspindelschieber mit steigender Spindel für Kreiskanäle, mit Hand- und Elektroantrieb, PAN 97. (Passavant-Werke.)

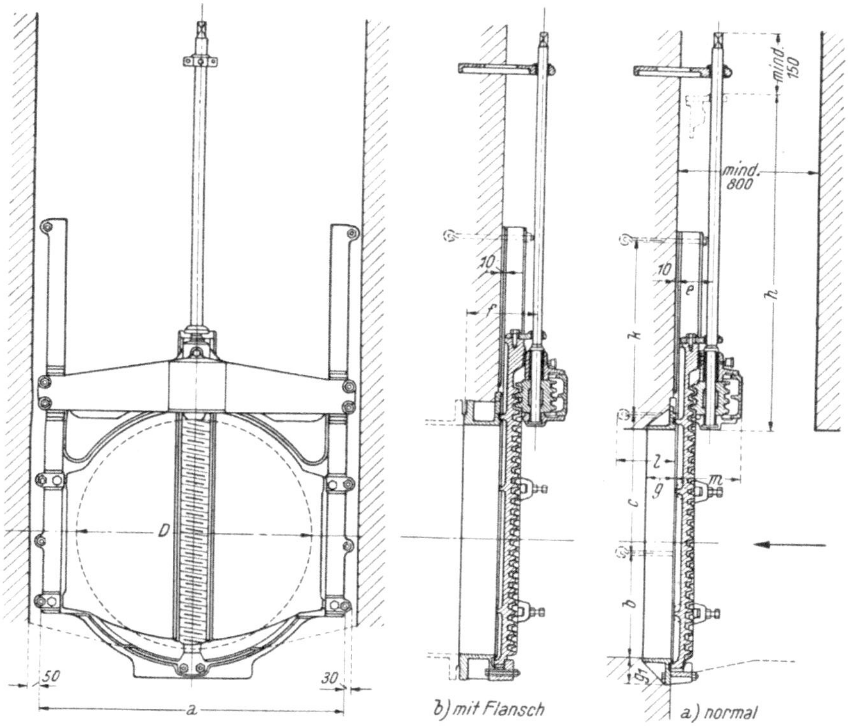

Abb. 116. Spindelschieber PAN 140. (Passavant-Werke.)

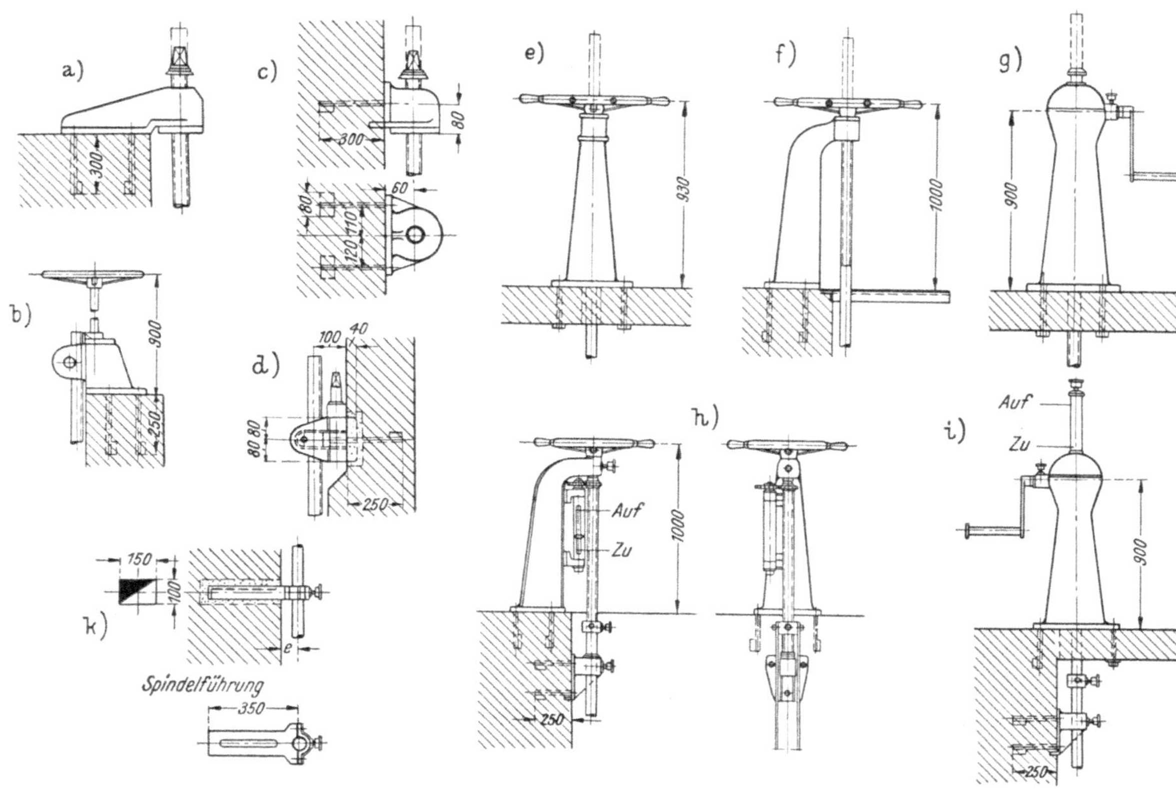

Abb. 117. Antriebe für Gewindeschieber mit hochliegender Schnecke. (Passavant-Werke, Michelbacher Hütte, Nassau.) a), b), e), f), g) und i) Antriebe auf der Mauerkrone. h) und i) mit Schieberstellungszeiger, c) und d) Antriebe im Schacht.

Abmessungen der Schneckenschieber PAN 140 in Millimetern.

D	*a*	*b*	*c*	*e*	*f*	*g*	g_1	*h*	*k*	*l*	*m*
700	974	335	440	130	273	110	100	1120	—	350	225
750	1024	350	475	130	278	115	105	1170	—	350	240
800	1079	387	493	135	290	120	110	1220	595	400	250
900	1174	412	568	135	290	120	110	1320	670	400	255
1000	1297	463	617	155	313	120	120	1450	730	400	285
1100	1392	535	645	155	320	125	120	1550	870	400	285
1200	1497	562	718	155	335	140	120	1650	870	400	285

1359. Antriebe für Gewindeschieber mit hochliegender Schnecke nach Abb. 116. (Passavant-Werke, Michelbacher Hütte, Nassau.)

Preise in RM (Abschlag derzeit 7%).

PAN 90 Abb. 117a	PAN 90 Abb. 117b	PAN 90 Abb. 117c	PAN 90 Abb. 117d	PAN 91 Abb. 117e	PAN 91 Abb. 117f	PAN 91 Abb. 117g	PAN 94 Abb. 117h	PAN 94 Abb. 117i
32,—	48,—	25,20	44,—	61,—	55,—	155,—	50,—	125,—

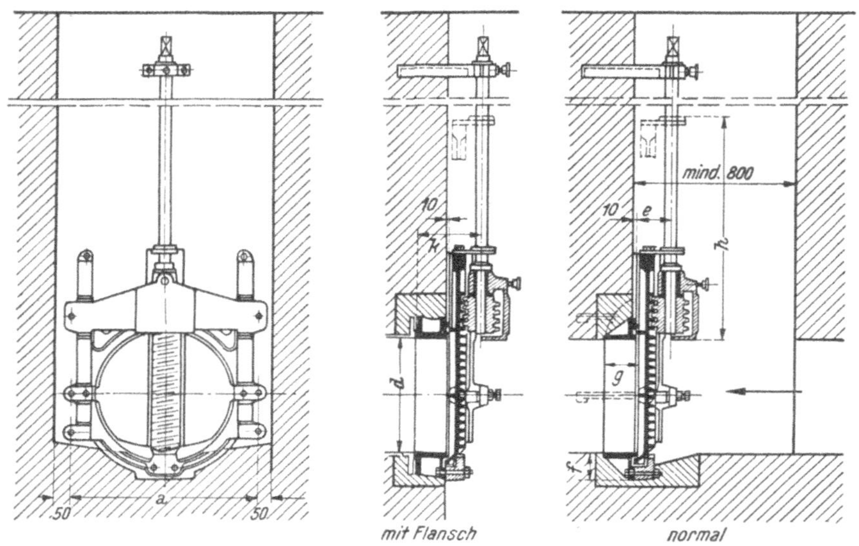

Abb. 118. Kreisrunde Spindelschieber PAN 120. (Passavant-Werke.)

1360. Spindelschieber, kreisrund, PAN 120, mit nachstellbarem Rollenkeilverschluß, für Überdrücke bis 4,5 m WS. (Passavant-Werke, Michelbacher Hütte, Nassau.) (Abb. 118.)

Abmessungen, Gewichte, Richtpreise.

Nennweite mm	*a* mm	*e* mm	*f* mm	*g* mm	*h* mm	*k* mm	Normal		Mit Flansch	
							Gewicht kg	RM*	Gewicht kg	RM*
150	310	65	50	80	360	163	37	49,50	38	53,50
200	372	75	60	80	450	173	45	56,—	53	61,—
250	422	75	70	80	500	173	55	61,—	59	66,80
300	472	85	70	80	590	185	68	69,—	86	76,60
350	530	95	75	90	650	207	65	82,—	100	92,—
400	580	100	75	90	690	209	105	95,—	122	115,50
450	636	100	80	90	800	214	130	125,—	152	138,—
500	680	100	80	90	860	216	155	138,—	193	153,—
550	740	100	90	90	910	217	170	157,—	232	173,60
600	780	115	90	100	970	237	200	186,—	260	207,—
650	848	115	90	105	1020	245	215		300	

* Abschlag derzeit 7%.

1361. Spindelschieber, quadratisch, PAN 122, mit nachstellbarem Rollenkeilverschluß für Überdrücke bis 4,5 m WS, einschließlich der Steinschrauben. (Passavant-Werke, Michelbacher Hütte, Nassau.) (Abb. 119.)

Abmessungen, Gewichte, Richtpreise.

Querschnitt mm/mm	*a* mm	*e* mm	*f* mm	*g* mm	*h* mm	Mindest-spindellänge mm	Gewicht kg	Richtpreis* RM
150/150	310	65	70	80	360	555	35	56,—
200/200	372	85	75	80	450	650	50	69,—
300/300	472	85	80	80	590	700	80	95,—
400/400	580	100	80	90	700	850	100	138,—
500/500	680	115	85	90	850	950	180	180,—
600/600	843	135	100	100	980	1100	280	200,—

1362. Einfachkettenschieber PAN 200, 204, 206. (Passavant-Werke, Michelbacher Hütte, Nassau.) (Abb. 120.)

Kreisquerschnitt PAN 200					Eiquerschnitt PAN 206					Quadratischer Querschnitt PAN 204				
Querschnitts-abmessungen	Gewicht	Preis*	Mehrpreis* für Rotgußdichtung auch auf der Platte	Mindest-schachttiefe	Querschnitts-abmessungen	Gewicht	Preis*	Mehrpreis* für Rotgußdichtung auch auf der Platte	Mindest-schachttiefe	Querschnitts-abmessungen	Gewicht	Preis*	Mehrpreis* für Rotgußdichtung auch auf der Platte	Mindest-schachttiefe
mm	kg	RM	RM	mm	mm	kg	RM	RM	mm	mm	kg	RM	RM	mm
800	700	480	24	2600	600/900	670	630	20	2900	800	730	580	30	2600
900	750	560	30	2800	700/1050	750	710	27	3250	900	880	690	34	2800
1000	850	670	34	3000	800/1200	860	760	34	3600	1000	1100	820	42	3000
1100	1000	800	42	3200	900/1350	1100	840	42	3850	1100	1250	920	50	3200
1200	1200	910	50	3400	1000/1500	1200	950	60	4200	1200	1450	1180	60	3400

Abmessungen in Millimetern.

Eiquerschnitt PAN 206.

Querschnitt *Y/Z*	*a*	*b*	*c*	*f*	*g*	*h*	*k*	*l*	*m*	*n*
600/900	850	425	475	100	110	1800	740	350	352	53
700/1050	950	475	525	110	120	2000	840	350	352	53
800/1200	1075	600	535	110	130	2200	1040	400	367	38
900/1350	1175	650	650	110	130	2300	1110	400	367	38
1000/1500	1275	590	800	120	160	2500	1290	400	367	38

Quadratischer Querschnitt PAN 204.

Querschnitt mm/mm	*a*	*b*	*c*	*f*	*g*	*h*	*k*	*l*	*m*	*n*	*s*	*r*
800/800	1074	380	400	110	120	1600	720	400	352	53	200	80
900/900	1174	430	450	110	120	1700	750	400	352	53	200	80
1000/1000	1270	485	485	110	130	1800	890	400	367	38	250	80
1100/1100	1392	530	550	110	130	1900	960	400	367	38	300	80
1200/1200	1480	580	600	120	140	2000	960	400	367	38	300	85

* Abschlag derzeit 7%.

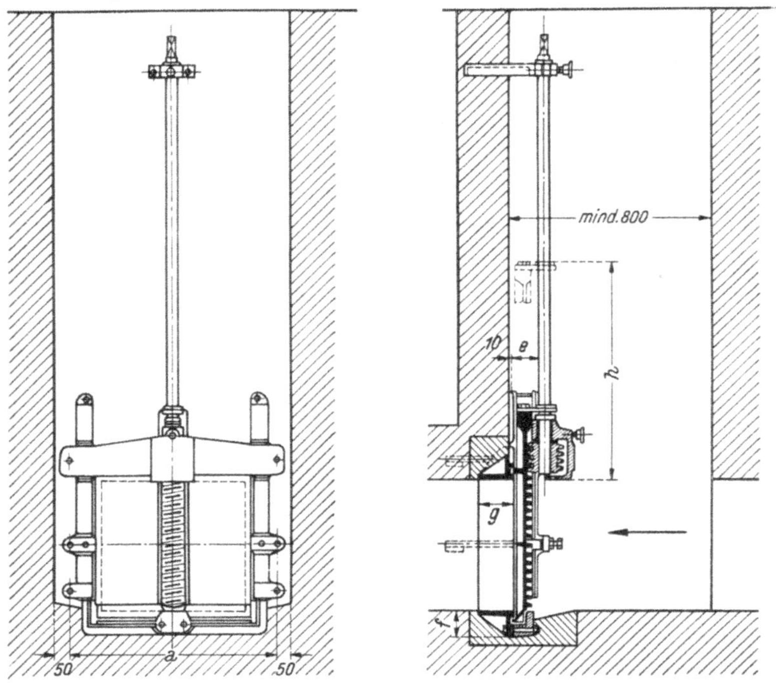

Abb. 119. Spindelschieber, quadratisch, PAN 122. (Passavant-Werke.)

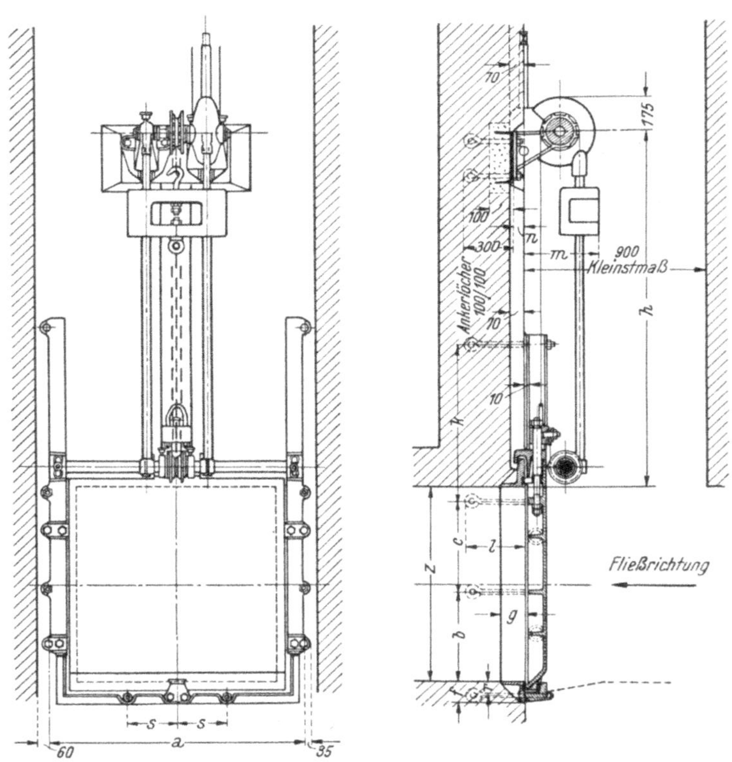

Abb. 120. Einfach-Kettenschieber PAN 204 für quadratischen Querschnitt. (Passavant-Werke.)

1363. Einfachkettenzugschieber PAN 208 nach Abb. 121. (Passavant-Werke, Michelbacher Hütte, Nassau.)

Querschnitte bis 1000 × 1300 mm bis 3,5 m WS Überdruck,
,, über 1000 × 1500 ,, ,, 2,0 ,, ,, ,,

verwendbar; bei höheren Überdrücken Übersetzung vorschalten, bei Überdrucken über 5 m WS Platte verstärken.

Abmessungen in Millimetern, Gewichte, Preise.*

Querschnitt Y/Z	a	f	g	h	k	l	m	r	t	Gewicht ca. kg	Preis RM
800/1000	1070	110	120	1800	860	350	372	—	—	820	715
1000/1100	1270	110	130	2100	986	350	372	80	120	1000	
1000/1200	1270	110	130	2200	1086	350	372	80	120	1090	950
1000/1300	1270	110	130	2300	1186	350	372	80	120	1180	
1000/1500	1320	130	150	2500	1315	400	460	80	120	1360	1050
700/2200	1020	130	150	3200	2050	400	460	—	—	1400	
800/2000	1120	130	150	3000	1755	400	460	—	—	1460	
900/1800	1220	130	150	2800	1530	400	460	—	—	1475	1250

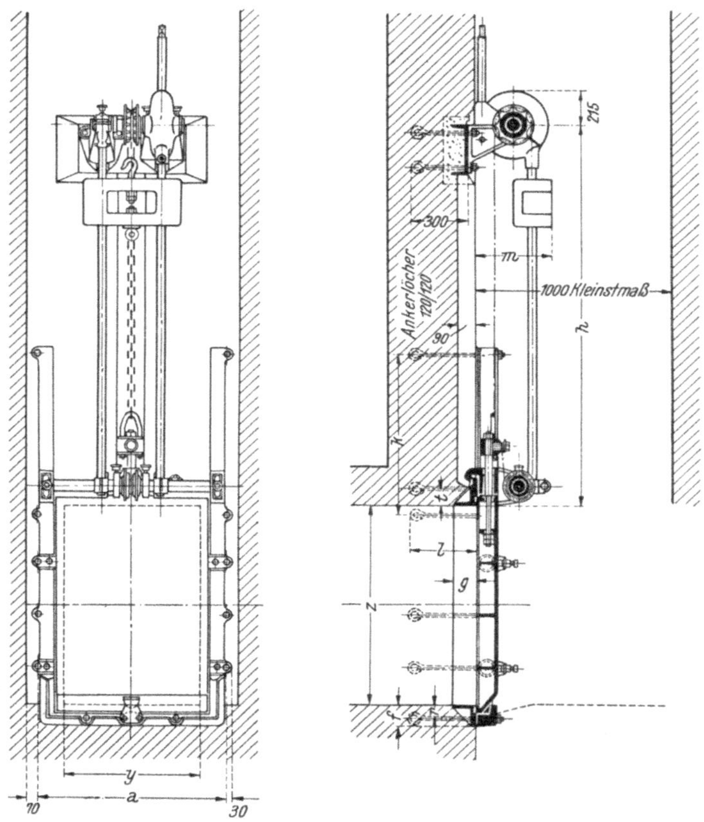

Abb. 121. Einfachkettenzugschieber PAN 208. (Passavant-Werke.)

1364. Doppelkettenzugschieber PAN 212 nach Abb. 122. (Passavant-Werke, Michelbacher Hütte, Nassau.)

Querschnitte bis 2000 × 1000 mm bis 3,5 m WS Überdruck,
,, über 2000 × 1500 ,, ,, 2,0 ,, ,, ,,

verwendbar; bei höheren Drücken Übersetzung vorschalten, bei Überdrücken über 5 m WS Platte verstärken.

* Abschlag derzeit 7%.

Abmessungen in Millimetern, Gewichte, Preise.*

Querschnitt Y/Z	a	g	h	k	l	m	r	t	Gewicht ca. kg	Preis RM
1500/1000	1820	150	2000	700	350	430	105	120	1500	1200
1650/1000	1925	150	2000	745	350	410	105	115	1600	
1800/1400	2156	180	2400	1315	400	480	110	120	2550	
1800/1600	2120	150	2600	1300	400	460	110	120	2900	
2000/1000	2320	160	2000	910	400	460	110	120	2050	1660
2000/1500	2356	180	2500	1200	400	490	115	120	3100	2300
2000/1600	2356	170	2600	1280	400	490	115	120	3300	
2200/1100	2520	160	2200	880	400	460	110	120	2500	
2300/1400	2656	180	2500	1250	400	490	120	120	3250	
2350/1400	2670	170	2500	1250	400	490	110	120	3300	
2500/900	2820	190	2200	910	400	460	110	120	2300	
2500/1400	2856	180	2500	965	500	490	110	120	3700	
2500/2000	2868	230	3000	1300	500	550	120	120	5900	3100
3000/1000	3432	260	2500	1000	500	570	120	120	5100	

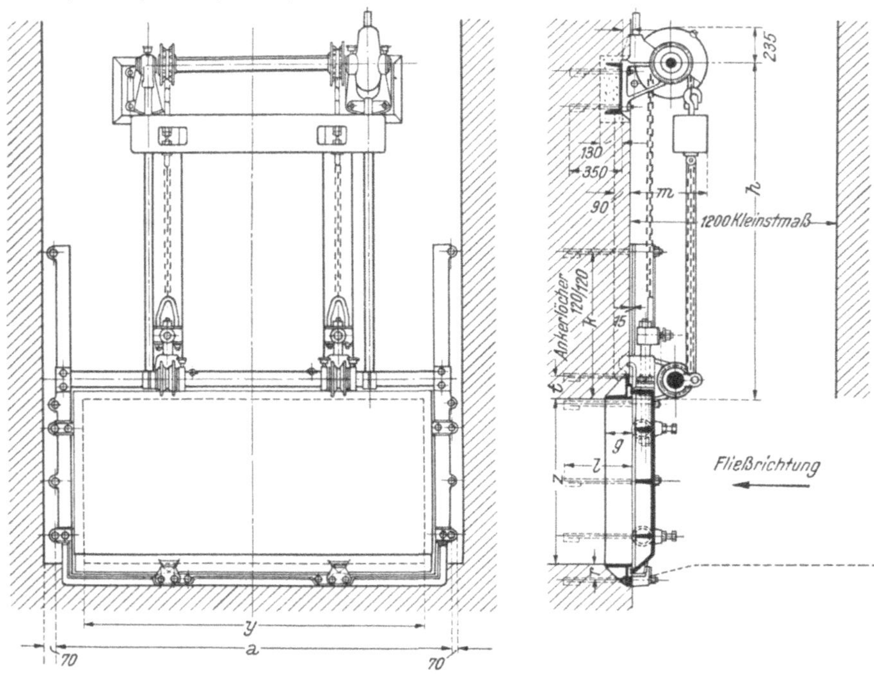

Abb. 122. Doppelkettenzugschieber PAN 212. (Passavant-Werke.)

1365. Doppelkettenzugschieber PAN 209 nach Abb. 123. (Passavant-Werke, Michelbacher Hütte, Nassau.) Querschnitte bis 1000 × 1500 mm bis 3,5 m WS Überdruck,
„ über 900 × 1800 „ „ 2,0 „ „ „
verwendbar; bei höheren Überdrücken Übersetzung vorschalten, bei Überdrücken über 5 m WS Platte verstärken.

Abmessungen in Millimetern, Gewichte, Preise.*

Querschnitt Y/Z	a	g	h	k	l	m	r	t	Gewicht ca. kg	Preis RM
1000/1100	1270	130	2100	986	350	410	80	120	1100	
1000/1200	1270	130	2200	1188	350	410	80	120	1200	1080
1000/1300	1270	130	2300	1186	350	410	80	120	1330	
1000/1500	1320	150	2500	1260	400	430	80	120	1520	1200
900/1800	1234	150	2800	1530	400	430	—	—	1600	1400
1000/2000	1307	160	3000	1756	400	430	90	120	2060	1660
1200/1600	1534	150	2600	1360	400	430	100	120	1900	
1500/1700	1794	165	2700	1700	400	460	100	120	2400	1750
1500/2000	1856	170	3000	1800	400	490	115	120	2900	

* Abschlag derzeit 7%.

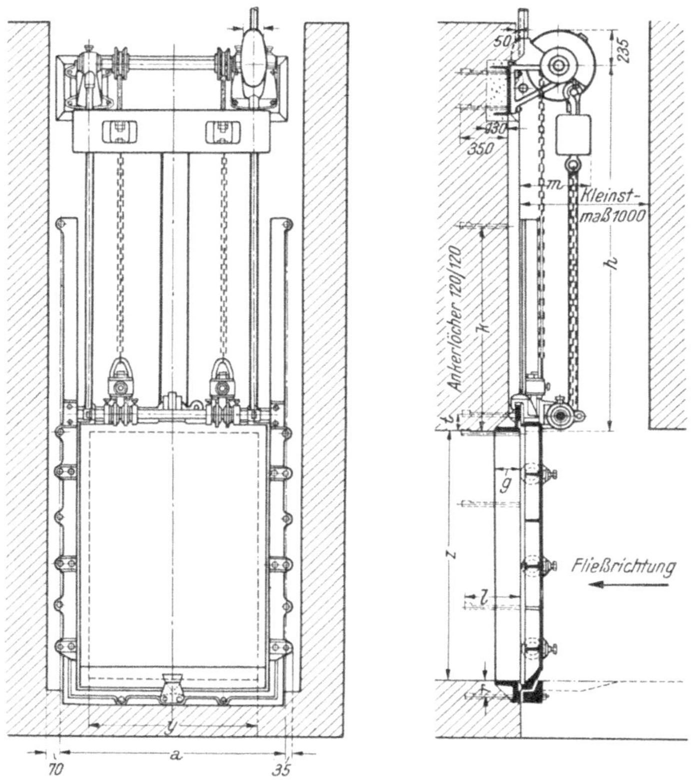

Abb. 123. Doppelkettenzugschieber PAN 209. (Passavant-Werke.)

1366. Rohrklappen mit einfachem Gelenk und Rotgußbolzen; Dichtung Guß auf Guß. Bauform PAN 500 der Passavant-Werke, Michelbacher Hütte, Nassau. Klappenneigung 1 : 10.

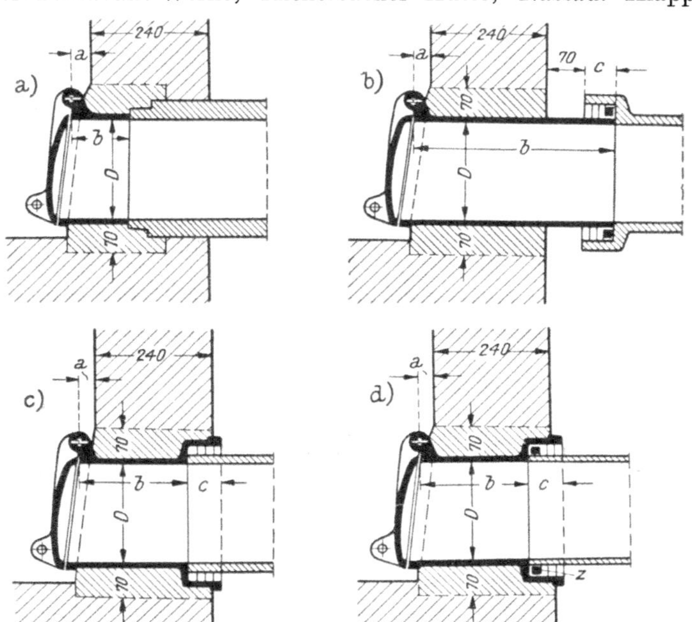

Abb. 124. Rohrklappen mit einfachem Gelenk und Rotgußbolzen. Dichtung Guß auf Guß. PAN 500. (Passavant-Werke, Michelbacher Hütte, Nassau.)

a) Mit kurzem Ansatz für den Anschluß an Betonrohre. b) Mit langem Ansatz für den Anschluß an Steinzeugrohre. c) Mit Muffe für Steinzeugrohre. d) Mit Muffe und Zentrierring z für den Anschluß an Eisenrohre.

Lichtweite *D* mm	*a* mm	Mit kurzem Ansatz für den Anschluß an Betonrohre (Abb. 124a)			Mit langem Ansatz für den Anschluß an Steinzeugrohre (Abb. 124b)				Mit Muffe für den Anschluß an Steinzeugrohre oder an Eisenrohre (Abb. 124c und d)					
		b mm	Gewicht kg	Preis* RM	*b* mm	*c* mm	Gewicht kg	Preis* RM	*b* mm	*c* mm	Gewicht kg	Preis* RM	Zentrierring Gewicht kg	Zentrierring Preis* RM
70			3	7				9				9		
100			5	9				11				11		
150	30	90	7	11	400	60	14	13	220	70	13	13	2,0	
200	30	90	10	13	410	70	20	15	220	70	18	15	2,4	
250	30	90	12	15	410	70	25	21	220	70	22	21	2,8	
300	40	90	16	19	420	70	32	24	230	70	27	24	3,3	
350			20	22				27				27		
400	50	90	25	24	430	70	45	30	240	70	38	30	4,0	
500			50	40				53				53		
600			80	72				95				95		

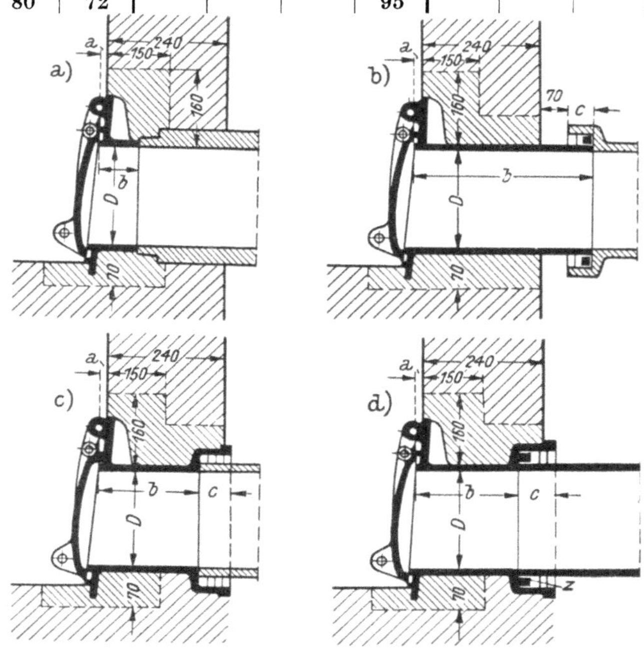

Abb. 125. Rohrklappen mit Doppelgelenk, Rotgußbolzen und eingesprengter Rotgußdichtung, PAN 501. (Passavant-Werke, Michelbacher Hütte, Nassau.)
a) Mit kurzem Ansatz für den Anschluß an Betonrohre. b) Mit langem Ansatz für den Anschluß an Steinzeugrohre. c) Mit Muffe für den Anschluß an Steinzeugrohre. d) Mit Muffe und Zentrierring *z* für den Anschluß an Eisenrohre.

1367. Rohrklappen mit Doppelgelenk, Rotgußbolzen und eingesprengter Rotgußdichtung. Bauform PAN 501 der Passavant-Werke, Michelbacher Hütte, Nassau. Klappenneigung 1 : 10.

Lichtweite *D* mm	*a* mm	Mit kurzem Ansatz für den Anschluß an Betonrohre (Abb. 125a)			Mit langem Ansatz für den Anschluß an Steinzeugrohre (Abb. 125b)				Mit Muffe für den Anschluß an Steinzeugrohre oder an Eisenrohre (Abb. 125c und d)			
		b mm	Gewicht kg	Preis* RM	*b* mm	*c* mm	Gewicht kg	Preis* RM	*b* mm	*c* mm	Gewicht kg	Preis* RM
100			6	14,—			6	17,—			6	17,—
150	15	90	8	16,—	385	60	15	19,—	205	70	14	19,—
200	15	90	11	18,50	395	70	22	23,—	205	70	20	23,—
250	15	90	14	23,70	395	70	31	28,—	205	70	28	28,—
300	15	90	18	29,40	395	70	41	36,—	205	70	40	36,—
350			22	35,—				40,—				40,—
400	20	90	27	40,—	400	70	56	46,—	210	70	56	46,—
450			38	54,—				68,—				68,—
500			56	59,—				90,—				90,—
600			75	95,—				122,—				122,—

* Abschlag derzeit 7%.

1368. Rückstauklappen, Bauform PAN 502 der Passavant-Werke, Michelbacher Hütte, Nassau. Dichtung in Blei oder Rotguß.

Lichtweite	Abmessungen in mm											Mit Gegengewicht (Abb. 126)		Ohne Gegengewicht		Mehrpreis für Rotgußwelle und Rotgußbüchse	Mehrpreis für rostfreie Welle und Rotgußbüchse	Mehrgewicht bzw. Mehrpreis für gebohrten Flansch	
d mm	*a*	*b*	*c*	*e*	*f*	*g*	*h*	*k*	*l*	*m*	*r*	Gewicht kg	Preis* RM	Gewicht kg	Preis* RM	RM*	RM*	kg	RM*
150	400	150	82	158	60	70	80	12	150	255	220	16	23,—	10	19,—	1,50	4,—	7	4,—
200	400	200	100	200	70	80	90	15	200	315	260	21	27,—	15	24,—	2,—	6,—	9	5,—
250	450	200	120	245	70	80	90	15	200	365	320	30	30,—	20	27,—	2,—	6,—	10	5,80
300	500	200	140	292	70	90	90	20	200	415	370	36	35,—	27	31,50	2,—	6,—	14	7,60
350	550	200	155	330	70	90	100	20	200	475	430	45	40,—	35	36,—	3,—	8,—	19	10,—
400	640	200	170	370	70	90	120	25	200	545	480	54	45,—	45	40,—	3,—	8,—	22	10,50
450	680	250	192	415	70	90	130	30	200	605	530	66	52,—	52	47,—	3,—	8,—	25	13,—
500	750	250	212	462	80	100	140	35	300	675	580	82	60,—	60	53,—	4,—	8,—	33	15,—
600	900	300	270	580	100	100	150	38	300	780	680	125	90,—	85	80,—	4,—	9,—	40	21,—
700	1000	300	315	665	110	120	160	40	300	890	780	200	110,—	155	98,—	4,—	9,—	55	27,—
800	1100	300	350	750	110	120	170	45	300	1000	850	250	140,—	195	123,—	4,—	10,—	75	35,—

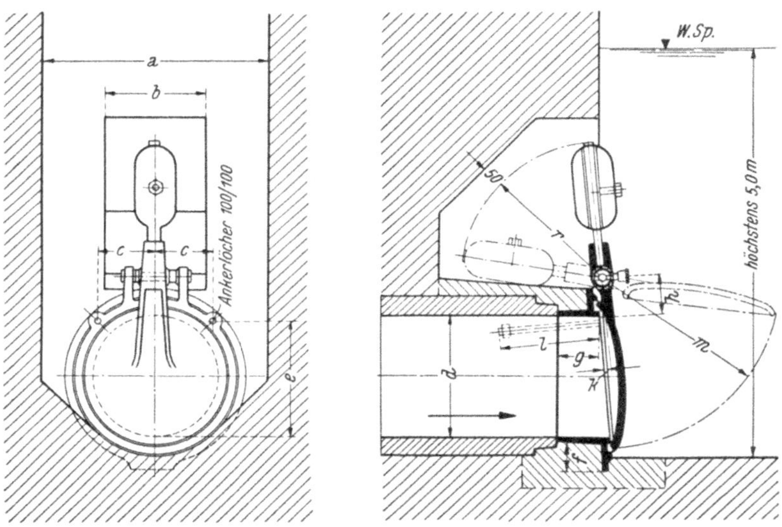

Abb. 126. Rückstauklappe PAN 502. (Passavant-Werke.)

1369. Spüleinsätze PAN 1 mit losen Deckeln. (Passavant-Werke, Michelbacher Hütte, Nassau.) Die Deckel werden von der Spülkolonne mitgeführt und bei Bedarf eingesetzt. (Abb. 127.)

Kreisquerschnitt mm	Spüleinsätze PAN 1				Deckel dazu			
	mit Ankerschrauben oder Betonrand		mit Muffe		Gewicht kg	Rotguß Preis* RM	Grauguß Preis* RM	Stahlblech und Rotguß Preis* RM
	Gewicht kg	Preis* RM	Gewicht kg	Preis* RM				
150	6	5,60	19	10,—	4,0	10,20	5,30	—
200	9	6,40	30	12,50	4,5	12,50	6,90	—
250	10	7,50	34	15,50	5,5	15,—	8,50	—
300	11	8,—	43	19,50	6,5	19,—	10,—	—
350	12	9,—	50	23,—	8,5	23,—	11,80	—
400	15	11,50	67	28,50	10,0	28,—	13,50	—
450	22	13,50	85	34,50	12,0	34,—	16,—	—
500	31	17,20	106	43,—	22,0	—	—	31,—
550	34	18,90	120	50,—	26,0	—	—	35,—
600	42	23,50	135	57,—	30,0	—	—	42,—

* Abschlag derzeit 7%.

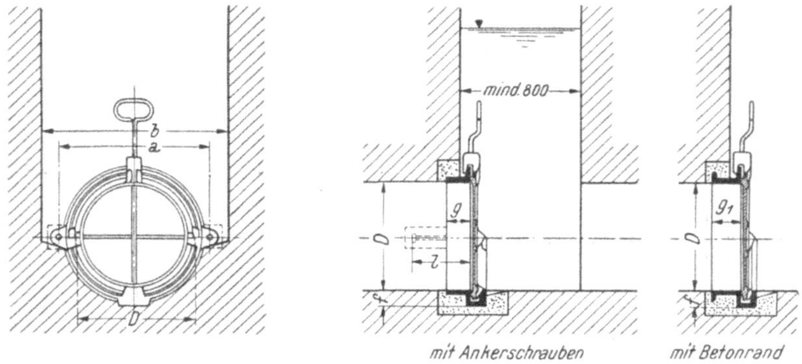

Abb. 127. Spüleinsätze mit losen Deckeln PAN 1. (Passavant-Werke.)

Abmessungen der Spüleinsätze PAN 1 mit losen Deckeln in Millimetern.
Kreisquerschnitt.

D_1	150	200	250	300	350	400	450	500	550	600	700	800	900	1000
a	260	310	360	410	460	510	560	610	760	710	810	920	1020	1120
b	400	450	500	550	600	650	700	750	900	850	950	1050	1150	1250
f	35	35	35	35	35	35	35	60	60	60	60	60	60	70
g	30	30	30	30	30	30	30	75	75	75	75	80	80	85
g_1	50	50	50	50	50	50	50	75	75	75	75	80	80	85
l	200	200	200	200	250	250	250	300	300	300	300	350	350	350

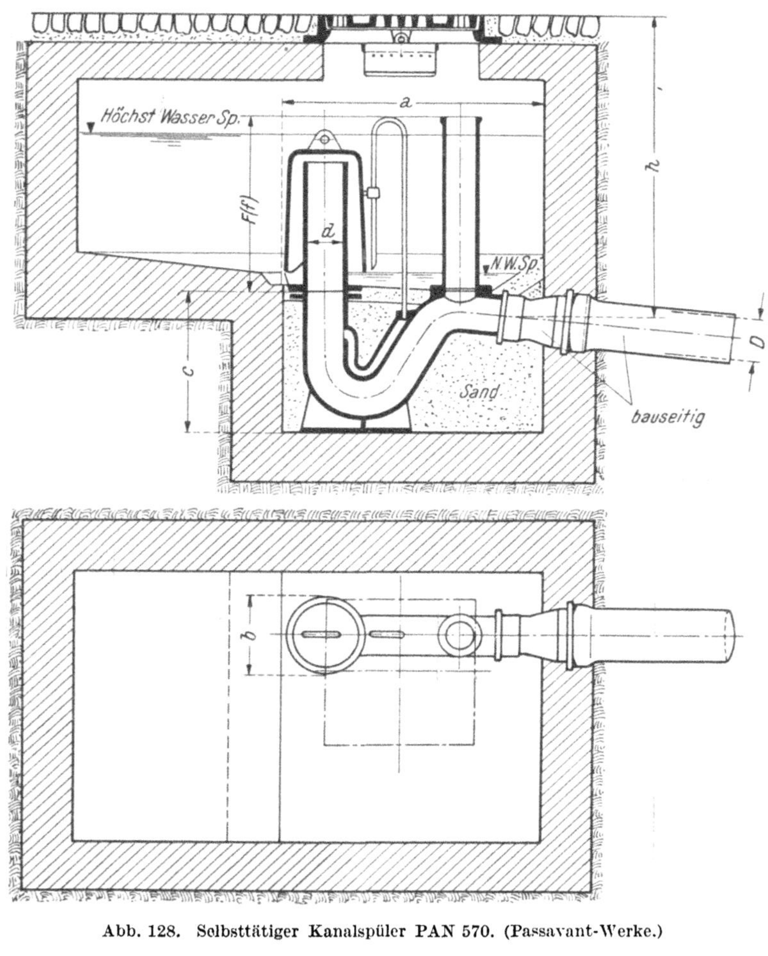

Abb. 128. Selbsttätiger Kanalspüler PAN 570. (Passavant-Werke.)

1370. Selbsttätige Kanalspüler PAN 570 nach Abb. 128 (Passavant-Werke, Michelbacher Hütte, Nassau.)

Abmessungen in Millimetern und Preise.*

Abmessungen	Nennweite *d* mm				
	100	150	200	250	300
a	700	1000	1400		
b	230	290	400		
c	450	580	750		
D	100—150	150—200	200—350		
h	nach örtlichen Verhältnissen				
Bauart normal *F*	680	850	1120		
Bauart normal RM	100	123	177	250	380
„ nieder. *f*	630	750	920		
„ nieder. RM	95	115	160	220	340

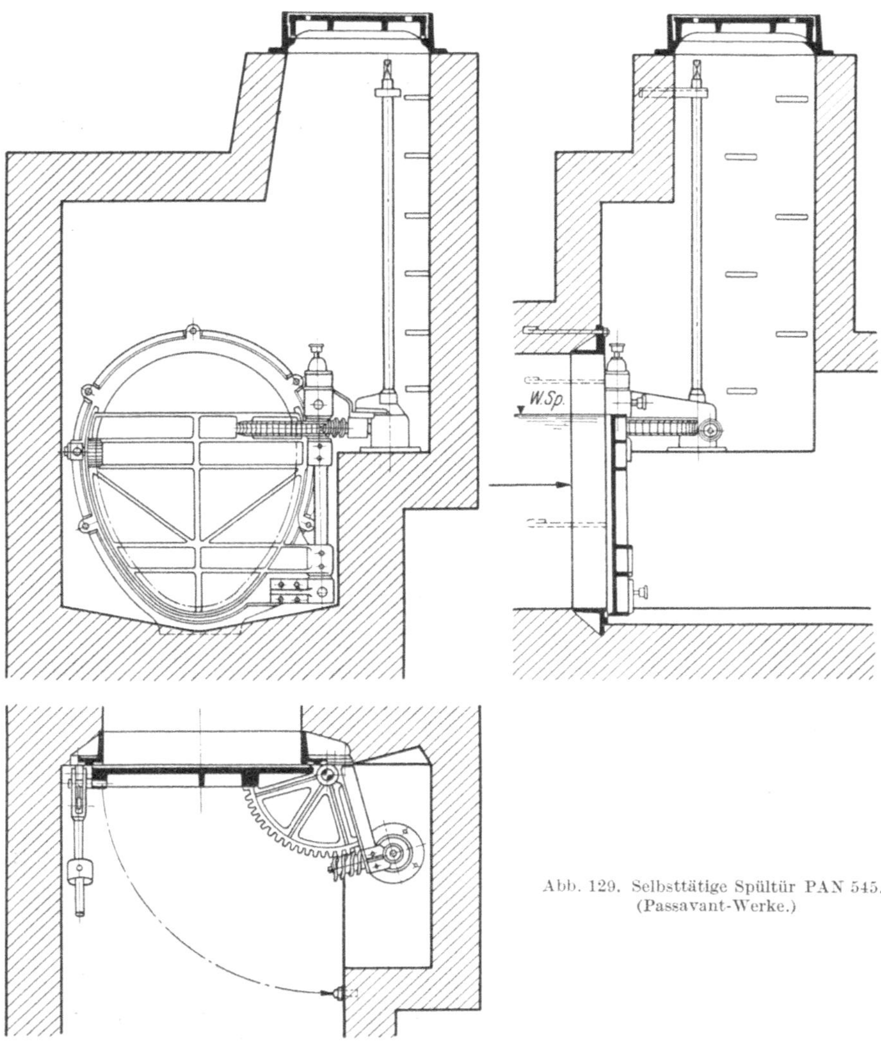

Abb. 129. Selbsttätige Spültür PAN 545. (Passavant-Werke.)

1371. Selbsttätige Spültüren PAN 545 nach Abb. 129. (Passavant-Werke, Michelbacher Hütte, Nassau.)

Passend zu Eiquerschnitten mm/mm		700/1050	900/1350	1000/1500
Preis* komplett	RM	285	360	445

* Abschlag derzeit 7%.

1372. Auswechselbare Kanalspüler mit selbsttätiger Auslösung und einstellbarer Stauhöhe in der Spülkammer PAN 550 nach Abb. 130. (Passavant-Werke, Michelbacher Hütte, Nassau.)

Nennweite D des Kreiskanales in	mm	200	250	300	350	400	450	500
Preise*	RM	38	43	47	56	77	84	89

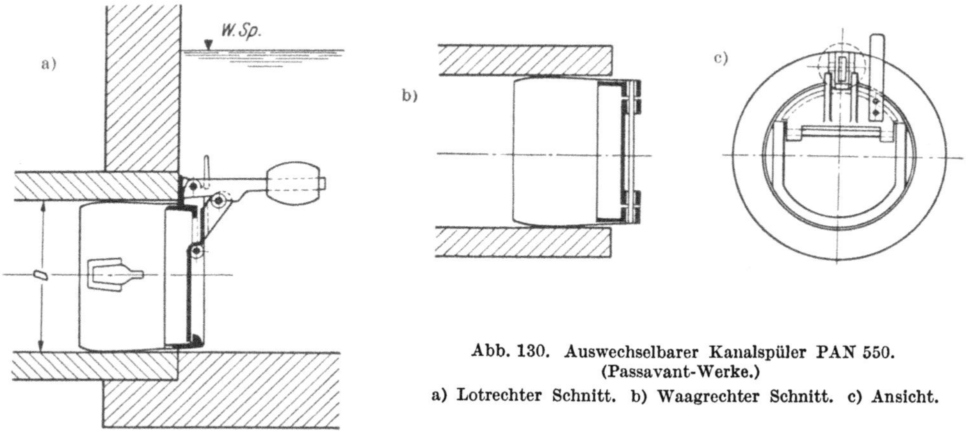

Abb. 130. Auswechselbarer Kanalspüler PAN 550. (Passavant-Werke.)
a) Lotrechter Schnitt. b) Waagrechter Schnitt. c) Ansicht.

8. Kanalbetrieb.

1373. Sinkkastenreinigung mittels Pferdekarren:[48]

2 Männer reinigen in 300 Arbeitstagen 8400 Sinkkästen.

Betriebskosten	Preis RM	Zinsen %	Abschreibung %	Instandhaltung %
1 Karren	1500	8	20	10

Schmier- und Putzmittel: jährlich 2% von 1500 RM.
2 Männer für 300 Tage: Stundenlohn 0,85 RM.
1 Pferd im Jahre: ~ 3840 RM.

1374. Sinkkastenreinigung mittels Elektrokarrens:

a) In Handarbeit:[48]

2 Männer reinigen in 300 Arbeitstagen 9900 Sinkkästen.

Betriebskosten	Preis RM	Verzinsung %	Abschreibung %	Instandhaltung %
1 Elektrokarren ohne Batterie	4437	8	10—20	5
1 Gleichrichteranlage	1300	8	10—20	10
1 Akkumulatorenbatterie	1400	8	33—50	10—15
Reifen jährlich	160			
Schmier- und Putzmittel	55			
Stromverbrauch jährlich	3000 kWh			

b) Mittels Elektrosaugkarrens:[283]

Leistung täglich:
mit 2 Bedienungsmännern 120 Sinkkästen, mit 3 Bedienungsmännern bis 200 Sinkkästen. Preis eines Elektrosaugkarrens: 12000 RM, Preis einer Akkumulatorenbatterie: 2000 RM.

1375. Sinkkästenreinigung. Vergleich der Kosten verschiedener Reinigungsarten.[49]

Art der Sinkkastenreinigung	Düsseldorf			Relative Kosten			
	Kosten je Sinkkasten RM	Kosten je rm abgefahrenen Schlammes RM	Leistung in 8 Stunden Sinkkästen	Düsseldorf je rm abgefahrenen Schlammes	Düsseldorf je Sinkkasten	Bremen je Sinkkasten	Halle je Sinkkasten
Einspänniger Pferdekarren, Handbetrieb	1,—	10,50	28	3,5	2,50	4,3	3,32
Elektrokarren mit elektrischem Betrieb	0,70	7,70	40	2,6	1,75	3,1	1,24
Schlammschlürfer mit Benzinmotor	0,40	3,—	154	1,0	1,—	1,0	1,—

* Abschlag derzeit 7%.

1376. **Kanalreinigung mittels Handkarrens:**[48]
4 Männer reinigen täglich 50 m Kanal.

Betriebskosten: 2 Handkarren mit Winden: 2200 RM. Verzinsung 10%; Abschreibung 20%; Instandhaltung: 5%. Täglich 100 cbm Wasser je cbm ~ 0,15 RM.

Jährlich 300 Arbeitstage. Stundenlohn: ~ 1,30 RM.

1377. **Kanalreinigung mittels Elektrokarrens:**[48]
3 Männer reinigen täglich 150 m Kanal.

Betriebskosten	Preis RM	Verzinsung %	Abschreibung %	Instandhaltung %
1 Elektrokarren	6650	10	(10—20)	5
1 Batterie	1400	10	(33—50)	(10—15)
1 Ladestation	6750	10	20	10

Reifen jährlich 160 RM. Schmiermittel jährlich 55 RM.
130 Ladungen zu je 15 kWh. 20 cbm Wasser täglich.
Jährlich 300 Arbeitstage. Stundenlohn ~ 1,30 RM. 1 kWh ~ 0,10 RM. 1 cbm Wasser ~ 0,15 RM.

1378. **Benzinabscheider reinigen.**[47]
Absaugen des Benzins mittels einer Handpumpe in einen Behälter, der auf einem AEG-Elektrokarren liegt, erfordert 2 Männer, die täglich die Benzinfänge von 20 Betrieben entleeren können.

1379. **Kosten der Reinigung und der Abfuhr des Rückhaltgutes von Benzinabscheidern:**[193]
München: RM 1,50 für eine Reinigung, die weniger als eine halbe Stunde erfordert; bei länger dauernden Reinigungen wird die Arbeitszeit verrechnet.

Chemnitz: RM 6,— je Abscheider und Jahr.

Magdeburg: RM 1,40 bis 1,75 für eine Reinigung, je nach der Zahl der Autos.

1380. **1 m verschlammten Straßengraben,** 0,3 bis 0,5 m tief, an der Sohle 0,4 bis 0,5 m breit, **räumen und den Aushub seitlich ausbreiten oder in Haufen lagern:**

a) wenn der Graben halbverschlammt ist: (0,35 bis 0,40) h Erdarbeiter;

b) wenn der Graben ganz verschlammt ist: (0,55 bis 0,6) h Erdarbeiter.

1381. **1 m verschlammte, gepflasterte Mulde, 0,5 m breit, 0,25 m tief, räumen und den Aushub seitlich ausbreiten oder in Haufen lagern:**

a) wenn die Mulde halb verschlammt ist: (0,17 bis 0,2) h Erdarbeiter;

b) wenn die Mulde ganz verschlammt ist: (0,26 bis 0,3) h Erdarbeiter.

1382. **Eine einmalige Abortgrubenleerung** kostet je Einwohner etwa 3 RM.

C. Abwasserpumpwerke.

1383. **Pumpwerke für Abwasser und für Entwässerungsanlagen.**

a) Abwasserpumpwerk Sterkrade (1929),[209] Abb. 131:

Pumpen: 1 × 0,1 cbm/sec auf 4,5 m, 10 PS; 2 × 0,5 cbm/sec auf 4,0 m, je 40 PS; 1 × 1,0 cbm/sec als Erweiterung.

Druckrohre: Stahl, Durchmesser 900 mm und 250 mm.

Pumpenraum (106 qm) und Rechenraum, einschließlich Gründung und Isolierung	RM	66000
Maschinenhalle	,,	15000
Wohnhaus, einschließlich Zwischenbau	,,	25000
Maschinenanlage, einschließlich Stromzuführung und Druckrohre	,,	59000
Zusammen	RM	165000

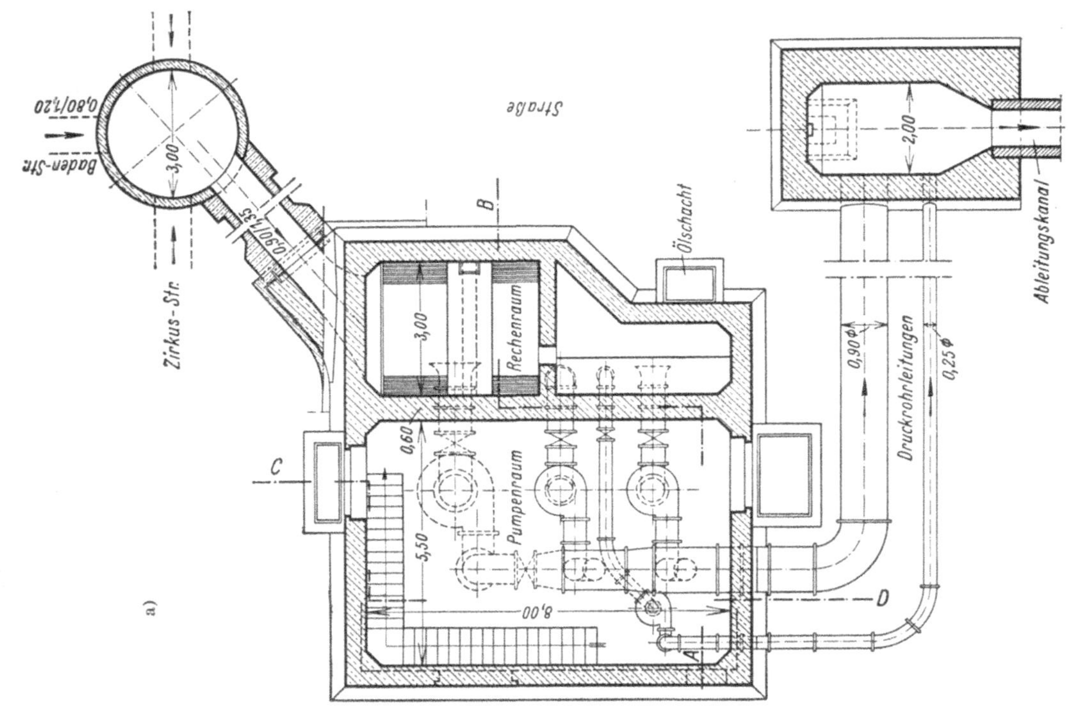
Zirkus-Str.
Baden-Str.
3,00
0,80/1,20
Straße
Rechenraum
Pumpenraum
Ölschacht
Druckrohrleitungen
0,90 ø
0,25 ø
2,00
Ableitungskanal
8,00
5,50
0,60
A
B
C
D

a)

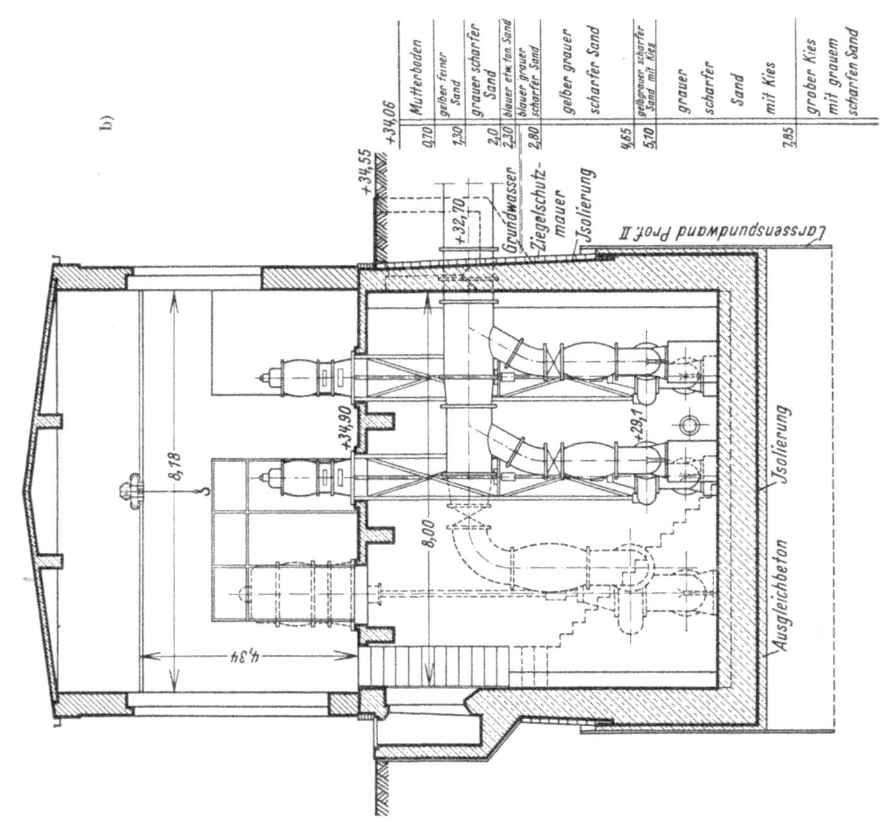
+34,06
Mutterboden
gelber feiner Sand
grauer scharfer Sand
blauer etw. ton Sand
blauer grauer scharfer Sand
gelber grauer scharfer Sand
gelbgrauer scharfer Sand mit Kies
grauer scharfer Sand mit Kies
grober Kies mit grauem scharfen Sand
+34,55
+32,70
Grundwasser
Ziegelschutzmauer
Isolierung
Larssenspundwand Prof. II
+34,90
8,18
8,00
4,34
Ausgleichbeton
Isolierung

b)

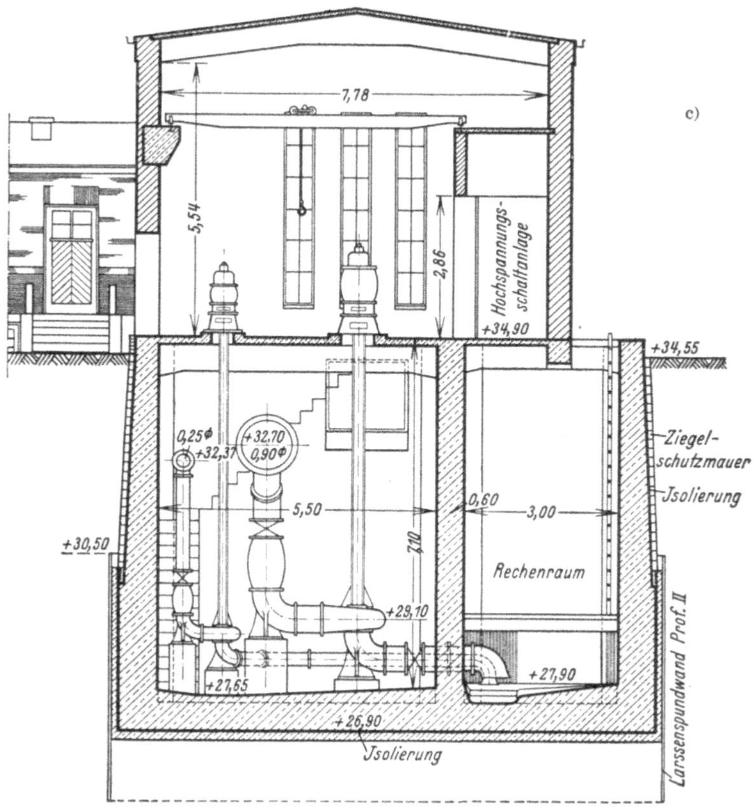

Abb. 131. Abwasserpumpwerk Sterkrade. (Aus Bautechnik 1930, S. 331.)
a) Grundriß. b) Schnitt *C—D*. c) Schnitt *A—B*.

b) Abwasserpumpwerk Gelsenkirchen-Bismarck (1932),[68] Abb. 132a:

Pumpen: 2 × 0,5 cbm/sec auf 7,5 m, je 82 PS, 380 V; 2 × 1,25 cbm/sec auf 6,5 m, je 190 PS, 5000 V.

Druckrohre: Stahl, 83 m Durchmesser 1200 mm, 83 m Durchmesser 750 mm.

Bauausführung: zwischen Hoesch-Spundwänden II a, Grundwasserabsenkung.

Pumpwerksbau	RM 165000
Wohnhaus und Werkstätte	„ 15300
Maschinenanlage	„ 100000
Zusammen	RM 280300

c) Abwasserpumpwerk Gelsenkirchen-Heßler[68] (1932), Abb. 132b:

3 Pumpen für zusammen 1 cbm/sec. Bauausführung: als runder Senkbrunnen.

Brunnen- und Motorenhaus	RM 20000
Pumpen	„ 20000
Motoren- (1000 V) und Schaltanlage	„ 15000
Druckrohr,* Vianini-Schleuderbeton-Muffenrohre, Durchmesser 800 mm, 860 m lang	„ 28000
Druckrohrverlegung	„ 15000
Zusammen	~ RM 98000

* Trotz Zufuhr auf 50 km mit Lastkraftwagen waren diese Rohre um 8000 RM billiger als Stahlrohre.

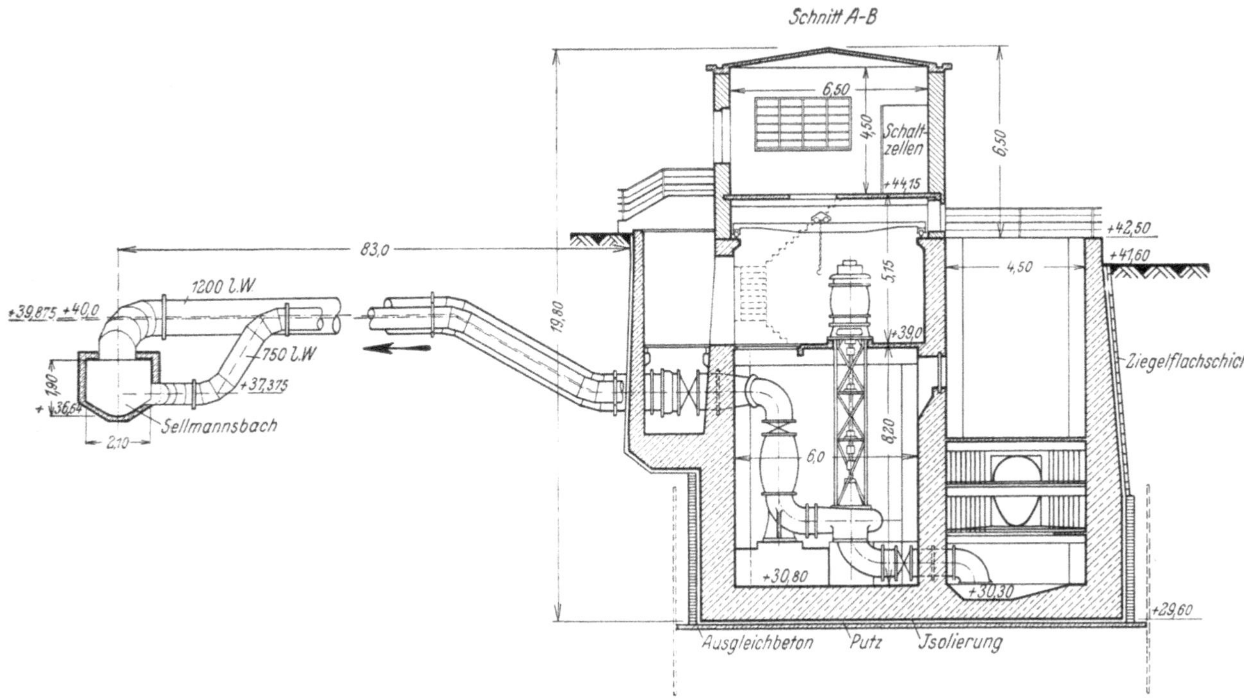

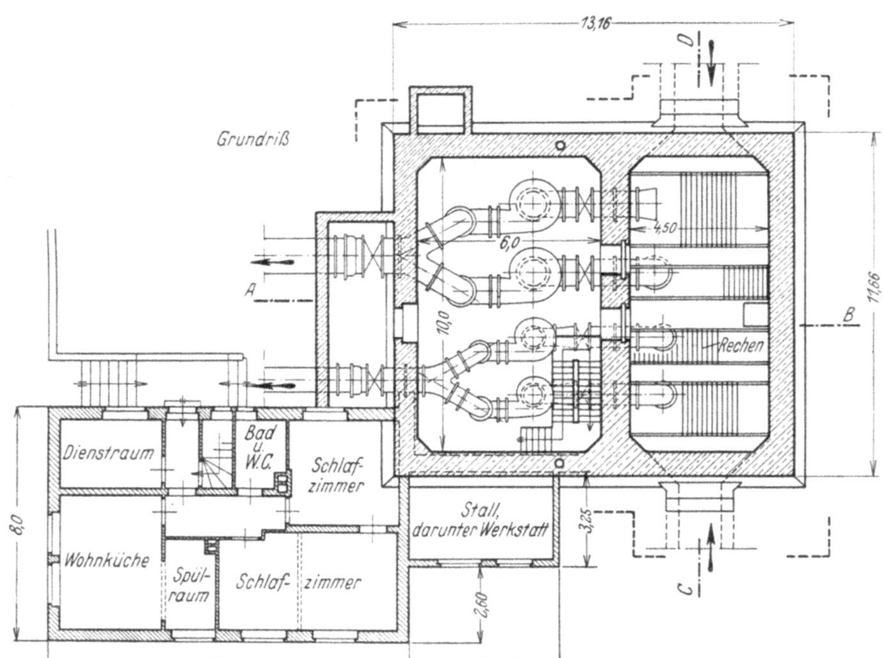

Abb. 132a. Abwasserpumpwerk Gelsenkirchen-Bismarck. (Aus Bautechnik 1933, S. 279.)

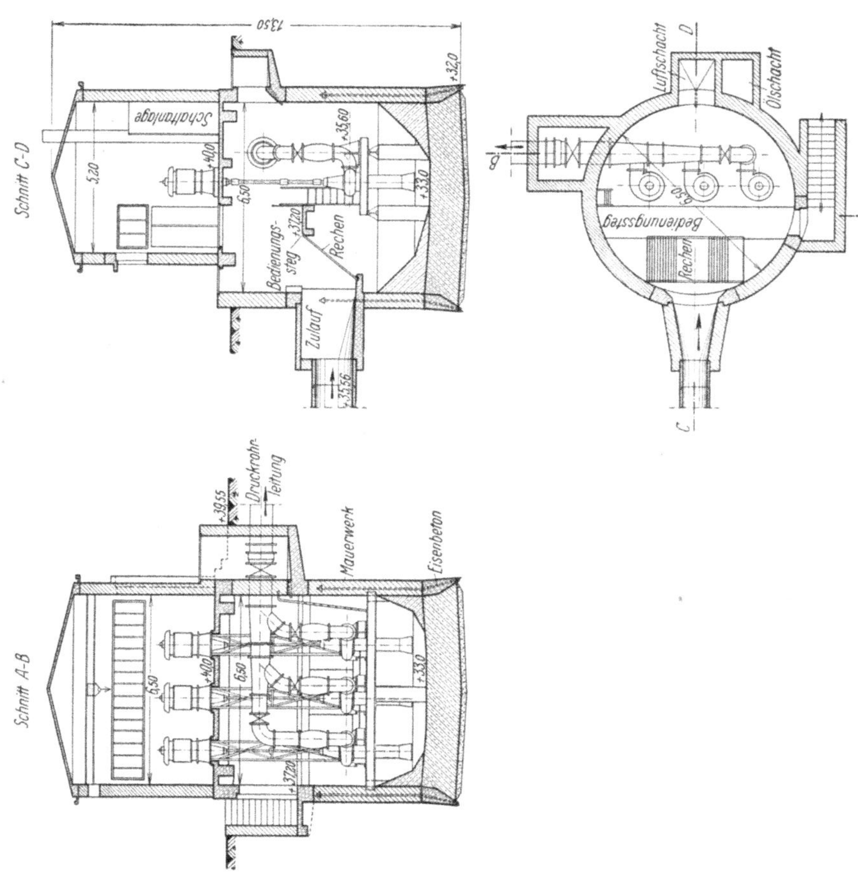

Abb. 132b. Abwasserpumpwerk Gelsenkirchen-Hessler. (Aus Bautechnik 1933, S. 282.)

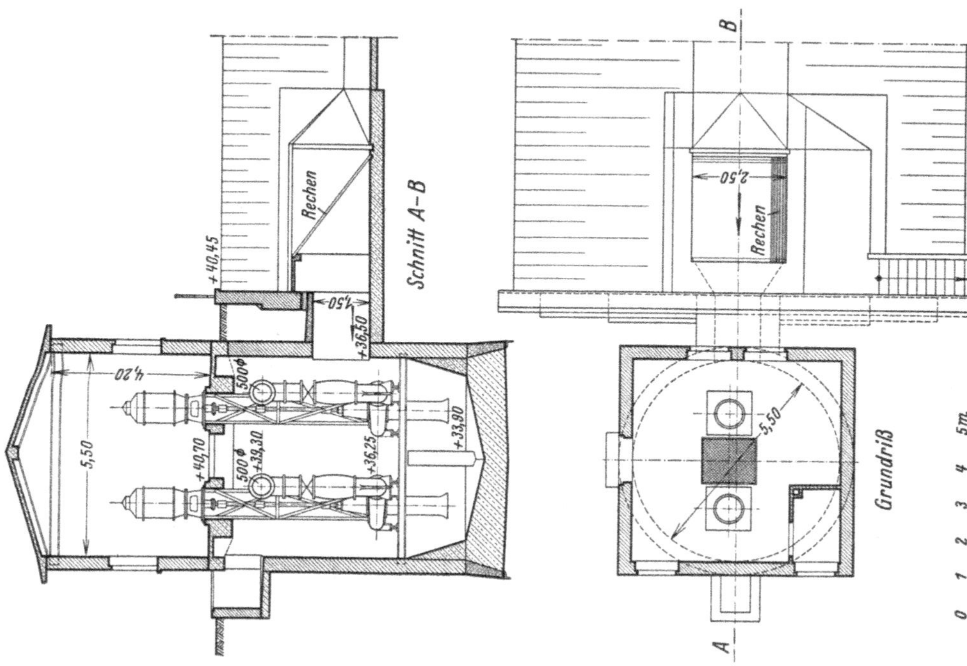

Abb. 133. Pumpwerk im Emschergebiet. (Aus Bautechnik 1930, S. 332.)

d) Pumpwerk im Emschergebiet[209] (1929), Abb. 133.

Pumpen: 2 × 0,35 cbm/sec auf 4 m.

Pumpenraum (37 qm) und Rechenanlage, einschließlich Gründung	RM 18000
Maschinenhaus	„ 5000
Maschinenanlage	„ 43500
Druckrohre, 2 × Durchmesser 500 mm, je 120 m lang, Stahl, einschließlich Verlegung	„ 15500
Zusammen	RM 81500

e) Abwasserpumpwerk Schwelgern in Hamborn am Rhein:[210]

Maschinenhaus: 16,36 × 15,5 m = 254 qm. Wohnhaus: 148 qm.

7 Pumpen, und zwar 2 für 0,25 cbm/sec, 2 für 0,5 cbm/sec und 3 für 1,0 cbm/sec (von den letzteren ist vorläufig nur eine aufgestellt).

Antrieb durch Elektromotoren, 380 bzw. 5000 V. Laufkran für 5 t.

Gründung des Maschinenhauses mit Zulaufkanälen	RM 22500
„ „ Wohnhauses	„ 2500
Wasserhaltung (Grundwassersenkung, 2 Staffeln mit je 12 Brunnen)	„ 11000
Maschinenhaus	„ 87500
Wohnhaus	„ 36500
Maschinenanlage für 2,5 cbm/sec	„ 150000
Anschüttungen, Böschungen	„ 10000
Zulaufgraben	„ 7000
Einfriedungen, Toreinfahrt, Gebühren	„ 21000
Zusammen	RM 348000

f) Abwasserpumpwerk Essen-Karnap bei Essen-Ruhr (1929),[209] Abb. 134:

Pumpen: 2 × 0,15 cbm/sec auf 7 m, je 25 PS; 2 × 0,60 cbm/sec auf 9,6 m, je 120 PS; 2 × 0,75 cbm/sec als Erweiterung vorgesehen.

Rechen: 20 mm Schlitzweite. 2 Druckrohre, 1100 mm und 750 mm.

Pumpenraum (19,9 qm) und Rechenraum, einschließlich Gründung und Isolierung	RM 85000
Maschinenhalle	„ 26000
Wohnhaus, einschließlich Nebenbauten	„ 39000
Maschinenanlage, einschließlich Stromzuführung und Druckrohre	„ 99000
Zusammen	RM 249000

g) Pumpwerk Medemblik, zur Trockenlegung der Zuidersee:[301]

Pumpen: 3 × 6,7 cbm/sec, auf 4,5 bis 7,5 bzw. 2,8 bis 10 m, je 900 PS, Drehzahl regelbar zwischen 88 und 120 Umläufen je Minute.

Gesamtkosten: 2000000 RM.

Hiervon 600000 RM für Maschinen und elektrische Ausrüstung.

h) Pumpwerk an der Wächterstadt[211] (Astheim-Erfelder Entwässerungsverband), Pumpenraum: 14 × 6,34 m.

1 Pumpe 0,5 cbm/sec, 36 kW, 3 Pumpen 1 cbm/sec, 75 kW (hiervon eine Reserve), für 3 m Förderhöhe. Wirkungsgrad 0,68 bis 0,71. Schraubenschaufler MAN.

Tiefbaulicher Teil, mit Einlauf und Auslauf	RM 163500
Schütze	„ 18500
Pumpen, Motoren, elektrische Leitungen	„ 90000
Hochbau	„ 45000
Nebengebäude, Wohnhaus, Stall, Einfriedung	„ 35000
Zusammen	RM 352000

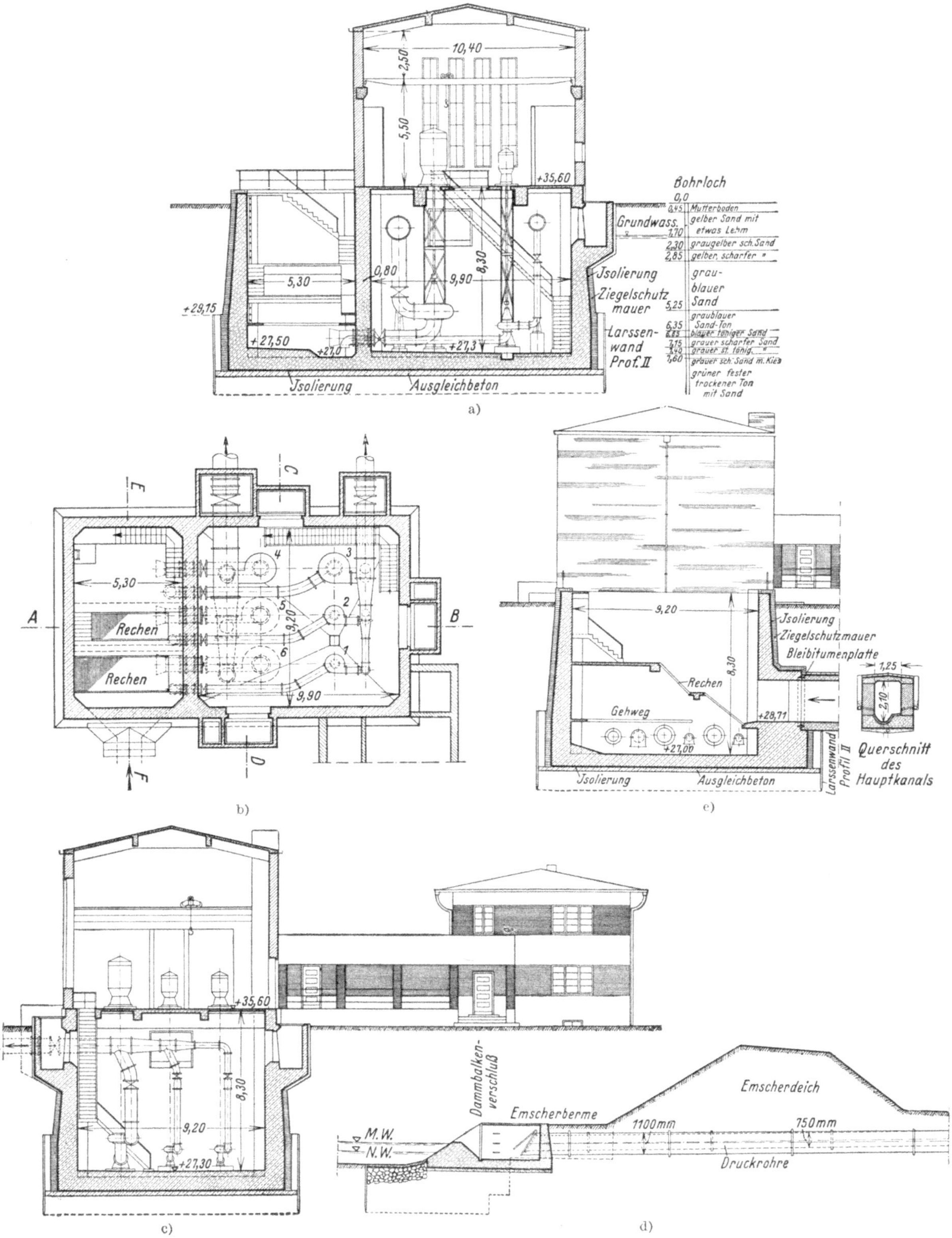

Abb. 134. Pumpwerk Essen-Karnap. (Aus Bautechnik 1930, S. 301.)
a) Schnitt *A—B*. b) Grundriß. c) Schnitt *C—D*. d) Einleitung der Druckrohre in die Emscher. e) Schnitt *E—F*.

i) Kammerhof-Pumpwerk[211] (Astheim-Erfelder Entwässerungsverband). Pumpenraum 3,65 × 3,65 m.

1 Pumpe 1 cbm/sec, 75 kW, 1 Pumpe 0,5 cbm/sec, 36 kW. Schraubenschaufler MAN.

Tiefbaulicher Teil, mit Einlauf und Auslauf	RM	65000
Motoren, Pumpen, elektrische Leitungen	,,	62000
Hochbau	,,	25000
Nebengebäude, Wohnhaus, Stall, Einfriedung	,,	28000
Zusammen	RM	180000

j) Abwasserpumpwerk Dahlhausen:[261]

Pumpwerk mit vorgeschaltetem Grobrechen, Sandfang, Emscher-Brunnen. Im Dachgeschoß des Pumpwerkes Maschinenwärterwohnung.

2 Pumpen für je 0,15 cbm/sec auf 10 m Höhe, Antrieb je 25 PS,
2 ,, ,, ,, 0,50 ,, ,, 10 ,, ,, , ,, ,, 100 ,, .

Drehstrommotoren, 380 V. Ein Spannungswandler für 50 kVA steht ständig unter Spannung, der zweite wird im Bedarfsfalle durch Schwimmerrelais eingeschaltet. Pumpen mit Bronzelaufrad und lotrechter Welle.

Gesamtkosten (1926)	RM	290000
Maschinen- und Schaltanlage allein	,,	68000
Betriebskosten, einschließlich Strom und Lohn, jährlich	,,	12000

k) Abwasserpumpwerk Essen-Steele:[261]

Pumpwerk mit vorgeschaltetem Grobrechen.

2 Pumpen für je 0,1 cbm/sec auf 7,5 m Höhe, Antrieb je 28 PS,
2 ,, ,, ,, 0,5 ,, ,, 7,5 ,, ,, , ,, ,, 100 ,, ,
1 Pumpe ,, ,, 1,1 ,, ,, 7,5 ,, ,, , ,, 140 ,, .

Die beiden Motoren von 28 PS werden mit Drehstrom von 380 V, die übrigen mit 5000 V angetrieben.

Pumpen mit lotrechten Wellen.

Gesamtkosten (1929)	RM	302000
Maschinen- und Schaltanlage allein	,,	85000
Betriebskosten jährlich	,,	13000

1384. Axialpumpen für die Förderung von Abwasser und Schlamm. (Pumpenfabriken E. Vogel in Stockerau, Österreich, und Znaim, Tschechoslowakei.) (Abb. 135.)

Pumpengröße		150 E	200 E	250 E	300 E	350 E	400 E
Anschlußweite	mm	150	200	250	300	350	400
Fördermenge von	cbm/min	1	2	4	5	8	12
,, bis	,,	2	4	10	11	22	26
Förderhöhe von	m	2	2	6	3	5	7
,, bis	,,	9	13	24	14	22	28
Drehzahl	n	1450	1450	1450	960	960	960
Gewicht mit Grundplatte	kg	250	310	380	550	675	820
Preis	S	1135	1345	1740	2260	2660	2850

1385. Schlammpumpe zur Förderung oder Umwälzung von Schlamm. (Pumpenfabriken E. Vogel in Stockerau, Österreich, und Znaim, Tschechoslowakei.)

Die Pumpe (Abb. 136a) kann wahlweise zur Förderung von Schlamm oder Fäkalien auf 3 bis 5 m Höhe oder als Umwälzpumpe verwendet werden.

Gewicht: 83 kg. Förderrohrweite: 70 mm.

Förderhöhe	m	3	4	5
Fördermenge	cbm/min	0,40	0,25	0,15
Leistungsaufnahme.	kW	0,81	0,74	0,66
Motor	,,	1,0	1,0	0,7

Preis der vollständigen Anlage bei 1,5 m Grubentiefe:

Pumpe aus Eisen.......	S	472	472	460
,, ,, Bronze	,,	602	602	590

Mehrpreis für eine Grubentiefe von	m	2	2,5	3
	S	40	50	60

a) 

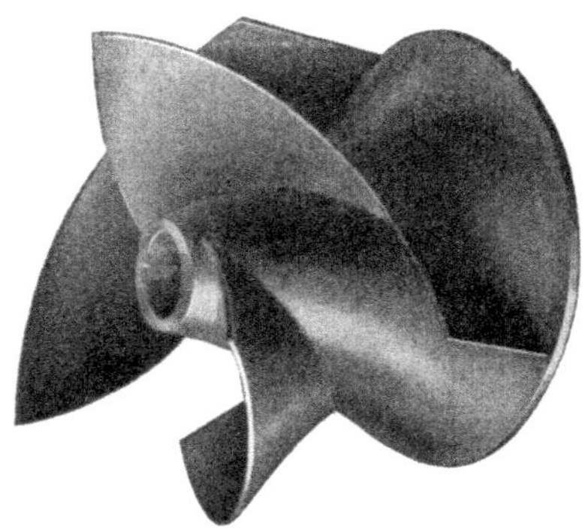 b)

c) 

Abb. 135. Vogel-Axialpumpe für Abwasser und Schlamm. (E. Vogel, Stockerau und Znaim.)
a) Laufrad einer Axialpumpe für Reinwasser und Abwasser. b) Laufrad einer Axialpumpe für Schlamm. c) Vogel-Axialpumpe.

1386. Schlammpumpe zur Förderung oder Umwälzung von Schlamm oder Fäkalien, laut Abb. 136 b, mit waagrechter Welle. (Pumpenfabriken E. Vogel in Stockerau, Österreich, und Znaim, Tschechoslowakei.)

Pumpengröße	59 Z					60 EZ					65 VZ				
Fördermenge ..cbm/min	0,2	0,3	0,4	0,5	0,6	0,3	0,4	0,5	0,6	0,7	0,6	0,7	0,8	0,9	1,0
Förderhöhe ... m	5,8	5,3	4,9	4,2	3,3	8,7	8,3	8,0	7,5	7,0	16,8	16,3	16,0	15,5	15,1
Leistungsaufnahme...... kW	0,52	0,59	0,66	0,74	0,81	1,2	1,25	1,33	1,5	1,6	5,2	5,5	5,8	6,0	6,3

Gewichte und Preise.

Pumpengröße	59 Z		60 EZ		65 VZ	
	kg	S	kg	S	kg	S
Pumpe aus Bronze mit Grundplatte, Kupplung und Steinschrauben	48	237,—	84	467,—	117	720,—
Saugkrümmer, bis 90° verschwenkbar	2,5	5,50	9	16,—	15	20,—
Zwei Paßstücke für den Anschluß an Flanschen DIN 2532	—	—	14	31,—	—	—
Saugleitung, und zwar Rohr, Saugklappe und Hebel für 1,5 m Grubentiefe	8,5	48,—	50	108,—	56	120,—
Druckleitung, und zwar 1,4 + 1,6 m Rohr, 1 Krümmer, 1 Auslaufkrümmer	15	39,—	45	72,—	45	72,—
Umwälzeinrichtung, und zwar 1 Umschalthahn (1), 1 Krümmer (2) und eine Rohrleitung (3) für 1,5 m Grubentiefe	—	—	60	173,—	60	173,—
Mehrpreis für je 0,5 m Rohr	2	5,50	3,5	6,—	3,5	6,—
Drehstrommotor 220/380 V, $n = 1400$, samt Schalter, Sicherungen	21,5	255,—	31,5	317,—	74,5	682,—

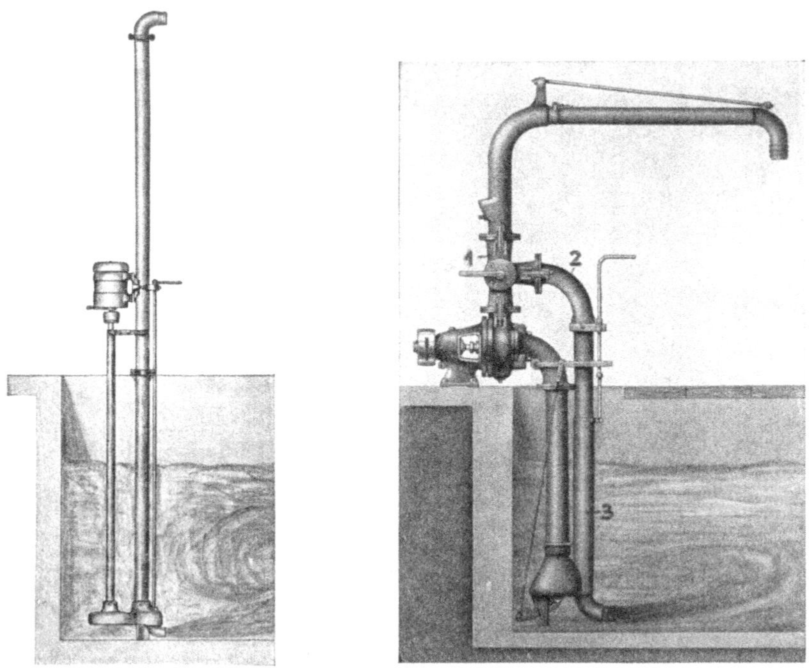

a) b)

Abb. 136. Pumpen zur Förderung und Umwälzung von Schlamm und Fäkalien. (E. Vogel, Stockerau und Znaim.) a) Mit lotrechter Welle für kleine Fördermengen. b) Mit waagrechter Welle für mittlere Fördermengen.

D. Abwasserreinigung.

1387. Abwasserreinigung: Baukosten je Kopf:[50]

Rechenanlage	RM 0,4—0,6
Siebanlagen	„ 1,0—3,0
Absetzanlage mit Schlammfaulung	„ 4—7
„ „ „ und Schlammbelebung	„ 11—15

1388. Abwasserreinigung, mittlere Jahreskosten bei Neuanlagen je Kopf und Jahr:[50]

Rechenanlage	RM 0,06—0,10
Siebanlage	„ 0,30—0,50
Absetzanlage mit Schlammfaulung	„ 0,50—0,90
„ „ „ und Schlammbelebung	„ 1,50—2,35
„ „ Tropfkörper[105]	„ 1,35—1,71

1389. Bau- und Betriebskosten von biologischen Reinigungsanlagen.[88]

Nachbehandlung	Ort	Baujahr	Art der Klaranlage	Berechnungs-Einwohner	Berechnungszufluß je Tag	Gegenwärtig angeschlossene Einwohner	Gegenwärtiger Trockenwetterzufluß je Tag	Baukosten im Baujahr	Jahreskosten: Kapitalsdienst	Jahreskosten: Betrieb und Unterhaltung	Jahreskosten: Gesamt	Baukosten: je Berechnungskopf	Baukosten: je Berechnungs-cbm	Jahreskosten: je gegenwärtigen Kopf	Jahreskosten: je 1 cbm gegenwärtigen Zufluß
					cbm		cbm	M bzw. RM	RM	RM	RM	RM	RM	RM	Pf.
Schlammbelebung	Bad Nauheim	1927	Emscher-Brunnen	25000	4000	14000	2500	220000	20000	25000	45000	8,80	55,—	3,21	4,94
	Berlin-Stahnsdorf	1929/31	Absetzbecken, Schlammfaulung	570000	120000	240000	55000	7240000	652000	78000	730000	12,70	60,40	3,04	3,63
	Berlin-Stahnsdorf	—	Belebungsanlage	445000	90000	105000	25000	6360000	572000	78000	650000	14,28	70,70	6,19	7,13
	Danzig	1929/30	Emscher-Brunnen, Tauchkörper	125600	15000	104000	8000	2000000	180000	92000	272000	16,—	133,30	2,61	9,32
	Erfurt	1909/27	Emscher-Brunnen, Schlammfaulung	140000	26000	140000	26000	554000	139000 (Erfurt 1909/27 und 1929/31 zusammen)	109000 (zusammen)	248000 (zusammen)	4,30	23,10	2,36 (zusammen)	3,92 (zusammen)
	,,	1929/31	Belebungsanlage	70000	13000	70000	13000	989000				14,13	76,—		
	Essen-Rellinghausen	1912/32	Absetzanlage, Faulräume	55000	30000	55000	30000	1100000	99000	60000	159000	20,—	36,70	2,89	1,45
	Iserlohn	1913/29	Emscher-Brunnen, Regenwasserbecken ..	25000	3750	25000	3750	280000	25000	16800	41800	11,20	74,70	1,67	3,05
	Templin	1929/30	Krämer-Brunnen, Faulräume	10000	1000	4500	300	209000	19000	12000	31000	20,90	209,—	6,88	28,20
Tropfkörper	Aachen	1911/13	Absetzbecken, Faulraum...............	160000	30000	156000	28500	1200000	108000	102000	210000	7,50	40,—	1,35	2,02
	Barntrup	1930	Oms-Brunnen	4000	400	2000	200	34000	—	—	—	8,50	85,—	—	—
	Bielefeld	—	Absetzbecken, Rieselfeld	87000	21500	87000	21500	770000	69000	74000	143000	8,85	35,80	1,65	1,82
	Siegen	1908	Regenklärbecken, Nachklärbecken	50000	8000	28000	4000	276000	27000	21000	48000	5,52	34,50	1,71	3,29
	Stuttgart	1915/30	Absetzanlage	—	—	360000	67300	2705000	243000	105000	348000	—	—	0,97	1,41
			Tropfkörperanlage	—	—	275000	43800	1000000	90000	25000	115000	—	—	0,42	0,72
Tauchkörper	Hattingen	1928/29	Emscher-Brunnen, Regenwasserbecken, Pumpwerk	17000	2500	17000	2500	300000	27000	18000	45000	17,65	120,—	2,65	4,90
Fischteiche	München	1923/26	Zweistöckiges Absetzbecken, Faulraum ...	—	290000	585000	225000	6260000	563000	—*	550000	—	21,60	0,94	0,67
			Fischteiche	—	290000	585000	—	6000000	540000	—	540000	—	20,70	0,92	0,66

* Überschuß: 13000 RM.

1390. Bau- und Betriebskosten von Kläranlagen (nach H. Rohde).[88]

Ort	Baujahr	Art der Kläranlage	Berechnet für Einwohner	Berechnet für einen täglichen Zufluß von	Zahl der gegenwärtig angeschlossenen Einwohner	Gegenwärtiger Trockenwetterzufluß je Tag	Baukosten im Baujahr	Jahreskosten: Kapitalsdienst	Jahreskosten: Betrieb und Unterhaltung	Jahreskosten: Gesamt	Baukosten: je Berechnungskopf	Baukosten: je Berechnungs-cbm	Jahreskosten: je gegenwärtigen Kopf	Jahreskosten: je 1 cbm gegenwärtigen Zufluß
				cbm		cbm	M bzw. RM	RM	RM	RM	RM	RM	RM	Pf.
Bad Salzuflen	1914	Emscher-Brunnen	25000	3000	11000	1500	46000	4000	3000	7000	1,84	15,30	0,54	1,28
Beckum	1907	„	9000	1400	7500	1200	30000	2700	300	3000	3,33	21,40	0,40	0,69
Chemnitz	1914/16	Emscher-Brunnen, Absetzbekken, Nachklärteiche	335000	70000	335000	78000	1130000	102000	188000	290000	3,37	16,20	0,87	1,02
Gütersloh	1913	Emscher-Brunnen	10000	2700	7000	1900	54000	4900	2000	6900	5,40	20,—	0,99	1,—
Halle a. S.	1914/15	Emscher-Brunnen, Faulräume	225000	22500	190000	27000	1000000	90000	20000	110000	4,44	44,40	0,58	1,12
Nürnberg-Süd	1912/15	„	150000	26000	200000	40000	800000	72000	50000	122000	5,33	30,80	0,61	0,83
Rostock	1913/14	„	100000	12600	72000	11500	500000	45000	14200	59200	5,—	39,70	0,82	1,41
Speyer, Hochzone	1929	„	13000	1300	9000	900	54000	4900	500	5400	4,15	41,50	0,60	1,67
Wernigerode	1926	„	10000	800	15000	1500	40000	3600	2100	5700	4,—	50,—	0,38	1,04
Bad Homburg	1927	Travis-Becken, Nachklärbekken, Faulräume	30000	6000	15000	3000	500000	—	—	—	16,70	83,40	—	—
Bad Soden	1910/27	Travis-Becken, Faulräume	6000	730	3300	400	150000	—	—	—	25,—	206,20	—	—
Eschweiler	—	Absetzanlage	22000	3000	22000	3000	85000	—	—	—	3,86	28,40	—	—
Friedberg i. H.	—	Zweistöckige Absetzanlage, Schlammförderung	8000	800	8000	800	52000	4700	2500	7200	6,50	65,—	0,90	2,46
Hersfeld	1913	Absetzbecken	15000	2300	11500	1750	60000	5400	8250	13650	4,—	26,10	1,19	2,14
Nürnberg-Nord	1929/30	Absetzbecken, Schlammfaulräume	200000	40000	200000	40000	1200000	108000	42000	150000	6,—	30,—	0,75	1,03
Berlin-Stahnsdorf	1929/31	Absetzbecken, Schlammfaulung (ohne Nachbehandlung)	570000	120000	240000	55000	7240000	652000	78000	730000	12,70	60,40	3,04	3,63
Zittau I	1929	Erfurter Trichter	2700	270	2300	115	19600	1800	300	2100	7,25	72,50	0,91	5,—
Neustadt a. H.	1925/26	Neustädter Becken, Faulräume	23000	4700	18000	4200	218000	19600	7500	27100	9,49	46,40	1,51	1,77

1391. Baukosten und Betriebskosten (ohne Verzinsung und Tilgung) **von Abwasserreinigungsanlagen** nach W. Geißler.[45]

Art der Reinigungsanlage	Bau M/Kopf, Einwohnerzahl bis 5000, Wasserverbrauch l/Kopf. Tag 60	Bau M/Kopf, Einwohnerzahl 5000—50000, Wasserverbrauch l/Kopf. Tag 80	Bau M/Kopf, Einwohnerzahl über 50000, Wasserverbrauch l/Kopf. Tag 100	Betrieb M/Kopf, Einwohnerzahl bis 5000, Wasserverbrauch l/Kopf. Tag 60	Betrieb M/Kopf, Einwohnerzahl 5000—50000, Wasserverbrauch l/Kopf. Tag 80	Betrieb M/Kopf, Einwohnerzahl über 50000, Wasserverbrauch l/Kopf. Tag 100
Sandfang	1,0	0,6	0,5	—	—	—
Absetzbecken mit getrennten Faulräumen	—	3,4—6,0	2,3—3,5	—	0,2—0,3	0,05—0,20
Zweistöckige Anlage	7,0—13,0	4,0—6,5	3,2—4,5	0,2—0,3	0,2—0,3	0,05—0,20
Tropfkörper	12,0—15,0	9,0—11,0	8,0—9,0	0,2—0,3*	0,20—0,25*	0,10—0,15*
Schlammbelebungsanlage	8,0—13,0	5,0—7,0	4,0—6,0	0,6—1,6	0,4—0,6	0,3—0,5
Schlammtrockenplatz	0,5	0,4	0,3	—	—	—

1392. Kosten der Abwasserreinigung bei normalem Trinkwasserverbrauch (nach K. Imhoff) je Einwohner in Reichsmark (1924):[32]

Reinigungsanlage	Baukosten RM	Ganzjähriger Betrieb: Zinsen 7%	Ganzjähriger Betrieb: Tilgung 2—5%	Ganzjähriger Betrieb: Betrieb	Ganzjähriger Betrieb: Jahresbelastung	Nachreinigung in 6 Monaten durch 18 Tagesstunden: Betrieb	Nachreinigung in 6 Monaten durch 18 Tagesstunden: Jährliche Belastung
Siebanlage	2,—	0,14	0,10	0,20	0,44	—	—
Sickerbecken	1,—	0,07	0,02	0,25	0,34	—	—
Absetzanlage mit Schlammfaulung	3,50	0,24	0,07	0,20	0,51	—	—
„ „ „ und Chlor	3,60	0,24	0,07	1,00	1,31	0,46	0,77
„ „ „ „ biologischem Tropfkörper	11,—	0,77	0,33	0,40	1,50	—	—
Absetzanlage mit Schlammfaulung und Schlammbelebungsanlage	7,—	0,49	0,21	0,80	1,50	0,40	1,10

Bei einem Trinkwasserverbrauch über 200 l/Kopf . Tag können die Kosten wesentlich höher werden.

Biologische Tauchkörper in Absetzanlagen mit Schlammfaulung erhöhen die jährlichen Betriebskosten von 0,51 auf 0,61 RM.

In der Kläranlage Essen-Rellinghausen haben bei einem Wasserverbrauch von 600 l pro Kopf und Tag die Baukosten der Schlammbelebungsanlage ohne Emscher-Brunnenanlage 6,70 RM je Kopf betragen. Die Kosten erreichten diese Höhe, weil Felssprengungen unter dem Grundwasserspiegel und eine Aushubbeförderung auf 1,5 km erforderlich waren und überdies der Wasserverbrauch außerordentlich hoch ist.

1393. Baukosten von Kläranlagen je Kubikmeter Absetzraum:[45]

Absetzraum, Größe	cbm	60	1000
	M	150	70
Zweistöckige Anlage: Größe des Absetzraumes	cbm	50	1000
	M	550	200

Zweistöckige Anlagen sind um 15 bis 20% teurer als Flachbecken mit getrenntem Faulraum.

1394. Abwasserreinigung in mechanischen Kläranlagen.[43]

Ort	Angeschlossene Einwohner	Abwasser cbm/Tag	Abwasser je Einwohner l/Tag	Gesamtkosten, einschließlich Zinsen, Tilgung, Betrieb und Unterhaltung Rpf/Kopf. Jahr	1 cbm Abwasser zu reinigen kostet Rpf	Kosten für Betrieb und Unterhaltung Rpf/Kopf. Jahr
Recklinghausen	30000	9000	300	31	29	10
Bochum	145000	50000	323	28	22	9,5
Essen NW	60000	48000	800	41	14	14,5

* Ohne Pumpkosten.

1395. Abwasserreinigung, Baukosten je Kubikmeter nutzbaren Raumes.[50]

Absetzbecken, ohne Maschinenausrüstung	RM 45—60
„ , mit „	„ 75—100
Emscher-Brunnen (Nutzraum = Absetz- + Faulraum) samt Zubehör	„ 80—130
Schlammbelebungsbecken, ohne Ausrüstung	„ 45—60
„ , mit „	„ 55—65
Nachklärbecken, ohne Ausrüstung	„ 50—90
„ , mit „	„ 55—95
Faulbehälter, ohne Ausrüstung	„ 40—50
„ , mit „ , Heizung und Umwälzpumpe	„ 45—60
Tropfkörperanlagen, ohne Vorreinigung[105]	„ 27—51
„ , mit „ [105]	„ 55—111

Zinsen und Tilgung: jährlich etwa 9%.

1396. Kosten der biologischen Abwasserreinigungsanlage in Erfurt: 11,37 RM/Kopf.[46]

1397. Kläranlage Essen-Rellinghausen:[270]

Baukosten 750000 GM = 55000 t Kohle.

Betrieb, Unterhaltung, Verzinsung und Tilgung:

Unterhaltung und Betrieb, jährlich	2000 t Kohle	= 3,63 %
Zinsen und Tilgung	3300 „ „	= 6,00 „
Zusammen		9,63 %

Umbau zur Gasgewinnung (Eisenbetondecken, Rechen, Gashauben, 300 m Gasleitung.	300 t
Erhöhung der Unterhaltungs- und Betriebskosten durch die Gasgewinnungseinrichtung jährlich	150 „
Verzinsung und Tilgung der Gasgewinnungseinrichtung	30 „
Jährlich	180 t

Bei 600000 cbm Gas im Jahr Wert des Gases 1200 t.

1398. Kläranlage der Stadt Soest mit Absetzraum, Faulraum, Tropfkörper und Schlammbelebung:[57]

Einwohner: 25000. Wassermenge: 2500 cbm/Tag. Absetzraum: 270 cbm. Klärzeit 1,5 h. Faulraum mit Heizung: 750 cbm (32 l/Einwohner). Gasausbeute je Einwohner derzeit: 7 cbm pro Jahr.

Tropfkörperbelastung: Wasser : Packung = 1 : 0,85.
Belebtschlammanlage: 2500 cbm Luft/Tag.
Täglicher Schlamm: 30 rm; Überschußschlamm: 10 rm.
Heizfläche im Faulraum: 12 qm; Länge der Heizrohre: 60 m.
Baukosten: 375000 RM oder 15 RM/Einwohner.

1399. Kläranlage Hattingen für 15000 Einwohner, Kosten:[272]

Rechen und Sandfang	RM 11000
Regenwasserklärbecken	„ 37000
Ölfänger	„ 4000
Emscher-Brunnen	„ 54000
Tauchkörper	„ 110000
Gebläse mit Antrieb und Rohrleitung	„ 7000
Gaskraftanlage	„ 45000
Hochspannungsanlage	„ 15000
Schlammplätze	„ 5000
Wärterhaus	„ 12000
Zusammen	RM 300000

Löhne jährlich 10000 RM.

1400. Emscher-Brunnen mit Faulgasgewinnung und Schlammtrockenbeeten in Uelzen:[271]
Einwohnerzahl: 48000, Wasserverbrauch: 75 l/Kopf. Tag. Abwasser: ~ 100 l/sec.

Baukosten: 121790 RM; ferner für Wegebauten 8193 RM und für ein Betriebsgebäude mit Wohnung 16410 RM. Grundwassersenkung beim Bau kostete 25000 RM. 2 Staffel. Absenkung 4,8 m.

Schlammbeete: 12 × 20 m. 2 Emscher-Brunnen: 10,70 × 13,0 m. Absetzbecken: 13,5 × 5,35 m. Absetzraum: 144 cbm. Faulraum: 360 cbm, also 30 l/Kopf. Grobrechen, Sandfang, 10 m lang.

1401. Passavant-Greiferrechen, laut Abb. 137.

Lichtweite zwischen den Roststäben 25 mm. Roststäbe: Papro-Profilstäbe. Zur Instandsetzung ist der Rechen aus dem Kanal waagrecht herauskippbar. Antrieb durch Elektromotor,

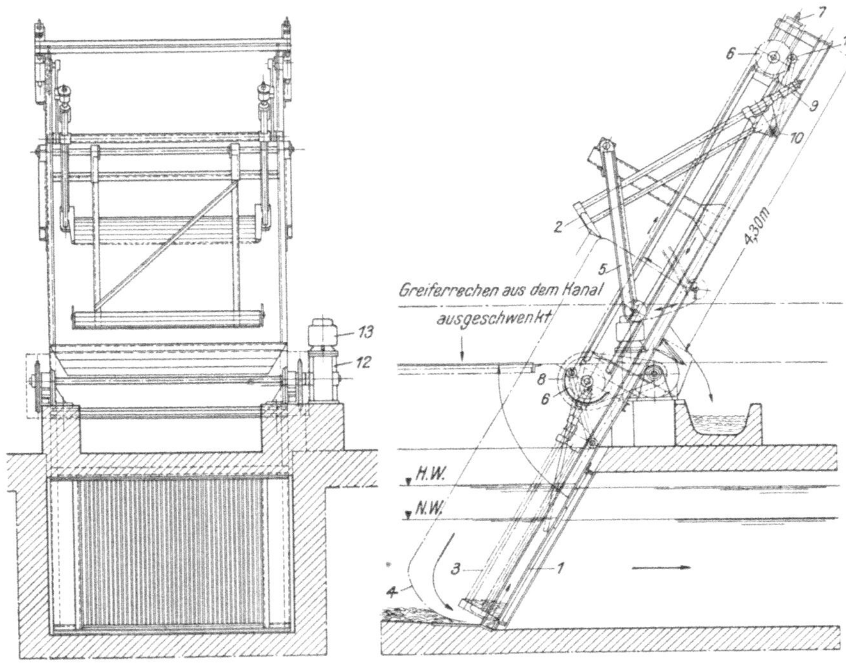

Abb. 137. Passavant-Greiferrechen.
1 Rechenrost, *2* Greifer bei Abwärtsgang, *3* Greifer bei Aufwärtsgang, *4* Greiferbahn, *5* Abwurfvorrichtung, *6* Überwasserantrieb, *7* elastische Kettenspannvorrichtung, *8* Umlenkung, *9* Druckregler, *10*, *11* Laufrollen, *12* Schneckengetriebe, gekapselt, *13* Motor.

je Meter Rostbreite etwa 1 PS. Ganze Gestellhöhe gleich Förderhöhe von Sohle bis Abwurfstelle + 4,30 m. Bei einer Rechenbreite B mm und einer Rostfläche f qm beträgt der Richtpreis

$$\text{RM} = 2\,B + 170\,f.$$

1402. Fahrbare Spülbaggereinrichtung zur Räumung von vier Sandfangkammern, auf zwei Schienen laufend (Schüchtermann & Kremer-Baum A. G., Dortmund).

Stahlkonstruktion, 16000 kg	RM	4720
Holzverschalungen	,,	2600
Maschinen, 21540 kg	,,	19000
3 Elektromotoren, $n = 950$, 7,5 + 3 + 9,5 PS	,,	je nach Stromart
Montage	,,	3750

1403. Siebtrommelanlage in Stralsund:[62]
Maschenweite 0,6 qmm, Reinigung mit Preßluft 1 bis 2 atü, Strompreis 0,2 RM/kWh, Stromkosten jährlich 3700 RM.

Betriebskosten für Maschinist, Hilfsarbeiter, Strom, Schmiermittel, Instandhaltung und Ersatzteile, Reinigungswasser, Schlammabfuhr, Gebäudeerhaltung 9500 RM oder 0,29 RM/Kopf (ohne Kapitalsdienst).

Nach zwei Jahren Neubespannung, 750 RM.

1404. **Zentrisieb-Notauslaß-Kläranlage PAN 590,** nach Abb. 138. (Passavant-Werke, Michelbacher Hütte, Nassau.)

Durchmesser des umlaufenden Siebes	mm	3500	3500
Höhe des Siebes	„	1750	1100
Preis ohne Bauarbeiten	RM	5000	4600
Antrieb	PS	7,0	5,0

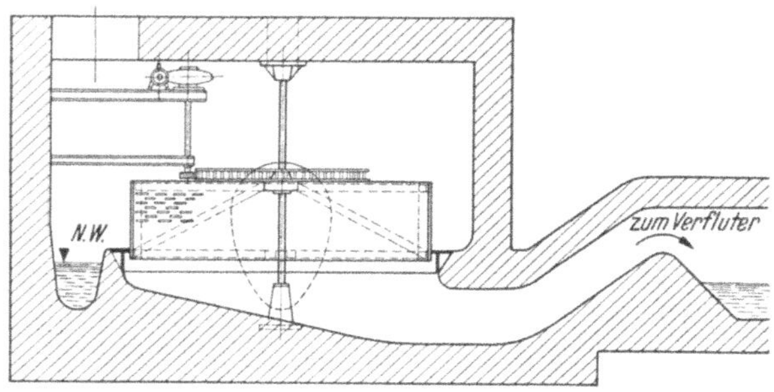

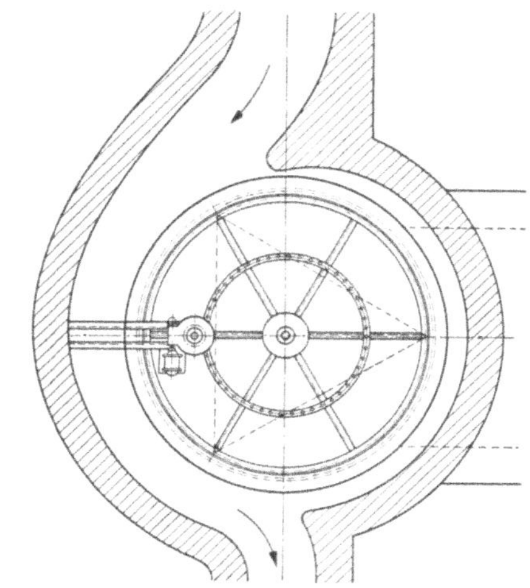

Abb. 138. Zentrisieb PAN 590. (Passavant-Werke.)

1405. **Bau- und Betriebskosten von Siebanlagen:**[88]

Ort	Baujahr	Siebart	Berechnungs-einwohnerzahl	Berechnungs-zufluß je Tag	Gegenwärtig ange-schlossene Einwohner	Gegenwärtiger Trockenwetter-zufluß	Baukosten im Baujahr	Jahreskosten: Kapitals-dienst	Jahreskosten: Betrieb und Unterhaltung	Jahreskosten: Gesamt	Baukosten: je Berech-nungskopf	Baukosten: je Berech-nungs-cbm	Jahreskosten: je gegenwär-tigen Kopf	Jahreskosten: je 1 cbm gegenwärtigen Zufluß
				cbm		cbm	M bzw. RM	RM	RM	RM	RM	RM	RM	Pf
Düsseldorf	1902/04	Rienschsche Scheibe	600 000	120 000	350 000	70 000	573 000	60 600	57 000	117 600	0,95	4,80	0,34	0,46
Herford i.W.	1912	Rienschsche Scheibe	23 000	1 700	24 000	1 800	40 000	3 600	6000	9 600	1,74	23,50	0,40	1,46
Krefeld-Uerdingen	1900	Rechenanlage ...	560 000	—	125 000	62 000	267 000	24 000	3000	27 000	0,48	—	0,22	0,12
Magdeburg	1924/29	Rienschsche Scheibe, Faulanlage m. Gasverwertung .	300 000	45 000	300 000	45 000	925 000	83 000	77 000	160 000	3,08	20,60	0,53	0,98
Osnabrück	1913/14	Siebtrommelanlage	100 000	20 000	82 000	16 000	114 000	10 500	13 000	23 300	1,14	5,70	0,28	0,40

1406. **Rechengut und Sandfanggut**[282] in l/Kopf . Jahr.

Ort	Angeschlossene Einwohner	Rechengut l/Kopf . Jahr	Sandfanggut l/Kopf . Jahr	Ort	Angeschlossene Einwohner	Rechengut l/Kopf . Jahr	Sandfanggut l/Kopf . Jahr
Hagen	94 000	0,5	3,0	Hattingen	17 000	2,4	10,0
Witten	45 000	2,6	6,0	Dahlhausen	7 000	1,1	12,9
Langendreer	30 000	0,7	2,4	Kettwig	6 300	1,5	8,4
Kupferdreh	20 000	0,8	11,5	Wetter	6 000	2,7	15,0
Velbert	18 000	3,0	12,8				

1407. **Inneneinrichtung für Ölabscheider, System Passavant,** für einen 30 m langen, im Spiegel 5 m breiten Öl- und Teerabscheider, bestehend aus zwei Längstauchwänden mit 4 querliegenden Abweiswänden, alles auf 6 Schwimmern gelagert und 8 Schwenkrohre zur Ölableitung. (Abb. 139.)

Richtpreis 5500 RM.

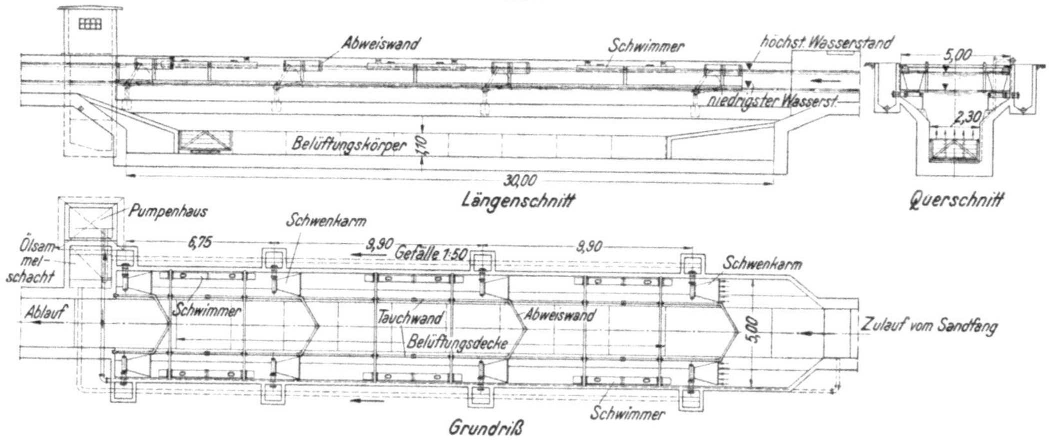

Abb. 139. Ölfang der Passavant-Werke.

1408. Kremer-Abwasserreinigungsanlagen.

a) Mechanische Kläranlagen, obere Grenzkosten:

Baukosten bei	1	cbm Abwasser je Tag, je Kubikmeter Abwasser......... RM	350
,, ,,	2—5	,, ,, ,, ,, ,, ,, ,, ,, ... ,,	150
,, ,,	5—10	,, ,, ,, ,, ,, ,, ,, ,, ... ,,	130
,, ,,	10—20	,, ,, ,, ,, ,, ,, ,, ,, ... ,,	110
,, ,,	20—50	,, ,, ,, ,, ,, ,, ,, ,, ... ,,	80
,, ,,	über 50	,, ,, ,, ,, ,, ,, ,, ,, ... ,,	70—50

b) Biologische Kläranlagen:

Baukosten bei	1	cbm Abwasser je Tag, je Kubikmeter Abwasser....... RM	1050
,, ,,	2—5	,, ,, ,, ,, ,, ,, ,, ,, ... ,,	350
,, ,,	5—10	,, ,, ,, ,, ,, ,, ,, ,, ... ,,	290
,, ,,	10—20	,, ,, ,, ,, ,, ,, ,, ,, ... ,,	240
,, ,,	20—50	,, ,, ,, ,, ,, ,, ,, ,, ... ,,	180
,, ,,	über 50	,, ,, ,, ,, ,, ,, ,, ,, ... ,,	160—120

1409. Tropfkörperanlagen. Bau- und Betriebskosten[92] (ohne Kosten der Vorreinigung und Grunderwerb und ohne Pumpkosten):

Ort	Baujahr	Einwohner angeschlossen	Trockenwetterzufluß cbm/Tag	Zahl der Tropfkörper	Gesamtinhalt der Tropfkörper cbm	Baukosten RM	Baukosten je cbm Inhalt RM	Jährliche Betriebskosten, ohne Kapitalsdienst RM	Packung und Wasserverteilung
Bad Reinerz ..	1930	3600	450—800	2	1450	57000	39,30	300	Generatorschlacke, Dunbar-Deckschicht
Görlitz (West).	1929	3000	500	2	920	30000	32,60	750	Schlacke, Ziegelbrocken, Schotter, Drehsprenger
Guhrau	1929	1500	—	2	1850	58700	31,70	1200	Hochofenschlacke, Drehsprenger
Hardenberg-Nevignes ...	1930/32	4500	1000	2	1050	28000	26,70	gering	Lavaschlacke, Drehsprenger
Leipzig-Leutzsch	1914/32	17000	2125	6	5610	210000	37,40	1500	Kesselschlacke, Drehsprenger
Schöningen ...	1928	10000	800	2	600	30000	50,50	300	Schlacke, Drehsprenger
Stuttgart	1926/30	242000	43200	4	29700	957000	32,20	25000	Muschelkalkschotter, Drehsprenger, Streudüsen, Wandersprenger

1410. Schälzentrifugen, waagrecht, Bauart ter Meer, zur Entwässerung von Klärschlamm, mit vollautomatischem und handgesteuertem Betrieb. (Escher Wyss, G. m. b. H., Ravensburg.)

Leistung stündlich 10 cbm, Nutzinhalt der Trommel 1,2 cbm, Durchmesser der Trommel 2000 mm, Breite der Maschine (in Richtung der Welle) 1900 mm, Länge 2400 mm, größte Höhe 4200 mm, Gewicht 12 t, Antriebsleistung 47 kW, Stromverbrauch durchschnittlich in der Stunde 22 kWh, Anschlußweite für die Schlammzuleitung 350 mm, für die Wasserableitung 125 mm. Preis ohne Antriebsmotor 18000 RM.

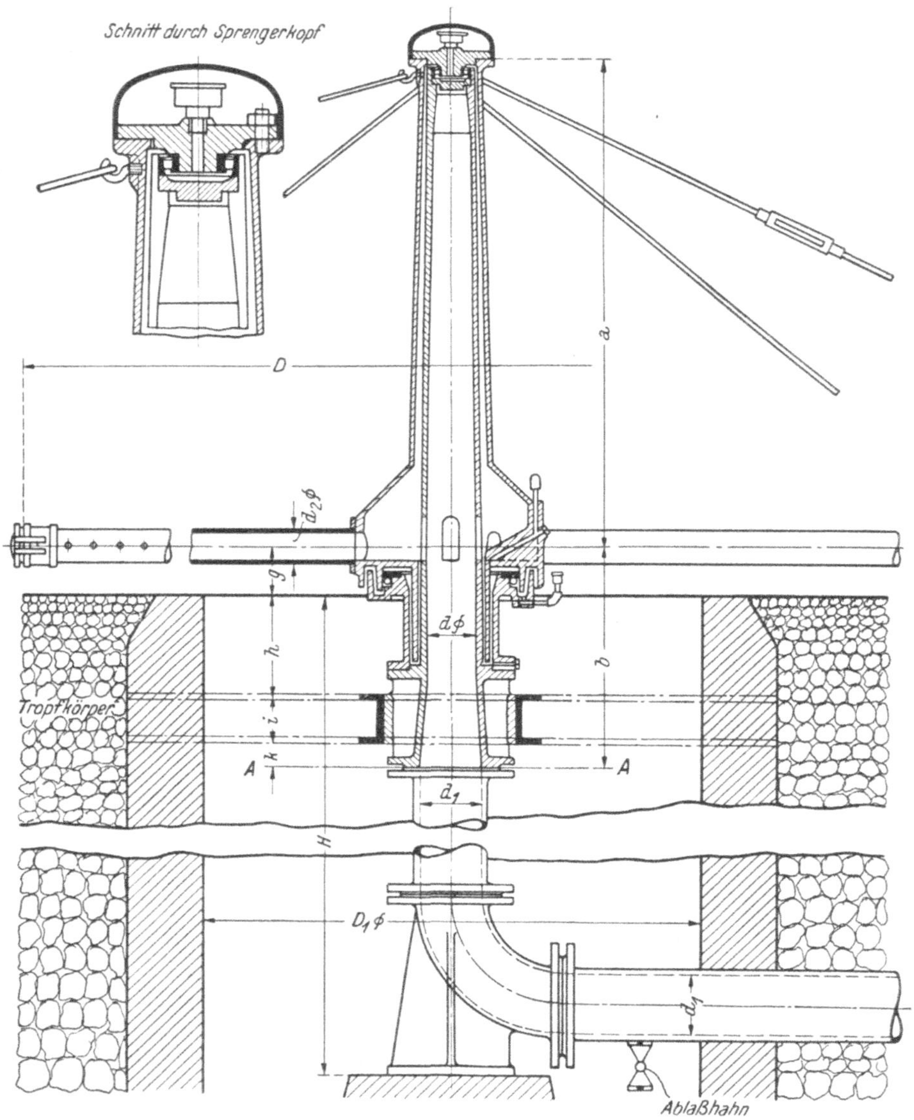

Abb. 140. Drehsprenger Simplex, PAN 800. (Passavant-Werke, Michelbacher Hütte, Nassau.)

1411. Drehsprenger Simplex, PAN 800, nach Abb. 140. (Passavant-Werke, Michelbacher Hütte, Nassau.)

Abmessungen in Millimetern. (Siehe auch Abb. 141)

Bezeichnung	d	d_1	d_2	a	b	g	h	i	k	l	m	D_1	H_{min}	Zahl der Verteilerrohre
S 70	70	100	45	750	400	100	170	80	50	45	120	1000	632	3
S 100	100	100	60	1000	430	100	180	100	50	50	140	1000	662	3

Durchmesser der besprengten Fläche D	m	4	6	8	10	12
Modell S 70, Preis der Teile über $A—A$	RM	245	265	285	310	335
„ S 100, „ „ „ „ $A—A$	„	—	360	390	420	455

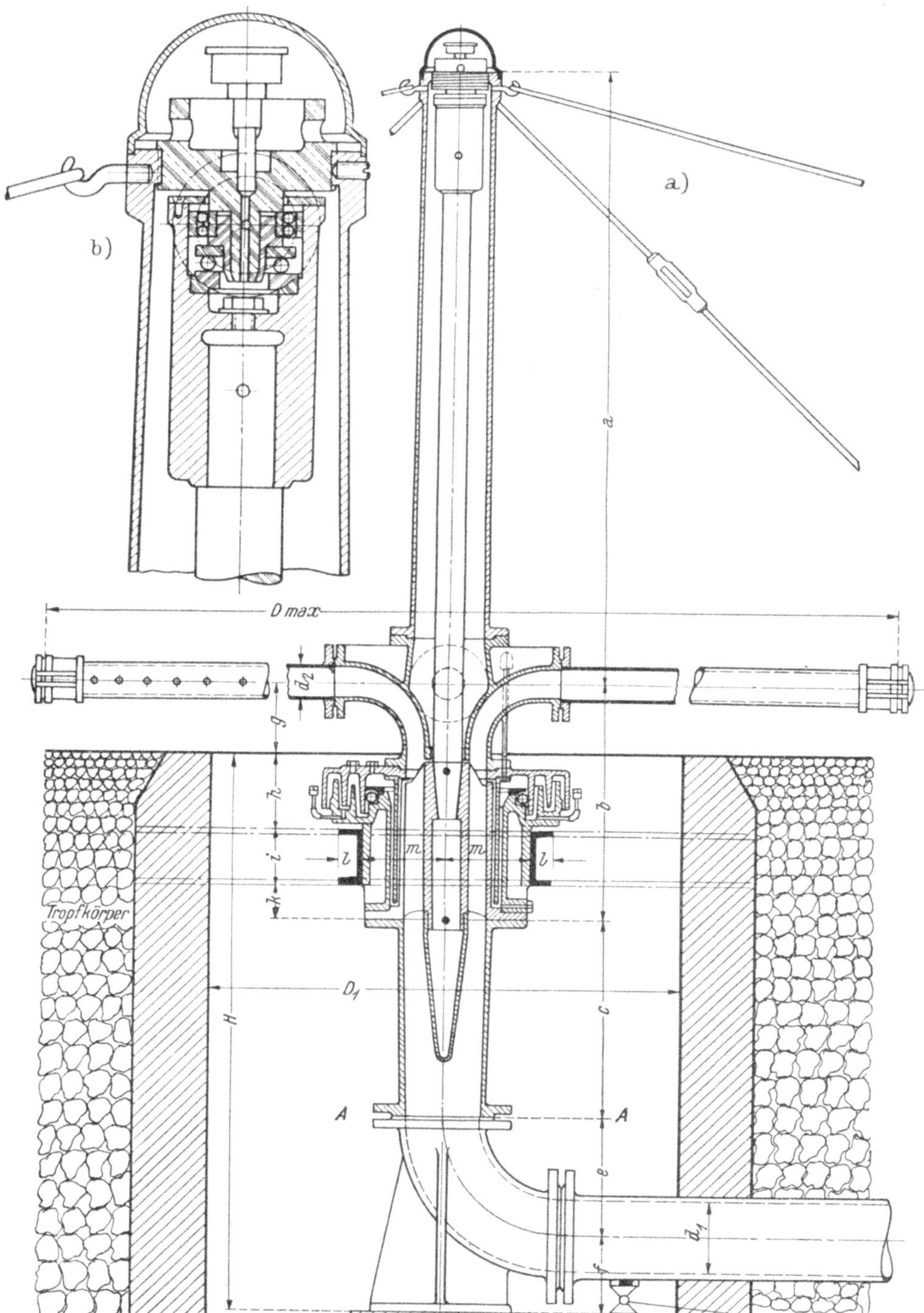

Abb. 141. Drehsprenger „Perfekt", PAN 802. (Passavant-Werke, Michelbacher Hütte, Nassau.)
a) Schnitt durch den ganzen Sprenger. b) Schnitt durch den Sprengerkopf.

1412. Drehsprenger „Perfekt", PAN 802, vierarmig, nach Abb. 141. (Passavant-Werke, Michelbacher Hütte, Nassau.)

Abmessungen in Millimeter.

Bezeichnung	d_1	d_2	a	b	c	e	f	g	h	i	k	l	m	D_1	H_{min}	D_{max}
P 100	100	50	1300	500	300	200	132	100	210	120	70	55	165	1000	1032	15000
	125	50	1300	500	300	225	148	100	210	120	70	55	165	1000	1073	15000
	150	50	1300	500	300	250	164	100	210	120	70	55	165	1000	1114	15000
P 125	125	65	1300	500	400	225	148	150	160	120	70	55	175	1250	1123	20000
	150	65	1300	500	400	250	164	150	160	120	70	55	175	1250	1164	20000
	175	65	1300	500	400	275	179	150	160	120	70	55	175	1250	1204	20000
P 150	150	75	1400	600	500	250	164	150	240	140	70	60	205	1500	1364	25000
	175	75	1400	600	500	275	179	150	240	140	70	60	205	1500	1404	25000
	200	75	1400	600	500	300	195	150	240	140	70	60	205	1500	1445	25000
P 175	175	90	1950	600	500	275	179	200	165	140	95	60	225	1750	1354	30000
	200	90	1950	600	500	300	195	200	165	140	95	60	225	1750	1395	30000
	225	90	1950	600	500	325	205	200	165	140	95	60	225	1750	1430	30000
P 200	250	90	1950	600	500	350	221	200	165	140	95	60	225	1750	1471	30000
	200	100	1950	600	500	300	195	200	165	140	95	60	240	2000	1395	30000
	225	100	1950	600	500	325	205	200	165	140	95	60	240	2000	1430	30000

Durchmesser D der besprengten Fläche	m	8	10	12	14	16	18	20
Modell P 100, Preise aller Teile über A—A	RM	495	510	535	560	585	615	—
„ P 125, „ „ „ „ A—A	„	600	620	640	660	680	710	—
„ P 150, „ „ „ „ A—A	„	—	—	695	720	750	780	820
„ P 175, „ „ „ „ A—A	„	—	—	860	900	950	1000	1050
„ P 200, „ „ „ „ A—A	„	—	—	—	1125	1175	1230	1300

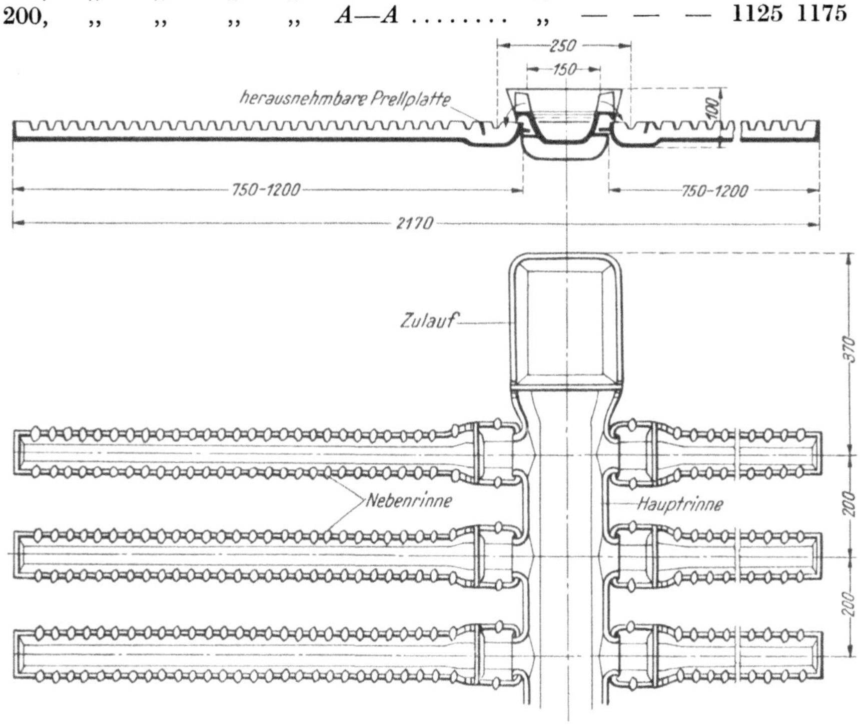

Abb. 142. Tropfrinne für biologische Körper, PAN 830. (Passavant-Werke, Michelbacher Hütte, Nassau.)

1413. Tropfrinnen für biologische Körper u. dgl., PAN 830, nach Abb. 142. (Passavant-Werke, Michelbacher Hütte, Nassau.)

a) Hauptrinne, mit Anschlüssen beiderseits, alle 200 mm, für die Nebenrinnen, je Meter 18 RM. Die Hauptrinne muß alle 1,20 m gelagert werden.

b) Nebenrinnen, am Ende zu lagern.

Länge	mm	750	1000	1200
Gewicht	kg	3	4	5
Preis	RM	3,30	4,00	4,60

1414. Schlammbelebungsanlagen,[262] Anlage- und Betriebskosten:
Betriebskosten einer vollständigen Kläranlage mit Schlammbelebungsanlage und Faulräumen nach K. Imhoff, 0,80 RM/Kopf . Jahr.

Bei beheizten Faulräumen, Schlammumwälzung und Faulgasverwertung ist der Betrieb billiger.

Die reinen Betriebskosten einer Schlammbelebungsanlage ohne Kapitalsdienst betragen etwa 0,12 Pf./cbm.

Die Betriebskosten, einschließlich Zinsen und Tilgung, Druckrohrbetrieb 1,95 Pf./cbm.

Anlagekosten einer Schlammbelebungsanlage etwa 110 RM je Kubikmeter tägliche Abwassermenge.

1415. Schlammbelebungsanlage, Antrieb.[32, 262]
Der Antrieb des Rührwerkes, der Rücklaufpumpe und des Luftverdichters erfordert für je 1000 cbm tägliche Abwassermenge 1,8 bis 2 PS.

1416. Schuhmacher-Filterkästen für die Belüftung des Abwassers in Schlammbelebungsbecken und in Ölfängern, ausgelegt mit Brandolplatten.

Abmessungen der Kästen mm	Gußeisenkasten		Bleikasten		Steinzeugkasten	
	Gewicht kg	Preis RM	Gewicht kg	Preis RM	Gewicht kg	Preis RM
250 × 90 × 27	—	—	—	—	1,5	8,50
500 × 220 × 40	18	26,—	30	42,50	—	—
1000 × 220 × 40	30	37,50	50	55,50	—	—
1000 × 220 × 70	—	—	—	—	23	43,50
1180 × 300 × 45	56	51,50	—	—	—	—
1280 × 300 × 45	60	57,50	—	—	—	—
1280 × 300 × 70	—	—	—	—	45	60,—

1417. Fischteiche.
1 ha Fischteich liefert jährlich etwa 400 bis 600 kg dreijährige, verkaufsfähige Karpfen vom Durchschnittsgewicht von je 1,5 kg.

Auf 1 ha Teichfläche können durchschnittlich die vorgeklärten Abwässer von 2000 bis 4000 Einwohnern gerechnet werden. Das Abwasser muß mindestens mit der dreifachen Menge frischen Wassers gemischt eingeleitet werden.

Bei einem Besatz eines Teiches mit einsommerigen Karpfen gehen während des Sommers etwa 20%, bei zweisommerigen Karpfen etwa 5 bis 10% ein.

Zur Vertilgung der Wasserlinse werden auf den Teichen Enten gehalten. Die Entenzucht liefert von 1 ha Teich jährlich bis zu 250 kg Entenfleisch.[236]

Eine vollständige Fischteichanlage, einschließlich der Zuchtteiche, besteht aus den folgenden Teichen (in der Klammer ist die Teichgröße in Prozenten der Gesamtteichfläche angegeben):

Elternteiche (0,80%), Ablaichteiche (0,15%), Brutteiche (1,75%), Teiche für die einsommerigen Karpfen (3,80%), Winterteiche für die Überwinterung der einsommerigen Karpfen, 3 m tief (1,52%), Teiche für die zweisommerigen Karpfen, 0,4 bis 2,0 m tief (30,8%), Winterteiche für die Überwinterung der zweisommerigen Karpfen, 3 m tief (4,1%), Teiche für die dreisommerigen Karpfen, 0,4 bis 2 m tief (57%), Halterteiche für die Aufnahme der verkaufsbereiten Fische (0,08%).

In München hat die Anlage der Fischteiche je Hektar 26100 RM gekostet.

1418. 1 ha Rieselfelder erfordern für Bodenerwerb und Anlage (1930):[273] 4000 bis 5000 RM.

1419. Rieselfelder, Betrieb.
Der Betrieb eines Rieselfeldes kostet etwa 8,5 Pf/cbm Abwasser.

1420. Spellna-Drehkolbengebläse für Luft, bis 8000 mm WS-Überdruck, für direkte Kupplung mit Drehstrommotoren. (H. Spelleken Nachf., Wuppertal-Oberbarmen.) (Abb. 143.)

Größe	Maschinenabmessungen in mm									Grundwerk		Drehzahl je Minute	Überdruck in mm WS												Gewicht mit Grundplatte und Kupplung	Richtpreis ab Werk ohne Motor
	a	*b*	*c*	*d*	*g*	*i*	*p*	*q*	*y*	Breite	Länge		4500		5000		5500		6000		7000		8000			
										B mm	*A* mm	*n*	cbm/h	kW	cbm/h	kW	cbm/h	kW	cbm/h	kW	cbm/h	kW	cbm/h	kW	kg	RM
03	175	110	283	315	115	50	270	230	70	500	Nach den Abmessungen des Motors	1000 1450	16,5 54,0	1,05 1,50	13,5 51,0	1,20 1,65	10,5 48,0	1,30 1,80	7,5 45,0	1,40 2,00	4,5 39,0	1,60 2,30	1,5 34,5	1,85 2,60	135	
00	255	150	355	430	185	60	353	299	80	550		720 950 1450	34,5 72,0 150	1,50 1,95 2,95	31,5 67,5 147	1,70 2,20 3,3	28,5 63,0 144	1,85 2,40 3,6	25,5 60,0 141	2,05 2,60 3,9	18,0 54,0 135	2,35 3,1 4,6	13,2 49,5 130	2,65 3,5 5,2	225	
0	255	215	355	430	185	70	353	299	80	550		720 950 1450	66 118 233	2,15 2,75 4,2	62 114 228	2,35 3,1 4,7	57 109 223	2,6 3,4 5,1	52 105 219	2,8 3,7 5,5	47 99 213	3,3 4,3 6,5	41 93 207	3,7 4,9 7,4	260	
1	310	200	448	510	218	100	399	335	90	675		720 950 1450	141 219 387	3,2 4,1 6,2	135 214 381	3,5 4,5 6,8	129 207 376	3,9 5,0 7,5	123 201 274	4,2 5,4 8,1	117 195 266	4,8 6,3 9,5	111 189 260	5,5 7,2 10,6	365	
1a	310	290	448	510	218	100	399	335	90	675		720 950 1450	225 336 582	4,4 5,8 8,8	218 330 576	5,0 6,5 9,8	210 324 570	5,5 7,2 10,8	204 318 564	6,0 7,9 11,9	196 310 556	6,9 9,1 13,9	191 306 546	7,9 10,4 15,7	400	
2	335	280	512	610	265	120	479	400	100	800		720 950	366 540	7,1 9,2	357 531	7,9 10,4	348 522	8,7 11,4	339 513	9,5 12,4	327 506	11,0 14,4	315 492	12,4 16,3	595	
2a	335	325	512	610	265	120	479	400	100	800		720 950	414 618	8,1 10,6	402 606	9,1 11,9	393 594	10,0 13,1	384 582	10,9 14,2	369 567	12,6 16,5	354 555	14,4 18,7	625	
3	325	325	528	675	275	125	539	455	110	800		720 950	536 790	10,0 13,1	528 780	11,1 14,5	519 768	12,1 15,9	510 757	13,1 17,4	492 742	15,3 20,1	476 726	17,8 23,3	670	
3a	340	320	535	800	325	150	630	520	120	850		720 845	1020 1248	16,3 19,3	1007 1232	18,1 21,3	996 1217	20,0 23,3	983 1205	21,9 25,4	965 1190	25,4 29,6	948 1175	28,9 33,7	890	
4	340	420	540	800	325	175	630	520	120	850		720	1361	21,8	1343	24,4	1325	26,8	1307	29,3	1287	34,2	1265	39,0	940	
44	390	420	595	890	395	200	732	606	140	1050		720	2050	32,0	2002	34,8	1980	38,3	1955	42,2	1927	49,3	1904	57,0	1450	
44a	390	520	595	890	395	225	732	606	140	1050		720	2493	39,0	2463	44,0	2433	48,0	2405	53,0	2373	61,5	2445	69,0	1520	2040

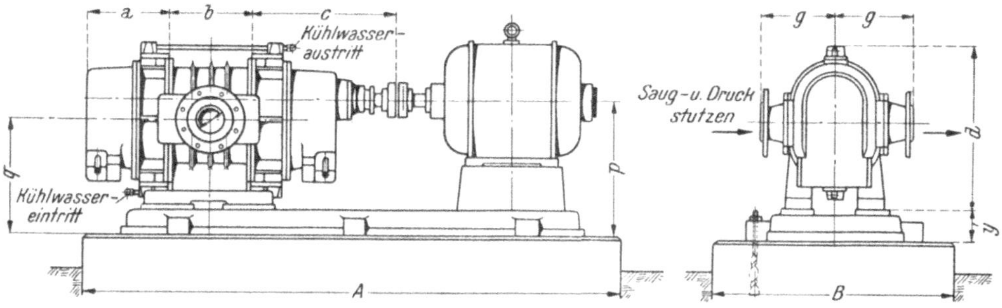

Abb. 143. Spellna-Drehkolbengebläse, Abmessungen.

1421. Verfüllen von Methangas aus Faulgas in Stahlflaschen:[61]

Die Verdichteranlage, bestehend aus einem Faulgasmotor, 20 PS und einem Verdichter für 40 cbm stündliche Ansaugleistung und 150 atü 5800 RM.

Grundwerk, Montage, Rohrleitungen (~ 14%) 800 RM.

Tilgung 8%.

Der Antriebsmotor verbraucht 9 cbm/h Faulgas. 0,9 cbm Methangas sind im Autobetrieb gleichwertig mit 1 l Benzol.

Ein 100-PS-Lastwagen verbraucht bei schwerem Betrieb für 100 km 55 l Benzol oder 50 cbm Methan.

Füllzeit je Kubikmeter Gas bei 150 atü ~ 1,5 Minuten. Bedienung 2 Arbeiter.

Die Ausscheidung der CO_2 mittels Druckwasserwaschung kostet 4 bis 5 Rpf/cbm Gas, einschließlich Verzinsung und Tilgung der Wäsche.

In Halle enthält das Faulgas 29,74% CO_2.

1 cbm Preßmethan kostet etwa, einschließlich Flaschenkosten 24 Rpf gegen 1 l Benzol 50 Rpf (Tankstelle).

1422. Kosten der Reinigung und Verdichtung von Faulgas.[270]

Das Faulgas enthält etwa 20 bis 30% Kohlensäure, die durch Waschen mit Kalkmilch gebunden wird; es verbleiben nur 0,5 bis 2% Kohlensäure. Das gereinigte Gas enthält 92 bis 98% Methan, das auf 150 atü verdichtet wird, um es in Stahlflaschen versenden zu können.

Kosten der Anlage für die Reinigung und Verdichtung von 600000 cbm Rohfaulgas je Jahr:

Um- und Neubaukosten: Preis 5000 t Kohle.

Unterhaltung und Betrieb der Kläranlage	jährlich	2000 t
Verzinsung und Tilgung der Kläranlage	„	3300 „
Unterhaltung und Betrieb der Gasaufbereitung	„	3500 „
Verzinsung und Tilgung der Gasaufbereitung	„	500 „
Zusammen	jährlich	9300 t

Aus dem Faulgas werden etwa 75% Methan gewonnen, also jährlich 450000 cbm, die, wenn 1 cbm gleich 0,027 t Kohle gewertet wird, 12150 t Kohle entsprechen, so daß ein Reingewinn von rund 3000 t Kohle zu erwarten ist.

1423. Stahlflaschen für Methangas:[61]

Deutsche Flaschen: Inhalt 40 l oder 6 cbm Gas bei 150 atü. Gewicht: 11 bis 13 kg/cbm Gasfüllung. Preis: 50 bis 55 RM.

Französische Flaschen aus Chrom-Nickel-Stahl für 200 atü:

Gasinhalt	cbm	10	20
Preis	RM	82,30	197,50 + 10% für Fracht und Zoll
Flaschengewicht je Kubikmeter Füllung	kg	5,5	6,0

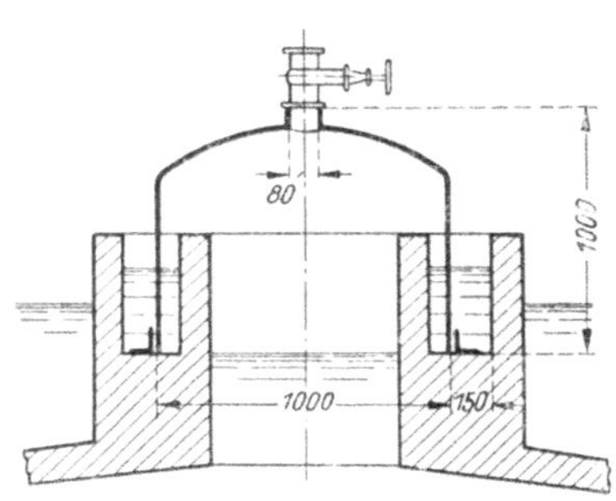

Abb. 144. Passavant-Gasglocke.

1424. Passavant-Gasglocken zur Ableitung von Faulgas, 1000 mm weit, nach Abb. 144, mit 80 mm Gasschieber. Richtpreis: 180 RM.

1425. Wert eines Kubikmeters Abwasser (Trockenwetter) bei landwirtschaftlicher Ausnutzung[94] nach A. Kreuz:

1 cbm Abwasser enthält durchschnittlich 80 g Stickstoff + 20 g Phosphorsäure + 60 g Kali. Der Dungwert von 1 cbm Abwasser beträgt unter der Voraussetzung, daß 70% der Dungstoffe landwirtschaftlich ausnutzbar sind, 0,05 RM. Zu diesem Dungwert kommt noch der Anfeuchtungswert, der bei Berieselung mit etwa 0,02 RM je Kubikmeter, bei Beregnung mit etwa 0,07 RM zu bewerten ist.

1426. Heizwert ausgefaulten Klärschlammes.[274]

Kläranlage	Art des Faulraumes	Wassergehalt %	Trockensubstanz		Heizwert WE/kg	
			Mineralisch %	Organisch %	Trockensubstanz	Organische Substanz
Altenessen-West	Emscher-Brunnen	86,7	47,9	52,1	3240	6230
Bochum	,,	80,2	58,8	41,2	2600	6310
Essen-Frohnhausen	,,	86,8	50,7	49,3	2670	5420
,,	Getrennter Faulraum	82,6	56,8	43,2	2380	5520
Essen-Nord	Emscher-Brunnen	91,1	50,6	49,4	2840	5750
,,	Getrennter Faulraum	84,5	53,9	46,1	2470	5360
Essen-Nordwest	Emscher-Brunnen	77,5	46,8	53,2	3520	6620
,,	,,	88,3	47,8	52,2	3490	6690
Gelsenkirchen-Altstadt	,,	76,1	34,3	65,7	4910	7470
,,	,,	87,7	43,5	56,5	3930	6960
Gelsenkirchen-Nord	,,	77,9	57,8	42,2	2670	6330
,,	,,	83,1	45,4	54,6	3870	7090
Holzwichede	,,	82,4	60,8	39,2	2320	5920
Herne-Nord	,,	79,7	48,7	51,3	3410	6650
,,	,,	79,5	46,5	53,5	3380	6320
Horst	,,	74,2	27,0	73,0	5590	7660
Oberhausen	,,	89,2	32,7	67,3	4200	6240
,,	Getrennter Faulraum	92,2	44,7	55,3	3200	5790
Recklinghausen-Ost, alt	Emscher-Brunnen	83,9	38,4	61,6	4350	7060
,, , neu	,,	81,8	39,5	60,5	4720	7800
Steele-Haferfeld	,,	76,4	65,2	34,8	2160	6210
Stoppenberg	,,	82,9	41,0	59,0	3610	6120
Wanne-Nord	,,	85,3	47,0	53,0	3230	6100
Wattenscheid	,,	76,2	26,2	73,8	5690	7710
,,	,,	76,2	26,9	73,1	5790	7920
Zechenkolonie Graf Schwerin	,,	84,6	54,5	45,5	2880	6330
München-Großlappen	Dywidag-Anlage	—	46,9	53,1	2260	4250

1427. Landwirtschaftlicher Wert eines Kubikmeters Faulschlamm, nach A. Kreuz:[94]

In Stuttgart wird aus einer Mischung von 1 cbm Torf + 1,2 cbm Schlamm das Düngemittel „Biohum" erzeugt, das zum Preis von 10 RM je Kubikmeter verkauft wird.

1428. Chlorgasanlage der Chloratorgesellschaft in Berlin, nach dem indirekten Verfahren arbeitend, für die Chlorung von mechanisch vorgereinigtem Abwasser, Chlorgabe bis zu 20 g je Kubikmeter, ausreichend für etwa 10000 cbm Abwasser stündlich, Richtpreis 2620 RM. Montagekosten 350 RM. Raumbedarf 2 × 2 × 2 m.

Für die Herstellung des Chlorwassers ist eine Elektropumpe für 6 cbm stündlich auf 5 atü zum Preis (samt Antrieb) von 700 RM erforderlich.

Chlorgas in Trommeln mit 500 kg Chlor ist um etwa 3 RM/100 kg billiger als bei Bezug in Leihflaschen.

1429. Biologische Hauskläranlagen.

Obere Grenzwerte der Baukosten je Kubikmeter täglich zulaufenden Abwassers:[106]

Bei einem täglichen Zufluß von	1 cbm	..... RM/cbm	1050
,, ,, ,, ,, ,,	2—5 ,,	..... ,,	350
,, ,, ,, ,, ,,	5—10 ,,	..... ,,	290
,, ,, ,, ,, ,,	10—20 ,,	..... ,,	240
,, ,, ,, ,, ,,	20—50 ,,	..... ,,	180
,, ,, ,, ,, ,,	über 50 ,,	..... ,,	160—120

1430. Kremer-Frischwasserhausklärbrunnen.[106] (Abb. 145.)

Größe	Durchmesser	Tiefenlage des Einlaufes *E*	Tiefenlage des Auslaufes *A*	Wassertiefe *T*	Klärrauminhalt	Schlammrauminhalt	Gewicht	Preis frei Bestimmungsstation	Zufuhr und Einbau
	m	m*	m*	m	cbm	cbm	kg	RM	RM
I	1,0	0,85	1,00	1,40	0,4	0,70	2200	230	50 bis 120, je nach Entfernung, Größe und Untergrundverhältnissen
II	1,0	0,85	1,00	1,90	0,4	1,09	2400	250	
III	1,0	0,85	1,00	2,40	0,4	1,48	2600	270	
IV	1,0/1,5	0,85	1,00	1,90	0,4	1,77	2800	340	
V	1,5	0,90	1,05	2,05	1,0	2,10	3200	450	
VI	1,5	0,90	1,05	2,55	1,0	2,98	3600	495	
VII	1,5	0,90	1,05	3,05	1,0	3,86	4000	540	

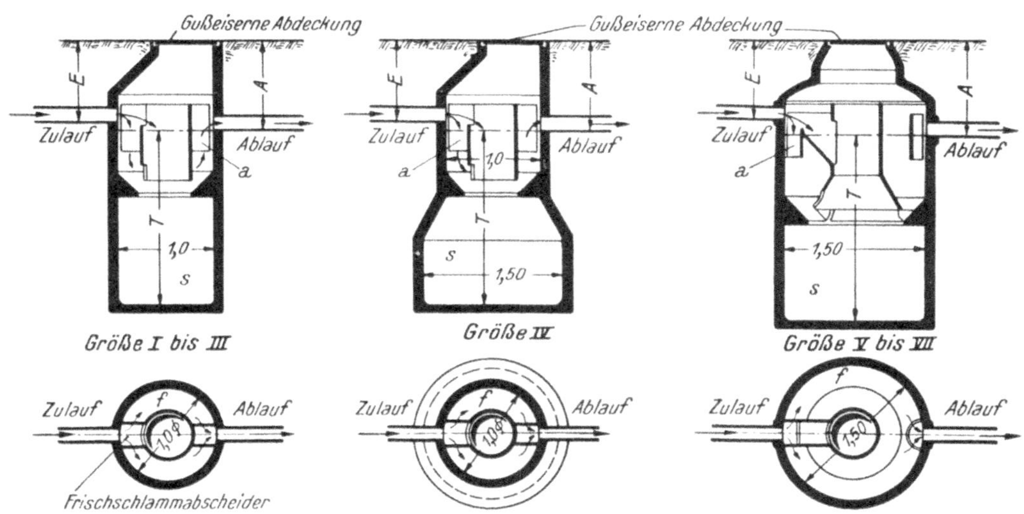

Abb. 145. Kremer-Frischwasserhausklärbrunnen.
a Absitzraum, *f* Feinklärraum, *s* Schlammraum.

1431. Mechanische Kremer-Kläranlagen.[106]
Obere Grenzwerte der Baukosten je Kubikmeter Zufluß:

Bei einem Zufluß von 1 cbm Abwasser je Tag	RM/cbm	350
„ „ „ „ 2—5 „ „ „ „	„	150
„ „ „ „ 5—10 „ „ „ „	„	130
„ „ „ „ 10—20 „ „ „ „	„	110
„ „ „ „ 20—50 „ „ „ „	„	80
„ „ „ „ über 50 „ „ „ „	„	70—50

1432. Hauskläranlagen kosten durchschnittlich:[105]

je Haus	RM	200—500
„ Einwohner	„	50

Die Betriebskosten einer Hauskläranlage betragen jährlich, wenn für Tilgung und Zinsen zusammen 9% gerechnet werden, einschließlich Abfuhr des Schlammes je Kopf etwa 7 RM.

1433. Oms-Frischwasserhausklärbrunnen aus fabrikmäßig hergestellten Teilen, ohne Einbau, aber frei Bestimmungsstation (Deutsche Abwasserreinigungsgesellschaft, Wiesbaden) (Abb. 146):

Klärbrunnendurchmesser	mm	700	2000
Ausreichend für Personen		10	100
Preis	RM	160—200	475—500

* Können den örtlichen Verhältnissen angepaßt werden.

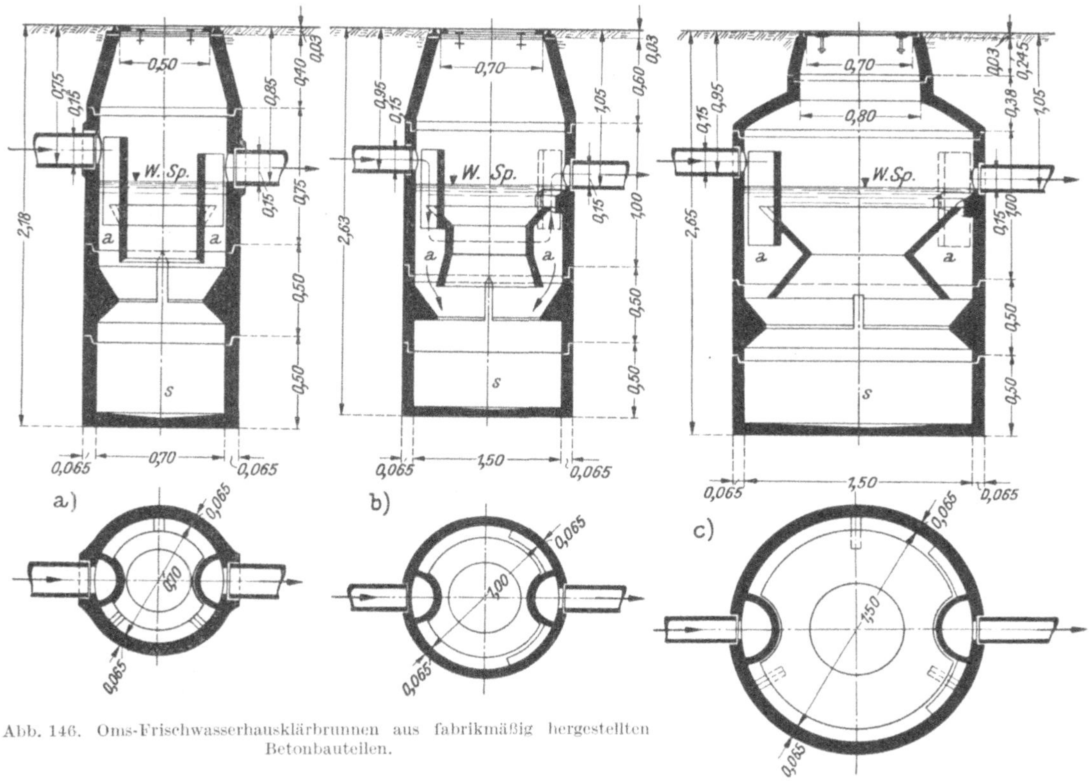

Abb. 146. Oms-Frischwasserhausklärbrunnen aus fabrikmäßig hergestellten Betonbauteilen.

1434. **1 Stück Oms-Frischwasserklärbrunnen** aus fabrikmäßig hergestellten Teilen **in der Baugrube zusammenbauen** erfordert:[38]

Brunnenabmessungen: Durchmesser	m	1,0	1,5
Tiefe	,,	3,0	3,0
Maurerstunden		6	10
Hilfsarbeiterstunden		12	20
Für Geräte und Mörtel	%	20	20

XIX. Wasserversorgung und Entwässerung der Gebäude und Grundstücke.

A. Allgemeines.

1435. **Normen.**

DIN 1959. Ländliche Wasserleitungen und Kanalisationen.
DIN 1988. Technische Vorschriften für Bau und Betrieb von Wasserversorgungsanlagen für Grundstücke.
DIN 1356. Bauzeichnungen im Hochbau.
Önorm B 2073. Rohrkanäle, Abflußrohre, Aborte, Senkgruben. Bestimmungen für den Bau.

1436. **Grundlagen der Kostenberechnung von Installationsarbeiten:**

Für Aufsicht, Überprüfungen u. dgl., von den Löhnen	5%
,, die Beistellung von Handwerkzeug und Geräten, von den Löhnen	10%
,, Nebenarbeiten, Beistellung von Hilfsstoffen usw., von den Löhnen	10%
,, soziale Lasten, siehe Nr. 16.	
,, Geschäftsunkosten, von den Löhnen	20—40%
,, Kosten der Materialbeschaffung und Lagerung, von den Materialkosten	10—15%
,, Gewinn, von den Selbstkosten	10—15%

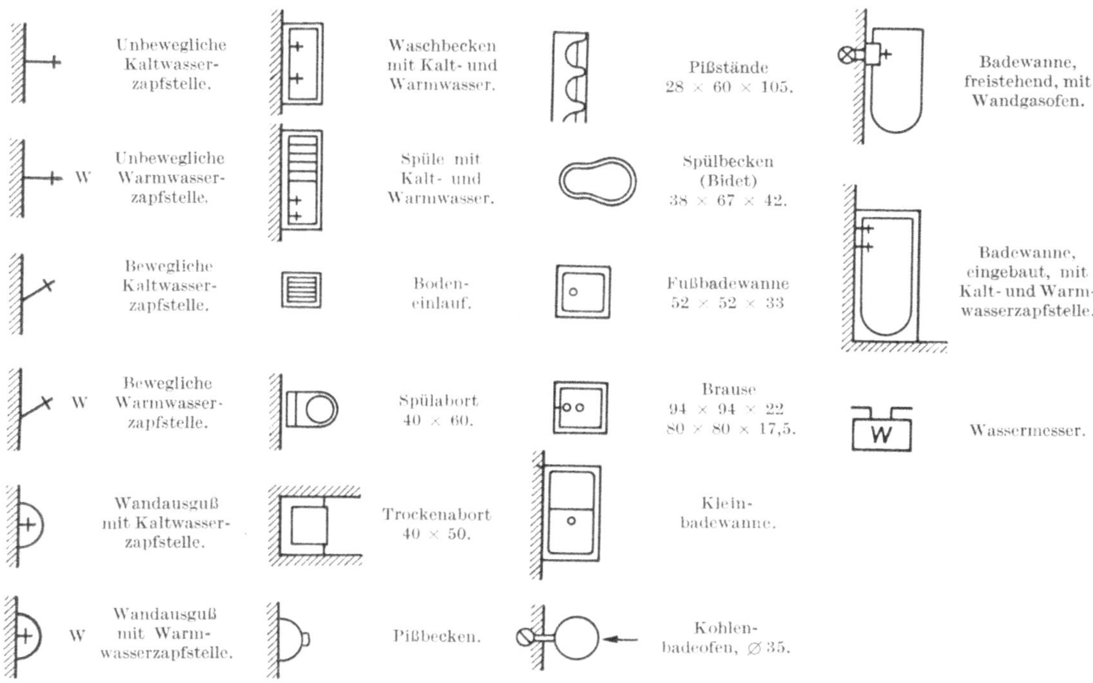

Abb. 147. Sinnbilder für Hauswasserversorgungs- und Entwässerungsanlagen nach DIN 1356.

1437. 1 m Leitungen abschnüren: (0,03 bis 0,05) h Monteur + (0,03 bis 0,05) h Helfer.

1438. Stemmarbeiten für freiverlegte Falleitungen (Durchbrüche, Löcher für Rohrschellen u. dgl.), je Meter Rohrleitung: 0,3 h Monteur + 0,3 h Helfer + 15% für Aufsicht und Geräte.

1439. 1 m Schlitze in Ziegelmauern für die Verlegung von Rohren stemmen und wieder verputzen:

Schlitzabmessungen	cm × cm	5 × 5	8 × 8
für Rohre, Durchmesser	mm	bis 25	25—40
Maurerstunden		0,75	1,3
Hilfsarbeiterstunden		0,50	0,6
Mörtel	cbm	0,004	0,008

1440. 1 m Schlitz aus Ziegelmauerwerk ausstemmen, ohne Beseitigung des Schuttes:[38]

Schlitzquerschnitt	15 × 15 cm		15 × 30 cm		30 × 30 cm		30 × 45 cm	
Mörtel	Kalk	Zement	Kalk	Zement	Kalk	Zement	Kalk	Zement
Maurer . . . . h	0,7—1,1	1,3—1,5	1,2—2	2,5—3	2—3,5	5—6	2,5—4	7—8

1441. 1 m Durchbohrung von Ziegelmauern in Kalkmörtel (Handarbeit) für die Durchleitung von Rohren, einschließlich Wiederherstellung des Verputzes, Beistellung der Geräte und Baustoffe, bei einem Lochdurchmesser von 3 cm:

Mauerstärke		12 cm	25 cm	38 cm	51 cm	64 cm	77 cm	90 cm
Maurer	h	0,3	0,45	0,75	1,05	1,35	1,65	2,00
Hilfsarbeiter	,,	0,3	0,45	0,75	1,05	1,35	1,65	2,00
Für Geräte- und Baustoffbeistellung	%	20	20	20	20	20	20	20

Für Löcher mit 5 cm Durchmesser: Zuschlag + 25%
,, ,, ,, 8 ,, ,, : ,, + 75%
,, ,, in Betonmauern: ,, + 50—100%
,, ,, ,, Granitmauern: ,, + 150—300%

1442. 1 Stück Mauerdurchbruch für Rohrleitungen, Vermauern und Verputzen:[22]
0,7 h Maurer + 0,4 h weibliche Hilfsarbeiter + 3 Ziegel + 7 l Kalk + 10 l Sand.

1443. Durchbohren von Ziegelgewölben, Tram- und Dippelböden samt Beschüttung und Fußboden für die Durchführung von Rohren bis 20 mm und Wiederherstellen des Putzes sowie ausbessern des Fußbodens, einschließlich Beistellung der Baustoffe:

a) bei Ziegelgewölben	1/2	1 Stein stark
Maurerstunden	1,0	1,8
Hilfsarbeiterstunden	0,5	0,8

für Aufsicht, Geräte, Mörtel, Schuttbeseitigung 20%;

b) bei Tram- und Dippelböden:

0,75 h Maurer + 0,75 h Hilfsarbeiter + 20% für Geräte und Baustoffe.

1444. Durchbruch durch Gewölbe oder Holzdecken für Abortfalleitungen, Herstellen des Deckenanschlusses an das versetzte Rohr, Ausbesserung des Verputzes und Wiederherstellung des Fußbodens aus geglättetem Zementestrich bis zu 1 qm Bodenfläche:

5 h Maurer + 2,5 h Hilfsarbeiter + 10% für Aufsicht und Geräte + 30 kg Zement + 0,02 cbm gelöschten Kalk + 10 Stück Mauerziegel + 0,07 rm Sand + 0,5 qm Rabitznetz.

1445. 1 Stück Vergrößerung einer Öffnung in Holzdecken oder Gewölben zur Durchführung neuer Abortfalleitungen, samt Herstellen des Deckenanschlusses an das versetzte Fallrohr, mit allen erforderlichen Putzherstellungen, Wiederherstellung des Fußbodens mit geglättetem Zementestrich bis zu 1 qm:

4 h Maurer + 4 h Hilfsarbeiter + 10% für Aufsicht und Geräte + 30 kg Zement + 10 Stück Ziegel + 0,07 rm Sand und Kies + 0,02 cbm gelöschten Kalk + 0,5 qm Rabitznetz.

1446. 1 m Mauerschlitz nach Installationsarbeiten verputzen: (0,4 bis 0,5) h Maurer + (0,2 bis 0,25) h weiblicher Hilfsarbeiter + 10% für Aufsicht und Geräte + 0,005 cbm gelöschten Kalk + 0,01 rm Sand.

1447. Elektrisches Auftauen eingefrorener Wasserleitungshausanschlüsse.

Erforderliche Spannung 3 bis 30 V. Stromstärke 200 bis 400 A. In 10 Stunden können 20 bis 25 Hausanschlüsse aufgetaut werden. Kosten je Hausanschluß 6 bis 8 RM.

1448. Auftautransformatoren (Siemens-Schuckert-Werke) für das Auftauen eingefrorener Wasserleitungsrohre.

An der Unterspannungsseite ist die Abnahme verschiedener Spannungen und Stromstärken möglich. Für je 1 Volt Spannung sind mindestens 1,65 m Rohr anzuschließen.

Mit Nennstromstärken von	100	200	300	400	600	1200 A
können Rohre mit Lichtweiten von	3/4″	1″	1 1/2″	2″	100 mm	200 mm

aufgetaut werden. Dauer des Auftauens 1 bis 2 h.

Anschluß: einphasig, 50 Perioden, 120, 220 oder 380 V.
Anschlußklemmen und Leitungen laut Nr. 1450.

Gewichte und Preise der Auftautransformatoren.

Größe	Nennleistung kVA	Eigenverluste W	Abnehmbare Nennströme und Spannungen auf der Unterspannungsseite	Gewicht kg	Preis RM	Verpackung RM
a ES 6	1	85	200 A bei 5 V 100 „ „ 10 „	30	235,—	6,50
a ES 12	3	225	400 „ „ 7,5 „ 200 „ „ 15 „	45	310,—	8,—
a ES 16	6	360	600 „ „ 10 „ 300 „ „ 20 „	70	410,—	9,25
a ES 132	12	540	1200 „ „ 10 „ 600 „ „ 20 „ 300 „ „ 40 „	110	580,—	10,50

1449. Frostschutztransformatoren (Siemens-Schuckert-Werke) verhindern das Einfrieren frostgefährdeter Wasserleitungsrohre. Für Aufhängung an der Wand.

Anschluß: einphasig, 50 Perioden, 110 oder 220 Volt.
Anschlußklemmen und Leitungen laut Nr. 1450.

Gewichte und Preise der Frostschutztransformatoren.

Größe	Nennleistung VA	Eigenverluste W	Nennstrom, unterspannungsseitig A	Gewicht kg	Ausreichend bei 1"-Rohr für m		Preis RM	Verpackung RM
					Blei	Eisen		
ET 1, 2	100	12	100	10	5	3	56,—	1,45
ET 1, 3	200	22	100 oder 200	14	6—8	3—4	72,—	1,45
ET 8	400	35	100 „ 200	23	10—15	6—8	130,—	6,—
ET 12	800	55	100 od. 200 od. 400	34	25—30	10—15	188,—	6,50

1450. Zugehör zu Frostschutz- und Auftautransformatoren. (Siemens-Schuckert-Werke.)

Leitungen			Klemmen und Schellen		
Kupferquerschnitt qmm	Belastbar bis A	Preis je m bei Längen von 10 bis 50 m* RM	Art	für Rohre	Preis je Paar RM
2 × 1,5	14	1,58	Klemmen	1/2"	11,—
2 × 2,5	20	2,15	Klemmen	3/4"	12,—
2 × 6	31	3,40	Klemmen	1"	14,—
2 × 16	75	6,08	Klemmen	2"	17,—
1 × 70	200	6,—	Schellen	80—100 mm	32,—
1 × 120	280	9,45	Schellen	125—175 „	72,—
			Schellen	200—225 „	76,—

B. Grundstückswasserversorgung.

1. Allgemeines.

1451. Vorschriften.

DIN 1988 gibt die technischen Vorschriften für den Bau und Betrieb von Wasserversorgungsanlagen für Grundstücke. Die wichtigsten Bestimmungen besagen:

Schachtbrunnen müssen bis zu einer Tiefe von 3 m unter Gelände wasserdichte Wände haben. Bei Rohrbrunnen darf der Filter erst 3 m unter Gelände beginnen. Bei Schachtbrunnen muß das Schachtmauerwerk 20 cm über die Geländeoberfläche hochgeführt und womöglich bis zu einer Tiefe von 2 m durch eine 50 cm starke ringsherumlaufende Lehm- oder Tonschicht gut abgedichtet sein. Die Schachtbrunnen müssen dicht abgedeckt werden. Offene Schöpfbrunnen sind unzulässig. Im Umkreis von 1 m über den Brunnenmantel hinaus muß das Gelände um den Brunnen wasserdicht, mit Gefälle nach außen, abgedeckt werden, und das Überlaufwasser der Pumpe muß in einen wasserdichten Ablauf fortgeleitet werden. Einsteigöffnungen müssen wasserdicht unter Ausschluß von Holz abgeschlossen werden. Lüftungsrohre müssen wasserdicht durch den Brunnenmantel oder durch die Abdeckung geführt und gegen das Eindringen von Verunreinigungen gesichert werden.

Das Heben des Wassers aus den Brunnen darf nur durch Pumpen erfolgen, die wasserdicht durch die Brunnenabdeckungen zu führen sind. Holz darf im Brunnenschacht nicht verwendet werden.

Brunnen sollen nicht grundwasserstromabwärts von Dungstellen u. dgl. angeordnet werden. Von Dungstellen, Abfallgruben oder Abwassersickerleitungen sollen sie mindestens 10 m entfernt liegen. Die Entfernung von dichten Gruben oder Abflußleitungen, von offenen Gewässern und Besitzgrenzen soll mindestens 5 m betragen. In Gebäuden dürfen nur Rohrbrunnen angelegt werden und der Boden muß im Umkreis von 3 m undurchlässig und ohne Gefälle gegen den Brunnen hergestellt sein.

Bei Quellfassungen und Sickerleitungen muß die Wasserfassung in einer Tiefe von mindestens 2 m erfolgen, und es sind die für Brunnen gegebenen Vorschriften sinngemäß anzuwenden.

* Kupferklausel. Bei Abnahme von mehr als 50 m: Abschlag 17%.

Einrichtungen zur Wasserreinigung (Filter, Enteisner u. dgl.) sollen geschlossen ausgeführt sein.

Die Leitungen in Gebäuden und Grundstücken müssen mit Steigung eingebaut werden und an der tiefsten Stelle entleerbar sein. Luftsäcke müssen vermieden werden und alle Leitungen müssen an einer Zapfstelle enden. Alle Steigleitungen sollen einzeln absperrbar sein. Frostgefährdete Leitungen sollen absperr- und entleerbar sein.

Die Durchführung von Leitungen durch Abort- oder Dunggruben, Abzugkanäle und Schornsteine ist verboten. An Decken und Wänden müssen Eisenrohre mindestens alle 2 m, Bleirohre mindestens jeden Meter mit Haken oder Schellen befestigt werden. Bleirohre dürfen weder mit Kalkmörtel noch mit Beton in Berührung stehen.

Verzinkte Rohre sollen nicht kalt und dürfen nicht warm gebogen werden.

Als Baustoff für die Rohrleitungen sind zugelassen: Bleirohre (bis 40 mm Lichtweite), Gußeisenrohre, Kupferrohre und Stahlrohre.

Alle Absperreinrichtungen müssen aus Rotguß oder aus Messing hergestellt sein und stoßfreie Absperrung ermöglichen. Kükenhähne sind nur als Regelhähne zulässig. Alle Absperreinrichtungen müssen den Normen (DIN 3271 bis 3279) entsprechen.

Die Leitungen müssen so angeordnet werden, daß ein Rücksaugen verunreinigten Wassers unmöglich ist. Die Ausläufe an Waschbecken, Spülwannen, Badewannen u. dgl. müssen 2 cm über der Oberkante des betreffenden Behälters enden; wo das nicht möglich ist, müssen besondere Sicherheitseinrichtungen (vgl. Nr. 1481) getroffen werden. Wenn zum Schutz der Leitungen gegen Rücksaugen Rohrunterbrecher angewendet werden, so muß die Länge des freien Wasserstrahles mindestens 20 cm betragen. Der Gesamtquerschnitt der Luftwege muß mindestens gleich dem Querschnitte der Zuflußleitungen sein und keine Luftöffnung darf enger als 4 mm sein. Rückschlagventile allein sind kein hinreichender Schutz.

1452. Hausanschlüsse und Wassermesser je Kilometer Rohrlänge in deutschen Städten.

Stadt	Einwohnerzahl	Länge des Straßenrohrnetzes in km	Straßenrohr in m/Einwohner	Hausanschlüsse je km	Wassermesser je km	Stadt	Einwohnerzahl	Länge des Straßenrohrnetzes in km	Straßenrohr in m/Einwohner	Hausanschlüsse je km	Wassermesser je km
Berlin	4288000	3784	0,88	24,9	24,6	Wuppertal	413000	822	1,99	35,2	37,8
Hamburg	1137000	1179	1,04	27,3	33,8	Stuttgart	402000	735	1,83	40,2	31,2
Köln I u. II	740000	989	1,34	53,3	54,4	Chemnitz	360000	383	1,07	33,4	33,7
München	730000	988	1,35	28,3	28,2	Gelsenkirchen	335000	2022	6,04	24,2	25,1
Leipzig	718000	821	1,14	30,3	34,3	Bochum I u. II	320000	773	2,42	28,1	28,6
Essen I u. II	648000	946	1,46	42,2	42,4	Bremen	309000	590	1,91	85,9	81,7
Dresden	630000	930	1,47	31,9	33,1	Magdeburg	309000	373	1,21	28,5	30,1
Breslau	617000	640	1,04	28,5	29,7	Königsberg	296000	293	0,99	34,3	34,3
Frankfurt	536000	825	1,54	41,7	49,3	Mannheim	272000	374	1,38	45,6	42,9
Dortmund	533000	1053	2,23	29,5	31,1	Stettin	271000	307	1,13	27,3	31,7
Düsseldorf	473000	793	1,67	39,6	41,5	Altona	241000	420	1,75	38,5	39,6
Hannover	445000	649	1,46	33,1	32,2	Kiel	220000	271	1,23	45,0	47,9
Duisburg-Hamborn	441000	580	1,32	—	54,5	Halle	204000	297	1,46	38,5	44,2
Nürnberg	416000	552	1,33	41,5	39,0	Gladbach-Rheydt	201000	334	1,66	57,7	59,7

1453. Anbohrschieber und Zugehör. (Vereinigte Armaturen-Gesellschaft, Mannheim.)

Nennweite		20 mm	25 mm	30 mm	40 mm	50 mm
		$^3/_4$ Zoll	1 Zoll	$1^1/_4$ Zoll	$1^1/_2$ Zoll	2 Zoll
Flanschenform, Anzahl der Schrauben		oval 2			rund 4	
Anbohrschieber ohne Zugehör	kg	3,5	4,5	5,5	13	15
Preis	RM	4,50	5,40	6,75	10,80	12,20
Einbaugarnitur mit Straßenkappe für 1,5 m Rohrdeckung	kg	11,50	11,50	11,50	12,1	15,1
Preis	RM	4,95	4,95	4,95	5,85	5,85

Für je 0,1 m größere Rohrdeckung Mehrpreis RM 0,36.

1454. Anbohrschellen, ohne Ventil. (Vereinigte Armaturen-Gesellschaft, Mannheim.)

Lichtweite des Hauptrohres in mm	Lichtweite des Abzweiges in Zoll	Anbohrschelle, ohne Ventil, oben Schlitzflansch, seitlich Flansch oder Gewindeanschluß				Anbohrschelle mit einfachem Gewindeanschluß				Anbohrschelle mit einem Rundflansch oder einer Muffe			
		kg	RM	S	Kč	kg	RM	S	Kč	kg	RM	S	Kč
40	¾—1¼	4	2,45		41,—	2	1,—		12,—	4,5	1,80		
	1½ u. 2												
50	¾—1¼	4	2,50		43,—	2	1,04		13,—	5	1,85		
	1½ u. 2												
70	¾—1¼	5	2,55		45,—	3	1,12		15,—	5,5	1,92		32,—
	1½ u. 2					4	1,52						
80	¾—1¼	5	2,65		47,—	3	1,20		16,—	5,5	2,—		35,—
	1½ u. 2	7	3,15		52,—	4	1,60			6,5	2,40		
100	¾—1¼	6	2,95		52,—	3,5	1,45		20,—	6	2,24		42,—
	1½ u. 2	8	3,85		54,—	4,5	1,85			7	2,55		
125	¾—1¼	7	3,05		53,—	3,5	1,60		25,—	6	2,40		46,—
	1½ u. 2	9	3,95		63,—	4,5	2,—			7	2,80		
150	¾—1¼	8	3,20		58,—	4	1,75		30,—	6	2,56		52,—
	1½ u. 2	10	4,10		65,—	5	2,16			7	2,96		
200	¾—1¼	10	3,65		72,—	6	2,15		41,—	8	2,96		65,—
	1½ u. 2	12	4,55		81,—	7	2,55			9	3,36		
250	¾—1¼	13	6,75		81,—	7,5	2,80		50,—	10	4,40		74,—
	1½ u. 2	15	7,20		90,—	9,5	3,80			11	4,40		
300	¾—1¼	14	7,65		99,—	10	4,—		74,—	12	5,20		87,—
	1½ u. 2	16	8,55		117,—	12	4,80			13	6,—		

1455. Anbohrschellen mit rundem Kopf, **mit Ventil,** für Anbohrung von oben, unter Druck, mit seitlichem Gewindeanschluß, mit Einbaugarnitur. Betriebsdrücke bis 15 atü. (Vereinigte Armaturen-Gesellschaft, Mannheim.)

Lichtweite des Hauptrohres in mm	Lichtweite des Abzweiges in Zoll	Anbohrschelle mit Ventil, seitlichem Gewindeanschluß und mit Einbaugarnitur			
		kg	RM	S	Kč
40	¾—1	21	14,—		171,—
50	¾—1	21	14,—		173,—
70	¾—1	21	14,25		177,—
	1¼—1½	22	16,—		225,—
80	¾—1	21	14,40		177,—
	1¼—1½	22	16,10		231,—
	2	24	17,90		248,—
100	¾—1	21	14,50		180,—
	1¼—1½	23	16,30		234,—
	2	25	18,10		250,—
125	¾—1	22	14,50		180,—
	1¼—1½	24	16,50		236,—
	2	26	18,20		252,—

Lichtweite des Hauptrohres in mm	Lichtweite des Abzweiges in Zoll	Anbohrschelle mit Ventil, seitlichem Gewindeanschluß und mit Einbaugarnitur			
		kg	RM	S	Kč
150	¾—1	22	14,80		190,—
	1¼—1½	24	16,60		238,—
	2	26	18,40		261,—
200	¾—1	24	15,30		200,—
	1¼—1½	26	17,10		245,—
	2	28	18,90		267,—
250	¾—1	25	17,10		208,—
	1¼—1½	27	18,90		256,—
	2	29	21,—		279,—
300	¾—1	27	18,10		225,—
	1¼—1½	29	19,80		275,—
	2	31	21,60		297,—

1456. Anbohrhähne, ganz aus Metall, mit rundem Durchgang. (Bopp & Reuther, Mannheim.)

a) Anbohrhahn mit Gasgewindezapfen und Gasgewindemuffe,

Nennweite	mm	15	20	25	30
Preis, frachtfrei	RM	3,30	5,00	6,30	9,30

b) Anbohrhahn mit Gasgewindezapfen und Zapfen für Bleirohranschluß,

Nennweite	mm	15	20	25	30
Preis, frachtfrei	RM	4,00	6,00	7,80	11,00

1457. Zugehör zu Anbohrschellen. (Vereinigte Armaturen-Gesellschaft, Mannheim.)

Einbaugarnitur mit Straßenkappe für 1,50 m Rohrdeckung, etwa 16 kg

	RM 5,90	S	Kč 59,—
Mehrpreis für je 0,1 m größere Rohrdeckung	„ 0,36	„	„
Straßenkappe	„ 2,25	„	„ 45,—
Hülsrohr	„ 2,25	„	„
Schlüsselstange	„ 0,90	„	„
Vierkantschoner	„ 0,45	„	„

Gummidichtung zwischen Schelle und Hauptrohr:

Lichtweite der Anbohrung	Zoll	$^3/_4$, 1	$1^1/_4$, $1^1/_2$	2
Preis	RM	0,23	0,27	0,32
Schlüssel	RM		3,60	

Holzbohlenkranz zur Straßenkappe, Tannen-, Buchen- oder Kieferholz............ RM 0,45
Eichenholz .... „ 0,60

1458. Anbohrapparat mit Bohrrätsche. (Bopp & Reuther, Mannheim.)

Anbohrapparat für Anbohrungen von 50 bis 100 mm Weite in Holzkasten...... RM 240

1459. Schätzung der Kosten der Hausanschlüsse (mit Ausschluß der Kosten außergewöhnlich langer Anschlußleitungen) je Hausanschluß:[291]

a) Ohne Wassermesser 50 RM.
b) Einschließlich des Wassermessers 70 bis 80 RM.

1460 a. Hanfschläuche.

a) Rohe Schläuche:

Nennweite	mm	15	28	32	44	48	60	65	78	82	90
Preis je Meter	RM[178]	0,70	1,10	1,15	1,50	1,60	2,00	2,10	3,00	3,10	4,50
„ „ „	S										
„ „ „	Kč	5,00	6,80	8,30	10,00	12,00	16,50	—	—	—	—

b) Gummierte Schläuche kosten um 50% mehr.[178]

1460 b. Gummidruckschläuche.

Nennweite	mm	10	15	20	40
Wandstärke	„	3	3,5	4	6
Preis je Meter	RM[178]	1	1,60	2,20	6,20
„ „ „	S				
„ „ „	Kč	7,50	15,80	20,50	—

2. Stahlrohrleitungen.

1461. Normen betreffend Stahlrohre für die Wasserversorgung der Gebäude und Grundstücke. DIN 2440. Gewöhnliche Gewinderohre (Gasrohre).

1462. 1 m verzinktes Stahlrohr für Wasserleitungen fertig einbauen, ohne Stemm- und Putzarbeiten:

Nennweite		$^3/_8$ Zoll	$^1/_2$ Zoll	$^3/_4$ Zoll	1 Zoll	$1^1/_4$ Zoll	$1^1/_2$ Zoll	2 Zoll
		10 mm	13 mm	20 mm	25 mm	32 mm	38 mm	50 mm
Monteur	h	0,4—0,5	0,5—0,6	0,6—0,7	0,7—0,8	0,8—0,9	0,9—1,0	1,0—1,2
Gehilfe	„	0,4—0,5	0,5—0,6	0,6—0,7	0,7—0,8	0,8—0,9	0,9—1,0	1,0—1,2
Für Aufsicht und Geräte ..	%	15	15	15	15	15	15	15

Für Verschnitt und Verlust: (5 bis 8)% des Rohrpreises.

Für Befestigungs- und Dichtungsmittel: 10 bis 20% des Rohrpreises.

Für Verbindungsstücke: überschlägig (35 bis 65)% des Preises der geraden Rohre; zuverlässiger ist die genaue Ermittlung der erforderlichen Fittings.

Für Isolierung des Rohres mit Filzstreifen: Zuschlag (0,1 bis 0,15) h Monteur + (0,1 bis 0,15) h Helfer + 15% für Aufsicht und Geräte + (1,0 bzw. 1,3, 1,7, 2,0, 2,3, 3,0, 3,5) m Filzstreifen, 6 cm breit + (0,002 bis 0,004) kg Messingbindedraht.

1463. Nahtlose Stahlrohre, DIN 2440 (Gasrohre), mit normalem Gewinde und einer Muffe, aus Flußstahl, St 0029, DIN 1629. Probedruck 15 atü.

Nennweite		13 mm	20 mm	25 mm	32 mm	40 mm	50 mm	70 mm	80 mm	100 mm
		$^1/_2$ Zoll	$^3/_4$ Zoll	1 Zoll	$1^1/_4$ Zoll	$1^1/_2$ Zoll	2 Zoll	$2^1/_2$ Zoll	3 Zoll	4 Zoll
Schwarz:										
Gewicht je Meter	kg	1,29	1,67	2,51	3,20	3,96	5,31	6,87	8,65	11,91
Preis	RM	0,85	1,04	1,26	1,50	1,84	2,38	3,15	3,70	5,70
	S	2,45	2,96	3,67	4,48	5,30	7,16	9,74	11,38	
	Kč	5,60	6,15	8,80	11,25	14,10	19,20	34,65	40,50	63,50
Verzinkt:										
Gewicht je Meter	kg	1,35	1,75	2,64	3,36	4,16	5,57	7,20	9,07	12,50
Preis	RM	1,02	1,16	1,54	1,84	2,25	2,95	4,05	4,75	7,40
	S	2,93	3,57	4,53	5,62	6,68	9,09	12,07	14,58	
	Kč	7,70	8,90	12,45	15,85	19,85	27,20	45,80	53,50	83,85
Asphaltiert:										
Gewicht je Meter	kg									
Preis	RM									
	S									
	Kč	5,85	6,45	9,20	11,85	14,85	20,25	36,10	42,15	66,05
Asphaltiert und jutiert:										
Gewicht je Meter	kg									
Preis	RM									
	S									
	Kč	6,75	7,70	10,95	13,45	16,85	23,10	40,10	46,85	73,45

1464. Verlegen von Stahlrohren mit Schraubmuffen, in Bauwerken, einschließlich aller Fittings und Ventile und aller Nebenarbeiten, aber ausschließlich aller Stemm- und Putzarbeiten, aller Erdarbeiten, Gerüstungen sowie der Isolierung der Rohre.[279]

Eine Arbeitspartie stellt in 8 Stunden die unten angegebene Zahl von Verschraubungen her:

Nennweite	Zoll	$^1/_2$	$^3/_4$	1	$1^1/_4$	$1^1/_2$	2	$2^1/_2$	3	4	5	6
,, ...	mm	13	20	25	32	38	50	60	75	100	125	150
Monteur	Anzahl	1	1	1	1	1	1	1	1	1	1	1
Helfer	,,	1	1	1	1	1	1	1	1	1	3	3
Verschraubungen	,,	40	37	34	28	25	21	18	15	10	8	7

1465. Filz zur Isolierung von Wasserleitungsrohren, in Rollen:

Preis je Quadratmeter: (1,20 bis 1,80) RM. Preis je Streifen, 180 × 8 cm: 0,42 S.

1466. Normen, betreffend Fittings.

DIN 2950. Tempergußfittings, Erläuterungen.
DIN 2951. ,, , Übersicht.
DIN 2952. ,, , egal, Winkel A.
DIN 2953. ,, , reduziert, 90°, Winkel A 1.
DIN 2954. ,, , egal, Tes B.
DIN 2955. ,, , reduziert, 90°, Tes B 1.
DIN 2956. ,, , egal, Kreuze C.
DIN 2957. ,, , reduziert, 90°, Kreuze C 1.
DIN 2958. ,, , egal, 90°, Bogen D, Bogen Tes E, Zweibogen Tes E, Bogenkreuze F.
DIN 2959. ,, , egal, lange Bogen G.
DIN 2960. ,, , egal, Doppelbogen K a geschlossen, Doppelbogen K b offen.
DIN 2961. ,, , egal, Etagenwinkel L 1, Überspringbogen L 2, Etagenbogen L 4 und L 8.
DIN 2962. ,, , Muffen M 1, M 2 und M 3.
DIN 2963. ,, , Muffennippel M 4 und M 5.
DIN 2964. ,, , reduziert, Reduziernippel N 4.
DIN 2965. ,, , exzentrisch reduziert, Reduziernippel N 5.
DIN 2966. ,, , Doppelnippel N 8.
DIN 2967. ,, , Kappen T.
DIN 2968. ,, , Stopfen T.

DIN 2969.	Tempergußfittings, Überwurfmuttern P 1 für Rohrverschraubungen U.
DIN 2970.	„ , Rohe und halbrohe Rohrmuttern P 4.
DIN 2971.	„ , Rohrverschraubungen U 1 mit Bunddichtung.
DIN 2972.	„ , „ U 11 mit Kegeldichtung.
DIN 2973.	„ , egal, Verteiler Za und Zb.
DIN 2981.	Stahlfittings, Langgewinde.
DIN 2982.	„ , Rohrdoppelnippel.
DIN 2983.	„ , Rohrbogen mit Muffe.
DIN 2984.	„ , Rohrdoppelbogen mit Muffe.
DIN 2985.	„ , Rohretagenbogen mit Muffe.
DIN 2986.	„ , Muffen, Absatzmuffen.
DIN 2987.	„ , Kreuz, Te, Winkel.
DIN 2988.	„ , „ , reduziert, Te reduziert, Winkel reduziert.
DIN 2989.	„ , „ , „ , Te „ , „ „ .
DIN 2990.	„ , Doppelnippel mit Sechskant. Reduziernippel mit Sechskant.
DIN 2991.	„ , Kappen.
DIN 2992.	„ , Stopfen.
DIN 2993.	„ , Rohrverschraubungen mit Bunddichtung.
DIN 2994.	„ , „ „ Kegeldichtung.
DIN 2999.	„ , Whitworth-Rohrgewinde ohne Spitzenspiel für Fittingsanschlüsse.
ČSN 1045.	Fittings.

1467. Fittings für Rohrleitungen.

In den folgenden Zusammenstellungen konnten wegen Raummangels nur die wichtigsten aufgenommen werden.

Die Preise gelten für schwarze Fittings; verzinkte kosten 40% mehr. Fittings mit Asphalt- oder Menniganstrich kosten um 10% mehr (bei Trinkwasserleitungen ist Menniganstrich unzulässig). Fittings mit Rechts- und Linksgewinde kosten um 10% mehr.

Fittings mit angebauter Holländerverschraubung kosten je Verschraubung um 70 bis 75% des Preises der Holländerverschraubung mehr.

Die Preise der reduzierten Fittings sind gleich jenen der egalen; der Preis richtet sich stets nach dem weitesten Anschluß des betreffenden Stückes.

Bei der Bezeichnung reduzierter Fittings wird der Durchlaufteil lotrecht gestellt, derart, daß ein Abzweig nach rechts zeigt. Die Abmessungen der Anschlüsse werden dann, von unten beginnend, entgegengesetzt dem Drehsinn des Uhrzeigers weiterschreitend angegeben und durch × getrennt angeschrieben, also z. B.

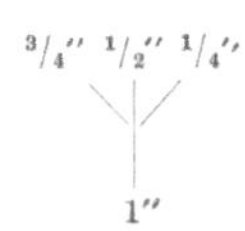

$1 \times 1/4 \times 1/2 \times 3/4$.

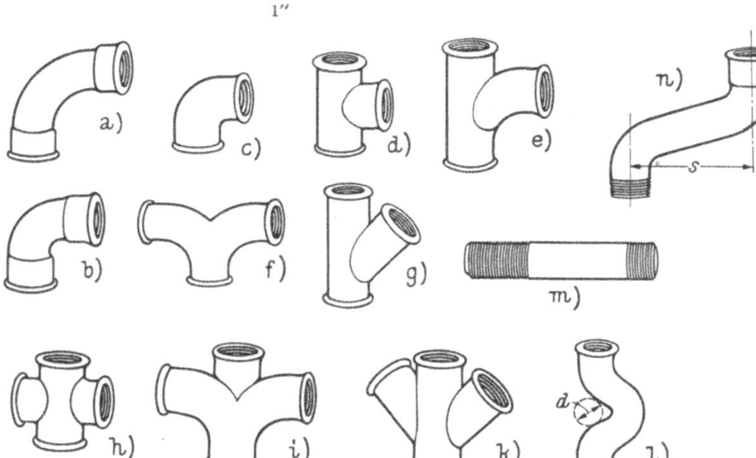

Abb. 148. Randfittings aus Weichguß.

Preise der Randfittings. (Marke GF: A. G. der Eisen- und Stahlwerke, vorm. Georg Fischer, Singen-Hohentwiel, Baden. Öst. Erz. = österreichisches Erzeugnis.)

Nennweite	$^3/_8$ Zoll	$^1/_2$ Zoll	$^3/_4$ Zoll	1 Zoll	$1^1/_4$ Zoll	$1^1/_2$ Zoll	2 Zoll	$2^1/_2$ Zoll	3 Zoll	4 Zoll
	10 mm	13 mm	20 mm	25 mm	32 mm	39 mm	52 mm	64 mm	76 mm	104 mm
Bogen,* 90°, **lang**, beiderseits Innengewinde (ähnl. Abb. 148a):										
Marke GF .... RM	0,19	0,22	0,32	0,46	0,72	1,02	1,55	2,87	4,28	8,56
Öst. Erz. .... S	0,72	0,88	1,20	1,84	2,80	4,—	6,—	11,20	16,80	33,60
Marke GF .... Kč	1,80	2,15	3,10	4,50	7,—	9,90	15,—	27,75	41,50	83,—
Bogen, 90°, **kurz**, beiderseits Innengewinde (Abb. 148b):										
Marke GF .... RM	0,17	0,21	0,28	0,43	0,60	0,84	1,25	2,32	3,38	6,52
Öst. Erz. .... S	—	—	—	—	—	—	—	—	—	—
Marke GF .... Kč	1,60	2,—	2,70	4,15	5,80	8,10	12,10	22,50	32,75	63,—
Bogen,* 45°, **lang**, beiderseits Innengewinde:										
Marke GF .... RM	0,12	0,19	0,26	0,37	0,60	0,84	1,30	2,42	3,43	6,90
Öst. Erz. .... S	0,51	0,64	0,90	1,44	2,08	3,05	4,40	8,40	12,15	24,—
Marke GF .... Kč	1,45	1,80	2,55	3,60	5,75	8,10	12,60	23,40	33,20	66,50
Bogen,* 30°, **lang**, beiderseits Innengewinde:										
Marke GF .... RM	0,15	0,19	0,26	0,37	0,60	0,84	1,30	2,42	3,43	6,90
Öst. Erz. .... S	—	—	—	—	—	—	—	—	—	—
Marke GF .... Kč	1,45	1,80	2,55	2,55	3,60	5,75	12,60	23,40	33,20	66,50
Winkel,** 90°, egal oder reduziert, beiderseits Innengewinde (Abb. 148c):										
Marke GF .... RM	0,13	0,15	0,22	0,32	0,48	0,65	0,93	1,67	2,60	4,47
Öst. Erz. .... S	0,56	0,72	1,04	1,36	2,08	2,80	4,—	7,20	11,20	19,20
Marke GF .... Kč	1,25	1,45	2,15	3,05	4,70	6,30	9,—	16,20	25,40	43,40
Winkel,** 45°, beiderseits Innengewinde:										
Marke GF .... RM	0,13	0,15	0,22	0,32	0,48	0,65	0,93	1,67	2,60	4,47
Öst. Erz. .... S	0,56	0,72	1,04	1,36	2,08	2,80	4,—	7,20	11,20	19,20
Marke GF .... Kč	1,25	1,45	2,15	3,05	4,75	6,30	9,—	16,20	25,40	43,40
T-Stück,*** 90°, allseits Innengewinde, egal oder reduziert (Abb. 148d):										
Marke GF .... RM	0,15	0,18	0,26	0,37	0,51	0,75	1,03	1,86	2,96	5,06
Öst. Erz. .... S	0,72	0,80	1,12	1,60	2,25	3,20	4,40	8,—	12,80	22,—
Marke GF .... Kč	1,45	1,80	2,55	3,60	5,05	7,10	9,90	18,—	28,80	49,50
T-Stück, 90°, mit gebogenem Abzweig, allseits Innengewinde, egal oder reduziert (Abb. 148e):										
Marke GF .... RM	0,22	0,28	0,45	0,67	0,93	1,30	1,86	2,56	5,96	10,25
Öst. Erz. .... S	0,96	1,20	1,92	2,88	4,—	5,60	8,—	15,20	25,60	44,—
Marke GF .... Kč	2,15	2,70	4,35	6,30	9,—	12,60	18,—	34,20	57,60	99,—
T-Stück, 90°, mit zwei gebogenen Abzweigen, allseits Innengewinde, egal oder reduziert (Abb. 148f):										
Marke GF .... RM	0,26	0,33	0,54	0,80	1,12	1,56	2,23	4,28	7,07	11,20
Öst. Erz. .... S	1,20	1,44	2,34	3,44	4,80	6,80	9,60	18,40	30,50	48,—
Marke GF .... Kč	2,55	3,25	5,15	7,75	10,80	15,30	21,60	41,40	68,40	108,—

* Bögen sind in der Marke GF auch mit Zentriwinkeln 180°, 85°, 80°, 75°, 20° und 15° erhältlich. Bögen mit einem oder zwei Außengewinden kosten etwa 10 bzw. 20% weniger.

** Winkel sind in der Marke GF auch mit den Zentriwinkeln $88^1/_2$°, 85°, 75°, 60° erhältlich. Winkel mit einem Außengewinde kosten etwa 10% mehr.

*** T-Stücke sind in der Marke GF auch mit Abzweigwinkeln von 75°, $67^1/_2$° und 60° erhältlich.

Fortsetzung der Tabelle.

Nennweite	3/8 Zoll 10 mm	1/2 Zoll 13 mm	3/4 Zoll 20 mm	1 Zoll 25 mm	1 1/4 Zoll 32 mm	1 1/2 Zoll 39 mm	2 Zoll 52 mm	2 1/2 Zoll 64 mm	3 Zoll 76 mm	4 Zoll 104 mm
T-Stück,* 45⁰, allseits Innengewinde, egal oder reduziert (Abb. 148g):										
Marke GF . . . . RM	0,22	0,28	0,39	0,56	0,78	1,12	1,56	2,60	3,92	6,52
Öst. Erz. . . . . S	0,96	1,20	1,68	2,40	3,36	4,80	6,80	11,20	16,80	28,—
Marke GF . . . . Kč	2,15	2,70	3,75	5,40	7,55	10,80	15,30	25,40	37,80	63,—
Kreuzstück,** 90⁰, allseits Innengewinde, egal oder reduziert (Abb. 148h):										
Marke GF . . . . RM	0,22	0,26	0,37	0,52	0,67	0,88	1,33	2,23	3,58	6,14
Öst. Erz. . . . . S	0,96	1,12	1,60	2,24	2,88	4,16	5,76	9,60	15,35	26,40
Marke GF . . . . Kč	2,15	2,55	3,60	5,40	6,50	9,40	12,95	21,60	34,60	59,40
Kreuzstück, 90⁰, mit zwei gebogenen Abzweigen, allseits Innengewinde, egal oder reduziert (Abb. 148i):										
Marke GF . . . . RM	0,45	0,52	0,75	1,05	1,33	1,95	2,70	4,47	7,08	12,—
Öst. Erz. . . . . S	—	—	—	—	—	—	—	—	—	—
Marke GF . . . . Kč	4,35	5,05	7,10	10,10	12,95	18,90	25,10	43,20	68,40	117,—
Kreuzstück,** 45⁰, allseits Innengewinde, egal oder reduziert (Abb. 148k):										
Marke GF . . . . RM	0,34	0,39	0,56	0,78	1,—	1,45	2,—	3,35	5,96	9,90
Öst. Erz. . . . . S	—	—	—	—	—	—	—	—	—	—
Marke GF . . . . Kč	3,25	3,80	5,40	7,55	9,75	14,10	19,45	32,40	57,60	95,40
Muffe:										
Marke GF . . . . RM	0,07	0,09	0,12	0,16	0,24	0,34	0,48	0,82	1,29	2,23
Öst. Erz. . . . . S	0,32	0,39	0,51	0,69	1,04	1,44	2,08	3,54	5,60	9,60
Marke GF . . . . Kč	0,75	0,90	1,15	1,55	2,35	3,25	4,70	8,75	12,60	21,60
Reduktionsmuffe, zentrisch, beiderseits Innengewinde:										
Marke GF . . . . RM	0,09	0,10	0,13	0,19	0,28	0,37	0,56	0,89	1,42	2,42
Öst. Erz. . . . . S	0,37	0,45	0,59	0,80	1,20	1,60	2,40	3,85	6,20	10,40
Marke GF . . . . Kč	0,85	1,10	1,35	1,80	2,70	3,60	5,40	8,65	13,90	23,40
Reduktionsmuffe, exzentrisch, beiderseits Innengewinde:										
Marke GF . . . . RM	0,11	0,15	0,19	0,26	0,34	0,45	0,60	0,97	1,58	2,96
Öst. Erz. . . . . S	—	—	—	—	—	—	—	—	—	—
Marke GF . . . . Kč	1,10	1,45	1,80	2,55	3,25	4,35	5,80	9,35	15,30	28,80
Nippel, einfach:										
Marke GF . . . . RM	0,03	0,05	0,055	0,06	0,095	0,12	0,19	0,42	0,65	1,03
Öst. Erz. . . . . S	0,14	0,20	0,24	0,27	0,40	0,53	0,80	1,84	2,80	4,40
Marke GF . . . . Kč	0,32	0,45	0,53	0,60	0,90	1,20	1,80	4,05	6,30	9,90
Doppelnippel:										
Marke GF . . . . RM	0,09	0,11	0,14	0,19	0,30	0,41	0,60	1,—	1,57	2,79
Öst. Erz. . . . . S	0,40	0,48	0,64	0,80	1,28	1,76	2,56	4,34	6,90	12,—
Marke GF . . . . Kč	0,90	1,—	1,25	1,80	2,90	4,—	5,80	9,70	15,50	27,—
Reduktionsnippel (enges Innengewinde, weites Außengewinde):										
Marke GF . . . . RM	0,10	0,12	0,17	0,21	0,34	0,45	0,65	1,08	1,77	3,08
Öst. Erz. . . . . S	0,32	0,40	0,53	0,72	1,12	1,44	2,16	3,60	5,60	9,60
Marke GF . . . . Kč	0,90	1,—	1,25	1,80	2,90	4,—	5,80	9,70	15,50	27,—

* T-Stücke sind in der Marke GF auch mit Abzweigwinkeln von 75⁰, 67 1/2⁰ und 60⁰ erhältlich.
** Kreuzstücke sind in der Marke GF auch mit Abzweigwinkeln von 80⁰ und 75⁰ erhältlich.

Fortsetzung der Tabelle.

Nennweite	3/8 Zoll	1/2 Zoll	3/4 Zoll	1 Zoll	1 1/4 Zoll	1 1/2 Zoll	2 Zoll	2 1/2 Zoll	3 Zoll	4 Zoll
	10 mm	13 mm	20 mm	25 mm	32 mm	39 mm	52 mm	64 mm	76 mm	104 mm
Gegenmutter:										
Marke GF .... RM	0,05	0,05	0,07	0,09	0,12	0,16	0,27	0,39	0,63	1,12
Öst. Erz. .... S	0,19	0,23	0,29	0,39	0,51	0,69	1,15	1,68	2,75	4,80
Marke GF .... Kč	0,45	0,50	0,65	0,85	1,15	1,55	2,60	3,80	6,10	10,80
Stopfen:										
Marke GF .... RM	0,05	0,06	0,08	0,12	0,19	0,26	0,35	0,62	0,93	1,67
Öst. Erz. .... S	0,23	0,29	0,43	0,56	0,88	1,28	1,68	2,88	4,40	8,—
Marke GF .... Kč	0,50	0,65	1,—	1,25	2,—	2,90	3,80	4,70	9,90	18,—
Kappen:										
Marke GF .... RM	0,06	0,07	0,11	0,14	0,22	0,34	0,43	0,75	1,12	2,05
Öst. Erz. .... S	0,24	0,32	0,48	0,64	0,96	1,44	1,84	3,20	4,80	8,80
Marke GF .... Kč	0,55	0,75	1,10	1,45	2,15	3,25	4,15	7,10	10,80	19,80
Holländerverschraubung, flachdichtend, beiderseits Innengewinde, egal oder reduziert:										
Marke GF .... RM	0,37	0,45	0,56	0,67	0,90	1,18	1,68	3,—	4,85	8,40
Öst. Erz. .... S	1,60	1,92	2,40	2,86	3,84	5,12	7,20	12,80	20,80	40,—
Marke GF .... Kč	3,60	4,35	5,40	6,50	8,65	15,30	16,20	28,80	46,80	90,—
Packungsringe für Holländerverschraubungen aus Gummi oder Leder:										
Marke GF .... RM	0,03	0,04	0,045	0,05	0,06	0,075	0,10	0,12	0,14	0,28
Öst. Erz. .... S	—	—	—	—	—	—	—	—	—	—
Marke GF .... Kč	0,30	0,35	0,45	0,50	0,60	0,70	1,—	1,20	1,45	2,70
Bleirohrverschraubung, einerseits Gasinnengewinde, anderseits Bleirohranschluß:										
Marke GF .... RM	0,41	0,50	0,62	0,75	1,—	1,30	1,86	—	—	—
Öst. Erz. .... S	—	—	—	—	—	—	—	—	—	—
Marke GF .... Kč	4,—	4,90	6,—	7,20	9,50	12,70	18,—	—	—	—
Bleirohrverschraubung, beiderseits für Bleirohranschluß:										
Marke GF .... RM	0,45	0,56	0,67	0,81	1,08	1,45	2,05	—	—	—
Öst. Erz. .... S	—	—	—	—	—	—	—	—	—	—
Marke GF .... Kč	4,30	5,40	6,50	7,90	10,40	14,—	19,80	—	—	—
Sprungrohr (Etagenbogen) mit einem Innengewinde (Abb. 148n):										
Marke GF (s = 60 mm) .. RM	—	0,42	0,56	—	—	—	—	—	—	—
Öst. Erz. (s = 60 mm) ... S	—	1,76	—	—	—	—	—	—	—	—
Marke GF (s = 60 mm) .. Kč	—	3,95	5,40	—	—	—	—	—	—	—
Marke GF (s = 80 mm) .. RM	0,33	0,49	0,63	0,75	1,10	1,15	—	—	—	—
Öst. Erz. (s = 80 mm) ... S	—	—	—	3,20	—	—	—	—	—	—
Marke GF (s = 80 mm) .. Kč	3,15	4,70	6,15	7,20	9,75	11,20	—	—	—	—
Marke GF (s = 130 mm). RM	—	0,62	0,75	0,88	1,15	1,35	1,86	3,10	5,—	—
Öst. Erz. (s = 130 mm) .. S	—	—	—	—	—	5,85	—	13,20	—	—
Marke GF (s = 130 mm). Kč	—	5,95	7,20	8,45	11,20	13,20	18,—	29,50	48,50	—
Putzkasten mit abschraubbarem Deckel, beiderseits Innengewinde:										
Marke GF .... RM	—	—	2,62	2,96	3,35	3,74	4,47	5,40	7,45	11,20
Öst. Erz. .... S	—	—	11,20	12,80	14,40	16,—	19,20	24,—	32,—	48,—
Marke GF .... Kč	—	—	25,40	28,28	32,40	36,—	43,20	54,—	72,—	108,—
Winkel mit Mauerdübel:										
Marke GF .... RM	0,34	0,45	—	—	—	—	—	—	—	—
Öst. Erz. .... S	—	—	—	—	—	—	—	—	—	—
Marke GF .... Kč	3,25	4,35	—	—	—	—	—	—	—	—

Fortsetzung der Tabelle.

Nennweite	3/8 Zoll	1/2 Zoll	3/4 Zoll	1 Zoll	1 1/4 Zoll	1 1/2 Zoll	2 Zoll	2 1/2 Zoll	3 Zoll	4 Zoll
	10 mm	13 mm	20 mm	25 mm	32 mm	39 mm	52 mm	64 mm	76 mm	104 mm
Langgewinde ohne Muffe und Gegenmutter (Abb. 148m):										
Länge 120 mm:										
Marke GF . . . . RM	0,09	0,10	0,15	0,16	0,18	0,23	0,29	—	—	—
Öst. Erz. . . . . S	0,56	0,61	0,76	0,99	1,14	1,40	1,80	2,69	—	—
Marke GF . . . . Kč	0,90	0,95	1,15	1,45	1,80	2,25	2,85	—	—	—
Länge 200 mm:										
Marke GF . . . . RM	0,12	0,13	0,16	0,22	0,28	0,35	0,51	0,71	0,85	1,30
Öst. Erz. . . . . S	0,69	0,77	0,96	1,28	1,56	1,92	2,52	3,87	4,72	7,74
Marke GF . . . . Kč	1,20	1,30	1,60	2,15	2,70	3,40	4,45	6,85	8,25	12,60
Länge 250 mm:										
Marke GF . . . . RM	0,14	0,16	0,19	0,26	0,34	0,42	0,57	0,88	1,05	1,60
Öst. Erz. . . . . S	0,77	0,86	1,09	1,48	1,81	2,23	2,97	4,58	5,58	9,30
Marke GF . . . . Kč	1,35	1,50	1,90	2,60	3,30	4,10	5,45	8,50	10,15	15,60
Länge 300 mm:										
Marke GF . . . . RM	0,16	0,18	0,22	0,31	0,40	0,50	0,67	1,05	1,30	1,92
Öst. Erz. . . . . S	—	—	—	—	—	—	—	—	—	—
Marke GF . . . . Kč	1,55	1,75	2,15	3,—	3,85	4,80	6,45	10,15	12,60	18,60
Überbogen (Abb. 148 l), beiderseits Innengewinde:										
d = ... Zoll	3/8	3/4	1	—	—	—	—	—	—	—
Marke GF . . . . RM	0,34	0,41	0,67	—	—	—	—	—	—	—
Öst. Erz. . . . . S	—	—	—	—	—	—	—	—	—	—
Marke GF . . . . Kč	3,25	4,70	6,30	—	—	—	—	—	—	—
Rohrschellen mit Mauerdübel:										
Marke GF . . . . RM	0,32	0,36	0,41	0.47	0,56	0,65	0,84	1,30	1,48	—
Öst. Erz. . . . . S	1,36	1,52	1,76	2,—	2,40	2,80	3,60	5,60	6,40	—
Marke GF . . . . Kč	3,05	3,45	3,95	4,50	5,40	6,30	8,10	12,50	14,40	—
Rohrschellen mit Holzschraube:										
Marke GF . . . . RM	0,31	0,34	0,41	0,48	0,56	0,65	0,71	0,79	0,89	—
Öst. Erz. . . . . S	—	—	—	—	—	—	—	—	—	—
Marke GF . . . . Kč	3,—	3,25	4,—	4,70	5,40	6,30	6,80	7,65	8,55	—
Hängerohrschellen, 10 cm lang, mit 4 Holzschrauben zu befestigen (für je 10 cm Mehrlänge + RM 0,09 bzw. Kč 0,90):										
Marke GF . . . . RM	—	0,75	0,82	0,89	1,03	1,20	1,48	1,86	2,23	2,80
Öst. Erz. . . . . S	—	—	—	—	—	—	—	—	—	—
Marke GF . . . . Kč	—	7,20	7,90	8,65	9,90	11,70	14,30	18,—	21,60	27,—
Rohrhaken:										
Je 100 Stück . . . . { RM / S / Kč	2,96	4,65	5,60	8,40	11,20	15,20	22,80	—	—	—

1468. Weichgußgeruchverschlüsse.

Nennweite	1 Zoll	1 1/4 Zoll	1 1/2 Zoll	2 Zoll
Geruchverschluß, 90° (Abb. 149a):				
Marke GF . . . . RM	1,86	2,44	2,89	3,63
Öst. Erz. . . . . S	8,—	10,40	12,40	15,60
Marke GF . . . . Kč	18,—	23,40	27,90	35,10
Geruchverschluß, 45° (Abb. 149b):				
Marke GF . . . . RM	1,77	2,33	2,70	3,44
Öst. Erz. . . . . S	7,60	10,—	11,60	14,80
Marke GF . . . . Kč	17,10	22,50	26,10	33,30
Geruchverschluß, 90°, ähnlich Abb. 149a, mit Holländerverschraubungen beiderseits:				
Marke GF . . . . RM	2,96	3,72	4,56	5,86
Öst. Erz. . . . . S	—	—	—	—
Marke GF . . . . Kč	28,80	36,—	44,20	56,70

Fortsetzung der Tabelle.

Nennweite	1 Zoll	$1^1/_4$ Zoll	$1^1/_2$ Zoll	2 Zoll
Geruchverschluß, 45°, ähnlich Abb. 149b, mit Holländerverschraubungen beiderseits:				
Marke GF ... RM	2,96	3,72	4,47	5,68
Öst. Erz ... S	—	—	—	—
Marke GF ... Kč	28,80	36,—	43,30	56,—
Geruchverschluß, 90° (Abb. 149c), verstellbar, beiderseits Innengewinde:				
Marke GF ... RM	2,70	3,55	4,38	5,31
Marke GF ... Kč	26,10	34,20	42,30	49,50
Geruchverschluß, 45° (Abb. 149d), verstellbar, beiderseits Innengewinde:				
Marke GF ... RM	2,61	3,35	4,10	4,95
Marke GF ... Kč	25,40	32,40	39,60	47,70

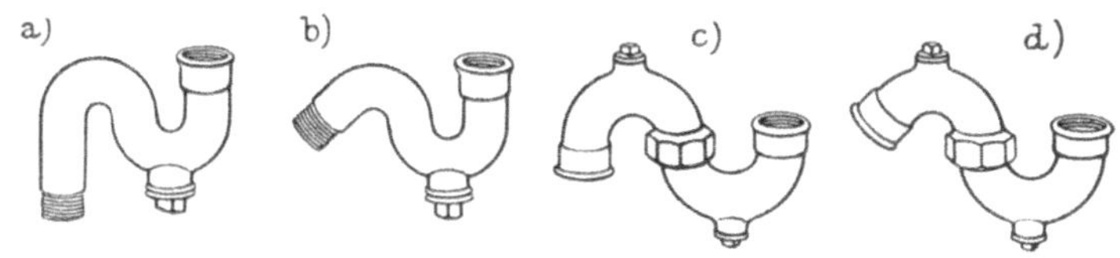

Abb. 149. Weichguß-Geruchverschlüsse.

1469. Flanschen, rund, mit angedrehten Dichtungsflächen, normal gebohrt.

Nennweite	$^3/_8$ Zoll	$^1/_2$ Zoll	$^3/_4$ Zoll	1 Zoll	$1^1/_4$ Zoll	$1^1/_2$ Zoll	2 Zoll	$2^1/_2$ Zoll	3 Zoll	4 Zoll
	10 mm	13 mm	20 mm	25 mm	32 mm	39 mm	52 mm	64 mm	76 mm	104 mm
Blindflansch:										
Marke GF ... RM	—	—	0,63	0,67	0,75	0,84	1,12	1,38	1,96	3,08
Öst. Erz ... S	1,52	1,92	2,90	3,20	4,—	5,20	7,30	9,40	11,60	15,60
Marke GF ... Kč	—	—	6,12	6,50	7,20	8,10	10,80	13,40	18,90	29,20
Flansch mit Gasgewinde:										
Marke GF ... RM	—	—	0,57	0,65	0,84	0,93	1,30	1,55	1,96	3,17
Öst. Erz ... S	1,52	1,92	2,90	3,20	4,—	5,20	7,30	9,40	11,60	15,60
Marke GF ... Kč	—	—	5,60	6,30	8,10	9,—	12,—	15,—	18,90	30,60
Endflansch mit exzentrischem Abgang, mit Gasgewinde:										
Marke GF ... RM	—	—	0,77	0,80	0,90	1,03	1,40	1,96	2,52	3,73
Öst. Erz ... S	—	—	—	—	—	—	—	—	—	—
Marke GF ... Kč	—	—	7,30	7,75	8,65	9,90	13,35	18,90	24,30	36,—
Gummidichtungsringe										
Preis ... RM	0,04	0,05	0,06	0,075	0,09	0,10	0,15	0,22	0,25	0,37
Preis ... S	—	—	—	—	—	—	—	—	—	—
Preis ... Kč	—	—	—	—	—	1,35	1,50	1,90	2,40	3,40

1470. Rohrverbinder, zur Verbindung von Rohren ohne Gewinde an den Enden. (A. G. der Eisen- und Stahlwerke, vorm. Georg Fischer, Singen-Hohentwiel, Baden.)

Nennweite der Rohre	Zoll	1	$1^1/_4$	$1^1/_2$	2
Preis je Stück	RM	1,21	1,68	2,05	2,79

3. Bleirohrleitungen.

1471. Normen.

DIN 1988. Bleidruckrohre.
DIN 1397 U. Hartbleirohre.
Önorm B 8016. Bleidruckrohre.

1472. **Weichbleidruckrohre.**

Lichte Weite		13 mm	20 mm	25 mm	30 mm	40 mm
Wandstärke	mm	4	4,5	6	6	7
Größte Länge	m	33	20	15	12	10
Bei fünffacher Sicherheit verwendbar bis	atü	15	11	12	10	8,5
Gewicht je Meter	kg/m	2,4	3,9	6,6	7,7	11,6
Preis je 100 kg Rohr = Preis des Blockbleies + nebenstehende Zuschläge	RM	21,—	19,—	18,—	17,—	15,—
	S					
	Kč	310,—	310,—	310,—	310,—	310,—

Blockblei, Preise je 100 kg	1928	1929	1930	1931	1932	1933	1934
RM	42—46	46—52	35—46	25—32	14—17	19—22	17—20

1473. **Bleidruckrohre für Wasserleitungen, fertig verlegen,** ohne Stemm- und Putzarbeiten, je Meter:

Nennweite		13 mm	20 mm	25 mm	30 mm	40 mm
Monteur	h	0,5—0,9	0,6—1,1	0,7—1,0	0,9—1,3	1,1—1,5
Helfer	,,	0,5—0,9	0,6—1,1	0,7—1,0	0,9—1,3	1,1—1,5
Für Aufsicht, Geräte und Nebenarbeiten	%	25	25	25	25	25
Lötzinn	kg/m	0,06	0,08	0,09	0,10	0,12
Lötmittel (Benzin, Flußmittel) als Zuschlag zum Preis des Lötzinnes	%	100	100	100	100	100
Filzstreifen, 6 cm breit	m/m	1,3—1,5	1,7—1,9	2,0—2,2	2,3—2,5	3,0—3,2
Messingbindedraht	kg/m	0,002	0,003	0,003	0,004	0,005

Befestigungsmittel .... 2—3% des Rohrpreises
Für Verschnitt und Verlust................ 3—5% ,, ,,

1474. **Die Herstellung einer Lötverbindung bei Bleirohren** oder das Einlöten von Messingteilen in Bleirohre erfordert je Lötung bei Wasserleitungsrohren, einschließlich unvermeidlicher Pausen: (0,20 bis 0,33) h Monteur + (0,20 bis 0,33) h Helfer + 25% für Aufsicht und Geräte und Nebenarbeiten.

1475. **Aufwand an Lötzinn für die Lötungen an Bleidruckrohren,** einschließlich der unvermeidlichen Verluste, je Lötung:

a) Kelchlötungen:

Bleidruckrohrnennweite	mm	10	13	20	25	30	40
Lötzinn	g	35—40	45—50	55—60	70—80	85—100	110—130

b) Abzweiglötungen:

Hauptrohr	mm	13	13	20	20
Abzweig	,,	10	13	13	20
Lötzinn	g	60—65	95—100	90—95	180—190

4. Armaturen.

1476. **Normen betreffend Armaturen.**

DIN 3271. Durchgangsventile bis Nenndruck 10, Betriebsdruck W 10. Übersicht.
DIN 3276. Auslaufventile bis Nenndruck 10, Betriebsdruck W 10. Übersicht.
ČSN 1047. Ventile.

1477. **Durchlaufventile aus Messing** mit Gewindemuffen, mit Entleerung:

Nennweite	mm	13	19	25	32	40
Preise	RM[178]	4,—	5,50	7,50	9,60	15,—
	S					
	Kč	8,10	12,60	19,20	31,80	46,20

1478. **Auslaufventile aus Messing:**

Nennweite	mm	10	13	19	25
Preise	RM[178]	3,90	5,40	10,00	15,00
	S				
	Kč	8,40	9,60	15,60	24,00

Für Vernickelung: Zuschlag (15 bis 20)%.

1479. Durchlaufventile, Weichguß, feuerverzinkt, mit Metalldichtungsflächen, für Betriebsdrücke bis 15 atü.

Nennweite		$^3/_8$ Zoll	$^1/_2$ Zoll	$^3/_4$ Zoll	1 Zoll	$1^1/_4$ Zoll	$1^1/_2$ Zoll	2 Zoll	$2^1/_2$ Zoll	3 Zoll
Durchlaufventil mit Schraubenmuffen:										
Marke GF.........	RM	4,30	4,30	5,60	6,90	8,60	11,55	14,55	21,60	26,80
	Kč	42,—	42,—	54,—	67,—	97,—	112,—	141,—	209,—	259,—
Eckventil mit Schraubenmuffen:										
Marke GF.........	RM	4,30	4,30	5,60	6,90	8,60	11,55	14,55	21,60	26,80
	Kč	42,—	42,—	54,—	67,—	97,—	112,—	141,—	209,—	259,—
Durchlaufventil mit Flanschen, ungebohrt:										
Marke GF.........	RM	—	5,20	6,90	8,20	10,45	14,15	17,90	25,70	32,—
	Kč	—	50,—	67,—	83,—	101,—	137,—	173,—	249,—	310,—
Eckventil mit Flanschen, ungebohrt										
Marke GF.........	RM	—	5,20	6,90	8,20	10,45	14,15	17,90	25,70	32,—
	Kč	—	50,—	67,—	83,—	101,—	137,—	173,—	249,—	310,—
Bohren eines Schraubenloches										
	RM	—	0,03	0,03	0,03	0,03	0,03	0,03	0,04	0,04
	Kč	—	0,30	0,30	0,30	0,30	0,30	0,30	0,40	0,40

1480. Rückschlagventile, Weichguß, feuerverzinkt, für Betriebsdrücke bis 15 atü.

Nennweite		$^1/_2$ Zoll	$^3/_4$ Zoll	1 Zoll	$1^1/_4$ Zoll	$1^1/_2$ Zoll	2 Zoll	$2^1/_2$ Zoll	3 Zoll
Rückschlagventil mit Schraubenmuffen:									
Marke GF	RM	2,60	2,98	4,10	4,85	6,90	9,90	14,60	19,75
	Kč	25,20	29,—	40,—	47,—	67,—	95,—	141,—	191,—
Rückschlagventil mit Flanschen, ungebohrt:									
Marke GF	RM	3,65	4,20	5,70	6,60	9,50	13,10	18,60	25,—
	Kč	35,—	40,50	55,—	64,—	92,—	126,—	180,—	241,—

1481. Selbsttätige Rückströmungssicherung mittels der AB-Sicherung der Metallwarenfabrik Roßwein i. Sa.

Einzubauen in die aufsteigende Leitung hinter dem Wassermesser und in jedem Steigstrang an der höchsten Stelle, an der ein Rückströmen möglich wäre.

Abmessungen und Preis.

Nennweite	$^1/_2$ Zoll	$^3/_4$ Zoll	1 Zoll	$1^1/_4$ Zoll	$1^1/_2$ Zoll
Baulänge ..... mm	150	175	215	245	275
Gewicht ...... kg	0,590	0,980	1,850	2,650	3,900
Preis .... RM	8,50	10,—	16,—	25,—	35,—

1482. Feuerlöschventile für Innenräume, Eisen mit Metallgarnitur, mit Eisenrohrgewinde, Abgang mit Schlauchgewinde, mit Deckkappe und Kette. (Bopp & Reuther, Mannheim.)

Nennweite	mm	25	30	40	50
,, ...	Zoll	1	$1^1/_4$	$1^1/_2$	2
Gewicht	kg	2,6	3,2	4,6	5,9
Preis, frachtfrei....................	RM	8,80	10,00	12,00	13,50

1483. Strahlrohr für Garten- und Feuerschläuche, ganz aus Metall, mit Hanfumwicklung. (Bopp & Reuther, Mannheim.)

Schlauchweite	mm	25	30	40	45	52
,, ...	Zoll	1	$1^1/_4$	$1^1/_2$	$1^3/_4$	2
Preis, frachtfrei..............	RM	8,00	8,50	9,00	11,00	11,00

C. Haus- und Grundstücksentwässerung.

1. Allgemeines.

1484. Normen betreffend Grundstücksentwässerung.

DIN 1986. Technische Vorschriften für Bau und Betrieb von Grundstücksentwässerungsanlagen.
DIN 1987. Bau und Betrieb von Grundstücksentwässerungsanlagen, Grundlagen für rechtliche und verwaltungstechnische Vorschriften.
DIN 4050. Richtlinien für Bestandspläne für öffentliche Entwässerungsanlagen.
DIN 1959. Ländliche Wasserleitungen und Kanalisationen.
Önorm B 8090. Kanalisation, Sinnbilder in Leitungsplänen.

1485. Grundstücksentwässerungsanlagen. Allgemeines.

Beim Entwurf nach DIN 1986 zu verwendende Farben:

vorhandene Rohrleitungen: schwarz,	neue Gußeisenrohrleitungen: blau,
neue Steinzeugleitungen: braun,	neue Bleirohre: gelb.

Andere Baustoffe für Rohrleitungen sind besonders zu bezeichnen, wobei grüne Farbe nicht verwendet werden darf.

Eternitrohre sind nicht allgemein zugelassen.

1486. Grundstücksentwässerung. Vorschriften.

Den Bau und den Betrieb der Grundstückeentwässerungsanlage regelt DIN 1986. Die wichtigsten Bestimmungen lauten:

Die Hauptgrundleitungen müssen mindestens 100 mm weit sein. Wenn mehr als zwei und bis vier Spülklosette angeschlossen werden, beträgt die Mindestweite 125 mm, darüber 150 mm. Verdeckt verlegte Nebengrundleitungen müssen ebenfalls eine Mindestlichtweite von 100 mm haben.

Die Fallrohre müssen die folgenden Lichtweiten erhalten:

für den Anschluß bis zu 3 Küchenausgüssen oder 1 Bad oder 1 Küchenausguß und 1 Bad	50	mm
für den Anschluß von mehr als 3 bis zu 7 Küchenausgüssen oder bis zu 4 Bädern oder bis zu 4 Küchenausgüssen und 2 Bädern	70	,,
,, eine größere Anzahl von Anschlüssen als zuvor oder für bis zu 12 Spülaborten	100	,,
,, Trockenaborte	200	,,
,, Regenwasser mindestens	70	,,
,, ,, von Balkonen oder Vordächern mit einer Gesamtfläche bis zu 25 qm	50	,,
,, Einzelanschlüsse kleiner Waschbecken u. dgl., mindestens	40	,,
,, Überlaufleitungen, mindestens	32	,,

Mindestweiten der

Hauptgrundleitung: mindestens	100	mm
wenn aber mehr als 3 Spülaborte angeschlossen sind	150	,,
Nebengrundleitungen: mindestens	100	,,

Zusammenleitungen und Richtungsänderungen sind nur unter Verwendung geeigneter Formstücke herzustellen; Bögen von 90° müssen mit einer Reinigungsöffnung versehen sein. Rechtwinkelige Zusammenleitungen sind unzulässig. Das Anhauen von Rohrleitungen zwecks Herstellung eines Anschlusses ist verboten. Im Freien können fallweise Leitungen auch in Schächten zusammengeführt werden.

Das Gefälle der Grundleitungen soll mindestens 1 : 50 betragen. Bei Gefällen unter 1 : 100 muß für häufige Spülungen vorgesorgt werden.

Als Baustoff für die Rohrleitungen innerhalb der Gebäude ist Gußeisen, Stahl oder Blei zugelassen. Grundleitungen, die wenigstens 30 cm überdeckt sind, weder durch Stoß noch durch Druck beansprucht werden und unter massiven Fußböden liegen, können aus Steinzeugröhren hergestellt werden. Bei Waschküchen mit 10 cm starkem Betonfußboden genügt eine Überdeckung von 20 cm. Steinzeugrohre sind ferner für die Ableitung säurehaltiger Abwässer und für Falleitungen der Trockenaborte zulässig. Dem Rückstau ausgesetzte Rohrleitungen dürfen nicht aus Blei ausgeführt werden. Rohrleitungen, die durch Nahrungsmittelbetriebe verlaufen, dürfen nur aus Gußeisen, ohne Reinigungsöffnungen hergestellt werden.

Außerhalb der Gebäude können Gußeisen-, Stahl- oder Steinzeugrohre verwendet werden. Die Flußstahlrohre müssen feuerverzinkt sein; Bleirohre müssen bei Lichtweiten bis 50 mm eine Wandstärke von 2,5 mm, darüber 3 mm Wandstärke haben.

Regenfallrohre und Dunstrohre müssen aus mindestens 0,66 mm starkem Zinkblech verfertigt, dicht verlötet und nicht eingemauert werden. Die Regenfallrohre, die an Straßen oder in Höfen liegen, müssen bis 1,75 m über und 0,25 m unter Gelände aus Gußeisen hergestellt werden. Ebenso müssen Regenfallrohre innerhalb von Balkonen aus Gußeisen bestehen.

Gußeiserne Rohre müssen mit Teerstrick und mindestens 2 cm hoch mit Blei gedichtet werden. Bei Falleitungen kann fallweise statt des Bleies Asphalt zugelassen werden.

Liegende Bleirohre müssen verlötet werden. Bleifalleitungen sind ebenfalls zu verlöten oder auf eine Länge gleich ihrer Lichtweite ineinanderzustecken und mit Bleimennige zu verkitten. Der Anschluß von Bleirohren an Eisenrohre muß unter Verwendung von Messingstücken, an die das Blei angelöstet wird, erfolgen.

Steinzeugrohre werden mit Teerstrick und Asphalt gedichtet. Nur bei freiliegenden Leitungen, bei denen ein Auslaufen des Asphaltes möglich erscheint, kann die Dichtung mit Zementmörtel bewerkstelligt werden.

Unter jeder Zapfstelle in Gebäuden muß ein Ablauf angeordnet werden, der mit einem Geruchverschluß auszustatten ist. Ablaufstellen im Freien dürfen nur mit besonderer Genehmigung ohne Geruchverschluß hergestellt werden. Hofeinläufe müssen vom nächsten Brunnen mindestens 5 m entfernt liegen.

Geruchverschlüsse müssen an allen Ausguß- und Ablaufstellen eingebaut werden. In den Falleitungen und in den Grundleitungen dürfen keine Geruchverschlüsse angeordnet werden. Der Durchflußquerschnitt muß stets gleich jenem des anschließenden Abflußrohres sein. Jeder Geruchverschluß muß eine luftdicht verschließbare Putzöffnung erhalten, durch die die tiefste Stelle des Geruchverschlusses gereinigt werden kann. Die Geruchverschlüsse können aus Blei, Kupfer, Messing, Gußeisen, Steinzeug oder einem gleichwertigen Stoff hergestellt sein; Zinkblech ist ausgeschlossen.

Die Höhe des Wasserverschlusses nicht genormter Geruchverschlüsse muß mindestens 70 mm betragen.

Die Rohrweite der Geruchverschlüsse soll mindestens betragen:

bei kleineren Waschbecken und Ausgüssen	40 mm
„ Küchenausgüssen, Pißanlagen und Fußbodeneinläufen	50 „
„ Bädern	70 „
„ Spülaborten, Massenspülaborten und Hofeinläufen	100 „

In Anschlußleitungen von gewerblichen Betrieben kann die Anordnung von Prüfstücken, die durch einen Schacht zugänglich gemacht werden, gefordert werden, um jederzeit das Abwasser auf Säuregehalt und Temperatur überprüfen zu können.

Alle Fallrohre müssen, um eine Entlüftung der Kanäle zu ermöglichen, bis über das Dach in gleicher Weite hochgeführt werden; von einer 0,5 m unter dem Dach gelegenen Stelle an beträgt die Mindestweite des Lüftungsrohres 70 mm. Die Entlüftungsrohre müssen mit einer Haube versehen sein. Waagrecht verlaufende Entlüftungsrohre sind unzulässig.

Unterhalb einer, infolge allfälligen Rückstaues vom Kanal her gefährdeten Höhenlage ab müssen die Rohrleitungen auch durch Schächte geschlossen geführt werden oder es müssen dichte Schachtdeckel mit Verschraubung verwendet werden. Unterhalb dieser Höhenlage sind Regeneinläufe verboten. Abwassereinläufe müssen durch Absperrvorrichtungen gesichert werden, die selbsttätig schließen, und überdies muß noch eine von Hand zu betätigende Absperrvorrichtung eingebaut werden, die nur bei Bedarf geöffnet wird. Alle Rückstauverschlüsse müssen gut zugänglich sein und sie dürfen Kanalgase nicht durchtreten lassen.

In Leitungen, die fett- oder ölhaltige Abwässer ableiten, müssen Fettabscheider eingebaut werden.

Feuergefährliche Beimischungen in Abwässern müssen mittels Benzinabscheidern ausgeschieden werden (vgl. Nr. 1557).

Wenn die Abwässer schließlich viel Sand führen, so müssen an den betreffenden Ablaufstellen Sandfänge eingebaut werden.

1487. Herstellung eines Hauskanalanschlusses im ausgehobenen Rohrgraben und **Legen des Anschlußkanals** bis zu einer Länge von 15 m, mit Ausschluß aller Erdarbeiten:

16 h Maurer + 16 h Hilfsarbeiter.

2. Gußeisen- und Stahlrohrleitungen.

1488. Grundstücksentwässerungsleitungen aus Gußeisen.

Im Deutschen Reich werden die genormten Normalabflußrohre NA und die leichten Normalabflußrohre LNA, beide mit Bleimuffendichtungen, verwendet. Die sogenannten schottischen Abflußrohre sollen nicht verwendet werden. An Stelle des Bleies kann Aluminiumwolle verwendet werden.

In Österreich stehen sogenannte schottische Gußrohre und schwere Gußrohre, ähnlich den DWA-Rohren, in Verwendung.

In der Tschechoslowakei werden Prager Normalabflußrohre (1905) für Bleimuffendichtungen verwendet, die von den deutschen NA-Rohren etwas in den Abmessungen abweichen und schwerer sind. Auch schottische Abflußrohre sind noch zulässig.

1489. Normen betreffend gußeiserne Abflußrohre.

DIN 364. NA-Rohre, Normalabflußrohre.
DIN 538. Muffendeckel für NA- und LNA-Rohre.
DIN 540. NA-Rohre, Krümmer, Bogen.
DIN 541. „ , Übergänge, Übergangsbogen.
DIN 542. „ , S-Stücke.
DIN 543. „ , schräge T-Stücke.
DIN 1393. „ , halbschräge T-Stücke.
DIN 544. „ , schräge Kreuzstücke.
DIN 1395. „ , halbschräge Kreuzstücke.
DIN 545. „ , Formstücke für NA-und LNA-Rohre.
DIN 1172. LNA-Rohre, leichte Normalabflußrohre.
DIN 1174. „ , Krümmer, Bogen.
DIN 1175. „ , schräge T-Stücke.
DIN 1394. „ , halbschräge T-Stücke.
DIN 1176. „ , schräge Kreuzstücke.
DIN 1396. „ , halbschräge Kreuzstücke.
DIN 1177. „ , S-Stücke.
DIN 1178. „ , Übergänge, Übergangsbogen.
DIN 1392. Reinigungsrohre für Grundleitungen, Form A, Keilverschluß, Form B, Knebelverschluß, für Grund- und Abfalleitungen, Form C, Schraubverschluß.
Önorm B 8001. Gußeiserne Abflußrohre, Muffenabmessungen, gerade Rohre.
Önorm B 8002. Bogen.
Önorm B 8003. Aufstandsbogen JA, Aufstandsübergangsbogen.
Önorm B 8004. Übergangsstücke Re, Übergangsbogen ReJ.
Önorm B 8005. Sprungstücke S.
Önorm B 8006. T-Stücke B.
Önorm B 8007. Einfachabzweige C, Doppelabzweige CC 180.
Önorm B 8008. Eckdoppelabzweige CC 90.
Önorm B 8009. Doppelmuffen M, Übergangsmuffen U.
Önorm B 8010. Putzrohre P.

1490. Verlegen und Dichten von NA- und LNA-Rohren, ohne Zubringen, Stemm-, Putz- und Erdarbeiten.

Nennweite		50 mm	70 mm	100 mm	125 mm	150 mm	200 mm
Verlegen und Festmachen von 1 m Rohrleitung als Falleitung oder als Grundleitung ohne Dichtung:							
Monteur	h	0,15	0,22	0,3	0,35	0,45	0,50
Helfer	„	0,15	0,22	0,3	0,35	0,45	0,50
Für Aufsicht, Geräte	%						
Herstellen einer Muffendichtung in Falleitungen:							
Monteur	h	0,28	0,28	0,32	0,40	0,44	0,56
Helfer	„	0,28	0,28	0,32	0,40	0,44	0,56
Für Aufsicht, Geräte	%						

Fortsetzung der Tabelle.

Nennweite	50 mm	70 mm	100 mm	125 mm	150 mm	200 mm
Herstellen einer Muffendichtung in Grundleitungen:						
Monteur . . . . . h	0,35	0,35	0,40	0,50	0,55	0,70
Helfer . . . . . „	0,35	0,35	0,40	0,50	0,55	0,70
Für Aufsicht, Geräte . . . . . %						
Dichtungsstoffe für eine Muffendichtung:						
Teerstrick . . . . . kg	0,05	0,08	0,12	0,14	0,19	0,29
Blei . . . . . „	0,48	0,68	0,94	1,15	1,34	1,75
Holzkohle . . . . . „	0,25	0,35	0,50	0,60	0,70	0,85

Für Bruch und Verluste: Zuschlag zu den Rohrpreisen . . . . . . 3—5%
„ Befestigungsmittel: „ „ „ „ 3%

100 kg Rohre, L m weit und H m hoch, zutragen: $(0{,}15 + 0{,}001\ L + 0{,}017\ H)$ h Hilfsarbeiter.

1491. Verlegen von Grundleitungen und Falleitungen aus Gußeisen mit Bleimuffendichtungen[279] von 100 bis 200 mm NW, ausschließlich aller Maurerarbeiten, von Aufhängungen u. dgl.:

1 Monteur und 1 Helfer stellen in 8 Stunden eine Leitung mit 16 Muffen her.

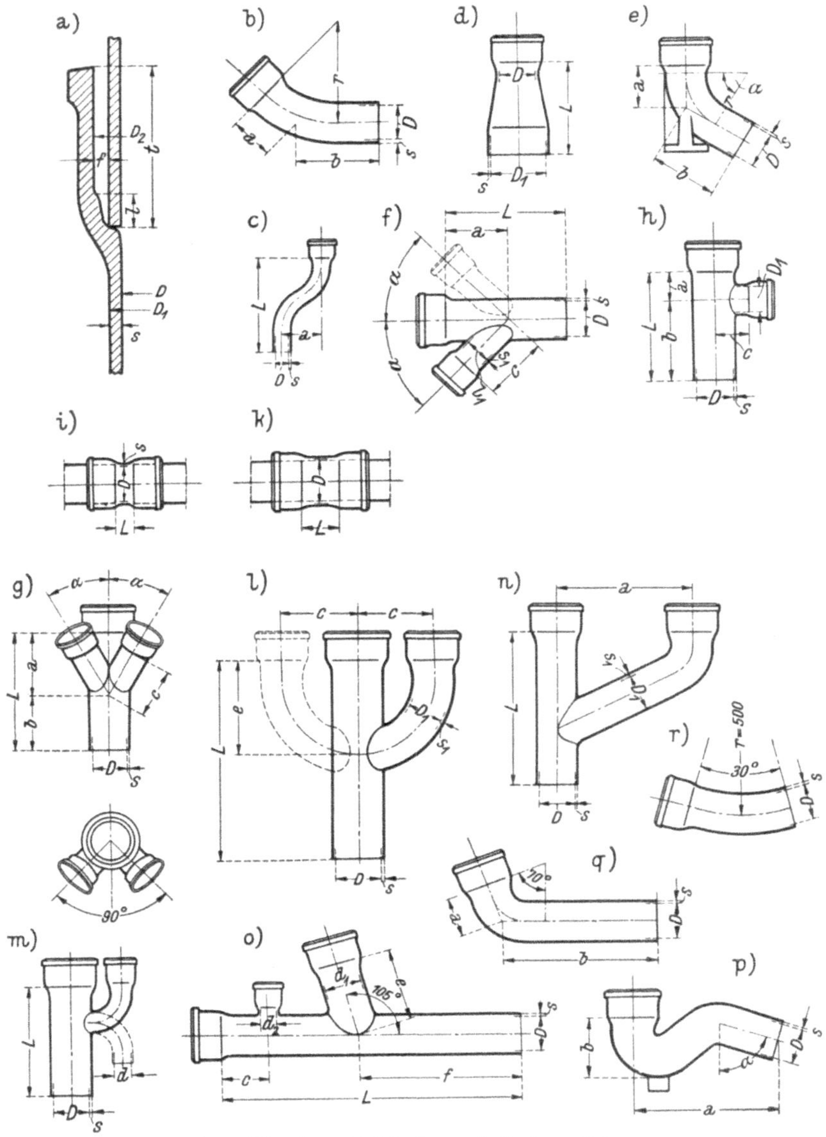

Abb. 150. Normalabflußrohre und die Formstücke.

1492. Abmessungen der Muffen (Abb. 150a) **der Normalabflußrohre, DIN 364,** und der **leichten Normalabflußrohre, DIN 1172.** Die Muffen sind für verstemmte Bleidichtungen geeignet. Höhe des Bleiringes mindestens 20 mm. Bei stehenden Muffen kann ausnahmsweise statt Blei auch Asphalt verwendet werden.

Lichte Weite D		50 mm	70 mm	100 mm	125 mm	150 mm	200 mm
Äußerer Durchmesser D_1	mm	60	80	112	137	162	212
Lichte Weite der Muffe D_2	„	72	92	124	151	176	226
Stärke der Dichtungsfuge f	„	6	6	6	7	7	7
Muffentiefe t	„	65	70	75	75	80	90
Rauminhalt der Dichtungsfuge	ccm	109	170	251	303	382	563
Bedarf an Blei bei 20 mm Bleiringhöhe + 10% für Verluste	kg	0,48	0,68	0,94	1,15	1,34	1,75
Bedarf an Teerstrick bei 20 mm Bleiringhöhe + 10% für Verluste	„	0,05	0,08	0,12	0,14	0,19	0,29

1493. Normalabflußrohre NA nach DIN 364 (Abb. 150a).

Baulängen in mm	Gewichte in kg						Preise je Stück											
	Nennweiten in mm						50		70		100		125		150		200	
	50	70	100	125	150	200	RM	S	RM	S	RM	S	RM	S	RM	S	RM	S
3000*	19,7	27,0	46,0	58,0	68,0	89,5	7,20		7,80		14,20		17,85		19,30		33,20	
2500*	17,0	23,0	39,0	48,0	57,0	76,0	6,05		7,05		11,95		15,02		17,90		27,40	
2000	13,5	18,6	31,0	39,0	46,3	62,0	4,90		6,30		9,70		12,20		14,50		21,60	
1750	11,9	16.4	27,5	34,5	40,0	53,8	4,15		5,40		8,30		10,45		12,55		18,55	
1500	10,3	14,3	24,0	30,0	35,6	47,5	3,75		4,80		7,50		9,40		11,20		17,—	
1250	8,8	12,3	20,3	25,3	30,3	40,5	3,20		4,15		6,35		7,90		9,50		14,60	
1000	7,3	10,0	16,7	21,0	25,0	33,5	2,65		3,40		5,20		6,55		7,70		12,—	
750	5,7	8,0	13,0	16,3	19,6	26,3	2,10		2,70		4,05		5,10		6,15		9,60	
500	4,2	5,8	9,5	12,0	14,3	19,3	1,55		1,95		3,—		3,75		4,60		7,—	
250	2,6	3,7	5,8	7,5	9,0	12,3	1,10		1,45		2,15		2,75		3,50		5,—	
150	2,2	3,1	4,9	6,2	7,5	10,3	0,80		1,15		1,65		2,20		2,60		4,—	
100	2,0	2,8	4,5	5,6	6,8	9,3	0,65		1,—		1,40		1,92		2,15		3,50	

Bezeichnung eines 100 mm weiten Normalabflußrohres von 1500 mm Baulänge:
NA-Rohr 100 × 1500 DIN 364.

1494. Leichte Normalabflußrohre LNA nach DIN 1172.

Baulänge in mm	Gewichte in kg					Preise									
	Nennweiten in mm					50		70		100		125		150	
	50	70	100	125	150	RM	S	RM	S	RM	S	RM	S	RM	S
2000	10,5	14,0	22,4	27,6	39,5	4,20		5,10		7,70		9,50		13,70	
1500	7,8	10,8	17,2	22,0	30,6	3,10		4,15		5,90		7,50		10,80	
1250	6,9	9,5	14,7	18,1	26,3	2,85		3,50		5,10		6,35		9,—	
1000	5,5	7,5	12,2	15,1	22,0	2,20		2,80		4,20		5,20		7,50	
750	4,4	6,0	9,8	12,1	17,1	1,80		2,35		3,35		4,25		6,—	
500	3,3	4,7	7,3	9,1	12,7	1,35		1,80		2,50		3,25		4,50	
250	2,1	2,9	4,7	6,0	8,2	1,05		1,35		2,—		2,65		3,50	
150	1,6	2,2	3,7	4,8	6,4	0,80		1,15		1,65		2,20		2,60	

Bezeichnung eines 100 mm weiten und 1500 mm langen leichten Normalabflußrohres:
LNA-Rohr 100 × 1500 DIN 1172.

1495. B-Stücke für NA-Rohre, DIN 545 (Abb. 150h).

Lichtweite des Hauptrohres D mm	Lichtweite des Abzweiges D_1 mm	Abmessungen a mm	Abmessungen c mm	Abmessungen Baulänge L mm	Gewicht kg	Preise RM	Preise S	Lichtweite des Hauptrohres D mm	Lichtweite des Abzweiges D_1 mm	Abmessungen a mm	Abmessungen c mm	Abmessungen Baulänge L mm	Gewicht kg	Preise RM	Preise S
50	50	60	60	230	3,3	1,35		125	50	70	100	300	9,3	3,35	
								125	70	80	100	320	10,0	3,65	
70	50	60	70	250	4,6	1,75		125	100	100	110	350	11,6	4,10	
70	70	70	70	270	5,0	1,85		125	125	110	110	350	12,6	4,35	
100	50	70	90	270	7,0	2,50		150	50	70	120	300	10,6	4,—	
100	70	80	90	300	8,0	2,80		150	70	80	120	320	11,6	4,40	
100	100	90	90	340	9,3	3,40		150	100	100	120	350	13,3	5,05	

* Nicht genormt.

Fortsetzung der Tabelle.

Lichtweite des Hauptrohres D mm	Lichtweite des Abzweiges D_1 mm	a mm	c mm	Baulänge L mm	Gewicht kg	Preise RM	Preise S	Lichtweite des Hauptrohres D mm	Lichtweite des Abzweiges D_1 mm	a mm	c mm	Baulänge L mm	Gewicht kg	Preise RM	Preise S
150	125	110	120	390	14,3	4,90		200	100	100	150	360	17,6	7,15	
150	150	120	120	430	16,0	5,75		200	125	120	150	400	19,3	7,80	
200	50	70	140	300	14,6	5,90		200	150	130	150	440	21,0	8,45	
200	70	80	140	330	15,6	6,30		200	200	150	150	480	23,6	9,35	

1496. Schräge Eckabzweige für NA-Rohre (Abb. 150g).

Nennweite Hauptrohr D mm	Nennweite Abzweig d mm	Abzweigwinkel α = 45⁰ a mm	c mm	L mm	Gewicht kg	Abzweigwinkel α = 70⁰ a mm	c mm	L mm	Gewicht kg
50	50	130	130	260	6,1	80	80	230	5,4
70	50	140	140	280	7,2	90	90	250	6,4
70	70	150	150	300	8,6	100	100	270	7,7
100	50	150	160	280	9,6	90	110	270	8,9
100	70	170	170	320	11,3	100	110	300	10,1
100	100	190	190	360	14,5	120	120	340	12,7
125	50	170	180	300	11,6	100	120	300	11,2
125	70	180	190	340	13,5	110	130	320	12,5
125	100	200	210	380	16,9	130	140	350	15,8
125	125	230	230	430	20,8	150	150	380	17,7

Nennweite Hauptrohr D mm	Nennweite Abzweig d mm	Abzweigwinkel α = 45⁰ a mm	c mm	L mm	Gewicht kg	Abzweigwinkel α = 70⁰ a mm	c mm	L mm	Gewicht kg
150	50	180	200	300	13,5	110	140	300	13,1
150	70	200	210	350	16,0	120	140	320	14,4
150	100	220	230	400	19,6	130	150	350	16,9
150	125	240	240	450	23,2	140	150	390	19,6
150	150	270	270	500	27,6	160	160	430	22,4
200	50	210	240	350	18,5	110	160	300	16,5
200	70	230	250	390	20,8	120	160	330	18,3
200	100	250	260	430	24,5	140	170	360	20,7
200	125	270	280	470	28,5	160	180	400	24,2
200	150	290	300	520	32,3	180	190	440	27,3
200	200	320	320	580	39,0	200	200	480	31,9

Preise wie bei den Kreuzstücken gleicher Abmessungen (siehe Nr. 1497).

1497. Schräge T- und Kreuzstücke, Abzweigwinkel $\alpha = 45^0$ (Abb. 150f).

Nennweite		Abmessungen			Schräge T-Stücke						Schräge Kreuzstücke					
Hauptrohr	Abzweig				für Normalabflußrohre NA DIN 543			für leichte Normalabflußrohre LNA DIN 1175			für Normalabflußrohre NA DIN 544			für leichte Normalabflußrohre LNA DIN 1175		
D mm	d mm	a mm	c mm	L mm	kg	RM	S	kg	RM	S	kg	RM	S	kg	RM	S
50	50	130	130	260	4,4	1,80		3,5	1,70		6,1	2,60		4,9	2,60	
70	50	140	140	280	5,5	2,10		4,4	2,—		7,2	3,—		5,8	3,—	
	50	140	140	400	6,6	2.55		—	—	—	—	—	—	—	—	—
	70	150	150	300	6,3	2,40		5,2	2,35		8,6	3,80		7,1	3,80	
	70	150	150	420	7,2	2,75		—	—	—	—	—	—	—	—	—
100	50	150	160	280	7,9	2,80		6,5	2,70		9,6	4,—		7,8	4,—	
	50	150	160	420	9,9	3,55		—	—	—	—	—	—	—	—	—
	70	170	170	320	9,0	3,30		7,5	3,20		11,3	4,50		9,4	4,50	
	70	170	170	460	10,7	3,85		—	—	—	—	—	—	—	—	—
	100	190	190	360	10,9	4,—		9,3	3,90		14,5	6,—		12,7	6,—	
	100	190	190	500	13,0	4.70		—	—	—	—	—	—	—	—	—
125	50	170	180	300	10,0	3,60		7,9	3,40		11,6	4,55		—	—	—
	70	180	190	340	11,3	4,10		8,8	3,75		13,5	5,30		10,6	5,30	
	100	200	210	380	13,4	4,70		10,9	4,50		16,9	7,20		14,3	7,20	
	125	230	230	430	15,7	5,50		13,0	5,25		20,8	8,30		16,6	8,30	
150	50	180	200	300	11,9	4,50		—	—	—	13,5	6,20		—	—	—
	70	200	210	350	13,5	5,10		11,9	5,—		16,0	7,35		—	—	—
	100	220	230	400	15,9	6,—		14,3	6,—		19,6	9,—		17,8	9,—	
	125	240	240	450	18,3	6,75		16,5	6.75		23,2	10,—		20,6	10,—	
	150	270	270	500	21,0	7,50		18,5	7,50		27,6	12,—		24,5	12.—	
200	50	210	240	350	16,8	6,80		—	—	—	18,5	8,35		—	—	—
	70	230	250	390	18,5	7,50		—	—	—	20,8	9,35		—	—	—
	100	250	260	430	20,9	8,50		—	—	—	24,5	11,—		—	—	—
	125	270	280	470	23,5	9,50		—	—	—	28,5	13,—		—	—	—
	150	290	300	520	26,1	10,50		—	—	—	32,3	15,—		—	—	—
	200	320	320	580	30,3	12,—		—	—	—	39,0	18,—		—	—	—

1498. Schräge T- und Kreuzstücke, Abzweigwinkel $\alpha = 70^0$ (Abb. 150f).

Nennweite		Abmessungen			Schräge T-Stücke						Schräge Kreuzstücke					
Hauptrohr	Abzweig				für Normalabflußrohre NA DIN 543			für leichte Normalabflußrohre LNA DIN 1175			für Normalabflußrohre NA DIN 544			für leichte Normalabflußrohre LNA DIN 1176		
D mm	*d* mm	*a* mm	*c* mm	*L* mm	kg	RM	S	kg	RM	S	kg	RM	S	kg	RM	S
50	50	80	80	230	4,0	1,80		3,2	1,70		5,4	2,60		4,3	2,60	
70	50	90	90	400	6,3			—	—	—	—	—	—	—	—	—
	50	90	90	250	5,0	2,10		4,2			6,4	3,—		5,4		
	70	100	100	270	5,8	2,40		5,2			7,7	3,80		6,9		
	70	100	100	420	7,1			—	—	—	—	—	—	—	—	—
100	50	90	110	420	9,7			—	—	—	—	—	—	—	—	—
	50	90	110	270	7,5	2,80		6,0			8,9	4,—		7,2		
	70	100	110	300	8,3	3,30		7,0			10,1	4,50		8,8		
	70	100	110	460	10,6			—	—	—	—	—	—	—	—	—
	100	120	120	340	9,9	4,—		8,3			12,7	6,—		11,1		
	100	120	120	500	12,4			—	—	—	—	—	—	—	—	—
125	50	100	120	300	9,8			7,9			11,2			8,9		
	70	110	130	320	10,6	4,10		8,8			12,5	5,30		10,6		
	100	130	140	350	12,5	4,70		10,0			15,8	7,20		12,8		
	125	150	150	380	13,8	5,50		11,6			17,7	8,30		15,6		
150	50	110	140	300	11,6			—	—	—	13,1			—	—	—
	70	120	140	320	12,5			11,5			14,4			13,2		
	100	130	150	350	14,1	6,—		12,8			16,9	9,—		15,5		
	125	140	150	390	15,8	6,75		14,7			19,6	10,—		18,6		
	150	160	160	430	17,7	7,50		16,6			22,4	12,—		21,6		
200	50	110	160	300	15,1			—	—	—	16,5			—	—	—
	70	120	160	330	16,4			—	—	—	18,3			—	—	—
	100	140	170	360	18,0	8,50		—	—	—	20,7	11,—		—	—	—
	125	160	180	400	20,4	9,50		—	—	—	24,2	13,—		—	—	—
	150	180	190	440	22,5	10,50		—	—	—	27,3	15,—		—	—	—
	200	200	200	480	25,4	12,—		—	—	—	31,9	18,—		—	—	—

1499. Übergangsstücke für NA- und LNA-Rohre.

Nennweite		Übergangsrohr, gerade, Abb. 150 d							Übergangsbogen, $\alpha = 80^0$, Abb. 150 b								Übergangsbogen mit Ring am glatten Ende, $\alpha = 80^0$ für NA, DIN 541			Fußbogen mit Übergang, $\alpha = 80^0$ für NA, DIN 541 Abb. 150 e		
Am Muffenende	Am glatten Ende	Baulänge	für NA DIN 541			für LNA DIN 1178			Abmessungen		für NA DIN 541			für LNA DIN 1178								
			Gewicht	Preis		Gewicht	Preis		*a*	*b*	Gewicht	Preis		Gewicht	Preis		Gewicht	Preis		Gewicht	Preis	
D mm	*D* mm	*L* mm	kg	RM	S	kg	RM	S	mm	mm	kg	RM	S	kg	RM	S	kg	RM	S	kg	RM	S
50	70	200	2,6	1,05		2,3	1,05		100	170	2,7	1,20		2,5	1,20		—	—	—	3,0	1,50	
50	100	200	3,4	1,25		2,8	1,25		110	180	4,0	1,50		3,5	1,60		5,0	1,80		—	—	—
70	100	200	4,5	1,65		3,1	1,65		110	180	4,8	1,75		4,2	1,75		—	—	—	5,3	2,50	
70	125	200 220	— 4,8	— 1,75	—	3,7 —	1,75 —	—	120	200	5,5	2,—		5,0	2,10		—	—	—	—	—	—
100	125	200 230	— 6,0	— 2,20	—	5,0 —	2,20 —	—	130	200	7,0	2,50		6,4	2,50		7,3	2,60		7,7	3,50	
100	150	200 250	— 6,8	— 2,50	—	6,4 —	2,50 —	—	140	210	7,8	3,—		7,2	3,—		8,1	2,90		8,8	4,—	
125	150	200 230	— 7,6	— 2,75	—	6,9 —	2,75 —	—	150	220	9,5	3,60		—	—	—	9,8	3,70		10,5	5,—	
150	200	250	10,3	4,50		—	—	—	—	—	—	—	—	—	—	—	—	—	—	—	—	—

1500. Abflußbogen für NA- und LNA-Rohre. (Bezeichnung eines 70⁰-Abflußbogens mit 150 mm Nennweite für NA-Rohre: 80⁰ Abflußbogen, 100 DIN 540.) Abb. 150b.

Zentriwinkel	Nennweite	Abmessungen			für NA-Rohre DIN 450			für LNA-Rohre DIN 1174		
					Gewicht	Preis		Gewicht	Preis	
α⁰	*D* mm	*a* mm	*b* mm	*r* mm	kg	RM	S	kg	RM	S
15	50	70	140	530	2,3	1,—		2,0	0,95	
	70	70	150	530	3,3	1,40		2,8	1,25	
	100	80	160	610	5,3	2,10		4,5	2,—	
	125	90	170	685	7,3	2,60		6,1	2,50	
	150	100	190	760	9,3	3,60		9,0	3,50	
	200	120	220	910	14,3	6,50		—	—	—
30	50	70	140	260	2,3	1,—		2,0	0,95	
	70	70	150	260	3,3	1,40		2,8	1,25	
	100	80	160	300	5,3	2,10		4,5	2,—	
	125	90	170	335	7,3	2,60		6,1	2,50	
	150	100	190	375	9,3	3,60		9,0	3,50	
	200	120	220	450	14,3	6,50		—	—	—
45	50	70	140	170	2,3	1,—		1,9	0,95	
	70	70	150	170	3,4	1,40		2,7	1,25	
	100	80	160	195	5,5	2,10		4,7	2,—	
	125	90	170	220	7,5	2,70		6,0	2,50	
	150	100	190	240	9,6	3,70		8,7	3,50	
	200	120	220	290	14,5	6,50		—	—	—
70	50	80	140	115	2,3	1,—		2,0	0,95	
	70	90	160	130	3,5	1,40		2,8	1,25	
	100	110	180	160	6,0	2,20		5,0	2,10	
	125	120	200	170	8,3	3,—		6,5	2,70	
	150	140	230	200	11,0	4,20		9,7	4,—	
	200	180	280	260	17,0	7,50		—	—	—
80	50	90	160	110	2,4	1,05		2,1	1,—	
	70	100	180	120	3,7	1,45		3,0	1,35	
	100	130	210	155	6,5	2,40		5,3	2,25	
	125	150	230	180	9,2	3,35		7,1	3,—	
	150	170	260	200	11,6	4,60		11,0	4,40	
	200	220	310	260	18,5	8,—		—	—	—
90	50	100	170	100	2,4	1,05		2,0	1,—	
	70	120	190	120	2,7	1,45		3,1	1,35	
	100	140	220	140	6,6	2,40		5,4	2,25	
	125	170	250	170	9,2	3,35		7,5	3,—	
	150	200	280	200	12,0	4,60		11,0	4,40	
	200	250	340	250	19,0	8,—		—	—	—

1501. Sprungrohre, S-Stück (Etagenbogen), nach Abb. 150c.

Bauform	A					B					C				
Ausladung in mm	65					130					200				
Nennweite in mm	50	70	100	125	150	50	70	100	125	150	50	70	100	125	150
Baulänge in mm	270	280	290	300	310	330	340	350	360	370	400	420	440	460	480
Für Normalabflußrohre NA:															
Gewicht . kg	2,8	4,0	6,5	8,6	10,5	3,4	4,8	7,8	10,2	12,5	4,0	5,8	9,5	12,5	15,5
Preis . . RM	1,20	1,55	2,40	3,15	4,50	1,40	1,85	2,85	3,70	5,—	1,65	2,25	3,45	4,60	6,—
Preis . . S															
Für leichte Normalabflußrohre LNA:															
Gewicht . kg	2,3	3,2	5,4	7,0	9,5	2,7	3,7	6,3	8,2	11,0	3,2	5,0	7,5	10,0	13,7
Preis . . RM	1,10	1,40	2,25	2,80	4,50	1,30	1,65	2,65	3,25	5,—	1,50	2,—	3,20	4,—	6,—
Preis . . S															

1502. Fußbogen DIN 541, nur für NA-Rohre erzeugt, auch für LNA-Rohre passend. Abb. 150e.

Nennweite	Zentriwinkel $\alpha = 70^0$					Zentriwinkel $\alpha = 80^0$					Zentriwinkel $\alpha = 90^0$				
	Abmessungen		Gewicht	Preis		Abmessungen		Gewicht	Preis		Abmessungen		Gewicht	Preis	
D mm	*a* mm	*b* mm	kg	RM	S	*a* mm	*b* mm	kg	RM	S	*a* mm	*b* mm	kg	RM	S
50	—	—	—	—	—	—	—	—	—	—	100	170	2,7	1,30	
70	90	160	4,4	2,—		100	180	4,6	2,10		120	190	4,6	2,10	
100	110	180	7,3	2,60		130	210	7,6	2,80		140	220	7,6	2,80	
125	120	200	10,0	4,20		150	230	11,0	4,30		170	250	11,0	4,30	
150	140	230	12,2	4,80		170	260	13,2	5,20		200	280	13,5	5,20	

1503. Revisionsrohre und Prüfstücke, den Normen entsprechend. (Passavant-Werke, Michelbacher Hütte, Nassau.)

Bauart	Revisionsrohr, DIN E 539, für den Einbau in Steinzeugleitungen. Abb. 151 a, b, c						Prüfstücke nach DIN 1986, § 8. Abb. 151 d						Revisionsrohr mit Stauklappe** nach DIN 1986 und E 1997. Abb. 151 e		
Anschlußweite *D* .... mm	50	70	100	125	150	200	100	150	200	100	150	200	100	150	200
Baulänge *L* .. „	300	350	400	450	500	550	600	600	600	900	900	900	460	460	460
Gewicht ..... kg	7	9,5	16	21	28	38	32	50	70	40	58	78	26	33	52
Preis* mit Bügelverschluß (Abb. 151a) . RM	4,50	5,10	8,—	10,25	12,—	18,—	23	29	38	28	35	45	12	18,75	30
Preis* mit Keilverschluß (Abb. 151b) . „	3,70	4,15	6,35	8,50	10,25	15,—	—	—	—	—	—	—	—	—	—
Preis* mit Schraubenverschluß (Abb. 151c) . „	3,85	4,40	7,20	9,40	11,—	16,60	—	—	—	—	—	—	—	—	—

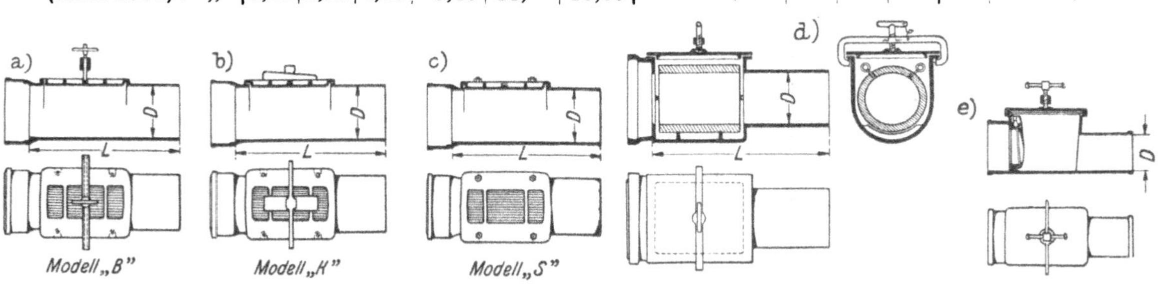

Abb. 151. Revisionsrohre und Prüfstücke. (Passavant-Werke, Michelbacher Hütte, Nassau.)
a) Revisionsrohr mit Bügelverschluß. b) Revisionsrohr mit Keilverschluß. c) Revisionsrohr mit Schraubenverschluß. d) Prüfstück. e) Revisionsrohr mit Stauklappe.

1504. Reinigungsrohre für NA- und LNA-Rohre.[178]

Nennweite	Baulänge	Putzöffnung rund			Putzöffnung rechteckig											
		Verschluß mit 2 Schrauben. Für NA-Rohre DIN 539			Verschluß mit Bügeln und Keilen. Für NA-Rohre DIN 539			Verschluß mit Bügeln und Schrauben. Für NA-Rohre DIN 539			Verschluß mit 4 Schrauben. Für NA-Rohre DIN 539			Verschluß mit 4 Schrauben. Für LNA-Rohre DIN 1173		
		Gewicht	Preis		Gewicht	Preis		Gewicht	Preis		Gewicht	Preis		Gewicht	Preis	
D mm	*L* mm	kg	RM	S	kg	RM	S	kg	RM	S	kg	RM	S	kg	RM	S
50	300	4,6	3,—		5,7	3,50		5,4	4,20		6,0	4,20		5,3	3,80	
70	350	6,5	3,70		8,5	4,50		8,0	5,25		9,3	6,25		8,4	5,65	
100	400	10,6	5,20		14,5	6,70		13,5	9,15		15,6	10,—		13,5	8,65	
125	450	16,0	7,50		18,8	8,55		18,3	11,45		22,0	13,50		18,7	11,50	
150	500	20,0	9,15		24,3	10,80		24,0	14,20		29,3	17,—		26,7	15,50	
200	550	29,0	14,70		35,0	17,—		35,0	21,—		35,0	19,30		—	—	—

* Bis Reichsbahnempfangsstation. ** Klappe mit Rotgußdichtung.

1505. Sonstige Formstücke für NA- und LNA-Rohre.

Nennweite	Bogenrohr $r = 500$ mm, $\alpha = 30^0$ Abb. 150 f			Doppelmuffe DIN 545 Abb. 150 i				Überschiebmuffe DIN 545 Abb. 150 k				Endstöpsel DIN 545			Muffendeckel DIN 538		
	Gewicht	Preis		Baulänge	Gewicht	Preis		Baulänge	Gewicht	Preis		Gewicht	Preis		Gewicht	Preis	
D mm	kg	RM	S	L mm	kg	RM	S	L mm	kg	RM	S	kg	RM	S	kg	RM	S
50	2,8	1,50		50	2,3	1,20		80	2,6	1,30		0,8	0,50		0,7	0,50	
70	3,8	2,—		50	3,4	1,70		90	3,8	1,75		0,9	0,55		1,1	0,70	
100	6,0	2,80		50	5,0	2,30		100	5,8	2,75		2,0	0,80		1,6	0,75	
125	7,8	3,50		60	7,0	3,—		110	8,0	3,30		2,5	1,—		2,6	1,10	
150	9,5	4,30		60	8,4	3,50		120	9,8	4,40		3,0	1,30		3,5	1,45	
200	13,0	6,—		60	12,0	5,—		130	14,0	6,—		5,0	2,40		5,6	2,25	

Nennweite des Hauptrohres	Bogenverbindungsstück, Abb. 150 l.									
	Abzweigweite	a	c	Baulänge	einfach			doppelt		
					Gewicht	Preis		Gewicht	Preis	
D mm	D_1 mm	mm	mm	L mm	kg	RM	S	kg	RM	S
100	100	260	200	500	14,6			20,0		
125	100	260	200	500	17,3			22,6		

Nennweite des Hauptrohres	Parallelabzweig, einfach, Abb. 150 n								Abzweigrohr, Abb. 150 o								
	Abzweigweite	Baulänge	a = 460 mm			a = 360 mm			Abzweigweiten		Abmessungen				Gewicht	Preis	
			Gewicht	Preis		Gewicht	Preis		groß	klein	c	e	f	Baulänge			
D mm	D_1 mm	L mm	kg	RM	S	kg	RM	S	d_1 mm	d_2 mm	mm	mm	mm	L mm	kg	RM	S
100	100	420	17,5			16,5			100	40	125	200 225	440	800	18 22,5	—	—
125	100	420	22,0			20,0			—	—	—	—	—	—	—		

Nennweite	Geruchverschlüsse, Abb. 150 p													Klosettbogen, Abb. 150 q				
	$\alpha = 0^0$					$\alpha = 45^0$				$\alpha = 70^0$								
	b	a	Gewicht	Preis		a	Gewicht	Preis		a	Gewicht	Preis		Abmessungen		Gewicht	Preis	
D mm	mm	mm	kg	RM	S	mm	kg	RM	S	mm	kg	RM	S	a mm	b mm	kg	RM	S
50	170	175	5,8			255	5,5			272	5,5			—	—	—	—	—
70	205	210	8,5			300	8,5			302	7,5			—	—	—	—	—
100	165	300	11,0			375	11,0			385	11,0			110	415	8,5		

Nennweite	A-Anschluß, glattes Ende für Steinzeugrohr DIN 545				B-Anschluß, Muffe für Steinzeugrohr DIN 545				Bleirohranschluß, glattes Ende für NA- und LNA-Rohre, Flansch für Bleirohr				Entlüftungsrohr Abb. 150 m				
	Baulänge	Gewicht	Preis		Baulänge	Gewicht	Preis		Baulänge	Gewicht	Preis		Abzweigweite	Baulänge	Gewicht	Preis	
D mm	L mm	kg	RM	S	L mm	kg	RM	S	L mm	kg	RM	S	d mm	L mm	kg	RM	S
50	—	—	—	—	—	—	—	—	—	—	—	—	40	260	3,3		
70	—	—	—	—	—	—	—	—	150	2,8	1,40	—	50	260	4,5		
100	100	4,0	1,50		230	6,0	2,20		—	—	—	—	50	300	7,2		
125	100	5,5	2,10		250	9,4	3,50		—	—	—	—	—	—	—	—	—
150	100	6,5	2,35		270	12,8	4,60		—	—	—	—	—	—	—	—	—
200	100	9,3	3,50		300	17,7	7,—		—	—	—	—	—	—	—	—	—

1506. **Lüftungsrohre für Hausfalleitungen.**

a) Für Abortfalleitungen, Durchmesser 100 mm, aus Zinkblech Nr. 12, Preis je Meter 2,40 RM.[178] — Regenhaube, Preis 7 RM.

b) Für andere Falleitungen, Durchmesser 50 mm, aus Zinkblech Nr. 12, Preis je Meter 1,80 RM.[178] — Regenhaube, Preis 5 RM.

1507. **Anschlußstücke für den Anschluß von Gußeisenleitungen an Beton- und Steinzeugkanäle.** (Passavant-Werke, Michelbacher Hütte, Nassau.)

Anschlußart	Für geraden Anschluß an Beton- oder Steinzeugkanäle, Abb. 152 a				Für schrägen Anschluß an Beton oder Steinzeugkanäle, Abb. 152 b				Für den Anschluß von Gußeisenleitungen an Steinzeugleitungen, Abb. 152 c				Für den Anschluß von Steinzeugleitungen an Gußeisenleitungen, Abb. 152 d							
Nennweite *D* des Anschlusses mm	100	125	150	200	100	125	150	200	100	125	150	200	100	125	150	200	250	300	350	400
Muffenweite D_1 . „	160	195	220	270	170	200	220	280	—	—	—	—	—	—	—	—	—	—	—	—
A . . . . „	45	50	60	75	100	110	120	140	—	—	—	—	—	—	—	—	—	—	—	—
B . . . . „	60	60	60	62	60	60	60	60	—	—	—	—	—	—	—	—	—	—	—	—
L . . . . „	—	—	—	—	—	—	—	—	100	100	100	100	230	250	270	300	300	300	300	300
Gewicht . . kg	4	5	5,5	9	5	6	8	10	4	5,5	6,5	9,3	6	9,4	12,8	17,7	25	30	41	60
Preis . . . . . . RM	1,80	2,25	2,50	3,80	3,50	4,—	4,50	5,50	1,35	1,75	2,10	3,50	2,20	3,45	4,55	6,95	10,—	12,—	16,40	24,—

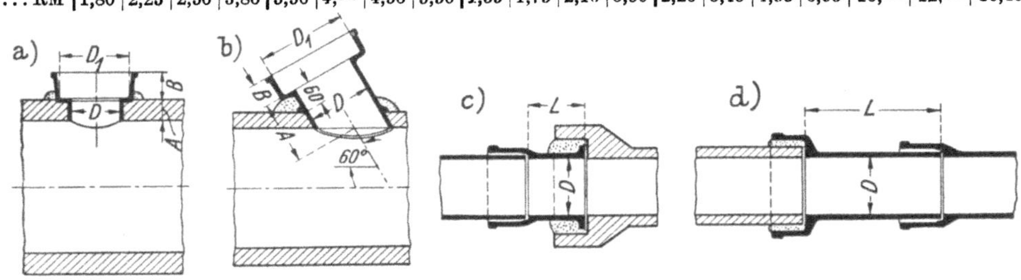

Abb. 152. Anschlußstücke für den Anschluß von Gußeisenabflußleitungen an Beton- oder Steinzeugkanäle. (Passavant-Werke, Michelbacher Hütte, Nassau.)

1508. **Abflußrohre, Prager Normale** (gleich den alten DNA-Rohren). Abb. 153 a, b.

Baulänge in mm	Nennweite 50 mm			Nennweite 70 mm			Nennweite 100 mm			Nennweite 125 mm			Nennweite 150 mm			Nennweite 200 mm		
	kg	S	Kč	kg	S	Kč	kg	S	Kč	kg	S	Kč	kg	S	Kč	kg	S	Kč
3000	—	—	—	—	—	—	54,0		82	72,0		110	93,0		141	140,0		211
2000	14,5		23	21,5		32	35,0		52	46,5		69	61,0		90	90,0		132
1750	13,5		22	19,0		30	31,0		49	41,0		64	53,5		84	81,5		127
1500	11,0		18	16,0		26	26,5		42	36,0		57	46,5		73	69,5		108
1250	9,0		15	14,0		22	22,0		34	31,0		49	38,0		60	60,0		93
1000	7,0		12	11,5		18	18,5		29	25,5		40	33,0		52	49,5		77
750	5,5		10	9,0		15	15,0		24	20,0		32	25,5		41	39,0		62
500	4,5		7	6,5		11	11,0		18	14,5		24	19,0		31	28,5		45
400	3,5		6	5,0		9	9,0		15	12,5		20	16,0		26	24,5		39
300	3,0		5	4,5		7	7,5		12	10,5		17	13,5		21	21,0		33
200	2,5		4	3,5		6	6,0		10	8,0		13	11,0		18	16,5		27

1509. **Abzweige, Prager Normale** (gleich DNA). Baulänge 500 mm. Abb. 153.

Nennweite des Hauptrohres in mm		50	70		100			125				150					200					
Nennweite des Abzweiges in mm		50	50	70	50	70	100	50	70	100	125	50	70	100	125	150	50	70	100	125	150	200
Einfach, schräg Abb. 153 c	kg	6,5	9	10	13,5	14	17	15,5	16,5	20	23	20,5	23,5	26,5	28,5	30,5	31	33	38	41	43,5	47,5
	S																					
	Kč	11	15	16	21	22	28	25	27	32	37	34	38	43	46	49	50	52	60	64	69	75
Doppelt, schräg Abb. 153 d	kg	8,5	10,5	12,5	14,5	17	22	19	21,5	24,5	28,5	26,5	27,5	28,5	34	40,5	42	43,5	45,5	49,5	57	63,5
	S																					
	Kč	15	17	20	24	29	36	32	35	41	48	44	46	47	56	67	68	72	75	81	93	104
Doppelt, schräg, Eckwinkel 120° Abb. 153 e, f	kg	9,5	11,5	13,5	15,5	18	23,5	20	23,5	25,5	29,5	28	29	30,5	36	42,5	42,5	44,5	47,5	52	59	65,5
	S																					
	Kč	17	20	24	28	32	42	35	42	45	52	49	51	54	64	75	75	77	83	92	103	113

Parallelabzweig, einfach: Nennweite 100 mm, Baulänge 500 mm, Abb. 153 g.

Mittenabstand des Abzweiges..	mm	200	450
Gewicht....................	kg	19	24,5
Preis	S		
	Kč	31	41

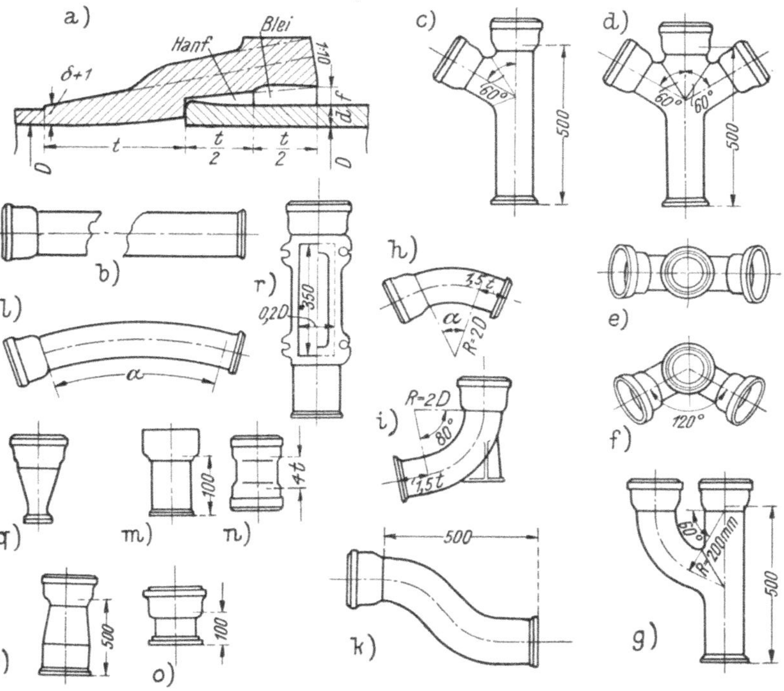

Abb. 153. Abflußrohre, Prager Normale (gleich DNA).

a) Muffe. b) Gerades Rohr. c) Abzweig, einfach, schräg. d, e) Abzweig, doppelt, schräg. f) Eckabzweig, doppelt, schräg. g) Parallelabzweig, einfach. h) Knie. i) Knie mit Fuß. k) Sprungrohr. l) Bogen. m) Übergang mit Muffe für Steinzeugrohre. n) Doppelmuffe. o) Übergangsstück mit glattem Ende für Steinzeug. p) Übergangsrohr. q) Lüftungsübergang. r) Putzrohr.

1510. Knie, Bogen und Sprungrohre, Prager Normale (gleich den alten DNA).

Nennweite	50 mm			70 mm			100 mm			125 mm			150 mm			200 mm		
	kg	S	Kč	kg	S	Kč	kg	S	Kč	kg	S	Kč	kg	S	Kč	kg	S	Kč
Knie: Abb. 153 h.																		
Zentriwinkel 15°	2		3,—	3,5		5,50	5,5		18,—	7,5		12,—	10		16,—	16		25,—
„ 30°	2,5		4,—	4		6,—	7		23,—	9,5		15,—	13,5		21,—	23		36,—
„ 45°	3		5,—	4,5		7,—	8,5		27,—	11,5		18,—	18,5		28,—	26,5		42,—
„ 60°	3		5,—	5		7,50	9,5		30,—	13,5		21,—	19		30,—	29,5		46,—
„ 80°	3,5		5,50	5		8,50	10		32,—	14,5		23,—	21		33,—	33		52,—
Bogen: Abb. 153 l.																		
Krümmungsradius:																		
50 mm	—	—	—	—	—	—	9		14,—	12,5		19,—	16		26,—	28,5		45,—
1000 „	—	—	—	—	—	—	14		22,—	19		30,—	24		38,—	36		57,—
2000 „	—	—	—	—	—	—	—	—	—	—	—	—	37		59,—	55,5		88,—
Knie mit Fuß, 80° **Abb. 153 i**	4		6,50	5,5		9,—	12,5		20,—	18		29,—	24,5		40,—	47,5		76,—
	50 auf 70 mm			70 auf 100 mm			100 auf 125 mm			125 auf 150 mm			150 auf 200 mm					
Knie, verjüngt, mit **Fuß,** 80°	5,5		9,—	8,5		14,—	13,5		21,—	16		26,-	23		37,—			
Sprungrohr: Abb. 153 k.																		
Achsenabstand:																		
65 mm	5		8,—	8,5		14,—	12,5		19,—	16		26,—	19		30,—	—	—	—
130 „	5,5		9,—	9		14,—	14		22,—	18		29,—	22		35,—	—	—	—
195 „	—	—	—	—	—	—	15		24,—	19		30,—	23,5		38,—	—	—	—

1511. Formstücke, sonstige, Prager Normale (gleich den alten DNA). Abb. 153m bis q.

Nennweite	50 mm			70 mm			100 mm			125 mm			150 mm			200 mm		
	kg	S	Kč	kg	S	Kč	kg	S	Kč	kg	S	Kč	kg	S	Kč	kg	S	Kč
Doppelmuffe	3		5	4,5		7	7		11	10		16	13,5		21	20		32
Putzstück	6		12	10,5		20	22		41	28,5		54	33		63	45,5		85
Übergangsstück mit glattem Ende für Steinzeug							5		11	7,5		15	10		18	15		27
Übergangsstück mit Muffe für Steinzeug	—	—	—	—	—	—	7		11	9,5		16	11,5		21	17		32

Übergangsrohre.

Übergang von	50 mm						70 mm						100 mm						125 mm						150 mm		
auf	70 mm			100 mm			100 mm			125 mm			125 mm			150 mm			150 mm			175 mm			200 mm		
	kg	S	Kč	kg	S	Kč	kg	S	Kč	kg	S	Kč	kg	S	Kč	kg	S	Kč	kg	S	Kč	kg	S	Kč	kg	S	Kč
Übergangsrohr	4,5		7	5		8	6		10	—	—	—	9,5		15	11		17	12		19	—	—	—	27,5		44
Lüftungsübergang	—	—	—	5		11	6		12	6,5		13	—	—	—	10,5		21	—	—	—	12		24	—	—	—

1512. Muffenabmessungen der Abflußrohre nach dem Prager Normale (gleich DNA).

Nennweite		50 mm	70 mm	100 mm	125 mm	150 mm	200 mm
Wandstärke *d*	mm	5,0	6,0	7,0	7,5	8,0	9,0
Muffentiefe *t*	,,	48,0	49,0	55,0	56,0	58,0	60,0
Tiefe der Hanfnut	,,	26,5	27,0	27,5	28,0	29,0	30,0
,, ,, Bleinut	,,	21,5	22,0	27,5	28,0	29,0	30,0
Stärke der Bleinut	,,	5,5	6,0	7,0	7,0	7,5	7,5
Dichtungsstrick	kg						
Blei	,,						

1513. 1 m gußeiserne Abortfallrohre vorsichtig ausbrechen und seitlich lagern: 3 h Maurer + 3 h Hilfsarbeiter + 0,1 cbm Schuttabfuhr.

1514. Abflußrohre, leichte (schottische). (Im Deutschen Reich nicht mehr allgemein zugelassen.) Innen und außen heiß asphaltiert. Muffendichtung mit Teerstrick und Asphalt. (Im Deutschen Reich je 100 kg 25 RM.)

Nennweite		2 Zoll	$2^1/_2$ Zoll	3 Zoll	4 Zoll	5 Zoll	6 Zoll	8 Zoll
		48 mm	57 mm	70 mm	98 mm	123 mm	148 mm	200 mm
Baulänge 1800 mm:								
Gewicht	kg	7,0	9,0	12,0	16,0	21,0	27,0	42,0
Preis	S	11,60	14,—	16,80	24,60	32,80	42,80	72,—
	Kč	15,—	18,—	21,—	31,—	41,—	53,—	
Baulänge 1500 mm:								
Gewicht	kg	6,2	7,6	10,2	13,7	18,8	23,5	38,5
Preis	S	10,60	12,80	15,40	22,60	30,80	40,40	67,20
	Kč	13,30	15,75	19,25	28,25	38,50	55,—	
Baulänge 1200 mm:								
Gewicht	kg	5,1	6,2	8,3	11,1	15,3	19,3	31,5
Preis	S	9,20	11,20	14,—	19,20	28,—	34,60	58,60
	Kč	12,50	14,—	17,50	24,—	35,—	43,—	
Baulänge 900 mm:								
Gewicht	kg	4,0	4,8	6,4	8,6	11,9	15,0	24,5
Preis	S	7,20	8,80	11,20	15,40	22,20	28,—	49,—
	Kč	9,—	11,—	14,—	19,—	27,75	35,—	
Baulänge 600 mm:								
Gewicht	kg	2,8	3,4	4,5	6,1	8,4	10,7	17,5
Preis	S	5,80	6,80	8,20	12,60	16,40	21,20	38,40
	Kč	7,30	8,50	10,25	15,75	20,50	26,50	
Baulänge 300 mm:								
Gewicht	kg	1,6	2,0	2,6	3,6	5,0	6,4	10,6
Preis	S	4,60	5,40	6,80	10,20	14,—	18,80	36,—
	Kč	5,75	6,75	8,50	12,75	17,50	23,50	

1515. Formstücke für leichte (schottische) Abflußleitungen. (Im Deutschen Reich je 100 kg 30 bis 40 RM.)

Nennweite	2 Zoll			2½ Zoll			3 Zoll			4 Zoll			5 Zoll			6 Zoll			8 Zoll		
	48 mm			57 mm			70 mm			98 mm			123 mm			148 mm			200 mm		
	kg	S	Kč	kg	S	Kč	kg	S	Kč	kg	S	Kč	kg	S	Kč	kg	S	Kč	kg	S	Kč
Putzrohr, verschraubt	2,0	7,20	9,—	2,7	7,80	9,80	3,7	9,60	12,—	5,5	14,—	17,50	7,8	17,40	21,80	10,0	21,60	27,—	16,0	35,20	
„ mit Scharnierdeckel	1,7	8,80	11,—	2,0	9,40	11,80	2,9	10,60	13,30	4,3	12,60	15,80	6,3	15,20	19,—	8,0	19,20	24,—	14,0	29,40	
Abzweig, einfach, schräg	2,2	4,40	5,50	2,7	5,40	6,80	4,0	6,80	8,50	6,0	10,20	12,80	8,0	14,—	17,50	12,0	22,20	25,—	22,0	33,20	
„ , doppelt, schräg	3,0	7,60	9,50	3,7	8,80	11,—	5,0	11,20	24,—	7,5	15,40	19,30	12,0	25,—	31,30	17,0	36,60	46,—	32,5	53,40	
„ , einfach, gerade	2,2	4,40	5,50	2,7	5,40	6,80	3,5	6,80	8,50	5,0	10,20	12,80	8,0	14,—	17,50	11,0	20,20	25,—	20,0	33,20	
„ , doppelt, gerade	3,0	7,60	9,50	3,5	8,80	11,—	4,5	11,20	14,—	7,0	15,40	19,30	12,0	25,—	31,—	17,0	36,60	46,—	32,5	53,40	
Bogen, 22½°, 45°, 67½°, 90°	1,5	3,40	4,30	1,9	4,—	5,—	2,5	5,40	6,80	3,6	7,20	9,—	5,3	9,20	11,50	7,0	15,—	19,—	11,5	24,—	
„ , 90°, mit Fuß	2,2	5,40	6,75	2,7	5,80	7,30	3,5	6,80	8,50	5,1	8,80	11,—	7,5	11,60	14,50	12,0	18,40	23,—	24,0	33,60	
Sprungstück, 75 mm Ausladung	1,8	4,—	5,—	2,2	4,80	6,—	3,0	5,80	7,30	4,5	8,20	10,30	6,0	12,60	15,80	8,5	20,20	25,—	13,0	28,—	
Sprungstück, 150 mm Ausladung	2,0	4,40	5,50	2,5	5,40	6,80	3,5	6,40	8,—	5,0	9,20	11,50	7,0	15,—	18,80	10,0	23,20	29,—	17,0	28,80	
Verjüngungsstück	—	—	—	1,8	4,40	5,50	2,2	4,80	6,—	3,2	6,80	8,30	4,5	7,80	9,50	5,8	9,60	11,50	15,0	16,40	
Doppelmuffe	0,8	1,60	2,—	0,9	2,—	2,50	1,3	2,40	3,—	1,3	3,40	4,30	1,8	4,40	5,50	3,2	7,20	9,—	5,0	10,20	

1516. Geruchverschlüsse (Siphons), leichte, schottische.

Nennweite	2 Zoll			2½ Zoll			3 Zoll			4 Zoll			5 Zoll			6 Zoll		
	48 mm			57 mm			70 mm			98 mm			123 mm			148 mm		
	kg	S	Kč	kg	S	Kč	kg	S	Kč	kg	S	Kč	kg	S	Kč	kg	S	Kč
Mit Putzloch und Deckel, Ablauf unter 22½°	2,0	4,80	6,—	2,5	5,40	6,50	3,5	7,20	9,—	7,0	12,—	15,—	9,0	16,80	21,—	17,0	24,—	30,—
Mit Putzschraube, Ablauf unter 22½°	2,8	7,80	10,—	3,6	8,20	10,—	4,1	10,20	13,—	6,8	16,—	20,—	—	—	—	—	—	—
Mit Putzloch und Deckel, Ablauf unter 90° (S-Form)	2,5	5,40	7,—	3,5	7,20	9,—	4,5	10,60	13,30	9,0	16,80	21,—	12,0	21,60	27,—	18,0	28,80	36,—
Mit Putzschraube, Ablauf unter 90° (S-Form)	2,9	8,20	10,—	3,7	10,20	13,—	4,2	13,60	17,—	6,9	20,80	26,—	—	—	—	—	—	—
Liegend, U-Form	3,5	14,40	18,—	5,0	16,80	21,—	9,5	24,—	30,—	16,0	33,60	42,—	26,0	43,20	54,—	34,0	52,80	66,—
Schlangenform	3,0	10,60	13,—	4,0	12,60	16,—	6,0	15,40	19,30	11,0	25,—	31,—	—	—	—	—	—	—

1517. 100 kg schottische Falleitungen versetzen, einschließlich aller Nebenarbeiten und Beigabe des Muffenkittes:

(6 bis 9) h Maurer + (6 bis 9) h Hilfsarbeiter + 15% für Aufsicht, Geräte und Stoffbeigabe.

Für Verschnitt und Bruch werden 5 bis 8% des Rohrpreises gerechnet. Die Dichtung erfolgt mit Teerstrick und Muffenkitt. Auf jeden Meter Falleitung wird ein Rohrhaken + 10% für Verluste gerechnet.

1518. Stahlabflußrohre und Formstücke. Abb. 154.

Die Stahlabflußrohre erhalten als Rostschutz innen und außen eine heiß aufgetragene Asphaltbekleidung. Die Verbindung der Rohre geschieht durch Muffen, die mit Hanfstrick

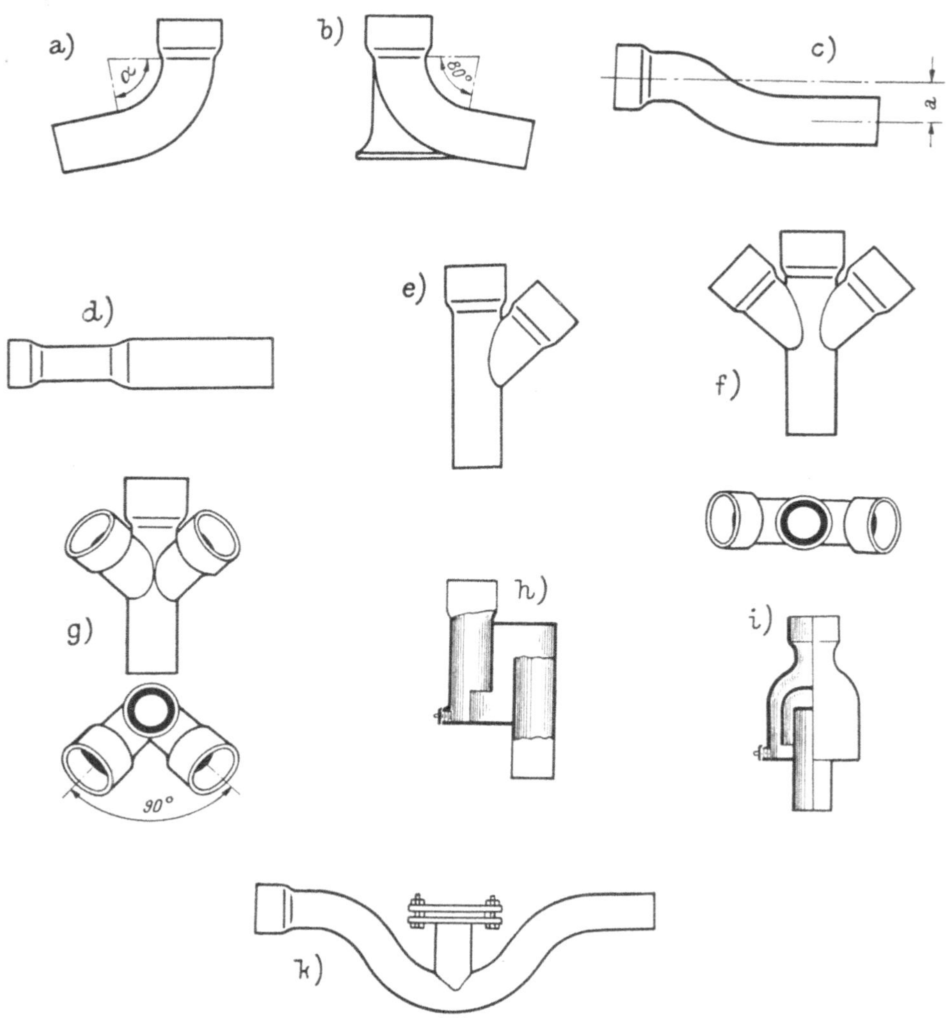

Abb. 154. Formstücke für Stahlabflußrohre.

und Blei verstemmt oder mit Hanfstrick und Asphaltkitt abgedichtet werden. Paßrohre können autogen oder mittels einer Säge geschnitten werden. Die Dichtungsfuge hat einen Rauminhalt, der etwa 0,7 jenes normaler Stahlmuffenrohre ausmacht. Die Stahlabflußrohrleitungen sind vollkommen bruchsicher. Die Arbeitskosten einer Muffendichtung sind gleich jenen bei den NA-Rohren.

a) Gerade Stahlabflußrohre, nahtlos, innen und außen heiß asphaltiert, Gewicht und Preis je Stück. (Mannesmann-Röhrenwerke, Komotau.)

Nennweite	50 mm			60 mm			70 mm			100 mm			125 mm			150 mm			200 mm		
Länge in mm	kg	RM	Kč	kg	RM	Kč	kg	RM	Kč	kg	RM	Kč	kg	RM	Kč	kg	RM	Kč	kg	RM	Kč
200	0,7		7,70	0,9		9,10	1,1		11,55	1,8		17,15	2,3		23,80	3,1		31,50	5,1		42,—
300	1,0		8,10	1,3		9,45	1,7		11,90	2,7		17,85	3,4		24,50	4,6		32,90	7,7		56,—
400	1,4		8,80	1,8		10,50	2,2		12,95	3,7		19,60	4,5		25,90	6,2		34,30	10,2		66,50
500	1,7		9,50	2,2		11,20	2,7		13,65	4,6		21,—	5,7		27,30	7,7		35,70	12,8		73,50
600	2,0		10,15	2,6		11,90	3,3		14,35	5,5		22,05	6,8		28,70	9,3		37,10	15,3		77,—
750	2,5		11,50	3,3		13,65	4,1		17,15	6,8		24,50	8,5		33,60	11,6		42,—	19,2		88,—
900	3,0		12,60	3,9		15,40	4,9		19,60	8,2		26,95	10,2		38,90	13,9		49,—	23,0		101,50
1000	3,4		13,70	4,4		17,15	5,5		21,70	9,1		30,80	11,3		43,40	15,4		53,20	25,6		105,—
1250	4,2		16,10	5,4		19,60	6,8		24,50	11,4		33,60	14,1		49,—	19,3		60,60	31,9		126,—
1500	5,0		18,60	6,5		22,—	8,2		26,60	13,7		39,50	16,9		54,—	23,1		70,70	38,3		147,—
1750	5,9		20,60	7,6		24,50	9,6		29,40	15,9		43,—	19,7		57,40	27,0		75,—	44,7		171,50
2000	6,7		22,70	8,7		29,40	10,9		36,40	18,2		49,—	22,5		66,50	30,8		84,—	51,1		182,—
2500	8,4		28,—	10,9		36,40	13,7		42,—	22,7		60,20	28,2		84,—	38,5		112,—	63,9		224,—
3000	10,0		33,—	13,0		45,50	16,4		56,—	27,2		73,50	33,8		101,50	46,2		126,—	76,6		283,—
3500	11,7		38,50	15,2		49,—	19,1		63,—	31,8		84,—	39,4		115,50	53,9		150,50	89,4		300,20
4000	13,4		45,50	17,3		59,50	21,8		73,50	36,4		98,—	45,0		133,—	61,6		178,50	102,4		343,—

b) Formstücke zu Stahlabflußrohren (Krümmer, Verjüngungsstücke, Überschubmuffen, Putzrohre, Stopfen, Sprungrohre, Geruchverschlüsse).

Nennweite	50 mm			60 mm			70 mm			100 mm			125 mm			150 mm			200 mm		
	kg	RM	Kč	kg	RM	Kč	kg	RM	Kč	kg	RM	Kč	kg	RM	Kč	kg	RM	Kč	kg	RM	Kč
Krümmer (Abb. 154a, b):																					
Zentriwinkel 15°	0,6		6,—	0,8		7,—	1,1		9,50	2,0		12,60	2,6		16,10	4,0		26,20	7,2		42,—
„ 30°	0,7		6,—	0,9		7,—	1,2		9,50	2,4		12,60	3,2		16,10	5,0		26,20	9,3		42,—
„ 45°	0,8		6,—	1,1		7,—	1,4		9,50	2,8		12,60	3,8		16,10	6,0		26,20	11,4		42,—
„ 60°	0,9		6,—	1,2		7,—	1,6		9,50	3,2		12,60	4,4		16,10	7,0		26,20	13,5		42,—
„ 80°	1,0		6,—	1,3		7,—	1,8		9,50	3,7		12,60	5,2		16,10	8,2		26,20	16,3		42,—
„ 80° mit Fuß	1,3		9,50	1,9		10,20	2,8		11,90	5,7		15,40	8,7		20,30	13,2		32,20	25,7		63,—
Verjüngungsstück (Abb. 154d) abgesetzt																					
auf 50 mm	—	—	—	0,8		7,70	1,0		8,20	1,4		11,20	—	—	—	—	—	—	—	—	—
60 „	—	—	—	—	—	—	1,1		8,20	1,5		11,20	—	—	—	—	—	—	—	—	—
70 „	—	—	—	—	—	—	—	—	—	1,6		11,90	3,1		13,60	—	—	—	—	—	—
100 „	—	—	—	—	—	—	—	—	—	—	—	—	3,2		13,60	3,8		16,10	—	—	—
125 „	—	—	—	—	—	—	—	—	—	—	—	—	—	—	—	4,0		16,80	5,1		19,60
150 „	—	—	—	—	—	—	—	—	—	—	—	—	—	—	—	—	—	—	5,4		22,40
Überschubmuffe	0,5		2,80	0,7		3,50	0,8		4,20	1,2		5,95	1,6		7,70	2,6		12,60	3,6		21,—
Putzrohr	1,2		12,60	1,7		13,60	2,6		16,80	4,8		24,50	7,3		30,50	11,7		38,—	21,2		59,50
Stopfen	0,3		1,75	0,4		2,80	0,6		3,15	1,1		4,20	1,5		6,30	2,2		9,10	4,0		17,50
Sprungrohr (Abb. 154c):																					
Achsenabstand *a* 75 mm	1,4		7,—	1,8		8,70	2,3		10,20	4,3		14,40	5,9		22,—	8,0		35,70	15,8		70,—
„ „ 150 „	1,8		7,70	2,4		9,50	3,0		11,20	5,5		16,10	7,4		26,50	10,0		40,60	19,1		81,—
Geruchverschlüsse:																					
Glockenform (Abb. 154i)	4,3		27,—	6,5		31,20	9,0		39,50	16,2		57,40	—	—	—	—	—	—	—	—	—
Versetzt (Abb. 154h)	3,5		18,60	4,7		22,—	7,0		27,—	12,8		43,70	—	—	—	—	—	—	—	—	—
Liegend (Abb. 154k)	4,4		25,20	5,9		29,40	8,0		42,—	16,4		59,—	—	—	—	—	—	—	—	—	—

c) Abzweigstücke zu Stahlabflußrohren (C-, CC-Stücke, CC-Eckstücke) (Abb. 154e, f, g).

Nennweite des Hauptrohres in mm	Nennweite des Abzweiges / Gewicht, Preis	50 mm kg	50 mm RM	50 mm Kč	60 mm kg	60 mm RM	60 mm Kč	70 mm kg	70 mm RM	70 mm Kč	100 mm kg	100 mm RM	100 mm Kč	125 mm kg	125 mm RM	125 mm Kč	150 mm kg	150 mm RM	150 mm Kč	200 mm kg	200 mm RM	200 mm Kč
50	C-Stück	1,4		7,70	1,7		9,40	2,6		11,90	4,0		17,80	6,0		24,50	8,1		35,70	13,2		56,—
	CC-Stück	1,8		13,30	2,1		15,40	3,0		19,60	4,4		26,90	6,4		43,50	8,5		64,—	13,6		70,—
	CC-Eckstück ..	1,8		15,40	2,1		20,30	3,0		28,70	4,4		37,80	6,4		49,—	8,5		68,20	13,6		77,—
60	C-Stück	—	—	—	1,9		9,40	2,8		11,90	4,2		17,80	6,2		24,50	8,3		35,70	13,4		56,—
	CC-Stück	—	—	—	2,5		15,40	3,4		19,60	4,8		26,90	6,8		43,50	8,9		64,—	14,0		70,—
	CC-Eckstück ..	—	—	—	2,5		20,30	3,4		28,70	4,8		37,80	6,8		49,—	8,9		68,20	14,0		77,—
70	C-Stück	—	—	—	—	—	—	2,9		11,90	4,4		17,80	6,4		24,50	8,5		35,70	13,5		56,—
	CC-Stück	—	—	—	—	—	—	3,7		19,60	5,4		26,90	7,2		43,50	9,2		64,—	14,3		70,—
	CC-Eckstück ..	—	—	—	—	—	—	3,7		28,70	5,4		37,80	7,2		49,—	9,2		68,20	14,3		77,—
100	C-Stück	—	—	—	—	—	—	—	—	—	5,1		17,80	7,1		24,50	9,2		35,70	14,2		56,—
	CC-Stück	—	—	—	—	—	—	—	—	—	6,5		26,90	8,5		43,50	10,6		64,—	15,7		70,—
	CC-Eckstück ..	—	—	—	—	—	—	—	—	—	6,5		37,80	8,5		49,—	10,6		68,20	15,7		77,—
125	C-Stück	—	—	—	—	—	—	—	—	—	—	—	—	7,8		24,50	9,8		35,70	14,9		56,—
	CC-Stück	—	—	—	—	—	—	—	—	—	—	—	—	9,9		43,50	12,0		64,—	17,0		70,—
	CC-Eckstück ..	—	—	—	—	—	—	—	—	—	—	—	—	9,9		49,—	12,0		68,20	17,0		77,—
150	C-Stück	—	—	—	—	—	—	—	—	—	—	—	—	—	—	—	11,1		35,70	16,2		56,—
	CC-Stück	—	—	—	—	—	—	—	—	—	—	—	—	—	—	—	14,5		64,—	19,6		70,—
	CC-Eckstück ..	—	—	—	—	—	—	—	—	—	—	—	—	—	—	—	14,5		68,20	19,6		77,—
200	C-Stück	—	—	—	—	—	—	—	—	—	—	—	—	—	—	—	—	—	—	18,5		56,—
	CC-Stück	—	—	—	—	—	—	—	—	—	—	—	—	—	—	—	—	—	—	24,3		70,—
	CC-Eckstück ..	—	—	—	—	—	—	—	—	—	—	—	—	—	—	—	—	—	—	24,3		77,—

3. Steinzeugrohrleitungen.

1519. **Normen, betreffend Steinzeugrohrleitungen.**

DIN 1203. Steinzeugrohre.
DIN 1204. „ , Bogen.
DIN 1205. „ , Abzweige.
DIN 1206. „ , Übergänge.
DIN 1986. Bau und Betrieb von Grundstückentwässerungsanlagen. Technische Vorschriften.
Önorm B 8051. Steinzeugabflußrohre, gerade Rohre.
Önorm B 8052. Bogen.
Önorm B 8053. Abzweige.
Önorm B 8054. Eckdoppelabzweige.
Önorm B 8055. Übergangsrohre, Sprungstücke, Doppelmuffen.
Önorm B 8056. Putzrohre.
Önorm B 8059. Steinzeugsickerrohre.
ČSN 2004. Steinzeugkanalisationsrohre.

1520. **Anwendungsbereich der Steinzeugrohre zur Entwässerung von Gebäuden und Grundstücken nach DIN 1986.**

Außerhalb der Gebäude sind Steinzeugrohre überall zugelassen. Innerhalb der Gebäude sind Steinzeugrohre nur zugelassen, wenn sie weder Stoß noch Druck ausgesetzt sind, wenigstens 30 cm unter der Fußbodensohle liegen und der darüberliegende Fußboden massiv ausgeführt ist. In Waschküchen mit 10 cm dickem Betonboden genügt eine Überdeckung von 20 cm. Überdies sind Steinzeugrohre zulässig für die Ableitung säurehaltiger Abwässer und als Falleitungen für Trockenaborte.

Die Dichtung der Steinzeugrohre geschieht normal mit Teerstrick und Asphalt. Wenn bei freiliegenden Leitungen ein Auslaufen der Asphaltdichtung möglich ist, kann zur Dichtung Zement zugelassen werden.

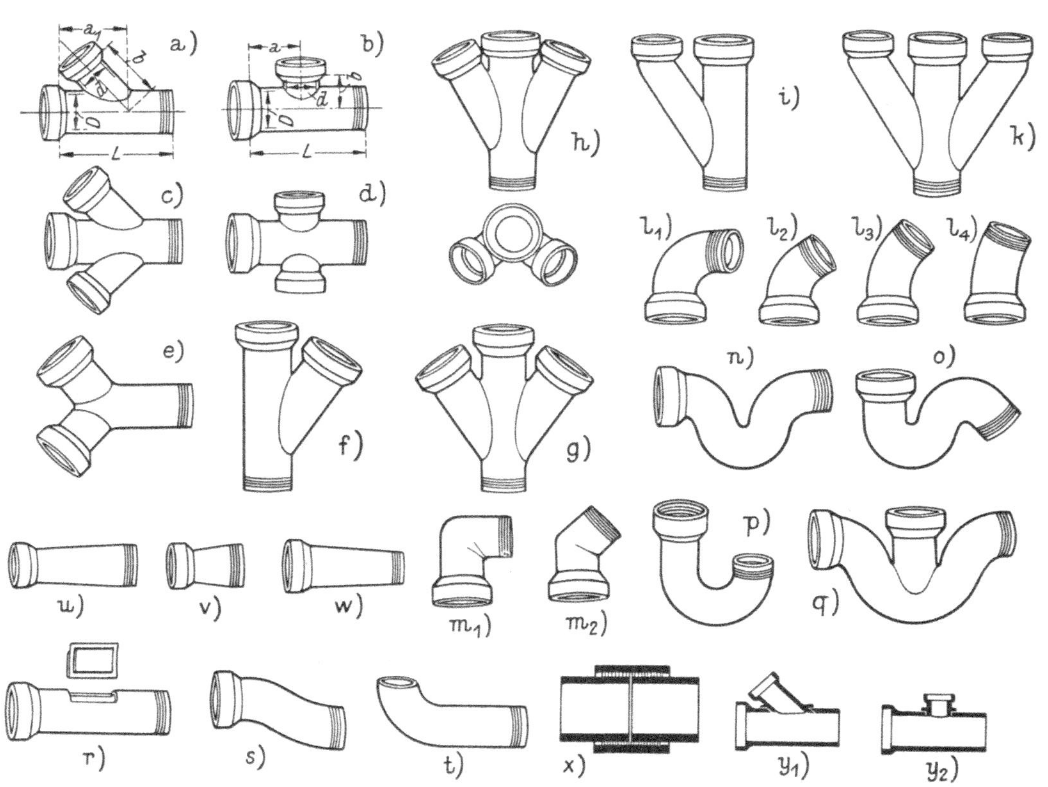

Abb. 155. Formstücke für Steinzeugabflußleitungen.

1521. Steinzeugabzweige, Preis je Stück in Metern normalen geraden Rohres (vgl. Nr. 1273).

Muffenstück mit Muffenabzweig, einfach, C-Stück, Abb. 155a .... 1,33 m
„ „ „ , doppelt, CC- „ , „ 155c .... 2,00 „
„ „ Muffenstutzen, einfach, B- „ , „ 155b .... 1,33 „
„ „ „ , doppelt, BB- „ , „ 155d .... 2,00 „
Hosenrohr, Abb. 155e .... 2,00 „
Schrägabzweig, einfach, Abb. 155f .... 2,00 „
„ , doppelt, „ 155g .... 3,00 „
Parallelabzweig, einfach, Abb. 155i .... 2,00 „
„ , doppelt, „ 155k .... 3,00 „
Eckabzweig, doppelt, Abb. 155h .... 4,00 „

1522. Steinzeugabzweigstücke.

Abmessungen und Gewichte.

Nennweite des Hauptrohres	Stutzenweite	Muffenstück mit Muffenstutzen					Muffenstück mit Muffenabzweig				
		Abmessungen			Gewichte		Abmessungen			Gewichte	
D mm	*d* mm	*a* mm	*b* mm	*L* mm	B-Stück Abb. 155b kg	BB-Stück Abb. 155d kg	a_1 mm	b_1 mm	*L* mm	C-Stück Abb. 155a kg	CC-Stück Abb. 155c kg
150	100	270	150	600	18	20	330	300	600	20	23
	125	270	160	600	19	22	330	300	600	21	25
	150	270	170	600	20	23	360	330	600	22	29
175	100	200	200	600	22	25	390	330	600	23	27
	125	215	200	600	23	26	390	330	600	26	32
	150	225	200	600	24	29	390	330	600	26	32
	175	240	200	600	25	30	390	330	600	27	34
200	125	215	200	600	25	29	390	350	600	27	32
	150	225	200	600	26	30	390	350	600	28	35
	175	240	200	600	27	32	390	350	600	30	37
	200	250	200	600	28	33	390	350	600	31	39
225	150	225	220	600	31	35	390	350	600	32	38
	200	250	220	600	32	37	390	350	600	36	47
250	150	250	220	600	36	40	390	350	600	38	45
	200	250	220	600	37	42	390	350	600	40	49
300	150	250	250	600	45	49	450	450	600	48	55
	200	250	250	600	46	51	450	450	600	51	61
350	150	240	280	600	57	60	500	500	600	61	69
	200	240	280	600	58	63	500	500	600	64	74
400	150	240	300	600	67	72	500	500	600	72	80
	200	240	300	600	69	74	500	500	600	75	86
450	150	340	330	800	109	113	700	550	800	114	123
	200	340	330	800	110	116	700	550	800	117	129
500	150	340	360	800	137	141	700	600	800	142	152
	200	340	360	800	138	144	700	600	800	145	158

Nennweite des Hauptrohres *D* mm	Schrägabzweig einfach Abb. 155f kg	Schrägabzweig doppelt Abb. 155g kg	Parallelabzweig einfach Abb. 155i kg	Parallelabzweig doppelt Abb. 155k kg
150	29	39	34	48
175	35	47	41	58
200	41	54	48	68
225	48	64	56	80
250	58	77	67	96
275	64	85	74	106
300	76	100	88	126

1523. Formstücke für Steinzeugleitungen.

Formstück	Baulänge cm	Preis in Meter geraden Rohres
Bogen, 90°, 60°, 45°, 30° und Knie, 90°, 45°, bis 250 mm Weite	—	1,—
„ , 90°, 60°, 45°, 30° „ „ , 90°, 45°, 300—400 mm Weite	—	1,33
„ , 90°, 60°, 45°, 30° „ „ , 90°, 45°, 450 mm Weite	—	1,50
„ , 90°, 60°, 45°, 30° „ „ , 90°, 45°, über 450 mm Weite	—	2,—
Doppelbogen (Etagenbogen), Abb. 155s	—	1,33
Überlaufrohre, Abb. 155t	60	1,67
Übergangrohre, Muffe, eng, lang, Abb. 155u	60	1,33
„ , „ , „ , kurz, Abb. 155v	30	1,—
„ , „ , weit, Abb. 155w	60	1,33
Geruchverschlüsse, Abb. 155n	—	2,—
„ , „ 155o	—	2,—
„ , „ 155p (Endverschluß)	—	2,—
„ , „ 155q	—	3,—
Putzrohr, Abb. 155r	60	1,33
Überschiebrohre, Abb. 155x	30	1,—

1524. Steinzeugbogen.

Abmessungen und Gewichte.

Nennweite D mm	$\alpha = 90°$ Halbmesser der Bogenachse r mm	$\alpha = 90°$ Gewicht kg	$\alpha = 60°$ Halbmesser der Bogenachse r mm	$\alpha = 60°$ Gewicht kg	$\alpha = 45°$ Halbmesser der Bogenachse r mm	$\alpha = 45°$ Gewicht kg	$\alpha = 30°$ Halbmesser der Bogenachse r mm	$\alpha = 30°$ Gewicht kg
150	170	12		13		13		14
175	200	15		16		16		18
200	200	17		18		18		20
225	200	21		21		21		23
250	220	26	420	25	550	25	850	28
300	250	36		33		33		36
350	250	46		43		43		46
400	280	61		52		52		57
450	280	78		66		66		72

1525. Hof- und Gartenabläufe aus Steinzeug.

Preise* und Gewichte der Unterteile ohne Eisenteile.

Bauweise	Abb. 156	Lichtweite mm	Höhe mm	Gewicht kg	Preis* RM
Bauart Geiger	a	300	1100	85	48,—
„ „	a	300	850	67	42,—
Stuttgarter Form	b	300	600	50	21,—
Neue Münchener Form	c	300	720	60	25,—
Mainzer Form	d	300	800	60	24,—
Barmer Form	e	300	1050	80	29,—
Wiesbadener Form	f	300	900	70	28,—
„ „	f	250	700	45	20,—
„ „	f	225	700	40	18,—
Dresdener Form	g	300	1000	80	29,—
Gartenablauf mit Steinzeugrost	h	225	350	33	17,—
„ „ „	h	200	350	29	15,—
„	i	225	450	35	14,—

1526. Klosettbecken und -trichter und Klosettanschlußstutzen.

Lichtweite der Anschlußöffnung	mm	150	175	200
Becken und Trichter, schräg oder gerade, 50 cm hoch	RM*		6,—	
„ „ „ , „ „ „ , 30 „	„		5,—	

Anschlußstutzen 30/18 cm lang, Preis* wie 1 m gerades Rohr.

---

* Abschlag derzeit 40%.

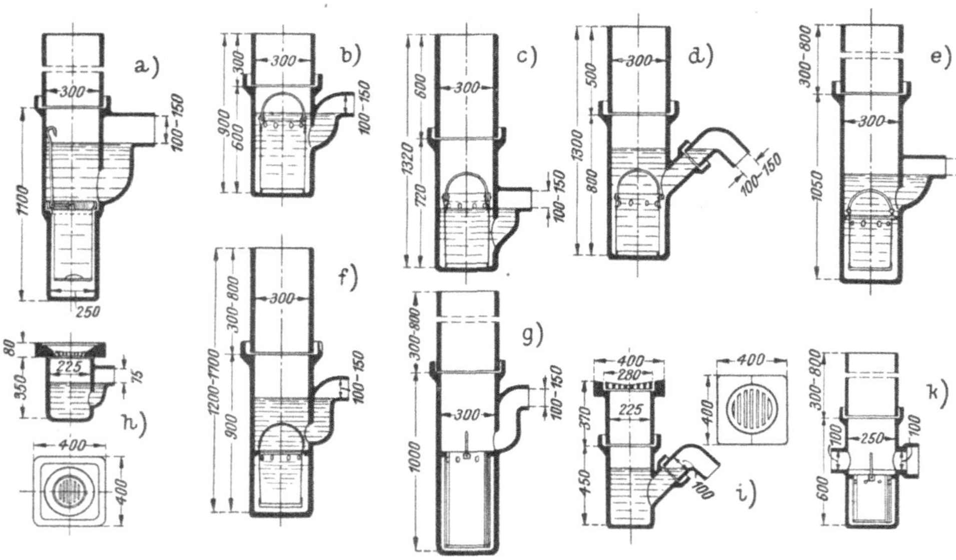

Abb. 156. Hof- und Gartenabläufe.

1527. Schornsteinaufsätze und Dunsthauben aus Steinzeug, 1 m hoch.

Nennweite	mm	100	125	150	175	200	225	250	300
Preise	RM*	8,00	9,00	10,00	12,00	14,25	16,50	20,00	25,00

1528. 1 Stück Hänge- oder Trageisen für Rohrleitungen aus Steinzeug, bis 20 cm Durchmesser, **in Keller liefern und versetzen:** 1,5 h Maurer + 1,5 h Hilfsarbeiter + 1 kg Zement + 1 l Sand.

1529. 1 Stück Abortgainze einmauern: 1 h Maurer + 1 h Hilfsarbeiter + 10% für Aufsicht und Geräte + 3 kg Zement + 10 l Sand.

1530. 1 m Abortfalleitung oder Entlüftungsleitung aus Steinzeug oder 1 Formstück versetzen, einschließlich Beförderung im Haus.

Nennweite		10 cm	12,5 cm	15 cm	17,5 cm	20 cm	25 cm
Maurer	h	0,7	0,7	0,7	0,7	0,7	0,8
Hilfsarbeiter	„	1,0	1,0	1,2	1,3	1,3	1,4
Für Aufsicht und Geräte	%	10	10	10	10	10	10
Rohre bzw. Formstücke	Stück	1,05	1,05	1,05	1,05	1,05	1,05
Asphaltkitt	kg	0,6	0,75	0,90	1,0	1,1	1,50
Teerstrick	„	0,16	0,20	0,25	0,31	0,35	0,40
Rohrschellen	„	0,25	0,3	0,4	0,5	0,8	1,2
Brennholz	„	0,6	0,8	0,9	1,0	1,1	1,5

1531. 1 m Grundleitung der Hausentwässerung aus Steinzeugrohren oder 1 Formstück verlegen, einschließlich Zufuhr auf höchstens 50 m.

Rohrdurchmesser		15 cm	17,5 cm	20 cm	25 cm
Maurer	h	0,7	0,7	0,7	0,7
Hilfsarbeiter	„	1,2	1,3	1,3	1,4
Für Aufsicht und Geräte	%	10	10	10	10
Rohre bzw. Formstücke	Stück	1,05	1,05	1,05	1,05
Asphaltkitt	kg	0,9	1,0	1,1	1,5
Teerstrick	„	0,25	0,31	0,35	0,40
Lehm	cbm	0,0015	0,0015	0,002	0,002
Brennholz	kg	1	1	1,1	1,5

* Abschlag derzeit 40%.

1532. **1 Stück Rohr oder Formstück in bestehenden Steinzeugfalleitungen auswechseln,** ohne Rücksicht auf die Weite, einschließlich aller Sicherungsmaßnahmen, aber ohne Verführen des Schuttes:

a) Herausnehmen des Rohres: 1,2 h Maurer + 1,2 h Hilfsarbeiter.

b) Einsetzen eines Rohres: die zwei- bis dreifachen Löhne von Nr. 1530.

1533. **1 Aufsatz aus Steinzeug auf eine Entlüftungsleitung, Durchmesser 10 cm, aufsetzen,** mit verzinktem Eisenblech Nr. 18 einfassen und das Dach wieder instand setzen:

1 h Maurer + 1 h Spengler + 1 h Hilfsarbeiter + 1,05 Stück Lüftungsaufsatz + 0,7 qm verzinktes Eisenblech + 15% der Löhne für Geräte und Lötmittel.

1534. **Sandfänger aus Steinzeug für Grundstückentwässerungsleitungen** (laut Abb. 156k). Gewicht ohne Eimer 40 kg, Preis ohne Eimer 22 RM (Abschlag derzeit 40%). Oberteil laut Röhrenliste.

1535. **1 Stück Rohr bis 250 mm Durchmesser einmauern,** und zwar Herstellen des Mauerdurchbruches, Wiedervermauern mit Beton 1:12 und Ausbessern des Verputzes.

Mauerart	Ziegel				Bruchstein				Beton			
Mauerdicke	90 cm	75 cm	60 cm	45 cm	90 cm	75 cm	60 cm	45 cm	90 cm	75 cm	60 cm	45 cm
Maurer . . . . h	5	4	4	2,5	7	6	5	5	10	9	7,5	5
Hilfsarbeiter . . ,,	6	6	4	2	6	6	5	5	10	9	7,5	5
Für Aufsicht und Geräte . %	10	10	10	10	10	10	10	10	10	10	10	10
Zement . . . . . . kg	37	31	24	18	37	31	24	18	37	31	24	18
Schotter . . . . . . rm	0,21	0,16	0,14	0,10	0,21	0,16	0,14	0,10	0,21	0,16	0,14	0,10

4. Bleiabflußleitungen.

1536. **Normen.**

Önorm B 8015. Bleiabflußrohre.

1537. **Anwendungsbereich.**

Bleirohre sind nach DIN 1986 überall in Gebäuden zulässig, mit Ausnahme von Arbeitsräumen von Bäckereien, Konditoreien, Fleischereien und sonstigen Nahrungsmittelbereitungsstellen. Außerhalb von Gebäuden sind Bleirohre nicht zulässig.

Bleiabflußrohre müssen bis zu 50 mm Weite mindestens 2,5 mm, darüber 3 mm Wanddicke haben.

Liegende Bleirohre dürfen nur durch Lötung verbunden werden. Stehende Bleirohre sind zu verlöten oder auf die Länge ihrer lichten Weite, mit Mennigekitt ineinandergesteckt zu verbinden.

1538. **Bleiabflußrohre.** Baulänge: 3 m.

Nennweite		1¼ Zoll	1½ Zoll	2 Zoll	2½ Zoll	3 Zoll
		30 mm	40 mm	50 mm	65 mm	80 mm
Wandstärke	mm	2,5	2,5	2,5	3,0	3,0
Gewicht	kg/m	3,2	3,8	4,6	7,3	9,0
Preis = Preis des Blockbleies + Zuschlag je 100 kg	RM					
	S					
	Kč	80,—	80,—	80,—	80,—	80,—

1539. **Bleiabflußrohre, fertig verlegen,** ohne Stemm- und Putzarbeiten.

Nennweite		1¼ Zoll	1½ Zoll	2 Zoll	2½ Zoll	3 Zoll
		30 mm	40 mm	50 mm	65 mm	80 mm
Monteur	h	0,7—1,1	1,0—1,5	1,2—1,7	1,4—1,9	1,6—2,1
Helfer	,,	0,7—1,1	1,0—1,5	1,2—1,7	1,4—1,9	1,6—2,1
Für Aufsicht, Geräte und Nebenarbeiten	%	25	25	25	25	25
Lötzinn	kg/m	0,06	0,07	0,08	0,10	0,15
Lötmittel, Zuschlag zum Preis des Lötzinnes	%	100	100	100	100	100
Rohrhaken oder Schellen oder Bänder . .	Stück/m	2	2	2	2	2
Verschnitt und Verlust		8—10% des Rohrpreises				

1540. Lötzinnaufwand bei Lötungen an Bleiabflußrohren, je Lötstelle, einschließlich der Verluste:

a) Kelchlötungen:	Nennweite	mm	40	50
	Lötzinn	g	40	50
b) Abzweiglötungen:	Nennweite des Hauptrohres	mm	40	50
	„ „ Abzweiges	„	40	50
	Lötzinn	g	65	80

5. Beton- und Eternitrohrleitungen.

1541. Normen, betreffend Betonrohre.

DIN 1201. Kanalisationsrohre, Beton, mit Beiblatt.

(Für Eternitrohre bestehen keine Normen.)

Önorm B 8020. Betonabflußrohre.

1542. Anwendungsbereich der Betonrohre.

Nach DIN 1986 können Betonrohre zur Grundstücksentwässerung außerhalb der Gebäude nach besonderer Genehmigung verwendet werden.

1543. Anwendungsbereich der Eternitrohre.

Die Normen besagen ausdrücklich nichts über Eternitrohre; auf diese Rohre wird sinngemäß alles anzuwenden sein, was für Betonrohre gilt. Ohne weiteres sind Eternitrohre als Regenfallrohre zu verwenden.

1544. Verlegen und Dichten von Eternitabflußrohren. Kosten:

a) als Grundleitungen: bei einer kleinen Zahl von Formstücken $^1/_3$,
„ „ großen „ „ „ $^1/_2$
der Kosten der Verlegung und Dichtung von Steinzeugrohrleitungen;

b) als Falleitungen: etwa ebensoviel wie bei schottischen Abflußrohren.

1545. Eternitabflußrohre, runde, mit Muffen. (Im Deutschen Reich ohne Muffen.)

Abmessungen, Gewichte, Preise in S und Kč.

Baulänge in mm	Nennweite in mm		50	60	80	100	125	150	175	200	250	300	400	500
	Wandstärke	mm	7	7	8	8	8	9	9	10	10	11	12	13
	Gewicht von 1 m glattem Rohr .	kg	2,1	3,0	4,4	5,4	6,7	9,0	10,4	13,2	16,3	21,5	31,0	42,0
	Gewicht einer Muffe	„	0,5	0,6	0,8	1,1	1,4	1,8	2,5	3,0	4,0	5,5	8,1	10,6
250	Preise in Österreich frachtfrei und in der Tschechoslowakei ab Werk	S	1,80	2,—	2,40	3,—	3,80	4,80	5,80	7,—	—	—	—	—
		Kč	5,—	6,—	7,50	9,50	12,50	15,50	20,50	24,50	—	—	—	—
500		S	2,70	3,—	3,60	4,50	5,70	7,20	8,70	10,50	—	—	—	—
		Kč	7,—	8,50	10,50	12,50	16,—	19,50	25,50	31,—	—	—	—	—
750		S	—	—	—	—	—	—	—	—	—	—	—	—
		Kč	9,—	11,—	13,—	15,50	20,—	24,—	31,—	37,—	—	—	—	—
1000		S	3,60	4,—	4,80	6,—	7,50	9,50	11,50	14,—	19,—	25,—	37,—	50,—
		Kč	11,—	13,—	15,80	18,10	23,60	28,—	35,80	42,80	57,40	90,—	150,—	210,—
1500		S	5,40	6,—	7,20	9,—	11,25	14,25	17,25	21,—	—	—	—	—
		Kč	16,50	19,50	23,70	27,15	35,40	42,—	53,70	64,20	86,10	135,—	225,—	315,—
2000		S	7,20	8,—	9,60	12,—	15,—	19,—	23,—	28,—	38,—	50,—	74,—	100,—
		Kč	22,—	26,—	31,60	36,20	47,20	56,—	71,60	85,60	114,80	180,—	300,—	420,—
2500		S	—	—	—	—	—	—	—	—	—	—	—	—
		Kč	—	—	39,50	45,25	59,—	70,—	89,50	107,—	143,50	225,—	375,—	525,—
3000		S	10,80	12,—	14,40	18,—	22,50	28,50	34,50	42,—	57,—	75,—	111,—	150,—
		Kč	—	—	47,40	54,30	70,80	84,—	107,40	128,40	172,20	270,—	450,—	630,—
3500		S	—	—	—	—	—	—	—	—	—	—	—	—
		Kč	—	—	55,30	63,35	82,60	98,—	125,30	149,30	—	—	—	—
4000		S	—	—	—	24,—	30,—	38,—	46,—	56,—	76,—	100,—	148,—	200,—
		Kč	—	—	63,20	72,40	94,40	112,—	143,20	171,20	229,60	360,—	600,—	840,—
4000	Deutsches Reich, ohne Muffen	kg/m	3,73	4,4	5,3	7,4	10,2	12,7	13,8	15,1	21,0	30,3	—	—
		RM/m	1,40	1,57	2,10	2,53	3,56	4,01	4,49	5,34	7,99	11,41	—	—

1546. Abmessungen in Millimetern der Muffe der Eternitabflußrohre in Österreich und in der Tschechoslowakei.

Nennweite in mm	50	60	80	100	125	150	175	200	250	300	400	500
Außendurchmesser des Rohres ..... mm	64	74	96	116	141	168	194	220	270	322	424	526
Weite der Muffe .. „	78	88	110	130	157	184	211	238	294	348	452	556
Weite der Dichtungsfuge ...... „	7	7	7	7	8	8	9	9	12	13	14	15
Tiefe der Fuge ... „	45	50	60	70	70	75	90	90	100	105	105	105
Rauminhalt der Dichtungsfuge... ccm	70	89	135	190	262	415	516	580	1060	1440	2020	2680

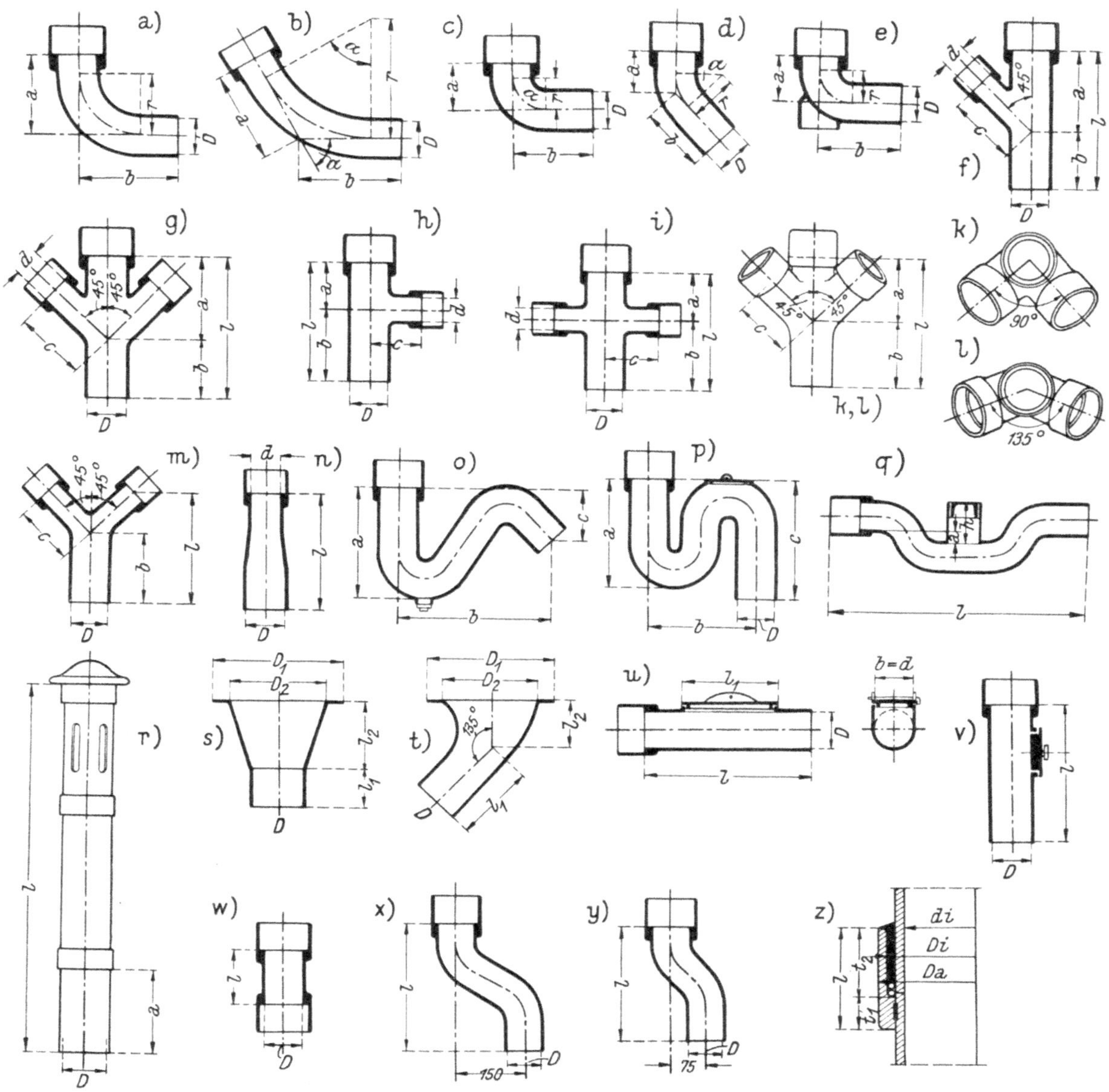

Abb. 157. Formstücke für runde Eternitabflußrohre.

1547. Formstücke für runde Eternitabflußrohre.

Abmessungen in Millimetern.

Abb. Nr.	Nennweite des Hauptrohres	D mm	50	60		80			100				125					150			
	Nennweite des Abzweiges	d mm	50	60	50	80	60	50	100	80	60	50	125	100	80	60	50	150	125	100	80
157f, g	Abzweigstücke, einfach und doppelt	l	260	290	280	330	310	300	400	380	360	340	430	400	380	370	350	500	480	450	420
		a	145	160	150	190	180	170	220	200	190	180	250	235	220	210	200	280	265	245	225
		b	115	130	130	140	130	130	180	180	170	160	180	165	160	160	160	220	215	205	195
		c	125	140	130	165	155	145	190	175	165	160	230	220	200	190	185	265	250	235	225
Abb. Nr.	Nennweite des Hauptrohres	D mm	50	60		80			100				125					150			
	Nennweite des Abzweiges	d mm	50	60	50	80	60	50	100	80	60	50	125	100	80	60	50	150	125	100	80
157h	T-Stücke	l	240	240	240	300	280	260	350	320	300	280	380	350	320	300	280	410	380	360	330
		a	90	90	90	120	110	100	140	130	120	120	170	150	140	130	120	180	170	155	145
		b	150	150	150	180	170	160	210	190	180	160	210	200	180	170	160	230	210	205	185
		c	90	90	90	110	110	110	125	120	120	120	140	140	135	135	135	155	155	150	150

Abb. Nr.	Nennweite des Hauptrohres	D mm	150		175				200					250				300			
	Nennweite des Abzweiges	d mm	60	50	175	150	125	100	200	175	150	125	100	250	200	175	150	300	250	200	
157f, g	Abzweigstücke, einfach und doppelt	l	400	380	525	500	460	430	620	570	520	490	470	650	650	620	600	750	710	670	—
		a	215	210	325	300	280	260	365	345	320	300	285	440	400	375	360	475	440	405	—
		b	185	170	200	200	180	170	255	225	200	190	185	270	250	245	240	275	270	265	—
		c	215	210	300	285	270	260	335	320	300	285	270	435	400	390	380	510	490	460	—
Abb. Nr.	Nennweite des Hauptrohres	D mm	150		175				200					250				300			
	Nennweite des Abzweiges	d mm	60	50	175	150	125	100	200	175	150	125	100	250	200	175	150	300	250	200	
157h	T-Stücke	l	310	300	480	440	400	380	500	470	430	400	380	600	560	540	520	650	610	580	—
		a	135	125	200	180	165	155	220	205	190	170	160	230	210	205	190	260	240	220	—
		b	175	175	280	260	235	225	280	265	240	230	220	370	350	335	330	390	370	360	—
		c	150	150	175	170	170	170	200	200	195	195	195	230	220	220	220	260	260	250	—

Abb. Nr.	Nennweite des Hauptrohres	D mm	50	60		80			100				125			150			175		200		
	Nennweite des Abzweiges	d mm	50	60	50	80	60	50	100	80	60	50	125	100	80	150	125	100	175	150	200	175	150
157i	Kreuzstücke	l	240	240	240	300	280	—	350	320	—	—	380	350	—	410	380	—	480	—	500	—	—
		a	90	90	90	120	110	—	140	130	—	—	170	150	—	180	170	—	200	—	220	—	—
		b	150	150	150	180	170	—	210	190	—	—	210	200	—	230	210	—	280	—	280	—	—
		c	90	90	90	110	110	—	125	120	—	—	140	140	—	155	155	—	175	—	200	—	—
157k, l	Eckabzweige $\beta = 90^0$ $\beta = 135^0$	l	260	290	280	330	310	300	400	380	360	340	430	400	380	500	480	450	525	500	620	570	520
		a	145	160	150	190	180	170	220	200	190	180	250	235	220	280	265	245	325	300	365	345	320
		b	115	130	130	140	130	130	180	180	170	160	180	165	160	220	215	205	200	200	255	225	200
		c	125	140	130	165	155	145	190	175	165	160	230	220	200	265	250	235	300	285	335	320	300
157m	Hosenstück	l	180	200	180	230	220	—	250	240	230	—	280	250	—	310	290	260	350	310	400	—	—
		a	140	160	140	170	160	—	190	170	160	—	220	190	—	240	230	200	270	250	300	—	—
		b	110	120	110	140	130	—	160	150	140	—	175	155	—	190	175	160	220	185	250	—	—
		c	100	110	100	120	110	—	130	120	110	—	150	135	—	170	160	140	190	175	220	—	—

Abb. Nr.	Nennweite des weiten Endes	D mm	60	80		100			125				150				
	Nennweite des engen Endes	d mm	50	60	50	80	60	50	100	80	60	50	125	100	80	60	50
157n	Verjüngungsstück	l	250	250	250	350	350	350	350	350	350	350	350	350	350	350	350

Abb. Nr.	Nennweite des weiten Endes	D mm	175			200				250			300		400	500	
	Nennweite des engen Endes	d mm	150	125	100	175	150	125	100	200	175	150	250	200	300	400	
157n	Verjüngungsstück	l	450	450	450	450	450	450	450	500	500	500	500	500	650	650	—

Abb. Nr.	Nennweite	D mm	50	60	80	100	125	150
157o	Geruchverschluß, 45⁰	a	150	160	195	215	—	—
		b	295	325	365	425	—	—
		c	95	105	135	145	—	—
157p	Geruchverschluß, 90⁰	a	150	160	195	215	220	225
		b	170	190	230	270	350	390
		c	160	180	220	235	270	310
157q	Geruchverschluß für Grundleitungen	l	410	480	550	720	—	—
		a	25	25	25	50	—	—
		h	75	85	100	130	—	—

Abb. Nr.	Nennweite	D mm	150	175	200
157s	Abortanschlußstück, gerade	D_1	400	400	400
		D_2	300	300	300
		l_1	140	140	140
		l_2	210	210	210
157t	Abortanschlußstück, schräg	D_1	400	400	400
		D_2	300	300	300
		l_1	240	240	240
		l_2	160	160	160

Abb. Nr.		*D* mm	50	60	80	100	125	150	175	200	250	300	400	500
	Für Grundleitungen:													
157a	Bogen, $\alpha = 90^0$	*r*	100	110	130	150	175	200	225	250	280	280	350	350
		a	140	150	170	190	220	240	270	300	340	340	410	410
		b	170	190	210	230	260	290	310	360	380	390	460	460
157b	„ , $\alpha = 60^0$	*r*	260	260	260	315	315	315	345	345	420	420	620	620
	„ , $\alpha = 45^0$	*r*	360	360	360	440	440	440	490	490	610	610	860	860
	„ , $\alpha = 30^0$	*r*	560	560	560	680	680	680	760	760	940	940	1330	1330
		a	205	205	205	235	235	235	260	260	310	310	410	410
		b	220	220	220	260	260	270	290	290	350	360	460	460
	Für Fallleitungen:													
157c	Knie, $\alpha = 90^0$	*r*	70	70	70	100	100	120	120	150				
		a	100	100	100	140	140	160	200	230				
		b	170	170	170	200	200	250	300	300				
157d	Knie, $\alpha = 60^0$, 45^0, 30^0	*r*	100	100	100	120	150	150	180	180				
		a	90	90	90	100	120	120	140	140				
		b	140	140	140	170	170	170	200	220				
157e	Knie mit Fuß, $\alpha = 90^0$	*r*	70	70	70	100	100	120	120	150				
		a	100	100	100	140	140	160	200	230				
		b	170	170	170	200	200	250	300	300				

Abb. Nr.	Nennweite	*D* mm	50	60	80	100	125	150	175	200	250	300
	Wandstärke	*s* mm	7	7	8	8	8	9	9	10	10	11
157u	Putzstück für Grundleitungen	*l*	300	350	400	450	450	520	550	550	600	600
		l_1	150	150	220	270	270	320	320	320	370	370
157v	Putzstück für Falleitungen	*l*	250	250	300	320	—	—	—	—	—	—
157w	Doppelmuffe	*l*	120	120	120	150	150	150	150	150	150	200
157x	Sprungrohr, $E = 150$ mm	*l*	280	280	280	415	415	415	500	500	—	—
157y	Sprungrohr, $E = 75$ mm	*l*	250	250	250	300	300	300	400	400	—	—

Gewichte und Preise in S und Kč.

Abb. Nr.	Nennweite in mm		50	60	80	100	125	150	175	200	250	300	400	500
	Wandstärke in mm		7	7	8	8	8	9	9	10	10	11	12	12
157a, b	Bogen, $\alpha = 90^0$, 60^0, 45^0, 30^0, 15^0* für Grundleitungen	kg	1,1	1,4	2,2	3,1	4,1	5,8	8,1	10,0	13,8	18,4	30,4	40,8
		S	2,—	2,30	3,—	4,—	5,—	7,60	9,50	12,50	18,—	28,—	50,—	90,—
		Kč	7,—	8,50	11,70	16,50	21,—	26,70	36,—	43,—	60,—	86,—	138,—	185,—
157c, d	Knie, $\alpha = 90^0$, 60^0, 45^0, 30^0, für Falleitungen	kg	1,0	1,3	1,8	2,7	3,4	5,0	7,7	9,2	—	—	—	—
		S	2,—	2,30	3,—	4,—	5,—	7,60	9,50	12,50	18,—	28,—	50,—	90,—
		Kč	6,50	7,50	11,—	16,—	20,—	24,—	34,—	41,—	—	—	—	—
157e	Knie mit Fuß, $\alpha = 90^0$ ($\alpha = 100^0$*)	kg	1,1	1,5	2,3	3,5	4,3	6,6	10,0	11,9	—	—	—	—
		S	2,80	3,20	3,60	5,—	6,50	10,—	13,—	18,—	—	—	—	—
		Kč	7,50	9,—	13,50	20,—	24,—	30,—	42,—	50,—	—	—	—	—
157x	Sprungrohr (S-Stück, Etagenbogen), $E = 150$ mm ($E = 130$ mm*)	kg	1,3	1,6	2,3	3,6	4,5	6,0	9,3	10,7	—	—	—	—
		S	2,40	2,80	3,50	4,80	7,30	10,—	12,50	15,—	—	—	—	—
		Kč	8,—	10,—	13,—	18,—	23,—	29,—	46,—	52,—	—	—	—	—
157y	Sprungrohr $E = 75$ mm ($E = 65$ mm*)	kg	1,1	1,4	2,0	2,9	3,6	4,7	7,3	8,4	—	—	—	—
		S	2,40	2,80	3,50	4,80	7,30	10,—	12,50	15,—	—	—	—	—
		Kč	7,—	9,—	12,—	17,—	20,—	27,—	41,—	48,—	—	—	—	—
157f, h, m	Einfache Abzweigstücke, T-Stücke, Hosenstücke	kg	1,7	2,4	4,0	5,3	6,6	9,8	13,2	17,2	24,2	33,6	—	—
		S	2,50	3,—	4,—	5,80	8,—	11,50	14,50	17,80	25,—	36,—	48,—	68,—
		Kč	10,—	12,50	17,—	24,—	32,—	40,—	55,—	70,—	105,—	150,—	—	—
157g, i, k, l	Doppelte Abzweigstücke, Kreuzstücke, Eckabzweigstücke	kg	2,4	3,3	5,3	7,1	9,0	13,0	17,6	22,8	33,7	45,5	—	—
		S	4,—	5,—	7,—	9,50	13,—	17,—	21,—	26,—	38,—	55,—	—	—
		Kč	15,—	19,—	26,—	40,—	51,—	62,—	85,—	103,—	155,—	214,—	—	—
157w	Doppelmuffen	kg	1,1	1,5	2,1	3,1	3,8	5,0	6,6	7,9	10,4	15,3	22,3	29,6
		S	1,—	1,30	1,60	2,30	3,—	4,50	6,50	8,—	11,—	15,—	20,—	35,—
		Kč	6,60	8,—	11,—	16,—	20,—	26,—	35,—	42,—	52,—	75,—	104,—	138,—

* Nur in Österreich.

Fortsetzung der Tabelle.

Abb. Nr.	Nennweite in mm		50	60	80	100	125	150	175	200	250	300	400	500
	Wandstärke in mm		7	7	8	8	8	9	9	10	10	11	12	13
157u	Putzstücke für Grundleitungen	kg	1,8	2,1	3,4	5,0	5,7	8,1	11,6	13,2	17,8	21,8	—	—
		S	4,—	4,30	5,—	7,50	9,—	11,—	14,—	18,—	23,—	28,—	—	–
		Kč	11,—	13,—	19,—	24,—	30,—	42,—	55,—	66,—	85,—	108,—	—	—
157v	Putzstücke für Falleitungen	kg	1,3	1,5	2,7	4,2	—	—	—	—	—	—	—	—
		S	—	—	—	—	—	—	—	—	—	—	—	—
		Kč	13,—	15,—	22,—	31,—	—	—	—	—	—	—	—	—
157s	Abortanschlußstück (Gainze), gerade	kg	—	—	—	—	—	5,6	6,8	8,0	—	—	—	—
		S	—	—	—	—	—	10,—	10,—	10,—	—	—	—	—
		Kč	—	—	—	—	—	28,—	35,—	40,—	—	—	—	—
157t	Abortanschlußstück schräg	kg	—	—	—	—	—	6,0	7,0	8,4	—	—	—	—
		S	—	—	—	—	—	13,—	13,—	13,—	—	—	—	—
		Kč	—	—	—	—	—	31,—	36,—	42,—	—	—	—	—
157o	Geruchverschluß (Siphon), 45°	kg	1,8	2,0	3,5	4,7	—	—	—	—	—	—	—	—
	mit Deckel	S	4,—	5,50	6,50	9,50	—	—	—	—	—	—	—	—
		Kč	13,—	15,50	24,—	32,50	—	—	—	—	—	—	—	—
	mit Putzschraube	S	4,—	5,50	6,50	9,50	—	—	—	—	—	—	—	—
		Kč	17,—	19,—	28,—	36,50	—	—	—	—	—	—	—	—
157p	Geruchverschluß (Siphon), 90°	kg	2,0	2,3	3,8	5,3	7,1	11,0	—	—	—	—	—	—
	mit Deckel	S	4,—	5,50	6,50	9,50	—	—	—	—	—	—	—	—
		Kč	14,—	17,—	26,—	36,—	43,—	66,—	—	—	—	—	—	–
	mit Putzschraube	S	4,—	5,50	6,50	9,50	—	—	—	—	—	—	—	—
		Kč	18,—	21,—	30,—	40,—	—	—	—	—	—	—	—	—
157q	Geruchverschluß mit Deckel, liegend	kg	1,9	2,5	4,3	6,2	—	—	—	—	—	—	—	—
		S	7,—	9,—	13,—	18,—	24,—	28,—	—	—	—	—	—	—
		Kč	23,—	29,—	42,—	62,—	—	—	—	—	—	—	—	—

Abb. Nr.	*D*		60	80		100			125				150				
	d		50	60	50	80	60	50	100	80	60	50	125	100	80	60	50
157n	Verjüngungsstück ..	kg	1,1	1,6	1,4	2,4	2,1	1,9	3,3	2,7	2,4	2,2	4,3	3,8	3,3	2,9	2,7
		S	2,—	2,40		3,50			4,—				5,—				
		Kč	7,—	9,50		14,50			18,—				22,—				

Abb. Nr.	*D*		175			200				250			300		400	500
	d		150	125	100	175	150	125	100	200	175	150	250	200	300	400
157n	Verjüngungsstück ..	kg	6,7	6,0	5,4	8,2	7,1	6,4	5,4	10,4	9,6	8,6	13,9	10,1	23,4	29,1
		S	7,50			9,—				14,—			20,—		28,—	36,—
		Kč	34,—			42,—				56,—			78,—		120,—	170,—

1548. **Lüftungsaufsätze aus Eternit** (Abb. 157r).

Nennweite in mm		50	60	80	100	125	150	175	200	250	300	400	500
Wandstärke in mm		6	6	6	6	6	6	7	7	8	8	10	10
Baulänge *l*........ mm		1000						1200					
Abmessung *a* ..... ,,		230						330					
Gewicht .... kg		2,7	3,3	4,4	5,5	6,7	8,3	13,0	14,9	21,0	24,8	42,0	52,0
Preis............	S	6,—	6,60	8,80	11,—	14,50	17,50	22,—	27,50	44,—	65,—	115,—	160,—
	Kč	15,—	19,—	23,—	28,50	39,—	46,—	65,—	80,—	110,—	125,—	205,—	260,—

1549. **Eternitabflußrohre, quadratisch, mit Muffen.**

Abmessungen, Gewichte, Preise in Kč.

(Werden im Deutschen Reich und in Österreich nicht erzeugt.)

Nennweite	80 mm	100 mm	125 mm	150 mm	175 mm	200 mm
Wandstärke .... mm	5	5	5	5	6	6
Gewicht je Meter .... kg	3,6	4,4	5,5	6,7	9,0	10,0
Baulänge 1000 mm......... Kč	14,60	17,80	22,—	27,—	36,—	42,—
,, 1500 ,, ... ,,	21,90	26,70	33,—	40,50	54,—	63,—
,, 2000 ,, ... ,,	29,20	35,60	44,—	54,—	72,—	84,—
,, 2500 ,, ... ,,	36,50	44,50	55,—	67,50	90,—	105,—
,, 3000 ,, ... ,,	43,80	53,40	66,—	81,—	108,—	126,—

30*

1550. Formstücke für quadratische Eternitabflußrohre.

Abmessungen in Millimeter.

Abb. Nr.	Nennweite	D mm	80	100	125	150	175	200
158a	Knie, $\alpha = 90^0$	*p*	80	100	100	120	130	150
		a	150	180	180	180	200	200
		b	180	230	230	230	250	250
158b	Knie, $\alpha = 45^0$	*p*	200	240	240	240	310	370
		a	150	180	180	180	200	200
		b	180	200	200	230	250	250
158c	Knie mit Putzöffnung $\alpha = 90^0$	*p*	—	100	100	120	—	—
		a	—	180	180	180	—	—
		b	—	230	230	230	—	—
158d	T-Stück	*l*	300	330	380	430	480	500
		a	100	110	130	160	180	200
		c	100	110	130	160	180	200

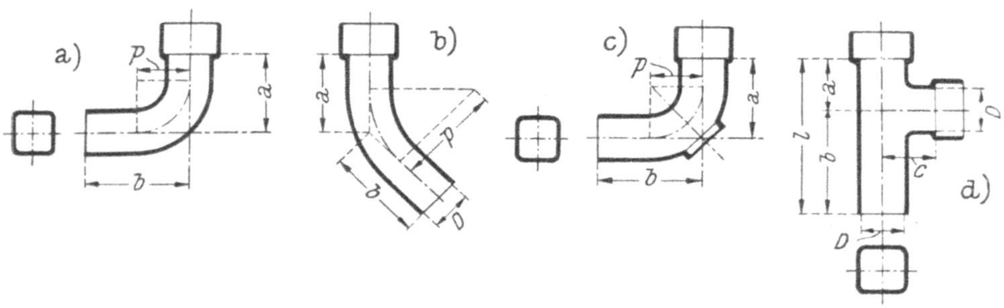

Abb. 158. Formstücke für quadratische Eternit-Abflußrohre.

Gewichte und Preise in Kč.
(Werden im Deutschen Reich und in Österreich nicht erzeugt.)

Abb. Nr.	Nennweite in mm		80	100	125	150	175	200
	Wandstärke in mm		5	5	5	5	6	6
158a, b	Knie, $\alpha = 90^0, 45^0$	kg	1,3	1,8	2,2	3,1	3,6	4,2
		Kč	6,50	8,50	10,—	13,50	16,—	19,50
158d	T-Stück	kg	1,6	2,0	2,7	4,4	5,5	6,5
		Kč	9,—	12,—	14,60	21,60	29,—	39,20

Abb. Nr.	Nennweite in mm		100	125	150
	Wandstärke in mm		2	2,5	3,6
158c	Knie mit Putzöffnung, $\alpha = 90^0$	kg	2,0	2,5	3,6
		Kč	14,—	18,—	24,—

6. Einläufe, Verschlüsse, Stoffänger, Bad- und Aborteinrichtungen.

1551. Normen betreffend Eingüsse und Abläufe.

DIN 1999. Baugrundsätze für Benzinabscheider.
DIN 1381. Wasserklosetts. Flachspülklosetts.
DIN 1382. ,, . Tiefspülklosetts.
DIN 1383. ,, . Absaugeklosetts.
DIN 1384. ,, . Erläuterungen zu DIN 1381 bis 1383.
DIN 590. Kellersinkkasten ohne Putzöffnung.
DIN 591. ,, mit ,, .
DIN 592. Deckensinkkasten.
DIN 594. Badablauf mit Ablaufstutzen unter 5^0, 20^0 und 45^0 Neigung.
DIN 595. Reinigungsöffnungen mit Keilverschluß, Reinigungsöffnungen mit Knebelverschluß und mit Schraubenverschluß.
DIN 597. Aufsatz für Hofablauf, leicht.
DIN 598. ,, ,, ,, , schwer.
DIN 1378. Pissoirverschluß.

Önorm B 8021. Gußeiserne Kellersinkkasten.
Önorm B 8028. Regenkasten RK mit Geruchverschluß.
Önorm B 8029. Bodenablauf BA mit Geruchverschluß.
Önorm B 8034. Hauskanalgitter HKG, nicht befahrbar.
Önorm B 8041. Hauskanaldeckel HKD, nicht befahrbar.
Önorm B 8042. ,, HKDS, mit Scharnier.

1552. Zentralsandfänge für Kraftwagenschuppen, Abb. 159. (Passavant-Werke, Michelbacher Hütte, Nassau.)

Unterteil.

Größe		1	2	3	4
Inhalt	l	120	160	200	250
Wagenstände bis		6	8	10	12
a	mm	680	680	780	780
c	„	1000	1000	1120	1120
e	„	140	140	160	160
d	„	100	125	150	150
h	„	510	670	610	760
f	„	150	150	160	160
g	„	220	220	240	240
Gewicht	kg	205	250	275	315
Preis	RM	71,35	91,15	101,15	112,65

Aufsatz für frostfreien Einbau:

Baulänge	mm	300
Gewicht	kg	32
Preis	RM	8,10

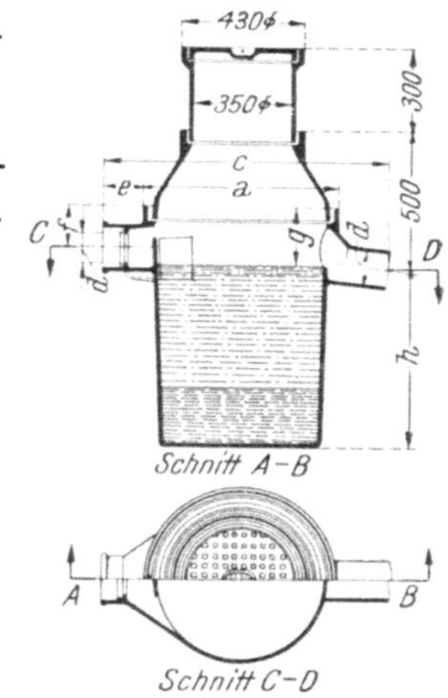

Abb. 159. Zentralsandfang. (Passavant-Werke, Michelbacher Hütte, Nassau.)

1553. Hofsinkkasten aus Beton, Abb. 160a bis d. (Passavant-Werke, Michelbacher Hütte, Nassau.)

Bauart nach Abbildung		160 a	160 b	160 c	160 d
Sinkkastenlichtweite	mm	300	300	300	300
Gewicht des Schaftes	kg	50	50	50	50
„ „ Unterteiles	„	60	60	80	80
Preis	RM	14,50	13,—	17,50	15,50

Eimer, verzinkt, passend zu den Sinkkasten: Gewicht 4 kg, Preis 4,30 RM.
Aufsätze mit Einlaufrost, siehe Nr. 1566.

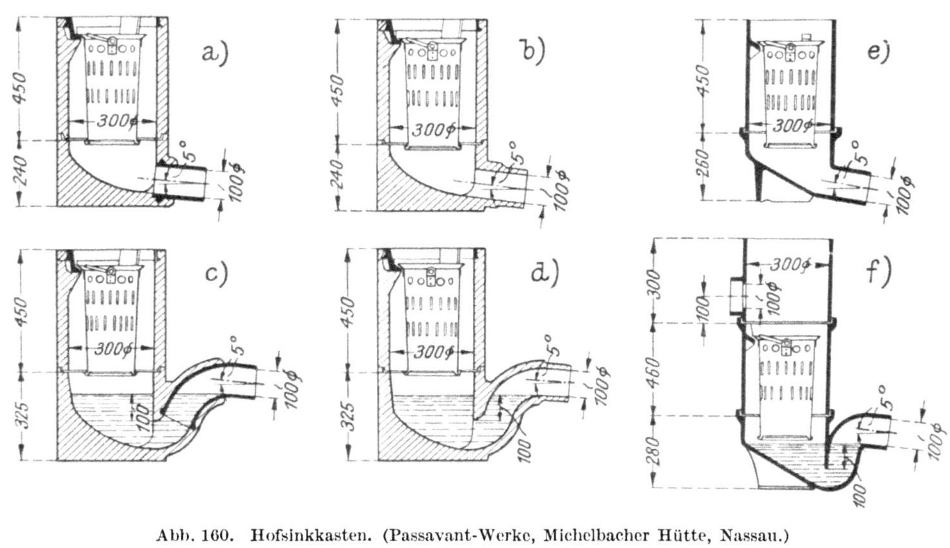

Abb. 160. Hofsinkkasten. (Passavant-Werke, Michelbacher Hütte, Nassau.)
a) bis d) aus Beton. *e*) und *f*) aus Gußeisen.

1554. Hofsinkkasten aus Gußeisen, Abb. 160. (Passavant-Werke, Michelbacher Hütte, Nassau.)

Nach Abb. 160e	Gewicht	42 kg,	Preis 19,50 RM
„ „ 160f	„	65 „ ,	„ 38,50 „
Eimer, verzinkt	„	4 „ ,	„ 4,30 „

Aufsätze siehe Nr. 1566.

1555. Regenrohrsinkkasten, Abb. 161. (Passavant-Werke, Michelbacher Hütte, Nassau.)

Teil	Bauart laut Abbildung	161 a	161 b	161 c			161 d		
Unterteil	Anschlußweite des Regenrohres ... mm	100	100	100	125	150	100	125	150
	Auslaufweite ... „	100	100	100	125	150	100	125	150
	Gewicht ... kg	22	30	48	53	65	55	65	78
	Preis (bis Reichsbahnempfangsstation) ... RM	12,50	13,50	29,60	32,—	33,50	29,75	33,—	40,—
Zwischenrohr* bzw. Standrohr	Länge ... mm	—	460	1000	1000	1000	1000	1000	1000
	Gewicht ... kg	—	14	20	25	36	20	25	36
	Preis (bis Reichsbahnempfangsstation) ... RM	—	4,—	4,80	6,—	8,30	4,80	6,—	8,30
Eimer, verzinkt	Gewicht ... kg	—	—	3	3	3	3	3	3
	Preis ... RM	—	—	3,50	3,50	3,50	3,50	3,50	3,50
Straßenkappe	Gewicht ... kg	—	—	7	7	7	7	7	7
	Preis ... RM	—	—	3,30	3,30	3,30	3,30	3,30	3,30

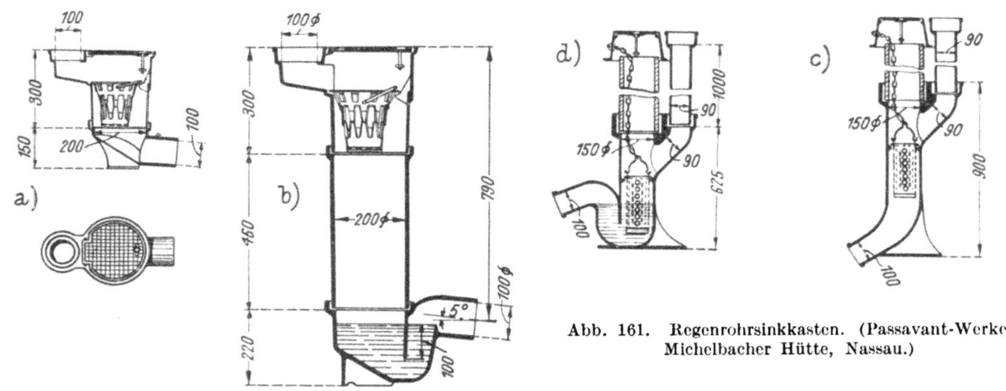

Abb. 161. Regenrohrsinkkasten. (Passavant-Werke, Michelbacher Hütte, Nassau.)

1556. Benzinabscheider (ohne Aufsatzstück), entsprechend den Baugrundsätzen DIN 1999. (Passavant-Werke, Michelbacher Hütte, Nassau.)

Bauart	laut Abb. 162 a				laut Abb. 162 b				
Nenngröße	0,5	1	1,5	2	1	1,5	2	3	4
Leistung ... l/sec	0,5	1	1,5	2	1	1,5	2	3	4
Größte Niederschlagsfläche ... qm	50	100	150	200	100	150	200	300	400
Wassereingußstellen ...	1	2	3	4	2	3	4	7	10
Wagenstände bis ...	2	5	8	12	5	8	12	25	40
a ... mm	470	560	660	660	470	555	660	660	860
b ... „	290	310	355	355	295	305	355	355	425
c ... „	180	190	190	200	180	185	190	220	250
d (Anschlußweite) ... „	100	100	100	100	100	100	100, 125	100, 125	150
e ... „	135	135	155	170	135	135	210	335	285
f ... „	210	220	225	225	235	245	230	260	290
h (Höhe) ... „	600	700	750	850	590	665	750	825	900
l (Baulänge) ... „	855	1100	1110	1110	795	880	1100	1225	1445
Gewicht ... kg	95	135	175	710	100	125	220	260	330
Preis ... RM	56,—	71,—	146,—	195,—	75,—	171,—	207,50	265,—	320,—

1557. Benzinabscheider.

Benzinabscheider müssen den Baugrundsätzen DIN 1999 entsprechen. Die Abscheider erhalten auf Grund ihrer Leistung die folgenden Bezeichnungen:

Zufluß in ... l/sec	0,5	1,0	1,5	2	3	4	5
Größe ...	0,5	1	1,5	2	3	4	5

* Das Zwischenrohr aus Steinzeug (in den Abb. 161 c und d schraffiert) wird nach Nr. 1273 berechnet.

Bei Einbau des Abscheiders in geschlossenen Räumen muß der Raum über der abgeschiedenen Leichtflüssigkeit durch ein mindestens 25 mm weites Rohr entlüftet werden.

Die Abscheider werden in zwei verschiedenen Bauweisen ausgeführt, und zwar als Abscheider mit selbsttätigem Abschluß, bei denen nach Ansammlung einer bestimmten Menge Leichtflüssigkeit der Abfluß zum Kanal selbsttätig gesperrt wird, und als Abscheider ohne selbsttätigen Abfluß. Bei den Abscheidern mit selbsttätigem Abschluß muß der Abscheider für einen Zufluß von je 1 l/sec, je 10 l, mindestens aber 10 l Leichtflüssigkeit aufspeichern können, während die Abscheider ohne selbsttätigem Abschluß für jeden Liter Zufluß je Sekunde 40 l Leichtflüssigkeit ansammeln können muß.

1558. Aufsatzstücke für Benzinabscheider, zum frostfreien Einbau. (Passavant-Werke, Michelbacher Hütte, Nassau.)

Frosttiefe	Bauart	laut Abb. 162 a				laut Abb. 162 b				
	Nenngröße	0,5	1	1,5	2,0	1	1,5	2	3	4
500 mm	*i* .... mm	310	310	310	310	310	310	310	310	200
	H .... ,,	910	1010	1060	1160	900	975	1060	1135	1100
	Gewicht .... kg	125	175	220	265	140	175	275	325	400
	Preis* ...... RM	17,50	18,75	24,—	28,—	19,—	21,50	25,—	29,—	34,—
800 mm	*i* .... mm	610	610	610	610	610	610	610	610	500
	H .... ,,	1210	1310	1360	1460	1200	1275	1360	1435	1400
	Gewicht .... kg	160	200	260	300	170	200	315	360	455
	Preis* ...... RM	27,50	30,—	49,—	58,—	30,—	47,50	54,50	73,—	77,50
1000 mm	*i* .... mm	810	810	810	810	810	810	810	810	700
	H .... ,,	1410	1510	1560	1660	1400	1475	1560	1635	1600
	Gewicht .... kg	170	225	290	325	190	235	355	390	495
	Preis* ...... RM	40,—	48,—	65,—	75,—	45,—	64,—	68,—	78,—	82,—

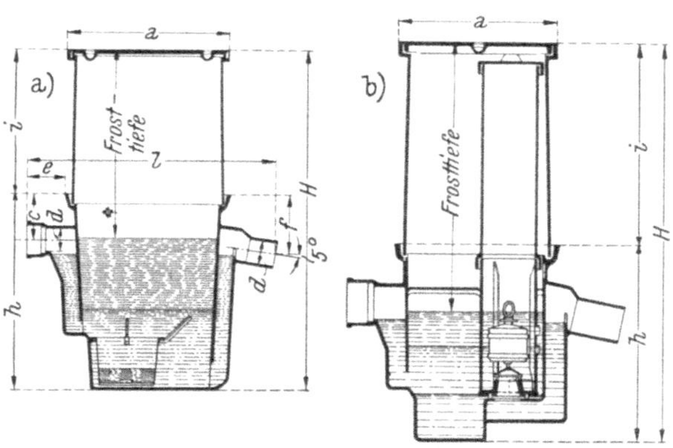

Abb. 162. Benzinabscheider. (Passavant-Werke, Michelbacher Hütte, Nassau.)

1559. Pumpen zur Entleerung der Benzinabscheider. (Passavant-Werke, Michelbacher Hütte, Nassau.)

a) Für nicht frostfrei eingebaute Benzinabscheider 10 RM;
b) ,, frostfrei eingebaute Benzinabscheider 12 RM.

1560. Fettfänger, Abb. 163 (Passavant-Werke, Michelbacher Hütte, Nassau.)

Bauart	Passavant, Abb. 163 a	Schilling, Abb. 163 b, c		
Länge *L* .... mm	790	575	675	775
Breite *B* .... ,,	460	475	575	675
Höhe *H* .... ,,	900	550	600	650
Anschlußweite .... ,,	100	100	100	100
Gewicht .... kg	225	135	160	200
Preis bis Reichsbahnempfangsstation .... RM	165,—	80,—	95,—	140,—

* Bis Reichsbahnempfangsstation.

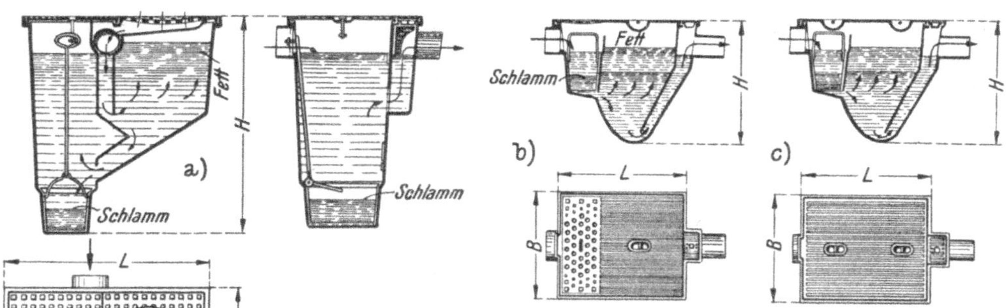

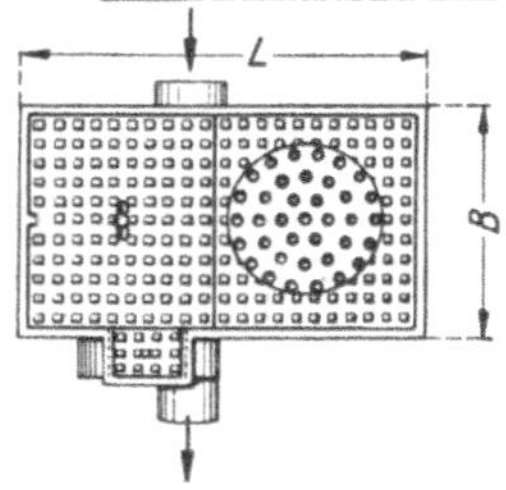

Abb. 163. Fettfänger. (Passavant-Werke, Michelbacher Hütte, Nassau.)
a) Bauart Passavant. b) Bauart Schilling mit oberem und seitlichem Einlauf. c) Desgl. nur mit seitlichem Einlauf.

1561. Hochwasserschieber mit Rotgußspindel, laut Abb. 164a. (Passavant-Werke, Michelbacher Hütte, Nassau.)

Für den Anschluß an	Eisenrohre			Steinzeugrohre				
Nennweite	100 mm	125 mm	150 mm	100 mm	125 mm	150 mm	200 mm	250 mm
Gewicht .... kg	25	35	60	25	35	60	85	130
Preis (bis Reichsbahnempfangsstation) .... RM	25,—	33,—	45,—	25,—	33,—	45,—	75,—	135,—

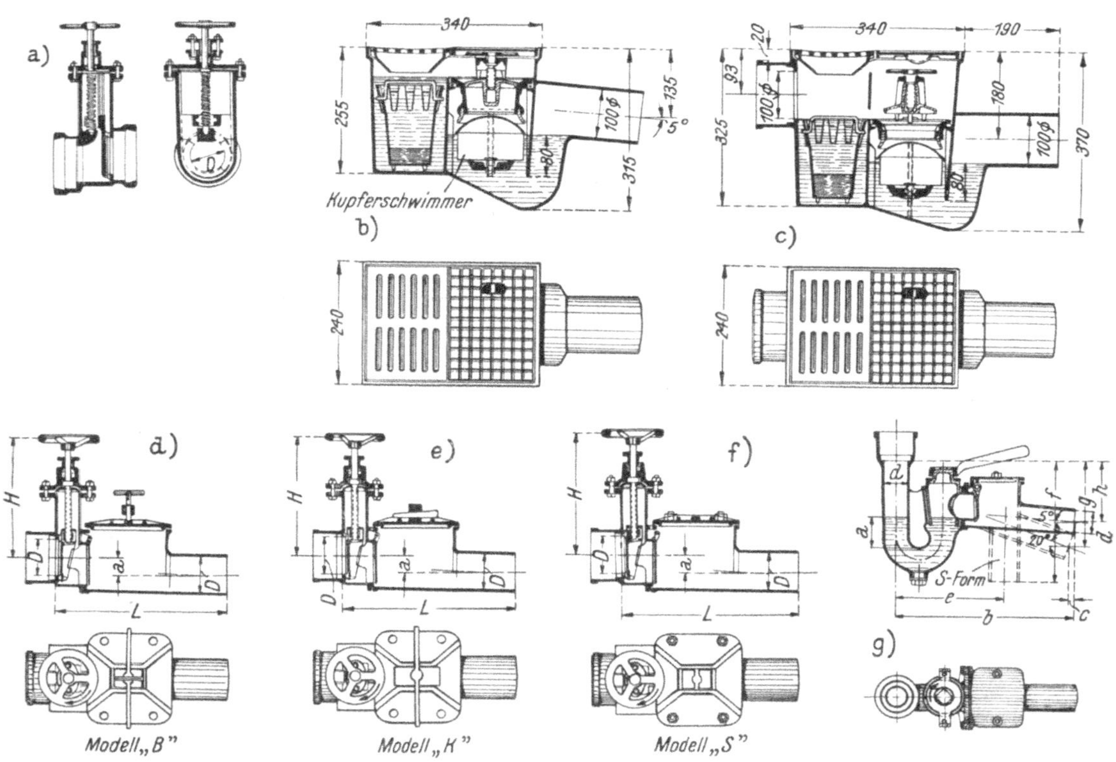

Abb. 164. Hochwasser-Rückstauverschlüsse. (Passavant-Werke, Michelbacher Hütte, Nassau.)
a) Hochwasserschieber mit Rotgußspindel. b) Kellersinkkasten mit Rückstaudoppelverschluß und Einlaufgitter. c) Desgl. mit Einlaufgitter und seitlichem Anschluß. d) Rückstauverschluß für Anschlußleitungen mit Bügelverschluß. e) Desgl. mit Keilverschluß f) Desgl. mit Schraubenverschluß. g) Siphon mit Rückstaudoppelverschluß.

1562. Kellersinkkasten mit Rückstaudoppelverschluß. (Passavant-Werke, Michelbacher Hütte, Nassau.)

Den selbsttätigen Abschluß bewirkt ein Kupferschwimmer, der sich gegen eine Paragummidichtung legt. Der Geruchverschluß hält Schwimmkörper aus dem Kanal vom Schwimmerraum fern:

a) mit Einlaufgitter (Abb. 164b): Gewicht 36 kg, Preis: 35 RM;

b) ,, ,, und seitlicher Anschlußmuffe (Abb. 164c): Gewicht 45 kg, Preis (bis Reichsbahnempfangsstation): 33 RM.

1563. Rückstaudoppelverschluß für Anschlußleitungen, entsprechend den Baugrundsätzen DIN 1997, mit Bügelverschluß (Abb. 164d), mit Keilverschluß (Abb. 164e) oder mit Schraubenverschluß (Abb. 164f). (Passavant-Werke, Michelbacher Hütte, Nassau.)

Für den Einbau in	Eisenleitungen					Steinzeugleitungen				
Nennweite .... mm	50	70	100	125	150	100	125	150	200	250
Baulänge *L* .... ,,	400	420	445	445	460	445	445	460	610	630
Höhe *H* .... ,,	225	260	310	350	410	310	350	410	515	590
Abstand *a* .... ,,	40	40	45	45	45	45	45	45	50	50
Gewicht .... kg	22	27	32	40	55	33	42	57	104	153
Preis (bis Reichsbahnempfangsstation) ..... RM	25,50	30,—	39,—	43,—	53,—	39,—	43,—	53,—	120,—	150,—

1564. Siphon mit Rückstaudoppelverschluß, Abb. 164g. (Passavant-Werke, Michelbacher Hütte, Nassau.)

Nennweite	50 mm	70 mm	Nennweite	50 mm	70 mm
a .... mm	70	70	*g* .... mm	190	225
Baulänge *b* .... ,,	392	450	*h* .... ,,	135	165
c .... ,,	12	15	Gewicht .... kg	11	16
e .... ,,	230	275	Preis .... RM	20,—	31,—
f .... ,,	285	330			

1565. 1 Stück Hofsinkkasten, Fettfänger, Benzinfänger u. dgl. **versetzen,** ohne Erdarbeit: (3 bis 4) h Maurer.

1566. Aufsätze für Hofabläufe, mit rundem Auflagerflansch und quadratischem Rost, aus Gußeisen. (Passavant-Werke, Michelbacher Hütte, Nassau.) (Abb. 165.)

Ausführung	Durchmesser des Auflagerflansches außen mm	Seitenlänge des Rahmens, oben, außen mm	Höhe des Rahmens mm	Gewicht des Rostes kg	Gewicht des Rahmens kg	Gewicht zusammen kg	Preis von Rost und Rahmen Rm
Leicht, nach DIN 597	480	350	105	17	18	35	9,75
Schwer, nach DIN 598	500	360	209	30	30	60	16,80

1567. Kellerabläufe, Abb. 166a, b. (Passavant-Werke, Michelbacher Hütte, Nassau.)

Abmessungen in mm					DIN 590		DIN 591	
α^0	*a*	*b*	*h*	*l*	Gewicht kg	Preis* RM	Gewicht kg	Preis* RM
10⁰ oder 30⁰	170	240	255	285	18,5	5,60	22	8,—
	205	290	270	300	25,0	8,30	28	11,35
	240	340	275	320	33,0	12,—	36	15,—

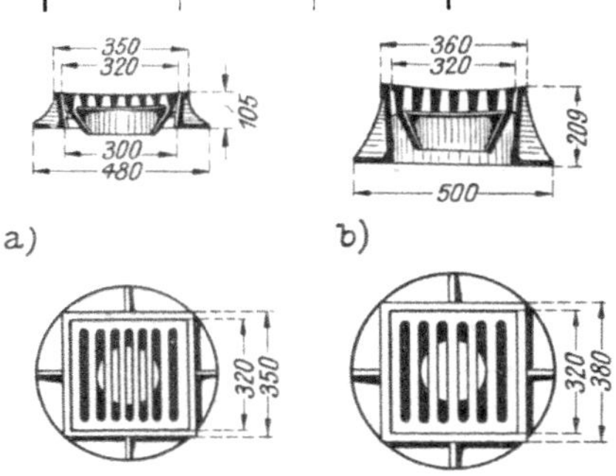

Abb. 165. Aufsätze für Hofabläufe. (Passavant-Werke, Michelbacher Hütte, Nassau.) a) Leicht, DIN 597. b) Schwer, DIN 598.

1568. Decken- und Badeabläufe, Abb. 166c bis f. (Passavant-Werke, Michelbacher Hütte, Nassau.)

a) Deckenabläufe, DIN 592, Form A: Neigung der Ablaufstutzen $\alpha = 10^0$ und 30^0. Weite des Stutzens 50 mm. Gew. 10 kg. Preis (bis Reichsbahnempfangsstation): 4,50 RM.

b) Deckenabläufe, DIN 592, Form B: Neigung der Ablaufstutzen $\alpha = 10^0$ und 30^0. Weite des Stutzens 70 mm. Gewicht 12,5 kg. Preis (bis Reichsbahnempfangsstation): 5,70 RM.

* Preise bis Reichsbahnempfangsstation.

c) Badeablauf, DIN 594: Neigung der Ablaufstutzen $\alpha = 5^0$, 20^0 und 45^0. Weite des Stutzens 70 mm. Gewicht 8,5 kg. Preis (bis Reichsbahnempfangsstation): 3,40 RM.

d) Badeablauf, DIN 594p mit Putzloch, sonst wie c: Gewicht 10 kg. Preis (bis Reichsbahnempfangsstation): 4,50 RM.

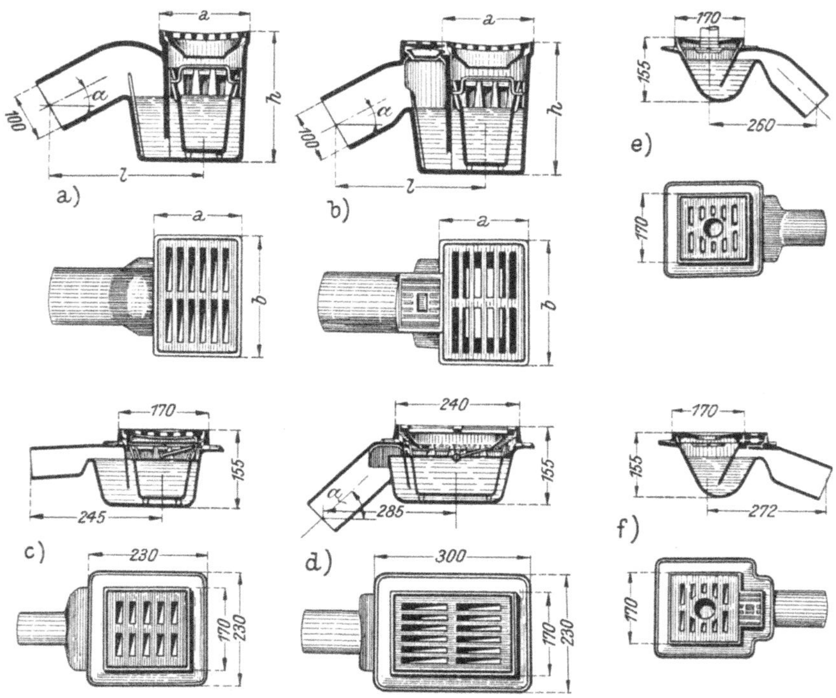

Abb. 166. Keller-, Decken- und Badeabläufe.

a) Kellerablauf ohne Putzöffnung, DIN 590. b) Kellerablauf mit Putzöffnung, DIN 591. c) Deckenablauf, Form A (quadratisch), DIN 592 (der Rost wird auch mit 45 mm weitem Loch für den Badewannenablauf ausgeführt). d) Deckenablauf, Form B, DIN 592, e) Badeablauf ohne Putzloch, DIN 594. f) Badeablauf mit Putzloch, DIN 594p.

1569. Einrichtung für Küchen, Badezimmer, Aborte.

Gegenstand	RM	S	Kč
Einzelwaschtisch aus Feuerton, einfach	24—70	30—100	180—650
„ „ „ , doppelt	125—215		950—2000
Reihenwaschtisch, je Waschstelle	24—70		200—550
Waschtischkonsolen, je Paar	2,4—8,0	6—12	30—180
Waschtischarmaturen		8—45	80—250
Ablaufventil und Geruchverschluß		12—30	45—120
Badewannen, innen mit Porzellanemail	50—100	180	600—1200
Badeinlaufbatterie	40—60	35—85	185—345
Badab- und -Überlauf	7—15	7—14	35—250
Gasbadeofen	110—400		850—4500
Elektrische Warmwasserspeicher	300—700		1500—4000
Badeöfen für Holz- und Kohlenfeuerung	100—250		400—900
Abortbecken aus Feuerton, DIN 1381, 20 kg	10—15	22—46	75—150
Abortspüleinrichtung		23—30	100—250
Pißbecken aus Feuerton		22—33	65—150
Pißbeckenarmatur		7—14	45—90
Ausgußbecken aus Gußeisen	6—15	25—75	80—150
„ „ Feuerton	20—50		180—450
„ „ Steinzeug	50—60		280—600
Spülbecken		120—150	250—1500
Spülbeckenarmatur		6—35	80—400

1570. Gußeisernes, emailliertes Spül- und Ausgußwandbecken. (Burger Eisenwerke, Niederscheld, Dillkr.)

Ausführung a: Die Abflußstutzen sind außerhalb des Beckens zu einem gemeinsamen Ablauf mit Geruchverschluß vereinigt.

Ausführung b: Die beiden Abläufe sind außerhalb des Beckens vereinigt; für den Anschluß an Blei- oder Gußeisengeruchverschlüsse.
,, c: Vollkommen getrennte Ablaufstutzen.

Abmessungen				Gewicht				Preis für Becken mit Ventil, ohne Rückwand und Zugehör, außen gestrichen				Mehrpreis für										
								Ausführung a		Ausführung b, c		Außenemaillierung		Rückwand		Zwei Konsolen						
Länge des Beckens	Breite des Beckens	Rückwandhöhe	Beckentiefe	Becken, Ausführung a	Becken, Ausführung b, c	Rückwand	Zwei Konsolen	gewöhnl. Email	Porzellanemail	gewöhnl. Email	Porzellanemail	gewöhnl. Email	Porzellanemail	gewöhnl. Email	Porzellanemail	gestrichen	emailliert	Hartholzrand mit Federklammern	Handtuchstange, vernickelt	Drahtkorb, verzinkt	Drahtrost, verzinkt	Holzrost
mm	mm	mm	mm	kg	kg	kg	kg	RM	RM	RM	RM	RM	RM	RM	RM	RM	RM	RM	RM	RM	RM	RM
830	430	200	220	33	31	5,5	5	43	52	40	48	10	12,—	6	8,50	3,70	5,50	2,20	1,65	4,30	1,65	2,40
1000	500	200	225	39	37	7	5,5	48	58	44	54	11	13,50	8	10,50	4,—	6,—	2,35	1,75	4,50	1,75	2,50

1571. Gußeiserne, emaillierte Trinkbrunnen mit lotrec htaufsprudelndem Wasserstrahl. (Burger E isenwerke, Schelder Hütte, Niederscheld.)

Ausführung	Anzahl der Trinkstellen	Abmessungen				Gewicht ohne Armaturen	Porzellanemailliert		Naßemailliert		Mehrpreis	
		Länge	Breite (Ausladung)	Höhe über Fußboden	Sprudelabstand		innen emailliert, außen gestrichen	innen und außen emailliert, Säule gestrichen	innen emailliert, außen gestrichen	innen und außen emailliert, Säule gestrichen	Zu- und Abflußleitung aus verzinktem Gasrohr	Sprudler
		mm	mm	mm	mm	kg	RM	RM	RM	RM	RM	RM
Mit Säulenfuß:												
Für Kinder.....	1	⌀ 350		600	—	12,5	44	49	33	37	7	25
,, ,, ...	2	800	320	600	400	18,5	63	70	47	53	20	50
,, ,, ...	3	1200	320	600	400	26	86	95	65	71	33	75
,, ,, ...	4	1600	320	600	400	36	102	113	77	85	40	100
,, ,, ...	5	2000	320	600	400	44	118	131	89	98	67	125
Für Erwachsene.	1	⌀ 350		800	—	14,0	49	54	37	41	9	25
,, ,, .	2	800	320	800	400	20,0	69	77	52	58	22	50
,, ,, .	3	1200	320	800	400	28	98	109	74	82	35	75
,, ,, .	4	1600	320	800	400	40	118	131	89	98	42	100
,, ,, .	5	2000	320	800	400	48	131	153	98	115	69	125
Wandbecken	1	—	(340)	—	—	8	28	34	23	28	11	25

1572. Gußeiserne Brunnenschale, 25 cm hoch, 28 cm weit, als Ausguß. (Garvenswerke.)

Preise: RM 18,50, S 35,—, Kč 183,—.

1573. Schachtdeckel mit Ölverschluß für Abortgruben. (Passavant-Werke, Michelbacher Hütte, Nassau.) (Abb. 167.)

Bauart	Deckel einfach		Deckel doppelt	
	Abb. 167a	Abb. 167 b	Abb. 167 c	Abb. 167 d
Gewicht.. kg	70	130	125	200
Preis* ... RM	25,—	40,—	40,—	60,—

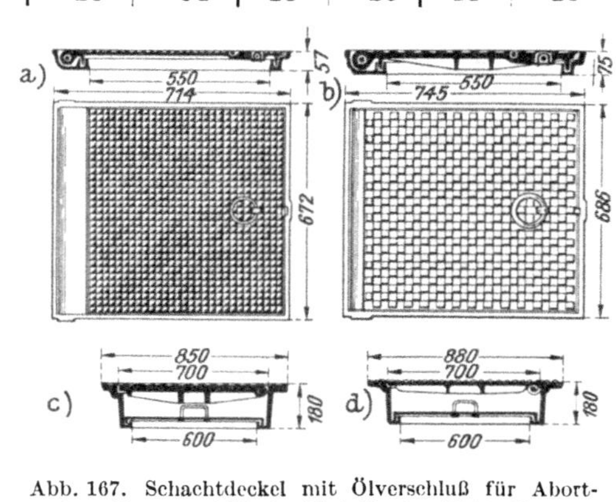

Abb. 167. Schachtdeckel mit Ölverschluß für Abortgruben. (Passavant-Werke, Michelbacher Hütte, Nassau.)

1574. 1 Stück Geruchverschluß (Siphon) versetzen:[22] 1 h Maurer + 2 h Hilfsarbeiter + 10% für Aufsicht und Geräte + 6 kg Zement + 10 l Sand.

1575. 1 Dachdichtung aus Bleiblech am Entlüftungsrohr herstellen: (5 bis 6) h Monteur + (5 bis 6) h Helfer + 25% für Aufsicht, Geräte und Nebenarbeiten.

* Die Preise gelten bis Reichsbahnempfangsstation

1576. Aufstellen und Anschließen der Einrichtungen in Badezimmern, Küchen und Aborten, ohne Stemm- und Putzarbeiten.

Einrichtung	Monteur, Stunden	Helfer, Stunden	Für Aufsicht, Geräte, Nebenarbeiten %
1 Wandwaschbecken mit Kalt- und Warmwasseranschluß aufstellen und an die vorbereiteten Leitungen anschließen	3—4	3—4	25
1 Wandspiegel und eine Glasplatte über einem Wandwaschbecken befestigen	0,3—1	0,3—1	25
1 Badewanne aufstellen und an die vorbereiteten Leitungen anschließen	2—3	2—3	25
1 Bidet aufstellen und anschließen	2—3	2—3	25
1 Spülabort mit Spülkasten gebrauchsfertig aufstellen und an die vorbereiteten Leitungen anschließen	7—10	7—10	25
1 Spülabort mit Spülapparat gebrauchsfertig aufstellen und an die vorbereiteten Leitungen anschließen	3—4	3—4	25
1 gußeisernen Küchenwandbrunnen gebrauchsfertig montieren und anschließen	2—3	2—3	25
1 Feuertonspülstein aufstellen und an die vorbereiteten Leitungen anschließen	3—5	3—5	25

1577. Aufstellung eines Wandwaschbeckens,[279] einschließlich der Herstellung der Kalt- und Warmwasserleitungen von den Steigleitungen weg, des Anschließens, ferner der Ableitung bis zur Falleitung: 10 h Monteur + 10 h Helfer.

1578. Aufstellung eines Spülabortes,[279] einschließlich der Herstellung der Wasserzuleitung ab Steigleitung: 18 h Monteur + 18 h Helfer.

1579. Aufstellen und Anschließen eines Pißbeckens,[279] einschließlich der Herstellung der Anschlußleitung ab Steigleitung und der Ableitung bis zur Falleitung: 14 h Monteur + 14 h Helfer.

1580. Aufstellen und Anschließen einer Badewanne,[279] einschließlich der Herstellung der Kalt- und Warmwasserzuleitungen ab Steigleitung und der Ableitung bis zur Falleitung: 16 h Monteur + 16 h Helfer.

1581. 2 **Stück Spülkastenhaken einschlagen,** einschließlich allenfalls erforderlicher Stemm- oder Putzarbeit und Mörtelbeistellung: (0,3 bis 0,5) h Maurer.

1582. 1 Stück Anschluß an eine bestehende Leitung bis 25 mm Weite fertig herstellen, ohne Stemm- und Putzarbeiten: (1,5 bis 2,0) h Monteur + (1,5 bis 2,0) h Helfer + 1 T-Stück + 1 Langgewinde mit Gegenmutter + 0,75 m Filzstreifen + 0,003 kg Messingdraht.

1583. 1 Stück Holzdübel versetzen, einschließlich der Stemmarbeit: (0,15 bis 0,25) h Maurer + 0,3 kg Gips.

1584. 1 Stück Konsole für Waschtische u. dgl., versetzen, einschließlich der Stemm- und Verputzarbeit: (0,5 bis 1,0) h Monteur + 0,5 h Hilfsarbeiter + 15% für Geräte, Mörtel und Schuttbeseitigung.

1585. 1 Stück große Rohrschelle versetzen, einschließlich der Stemm- und Verputzarbeit: 0,3 h Maurer + 0,3 h Hilfsarbeiter + 15% für Geräte, Mörtel und Schuttbeseitigung.

1586. 1 Abort nach der Aufstellung eines neuen Spülaborts reinigen, einschließlich Beistellung der Putzmittel: 3 h weiblicher Hilfsarbeiter.

1587. 1 Stück Abortbrett mit einer Öffnung versetzen: 2,2 h Maurer + 1,5 h Hilfsarbeiter + 10%.

1588. 1 Stück alten Abortsitz samt Zugehör abtragen und lagern:

a) Bei Anschluß an eine Steinzeugfalleitung:[10, 51]

		Bei Trockenaborten	Bei Aborten mit Wandspülkasten
Maurer	h	1—3	1,5—5
Hilfsarbeiter	„	2—3	2—5
Für Aufsicht und Geräte	%	10	10

b) Bei Anschluß an einen Holzschlauch, Trockenabort: 3,5 h Maurer + 2,5 h Hilfsarbeiter + 10% für Aufsicht und Geräte.[10]

c) Bei Anschluß an eine gußeiserne Falleitung, Trockenabort: 7,5 h Maurer + 10 h Hilfsarbeiter + 10% für Aufsicht und Geräte.

1589. **1 m alte Abortfalleitung abtragen und lagern,** ohne Rücksicht auf das Stockwerk:

		Holz	Falleitung Steinzeug	Gußeisen
Maurer	h	1—1,5	1,0—2,0	1,0—2,75
Hilfsarbeiter	„	1—1,5	1,5—2,0	2,0—2,75
Für Aufsicht und Geräte	%	10	10	10

XX. Stauwerke.

A. Talsperren.

1590. **Kosten von Staudämmen mit Dichtungskern,**[254] bei einem Damminhalt von mehreren Millionen Raummetern betriebsfertig gestellt, etwa 5 bis 15 RM je Raummeter Damminhalt.

1591. **1 rm Erd- und Felsaushub beim Bau der Staumauer „Im Schräh"** des Wäggitalwerkes (Gesamtaushub 21166 cbm) hat gekostet 6,29 schw. Fr.

1592. **1 cbm Beton (236600 cbm Gußbeton) der Staumauer „Im Schräh"** des Wäggitalwerkes, einschließlich Herstellung der Revisionsgänge, Fugen und des Sickerschachtes, aber ohne Aushub und Abdichtung, hat gekostet 49,61 schw. Fr.

1593. **Steineinlagen in Gußbeton:**[110]

In Gußbeton können höchstens 30% des Betons durch eingebettete Einlagsteine von 0,1 bis 2,0 cbm Größe ersetzt werden.

Bei 25% Einlagsteinen kostet der Rauminhalt der Steine etwa einhalb soviel als der Gußbeton. Bei 19% Einlagsteinen sind die Kosten gleich jenen des Gußbetons und bei noch geringeren Steineinlagen verteuern die Einlagen das Bauwerk gegenüber den Kosten bei Ausführung in reinem Gußbeton.

1594. **Zyklopenmauerwerk der Talsperre Mauer am Bober im Riesengebirge,**[200] aus Gneis, Granitit und Granit. Zufuhr der Baustoffe auf die Mauer mittels Bremsberges und Gleisen auf der Mauer. 1 cbm Mauerwerk erfordert (3,3 bis 4) h Maurer (nach N. Kelen werden 8 h Maurer und je Maurer 10 qm Fläche benötigt).

Für Zufahren des Mörtels, der Steine, Reinigen der Arbeitsflächen, Gleislegen auf der Mauer, Meßarbeiten, Trinkwasserzutragen, Bedienung des Bremsberges u. dgl. kommt auf je 2 Maurer 1 Hilfsarbeiter.

Für 1 cbm Mauerwerk sind erforderlich 1,25 rm Bruchstein und $^1/_3$ cbm Mörtel.

1595. **Kosten von Staumauern:**[254]

Bei Schwergewichtsbetonmauern von über 100000 cbm Mauerinhalt in mittleren Höhenlagen der Alpen je Kubikmeter Mauerinhalt 50 bis 80 RM, einschließlich aller Nebenkosten.

1595 a. **Schätzung der Kosten *K* einer Talsperre für Trinkwassergewinnung** einschließlich der Talsperreuausrüstung und des Grunderwerbes je Kubikmeter Weiherinhalt in Rpf:[291]

$$K = 10 + \frac{50}{\sqrt{J}},$$

wobei J den Weihernutzinhalt in Millionen Kubikmetern bedeutet.

1596. **Staumauer des Strubklammwerkes**[208] (Schwergewichtsmauer, Beton, 9140 cbm).

Es hat 1 cbm Beton erfordert (einschließlich Schalung und Zufuhr des Schotters über den Schrägaufzug): 0,76 h Partieführer + 4,26 h Zimmermann + 0,5 h Maurer + 13,7 h Hilfsarbeiter + 0,74 h Maschinist + 0,043 h Mineur + 0,0054 h Schlosser.

1597. **Die Baustelleneinrichtung kostet** (nach Marquardt) **bei Schwergewichtstalsperren** etwa (30 bis 45)% der Gesamtbaukosten.

1598. **1 cbm Zyklopenmauerwerk**[17] aus zugerichteten Steinen in Zementmörtel, einschließlich Mörtelbereitung und Zufuhr ohne Steigung: (10 bis 12) h Maurer + (10 bis 12) h Hilfsarbeiter + 15% für Aufsicht und Geräte.

1599. Baukosten betonierter Staumauern:[109]

Staumauer	Land	Baujahre	Höhe über der Talsohle m	Kronenlänge m	Staumauerinhalt V 1000 cbm	Staurauminhalt J Mill. cbm	$\frac{J}{V}$	Kosten RM		
								im ganzen Mill.	je cbm Mauer	je cbm Stauraum
Jándula	Spanien	1925—31	85,5	256	315	350	1110	21,1	67,—	0,0600
Franco de beas	„	1933	83,5	285	230	500	2170	15,1	66,—	0,0302
Fuensanta	„	1933	75	220	270	237	878	13,35	50,—	0,0560
Burguillo	„		76,5	309	292,5	190	650	21,9	75,—	0,1153
El Vado	„	1933	55	142	130	38	292	5,72	44,—	0,1506
Robrega El Rumblar	„	1933	60	200	165	126	774	5,86	36,—	0,0466
Bleiloch	Deutsches Reich	1930—32	61	226	179	215	1200	42	235,—	0,1955
Puentes Viejas	Spanien	1933	59,5	284	148,8	57	384	10	68,—	0,1755
Mediano	„	1933	55	92,5	73	116	1590	12,7	174,—	0,1095
Barasona	„	1928—29	52	70	21,5	71	3300	9,65	45,—	0,1356
Frain	Tschechoslowakei	1930—33	50	270	172	180	1045	15	87,—	0,0873
Pena	Spanien	1924—30	40	135	36	18,5	514	4,85	135,—	0,262
Santolea	„	1928—31	45	195	106,8	54	507	9,65	80,—	0,179
Agger	Deutsches Reich	1927—29	40	230	107	20,5	192	6,3	59,—	0,3070
Tunhovsd	Norwegen	1915—19	—	275	47	360	7660	7,75	165,—	0,0215
Kriebstein	Deutsches Reich	1927—29	23	235	82	11,5	140	5,3	65,—	0,461
Hallenstein	„ „		13		10,65				42,20	
Föhrenbach	„ „		24		50				36,—	

1600. 1 m Kupferblechdichtung der Dehnungsfugen der Exchequer Staumauer:[109]

Die Kupferbleche sind in 1,50 m hohen Stücken verlegt worden; an den Stößen sind die Bleche vernietet.

Preis der Blechdichtungen je Meter .... RM 1,65
Kosten der Verlegung je Meter .... „ 1,38

1601. Betoneinpressung unter Staumauern.

a) Exchequer Staumauer:[109] Gründung auf Diorit. Abstand der Bohrlochreihen 3 m, der Bohrlöcher in der Reihe 3 m. Tiefe 6 m. Druck 9 atü. Bohrlochdurchmesser 75 mm, Gesamtbohrlochlänge 1200 m. 1 m Bohrloch bohren 41,5 RM, Auspressen 275 RM.

b) O'Shanguessy-Staumauer:[109] 1 m Bohrloch samt Auspressen 42 RM.

c) Staumauer „Im Schräh" des Wäggitalwerkes: Reinigung der Sohlfuge mittels Druckwasserstrahlen, darauf Torkretierung. 1037 Bohrlöcher, je 6 m tief. Einpressung von 66,6 t Zement als Zementmilch unter 16 atü; 16 kg Zement je Meter Bohrloch, je Quadratmeter Sohlfläche 0,45 schw. Fr.

Überdies Zementeinpressung in Tiefbohrlöcher unter Drücken bis 40 atü. Durchschnittlicher Zementverbrauch je Meter Bohrloch 55 kg. Kosten je Meter Bohrloch (Bohren und Auspressen) 90,15 schw. Fr.

d) Pack-Staumauer der Teigitschwerke in der Weststeiermark:[187] 142 Bohrlöcher, zusammen 993 m lang oder je Meter Kronenlänge der Mauer 4 m Bohrloch. Einpressung von 113 cbm Beton 1 : 2 unter Drücken bis 40 atü; durchschnittlich 114 l Beton je Meter Bohrloch. Die Betonaufnahme der Bohrlöcher war sehr verschieden; die größte betrug 12 cbm, während ein wenige Meter entferntes Bohrloch nur 0,5 cbm aufnahm.

e) Staumauer Frain an der Thaya, Tschechoslowakei.[302]

Bohrung der Injektionslöcher mittels Schrottbohrers. Bohrlochdurchmesser 34 mm. Bohrfortschritt im gesunden Gneis 24 cm je Stunde, im abgebundenen Beton 100 cm je Stunde. Verhältnis der Kosten des Bohrens im Fels zu jenem im Beton wie 5 : 1.

199 Bohrlöcher, 3295 m Gesamtbohrlochlänge, ein Bohrloch auf je 40 qm Sohlfläche.

Kosten der Injektionen:

Bohren	Kč	1680000
Zement	„	140000
Stahlrohre und Sonstiges	„	30000
Löhne	„	60000
Miete für die Hänypumpe für 1313 Betriebsstunden und 9551 Stunden außer Betrieb	„	245000
	Kč	2155000

das sind rund 2% der Gesamtbaukosten der Talsperre.

Für die Bohrungen sind bezahlt worden:

Bohrtiefe	0—2 m	Kč 50,—	je Meter Bohrloch
,,	0—6 ,, ...	,, 183,50	,, .. ,,
,,	0—10 ,, ...	,, 310,—	,, ,, ,,
,,	0—30 ,, ...	,, 578,—	,, ,, ,,
,,	0—59 ,, ...	,, 915,—	,, ,, ,,

1602. Nachträgliche Dichtung von Staumauern durch Einpressung von Zement:

a) Ringedal-Staumauer (Schweden):[109] Je Quadratmeter Mauerfläche waren 120 kg Zement erforderlich. Größter Einpreßdruck 20 atü. Kosten je Quadratmeter gedichteter Fläche 80 schwed. K.

b) Staumauer Oudenon, aus Granitmauerwerk:[109] lotrechte Bohrlöcher, 90 mm weit, von der Krone bis zur Sohlfuge. Bohrung mittels Kronenbohrers, durchschnittlich je Stunde 0,4 m, höchstens 0,7 m. 1 m Bohrloch nahm durchschnittlich 370 kg Zement auf.

c) Beim Bau der Pack-Sperre der Teigitschwerke in der Weststeiermark ist im ersten Bauabschnitt ein Beton verwendet worden, der so arm an Feinteilen war, daß er, wie ein Probeeinstau ergeben hat, nicht genügend wasserdicht war. Zur Abdichtung sind Betoneinpressungen durchgeführt worden. Durch 1945 m Bohrloch sind 207 cbm Beton oder je Meter Bohrloch 158 l Beton eingepreßt worden. Je Meter Länge der Talsperre sind zur Betoneinpressung 17,4 m Löcher in den Beton gebohrt worden.

d) Staumauer (Bruchstein) Ban de Champagney:[87] Länge 795 m, größte Höhe 35,5 m. Die Abdichtung erfolgte durch Einpressen von Zementmilch und Silikaten. Die Dichtung der Mauer und des Felses kostete 1,1 Mill. RM.

1603. Zementmilchpumpe von E. Häny in Meilen (Schweiz) für Zementeinpressungen.

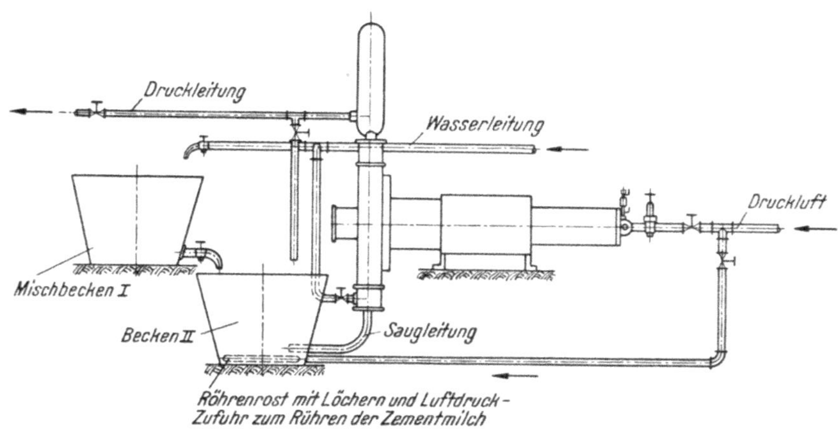

Abb. 168. Aufstellung der Zementmilchpumpe von H. Häny in Meilen.

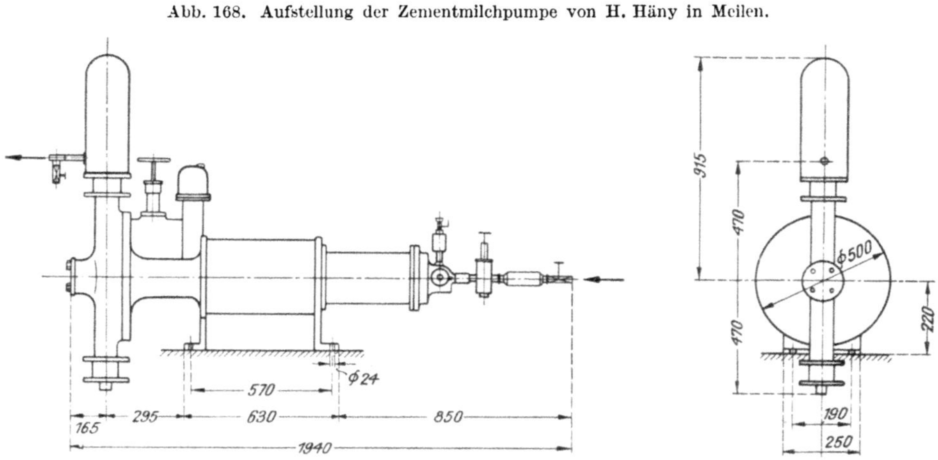

Abb. 168a. Zementmilchpumpe von H. Häny, Meilen, Schweiz.

Die Pumpe leistet 12 bis 15 l/min bei Drücken bis 40 atü oder 25 bis 30 l/min bei Drücken bis 20 atü. Antrieb durch Preßluft von 6 atü. Die Aufstellung der Pumpe und die erforderlichen Behälter und Rohrleitungen zeigt die Abb. 168.

Preis der Pumpe ab Werk 5000 schw. Fr.

Bohrlochweite 65 mm.

Bohrlochabdichtung zum Abdichten des Bohrloches über der abzudichtenden Strecke.

Preis 650 schw. Fr.

Abb. 168b. Zementmilchpumpe von H. Häny.

1604. Zementeinpreßgerät der Svenska Diamantbergborrnings Aktiebolaget in Stockholm (Abb. 169).

Die Mischung des Zementes mit Wasser erfolgt im Zementmischer, dessen Antrieb 2 PS erfordert. Die Einpressung geschieht mittels des Injektionsapparates, dem der Mörtel vom Mischer zufließt und der mittels Preßwassers betätigt wird, das eine eigene Hochdruckkolbenpumpe liefert. Der Pumpenantrieb erfordert 7 PS; der Antrieb der Pumpe und des Mischers erfolgt von einer Transmission aus. Die Einpreßdrücke können bis 90 atü gesteigert werden und die Anlage leistet bis zu 1000 l Mörtel stündlich.

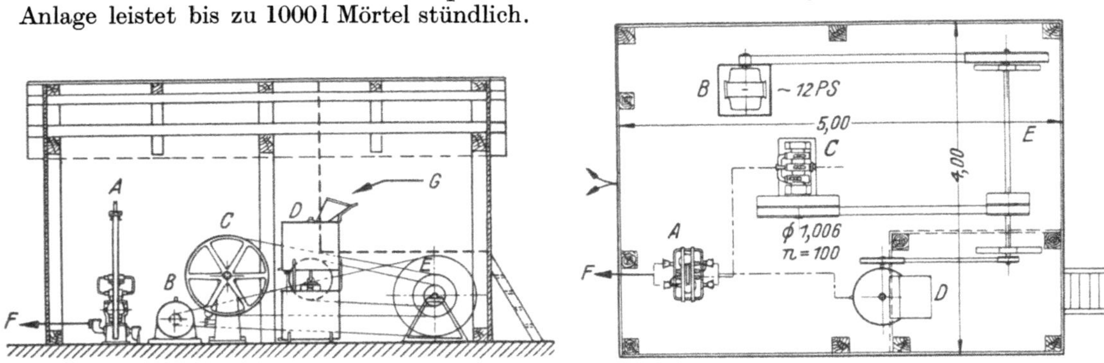

Abb. 169. Aufstellung der Zementeinpreßanlage der Svenska Diamantbergborrnings Aktiebolaget in Stockholm. *A* Einpreßgerät, *B* Elektromotor, *C* Wasserpumpe, *D* Zementmischer, *E* Transmission, *F* Mörtelleitung zu den Einpreßlöchern, *G* Zementeinwurf.

Preis einer vollständigen Anlage, aber ohne Motor und Rohrleitungen:

Zementmischer, 230 kg	schwed. K	1500
Hochdruckwasserpumpe, samt Ersatzteilen, 650 kg	,, ,,	2400
Hochdruckeinpreßgerät, samt Ersatzteilen und Dichtung zwischen Einpreßrohr und Bohrlochwand, 325 kg	,, ,,	3200
Transmission, samt Riemen und Riemenverbinder	,, ,,	1125
Zusammen	schwed. K	8225

1605. Torkret-Einpreßgerät für die Abdichtung von Fels und Mauerwerk unter geringen Drücken.

Geräte mit Kesselinhalt 70 l und 200 l für kleine Arbeiten, mit unterbrochenem Betrieb. Geräte mit Doppelkessel für ununterbrochenen Betrieb.

Brodeleinrichtung verhindert Entmischung bei kurzem Stillstand. Preßluft 6 bis 7 atü, geringer Verbrauch.

Bedienung: 1 Mann an der Einpreßdüse, 1 Mann am Einpreßgerät.

Das Gerät wird nur unter Beistellung der Facharbeiter von der Torkret-G. m. b. H. verliehen.

1606. Nachträgliche Dichtung von Staumauern durch Einpressung von heißem Asphalt.[109]
Wilson-Staumauer (1924): 115 Bohrlöcher von 15 cm Durchmesser, je eines in jeder Dehnungsfuge, 22 bis 42 m lang.

Einpreßdruck: durchschnittlich 10 atü.
Kosten des Bohrens, je Meter Bohrloch .... RM 33,—
„ „ Auspressens mit Asphalt, je Meter.... „ 36,—

1606 a. Nachträgliche Dichtung von Mauerwerk nach dem Verfahren von Joosten.
Zur nachträglichen Abdichtung betonierter Schieberschächte der Staumauer Frain im Ausmaße von 175 qm Mauerfläche waren 92 Bohrlöcher von 35 mm Weite mit einer Gesamtlänge von 73 m nötig. Zur Abdichtung ist Natronwasserglas (Na_4SiO_4) und Chlorcalcium (CaCl) als wässerige Lösung eingepreßt worden. Es kosteten (1935)

die Abnützung und Tilgung der erforderlichen Maschinen, Bohrer und Armaturen	Kč	20000
die Betriebsstoffe, Benzin, Öl, Holzdübel und die Gerüste	„	20000
die Chemikalien	„	15000
die Löhne, Aufsicht und die Leitung	„	50000
die Transporte	„	8000
Zusammen	Kč	113000

Die Abdichtung von 1 m Bohrloch kostete Kč 1680 oder etwa RM 170 und von einem Quadratmeter Wand Kč 600 oder etwa RM 60.

B. Wehre.

1607. 1 qm Schützentafel aus Eichenholz, 14 bis 18 cm stark, mit Nut und Feder, **bearbeiten, einpassen, beschlagen und einhängen:** (16 bis 20) h Zimmerer + (4 bis 5) h Hilfsarbeiter + 15% für Aufsicht und Geräte.

1608. 1 Stück Windetrommel (Aufzuggrindel), aus Eichenholz, 0,25 bis 0,30 m stark, 2 bis 3 m lang, **aus Rundholz bearbeiten, beschlagen und einpassen,** erfordert: (25 bis 30) h Zimmerer + (8 bis 10) h Hilfsarbeiter + 15% für Aufsicht und Geräte.

1609. 1 qm Schrottwand aus 20 × 27 cm starkem, nur an zwei Seiten bezimmertem Holz, samt Aufsicht, Gerätebeistellung und allen Nebenarbeiten, einschließlich Abzimmern des Rundholzes: (2,8 bis 3) h Zimmerer.

1610. 1 qm wasserdichte Schrottwand aus Kantholz (bei Klausen, Wehren u. dgl.), mit Moos gedichtet und mit Holznägeln genagelt, **abbinden und aufstellen:**

Kantholzabmessungen	cm/cm	24/28	28/32	35/40
Zimmerer	h	12,5	13,5	16,5
Für Aufsicht und Geräte ..	%	10	10	10

1611. 1 m Grießsäule bei hölzernen Schützenwehren, 32 × 32 cm, aus weichem Holz, **abzimmern, mit Falzen versehen und aufstellen,** kostet alles in allem: (2,65 bis 3,0) h Zimmerer. Bei Lärchenholz Zuschlag 30%.

1612. 1 m Fachbaum aus Eichenholz, 30 × 35 cm, **bearbeiten, anpassen und befestigen:** (6,5 bis 7,5) h Zimmerer.

1613. 1 m Wehrkappen, 20 × 25 cm, **bearbeiten und aufzapfen:** (3 bis 3,5) h Zimmerer.

1614. 1 m Zangen, Schwellen oder Polsterhölzer in der erforderlichen Länge **abschneiden, verlegen und befestigen:** 0,9 h Zimmerer + 0,45 h Hilfsarbeiter.

1615. 1 m Rostunterschwelle zimmern, alle 1 m mit einem Zapfenloch versehen, **zuführen und über den Pfählen aufstellen:** 2,65 h Zimmerer.

1616. 1 m Rostunterschwelle auf den Pfahlzapfen versetzen, samt Zutragen des Holzes, aber ohne Schwellenbearbeitung: 0,87 h Zimmerer.

1617. 1 m Schwellenrost abbinden, mit Kammnestern versehen, zutragen und schrottrichtig zusammenstellen: 1,75 h Zimmerer.

1618. **1 m Pflasterrostschwellen aus Kantholz,** Querschnitt 750 bis 900 qcm, **abbinden und verlegen:** (1,5 bis 2,0) h Zimmerer.

1619. **1 m Eisruten, Wasserruten, Jochverschalungen aus Rundholz vierkantig bezimmern, zuschneiden und befestigen:**

Holzquerschnitt	cm/cm	15/15	18/21—21/24
Zimmererstunden		0,9	1,2
Hilfsarbeiterstunden		0,3	0,4
Für Aufsicht und Geräte	%	10	10

1620. **1 m Eisbrecher (Reiterbaum) aus Rundholz bearbeiten, aufzapfen, beschlagen und mit den Pfählen verschrauben:**

Holzquerschnitt	cm/cm	26/32	34/37	40/42	44/47	50/54
Zimmererstunden		3,5	4,0	5,3	6,6	7,1
Hilfsarbeiterstunden		0,7	0,8	1,1	1,3	1,4
Für Aufsicht und Geräte	%	10	10	10	10	10

1621. **1 qm Verschalung an Pfählen bei hölzernen Wehren zuschneiden und annageln:**

Bohlendicke	cm	3	5	8
Zimmererstunden		0,7	0,8	0,9
Hilfsarbeiterstunden		0,5	0,55	0,6
Für Aufsicht und Geräte	%	10	10	10
Bohlen	qm	1,15	1,15	1,15
Nägel	kg	0,2	0,35	0,5

1622. **1 m Bohlen als Verschalung von Jochen, Eisbrechern zurichten und annageln:**

Bohlenstärke	cm	6—8	10—13
Zimmererstunden		0,4—0,5	0,5 —0,6
Hilfsarbeiterstunden		0,2—0,25	0,25—0,3
Für Aufsicht und Geräte	%	10	10

1623. **1 qm Bohlenbelag als Sturz- oder Schußboden hölzerner Wehre,** 10 cm stark, **legen und annageln:** (1,2 bis 1,5) h Zimmerer + (0,6 bis 0,75) h Hilfsarbeiter + 15% für Aufsicht und Geräte + 0,12 cbm Bohlen + 0,5 kg Nägel.

Bei Arbeiten im Wasser bis zu Tiefen von 30 cm erfolgt ein Zuschlag von 100% der Arbeitslöhne und Wasserzulage.

1624. **1 qm Steinwurf flußab von Stauwerken,** 0,4 bis 0,5 m dick, aus großen zugeführten Bruchsteinen, einschließlich der Erdarbeiten: 1 h Maurer + (1,5 bis 2,5) h Hilfsarbeiter + 10% für Aufsicht und Geräte + (0,5 bis 0,6) rm Bruchstein.

1625. **1 rm Grundrostausmauerung,** 45 bis 60 cm stark, aus hochkantig gestellten Bruchsteinen, gut verkeilt, an der Oberfläche mit Mörtel vergossen, samt Zufuhr bis auf 50 m, einschließlich Aufsicht: (4 bis 6) h Maurer + (4 bis 6) h Hilfsarbeiter + 10% für Geräte.

1626. **1 qm alte Wehrbedielung aufreißen und beseitigen:** (0,4 bis 0,5) h Zimmerer + (0,4 bis 0,5) h Hilfsarbeiter.

1627. **1 m alte Gerinne oder Wehrdurchlaßpolster ausheben und beseitigen,** kostet alles in allem: 5,3 h Zimmerer.

1628 a. **Holzschützen in Stahlführungsrahmen** mit Schraubenspindelaufhängung und gekapseltem Kegelgetriebe, PAN 322, nach Abb. 170. (Passavant-Werke, Michelbacher Hütte, Nassau.)

Abmessungen in Millimetern und Preise.

Querschnitte Y/Z	h	a	b	c	Preise RM	Querschnitte Y/Z	h	a	b	c	Preise RM
800/1000	2350	200	150	100	120,—	1000/1200	2750	200	150	100	180,—
1000/1000	2350	200	150	100	150,—	1400/1200	2750	200	150	100	260,—
1200/1000	2350	200	150	100	180,—	1000/1400	3150	200	150	100	230,—
1400/1000	2350	200	150	100	230,—	1200/1400	3150	200	150	100	270,—
800/1200	2750	200	150	100	150,—	1200/1600	3550	200	150	100	310,—

Maße „h“ sind Mindestmaße.

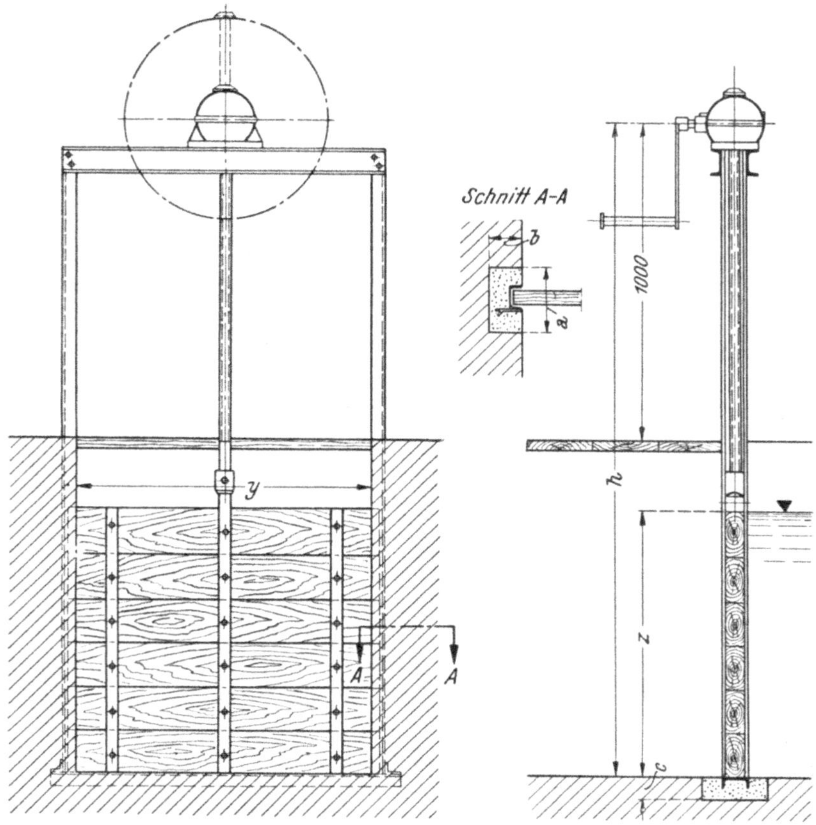

Abb. 170. Holzschütze in Stahlführungsrahmen mit Schraubenspindelaufhängung und gekapseltem Kegelgetriebe (PAN 322).

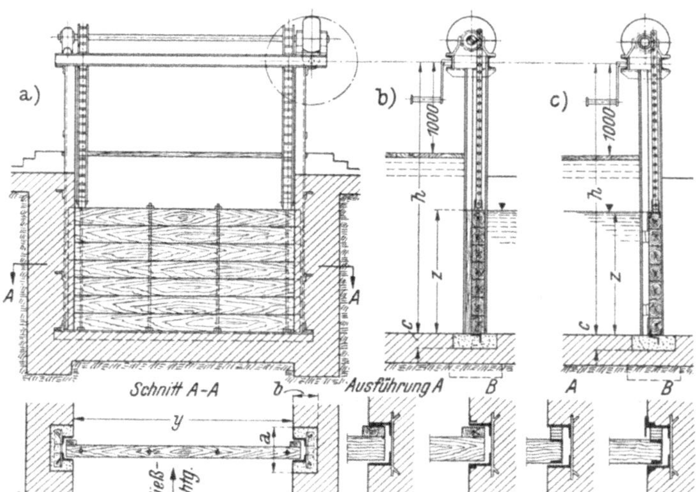

Abb. 171. Holzschütze in Stahlführungsrahmen. (Passavant-Werke, Michelbacher Hütte, Nassau.)
a) und b) Mit Hartholzdichtungsleiste. a) und c) Mit Schütze in Stahlrahmen und Flachkeilanpressung.

1628 b. Holzschützen in Stahlführungsrahmen, auf zwei Bolzenstangen aufgehängt, mit gußgekapseltem Schneckengetriebe. PAN 330 mit Hartholzdichtungsleiste, nach Abb. 171 a und b. PAN 331 mit Schützentafel in Stahlrahmen und Flachkeilanpressung, nach Abb. 171 a und c. (Passavant-Werke, Michelbacher Hütte, Nassau.)

Abmessungen in Millimetern und Preise.

Querschnitte Y/Z	h	a	b	c	Preise RM	Querschnitte Y/Z	h	a	b	c	Preise RM
1500/1000	2200	300	130	100	250,—	2000/1200	2600	300	130	100	400,—
2000/1000	2200	300	130	100	330,—	2500/1200	2600	350	130	100	500,—
2500/1000	2200	300	130	100	410,—	1500/1400	3000	300	130	100	350,—
3000/1000	2200	350	130	100	490,—	1500/800	2000	300	130	100	200,—
1500/1200	2600	300	130	100	300,—	2000/800	2000	300	130	100	260,—

Maße „h“ sind Mindestmaße.

1629. Schätzung des Gewichtes von großen stählernen Schützen.

Bezeichnet L die Lichtweite der Wehröffnung in Metern, H die Stautiefe an der Schütze in Metern, so beträgt das Gewicht der Fallen in Tonnen:

a) nach H. Bucher:[113] $G = 4 + 0{,}0875\, L^{\frac{4}{3}} H^{\frac{3}{2}}$;

b) nach H. Kulka:[111] $G = 0{,}0012 \left[(100 \text{ bis } 130)\, LH + \alpha \frac{L^2 H^2}{\sigma}\right]$, und es bedeutet σ die Beanspruchung des Stahles in t/qcm und α einen Beiwert, der bei $L = 5$ m, $\alpha = 2{,}34$ und bei $L = 20$ m, $\alpha = 1{,}56$ gesetzt wird; bei Zwischenwerten von L wird geradlinig interpoliert;

c) nach A. Schoklitsch:[112] $G = \alpha L^2 H^2$, wobei zu setzen ist

$\alpha = 0{,}004$ bis $0{,}005$ für gewöhnliche Doppelschützen,
$\alpha = 0{,}003$ „ $0{,}0036$ „ neuere MAN-Doppelschützen,
$\alpha = 0{,}010$ „ $0{,}011$ „ die Oberfalle allein von MAN-Doppelschützen,
$\alpha = 0{,}00215$ „ MAN-Hakenschützen.

d) nach A. Schäfer[229] (für einfache Schützen).

Es bedeute: W den gesamten Wasserdruck auf die Falle in Tonnen,
L die gesamte Länge der Schütze in Metern,
l die Lichtweite zwischen den Pfeilern in Metern,
h die Stauhöhe in Metern,
$\sigma = 0{,}9\, \sigma_{zul}$ in t/qm; $\sigma_{zul} = 11\,000$ t/qm bei St 37,
a = Riegelhöhe in Meter, nicht kleiner als $\frac{L + 5\,h}{20}$,
M = Größtmoment in Schützenmitte $= \frac{W\,(l + \Delta l)}{8}$,
φ = Verhältnis der Gurtquerschnitte im Endfeld und im Mittelfeld, in der Regel = 0,65,
δ = Dicke der Blechhaut in Metern,
s = Höhe von Mitte Schütze bis Ritzel in Metern.

Die Teilgewichte der Schütze betragen dann in Tonnen:

Gewicht der Riegel .... $G_1 = 7{,}85 \frac{M}{\sigma a} L\,(\varphi + 1)$,
„ „ Schrägstreben .... $G_2 = 3{,}75\, L \frac{W}{\sigma}$,
„ „ Pfosten .... $G_3 = 12 \frac{a\,W}{\sigma}$,
„ „ vollwandigen Riegelendfelder .... $G_4 = 0{,}009\, W$,
„ „ Blechhaut .... $G_5 = 7\, L\, h\, \delta$,
„ „ Blechhautaussteifung .... $G_6 = 0{,}009\, W$,
„ „ Quer- und Längsverbände .... $G_7 = 0{,}01\, W$,
„ „ Seitenschilder .... $G_8 = 0{,}4\, h$,
„ „ Endquerrahmen und Mitnehmer .... $G_9 = 0{,}0014\, W\, h$,
„ „ Rollwagen ohne Rollen .... $G_{10} = 0{,}0012\, W\, h$,
„ „ Aufhängung .... $G_{11} = 0{,}045\, (\Sigma\, G_1$ bis $G_{10})$,
„ „ Stahlteile (Lager, Rollen, Bolzen) .... $G_{12} = 0{,}01\, W$,
„ des Windwerkes .... $G_{13} = 0{,}12\, W$,
„ der Hubketten .... $G_{14} = 0{,}087\, (\Sigma\, G_1$ bis $G_{12}) \cdot s$.

1630. Schätzung des Gewichtes und Preises des Windwerkes samt Antrieb und der Hubketten für große Schützen, einschließlich Montage.

Das Gewicht des Windwerkes und der Hubketten von großen Schützenwehren beträgt etwa die Hälfte des zu hebenden Schützengewichtes.

Preis je Tonne etwa 1300 bis 1500 RM.

1631. Gewichte und Preise einzelner Teile von Schützenwehren.

a) Murwehr Pernegg. Lichtweite einer Öffnung $L = 15$ m, Stautiefe an den Schützen $H = 11{,}60$ m. MAN-Doppelschützen.

Oberfalle	23,5 t	20,1%
Unterfalle	84,0 ,,	71,8%
Nischen- und Schwellenbewehrung	9,5 ,,	8,1%
Zusammen	117,0 t	100,0%

Preis einschließlich Transport und Montage je Tonne .... S 1020 = RM 604

Windwerk mit Ketten und elektrischer Ausrüstung, Gewicht 55 t.

Preis einschließlich Transport und Montage je Tonne .... S 2400 = RM 1440

Gewicht der Schützen und der sonstigen Stahlteile je Öffnung 153,5 t.

Gewicht aller Stahlteile und des vollständigen Windwerkes je Öffnung 209 t.

Preis je Tonne des vollständigen Wehrverschlusses, einschließlich der Windwerksausrüstung .... S 1380 = RM 825

b) Rollschützen an den Turbineneinläufen im Murkraftwerk Pernegg. Schräglaufend, dreimal gelagert. Länge der Fallen: zweimal 4,45 m, Höhe, schräg gemessen: $H = 4{,}70$ m, gelagert auf dreimal 6 Rollen.

Gewicht der Falle	14,5 t	Preis	(1926)	ab Werk	S/t	1340 =	RM/t	805
,, ,, Führungen	2,5 ,,	,,	(1926)	,,	,,	,, 840 =	,,	504
,, des Windwerkes ohne Motoren	6,25 ,,	,,	(1926)	,,	,,	,, 2300 =	,,	1380

Im Jahre 1934 ist eine Schützentafel, die besser durchgebildet war, angeschafft worden. Gewicht 11,7 t, Preis ab Werk 945 S/t (= 740 Gold-S/t) = 445 RM/t.

c) Rollschützen an den Turbineneinläufen des Kraftwerkes Mixnitz an der Mur. Antrieb durch Preßölzylinder, einschließlich der Nischen- und Schwellenbewehrung, der Preßölpumpe (120 atü) samt Antrieb und allem Zugehör. Lichtweite 8,60 m, Stautiefe 6,20 m.

Gewicht 34,3 t. Preis, einschließlich Montage je Tonne 1835 S/t (1930) = 1370 Gold-S/t = 920 RM/t.

d) MAN-Hakenschützen in Ryburg-Schwörstadt. Lichtweite 24,0 m, Stautiefe 12,50 m.

Oberfalle	70 t	35,9%
Unterfalle	110 ,,	56,4%
Nischen- und Schwellenbewehrung	15 ,,	7,7%
Zusammen	195 t	100,0%

Windwerk	60 t	70,5%
Hubketten und Ritzel	25 ,,	29,5%
Zusammen	85 t	100,0%

Preise waren nicht zu erlangen.

1632. Nischen- und Schwellenbewehrung von großen Schützenwehren wiegt 8 bis 9% des Gewichtes der Fallen.

Je Meter des benetzten Umfanges einer Wehröffnung beträgt das Gewicht der Nischen- und Schwellenbewehrung bei großen MAN-Doppelschützen und MAN-Hakenschützen etwa 250 bis 300 kg.

1633. Gewichte ausgeführter Schützen.

Nr.	Anlage	Baujahr	Bauart	Lichtweite L m	Stautiefe H m	Gewicht G t
1	Chèvres	1894	einfach	10,00	8,50	50
2	Beznau	1902	„	16,10	6,30	57,5
3	Augst	1908	„	17,50	9,00	95
4	„	1908	„	17,50	9,00	84
5	Chancy-Pougny	1923	dreifach	12,00	11,25	75
6	Olten-Gösgen	1917	Doppelschütze	15,60	6,10	65
7	„	1917	„	15,60	6,60	74
8	Simme			7,00	7,00	21,5
9	Laufenburg	1909	Doppelschütze	17,30	15,00	296
10	„	1909	„	17,30	12,50	261
11	Kitschkas			24,00	9,00	160
12	Eberbach			10,00	3,25	18
13	Albula	1909		8,00	9,00	43
14	„	1909		15,00	5,00	33
15	Partenstein	1924	Doppelschütze	8,00	9,20	47
16	Traunfall	1903		8,12	1,80	2,1
17	Rheinfelden	1899		10,80	5,00	25
18	Kagnek	1899		10,85	6,50	22
19	„	1899		12,85	3,20	11,5
20	Wimmis	1908		12,80	7,00	43
21	Baden (Limat)	1908		14,75	3,15	16
22	Oberföhring	1922	MAN	17,00	5,65	60
23	Pernegg an der Mur	1926	„	15,00	11,60	107
24	Kachletwerk	1925	„	25,00	11,80	260
25	Ryburg-Schwörstadt	1931	MAN-Haken	24,00	12,50	195

1634. Gewichte von Walzenwehren mit vorgesetztem Stauschild.

a) Nach H. Kulka.[111]

Bezeichnet: L die Lichtweite der Wehröffnung in Metern,
H „ Stauhöhe der Walze in Metern,
R den Halbmesser der Walze in Zentimetern,
σ die zulässige Beanspruchung des Stahles in Tonnen pro Quadratzentimeter,
α den Winkel, den der Wasserdruck auf die Walze mit der Waagrechten einschließt, so beträgt das Gewicht der Walze

$$G_w\,(\mathrm{kg}) = 13{,}7\,\frac{L^3 \,.\, H^2}{R \,.\, \sigma \,.\, \cos\alpha}.$$

Das Gewicht des Stauschildes samt der zugehörigen Aussteifung G_s beträgt je Quadratmeter 100 bis 130 kg.

Das Gewicht der Längsriegel muß besonders berechnet werden. Werden z. B. alle Meter an der Stauwand Längsriegel angeordnet, so beträgt bei einer Feldteilung b und einem mittleren Wasserdruck auf den entfallenden Streifen der Stauwand von h Metern Wassersäule das Biegungsmoment

$$M = \frac{1}{12}\,b^2\,h\ \mathrm{tm}$$

und das erforderliche Widerstandsmoment

$$W = \frac{M\,(\mathrm{kgcm})}{\sigma\,(\mathrm{kg/qcm})}.$$

Es kann nun der Querschnitt und das Gewicht leicht ermittelt werden.

b) Nach A. Schäfer.[229]

Es bedeute: L die Gesamtlänge der Walze in Metern,
l „ Lichtweite zwischen den Pfeilern in Metern,
P den gesamten Walzendruck = Wasserdruck + 5% in Tonnen,
h die Stauhöhe in Metern,
$M = \frac{P\,(l + \Delta\, l)}{8}$ = Biegungsmoment in Walzenmitte in tm,
δ_0 = Wandstärke der Walze am Ende in Metern,
δ_m = Wandstärke der Walze in der Mitte in Metern,

$\varphi = \frac{\delta_0}{\delta_m}$, in der Regel gleich 0,78 bis 0,70,
$\sigma = 0{,}8\,\sigma_{\text{zul}}$ (t/qm); $\sigma_{\text{zul}} = 11\,000$ t/qm bei St 37 (wegen Rostgefahr),
u = abgewickelte Länge des Stauschildes in Meter,
h_1 = lotrechte Höhe des Stauschildes in Metern,
r = Halbmesser der Walze (außen) in Metern,
a = Länge einer Zahnstange,
δ = Blechstärke des Stauschildes in Metern,
γ = Eigengewicht des Wassers in Tonnen pro Kubikmeter,
s = Höhe von Mitte Walze bis Ritzel in Metern,
l_t = Länge des Windwerksträgers in Metern,
h_t = Höhe des Windwerksträgers in Metern,
E = Gesamtgewicht der Walze.

Dann betragen die Gewichte der Teile einer Walze in Tonnen:

Gewicht des Walzenzylinders und der Längsträger .. $G_1 = 1{,}15\,\frac{25\,L\,M}{\sigma\,\pi\,r}\,(\varphi + 1)$,
,, der Füllungsglieder .... $G_2 = 0{,}017\,\pi\,r^2\,L$,
,, ,, beiden Endscheiben .... $G_3 = 0{,}017\,P$,
,, des Stauschildes .... $G_4 = 7{,}85\,l\,u\,\delta$,
,, der Stauschildaussteifung und Abstützung . $G_5 = 0{,}0045\,l\,u\left(h\,h_1 - \frac{h_1^2}{2}\right)\gamma$,
,, ,, Seitenschilder .... $G_6 = 0{,}5\,h$,
,, ,, Zahnkränze .... $G_7 = 0{,}0013\,P \cdot \frac{2}{3}\,h$,
,, ,, Zahnstrecken .... $G_8 = 0{,}0045\,(\Sigma\,G_1 \text{ bis } G_7)\left(a - \frac{2}{3}\,h\right)$,
,, ,, Kettenbefestigung.................... $G_9 = 0{,}03\,(\Sigma\,G_1 \text{ bis } G_8)$,
Gesamtgewicht der Walze .... $E = \Sigma\,(G_1 \text{ bis } G_9)$,
Gewicht der Hub- und Rückhalteketten .... $G_{10} = 0{,}073\,E\,.\,s$,
,, des Windenträgers .... $G_{11} = \frac{130\,E\,l_t}{\sigma\,h_t}$,
,, ,, Windwerkes .... $G_{12} = 0{,}09\,E$,
,, der Schwellenbewehrung .... $G_{13} = 0{,}06\,L$,
,, ,, Seitenverkleidung .... $G_{14} = 0{,}25\,h$,
,, ,, Nietköpfe .... 2,5%.

c) Gewichte ausgeführter Walzenwehre. (Nach A. Ludin.)

Nr.	Stauwerk	Fluß	Lichte Weite der Öffnung	Je Walze			Gewichte je Öffnung			
				Länge	Höhe	Hubgewicht	Walze	Zahnstange, Zahnkränze, Rückhalteketten	Windwerk und Hubkette	Windengestell, Steg
			B m	L m	H m	t	t	t	t	t
1	Schweinfurt	Main	18,0	20,4	4,14	72,6	61,0	39,0		16,7
2	,,	,, ...	35,0	37,7	2,00	87,7	81,6	29,9		6,9
3	Berlin	Landwehrkanal .	5,6	6,6	1,58	5,6	5,0	1,1	0,8	—
4	Kolbermoor	Mangfall	30,0	31,8	1,70	39,0	36,0	6,9	6,1	2,3
5	Brahnau	Brahe	22,0	24,0	2,50	37,0	34,0	8,1	6,6	12,5
6	Kissingen	Saale	10,0	11,1	2,65	10,2	9,0	2,5	1,2	1,5
7	Nienburg	Magdeburg	10,0	11,4	2,65	12,0	10,1	1,9	0,8	2,4
8	Neugattersleben	Bode	17,5	19,2	2,95	24,4	21,0	2,8	1,5	1,5
9	Poppenweiler	Neckar	28,0	29,9	3,60	67,0	56,0	14,0	12,4	6.0
10	Troubeck	Bečwa	10,0	11,5	1,75	18,8	16,0	4,9	2,4	2,5
11	Schönenwerd	Aare	17,0	18,2	2,00	20,6	18,0	3,0	2,2	1,8
12	St. Michel	Arc	30,0	33,0	3,00	62,0	55,0	13,0	3,9	3,5
13	Verona	Etsch	12,0	13,4	3,40	27,0	22,0	9,0	2,3	4,0
14	Eusokoski		18,0	19,7	3,50	45,1	38,0	6,0	5,6	4,4
15	Trollhättan	Götaelf	20,0	21,8	3,60	55,7	49,0	6,0	6,3	0,5
16	Dejefors	Aarelfen	32,0	34,3	3,50	90,0	81,0	8,0	11,0	10,0

1635 a. Kosten von Walzenwehren.

Verschlußkörper kosten ab Werk: Gewicht mal dem 4- bis 5-fachen Blechpreis.
Montage: 20 bis 25% der Kosten ab Werk.

1635 b. Walzenwehr in Mixnitz an der Mur (1929):

2 Versenkwalzen, je 25 m Lichtweite, 6,20 m Stautiefe. Für 1 Wehröffnung:

Walze .... Gewicht 101 t
Ketten und Ritzel ,, 7,5 ,,
Zusammen ... 108,5 t Preis S 115800,— ab Werk.

Schwellen und Nischenbewehrung, Eisenkonstruktion unter dem Windwerk: Gewicht 21,7 t, Preis 20700 S.

Windwerk, ohne Ketten, mit Elektromotor: Gewicht 23 t, Preis 60700 S (30000 RM). Preis je Tonne 2640 S (1300 RM).

1636. Bewegliche stählerne Wehrkonstruktionen. Preis je Tonne (550 bis 650) RM.[178]

1636 a. Selbsttätige Wehrklappen. Preis je Tonne 700 bis 1000 RM.[178]

1637. Gewichte ausgeführter Segmentwehre. (Nach A. Ludin.)

Anlage	Lichtweite L m	Höhe H m	Gewicht aller Eisenteile t	Gewicht des Verschlußkörpers G t
Thusy-Hauterive	5,37	2,0	6,45	—
Berlin, Landwehrkanal	5,56	1,6	5,21	2,0
Dortmund, Emskanal	18,0	3,0	94,9	34,0
Berlin, Werderscher Mühlgraben	12,0	1,87	6,35	—
Elbe bei Königgrätz	18,0	2,25	34,05	—
Saane bei Freiburg	7,24	4,0	20,25	12,5

1638. Dammbalken. Preise ab Werk.

1 Satz (= 4 Stück) Unterwasserdammbalken (2 Öffnungen mit je 2 Dammbalken) samt Nischen- und Sohlbewehrung an den Turbinenausläufen im Kraftwerk Mixnitz, Breite $L = 4{,}30$ m, Stauhöhe $H = 5{,}80$ m.

Gewicht: 12500 kg. Preis 1930: 13500 S (6750 RM) oder je Tonne 1080 S (540 RM).

1639. Baukosten (1925) vollständiger Wehranlagen, je Quadratmeter Staufläche.[7]

Wehranlage	Kurze Beschreibung H = Stautiefe, L = Wehrlänge, in Metern	Preis je qm Staufläche RM
Brennerwerke, Sill bei Matrei	$H = 3{,}0$, $L = 21{,}0$. Festes Wehr 13,85 m, 1 Doppelschütze 5,0 m	4450
Werdohl a. d. Lenne	$H = 4{,}0$, $L = 44{,}0$. 2 Rollschützen je 20 m	2270
Isar bei Krünn	$H = 4{,}0$, $L = 61{,}4$. Festes Wehr 43 m. 1 Walze 10 m, 1 Schütze 4 m	3850
Main bei Schweinfurt	$H = 3{,}6$, $L = 72{,}0$. 1 Walze 35 m. 1 Walze 18 m. 1 Kammerschleuse 10 m	5410
Ruhr bei Fröndenberg	$H = 5{,}3$, $L = 48{,}0$. 2 Segmentwehre je 22 m	7070
Lech bei Augsburg	$H = 6{,}5$, $L = 150$. Festes Wehr 100 m, 2 Walzen je 20 m	2050
Isar bei Oberföhring	$H = 4{,}5$, $L = 78{,}5$. 4 MAN-Schützen je 17 m	9640
Augst-Wyhlen	$H = 8{,}4$, $L = 213$. 10 Stoney-Schützen je 17,5 m	3350

1640. Quaderverkleidung an Stauwerken aus Granit:

Murkraftwerk Pernegg: 0,6 m dick, verankert.

Preis der Quadern einschließlich Zufuhr je Quadratmeter .... S 141,— (RM 84,—)
Kosten des Verlegens je Quadratmeter .... ,, 37,20 (,, 22,40)
Preis je Quadratmeter fertig verlegt........................... ,, 178,20 (,, 107,—)

Murkraftwerk Mixnitz: 0,55 m dick, unverankert.

Preis je Quadratmeter fertig verlegt........................... S 151,— (RM 90,50)

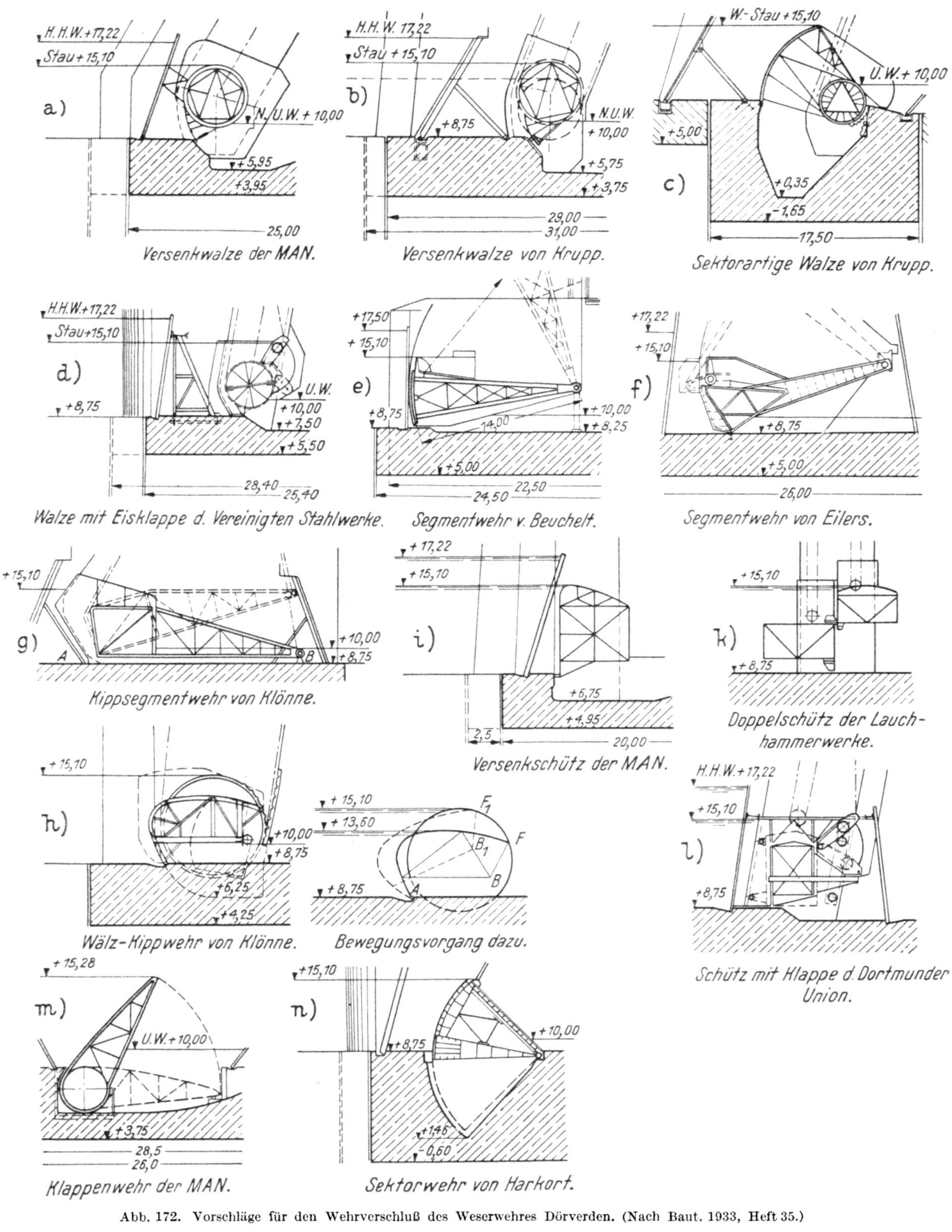

Abb. 172. Vorschläge für den Wehrverschluß des Weserwehres Dörverden. (Nach Baut. 1933, Heft 35.)

1641. Kosten eines 54 m langen Wehrverschlusses für das Weserwehr in Dörverden nach dem Ideenwettbewerb. Absenkbarkeit der Wehroberkante mindestens 1 m[299] (Abb. 172).

Wehrart	Abb. 172	Stahlsorte	Gewicht eines Verschlußkörpers in t	Kosten in RM		
				Wehrkörper einschließlich des Notverschlusses	Bedienungssteg	Gesamtkosten einschließlich des Unterbaues
Walzenwehre:						
MAN-Versenkwalze	a	St 37	375	1 132 500	71 800	4 260 000
Krupp-Versenkwalze	b	St 37	400	1 063 750	73 100	4 350 000
Krupp-Walze, ganz versenkbar	c			909 450	73 100	4 830 000
Dortmunder-Union-Walze mit Eisklappe	d	St 37	411	993 331	47 502	3 720 000
Dortmunder-Union-Versenkwalze	—			972 384	47 502	3 680 000
Segmentwehre:						
Beuchelt-Segmentwehr	e	St 37	300	833 690	87 510	3 640 000
Eilers-Segmentwehr	f	St 48	235	725 630	59 720	3 560 000
Klönne-Segmentwehr	—			884 600	76 993	3 770 000
Klönne-Kippsegment	g		250	774 534	60 116	3 770 000
Klönne-Wälzkippwehr	h	St 37	320	950 000	60 116	4 040 000
Schützenwehre:						
MAN-Versenkschütz	i			1 063 000	71 800	3 870 000
Lauchhammer-Doppelschütz	k	St 48	345	776 450	99 100	3 890 000
Lauchhammer-Rollschütz mit Eisklappe	—			706 450	99 100	3 820 000
Dortmunder-Union-Absenkrollschütz	—			818 102	47 502	3 430 000
Dortmunder-Union-Rollschütz mit Eisklappe	l	St 37	354	857 943	47 502	3 440 000
Sektorwehre:						
MAN-Klappenwehr	m			884 500	71 800	4 030 000
MAN-Sektorwehr	—			865 000	71 800	4 390 000
Harkort-Sektorwehr	n	St 37	300	815 827	223 297	4 830 000
Dortmunder-Union-Sektorwehr	—			676 205	47 502	5 070 000
Krupp-Sektorwehr	—			877 900	73 100	5 060 000

XXI. Wasserkraftanlagen.

A. Allgemeines.

1642. Normen.

ČSN 2003. Wasserenergie, ihre Berechnung und Bewertung.

1643. Baukostenverteilung bei Wasserkraftanlagen.

Die folgenden Zusammenstellungen sollen einen Überblick über den Anteil der einzelnen Teile einer Kraftanlage an den gesamten Baukosten geben; sie sollen auch zeigen, bei welchen Teilen der Anlage durch eine sparsamere Ausführung die Gesamtkosten nennenswert herabgesetzt werden können.

a) Baukostenverteilung beim Teigitschkraftwerk Arnstein in Prozenten der Baukosten (I. Ausbau):

Staumauer und Einlaufbauwerk	12,60%	Krafthaus und Unterwassergraben	10,93%
Staumauerausrüstung	1,70%	Turbinen	3,37%
Druckstollen	50,01%	Stromerzeuger	4,50%
Wasserschloß	1,88%	Spannungswandler	2,40%
Druckstollenausrüstung und Apparatehaus	0,32%	Schaltanlage	4,80%
Druckrohr	1,93%	Werkstätte	1,15%
Druckrohrsockel und Festpunkte	2,88%	Wohnhäuser	1,48%

b) Baukostenverteilung beim Kraftwerk Wäggital in Prozenten der Gesamtkosten von 80 000 000 schw. Fr.:

Geldbeschaffungskosten	2,66%
Bauzinsen	11,65%
Bauleitung und Verwaltung	4,86%
Konzession, Vorstudien, Aufnahmen und Gutachten	0,55%
Liegenschaften, Wasserrechte	8,71%
Wohnhäuser	0,78%
Bauvorbereitung (Zufahrtsstraße, Stromzuleitung)	1,20%
Obere Stufe: (46,4%)	
Staubecken Innertal s. Seestraße	4,00%
Staumauer Schräh, mit Überlauf, Grundablaß, Sondierschächte	20,20%
Wasserfassung, Druckstollen, Wasserschloß	8,75%
Druckrohre und Apparatehaus	4,30%
Maschinenhaus Rempen mit Inneninstallation	2,86%
Maschinen und elektrische Anlage Rempen	5,91%
50-kV-Leitung Rempen—Siebnen	0,35%
Untere Stufe: (23,00%)	
Staubecken Rempen s. Straßenverlegung	0,69%
Staumauer Rempen mit Wasserfassung	2,68%
Trebsenbachzuleitung	0,37%
Stollen und Wasserschloß	4,41%
Druckleitung mit Apparatehaus	3,46%
Maschinenhaus Siebnen	1,96%
Schalthaus Siebnen	1,37%
Maschinen und elektrische Anlage	7,35%
Unterwassergraben, Aavertiefung u. Dachwehr	0,71%
Limnigraphen, Pegel, Niederschlagssammler	0,08%

c) Baukostenverteilung beim Kraftwerk Mixnitz an der Mur in Prozenten, ohne die Kosten für Zentral- und Bauregie und Gelddienst:[189]

Vorarbeiten	0,8%
Baugrund, Grundentschädigungen, Ersatzbauten	4,0%
Wohnhäuser für die Angestellten	0,9%
Bahnsicherungsarbeiten im Stauraum	0,6%
Bundesstraßenverlegung, 2,5 km, samt Fernkabelverlegung	3,6%
Wehr und Einlauf, samt Staudamm, 15000 rm Erd- und Felsaushub, 7300 cbm Beton, 400 qm Granitquadern	7,7%
Wehrverschlüsse (Walzen), Einlaufschützen und die maschinelle und elektrische Wehrausrüstung, zusammen 410 t	3,7%
Oberwassergraben, 7 km, 627000 cbm Erd- und Felsaushub, 18200 cbm Betonmauern, 190000 qm Betonverkleidung, 2000 m Eisenbetonpfähle	40,1%
Brücken über den Ober- und Unterwassergraben	3,0%
Vorhof und Druckrohre, baulicher Teil, 6000 rm Aushub, 3900 cbm Beton, 85 t Rundstahl, 2900 qm Zementglattschliff	3,1%
Krafthaus, baulicher Teil samt Zufahrt, 27000 rm Erd- und Felsaushub, 7800 cbm Beton, 83 t Rundstahl, 3500 qm Glattschliff, 1200 cbm Ziegelmauerwerk, 1300 qm Edelputz	7,7%
Freiluftschaltanlage, baulicher Teil, 2000 rm Aushub, 1200 cbm Beton, 70 t Stahl	1,1%
Unterwassergraben, 59000 rm Erdaushub, 1200 cbm Beton	3,1%
Maschinelle Ausrüstung des Vorhofes, des Leerlaufes und des Unterwassers	1,8%
Zwei Kaplan-Turbinen samt Reglern, 258 t	4,7%
Krane, Pumpen, Werkstätte, Ölbehälter	1,0%
Zwei Stromerzeuger, 290 t	5,1%
„ Umspanner samt Ölfüllung	1,5%
Elektrische Einrichtungen der Schaltanlage	6,2%
Fernleitungsumlegung	0,3%

d) Baukostenverteilung beim Kraftwerk Wettingen in Prozenten der Gesamtkosten von 15814000 schw. Fr.:[76]

Vorarbeiten, Konzessionsgebühren	2,8%
Enteignungen, Entschädigungen	23,3%
Bauleitung, Bauzinsen	10,7%
Unvorhergesehenes	7,4%
Kraftversorgung der Baustelle	0,8%
Bauanlagen in der Staustrecke	2,8%
Stauwerk, baulicher Teil	16,6%
Stauwerk, maschineller und elektrischer Teil	17,2%
Unterwasserstollen	10,1%
Uferschutzbauten, Brücken	3,7%
Zufahrtsstraßen, Umgebungsarbeiten	2,4%
Signal- und Registrieranlage	0,5%
Wohnhäuser	1,5%

Jahresbetriebskosten (Zinsen, Tilgung, Abschreibungen, Wasserzins, Steuern, Betrieb und Unterhaltung): rund 10%.

e) Baukostenverteilung bei der Packsperre der Teigitschwerke in Prozenten, mit Kraftwerk an der Sperre.

Baukosten (ohne Geldbeschaffungskosten und Oberbauleitung): 4400000 S (1930).

Verteilung der Baukosten:

Vorarbeiten	0,2%
Grundablöse, Fischerei, Hausmühlen u. dgl.	3,5%
Stauraum, Rodung, Fahrwege	4,0%
Staumauer (Aushub, Beton, 39000 cbm)	70,3%
Staudamm mit Kernmauer (4500 cbm + 300 cbm Beton)	1,7%
Fugen und Abdichtung der Wasserseite der Staumauer	2,8%
Zementeinpressungen	3,4%
Betriebseinrichtungen, baulicher Teil (Überfall, Tosbecken, Krafthaus), 1700 cbm Beton	5,2%
,, , maschineller Teil (Turbinen, Stromerzeuger, Schaltanlage, Überlaufschützen, Grundablaßverschluß)	6,5%
Handwerkerarbeiten	1,6%
Sperrenwärterhaus	0,8%
Zusammen	100,0%

1644. Vorarbeiten, Entwurf, Bauleitung, unvorhersehbare Auslagen erfordern:[264]
(15 bis 20)% der Kosten des Baues, des Grunderwerbes und der Entschädigungen.

1645. Jahreskosten einer Wasserkraftanlage:

1. Verzinsung des Anlagekapitals.
2. Tilgung des Anlagekapitals.
3. Zuweisung an den Reservefonds.
4. Erneuerungsrücklagen (Abschreibungen).
5. Instandhaltung.
6. Betriebsauslagen.

Die Jahreskosten betragen durchschnittlich (8 bis 12)% der Anlagekosten.

1646. Allgemeine Unkosten der Wasserkraftanlagen,[264] wie Versicherungen, Steuern und Abgaben, Werbeauslagen, Sonderrücklagen für besondere Schadensfälle:
10 bis 15% der gesamten Betriebskosten.

1647. Verwaltungskosten von Wasserkraftgesellschaften betragen (50 bis 66)% der Bedienungskosten.

1648. Verbrauchsstoffe bei Wasserkraftanlagen.

Für Schmier- und Putzmittel, Packungen u. dgl. werden gerechnet: 0,01 bis 0,03 Rpf/kWh,[264] wobei die kleineren Kosten in den größeren Werken auftreten,[37] oder 0,05 bis 0,1% des Nennwertes der Maschinen,[75] oder 1% der Roheinnahmen.

1649. Ausbaukosten von Wasserkraftanlagen in RM je kW.[147]

a) Laufwerke:

Ryburg-Schwörstadt	RM/kW	658
Klingnau	,,	1060
Unterer Inn	,,	670
Untere Isar	,,	1098

b) Speicherwerke:

Oberer Lech	RM/kW	330
Vermuntwerk und Lüner-See-Werk	,,	363
Anlage im Bayerwald	,,	300

c) Speicherwerke mit Pumpspeicherung:

Schluchseewerk	RM/kW	300 (?)
Ammergruppe	,,	362
Weißbachwerk	,,	285

d) Pumpspeicherwerk:

Herdecke .... RM/kW 308

1650. Baustoffaufwand beim Bau der Wasserkraftanlage am Zemm- und Tuxbach im Zillertal:[148]

Arbeitsstunden		1500000	Stählerne Brücken	kg	94600
Sprengmittel	kg	56000	,, Maste	,,	642800
Rundholz	rm	1200	Stahlkonstruktion der Freiluftschaltanlage	,,	26700
Schnittholz	,,	3030	Stählerner Dachstuhl	,,	14800
Brennholz	,,	640	Rohrleitung	,,	695000
Betonrundstahl	kg	182000	Kran	,,	62800
Zement	,,	3140000	Verschiedene Stahlteile	,,	20500
Kalk	,,	66000	Turbinen	,,	50600
Ziegel	,,	280000	Stromerzeuger	,,	106300
Stahlkonstruktionen am Wehr und im Vorhof	,,	64700	Spannungswandler	,,	115800

Nutzgefälle $H = 204$ m. 2 Turbinen, je 3,35 cbm/sec. 2 Turbinen, je 7600 PS. Später noch 1 Turbine für 6,7 cbm/sec.

1651. Bedienungsmannschaft in mittleren Wasserkraftanlagen.

a) Im Maschinenhaus:

1 Betriebsleiter + 0 bis 1 Betriebsleiterassistent, 3 Schaltwärter + (1 bis 2) Monteure, 3 Maschinenwärter + (1 bis 2) Monteure, 1 bis 3 Rechenwärter, 1 Aufräumerin.

b) Am Stauwerk:

An Stauwehren: 1 Wehrwärter + (1 bis 2) Hilfswärter.
,, Talsperren: 1 Sperrenwärter + (2 bis 4) Hilfswärter.

c) An der Triebwasserleitung: Für je 5 km 1 Wärter.

1652. Angestelltenstand der Steirischen Wasserkraft- und Elektrizitäts A.-G. in Graz.

Angestellte	Betriebsleiter	Betriebsassistent	Schaltwärter	Maschinenwärter	Schlosser	Monteur	Stauwerkswärter	Hilfsstauwerkswärter	Hilfsmonteure	Kraftwagenlenker	Hilfsarbeiter	Hauswart	Aufräumerin
Kraftwerk Arnstein	1	1	3	3	1	1	1	2	—	—	2	—	1
,, Pernegg	1	1	3	3	—	2	1	1	—	—	2	—	1
,, Mixnitz	1	—	3	3	1	—	1	—	—	—	2	—	1
,, Pack	—	—	—	—	—	—	1	1	—	—	—	—	—
Umspannwerk Graz-Süd	1	1	3	—	—	3	—	—	1	1	2	—	—
,, Graz-Nord	—	—	3	—	—	—	—	—	—	—	—	1	—
,, Mürzzuschlag	1	—	3	—	—	2	—	—	1	—	—	—	—
,, Ternitz	1	—	4	—	—	—	—	—	1	—	—	—	—

Fernleitung: 28 km 60 kV, 124 km 100 kV.

B. Werksgräben.

1653. 1000 qm Böschung mit der Planiermaschine der Dinglerschen Maschinenfabrik A.-G. in Zweibrücken (Pfalz) **ebnen,** wobei Unebenheiten bis 1,2 m abzutragen sind,[173] erfordern: 4 bis 5,5 h Maschinarbeit.

Beim Bau des Rheinkraftwerkes Kembs[248] waren je 1000 qm Böschung 6,25 h Maschinarbeit erforderlich.

1654. 1 qm Böschungsverkleidung, 0,15 m stark, mit Drahtnetzeinlage und Fugen, alle 4 m mit Dachpappeneinlage, einschließlich aller Nebenarbeiten, wie Zufuhr von Zement, Kiessand, Wasser, Mischen des Betons von Hand, Abfuhr des Betons, Ebnen der Böschung, Vorbereitung der Drahtnetzeinlage, Aufbringen und Stampfen des Betons und Glätten mittels des Reibebrettes:[248] 1,6 bis 1,7 h Betonarbeiter.

1655. 1 qm Böschungsverkleidung, 0,4 m stark, bei Maschinmischung samt allen Nebenarbeiten wie oben:[248] 2,1 h Betonarbeiter.

1656. Betonierung der Werksgrabenböschungen der Kraftanlage Mixnitz an der Mur.

Böschungslänge 10 m, Arbeitsfortschritt in 8 h: 40 m oder 400 qm, äußerst 60 m oder 600 qm.

Mannschaftsstand am Betoniergerät (ohne Mischen und ohne Zufuhr):

Kippen des Betons in den Trichterwagen	2—3 Männer
Profileinstellen und Nacharbeiten	3 ,,
Aufzug	1 Mann
Walze	1 ,,
Gleisvorstrecken	2 Männer
Abdecken und Benetzen des Böschungsbetons	2—3 ,,
Zusammen	11—13 Männer

oder je Quadratmeter Böschungsfläche 0,22 bis 0,26 Arbeitsstunden.

Für das Umsetzen des Gerätes an Brücken über den Werksgraben kann je Böschung und Brücke ein Arbeitsaufwand von 8 h der ganzen Mannschaft veranschlagt werden.

1657. Böschungsverkleidung mittels der Koppenhoferschen Betoniermaschine der Dinglerschen Maschinenfabriks A.-G. in Zweibrücken (Pfalz).[248]

Stündlich können 110 bis 120 qm Betonverkleidung, 0,15 m stark, hergestellt werden (oder etwa 16,5 cbm Betonverkleidung größerer Dicke).

Bedienungsmannschaft: An der Maschine 3 Männer, Gleisverlegung oben und unten 2 Männer. Für das Glätten der Betonoberfläche 2 bis 3 Männer.

Antrieb: 55-PS-Dieselmotor. Gewicht: 50 t. Preis: 75000 RM (einschließlich 1000-l-Mischer).

1658. Grabenfertiger der Dinglerschen Maschinenfabriks A.-G.[121] in Zweibrücken (Pfalz), zur Betonierung der Sohle und der Böschungen in einem Arbeitsgang bei kleinen Bewässerungsgräben. Der Beton wird erdfeucht am Grabenumfang verteilt und mit einem nach dem Grabenquerschnitt geformten, 500 kg schweren Stampfer verdichtet. Bei einer Hubhöhe von 16 cm vollführt der Stampfer 60 Schläge je Minute. Das Gerät läuft auf Langschwellen von 3 bis 3,5 m Länge, aus Holz mit Formeisenbewehrung, die an den Grabenrändern auf jeweils 50 m verlegt sind. Stampfgeschwindigkeit 1,7 m/min, Tagesleistung 400 qm Grabenfläche.

Antrieb: 10-PS-Dieselmotor mit einem Rohölverbrauch von 210 g/h.PS. Der eingebaute Trommelmischer von 250 l Trommelinhalt liefert stündlich 7,5 bis 10 cbm Beton.

1659. Baukosten (1925) von Werksgräben mit 15 bis 20 cm starker Betonverkleidung, einschließlich der Kunstbauten,[7] je Quadratmeter Werksgrabenquerschnitt:

Walchenseewerk,	Querschnitt	19,5 qm	RM/qm	10,60
Freitalwerk, Sa.,	,,	27,5 ,,	,,	7,00
Mittlere Isar,	,,	103,0 ,,	,,	6,40

1660. Instandsetzung der Werksgrabenverkleidung[77] am Innwerk Töging nach $7^1/_2$jährigem Betrieb. Die Kanalverkleidung ist bis zu 10 Jahre alt.

Instandgesetzt wurden rund 806000 qm Böschungs- und Sohlenverkleidung, wofür 207000 Arbeitsstunden und 426000 kg Zement (hiervon ein Viertel Bauxitzement) erforderlich waren. Die Ausbesserungen wurden mit Mörtel 1 : 3 ausgeführt; Aufwand rund 1850 cbm.

Auf 1 qm Böschungsverkleidung entfallen: 0,26 Arbeitsstunden, 0,53 kg Zement (bzw. 2,3 l Mörtel).

Der Beton wurde in 4 Mischern trocken gemischt, auf Rollgleisen verfahren und erst an der Verwendungsstelle naßgemischt. Die Zuschlagstoffe konnten zum Teil den Ablagerungen im Werksgraben entnommen werden.

C. Druckrohrleitungen.

1661. Die Ermittlung des wirtschaftlichsten Durchmessers einer Druckrohrleitung.

Der wirtschaftlichste Durchmesser D einer Druckrohrleitung hängt vom Verkaufswert einer Kilowattstunde und von den Jahreskosten der Druckrohrleitung ab. Für den wirtschaftlichsten Durchmesser der Druckrohrleitung muß die Summe aus dem Einnahmenentgang infolge der Druckverluste im Rohr und aus den Jahreskosten der Druckrohrleitung einen Kleinstwert haben.

a) Verjüngung der Druckrohrleitungen.

Durch Verjüngung der Druckrohrleitung lassen sich, wie Ph. Forchheimer[197] gezeigt hat, die Kosten der Rohrleitung gegenüber einem überall gleich weiten Rohr, gleichen Druckverlustes um etwa 6% herabsetzen. Bedeutet h den größten, in Metern Wassersäule gemessenen Druck in einem Querschnitt der Druckrohrleitung, deren Durchmesser an dieser Stelle die Größe D hat, so muß bei Verwendung der Chézyschen Geschwindigkeitsformel für die Berechnung des Druckverlustes im wirtschaftlichst ausgeführten Rohrstrang längs des Rohres

$$h D^7 = \text{konst.}$$

sein. Bei Verwendung der Formel von Forchheimer für die Berechnung des Druckverlustes muß

$$h D^{7,4} = \text{konst.}$$

sein. Wenn an einer Stelle mit dem Höchstdruck h_1 der Durchmesser D_1 beträgt, so muß also an einer anderen Stelle mit dem Höchstdrucke h_2 der Durchmesser

$$D_2 = D_1 \sqrt[7,4]{\frac{h_1}{h_2}}$$

gemacht werden.

Tatsächlich wird aus Herstellungsgründen der Rohrstrang nicht gleichmäßig verjüngt ausgeführt, sondern aus einer Anzahl zylindrischer Abschnitte gebildet, zwischen denen kurze Verjüngungsstücke liegen. Die Rohrverjüngungen werden in die Festpunkte verlegt.

b) Ermittlung des wirtschaftlichsten Rohrdurchmessers nach A. Ludin[199] und F. Bundschu.[198]

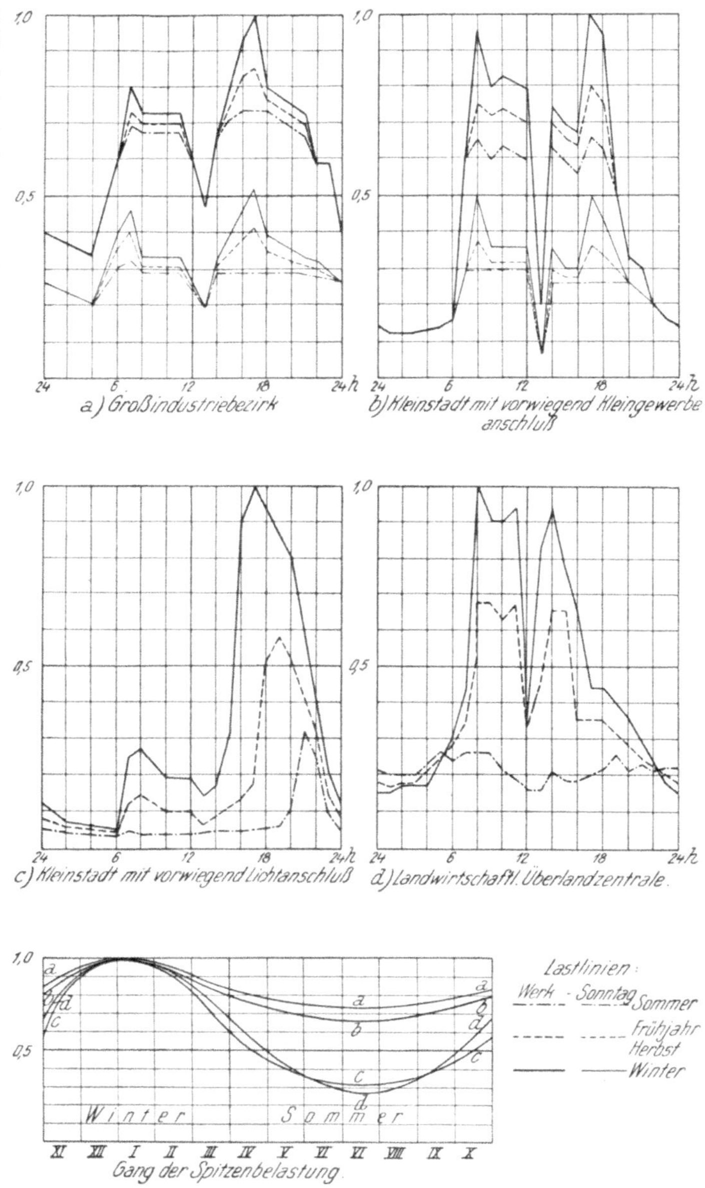

Abb. 173. Tageslastlinien.
(Aus A. Schoklitsch, Der Wasserbau. Berlin und Wien: Julius Springer.)

Es bedeute: σ die zulässige Beanspruchung der Rohrwandung in t/qm, t die Anzahl der Betriebsstunden im Jahr, w den Verkaufswert einer Kilowattstunde ab Werk, Q' den kubischen Mittelwert der Durchflüsse durch die Druckrohrleitung im Jahr in cbm/sec, k den Beiwert der Geschwindigkeitsformel von Chézy, H den Höchstdruck (statisch + dynamisch) in Metern, k_E die Jahreskosten einer Tonne eingebauten Eisens (Rohr, einschließlich Transport, Montage, Unterbau, Festpunkte, Sockel usw.); dann beträgt der wirtschaftlichste Durchmesser D der Rohrleitung in den unteren Rohrstrecken näherungsweise

$$D = \sqrt[7]{\frac{7,57\, \sigma \,.\, w \,.\, t\, Q'^3}{k^2 H k_E}},$$

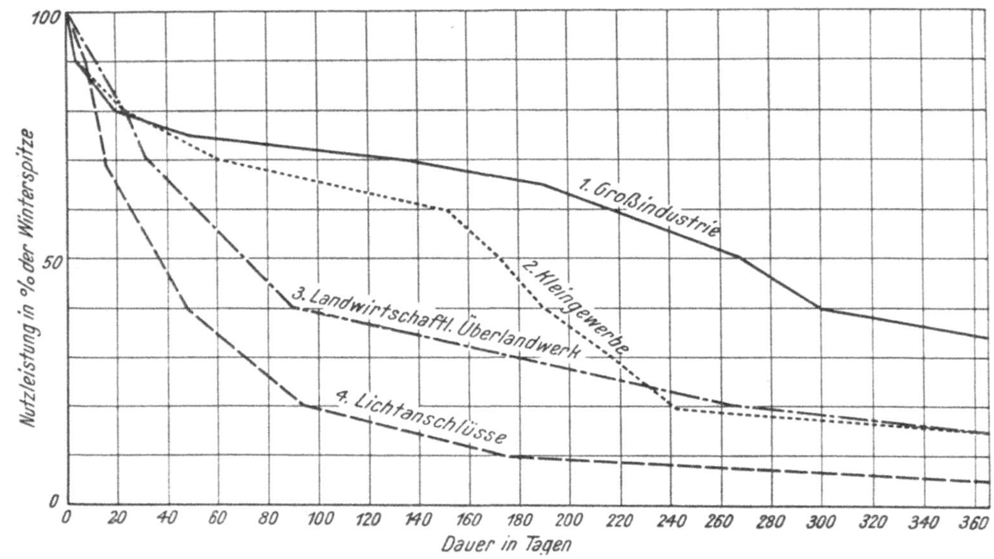

Abb. 174. Jahres-Belastungsdauerlinien.

und der Durchmesser der obersten Strecke, in der die aus Herstellungsgründen erforderliche Mindestwandstärke s_0 angewendet werden muß

$$D = \sqrt[6]{\frac{8{,}9\, w\, t\, Q'^3}{k^2\, s_0\, k_E}}.$$

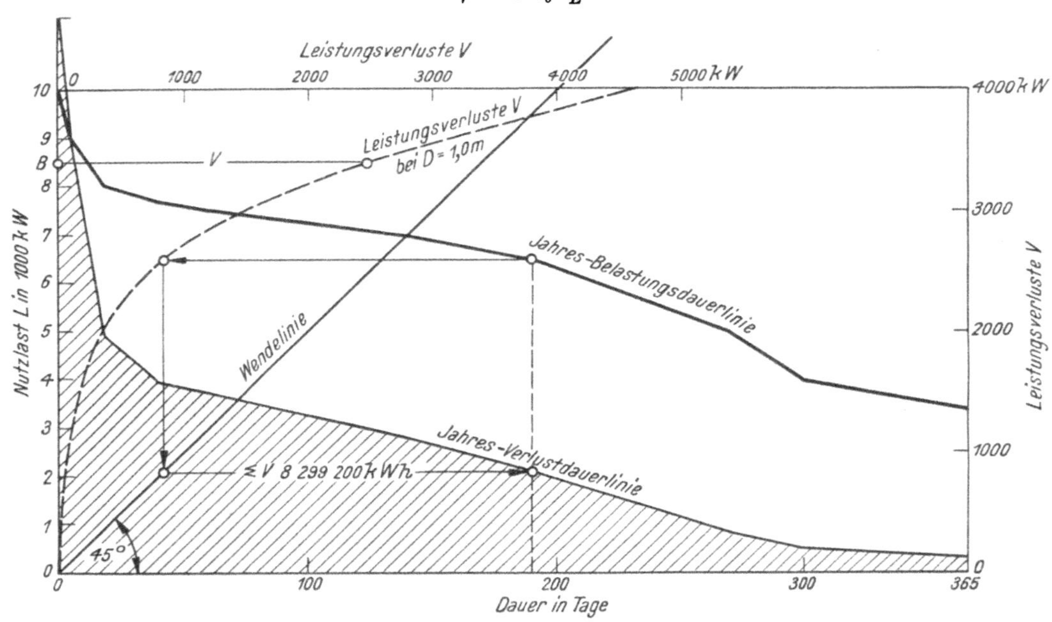

Abb. 175. Ermittlung des Jahresarbeitsverlustes infolge der Widerstände in der Rohrleitung.

F. Bundschu gibt auf Grund der Auswertung zahlreicher ausgeführter Anlagen für Höchstdruckhöhen $H \gtrless 100$ m die Näherungsformel,

$$D = \sqrt[7]{\frac{5{,}2\, Q_v^3}{H\, n^3}},$$

in der Q_v den größten Durchfluß bei voller Beaufschlagung aller Turbinen und n die Anzahl der gleich weiten Rohrstränge bedeutet.

Sowohl die Formel von A. Ludin als auch jene von F. Bundschu ergeben dieselbe Verjüngung des Rohres wie die Beziehung, die Forchheimer hergeleitet hat.

c) Ermittlung des wirtschaftlichsten Rohrdurchmessers nach A. Schoklitsch.[112]

Der Ermittlung des Einnahmenentganges infolge des Druckverlustes in der Rohrleitung muß ein bestimmter Gang der Werksbelastung zugrunde gelegt werden. In der Abb. 173 sind als Beispiel vier charakteristische Werksbelastungsganglinien und in der Abb. 174 die dazugehörigen Jahresbelastungsdauerlinien zusammengestellt. Der Jahresarbeitsverlust infolge der Rohrreibung wird nun am besten zeichnerisch unter Verwendung der Jahreslastdauerlinie ermittelt.

Man nimmt hierzu einige beliebige Durchflüsse $Q_1, Q_2, \ldots, Q_n$ an und berechnet für ein angenommenes Druckrohr die Druckverluste $h_1, h_2, \ldots, h_n$, die diese Durchflüsse beim Durchlaufen der Rohrleitung erleiden. Bezeichnet H die Rohfallhöhe, so beträgt die Nutzfallhöhe bei den früher angenommenen Durchflüssen $H - h_1, H - h_2, \ldots, H - h_n$, und die Nutzleistung dieser Durchflüsse in kW

$$L_1 = \frac{1000\, Q_1\, (H - h_1)}{102} \,.\, 0{,}85 = \\ = 8{,}33\, Q_1\, (H - h_1)$$

und ähnlich $L_2, \ldots, L_n$, während der Leistungsverlust bei diesen Durchflüssen in kW

$$V_1 = 8{,}33\, Q_1\, h_1, \qquad V_2, \ldots, V_n$$

ausmacht.

Wenn nun zu jeder der berechneten Nutzleistungen $L_1, L_2, \ldots, L_n$, so wie es in der Abb. 175 ersichtlich ist, waagrecht in einem beliebigen Maßstab die Leistungsverluste $V_1, V_2, \ldots, V_n$ aufgetragen und die Punkte durch eine Linie verbunden werden, so erhält man die Leistungsverlustlinie. Unter Verwendung der unter einem Winkel von 45° gezogenen Wendelinie kann schließlich in der durch den Pfeillinienzug angedeuteten Weise unter die Jahresbelastungsdauerlinie die Jahresverlustdauerlinie gezeichnet werden, deren Ordinaten im selben Maßstabe, mit dem die Leistungsverluste V aufgetragen worden sind, den zur jeweiligen Werksbelastung gehörigen Leistungsverlust angeben. Die schraffierte Fläche unter der Jahresverlustdauerlinie gibt schließlich den Jahresarbeitsverlust in Kilowattstunden.

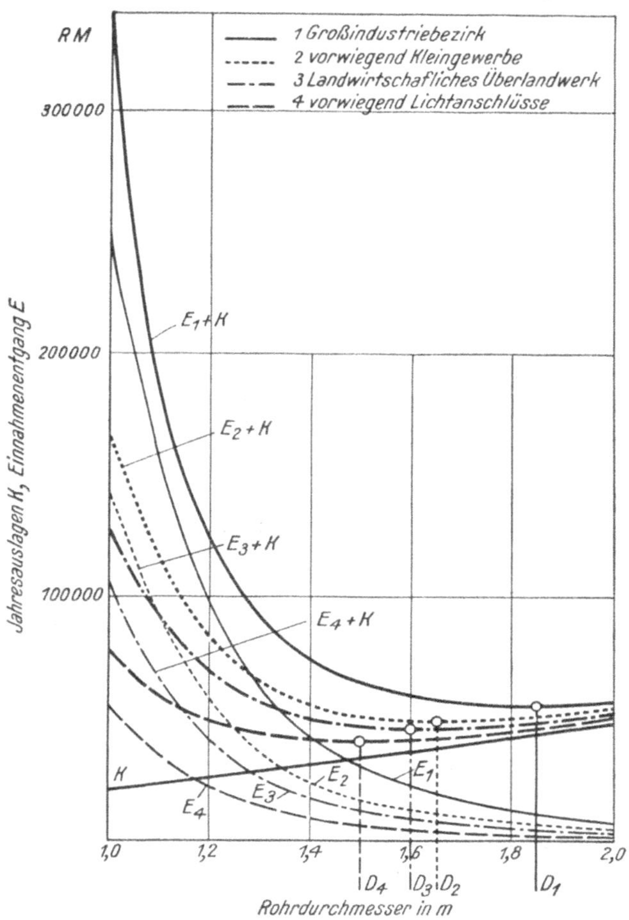

Abb. 176. Ermittlung des wirtschaftlichsten Durchmessers D der Druckrohrleitung.

Die Untersuchung muß für mehrere Rohrweiten durchgeführt werden. Diese Arbeit kann nun wesentlich vereinfacht werden; man nimmt einfach einen beliebigen Durchfluß Q an und berechnet den Druckverlust, den dieser Durchfluß in den verschiedenen, angenommenen Rohren erleidet. Die Jahresarbeitsverluste in diesen Rohren verhalten sich dann so wie die Druckverluste beim früher angenommenen Durchfluß Q.

Wenn die Rohrleitung verjüngt ausgeführt wird, so bezeichnet man jede angenommene Rohrleitung am besten durch ihren Enddurchmesser, weil ja alle oberhalb liegenden Rohrweiten dann schon durch die unter a angeführte Beziehung von Forchheimer festgelegt sind.

Der Jahresarbeitsverlust multipliziert mit dem Verkaufswert einer Kilowattstunde ergibt den Jahreseinnahmenentgang infolge der Rohrreibung.

Die Jahresauslagen für das Druckrohr werden nach Nr. 1663 berechnet.

Wenn schließlich so, wie es die Abb. 176 andeutet, die Jahresauslagen und der Jahreseinnahmenentgang für die untersuchten Rohre aufgetragen und addiert werden, so ergibt sich für den Kleinstwert dieser Summe der wirtschaftlichste Durchmesser.

1662. Anzahl der Druckrohre.[196]

Wenn der Durchfluß Q cbm/sec statt durch 1 Druckrohr durch n Rohre abgeleitet wird, so verteuert sich die ganze Druckrohrleitung auf das $\sqrt[7]{n}$-fache des Preises einer einzigen Leitung. Bei $n = 2, 3, 4, 5$ gleichen Druckrohren verteuert sich also die ganze Druckrohranlage auf das 1,10-, 1,17-, 1,22-, 1,26-fache.

1663. Jahreskosten von Stahldruckrohren.

Abschreibung	jährlich	2—3%
Tilgung	,,	1,5—2%
Verzinsung	,,	5—8%
Instandhaltung	,,	3—5%
Steuern und Abgaben	,,	1—2%
Zusammen	jährlich	12,5—20% der Baukosten.

1664. Schätzung des Gewichtes genieteter Stahldruckrohre.

Bei einem lichten Durchmesser D cm, einem statischen Innendruck von p kg/qcm, einem Zuschlag z kg/qcm für Drucksteigerungen beim Abschließen der Leitung, einer zulässigen Beanspruchung der Rohrwandung von σ kg/qcm beträgt die erforderliche Wandstärke des Rohres

$$s\,(\text{cm}) = \frac{(p+z)\,D}{2\,\sigma} + (0{,}1 \text{ bis } 0{,}2) \text{ cm Rostzuschlag,}$$

mindestens aber 1 cm. Wegen Berechnung der Drucksteigerung z siehe: Bundschu, Druckrohrleitungen, 2. Aufl. Berlin: J. Springer, 1929. Für σ wird gesetzt:

bei wassergasüberlapptgeschweißten Rohren .... $\sigma = 900$ kg/qcm,
,, nahtlosen Mannesmannrohren aus St 34.29 .... $\sigma = 1000$,, ,
,, ,, ,, ,, St 55.29 .... $\sigma = 1600$,, .

Das durchschnittliche Gewicht von 1 m Rohr beträgt

$$G\,(\text{kg/m}) = 0{,}8\,D\,\pi\,s$$

+ 10% für Überlappungen, Laschen und Nieten + 6% für Form- und Dehnungsstücke; man hat daher schließlich

$$G\,(\text{kg/m}) = 2{,}914\,D\,s.$$

1665. Kosten von genieteten Stahldruckrohrleitungen ab Werk, einschließlich der erforderlichen Formstücke, Mannlöcher und Dehnungsstücke:

a) bei kurzen Rohren, kleinen Drücken und großen Querschnitten: Preis ab Werk = Gewicht mal dem (1,5- bis 1,75-fachen) Blechpreis;

b) bei langen Druckrohren und Drücken über 60 m WS: Preis ab Werk = Gewicht mal dem (2,0- bis 2,3-fachen) Blechpreis.

1666. Die technischen Lieferbedingungen für überlapptgeschweißte Flußstahlrohre und Formstücke regelt DIN 1628, jene für nahtlose Flußstahlrohre DIN 1629.

(Diese Lieferbedingungen entsprechen dem Vorschlage des ISA-Komitees 5a, dem die Länder Belgien, Deutschland, Finnland, Frankreich, Holland, Italien, Polen, Rußland, Schweden, Schweiz und Tschechoslowakei angehören.)

1667. Geschweißte Stahldruckrohre kosten ab Werk etwa (20 bis 25)% weniger als genietete.

1668. Montage von Stahldruckrohren auf der Baustelle, ohne Kosten des Schrägaufzuges: (20 bis 30)% der Rohrkosten ab Werk.

1669. Stahldruckrohrleitungen kosten betriebsfertig verlegt, ohne Unterbau und Zufuhr, je Tonne etwa (350 bis 700) RM.

1670. Druckrohrleitung im Wäggitalwerk.

1 t fertig montierter Druckrohrleitung, ohne Anstrich und Isolierung .... 832,50 schw. Fr.
Isolierung und Anstrich je Quadratmeter .... 3,50 „ „
Kosten der Rohrleitungstrasse, des Unterbaues und der Seilbahn, aber ohne Apparatehaus und Festpunkt im Apparatehaus, bezogen auf 1 m Rohrleitung ....2194,20 schw. Fr./m

1671. Rohrsättel aus gebogenem U-Stahl mit angenieteten Mauerlaschen. Preis gleich Gewicht mal dem (1,5- bis 1,7-fachen) Formstahlpreis.

1672. Eisenbeton-Druckrohrleitung in Lausanne der Wasserkraftanlage Bois-Noir,[191] nach Abb. 177.

Länge 602,7 m; lichte Weite 2,70 m; Wandstärke 0,15 m.

Bewehrung des Rohres: Längsbewehrung 90 × ⌀ 7 mm, doppelte Spiralbewehrung ⌀ 10 mm, Ganghöhe 20 cm.

In den oberen 465 m des Rohres 375 kg Zement, im unteren Teil 400 kg Zement je Kubikmeter fertigen Beton.

Preis (1918): 527000 schw. Fr. = 875 schw. Fr./m = 730 RM/m.

Kostenverteilung:

Entwurf	2,44%
Erdarbeiten	6,19%
Bettbeton	10,29%
Rohrschalung	10,34%
Bewehrung: Stahl	27,77%
Bewehrung: Biegen und Verlegen	5,27%
Rohrbeton	10,86%
Dehnungsfugen	1,59%
Zementmehrverbrauch	10,33%
Nebenarbeiten	14,92%

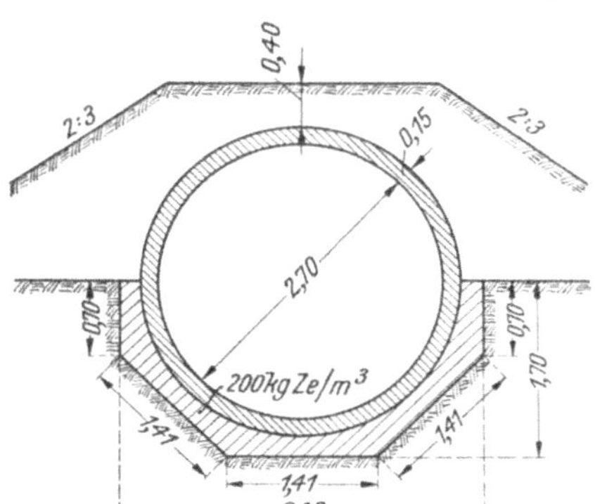

Abb. 177. Eisenbeton-Druckrohrleitung der Wasserkraftanlage Bois-Noir in Lausanne.

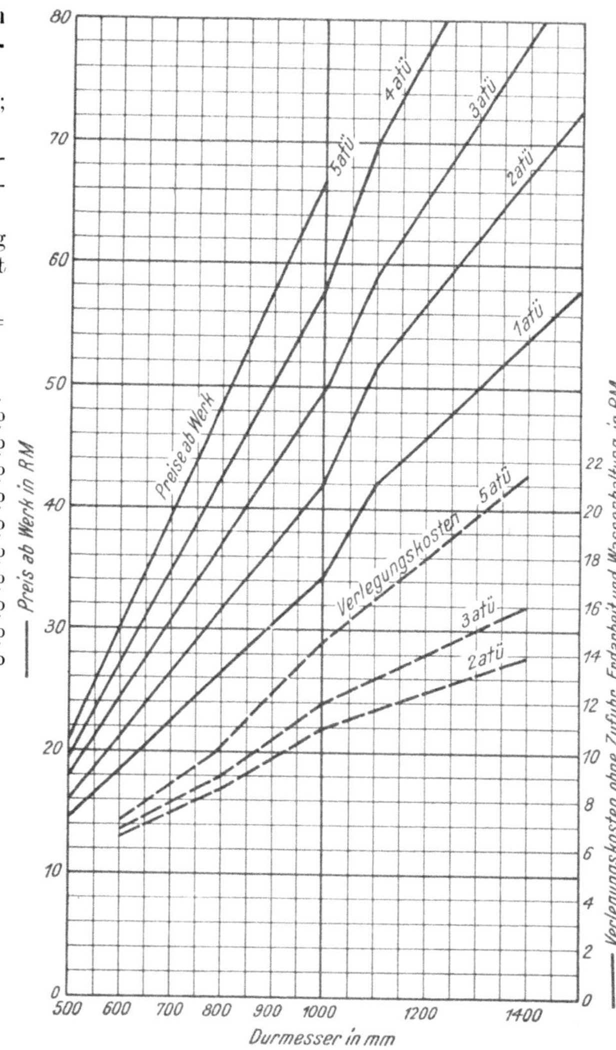

Abb. 178. Preise und Verlegungskosten von kontinuierlichen Holzrohren je Meter. (Steinbeis & Cons., Rosenheim.)

1673. Gewichte, Preise und Verlegungskosten von kontinuierlichen Holzrohren: Zu entnehmen den Abb. 178 und 179.

1674. Zusammenbau kontinuierlicher Holzrohre auf vorbereiteten Holzsätteln, ohne Zufuhren, je Quadratmeter Rohrleibungsfläche:

(0,75 bis 1,2) h Facharbeiter + (1,1 bis 1,8) h Hilfsarbeiter + 20% für Aufsicht und Geräte.

1675. Düker des Aue-Oder-Kanals in Kilometer 42,583 des Mittellandkanals[67] (Abb. 180). Schleuderbetonrohre mit doppelter Spiralbewehrung. Gesamtkosten (1931) 120000 RM.

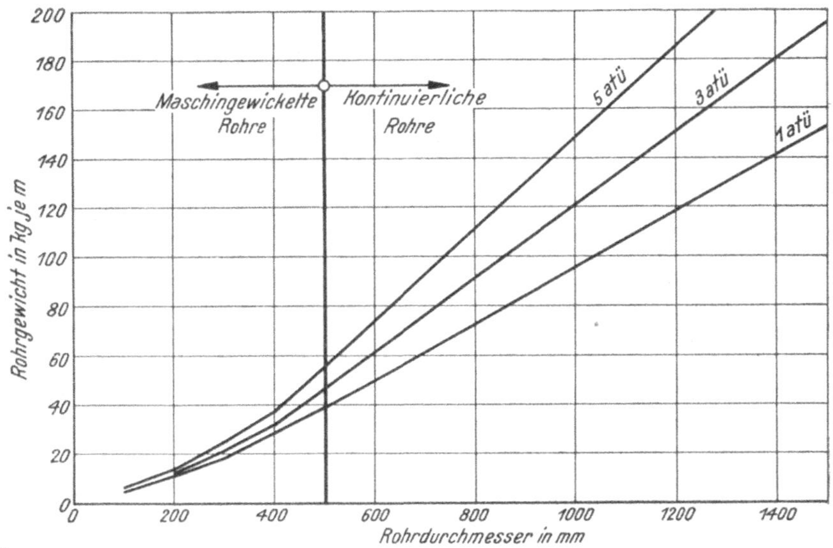

Abb. 179. Gewichte von maschingewickelten und von kontinuierlichen Holzrohren. (Steinbeis & Cons., Rosenheim.)

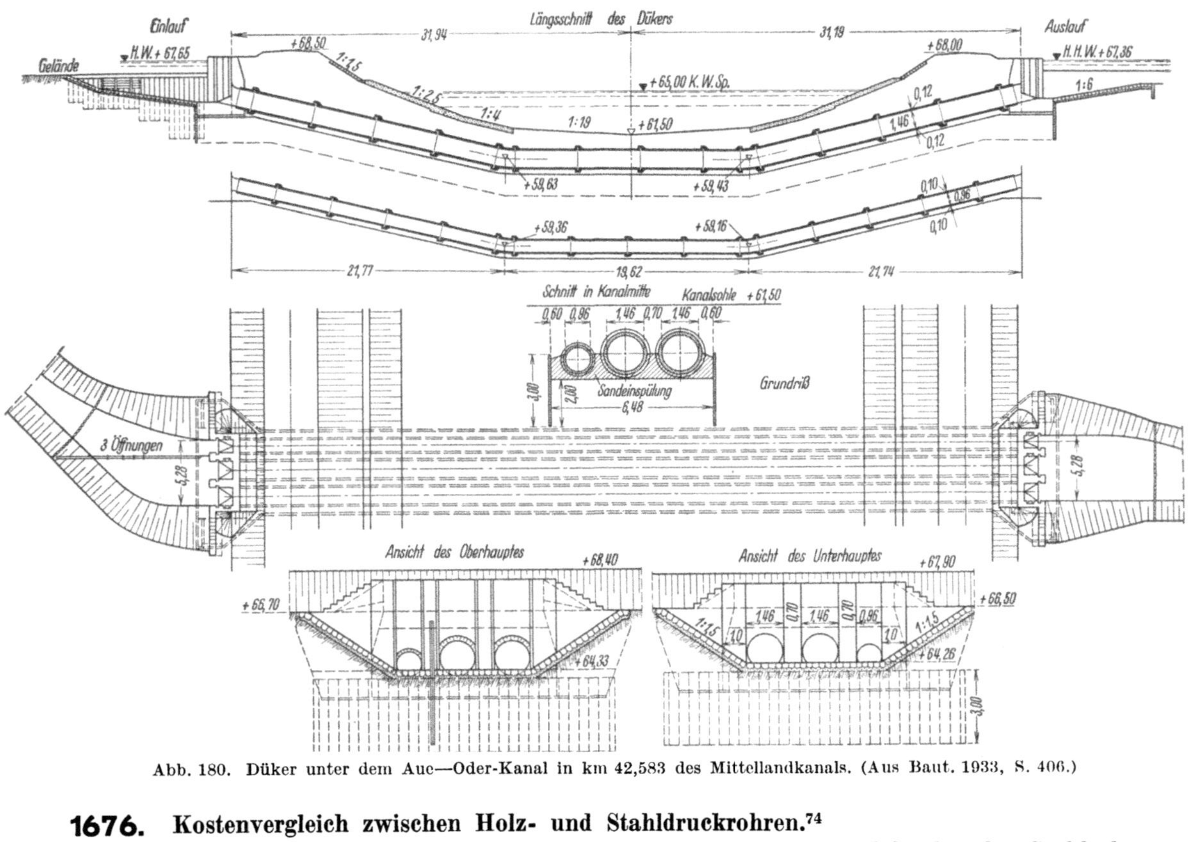

Abb. 180. Düker unter dem Aue—Oder-Kanal in km 42,583 des Mittellandkanals. (Aus Baut. 1933, S. 406.)

1676. Kostenvergleich zwischen Holz- und Stahldruckrohren.[74]

In der Abb. 181 ist das Anwendungsgebiet dargestellt, in dem die Holzrohre den Stahlrohren hinsichtlich des Preises überlegen sind.

Preisgrundlagen: 1926/1927.

Grundlagen: Zufuhr mit schwerem Fuhrwerk auf eine mittlere Entfernung von 3 km. Schwierige Zufuhr und sonstige Erschwernisse verschieben den Anwendungsbereich zugunsten der Holzrohre.

Unberücksichtigt geblieben sind die um etwa 10% größere Leistungsfähigkeit der Holzrohre sowie die Wasserverluste bei Holzrohren.

1677. Instandhaltungskosten hölzerner Druckrohre in Norwegen.[81]

In der Kraftanlage Orkdal wurde 1914 ein Rohrstrang verlegt, der in den oberen 550 m aus Holzdauben, 800 mm weit, in den weiteren 600 m aus genieteten Eisenrohrschüssen, 700/600 mm weit, zusammengebaut ist. Die ganze Rohrleitung ist frei verlegt.

Das Holzrohr ist stellenweise Steinschlag und Erdsturz ausgesetzt; es ist aus Dauben, 52 × 150,6 mm, mit Nut und Feder, aus verschieden weichem Fichtenholz und Kieferholz zusammengesetzt. Die Eisenbänder und Schuhe sind in warmes Siderosthen getaucht und nach der Montage nachgestrichen worden. Die Holzrohre liegen auf Holzschwellen.

Nach 15 Jahren haben die gesamten Erhaltungskosten betragen:

Anstrich der Bänder	710 schwed. K
Neue Dauben	300 „ „
Arbeitslöhne für 553 h ..	500 „ „
Zusammen ...	1510 schwed. K,

oder je Quadratmeter Gesamtholzrohrwand 1,10 schwed. K, während das Eisenrohr im gleichen Zeitraum für zwei Anstriche je Quadratmeter 3,80 schwed. K, also nahezu 3,5mal so hohe Erhaltungskosten erfordert hat. Am Holzrohr erforderte in schadhaften Strecken das Untersuchen des Rohres, das Auswechseln verfaulter Dauben, die Zufuhren und die Aufsicht je Meter Rohr 2 Arbeitsstunden.

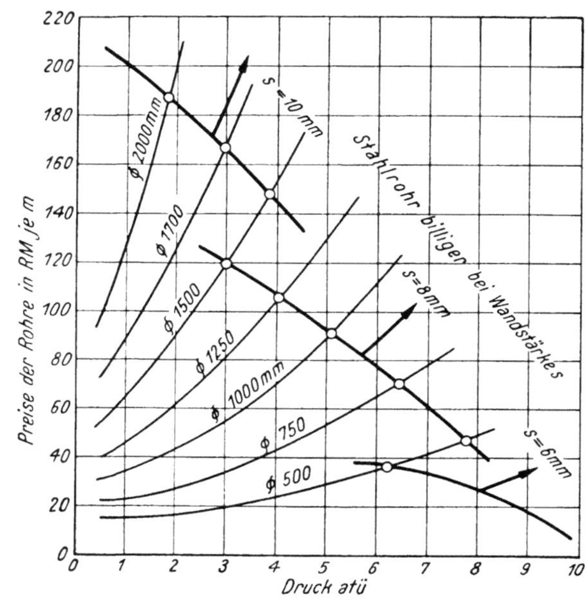

Abb. 181. Kostenvergleich zwischen Holzrohr und Stahlrohr.

Insgesamt mußten innerhalb der ersten 15 Jahre 5,75% der Dauben ausgewechselt werden; alle ausgewechselten Dauben waren von weichem Fichten- oder Kiefernholz. Diese Auswechslungen hätten sich auch vermeiden lassen, wenn nur langsam gewachsenes Holz zum Bau verwendet worden wäre.

1678. Ausbesserung einer durch Felssturz beschädigten Holzrohrleitung am Förchenbachwerk[249]**.**

Die Holzrohrleitung, ⌀ 800 mm, ist durch einen Felsblock von 1,5 cbm Inhalt auf 80 cm Länge eingedrückt worden. 1 Spezialarbeiter und 4 Hilfsarbeiter haben den Schaden unter Verwendung von vorrätigen Ersatzdauben und Ersatzspannringen innerhalb von 18 h behoben. Gesamte Dauer der Betriebsunterbrechung 38 h.

1679. Drosselklappen, beiderseits mit Anschlußflansch, Gußeisengehäuse, Klappe bei 5 atü Gußeisen, bei 10 atü Gußstahl (Armaturen- und Maschinenfabrik Polte, Magdeburg).

Betriebsdruck	5 atü			10 atü		
Nennweite	1000 mm	1500 mm	2000 mm	1000 mm	1500 mm	2000 mm
Mit Handantrieb und gekapseltem Getriebe:						
Gewicht .... kg	1800	4500	9000	2000	4800	9500
Richtpreis............................ RM	1780	4200	7800	2000	4650	8600
Mit Hand- und elektrischem Antrieb, für Fernsteuerung einschließlich Motor, elektrischem Zugehör und Druckknopfsteuertafel, aber ohne Leitungen:						
Gewicht .... kg	1950	4700	9235	2175	5025	9750
Richtpreis............................ RM	2450	4930	8620	2750	5450	9470

1680. Geschlossene Schieber, beiderseits mit Anschlußflansch, mit ovalem Gußeisengehäuse, Dichtungen aus Bronze, Schieberspindel aus Stahl, im Innern des Schiebers mit Bronze verkleidet, einschließlich Fuß- und Seitenverankerung (Armaturen- und Maschinenfabrik Polte, Magdeburg).

Betriebsdruck	5 atü			10 atü		
Nennweite	1000 mm	1500 mm	2000 mm	1000 mm	1500 mm	2000 mm
Mit Handantrieb auf Aufsatzsäule auf der Schieberhaube. Kugellager, Getriebe offen:						
Gewicht ... kg	5 500	9 050	16 250	5 960	9 500	16 775
Richtpreis ... RM	3 470	7 620	16 260	3 750	8 170	17 150
Umführung mit Keilschieber:						
Mehrgewicht ... kg	130	230	280	130	230	280
Mehrpreis ... RM	72	106	133	72	106	133
Schlammstutzen mit Entleerungsschieber:						
Mehrgewicht ... kg	75	85	100	75	85	100
Mehrpreis ... RM	45	50	63	45	50	63
Mit Hand- und elektrischem Antrieb, Getriebe gekapselt, auf Aufsatzsäule am Bedienungsboden, einschließlich Motor und elektrischem Zugehör und der Druckknopfsteuertafel, aber ohne Leitungen:						
Gewicht ... kg	3 780	7 390	13 750	3 980	7 700	14 250
Richtpreis ... RM	3 970	6 950	12 700	4 300	7 460	13 350
Umführung und Schlammstutzen ...	wie oben					
Mit Hand- und elektrischem Antrieb, Aufsatzsäule mit gekapseltem Getriebe auf der Schieberhaube, sonst wie oben:						
Gewicht ... kg	5 550	9 120	16 360	6 020	9 580	16 875
Richtpreis ... RM	3 900	8 100	16 850	4 220	8 700	17 800
Umführung und Schlammstutzen ...	wie oben					

1681. Offene Talsperrenschieber mit Anschlußflansch, Gußeisen; Schieberplatte Gußeisen bzw. Gußstahl; Antriebsgestänge aus nahtlosem, dickwandigem Stahlrohr (Armaturen- und Maschinenfabrik Polte, Magdeburg).

Betriebsdruck	5 atü			10 atü		
Nennweite	1000 mm	1500 mm	2000 mm	1000 mm	1500 mm	2000 mm
Gewicht ... t	3,25	6,80	13,0	3,45	7,10	13,6
Richtpreis ... RM	2 830,—	5 720,—	11 325,—	3 100,—	6 160,—	12 000,—

Antriebsständer aus Gußeisen, am Bedienungsboden stehend, mit gekapseltem Rädervorgelege und Anzeiger für die Schieberstellung samt Befestigungsschrauben und 20 m Gestänge, einschließlich der erforderlichen Rollenlager:

für Nennweite ...	mm	1000	1500	2000
Gewicht ...	kg	375	400	420
Richtpreis ...	RM	472	490	530
Mehrpreis je Meter Gestänge ...	„	22	27	31
„ für 1 Rollenlager ...	„	40	45	50

1682. Walzenschieber „Freund-Starkehoffmann“. (Freund-Starkehoffmann Maschinen A. G., Hirschberg, Riesengebirge.)

Gewichte und Preise ab Werk bei Handantrieb.

Betriebsdruck in atü	Lichtweite	750 mm	1000 mm	1250 mm	1500 mm	1750 mm	2000 mm
2	Gewicht ... t	—	—	—	—	32,0	40,0
	Preis ... RM	—	—	—	—	36 000,—	42 500,—
5	Gewicht ... t	4,25	9,0	16,5	22,5	36,0	46,0
	Preis ... RM	6 500,—	11 500,—	20 000,—	26 000,—	39 000,—	47 500,—

Zuschlag für elektrischen Antrieb: bei Durchmesser 750 mm etwa 10%
„ „ 2000 „ „ 7,5%

D. Druckstollen.

1683. Arbeitskostenverteilung bei der Betonierung von Druckstollen in Prozenten der Gesamtarbeitskosten.

Erzeugung der Zuschlagstoffe und Mischen	35—45%
Beförderung des Betons in den Stollen, Schalen, Einbringen, Stampfen	40—57%
Sichtflächenausbildung	3—5%
Wasserhaltung	3—7%
Stollenreinigung nach der Auskleidung	3—5%
Herstellen der Lehrbögen und der Schalungen	1,5—2,5%

1684. Soziale Lasten, örtliche Bauregie, Inventarpauschale, Zentralregie und Unternehmergewinn.

Beim Bau der Druckstollen Arnstein und Partenstein sind den Bauunternehmungen vergütet worden:

Für soziale Lasten	13%	von den Löhnen
„ die örtlichen Bauunkosten	25%	„ „ „
„ Inventarpauschale, Zentralunkosten und Unternehmergewinn	33%	„ „ „ und Stoffen

1685. 1 rm Zuschlagstoffe für die Stollenbetonierung beim Kraftwerk Arnstein kostete:

a) bei Gewinnung des Bruchsteins im Steinbruch:

Abbauen des Abraumes	3,7 h Hilfsarbeiter
Steingewinnung	5,3 „ „
Sprengmittel [0,08 kg Dynamit + (0,03 bis 0,1) kg Dynamon + 0,3 Stück Kapseln + (0,4 bis 0,55) m Zündschnur]	1,0 „ „
Beförderung	0,3 „ „
Betrieb der Aufbereitungsanlage	2,9 „ „
Zusammen	13,2 h Hilfsarbeiter

b) bei Gewinnung der Bruchsteine an den Kippen und Beförderung zu den nahe gelegenen Aufbereitungsanlagen und Aufbereitung ...... (4—8) h Hilfsarbeiter

1686. 1 cbm Beton vom Mischer auf L m Entfernung in den Stollen befördern erfordert, einschließlich der Pausen: [(0,1 bis 0,2) + 0,0014 L] h Hilfsarbeiter.

1687. 1 cbm Beton im Stollen einbringen, stampfen, Ein- und Ausschalen kostet (9 bis 14) h Facharbeiter.

Nicht inbegriffen ist das Mischen, die Zufuhr, die Stollenreinigung, die Wasserhaltung und das Auswechseln schwieriger Einbauten.

1688. Glättung der betonierten Druckstollenleibung.

Im Druckstollen des Kraftwerkes Arnstein wurden für das Auffüllen von Nestern nach der Ausschalung je Quadratmeter Leibungsfläche 4 bis 6 kg Zement verbraucht. Arbeitsaufwand: 0,5 h Maurer (Akkordlohn).

1689. 1 qm Glattschliff im Stollen.[194]

0,15 h Aufseher + 2 h Maurer + 0,3 h Schlepper + 16 kg Zement + 0,03 rm Sand.

1690. 1 cbm Stollenausmauerung, überschlägig.[194]

1,1 h Aufseher + 8 h Maurer + 10 h Hilfsarbeiter + 6 h Schlepper + (10 bis 15)% der Löhne bei starkem Wasserandrang + 250 kg Zement + 1,3 rm Zuschlagstoffe + 3 qm Schalung.

1691. Torkretarbeiten im Stollen.

a) Druckstollen des Kraftwerkes Arnstein der Teigitschwerke.

Putz wurde in Schichten von 0,5 bis 1,5 cm Stärke aufgetragen. Das Auftragen von Putz in der Stärke von 2 cm erforderte an Löhnen 2 h.

Bei anderen Arbeiten sind durchschnittlich, einschließlich aller Aufenthalte und Nebenarbeiten im Stollen stündlich mit dem Normalgerät N 1 0,28 cbm Beton geleistet worden.

Die Bedienung des Gerätes erforderte: 1 Düsenführer, 1 Leuchter, 1 Maschinisten, 2 Männer für die Zufuhr und 3 Männer für das Mischen am Stollenfenster.

Preßluft und Preßwasser von 2 bis 3,5 atü stand zur Verfügung.

Infolge des Rückpralls und der Verdichtung betrug die Ausbeute nur 0,50 und der Rückprall verbesserte das ursprüngliche Mischungsverhältnis von 1 : 3 auf 1 : 2.

b) Druckstollen „Rempen-Siebnen".

Eine 7 cm starke Torkretschale mit 500 kg Zement je Kubikmeter Beton kostete ohne Bewehrung je Quadratmeter 26,05 schw. Fr.

100 kg Bewehrung, fertig verlegt, kostete 56 schw. Fr.

1692. Hinterpressen von Druckstollen.

a) Cobble-Mountain-Kraftwerk:[85]

Einpreßlöcher nur im Scheitel etwa alle 6 m. Einpreßdrücke 0,7 bis 10,5 atü. Eingepreßt wurde reine Zementmilch. Gesamtzahl der Einpreßlöcher im 2160 m langen Stollen: 454. Gesamte eingepreßte Zementmilch: 288 cbm oder 0,133 cbm je Meter Stollen.

Die Hinterpressung kostete durchschnittlich je Meter Stollen 24,10 RM.

b) Druckstollen des Kraftwerkes Arnstein an der Teigitsch:

In besseren Strecken wurden etwa 100 kg Zement je Meter Stollen, in schlechten Strecken so lange eingepreßt, bis kein Beton mehr eindrang.

Durchschnittlicher Verbrauch je Meter Stollen: 170 kg Zement + 0,195 rm Wellsand.

c) Druckstollen „Im Schräh" des Wäggitalwerkes:

Lichte Weite 3,60 m. Je Meter Stollen 1,80 Stück Einpreßlöcher; eingepreßt wurden je Meter Stollen 250,7 kg Zement und 139,7 l Feinsand.

Kosten je Meter Stollen: 46,75 schw. Fr.

d) Druckstollen „Rempen-Siebnen" des Wäggitalwerkes:

Lichte Weite 3,60 m. Je Meter Stollen 1,06 Stück Einpreßlöcher; eingepreßt wurden je Meter Stollen 122,3 kg Zement und 121,1 l Feinsand.

Kosten je Meter Stollen: 31,5 schw. Fr.

1693. Kosten von Stollen für die Leitung von Wasser.

Grundlagen: Preisverhältnisse 1925, 1 Facharbeiterstunde 0,80 RM, 1 t Zement 50 RM.[7]

Anlage	Gestein	Querschnittsform und Auskleidung	Stollenlänge	Wasserdruck an der Sohle (Fr. = Freispiegelstollen)	Ausbruchquerschnitt	Stollenquerschnitt	Kosten RM	
			m		qm	qm	je m Stollen	je cbm Stollenlichtraum
Münchner Wasserleitung	Nagelfluh und Mergel	Hufeisen, Betonauskleidung	530	Fr.	4,5	2,4	321	133
Brennerwerke	Dolomit, Kalk	Rechteck mit gewölbter Sohle und Decke, Granitmauerwerk	560	Fr.	7,5	4,2	464	110
Kocher-Kraftwerk	Mergel, Muschelkalk	Ei, Betonauskleidung	1020	Fr.	10,0	7,2	442	62
Stollen in Thüringen	Tonschiefer, Grauwacke	Kreis, Betonauskleidung	650	8,2	13,0	9,0	647	72
Walchenseewerk, Stollen Wallgau	Rauhwacke, Dolomit	Haube, Betonauskleidung	1550	Fr.	16,3	12,3	645	52
Walchenseewerk, Kesselbergstollen	Hauptdolomit	Kreis, Beton	1170	14,5	26,0	18,6	1538	82
Alzwerke Hirten-Holzfeld	Kies und Nagelfluh	Rechteck, oben Halbkreisgewölbe, Beton	1530	Fr.	46,0	29,0	1830	63

1694. Druckstollen der Wäggitalwerke.

Lichte Weite 3,60 m. Stärke der Auskleidung 0,2 bis 0,5 m.
Baukosten ohne Torkretarbeiten und ohne Hinterpressung, je Meter Stollen:

„Im Schräh"	870	schw. Fr.
„Rempen-Siebnen"	908,20	„ „

1695. Druckstollen des Kraftwerkes Arnstein.[132]

Gestein: Gneis mit Übergängen zu Glimmerschiefer, stellenweise Amphibolit und Riesenkorngneis. Vortrieb 4,70 qm, Ausbruchquerschnitt = 7 qm + 34,5% Mehrausbruch = 9,45 qm. Dynamitverbrauch: Vortrieb 3,11 kg/cbm, Ausweitung 0,76 kg/cbm. Bohrlochlänge: Vortrieb 16,95 m/m Vortrieb, 15,1 Löcher je 1,12 m lang, Bohrlochwirkungsgrad 0,64. Bohrerschneidenverbrauch 2,4 bis 3,6 Stück/m Bohrloch.

Vortriebsquerschnitt: Sollquerschnitt 1,8 × 1,8 m, 0,25 m Mehrausbruch, daher 3,30 qm, tatsächlicher Vortriebsquerschnitt 4,70 qm.

Akkordlöhne für 1 m Stollenvortrieb:

bei einer Förderweite von	0—400	400—600	über 600 m
„ weichem Gestein	98	110,5	123 h Hilfsarbeiter
„ hartem „	119	131,5	144 „ „

Das Gestein wurde als weich bezeichnet, wenn für 1 m Vortrieb weniger als 14 m Bohrloch erforderlich waren.

Eine 14tägige Gesamtvortriebsleistung von mehr als 36 m wurde mit 140 h Hilfsarbeiterlohn belohnt. Eine Akkordgruppe bestand aus 3 Mineuren und 6 Schleppern. Tatsächlicher Arbeitsaufwand 14 h Hilfsarbeiter je Kubikmeter Vortrieb.

Vollausbruch auf 9,45 qm:

Für 1 rm Ausweitung wurden bezahlt:

für Bohren, Schießen, Schuttern und Fördern bis auf 150 m 7 h Hilfsarbeiter;
für je weitere 400 m Förderung ein Zuschlag von 1,8 h Hilfsarbeiter;
für 1 cbm Ausweitung an der Sohle: Zuschlag 100%.

Von den bezahlten Löhnen entfielen beim Vortrieb:

auf den eigentlichen Vortrieb samt Förderung	75%
„ „ Drängraben und Vollendungsarbeiten	2%
„ Gleislegen, Legen von Rohrleitungen	1%
„ den Einbau (Zimmerung)	3%
„ die Wasserhaltung	4%
„ Arbeiten außerhalb des Stollens (Schmiede usw.)	15%

Vollausbruch:

auf die Ausweitung samt Fördern	82%
„ Arbeiten außerhalb des Stollens	18%

Lohnaufwand je Kubikmeter Ausbruch bzw. Beton.

Arbeiter		Vortrieb	Ausweitung	Betonierung
Vorarbeiter	h	1,20	1,00	1,40
Mineure	„	8,60	8,70	3,10
Schlepper	„	9,40	18,80	10,00
Schlosser, Maschinisten	„	1,50	1,50	1,30
Hilfsarbeiter	„	3,10	2,00	18,50
Schmiede	„	1,50	1,00	—
Zimmerer	„	—	—	1,00
Betonarbeiter	„	—	—	4,70
Tatsächliche Zahl der Arbeitsstunden		25,30	23,00	40,00
Überverdienst (wegen Akkord)	h	12,00	7,00	7,50
Lohnstunden (bezahlte)		37,30	30,00	47,50
Umrechnungsfaktor auf Hilfsarbeiterstunden		1,39	1,33	1,24
Hilfsarbeiterlohnstunden		52,00	40,00	59,00
Verhältnis von Lohn zu Stoff		70 : 30	82 : 18	73 : 27

Aufwand an Baustoffen und Hilfsstoffen je Kubikmeter Ausbruch bzw. Beton.

Stoffe		Vortrieb 4,7 cbm/m	Ausweitung 4,7 cbm/m	Beton 4,1 cbm/m
Portlandzement	kg	—	—	200
Rundholz	cbm	0,0473	0,0400	0,0140
Schnittholz	,,	0,0292	0,0384	0,0745
Sprengmittel	kg	2,96	0,81	—
Zündschnur	m	5,35	7,97	—
Kapsel Nr. 6	Stück	3,92	5,65	—
Bohrstahl	kg	0,562	0,153	—
Eisenklammern	,,	0,301	0,267	0,091
Schutterbleche	,,	0,453	—	—
Nägel und Draht	,,	0,009	0,016	0,317
Ersatzteile für Bohrhammer u. Maschinen	,,	0,073	0,021	0,50
Schmiedekohle	,,	5,0	3,0	—
Öle, Fette, Putzmittel	,,	0,695	0,317	0,260
Karbid	,,	0,512	0,425	0,720
Dichtungen für Pumpen	,,	0,007	0,006	0,009
Rundstahl	,,	—	—	1,58

1696. Druckstollen des Kraftwerkes Partenstein.[132]

Vortriebsquerschnitt 8 qm.

Auf Grund von genauen Beobachtungen sind die folgenden Normalgrößen für verschieden hartes Gestein festgesetzt worden, wobei die Gesteinshärte durch die Bohrgeschwindigkeit festgelegt worden ist:

Bohrgeschwindigkeit	2,5	3,0	4,0	5,0	6,0	cm/min
Arbeitsstunden je Kubikmeter	20,6	20,2	19,4	18,5	17,5	h Hilfsarbeiter
Dynamitverbrauch je Kubikmeter	3,0	2,8	2,6	2,37	2,25	kg

Allfällige Ersparnisse sind als Prämien ausgezahlt worden. Tatsächlich vorgekommene Bohrgeschwindigkeiten: 0,9 bis 17 cm/min.

Überdies sind Reinprofilprämien ausgezahlt worden. Für jeden Kubikmeter Unterschreitung des Ausbruches von 10,6 cbm/m sind 24 Mineurstunden bezahlt und dadurch eine Betonersparnis von 0,65 cbm je Meter Stollen erzielt worden.

Ausweitung jener Strecken, die ursprünglich mit 5 qm vorgetrieben wurden, auf mindestens 8,0 qm. Es wurden vergütet (Akkord):

für das Abbohren von 1 m Bohrloch 2 h Mineur;
,, ,, Laden, Schießen und Fördern je Kubikmeter festen Gesteins 9,2 h Hilfsarbeiter.

Lohnaufwand je Kubikmeter Ausbruch bzw. Beton.

Arbeiter		Vortrieb	Ausbruch	Betonierung
Vorarbeiter	h	1,08	1,10	1,84
Mineure	,,	8,20	6,80	3,75
Schlepper	,,	9,60	3,20	0,18
Schlosser, Maschinist	,,	1,42	1,20	4,10
Hilfsarbeiter	,,	0,76	—	18,10
Schmiede	,,	1,66	1,50	—
Zimmerer	,,	0,48	—	4,06
Betonierer	,,	—	5,00	10,75
Tatsächliche Zahl der Arbeitsstunden	h	23,20	18,80	42,78
Überverdienst wegen Akkord		3,80	2,20	2,22
Lohnstunden (bezahlte)		27,00	21,00	46,00
Umrechnungsfaktor auf Hilfsarbeiterstunden		1,39	1,33	1,24
Hilfsarbeiterlohnstunden		38,00	28,00	57,00
Verhältnis von Lohn zu Stoff		71 : 29	75 : 25	74 : 26

Aufwand an Baustoffen und an Hilfsstoffen je Kubikmeter Ausbruch bzw. Beton.

Stoffe		Vortrieb 8,0 cbm/m	Ausbruch 3,0 cbm/m	Beton 4,3 cbm/m
Portlandzement	kg	—	—	225
Rundholz	rm	0,007	—	—
Schnittholz	cbm	—	—	0,0265
Sprengmittel	kg	2,38	1,37	—
Zündschnur	m	5,04	6,20	—
Kapsel Nr. 6	Stück	3,61	10,00	—
Bohrstahl	kg	0,249	0,13	—
Stahlklammern	,,	0,01	—	0,75
Nägel und Draht	,,	0,0057	—	0,315
Schmiedekohle	,,	4,22	4,15	—
Öle, Fette, Putzmittel	,,	0,271	0,23	0,29
Benzin	,,	0,313	0,14	0,72
Karbid	,,	0,943	0,70	1,10

1697. Kosten der Druckstollen in Arnstein und Partenstein je Kubikmeter (1925).

Druckstollen	Arnstein			Partenstein		
Kubikmeter je Meter Stollen	Vortrieb 4,70	Ausbruch 4,70	Beton 4,10	Vortrieb 8,0	Ausbruch 3,0	Beton 4,3
Lohn (ohne Inventarpauschale S)	52,—	40,—	59,—	38,—	28,—	57,—
Baustoffe (Zentralregie ,,)	21,40	9,—	21,50	15,60	9,50	20,10
Summe (und Gewinn ,,)	73,40	49,—	80,50	53,60	37,50	77,10
Verhältnis von Lohn zu Material	70 : 30	82 : 18	73 : 27	71 : 29	75 : 25	74 : 26

1698. Freispiegelstollen des Mallnitz-Kraftwerkes.[80]

Länge 2600 m; Gefälle $i = 0{,}0009$. Vortriebsquerschnitt 5 qm. Querschnitt: nahezu kreisrund, größte Fülltiefe 1,67 m. Ausmauerung: 20 bis 35 cm stark. 2 Flottmann-Bohrhämmer Type B.

Gestein		Kalkphyllit	Kalkphyllit Kalk-Glimmerschiefer	Kalkglimmerschiefer	Quarzit	Augengneis	Kalkglimmerschiefer und kristallinischer Kalk	Mylonitische Randzone
Mittlerer Fortschritt je Schicht (8 h)	m	1,07	1,13	0,83	0,49	0,62	0,99	0,42
Zimmerung, Kappen je Meter Stollen	Stück	0,33	0,12	0	0	0	0,15	0,84
Mittlerer Fortschritt je Angriff	m	1,10	1,15	0,91	0,68	0,73	1,00	0,73
Bohrlochlänge je Meter Stollen	,,	15,9	15,8	21,3	23,6	23,2	25,10	15,2
Bohrerschneiden je Meter Bohrloch	Stück	1,86	1,78	2,53	6,23	3,73	1,92	1,32
Bohrerstahl je Meter Bohrloch	kg	0,057	0,053	0,076	0,207	0,112	0,058	0,040
Dynamit je Meter Stollen	,,	10,45	9,80	11,44	14,08	13,78	13,45	8,58
Dynamon je Meter Stollen	,,	0,61	1,45	2,55	2,30	2,68	0,12	1,93
Kapsel	Stück	13,7	13,02	17,4	25,7	21,34	16,2	18,8
Zündschnur je Meter Stollen	m	22,2	20,6	27,9	42,7	33,82	27,2	24,50

1699. Freispiegelumlaufstollen an der Koberbachtalsperre.[79]

Kreisquerschnitt, Durchmesser 3,1 m, 150 m lang. Wandstärke 40 cm. Gestein: Rotliegendes. Tagesleistung je Schicht: 1,85 m.

Firststollenvortrieb mit nachfolgender Erweiterung, mittelschwere Zimmerung.

Mauerwerk: Beton aus 0,7 RT-Zement + 0,3 Thurament + 3 Sand + 4 Kies, Scheitel als Klinkerkappe. Betonflächen mit Torkretputz. Tagesleistung beim Ausbau je Schicht: 1,25 m.

Kosten: Ausbruch, einschließlich Zimmerung und aller Nebenarbeiten: 535 RM/m.

Betriebsfertige Stollenauskleidung: 375 RM/m. Zusammen: 910 RM/m.

E. Sonstige Bauwerke.

1700. **Wasserbremsen von A. Romshorn.**[212] (Abb. 182.)

Das Einlegen eines hölzernen Bremsbalkens von 3 m Länge in die vorbereiteten Lagernischen erfordert 1,5 h Facharbeiter.

1701. **Seilschrapperanlage für die Räumung von Klärbecken.**[250]

Im Betrieb 300 Tage/Jahr. Schrappweg 60 m, Beckenlängen 3 × 80 = 240 m.

Anschaffungspreis: 15500 RM. Nutzungsdauer: 5 Jahre.

Instandhaltung, Schmierung: 5% des Anschaffungspreises. Antrieb je 8h: 40 kW = 320 kWh/8 h Tag. Bedienung: 5 Männer je Schicht (1 Haspelführer, 1 Mann an der Füllöffnung der Ladeschure, 3 Mann für den Transport der Seilbahnkästen zwischen Ladestelle und Seilbahnstation). Tägliche Leistung: 124 rm.

Abb. 182. Wasserbremse von A. Romshorn.

1702. **Grobrechen am Einlaufe des Kraftwerkes Pernegg an der Mur.**

6 Felder, je 9,10 m lang, 3,775 m hoch, mit Stäben aus 80 mm Gasrohren.

Gewicht je Feld: 3,35 t oder je Quadratmeter: 98 kg.

1703. **Feinrechen: Preise ab Werk.**

a) Kraftwerk Pernegg: 3 × 2 Felder, Gesamtlänge 3 × 8,50 m, schräge Höhe 8,3 m. Stabquerschnitt 60 × 6 mm, Lichtweite 40 mm.

Gewicht des Rechens ....17000 kg

„ der Unterstützung ..... 9750 „

Preis ab Werk (1926) Rechen	GS	11000	oder	646	GS/t;	6600	RM	oder	388 RM/t
„ „ „ (1926) Unterstützung ...	„	5940	„	610	„ ;	3560	„	„	365 „

b) Kraftwerk Mixnitz: 2 Felder, Gesamtlänge 2 × 8,50 = 17 m, schräge Höhe 7,50 m, Lichtweite 70 mm.

Gewicht des Rechens ohne Unterstützung: 16500 kg.

Preis ab Werk (1930): 13500 S = 10500 GS oder 635 GS/t, 6450 RM oder 390 RM/t.

1704. **Rechenputzmaschinen von J. M. Voith.**

Putzbreite	m	2,0	2,8
Gewicht	kg	6600	
Preis ab Werk	S	30800 (1930)	42000 (1927)
„ „ „	RM	14700	25200

1705. **Elektrische Rechenheizung. Energieaufwand.**

Bei den elektrisch geheizten Rechen der steirischen Wasserkraftanlagen werden je Quadratmeter geheizter Rechenfläche (0,5 bis 1) kW gerechnet. Bei neueren schwedischen Anlagen verbraucht die Rechenheizung je Quadratmeter nur mehr (0,15 bis 0,25) kW.

Wenn die Rechenstäbe stets unter Wasser liegen, also keine Wärme ausstrahlen können, braucht die Rechenheizung nur in seltenen Ausnahmsfällen betätigt werden.

1706. **Elektrische Rechenheizung.** Preise ab Werk.

Kraftwerk Pernegg: Geheizte Fläche 2 × 2 Felder, (2 × 8,50) × 8,30 m = 141 qm.

Preis der kompletten elektrischen Rechenheizeinrichtung, einschließlich des Heizspannungswandlers (1926): 16500 GS; 9900 RM oder 70,30 RM/qm.

Kraftwerk Mixnitz: Geheizte Fläche: die obere Rechenhälfte in voller Breite = (2 × × 8,50 m) × 3,75 = 63,7 qm.

Einrichtung an den Rechenstäben zur elektrischen Heizung: Gewicht 1050 kg.

Preis (1930): 4750 S = 3560 GS oder 3390 GS/t; 2260 RM oder 2150 RM/t.

Elektrischer Teil, einschließlich Heizspannungswandler (1930): 11500 S = 8630 GS; 5470 RM.
Zusammen: 16250 S = 12200 GS; 7750 RM oder 122 RM/qm.

1707. Rechenbeheizung durch Kühlwasser der Spannungswandler.[75]

Beim Kraftwerk Lilla Edet sind an die Stirn der Rechenstäbe $^3/_4$-zöllige Rohre aufgeschweißt, die oben und unten an weite Rohre zur Zu- und Ableitung des Heizwassers verbunden sind. Zur Heizung wird das warme Kühlwasser der Spannungswandler verwendet, das gleichzeitig abgekühlt wird. Auf diese Weise werden Betriebskosten der Rechenheizung vollkommen vermieden und es fällt besonders ins Gewicht, daß gerade in der Zeit größten Energieverlangens keine Nutzenergie für die Rechenheizung verwendet wird. Die Einrichtung hat sich bisher vollauf bewährt.

1708. Entsander, Bauart Dufour.[280]

1. Entsander des Etschwerkes Töll bei Marling (nächst Meran).

Infolge des starken Sandgehaltes des Wassers sind die Turbinen rasch abgenützt worden, der Wirkungsgrad sank und die mögliche Jahreserzeugung ging um 5,66% zurück. 1930 wurde ein zweikammeriger, 75 m langer Entsander eingebaut, wobei eine Kammer in den bestehenden Stollen, die zweite in einem neuhergestellten Stollen eingebaut wurde. Die Ableitung des Sandes erfolgt ebenfalls durch einen 150 m langen Stollen. Jede Kammer ist für 37 cbm/sec bemessen. Infolge des Einbaues des Entsanders stieg die erzeugbare Jahresarbeit um 10735800 kWh.

Vor Einbau des Entsanders erforderten die 4 Turbinen innerhalb von 3 Jahren 800000 Lire Instandhaltungskosten, also je Jahr 266700 Lire, gleich 60000 RM je Jahr (1 Lire = 0,225 RM). Nach Einbau des Entsanders werden diese Instandsetzungskosten erst nach Ablauf von 10 Jahren erforderlich werden, also je Jahr nur 80000 Lire, gleich 18000 RM betragen.

Der Entsander, der unter Aufrechterhaltung des Betriebes erbaut werden mußte, kostete einschließlich der Lizenzgebühren und der Kosten des Entwurfes 2000000 Lire, gleich 450000 RM.[281] Die Jahresauslagen für den Entsander betragen 10% der Baukosten (Verzinsung 5%, Tilgung 2%, Abschreibung 2%, Instandhaltung 1%), also 45000 RM.

Wird die Kilowattstunde mit 0,03 RM bewertet, so betragen die Mehreinnahmen

infolge des Einbaues des Entsanders 10735800 kWh × 0,03 RM = ...	RM 222074
die jährlichen Ersparnisse an Instandhaltungskosten 60000 — 18000 = ...	„ 42000
zusammen	RM 264074
hievon ab die Jahresauslagen	„ 45000
bleiben als Erfolg des Entsandereinbaues jährlich	RM 219074

Der Einbau des Entsanders war also außerordentlich gewinnbringend.

2. Entsander des Kraftwerkes Senales.[281]

Zwei Kammern für je (5 bis 6) cbm/sec, eingebaut in das ehemalige Klärbecken am Wehr. Kosten 120000 Lire = 27000 RM.

3. Entsander eines Kraftwerkes im Eggental bei Bozen.[281]

Eine Kammer für 2 cbm/sec, eingebaut in einem bestehenden Stollen, kostete 20000 Lire = 4500 RM.

F. Das Maschinenhaus.

1709. Normen, betreffend Wasserturbinen.

DIN 33. Blatt 1 bis 5. Bezeichnungen, Freistrahlturbinen, stehende Turbinen, liegende Turbinen, liegende Kesselturbinen, liegende Spiralturbinen.
DIN 1946. Regeln für Abnahmeversuche an Wasserkraftmaschinen.
ČSN 1021. Lieferung und Abnahmeprüfung von Wasserturbinen.

1710. Auswahl der Turbine.

Bei einer Fallhöhe H m, einer Drehzahl n und einer größten Aufschlagwassermenge Q cbm/sec je Turbine beträgt der Drehwert

$$n_s = n\sqrt{\frac{10Q}{H^{\frac{3}{2}}}}.$$

Einem $n_s = 4$	bis 30	entspricht eine	Peltonturbine mit einer Düse,
$n_s = 30$	„ 70	„ „	„ „ mehreren Düsen,
$n_s = 50$	„ 125	„	ein Francis-Langsamläufer,
$n_s = 125$	„ 200	„	„ „ -Normalläufer,
$n_s = 200$	„ 350	„	„ „ -Schnelläufer,
$n_s = 350$	„ 500	„	„ Hochschnelläufer,
$n_s = 500$	„ 1000	„	eine Kaplan-Turbine,
$n_s = 400$	„ 800	„	„ Propellerturbine.

Bei z Laufrädern auf einer Welle oder z Düsen beträgt der Drehwert je Laufrad oder Düse

$$n_{sz} = \frac{n_s}{\sqrt{z}}.$$

1711. Das Gewicht von Francis-Turbinen.

Bei einer Fallhöhe H m, einer Drehzahl n, einer Aufschlagwassermenge Q cbm/sec, für die die Turbine entworfen ist (bei Francis-Turbinen meist $^3/_4$ der größten Beaufschlagung) und einem Drehwert n_s (vgl. Nr. 1710) beträgt der Eintrittsdurchmesser D_1 in Meter

$$D_1 = (42{,}21 + 0{,}111\, n_s)\frac{\sqrt{H}}{n} = \left(\frac{42{,}21}{n} + 0{,}111\sqrt{\frac{10\,Q}{H^{\frac{1}{2}}}}\right)\sqrt{H}$$

und weiter, weil die Leistung bei der Entwurfsbeaufschlagung $N = 10\,Q\,H$ PS oder auch meist $0{,}75\,N_{\max}$ beträgt,

$$D_1 = \left(\frac{42{,}21}{n} + \frac{0{,}111}{H}\sqrt{N}\right)\sqrt{H}.$$

Das Gewicht G der Francis-Turbinen in Tonnen kann als Funktion des Eintrittsdurchmessers D_1 ausgedrückt werden;

es beträgt bei Schachtturbinen, einfach stehend .... $G = 3{,}25\,D_1^{1{,}87}$,
„ „ , „ liegend .... $G = 3{,}75\,D_1^{1{,}87}$,
„ Kesselturbinen, „ „ .... $G = 7{,}90\,D_1^{1{,}87}$,

gültig für D_1 zwischen 0,5 und 2,5 m.

1712. Gewichte von Vollturbinen, einschließlich des Reglers und Absperrschiebers und des sonstigen Turbinenzugehörs.

Bei einer Fallhöhe von H m und einer Höchstleistung von $N > 1500$ PS beträgt das Gesamtgewicht G in Tonnen:

a) Francis-Einradspiralturbinen:

$$G = (0{,}045 \text{ bis } 0{,}055)\,\frac{N}{H^{\frac{1}{2}}},$$

b) Francis-Turbinen für den Einbau in Betonspiralen:

$$G = (0{,}6 \text{ bis } 0{,}7)\,\frac{N}{H^{\frac{3}{2}}},$$

c) Kaplan- und Propellerturbinen für den Einbau in Betonspiralen:

$$G = (1{,}5 \text{ bis } 1{,}7)\,\frac{N^{\frac{3}{4}}}{H^{\frac{9}{8}}}.$$

1713. Kosten vollständiger Vollturbinen, einschließlich des Reglers, des Absperrschiebers und des sonstigen Zugehörs und der Montage, bei einem Gesamtgewicht von G kg und Höchstleistungen von 1500 PS aufwärts:

a) Francis-Einradturbinen für den Einbau in Betonspiralen oder im Spiralgehäuse:

$$K = (13000 + G) \text{ RM}.$$

b) Propeller-Einradturbinen für den Einbau in Betonspiralen:

$$K = (19000 + G) \text{ RM}.$$

c) Kaplan-Turbinen für den Einbau in Betonspiralen:

$$K = (30000 + G) \text{ RM}.$$

1714. Gewichte von vollständigen Freistrahlturbinen, einschließlich Regler, Absperrschieber und sonstigem Turbinenzugehör.

Bei einer Fallhöhe H m, einer Drehzahl n und einer Höchstleistung von $N > 1500$ PS beträgt das Gewicht in Tonnen:

$$G = \alpha \left[40 \frac{\sqrt{H}}{n} + 1{,}8 \sqrt{\frac{N}{H^{\frac{3}{2}}}} \right]^{1{,}85}$$

und es beträgt bei Turbinen mit 1 Düse $\alpha = 2{,}2$ 2 Düsen $\alpha = 2{,}8$
3 Düsen $\alpha = 3{,}2$ 4 „ $\alpha = 3{,}6$

1715. Kosten vollständiger Freistrahlturbinen, einschließlich Regler, Absperrschieber und sonstigem Turbinenzugehör und Montage.

Bei einer Fallhöhe H m, einer Drehzahl n und der Höchstleistung $N > 1500$ PS kostet die Turbine

$$K = \alpha \left[40 \frac{\sqrt{H}}{n} + 1{,}8 \sqrt{\frac{N}{H^{\frac{3}{2}}}} \right]^{1{,}55} \text{RM}$$

und es beträgt bei Turbinen mit 1 Düse $\alpha = 5400$ 2 Düsen $\alpha = 6900$
3 Düsen $\alpha = 7900$ 4 „ $\alpha = 8800$

1716. Francis-Turbinen mit 2 Laufrädern kosten bei gleicher Leistung um (20 bis 25)% mehr als Einradturbinen.

1717. Die Montagekosten einer Turbine betragen (10 bis 15)% des Preises der Turbine ab Werk.

1718. Kostenvergleich zwischen Kaplan-Turbine und Propellerturbine bei gleicher Fallhöhe und gleicher Leistung:

bei einer Leistung von	PS	1500	3000	4500	9000
ist die Kaplan-Turbine um	%	25—45	15—22	16	10

teurer als die Propellerturbine. [Nach 7]

1719. Kostenvergleich zwischen Turbinen in Betonspirale und Spiralgehäuse.

Bei gleichem Gefälle und gleicher Leistung kostet eine Francis-Spiralturbine um (85 bis 92)% mehr als eine Francis-Turbine für Einbau in eine Betonspirale.

1720. Turbinen, einschließlich Regler, Saugrohransatz, 1 Schütze und dem entfallenden Rechen. Schätzpreise (1927) je PS ab Werk:[264]

Gefälle	Leistung	Bis 50 PS	50 bis 100 PS	100 bis 500 PS	500 bis 1000 PS	1000 bis 3000 PS	3000 bis 5000 PS
1—10 m	Lotrechte Einfachturbine...	240	160	130	40	30	25
	Waagrechte Einfachturbine.	220	150	120	40	30	25
	„ Zwillingsturbine	300	140	120	40	30	25
	„ Spiralturbine ..	180	150	130	55	45	40
	Lotrechte Spiralturbine	—	—	120	50	40	30
10—20 m	Lotrechte Spiralturbine	—	—	95	40	35	30
	Waagrechte Spiralturbine ..	150	130	100	45	40	35
20—50 m	Waagrechte Spiralturbine ..	110	80	55	40	30	20
	Lotrechte Spiralturbine	—	—	—	35	25	20
	Freistrahlturbine	75	70	50	35	18	12

Für den Zusammenbau: Facharbeiter 10% + Hilfsarbeiter 5% der Kosten ab Werk.

1721. Francis-Turbinen für den Einbau im offenen Schacht.

Spezifische Drehzahl $n_s = 260$ bis 440. Gewichte und Preise (1931) von Schnelläufer-Francis-Turbinen mit stehender bzw. liegender Welle, nach J. M. Voith, Heidenheim.

Bauart	Stehende Welle						Liegende Welle			
Laufraddurchmesser	750 mm	1000 mm	1300 mm	1600 mm	2000 mm	2500 mm	300 mm	500 mm	700 mm	900 mm
Gewicht .... kg	2000	3650	5400	7550	11600	19500	1000	1625	2750	4500
Preis ab Werk . RM	2850	4325	6000	7900	11750	19500	2300	3200	4750	7100
Preis je kg ..... „	1,43	1,18	1,11	1,05	1,01	1,—	2,30	1,97	1,73	1,58

1722. Krafthaus für Fallhöhen zwischen 2 und 30 m, Bauart Hallinger, aus Stampfbeton, für Turbinen mit liegender Welle, samt Leerlauf und Hochbau, aber ohne Maschinen und Installationen. Preise aus dem Jahre 1914, laut Abb. 183.[201]

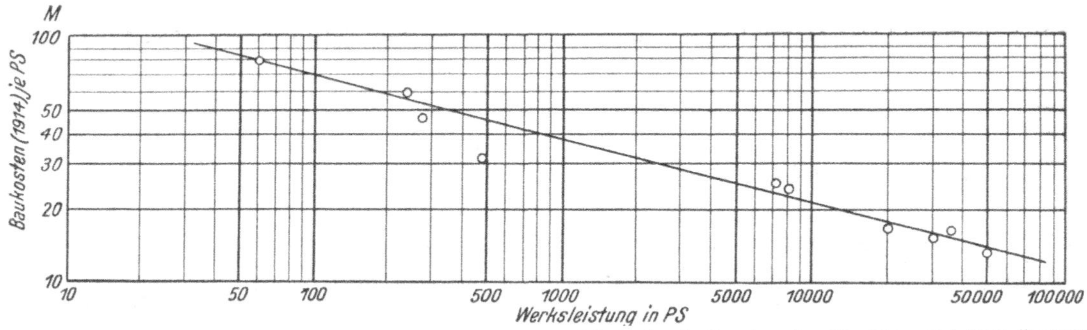

Abb. 183. Baukosten von Krafthäusern, Bauart Hallinger, einschließlich des Leerlaufes, aber ohne Maschinen und deren Zugehör. (Nach Angaben in[201].)

1723. Handlaufkrane. Abmessungen. Abb. 184.

Tragkraft t	Spannweite s m	Richtmaße in mm A	B	C	D/D₁	Radstand m	Raddruck t	Gewicht t	Preis RM
	6	960		180		1,6	1,40		
	8	990		210		1,7	1,50		
	10	1030		250		1,8	1,73		
2	12	1080	180	300	600/400	1,9	1,95		
	14	1120		340		2,0	2,20		
	16	1170		390		2,1	2,40		
	18	1210		430		2,2	2,70		
	6	1030		175		1,7	1,90		
	8	1080		225		1,8	2,05		
	10	1110		255		1,9	2,30		
3	12	1185	190	330	650/400	2,0	2,55		
	14	1225		370		2,1	2,80		
	16	1275		420		2,2	3,05		
	18	1315		460		2,3	3,30		
	6	1135		205		1,8	2,40		
	8	1185		255		1,9	2,60		
	10	1215		295		2,0	2,90		
4	12	1265	190	345	700/450	2,1	3,10		
	14	1305		385		2,2	3,43		
	16	1355		435		2,3	3,70		
	18	1395		475		2,4	3,95		
	6	1210		210		1,8	3,00		
	8	1260		260		1,9	3,13		
	10	1290		290		2,0	3,50		
5	12	1340	200	340	725/500	2,1	3,75		
	14	1380		380		2,2	4,00		
	16	1430		430		2,3	4,30		
	18	1470		470		2,4	4,55		
	6	1315		205		1,9	3,50		
	8	1365		255		2,0	3,70		
	10	1395		285		2,1	4,05		
6	12	1445	210	330	750/525	2,2	4,35		
	14	1490		375		2,3	4,65		
	16	1545		430		2,4	4,90		
	18	1585		470		2,5	5,15		

Tragkraft t	Spannweite s m	Richtmaße in mm A	B	C	D/D₁	Radstand m	Raddruck t	Gewicht t	Preis RM
	6	1395		210		1,9	4,25		
	8	1445		260		2,0	4,53		
	10	1475		290		2,1	4,90		
7,5	12	1525	220	340	750/525	2,2	5,20		
	14	1575		390		2,3	5,50		
	16	1635		445		2,4	5,80		
	18	1685		495		2,5	6,10		
	6	1460		290		2,0	5,60		
	8	1510		340		2,1	5,90		
	10	1540		370		2,2	6,20		
10	12	1595	230	425	800/550	2,3	6,50		
	14	1645		475		2,4	6,90		
	16	1700		530		2,5	7,30		
	18	1740		570		2,6	7,55		
	6	1600		270		2,05	6,80		
	8	1650		320		2,15	7,20		
	10	1680		350		2,25	7,60		
12,5	12	1740	240	410	900/600	2,35	8,00		
	14	1790		455		2,45	8,40		
	16	1850		515		2,55	8,60		
	18	1900		565		2,65	9,00		
	6	1715		270		2,15	8,30		
	8	1765		320		2,25	8,65		
	10	1825		380		2,35	9,15		
15	12	1885	250	440	1000/650	2,45	9,55		
	14	1935		490		2,55	9,86		
	16	2050		605		2,65	10,10		
	18	2100		655		2,75	10,40		
	6	2045		300		2,4	10,45		
	8	2105		360		2,4	11,10		
	10	2165		405		2,45	11,70		
20	12	2300	250	540	1100/700	2,5	12,15		
	14	2350		590		2,6	12,50		
	16	2450		690		2,7	12,85		
	18	2500		740		2,8	13,25		

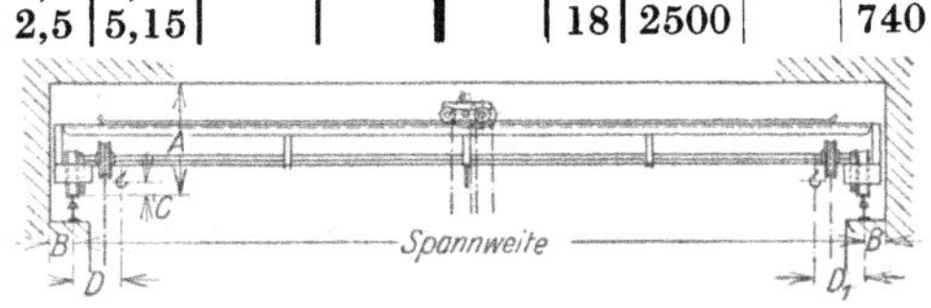

Abb. 184. Handlaufkran.

1724. Hauptabmessungen und Raddrücke für elektrische Laufkrane mit 4 Laufrädern, nach DIN 698. (Deutsche Maschinenfabriks-A. G., Duisburg.) Abb. 185.

Tragkraft	Stützweite	Kleinstmaß	Richtmaße							Raddruck	Schienenkopfbreite	Gewicht des Laufkranes	Richtpreis
	s	*a*	*b*	*c*	*d*	*e*	*g*	Radstand *h*	*k*				
t	m	mm	mm	mm	mm	mm	mm	mm	mm	t	mm	t	RM
	10							2400		6,0	45		
	12							2500		6,3	45		
	14	1500		400				2600		6,5	45		
	16							2700		6,8	45		
	18							2800		7,1	45		
5	20		200		850	750	400	3000	500	7,5	45		
	22							3200		7,8	55		
	24							3400		8,2	55		
	26	1700		300				3600		8,5	55		
	28							3800		8,8	55		
	30							4000		9,0	55		
	10							2600		7,5	45		
	12							2600		7,8	45		
	14	1700		400				2600		8,1	55		
	16							2700		8,5	55		
	18							2800		8,8	55		
7,5	20		220		900	800	400	3000	550	9,2	55		
	22							3200		9,5	55		
	24							3400		9,9	55		
	26	1800		300				3600		10,3	55		
	28							3800		10,8	55		
	30							4000		11,3	55		
	10							2800		9,0	55		
	12							2800		9,4	55		
	14	1800		400				2800		9,7	55		
	16							2800		10,1	55		
	18							2800		10,4	55		
10	20		230		950	1000	400	3000	600	10,9	55		Preis eines vollständigen Laufkranes (800 bis 900) RM je Tonne
	22							3200		11,3	65		
	24							3400		11,8	65		
	26	1900		300				3600		12,2	65		
	28							3800		12,8	65		
	30							4000		13,4	65		
	10							3200	600	12,2	55		
	12							3200	600	12,7	55		
	14	2100		400				3200	600	13,1	55		
	16							3200	600	13,6	55		
	18							3200	600	14,0	55		
15	20		250		1000	1100	500	3200	600	14,6	55		
	22							3200	650	15,2	65		
	24							3400	650	15,7	65		
	26	2200		300				3600	650	16,2	65		
	28							3800	650	16,8	65		
	30							4000	650	17,4	65		
	10							3400		15,3	65	18,5	
	12							3400		15,7	65	20,0	
	14	2300		700				3400		16,0	65	21,5	
	16							3400		16,6	65	23,5	
	18							3400		17,2	65	25,5	
20	20		275		1050	1100	600	3400	650	17,9	65	27,5	
	22							3400		18,5	65	30,2	
	24							3500		19,1	65	32,5	
	26	2400		600				3600		19,7	65	35,0	
	28							3800		20,3	65	37,5	
	30							4000		20,9	75	40,0	

Fortsetzung der Tabelle.

Tragkraft	Stützweite	Kleinstmaß	Richtmaße							Raddruck	Schienenkopfbreite	Gewicht des Laufkranes	Richtpreis
	s	*a*	*b*	*c*	*d*	*e*	*g*	Radstand *h*	*k*				
t	m	mm	mm	mm	mm	mm	mm	mm	mm	t	mm	t	RM
	10								650	20,6		22,9	Preis eines vollständigen Laufkranes (800 bis 900) RM je Tonne
	12								650	21,3		24,5	
	14	2300		700					650	22,0		26,5	
	16								650	22,7		28,5	
	18								650	23,4		30,7	
30	20		300		1200	1150	600	4000	650	24,1	75	33,0	
	22								650	24,8		35,3	
	24								650	25,5		38,0	
	26	2400		600					650	26,1		40,7	
	28								700	26,9		43,5	
	30								750	27,6		46,7	
	10								650	26,4	75	27,4	
	12								650	27,2	75	29,4	
	14	2500		750					650	28,0	75	31,6	
	16								650	28,8	75	33,9	
	18								650	29,6	75	36,3	
40	20		325		1300	1400	600	4000	650	30,4	75	38,6	
	22								700	31,2	75	41,5	
	24								700	32,0	75	44,3	
	26	2600		650					700	32,7	90	47,1	
	28								750	33,5	90	50,2	
	30								800	34,3	90	53,5	
	10								650	31,8	90	32,0	
	12								650	32,8	90	33,8	
	14	2600		800					650	33,7	90	36,1	
	16								650	34,7	90	38,6	
	18								650	35,7	90	41,4	
50	20		350		1400	1500	600	4200	650	36,6	90	44,2	
	22								700	37,5	100	47,8	
	24								700	38,5	100	51,0	
	26	2700		700					700	39,4	100	54,8	
	28								750	40,4	100	58,8	
	30								800	41,3	100	62,8	
	10								650	37,3	100	36,8	
	12								650	38,4	100	39,2	
	14	2800		900					650	39,5	100	42,0	
	16								650	41,2	100	44,8	
	18								650	42,9	100	48,0	
60	20		375		1450	1550	600	4400	650	43,6	100	51,5	
	22								700	44,3	120	55,4	
	24								750	45,5	120	59,4	
	26	2900		800					750	46,5	120	64,0	
	28								750	47,7	120	68,8	
	30								800	48,8	120	73,5	
	10								750	45,0	100	42,3	
	12								750	46,7	100	45,2	
	14	3000		1000					750	48,4	120	48,2	
	16								750	49,9	120	52,2	
	18								750	51,3	120	56,2	
75	20		400		1500	1600	600	4600	750	52,7	120	60,3	
	22								850	54,0	120	65,3	
	24								850	55,4	120	70,3	
	26	3100		900					850	56,7	120	75,5	
	28								850	58,2	120	81,2	
	30								850	59,7	120	86,8	

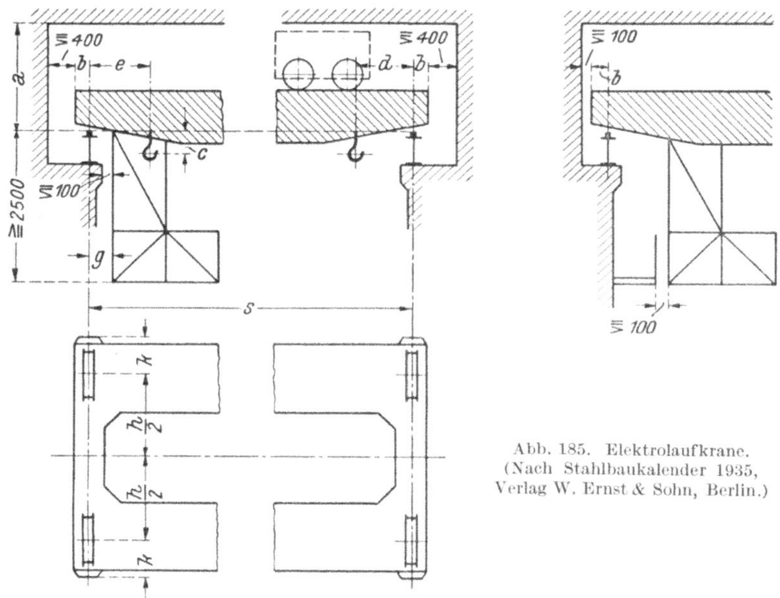

Abb. 185. Elektrolaufkrane. (Nach Stahlbaukalender 1935, Verlag W. Ernst & Sohn, Berlin.)

1725. 1 cbm umbauter Raum* von Maschinenhäusern (1927).[37]

Umbauter Raum ... cbm	10000—25000	25000—50000	über 50000
Preis je Kubikmeter RM	22—24	20,3—22	18,6—20,3

1726. Betriebs- und Verwaltungsgebäude, Werkstätte, Lager, je Kubikmeter umbauten Raumes im Durchschnitt aller dieser Gebäude, einschließlich Beleuchtung, Heizung, Belüftung, Wasserversorgung:[264]

Umbauter Raum	cbm	bis 5000	über 5000
Preis je Kubikmeter	RM	29—31	27—29

1727. 1 m Kabel- oder Rohrkanal aus Beton, die Wände 15 cm, die Sohle 10 cm stark, mit einer Riffelblechplatte in Winkeleisenrahmen gedeckt, einschließlich Aushub und Mischen:

Abmessungen im Lichten, breit/tief.....	cm	20/30	40/50
Maurerstunden		2	3
Hilfsarbeiterstunden		4	5
Für Aufsicht, Geräte, Schalholz	%	15	15
Zement	kg	45	60
Sand und Kies	rm	0,18	0,25
Wasser	l	30	40
Aushub verführen	rm	0,3	0,55

1728. Gummibelag für den Maschinenhausflur, bis 12 mm stark.
Preis je Quadratmeter bei s mm Stärke: $(4{,}5 + 3{,}8\,s)$ RM.

1729. Kosten der Maschinen- und Schalthäuser der Kraftwerke Siebnen und Rempen des Wäggitalwerkes.[304]

a) Siebnen:

Unterbau des Maschinenhauses, 94 kg Rundstahl je Kubikmeter Beton. Je Kubikmeter umbauten Raumes 102,4 schw. Fr./cbm = 88 RM/cbm;

Hochbau des Maschinenhauses 60 kg Rundstahl je Kubikmeter Beton. Je Kubikmeter umbauten Raumes 43,50 schw. Fr./cbm = 38 RM/cbm;

Schalthaus, 66 kg Rundstahl je Kubikmeter Beton:

1 cbm Erdaushub 6,50 schw. Fr./cbm = 5,60 RM/cbm,

* Der „umbaute Raum" reicht von Außenwand zu Außenwand und von der Unterseite des Maschinenhausflurs bis zur halben Dachhöhe. Nicht inbegriffen sind Maschinengrundwerke, Turbinenkammern und Turbinenausläufe.

1 cbm Grundwerksbeton 51,50 schw. Fr./cbm = 45 RM/cbm,
1 cbm Eisenbeton 104,70 schw. Fr./cbm = 91 RM/cbm,
1 cbm umbauter Raum bis Dachgesims 31,25 schw. Fr./cbm = 27 RM/cbm.

b) Rempen.

Maschinenhausunterbau, 68,5 kg Rundstahl je Kubikmeter Beton:
1 rm Erd- und Felsaushub 12,70 schw. Fr./rm = 11 RM/rm,
1 cbm Beton 59,15 schw. Fr./cbm = 51,50 RM/cbm,
1 t Rundstahl, fertig verlegt, 570 schw. Fr. = 495 RM,
1 cbm umbauten Raumes 82 schw. Fr./cbm = 71 RM/cbm.
Maschinenhaushochbau. Stahlskelett mit Kalksandsteinziegeln ausgemauert:
1 t Stahlskelett, fertig montiert 594 schw. Fr. = 515 RM.
Je Kubikmeter umbauten Raumes, einschließlich des Dachstuhles 15,3 kg Stahl.
1 cbm umbauten Raumes 32,50 schw. Fr./cbm = 28,20 RM/cbm.

1730. Abmessungen und Kosten von Schornsteinen,[7] einschließlich Grundwerk, aber ohne Zufuhren.*

Gesamtkesselheizfläche	3000 qm	6000 qm	12000 qm	18000 qm	24000 qm
Steinkohle, 7000 WE:					
Brennstoffverbrauch, stündlich, bei Vollbetrieb . . . t	12	24	48	72	96
Schornsteinhöhe/obere Weite . . . m	85/3,8	100/5,5	120/7,5	2 × 110/6,5	2 × 120/7,5
Kosten (1925) . . . RM	60000	90000	150000	240000	300000
Braunkohle, 2000 WE:					
Brennstoffverbrauch, stündlich, bei Vollbetrieb . . . t	30	60	120	180	240
Schornsteinhöhe/obere Weite . . . m	100/5,0	110/7,5	2 × 120/7,5	4 × 110/6,0	4 × 120/7,5
Kosten (1925) . . . RM	85000	150000	300000	460000	600000

1731. Kosten von 1 cbm umbauten Raumes bei Wärmekraftanlagen.[7]

Bauwerk	Umbauter Raum cbm	Kosten (1925) RM	Bemerkungen
Kesselhäuser	20000—50000 50000—100000 > 100000	24—22 22—21 21—19	Kesselhaus einschließlich Kohlenbunker, Licht- und Lüftungseinrichtungen, aber ohne Kesselmauerwerk und Förderanlage
Maschinenhäuser	10000—25000 25000—50000 > 50000	22—21 21—20 19—18	Einschließlich Licht-, Heizungs- und Lüftungsanlage, aber ohne Maschinengrundwerk
Umspannhäuser	5000—10000 10000—25000 > 25000	26—25 25—24 23—22	Einschließlich Licht-, Heizungs- und Lüftungsanlage, aber ohne Durowände und Stützkonstruktionen für Sammelschienen. Hallenbauten ohne Kammern kosten 10% weniger
Betriebs-, Verwaltungsgebäude, Werkstätten, Lager	bis 5000 > 5000	28—26 26—24	Im Durchschnitt aller Nebengebäude, einschließlich Beleuchtungs-, Heizungs- und Lüftungsanlage

Der umbaute Raum ist von Außenwand zu Außenwand und von der Sohlfuge bis zur halben Dachhöhe gerechnet.

1732. Raumbedarf von dieselelektrischen Kraftanlagen.[7]

Gesamtleistung	6000 kW	12000 kW	24000 kW	48000 kW
Zahl und Größe der Maschinen . . . kW	2 × 3000	2 × 6000	3 × 8000	5 × 9600
Grundfläche der Maschinenanlage einschließlich der Hilfsbetriebe . . . qm	850	1200	2400	4500
Grundfläche je 1000 kW . . . „	140	100	100	95
Umbauter Raum je 1000 kW . . . cbm	2800	2150	2100	2000

* Frachtkosten für eine Entfernung von (50—100) km verteuern den Schornstein um 10%.

1733. Kosten (zusätzliche) der Automatisierung (Turbinenteil und elektrischer Teil) nach C. Kießling.[251]

Ausführung der Anlage	Zahl der Maschinen	Leistung kW	Gesamtkosten RM	Kosten je Maschine RM	Steuer- und Meßleitungen RM/km
Vollautomatisch mit Fernüberwachung	4	930 + 400 + + 3000 + 1500	86400	21600	2000
„ , automatische Wasserstandsregelung, Fernüberwachung	1	800	22400	22400	2250
Vollautomatisch, automatische Wasserstandsregelung, Fernüberwachung	2	3000 + 1330	39200	19600	1620
Bedienungslos, ferngesteuert	1	835	9300	9300	1760
„ , „	1	435	7600	7600	750
„ , Fernüberwachung	1	500	7200	7200	1680
„ , automatische Wasserstandsregelung	1	360	8700	8700	—
„	2	200 + 150	13600	6800	—
„	1	1330	9200	9200	—
„	1	670	7600	7600	—

Die Ersparnisse an Bedienungsmannschaft betragen je nach der Größe der Anlage 2 bis 4 Männer.

XXII. Elektrische Anlagen.

A. Stromleitungen in Gebäuden, Stromerzeuger, Motoren, Spannungswandler, Schaltanlagen.

1734. Normen, betreffend elektrische Anlagen.

VDE 700. Bildzeichen für Schaltungszeichnungen zu Fernmeldeanlagen.
VDE 709. Schaltzeichen und Schaltbilder für Starkstromanlagen. Allgemeine Vorbemerkungen.
VDE 710. „ „ „ „ „ . Stromsysteme und Schaltarten.
VDE 711. „ „ „ „ „ . Verteilungs- und Leitungspläne.
VDE 712. „ „ „ „ „ . Apparate, Maschinen, Meßgeräte.
VDE 713. „ „ „ „ „ . Verbindungs-, Unterbrechungs- und Sicherheitsapparate.
VDE 714. „ „ „ „ „ . Transformatoren.
VDE 715. „ „ „ „ „ . Maschinen und Umformer.
VDE 716. „ „ „ „ „ für Starkstromanlagen.
VDE 717. „ „ „ „ Inneninstallationen.
VDE 719. „ „ „ , Beispiele der Anwendung in einem Schaltplan nach DIN VDE 710 bis 717.
VDE 705. Kennfarben für blanke Leitungen in Starkstromschaltanlagen.
VDE 707. Kennzeichnung von Hilfsleitungen und ihren Anschlußstellen.
VDE 1. Spannungsnormen für elektrische Anlagen von 1 bis 100 V.
VDE 2. „ „ Starkstromanlagen über 100 V.
VDE 3. Abstufung der Stromstärken bei Apparaten.
VDE 4. „ „ „ „ Elektrizitätszählern.
DIN 1981. Technische Vorschriften für Bauleistungen; XVIII. Elektrische Anlagen.
VDE 2939. Elektrische Maschinen, Maßbezeichnungen.
VDE 2649. Drehstrommotoren, Normenübersicht.
VDE 1530. Niederfrequenztransformatoren.
VDE 2600. Einheitstransformatoren. Hauptreihe HET 23.
VDE 2601. „ . Sonderreihe SET 23.
VDE 2602. „ . Raumbedarf.

VDE 2610. Transformatoren, normale Übersetzungsverhältnisse und Nenn-Kurzschlußspannungen.
VDE 2611. „ , Mittenabstände und Spurweiten für Transportrollen, Angabe des Gewichtes.
Önorm E 1001. Betriebsspannungen und Periodenzahl elektrischer Anlagen.
Önorm E 1300. Blitzpfeile.
Önorm E 5300. Offene Drehstrommotoren mit Kurzschlußläufern.
Önorm E 5301. „ „ „ Schleifringläufern.
Önorm E 5200. Einheitstransformatoren, Hauptreihe HET 23.
Önorm E 5201. „ , Sonderreihe SET 23.
Önorm E 5202. „ , Raumbedarfmaße.
Önorm E 5203. Erläuterungen zu 5200 bis 5202.
Önorm E 5210. Transformatoren, normale Übersetzungsverhältnisse und Nenn-Kurzschlußspannungen.

1735. Schaltzeichen für Inneninstallationen nach DIN VDE 710 bis 717.

Lampe beliebiger Art, allgemein.
Bewegliche Lampe.
⊗5 Lampenträger mit Lampenzahl (5).
Elektrothermisches Gerät beliebiger Art, allgemein.
Ausschalter, einpolig.
„ , zweipolig.
„ , dreipolig.
Serienschalter.
Gruppenschalter.
Wechselschalter.
Kreuzschalter.
Sicherung, allgemein.
Steckdose.
Zähler, allgemein.
(g) Leitung auf Isolierglocken.
(r) „ „ Rollen.
(o) „ in Rohren.
(k) Leitung in Kabel.
(b) „ „ Bleimantel.
(bo) „ „ Rohrdrähten.
„ von oben kommend oder nach oben führend.
„ wie zuvor, mit Energieführung nach oben.
„ „ „ , „ „ von oben.
„ von unten kommend oder nach unten führend.
„ wie zuvor, mit Energieführung nach unten.
„ „ „ , „ „ von unten.
„ aus einem Leiter.
„ „ zwei Leitern.
„ „ drei „ .
Leitungskreuzung ohne Verbindung.
Leitende Verbindung von Stromkreisen.
— Zeichen für Gleichstrom.
1~50 „ „ Wechselstrom, links Phase (1), rechts Frequenz (50).

Spannung in Volt und Querschnitt in Quadratmillimeter an der Leitung anschreiben!

1736. Elektrische Hausinstallationen.

a) Bei Hausinstallationen für die Montage der Leitungen in Isolierrohren unter Putz, einschließlich des Einziehens der Leitungen, Anbringens der Verteilungskästen und Schaltbretter, aber ohne Maurer und Zimmererarbeiter können für 1 m Isolierrohrlänge etwa (0,35 bis 0,5) h Monteur gerechnet werden.

b) Verlegung von Doppellichtlitzen auf Glasrollen, einschließlich der Anbringung der Abzweige, Schalter und Sicherungen, je Meter Doppelleitung etwa (0,2 bis 0,35) h Monteur.

c) Verlegung von Einzelleitungen auf Rollen, je Meter (0,17 bis 0,25) h Monteur.

d) Verlegung von Einzelleitungen auf Isolatoren, je Meter (0,25 bis 0,35) h Monteur.

e) Verlegung von Rohrdrähten, je Meter (0,17 bis 0,25) h Monteur.

f) Anbringen und Anschließen eines einpoligen Schalters: 3 h Monteur.

g) Anbringen und Anschließen eines zweipoligen Schalters: 5 h Monteur.

h) Anbringen und Anschließen einer zweipoligen Sicherung: (4,5 bis 5,5) h Monteur.

i) Verschnitt bei Hausinstallationen:[33] bei Draht 5%, bei Litze 10%, bei Isolierrohren 5%.

1737. Verlegen von Stahlpanzerrohren für elektrische Leitungen,[279] mit Bögen und Auslaßdosen, in Betonböden und einschließlich aller Nebenarbeiten, ausschließlich aller Maurerarbeiten, je 100 m:

Nennweite des Rohres mm....	13	20	25	30	40	50	60	75
Monteurstunden	44	50	59	67	76	107	133	167

1738. Einziehen der Leitungen in verlegte Stahlpanzerrohre[279] und Herstellung der Anschlüsse sowie Prüfung der Leitung, einschließlich aller Nebenarbeiten, je 100 m Leitung.

Kupferquerschnitt .... qmm	2	3	5	8	13	21
Monteurstunden	4,5	5,1	6,1	7,4	9,5	13,5

1739. Peschelrohre, Verbindungsstücke.

Nennweite		18 mm			26 mm			37 mm		
Währung		RM	S	Kč	RM	S	Kč	RM	S	Kč
Peschelrohre, je 3 m lang	100 m	34,—		420,—	60,—		700,—	114,—		1400,—
Bogen, 90⁰	100 St.	19,50		220,—	35,—		460,—	162,—		2225,—
Halbbogen, 45⁰	100 „	15,—		165,—	27,—		332,—	125,—		1690,—
Rohrendhülsen	100 „	8,—		68,—	10,20		95,—	18,50		130,—
Muffen	100 „	8,—		68,—	12,50		102,—	28,—		338,—
Zwischenstücke, zwei seitliche Stutzen*	100 „	85,—		1090,—	165,—		1960,—	330,—		3780,—
„ , ein seitlicher, ein hinterer Stutzen*	100 „	110,—		945,—	190,—		1170,—	—		2100,—
T-Stück*	100 „	147,—		1780,—	237,—		2940,—	625,—		7170,—
Zwischendosen, zwei seitliche und ein hinterer Stutzen*	100 „	115,—		1270,—	—		—	—		—
Zwischendosen, einerseits ein, anderseits zwei Stutzen*	100 „	160,—		1750,—	—		—	—		—
T-Dosen mit drei einfachen Stutzen*	100 „	142,—		1600,—	210,—		2560,—	—		—
T-Dosen „ „ „ seitlichen und einem hinteren Stutzen*	100 „	133,—		1400,—	285,—		2450,—			—
T-Dosen mit fünf oder sechs seitlichen Stutzen*	100 „	210,—		2240,—	—		—	—		—
Kreuzdosen mit vier oder fünf seitlichen Stutzen*	100 „	138,—		1540,—	—		—	—		—
Winkelstück, oben zu öffnen	100 „	105,—		1250,—	152,—		1840,—	330,—		3640,—
„ , außen zu öffnen	100 „	120,—		1220,—	175,—		1830,—	305,—		3020,—
„ , innen zu öffnen	100 „	133,—		880,—	210,—		1430,—	—		2100,—
Biegsame, nahtlose Rohre mit Muffen, 0,5 m lang	100 „	157,—		980,—	210,—		1090,—	330,—		2050,—
„ , „ „ „ „ , 1,0 „ „	100 „	285,—		1740,—	380,—		2060,—	615,—		4030,—
Metallverbindungsschlauch je Meter		1,40		12,—	2,40		17,—	3,10		24,—
Rohrschellen mit zwei Lappen für 1 Rohr	100 St.	1,80		18,—	7,—		75,—	9,—		108,—
„ „ „ „ „ 2 Rohre	100 „	6,60		66,—	10,—		113,—	12,—		158,—
„ „ „ „ „ 3 „	100 „	9,—		95,—	13,50		145,—	20,—		203,—
„ „ „ „ „ 10 „	100 „	31,50		—			—			—

* Ohne Klemmen.

1740. Montieren und Anschließen geschlossener Kästen für Hauptschalter mit dreipoligen Sicherungen[279] bis 60 A, einschließlich aller Nebenarbeiten, aber ausschließlich der Vorbereitung der Mauer: 4 h Monteur.

1741. Befestigen und Verbinden von Leuchten[279], einschließlich aller Nebenarbeiten: (0,5 bis 1) h Monteur.

1742. Schaltzeichen in Schaltanlagen nach DIN VDE 710 bis 717.

(G)	Stromerzeuger, allgemein.	(V)	Spannungsmesser.
(M)	Motor, allgemein.	-(A)-	Strommesser.
(M/G)	Motor und Stromerzeuger allgemein.	(W)	Wirkleistungsmesser.
GM	Gleichstrommaschinen, allgemein.	(φ)	Leistungsfaktormesser.
GM (~~)	Wechselstrommaschinen, allgemein.	(f)	Frequenzmesser.
G M M (1~ 2~ 3~)	„ , 1-, 2- bzw. 3-phasig.	(Ω)	Isolationsmesser.
	Umspanner mit getrennten Wicklungen. Links Leistung in kVA (1000), Mitte Frequenz (50), rechts Spannungen in V (6000 bzw. 380).	(S)	Synchronoskop.
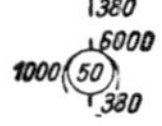	Sparumspanner.	-(↑)-	Stromrichtungszeiger.

1743. Stromerzeuger (50 Perioden, $\cos\varphi = 0{,}8$), **einschließlich der erforderlichen Lager und Stützen,** aber ohne Spurlager; Schätzpreise (1927) ab Werk.[37]

Bauart	Drehzahl	1000 kVA, 6000 V			3200 kVA, 6000 V			6400 kVA, 6000 V			12500 kVA, 10000 V			25000 kVA, 10000 V		
		GD^2 t m²	Gewicht t	Preis RM	GD^2 t m²	Gewicht t	Preis RM	GD^2 t m²	Gewicht t	Preis RM	GD^2 t m²	Gewicht t	Preis RM	GD^2 t m²	Gewicht t	Preis RM
Welle lotrecht	1000	1	10	35000	3	21	71000	—	—	—	—	—	—	—	—	—
	500	3	14	41000	12	30	78000	35	50	123000	100	80	203000	200	140	338000
	250	13	20	54000	50	45	101000	150	75	158000	250	120	255000	700	200	400000
	125	65	32	78000	220	70	128000	600	110	195000	1000	180	323000	2500	290	520000
	94	130	47	102000	450	95	180000	850	155	278000	2500	250	450000	6000	400	750000
Welle waagrecht	1000	1	9	30000	3	19	63000	—	—	—	—	—	—	—	—	—
	500	3	12	35000	12	27	69000	33	45	113000	100	75	188000	200	130	323000
	250	13	17	47000	50	40	90000	150	65	143000	250	110	233000	700	180	375000
	125	65	27	58000	220	60	113000	600	100	153000	1000	160	285000	2500	260	480000
	94	130	35	90000	450	75	150000	850	130	240000	2500	210	390000	6000	350	645000

1744. Für die **Montage eines größeren Stromerzeugers**[7] auf der Baustelle können überschlägig 5% der Kosten ab Werk angesetzt werden.

1745. Brandschutz für Stromerzeuger in Wasserkraftanlagen.

Der Brandschutz erfolgt durch flüssige Kohlensäure, die in Stahlflaschen bereit steht und durch besondere Ventile im Brandfall ausströmt. Das Ausströmen der Kohlensäure wird am besten durch eine Art Schmelzsicherung bewerkstelligt, die bei einer Überschreitung einer festgesetzten Höchsttemperatur das Gas ausströmen läßt.

1746. Einen Hochspannungsschaltkasten, eine Schaltsäule oder ein Schalttafelfeld aufstellen und anschließen erfordert je Maschine: 60 h Monteur. Bei größeren Schalttafeln je Feld: 40 h Monteur.[131]

1747. Einen ganz einfachen Niederspannungsschaltkasten, enthaltend 1 Amperemeter, 1 Schalter und eine Garnitur Sicherungen, **anbringen und anschließen:** 13 bis 15 h Monteur.[33]

1748. Einen großen zweipoligen Schalter anbringen und anschließen: 6 h Monteur, desgleichen dreipolig: 8 h Monteur.[33]

1749. 1 m isolierten Draht auf Isolatoren verlegen erfordert bei einem Querschnitt von

4	6	10	16	35	50	70	90	125	qmm
0,30	0,35	0,45	0,50	0,70	0,80	1,00	1,115	1,30	Monteurstunden

1750. Eternitkabelrohre.

Normale Baulänge der Vollrohre 4 m, der Halbrohre (nur von 80 mm Nennweite aufwärts) 2 m.

Nennweite	Wandstärke	Gewicht je Meter	Preis je Meter	Preise einer Konusmuffe	Schultermuffe mit Gummiring	Schultermuffe ohne Gummiring	Hülsmuffe* 200 mm lang
mm	mm	kg	RM	RM			
50	9	3,5	1,17				
	10	3,9	1,35	—,45	1,17	—,80	—,35
	11	4,4	1,50				
60	7	2,9	1,14				
	8	3,5	1,21				
	9	4,0	1,37	—,50	1,45	1,02	—,40
	10	4,5	1,57				
	11	5,0	1,78				
70	7	3,5	1,30				
	8	4,0	1,40				
	9	4,6	1,57	—,55	1,55	1,08	—,45
	10	5,0	1,79				
	11	5,8	1,99				
80	7	3,9	1,44				
	8	4,5	1,57				
	9	5,2	1,77	—,62	1,69	1,12	—,50
	10	5,8	1,99				
	11	6,5	2,40				
100	7	4,9	1,73				
	8	5,6	1,90				
	9	6,3	2,15	—,85	1,85	1,20	—,60
	10	7,1	2,41				
	11	7,7	2,67				
125	7	6,0	2,12				
	8	6,9	2,34				
	9	7,8	2,63	—,95	2,26	1,50	—,70
	10	8,7	2,98				
	11	9,6	3,18				
150	10	12,5	3,60	1,30	2,56	1,70	—,85
175	10	13,6	4,06	1,40	3,06	1,90	1,—
200	10	14,9	4,51	1,80	3,45	2,20	1,25
250	10	17,5	5,64	2,40	4,52	2,80	1,50
300	12	26,6	8,12	3,15	5,29	3,40	1,80

1751. Einen Elektromotor oder einen Stromerzeuger von der Leistung N betriebsfertig aufstellen und anschließen, ohne Erd- und Betonarbeiten, kostet:

$$4{,}5\sqrt{N}\ (\mathrm{PS})\ \text{bzw.}\ 3{,}9\sqrt{N}\ (\mathrm{kW})\ \text{Monteurstunden.}$$

(Gültig bis zu Größen, die in unzerlegtem Zustand angeliefert werden.)

1752. Einen Elektromotor oder Stromerzeuger wieder abtragen kostet etwa 50% der Aufstellungskosten.

1753. Einen Spannungswandler für die Leistung N kW **betriebsfertig aufstellen und anschließen** kostet $7{,}75\sqrt{N}$ Monteurstunden. (Gültig für $30 < N < 1500$ kW.)

1754. Auswahl der Drehstrommotoren.

Die Drehstrommotoren werden in den folgenden Bauarten ausgeführt:

1. Offene Motoren. Die stromführenden Teile sind frei zugänglich.

2. Geschützte Motoren sind geschützt gegen das Eindringen größerer Fremdkörper und lotrecht fallender Tropfen (tropfwassergeschützt). Bei den Schleifringläufern sind die Schleifringe kapselartig abgedeckt. Nach den Sondervorschriften können sie in der Landwirtschaft und in feuergefährlichen Betrieben, aber nicht in Räumen mit brennbaren Gasen und Dämpfen verwendet werden.

* Preise für Hülsmuffe von 150 mm Länge 20% niedriger. Zuschlag für konisches Abdrehen der Rohrenden passend zur Konusmuffe je Rohrende 0,10 RM. Zuschlag für Halbschalen je laufenden Meter Rohr und je Millimeter Wandstärke 0,02 RM.

3. Geschlossene Motoren haben ein vollständig geschlossenes Gehäuse mit Oberflächenkühlung. Bei der Aufstellung in Räumen mit brennbaren Gasen und Dämpfen sind besondere Vorkehrungen zu treffen.

Die geschlossenen Motoren werden in folgenden Bauarten hergestellt:

Geschlossene Motoren mit Rohranschluß. Die Kühlluft wird in Rohren zu- und abgeführt.

Geschlossene Motoren mit Außenbelüftung. Der Ventilator befindet sich außerhalb des antriebseitigen Schildlagers und ist durch eine Haube geschützt.

Gekapselte Motoren. Die Kühlung erfolgt nur durch Wärmeleitung, -strahlung und natürlichen Luftstrom.

Nach der Läuferart teilt man die Motoren ein in:

1. Kurzschlußläufer. Dazu gehören die Stromdämpfungs-, Wirbelstrom- und Doppelstabläufer.

2. Schleifringläufer. Bei diesen unterscheidet man die Anlaß- von den Regulierschleifringläufern. Die ersteren haben eine Vorrichtung zum Abheben der Bürsten und Kurzschließen der Schleifringe nach erfolgtem Anlassen, bei den letzteren liegen die Bürsten dauernd auf den Schleifringen auf.

Bei der Wahl der Drehstrommotoren, insbesondere bei selbsttätigen Anlagen, soll man solchen mit Kurzschlußläufern für direktes Einschalten wegen ihrer Einfachheit und Billigkeit den Vorzug geben. Sie können direkt durch einen einfachen dreipoligen Schalter eingeschaltet werden, verursachen aber hohen Anlaufstrom. Bestehen einschränkende Bestimmungen für den Anschluß von Motoren an öffentliche Elektrizitätswerke, so können Kurzschlußläufer bis 1,1 kW Nennleistung für direkte Schaltung zugelassen werden. Für größere Leistungen verwendet man zur Verminderung des Stromstoßes beim Einschalten — bei gleichzeitiger Herabsetzung des Anlaufmomentes — Ständeranlasser oder Sterndreieckschalter. Ein Anlassen mit Sterndreieckschalter ist bei Motoren, die in Stern- und in Dreieckschaltung ausgeführt sind, möglich. In Anlaufstellung sind sie vorübergehend in Stern, in Betriebsstellung in Dreieck geschaltet. Die folgende Zusammenstellung gibt an, welche Motoren für direktes Einschalten und welche für ein Anlassen mit Sterndreieckschalter zu wählen sind.

Für direktes Einschalten: Stromdämpfungs- und Wirbelstromläufer.

Für Anlassen mit Sterndreieckschalter (nur bei einschränkenden Bestimmungen): Stromdämpfungs- und Doppelstabläufer.

In den nachstehenden Tabellen sind die Größen der Anlaufströme und Anzugsmomente bei direkter Einschaltung sowie beim Anlassen mit Sterndreieckschalter zusammengestellt.

Bei direkter Einschaltung:

Motor	Anlaufstrom	Anzugsmoment
Stromdämpfungsläufer	3—8	1,7—2,8
Wirbelstromläufer	3,6—6,5	1,3—1,8
	mal Nennstrom	mal Nennmoment

Bei Sterndreieckanlauf:

Motor	Anlaufstrom	Anzugsmoment
Stromdämpfungsläufer	1,1—2,5	0,6—0,8
Doppelstabläufer	1,5—1,8	0,6—1
	mal Nennstrom	mal Nennmoment

Schleifringläufer sollten nur verwendet werden, wenn eine Drehzahlregelung vorgesehen ist oder bei ausdrücklichen Vorschriften der Elektrizitätswerke. Eine Drehzahländerung — hier nur eine Verminderung gegenüber der Nenndrehzahl — kann durch einen Regelanlasser bei gleichem Drehmoment bis 25% der Leerlaufdrehzahl kurzzeitig vorgenommen werden. Bei Antrieb von Lüftern und Schleuderpumpen, bei denen eine verhältnisgleiche oder größere Abnahme des Drehmomentes mit der Drehzahl vorausgesehen ist, wird eine dauernde Drehzahlverminderung bis 50% zugelassen. Schleifringläufer werden von den Elektrizitätswerken wegen ihres geringen Anlaufstromes vorgeschrieben, können jedoch meistens durch Stromdämpfungs- oder Doppelstabläufer in Verbindung mit Sterndreieckschalter ersetzt werden.

Leistung der Drehstrommotoren. Die angegebenen Nennleistungen gelten für Dauerbetrieb bei Nennspannung und Nennfrequenz von 50 Per/sec. Eine Überlastung können die Motoren im Betriebszustand durch 2 Minuten mit 1,5-fachem Nennstrom ohne Schaden aushalten.

Frequenz. Die Motoren sind für die normale Nennfrequenz von 50 Per/sec gebaut.

Drehrichtung. Durch Vertauschen zweier beliebiger Leitungen am Schalter läßt sich die Drehrichtung des Motors ändern, so daß man durch Probe immer die gewünschte Drehrichtung erhält.

Drehzahlregelung. Eine Drehzahländerung kann nur bei den Schleifringläufern vorgenommen werden, bei denen die Bürsten dauernd auf den Schleifringen aufliegen (Regulierschleifringläufer). Die Verminderung der Drehzahl ist eine stufenlose und erfolgt während des Betriebes durch Vorschalten von Widerstand vor den Läuferstromkreis. In der folgenden Tabelle sind die Werte für das Drehmoment und die Leistung, bei dauernder Abwärtsregelung der Drehzahl von Schleifringläufern, in Prozenten angegeben. Die kleineren Werte gelten für die kleineren. die größeren für die größeren Motoren.

Werte für dauernde Abwärtsregelung der Drehzahl bei Schleifringläufern.

Drehzahl in Prozenten	Drehmoment in Prozenten	Leistung in Prozenten
100	100	100
75	70—85	53—64
50	65—80	32—40

Auch Drehstromkollektormotoren (Arbeitsmotor + Potentialregler) gestatten eine stufen- und verlustlose Drehzahlregelung in den Grenzen von $\pm$ 50%, bezogen auf die synchrone Drehzahl bei konstantem Drehmoment. Der Regelbereich ist hier ein viel größerer als bei den Schleifringläufern. Braucht man nur 2 bis 4 Drehzahlen, also keine stufenlose Regelung, so können polumschaltbare Drehstrommotoren verwendet werden, wenn die Drehzahlen in einem ganzzahligen Verhältnis zueinander stehen. Die Polzahl der Ständerwicklung wird dann durch Umschaltung geändert.

Spannung. Genormte Nennspannungen sind: 125, 220, 380 und 500 V. Die Motoren sind für diese angeführten Spannungen ausgeführt und können ohne Leistungsänderung an Betriebsspannungen, bis $\pm$ 5% abweichend von den Nennspannungen, angeschlossen werden. Von 220 bis 500 V sind die Motoren normal in Stern- als auch in Dreieckschaltung gewickelt.

Alle Motoren haben Wälzlager mit Fettschmierung.

Verbesserung des Leistungsfaktors cos φ. Bei der Aufstellung von mehreren, insbesondere kleineren Motoren ist es vorteilhaft, eine Verbesserung des Leistungsfaktors vorzunehmen. Zur Anwendung gelangen rotierende und ruhende Phasenschieber. Rotierende Phasenschieber sind: Asynchronmotoren in Verbindung mit Erregermaschinen und Synchronmotoren. Sie werden als belastete oder leerlaufende Phasenschieber verwendet. Ruhende Phasenschieber sind die Kondensatoren. Die Starkstromkondensatoren haben gegenüber allen rotierenden Phasenschiebern den großen Vorteil der Wirtschaftlichkeit. Sie finden in solchen Anlagen Verwendung, wo mehrere kleinere Motoren in Betrieb sind, die als belastete Phasenschieber zur Kompensation des Blindstromes nicht herangezogen werden können.

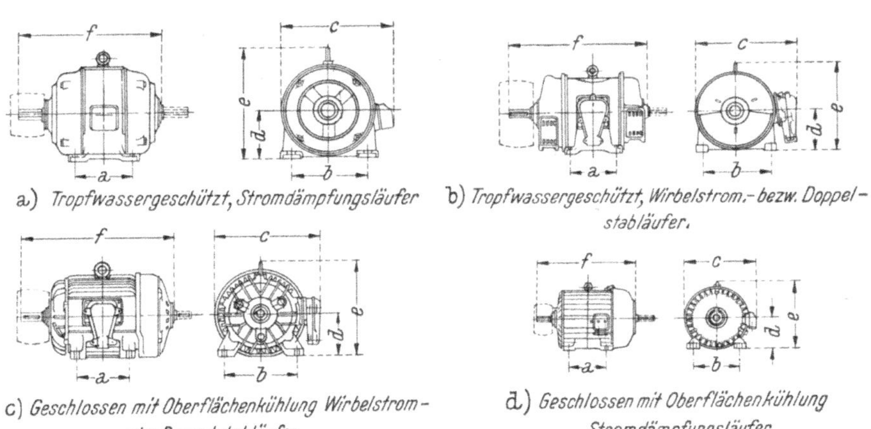

Abb. 186. Drehstrommotoren mit Kurzschlußläufer.

1755. Tropfwassergeschützte Drehstrommotoren. Stromdämpfungsläufer (Siemens-Schuckert-Werke.)

Gewichte und Preise.

Nennleistung	Nenndrehzahl	Ständerstrom bei 380 V etwa A	Maße: Riemenscheibe normal und kleinst zulässig: Durchmesser	Maße: Breite	Gewicht: Motor mit freiem Wellenstumpf	Gewicht: Riemenscheibe normal	Verpackung des Motors: Gewicht	Verpackung des Motors: Preis	Preis: Riemenscheibe normal, 2 Spannschienen mit Steinschrauben	Preis: Kupplung	Motor mit freiem Wellenstumpf, Motorschutzschalter, Sicherungen und (Zuschlag für Sterndreieckschalter): 220/380 V	380 V	500 V	Motor mit freiem Wellenstumpf		
kW	U/min		mm	mm	kg	kg	kg	RM	RM	RM	RM	RM	RM	RM	S	Kč
									Drehzahl 3000 U/min							
1,1*	2820	2,5	80	60	20	0,9	5	1,30	7,35	12,—	148 (23)	148 (23)	185 (23)	120		
1,5*	2820	3,3	100	60	23	1,3	5	1,30	7,60	12,—	158 (23)	158 (23)	195 (23)	130		
2,2*	2830	4,7	100	85	30	1,8	6	1,30	8,05	15,50	211 (23)	178 (23)	215 (23)	150		
3*	2850	6,2	125	85	35	2,7	6	1,30	8,60	18,—	236 (23)	203 (23)	240 (23)	175		
4	2850	8,3	125	100	49	3,0	7	1,60	11,—	18,—	266 (23)	266 (23)	270 (23)	205		
5,5	2880	11	160	100	56	4,2	7	1,60	12,10	22,50	320 (23)	311 (23)	315 (23)	250		
7,5	2880	15	160	120	65	4,6			12,60		409 (23)	371 (23)	375 (23)	310		
11	2900	22	200	120	78	6,0	8	1,60	15,30	27,—	533 (69)	504 (23)	475 (23)	405		
15**	2900	30	—	—	98	—			—		651 (69)	599 (69)	603 (69)	500		
									Drehzahl 1500 U/min							
1,1	1400	2,6	100	60	23	1,3	5	1,30	7,60	12,—	156 (23)	156 (23)	193 (23)	128		
1,5	1420	3,4	100	85	31	1,8	6	1,30	8,05	15,50	170 (23)	170 (23)	207 (23)	142		
2,2	1420	4,8	125	85	36	2,7	6	1,30	8,60	18,—	226 (23)	193 (23)	230 (23)	165		
3	1420	6,4	125	100	49	3,0	7	1,60	11,—	18,—	256 (23)	223 (23)	260 (23)	195		
4	1420	8,3	160	100	57	4,2	7	1,60	12,10	22,50	291 (23)	291 (23)	295 (23)	230		
5,5	1420	11,4	160		67	4,6			12,60		360 (23)	351 (23)	355 (23)	290		
7,5	1430	15	200	120	79	6,0	8	1,60	15,30	27,—	439 (23)	401 (23)	405 (23)	340		
9	1430	18	225		93	7,5			18,20		484 (69)	455 (23)	450 (23)	385		
10	1400	20,8	200	120	102	6,5			20,10	35,—	499	470	470	400		
12,5	1415	25,5	225	120	120	8,0	12	3,75	23,—	51,—	651	599	603	500		
16,5	1430	33	250	140	148	9,5			29,50	51,—	925	759	763	660		

* Für 500 V △ nicht ausgeführt. ** Nur für direkte Kupplung.

Fortsetzung der Tabelle.

Nennleistung	Nenndrehzahl	Ständerstrom bei 380 V	Maße: Riemenscheibe normal und kleinst zulässig		Gewicht		Verpackung des Motors		Preis							
		etwa A	Durchmesser	Breite	Motor mit freiem Wellenstumpf	Riemenscheibe normal	Gewicht	Preis	Riemenscheibe normal, 2 Spannschienen mit Steinschrauben	Kupplung	Motor mit freiem Wellenstumpf, Motorschutzschalter, Sicherungen und (Zuschlag für Sterndreieckschalter) 220/380 V	380 V	500 V	Motor mit freiem Wellenstumpf		
kW	U/min		mm	mm	kg	kg	kg	RM	RM	RM	RM	RM	RM	RM	S	Kč
Drehzahl 1000 U/min																
1,1	930	2,9	100	85	30	1,8	6	1,30	8,05	15,50	178 (23)	178 (23)	215 (23)	150		
1,5	930	3,8	125	85	35	2,7	6	1,30	8,60	18,—	203 (23)	203 (23)	240 (23)	175		
2,2	940	5,3	125	100	49	3,0	7	1,60	11,—	18,—	276 (23)	243 (23)	280 (23)	215		
2,7	940	6,2	160	100	56	4,2	7	1,60	12,10	22,50	301 (23)	268 (23)	305 (23)	240		
3,7	940	8	160		66	4,6			12,60		356 (23)	356 (23)	360 (23)	295		
4,5	940	9,7	200	120	79	6,0	8	1,60	15,30	27,—	406 (23)	401 (23)	405 (23)	340		
5,5	940	11,6	225		92	7,5			18,20		455 (23)	446 (23)	450 (23)	385		
7,5	930	16,2	200	120	118	6,5			20,10	35,—	574	546	550	485		
9	940	19	225	120	135	8,0	12	3,75	23,—	51,—	659	630	625	560		
12,5	950	26	250	140	162	9,5			29,50	51,—	871	819	823	720		
Drehzahl 750 U/min																
1,1	700	3	125	100	50	3,0	7	1,60	11,—	18,—	243 (23)	243 (23)	280 (23)	215		
1,5	700	3,9	160	100	57	4,2	7	1,60	12,10	22,50	268 (23)	268 (23)	305 (23)	240		
2,2	710	5,5	160		67	4,6			12,60		356 (23)	323 (23)	360 (23)	295		
3	710	7,2	200	120	78	6,0	8	1,60	15,30	27,—	401 (23)	368 (23)	405 (23)	340		
3,5	710	8,2	225		95	7,5			18,20		446 (23)	446 (23)	450 (23)	385		
4,8	705	11,2	200	120	118	6,5			20,10	35,—	506	501	505	440		
7	710	15,8	225	120	134	8,0	12	3,75	23,—	51,—	689	651	655	590		
9	710	19,7	250	140	160	9,5			29,50	51,—	824	795	790	725		

Die Motoren werden ausgeführt für die Nennspannungen: 125/220 V, △/Y (Dreieck-Stern-Schaltung); 220/380 V, △/Y (Dreieck-Stern-Schaltung); 380 V, △ (Dreieckschaltung); 500 V, Y (Sternschaltung); 500 V, △ (Dreieckschaltung).

Abmessungen. (Abb. 186a.)

Drehzahl 3000	Drehzahl 1500	Drehzahl 1000	Drehzahl 750	Maße a	Maße b	Maße c	Maße d	Maße e	Maße f
kW	kW	kW	kW	mm	mm	mm	mm	mm	mm
1,1				140	190	270	112	222	319
1,5	1,1			140	190	270	112	222	334
2,2	1,5	1,1		160	210	305	132	305	355
3	2,2	1,5		160	210	305	132	305	378
4	3	2,2	1,1	180	250	355	150	355	439
5,5	4	2,7	1,5	180	250	355	150	355	458
7,5	5,5	3,7	2,2	200	265				483
11	7,5	4,5	3	200	265	395	170	395	506
15	9	5,5	3,5	230	270				541
	10	7,5	4,8	170	280	425	180	405	590
	12,5	9	7	170	300	455	200	435	600
	16,5	12,5	9	190	320	475	210	470	645

1756. Tropfwassergeschützte Drehstrommotoren. (Siemens-Schuckert-Werke.)

a) Wirbelstromläufer.

Gewichte und Preise.

Nennleistung	Nenndrehzahl	Ständerstrom bei 380 V etwa	Maße: Riemenscheibe normal und kleinst zulässig, Durchmesser	Maße: Riemenscheibe normal und kleinst zulässig, Breite	Gewicht: Motor mit freiem Wellenstumpf	Gewicht: Riemenscheibe normal	Verpackung des Motors: Gewicht	Verpackung des Motors: Preis	Preis: Riemenscheibe normal, 2 Spannschienen mit Steinschrauben	Preis: Kupplung	Preis: Motor mit freiem Wellenstumpf, Motorschutzschalter und Sicherungen 220/380 V	Preis: Motor mit freiem Wellenstumpf, Motorschutzschalter und Sicherungen 500 V	Preis: Motor mit freiem Wellenstumpf		
kW	U/min	A	mm	mm	kg	kg	kg	RM	RM	RM	RM	RM	RM	S	Kč
								Drehzahl 3000 U/min							
15*	2900	30	—	—	122	—			—	58	651	603	500		
20*	2900	39,5	—	—	148	—	12	3,75	—	58	905	743	640		
26*	2910	51	—	—	182	—			—	69	1065	932	800		
35*	2920	67	—	—	250	—	13	4,25	—	69	1429	1201	1050		
46*	2930	87	—	—	315	—	16	7,35	—	69	1705	1596	1325		
								Drehzahl 1500 U/min							
10	1400	20,8	200	120	102	6,5			20,10	35	509	480	410		
12,5	1415	25,5	225	120	120	8	12	3,75	23,—	51	676	628	525		
16,5	1430	33	250	140	148	9,5			29,50	51	975	813	710		
25	1450	49	280	170	215	13	13	4,25	33,50	65	1190	1057	925		
34	1460	66	320	200	280	19,5	16	7,35	54,—	65	1529	1301	1150		
45	1460	86	360	230	375	29	17	7,80	62,—	88	1855	1746	1475		
55	1465	105	400	230	425	29	35	11,90	139,—	88	2080	1971	1700		
70	1470	132	450	260	535	38	42	13,40	175,—	88	2709	2385	2000		
88	1470	165	500	300	610	47	42	13,40	190,—	115	3013	2686	2300		
110	1470	206	560	300	770	60	44	14,10	205,—	115	3364	3036	2650		
								Drehzahl 1000 U/min							
18	960	36,5	280	170	230	13	13	4,25	33,50	65	1225	1063	960		
25	970	49,5	320	200	295	19,5	16	7,35	54,—	65	1465	1332	1200		

* Starre Kupplung.

Fortsetzung der Tabelle.

Nennleistung	Nenndrehzahl	Ständerstrom bei 380 V etwa	Maße: Riemenscheibe normal und kleinst zulässig Durchmesser	Maße: Breite	Gewicht: Motor mit freiem Wellenstumpf	Gewicht: Riemenscheibe normal	Verpackung des Motors: Gewicht	Verpackung des Motors: Preis	Preis: Riemenscheibe normal, 2 Spannschienen mit Steinschrauben	Preis: Kupplung	Preis: Motor mit freiem Wellenstumpf, Motorschutzschalter und Sicherungen 220/380 V	Preis: Motor mit freiem Wellenstumpf, Motorschutzschalter und Sicherungen 500 V	Preis: Motor mit freiem Wellenstumpf		
kW	U/min	A	mm	mm	kg	kg	kg	RM	RM	RM	RM	RM	RM	RM	Kč
35	970	69	400	230	390	38	17	7,80	69,—	88	1879	1651	1500		
45	970	89	450	260	450	48	35	11,90	78,—	88	2150	2041	1770		
55	975	107	500	300	570	63	42	13,40	105,—	115	2430	2321	2050		
68	975	131	560	300	640	80	42	13,40	114,—	115	3059	2735	2350		
85	975	163	630	350	800	90	44	14,10	245,—	145	3463	3136	2750		
Drehzahl 750 U/min															
12,5	715	27	280	170	225	13	13	4,25	33,50	65	1076	1028	925		
18	715	38,5	320	200	290	19,5	16	7,35	54,—	65	1415	1253	1150		
25	720	51	400	230	390	38	17	7,80	69,—	88	1715	1582	1450		
32	720	64	450	260	450	48	35	11,90	78,—	88	2079	1851	1700		
40	725	80	500	300	560	63	42	13,40	105,—	115	2430	2321	2050		
50	725	99	560	300	630	80	42	13,40	114,—	115	2730	2621	2350		
64	725	125	630	350	780	120	44	14,10	190,—	145	3458	3110	2750		

Die Motoren werden ausgeführt für die Nennspannungen: 220/380 V, △/Y (Dreieck-Stern-Schaltung); 500 V, △ (Dreieckschaltung).

b) Doppelstabläufer.

Gewichte und Preise.

Nennleistung	Nenndrehzahl	Ständerstrom bei 380 V etwa	Maße: Riemenscheibe normal und kleinst zulässig Durchmesser	Maße: Breite	Gewicht: Motor mit freiem Wellenstumpf	Gewicht: Riemenscheibe normal	Verpackung des Motors: Gewicht	Verpackung des Motors: Preis	Preis: Riemenscheibe normal, 2 Spannschienen mit Steinschrauben	Preis: Kupplung	Preis: Motor mit freiem Wellenstumpf, Motorschutzschalter, Sicherungen und Sterndreieckschalter 220 V	Preis: ... 380 V	Preis: ... 500 V	Preis: Motor mit freiem Wellenstumpf		
kW	U/min	A	mm	mm	kg	kg	kg	RM	RM	RM	RM	RM	RM	RM	S	Kč
Drehzahl 3000 U/min																
15*	2900	29,5	—	—	122	—			—	58	780	728	732	560		
20*	2900	39	—	—	148	—	12	3,75	—	58	1079	877	852	680		
26*	2910	49,5	—	—	182	—			—	69	1320	1134	1115	850		
35*	2920	66	—	—	250	—	13	4,25	—	69	1734	1498	1384	1100		
46*	2930	86	—	—	310	—	16	7,35	—	69	2085	1920	1926	1450		
Drehzahl 1500 U/min																
10	1400	20,8	200	120	102	6,5			20,10	35	628	553	553	460		
12,5	1415	25,5	225	120	120	8	12	3,75	23,—	51	770	718	722	550		
16,5	1430	33	250	140	148	9,5			29,50	51	1128	898	902	730		
25	1450	49	280	170	215	13	13	4,25	33,50	65	1358	1244	1225	960		
34	1460	65	320	200	280	19,5	16	7,35	54,—	65	1874	1638	1524	1240		
45	1460	86	360	230	375	29	17	7,80	62,—	88	2185	2020	2026	1550		
55	1465	105	400	230	425	29	35	11,90	139,—	88	2435	2440	2326	1800		

* Starre Kupplung.

Fortsetzung der Tabelle.

Nennleistung	Nenndrehzahl	Ständerstrom bei 380 V etwa A	Maße: Riemenscheibe normal und kleinst zulässig: Durchmesser	Maße: Riemenscheibe normal und kleinst zulässig: Breite	Gewicht: Motor mit freiem Wellenstumpf	Gewicht: Riemenscheibe normal	Verpackung des Motors: Gewicht	Verpackung des Motors: Preis	Preis: Riemenscheibe normal, 2 Spannschienen mit Steinschrauben	Preis: Kupplung	Preis: Motor mit freiem Wellenstumpf, Motorschutzschalter, Sicherungen und Sterndreieckschalter: 220 V	Preis: … 380 V	Preis: … 500 V	Preis: Motor mit freiem Wellenstumpf		
kW	U/min		mm	mm	kg	kg	kg	RM	RM	RM	RM	RM	RM	RM	S	Kč
70	1470	132	450	260	535	38	42	13,40	175,—	88	3219	2741	2740	2100		
88	1470	165	500	300	610	47	42	13,40	190,—	115	3738	3041	3041	2400		
110	1470	206	560	300	770	60	44	14,10	205,—	115	4489	3694	3596	2800		
Drehzahl 1000 U/min																
7,5	930	16,2	200	120	118	6,5			20,10	35	632	594	598	510		
9	940	19	225	120	135	8	12	3,75	23,—	51	758	683	683	590		
12,5	950	26	250	140	162	9,5			29,50	51	980	928	932	760		
18	960	36,5	280	170	230	13	13	4,25	33,50	65	1398	1198	1172	1000		
25	970	49,5	320	200	295	19,5	16	7,35	54,—	65	1648	1534	1515	1250		
35	970	69	400	230	390	38	17	7,80	69,—	88	2184	1948	1834	1550		
45	970	89	450	260	450	48	35	11,90	78,—	88	2465	2300	2306	1830		
55	975	107	500	300	570	63	42	13,40	105,—	115	2785	2790	2676	2150		
68	975	131	560	300	640	80	42	13,40	114,—	115	3569	3091	3090	2450		
85	975	163	630	350	800	90	44	14,10	245,—	145	4188	3491	3491	2850		
Drehzahl 750 U/min																
4,8	705	11,2	200	120	118	6,5			20,10	35	593	585	588	500		
7	710	15,6	225	120	134	8	12	3,75	23,—	51	782	745	748	660		
9	710	19,4	250	140	160	9,5			29,50	51	968	893	893	800		
12,5	715	26,5	280	170	225	13	13	4,25	33,50	65	1220	1168	1172	1000		
18	715	37,5	320	200	290	19,5	16	7,35	54,—	65	1648	1447	1422	1250		
25	720	51	400	230	390	38	17	7,80	69,—	88	1948	1834	1815	1550		
32	720	64	450	260	450	48	35	11,90	78,—	88	2434	2198	2084	1800		
40	725	80	500	300	560	63	42	13,40	105,—	115	2735	2498	2504	2100		
50	725	99	560	300	630	80	42	13,40	114,—	115	3085	3015	2926	2450		
64	725	125	630	350	780	120	44	14,10	190,—	145	3968	3490	3465	2850		

Die Motoren werden ausgeführt für die Nennspannungen: 220 V, △ (Dreieckschaltung); 380 V, △ (Dreieckschaltung); 500 V, △ (Dreieckschaltung).

c) Abmessungen von tropfwassergeschützten Drehstrommotoren mit Wirbelstrom- und Doppelstabläufern (Abb. 186 b).

Drehzahl 3000	Drehzahl 1500	Drehzahl 1000	Drehzahl 750	Maße *a*	Maße *b*	Maße *c*	Maße *d*	Maße *e*	Maße *f*: Drehzahl 3000	Maße *f*: Drehzahl 1500	Maße *f*: Drehzahl 1000 u. 750
kW				mm							
15	10	7,5	4,8	170	280	425	180	405		590	
20	12,5	9	7	170	300	455	200	435		600	
26	16,5	12,5	9	190	320	475	210	470		645	
35	25	18	12,5	190	360	545	235	520	680	710	
46	34	25	18	210	390	580	265	580	730	785	
	45	35	25	260	480	715	300	640	—	917	943
	55	45	32	330	480	750	300	640	—	1013	1029
	70	55	40	320	530	800	340	715	—	1077	1081
	88	68	50	370	530	810	340	715	—	1132	1152
	110	85	64	370	580	860	360	785	—	1187	1189

1757. Geschlossene Drehstrommotoren mit Oberflächenkühlung. Stromdämpfungs- und Wirbelstromläufer (Siemens-Schuckert-Werke.)

Gewichte und Preise.

Nennleistung	Nenndrehzahl	Ständerstrom bei 380 V etwa A	Maße: Riemenscheibe normal und kleinst zulässig: Durchmesser	Maße: Riemenscheibe normal und kleinst zulässig: Breite	Gewicht: Motor mit freiem Wellenstumpf	Gewicht: Riemenscheibe normal	Verpackung des Motors: Gewicht	Verpackung des Motors: Preis	Preis: Riemenscheibe normal, 2 Spannschienen mit Steinschrauben	Preis: Kupplung	Preis: Motor mit freiem Wellenstumpf, Motorschutzschalter, Sicherungen und (Zuschlag für Sterndreieckschalter): 220/380 V	Preis: … 380 V	Preis: … 500 V	Preis: Motor mit freiem Wellenstumpf		
kW	U/min		mm	mm	kg	kg	kg	RM	RM	RM	RM	RM	RM	RM	S	Kč
							Drehzahl 3000 U/min									
1,3*	2780	3	80	60	22,5	0,9	6	1,50	7,35	12,—	158 (23)	—	195	130		
1,6*	2800	3,6	100	60	25	1,3	6	1,50	7,60	12,—	178 (23)	—	215	150		
1,9	2800	4,2	100		32	1,8			8,05	15,50	241 (23)	208 (23)	245 (23)	180		
2,2	2800	4,9	125	85	36	2,7	7	1,60	8,60	15,50	266 (23)	233 (23)	270 (23)	205		
2,7	2830	6	125		43	2,7			8,60	18,—	286 (23)	253 (23)	290 (23)	225		
3,5	2830	7,5	125	100	55	3	9	1,90	8,80	18,—	336 (23)	336 (23)	340 (23)	275		
5	2830	10,4	160	100	66	4,2	9	1,90	9,90	22,50	400 (23)	392 (23)	395 (23)	330		
6,5	2850	13,8	160	120	78	4,6	11	2,10	12,60	27,—	514 (23)	476 (23)	480 (23)	415		
8,5	2850	17,3	200	120	107	6	13	2,40	15,30	27,—	624 (69)	591 (23)	595 (23)	525		
13	2880	25,5	—	—	140	—	12	3,75	—	58,—	891 (69)	839 (69)	810 (69)	740		
9,5	2935	19,8	—	—	128	—			—	58,—	779	750	750	680		
12,5	2940	25,5	—	—	164	—	12	3,75	—	58,—	1011	959	939	860		
16,5	2945	33,5	—	—	215	—			—	69,—	1365	1199	1199	1100		
22	2950	44	—	—	280	—	13	4,25	—	69,—	1645	1512	1479	1380		
28	2955	55	—	—	370	—	16	7,30	—	69,—	1915	1915	1782	1650		
37	2960	72	—	—	470	—	17	8,—	—	105,—	2430	2315	2201	2050		
							Drehzahl 1500 U/min									
1,1*	1380	3	100	60	25	1,3	6	1,50	7,60	12,—	178 (23)	—	215	150		
1,5	1400	3,6	100		32	1,8			8.05	15,50	208 (23)	208 (23)	245 (23)	180		
1,85	1400	4,2	125	85	36	2,7	7	1,60	8,60	15,50	266 (23)	233 (23)	270 (23)	205		
2,2	1400	5	125		43	2,7			8,60	18,—	286 (23)	253 (23)	290 (23)	225		

* Für 380 V △ und 500 V △ nicht ausgeführt.

Fortsetzung der Tabelle.

Nennleistung	Nenndrehzahl	Ständerstrom bei 380 V	Maße: Riemenscheibe normal und kleinst zulässig		Gewicht: Motor mit freiem Wellenstumpf	Gewicht: Riemenscheibe normal	Verpackung des Motors: Gewicht	Verpackung des Motors: Preis	Preis: Riemenscheibe normal, 2 Spannschienen mit Steinschrauben	Preis: Kupplung	Preis: Motor mit freiem Wellenstumpf, Motorschutzschalter, Sicherungen und (Zuschlag für Sterndreieckschalter)			Preis: Motor mit freiem Wellenstumpf		
		etwa A	Durchmesser	Breite							220/380 V	380 V	500 V			
kW	U/min		mm	mm	kg	kg	kg	RM	RM	RM	RM	RM	RM	RM	S	Kč
3	1410	6,6	125	100	55	3	9	1,90	8,80	18,—	336 (23)	303 (23)	340 (23)	275		
4,4	1410	9,7	160	100	66	4,2	9	1,90	9,90	22,50	411 (23)	411 (23)	415 (23)	350		
5,5*	1430	12	160	120	78	4,6	11	2,10	12,60	27,—	514 (23)	476 (23)	480 (23)	415		
7,5	1430	16	200	120	107	6	13	2,40	15,30	27,—	624 (23)	586 (23)	590 (23)	525		
11	1440	22	225	120	140	8	12	3,75	18,20	51,—	807 (69)	774 (23)	745 (23)	675		
7	1440	14,9	200	120	124	6,5			20,10	51,—	639	601	605	540		
10,5	1445	21,6	225	120	158	8	12	3,75	23,—	51,—	898	869	840	770		
14	1450	29	250	140	215	9,5			29,50	65,—	1136	1084	1084	985		
20	1455	40,5	280	170	280	13	13	4,25	33,50	65,—	1615	1482	1449	1350		
26	1460	52,5	320	200	370	19,5	16	7,30	54,—	88,—	1915	1801	1782	1650		
35	1470	69	360	230	470	29	17	8,—	62,—	88,—	2380	2265	2151	2000		
Drehzahl 1000 U/min																
1,1	900	3	125	85	36	2,7	7	1,60	8,60	15,50	228 (23)	228 (23)	265 (23)	200		
1,4	900	3,6	125	85	43	2,7	7	1,60	8,60	18,—	253 (23)	253 (23)	290 (23)	225		
2	900	4,9	125	100	55	3	9	1,90	8,80	18,—	336 (23)	303 (23)	340 (23)	275		
2,8	900	6,7	160	100	66	4,2	9	1,90	9,90	22,50	401 (23)	368 (23)	405 (23)	340		
3,7	920	8,9	160	120	78	4,6	11	2,10	12,60	27,—	476 (23)	476 (23)	480 (23)	415		
5	930	12	200	120	107	6	13	2,40	15,30	27,—	595 (23)	586 (23)	590 (23)	525		
6,5	940	15	225	120	140	8	12	3,75	18,20	51,—	719 (23)	681 (23)	685 (23)	620		

* Siehe gleichen Index in der Tabelle für Maße.

Fortsetzung der Tabelle.

Nennleistung	Nenndrehzahl	Ständerstrom bei 380 V	Maße: Riemenscheibe normal und kleinst zulässig		Gewicht: Motor mit freiem Wellenstumpf	Gewicht: Riemenscheibe normal	Verpackung des Motors: Gewicht	Verpackung des Motors: Preis	Preis: Riemenscheibe normal, 2 Spannschienen mit Steinschrauben	Preis: Kupplung	Preis: Motor mit freiem Wellenstumpf, Motorschutzschalter, Sicherungen und (Zuschlag für Sterndreieckschalter)			Preis: Motor mit freiem Wellenstumpf		
		etwa A	Durchmesser	Breite							220/380 V	380 V	500 V			
kW	U/min		mm	mm	kg	kg	kg	RM	RM	RM	RM	RM	RM	RM	S	Kč
5,2	950	11,7	200	120	126	6,5			20,10	51,—	639	601	605	540		
7	955	15,4	225	120	162	8	12	3,75	23,—	51,—	814	776	780	715		
9,5	960	20,3	250	140	212	9,5			29,50	65,—	1054	1025	1025	955		
13,5	965	28,5	280	170	278	13	13	4,25	33,50	65,—	1381	1329	1329	1230		
19	970	39,5	320	200	365	19,5	16	7,30	54,—	88,—	1915	1778	1749	1650		
25	975	51	360	230	465	29	17	8,—	62,—	88,—	2265	2151	2128	2000		

Drehzahl 750 U/min

1,3	670	4,1	125	100	55	3	9	1,90	8,80	18,—	313 (23)	313 (23)	350 (23)	285		
1,8	670	5,3	160	100	66	4,2	9	1,90	9,90	22,50	411 (23)	378 (23)	415 (23)	350		
2,5	680	7	160	120	78	4,6	11	2,10	12,60	27,—	486 (23)	453 (23)	490 (23)	425		
3,5	690	9,2	200	120	107	6	13	2,40	15,30	27,—	586 (23)	586 (23)	590 (23)	525		
5,5*	700	13,4	225	120	140	8	12	3,75	18,20	51,—	779 (23)	681 (23)	745 (23)	680		
4	700	9,5	200	120	124	6,5	12	3,75	20,10	51,—	641	601	645	580		
5,5**	705	12,9	225	120	160	8	12	3,75	23,—	51,—	854	776	820	755		
8	710	17,9	250	140	210	9,5	12	3,75	29,50	65,—	1084	1025	1055	985		
11	715	23,7	280	170	276	13	13	4,25	33,50	65,—	1462	1329	1400	1330		
15	720	32	320	200	362	19,5	16	7,30	54,—	88,—	1915	1778	1749	1650		
20	725	42	360	230	460	29	17	8,—	62,—	88,—	2265	2151	2099	2000		

Die Motoren werden ausgeführt für die Nennspannungen: 125/220 V, △/Y (Dreieck-Stern-Schaltung); 220/380 V, △/Y (Dreieck-Stern-Schaltung); 380 V, △ (Dreieckschaltung); 500 V, Y (Sternschaltung); 500 V, △ (Dreieckschaltung).

Abmessungen siehe unter Nr. 1758.

---

* und ** Siehe gleichen Index in der Tabelle für Maße.

1758. Geschlossene Drehstrommotoren mit Oberflächenkühlung. Doppelstabläufer. (Siemens-Schuckert-Werke.)

Gewichte und Preise.

Nennleistung	Nenndrehzahl	Ständerstrom bei 380 V etwa A	Maße: Riemenscheibe normal und kleinst zulässig: Durchmesser	Maße: Riemenscheibe normal und kleinst zulässig: Breite	Gewicht: Motor mit freiem Wellenstumpf	Gewicht: Riemenscheibe normal	Verpackung des Motors: Gewicht	Verpackung des Motors: Preis	Preis: Riemenscheibe normal, 2 Spannschienen mit Steinschrauben	Preis: Kupplung	Preis: Motor mit freiem Wellenstumpf, Motorschutzschalter, Sicherungen und Sterndreieckschalter: 220 V	380 V	500 V	Preis: Motor mit freiem Wellenstumpf		
kW	U/min		mm	mm	kg	kg	kg	RM	RM	RM	RM	RM	RM	RM	S	Kč
Drehzahl 3000 U/min																
9,5*	2935	19,8	—	—	128	—			—	58	888	813	813	720		
12,5*	2940	25,5	—	—	164	—	12	3,75	—	58	1120	1068	1039	900		
16,5*	2945	33,5	—	—	215	—			—	69	1548	1318	1318	1150		
22*	2950	44	—	—	280	—	13	4,25	—	69	1848	1651	1618	1450		
28*	2955	55	—	—	370	—	16	7,30	—	69	2220	2148	2015	1750		
37*	2960	72	—	—	470	—	17	8,—	—	105	2835	2598	2484	2200		
Drehzahl 1500 U/min																
7	1440	14,9	200	120	124	6,5			20,10	51	692	655	658	570		
10,5	1445	21,6	225	120	158	8	12	3,75	23,—	51	907	932	903	810		
14	1450	29	250	140	215	9,5			29,50	65	1255	1203	1203	1035		
20	1455	40,5	280	170	280	13	13	4,25	33,50	65	1748	1551	1518	1350		
26	1460	52	320	200	370	19,5	16	7,30	54,—	88	2120	1934	1915	1650		
35	1470	68	360	230	470	29	17	8,—	62,—	88	2635	2398	2284	2000		
Drehzahl 1000 U/min																
5,2	950	11,7	200	120	126	6,5			20,10	51	692	655	658	570		
7	955	15,4	225	120	162	8	12	3,75	23,—	51	867	830	833	745		
9,5	960	20,3	250	140	212	9,5			29,50	65	1163	1088	1088	995		
13,5	965	28,5	280	170	278	13	13	4,25	33,50	65	1450	1398	1398	1230		
19	970	39	320	200	365	19,5	16	7,30	54,—	88	2048	1847	1818	1650		
25	975	50	360	230	465	29	17	8,—	62,—	88	2398	2284	2261	2000		
Drehzahl 750 U/min																
4	700	9,5	200	120	124	6,5			20,10	51	714	714	718	630		
5,5**	705	12,9	225	120	160	8	12	3,75	23,—	51	927	890	893	805		
8	710	17,9	250	140	210	9,5			29,50	65	1208	1129	1133	1040		
11	715	23,7	280	170	276	13	13	4,25	33,50	65	1527	1452	1423	1330		
15	720	32	320	200	362	19,5	16	7,30	54,—	88	1984	1818	1818	1650		
20	725	42	360	230	460	29	17	8,—	62,—	88	2398	2201	2168	2000		

Die Motoren werden ausgeführt für die Nennspannungen: 220 V, △ (Dreieckschaltung); 380 V, △ (Dreieckschaltung); 500 V, △ (Dreieckschaltung).

* Starre Kupplung.
** Siehe gleichen Index in der Tabelle für Maße.

Abmessungen von geschlossenen Drehstrommotoren mit Oberflächenkühlung, mit Stromdämpfungs-, Wirbelstrom- oder Doppelstabläufern.

Drehzahl 3000 (kW)	Drehzahl 1500 (kW)	Drehzahl 1000 (kW)	Drehzahl 750 (kW)	a (mm)	b (mm)	c (mm)	d (mm)	e (mm)	f Drehzahl 3000 (mm)	f Drehzahl 1500, 1000, 750 (mm)
1,3				160	170	263	112	228	320	
1,6	1,1			160	170	263	112	228	345	
1,9	1,5			160					365	
2,2	1,85	1,1		160	200	295	125	256	384	
2,7	2,2	1,4		200					424	
3,5	3	2	1,3	210	225	337	150	320	430	
5	4,4	2,8	1,8	210	225	337	150	320	475	
6,5	5,5	3,7	2,5	250	250	390	170	358	504	
8,5	7,5	5	3,5	250	280	432	190	407	533	
13	11	6,5	5,5*	320	280	432	190	407	608	
9,5	7	5,2	4	200	290	430	170	385	580	610
12,5	10,5	7	5,5**	230	310	455	190	425	635	665
16,5	14	9,5	8	250	330	490	210	460	715	745
22	20	13,5	11	290	360	535	225	500	780	810
28	26	19	15	320	380	565	235	535	860	905
37	35	25	20	360	420	605	265	585	930	985

1759. Kleine offene und tropfwassergeschützte Drehstrommotoren. Schleifringläufer. (Siemens-Schuckert-Werke.)

Gewichte und Preise.

Nennleistung (kW)	Nenndrehzahl (U/min)	Ständerstrom bei 380 V etwa (A)	Maße: Riemenscheibe normal und kleinst zulässig, Durchmesser (mm)	Maße: Riemenscheibe, Breite (mm)	Gewicht: Motor mit freiem Wellenstumpf, Offene Type*** (kg)	Gewicht: Riemenscheibe normal (kg)	Verpackung des Motors: Gewicht (kg)	Verpackung des Motors: Preis (RM)	Preis: Riemenscheibe normal, 2 Spannschienen mit Steinschrauben (RM)	Preis: Kupplung (RM)	Preis: Motor mit freiem Wellenstumpf, Motorschutzschalter, Sicherungen und Anlasser, offene Type, für Anlauf mit halber Last, ohne Bürstenabheber 220/380 V (RM)	desgl. voller Last, 500 V (RM)	Mehrpreis (RM)	tropfwassergeschützte Type, Mehrpreis (RM)	Motor mit freiem Wellenstumpf, offene Type (RM)	(S)	(Kč)
Drehzahl 3000 U/min																	
1	2720	2,5	80	60	24	0,9	5	1,30	7,35	12,—	249	286	—	20	195		
1,3	2750	2,9	100	60	26	1,3	5	1,30	7,60	12,—	264	301	—	20	210		
2,2	2800	4,9	100	85	36	1,8	6	1,30	8,05	15,50	322	326	—	20	235		
2,7	2820	5,9	125	85	42	2,7	6	1,30	8,60	18,—	337	341	—	20	250		
3,7	2830	8	125	100	56	3	7	1,60	11,—	18,—	367	371	—	25	280		
5	2850	10,5	160	100	66	4,2	7	1,60	12,10	22,50	411	411	9	25	320		
6,5	2850	13,5	160	120	79	4,6			12,60		490	456	9		365		
9	2880	18,3	200	120	90	6	8	1,60	15,30	27,—	574	540	40	25	440		
11***	2880	22	—	—	105	—			—		653	590	40		490		

* und ** Siehe Fußnoten auf S. 530, 531 und 532.
*** Für geschlossene Motoren jeweils ungefähr 1—2 kg mehr.

Fortsetzung der Tabelle

Nennleistung kW	Nenndrehzahl U/min	Ständerstrom bei 380 V etwa A	Maße: Riemenscheibe normal und kleinst zulässig, Durchmesser mm	Maße: Breite mm	Gewicht: Motor mit freiem Wellenstumpf, offene Type kg	Gewicht: Riemenscheibe normal kg	Verpackung des Motors: Gewicht kg	Verpackung des Motors: Preis RM	Preis: Riemenscheibe normal, 2 Spannschienen mit Steinschrauben RM	Preis: Kupplung RM	Preis: Motor mit freiem Wellenstumpf, Motorschutzschalter, Sicherungen und Anlasser, offene Type für Anlauf mit halber Last, ohne Bürstenabheber, 220/380 V RM	500 V RM	voller Last, Mehrpreis RM	tropfwassergeschützte Type, Mehrpreis RM	Motor mit freiem Wellenstumpf, offene Type RM	S	Kč
Drehzahl 1500 U/min																	
1	1300	3	100	60	26	1,3	5	1,30	7,60	12,—	254	291	—	20	200		
1,5	1380	3,8	100	85	36	1,8	6	1,30	8,05	15,50	269	306	—	20	215		
2,2	1390	5,4	125	85	42	2,7	6	1,30	8,60	18,—	337	341	—	20	250		
3	1400	6,8	125	100	56	3	7	1,60	11,—	18,—	362	366	—	25	275		
4	1410	8,8	160	100	66	4,2	7	1,60	12,10	22,50	392	396	—	25	305		
5,5	1410	11,8	160		79	4,6			12,60		456	456	9		365		
7	1420	15	200	120	90	6	8	1,60	15,30	27,—	550	516	9	25	425		
8	1420	17	225		103	7,5			18,20		595	561	9		470		
Drehzahl 1000 U/min																	
1,1	900	3,1	100	85	37	1,8	6	1,30	8,05	15,50	289	326	—	20	235		
1,5	900	4	125	85	43	2,7	6	1,30	8,60	18,—	314	351	—	20	260		
2,2	910	5,6	125	100	57	3	7	1,60	11,—	18,—	377	381	—	25	290		
2,7	910	6,5	160	100	66	4,2	7	1,60	12,10	22,50	402	406	—	25	315		
3,6	910	8,4	160		80	4,6			12,60		452	456	—		365		
4,5	910	10,3	200	120	91	6	8	1,60	15,30	27,—	512	516	9	25	425		
5,5	920	12,2	225		102	7,5			18,20		561	561	9		470		
Drehzahl 750 U/min																	
1,1	670	3,5	125	100	56	3	7	1,60	11,—	18,—	354	391	—	25	300		
1,5	675	4,3	160	100	66	4,2	7	1,60	12,10	22,50	384	421	—	25	330		
2,2	690	6	160		81	4,6			12,60		472	476	—		385		
3	700	7,7	200	120	93	6	8	1,60	15,30	27,—	527	531	—	25	440		
3,5	700	8,6	225		103	7,5			18,20		577	581	—		490		

Die Motoren werden ausgeführt für die Nennspannungen: 125/220 V, △/Y (Dreieck-Stern-Schaltung); 220/380 V, △/Y (Dreieck-Stern-Schaltung); 500 V, Y (Sternschaltung).

Abmessungen.

Drehzahl 3000 kW	1500 kW	1000 kW	750 kW	Maße *a* mm	*b* mm	*c* mm	*d* mm	*e* mm	*f* mm
1				140	190	270	112	222	414
1,3	1			140	190	270	112	222	429
2,2	1,5	1,1		160	210	305	132	305	450
2,7	2,2	1,5		160	210	305	132	305	473
3,7	3	2,2	1,1	180	250	355	150	355	531
5	4	2,7	1,5	180	250	355	150	355	550
6,5	5,5	3,6	2,2	200	265				595
9	7	4,5	3	200	265	395	170	395	618
11	8	5,5	3,5	230	270				653

1760. Große, tropfwassergeschützte Drehstrommotoren. Schleifringläufer (Siemens-Schuckert-Werke).

Gewichte und Preise.

Nennleistung	Nenndrehzahl	Ständerstrom bei 380 V etwa A	Maße: Riemenscheibe normal und kleinst zulässig: Durchmesser	Maße: Breite	Gewicht: Motor mit freiem Wellenstumpf	Gewicht: Riemenscheibe normal	Verpackung des Motors: Gewicht	Verpackung des Motors: Preis	Preis: Riemenscheibe normal, 2 Spannschienen mit Steinschrauben	Preis: Kupplung	Preis: Motor mit freiem Wellenstumpf, Motorschutzschalter, Sicherungen und luftgekühlter Anlasser, für Anlauf mit halber Last: 220/380 V	für Anlauf mit halber Last: 500 V	Mehrpreis: voller Last	Mehrpreis: mit Bürstenabheber	Motor mit freiem Wellenstumpf ohne Bürstenabheber		
kW	U/min		mm	mm	kg	kg	kg	RM	RM	RM	RM	RM	RM	RM	RM	S	Kč
							Drehzahl 3000 U/min										
11,5*	2900	23	—	—	124	—	12	3,75	—	58	703	640	40		540		
15*	2910	29,5	—	—	152	—	13	4,25	—	58	887	854	52	30	720		
20*	2920	38	—	—	180	—	16	7,35	—	69	1230	1086	59		930		
30*	2930	57	—	—	255	—	16	7,35	—	69	1902**	1680**	—	40	1330		
40*	2940	75	—	—	330	—	17	7,80	—	69	2284	2156	131	40	1750		
							Drehzahl 1500 U/min										
8,5	1420	17,7	200	120	120	6,5	12	3,75	20,10	35	624	590	—		490		
11	1425	22,4	225	120	148	8	13	4,25	23,—	51	763	700	40	30	600		
15	1435	30	250	140	162	9,5	16	7,35	29,50	51	937	904	52		770		
23	1445	45	280	170	235	13	16	7,35	33,50	65	1394	1232	61	40	1075		
34	1450	65	320	200	310	19,5	17	7,80	54,—	65	2034	1786	131	40	1500		
45	1460	85	360	230	410	29	24	9,60	62,—	88	2405	2296	110	50	1850		
55	1460	103	400	230	460	29	35	11,90	139,—	88	2863	2656	110	50	2100		
70		131	450	260	585	38	44	14,10	175,—	88	3345	3070	215		2400		
88	1465	165	500	300	660	47	44	14,10	190,—	115	3699	3421	365	50	2750		
110		205	560	300	820	60	48	15,30	205,—	115	4209	3931	255		3150		
							Drehzahl 1000 U/min										
6	935	13,5	200	120	128	6,5	12	3,75	20,10	35	624	590	—		490		
8	945	17,5	225	120	148	8	13	4,25	23,—	51	765	731	9	30	640		
12	955	25,5	250	140	175	9,5	16	7,35	29,50	51	1027	994	40		860		
18	960	37	280	170	250	13	16	7,35	33,50	65	1450	1307	59	40	1150		
25		50	320	200	325	19,5	17	7,80	54,—	65	1802	1669	88	40	1450		
35	965	69	400	230	430	38	24	9,60	69,—	88	2334	2086	131	50	1800		
45		88	450	260	485	48	35	11,90	78,—	88	2765	2656	—	50	2100		
55	970	106	500	300	630	63	44	14,10	105,—	115	3263	3056	110		2500		
68	970	130	560	300	700	80	44	14,10	114,—	115	3745	3470	215	50	2800		
85	975	163	630	350	860	90	48	15,30	245,—	145	4199	3921	215		3250		
							Drehzahl 750 U/min										
4	690	10,5	200	120	126	6,5	12	3,75	20,10	35	597	601	—		510		
6	705	14,5	225	120	145	8	13	4,25	23,—	51	805	771	9	30	680		
8,5	710	19,5	250	140	172	9,5	16	7,35	29,50	51	974	940	40		880		
12,5	715	27,5	280	170	245	13	16	7,35	33,50	65	1310	1276	59	40	1150		
18		38	320	200	320	19,5	17	7,80	54,—	65	1721	1578	88	40	1450		
25	720	51	400	230	430	38	24	9,60	69,—	88	2180	2046	131	50	1800		
32		64	450	260	485	48	35	11,90	78,—	88	2765	2517	—	50	2100		
40		79	500	300	620	63	44	14,10	105,—	115	3005	2877	110		2450		
50	725	98	560	300	690	80	44	14,10	114,—	115	3360	3251	215	50	2800		
64		124	630	350	840	120	48	15,30	190,—	145	4193	3895	215		3250		

Die Motoren werden ausgeführt für die Nennspannungen: 220/380 V, △/Y (Dreieck-Stern-Schaltung); 500 V, △ (Dreieckschaltung).

* Starre Kupplung.

** Preise gelten nur für Anlauf mit voller Last.

Abmessungen.

Drehzahl 3000	1500	1000	750	Maße a	b	c	d	e	f Drehzahl 3000	1500	1000 u. 750
kW				mm							
11,5	8,5	6	4	170	280	425	180	405	715		
15	11	8	6	170	300	455	200	435	735		
20	15	12	8,5	190	320	475	210	470	780		
30	23	18	12,5	190	360	545	235	520	820	850	
40	34	25	18	210	390	580	265	580	895	950	
	45	35	25	260	480	715	300	640	—	1092	1118
	55	45	32	330	480	750	300	640	—	1188	1204
	70	55	40	320	530	800	340	715	—	1252	1256
	88	68	50	370	530	810	340	715	—	1307	1327
	110	85	64	370	580	860	360	785	—	1367	1369

1761. Geschlossene Drehstrommotoren mit Oberflächenkühlung. Schleifringläufer (Siemens-Schuckert-Werke).

Gewichte und Preise.

Nennleistung	Nenndrehzahl	Ständerstrom bei 380 V etwa	Maße: Riemenscheibe normal und kleinst zulässig Durchmesser	Maße: Breite	Gewicht: Motor mit freiem Wellenstumpf	Gewicht: Riemenscheibe normal	Verpackung des Motors: Gewicht	Verpackung des Motors: Preis	Preis: Riemenscheibe normal, 2 Spannschienen mit Steinschrauben	Preis: Kupplung	Preis: Motor mit freiem Wellenstumpf, Motorschutzschalter, Sicherungen und luftgekühlter Anlasser für Anlauf mit halber Last 220/380 V	halber Last 500 V	Mehrpreis voller Last	Mehrpreis mit Bürstenabheber	Motor mit freiem Wellenstumpf ohne Bürstenabheber		
kW	U/min	A	mm	mm	kg	kg	kg	RM	RM	RM	RM	RM	RM	RM	RM	S	Kč
Drehzahl 3000 U/min																	
18	2960	36	—	—	290	—	17	8,—	—	69,—	1721	1578	38		1400		
24	2965	47	—	—	380	—	24	9,60	—	69,—	2190	2057	210	50	1850		
32	2970	62	—	—	470	—	27	10,50	—	105,—	2717	2469	131		2250		
Drehzahl 1500 U/min																	
1	1410	2,5	100	60	43	1,3	6	1,30	7,60	12,—	329	366	—	—	275		
1,4	1410	3,3	100	85	47	1,8	6	1,30	8,05	15,50	364	401	—	—	310		
2	1420	4,5	125	85	65	2,7	7	1,60	10,80	18,—	452	456	—	—	365		
2,4	1420	5,3	125	100	75	3	7	1,60	11,—	18,—	487	491	—	—	400		
3	1430	6,5	160	100	86	4,2			12,10	22,50	527	531	—	—	440		
4	1435	8,4	160	120	100	4,6	8	1,60	12,60	27,—	588	591	—	—	500		
4,8	1435	10	200	120	114	6			15,30	27,—	638	641	9	—	550		
6,5	1440	14	200	120	134	6,5	15	6,70	20,10	51,—	785	751	9	—	660		
8,5	1450	18	225	120	166	8	15	6,70	23,—	51,—	984	950	—	—	850		
12,5	1455	26	250	140	222	9,5	16	7,30	29,50	65,—	1297	1264	52	—	1130		
18	1460	35,5	280	170	305	13	17	8,—	33,50	65,—	1771	1628	38		1450		
24	1465	46,5	320	200	400	19,5	24	9,60	54,—	88,—	2140	2007	210	50	1800		
32	1470	61	360	230	500	29	27	10,50	62,—	88,—	2667	2419	198		2200		
Drehzahl 1000 U/min																	
1	915	2,8	100	85	47	1,8	6	1,30	8,05	15,50	374	411	—	—	320		
1,3	920	3,4	125	85	65	2,7	7	1,60	10,80	18,—	434	471	—	—	380		
1,7	925	4,2	125	100	75	3	7	1,60	11,—	18,—	507	511	—	—	420		

Fortsetzung der Tabelle

Nennleistung	Nenndrehzahl	Ständerstrom bei 380 V	Maße: Riemenscheibe normal und kleinst zulässig		Gewicht		Verpackung des Motors		Preis								
											Motor mit freiem Wellenstumpf, Motorschutzschalter, Sicherungen und luftgekühlter Anlasser				Motor mit freiem Wellenstumpf		
											für Anlauf mit halber Last		voller Last	mit Bürstenabheber			
		etwa A	Durchmesser	Breite	Motor mit freiem Wellenstumpf	Riemenscheibe normal	Gewicht	Preis	Riemenscheibe normal, 2 Spannschienen mit Steinschrauben	Kupplung	220/380 V	500 V	Mehrpreis		ohne Bürstenabheber		
kW	U/min		mm	mm	kg	kg	kg	RM	RM	RM	RM	RM	RM	RM	RM	S	Kč
2,1	930	5,1	160	100	86	4,2			12,10	22,50	547	551	—	—	460		
2,8	935	6,7	160	120	100	4,6	8	1,60	12,60	27,—	597	601	—	—	510		
3,5	935	8,2	200	120	113	6			15,30	27,—	657	661	—	—	570		
5	945	11,5	200	120	136	6,5	15	6,70	20,10	51,—	792	791	9	—	700		
6,5	955	14,5	225	120	170	8	15	6,70	23,—	51,—	1004	970	—	—	870		
9	960	19,5	250	140	220	9,5	16	7,30	29,50	65,—	1264	1230	40	—	1130		
13	965	27,5	280	170	302	13	17	8,—	33,50	65,—	1617	1584	52		1450		
18	970	37	320	200	395	19,5	24	9,60	54,—	88,—	2121	1978	79	50	1800		
24	975	48	360	230	495	29	27	10,50	62,—	88,—	2540	2407	100		2200		
Drehzahl 750 U/min																	
4,8	695	11,5	225	120	168	8	15	6,70	23,—	51,—	958	961	9	—	870		
7	710	16,3	250	140	218	9,5	16	7,30	29,50	65,—	1255	1221	9	—	1130		
10	715	22	280	170	300	13	17	8,—	33,50	65,—	1584	1550	40		1450		
13,5	720	29,5	320	200	390	19,5	24	9,60	54,—	88,—	1917	1884	52	50	1750		
19	725	40,5	360	230	490	29	27	10,50	62,—	88,—	2421	2278	79		2100		

Die Motoren werden ausgeführt für die Nennspannungen: 125/220 V, △/Y (Dreieck-Stern-Schaltung); 220/380 V, △/Y (Dreieck-Stern-Schaltung); 500 V, Y (Sternschaltung); 500 V, △ (Dreieckschaltung).

Abmessungen.

Drehzahl				Maße						
									f Drehzahl	
3000	1500	1000	750	*a*	*b*	*c*	*d*	*e*	3000	1500, 1000, 750
kW				mm						
	1			160	210	325	132	305		443
	1,4	1		160	210	325	132	305		466
	2	1,3		180	250	380	150	355		548
	2,4	1,7		180	250	380	150	355		572
	3	2,1		200	265					602
	4	2,8		200	265	420	170	395		625
	4,8	3,5		230	270					659
	6,5	5		200	290	430	170	385		795
	8,5	6,5	4,8	230	310	455	190	425		845
	12,5	9	7	250	330	490	210	460		910
18	18	13	10	290	360	535	225	500	1060	1090
24	24	18	13,5	320	380	565	235	535	1135	1180
32	32	24	19	360	420	605	265	585	1205	1260

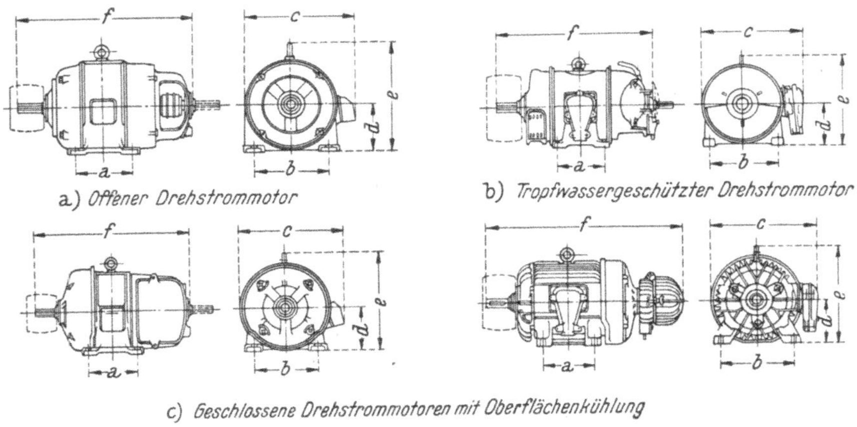

Abb. 187. Drehstrommotoren mit Schleifringläufern.

1762. Futura-Elektromotor (Maschinenfabrik „Futura", A. Wagenbach & Co., Elberfeld).

Der Motor ist verwendbar für Drehstrom und für Einphasenwechselstrom; er ist umschaltbar für die Spannungen 110, 190, 220, 290, 380 und 500 V. Der Motor kann bis zu 50% überlastet werden. Die Drehzahl des Motors beträgt $n = 1500$ und kann durch ein auf den Motor aufschraubbares Vorgelege auf 250 herabgesetzt werden.

Leistung	PS	1,5	3	5,5
Preis ohne Vorgelege	RM	110	140	173
„ mit „	„	154	196	242

1763. Einheitsspannungswandler. Regeln für die Auswahl.

Die Einheitsspannungswandler sind Drehstromspannungswandler und werden nur für die Nennunterspannungen (Leerlauf) von 231 V (Y/Y Stern-Stern-Schaltung) und 400 V (Y/⅄ Stern-Zickzack-Schaltung) ausgeführt. Jeder Spannungswandler ist mit einem Umsteller zur Einstellung verschiedener Spannungsstufen äußerst ± 4% der Nennoberspannung versehen.

Die Einheitsspannungswandler der Hauptreihe sind verhältnismäßig wenig überlastbar (während einer halben Stunde um 25%). Sie werden für dauernden Betrieb mit ihrer Nennleistung verwendet (z. B. industrielle Betriebe). Die der Sonderreihe können um 100% (durch 12 Stunden täglich, etwa 500 Stunden im Jahre) überlastet werden. Sie kommen für Betriebe in Betracht, wo sie dauernd unter Spannung stehen, aber nur kurze Zeit im Jahre bis zu ihrer Überlastbarkeit beansprucht werden. Bei solchen Betriebsverhältnissen haben sie gegenüber denen der Hauptreihe den Vorteil der geringeren Leerlaufverluste bei gleicher Maximalleistung, außerdem ist ihr Jahreswirkungsgrad bedeutend günstiger.

Bei Parallelbetrieb der Spannungswandler ist eine Verteilung der Belastung entsprechend den Nennleistungen notwendig. Das wird erreicht, wenn die Nennkurzschlußspannungen nicht mehr als ± 10% vom Mittelwert der Kurzschlußspannungen der vorhandenen Spannungswandler abweichen. Die Kurzschlußspannungen werden in Prozenten der Nennoberspannung angegeben. Sie sind bei den Einheitsspannungswandler in diesen Grenzen gehalten und wurden deshalb auch nicht in diesen Tabellen angeführt. Einheitsspannungswandler können also ohne weiteres parallel arbeiten. Bei Parallelbetrieb mit anderen schon vorhandenen Spannungswandler, die nicht den Einheitsspannungswandlerreihen angehören, ist daher auf die Kurzschlußspannungen zu achten, dabei sollen kleinere Spannungswandler möglichst größere Kurzschlußspannungen gegenüber den parallel arbeitenden größeren aufweisen. Ferner ist erforderlich:

1. Gleiche Nennspannung primär und sekundär (gleiches Übersetzungsverhältnis).
2. Gleiche Schaltgruppe.
3. Verbindung gleichnamiger Klemmen.
4. Das Verhältnis der Nennleistungen soll möglichst nicht größer als 3 : 1 sein.

Der Wirkungsgrad der Spannungswandler liegt zwischen 95 und 97,5%. Als Öl ist das den Vorschriften entsprechende Spannungswandleröl zu verwenden.

1764. Einheitsspannungswandler für Drehstrom, 50 Perioden, eine halbe Stunde hindurch bis 25% überlastbar (Siemens-Schuckert-Werke).

Nenn-leistung	Nennober-spannung ±4%	Leer-lauf-energie	Maße (mm) (Abb. 188)			Gewicht		Verpackung		Spannungswandler mit Ölfüllung		
						Öl-füllung	Spannungs-wandler mit Öl-füllung	Ge-wicht	Preis	Preis		
kVA	V	W	*a*	*b*	*c*	kg	etwa kg	kg	RM	RM	S	Kč
	5000	60								750		
	6000	60	680	470	885	52	185	37	10,—	750		
5	10000	70								800		
	15000	85	695	505	890	62	215	41	11,—	860		
	20000	100	715	510	885	65	230			900		
	5000	100								810		
	6000	100	680	480	915	54	215	39	10,50	810		
10	10000	115								870		
	15000	130	715	515	935	71	260	46	12,—	950		
	20000	150	745	520	950	78	265			1000		
	5000	175								950		
	6000	175	725	495	965	66	275	41	11,—	950		
20	10000	190								1000		
	15000	210	775	540	990	85	320	51	13,—	1070		
	20000	225	805	550	1030	93	340			1120		
	5000	240								1070		
	6000	240	755	505	1055	80	335	46	12,—	1070		
30	10000	260								1130		
	15000	280	835	565	1065	102	390	53	13,50	1220		
	20000	300								1280		
	5000	350								1350		
	6000	350	775	430	1215	104	435	62	15,50	1350		
50	10000	375								1430		
	15000	400	855	480	1270	140	525	62	15,50	1540		
	20000	425					515			1600		
	5000	475								1670		
	6000	475	835	465	1355	137	570	67	16,50	1670		
75	10000	510								1760		
	15000	540	915	520	1385	169	645	67	16,50	1860		
	20000	575								1930		
	5000	600								1970		
	6000	600	900	505	1470	172	685	70	17,25	1970		
100	10000	630								2050		
	15000	660	945	525	1455	191	755	70	17,25	2180		
	20000	700					750			2260		

1765. Einheitsspannungswandler für Drehstrom, 50 Perioden, durch 12 Stunden täglich und etwa 500 Stunden im Jahr um 100% überlastbar (Siemens-Schuckert-Werke).

Nennleistung	Nennoberspannung ± 4%	Leerlaufenergie	Maße (mm) (Abb. 188)			Gewicht		Verpackung		Spannungswandler mit Ölfüllung		
						Öl-füllung	Spannungswandler mit Ölfüllung	Gewicht	Preis	Preis		
kVA	V	W	*a*	*b*	*c*	kg	etwa kg	kg	RM	RM	S	Kč
5/10	5000	60								800		
	6000	60	680	468	925	57	200	41	11,—	800		
	10000	70								830		
	15000	85	715	513	890	65	240	46	12,—	880		
	20000	100								920		
10/20	5000	100								950		
	6000	100	715	490	1090	89	275	46	12,—	950		
	10000	110								1000		
	15000	120	745	518	1020	88	295	53	13,50	1080		
	20000	130								1120		
15/30	5000	140								1080		
	6000	140	715	410	1150	88	310	51	13,—	1080		
	10000	155								1140		
	15000	165	763	435	1190	114	365	60	15,—	1230		
	20000	180								1270		
25/50	5000	210								1300		
	6000	210	920	500	1220	125	415	60	15,—	1300		
	10000	225								1360		
	15000	235	845	545	1310	162	470	65	16,—	1450		
	20000	250								1510		
37,5/75	5000	295								1600		
	6000	295	915	610	1320	172	565	67	16,50	1600		
	10000	315								1660		
	15000	335	1030	600	1340	200	625	67	16,50	1760		
	20000	355								1830		
50/100	5000	370								1900		
	6000	370	1165	616	1370	200	680	69	17,—	1900		
	10000	390								1970		
	15000	410	1075	660	1405	237	750	69	17,—	2060		
	20000	430								2150		

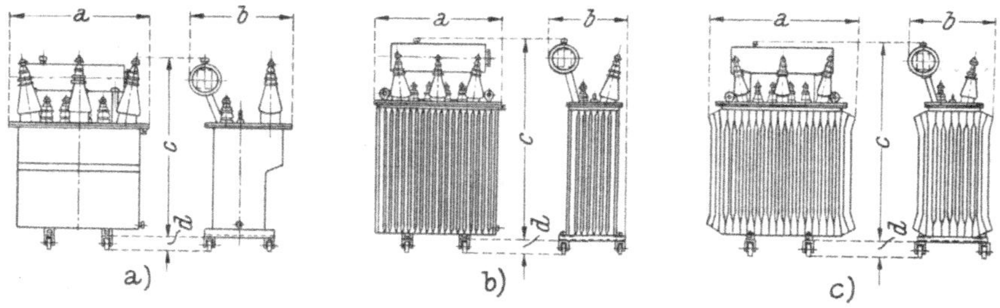

Abb. 188. Einheitsspannungswandler.
a), b) Haupt- und Sonderreihe. c) Sonderreihe „Landwirtschaft".

1766. Besondere Ausführungen der Einheitsspannungswandler. (Siemens-Schuckert-Werke.)

Leistung		Mit Rädern		Fürs Freie		Mit besonders wetterfestem, silbergrauem Anstrich	
Hauptreihe	Sonderreihe	*d*	Mehrpreis	bis 10000 V Mehrpreis	über 10000 V Mehrpreis	bis 10000 V Mehrpreis	über 10000 V Mehrpreis
kVA	kVA	mm	RM	RM	RM	RM	RM
5—30	5/10	75	15			100	110
50	10/20; 15/30	95	30	85	95	100	110
75—100	25/50—50/100	95	30			110	120

1767. Spannungswandler für Freiluftaufstellung kosten um etwa 5% mehr als solche für die Aufstellung unter Dach.

1768. Ölschalter für Freiluftaufstellung[7] sind bei einer Spannung von 25000 V um 100%, von 60000 V um 50% und von 100000 V um 30% teurer als solche für geschlossene Räume.

1769. Kostenverteilung bei großen Gebäudeumspannwerken. Nach [7]

a) Grunderwerb, Zufahrt .... 6— 5%
b) Gebäude mit Nebenanlagen, und zwar Hochspannungshaus, Spannungswandlerhaus, Niederspannungshaus, Werkstätte, Lager, Öl- und Kühlwassergruben, Wasserversorgung, Beleuchtung, Beheizung, Belüftung .... 21—23%
c) Spannungswandler samt Öl, Kühlung und Zugehör 30%
d) Ölschalter samt Öl .... 6—17%
e) Inneneinrichtung, wie Gerüste, Trennschalter, Sammelschienen, Isolatoren, Verbindungsleitungen .... 17— 7%
f) Stationsspannungswandler, Hilfs- und Nebeneinrichtungen .... 4— 2%
g) Frachten, Verpackung, Montage .... 11— 7%
h) Allgemeine Unkosten, Entwurf, Bauleitung 9%

1770. Kostenverteilung bei großen Freiluftumspannwerken. Nach [7]

a) Grunderwerb, Zufahrten .... 4,2— 8%
b) Hauptgerüste, Grundwerke, Bedienungsräume, Werkstätte, Lager, Öl- und Kühlwassergruben .... 15— 8%
c) Spannungswandler samt Öl, Kühlung .... 18—37%
d) Ölschalter samt Öl .... 15—32%
e) Inneneinrichtung, wie Schaltgerüste, Trennschalter, Sammelschienen, Isolatoren, Verbindungsleitungen .... 24—10%
f) Stationsspannungswandler, Hilfsanlagen .... 4— 3%
g) Frachten, Verpackung, Montage .... 11— 7%
h) Allgemeine Unkosten, Entwurf, Bauleitung 9%

1771. Umspannwerke, Preis (1927) je Kubikmeter umbauter Raum,[37] einschließlich Ölgruben, Beleuchtung, Beheizung, Belüftung und Wasserversorgung, aber ohne die elektrische Ausrüstung und deren Stützen:

Umbauter Raum	cbm	5000—10000	10000—25000	über 25000
Preis je Kubikmeter	RM	26—27	24,5—26	24—24,5

1772. Schaltanlagen. Raumbedarf.

Eglisau ...... 28000 kW 0,5 cbm/kW Wäggital ... 100000 kW 0,3 cbm/kW

1773. Umspannwerke, Gebäude- und Freiluft-. Preisverhältnisse.[7]

Gebäudeumspannwerke kosten bei den Spannungen:

	25000/6000	60000/25000	100000/25000	200000/100000 V
um	— (8—5)	0	+ (8—6)	+ (17—15)%

mehr (+) oder weniger (—) als Freiluftumspannwerke (in Prozent der letzteren).

1774. Elektrische Motoren und Geräte aufstellen und anschließen, einschließlich kurzer Zufuhren kostet in Prozenten des Preises ab Werk, überschlägig:

	ohne Montagezugehör	mit Montagezugehör
bei Elektromotoren	4—6%	bis 15%
„ Spannungswandlern	3—4%	„ 7,5%
„ größeren Schalttafeln je Feld..........	9%	—

B. Freileitungen und Kabelleitungen.

1775. Normen betreffend elektrische Freileitungen.

VDE 8200. Drähte zu Starkstromfreileitungen.
VDE 8201. „ und Seile für Starkstromfreileitungen.
VDE 8202. Stahl-Aluminium-Seile für Starkstromfreileitungen.
VDE 8203. Stahldrähte zu Stahl-Aluminium-Seilen.
VDE 8000 bis 8005, 8010, 8011, 8018 bis 8020 betreffen Stützenisolatoren.
VDE 8007 bis 8009, 8060 betreffen Hängeisolatoren für Starkstromfreileitungen.
VDE 8040 bis 8045, 8050 bis 8056 betreffen Isolatorstützen.

Besondere Bedingungen für die Berechnung, Herstellung, Lieferung und Aufstellung von Eisenbetonmasten bei Kreuzungen von Starkstromanlagen mit der Deutschen Reichsbahn.

Önorm E 4000. Blanke Drähte für Starkstromfreileitungen.
Önorm E 4001. „ „ und Seile mit Kerndraht.
Önorm E 4002. Leitungsseile ohne Kerndraht.
Önorm E 4100. Stützenisolatoren, Reihe N, für Betriebsspannungen bis 500 V.
Önorm E 4101. „ , „ HD, für Betriebsspannungen von 0,5 bis 35 kV.
Önorm E 4102. Kappenisolatoren, Reihe K.
Önorm E 4105. Schäkelisolatoren, Reihe Sch, für Betriebsspannungen bis 500 V.
Önorm E 4150. Gerade Stützen, für Stützenisolatoren, Reihe N.
Önorm E 4151. Desgl., Reihe HD.
Önorm E 4150. Gebogene Stützen für Stützenisolatoren, Reihe N.
Önorm E 4153. Desgl., Reihe HD.
Önorm E 4104. Freileitungen, Klöppelbolzen, Klöppelpfannen.

1776. Schaltzeichen für Freileitungen nach DIN VDE 710 bis 717.

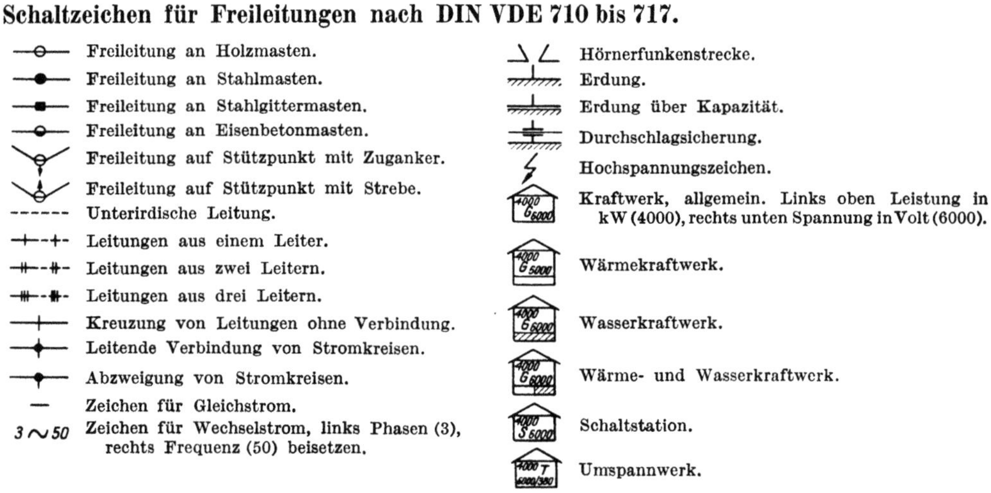

Spannung in Volt und Querschnitt in Quadratmillimetern an der Leitung anschreiben.

1777. Wirtschaftlichster Querschnitt einer Fernleitung.[265]

Bedeutet l die Fernleitungslänge in Metern, N die zu übertragende Gesamtleistung in Kilowatt, p den zuzulassenden Leistungsverlust in Prozenten von N, k die Leitfähigkeit des Leiters, V die verkettete Spannung in Volt und $\cos \varphi$ den Leistungsfaktor der Stromverbraucher, so ist ein Leiterquerschnitt

$$q\,(\text{qmm}) = \frac{100\,N\,l}{p\,k\,V^2 \cos^2 \varphi}$$

erforderlich.

Zu jedem zuzulassenden Leistungsverlust p gehört ein bestimmter Leiterquerschnitt q, und für den anzuwendenden wirtschaftlichsten Leiterquerschnitt muß die Summe aus dem Geldwert des Leistungsverlustes innerhalb eines Jahres und dem Kapitaldienst für die Anlagekosten der Leitung ein Kleinstwert sein.

1778. Kupferfreileitungen.

a) Blanke Kupferdrähte: Eigengewicht 8,8 bis 9 t/cbm. Preis je Kilogramm etwa 25 bis 30% mehr als der Kupfertagespreis.

Kupferquerschnitt	qmm	6	10	16	25	35	50	70	95	120
Gewicht je Kilometer	kg/km	53	88	142	221	309	441	618	838	1060

b) Blanke Kupferseile, DIN VDE 8200: Preis je Kilogramm etwa 55 bis 85% mehr als der Kupfertagespreis.

Kupfernennquerschnitt		qmm	10	16	25	35	50	70
Gewicht je Kilometer	von	kg/km	84	135	206	295	413	562
	bis	,,	99	155	235	330	470	644
Widerstand je Kilometer bei 15° C		Ω/km	1,82	1,15	0,75	0,53	0,37	0,28
Kupfernennquerschnitt		qmm	95	120	150	185	240	300
Gewicht je Kilometer	von	kg/km	802	1018	1265	1570	2080	2590
	bis	,,	905	1130	1435	1765	2360	2900
Widerstand je Kilometer bei 15° C		Ω/km	0,20	0,16	0,12	0,10	0,08	0,06

1779. Verlegen von elektrischen Freileitungen.

a) 1 m blanken Kupferdraht verlegen, regulieren und an den Isolatoren mit Kupferbindedraht anbinden,

bei einem Kupferquerschnitt von	10 qmm	0,10—0,15 h	Monteur
,, ,, ,, ,,	16 ,,	0,12—0,18 ,,	,,
,, ,, ,, ,,	25 ,,	0,13—0,20 ,,	,,
,, ,, ,, ,,	35 ,,	0,15—0,22 ,,	,,
,, ,, ,, ,,	50 ,,	0,18—0,25 ,,	,,
,, ,, ,, ,,	70 ,,	0,25—0,30 ,,	,,
,, ,, ,, ,,	95 ,,	0,28—0,35 ,,	,,
,, ,, ,, ,,	120 ,,	0,35—0,50 ,,	,,

oder überschlägig: Die Verlegungskosten blanker Kupferleitungen betragen 15 bis 25% der Kosten der Kupferleiter.[131]

b) Eine Abzweigung an einer Freileitung herstellen kostet bei einem Querschnitt der Abzweigleitung

bis 50 qmm (0,75 bis 0,90) h Monteur,
von 50 ,, 120 ,, (1,25 ,, 1,50) ,, ,, .

c) 1 Stück Isolatorenstütze[33] in den Isolator eingießen, am hölzernen Mast Löcher bohren und die Stütze einschrauben: 0,5 h Monteur.

d) 1 Stück Isolatorenstütze[33] in den Isolator eingießen und die Stütze einmauern: (0,8 bis 1,0) h Monteur.

e) 1 Stück Mauerkonsole[33] für 5 bis 12 Leitungen einmauern: (4 bis 5) h Monteur.

f) 1 Stück Freileitungssicherung[33] einbauen: 1,5 h Monteur.

g) 1 Stück Hörnerblitzableiter[33,131] auf einem Mast anbringen, einschließlich Verlegung der Erdleitung und der Erdplatte: 7 bis 15 h Monteur.

1780. **Abmessungen, Gewichte und Preise von Kupferleitungsseilen.**

Seilart	Kupferquerschnitt qmm	Seilaufbau: Zahl der Drähte	Seilaufbau: Seildurchmesser mm	Zulässige Stromstärke A	Gewicht je km t	Preis je t RM
Kupfervollseile	25	19	6,5	62—70	0,230	Kupferpreis je t in RM + 300 RM
	50	19	9,2	125—140	0,460	
	70	19	10,9	175—196	0,645	
	95	19	12,6	225—265	0,875	
	120	19	14,5	300—336	1,100	
	150	37	15,8	375—420	1,380	
	185	37	17,5	462—518	1,700	
	240	37	20,0	600—670	2,200	
Kupferhohlseile	300	46	42	750—840	3,070	Kupferpreis je t in RM + 660 RM
	400	46	42	1000—1120	4,000	

1781. **Zulässige Spannweiten für Kupferseile.**

Nennquerschnitt	qmm	10	16	25	35	50	70	95
Kupfer, hart	m	50	70	95	125	160	210	280
„ , halbhart	„	40	50	60	70	100	130	—

1782. **Mindesthöhe der Leitungen über dem Boden.**

a) Niederspannungsleitungen: im Gelände .... 5 m
an Straßenkreuzungen........ 6 „

b) Hochspannungsleitungen: im Gelände .... 6 m
an Straßenkreuzungen........ 7 „

1783. **Mindestgründungstiefe für Holzmaste:**

$^1/_6$ der freien Mastlänge, mindestens aber 1,6 m.

1784. **Stützenisolatoren, weiß oder braun,** für Freileitungen nach DIN VDE 8002, 8003, 8004 und 8005. Preise je 100 Stück in RM:[178]

Spannung, Volt	6000	10000	15000	20000	25000	30000	35000
Delta-Isolatoren	148	186	243	376	448—558	693—805	947—1081
Verstärkte Delta-Isolatoren	182	231	297	466	672	970	1344
Weitschirm-Isolatoren	104	170	313	427	681	1008	1468
Verst. Weitschirm-Isolatoren	—	358	482	607	885	1350	1820

1785. **Freileitungsisolatoren und Stützen.**

a) Fernmeldeanlagen, Isolatoren DIN VDE 8020, Stützen DIN VDE 8055 und 8056.

Doppelglockenisolatoren							Gerade Stützen					
Bezeichnung	Abmessungen: Außendurchmesser	Abmessungen: Höhe	Gewicht je 100 Stück	Preis je 100 Stück			Bezeichnung	Größter waagrechter Zug	Gewicht je 100 Stück	Preis je 100 Stück		
	mm	mm	kg	RM	S	Kč		kg	kg	RM	S	Kč
RM III	60	80	28,6			145	FS 150g	120	22,0			300
RM II	70	100	46,8			250	FS 160g	130	40,7			490
RM I	86	140	96,7			500	FS 170g	210	53,4			—

Gebogene Stützen mit Holzschraube						Gebogene Stützen mit Mutterschraube					
Bezeichnung	Größter waagrechter Zug	Gewicht je 100 Stück	Preis je 100 Stück			Bezeichnung	Größter waagrechter Zug	Gewicht je 100 Stück	Preis je 100 Stück		
	kg	kg	RM	S	Kč		kg	kg	RM	S	Kč
FS 10h	130	41,8			330	FS 10u	110	35,5			—
FS 15h	135	62,3			550	FS 15u	140	66,9			—
FS 18h	160	84,4				FS 18u	190	83,5			—

b) Niederspannungsfreileitungen bis 500 V.

Isolatoren DIN VDE 8011: Bezeichnung	Abmessungen: Außendurchmesser mm	Abmessungen: Höhe mm	Gewicht je 100 Stück kg	Preis je 100 Stück RM	S	Kč	Gerade Stützen DIN VDE 8050: Bezeichnung	Größter waagrechter Zug kg	Gewicht je 100 Stück kg	Preis je 100 Stück RM	S	Kč	Gebogene Stützen DIN VDE 8051: Bezeichnung	Größter waagrechter Zug kg	Gewicht je 100 Stück kg	Preis je 100 Stück RM	S	Kč
N80	80	85	36,8			330	NS80a	75	25			400	NS80d	68	47			
							NS80c	300	52									
N95	95	95	51			500	NS95a	140	39,2			420	NS95d	110	73,5			
							NS59c	610	95,5									

1786. **1 Stück Holz- oder Rohrmast setzen,**[131] einschließlich Befestigung der Warnungstafel, der Stützen mit den Isolatoren und der Ausrüstung der Mastspitze, erfordert: bei Stichboden 7 h, bei felsigem Boden 14 h (hiervon sind etwa $^1/_3$ Monteurstunden).

1787. **1 Stück stählernen Gittermast aufstellen,** ohne Erd- und Betonierarbeiten, erfordert je Tonne etwa (45 bis 60) h (hievon sind etwa die Hälfte Monteurstunden).

1788. **Abmessungen der Holzmaste.**

Bei der Gesamtlänge des Mastes H m, der Mastentfernung a m, der Summe der Durchmesser der am Mast verlegten Leitungen in Millimetern Σd beträgt die erforderliche Zopfstärke Z in Zentimetern

$$Z = 0{,}65\,H + k\sqrt{a\,\Sigma d}$$

wobei für k die folgenden Werte gelten:

zulässige Biegungsbeanspruchung kg/qcm	70	90	110	140	150	200
$k =$	0,34	0,30	0,26	0,23	0,22	0,18

Bei Niederspannungsleitungen müssen die Zopfstärken

bei einfachen oder verstrebten Masten	mindestens	12 cm
„ Stichleitungen mit nur einem Stromkreis	„	10 „
„ A-Masten oder verdübelten Masten	„	10 „
„ nicht verdübelten Doppelmasten	„	9 „

betragen. Bei Hochspannungsleitungen müssen die Zopfstärken bei einfachen oder verstrebten Masten mindestens 15 cm, die der Streben mindestens 9 cm betragen. Die übrigen Maste haben die gleichen Mindestzopfstärken wie bei Niederspannungsleitungen. (Wegen sonstigen Mastberechnungen siehe [30].)

1789. **Mastfüße aus Eisenbeton** für Holzmaste. (Beton-Schleuderwerke A. G., Erlangen, Horst Wesselstraße 19.) Preis je Stück: (20 bis 40) RM.

1790. **Nutzungsdauer von Holzmasten:**[30]

a) Nicht imprägnierte Maste:

Fichte und Tanne	4—5 Jahre
Kiefer	5—7 „
Eiche	7 „
Lärche	10 „
Kastanie	10 „

b) Imprägnierte Maste:

Kiefer mit Zinkchlorid	12 Jahre
„ „ Kupfersulfat	13—14,5 „
Fichte mit Quecksilberchlorid	14,5 „
Kiefer „ „	16,5 „
„ „ Teerölvollimprägnierung (250 kg/cbm)	23—25 „
„ „ Rüping-Teerölsparimprägnierung (100 kg/cbm)	21,5 „
„ „ Teeröl (50 kg/cbm)	20 „

1791. Schleuderbetonmaste der Deutschen Schleuderröhrenwerke Otto und Schlosser in Meißen, Sachsen.

Spitzenzug kg	Länge m		Durchmesser mm oberer/unterer	Gewicht kg	Preis RM	Spitzenzug kg	Länge m		Durchmesser mm oberer/unterer	Gewicht kg	Preis RM
	ganze	freie					ganze	freie			
300			160/280	570	105	300			180/400	1080	152
400	8,0	6,5	160/280	710	113	400	11,0	9,0	180/400	1150	163
500			180/300	730	119	500			180/400	1230	171
300			160/295	685	120	300			180/420	1250	170
400	9,0	7,5	160/295	800	127	400	12,0	10,0	180/420	1310	178
500			180/315	870	136	500			180/420	1410	192
300			180/330	820	137						
400	10,0	8,0	180/330	1050	146						
500			180/330	1070	156						

1792. Freileitungsmaste aus DIN I-Trägern, Breitflanschträgern oder aus nahtlosen Flußstahlrohren DIN 2448, St 55 . 29.

Siehe Bemessungstafeln und Berechnung in Verein deutscher Eisenhüttenleute: Stahl im Hochbau. Verlag Stahleisen, Düsseldorf, und J. Springer, Berlin. 1935. S. 522 bis 526.

1793. Gewichte und Preise stählerner Hochspannungsleitungsmaste.

Spannung	Mastentfernung	Leitungsquerschnitt	Ganze Masthöhe	Tragmast, Gründung auf Holzschwellen		Abspannmast mit Betongrundwerk		Spannung	Mastentfernung	Leitungsquerschnitt	Ganze Masthöhe	Tragmast, Gründung auf Holzschwellen		Abspannmast mit Betongrundwerk	
				Spitzenzug	Gewicht	Spitzenzug	Gewicht					Spitzenzug	Gewicht	Spitzenzug	Gewicht
V	m	qmm Cu	m	kg	kg	kg	kg	V	m	qmm Cu	m	kg	kg	kg	kg
		3×25	17,0	320	660	1200	1200			3×70	23,0	740	1300	2800	2350
		3×50	15,5	410	680	2000	1250			3×95	22,5	820	1350	3600	2700
		3×70	15,5	460	720	2650	1400			3×120	22,0	900	1400	4400	3000
25000	160	3×95	15,0	520	750	3450	1650	100000	250	3×185	22,0	1050	1650	6700	3600
		6×25	18,5	550	970	2000	1650			6×70	26,0	1250	2100	5100	4500
		6×50	17,0	680	1000	3600	1850			6×95	25,5	1350	2250	6700	5000
		6×70	17,0	780	1050	4900	2300			6×120	25,0	1450	2500	8300	5800
		6×95	16,5	900	1120	6500	2900			6×185	25,0	1750	2800	12600	7500
		3×50	18,0	500	920	2000	1450			Hohl-					
		3×70	18,0	560	970	2650	1600			seil					
		3×95	17,5	640	1010	3600	1950			3×240	30,0	1800	5400	8500	11000
60000	200	3×120	17,5	700	1050	4400	2200	200000	300	3×300	30,0	3200	6200	11000	13000
		6×50	20,5	840	1370	3800	2450			6×240	35,0	3000	7200	16000	15000
		6×70	20,5	940	1450	5100	2900			6×300	35,0	5600	8500	20000	18000
		6×95	20,0	1060	1520	6700	3300								
		6×120	20,0	1180	1650	8300	4000								

Preise ab Werk je Tonne: das 1,6- bis 1,8-fache des Formstahl-t-Preises.

1794. Stählerne Fernleitungsmaste mit schwenkbaren Auslegern[30] sind billiger als „Tannenbaum"-Maste; die Ersparnisse an Mastgewicht betragen

bei 60000-V-Leitungen 7%
„ 100000 „ „ 17%
„ 150000 „ „ 25% der Gewichte der „Tannenbaum"-Maste.

1795. Bau einer 20-kV-Freileitung. 3 × 35 qmm Cu + 1 × 25 qmm Stahl; Mastentfernung in ebenem Gelände 115 m, im Hügelland 98 m.

a) Aufstellen von Holzmasten, je Mast:

Maste auslegen	1,45 h	Hilfsarbeiter
Graben der Mastlöcher	7,30 „	Erdarbeiter
Armieren der Maste	10,90 „	Zimmerer
Aufstellen der Maste	6,60 „	Hilfsarbeiter

b) Aufstellen von Gittermasten, je Mast: 64 h Hilfsarbeiter.
c) Bespannen der Maste, je Kilometer: 85,3 h Hilfsarbeiter.
Trassieren der Leitung: je Tag 700 m.

1796. Kosten einer 20-kV-Freileitung.

23,981 km lang. Leiter: 3 × 35 qmm Cu + 1 × 25 qmm Stahl. 134 Einfach-Holzmaste, 64 Doppeltragmaste aus Holz, 1 Stahlgittermast, 18 Holzwinkelmaste, 11 Stahlwinkelmaste, 6 Stahlkreuzungsmaste, 2 Endabspann-Stahlmaste, 1 Trennschalter-Bockholzmast, zusammen 237 Maste.

Richtpreise: Kupferseil ab Werk 1,56 S/kg, Stahlseil 1,12 S/kg, Isolatoren ab Werk 11 S/Stück, imprägnierte Maste 74 S/cbm ab Werk, Stahlmaste ab Werk 0,78 S/kg, Ausleger ab Werk 0,85 S/kg, Betonschotter an der Baugrube 7 S/cbm. Hilfsarbeiter 0,82 S/Stunde, Zimmerer 1,10 S/Stunde. Baukosten 184561 S oder 7700 S/km. Kostenaufteilung in Prozenten:

Behördliches Verfahren und Stempel	0,93%
Vermessung, Planung, Baustoffproben	0,87%
Baugrund und Kulturschäden	5,30%
Kupferseil	20,45%
Stahlseil	3,35%
Verbinder	0,93%
Isolatoren	10,46%
Hoffmann-Armaturen	5,44%
Trennmesser	0,44%
Imprägnierte Maste	9,59%
Mastausleger, Mastfüße, Abspannbügel	7,08%
Schrauben, Beilagscheiben	1,35%
Stahlgittermaste, Abspannbügel, Grundanstrich	12,75%
Kies	0,73%
Zement	1,54%
Rundstahl	0,01%
Erdung, Kleinzeug, Warnungstafeln	0,81%
Transporte	2,46%
Werkzeug u. dgl.	0,63%
Anstriche	0,41%
Kabeln von 2 Fernsprechleitungen an Kreuzungsstellen	0,92%
Löhne	13,55%

1797. Kosten von Freileitungen.[252]

Spannung V	Leitungsquerschnitt qmm	Baustoff	Preis je km in RM
100000	6×70	Stahl-Aluminium	14000
100000	6×70	Kupfer	12500
60000	6×70	Stahl-Aluminium	10500
60000	6×70	Kupfer	9500
30000	6×35	Stahl-Aluminium	8500
30000	6×25	Kupfer	7000
15000	3×25 (Holzmaste)	„	2200
15000	3×16 („)	„	1950

1798. Einleiter-Hochspannungskabel. Preise (1931) ohne Armaturen und Verlegung ab Werk.[166]

Spannung V	Querschnitt qmm Cu	Zulässige Stromstärke A	Preis RM/km	Spannung V	Querschnitt qmm Cu	Zulässige Stromstärke A	Preis RM/km
25000	70	225	17500	50000	70	215	29200
	95	270	19400		95	255	30300
	120	305	21200		120	290	31100
	150	345	24600		150	335	34200
	185	400	27800		185	338	37800
35000	70	220	20200	66000	70	215	32200
	95	265	22000		95	255	33100
	120	300	24100		120	285	34200
	150	340	27400		150	335	36500
	185	385	30700		185	375	40100

1799. Dreileiter-Hochspannungskabel. Preise (1931) ohne Armaturen und Verlegung ab Werk.[166]

Spannung V	Querschnitt je Leiter qmm Cu	Zulässige Stromstärke A	Preis je km RM	Spannung V	Querschnitt je Leiter qmm Cu	Zulässige Stromstärke A	Preis je km RM
25000	70	193	20100	50000	70	170	35000
	95	230	22800		95	200	36000
	120	270	25200		120	240	38100
35000	70	185	23700	66000	70	170	38700
	95	220	26700		95	200	39700
	120	260	30000		120	235	40700

1800. Einleiter-Papiererdkabel bis 30000 V.

Querschnitt	qmm Cu	10	16	25	35	50	70
Preis je Meter	RM[178]	0,85	1,05	1,35	1,60	2,10	2,45

1801. Schwachstromerdkabel mit 0,8 mm Leitern und Papierhohlisolierung.

Leitungspaare	1	5	10	20	50
Preis je Meter ....RM[178]	0,60	1,00	1,25	1,85	3,50

1802. Verlegung von Kabelleitungen.

a) Handarbeit:[172]

1 m Kabel verlegen, und zwar Grabenaushub 0,6 bis 1,0 m tief, Verlegung des Kabels, Abdeckung mit Ziegeln oder Betonformsteinen und Wiederverschütten des Grabens, erfordert durchschnittlich, wenn der Aushub nicht behindert ist: 1,5 bis 2,4 h Erdarbeiter.

Durch Anwendung von Grabenbaggern können die Verlegungskosten wesentlich herabgesetzt werden.

b) Mittels Kabelverlegungsgerätes:[172]

Beim Elektrizitätsverband Weißenfels-Zeitz konnten die Verlegungskosten eines 15-kV-Kabels in ebenem, freiem Gelände durch Verwendung eines Kabelverlegungsgerätes auf 230 RM je Kilometer gegenüber 1600 RM/km bei Handarbeit ermäßigt werden. Für 1 km Kabelverlegung benötigte das Gerät 12,5 h.

1803. Fernleitungskosten elektrischer Energie in Reichspfennig je Kilowattstunde bei verschiedenen Benützungsdauern[253] können der Abb. 189 entnommen werden.

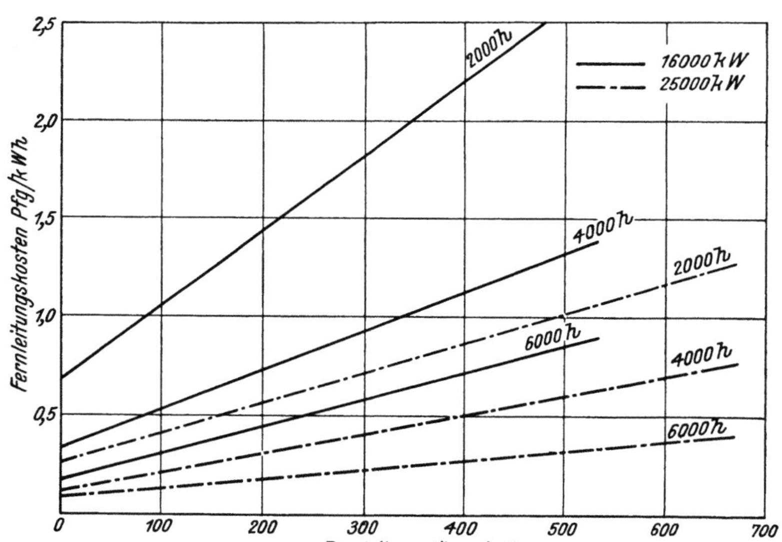

Abb. 189. Fernleitungskosten elektrischer Energie in Rpf je kWh bei verschiedenen Benützungsdauern.

XXIII. Flußbau.

1804. 1 cbm Bodenaushub bei Flußbauten, und zwar Auflockern, Ausheben und Aufladen (aber ohne Verführen), wobei die festgesetzten Umrisse einzuhalten sind:

Lage der Baustelle	Boden	Schlamm, Alluvialsand, lockerer Lehm, Kies ohne Bindung	Fester Kies, fester Lehm, fester Letten	Fester Ton, Mergel, fester, grober Schotter, Gerölle
Über dem kleinsten Wasserstande	Erdarbeiter ... h	2—3	3—4	4—6
	Für Aufsicht und Geräte ... %	8	10	12
Unter dem kleinsten Wasserstande bis 1 m Tiefe	Erdarbeiter mit 30% Wasserzuschlag ... h	3—5	5—6	7—9
	Für Aufsicht und Geräte ... %	12	15	20

1805. 1 rm Aushub aus verschotterten Bachbetten, bestehend aus Schotter mit großen Steinen und Felsstücken, die mittels Brechwerkzeugen bzw. mittels Sprengmittel aufzulockern sind, einschließlich des Aufladens oder Wurfes auf 3 m:

Lösung		Mit Brechwerkzeugen	Mit Brechwerkzeugen und Sprengmitteln
Steinarbeiter	h	0,8—1,5	0,8—2,5
Erdarbeiter	„	9—12	8—10
Für Aufsicht, Brechwerkzeug und Geräte	%	35	—
Für Aufsicht, Brechwerkzeuge, Sprengmittel und Geräte	%	—	50

1806. 1 rm Kieshinterfüllung von Flußbauwerken, ohne Stampfen und ohne Zufuhr:

a) einfache Hinterfüllung: (0,8 bis 1,0) h Hilfsarbeiter + 10% für Aufsicht und Geräte.

b) Hinterfüllung unter Zwischenlage grüner Weidenreiser: (1,6 bis 2,0) h Hilfsarbeiter + 10% für Aufsicht und Geräte.

1807. 1 Stück Faschine, im Mittel 0,3 m stark, 2,8 bis 3 m lang, mit einem Rauminhalt von 0,2 rm, zweimal gebunden herstellen, samt Abhauen der Ruten:

		Weidenfaschinen	Waldfaschinen
Hilfsarbeiter	h	0,8	1,3
Für Aufsicht und Geräte	%	10	10
Faschinenreiser, aufgeschlichtet gemessen	rm	0,46	0,46
Eisendraht, 1 mm	kg	0,008	0,008

Das Binden der Faschinen aus schon gewonnenen Ruten erfordert die halbe oben angegebene Arbeitszeit.

1808. 1 Stück Faschine, im Mittel 0,3 m stark, 4 m lang, mit einem Rauminhalt von 0,28 rm, dreimal gebunden herstellen, samt Abhauen der Ruten:

		In Weidenpflanzungen	In Eichenwäldern
Hilfsarbeiter	h	1,0—1,6	1,6—2,1
Für Aufsicht und Geräte	%	10	10
Faschinenreiser, aufgeschlichtet gemessen	rm	0,65	0,65
Eisendraht, 1 mm stark	kg	0,012	0,012

Binden der Faschinen aus schon gewonnenen Ruten erfordert die halbe oben angegebene Arbeitszeit.

Auf 1 ha drei- bis vierjährigen Weidenpflanzungen können 2500 bis 5000 Faschinen gewonnen werden.

1809. 100 Faschinen, 2,80 m lang, tragen kostet:

auf	20	30	40	50	100	150	m
	2,3	2,7	3,2	3,6	5,9	8,2	h Hilfsarbeiter

1810. 100 Faschinen, 2,80 m lang, auf einem Schiff verladen, kostet 2 h Hilfsarbeiter.[6]

1811. **100 Faschinen, 2,80 m lang, vom Schiff ausladen und am Ufer aufschlichten**[6] kostet 1,4 h Hilfsarbeiter.

1812. **1 landesüblicher zweispänniger Wagen ladet** 3 bis 5 rm Faschinenreiser oder 400 bis 600 Faschinenpflöcke.

1813. **1 m Wippe aus zugeführten Weidenfaschinen erzeugen, alle 30 cm mit Eisendraht abbinden und mit Pflöcken anheften:**

Durchmesser der Wippe		15 cm	30 cm
Herstellen:			
Faschinenarbeiter	h	0,25	0,4
Hilfsarbeiter	,,	0,25	0,4
Faschinenreiser	rm	0,03	0,1
Eisendraht Nr. 18	kg	0,05	0,11
Mit Pflöcken anheften:			
Faschinenarbeiter	h	0,2	0,5
Hilfsarbeiter	,,	—	0,5
Pflöcke, 1 m lang, 6 cm stark	Stück	2—3	—
,, , 1,5 m lang, 8 cm stark	,,	—	2—3

Für Wippen aus Eichenruten: Zuschlag + 50% der Herstellungslöhne.

1814. **100 Stück Faschinenpflöcke,**[51] 1,0 bis 1,25 m lang, erzeugen, einschließlich Fällen und Schneiden des Holzes:

a) aus gespaltenem Holz, 5 bis 8 cm breit, 2 bis 4 cm dick:

weiches Holz: 12 h Hilfsarbeiter + 0,5 Festmeter Holz,
hartes ,, 16 ,, ,, + 0,5 ,, ,, ;

b) aus Weiden oder Astholz, 4 bis 5 cm dick, in der Mitte gespalten:

(3 bis 5) h Hilfsarbeiter + 0,5 Raummeter Holz.

1815. **100 Stück Faschinenpflöcke**[51] am Kopf quer bohren und einen zu erzeugenden Holznagel durchschlagen:

a) weiches Holz: 7 h Hilfsarbeiter, b) hartes Holz: 10 h Hilfsarbeiter.

1816. **100 Stück Flechtruten, 3 m lang, herstellen und lagern:**

a) in dichtem Weidenbestand: 2 h Hilfsarbeiter + 5% für Aufsicht und Geräte;
b) wenn die Weiden zerstreut vorkommen, Zuschlag bis 100%.

1817. **100 Stück Flechtruten aus Weiden,** 3 m lang schneiden und zu 50 Stück binden:[51]

a) in reichen Beständen: (3 bis 5) h Hilfsarbeiter;
b) in lichten Beständen: Zuschlag bis + 100%.

1818. **1 m Flechtzaun aus frischen Weidenreisern** zwischen Pflöcken, die in 0,5 m Entfernung geschlagen sind, **flechten.**

Länge der Pflöcke gleich der doppelten Flechtwerkshöhe. $^1/_3$ bis $^1/_2$ der Flechtwerkshöhe im Boden eingelassen. Einschließlich Zufuhr bis auf höchstens 50 m und der erforderlichen Erdarbeiten.

Flechtwerkshöhe		0,3 m	0,45 m	0,6 m	0,75 m	0,9 m
Faschinenarbeiter	h	0,25—0,35	0,3—0,7	0,4—0,9	0,5—1,0	0,7—1,5
Hilfsarbeiter	,,	0,25—0,35	0,3—0,7	0,4—0,9	0,7—1,2	1,0—1,8
Für Aufsicht und Geräte	%	10	10	10	15	15
Flechtreiser	rm	0,08—0,1	0,12	0,16	0,2	0,25
Pflöcke	Stück	2	2	2	2	2
Pflockdurchmesser	cm	4	5	6	8	10

1819. **100 m Lehnenverflechtung zur Lehnenbindung,** mit 80 cm tief, in Entfernungen von 60 cm geschlagenen Pflöcken:[20]

70 h Hilfsarbeiter + 10% für Aufsicht und Geräte + 170 Stück Pflöcke + 5,25 rm Faschinenreiser (zusammengedrückt gemessen).

1820. **1 qm Spreutlage aus frischen Weidenreisern,** mit 0,1 m starken Wippen oder Eisendraht und Pflöcken angeheftet, aber ohne Überdeckung und ohne Zufuhr.

Dicke der Spreutlage		8 cm	12 cm	15 cm	30 cm
Faschinenarbeiter	h	0,6	0,8	1,2	2,4
Hilfsarbeiter	,,	0,6	0,8	1,2	1,2—2,4
Für Aufsicht und Geräte	%	10	10	10	10
Faschinenreiser, fest zusammengedrückt	rm	0,1	0,14	0,17	0,35
Pflöcke, 0,6 m lang, 3 cm stark	Stück	4	4	—	—
,, , 1,0 ,, ,, , 6 ,, ,,	,,	—	—	4	4
Eisendraht Nr. 18	kg	0,2	0,2	0,2	0,2
oder Wippen	m	2	2	2	2

1821. **1 rm Faschinenbettung als Spreutlage** zur Abdeckung von Schlägelwerken oder als Grundlage, ohne Zufuhr:

2 h Faschinenarbeiter + 10% für Aufsicht und Geräte + 1,2 rm Faschinenruten.

1822. **1 Stück Faschine in ein Flußbauwerk einlegen,** mit Wippen überziehen und anheften, erfordert:

(0,1 bis 0,2) h Buhnenarbeiter + 0,4 h Hilfsarbeiter + 10% für Aufsicht und Geräte.

1823. **1 rm Packwerk** mit 30 cm starken Faschinenlagen, die mit Wippen überzogen und beschottert sind, einschließlich Zufuhren bis auf höchstens 50 m.

Einbau		Über dem Wasserspiegel	In ruhigem Wasser	In strömendem Wasser	In sehr starker Strömung
Faschinenarbeiter	h	0,5—0,6	0,6—0,7	0,75	0,85—1,0
Hilfsarbeiter	,,	4,5—6,0	5,0—7,0	8,0	9,5
Schiffsmann	,,	—	0,6—0,7	0,75	0,85—1,0
Für Aufsicht und Geräte	%	10	25	30	35
Faschinen	rm	1,0—1,1	1,1—1,2	1,25	1,4
Wippen, 30 cm stark	m	3	3	3,2	3,5—4,0
Pflöcke (Weide)	Stück	10	10	13	16
Schotter	rm	0,45—0,5	0,5	0,55	0,65

1824. **1 rm Sinkstück aus Faschinen herstellen,**[6] die auf höchstens 50 m zuzuführen sind, auf einer unter 1 : 10 geneigten Bühne zusammenbauen, zu Wasser lassen, zur Versenkungsstelle flößen, mit Kies belasten und versenken.

Faschinenarbeiter	h	2,5—4,0
Hilfsarbeiter	,,	1,5—3,0
Für Aufsicht und Geräte	%	40
Faschinenruten	rm	1,3—2,0
Pflöcke, 1,25 bis 1,5 m lang, 5 bis 7 cm dick	Stück	3
Luntleinen und Grundtaue	kg	0,2
Wippen, 30 cm stark	m	7
Schotter	rm	0,1—0,25
Eisendraht, verzinkt	kg	0,5

1825. **Sinklage** (Vorlage und Rücklage) mit Wippen und Pfählen verbunden, mit Kies beschwert, einschließlich Zufuhr auf höchstens 50 m:[17]

Faschinenarbeiter	h	1,4—1,7
Für Aufsicht und Geräte	%	30
Faschinenruten	rm	0,4
Pflöcke, 1,25 bis 1,5 m lang, 5 bis 7 cm stark	Stück	2
Kies	rm	0,25
Eisendraht	kg	0,5

1826. **1 rm altes Faschinenwerk abtragen:**

a) über dem Wasserspiegel: 3 h Hilfsarbeiter + 10% für Aufsicht und Geräte;

b) bis 0,3 m unter dem Wasserspiegel: 6 h Hilfsarbeiter + 15% für Aufsicht und Geräte;

c) aus größerer Tiefe unter dem Wasserspiegel: 12 h Hilfsarbeiter + 25% für Aufsicht und Geräte und Schiffbeistellung.

1827. 1 m Sinkwalze mit 15 cm starker Faschinenhülle, mit Kies oder Steinen gefüllt, alle 40 cm mit geglühtem Eisendraht Nr. 42 gebunden, einschließlich Zufuhr bis auf höchstens 50 m und versenken.

Sinkwalzendurchmesser		45 cm	60 cm	80 cm	90 cm	100 cm
Faschinenarbeiter	h	0,6—0,9	0,8—1,2	1,0—1,5	1,15—1,7	1,3—2,0
Hilfsarbeiter	,,	1,1—1,7	1,4—2,1	1,8—2,7	2,0—2,5	2,2—3,3
Für Aufsicht und Geräte	%	20	20	20	20	20
Faschinenreiser	rm	0,35—0,4	0,45—0,6	0,6—0,75	0,75	0,8—0,85
Kies	,,	0,02	0,09	0,2	0,33	0,42
Eisendraht Nr. 42	kg	0,5	0,65	0,8	1,0	1,10

Zuschläge: Bei sehr dringenden Herstellungen kleineren Umfanges: + 50% des Arbeitslohnes.

Bei Herstellung durch ungeübte Arbeiter: bis + 100% des Arbeitslohnes.

Wenn die Sinkwalzen alle 25 cm abgebunden werden: + 0,2 h Faschinenarbeiter + 0,2 h Hilfsarbeiter + 0,5 kg Eisendraht.

Bei Herstellung vom Schiff aus: + 10% der Löhne für die Beistellung des Schiffes.

1828. 1 m Betonsinkwalzen (System Feuerlöscher), Durchmesser 0,6 m, aus Beton 1 : 5, mit Jute umwickelt und mit Draht gebunden:

4,0 h Hilfsarbeiter + 2,25 qm Jute + 2,5 kg Eisendraht Nr. 42 + 67 kg Zement + 0,3 rm Schotter + 20% der Löhne und Baustoffkosten für Aufsicht und Geräte.

1829. 1 rm Drahtschotterbaukörper herstellen.

a) Nach H. Pick:[163]

Sammeln und Zufuhr der Klaubsteine bis auf 50 m	h	5,0
Aufbau des quaderförmigen Drahtbehälters (Zusammennähen, Versteifen, Verlegen)	,,	1,0
Füllen der Behälter mit Steinen und Auspflastern der sichtbaren Flächen	,,	12,0
Verschließen der Behälter und Anziehen der Spanndrähte	,,	1,0
Zusammen Hilfsarbeiterstunden		19,0

(Bei ungeübten Arbeitern bis 25,0 h)

Für Aufsicht und Geräte 20%.

Drahtgeflecht, verzinkt, Maschenweite 150—180 mm, Drahtstärke 3,8 mm	qm	2,4
,, , ,, , ,, 150—180 ,, , ,, 4,2 ,,	,,	3,0
Bindedraht, verzinkt, 3,6 mm	kg	0,4
,, , ,, , 3,8 ,,	,,	1,0

b) Nach A. Andreocci:[160]

Ohne Zufuhren und ohne Kiesgewinnung: 7,5 h Hilfsarbeiter.

1830. Drahtgeflechte aus einfach verzinktem Stahldraht, mit quadratischen Löchern.[178]

Preise je Quadratmeter in Reichsmark bei Rollen von 25 m Länge und Breiten von 1 bis 2 m.

Drahtstärke \ Maschenweite	20 mm	25 mm	30 mm	40 mm	50 mm	60 mm	70 mm	75 mm	80 mm	100 mm	120 mm	130 mm	140 mm	150 mm
2,2 mm	1,70	1,30	0,96	0,80	0,60	0,48	0,45	0,40	0,38	0,30	0,27	0,26	—	—
2,5 ,,	2,—	1,60	1,25	1,—	0,73	0,61	0,52	0,50	0,40	0,38	0,34	0,33	0,31	0,29
2,8 ,,	—	2,—	1,50	1,15	0,84	0,70	0,61	0,60	0,54	0,44	0,40	0,37	0,36	0,31
3,0 ,,	—	—	—	1,42	1,05	0,85	0,78	0,74	0,64	0,52	0,45	0,44	0,43	0,42
3,4 ,,	—	—	—	1,59	1,30	1,—	0,90	0,85	0,74	0,60	0,58	0,56	0,55	0,53
3,8 ,,	—	—	—	—	1,60	1,20	1,—	0,96	0,84	0,66	0,63	0,62	0,61	0,55
4,2 ,,	—	—	—	—	—	—	—	—	—	—	—	0,72	0,70	0,67

Für Breiten zwischen 800 und 1000 mm Zuschlag 5%, zwischen 600 und 800 mm 10%, zwischen 400 und 600 mm 15%.

Für Längen zwischen 15 und 25 m Zuschlag 10%, unter 15 m 20%.

1831. Drahtgeflechte aus besonderen Drähten.[255]

Preise je Quadratmeter Drahtnetz.

Draht	Drahtstärke mm	Maschenweite mm	Netzgröße m	Preis je qm RM
Kruppscher nichtrostender Sonderstahldraht V. 2 A	1,7	60	2,5 × 2,2	6,50
	2,0	60	2,5 × 2,2	8,00
Cuprizett-Stahldraht P 459,5	2,5	60	2,5 × 2,2	1,04
Parkerisierter Stahldraht	1,7	60	2,5 × 2,2	1,07
	2,0	60	2,5 2,2	1,10
	2,5	60	2,5 × 2,2	1,27
	3,0	60	2,5 × 2,2	1,55

1832. Drahtschotterbaukörper, Preise:[255]

a) Im Deutschen Reich:

Straßen- und Flußbauamt Neu-Ulm: 1 m Drahtwalze, 50 cm dick, 2,— RM.
Wildbachverbauungssektion Kempten: 1 m Drahtwalze, 70 cm dick, 3,— bis 3,50 RM.
Straßen- und Flußbauamt Traunstein: 1 m Drahtwalze, 70 cm dick, 7,50 RM.

b) In Österreich:

Innbauleitung: 1 m Drahtwalze, 80 cm dick, 8,— bis 9,— S.
Bundesbauleitung für Wildbachverbauung in Ischl und Abteilung für Wildbachverbauung in Tirol: 1 cbm eckiger Drahtschotterkörper, 30,— bis 40,— S.

1833. Kostenverteilung bei der Herstellung von Drahtschotterbaukörpern in Prozenten der Gesamtkosten.[255]

a) Drahtwalzen:

Drahtgeflecht .... 53,8—29,2 und durchschnittlich 32,5%
Füllung und Einbau, je nach Gewinnungs- und Zufuhrkosten der Füllung .... 62,8—32,3 „ „ 56,5%
Werkzeugbeistellung, Nähdraht, soziale Lasten und sonstiges .... rund 11%

b) Drahtnetzsäcke:

Drahtgeflecht .... durchschnittlich 45%
Füllung und Einbau, je nach Gewinnungs- und Zufuhrkosten der Füllung .... „ 44%
Werkzeugbeistellung, Nähdraht, soziale Lasten und sonstiges .... „ 11%

c) Drahtnetzmatratzen:

Drahtgeflecht .... durchschnittlich 29%
Füllung und Einbau .... „ 60%
Werkzeugbeistellung, Nähdraht, soziale Lasten und sonstiges .... „ 11%

d) Drahtschotterkästen:

Drahtgeflecht .... durchschnittlich 41%
Füllen und Verlegen .... „ 46%
Werkzeugbeistellung, Nähdraht, soziale Lasten und sonstiges .... „ 13%

1834. 1 m Waldlatten auf schon gerammte Pfähle für Lattenzäune über dem Niederwasserspiegel **annageln,** einschließlich aller Nebenarbeiten: 0,1 bis 0,3 h Zimmerer.

1835. Sinkbäume versenken.[159]

8 bis 10 m lange Fichtenbäume werden mittels kurzen Ketten an 2,5 t schwere, mühlsteinförmige Betongewichte gehängt und in Abständen von 2 m versenkt. Die Zufuhr und die Versenkung geschieht von zwei Schiffen aus, die mit einer Arbeitsbühne überbaut sind.

Eine Arbeitspartie von 15 Männern hat bei einiger Übung täglich (in 10 h) 4 Sinkbäume versenkt; inbegriffen in der Arbeitsleistung ist die Zufuhr und die Verbindung, ausgeschlossen die Herstellung der Betonkörper.

Die Kosten eines versenkten Sinkbaumes betrugen an der Drau 1905:

Fichtenbaum	K 14,—	oder 29,4%
Zement	„ 12,25	„ 25,7%
Betonieren der Gewichte	„ 5,—	„ 10,4%
Eisenzeug	„ 4,—	„ 8,3%
Zusammenbau und Versenken	„ 11,25	„ 23,6%
Fuhrlöhne	„ 1,25	„ 2,6%
Zusammen	K 47,75	

1836. **1 m Wolfsches Gehänge, ein- bzw. zweireihig,** mit 6 m langen, 3 m tief gerammten Pfählen alle 2,5 m.

Herstellungen		I. Baustufe: Rammen der Pfähle, Einhängen der Hälfte der Gehängetafeln		II. Baustufe: Einhängen der zweiten Hälfte der Gehängetafeln. Abdecken der ersten Anlandungen		III. Baustufe: Herstellen des Sicherungsgrundbaues, weitere Befestigung der Anlandungen		IV. Baustufe: Abschneiden der Pfähle, Vervollständigung des Grundbaues. Bepflanzung der Anlandung	
		Einreihig	Zweireihig	Einreihig	Zweireihig	Einreihig	Zweireihig	Einreihig	Zweireihig
Zimmerer	h	1,0	2,0	—	—	—	—	—	—
Faschinenarbeiter	„	10	18	5	5	2	2	5	7,5
Für Aufsicht und Geräte	%	20	20	20	20	20	20	20	20
Fichtenrundholz, 20—25 cm stark	m	2,4	4,8	—	—	—	—	—	—
Pfahlschuhe	kg	1,4	2,8	—	—	—	—	—	—
Fichtenrundholz, 10 cm stark	m	—	1,2	—	—	—	—	—	—
Fichtenstangen, 8—10 cm stark	„	2,0	2,4	2,0	2,0	—	—	—	—
„ , 6 cm stark	„	1,0	1,0	1,0	1,0	—	—	—	—
Nägel, geschmiedet, 25 cm lang	kg	0,25	0,40	0,25	0,25	—	—	—	—
Nägel	„	0,15	0,25	0,15	0,15	—	—	—	—
Eisendraht Nr. 42	„	1,0	1,0	1,0	1,0	—	—	—	—
Faschinenreiser	rm	0,45	0,45	0,45	0,45	—	—	—	—
Sinkwalze, 90 cm stark	m	—	—	—	—	3,0	3,0	2,0	2,0
Packwerk	rm	—	—	1,50	1,50	1,2	1,2	—	—
Wippen, einschließlich der Pflöcke	m	—	—	—	—	—	—	1,0	1,0
Flechtzaun, 30 cm hoch	„	—	—	—	—	—	—	6,5	6,5

1837. **1 rm Kiessteine, Durchmesser 3 cm, auf Sandbänken gewinnen und aufschlichten** kostet 5 bis 7 h Hilfsarbeiter.

1838. **1 rm Bruchsteine aus einem Kahn auf eine Berme ausladen:** (3 bis 5) h Hilfsarbeiter + 5% für Aufsicht und Geräte.

1839. **1 rm Bruchsteine vom Ufer auf Kähne verladen:** (4 bis 8) h Hilfsarbeiter + 5% für Aufsicht und Geräte.

1840. **1 rm Steinwurf aus Bruchsteinen** mit planmäßiger Böschung ohne besondere Sorgfalt vom Ufer aus **einwerfen und schlichten,** ohne Zufuhr:

(2 bis 4) h Hilfsarbeiter + 5 bis 10% für Aufsicht und Geräte + 1 rm Bruchsteine.

1841. **1 rm Steinwurf aus Bruchsteinen** mit planmäßiger Böschung mit besonderer Sorgfalt **werfen und zurechtrichten,** wenn die Steine auf kurze Strecken mit Kähnen oder Rollwagen zuzuführen sind: (5 bis 7,5) h Hilfsarbeiter + 15% für Aufsicht und Geräte + 1 rm Bruchsteine.

1842. **1 rm Steinwurf aus zugeführten Klaubsteinen:** (2,2 bis 3) h Hilfsarbeiter + 10% für Aufsicht und Geräte + 1 rm Klaubsteine.

1843. **1 rm Steinwurf an Brückenpfeilern** u. dgl. als Kolkschutz, einschließlich Zufuhr der Steine vom Ufer aus bis auf 50 m: 3 h Hilfsarbeiter + 15% für Aufsicht und Geräte + 1 rm Bruchsteine.

1844. **1 rm Steinwurf aus Bruchsteinen herstellen,** und zwar Zuführen der Steine auf höchstens 50 m, Versenken derselben nach festgesetzten Querschnitten und Zurechtschlichten, wobei die größeren Steine außen zu verwenden und über dem kleinsten Wasserstand pflasterartig zu versetzen sind: (0,5 bis 0,75) h Maurer + (5 bis 7,5) h Hilfsarbeiter + 15% für Aufsicht und Geräte + 1,15 rm Bruchsteine.

1845. 1 rm Steindamm herstellen, und zwar Zuführen der Bruchsteine auf höchstens 50 m vom Aufschlichtungsort, Versenken derselben, Zurechtrichten und Ineinanderschlichten mit eisernen Stangen, wobei die großen Steine außen zu verwenden sind:

		Unter dem niedrigsten Wasserstande		Über dem niedrigsten Wasserstande
		sorgfältige Ausführung	minder sorgfältige Ausführung	sorgfältige Ausführung
Maurer	h	0,5	—	0,6
Hilfsarbeiter	„	4—5	4—5	4—5
Für Aufsicht und Geräte	%	20	20	20
Bruchsteine	rm	1,0	1,0	1,15

1846. 1 rm Steindamm über dem kleinsten Wasserstand herstellen, und zwar Zuführen der Steine auf höchstens 50 m vom Aufschlichtungsort, Zurechtrichten derselben, wobei die Setzer und Kantsteine läufer- und binderartig zuzurichten sind. Der Damm ist an der Krone und an den Böschungen 0,45 bis 0,65 m stark, sorgfältig abzupflastern, die Fugen gut zu verzwicken und mit Humus oder lebendem Rasen zu verstopfen. Etwa ein Viertel der Steine ist nur zu schlichten, drei Viertel zu verpflastern.[162]

(2,5 bis 4) h Maurer + (4,5 bis 5,5) h Hilfsarbeiter + 20% für Aufsicht und Geräte + 1,2 rm Bruchsteine.

1847. 1 rm Steinpackung herstellen, ohne Zufuhr:

(1 bis 2) h Maurer + (3 bis 5) h Hilfsarbeiter + 10% für Aufsicht und Geräte + 1,1 rm Bruchsteine.

1848. 1 rm Steinsatz mit pflasterartiger Krone und Böschungen nach festgesetzten Querschnitten aus großen Bruchsteinen **herstellen** und die Fugen sorgfältig mit kleinen Steinen verzwicken:

(1,0 bis 3,0) h Maurer + (5,0 bis 6,0) h Hilfsarbeiter + 10% für Aufsicht und Geräte + 1,1 rm Bruchsteine.

1849. Ausbesserungen an bestehenden Steinwerken sind um 30% teurer als Neubauten gleichen Ausmaßes, wenn Steine zuzuführen sind; andernfalls, wenn die vorhandenen Steine nur neuerlich zurechtzuräumen sind, kosten sie ebensoviel wie Neubauten.

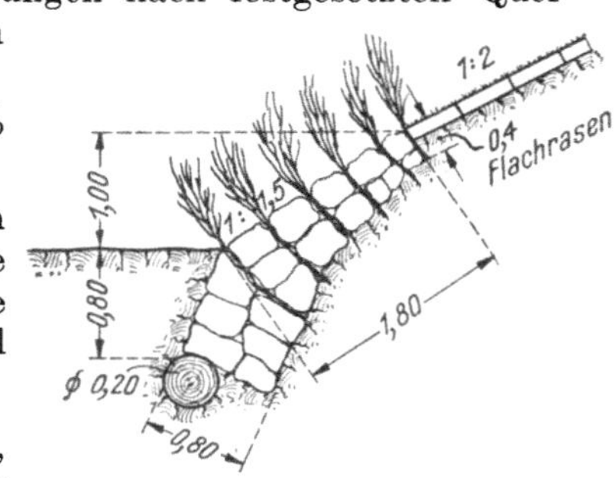

Abb. 190. Lebender Steinsatz.

1850. 1 m lebender Steinsatz aus Findlingen, nach Abb. 190, 0,8 m tief gegründet auf einem Rundholz, im oberen, unter 1:1,5 geböschten Teil mit eingelegten frischen Weidenreisern, einschließlich des Aushubes: 15 h Hilfsarbeiter + 15% für Aufsicht und Geräte + 0,033 cbm Rundholz + 0,2 rm frische Weidenreiser + 1,6 rm Findlinge.

1851. 1 rm Trockenmauerwerk bei Wildbachverbauungen, ohne Erdarbeiten und Zufuhren:[20]

Trockenmauerwerk		An der Talseite von Sperren	An der Bergseite von Sperren	Für Längsbauten
Maurer	h	14	5	6
Hilfsarbeiter	„	6	3	4
Für Aufsicht und Geräte	%	10	10	10
Bruchsteine	rm	1,3	1,2	1,2

1852. 1 rm Steine, die an bestehenden Flußbauwerken abgetragen werden, zur Wiederverwendung bis auf 50 m Entfernung ans Land schaffen und aufschlichten:

(2,5 bis 4) h Hilfsarbeiter + 10% für Aufsicht und Geräte.

1853. 1 rm altes Steinwerk (Steinwurf, Steindamm, Pflaster aus Bruchsteinen oder Klaubsteinen) **über dem kleinsten Wasserstand abtragen,** die wiederverwendbaren Steine auf höchstens 50 m führen und lagern, die unbrauchbaren aus dem Flußbereich bringen:

9 h Hilfsarbeiter + 10% für Aufsicht und Geräte.

1854. 1 cbm unregelmäßige Betonsteine (künstliche Bruchsteine) im Mischungsverhältnis 1 : 8 erzeugen, einschließlich der Zufuhr des Kieses bis auf 50 m und der Aufschlichtung der Steine (Mur-Bauleitung):

1,2 h Vorarbeiter + 13,0 h Betonarbeiter + 1,5 h Hilfsarbeiter + 10% für Aufsicht und Geräte + 190 kg Zement + 1,25 rm Sand und Kies + (8 bis 10) Bogen Rohpappe.

Die unregelmäßigen Betonsteine werden in hölzernen, auseinandernehmbaren Holzformen von 1 × 1 × 1 m Seitenlänge ohne Boden hergestellt. Die einzelnen Betonbrocken werden durch Zwischenlage von Rohpappe erhalten, an denen der Betonblock mit Brechstangen geteilt wird. 1 cbm Beton gibt 1,7 rm ausgeschlichtete Betonsteine.

1855. **1 cbm Kunstbruchstein aus Beton,** 1 : 10, Gewicht der einzelnen Steine 25 bis 60 kg, 0,32 m dick; Handmischung (Mur-Regelung bei Murakeresztúr):[175]

0,2 h Vorarbeiter + 6,2 h Hilfsarbeiter + 15% für Aufsicht und Geräte + 100 kg Zement + 1,3 rm Sand und Kies.

Wenn 25% des Zementes durch „Hungaria-Puzzolan" ersetzt worden sind, konnten hinreichend feste Steine unter 3 bis 5% Ersparnissen erzielt werden.

1856. **1 qm Steinpflaster, 0,5 m dick, zwischen Pfahlreihen,** im Abstand von 0,5 m, Pfahlabstand in der Reihe 0,4 m; die 12 cm starken Pfähle werden 1 m tief gegeneinander versetzt gerammt, und am Rande wird das Pflaster durch Schwellen auf Pfählen gesichert:[20]

0,9 h Maurer + 0,25 h Zimmerer + 11 h Hilfsarbeiter + 10% für Aufsicht und Geräte + 5,5 Stück Pfähle, 12 cm stark, 1,5 m lang + 0,6 rm große Bruchsteine + 0,25 m Schwellen.

1857. **1 qm Bruchsteinpflaster nach festgesetzten Profilen aus Bruchsteinen herstellen,** die an der Außenfläche roh zugerichtet, sonst aber nicht weiter bearbeitet, aber hochkantig gestellt und sorgfältig in die Latte gerichtet werden und die Stoßfugen gut zu verzwicken, einschließlich Zufuhr auf höchstens 50 m.

Pflasterstärke		15 cm	20 cm	30 cm	40 cm	45 cm	65 cm	95 cm
Maurer	h	0,8—1,0	0,9—1,3	1,2—1,8	1,6—2,3	1,7—2,5	2,5—3,5	3,4—5,0
Hilfsarbeiter	„	0,8—1,0	0,9—1,3	1,2—1,8	1,6—2,3	1,7—2,5	2,5—3,5	3,4—5,0
Für Aufsicht und Geräte	%	10	10	10	10	10	10	10
Bruchstein	rm	0,19	0,25	0,37	0,5	0,56	0,81	1,20
Sand	„	0,1	0,1	0,1	0,1	0,1	0,1	0,1

1858. **1 qm Böschungspflaster aus Bruchsteinen** (Kalkstein), die an fünf Seiten zugerichtet werden, einschließlich der Herstellung des Schotterbettes bzw. der Mörtelbereitung, aber ohne Zufuhren:

Pflasterart		Trockenpflaster					Pflaster in Zementmörtel mit verstrichenen Fugen				
Pflasterdicke		15 cm	25 cm	30 cm	45 cm	60 cm	15 cm	25 cm	30 cm	45 cm	60 cm
Steinarbeiter	h	4,5	6,2	7,1	9,8	12,5	6,0	7,6	8,4	11,2	13,9
Hilfsarbeiter	„	3,5	4,7	5,3	7,0	8,4	4	5,4	6,0	7,9	9,8
Für Aufsicht und Geräte	%	10	10	10	10	10	10	10	10	10	10
Bruchsteine	rm	0,2	0,35	0,4	0,6	0,8	0,2	0,35	0,4	0,6	0,8
Mörtel	l	—	—	—	—	—	0,06	0,10	0,12	0,18	0,24
Sand	rm	0,1	0,1	0,1	0,1	0,1	—	—	—	—	—

1859. **1 qm Kiessteinpflaster, 15 cm stark,** bündig und dicht nach festgesetzten Profilen mit dem Setzhammer in die Latte **pflastern und abrammen,** einschließlich Zufuhr der Steine und des Sandes auf höchstens 50 m:

(0,9 bis 1) h Steinarbeiter + (0,9 bis 1) h Hilfsarbeiter + 10% für Aufsicht und Geräte + 0,2 rm Kiessteine + 0,11 rm Sand.

1860. **1 qm Böschungspflaster aus Bachfindlingen,** 40 cm stark, in Zementmörtel verlegt, einschließlich Zufuhr auf höchstens 100 m:

(4 bis 5) h Steinarbeiter + (4 bis 5) h Hilfsarbeiter + 10% für Aufsicht und Geräte + 0,5 rm Findlinge + 0,15 rm Sand + 40 kg Zement.

1861. **1 qm Betonböschungsbelag im Mischungsverhältnis 1 : 8,** an Ort und Stelle in Feldern von (1 bis 2) qm Fläche **stampfen** und die Oberfläche mit Zementmörtel gut verputzen, einschließlich Handmischung, aber ohne Zufuhren:

Pflasterstärke	cm	15	20
Maurer	h	1,5	2,0
Hilfsarbeiter	,,	1,5	2,0
Für Aufsicht und Geräte	%	10	10
Zement	kg	29	40
Sand und Kies	rm	0,20	0,26

1862. 1 cbm Betonmauerwerk bei Flußbauten (Bauwerkskronen u. dgl.) ohne Schalung und ohne Zufuhren:

(1,5 bis 2) h Vorarbeiter + (14 bis 16) h Betonarbeiter + (4 bis 5) h Hilfsarbeiter + 10% für Aufsicht und Geräte + Baustoffe je nach Betonmischung.

1863. 1 qm Böschungspflaster aus Betonplatten, 0,1 m stark, samt Herstellung der Platten:

0,6 h Betonarbeiter + 1,8 h Hilfsarbeiter + 10% für Aufsicht und Geräte + 20 kg Zement + 0,1 rm Sand + 0,13 rm Sand und Kies.

1864. 1 qm Böschungspflaster aus quadratischen Betonplatten 1 : 5, die am Werkplatz 0,12 m stark mit 0,3, 0,4 oder 0,5 m Seitenlänge betoniert werden. Die Ecken der Platten sind abgeschrägt. Jede Platte erhält zwei diagonal liegende Bewehrungen, deren Bügel über die abgeschrägten Ecken vorragen. Zwischen den verlegten Platten bilden die abgeschrägten Ecken quadratische Löcher, in denen die Bügel mit 2 mm Eisendraht umwickelt und einbetoniert werden. Das Herstellen und Verlegen kostet:[91]

Herstellen: 1 h Betonarbeiter + 1 h Hilfsarbeiter
Verlegen: 0,5 ,, ,, + 0,5 ,, ,,

+ 1,1 kg Eisendrähte + 36 kg Zement + 0,15 rm Kies und Sand + 20% der Löhne und Baustoffpreise für Aufsicht und Geräte.

1865. 1 cbm Betonformsteine auf Sandbänken erzeugen, einschließlich Gewinnung und Zufuhr des Kieses bis auf höchstens 50 m und Aufschlichten der fertigen Steine (Mur-Bauleitung):

(1,3 bis 1,5) h Vorarbeiter + (14 bis 16) h Betonarbeiter + (1,0 bis 4,4) h Hilfsarbeiter + 10% für Aufsicht und Geräte + 190 kg Zement.

Abmessungen der Formsteine:

0,5 × 0,5 × 0,30 m = 0,075 cbm	1 cbm = 13 Steine
0,6 × 0,6 × 0,25 ,, = 0,090 ,,	1 ,, = 11 ,,
0,5 × 0,5 × 0,20 ,, = 0,050 ,,	1 ,, = 20 ,,
0,6 × 0,6 × 0,15 ,, = 0,054 ,,	1 ,, = 18 ,,

1866. 1 qm Böschungspflaster aus fertigen Betonformsteinen, wobei die Steine nach festgesetzten Querschnitten sorgfältig in Sand versetzt werden, einschließlich der Zufuhr bis auf höchstens 50 m:

Pflasterdicke		0,15 m	0,20 m	0,25 m	0,30 m
Pflasterer oder Maurer	h	2,3	2,6	2,9	3,2
Hilfsarbeiter	,,	0,8	0,9	1,0	1,1
Für Aufsicht und Geräte	%	10	10	10	10

1867. Vergießen der Fugen von Böschungspflaster[161] mit Fugenvergußmasse bei einem Seedamm nach der Insel Helmsand. Das Pflaster besteht aus 100 kg schweren Granitbruchsteinen mit 2 cm weiten Fugen. Die Vergußmasse ist eine Mischung von gleichen Teilen Mexphalt und Steinmehl und einigen Prozenten Asbestfasern; die Masse läßt sich bei 150 bis 180° C gut gießen.

Preis der Vergußmasse: je 100 kg frei Baustelle 9,75 RM.

Verbrauch: 15 bis 18 kg je Quadratmeter.

Arbeitslöhne:

3 Männer für das Verstemmen der Steine und das Auffüllen des unteren Teiles der Fugen mit Sand.
1 Mann für die Unterhaltung des Feuers in vier Kesseln auf der Baustelle.
2 Männer für das Vergießen.

Leistung: 10 bis 13 qm Pflaster je Stunde.

1868. **1 rm Steinkasten mit Klaubsteinen füllen:**[20]
0,5 h Maurer + 2 Hilfsarbeiter + 10% für Aufsicht und Geräte.

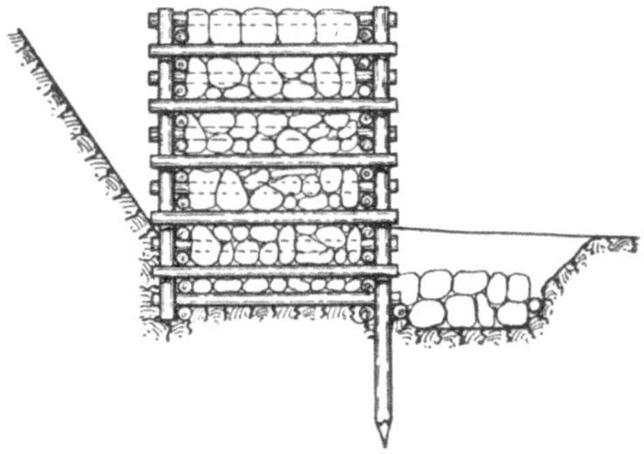

Abb. 191. Doppelwandiger Steinkasten.

1869. **Doppelwandiger Steinkasten**[20] nach Abb. 191.
Einen Holzpfahl, 25 cm stark, anarbeiten, beschuhen, aufstellen und einrammen, je Meter Pfahl:
1 h Zimmerer + 10 h Hilfsarbeiter + 10% für Aufsicht und Geräte.

1 m Rundholz anarbeiten, verkämmen, nageln, einschließlich Herstellung der Holznägel:
0,8 h Zimmerer + 10% für Aufsicht und Geräte.
1 rm Steinkasten mit Klaubsteinen füllen:
0,5 h Steinarbeiter + 2 h Hilfsarbeiter + 10% für Aufsicht und Geräte. Steinbedarf 0,8 rm.

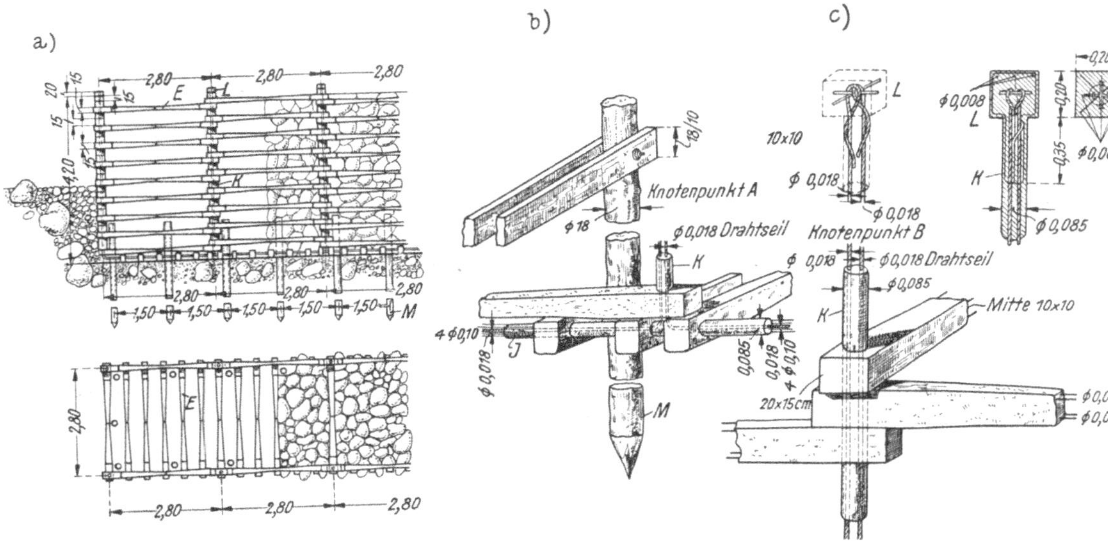

Abb. 192. Steinkasten aus Eisenbeton, Bauart Andreocci.
a) Aufbau. b) Verankerung der Steinkasten mittels Pfählen. c) Einzelheiten der Steinkiste.

1870. **Steinkästen aus 0,22 m starkem Rundholz zusammenbauen**, und zwar die zugeführten Hölzer an den Auflagerflächen rauh behauen, die Hölzer überblatten, einlegen und nageln, je Quadratmeter Wandfläche: 3 h Zimmerer + 1 h Hilfsarbeiter + 10% für Aufsicht und Geräte + 0,25 cbm Rundholz + 2 kg Nägel.

1871. **Steinkästen aus Eisenbetonbalken** nach A. Andreocci[160] laut Abb. 192.

Betonmischung: 400 kg Zement + 0,4 rm Sand + 0,8 rm Kies.

Der Steinkasten wird aus Eisenbetonbalken, die am Werkplatz betoniert sind, zusammengebaut. An den Kreuzungsstellen der Balken werden durch die Löcher Drahtseile gezogen und mit Beton vergossen. Das Ende der Drahtseile oben wird in einem Betonwürfel verankert. Auf Schotterboden werden die Steinkästen noch durch Holzpfähle angeheftet.

Die Zufuhr auf kurze Strecken von

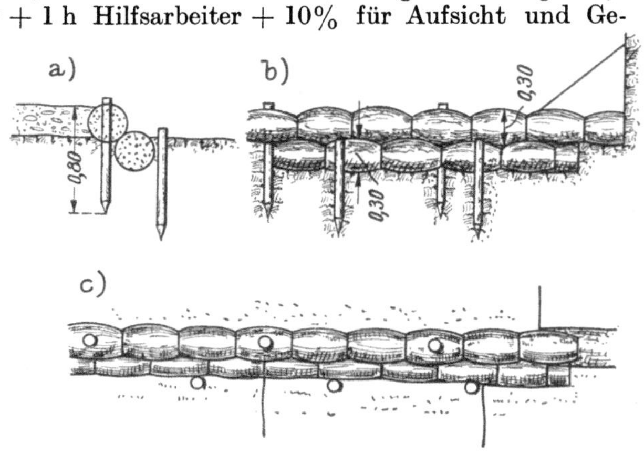

Abb. 193. Faschinenquerbau.
a) Querschnitt. b) Ansicht. c) Draufsicht.

den Stapelplätzen und die Aufstellung samt Nebenarbeiten, aber ohne Haftpfähle und Füllung kostet je Eisenbetonelement:

0,15 h Betonarbeiter + 0,75 h Hilfsarbeiter.

1 rm des fertigen Steinkastens kostete, einschließlich der Pfähle 57 Lire = 12,80 RM.

1872. **1 qm Pfahlwandausflechtung** auf schon gerammten Pfählen mit Weiden- oder Erlenruten, erfordert:

(1 bis 1,2) h Faschinenarbeiter + (1 bis 1,2) h Hilfsarbeiter + 10% für Aufsicht und Geräte + 0,25 rm Faschinenreiser.

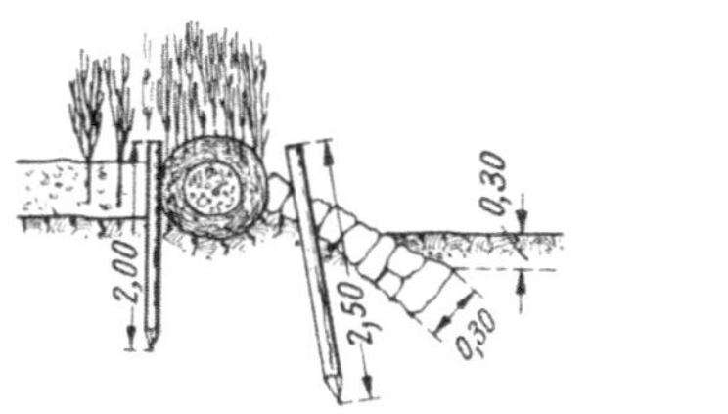

Abb. 194. Sinkwalzenbau. Durchmesser der Sinkwalze 1,0 m, Staudenhülle 25 cm dick.

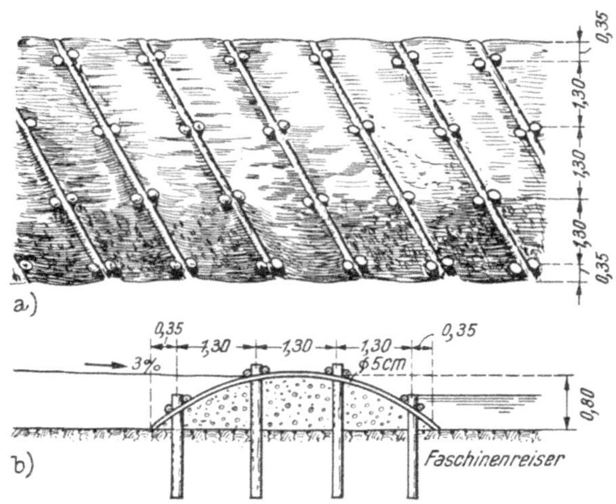

Abb. 195. Faschinendamm. a) Draufsicht. b) Querschnitt.

1873. **1 m Pfahlwand, 2 m hoch, ausflechten,**[51] einschließlich Rammen der 3 m langen Pfähle, alle 0,5 m:

2 h Faschinenarbeiter + 5 h Hilfsarbeiter + 20% für Aufsicht und Geräte + 2 Stück Pfähle + 75 Stück Flechtruten, 3 m lang.

1874. **1 rm zugeführten Kies zwischen die Flechtwände der Schlägelwerke einfüllen und stampfen:**

1 bis 1,5 h Hilfsarbeiter + 10% für Aufsicht und Geräte.

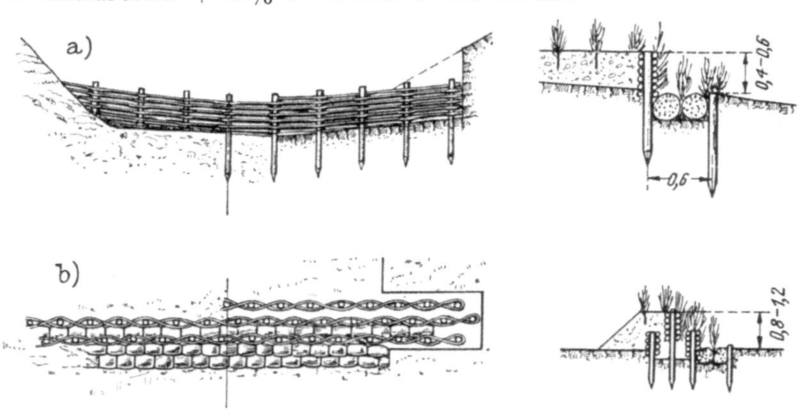

Abb. 196. Querflechtwerke.

1875. **1 m Faschinenquerbauwerk** nach Abb. 193 **herstellen,** ohne Aushub:[20]

1,5 h Hilfsarbeiter + 10% für Aufsicht und Geräte + 0,7 Stück Pfähle, 0,8 m lang, 12 cm stark, + 80 Stück Weidenstecklinge + 0,17 rm Faschinenreiser.

1876. **1 m Sinkwalzenbau** nach Abb. 194, ohne Steinvorlage, **herstellen:**[20]

11,6 h Hilfsarbeiter + 5% für Aufsicht und Geräte + 2 Stück Pfähle, je 2,5 m lang, 10 cm stark, + 20 Stück Weidenstecklinge + 1,75 rm Faschinenreiser + 0,54 kg Eisendraht, 3 mm stark.

1877. **1 m Faschinendamm** nach Abb. 195 **herstellen,** ohne Aushub:[20]

7,5 h Hilfsarbeiter + 5% für Aufsicht und Geräte + 2 Stück Pfähle, je 2 m lang, + 2 Stück Pfähle, je 1,5 bis 1,8 m lang, + 2,25 rm Waldfaschinenreiser.

1878. 1 m **Querflechtwerk** mit 2 Faschinenvorlagen **herstellen** und mit Weidenstecklingen bepflanzen, aber ohne Aushub:[20]

Ausführung		0,4—0,6 m hoch, nach Abb. 196 a	0,8—1,2 m hoch, nach Abb. 196 b
Hilfsarbeiter	h	8,1	21
Für Aufsicht und Geräte	%	10	10
Flechtreiser	rm	0,25	0,8
Faschinenruten	„	0,20	0,4
Weidenstecklinge	Stück	80	160
Pflöcke, 1,9 m lang, 15 cm stark	„	—	1,4
„ , 1,5 „ „ , 15 „ „	„	1,4	2,6
„ , 1,0 „ „ , 15 „ „	„	0,4	0,6

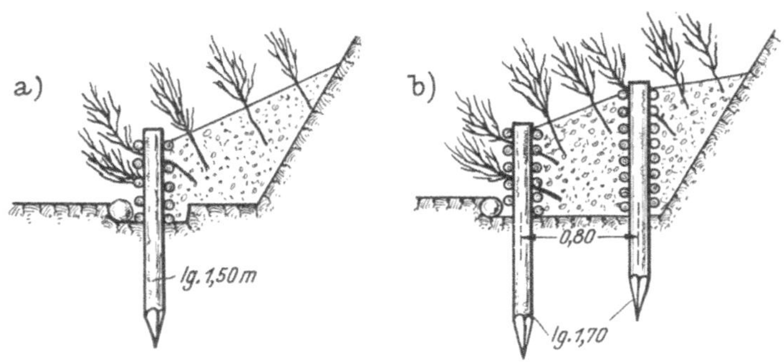

Abb. 197. Längsflechtwerke.
a) Einreihig. b) Zweireihig.

1879. 1 m **Längsflechtwerk herstellen,** mit Erde hinterfüllen und mit Weidenstecklingen bepflanzen, aber ohne Aushub:[20]

Ausführung		Einreihig, 0,4—0,6 m hoch, nach Abb. 197 a	Zweireihig, 0,9 m hoch, nach Abb. 197 b
Hilfsarbeiter	h	7,8	14,3
Für Aufsicht und Geräte	%	10	10
Flechtreiser	rm	0,25	0,62
Weidenstecklinge	Stück	80	120
Pflöcke, 1,5 m lang, 15 cm stark	„	1,4	—
„ , 1,7 „ „ , 15 „ „	„	—	2,7

1880. 1 m **Prügelsperre** nach Abb. 198, ohne Aushub und ohne Vorfeldpflasterung, und zwar Zuschneiden des Holzes, Einbauen und Beschweren:[20]

10 h Zimmerer + 5 h Hilfsarbeiter + 10% für Aufsicht und Geräte.

1881. 1 m **Verlandungsquerbau herstellen:**[20]

Beschaffenheit des Verlandungsquerbaues		Einreihig, 0,75 m hoch, nach Abb. 199 a	Zweireihig, 1 m hoch, nach Abb. 199 b	Dreireihig, 1,5 m hoch, nach Abb. 199 c	Vierreihig, 1,8—2,0 m hoch, nach Abb. 199 d
Hilfsarbeiter	h	2,0	6,4	8,4	12,4
Für Aufsicht und Geräte	%	10	10	10	10
Faschinenruten	rm	0,5	1,5	2,5	3,0
Pflöcke, 2,5 m lang, 9 cm stark	Stück	—	—	5	4
„ , 2,0 „ „ , 7,5 cm stark	„	—	5	—	6
„ , 1,5 „ „ , 7,5 „ „	„	2	—	2	—

1882. 1 qm **Kotzendeckung für Uferböschungen** nach Abb. 200, aus Wippen **herstellen,** wenn der Kies auf höchstens 50 m zuzuführen ist:

1 h Faschinenarbeiter + 1 h Hilfsarbeiter + 10% für Aufsicht und Geräte + 0,7 kg Eisendraht Nr. 42 + 4,2 m fertige Wippen + 0,2 Stück Spickpfahl, 1,5 m lang, 8 cm stark, + 0,25 rm Kies.

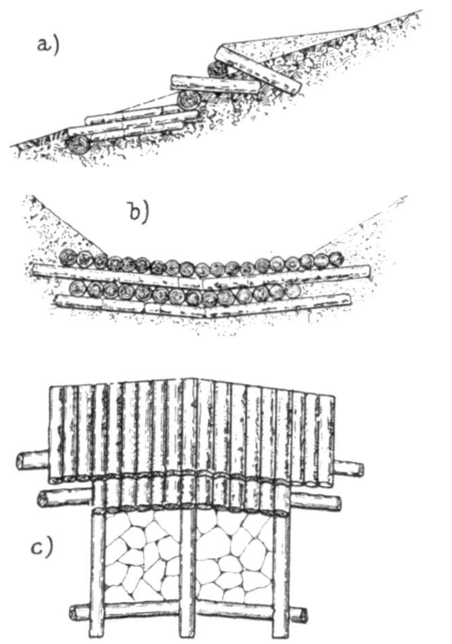

Abb. 198. Prügelsperre.
a) Querschnitt. b) Längsschnitt. c) Draufsicht.

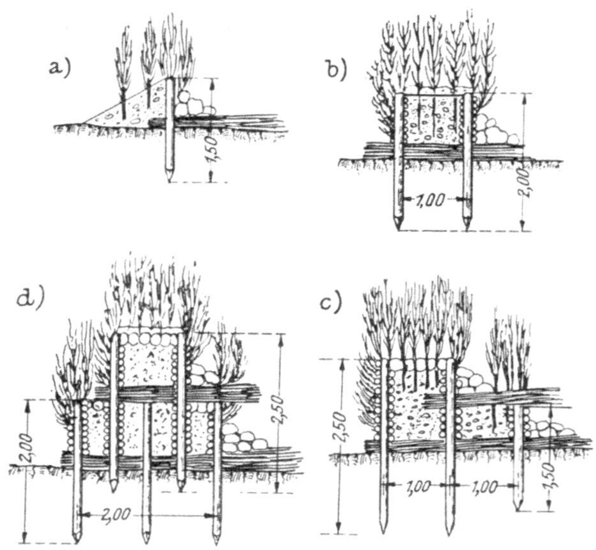

Abb. 199. Verlandungsquerbauten.

1883. **1 m Ufersicherung aus einer 5 cm starken Spreutlage,**[20] nach Abb. 201, die von zwei Flechtzäunen, je 20 cm hoch, die 1 m voneinander entfernt sind, niedergehalten wird und 10 cm hoch überdeckt ist; ohne Aushub und ohne Zufuhren:[20]

4 h Hilfsarbeiter + 4 Stück Pfähle, je 1,2 m lang, 8 cm stark, + 0,13 rm Faschinenreiser (fest zusammengedrückt).

1884. **1 m Pfahlwand bei Leitwerken, 0,2 m hoch, verschalen,** und zwar die 6 × 10 cm starken Latten an die 0,8 m voneinander gerammten Pfähle mit Drahtstiften annageln und mit Draht Nr. 42 anbinden:

0,4 h Hilfsarbeiter + 10% für Aufsicht und Geräte + 2 m Latten + 2,5 Stück Drahtstiften + 0,19 kg Eisendraht Nr. 42.

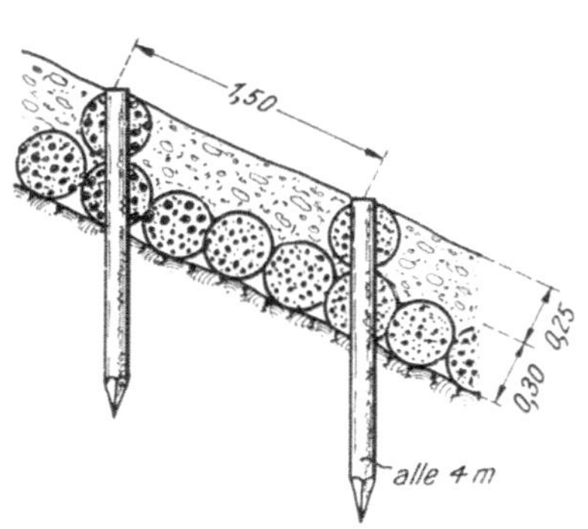

Abb. 200. Kotzendeckung.

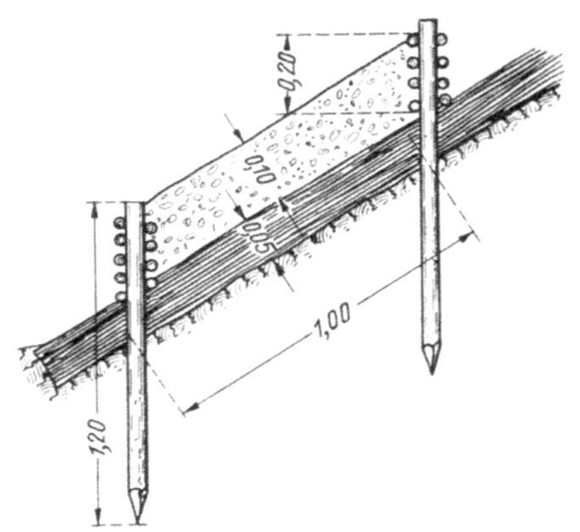

Abb. 201. Ufersicherung aus Spreutlage.

1885. **1 m Pfosten oder Riegelverschalung** an Pfählen (an Stellen, an denen sich Weidenreiser nicht begrünen würden) aus Bohlen oder Waldlatten von mindestens 8 cm Stärke, die an zwei Seiten bezimmert sind; je Meter Pfosten oder Riegel:

0,3 h Zimmerer + 10% für Aufsicht und Geräte.

1886. **1 qm Verkleidung mit Sandsäcken, einschließlich Füllen der Sandsäcke**[51] mit je 0,015 rm Sand: 1,5 h Hilfsarbeiter + 28 Sandsäcke, ~ 0,5 × 0,33 m + 0,45 rm Sand.

1887. **1 rm Steinpackung aus Bruchstein,**[20] **sorgfältig gelegt, mit einer kleinen Dohle** von 0,1 bis 0,15 qm Querschnitt, ohne Erdarbeit und ohne Zufuhr:

4,9 h Maurer + 5,9 h Hilfsarbeiter + 1 rm Bruchstein.

1888. **1 m verschlammte Steinrippen in Einschnittsböschungen reinigen,** und zwar die Steine ausräumen, reinigen, wieder einlegen und den Boden in der Umgebung ebnen:

(6 bis 8) h Hilfsarbeiter.

1889. **1 m Sickerschlitz, 1 m tief, mit Steinen auffüllen, oben abpflastern, unten eine Dohle herstellen,** ohne Aushub und ohne Zufuhr:[20]

2,5 h Maurer + 5 h Hilfsarbeiter + 0,6 rm Stein.

XXIV. Bepflanzung und Rodung.

1890. **Normen.**

DIN 1985. Technische Vorschriften für Bauleistungen. XXII. Gärtnerische Anlagen.

1891. **1 rm Abtrag beim Terrassieren von Hängen, steiler als 1 : 3,** für das Aufsetzen der Anschüttung:[28]

In Sand und Lehm	Erdarbeiterstunden	1
„ festem, steinigem Lehm	„	2
„ Gerölle	„	3
„ losem verwittertem Fels (Hackboden)	„	4—5
„ weichem Fels	„	6—7

1892. **1 rm Mutterboden:**

a) lösen und laden oder 3 m weit werfen	(0,67 bis 2) h Erdarbeiter	+ 5% für Aufsicht
b) einmal mit der Schaufel werfen (für die Beistellung allenfalls erforderlicher Wurfbühnen auf Böschungen ein weiterer Zuschlag von 5%)	(0,63 „ 1,8) „ „	+ 5% „ „
c) der zugeführt ist, auf ebenem Boden ausbreiten	(0,1 „ 0,3) „ „	+ 5% „ „
d) nach dem Ausbreiten auf ebenem Boden sorgfältig einebnen	0,2 „ „	+ 5% „ „
e) der zugeführt ist, von oben auf Böschungen ausbreiten	(0,7 „ 1,8) „ „	+ 5% „ „
f) nach dem Ausbreiten auf Böschungen sorgfältig einebnen	(0,3 „ 0,5) „ „	+ 5% „ „

1893. **100 qm steile Böschungen, 50 cm stark, mit guter Erde und eingelegten Queckenwurzeln verkleiden,** einschließlich der Zufuhr bis auf 50 m und des Skarpierens der Böschungen und aller Nebenarbeiten:[51]

a) einschließlich Beistellung der Queckenwurzeln: 220 h Hilfsarbeiter + 10% für Aufsicht und Geräte;

b) ohne Beistellung der Queckenwurzeln: 170 h Hilfsarbeiter + 10% für Aufsicht und Geräte.

1894. **100 qm Böschungen mit Muttererde 15 cm stark verkleiden und besämen,** einschließlich der Zufuhr bis auf 50 m und aller erforderlichen Nebenarbeiten:

100 h Hilfsarbeiter + 10% für Aufsicht und Geräte + 0,5 kg Gras- oder Kleesamen.

1895. **1 m Rillen, 10 cm tief, in Böschungsflächen,** vor dem Auftragen von Mutterboden, **einhauen:** (0,05 bis 0,1) h Erdarbeiter + 5% für Aufsicht.

1896. **100 qm Besämung, einschließlich des Auflockerns des Bodens und des nachträglichen Plackens:**

a) auf waagrechten Flächen oder flachen Böschungen:
6 h Hilfsarbeiter + 10% für Aufsicht und Geräte + 0,5 kg Gras- oder Kleesamen;[51]

b) auf steilen Böschungen, wenn die Samen gestupft werden müssen:
12 h Hilfsarbeiter + 10% für Aufsicht und Geräte + 0,5 kg Gras- oder Kleesamen;[51]

c) wenn die Flächen nicht geplackt, sondern die Samen nur eingerecht werden, ist der Arbeitsaufwand für je 100 qm um etwa 3 h geringer.

1897. 1 qm Rasenziegel, 25 × 25 oder 30 × 30 cm, 8 bis 10 cm dick, auf Rasenflächen gewinnen und seitlich lagern:

a) mit der Stichschaufel .... (0,3 bis 0,5) h Erdarbeiter + 10% für Aufsicht
b) „ dem Schneideisen und der Rasenschaufel (0,2 „ 0,3) „ „ + 10% „ „

Von einem Quadratmeter Rasenfläche können wegen des Zerfallens nur 0,7 bis 0,8 qm Rasenziegel gewonnen werden.

Für das Rasenabstechen außerhalb des Aushubgeländes muß eine zweijährige Nutzungsentgangsentschädigung bezahlt werden und die abgestochene Fläche ist zu besämen.

1898. Verführen von Rasenziegeln:

1 Schubkarrenladung = 6 Rasenziegel = ∼ 0,5 qm
1 zweispännige Wagenladung = 170 „ = ∼ 15 „
1 qm Flachrasen entspricht .... 0,08—0,1 rm Boden
1 „ Kopfrasen „ .... 0,15 „ „

1899. 1 qm Rasenziegel aufladen, 50 m weit führen und dicht in Haufen schlichten:
0,3 h Erdarbeiter + 10% für Aufsicht und Geräte.

1900. 1 qm gestochene Rasenziegel dicht aufschlichten:
(0,08 bis 0,1) h Hilfsarbeiter + 5% für Aufsicht.

Wenn die aufgeschlichteten Rasenziegel 3 Monate lagern, so sind noch 75%, nach 12 Monaten nur mehr 50% verwendbar; Rasenziegel, die wesentlich über 1 Jahr lagern, sind nur noch als Mutterboden zu verwerten.

1901. 1 qm Rasenziegel auf einer Böschung *H* m (schräg gemessen) **hinauf oder hinab auf Tragbahren tragen,** einschließlich des Beladens:

a) hinauftragen: 0,08 *H* h Hilfsarbeiter + 5% für Aufsicht,
b) hinabtragen: 0,06 „ „ „ + 5% „ „ .

1902. 1 qm Flachrasenbelag aus zugeführten Rasenziegeln andecken, ohne Zufuhr:

a) auf waagrechten oder wenig geneigten Flächen:

legen und pracken .... (0,1 bis 0,2) h Erdarbeiter + 10% für Aufsicht
legen, pracken und gießen .... (0,2 „ 0,3) „ „ + 10% „ „

b) auf Böschungen:

legen, pracken und nageln .... (0,4 bis 0,6) h Erdarbeiter + 10% für Aufsicht

Für 1 qm Rasenbelag sind etwa 1,1 qm Rasenziegel und (15 bis 20) Holznägel zu rechnen.

1903. 1 qm Kreuzflachrasen aus zugeführten Rasenziegeln legen, wenn die Rasenstreifen 0,3 m breit und die Streifen in 1,6 m Entfernung, einander senkrecht kreuzend, verlegt und genagelt werden:
0,4 h Hilfsarbeiter + 5% für Aufsicht + 0,4 qm Rasenziegel + (4 bis 5) Holznägel.

1904. 100 Stück Holzpflöcke, 0,3 m lang, 2 bis 3 cm stark, aus weichem Holz **herstellen:**
(1,5 bis 3) h Hilfsarbeiter + 0,05 cbm Brennholz.

1905. 100 Stück Stecklinge in Weidenpflanzungen abschneiden und lagern:
(1 bis 2) h Hilfsarbeiter + 5% für Aufsicht.

1906. 100 qm Weidenpflanzung in Gruben oder Furchen, mit 1400 bis 1700 Stecklingen:[51]
40 h Hilfsarbeiter + 5% für Aufsicht.

1907. 100 qm Weidenpflanzung in Stupflöchern mit 1400 bis 1700 Stecklingen:[51]
20 h Hilfsarbeiter + 5% für Aufsicht.

1908. 100 m Weidenpflanzung aus 0,6 bis 0,75 m langen, etwa 3 cm starken Weidenreisern **herstellen,** einschließlich des Zutragens der Reiser von den nahegelegenen Lagern:

a) in weichem Boden, in 20 cm Abstand, wenn die Pflanzlöcher mit der Pflanzstange vorgeschlagen und mit Erde verfüllt werden:
(8 bis 15) h Hilfsarbeiter + 5% für Aufsicht + 500 Stecklinge;

b) in festem Boden, im Abstand von 10 cm in (0,15 bis 0,3) m tiefen Pflanzgräben, einschließlich des Aushebens und des Wiederverfüllens und Verstampfens:

(15 bis 30) h Hilfsarbeiter + 5% für Aufsicht + 1000 Stecklinge.

1909. 100 Stück Setzlinge für lebende Zäune ausgraben und lagern:[51]

10 h Hilfsarbeiter + 5% für Aufsicht.

1910. 100 qm mit (2- bis 3-)jährigen Pflanzen aufforsten:[20]

4 h Hilfsarbeiter + 5% für Aufsicht + (60 bis 100) Stück Pflanzen.

1911. 100 qm Hutweiden oder Ödland im Dreiecksverband in 1,25 m Abstand **aufforsten,** einschließlich des Aushebens der Pflanzen in der Baumschule, aber ohne Zufuhren. Die Pflanzlöcher werden 0,25 m weit und 0,15 m tief ausgehoben und auf ein Viertel der Tiefe mit Muttererde aufgefüllt:[20]

5 h Hilfsarbeiter + 10% für Aufsicht + 140 Stück Pflanzen + 0,35 rm Muttererde.

1912. 100 m lebenden Zaun aus Akazien- oder Weißdornpflanzen in 0,4 m breiten und 0,3 m tiefen Gräben **pflanzen und begießen,** einschließlich aller Erdarbeit, aber ohne Zufuhr:

(100 bis 120) h Hilfsarbeiter + 10% für Aufsicht und Geräte + 450 Stück Weißdorn oder 650 Stück Akazienpflanzen.

1913. Für das Herstellen eines einfachen Lattenzaunes zum vorübergehenden Schutz der Pflanzen aus Waldlatten und die einjährige Pflege:[51]

Zuschlag: (100 bis 150) h Hilfsarbeiter + 10% für Aufsicht + 100 m Rundholz, 10 cm stark + 200 m Waldlatten + 100 Stück Pflanzen.

Für die weitere Pflege in den nächsten 5 Jahren jährlich:[51] 60 h Hilfsarbeiter + 5% für Aufsicht.

Für das Stutzen und Ausjäten jährlich je 100 m: 40 h Hilfsarbeiter + 5% für Aufsicht.

1914. 1 qm Gartenfläche umstechen:[38] (0,3 bis 0,5) h Hilfsarbeiter + 5% für Aufsicht.

1915. Pflanzen von Obst- und Zierbäumen, etwa alle 10 m:

Pflanzgrube	0,5 m weit	und 0,5 m tief	. 0,35 h	Erdarbeiter
,,	1,0 ,, ,,	,, 0,65 ,, ,,	. 1,25 ,,	,,
,,	1,3 ,, ,,	,, 0,65 ,, ,,	. 1,75 ,,	,,

1916. 1 m Hecken ausroden: (1 bis 2) h Hilfsarbeiter + 10% für Aufsicht und Geräte.

1917. 1 qm Auslichtung von Buschwerk:

bei lichtem Bestand .	(0,15 bis 0,3) h	Hilfsarbeiter	+ 10% für Aufsicht
,, dichtem ,, .	(0,25 ,, 0,5) ,,	,,	+ 10% ,, ,,

1918. 100 qm Waldabstockung, nämlich fällen und abästen der Bäume, aber ohne Verführen:

	Bestand	
	licht	dicht
Holzarbeiterstunden	70—80	140—150
Für Aufsicht und Geräte ...... %	10	10

1919. 1 qm Rodung von Wurzelstöcken, einschließlich des Aufschlichtens der Wurzelstöcke und Wurzeln:

a) bis auf eine Tiefe von 0,5 m:

Bestand	Buschwerk		Jungwald		Hochwald	
	licht	dicht	licht	dicht	licht	dicht
Hilfsarbeiter .... h	1—1,5	2,0—2,8	2,5—3,5	3,0—4,5	4,0—6,0	7,5—8,5
Für Aufsicht, Geräte, allenfalls Sprengmittel .... %	10	10	15	15	20	20

b) bis auf eine Tiefe von 0,20 m: die Hälfte des oben unter a angegebenen Zeitaufwandes.

Rodungen bis auf geringe Tiefe werden von der einheimischen Bevölkerung auch sehr häufig gegen Überlassung des gewonnenen Stock- und Wurzelholzes übernommen.

1920. 100 qm Baum- und Gesträuchabstockung am Flußufer und Aussonderung und Aufschlichtung der für Faschinen geeigneten Reiser:[51]

	Bestand	
	jung	alt
Hilfsarbeiterstunden	25—35	50—60
Für Aufsicht, Geräte .... %	15	20

1921. **1 Stück Baum- oder Wurzelstock,** der unter Wasser im Flußbett liegt, **ausheben** und ans Ufer bringen:

Lage des Baumes oder Wurzelstockes	Im Stromstriche		Außerhalb des Stromstriches	
	verschüttet	teilweise freiliegend	verschüttet	teilweise freiliegend
Hilfsarbeiter .... h	60	30	15	7,5
Schiffsmann .... ,,	20	10	5	2,5
Für Aufsicht, Geräte und Schiff .... %	30	30	30	30

XXV. Entwässerung, Bewässerung und Beregnung der Ländereien.

1922. **Normen.**

DIN 1180. Dränrohre.
DIN 1182. Feldwegebrücken, bis 12 m Stützweiten, Breiten.
DIN 1183. ,, , Belastungsannahmen.
DIN 1490. Schreibpegel.
DIN 1957 bis 1959. Technische Vorschriften für Kulturbauarbeiten. Erläuterungen.
DIN 1202. Brunnenringe, Beton.
Önorm M 5681. Dünnwandige Stahlrohre, Formstücke für Beregnungs- und Gülleleitungen.

1923 a. **1 m Grabenaushub mit Böschungen unter 1 : 1 geneigt,** einschließlich Werfens des Bodens seitlich des Grabens, Einebnens der Flächen, bei einem Grabenquerschnitt F in Quadratmetern:

Arbeitsaufwand in Erdarbeiterstunden laut Abb. 202 + 10% für Aufsicht und Geräte:

a) in Sand, Ackerboden, Mutterboden, feinem Kies ohne Bindung, sandigem Lehm, leichtem Ton, grobem Sand, Torfmoor, feinem Kies ohne Bindung;

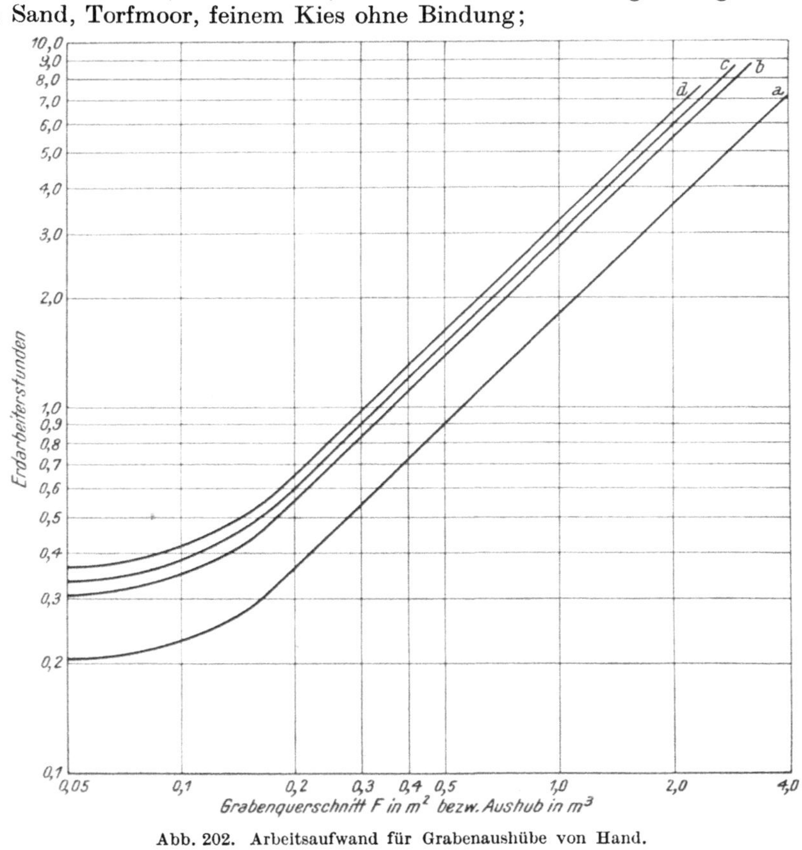

Abb. 202. Arbeitsaufwand für Grabenaushübe von Hand.

b) in steinigem Sand, sandigem Lehm;
c) „ grobsteinigem Boden, grobem Kies;
d) „ schwerem Lehm, Ton, Letten, Mergel, grobem Kies, steinigem Boden, losem Gerölle.

1923 b. Herstellung von Gräben durch Sprengung mit Dynamit,[287] wobei es vorwiegend auf den Arbeitsfortschritt, weniger auf die Kosten ankommt.

Grabenquerschnitt muldenförmig, Breite oben etwa gleich der dreifachen Tiefe. Normaler Grabenquerschnitt 2,75 m tief und oben 9 m breit.

In der Grabenachse wurden Löcher bis zur halben Grabentiefe für die Aufnahme der Ladung durch Eintreiben von Rammkernen oder durch Bohrung hergestellt und mit 60%igem Dynamit geladen. Die Sprengung erfolgte gleichzeitig in Längen von 600 bis 860 m und die Zündung erfolgte elektrisch. Gesprengt wurden alle Arten von Böden mit Wasserüberdeckungen bis zu 1 m. Tagesfortschritt 480 bis 960 m.

Lochabstand und Ladungen:

Grabentiefe in m	Lochabstand in m	kg Dynamit je Meter Grabentiefe
bis 8	2	4
8—16	3	6
über 16	4	8

Für jeden Meter Grabenmehrbreite Zuschlag zur Ladung 4,5 kg Dynamit je Loch. In Sand und in sandigem Boden wurden die Löcher bei Grabentiefen bis zu 8 m in 1,5 m Abstand angeordnet.

9 Arbeiter konnten durch Sprengung täglich durchschnittlich 6000 rm Grabenaushub bewirken und 1 rm Aushub erforderte durchschnittlich 0,31 kg Dynamit.

1924. 1 rm Bruchsteinauskleidung von Entwässerungsgräben in Zementmörtel verlegt, aber ohne Zufuhren und Erdarbeiten:

0,3 h Polier + 3,5 h Maurer + 5,0 h Hilfsarbeiter + 15% für Geräte + 1,3 rm Bruchstein + (0,3 bis 0,35) cbm Zementmörtel.

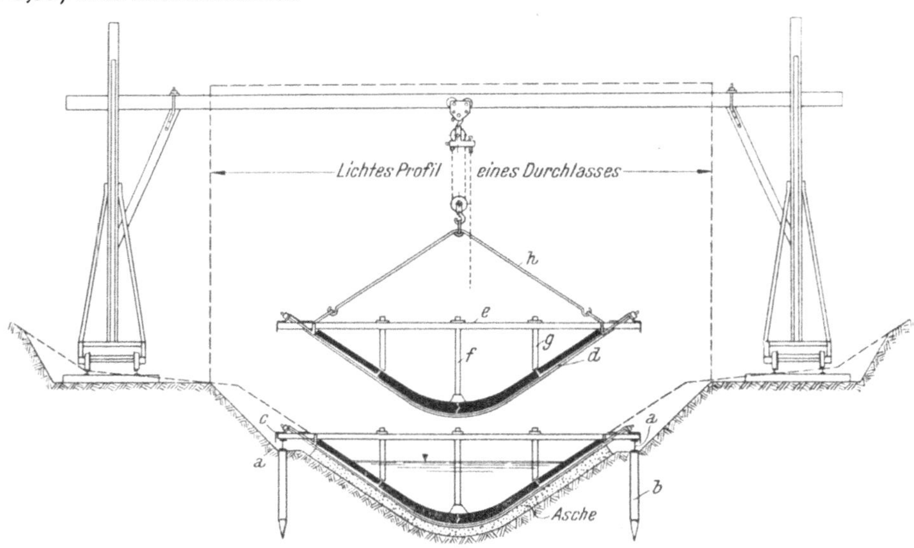

Abb. 203. Das Verlegegerüst von A. Staschen.
a Längsträger, *b* Pfahl, *c* Führungswinkel, *d* zwei Rundstahlbügel, *e* waagrechter Rahmen aus Winkelstahl, *f* Druckstütze, *g* zwei Druckstützen, dazwischen ein Zuganker, *h* Hängebügel.

1925. Verlegung von Bachbettverkleidungen aus Betonformstücken in bestehenden, wasserdurchflossenen Gräben, nach dem Verfahren von A. Staschen in Essen (Abb. 203 und 204).

Nachdem das Bachprofil genügend tief ausgehoben ist, werden an beiden Ufern aus **I**-Eisen, N. P. 14, bestehende Längsträger in Längen von 10 bis 12 m auf die Köpfe von Pfählen, die in das Erdreich eingerammt werden, verlegt, genau eingerichtet und gegen Verschiebung befestigt. Dann werden beiderseits des Baches einige Stöße Rollbahngleise verlegt und ein Portalkran darauf errichtet. Die auf einem Ufer des Baches gelagerten Betonstücke werden in Profilböcke, die nach dem Bachprofil geformt sind, in der beabsichtigten Befestigungsbreite aufgebaut. Über jede ausgebaute Plattenlänge wird quer zur Bachachse ein Rahmen aus Winkeleisen gelegt. An diesem Rahmen sind Zug- und Druckstäbe befestigt, die bis an die innere Begrenzungslinie des Plattenprofils hinabragen. In die Fugen zwischen Sohlschalen und Seitenplatten wird je ein schlaufenförmig gebogener dünner Draht eingelegt. Die Zugstangen werden in diese Schlaufen eingehakt und oben durch einen Keil angezogen. Außerdem werden unter der Sohlenbefestigung zwei Rundeisen verlegt und an beiden Enden durch Schraubenmuttern mit dem Rahmen verbunden. Die so fest in den Rahmen eingespannte Sohlenbefestigung von 80 cm Länge (in der Flußrichtung gemessen) wird mit diesem durch den Flaschenzug gehoben, zur Verlegungsstelle befördert und dann auf die Längsträger abgelassen. An den Rahmen sind Führungseisen angebracht, die eine richtige Lage der Sohlenbefestigung gewährleisten. Sobald auf diese Weise sämtliche verfügbaren Rahmen verlegt sind, werden die Platten mit Kesselasche etwa 15 cm dick unterfüllt und sorgfältig unterstopft. Dann werden die Rahmen von unten beginnend nach Bedarf einzeln gelöst und weiter verwendet. Die biegsamen Rundeisen lassen sich ohne Mühe unter den Platten wegziehen. Die Schraubengewinde werden nach jedem Gebrauch gereinigt und neu eingefettet.

Abb. 204. Verkleidung eines Bachbettes mit Betonformstücken nach dem Verfahren von A. Staschen.

Ein Gerät, bestehend aus einem Portalkran mit Laufkatze und Kettenzug und 15 Verlegungsrahmen kostet 1000 bis 1200 RM.

Das Verlegen der Verkleidung erfordert, einschließlich der Zufuhr der Platten zu den Stapelplätzen und des Unterstopfens, je Quadratmeter Verkleidungsfläche bei kleinen Bächen mit einer Wasserführung bis 0,5 cbm/sec 1,25 Arbeitsstunden, bei einer Wasserführung von 2 cbm/sec etwa 2,2 Arbeitsstunden.

Im Emschergebiet kostet frei Baustelle:

1 qm	Sohlschalen aus Beton	RM 5,—
1 ,,	Seitenplatten aus Beton	,, 4,—
1 rm	Kesselasche	,, 3,—

1926. Schöpfwerke mit Schraubenpumpen.[236]

Die Pumpe und der Motor werden am Unterbau im Freien mittels eines Dreibeines und Flaschenzuges zusammengebaut, und es wird erst dann ein hölzernes Pumpenhaus darübergebaut. Spannungswandlerhäuschen ebenfalls aus Holz.

Hubhöhe	Förderung	Gesamtkosten des Schöpfwerkes einschließlich des Umspannerturmes
1 m	0,7 cbm/sec	17340 RM
1 ,,	1,8 + 0,8	44530 ,,

1927. Dränung, Kosten der Vorarbeiten und der Bauleitung.

Vorarbeiten (Beschaffung der Katasterpläne, Flurbuchauszüge, Nivellement, Bodenuntersuchungen, Herstellung des Schichtenplanes, Verfassung des Entwurfes, Massenberechnung, Kostenanschlag) kosten .... 15—17% der Baukosten.

Bauleitung, Aufsicht und Gerätebeistellung kosten .... 12—15% der Baukosten.

Für Unvorhergesehenes sind etwa .... 10% der Baukosten zu rechnen.

1928. Jahreskosten von Dränanlagen.

Verzinsung	jährlich	5— 6%
Abschreibung	,,	2,5— 3%
Unterhaltung	,,	2%
Zusammen		9,5—11%

1929. Kosten der Dränung je Hektar durchschnittlich:

bei günstigen Vorflutverhältnissen	RM	250—500
,, schwierigen ,, ...	,,	350—850

Erhaltungskosten: jährlich (2 bis 6) RM/ha.

1930. 1 m Dränrohrstrang verlegen erfordert die folgenden Erdarbeiterstunden:[25]

Grabentiefe	1,25 m			1,50 m			2 m		
Bodenart	Ton- und Lettenboden	Lehmboden	Sandboden	Ton- und Lettenboden	Lehmboden	Sandboden	Ton- und Lettenboden	Lehmboden	Sandboden
Grabenaushub	1,4 bis 1,6	1,0 bis 1,4	0,9 bis 1,2	2,3 bis 2,6	1,8 bis 2,1	1,3 bis 1,6	3,8 bis 4,1	2,6 bis 2,9	1,9 bis 2,2
Rohre längs des Grabens von den nahen Lagerplätzen aus verteilen	0,01	0,01	0,01	0,01	0,01	0,01	0,01	0,01	0,01
Dränrohre reinigen und legen	0,04	0,04	0,04	0,05	0,05	0,05	0,06	0,06	0,06
Zuwerfen der Gräben	0,25	0,20	0,18	0,41	0,33	0,24	0,66	0,46	0,34
Zusammen	1,7 bis 1,9	1,25 bis 1,65	1,13 bis 1,43	2,77 bis 3,07	2,19 bis 2,49	1,6 bis 1,9	4,53 bis 4,83	3,13 bis 3,43	2,31 bis 2,61

1931. Ausheben von Gräben für das Verlegen von Dränrohren, je Kubikmeter erforderliche Erdarbeiterstunden:[25]

Grabentiefe	m	1,25	1,50	2,00
Ton und Letten	h	3,3—3,5	3,8	4,75
Lehm	,,	2,2—3,7	3,0	3,33
Sand	,,	2,0	2,2	2,4

1932. Dränrohre (DIN 1180). Länge: 0,33 m.

Dränrohrnennweite ...	mm	40	50	65	80	100	130	160	200
Gewicht von 1000 Stück	kg	850	1450	1900	2500	3750	4400	6500	10000
Preis je 1000 Stück ...	RM	34,40	36,80	58,40	63,20	112,—	161,60	216,—	—
	S	—	140	—	200	250	320	400	—
	Kč	—	350	410	550	760	1100	1500	2400

1933. Formstücke zu Dränrohren.

Nennweite	mm	40	50	65	80	100	130	160	200
Preis je 100 Stück ...	RM	103,20	110,40	175,20	189,60	224,—	323,20	432,—	—
	S								
	Kč	400,— ohne Rücksicht auf die Weite						—	—

1934. Ertragssteigerung infolge Dränung des Geländes nach A. Heimerle:[89]

a) Entwässerung durch offene Gräben:

Mehrertrag an Heu	kg/ha	540 = 16%	der Ernte ohne Entwässerung
,, ,, Roggen	,,	300 = 17%	,, ,, ,, ,,
,, ,, Weizen	,,	400 = 17%	,, ,, ,, ,,
,, ,, Hafer....................	,,	440 = 20%	,, ,, ,, ,,
,, ,, Kartoffeln	,,	2900 = 21%	,, ,, ,, ,,

b) Röhrendränung:

In der Ebene:

Mehrertrag an Roggen	kg/ha	541 = 33%	der Ernte ohne Dränung
,, ,, Hafer	,,	670 = 30%	,, ,, ,, ,,
,, ,, Weizen	,,	730 = 37%	,, ,, ,, ,,
,, ,, Kartoffeln	,,	3144 = 33%	,, ,, ,, ,,

Im Gebirge:

Mehrertrag an Roggen	kg/ha	560 = 55%	der Ernte ohne Dränung
,, ,, Hafer	,,	662 = 59%	,, ,, ,, ,,
,, ,, Kartoffeln	,,	2500 = 80%	,, ,, ,, ,,

1935. 1 m Bewässerungsrinnen ausheben, einschließlich Aufsicht und Gerätebeistellung:[28]

Abmessungen des Grabens, Breite/Tiefe in Metern	0,15/0,10	0,20/0,12	0,25/0,15
Erdarbeiterstunden	0,6	0,75	1,0

1936. Baukosten verschiedener Wiesenbausysteme je Hektar (Vorkriegspreise):

Überstauungswiesen	GK[90]	50— 150	M[25]	50— 150
Stauberieselung	,,	25— 150	,,	50— 100
Natürlicher Hangbau	,,	50— 100	,,	50— 300
,, Rückenbau	,,	100— 300	,,	80— 400
Kunsthangbau	,,	400—1000	,,	400—1000
Kunstrückenbau	,,	800—1500	,,	500—1300
Siegener Kunstwiesen	,,	—	,,	700—1200
Petersensche Dränbewässerung	,,	700—1200	,,	—

1937. Jährliche Unterhaltungskosten von Bewässerungsanlagen, ohne die Kosten der Hauptzuleitung je Hektar (Vorkriegspreise:[25]) 2 bis 70 M, durchschnittlich 12 M/ha.

Beim natürlichen und beim künstlichen Hangbau kostet die Erhaltung jährlich 5% der Baukosten.

1938. Ertragsteigerung durch Ent- und Bewässerung der Wiesen (Hang- und Rückenbau):[89] Im Hügelland 50%, im Gebirge 100%.

Höchsterträgnisse:

Auf guten Trockenwiesen	t/ha	3
,, ,, Wasserwiesen	,,	7,5
,, kali-phosphat-gedüngten Wasserwiesen	,,	10,7
,, kali-phosphat-stickstoff-gedüngten Wasserwiesen	,,	13,5

1939. Durchschnittliche Anlagekosten von Regneranlagen je Hektar:

a) Ganz bewegliche Anlagen:

Nach Hydor G. m. b. H. (1929)[119]	RM/ha	220—400
,, K. Laux (1935)[120]	,,	200—350
,, A. Kreuz[94]	,,	150—300

b) Halbbewegliche Anlagen (im Boden verlegte Hauptleitungen und bewegliche Feldregnerleitungen):

Nach Hydor G. m. b. H. (1929)[119]	RM/ha	350— 400
,, A. Kreuz[94]	,,	450— 600
,, K. Laux[59]	,,	900—1000

c) Ortsfeste Anlagen.

Nach A. Kreuz[99]	RM/ha	900—1100

1940. 1 cbm zu verregnendes Abwasser, das 80 mg Stickstoff, 20 mg Phosphorsäure und 60 mg Kali enthält, kann mit 0,07 RM und, wenn der Wert des Wassers mitberücksichtigt wird, mit 0,15 RM bewertet werden.[114]

1941. Die Kosten der Feldregnerleitungen samt den Weitstrahlregnern betragen etwa 30 bis 40% der Baukosten der verlegten Stammleitung.

1942. Nutzungsdauer der Teile einer Regneranlage.

Ortsfeste Hauptleitungen		30—50 Jahre
Bewegliche Feldleitungen		5—10 ,,
Gummidichtungen		1 Jahr
Schieber		10 Jahre
Hydranten		10 ,,
Regnergeräte		5 ,,
Schläuche		2 ,,
Ganze Anlage[119]	durchschnittlich	15 ,,

1943. Betriebskosten von Regneranlagen.

Für Verzinsung (6 bis 7%), Abschreibung (6 bis 7%) und Unterhaltung (1 bis 2%) können jährlich etwa 15% der Baukosten gerechnet werden.[59]

Für die Bedienung der Anlage werden je nach dem Gewicht der Feldleitungsrohre 2 bis 4 Männer + 15 bis 20% für die Wartung der Pumpenanlage gerechnet.

Bei halbbeweglichen Anlagen können nach K. Laux[114] je Hektar jährlich für die Bedienung etwa 24 h Landarbeiter gerechnet werden.

1944. Lanninger-Regner.

a) Gartenregner:

1. Verzinkte Regenrohre mit Nebeldüsen, alle 2 m eine Düse.

Regenrohrdurchmesser	Zoll	$^3/_4$	1	$1^1/_4$	$1^1/_2$
Wasserverbrauch bei 1,5 atü	l/min.m	1	1	1	1
Gewicht je Meter	kg	1,80	2,65	3,42	4,22
Anwendung bei Stranglängen von	m	10—25	30—50	55—75	80—100
Preis je Meter	RM	5,20	5,80	6,42	7,25

2. Verzinkte Regenrohre mit Sterndüsen.

Regenrohrdurchmesser	Zoll	$^3/_4$	1	$1^1/_4$	$1^1/_2$	$1^3/_4$	2	$2^1/_2$
Wasserverbrauch bei 2 bis 3,5 atü	l/min.m	8	8	8	8	8	8	8
Gewicht je Meter	kg	1,80	2,65	3,42	4,22			
Beregnungsbreite, zweimal	m	6	6	6	6	6	6	6
Preis je Meter Rohr ohne Stutzen	RM	6,50	7,15	7,95	8,70	9,40	10,10	11,90

3. Beregnungswagen mit Sterndüsen, bis 2 m hoch.

Wasserverbrauch je Meter Rohr 8 bis 9 l/min.m, bei 1,5 bis 2 atü. Bei Spurweite 12 m Preis 275 RM. Für jeden Meter Mehrspurweite bis 30 m Mehrpreis 55 RM.

4. Gelenkschwenkregner, in unebenem Gelände und im Bogen verwendbar. Länge bis 100 m. Größte Arbeitsbreite 15 bis 16 m. Wasserverbrauch bei 1,5 atü je Minute 2,3 l/m, bei 2 atü 4 l/m.

Preis des Schwenkgerätes 153 RM. Preis je Meter Rohr samt Kupplung und Stutzen bei Rohrdurchmesser 26 mm 6 RM, 33 mm 6,5 RM.

5. Standregner für Quadratberegnung für Schlauchanschluß.

Beregnete Quadratfläche 36 bis 144 qm. Betriebsdruck 1,5 bis 2,5 atü. Wasserverbrauch 2,6 bis 120 l/min. Preis 12 bis 28 RM.

b) Weitstrahlregner:

Größe		A	B
Betriebsdruck	atü	1,5—3	1,5—3
Wurfweite	m	20—25	20—25
Wasserverbrauch	cbm/h	12—90	3—25
Preis der Düse für Kreisberegnung	RM	220	145
,, ,, ,, ,, Quadratberegnung	,,	260	170
,, ,, ,, ,, Kreis- und Kreisausschnittberegnung	,,	300	200

1945. **Hydor-Regner.**[118]

1. Gartenregner, mit Schlauchanschluß, $^1/_2$, $^3/_4$ oder 1 Zoll:

	a) Feststehend:	b) Mit selbsttätiger Schwenkvorrichtung:
Druck am Regner:	2 atü	1—2 atü
Wasserverbrauch:		1—3 cbm/h
Flächenleistung:	28 qm	200 qm
Preis:	je nach Höhe 8—10,80 RM	108,— RM

2. Parkregner, mit selbsttätig schwankendem Düsenrohr, für Schlauchanschluß:

Druck am Regner	1—2 atü	1,5—3 atü
Wasserverbrauch je Meter Düsenrohr	100—125 l/h. m	160—170 l/h. m
Düsenrohrdurchmesser	25 mm	37 mm
Arbeitsbreite	14—16 m	14—16 m
Größte Länge des Düsenrohres	60 m	150 m
Preis des Schwenkgerätes	144 RM	194 RM
Preis eines 5 m langen Düsenrohres mit Stütze	20,25 RM	34,20 RM

3. Weitstrahlregner für beliebige Anschlüsse.

Größe		HD I	HD II	HD III
Druck am Regner	atü	3	3—5	5—6,5
Wasserverbrauch	cbm/h	11—22	24—53	56—70
Wurfweite	m	18—25	26—45	45—60
Preis, auf Dreifußgestell	RM	204,—	283,—	—
,, , ,, Fahrgestell	,,	220,—	292,—	391,—
,, , ,, Stutzen mit Flansch	,,	—	—	346,—

1946. **Perrot-Regner.**[117]

1. Garten- und Parkregner.

a) Fächerregner, für Schlauchanschluß, auf Dreifuß oder Schlittenkufen.

Druck am Regner: 1 bis 3 atü. Wasserverbrauch: 1,8 bis 4 cbm/h. Flächenleistung: 180 bis 400 qm. Preis 90 RM.

b) Universalregner, für Schlauchanschluß, $^3/_4$, 1 oder $1^1/_4$ Zoll; verwendbar als

	Viereckregner	Kreisregner	Düsenrohrregner
Druck am Regner	1—3 atü	3 atü	1,5—3,5 atü
Wasserverbrauch	1,8—4,0 cbm/h	1,4—6,6 cbm/h	70—173 l/h. m
Beregnete Fläche	180—400 qm	600—1000 qm	15 qm je Meter Düsenrohr
Wurfweite		14—18 m	7,5 m
Arbeitsbreite			15 m
Preis des Regners mit Dreifuß:		132 RM	
,, der Bogendüse	10,50 RM		
,, ,, Kreisregnerdüse		8,90 RM	

Preis von 5 m Düsenrohr mit Stütze, Durchmesser 26 mm .... RM 3,90
,, ,, 5 ,, ,, ,, ,, , ,, 32 ,, ... ,, 5,10

2. Weitstrahlregner, Anschluß 2 Zoll Gasgewinde.

Größe		A 29	B 29	C 31
Druck am Regner	atü	3	3—6	4—5
Wasserverbrauch	cbm/h	3,5—19,0	20—67,5	23—54
Wurfweite	m	17—27,5	30—56	29—47
Preis mit Dreifuß	RM	195,—	255,—	305,—
Mehrpreis für Wendegetriebe für 10 bis 360° einstellbar	,,	95,—	95,—	95,—

1947. Lanninger-Gelenk-Schnellkupplungsregnerrohre und -formstücke. (Lanninger-Regner A. G., Frankfurt a. M.-Rödelheim.)

Äußerer Rohrdurchmesser	Stahlblechrohre, feuerverzinkt								Bogen 90°		Endverschluß		Abzweigstück mit Absperrschieber		Schieber		Verteilerstück*		Verteilerbogen mit Schieber	
	Stahlgußkupplung für 10 atü						Stahlblechkupplung													
	Baulänge 6 m		Baulänge 5 m		Baulänge 4 m		Baulänge 6 m													
mm	kg/m	RM/m	kg/m	RM/m	kg/m	RM/m	kg/m	RM/m	kg	RM	kg	RM	kg	RM	kg	RM	kg	RM	kg	RM
33	1,18	3,50	1,22	3,75	1,28	4,25	1,33	2,50	2	13	0,6	6,—	3	18	3	15	4	25	—	—
48	1,55	3,75	1,60	4,—	1,67	4,50	1,67	3,—	5	19	1,2	7,—	6	24	6	20	4,7	26	3,5	21
60	2,—	4,—	2,07	4,25	2,19	5,—	1,91	3,50	8	23	2,5	8,—	8	30	8	30	6,3	28	4,0	28
71	2,30	4,50	2,40	4,75	2,55	5,50	2,19	4,—	8,5	27	3,0	8,50	10	32	9	35	8,8	37	—	—
76	2,60	5,—	2,72	5,25	2,90	6,—	2,42	4,50	9	31	3,5	9,—	13	43	10	40	9,7	39	7,0	65
89	3,47	5,50	3,62	6,—	3,88	7,—	3,08	5,—	12	41	4,0	10,—	17	58	11	50	13,4	48	14,0	73
102	4,23	6,50	4,42	7,—	4,73	8,—	3,83	6,—	16	45	4,5	12,—	20	62	15	60	16	53	—	—
114	5,66	7,50	5,86	8,—	6,20	9,—	5,17	7,—	18	55	6,0	14,—	32	105	17	82	18	57	—	—
133	7,34	9,—	7,65	9,75	8,17	10,75	—	—	—	—	—	—	—	—	24	115	22	65	—	—

1948. Lanninger-Regner-Gelenk-Schnellkupplungsrohre mit Dreiwegekupplungen.

Äußerer Rohrdurchmesser	Rohre von 6 m Baulänge, jede zweite Kupplung als Dreiwegekupplung						Rohre von 6 m Baulänge, jede Kupplung als Dreiwegekupplung		
	Stahlblech, verzinkt		Stahl, verzinkt		Aluminium, nahtlos		Stahlblech, verzinkt	Stahl, verzinkt	Aluminium, nahtlos
mm	kg/m	RM/m	kg/m	RM/m	kg/m	RM/m	RM/m	RM/m	RM/m
48	—	—	10	5,20	7,5	7,40	—	5,50	7,80
60	13	5,56	13	7,05	9,5	9,40	6,56	7,71	10,10
76	16	6,45	16	9,10	12,0	11,35	7,50	9,85	12,—
89	20	7,82	24	11,90	15,0	14,10	9,18	12,90	15,—

1949. Schnellkupplungs-Regnerrohre „Hydor" und „Perrot".

Firma	Nennlichtweite		25 mm	40 mm	50 mm	60 mm	70 mm	80 mm	100 mm	125 mm	150 mm	200 mm
Hydor[118]	Normal. Bis 20 atü. 5—7 m lang. Schwarz. Mit Kupplung	kg/m RM/m	1,9 2,25	3,0 2,47	4,2 3,10	5,6 3,55	6,3 4,45	7,8 5,45	11,1 8,10	15,1 11,69	21,2 17,10	41,2 33,20
	Normal. Bis 20 atü. 10—14 m lang. Schwarz. Mit Kupplung	kg/m RM/m	1,8 1,98	2,8 2,20	4,0 2,75	4,2 3,15	5,8 3,90	7,3 4,80	10,4 6,93	14,0 9,90	19,2 13,90	37,2 26,95
	Dünnwandig. Bis 10 atü. 6 m lang. Nahtlos. Verzinkt. Mit Kupplung	kg/m RM/m	— —	1,4 2,55	2,7 3,90	3,2 4,50	3,9 5,70	5,7 8,—	8,7 13,70	12,2 17,60	— —	— —
	Dünnwandig. Bis 10 atü. 6 m lang. Mit Längsnaht. Verzinkt. Mit Kupplung	kg/m RM/m	— —	2,0 2,30	2,7 2,84	3,2 3,20	3,9 4,—	5,7 5,23	8,7 7,70	— —	— —	— —
Perrot[117]	Feuerverzinkt, 6 m lang. Mit Kupplung und Bock. Bis 10 atü	kg/m RM/m	— —	1,56 3,—	— —	2,16 3,80	2,58 4,40	3,00 5,20	5,25 6,95	— —	— —	— —

* Rohrdurchmesser bis 60 mm, Abzweigdurchmesser 1″,
„ 71—76 mm, Abzweigdurchmesser $1^1/_2$″,
„ 89 mm und mehr, Abzweigdurchmesser 2″.

1950. **Formstücke und Zugehör für Regnerleitungen „Hydor“ und „Perrot“.**

Firma	Nennlichtweite		25 mm	40 mm	50 mm	60 mm	70 mm	80 mm	100 mm	125 mm	150 mm	200 mm
Hydor[118] für Drücke bis 20 atü	Bogen, 90, 60, 45 und 30° mit Kupplung	RM	7,—	8,45	10,65	11,90	16,05	18,55	29,50	45,80	69,85	143,60
	T-Stück mit Kupplung und Gewindestutzen	„	—	10,—	12,80	14,60	18,60	21,10	31,80	—	—	—
	Mehrpreis für in den Stutzen eingebauten Schieber mit Kupplung	„	—	12,15	17,10	28,80	30,60	49,50	104,—	—	—	—
	Aufgeschweißter Stutzen mit Kupplungsmuffe	„	6,30	8,05	10,40	11,40	14,70	16,40	24,30	36,45	52,10	90,75
	Aufgeschweißter Stutzen mit Kupplungsring	„	3,90	5,08	6,50	7,35	9,30	10,95	14,80	19,15	27,—	47,55
	Aufgeschweißter Stutzen mit Gewinde	„	4,45	4,60	5,95	8,—	—	9,20	11,85	—	—	—
	E-Stück (Flanschstück mit Kupplungsmuffe)	„	5,40	6,75	8,80	9,90	12,45	14,—	22,—	33,20	50,40	96,—
	F-Stück (Flanschstück mit Kupplungsring)	„	3,25	3,75	4,90	5,90	7,15	8,55	12,50	15,90	25,20	52,90
	Endverschluß, passend auf Kupplungsmuffe	„	4,25	5,25	6,40	7,15	8,80	10,35	13,80	17,50	24,75	44,—
	Endverschluß, passend auf Kupplungsring	„	5,75	7,30	9,40	10,25	13,30	14,80	22,50	34,—	49,—	96,—
	Schlauchschelle	„	0,63	1,04	1,35	1,62	1,85	2,16	3,90	4,40	4,70	—
	Unterstützungsbock, 350 mm hoch	„	4,10	4,10	4,85	5,50	5,50	6,95	6,95	7,20	—	—
	Vollständige Schnellkupplung zum Aufschrauben auf Rohre	„	4,40	5,15	6,90	8,—	—	9,85	17,45	—	—	—
	Eckventil mit Kappe für Schlauchkupplung aus Rotguß	„	13,—	16,70	19,15	26,75	—	—	—	—	—	—
Perrot[117]	Bogen, 90, 60 und 30° mit Kupplung	RM	—	11,—	—	16,50	18,80	22,—	28,30	—	—	—
	T-Stück mit Kupplungen	„	—	17,70	—	21,—	24,60	30,70	38,40	—	—	—
	Mehrpreis für Schieber am Abzweig	„	—	9,40	—	16,50	23,—	34,—	68,50	—	—	—
	Kreuzstück mit Kupplungen	„	—	22,80	—	28,60	35,—	44,50	57,—	—	—	—
	Zwischenstück mit Schieber	„	—	21,75	—	30,50	43,30	62,50	102,—	—	—	—
	Schwanenhalsbogen mit Kupplungen	„	—	21,30	—	29,70	35,—	39,20	54,50	—	—	—
	Anschlußbogen mit Kupplungen	„	—	—	—	24,30	28,60	32,—	43,80	—	—	—
	E-Stück (Flanschstück mit Kupplungsmuffe)	„	—	—	—	16,20	17,20	19,20	23,—	—	—	—
	Endstopfen	„	—	4,10	—	5,—	6,20	7,40	9,—	—	—	—
	Gummiring	„	—	0,40	—	0,57	0,70	0,74	0,88	—	—	—

1951. **Lanninger-Motorpumpen.**

a) Fahrbare Dieselmotorpumpen. Brennstoffverbrauch 200 g/PS . h.

Stärke des Motors	PS	5	7	10	5
Gewicht	kg	300	600	830	500
Förderung	cbm/h	12—20	18—27	30—35	60—90
Manometrische Förderhöhe	m	46—28	45—40	48—46	10— 6
Preis der Dieselpumpe mit 3 m Saugschlauch, Fußventil; Druckanschlußbogen und Schieber	RM	1380	1900	2850	1580

b) Benzolmotorpumpe auf Fahrgestell. Brennstoffverbrauch 270 g/PS . h. Gewicht 130 kg.

Stärke des Motors	PS	2—4	2—4
Förderung	cbm/h	3—6	20
Manometrische Förderhöhe	m	31—28	10
Preis samt 3 m Saugschlauch und Zugehör	RM	525	525

c) Elektromotorpumpen.

Stärke des Motors	PS	3	5,5	10	15	17
Gewicht	kg	160	200	290	360	420
Förderung	cbm/h	3—7	10	20	30	40
Manometrische Förderhöhe	m	48—32	44	50	55	46
Preis samt 3 m Saugschlauch und Zugehör	RM	667	835	1130	1550	1770

1952. **Abwasserverregnungsanlage in Tapiau** (Ostpreußen)[115] für 60 ha beregnete Fläche und 100000 cbm jährlich zu verregnendes Abwasser.

2578 m Stammleitung, Durchmesser 125 mm, Stahlmuffenrohre, 1,4 m tief verlegt	RM 32600
804 „ Feldleitung	„ 10812
16 Stück Hydranten, Schieber, T-Stücke	„ 2048
1 Pumpwerk, bestehend aus zwei Abwasserpumpen, gekuppelt mit Gleichstrommotoren je 12 PS, ein Vakuumkessel mit Vakuumpumpe und Motor, 1,5 PS, Saug- und Druckleitung	„ 9650
1 Sammelbrunnen	„ 4100
14 Siemens-Schuckert-Weitstrahlregner	„ 2730
Gesamtfracht	„ 3660
	RM 65600

Kapitalkosten, jährlich (Verzinsung + Tilgung 15%)	= 9840 RM	=	9,84 Pf/cbm
Betriebskosten, Strom je Kubikmeter 0,3 kWh je 12 Pf	= 3,6 Pf		
Löhne (130 Pf/h)	4,33 „		
Instandhaltung, Schmiermittel	0,50 „		8,43 „
Je Kubikmeter			18,27 Pf/cbm

Anlagekosten je Hektar..... RM 1093 Betriebskosten je Hektar..... RM 303,30

1953. **Erfolg der Abwasserverregnung in Tapiau und Allenberg** (Ostpreußen, 1929).[115]

Ort	Boden	Abwassergabe in mm	Kultur	Ertrag je ha in q (100 kg)	
				Korn	Stroh
Tapiau	Mittelboden	0	Roggen	20,00	45,80
„	„	40		23,51	52,85
„	„	70		23,00	50,93
Allenberg	Leichter Boden	0		16,75	32,85
„	„ „	80		20,20	43,30
Tapiau	Mittelboden	0	Kartoffel	256,00	
„	„	40		292,00	
„	„	70		303,50	
Allenberg	Lehmboden	0	Klee	31,58	
„	„	80		50,43	
Tapiau	Sandboden	0		11,85	
„	„	80		42,50	
Tapiau	Mittelboden	0	Rüben	696,40	
„	„	150		1057,80	
„	„	300		1509,00	
Allenberg	Kiesiger Boden	0	Kohl	—	
„	„ „	100		576,00	
„	Lehmboden	0		—	
„	„	80		192,00	

1954. **Abwasserverregnungsanlage in Allenberg** (Ostpreußen)[115] für 65 ha beregnetes Gebiet und 65000 cbm Abwasser. Länge der Stammleitung 780 m. Anlagekosten 24800 RM.

Jährliche Kapitalskosten 15%; je Kubikmeter Abwasser ...	Pf	5,72
Betriebskosten: Strom je Kubikmeter 0,48 kWh je 12 Pf ..	,,	5,76
Löhne	,,	4,33
Unterhaltung, Schmiermittel	,,	0,57
	Pf	16,38

Anlagekosten je Hektar 381,50 RM Betriebskosten + Kapitalkosten je Hektar 163,80 RM

1955. Mehrerträge, erzielt durch Reinwasserberegnung. (Nach K. Laux.)[114]

Fruchtart	Jahr	Land	Beregnet mit mm	Ertrag ohne Beregnung	Ertrag mit Beregnung	Mehrertrag	
				q/ha	q/ha	q/ha	%
Kartoffel	1918	Sachsen	30	131,25	175	45,75	35
,, ...	1918	,,	40	131,25	193,75	62,50	48
,, ...	1921	Mecklenburg	50	50,2	81,2	31	62
,, ...	1921	,,	40	52	87,4	35,40	68
,, ...	1921	,,	50	96	134	38	40
,, ...	1921	Ungarn	100	151	273	122	81
,, ...	1921	Ostpreußen	40	170	270	100	59
,, ...	1921	,,	30	200	300	100	50
,, ...	1921	,,	40	200	400	200	100
Zuckerrübe	1908—14	Posen	—	268	334	96	25
,, ...	1922	Ungarn	—	217,22	348,26	131,04	60
,, ...	1920	Pommern	15	311,12	362,29	51,12	16
Futterrübe	1922	Pfalz	30	397	1299	902	227
,, ...	1922	,,	30	533	1365	832	156
,, ...	1922	,,	30	615	1288	673	110
Winterroggen	1910	Posen	80	20	24	4	20
Sommerroggen	1910	,,	70	12	16	4	33,3
Sommergerste......	1920	Pfalz	30	30,06	40,27	10,21	30
Hafer	1907—12	Posen	95	20	30	10	50
,, ...	1921	Pfalz	30	33,42	38,62	5,20	17,4
,, ...	1922	Ostpreußen	40	1,8	23,9	22,10	1227,8
Luzerne, Heu	1908—10	Österreich	116	50,3	96,4	46,10	96
Lupinen-Peluschken	1918	Sachsen	20	102	164	62	61
Lupinen, gelb......	1924	Brandenburg	93	157,9	216,5	58,60	37
Grasheu, lufttrocken	1925	Grenzmark	täglich 1,3—4,5	84,3	121,5	37,20	44
Weide	1921	Sachsen	80—100	5,50	15,46	9,04	170
,, ...	1922	,,	80—100	5,50	18	12,50	218
,, ...	1923	,,	85	5,50	15,63	10,13	184
,, ...	1925	Schlesien	60	5,50	15,20	9,70	176
Seradella	1922	Brandenburg	43	77,50	117,5	40	51,6
Bohnen	1916	Posen	120	68	125	57	84
Frühkohl..........	1919	Württemberg	3 × 20	205	280	75	39
Wirsingkohl	1919	,,	3 × 20	220	355	135	62
Weißkohl..........	1919	,,	3 × 20	310	470	160	52
Rotkohl...........	1919	,,	3 × 20	185	315	130	70
Rüben, gelb	1919	,,	3 × 20	290	370	120	28
Erbsen, grün	1919	,,	3 × 20	77,5	115	37,5	48
Tomaten	1919	,,	2 × 20	90	107,5	27,5	20
Erdbeeren	1921	Brandenburg	6 × 10	33,5	54,5	21	38
Spinat	1921	,,	2 × 10	1,1	1,32	0,22	20
Kohlrüben.........	1921	,,	100	370,28	471,36	101,28	27
Knollensellerie	1921	,,		193,6	283,6	90	47
Zwiebeln	1921	,,		125,4	171,4	40	37

XXVI. Verkehrswasserbau.

1956. Wasserfahrzeuge.[39]

a) Nutzungsdauer von Wasserfahrzeugen:

Eiserne Kähne	40 Jahre	Zillen, eichene	6 Jahre
Eichene „	16 „	„ , kieferne	4 „
Kieferne „	11 „		

b) Unterhaltung jährlich: 3% vom Neuwert.

1957 a. 1 km elektrisches Treideln kostet[168] einschließlich der Schleusengebühren:

a) am Kanal Straßburg—Mühlhausen:
je Tonne Laderaum 0,009 Fr. + je Tonne wirkliche Last 0,024 Fr.;

b) am Hüninger Kanal:
je Tonne Laderaum 0,022 Fr. + je Tonne wirkliche Last 0,060 Fr.

1957 b. Ermittlung der Frachtkosten auf Wasserstraßen.[1] Jährlich 290 Schiffahrtstage. Rückladung 20% der Volladung.

a) Die Schiffskosten (1913).

Tragfähigkeit des Schiffes	t	650	1030
Kosten des Schiffes	M	47000	68000
Jahreskosten für Tilgung, Zinsen, Verwaltung, Unterhaltung und Versicherung ... 15% oder	„	7050	10200
Jahreskosten der Bemannung	„	3700	3700
Gesamte Jahreskosten	M	10750	13900

b) Schiffahrtsabgaben und Schleppkosten.

1. *Schiffahrtsabgaben.*

Die Güter werden zur Berechnung der Schiffahrtsabgaben in fünf Klassen eingeteilt, nämlich:

Klasse 1. Baumwolle, Drogen, Stahl und Stahlwaren, Maschinenteile, Getreide, Früchte, Samen, Fette, Mehle, Grieß, Malz, Reis, Petroleum, Gestein- und Kupferbruch, bearbeitete Steine.

Klasse 2. Profilstahl und Stahlrohre aller Art, ausländisches Holz, Jute, Blei und Zink als Bruch, Tonwaren, Rohzucker.

Klasse 3. Roheisen, Hartholz in Brettern und Balken, Steinkohlenteeröle, Pech.

Klasse 4. Grubenholz, Stämme und Schwartenholz, Kalk, Tonrohre, Traß, Zement, Zement- und Betonwaren.

Klasse 5. Düngemittel, wie Kalisalze u. dgl., Erde, Erze, Rüben, Wurzeln, Futtermittel, Mörtel, Futtersalze, Schiefer, Schlacken, Abbrände, natürliche und gebrannte Steine, Ziegelsteine und Klinker, Steinkohle, Torf.

Sonderklasse. Kalidungsalze für deutschen Verbrauch.

Schiffahrtsabgaben auf neueren Kanälen in Reichspfennig je Tonnenkilometer ab 1. April 1927.

Klasse	Rhein-Herne-Kanal	Rhein-Weser-Kanal, mit Anschluß nach Hannover, nebst Zweigkanälen, sowie der zugehörigen Strecke des Dortmund-Ems-Kanals (Dortmund bis Bergeshövede/Bevergern).	Dortmund-Ems-Kanal, unterhalb Bergeshövede, Strecke Bergeshövede/Bevergern bis Emden.
1	3	1,5	0,15
2	2,4	1,2	0,12
3	2	1,0	0,10
4	1,4	0,7	0,07
5	0,5	0,5	0,05
Sonder-	—	0,05	0,05

2. *Schleppkosten.*

Am Rhein-Herne-Kanal 0,18 Pf/tkm, auf den übrigen Kanälen 0,09 Pf/tkm als Grundgebühr, die nach der Tragfähigkeit des Schiffes berechnet wird. Hierzu als Zuschlag 10% der Schiffahrtsabgabe, die nach der tatsächlichen Ladung berechnet wird.

Mittlere Schleppkosten auf Flüssen nach W. Teubert:

Duisburg—Mannheim	0,24 Pf/tkm
Duisburg—Rotterdam	0,10 ,,
Bremen—Minden	0,75 ,,
Hameln—Münden	1,10 ,,
Münden—Hameln	1,00 ,,
Minden—Bremen	0,12 ,,
Hamburg—Magdeburg	0,32 ,,
Magdeburg—Dresden	0,55 ,,
Magdeburg—Hamburg	0,10 ,,
Aussig—Dresden	0,24 ,,
Lauenburg—Lübeck	0,21 ,,
Parey—Berlin	0,24 ,,
Spandau—Parey	0,23 Pf/tkm
Hamburg—Berlin	0,25 ,,
Berlin—Hohensaaten	0,25 ,,
Berlin—Fürstenberg	0,27 ,,
Stettin—Hohensaaten	0,31 ,,
Breslau—Kosel	0,85 ,,
Breslau—Fürstenberg	0,13 ,,
Breslau—Stettin	0,10 ,,
Fürstenberg—Breslau	0,58 ,,
Kosel—Breslau	0,26 ,,
Hohensaaten—Stettin	0,15 ,,

c) Sonstige Kosten, wie Hafenabgaben, Versicherungskosten, Anschlußfrachten, Umschlagskosten, Wertminderung der Waren am Weg.

Für die Hafenabgaben können für Abgangs- und Empfangshafen zusammen 0,1 bis 0,3 RM/t gerechnet werden, für die Versicherungskosten etwa 0,01 bis 0,03 Rpf/tkm. Die Wertverminderung beträgt bei Kohle infolge des Kippens und des Löschens mittels Greifer 4 bis 7%. Umschlagskosten für Kippen von Kohle betragen 0,1 RM/t, für das Löschen vom Schiff auf die Bahn 0,4 RM/t. Lösch- und Ladekosten für andere Güter betragen 0,3 bis 1,2 RM/t.

1958. Wasserstraßen, Verwaltungs-, Unterhaltungs- und Betriebskosten.[205]

Dortmund-Ems-Kanal. Länge 230 km. Gesamtbaukosten 79500000 M.

Verwaltung, Unterhaltung und Betrieb kostete 1912: 1,5% der Baukosten; hiervon entfielen 26% auf persönliche, 74% auf Sachauslagen.

1959. Uferbefestigungen an Schiffahrtskanälen.

a) Am Oder-Spree-Kanal,[205] Verbreiterung 1908 bis 1914:

1. Steile Uferbefestigung ohne Dichtung nach Abb. 205a.

Spundwand mit Holm	M/m	13,20
Betonplatten	,,	3,60
Schotter	,,	0,80
Arbeitslohn	,,	3,50
Zusammen	M/m	21,10

2. Steile Uferbefestigung mit Dichtung nach Abb. 205d.

Spundwand mit Holm	M/m	13,20
Betonplatten	,,	3,60
Schotter	,,	0,80
Ton	,,	0,80
Arbeitslohn	,,	5,00
Zusammen	M/m	20,40

3. Flache Uferbefestigung ohne Dichtung nach Abb. 205e.

Schüttsteine	M/m	5,90
Kalksandsteinbruch	,,	1,10
Tonschlag	,,	2,00
Arbeitslohn	,,	3,30
Zusammen	M/m	12,30

4. Flache Uferbefestigung mit Dichtung Abb. 205c.

Schüttsteine	M/m	5,60
Kalksandsteinbruch	,,	1,00
Kies	,,	2,25
Ton	,,	4,80
Arbeitslohn	,,	3,65
Zusammen	M/m	17,30

b) Am Großschiffahrtsweg[205] Berlin—Stettin, nach Abb. 205b, 1 m Uferbefestigung kostete 6 bis 7,20 M; die Schilfpflanzung allein kostete je Meter 0,20 M.

c) Am Schiffahrtskanal Charleroi—Brüssel,[169] nach Abb. 205f.

Der Uferschutz besteht aus je 1,50 m langen Betonfußbalken und je 0,75 m langen, 0,65 m breiten Böschungsplatten mit versenkten Aufnahmehaken aus Eisen. Die Formstücke sind in eisernen Formen an Ort und Stelle betoniert worden. Das Versetzen geschah mittels eines leichten Kranes.

Bauwerksteil		Fußbalken (390 kg)	Böschungsplatte (160 kg)
Betonieren:			
Betonarbeiter	h	0,5	0,4
Hilfsarbeiter	„	0,5	0,4
Zement (250 kg/cbm fertiger Beton)	kg	30	22,5
Kies und Sand	rm	0,15	0,11
Verlegen:			
Betonarbeiter	h	0,25	0,2
Hilfsarbeiter	„	1,0	0,8

Für Aufsicht und Geräte von allen Kosten 20%.

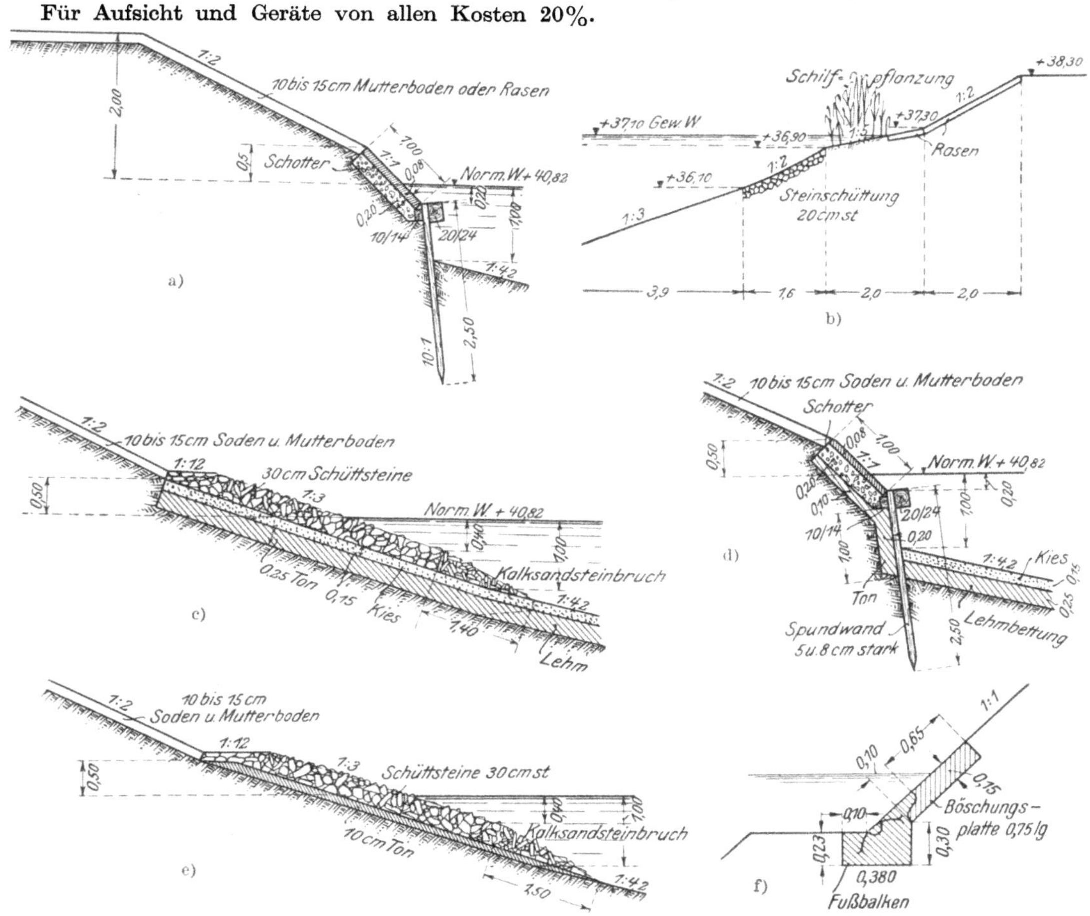

Abb. 205. Uferbefestigungen für Schiffahrtskanäle. (a) bis e) aus Engelhard, Kanal- und Schleusenbau.)

1960. **1 cbm Lehm zur Dichtung von Kanälen einschlämmen.**
Am Oder—Spree-Kanal 7,19 M, oder je Kilometer Oder—Spree-Kanal 6450 M.

1961. **1 cbm Lehmdichtung am Oder—Spreekanal, 0,3 m dick, kostete** 5,73 M.

1962. **1 km zweischiffiger Schiffahrtskanal**[205] für Hauptwasserstraßen, Spiegelbreite 34 m, größte Tiefe 3,5 m, kostet überschlägig (1921):

in Gelände ohne besondere Schwierigkeiten 350000 bis 400000 RM,
in schwierigem oder bebautem Gelände 700000 bis 800000 RM und mehr.

1963. **Kosten von Ufermauern in Berlin (1913)** je Meter.[1, 243]

Die Mauer nach Abb. 206 *C II* einschließlich der Poller, 454 m lang, kostet bei Ausführung zwischen Spundwänden bei einer Geländehöhe + 2,60 m 549 RM/m (1924), bei einer Geländehöhe + 1,50 m 515 RM/m (1924).

Die Mauer nach Abb. 206 *C I* kostet einschließlich der Poller bei Gründung mit Grundwasserabsenkung, wie ein Blick in die Auftragungen in der Abb. 206 *C* lehrt, bei einer Geländehöhe + 1,50 m ebensoviel wie die Eisenbetonwand nach Abb. 206 *B I*, linkes Bild, nämlich 430 RM/m. Die Kosten für andere Geländehöhen können der Auftragung entnommen werden. Ein Bollwerk aus eisernen Spundbohlen kostet etwa gleichviel wie ein solches nach Abb. 206 *A I*.

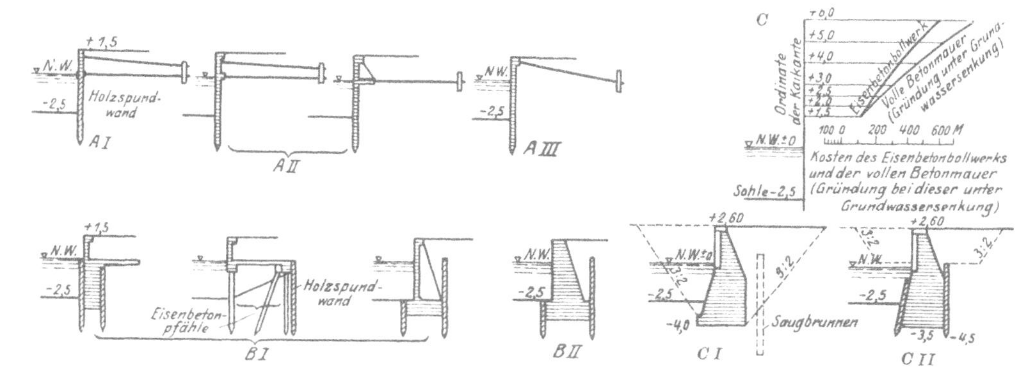

Abb. 206. Ufermauern und ihre Kosten. (Nach O. Franzius, Verkehrswasserbau.)

Bauart	Abbildung 206	Zahl der Angebote	Anbotpreis 1913 in GM niederster	höchster	mittlerer
Verankertes, aufgeständertes Bollwerk, unten Holz, oben Eisenbetonplatten zwischen I-Eisen	*A I*	8	283	335	300
Verankerte Eisenbetonspundwand, sonst wie oben	*A II*	5	290	365	330
Durchgehende verankerte Eisenbetonspundwand	*A III*	10	347	397	370
Eisenbeton-Winkelstützmauer	*B I*	7	358	530	430
Vollbetonmauer, zwischen Spundwänden gegründet	*B II*	3	375	535	445

1964. Kosten ausgeführter Ufermauern in Seeschiffhäfen, je Meter.[1]

Ort	Abbildung 207	Länge der Mauer in m	Jahr der Erbauung	Kosten je m in RM	Bemerkungen
Königsberg	a	750	1918—1921	2800	
Bremen	b	1000	1924—1926	5200	Reine Mauerkosten 4430 RM, Hinterfüllung 250 RM, Baggerung 520 RM
Bremerhaven	c	1000	1924—1926	8000	Reine Mauerkosten 6000 RM, Hinterfüllung 2000 RM

1965. Kosten (1926) von Ufermauern in Hamburg.[1]

Für Höhenunterschiede Hafengelände—Hafensohle zwischen $H = 11{,}20$ und $18{,}20$ m gilt für die Kosten der fertigen Mauer je Meter:

$$K = (340\,H - 1800)\text{ RM.}$$

1966. Baukosten von Kammerschleusen an der Ruhr.[27]

Preisgrundlagen: Zement .... 36,50 RM/t; Rheinkiessand .. 4,20 „; Rheinsand .... 4,50 RM/t; Ruhrkies, gebrochen und gewaschen .... 3,90 „

Lohn eines Tiefbauarbeiters 0,81 RM/h.

Kammerschleuse		Herdecke	Wetter
Schleusenkammerinhalt	cbm	495	921
Gesamtlänge	m	33	32,9
Nutzlänge	„	20	20,15
Nutzbreite	„	5	5
Mittleres Gefälle	„	3,1	6,7
Umbauter Raum	cbm	1485	3200
Kosten je cbm umbauten Raumes, ohne Erd- und Umfassungsarbeiten	RM	38,20	28,30
„ „ „ „ „ mit „ „ „	„	56,—	41,50
„ „ „ Kammerinhalt ohne „ „ „	„	115,—	98,70
„ „ „ „ mit „ „ „	„	168,—	144,—

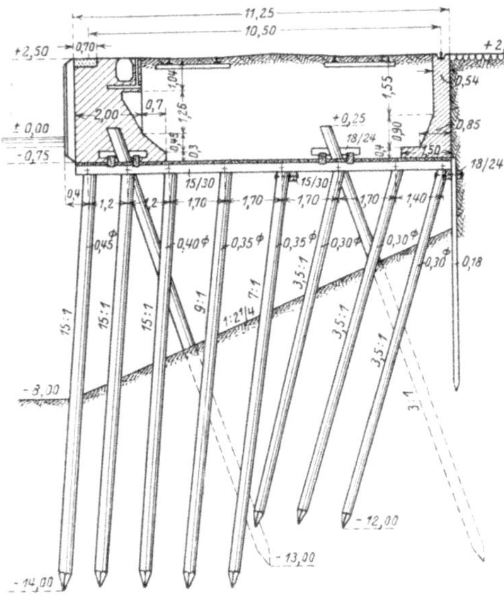

a)

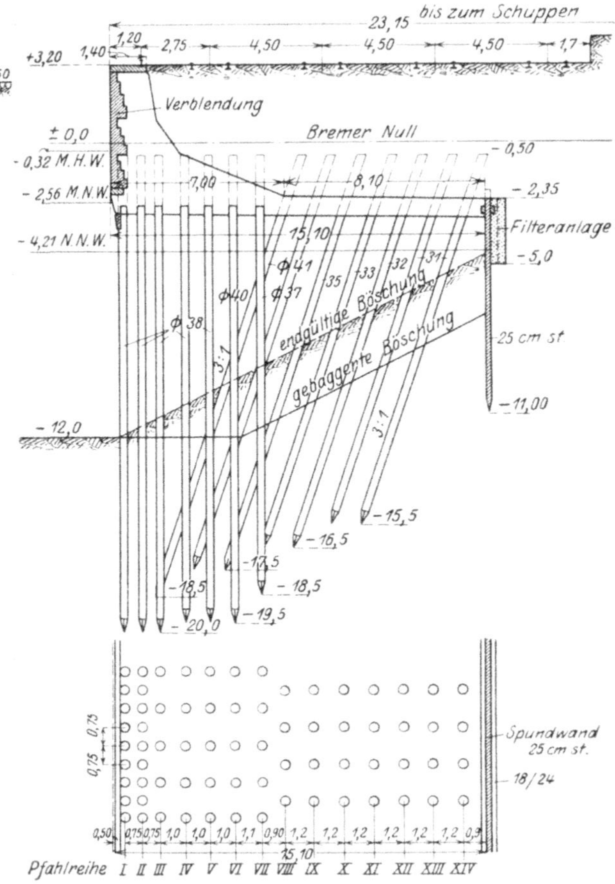

b)

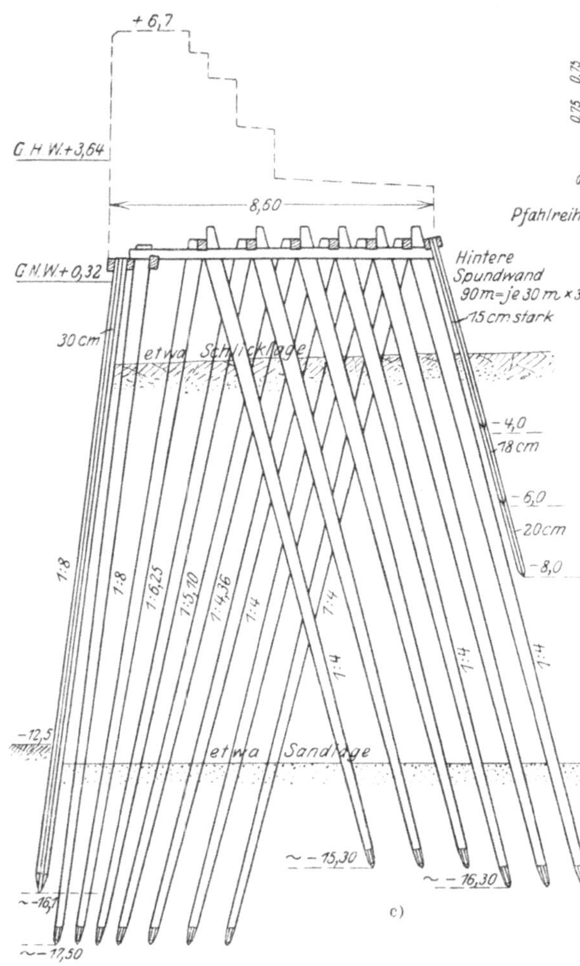

c)

Abb. 207. Ufermauern. (Aus O. Franzius, Verkehrswasserbau.)

a) Ufermauer in Königsberg, Nordufer des Beckens IV, 1 : 250. b) Ufermauer in Bremen, 1 : 300. c) Columbus Kaje in Bremerhaven, 1 : 200.

1967. Kosten von Molen (Vorkriegspreise)[1] je Meter Länge.

In Algier, Livorno, Portland bei Tiefen zwischen 11 und 18,5 m 8000 M. In Plymouth bei 12 bis 14 m Tiefe 13000 M. In Dover bei 12 bis 15 m Tiefe (Alte Admiralitätsmole) 23000 M.

Beim Bau von Molen in offener See kann selten mit mehr als 100 Arbeitstagen im Jahr gerechnet werden.

1968. Gewicht von stählernen Stemmtoren.

Bei einer Höhe H m und Breite B m beträgt das Gewicht eines Flügels in Kilogramm annähernd

$$G = (5 \text{ bis } 6)\, B^2 H^2.$$

1969. Schleusentore. Preis je Tonne (600 bis 700) RM.

1970. Torverschlüsse für Schleusen.[205] Gewichte und Preise.

Schleuse	Baujahr	Bauart	Torfläche qm	Gewicht je qm Tor kg	Preis je qm M
Schleusen an der oberen Oder	1892 bis 1896	Eiserne Tore mit Wellblechverkleidung (nicht bewährt)	110 bis 147	266 bis 302	220 bis 252
Schleusen an der oberen Oder	1892 bis 1897	Eiserne Tore mit 8 mm starker Blechhaut	143, 163	300, 270	115,70, 102,70
Schleusen an der oberen Oder	1895 bis 1897	Eiserne Tore mit 8—12 mm starker Blechhaut	269	293	112,70
Flutschleuse bei Breslau	1896 bis 1897	Eiserne Schiebetore mit Buckelplatten	82	329	169,—
Schleusen am Dortmund-Ems-Kanal	1895 bis 1898	Eiserne Tore mit 8 mm starker Blechhaut	96 bis 168	257 bis 388	94,60 bis 173,40
Deichschleuse bei Emden	1895 bis 1897	Eiserne Flutstemmtore. Eiserne Ebbetore mit Rollschützen	346, 173	247, 481	83,20, 167,40
Kammerschleuse bei Emden	1898 bis 1900	Eiserne Tore mit 10 mm starker Blechhaut einschließlich Bewegungsvorrichtung	176	265	148,—

1971a. Dalben und Reibepfähle.[69]

Pfahlgruppe	Holzaufwand	Ungetränkte Pfähle						Getränkte Pfähle						Jährliche Ersparnis an Jahreskosten bei getränkten Pfählen	Gesamtersparnis bei getränkten Pfählen in 30 Jahren
		Holzlieferung	Arbeitslöhne	Gesamtkosten	Gesamtkosten je cbm	Nutzungsdauer	Jahreskosten	Tränkkosten je cbm	Gesamttränkkosten	Gesamtkosten	Gesamtkosten je cbm	Nutzungsdauer	Jahreskosten		
	cbm	RM	RM	RM	RM	Jahre	RM	RM	RM	RM	RM	Jahre	RM	RM	RM
5-pfähliger Dalben ...	10	508	904	1412	141	15	136,—	26	260	1672	167	30	109,—	27,—	1800
7-pfähliger Dalben ...	28	1461	1900	3361	120	15	324,—	26	728	4089	146	30	266,—	58,—	3860
12-pfähliger Dalben ...	48	2803	3256	6059	126	15	583,—	26	1248	7307	152	30	475,—	108,—	7200
Einzelner Reibepfahl	1,5	91	225	316	211	15	30,50	26	39	355	237	30	23,10	7,40	492

Die Tränkung erfolgt mit Teeröl nach dem Rüping-Verfahren.

Teerölmenge je Kubikmeter: in der Regel 90 bis 95 kg/cbm, bei hohen Ansprüchen 100 bis 150 kg/cbm.

Dalben, die erfahrungsgemäß häufig abgefahren werden, werden aus ungetränkten Pfählen hergestellt.

1971 b. Bündeldalben aus Holz und aus Stahl.[167] Gesamtlänge der Pfähle 14 m, Rammtiefe 5 bis 6 m.

		Bündeldalben aus 9 Holzpfählen	Bündeldalben aus 9 Union-Kasteneisen
Baukosten	RM	4800	7400
Nutzungsdauer	Jahre	9	50
Jährliche Ausgaben:			
Tilgung	RM	24	37
Verzinsung	,,	312	481
Abschreibung	,,	533	148
Unterhaltung	,,	100	40
Summe der Jahresausgaben	,,	969	706
Gesamtausgaben in 50 Jahren	,,	50 × 969 = 48450	50 × 706 = 35300

1972. Dalben auf den märkischen Wasserstraßen:[39]

Dreiteiliger Dalben, 6 bis 10 m lang, (150 bis 300) M (1907).

1973. Prellpfähle auf den märkischen Wasserstraßen:[39]

Ein 7 bis 10 m langer Prellpfahl (70 bis 100) M (1907). Nutzungsdauer: 5 bis 20 Jahre, Unterhaltung jährlich 7 bis 14%.

1974. Leitwände auf den märkischen Wasserstraßen:[39]

1 m Leitwand aus einfachen Pfählen (42 bis 45) M (1907).

1 m Leitwand aus zwei gegeneinander abgesteiften Pfahlreihen (55 bis 100) M (1907).

1 m Leitwand, einfach, mit Laufsteg 90 M (1907).

1975. Kosten eines Pumpwerkes an Wasserstraßen.[1]

a) Anlagekosten (ohne Rücksicht auf die Hubhöhe, die nur geringen Einfluß hat). Für Pumpen, Motoren, Saug- und Druckrohre usw., ferner für Gebäude und Kanäle können je cbm/sec Pumpenleistung etwa 50000 RM gerechnet werden; hiervon entfallen 50% auf die Maschinen. Dazu kommen noch die Kosten einer 50%igen Reserve.

b) Jahreskosten.

Verzinsung	5%
Tilgung	0,5%
Unterhaltung und Erneuerung der Maschinen	6%
,, ,, ,, ,, Bauwerke	1%

Hierzu kommen noch die Kosten der elektrischen Energie. Um Q cbm Wasser H m hoch zu pumpen, sind bei einem Pumpenwirkungsgrad η_P und einem Motorenwirkungsgrad η_M

$$\frac{1000\,Q\,H}{102\,\eta_P\,\eta_M\,3600}\ \text{kWh}$$

erforderlich. Für Putzwolle und Schmiermittel kann für je 1000 kWh 1 RM gerechnet werden.

c) Bedienungskosten.

Löhne für einen Maschinisten und zwei Wärter jährlich etwa 8000 bis 10000 RM.

1976. Schiffshebewerk Niederfinow.[227, 303]

Nutzlänge des Troges 85 m; Nutzbreite 12 m; Wassertiefe 2,5 m; Hubhöhe 37,20 m.

Hebewerksgerüst, einschließlich der Mutterbackensäulen und der Haltungsabschlüsse 6442 t Stahl St 37; die Tröge der Haltungsabschlüsse aus St 52 wiegen 53 t; die Trogtore, einschließlich eines Reservetores aus St 52, wiegen 143 t, die Lager aus Stahlguß 277 t. Gesamtgewicht 7817 t Stahl.

Trog, Stahlbauteile aus St 52 844 t und aus St 37 108 t, zusammen 952 t Stahl.

Kosten des Hebewerksgerüstes, des Troges und der Tore, einschließlich des ersten Grundanstriches und aller Nebenlieferungen und der Entwurfsbearbeitung, aber ohne die Kosten der Versuche, der Bauüberwachung und der Baustelleneinrichtung 4534000 RM oder je Tonne 517 RM.

Die Gesamtkosten der ganzen Anlage betrugen 27,7 Mill. RM; hiervon entfielen

auf die Vorhäfen mit dem Sicherheitstor	4,8 Mill. RM
auf das Grundwerk wegen der schwierigen Verhältnisse	5,2 ,, ,,
auf die Kanalbrücke mit ihren Pfeilern	5,0 ,, ,,
auf die Stahl- und Maschinenbauteile des Hebewerkes mit dem Trog	12,7 ,, ,,

Beim Bau sind 1500000 rm Boden bewegt worden, und es wurden 72000 cbm Beton, 2000 t Bewehrungsstahl und 17300 t Konstruktionsstahl, Maschinenbauteile und Gußeisen für die Gegengewichte verbraucht.

1977. Bau- und Betriebskosten neuer Leuchttürme in der Ostsee:[104]

Leuchtturm	Papenwassertor		Gnageland		Schanzen		Schwabach	
	Östliches Bauwerk RM	Westliches Bauwerk RM	Unterfeuer RM	Oberfeuer RM	Unterfeuer RM	Oberfeuer RM	Unterfeuer RM	Oberfeuer RM
Unterbau	66500	66500	13000	44500	8000	22000	7000	23000
Oberbau	19500	19500	19000	23000	16000	24000	12500	23000
Gasversorgungsanlage, Brenner, Leuchte	12500	12500	7000	8000	7000	8000	7000	8000
Grunderwerb, Wege, Einfriedungen	2500	2500	1000	2000	1000	1500	1500	2500
Summe	101000	101000	40000	77500	32000	55500	28000	56500

Jährliche Betriebskosten, einschließlich der Unterhaltung (= 0,5% der Baukosten) je 1000 RM.

XXVII. Straßenbau.

1978. Normen, betreffend den Straßenbau.

DIN 286. Bordschwellen, Einfassungs- und Bordsteine, Basaltlava.
DIN 482. ,, , Bordsteine, Naturstein.
DIN 483. Bedingungen für die Lieferung und Prüfung von Bordschwellen und Bordsteinen aus Beton.
DIN 481. Kleinpflastersteine, Mosaikpflastersteine aus Naturgestein.
DIN 484. Bürgersteigplatten, Naturstein.
DIN 485. Bedingungen für die Lieferung und Prüfung von Bürgersteigplatten aus Beton.
DIN 487. Grenzsteine, Nummersteine, Beton.
DIN 1179. Körnungen für Sand, Kies und zerkleinerte Stoffe.
DIN 1991. Grundsätze für die Herstellung und Unterhaltung von Asphaltstraßen, allgemeine Vorschriften.
DIN 1992. Grundsätze für die Herstellung und Unterhaltung von Asphaltstraßen. Sondervorschriften für Stampfasphalt- und Hartgußasphaltstraßen.
DIN 1993. Grundsätze für die Herstellung und Unterhaltung von Asphaltstraßen, Sondervorschrift für Walzasphaltstraßen.
DIN 1995. Vorschriften für die Probeentnahme und Beschaffenheit sowie die Untersuchung von bituminösen Straßenbaubindemitteln.
DIN 1996. Vorschriften für die Lieferung von Asphalt und Teer sowie von Asphalt und Teer enthaltenden Massen.
DIN 1998. Richtlinien für die Einordnung und Behandlung der Gas-, Wasser-, Kabel- und sonstigen Leitungen und Einbauten bei der Planung öffentlicher Straßen.
Önorm B 3108. Pflastersteine.
Önorm B 3637. Holzpflasterstöckel.
Önorm B 3630. Natur- und Erdölasphalte für Straßenbauzwecke.
Önorm B 3632. Teere für Straßenbauzwecke.
Önorm B 3110. Zuschlagstoffe für Asphalt- und Teerstraßenbau und für die Verschleißschicht zementgebundener Straßendecken.
Önorm B 3109. Zuschlagstoffe und Baustoffe für wassergebundene Straßen.
Önorm B 3633. Asphalt- und Teerstraßenbeläge. Probenahme von Werkstoffen und von fertigen Decken.
Önorm B 3621. Baustoffe für Straßen- und Gleisbettungen, Hochofenschlacke.
ČSN 2002. Pflastersteine.

1979. Gehsteig- und Straßenneuherstellungen:

(Pflasterarbeiten, Asphalt- und Teerstraßendecken, Betonstraßen) siehe: P. Levsen: Selbstkostenermittlung im Straßenbau. Allgemeiner Industrieverlag G. m. b. H., Berlin. 1935.

1980. 1 qm besandete Gehwege über Rohrgräben aufbrechen und später wiederherstellen erfordert: (1,5 bis 2) h Hilfsarbeiter + 15% für Aufsicht und Geräte.

1981. 1 qm Gehsteigpflaster aus Kunststeinplatten oder Steinplatten in Sand verlegen erfordert einschließlich Zufuhr auf höchstens 20 m:

Pflasterstärke		5 cm	8 cm	16 cm
Pflasterer	h	1,0	1,4	1,9
Hilfsarbeiter	„	1,0	1,4	1,9
Für Aufsicht und Geräte	%	10	10	10
Gehsteigplatten	qm	1,05	1,05	1,05
Sand	rm	0,07	0,08	0,10

1982. 1 qm Klinkerplatten- oder Kunststeingehsteigpflaster auf einer 10 cm starken Betonunterlage 1 : 8, über Rohrgräben, aufbrechen und später wieder in Zementmörtel 1 : 3, legen, wobei die Fugen mit Zementmörtel 1 : 1 vergossen werden, erfordert:

Leistung		Aufbrechen	Wiederherstellen		
			der Betonunterlage	des Pflasters, wenn ein Drittel der Platten neu beizustellen ist	des Pflasters, wenn ein Drittel der fehlenden Platten durch Beton ersetzt wird
Maurer	h	—	0,3	1,6	1,5
Hilfsarbeiter	„	1,5—2,0	0,9	0,8	1,0
Für Aufsicht und Geräte	%	10	15	15	15
Zement	kg	—	20	12	17
Kies und Sand	rm	—	0,13	—	—
Sand, fein	„	—	—	0,020	0,027
Platten	qm	—	—	0,35	—

1983. 1 m Bordstein auf Kiesunterlage versetzen, einschließlich Zufuhr auf höchstens 25 m von den Stapelplätzen, erfordert ohne Erdarbeiten:

bei einem Bordsteinquerschnitt von	qm	0,03	0,05	0,10
Pflasterer	h	0,7—1,0	1,0—1,7	1,5—2,0
für Aufsicht und Geräte	%	10	10	10
Sand	l	15	25	30

1984. 1 m Bordstein, 20 × 30 cm, auf einer Betonunterlage, 30 × 30 cm im Mischungsverhältnis 1 : 10 versetzen, erfordert an aller Arbeit:[38]

0,6 h Maurer + 1,8 h Hilfsarbeiter + 10% für Aufsicht und Geräte + 13 kg Zement + 0,11 rm Sand und Kies.

1985. 1 qm Asphaltgehsteigpflaster, 2,5 cm stark, auf einer 15 cm starken Betonunterlage 1 : 8, über Rohrgräben aufbrechen und wiederherstellen:

Leistung		Aufbrechen	Wiederherstellen		
			der Betonunterlage	des Asphaltbelages unter Verwendung des alten Asphaltes	des Asphaltbelages unter Verwendung von neuem Asphalt
Maurer	h	—	0,4	—	—
Asphaltarbeiter	„	—	—	2,5	2,5
Hilfsarbeiter	„	1,9	1,6	0,8	0,8
Für Aufsicht und Geräte	%	10	15	15	15
Kies und Sand	rm	—	0,18	—	—
Zement	kg	—	32	—	—
Asphaltmastix	„	—	—	25	40
Bitumen	„	—	—	1,5	2,5
Quarzkies	rm	—	—	0,010	0,016
Brennholz	kg	—	—	15	22

1986. 1 qm Gehsteigpflaster aus großen Gneißplatten über Rohrgräben abheben und später wiederherstellen:

		Abheben	Wiederherstellen des Pflasters, Verfugen und Ersatz fehlender Stücke durch Beton
Facharbeiter	h	0,5	1,0
Für Aufsicht und Geräte	%	10	10
Zement	kg	—	8
Sand, grob	rm	—	0,01

1987. Bürgersteigplatten aus Beton nach DIN 485 (Abb. 208).

A. Bürgersteigplatte.
Abmessungen in Zentimetern.

Größe	Plattengröße	Plattenstärke bei Verlegung auf	
		Beton s_1	Sand s_2
1	25 × 25	3,5	5
2	30 × 30	4	5
3	35 × 35	5	6,5
4	50 × 50	7	7
5	75 × 50	7	8

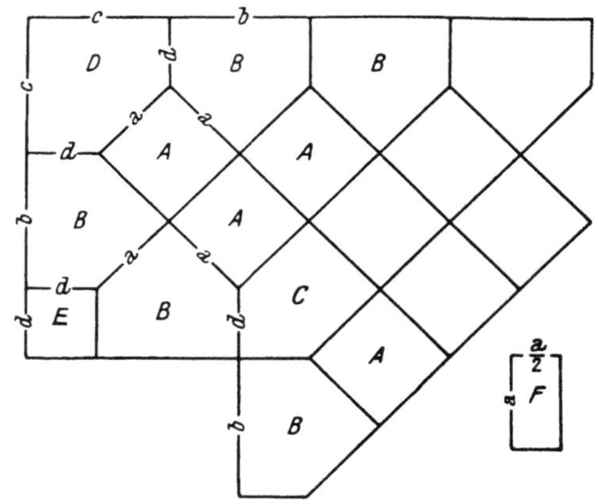

Abb. 208. Bürgersteigplatten aus Beton.
A Bürgersteigplatte, *B* Friesplatte (Bischofsmütze), *C* Kreuzungsplatte, *D* großes Eckstück, *E* kleines Eckstück, *F* halbe Bürgersteigplatte.

B. Friesplatten (Bischofsmützen).
Abmessungen in Zentimetern.

Größe	*a*	*b*	*d*	Plattenstärke bei Verlegung auf	
				Beton s_1	Sand s_2
1	25	35,4	25	3,5	5
2	30	42,4	15	4	5
3	35	49,5	25	5	6,5

C. Kreuzungsplatten.
Abmessungen in Zentimetern.

Größe	*a*	*d*	Plattenstärke bei Verlegung auf	
			Beton s_1	Sand s_2
3	35	25	5	6,5

D. Großes Eckstück.
Abmessungen in Zentimetern.

Größe	*a*	*c*	*d*	Plattenstärke bei Verlegung auf	
				Beton s_1	Sand s_2
1	25	42,7	25	3,5	5
2	30	36,2	15	4	5
3	35	49,5	25	5	6,5

E. Kleines Eckstück.
Abmessungen in Zentimetern.

Größe	*d*	Plattenstärke bei Verlegung auf	
		Beton s_1	Sand s_2
1	25	3,5	5
2	15	4	5
3	25	5	6,5

F. Halbe Bürgersteigplatten.
Abmessungen in Zentimetern.

Größe	$a \times \frac{a}{2}$	Plattenstärke bei Verlegung auf	
		Beton s_1	Sand s_2
1	25 × 12,5	3,5	5
2	30 × 15	4	5
3	35 × 17,5	5	6,5
4	50 × 25	7	7

1988. 1 qm Kunststeinplatten aus Beton.

Plattenstärke	cm	2,5	3	4	5	6
Gewicht je Quadratmeter	kg	47,5	65	90	110	132
Preis je Quadratmeter	RM	4,50	4,50	5,—	6,—	7,—

1989. 1 qm Kunststeinplatten aus Beton mit Siliziumkarbid:
Zuschlag zu den Preisen von Nr. 1988 je Quadratmeter 0,80 RM.

1990. Bordschwellen und Bordsteine.

a) Aus Naturstein nach DIN 482.

1. Bordschwellen (Abb. 209a). Länge bei Granit ≧ 80 cm, bei anderen Natursteinen ≧ 50 cm.

Trittfläche und Anlauf: gestockt, bei weniger hartem Fels scharriert.

Vorderfläche: abgespitzt oder bossiert; Aushöhlungen bis 2 cm Tiefe und 8 cm Länge zulässig.

Stoßfläche: in ganzer Ausdehnung rechtwinklig abgearbeitet, Aushöhlungen bis 2 cm Tiefe und 8 cm Länge zulässig.

Rück- und Unterfläche: bruchrauh; Aushöhlungen bis 5 cm Tiefe und 20 cm Länge zulässig.

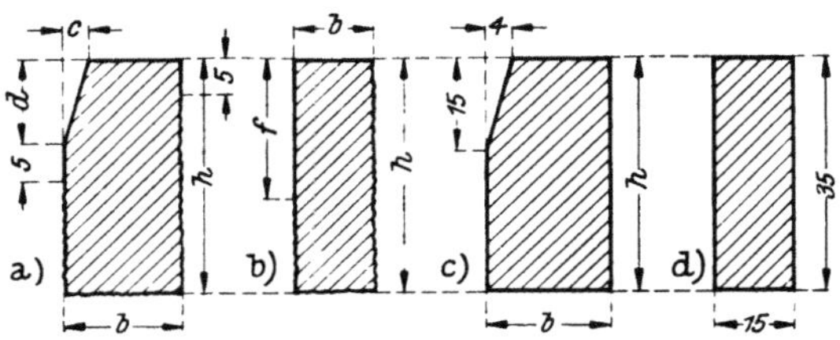

Abb. 209. Bordschwellen und Bordsteine.
a) Bordschwelle aus Naturstein, DIN 482. c) Bordschwelle aus Beton, DIN 483. b) Bordstein aus Naturstein, DIN 482. d) Bordstein aus Beton, DIN 483.

Abmessungen in Zentimetern.

Größe	b	h	c	d	Verlegung
1	40	25	4	15	auf Beton
2	30	25	4	15	
3	20	25	4	15	
4	15	25	3	15	
5	25	28 ± 1,5	4	15	auf Sand
6	23	30 ± 1,5	4	15	
7	20	33 ± 1,5	4,5	18	
8	18	33 ± 1,5	3	15	
9	15	33 ± 2	3	15	

2. Bordsteine (Abb. 209b). Länge bei Granit ≧ 50 cm, bei anderen Natursteinen ≧ 30 cm.

Trittfläche: bei Größe 1 gestockt, bei weniger hartem Fels scharriert; bei Größe 2 gespitzt.

Vorderfläche: auf *f* cm unter der Trittfläche bei Größe 1 gestockt oder bei weniger hartem Fels scharriert, bei Größe 2 gespitzt; der übrige Teil abgespitzt oder bossiert. Aushöhlungen bis 2 cm Tiefe und 8 cm Länge zulässig.

Stoßflächen: in ganzer Ausdehnung rechtwinklig abgearbeitet. Aushöhlungen wie auf der Vorderfläche zulässig.

Rück- und Unterfläche: bruchrauh; Aushöhlungen von 5 cm Tiefe und 20 cm Länge zulässig.

Abmessungen in Zentimetern.

Größe	b	h	f
1	12	27—35	20
2	10—12	27—35	15

b) Aus Beton nach DIN 483. Preis je Kubikmeter 60 bis 70 RM.

1. Bordschwellen (Abb. 209c). Länge 100 cm.

Größe	b	h
1	30	25
2	20	25
3	20	35

2. Bordsteine (Abb. 209d). Länge 100 cm.

1991. **1 rm Steinschlag aus Bruchsteinen von Hand erzeugen** und in meßbare Haufen setzen, erfordert:

bei hartem Gestein	(14—18) h	Hilfsarbeiter
„ mittelhartem Gestein	(10—14) „	„
„ weichem Gestein	(6—10) „	„

1992. **1 qm Boden für die Herstellung des Straßengrundbaues einebnen:**[34]
(0,3 bis 0,4) h Erdarbeiter + 8% für Aufsicht und Geräte.

1993. **1 rm Straßengrundbau** aus Bruchsteinen herstellen, wobei die Steine hochkantig zu stellen und gut zu verzwicken sind und der Grundbau in der Straßenmitte um 10 cm dicker auszuführen ist als an den Seiten, einschließlich sorgfältigen Abrammens und Zufuhr auf höchstens 25 m, erfordert

bei einer Grundbaustärke in Straßenmitte von	cm	20	25—35
Hilfsarbeiter	h	3,6—4,8	4,0—5,2
für Aufsicht und Geräte	%	10	10
Bruchsteine	rm	1,1	1,1

1994. **1 rm Straßengrundbau aus grobem Flußkies** oder Klaubsteinen, hochkantig, pflasterartig 10 bis 15 cm stark legen und an der Oberfläche gut verzwicken, erfordert:
4,4 h Hilfsarbeiter + 10% für Aufsicht und Geräte + 1,1 rm Klaubsteine.

1995. **1 qm Straßengrundbau mit zweimännigen Rammen abrammen** erfordert:
0,3 bis 0,4 h Hilfsarbeiter + 10% für Aufsicht und Geräte.

1996. **1 rm Straßenschotter über dem Straßengrundbau ausbreiten,** in der Mitte 10 bis 15 cm dick, an den Seiten 5 bis 8 cm dick, erfordert, einschließlich Zufuhr bis auf 25 m:
(1,2 bis 2,2) h Hilfsarbeiter + 10% für Aufsicht und Geräte.

1997. **1 rm Sand über der beschotterten Straße,** 5 cm dick, **ausbreiten,** einschließlich Zufuhr bis auf 25 m: (2 bis 2,5) h Hilfsarbeiter + 10% für Aufsicht und Geräte.

1998. **Abwalzen der Straßendecke mit Pferdewalzen:**[37]
Walzengewicht: 2,5 bis 5,0 t. Bespannung: 1 Pferd je Tonne Walzengewicht.
Walzengeschwindigkeit: 1,8 bis 2,8 km/h.
Leistung bei 10 cm Steinschlagdicke stündlich:
bei hartem Gestein .... 20 qm bei weichem Gestein .... 35 qm

1999. **Abwalzen der Straßenfahrbahn mittels Dampfstraßenwalzen** erfordert:[16]

bei Porphyr	120	Walzengänge
,, Basalt	90	,,
,, Kalkstein und Kies	50—60	,,

Eine Dampfstraßenwalze legt stündlich etwa 2,4 bis 3,6 km zurück.
Eine vollständige Anlage besteht aus der Walze, einem Gerätewagen, drei Sprengwagen und allenfalls einer fahrbaren Pumpe.
Die Nutzungsdauer beträgt bei der Walze 10 Jahre, bei den Wagen 20 Jahre.
Die Kosten der Aufsicht betragen bis zu 20% der Löhne.

2000. **1 rm Straßenschotter auf einem bestehenden, festen Straßenkörper einbetten,** einschließlich des Nachbesserns bis zum festen Verband, erfordert:

		Bruchschotter	Grubenschotter
Hilfsarbeiter	h	3,7	3,0
Für Aufsicht und Geräte	%	10	10

2001. **1 qm Schotterbahn aufrauhen** erfordert:[17] 0,3 h Hilfsarbeiter.

2002. **1 rm Straßenfahrbahn aufreißen,** die brauchbaren Baustoffe aussondern und alles aufladen oder an den Straßenrand schaffen, erfordert:
(7 bis 8) h Hilfsarbeiter + 10% für Aufsicht und Geräte.

2003. **100 qm Schotterstraße mittels Motorwalze mit Aufreißer**[107] (Bedienung 1 Mann) aufreißen erfordert 0,133 h Walze.

2004. **1 rm Straßengrundbau aufreißen,** (Handarbeit), die brauchbaren Steine aussondern und alles aufladen oder an den Straßenrand schaffen, erfordert:
(4 bis 6) h Hilfsarbeiter + 5% für Aufsicht und Geräte.

2005. **1 qm Teerung der Fahrbahndecke kostet, einschließlich der erforderlichen Reinigung der Fahrbahn:**[165]

bei der erstmaligen Teerung	RM	0,60—0,80
,, wiederholter Teerung	,,	0,40—0,60

2006. **1 qm Makadamstraße** (Schotterstraße ohne Grundbau) **über verfüllten Rohrgräben wiederherstellen** erfordert:
(1,5 bis 2,5) h Hilfsarbeiter + 5% für Aufsicht und Geräte + (0,10 bis 0,15) rm Bruchschotter als Zuschuß.

2007. **Schotterstraßen mit Grundbau über Rohrgräben aufbrechen und später wiederherstellen** erfordert je Raummeter:

		Für das Aufbrechen	Für das Wiederherstellen
Hilfsarbeiter	h	5—7,5	6—8
Für Aufsicht und Geräte	%	5	5
Bruchschotter	rm	—	0,1

2008. **1 rm Aushub für Straßengräben,** samt Skarpierung der Wände, Herrichten der Bankette und Abfuhr des Aushubes bis auf 5 m:
a) in lockerem Boden: 4,4 h Erdarbeiter + 10% für Aufsicht und Geräte;
b) in festem, aber nicht felsigem Boden: 7,5 h Erdarbetier + 10% für Aufsicht und Geräte.

2009. 1 qm Straßenbankette vom Graswuchs mit der Breithaue reinigen:
(0,1 bis 0,3) h Hilfsarbeiter + 10% für Aufsicht und Geräte.

2010. 1 rm Pflastersteine aufladen:
auf niedrige Wagen[34] .... 1,4 h auf Eisenbahnwagen[34] .... 1,8 h

2011. 1 rm Pflastersteine abladen:
von niedrigen Wagen .... 1,2 h von Eisenbahnwagen .... 1,6 h

2012. 1 rm Pflastersteine in meßbare Haufen **aufschlichten**[17] erfordert: 0,8 h Hilfsarbeiter.

2013. 1 qm Sandbett für Straßenpflaster, 15 cm hoch, einbringen und ebnen, einschließlich Zufuhr auf höchstens 25 m: 0,3 bis 0,5 h Hilfsarbeiter.

2014. 1 qm Kiessteinpflaster aus Findlingen, 0,1 m dick, trocken, in Sand:
1,4 h Pflasterer + 1,4 h Hilfsarbeiter + 10% für Aufsicht und Geräte + 0,16 rm Steine + 0,11 rm Sand.

2015. 1 qm Straßenpflaster in Sand über Rohrgräben aufbrechen, die Steine seitlich lagern und später wiederherstellen und abrammen:

Leistung		Auf-brechen	Wiederherstellen				
			Kiesstein-pflaster	Polygon-pflaster	Reihen-pflaster	Granitwürfel-pflaster	Kleinwürfel-pflaster
Pflasterer	h	—	0,5—0,8	1,2—2	1,2—2,3	0,8—1,0	1,0—1,8
Hilfsarbeiter	„	0,6	0,5—0,8	1,2—2	1,2—2,3	0,8—1,0	1,0—1,8
Für Aufsicht und Geräte	%	10	15	15	15	15	15
Sand, fein	rm	—	0,15	0,15	0,15	0,15	0,15

2016. 1 qm Kleinwürfelpflaster (10 × 10 × 10 cm) auf 15 cm starker Betonunterlage 1 : 10 über Rohrgräben aufbrechen, die Stoffe seitlich lagern und später wiederherstellen:

Leistung		Auf-brechen	Wiederherstellen	
			der Beton-unterlage	des Pflasters
Hilfsarbeiter	h	2,2	1,6	1,0—1,8
Betonarbeiter	„	—	0,4	—
Pflasterer	„	—	—	1,0—1,8
Für Aufsicht und Geräte	%	10	15	15
Kies und Sand	rm	—	0,18	—
Zement..............................	kg	—	24	—
Sand	rm	—	—	0,13

2017. Kleinpflastersteine, entsprechend DIN 481, aus Granit oder Basalt für Straßendecken:

Gestein	Klasse	Größe	Kopffläche Länge cm	Kopffläche Breite cm	Höhe cm	Flächenverhältnis Fuß/Kopf	Bearbeitung Kopffläche	Bearbeitung Seitenflächen	Bearbeitung Fußflächen
Granit	A	1	7—9	7—9	7—9	$^{3}/_{4}$	Eben und rechteckig. Aushöhlungen und vorstehende Buckel unzulässig	Bruchrauh. Aushöhlungen und vorstehende Buckel unzulässig	Bruchrauh. Annähernd parallel zur Kopffläche und nicht größer als diese
		2	8—10	8—10	8—10	$^{3}/_{4}$			
		3	9—11	9—11	9—11	$^{3}/_{4}$			
	B	1	9—12	6—12	9—11	$^{2}/_{3}$	Viereckig und bruchrauh. Aushöhlungen und vorstehende Buckel unzulässig		
		2	9—12	6—12	8—12	$^{2}/_{3}$			
Basalt	A	—	1—1,5 der Breite	7—9	7—9	—	Eben und rechteckig. Aushöhlungen und vorstehende Buckel unzulässig		
	B	1	30—55 qcm		7—9	$^{2}/_{3}$	Gespalten		
		2	50—75 „		8—10	$^{2}/_{3}$			
		3	65—90 „		9—11	$^{2}/_{3}$			

Bezeichnung eines Kleinpflastersteines aus Basalt, Klasse B, Größe 2: Kleinpflasterstein B 2 DIN 481 Basalt.

2018. Mosaikpflastersteine, entsprechend DIN 481, aus Naturstein:

Größe	Kopffläche Länge cm	Kopffläche Breite cm	Höhe cm	Flächenverhältnis Fuß/Kopf	Bearbeitung
1	3—4	3—4	4—6	$\geqq {}^3/_4$	Gespalten
2	4—6	4—6	4—6	—	
3	5—7	5—7	5—7	—	

Bezeichnung eines Mosaikpflastersteines, Größe 2: Mosaikpflasterstein 2 DIN 481.

2019. Pflastersteine, Preise:[178]

a) Basaltpflastersteine und Basaltlavapflastersteine:

1 rm aufgeschlichtete Steine wiegt 2500 bis 2700 kg. Preis je Tonne 15 bis 17 RM.

b) Granitpflastersteine:

1 rm aufgeschlichtete Steine wiegt 2500 kg. Preis je Tonne 28 bis 36 RM.

2020. 1 qm Pflasterstraße mit einer 50 kg schweren Handramme abrammen: 0,2 h Hilfsarbeiter.

2021. Preßluft-Pflasterrammen. (Frankfurter Maschinenfabrik, vorm. Pokorny & Wittekind, Frankfurt a. M.)

Gewicht	kg	62
Schlagzahl je Minute		250
Luftverbrauch	angesaugte cbm/min	1,1
Schlauchanschluß	mm	19
Preis	RM	400,—

2022. Abrammen von Pflaster mittels der Stampframme, Abb. 210. (Deutsche Elektromaschinen- und Motorenbau A. G., Eßlingen am Neckar.)

Nach Auswechslung der Kolbenstange an den Stampframmen (vgl. Nr. 378) eignet sich die Ramme für das Abrammen von neuem und altem Pflaster.

Angaben über Gewichte, Betrieb und Leistung siehe Nr. 378 auf S. 137.

Nenngewicht der Ramme	kg	100	200
Preis der Kolbenstange mit Pflasterfuß	RM	200	400

Abb. 210. Die Demag-Pflasterramme (100 kg, Type E) beim Abrammen von Kleinpflaster. (Demag, Eßlingen.)

2023. 1 qm Pflaster in den Fugen mit Zementmörtel vergießen erfordert einschließlich Mörtelbereitung:[17] 0,45 h Pflasterer + 0,45 h Hilfsarbeiter.

2024. Pflasterausgußmasse besteht (nach DIN 1996) aus einem Gemisch Asphalt oder Teer mit zementfeingemahlenem Kalk, Mergel, Kieselgur oder gesiebter Braunkohlenasche; die mineralischen Bestandteile sollen 30 bis 50% des Massengewichtes ausmachen.

2025. 1 qm Granitwürfelpflaster mit Asphalt vergießen, einschließlich Reinigung der Fugen: (0,5 bis 0,7) h Asphaltarbeiter + (0,5 bis 0,7) h Hilfsarbeiter + 10% für Aufsicht und Geräte + (10 bis 15) kg Vergußasphalt + 7 kg Brennholz.

2026. 1 cbm Betonunterlage für Straßenpflaster, 12 bis 20 cm stark, herstellen erfordert einschließlich Handmischung und Zufuhr auf höchstens 25 m: (2 bis 3) h Betonarbeiter + (8 bis 12) h Hilfsarbeiter + 10% für Aufsicht und Geräte.

2027. 1 qm Betonstraßendecke mittels Handwerkzeugen aufbrechen[101] und den Beton seitlich aufschlichten erfordert: 4 bis 5 h Hilfsarbeiter.

2028. 1 qm Betonstraßendecke mittels des Flottmann-Preßluftaufreißhammers CU 36 aufreißen,[101] ohne Beiseiteräumen des Betons: 0,06 bis 0,28 h, durchschnittlich etwa 0,10 h Aufreißhammer.

2029. Aufbrechen einer Betonfahrbahn mittels Aufbruchhämmer:[164, 84]
2 Männer leisten mit Preßluft-Aufreißhämmern so viel wie 40 Männer im Handbetrieb. Das Vorhalten des Kompressors und der Hämmer kostet etwa je Stunde 8,75 h Arbeiter.

2030. Guß- und Hartgußasphalt besteht nach DIN 1996 aus einem Gemisch aus gemahlenem natürlichem Asphaltkalkstein oder Kalkstein mit Asphalt und Kiessand und Steingrus. Der Asphaltgehalt liegt zwischen 8 und 12 Gewichtsprozenten; er muß den Porenraum um 3 bis 4 Raumprozente übertreffen. Die Oberfläche von 1 kg der verwendeten Mineralmasse soll über 15 qm/kg liegen.

2031. Stampfasphalt ist ein natürliches oder künstliches Gemisch aus Kalkstein und Asphalt. Die Körnung des Kalksteinmehles soll nach DIN 1996 die folgende Zusammensetzung haben: K 0 und K 00 zusammen 30 bis 50%, K 1, K 2 und K 3 je etwa 10 bis 25%. Der Erweichungspunkt des Asphaltes soll zwischen 35 und 45° liegen. Der Asphaltgehalt soll 8 bis 11 Gewichtsprozente betragen.

2032. 1 qm Asphaltstraße mit 4 bis 5 cm starkem Belag auf 20 cm starker Betonunterlage 1:10 über Rohrgräben aufbrechen, die Stoffe seitlich lagern und später wiederherstellen:

Leistung		Aufbrechen	Wiederherstellen: der 20 cm starken Betonunterlage 1:10 einschließlich Handmischung	Wiederherstellen: des Stampfasphaltbelages, 4 bis 5 cm stark	Wiederherstellen: des Gußasphaltbelages unter Verwendung des alten Asphaltes, 4 bis 5 cm stark	Wiederherstellen: des Gußasphaltbelages unter Verwendung neuen Asphaltes, 4 bis 5 cm stark
Betonarbeiter	h	—	0,5	—	—	—
Asphaltarbeiter	,,	—	—	3,0—3,8	2,0—2,2	2,0—2,2
Hilfsarbeiter	,,	1,9—2,4	1,5	3,0—3,8	3,0—3,3	3,0—3,3
Für Aufsicht und Geräte	%	10	10	15	15	15
Kies und Sand	rm	—	0,26	—	—	—
Zement	kg	—	31	—	—	—
Asphaltmastix	,,	—	—	50	35	66
Bitumen	,,	—	—	2,5	2,5	3,5
Brennholz	,,	—	—	26	20	35
Quarzkies	rm	—	—	0,03	0,02	0,03

2033. Holzpflaster.

Die Unterlage für Holzpflaster bildet eine mindestens 20 cm starke Betonschicht 1 : 8, die mit einer 2 cm starken Zementmörtelschicht 1 : 3 nach der Form der herzustellenden Straßendecke abzuziehen ist.

Die Holzklötze erhalten bei Hartholz eine Höhe von 10 cm, bei Weichholz eine Höhe von 13 cm, eine Länge von 18 bis 25 cm und eine Breite von etwa 8 cm. Die Klötze werden vor der Verlegung mit teerfreiem Kreosot oder einem gleichwertigen Mittel getränkt.

Die Klötze werden mit dichten Querfugen und 6 mm weiten Längsfugen verlegt. In die Längsfugen werden 25 mm hohe kieferne Leisten eingelegt. Die offenen Fugen werden mit Zementmörtel 1 : 1 oder mit heißem Teerpech vergossen und das ganze Pflaster schließlich 1 cm hoch mit Grus bedeckt.

2034. 1 qm Holzstöckelpflaster auf 20 cm starker Betonunterlage 1 : 10 über Rohrgräben aufbrechen, die Stoffe seitlich lagern und später wiederherstellen:

Leistung		Aufbrechen	Wiederherstellen: der Betonunterlage einschließlich Handmischung	Wiederherstellen: des Pflasters mit den alten Holzstöckeln	Wiederherstellen: des Pflasters unter Zugabe von einem Viertel neue Holzstöckel
Facharbeiter	h	—	0,45—0,55	2,0	1,5
Hilfsarbeiter	,,	3,0	1,8—2,2	4,0	3,0
Für Aufsicht und Geräte	%	10	15	15	15
Kies und Sand	rm	—	0,28	—	—
Zement	kg	—	32	—	—
Sand, fein	rm	—	—	0,1	0,1
Asphaltmastix	kg	—	—	6	12
Brennholz	,,	—	—	3	6
Holzleisten, 0,5 cm stark	m	—	—	20	20
Holzstöckel	qm	—	—	—	0,2

2035. **1 Stück Kilometerzeichen** am Straßenrand **versetzen** erfordert:

a) Bei Kilometersteinen .... 10 h Erdarbeiter + 10% für Aufsicht und Geräte
„ Hektometersteinen............ 3 „ „ + 10% „ „ „ „

b) Bei hölzernen Kilometer- oder Hektometerzeichen:

Versetzungstiefe	m	0,4	0,6
Erdarbeiter	h	2—3	4—5
Für Aufsicht und Geräte................	%	10	10

2036. **1 Stück Kilometer- oder Hektometerzeichen ausheben** erfordert bei:

		hölzernen Zeichen	steinernen Zeichen
Hilfsarbeiter	h	3	5
Für Aufsicht und Geräte ...	%	10	10

2037. **1 Stück Randpflock,** 1,60 m lang, die obere Hälfte 15 × 15 cm stark behauen, die untere rund belassen samt versetzen: 2 h Zimmerer + 2,5 h Hilfsarbeiter + 10% für Aufsicht und Geräte.

2038. **1 Stück steinernen Radabweiser versetzen:**

a) in Mauerwerk: 2,7 h Maurer + 2,7 h Hilfsarbeiter + 10% für Aufsicht und Geräte.
b) in Erde, einschließlich aller Erdarbeit: 2,7 h Hilfsarbeiter + 10% für Aufsicht und Geräte.

2039. **1 Stück Geländersäule, 2 m lang,** aus weichem Rundholz, auf 1 m Länge reinkantig bezimmern, glatt bearbeiten, samt Schneiden der Zapfen, Anbrennen oder Teeren des rund belassenen Teiles, Versetzen in schon gegrabenen Löchern und Auflegen der Holme, einschließlich Aufsicht und Gerätebeistellung:

Abmessungen des quadratischen Säulenquerschnittes	15 cm	18 cm	20 cm	24 cm	26 cm	29 cm	32 cm
Zimmerer .... h	1,4	1,6	1,8	2,2	2,4	2,7	3,0
Hilfsarbeiter .... „	2,0	2,0	2,0	2,0	2,0	2,2	2,5
Erforderliche Dicke des Rundholzes .. cm	20—22	23—26	30—32	32—35	35—38	38—40	40—43

2040. **1 m Geländerholm** (Auflage) aus weichem Holz bezimmern, an zwei Kanten abgerundet, gehobelt, samt Ausarbeiten und Stemmen der Zapfenlöcher, einschließlich Aufsicht und Gerätebeistellung.

Holmquerschnitt cm/cm	16/16	16/18	16/21	18/21	18/24	21/24	24/24	24/32	32/32
Zimmerer .... h	1,4	1,5	1,7	1,8	2,0	2,1	2,2	2,6	2,9
Hilfsarbeiter .... „	0,2	0,2	0,3	0,4	0,4	0,5	0,6	0,7	0,8

2041. **Straßengeländer** aus weichem Holz, fertig aufgestellt, erfordern je Kubikmeter verarbeitetes Holz 50 h Zimmerer + 25 h Hilfsarbeiter.

2042. **Straßen und Wege,** Kosten (1927) je Meter:[37]

Straßen, 6—9 m breit:	Flachland	RM	40—60
	Gebirge	„	200 und mehr
„ , 4—6 „ „ :	Flachland	„	25—40
Wege, 2—3 m breit	....	„	10—20

2043. **Kosten der Straßenherstellung ohne Erdarbeiten**[108] in Ludwigshafen nach Heberer je Quadratmeter (1931):

a) Straßen einfachster Art ohne schweren oder Durchgangsverkehr:

Kohlenschlacke mit etwas Lehm- und Kiesabdeckung	RM	1,50—1,80
Nach völliger Lagerung der Decke einfache Oberflächenbehandlung mit Heißteer	„	0,70

b) Straßen mit mittlerem Verkehr:

Einfache Makadamdecke auf bereits befahrener Unterlage, 10 cm stark. Nach Abwalzen mit der Dampfwalze Einschlämmen mit Wasser und Abdecken der Oberfläche mit Kies	„	3—3,50
Hierauf Oberflächenbehandlung nach dem Raschigschen Kitonverfahren oder mit Heiß- oder Kaltteer unter Beigabe von Basaltsplit	„	0,70

c) Straßen mit stärkerem Ortsverkehr:

18 cm Grundbau, darüber 10 cm Schotterlage, abgewalzt und eingeschlämmt RM 6,50—7,—
Hierauf Oberflächenbehandlung mit Teer und Basaltsplit .... „ 0,70
oder 18 cm Grundbau und darüber statt der wassergebundenen Schotterlage eine Tränkdecke mit Kaltasphalt .... „ 8—8,50
oder 18 cm Grundbau mit 10 cm wassergebundener Schotterlage, die ausgespritzt und mit Kaltteer unter Beigabe von Basaltsplit überzogen ist „ 8—8,50

d) Straßen mit stärkstem Verkehr:

Pflasterung aus besten Melaphyrsteinen auf Sandunterlage............. „ 15—17
Pflasterung mit Kleinsteinen, 8 bis 10 cm stark, auf vorhandener fester Unterlage .... „ 12—14
Pflaster aus Granit mit Asphaltfugenverguß .... „ 24—26

2044. Kosten von Straßendecken je Quadratmeter nach Heberer[108] in Ludwigshafen (1931) ohne Erdarbeiten:

a) Kalteinbau: Teermakadam, 7 cm stark, in 3 Lagen auf vorhandenem Grundbau oder Pflaster .... RM 6,20—8,60
Desgleichen 5 cm stark, in 2 Lagen .... „ 4,20—4,70
Essener Asphalt auf vorhandenem Pflaster .... „ 6,20—6,50

b) Heißeinbau: Walzasphalt, 7 cm stark, mit 4 cm Unterschicht und 3 cm Oberschicht auf vorhandenem Grundbau .... „ 8,50—9,—
Desgleichen 4 cm stark in einer Schicht .... „ 6—6,50
Hartgußasphalt, 5 cm stark, auf vorhandenem Grundbau, Pflaster oder Beton „ 8,80—9,50
Hartgußasphalt, 5 cm stark, einschließlich einer 25 cm starken Betonunterlage „ 18—20

c) Betonstraße, mittlere Stärke, 13 bis 15 cm stark, ohne Bewehrung .. „ 14—16
Stampfbetonblockpflaster, 13 cm stark .... „ 9—10

2045. Baukosten und Jahreskosten verschiedener Straßenbeläge in Stuttgart, 1928 und 1929:[223]

Art des Belages	Erstmalige Anlage auf vorhandener Unterlage in RM/qm	Nutzungsdauer des Belages in Jahren	Kosten der Erneuerung nach Ablauf der Nutzungsdauer RM/qm	Jahreskosten je qm: Verzinsung 5% von Spalte 2	Erneuerungsrücklage in RM	Unterhaltung in RM	Gesamtkosten in RM
1	2	3	4	5	6	7	8
Walzdecke mit Hartschotter und Oberflächenteerung	3,40	4	3,40	0,16	0,79	0,81	1,77
„ „ „ „ Asphalttränkung ..	8,50	10	8,—	0,43	0,64	0,45	1,52
Asphaltbeton, 5 cm stark	6,50	8	5,50	0,33	0,59	0,40	1,32
Walzasphalt, einschichtig, 5 cm stark	9,—	12	8,—	0,45	0,50	0,40	1,35
„ , zweischichtig, 7 cm stark	10,—	18	9,—	0,50	0,32	0,35	1,17
Kleinpflaster aus Granit	13,—	25	11,50	0,65	0,24	0,30	1,19
Großpflaster aus Granit	24,50	60	21,50	1,23	0,09	0,15	1,47
Gußasphalt, 5 cm stark, auf Beton,* 25 cm stark .	24,—	20	14,—	1,20	0,44	0,40	2,04

2046. Reine Unterhaltungskosten je Quadratmeter (ohne Verzinsung und Rücklage für verschiedene Fahrbahnflächen in Stuttgart in den Jahren 1928 und 1929[223]) in Reichsmark:

	1928	1929
Schotterstraße (Chaussierung)	0,82	0,81
Steinpflaster	0,17	0,17
Asphaltbeläge	0,42	0,39
Holzpflaster	0,60	0,67

2047. 1 qm Straßenerhaltung in Ludwigshafen kostete 1931:[108]

Bei Pflaster aus Granit, Walz- und Gußasphalt, guten Betondecken ...... RM 0,20—0,40
Bei Schotterstraßen mit Oberflächenteerung (die Oberflächenteerung muß alle 2 Jahre erneuert werden) .... „ 0,70—0,80
Bei einfachen Kiesdecken.. „ 0,20

* Einschließlich Unterbau.

2048. Straßenreinigung:

1 Mann mit Handgeräten je Stunde	qm	300—700
1 Kehrmaschine für 1 Pferd je Stunde	„	6000—8000
+ 5 Männer für die weitere Behandlung des an die Bordschwellen gekehrten Kehrichts.		
1 Kehrauto, Bauart Krupp, dreirädrig	„	10000—12000
+ Mannschaft zur Beseitigung des Kehrichtes aus dem Rinnstein.		
1 Kehr- und Waschauto für Asphaltstraßen mit 1,5 bis 2,5 cbm Inhalt des Wasserbehälters	„	bis 18000

XXVIII. Eisenbahnbau.

2049. 1000 Stück Schwellenschrauben unter Zuhilfenahme von Preßluftgeräten einschrauben,[102] und zwar Bohren von 6 Löchern je Schwelle mittels der Preßluftbohrmaschine, Auflegen der Unterlagsplatten und Schienen, Aufsetzen der Schrauben und Festziehen der Schrauben mittels der Preßluftbohrmaschine: 48 h Facharbeiter + 38 h Bohrmaschine.

2050. Abschleifen von Wülsten nach der Thermitschweißung von Schienen mittels einer durch Preßluft angetriebenen Schleifmaschine:[102]

In 8 h werden durchschnittlich 40 Stöße geschliffen; Bedienung: 1 Maschinist am Luftverdichter und 1 Schleifer.

2051. Vergütung für die Bewachung und Unterhaltung von Privatgleisanschlüssen an die Deutsche Reichsbahn-Gesellschaft (1931).[244]

Jahresbewachung	RM 4175
Eine Bewachungsstunde	„ 1,55

Für Gangbarhalten und Schmieren von Weichen und Drehscheiben:

	In den Hauptgleisen der Reichsbahn	In Nebengleisen und in Anschlußgleisen, die von Lokomotiven befahren werden	In sonstigen Anschlußgleisen
Für eine einfache Weiche	RM 45,—	20,—	15,—
„ „ doppelte Weiche	„ 60,—	30,—	20,—
„ „ einfache Kreuzungsweiche	„ 75,—	40,—	25,—
„ „ doppelte Kreuzungsweiche	„ 120,—	60,—	40,—
„ ein Weichenkreuz (vier einfache Weichen)	„ 150,—	75,—	50,—
„ eine Drehscheibe	„ —	25,—	25,—

1 m Gleisunterhaltung jährlich RM 0,75.

XXIX. Hochbau und Siedlungswesen.

2052. Normen.

DIN 107. Links- und Rechtsbezeichnung für Fenster, Türen, Treppen, Herde.
DIN 276. Kosten von Hochbauten und damit zusammenhängenden Leistungen.
DIN 277. Umbauter Raum von Hochbauten.
DIN 1356. Bauzeichnungen im Hochbau.
DIN 1030. Gütevorschriften für ortsfeste Stahlhäuser.
DIN 1990. „ „ Holzhäuser.
DIN 1960. Allgemeine Bedingungen für die Vergebung von Bauleistungen.
DIN 1961. „ Vertragsbedingungen für die Ausführung von Bauleistungen.
DIN 1962 bis 1985. Technische Vorschriften für Bauleistungen.
DIN 287 bis 294, 489, 1134, 1135. Treppen.
DIN 1139 bis 1141. Türen.
DIN 295 bis 299, 1001 bis 1004, 1105 bis 1110, 1240 bis 1248. Fenster.
DIN 104. Holzbalken für Kleinhäuser, Ausführung der Decken.
DIN 409, 599, 1289 bis 1300. Öfen, Herde.
DIN 4701, 4720, 4721, 4750, 4751, 4801 bis 4804. Zentralheizung.

DIN 1351. Pläne zur Regelung und Nutzung eines Siedlungsgebietes. Flächenaufteilungspläne, Nutzungspläne, Wirtschaftspläne.
DIN 1352. Pläne zur Regelung der Bauflächen, Baustufenpläne, Verkehrsflächen, Grünflächen, Fluchtlinienpläne.

Önorm B 1001. Links- und Rechtsbezeichnung für Fenster, Türen, Bänder, Schlösser, Treppen, Stufen und Herde.
Önorm B 2019. Dachdeckerarbeiten.
Önorm B 2020. Schwarzdeckerarbeiten.
Önorm B 2021. Spenglerarbeiten.
Önorm B 2027. Glaserarbeiten.
Önorm B 2101. Belastungen im Hochbau.
Önorm B 3413. Gipsdielen, Gipsschlackenplatten, Zementschlackenplatten.
Önorm B 3205. Dachziegel.
Önorm B 3204. Schwemmziegel.
Önorm B 3321. Gips.
Önorm B 3641. Stukkaturrohr.
Önorm B 3642. Stukkaturrohrgewebe.
Önorm B 3610. Flachglas.
Önorm B 2102. Beanspruchungen des Mauerwerkes.
Önorm B 2033. Ofen- und Herdarbeiten.
Önorm B 3210. Schamottesteine für Kachelöfen und Herde.
Önorm B 3240. Herdkacheln, Ofenkacheln.
Önorm B 5315 bis 5317 und 5320 bis 5325. Fenster.
Önorm B 5330, 5331. Türen.

ČSN 2015. Bedingungen für Ofensetzerarbeiten.
ČSN 2016. „ „ Baumalerarbeiten.
ČSN 2017. „ „ Bautapeziererarbeiten.
ČSN 2007. „ „ Dachdeckerarbeiten.
ČSN 2011. „ „ Bauglaserarbeiten.
ČSN 2012. „ „ Bauspenglerarbeiten.
ČSN 1104. Ausführung der Pläne im Hochbau. I. Baupläne.
ČSN 1134. Siedlungspläne.

2053. Einfluß der Grundstücksform auf die Baugrunderschließungskosten.[245]

Grundlagen: Anliegerlänge x m; Straßenbaukosten 25 RM/m; Kanalanliegerbeitrag 26 RM/m; Kanalanschluß 96 RM; elektrischer Anschluß 50 RM; Wasseranschluß $[(22\,x + 50)\,.\,0{,}3 + 130]$ RM; Gasanschluß 60 RM; Einfriedung 5 RM/m.

Bei gleichen Grundstücksflächengrößen betragen bei

einer Anliegerlänge von $x =$ .. m	13,0	15,0	16,0	17,0	19,0	21,0	23,0
die Gesamterschließungskosten RM	1636,50	1719,50	1765,50	1814,50	1919,—	2029,—	2144,50

2054. Einfluß der Hangneigung auf die Bebauungskosten.[246]

Bei Geländeneigungen von mehr als 15% werden die Baukosten je Quadratmeter Geschoßfläche bei einseitiger Bebauung wesentlich geringer als bei zweiseitiger.

2055. Dacheindeckungen, Preise einschließlich Lieferung der Baustoffe[178] in Reichsmark je Quadratmeter:

Deutsches Schieferdach auf vorhandener Schalung	RM	6—8
Kronendach mit Biberschwänzen, einschließlich Lattung	„	7—8
Einfaches oder Spließdach	„	5,50—6,30
Pfannendach	„	4,60—5,10
Mönch-Nonnen-Dach	„	7,40—9,60
Falzziegeldach, einschließlich Lattung	„	4,60—5,20
Holzzementdach auf vorhandener Schalung	„	4,30—5,30
Doppellagiges Pappdach	„	2,10—2,80
Teerfreies Pappdach	„	2,20—3,—
Blechdach, mit Zinkblech Nr. 12	„	7—9,50

2056. Kosten von Gebäuden, überschlägig, ohne Grunderwerb, in Reichsmark.[178]

a) Je Quadratmeter bebauter Fläche:

	1 Geschoß	2 Geschosse	3 Geschosse	4 Geschosse
Einfache Wohngebäude	80—130	100—260	140—350	170—400
Bessere Wohngebäude	100—240	160—450	200—500	260—600
Vornehme Wohngebäude	170—330	260—600	350—700	400—900

b) Je Kubikmeter umbauten Raumes:

Einfache Wohngebäude.......................	RM	21—26
Bessere Wohngebäude........................	,,	23—30
Vornehme Wohngebäude	,,	26—40

2057. Durchschnittskosten von Wohnhäusern je Kubikmeter umbauten Raumes (1930) (siehe Baukostenindex auf S. 53):[247]

	Zweigeschossig	Dreigeschossig	Viergeschossig
Ostdeutschland	25,68	25,—	26,75
Westdeutschland...	26,20	26,01	26,95
Norddeutschland...	25,87	25,98	28,70
Süddeutschland....	28,93	29,17	30,36
Mitteldeutschland ..	28,21	26,47	27,73

XXX. Hilfstabellen.

2058. Umrechnung von Maßeinheiten.

Acre (engl.) × 0,40469 = ha
Anker (engl.) × 0,45435 = hl
Apothekerpfund (österr.) × 0,420 = kg
Arschin (= 16 Werschok) (russ.) × 0,7112 = m
Atmosphäre (at) (metr.) × 735,532 = mm Hg
,, (,,) (,,) × 0,96778 = Atmosphäre (alt)
,, (,,) (,,) × 28,958 = Zoll Hg (engl.)
,, (,,) (,,) × 63,4969.10^{-4} = Tons, long/qZoll (engl.)
,, (,,) (,,) × 0,980616 = Bar
,, (,,) (,,) × 1,00 = kg/qcm
Atmosphäre (Atm) (alt) × 1,0333 = kg/qcm
,, (,,) (,,) × 760 = mm Hg
,, (,,) (,,) × 14,504 = Pfund/qZoll (engl.)
,, (,,) (,,) × 65,6109.10^{-4} = Tons, long/qZoll (engl.)
,, (,,) (,,) × 29,92129 = Zoll Hg (engl.)
,, (,,) (,,) × 1,01323 = Bar
Aune (franz.) × 1,183 = m

Bar × 0,986943 = Atm
,, × 1,01977 = at
,, × 750,077 = mm Hg
,, × 14,5042 = Pfund/qZoll (engl.)
,, × 29,53063 = Zoll Hg (engl.)
Barrel (engl.) × 1,6365 = hl
,, (Petroleum, U. S. A.) × 1,5875748 = hl
Botschka (russ.) × 4,9197635 = hl
BTU × 0,292893 = Wattstunde
,, × 0,252 = kcal
,, × 0,293 = Wh
,, × 107,6 = kgm
BTU × 3,98.10^{-4} = PSh
,, × 2,93.10^{-4} = kWh
,, × 1054,4 = Joule
,, × 3,93.10^{-4} = HPh
,, × 778,1 = Fuß.Pfund
BTU/sec × 1,054404 = kW
,, /Pfund (engl.) × 0,556 = kcal/kg
,, /qFuß (,,) × 2,712 = kcal/qm
,, /cbFuß (,,) × 8,899 = kcal/cbm
,, /Zoll (engl.) × 9,9213 = kcal/m
,, /Zoll.°F.h (engl.) × 17,858 = kcal/m.°C.h
,, /qZoll.°F.h (engl.) × 703,07 = kcal/qm.°C.h
,, /Fuß.°F.h (engl.) × 1,48817 = kcal/m.°C.h
,, /qFuß.°F.h (engl.) × 4,88244 = kcal/qm.°C.h
Bushel (engl.) × 0,3635 = hl
cbm Holz × 42,37750 = ft. b. m.
Chain (engl.) × 20,12 = m
Cho (japan.) × 0,99 = ha
Celsiusgrade × 1,8 + 32 = Grad Fahrenheit
,, × 0,8 = Grad Réaumur
cm × 0,3937 = Zoll (engl.)
qcm × 0,1550 = qZoll (engl.)
ccm × 0,0610 = cbZoll (engl.)

Dessätine (russ.) × 1,09254 = ha

Eimer (österr.) × 0,565890 = hl
Elle (Wiener) × 0,777558 = m
,, (preuß.) × 0,66694 = m
Erg × 0,9995.10^{-7} = Joule

Faden (Saschehn, russ.) × 2,13360 = m
(Fahrenheitgrade − 32) × $^5/_9$ = Grad Celsius
(,, − 32) × $^4/_9$ = ,, Réaumur

Fathom (engl.) × 1,828798 = m
Fuder (preuß.) × 8,2442 = hl
Fuß (engl.) × 12 = Zoll (engl.)
,, (,,) × 0,3048 = m
,, (preuß.) × 0,3139 = m
,, (bayr.) × 0,2919 = m
,, (sächs.) × 0,2832 = m
,, (württemb.) × 0,2865 = m
,, (bad., schweiz.) × 0,3000 = m
,, (österr., Wiener) × 0,3161 = m
,, (russ.) × 0,3048 = m
,, (schwed.) × 0,2969 = m
,, (paris.) × 0,3248 = m
qFuß (engl.) × 0,09290 = qm
,, (preuß.) × 0,09850 = qm
cbFuß (engl.) × 0,02832 = cbm
,, (,,) × 6,2324 = Imp.-Gallonen (1898)
,, (,,) × 28,317 = l
,, (österr.) × 0,03157867 = cbm
cbFuß/Pfund (engl.) × 0,062427793 = cbm/kg
,, /min (engl.) × 1,6990066 = cbm/h
Fuß . Pfund (engl.) × 0,13826 = kgm
,, ,, (,,) × $3{,}24 . 10^{-4}$ = kcal
,, ,, (,,) × $1{,}2851 . 10^{-3}$ = BTU
,, ,, (,,) × $5{,}12 . 10^{-7}$ = PSh
,, ,, (,,) × $3{,}764 . 10^{-7}$ = kWh
,, ,, (,,) × $5{,}05 . 10^{-7}$ = HPh
,, ,, (,,) × 1,3551 = Joule
,, ,, (,,)/sec × 0,13826 = kgm/sec
,, ,, (,,)/ ,, × 1,3551 = Joule/sec
,, ,, (,,)/ ,, × $1{,}843 . 10^{-3}$ = PS
,, ,, (,,)/ ,, × $1{,}818 . 10^{-3}$ = HP
,, ,, (,,)/ ,, × $1{,}3551 . 10^{-3}$ = kW
Fußpfund/sec (engl.) × 1,35505 = Watt
Fußtons (engl.) × 0,3097 = mt
Fuß/min (engl.) × 0,00507999 = m/sec
,, /sec (engl.) × 0,681818 = Miles, Statute-/h (engl.)
ft. b. m. (foot board measure) × 0,0236 = cbm Holz
ft. b. m. × 0,001 = M b. m. oder M

g × 15,432 = Troy-Grain
,, × $22{,}046 . 10^{-4}$ = Pfund (engl.)
,, × $35{,}274 . 10^{-3}$ = Ounces (1 lb = 16 Ounces)
,, × 0,032151 = Ounces Troy (engl.)
g/qdm × 0,995632 = Troygrains/qZoll (engl.)
g/cdm × 0,252890 = Troygrains/cbZoll (engl.)
g/ccm × $36{,}127 . 10^{-3}$ = Pfund (engl.)/cbZoll
,, × 62,428 = Pfund (engl.)/cbFuß
Gallone (amer. u. Winch.) × 3,7854 = l
,, (,, ,, ,,) × $3{,}7854 . 10^{-3}$ = cbm
,, (Imperial-) × 4,546596 = l
,, (,,) × 0,16045 = cbFuß (engl.)
,, , Imp. (engl., 1898) × $4{,}54596 . 10^{-3}$ = cbm
Grain (Troy-) × 0,0648 = g

ha × 2,4710 = Acres
,, × 11960,3 = qYards
,, × 0,003861 = qMile
,, × 1,0101 = Cho (japan.)
,, × 0,0824 = Yard of land
,, × 0,02471 = Hide of land
,, × 1,73773 = Joch (niederösterr. u. Katastral-)
,, × 2,3170 = Joch (ungar.)
,, × 3,9166 = Morgen (preuß.)
,, × 0,9153 = Dessätine (russ.)
hl × 3,5315 = cbFuß (engl.)
,, × 2,7512 = Bushels (engl.)
,, × 0,9708 = Tschi (chin.)
,, × 0,8168 = Sai (chin.)
,, × 2,0 = Scheffel (deutsch)
,, × 0,4545 = Oxhoft (deutsch)
,, × 0,0833 = Stückfaß (deutsch)
,, × 1 = Kilé (griech.)
,, × 0,6110 = Barrel (engl.)
,, × 2,2009 = Anker (engl.)
,, × 0,0873 = Tun (engl.)
,, × 0,0344 = Last (engl.)
,, × 0,5544 = Koku (japan.)
,, × 1,6264 = Wiener Metze
,, × 1,7671 = Eimer (österr.)
,, × 0,2033 = Botscka (russ.)
,, × 0,4764 = Tschetwert (russ.)
,, × 0,6299 = Barrel (Petroleum) (USA.)
HP × 1,0139 = PS
,, × 0,1781 = kcal/sec
,, × 76,040 = kgm/sec
,, × 745,293 = Joule/sec
,, × 550 = Fuß . Pfund/sec (engl.)
,, × 0,7453 = kW
,, × 745,3 = Watt
HPh × 273750 = kgm
,, × 641,24 = kcal
,, × 2544,6 = BTU
,, × 1,0139 = PSh
,, × 0,7453 = kWh
,, × 1980000 = Fuß . Pfund (engl.)
,, × 2682979 = Joule

Inch × 2,540 = cm

Joch (niederösterr. u. Katastral-) × 0,57546 = ha
,, (ungar.) × 0,431598 = ha
Joule × 10^7 = Erg
,, × 0,10203 = kgm
,, × $2{,}3899 . 10^{-4}$ = kcal
,, × $9{,}48 . 10^{-4}$ = BTU
,, × $3{,}78 . 10^{-7}$ = PSh
,, × $2{,}78 . 10^{-7}$ = kWh
,, × $3{,}73 . 10^{-7}$ = HPh
,, × 0,738 = Fuß . Pfund
Joule/sec × 0,73795 = Fußpfund (engl.)/sec
,, × 0,0013418 = HP

Joule/sec × 0,001 = kW
,, × 0,10203 = kgm/sec
,, × 0,0013604 = PS
,, × 1,00 = Watt

Kabel (= 120 Faden) (deutsch) × 219,48 = m
kcal × 426,9 = kgm
,, × 3,968 = BTU
,, × $1{,}581 . 10^{-3}$ = PSh
,, × $1{,}163 . 10^{-3}$ = kWh
,, × $1{,}56 . 10^{-3}$ = HPh
,, × 3087,8 = Fuß . Pfund
,, × 4184 = Joule
kcal/sec × 5,6149 = HP
,, × 4,1842 = kW
kcal/m × 0,1008 = BTU/Zoll (engl.)
kcal/m.°C.h × 0,055997 = BTU/Zoll.°F.h (engl.)
,, × 0,67197 = BTU/Fuß.°F.h (engl.)
kcal/qm.°C.h × 0,0014223 = BTU/qZoll.°F.h (engl.)
,, × 0,205 = BTU/qFuß.°F.h (engl.)
kcal/kg × 1,800 = BTU/Pfund (engl.)
kcal/qm.°C × 0,205 = BTU/qFuß.°F (engl.)
kcal/cbm × 0,1124 = BTU/cbFuß (engl.)
Kilé (griech.) × 1,00 = hl
Kin (japan.) × 0,600 = kg
Koku (japan.) × 1,8039 = hl
kW × 102,03 = kgm/sec
,, × 0,239 = kcal/sec
,, × 1000 = Joule/sec
,, × 0,948 = BTU/sec
,, × 737,97 = Fuß . Pfund/sec (engl.)
,, × 1,3604 = PS
,, × 1,34176 = HP
,, × 1000 = Watt
kWh × 367 310 = kgm
,, × 860 = kcal
,, × 3414,2 = BTU
,, × 1,3604 = PSh
,, × 1,341755 = HPh
,, × 2 656 700 = Fußpfund
,, × 3 600 000 = Joule
kg × 2,2046 = Pfund (lbs.)
,, × 2,67923 = Troypfund
,, × 1,66666 = Kin (japan.)
,, × 0,26619 = Kwan
,, × 2,381 = Apothekerpfund (österr.)
,, × 2,0 = Zollpfund (deutsch)
,, × 1,78552 = Wiener Pfund
,, × 2,1381 = preußisches Pfund (bis 1839)
,, × 2,44193 = Pfund (russ.)
,, × $0{,}9842 . 10^{-3}$ = Tons, long
,, × $1{,}1023 . 10^{-3}$ = Tons, short
kg/cm × 5,5997358 = Pfund/Zoll (engl.)
kg/qcm × 1,00 = at
kg/qcm × 10^4 = mm WS
kg/l × 10,0022 = Pfund/Gallone (engl.)
kgm × $2{,}343 . 10^{-3}$ = kcal
,, × $9{,}296 . 10^{-3}$ = BTU
,, × $3{,}704 . 10^{-6}$ = PSh
,, × $2{,}723 . 10^{-6}$ = kWh
,, × $3{,}653 . 10^{-6}$ = HPh
,, × 7,2329 = Fußpfund (engl.)
,, × 9,8013 = Joule
kgm/sec × 9,8013 = Joule/sec
,, × 7,2329 = Fußpfund/sec (engl.)
,, × $1{,}333 . 10^{-2}$ = PS
,, × $1{,}315 . 10^{-2}$ = HP
,, × $0{,}98013 . 10^{-2}$ = kW
kg/m × 0,67197 = Pfund/Fuß (engl.)
,, × 2,01591 = Pfund/Yard (engl.)
,, × $2{,}99986 . 10^{-4}$ = Tons/Fuß (engl.)
,, × $8{,}99957 . 10^{-4}$ = Tons/Yard (engl.)
kg/qcm × 14,2233 = Pfund/qZoll (engl.)
,, × 0,006350 = Tons/qZoll (engl.)
,, × 735,532 = mm Hg
kg/qmm × 0,63497 = Tons/qZoll (engl.)
kg/qm × 0,20482 = Pfund/qFuß (engl.)
kg/ccm × 36,1272 = Pfund/cbZoll (engl.)
kg/cbm × 0,06243 = Pfund/cbFuß (engl.)
kg/PS × 2,23525 = Pfund/HP (engl.)
Klafter (Wiener) × 1,896484 = m
qKlafter (Wiener) × 3,596652 = qm
cbKlafter (Wiener) × 6,820099 = cbm
Knoten × 1,150767 = Mile (engl. Statute)/h
,, × 0,51444 = m/sec
,, × 2025,35 = Yards/h
km × 0,6214 = Statute Mile
,, × 3280,843 = Fuß (engl.)
,, × 0,5396 = Nautical Mile (engl.)
,, × 0,5400 = Seemeile (deutsch u. franz.)
,, × 0,1318 = Postmeile (österr.)
,, × 0,1333 = Landmeile (deutsch)
,, × 0,1348 = geographische Meile (deutsch)
,, × 0,9374 = Werst (russ.)
,, × 0,1339 = Meile (russ.)
qkm × 0,38610 = Mile of land, qMile (engl.)
,, × 0,01738 = qMeile (österr.)
,, × 0,87869 = qWerst (russ.)
,, × 0,01073 = Township (amer.)
Kwan (japan.) × 3,7565 = kg

l × 0,03531 = cbFuß (engl.)
,, × 0,2642 = Gallone (Winch. u. amer.)
,, × 0,219975 = Imp.-Gallone (1898)
,, × 1,0567 = Quarts (amer.)
,, × 1,7598 = Pints (engl.)
,, × 61,0239 = cbZoll (engl.)
,, × 0,7069 = Maß (österr.)
Lachter (preuß.) × 2,09236 = m
Last (engl.) × 29,078144 = hl
Livre (franz.) × 0,4895 = kg
Lot (österr. Post-, Zoll-) × 16,6667 = g

m × 3,28084 = Fuß (engl.)
,, × 39,3701 = Zoll (engl.)
,, × 1,09361 = Yards (engl.)
,, × 0,2793 = Yin (chines.)
,, × 3,0784 = Pariser Fuß
,, × 0,5468 = Fathom (engl.)
,, × 0,0497 = Chain (engl.)
,, × 3,3003 = Shaku Kane (japan.)
,, × 3,1637 = Wiener Fuß
,, × 1,2861 = ,, Elle
,, × 0,52726 = Wiener Klafter
,, × 3,1862 = preuß. Fuß
,, × 1,4994 = ,, Elle
,, × 0,4779 = Lachter (preuß.)
,, × 0,26552 = Ruten (preuß.)
,, × 0,34263 = ,, (bayr.)
,, × 0,23283 = ,, (sächs.)
,, × 0,34905 = ,, (württemb.)
,, × 0,33333 = ,, (bad., schweiz.)
,, × 0,19884 = Pole (engl.)
,, × 0,4687 = Faden, Saschehn (russ.)
,, × 0,51307 = Toise (franz.)
qm × 10,7639 = qFuß (engl.)
,, × 1,19599 = qYards (engl.)
,, × 1550,01 = qZoll (engl.)
,, × 0,27800 = qKlafter (österr.)
,, × 10,1519 = qFuß (preuß.)
,, × 0,07050 = qRuten (preuß.)
cbm × 35,3145 = cbFuß
,, × 1,30795 = cbYards
,, × 219,9575 = Imp.-Gallonen
,, × 264,1699 = Gallonen (amer. u. Winch.)
,, × 61023,91 = cbZoll (engl.)
,, × 0,4717 = Schiffstonnen (deutsch)
,, × 0,3532 = Registertonnen (engl.)
,, × 31,667 = cbFuß (österr.)
,, × 0,1466 = cbKlafter (österr.)
,, × 0,3167 = Schachtruten (österr.)
,, × 0,2246 = ,, (preuß.)
cbm/kg × 16,0185 = cbFuß/Pfund (engl.)
cbm/h × 0,5886 = cbFuß/min (engl.)
mt × 3,229 = Fußtons (engl.)
m/sec × 196,851 = Fuß/min (engl.)
,, × 1,94386 = Knoten
m/h × 0,27778 = mm/sec
mm × 0,039370 = Zoll (engl.)
mm Hg × 0,019337 = Pfund/qZoll
,, ,, × 13,595 = mm WS
,, ,, × $1,33320 . 10^{-3}$ = Bar
,, ,, × 0,00131579 = Atm
mm WS × 0,0735532 = mm Hg
qmm × 0,001550 = qZoll (engl.)
M b. m. oder M = 1000 ft. b. m. (amer.)
Maß (österr.) × 1,4147 = l
Metze (Wiener) × 0,6149 = hl
,, (preuß.) × 3,4351 = l
Morgen (preuß.) × 0,2553 = ha
Mile (Statute, engl.) × 1,609343 = km
Meile, See- (engl.) × 1,85318 = km
Meile (russ.) × 7,46760 = km
,, , See- (deutsch u. franz.) × 1,8520 = km
,, , Post- (österr.) × 7,585936 = km
,, , geogr. (deutsch) × 7,4204385 = km
Miles/h (Statute, engl.) × 1,46666 = Fuß/sec
,, (,, , ,,) × 0,86899 = Knoten
qMile (Statute, engl.) × 2,58998 = qkm
qMeile (österr.) × 57,54642 = qkm
Mil (= 0,001 Zoll) (amer.) × 0,02540 = mm

Ounces × 28,34953 = g
,, (Troy-) × 31,10350 = g
Oxhoft (deutsch) × 2,20 = hl

PS × 75 = kgm/sec
,, × 735,0975 = Joule/sec
,, × 542,47 = Fußpfund/sec (engl.)
,, × 0,9863 = HP
,, × 0,7350975 = kW
,, × 735,0975 = Watt
PSh × 270000 = kgm
,, × 632,47 = kcal
,, × 2509,8 = BTU
,, × 0,735098 = kWh
,, × 0,9863 = HPh
,, × 1952900 = Fußpfund (engl.)
,, × 2646400 = Joule
Pint × 0,568245 = l
Pfund (lb.) × 0,453592 = kg
,, (engl.) × 0,00044643 = ton, long (engl.)
,, (,,) × 0,0005 = ton, short (engl.)
,, (deutsch, Zoll-, alt) × 0,5 = kg
,, (Wiener u. bayer.) × 0,560060 = kg
,, (altpreuß. u. württemb.) × 0,4677 = kg
,, (russ.) × 0,409512 = kg
,, (engl.)/Fuß × 1,488166 = kg/m
,, (,,)/Yard × 0,496055 = kg/m
Pfund/Zoll (engl.) × 0,17858 = kg/cm
,, /qZoll (engl.) × $6,89455 . 10^{-2}$ = Bar
,, / ,, (,,) × 0,0689455 = Atm
,, / ,, (,,) × 2,0359534 = Zoll Hg (engl.)
,, / ,, (,,) × 0,07031 = kg/qcm
,, / ,, (,,) × 51,71312 = mm Hg
,, /cbZoll (,,) × 0,02768 = kg/ccm
,, /qFuß (,,) × 4,882437 = kg/qm
,, /cbFuß (,,) × 0,016019 = g/ccm
,, / ,, (,,) × 16,019 = kg/cbm
,, /HP × 0,447378 = kg/PS
,, /Gallone (engl., Imp.-) × 0,0997792 = kg/l
,, /Fuß (engl.) × 1,48817 = kg/m
Pole (engl.) × 5,0292 = m
Pud (russ.) × 16,3805 = kg

Quart × 1,13649 = l

Réaumurgrade × $^5/_4$ = Celsiusgrade
,, × $^9/_4$ + 32 = Fahrenheitgrade

Registertonne (engl.) × 2,832 = cbm
Rood (= 1210 qYards) (engl.) × 10,1171 = a
Rute (bayr.) × 2,9186 = m
,, (sächs.) × 4,2950 = m
,, (württemb.) × 2,8649 = m
,, (bad., schweiz.) × 3,0000 = m
,, (preuß.) × 3,76624 = m
qRute (preuß.) × 14,185 = qm

Schachtrute (preuß.) × 4,452 = cbm
,, (österr.) × 3,157867 = cbm
Scheffel (preuß.) × 0,5496 = hl
,, (deutsch) × 0,5 = hl
Schiffstonne (deutsch) × 2,12 = cbm
Sai (chin.) × 1,2243 = hl
Shaku Kane (japan.) × 0,303 = m
Stère (franz.) × 1,00 = cbm
Stückfaß (deutsch) × 12,00 = hl
Statute Mile/h (engl.) × 0,44704 = m/sec

Therm × 25200 = kcal
Ton, long × 1016,0476 = kg
,, , ,, (engl.) × 2240 = Pfund (engl.)
,, , short × 907,1853 = kg
,, , ,, (engl.) × 2000 = Pfund (engl.)
Ton, long/Fuß × 3333,490 = kg/m
,, , ,, /Yard × 1111,1634 = kg/m
Ton . Mile (engl.) × 1,635 = t . km
t . km × 0,6116 = Ton . Mile (engl.)
t/qm × 0,091436 = Tons, long/qFuß
,, × 0,822922 = Tons, long/qYard
Ton, long/qZoll × 1,57488 = kg/qmm
,, , ,, / ,, (engl.) × 157,4879 = kg/qcm
,, , ,, /qFuß × 10,9367 = t/qm
,, , ,, /qYard × 1,21518 = t/qm
,, , ,, /qZoll × 157,488 = at
Toise (franz.) × 1,9490 = m
Township (amer.) × 93,236 = qkm

Troygrain/qZoll (engl.) × 1,0043875 = g/qdm
,, /cbZoll (engl.) × 3,954285 = g/cdm
Troypfund (engl.) × 0,373242 = kg
Tschetwert (russ.) × 2,0991 = hl
Tschi. (chin.) × 1,031 = hl
Tun (engl.) × 11,45 = hl

Watt × 0,10203 = kgm/sec
,, × 1 = Joule/sec
,, × 0,73798 = Fußpfund/sec
,, × 0,0013604 = PS
,, × 0,0013418 = HP
,, × 0,001 = kW
Wattstunde × 3,4142 = BTU
Werst (russ.) × 1,06680 = km
qWerst (russ.) × 1,13806 = qkm

Yards × 0,914399 = m
qYards × 0,836126 = qm
cbYards × 0,764553 = cbm
Yard/h (engl.) × $4{,}937415 \cdot 10^{-4}$ = Knoten
Yard of Land (= 30 Acres) × 12,14055 = ha
Yin (chin.) × 3,581 = m

Zoll (engl.) × 2,53999 = cm
,, (,,) × 25,3999 = mm
,, (,,) × 0,08333 = Fuß (engl.)
qZoll (engl.) × 6,45159 = qcm
,, (,,) × 645,158824 = qmm
cbZoll (engl.) × 16,3870 = ccm
,, (,,) × 0,0163870 = l
Zoll Hg × 0,03342 = Atm
,, ,, × 13,5956 = Zoll WS
,, ,, × 0,49117 = Pfund (engl.)/qZoll
,, ,, bei 0^0 × 345,328 = mm WS bei 4^0
,, ,, (engl.) × $3{,}3863 \cdot 10^{-2}$ = Bar
Zoll Hg bei 0^0 (engl.) × 0,034533 = at
Zollpfund (deutsch) × 0,5 = kg

2059. Kennzeichnung des Stoffes in Zeichnungen.

Nach DIN 201 sollen die in der Abb. 211 zusammengestellten Kennzeichen angewendet werden.

Abb. 211. Schraffuren zur Kennzeichnung von Werkstoffen auf Zeichnungen nach DIN 201.

2060. Zeichenblattgrößen und Maßstäbe.

Nach den DIN, den Önormen, ČSN, den VSM-Normen (Schweiz) und den ungarischen Normen werden die Zeichnungen auf die Größen (in mm) 841 × 1189, 594 × 841, 420 × 594, 297 × 420, 210 × 297 beschnitten und gewöhnlich auf das Format 210 × 297 mm gefaltet.

Als Zeichenmaßstäbe sollen angewendet werden: 10 : 1, 5 : 1, 2 : 1, 1 : 1, 1 : 2,5, 1 : 5, 1 : 10, 1 : 20, 1 : 50, 1 : 100, 1 : 200, 1 : 500, 1 : 1000.

Alle Gegenstände sollen maßstäblich gezeichnet werden. Maße nicht maßstäblich gezeichneter Teile sind zu unterstreichen.

2061. Umrechnung von PS in kW. (1 PS = 0,73510 kW)[305].

PS	0	1	2	3	4	5	6	7	8	9
0	0	0,74	1,47	2,21	2,94	3,68	4,41	5,15	5,88	6,62
10	7,35	8,09	8,82	9,56	10,29	11,04	11,76	12,50	13,23	13,97
20	14,70	15,44	16,17	16,91	17,64	18,38	19,11	19,85	20,58	21,32
30	22,05	22,79	23,52	24,26	24,99	25,73	26,46	27,20	27,93	28,67
40	29,40	30,14	30,87	31,61	32,34	33,08	33,82	34,55	35,29	36,02
50	36,76	37,49	38,23	38,96	39,70	40,43	41,17	41,90	42,64	43,37
60	44,10	44,84	45,58	46,31	47,05	47,78	48,52	49,25	49,99	50,72
70	51,46	52,19	52,93	53,66	54,40	55,13	55,87	56,60	57,34	58,07
80	58,81	59,54	60,28	61,01	61,75	62,48	63,22	63,95	64,69	65,42
90	66,16	66,89	67,63	68,36	69,10	69,84	70,57	71,31	72,04	72,78

2062. Umrechnung von kW in PS. (1 kW = 1,3604 PS)[305].

kW	0	1	2	3	4	5	6	7	8	9
0	0	1,36	2,72	4,08	5,44	6,80	8,16	9,52	10,88	12,24
10	13,60	14,96	16,33	17,69	19,05	20,41	21,77	23,13	24,49	25,85
20	27,21	28,57	29,93	31,29	32,65	34,01	35,37	36,73	38,09	39,45
30	40,81	42,17	43,53	44,89	46,25	47,61	48,97	50,34	51,70	53,06
40	54,42	55,78	57,14	58,50	59,86	61,22	62,58	63,94	65,30	66,66
50	68,02	69,38	70,74	72,10	73,46	74,82	76,18	77,53	78,90	80,26
60	81,62	82,98	84,35	85,71	87,07	88,42	89,79	91,15	92,51	93,87
70	95,23	96,59	97,95	99,31	100,67	102,03	103,39	104,75	106,11	107,47
80	108,83	110,19	111,55	112,91	114,27	115,63	116,99	118,35	119,72	121,08
90	122,44	123,80	125,16	126,52	127,88	129,24	130,60	131,96	133,32	134,68

2063. Raumgewichte von Bau- und Lagerstoffen nach dem Erlasse des preußischen Finanzministers vom 30. August 1934.

Stoff	Gewichtsgrenzen kg/cbm		Berechnungsgewicht kg/cbm
	von	bis	
a) Füllstoffe, geschüttet.			
Erde, Sand, Lehm, naß	1700	2500	2100
„ , „ , „ , grubenfeucht (5% Wasser)	1200	2000	1800
„ , „ , „ , trocken	1400	1800	1600
Kies, naß	1900	2100	2000
„ , trocken	1500	1900	1700
Koksasche	600	850	700
Kohlenschlacke	700	1000	1000
Hochofenschlacke, Körnung wie Eisenbahnschotter	1250	1700	1500
„ , granulierter Schlackensand	500	1400	1000
Hochofenschaumschlacke	350	750	700
Bimssteinsand	400	900	700
b) Werkstücke und Mauerwerk aus natürlichen Steinen.			
Granit, Gneis, Syenit, Porphyr	2400	2800	2600
Basalt	2700	3300	3000
Basaltlava	1800	3000	2800
„ , stark porig	1500	2000	1800
Marmor	2600	2800	2700
Kalksteine, dicht	2500	2700	2600
„ , porig	1800	2400	2200
Muschelkalk	2500	2800	2600
Grauwacke und Kohlensandstein	2500	2800	2700
Sandsteine	2000	2600	2400
Schiefer	2500	2800	2700
Tuffstein, Porphyr- und dichter Kalktuff	1600	2200	2000
Nagelfluhe	2300	2600	2400
Bimsstein, Leuzit- und lockerer Kalktuff	900	1400	1200

Fortsetzung der Tabelle.

Stoff	Gewichtsgrenzen kg/cbm von	Gewichtsgrenzen kg/cbm bis	Berechnungsgewicht kg/cbm
c) Mauerwerk aus künstlichen Steinen in Normalformat.			
Klinker	1800	2000	1900
Mauerziegel	1700	1900	1800
Hohlziegel	1350	1550	1450
Vollziegel, porig	1000	1200	1100
Hohlziegel, porig	900	1100	1000
Schwemmsteine und Hochofenschwemmsteine	900	1100	1000
Korksteine	500	700	600
Kalksandsteine	1700	1900	1800
Kunstsandsteine	2000	2200	2100
Schlackensteine	1200	1500	1400
Hochofenschlackenmauersteine	1600	2100	1800
d) Mörtel.			
Zementmörtel und Zementtraßmörtel	2000	2200	2100
Kalkzementmörtel und Kalktraßmörtel	1800	2000	1900
Kalkmörtel und Kalkgipsmörtel	1650	1800	1700
Gipsmörtel	900	1500	1200
e) Beton.			
Beton aus Kies, Granitschotter u. dgl.	1800	2400	2200
„ „ „ mit Stahleinlagen	—	—	2400
„ „ Ziegelschotter	1500	2000	1800
„ „ Kohlenschlacke mit Sandzusatz	1200	1900	1600
„ „ Bimskies mit Sandzusatz	1450	1750	1600
„ „ „ „ „ und Stahleinlagen	1650	1950	1800
„ „ Hochofenschlacke	1800	2400	2200
f) Bauhölzer, lufttrocken (15% Feuchte).			
Kiefer (Föhre)	—	—	600
Fichte (Rottanne)	—	—	550
Tanne (Weißtanne)	—	—	550
Lärche	—	—	600
Pechkiefer (Pitch-pine)	—	—	800
Gelbkiefer (Yellow-pine)	—	—	800
Eiche	—	—	800
Rotbuche	—	—	700
Ausländische Harthölzer	—	—	1000
g) Metalle.			
Gußeisen	—	—	7250
Schweißeisen und Schweißstahl	—	—	7800
Flußstahl und Stahlguß	—	—	7850
Aluminium	—	—	2750
Blei	—	—	11400
Kupfer, gewalzt	—	—	8900
Bronze	—	—	8500
Zink, gegossen	—	—	6900
„ , gewalzt	—	—	7200
Zinn, gewalzt	—	—	7400
Messing	—	—	8500
h) Lagerstoffe.			
1. Brennstoffe.			
Holz in Scheiten	330	420	400
Braunkohle	700	800	750
Kohle (Steinkohle)	800	950	900
Koks, Zechenkoks	380	530	500
„ , Gaskoks	360	470	450
Preßkohlen	750	1250	1000
Torf	300	900	600
2. Feld- und Gartenfrüchte.			
Gerste	—	—	690
Gras und Klee	—	—	350
Hafer	—	—	550

Fortsetzung der Tabelle.

Stoff	Gewichtsgrenzen kg/cbm		Berechnungsgewicht kg/cbm
	von	bis	
Heu, lose	—	—	70
„ , gepreßt	—	—	280
Hopfen in Säcken	—	—	170
„ in zylindrischen Hopfenbüchsen	—	—	470
„ in zylindrischer Form in Hopfentuch eingenäht oder eingepreßt	—	—	290
Hülsenfrüchte (Erbsen, Bohnen)	—	—	850
Kartoffeln	—	—	750
Malz	—	—	530
Malzkeime	—	—	200
Obst	—	—	350
Roggen	—	—	680
Rüben	—	—	650
Zuckerrübenschnitzel	—	—	300
Stroh, lose	—	—	45
„ , gepreßt	—	—	280
Weizen	—	—	760
3. Verschiedene Lagerstoffe.			
Aktengerüste und -schränke mit Inhalt in Registraturen, Büchereien, Archiven	—	—	600
Asche (Schlacke)	—	—	900
Eis	—	—	920
Hausmüll	—	—	660
Kaffee	—	—	700
Kalk, gebrannt, in Stücken	—	—	1000
„ in Säcken	—	—	1000
Mehl, lose	—	—	500
„ in Säcken	—	—	500
Papier	—	—	1100
Salz	—	—	1250
Torf, lose (Torfstreu, Torfmull)	—	—	230
„ , gepreßt	—	—	300
Wolle, lose	—	—	450
„ , gepreßt	—	—	1300
Zement, lose	1000	1300	1200
„ , eingerüttelt	1800	2000	1900
Zucker	—	—	750

XXXI. Literaturnachweis.

1. Franzins, O.: Der Verkehrswasserbau. Berlin: Julius Springer. 1927.
2. Handbuch für Eisenbeton, Bd. 9, 4. Aufl. Berlin: W. Ernst u. Sohn. 1934.
3. AEG: Elektrisches Schweißen.
4. Bronneck, H.: Preisermittlung der Zimmererarbeiten. Wien: Julius Springer. 1927.
5. Müller, R.: Wasserversorgung mittlerer und kleiner Städte und Ortschaften. Wien. 1913.
6. Kreuter, F.: Der Flußbau. Handbuch der Ingenieurwissenschaften, 5. Aufl., Bd. III/6. Leipzig: W. Engelmann.
7. Schönberg, A. u. Glunk, E.: Landeselektrizitätswerke. Berlin: R. Oldenburg. 1926.
8. Gutberlet, Fr.: Vergleich der Bodengewinnungskosten bei Anwendung von Handschacht und Maschinarbeit. Bautechn. 1929, S. 445.
9. Schink u. Schneider: Der praktische Gas- und Wasserinstallateur, 2. Aufl. Stuttgart: E. H. Moritz. 1928.
10. Abel, L.: Allgemeiner Bauratgeber, 2. Aufl. Wien: A. Hartleben. 1909.
11. Heidinger, S.: Warum bauen wir so teuer? ÖKW-Veröffentlichung Nr. 9. Wien: Julius Springer. 1934.
12. Hütte, III: 26. Aufl. Berlin: W. Ernst u. Sohn. 1934.
13. Pick, K.: Die Regulierung geschiebeführender Flüsse unter Benützung von Drahtschotterbauten nach System Palvis. HDI-Mitt. 1927, S. 289.
14. Schick, E.: Die Abbruchkosten von Eisenbetonbauten. Beton u. Eisen. 1913, S. 77. — Über Abbruch von Stampfbeton. Beton u. Eisen. 1913, S. 327. — Abbruch eines modernen Eisenbetonhauses in Baltimore. Beton u. Eisen. 1911, S. 356.
15. Ilkow, A.: Material- und Zeitaufwand bei Bauarbeiten. Wien: Julius Springer. 1936.
16. Märckle, Chr.: Die Preisberechnung der Bauarbeiten, I. Teil, 4. Aufl. Selbstverlag.

17. Bazali, M.: Preisermittlung und Veranschlagen von Hoch-, Tief- und Eisenbetonbauten. Berlin: W. Geißler. 1923.
18. Beton-Kalender. Berlin: W. Ernst u. Sohn. 1930.
19. Kalender für das Gas- und Wasserfach. Berlin: R. Oldenburg. 1927.
20. Wang, F.: Wildbachverbauung, 2. Teil. Leipzig: S. Hirzel. 1903.
21. Eckert, H.: Über Kostenberechnung im Tiefbau, 2. Aufl. Berlin: Julius Springer. 1931.
22. Herzka, L.: Der Bauratgeber. Wien: Julius Springer. 1927.
23. Junk, D. V.: Wiener Bauratgeber. Wien: Verlag Spielhagen. 1906.
24. Wieland, G. u. Stöcke, K.: Merkbuch für den Straßenbau. Berlin: W. Ernst u. Sohn. 1934.
25. Friedrich: Kulturtechnischer Wasserbau.
26. Randzio, E.: Der Stollenbau. Berlin: W. Ernst u. Sohn. 1927.
27. Spetzler, O.: Anteil der Konstruktion und des Materials auf den wirtschaftlichen Ausbau niederer Wasserkraftgefälle. Berlin: Julius Springer. 1931.
28. Osthoff-Scheck: Kostenberechnung für Ingenieurbauten, 8. Aufl. Darmstadt: H. Sadowsky. 1922.
29. Holzapfel, A.: Graphische Kostenvergleiche von Kanalisationsentwürfen unter Zugrundelegung des Arbeitszeitbedarfes. Beihefte zum Gesundheitsingenieur, Reihe II, H. 6, 1929.
30. Rziha, E. v. u. Seidener, J.: Starkstromtechnik, Bd. II, 7. Aufl. Berlin: W. Ernst u. Sohn. 1931.
31. Lerche, K.: Aus der Praxis des Veranschlagens von Eisenbetonbauten. Berlin: W. Ernst u. Sohn. 1925.
32. Imhoff, K.: Fortschritte der Abwasserreinigung, 2. Aufl. Berlin: C. Heymann. 1926.
33. Hoppe, Fr.: Wie stellt man Projekte, Kostenanschläge und Betriebskostenberechnungen für elektrische Licht- und Kraftanlagen auf?, 4. Aufl. Leipzig: J. Barth. 1907.
34. Ritter, H.: Kostenberechnung im Ingenieurbau, 2. Aufl. Berlin: Julius Springer. 1929.
35. Bieske, E.: Rohrbrunnen. Berlin: R. Oldenburg. 1929.
36. Dingmann, C. F.: Estimating Building Costs. New York: McGraw-Hill Comp. 1931.
37. Förster, M.: Taschenbuch für Bauingenieure, 5. Aufl. Berlin: Julius Springer. 1928.
38. Anderlik, V.: Preisanalysen für Bauarbeiten. Troppau, Wien, Leipzig: Heinz & Co. 1931.
39. Rheinhards Ingenieurkalender, I. Wiesbaden: J. F. Bergmann. 1907.
40. Prinz, E. u. Kampe, R.: Handbuch der Hydrologie, 2. Bd. Berlin: Julius Springer. 1934.
41. Winter, E.: Die Reinigung städtischer Abwasser mittels Schlammbelebung. Beihefte zum Gesundheitsingenieur, Reihe II, H. 9. Berlin: R. Oldenburg. 1931.
42. David-Perl: Praktischer Eisenbetonbau. Berlin: R. Oldenburg. 1929.
43. Helbing: 25 Jahre Emschergenossenschaft. Essen: Selbstverlag. 1925.
44. Bach: Desinfektion des Abwassers mit Chlor. Wass. u. Gas. 1923, Nr. 47/48.
45. Geißler, W.: Kanalisation und Abwasserreinigung. Handbuch des Bauingenieurs, Bd. 6. Berlin: Julius Springer. 1933.
46. Stade: Die biologische Kläranlage in Erfurt. Gesundh.-Ing. 1932, S. 499.
47. Seegert, W. u. Ripperger, K.: Der Benzinabscheiderdienst der Stadt Duisburg-Hamborn. Gesundh.-Ing. 1932, S. 441.
48. Müller, H.: Mechanisierung der Kanalreinigung unter Verwendung von Elektrokarren, mit Einschluß der Sinkkastenreinigung. Gesundh.-Ing. 1931, S. 506.
49. Krawinkel, W.: Aufgaben und technische Hilfsmittel der Kanalreinigung. Gesundh.-Ing. 1931, H. 8.
50. Rohde, H.: Bau- und Betriebskosten von Kläranlagen. Gesundh.-Ing. 1934, S. 90.
51. Preistarif für den Militärbaudienst. Wien. 1900.
52. Heberer: Entwässerung, Bau und Unterhaltung eines Ortsstraßennetzes. Gesundh.-Ing. 1931, S. 457.
53. Schröder: Die Unterhaltung von Stahlbauten. Bautechn. 1931, S. 735.
54. Werner: Die Gründung des Unterhauptes der Schleuse Friedrichsfelde im Wesel-Datteln-Kanal. Bautechn. 1931, S. 375.
55. Werken, O.: Die Kölner Stollenvortriebsweise, ihr Entstehen und ihre Durchbildung. Bautechn. 1931, S. 127.
56. Reinhardt, F.: Der Abbruch der alten Eisenbahnbrücke über den Rhein bei Duisburg-Hochfeld. Bautechn. 1931, S. 60.
57. Prüß, M. u. Blunk, H.: Die Abwasserbehandlung der Stadt Soest i. Westf. Techn. Gemeindebl. 1933, Nr. 9, 10.
58. Haag: Erfahrungen beim elektrischen Auftauen. Gesundh.-Ing. 1933, S. 69.
59. Carl, A., Lause, K. u. Kusch: Über die Wirtschaftlichkeit der Abwasserverregnung. Gesundh.-Ing. 1933, S. 139.
60. Vicari, M.: Vergrößerung der Wasserversorgung für die Stadt Kempten i. Allgäu. Gesundh.-Ing. 1933, S. 160.
61. Beinhauer: Das Faulgas aus städtischen Kläranlagen als Betriebsstoff für Lastkraftwagen. Gesundh.-Ing. 1933, S. 209.
62. Seetzen: Die Verbesserung einer vorhandenen maschinellen Abwasserreinigung durch Einbau von Siebtrommeln. Gesundh.-Ing. 1933, S. 391.
63. Helbing: Die Emschergenossenschaft im Rechnungsjahr 1932. Gesundh.-Ing. 1933, S. 549.
64. Haeber: Reinigung von Rieslersteinen in Wasserwerken mit der Ziegelsteinreinigungsmaschine. Gas- u. Wasserfach. 1933, S. 113.
65. Daub, K.: Neues Verfahren für den Transport und die Verwendung von losem Zement auf Baustellen. Bautechn. 1933, S. 61.

66. Binswanger, Fr.: Fortschritte des Pumpkretverfahrens. Bautechn. 1933, S. 68.
67. Maaske: Der Düker des Aue-Oker-Kanals in km 42,583 des Mittellandkanals. Bautechn. 1933, S. 406.
68. Ramshorn, A.: Zwei neue Abwasserpumpwerke der Emschergenossenschaft im Stadtgebiete Gelsenkirchen. Bautechn. 1933, S. 279.
69. Schauberger, H.: Über die Wirtschaftlichkeit der Teeröltränkung kieferner Dalben- und Reibepfähle nach dem Rüpingverfahren. Bautechn. 1933, S. 507.
70. Terzaghi, K.: Verbessertes Verfahren zur Setzungsbeobachtung. Bautechn. 1933, S. 579.
71. Daur, E.: Betriebserfahrungen mit einer Entsäuerungsanlage, System „Bücher". Gas- u. Wasserfach. 1933, S. 199.
72. Das neue Wasserwerk der Stadt Erfurt bei Hochheim. Gas- u. Wasserfach. 1933, S. 404.
73. Rohrfragen. Gas- u. Wasserfach. 1933, S. 693.
74. Maier, Fr.: Neuere Ausführungen von Holzrohrleitungen. Bautechn. 1928, H. 17.
75. Ludin, A.: Wasserkraftanlagen, I. Handbuch für Bauingenieure, III. Teil, Bd. 8. Berlin: Julius Springer. 1934.
76. Kraftwerk Wettingen. Schweiz. Wass. u. Elektr.-Wirtsch. 1930, S. 41.
77. Kennerknecht, F.: Großreparatur der Innwerks-Wasserkraftanlage. Wasserkr. u. Wasserwirtsch. 1933, S. 1.
78. Poppel, H.: Fallmeißelschiff zum Lösen gewachsenen Felsens unter Wasser. Wasserkr. u. Wasserwirtsch. 1932, S. 1.
79. Saupe: Die Koberbachtalsperre. Wasserwirtsch. 1932, S. 101.
80. Schweitzer, Fr. u. Rainer, H.: Das Mallnitzkraftwerk der Österr. Bundesbahnen. Wasserwirtsch. 1932, S. 136.
81. Raestad, Chr.: Betriebserfahrungen mit Holzrohren für Turbinenleitungen. Wasserkr. u. Wasserwirtsch. 1932, S. 178.
82. Rickenbach, W.: Die Abschreibung und Erneuerung von Wasserkraftwerken. Wasserkr. u. Wasserwirtsch. 1932, S. 251.
83. Baumeister, L.: Über die Berechnung des Kohlenverbrauches von Baulokomotiven bei Baggerarbeiten. Bauing. 1933, S. 199.
84. Garbotz, G.: Grenzen des Maschineneinsatzes im Straßenbau. Bauing. 1932, S. 25.
85. Ringwald, E.: Zementhinterpressung bei Stollenauskleidungen. Bauing. 1932, S. 371.
86. Riehm, P.: Das Schiffshebewerk Niederfinow. Bauing. 1932, S. 524.
87. Tölke, F.: Gewaltige Wassertransporte durch das Fundament und den Gründungsfelsen einer französischen Gewichtsstaumauer. Bauing. 1932, S. 586.
88. Rhode, H.: Bau- und Betriebskosten von Kläranlagen. In: Die Stadtentwässerung in Deutschland, II. Bd., S. 340. Jena: G. Fischer. 1934.
89. Hütte, IV. Bd., 25. Aufl. Berlin: W. Ernst u. Sohn. 1927.
90. Hitschmanns Vademecum für den Landwirt, 12. Aufl., S. 488.
91. Polivka, J.: Neuere Uferbefestigungen in Beton und Eisenbeton und ihre Herstellungskosten. Beton u. Eisen. 1916, S. 229, 253.
92. Möhle, H.: Die Tropfkörperanlagen in Deutschland. Gesundh.-Ing. 1934, S. 140.
93. Erfahrungen mit der Delmag-$^1/_2$-t-Explosionsramme. Bautechn. 1933, S. 409.
94. Brise, J., Imhoff, K. u. Weldert, R.: Die Stadtentwässerung in Deutschland. Jena: G. Fischer. 1934.
95. Lahaye, R.: Emploi des palplanches métalliques. Ann. Ponts Chauss. 1923, IV, S. 80.
96. Proberammung einer Uferschutzwand aus Hoesch-Eisen am Donaustrand. Wasserwirtsch. 1931, S. 62.
97. Rammerfahrungen mit Larssenbohlen in schwierigem Boden. Die Larssenspundwand. 1933, Nr. 16.
98. Neue Druckluftrammen. Bautechn. 1933, S. 589.
99. Stein, E. O.: Die Wasserversorgung der deutschen Groß- und Mittelstädte. Gesundh.-Ing. 1934, S. 437.
100. Der Bau der neuen Jirasek-Brücke in Prag unter Verwendung von Flottmann-Druckluftanlagen. Bohrhammer. 1930, S. 90.
101. Flottmann A. G.: Neue Hilfsmittel — neue Arbeitsmethoden beim Straßenbau. Bohrhammer. 1930, S. 65.
102. Gallas, W.: Der Motorkompressor LZ 29 beim Bau der Straßenbahnlinie zum Stadion in Nürnberg. Bohrhammer. 1930, S. 79.
103. Charton: Neubau eines Sammelbrunnens für das Wasserwerk zu Oldenburg i. O. Bautechn. 1929, S. 12.
104. Westermann: Die Befeuerung der Seeschiffahrtsstraße Stettin—Swinemünde. Bautechn. 1929, S. 379.
105. Rohde, H.: Die Deutschen Abwasserreinigungsanlagen. Städtereinigg. 1934, H. 15, 16.
106. Mitteilung der Kremer-Klärgesellschaft in Berlin-Lichterfelde-West, Knesebeckstr. 2.
107. Castner: Maschineller Straßenbau. Bautechn. 1930, S. 103.
108. Heberer: Entwässerung, Bau und Unterhaltung eines Ortsstraßennetzes. Gesundh.-Ing. 1931, S. 456.
109. Kelen, N.: Gewichtsstaumauern und massive Wehre. Berlin: Julius Springer. 1933.
110. Heintze, Fr.: Einlagsteine in Gußbeton bei Talsperren. Bautechn. 1926, S. 742.
111. Kulka, H.: Eisenwasserbau. Berlin: W. Ernst u. Sohn. 1928.
112. Schoklitsch, A.: Der Wasserbau, 2 Bde. Wien u. Berlin: Julius Springer. 1930.

113. Bucher, H.: Formel zur approximativen Ermittlung des Gewichtes von Doppelschützen für Stauwehre. Schweiz. Wass.-Wirtsch. 1929, S. 33.
114. Laux, K.: Abwasserwirtschaft durch Feldberegnung. Potsdam: E. Stein. 1932.
115. Angerer: Neues erfolgreiches Verfahren der wirtschaftlichen Abwasserbeseitigung durch Abwasserverregnung. Gesundh.-Ing. 1931, S. 24.
116. Holler, H.: Vorkalkulation und Praxis der Antogenschweißung. Frankfurt a. M.-Griesheim: Verlag der „Griesogen", Griesheimer Antogen-Verkaufs-G. m. b. H. 1934.
117. Perrot-Regnerbau. K. Laux. Berlin-Friedenau, Wielandstr. 42.
118. Hydor G. m. b. H., Berlin-Mariendorf, Attilastr. 63.
119. Dieselbe: Die Feldberegnung. Selbstverlag. 1929.
120. Laux, K.: Briefliche Mitteilung.
121. Grabenfertiger. Bautechn. 1934, S. 318.
122. Schmitz: Der Oderdurchstich bei Maltsch. Bautechn. 1934, S. 373.
123. Castner: Einradmotorwalze. Bautechn. 1930, S. 462.
124. Pfeiffer, A.: Ein neuer Betondehnungsmesser. Bauing. 1931, H. 5.
125. Fellner, F.: Erfahrungen mit dem Sprengluftverfahren im Stollenbetrieb. Bautechn. 1924, S. 235.
126. Wiesmann, E.: Künstliche Lüftung im Stollen- und Tunnelbau. Bautechn. 1924, S. 369.
127. Rogge u. Lohmeyer: Kaimauerbauten am Marinekohlenhofe zu Kiel-Wik. Bautechn. 1923, S. 364.
128. Randzio: Die Vortriebsgeschwindigkeit im Stollen- und Tunnelbau. Bautechn. 1923, S. 398.
129. Loew, Fr.: Maschinelle Arbeitsmethoden im Eisenbetonbau. Bautechn. 1923, S. 381.
130. Klöckner Eisen A. G., Duisburg: Mitteilung.
131. Gruber, H.: Projekte und Kostenanschläge elektrischer Anlagen. Strelitz: Polytechn. Verlagsgesellschaft M. Hittenkofer. 1912.
132. Renner, H.: Beziehung zwischen Ausbruchsarbeit, Auskleidung und Kostenaufwand im Wasserstollenbau. Dissertation, Graz. 1929. (Nicht im Buchhandel.)
133. Fischer, K.: In: Herzka, Bauratgeber. Siehe 22.
134. Flottmann A. G., Herne: Richtlinien für sachgemäßes Gesteinbohren. Dortmund: W. Cruwell. 1928.
135. Baumeister, L.: Grundlagen zur Berechnung von Lokomotivförderkosten in Baubetrieben. Bauing. 1934, S. 76.
136. Wieland, G. u. Stöcke, K.: Merkbuch für den Straßenbau. Berlin: W. Ernst u. Sohn. 1934.
137. Benrath, H.: Erfahrungen mit stählernen Spundwänden und Pfählen beim Bau von Kaimauerverstärkungen im Hamburger Hafen. Werft Reed. Hafen. 1934, S. 290.
138. Neumann, R.: Hilfsbuch zur Anfertigung von Bauanschlägen und Feststellung von Baurechnungen. Berlin: Ernst u. Korn. 1879.
139. Schaper: Bau der Lindingöbrücke bei Stockholm. Bautechn. 1924, S. 480.
140. Kleinlogel: Veranschlagen von Eisenbetonbauten. Berlin: W. Ernst u. Sohn. 1926.
141. Greifer-Bohrgerät. Bautechn. 1934, S. 409.
142. Agatz: Der Rammstahlpfahl für Pfahlrostbauwerke. Bautechn. 1934, S. 56.
143. Kelen, N.: Gewichtsstaumauern und massive Wehre. Berlin: Julius Springer. 1933.
144. Untersuchungen an 500-kg-Explosionsstampfern. Bautechn. 1934, S. 500.
145. Baumeister, L.: Grundsätzliches zur Frage der Abschreibung von Baugeräten. Bauing. 1933, S. 379.
146. Garbotz, G.: Handbuch des Maschinenwesens beim Baubetrieb, 1. Bd. Berlin: Julius Springer. 1931.
147. Dreyer, H.: Großwasserkräfte im Dienst der deutschen Energiewirtschaft. Wasserkr. u. Wasserwirtsch. 1930, S. 177.
148. Pernt, M.: Das Kraftwerk am Zemm- und Tuxbach im Zillertal (Tirol). Wasserkr. u. Wasserwirtsch. 1930, S. 184.
149. Muy, O.: Ausgeführte Lehrgerüstkonstruktionen für Bogen- und Balkenbrücken. Armierter Beton. 1918, S. 21, 41.
150. Räthling: Wirtschaftliche Baueinrichtung im Wohnhausbau. Bauing. 1931, S. 28.
151. Gauhe, Gockel & Co., Oberlahnstein: Mitteilung.
152. Saliger, R.: Der Eisenbetonbau. Leipzig: A. Kroner. 1925.
153. Cucchiero, A.: Die Hochwasserschutztalsperre bei Mauer im Riesengebirge. Wien: Verlag für Fachliteratur. 1914.
154. Randzio, E.: Guß- und Schüttbeton bei neueren Kraftwerksbauten. Beton u. Eisen. 1925, S. 43, 93.
155. Gaye, J.: Gußbeton und seine Anwendung im Bauwesen. Berlin: Julius Springer. 1926.
156. Fernau, H.: Die Verteilanlagen für Gußbeton. Z. öst. Ing.- u. Arch.-Ver. 1925, S. 343, 359.
157. Brunel, A. u. Bohlin, H.: Elektrische Erwärmung des Betons. Beton u. Eisen. 1932, S. 138.
158. Further Data on Benton Harbor Concrete Building Failure. Engng. News Rec. 1924, Bd. 92, S. 558.
159. Weber, A.: Über die Anwendung von Sinkbäumen im Flußbau. Wschr. f. d. öff. Baud. 1905, S. 261.
160. Andreocci, A.: Besondere Arten von Wildbachverbauungen im Passeiertal usw. Wasserkr. u. Wasserwirtsch. 1930, S. 37.
161. Joedicke, Fr.: Böschungsbeton, sein Schutz und sein Ersatz. Bautechn. 1934, S. 14.
162. Murbauleitung.
163. Pick, H.: Flüssige Gase als Desinfektionsmittel. HDI-Mitt. 1926, S. 295; 1927, S. 6, 32, 46.

164. Vivian, C.: Motorizing the Hand Tool. Engng. News Rec. 1929, S. 528.
165. Hentrich: Oberflächenteerung. Bautechn. 1928, S. 479.
166. Smolinski: Zur Wirtschaftlichkeit von Hochspannungskabelleitungen. Elektrotechn. Z. 1927, S. 1753.
167. Moeller: Dalben aus flußstählernen Spundbohlen. Bautechn. 1929, S. 849.
168. Ohl, W.: Die Elektrifizierung des Treidelbetriebes auf dem Rhein-Rhône-Kanal. Wasserkr. u. Wasserwirtsch. 1930, S. 110.
169. Polivka, J.: Neuere Uferbefestigungen in Beton und Eisenbeton und ihre Herstellungskosten. Beton u. Eisen. 1916, S. 229, 253.
170. Schmah, V.: Über die Verwendung von Humerohren bei der Kanalisation von Uelzen. Bautechn. 1930, S. 65.
171. Wiarda, E.: Moderne Arbeitsmethoden bei der Kabelverlegung. Mitt. d. V. d. E. 1928, S. 595 bis 600.
172. Mitt. d. V. d. E. 1927, S. 563.
173. Wendland: Zur Beseitigung von Rutschungen unter Verwendung von eisernen Spundwänden. Verkehrstechn. Woche. 1933, H. 10.
174. Tartarini, W.: Sulla Esecuzione Mecanica dei Lavori di Terra. Ann. Lav. pubbl. 1931, S. 778.
175. Zoltán, B.: Beton Mükövek készitése Puccolán alkalmazásával a Murai Partbiztosítási Munkákuál. Vizügyi Közlemények. Budapest, 1934, S. 663.
176. Demag-Nachr. 1934, B 30.
177. Baer, S.: Raumbedarf und Kraftbedarf für Pumpwerke. Gas- u. Wasserfach. 1935, S. 28.
178. Joly, H.: Technisches Auskunftsbuch 1935. Kleinwittenberg: Auskunftsbuchverlag. 1935.
179. Zwach: Der Abbruch der Eisenbahnbrücken über die Elbe und Havel auf der Strecke Berlin—Stendal. Bautechn. 1928, S. 127.
180. Abbrucharbeiten mit Demag-Union-Rammhämmern. Demag-Nachr. 1935, B 15.
181. Beger: Sind bei Streicharbeiten mit Inertol und ähnlichen Anstrichmitteln besondere Vorsichtsmaßregeln zu beachten? Kl. Mitt. f. d. Mitgl. d. Ver. f. Wasser-, Boden- u. Lufthygiene. 1932, S. 159, und Gas- u. Wasserfach. 1933, S. 54.
182. Demag-Nachr. 1933, B 28.
183. Stöckle, G.: Der Eisenbau. Darmstadt: E. Speidel & E. Wurzel. 1912.
184. Larssen-Handbuch: Ausgabe 1934.
185. Jussel, M.: Das neue Unterwasserschneidverfahren mit flüssigen Brennstoffen. Bautechn. 1930, S. 585.
186. Hawranek A.: Stahlskelettbau. Berlin: Julius Springer. 1931.
187. Grengg, H.: Die Talsperre Pack. Wasserwirtsch. u. Techn. 1935, H. 1—3.
188. AEG: Hilfsbuch für elektrische Licht- und Kraftanlagen, 3. Aufl. Berlin: Allgemeine Elektrizitäts-Gesellschaft, Selbstverlag. 1931.
189. Grengg, H.: Das Murkraftwerk Mixnitz-Frohnleiten der Steirischen Wasserkraft- und Elektrizitäts-Aktiengesellschaft. Öst. Wasserwirtsch. 1934, H. 1—17.
190. Eigenbrodt, A.: Die Jahresausgaben von Gruppenwasserwerken und deren Verteilung. Beih. z. Gesundh.-Ing., Reihe 2, H. 12. München u. Berlin: R. Oldenburg. 1932.
191. Handbuch für Eisenbeton, Bd. 9, 4. Aufl. Berlin: W. Ernst u. Sohn. 1934.
192. Seegert, W.: Bau- und Betriebserfahrungen des Stadtentwässerungsamtes in Duisburg-Hamborn. Gesundh.-Ing. 1932, H. 14/15.
193. Dau, K.: Über die Ursachen der Kanalvergasung. Gesundh.-Ing. 1934, S. 80.
194. Kuhn, Fr.: Wasserkraftanlagen, in: L. Herzka, Der Bauratgeber. Wien: Julius Springer. 1927.
195. Derselbe: Über die Wirtschaftlichkeit von Druckschächten. Z. öst. Ing.- u. Arch.-Ver. 1922, H. 1, 2.
196. Bauersfeld, W.: Die wirtschaftliche Berechnung der Hochdruckturbinenleitungen. Z. ges. Turbinenwes. 1907, H. 28.
197. Forchheimer, Ph.: Die Verjüngung der Rohrweite bei Hochdruckleitungen. Z. VDI. 1906, S. 1954.
198. Bundschu, F.: Druckrohrleitungen. Berlin: Julius Springer. 1926.
199. Ludin, A.: Die wirtschaftlichste Bemessung von Triebwasserleitungen. Z. ges. Turbinenwes. 1914, H. 13.
200. Cucchiero, A.: Die Hochwasserschutztalsperre bei Mauer im Riesengebirge. Wien, Berlin, London: Verlag für Fachliteratur. 1914.
201. Hallinger, J.: Eine neue Bauweise für Wasserturbinenanlagen mit Gefällen von 2 bis 30 m. Z. ges. Turbinenwes. 1914, S. 418.
202. Derselbe: Anordnung vertikaler Wasserturbinen mit einem Laufrad für kleine Gefälle. Z. ges. Turbinenwes. 1914, S. 203.
203. Luschin v. Ebengreuth, R.: Über die Poetschsche Schachtabteufmethode und ihre bisherige Anwendung. Wschr. f. d. öff. Baud. 1885, S. 140.
204. Janssen, Th.: Der Bauingenieur in der Praxis, 2. Aufl. Berlin: Julius Springer. 1927.
205. Engelhardt, Fr.: Kanal- und Schleusenbau. Handbuch für Bauingenieure, III. Teil, Bd. 4. Berlin: Julius Springer. 1921.
206. Jacobi, A.: Die Preisunterschiede am Baumarkt. Dtsch. Bauztg. 1934, S. 504.
207. Möller u. Ohmann: Die Grundwassersenkungsanlage für den Bau der Zwillingsschachtschleuse bei Fürstenberg a. d. O. Bautechn. 1928, S. 718.
208. Fiechte, J.: Das Strubklammwerk der Stadt Salzburg. Bautechn. 1927, S. 162.

209. Ramshorn, A.: Neue Abwasserpumpwerke der Emschergenossenschaft. Bautechn. 1930, S. 330.
210. Carp, H.: Das Abwasserpumpwerk Schwelgern in Hamborn am Rhein. Bautechn. 1928, S. 287.
211. Hauck: Die Pumpwerke des Astheim-Erfelder Entwässerungsverbandes im hessischen Kreise Groß-Gerau. Bautechn. 1927, S. 271.
212. Staschen, A.: Mitteilung.
213. Lerche, K.: Die Kalkulation der Löhne für Eisenbetonarbeiten. Dtsch. Bauztg. 1924, S. 177.
214. Kast, H.: Spreng- und Zündstoffe. Braunschweig: Fr. Vieweg & Sohn. 1921.
215. Blume-Hortig: Das Veranschlagen von Tiefbauten. Leitfaden für den Gebrauch an Technischen Fachschulen und für die Baupraxis, 2. Aufl. Leipzig: Teubner. 1921.
216. Blunk, O.: Der gerechte Preis für massive Ingenieurbauten. Ein Vorschlag mit einem neuen Kostenberechnungsverfahren, dem Stoffzifferverfahren und mit Tabellen der prozentualen Zuschläge für soziale Lasten, Geschäftsunkosten, Risiko und Gewinn. Berlin: W. Ernst u. Sohn. 1935.
217. Münchow, W.: Handbuch für die Preisermittlung im Baugewerbe unter Zugrundelegung des Achtstundentages. Breslau: P. Steinke. 1925.
218. Theil, Fr.: Hast Du alles veranschlagt?, 2. Aufl. Breslau: Steinke & Röhricht. 1928.
219. Weisser, K.: Bautagebuch zur Berechnung der Selbstkosten inklusive Unkostensatz im Baugewerbe, 4 Teile. Selbstverlag K. Weisser, Nürnberg, Guntherstr. 63. 1931.
220. Hotz, E.: Kostensenkung durch Bauforschung. Ergebnisse zur wirtschaftlichen Gestaltung des Baubetriebes. Berlin: Beuth-Verlag. 1932.
221. Rode, O.: Billiger bauen. Untersuchungsformen im wirtschaftlichen Baubetrieb. Eberswalde: Verlagsgesellschaft R. Müller. 1934.
222. Derselbe: Die Selbstkostenberechnung und ihre Prüfung im wirtschaftlichen Baubetrieb. Eberswalde: Verlagsgesellschaft R. Müller. 1934.
223. Städtisches Tiefbauamt: Die Straßen der Stadt Stuttgart. Stuttgart: Werbehilfe G. m. b. H. 1930.
224. Möllering: Die Verwendung von Beton- und Steinzeugrohren zu Entwässerungen. Gesundh.-Ing. 1934, S. 287.
225. Hahn, H. u. Langbein, F.: 50 Jahre Berliner Stadtentwässerung. Berlin: A. Metzner. 1928.
226. Koch, E.: Verwendung von Preßbetonbohrpfählen bei Hilfstragwerken. Bautechn. 1935, S. 275.
227. Plarre: Die Stahlbauten des Schiffshebewerkes Niederfinow. Bautechn. 1935, S. 345.
228. Plarre u. Koch, H.: Die Tore am Schiffshebewerk Niederfinow. Bautechn. 1935, S. 333.
229. Schäfer, A.: Weiten- oder Tiefenentwicklung bei Wehranlagen, Walzen oder Schützen? Bautechn. 1935, S. 623.
230. Riedig, Fr.: Bauarbeiten und neuere Schleppfahrzeuge. Bautechn. 1931, S. 41.
231. Technischer Unterricht für die k. u. k. Eisenbahn-Truppe. 6. Teil: Sprengarbeiten. Wien: Hof- und Staatsdruckerei. 1900.
232. Judtmann, O.: Der Bau des Murfallwerkes. Z. öst. Ing.- u. Arch.-Ver. 1921, S. 1, 5.
233. Rziha, Fr.: Lehrbuch der gesamten Tunnelbaukunst. Berlin: Ernst u. Korn. 1867—1872.
234. Brugsch: Vorschläge für die Vergabe von Bauleistungen zu angemessenen Preisen. Bautechn. 1935, S. 39.
235. Haller: Baustellenleitung und Löffelbaggerleistung beim Straßenbau. Bautechn. 1935, S. 121. (Nach Roads and Streets. Juli 1934.)
236. Bertram: Wirtschaftliche Fortschritte beim Schöpfwerkbau im Gebiete des Danziger Deichverbandes. Bautechn. 1929, S. 470.
237. Demag-Nachr. 1933, B 23. Das Entrosten von Stahlbauten.
238. Agatz, A.: Die Rammerfahrungen mit Larssenbohlen verschiedener Stähle für Hafenbauwerke in Bremen. Bautechn. 1933, S. 475, 522.
239. Demag-Nachr. 1934, B 31.
240. Gährs: Die Arbeiten der Reichswasserstraßenverwaltung im Jahre 1931. Bautechn. 1932, S. 77. (17, 44, 75, 113, 186.)
241. Demag-Nachr. 1930, S. 20. Preßluft-Rammhämmer für Kanaldielen.
242. Saller: Dahren-Pfähle. Dtsch. Bauztg. 1934, S. 240.
243. Henrici: Jahrbuch der Hafenbautechnischen Gesellschaft. 1924, S. 294.
244. Die Pauschvergütung bei Privatgleisanschlüssen. Bauing. 1931, S. 181.
245. Reichow, H.: Zeitgemäße Geländeerschließungsfragen. Zbl. Bauverw. 1934, S. 381.
246. Neumann: Das städtische Siedlungswesen. Stuttgart: K. Wittwer.
247. Wohnungsbaukosten. Bauing. 1930, S. 564.
248. Strube, H. u. Rhode, H.: Baubetrieb auf einer Großbaustelle. Bau des Rheinkraftwerkes Kembs. Bauing. 1931, S. 115.
249. Beschädigung einer Holzrohrleitung. Wasserkr. u. Wasserwirtsch. 1928, S. 263.
250. Demag-Nachr. 1934, A. S. A. 28. Demag-Schrapplader entspeichern Schlammbecken.
251. Momber: Die zweite Weltkraftkonferenz. Wasserkr. u. Wasserwirtsch. 1930, S. 261. (Bericht Nr. 364.)
252. Heys, J. W. van: Sind Kleinkraftwerke wirtschaftlich? Zbl. Bauverw. 1934, S. 695.
253. Schneider, R.: Probleme der wirtschaftlichen Kupplung von Kraftversorgungsgebieten. Wasserkr. u. Wasserwirtsch. 1930, S. 114.
254. Seyfert: Hütte III, 26. Aufl., S. 605.
255. Keutner, Chr.: Die Verwendung von Drahtnetzkörpern im Wasserbau. Mitt. Forsch.-Inst. Wasserb. u. Wasserkr. e. V., München. 1935, H. 4. München u. Berlin: R. Oldenburg.

256. Lehr, J. G.: Die zentrale Einzelwasserversorgung der Landgemeinde Böhl (Rheinpfalz). Techn. Gemeindebl. 1935, S. 207.
257. Stein, E. O.: Die Wasserversorgung der deutschen Groß- und Mittelstädte. Gesundh.-Ing. 1935, S. 600.
258. Koehler, G.: Neue Wassertürme im Bezirk der Reichsbahndirektion Stettin. Bautechn. 1931, S. 529.
259. Verlegung einer Gasleitung durch einen Fluß. Bautechn. 1930, S. 731.
260. Vicari, M.: Anpassung eines Entwässerungsentwurfes an die heutigen Verhältnisse. Gesundh.-Ing. 1934, S. 418.
261. Fries, Fr.: Die Abwasserpumpwerke des Ruhrverbandes in Dahlhausen und Essen-Nord. Techn. Gemeindebl. 1930, S. 44, 52.
262. Winter, E.: Die Reinigung städtischer Abwässer mittels Schlammbelebung. Beibl. Gesundh.-Ing. 1931, Reihe II, H. 9.
263. Falck, Th.: Arbeitsbeschaffung durch Bau von Abwasserfischteichen. Gesundh.-Ing. 1934, S. 228.
264. Heiser, H.: Wasserbau und Wasserwirtschaft in: „Taschenbuch für Bauingenieure" von M. Foerster. Berlin: Julius Springer. 1928.
265. Treiber, E.: In: Ludin, A., Die Wasserkraftanlagen. Handbuch für Bauingenieure, III. Teil, 8. Bd., 1. Hälfte. Berlin: Julius Springer. 1934.
266. Grunow: Sprengen mit flüssigem Sauerstoff. Bautechn. 1928, S. 412.
267. Lisse: Das Sprengluftverfahren. Berlin: Julius Springer.
268. Demag-Nachr. 1931, A 15. Der Demag-Schaufellader beim Bau des Eichholzstollens des Schluchseewerkes.
269. Wiggers, K.: Erfahrungen beim Anstrich des Schiffshebewerkes Niederfinow. Bautechn. 1935, S. 205.
270. Blunk, H. u. Sierp, F.: Gewinnung und Verwertung des Gases aus Faulräumen städtischer Kläranlagen. In: Helbing, 25 Jahre Emschergenossenschaft. Essen. 1925.
271. Schmah, V.: Die Kläranlage der Stadt Uelzen. Bautechn. 1931, S. 26.
272. Fries, Fr.: Zweistufige Tauchkörper für phenolhaltiges städtisches Abwasser in Hattingen. Techn. Gemeindebl. 1930, S. 206.
273. Laux, K.: Über die landwirtschaftliche Nutzung städtischer Abwässer durch Regenanlagen. Wasserkr. u. Wasserwirtsch. 1930, S. 102.
274. Bach: Selbsterwärmung des Klärschlammes. Techn. Gemeindebl. 1930, S. 108.
275. Levsen, P.: Selbstkostenermittlung im Straßenbau. Berlin: Allgem. Industrieverlag G. m. b. H. 1935.
276. Bansen, H.: Tiefbohrwesen. Berlin: Julius Springer. 1912.
277. Detig: Die Zwischenpfeiler der Kanalbrücke des Schiffshebewerkes Niederfinow. Bautechn. 1934, S. 522.
278. Statistisches Staatsamt Prag: Statistisches Handbuch der Tschechoslowakischen Republik.
279. Underwood, G.: Estimating Construction Costs. New York: McGraw-Hill Book Comp. 1930.
280. Dufour, H.: Rilievi ed osservazioni sull'eserzizio e la manutenzione degli impianti di Tel e di Marlengo in relazione agli effetti di un dissabiatore al eliminazione continua. Energia elettr. 1934, S. 288.
281. Corazza, M. H.: Briefliche Mitteilung.
282. Mahr: Betriebszahlen von Kläranlagen. Techn. Gemeindebl. 1931, S. 229.
283. Ringel, A.: Die fortschrittliche Entwicklung der Absaugefahrzeuge. Techn. Gemeindebl. 1931, S. 139.
284. Marbach, G.: Die Bedeutung des chemischen Verfestigungsverfahrens von Joosten für den Bergbau. Glückauf, Essen. 1931, S. 913.
285. Gebührenordnung und Vertragsbestimmungen der Ingenieure. Berlin: Julius Springer. 1932.
286. Schenkel, Th.: Die Kleinwasserversorgung. Wien: A. Hartleben. 1914.
287. Hahneman, W. F.: Ditching a Swamp with Dynamite for a Banana Plantation. Eng. News Rec. 1928, Bd. 101, S. 698.
288. Hoffmann: Schachtabteufen von Hand. Halle a. S. 1911.
289. Norkus: Der Bohrhammer 1922, H. 1.
290. Stegemann, O.: Der Schachtausbau. Im zweiten Band des IV. Teiles des Handbuches der Ingenieurwissenschaften, S. 66. Leipzig: W. Engelmann. 1924.
291. Brix, J., Heyd, H. und Gerlach, E.: Die Wasserversorgung, 2. Bd. Berlin: R. Oldenburg. 1936.
292. Fölzer, E.: Wassertürme, 3. Aufl. Strelitz: M. Hittenkofer. 1923.
293. Lehr, G. J.: Fluktuierende Tagesmenge, Anfang des Pumpbetriebes, Pumpdauer und minimale Behältergröße. Gesundh.-Ing. 1932, S. 140.
294. Baer, S.: Die Entwicklung von Speicherung und Maschinenleistung in der deutschen Wasserversorgung. Berlin. 1932.
295. Segelken: Technisch-wirtschaftliche Untersuchungen über die Verwendung automatischer Pumpwerke ohne Hochbehälter für kommunale Wasserversorgungen. Gas- u. Wasserfach. 1929, S. 801—928.
296. Walden, A. E. und Di Domenico, A. F.: Man-Hour Costs of Water-Main Trenching and Pipelaying. Eng. News Rec. 1928, Bd. 101, S. 392.
297. Demag-Nachrichten 1931. Bd. 33. Hochleistungsbohrhämmer bei der Regulierung der Ewst.

298. Engineer field Manual. Prof. Papers of the Corps of Engineers, U. S. Army. Nr. 29, 5. Aufl. Governement Printing Office. Washington. 1918.

299. Müller, Witte und Odenkirchen: Die eisernen Wehrverschlüsse des Weserwehres bei Dörverden. Bautechn. 1933, H. 25.

300. Klute, K.: Kalkulation im Baugewerbe. Vereinigte Material- und Arbeitslohnkosten für die hauptsächlich in Frage kommenden Bauarbeiten. Selbstverlag Karl Klute, Architekt, Gelsenkirchen, Mittelstr. 7. 1926.

301. Die Pumpstelle Medemblick zur Trockenlegung der Zuidersee. Bautechn. 1930, S. 572.

302. Loßmann, K.: Verbesserung der Frainer Talsperrengründung durch Injektionen. Vestnik pro vodni hospodarstvi, Jahrg. XIII, H. 2.

303. Neubauamt Eberswalde: Das Schiffshebewerk Niederfinow. Eberswalde-Berlin-Leipzig: R. Müller G. m. b. H. 1935.

304. Bauleitung: Das Kraftwerk Wäggital. Siebnen, Schweiz: Verlag Kraftwerk Wäggital. 1930.

305. Hütte I. 26. Aufl. W. Ernst u. Sohn. Berlin 1936. S. 1129.

Sonstige einschlägige Literatur.

Baumeister, L.: Zeitgemäße Untersuchungen über Geschäftsunkosten und Gewinn im Baugewerbe. Bauing. 1933, S. 61. — Goedecke: Sachwert und Ertragswert von Werken mit Betriebsnetzen. München. 1907. — Haas: Die Rückstellungen bei Elektrizitätswerken und Straßenbahnen. Berlin. 1916. — Moral: Die Taxation maschineller Anlagen. Berlin. 1922. — Derselbe: Die Abschätzung des Wertes industrieller Unternehmungen. Berlin. 1923. — Röttinger: Wertbestimmung von Wasserkräften und Wasserkraftanlagen. Leipzig. 1908. — Schiff: Wertminderungen an Betriebsanlagen. Berlin. 1909. — Siegel: Der Verkauf elektrischer Arbeit. Berlin. 1917. — Spitzer-Förster: Zinseszins- und Rentenrechnung. Wien. 1922. — Weyrauch, R.: Wirtschaftlichkeit technischer Entwürfe. Stuttgart. 1916. — Wöbcken: Der Ingenieurkaufmann. München. 1922.

XXXII. Sachverzeichnis.

Die Zahlen geben die laufende Nummer (nicht die Seiten) an.

GPSR Compliance

The European Union's (EU) General Product Safety Regulation (GPSR) is a set of rules that requires consumer products to be safe and our obligations to ensure this.

If you have any concerns about our products, you can contact us on ProductSafety@springernature.com

In case Publisher is established outside the EU, the EU authorized representative is:

Springer Nature Customer Service Center GmbH
Europaplatz 3
69115 Heidelberg, Germany

Batch number: 10578433

Printed by Printforce, the Netherlands